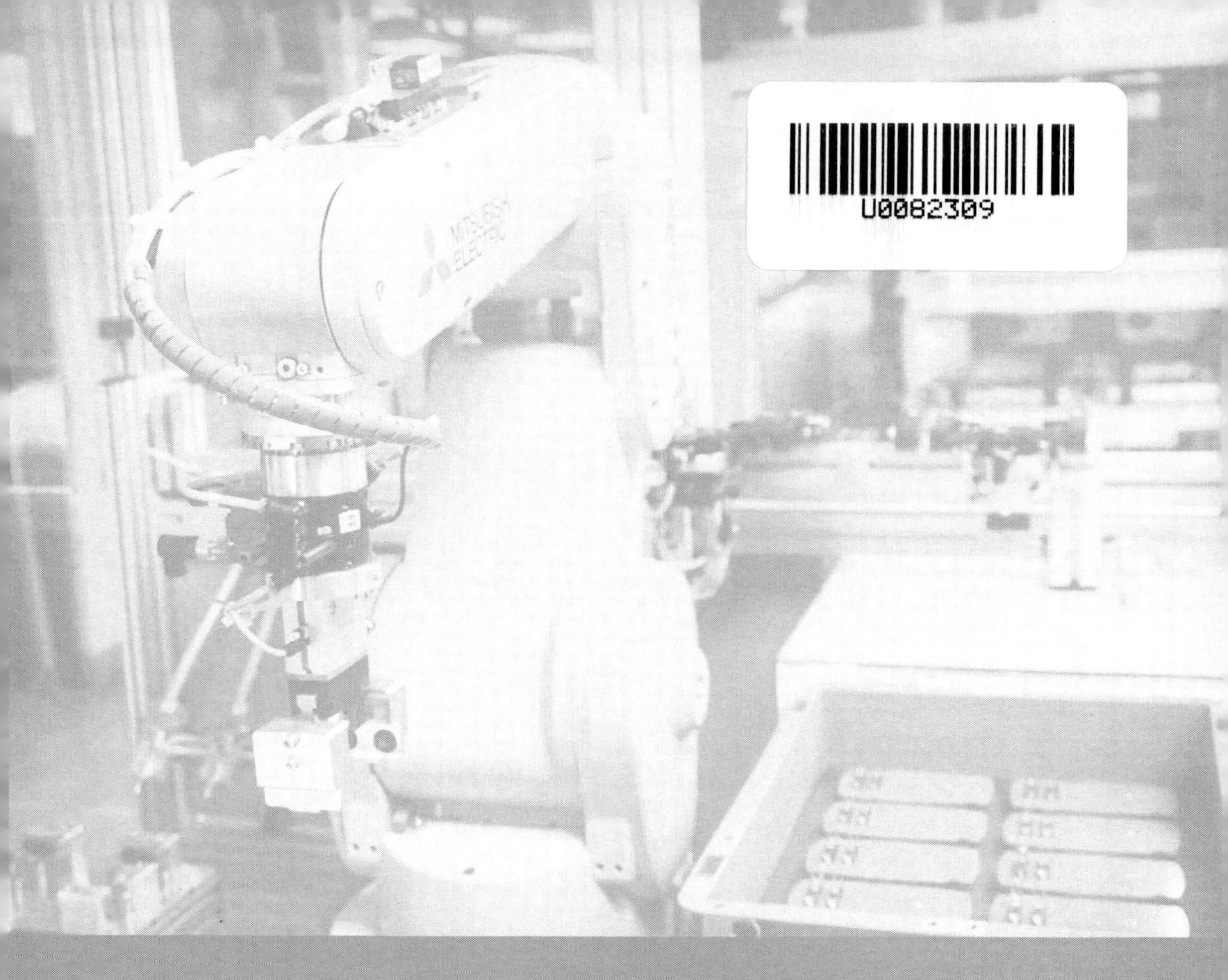

工業機器人系統設計(上冊)

吳偉國 著

崧燁文化

智慧製造

前言

1. 不斷向縱深和拓寬發展的全球機器人技術創新時代

1940 年代誕生的工業機器人技術至今已經 70 餘年了，一部工業機器人科學技術與產業的發展史也就是海內外廣大機器人科學技術工作者們的智慧結晶。其中蘊涵了諸多的新概念、新思想、新方法與新技術和新產品。從最早的工業機器人操作臂到工業自動化生產線上線下的工業機器人，從單臺機器人到多機器人協調和群體機器人，從電腦程式控制到網路控制，從集中控制到分布式控制，從工業自動化/半自動化到智慧控制以及人工智慧，從單一移動方式到多移動方式，從總操作到微操作，從電腦控制到人機介面，從手工設計到大型廣義 CAD（電腦輔助設計與分析）工具軟體的半自動化/自動化/智慧設計再到現在的大數據與深度學習，從作業環境相對固定到非結構化不確定環境，從自動化智慧化工廠到構建機器人城市計劃等，工業機器人系統與技術、產業化發展已經發生了翻天覆地的變化，機器人創新層出不窮，機器人學與機器人技術尖端的研究者不斷拓寬機器人作業的環境適應性，並致力於對非結構化環境及作業適應能力的強魯棒性和強有效性的「機器智慧」（智慧機器）研究。

另一方面，以工業機器人操作臂技術為主流的傳統機器人技術產業化與普及應用之路在 1980 年代已在發達國家走完，自 90 年代智慧機器人技術研發開始進入機器人領域主戰場，工業機器人技術與智慧控制技術相結合併走向應用。1990 年代自治、自律、自重構、自裝配、自修復等智慧機械新概念、新設計和新方法迸發出來，自動導引車（AGV）已在工業自動化工廠中進行了移動平臺產品化並取得應用；輪式移動、履帶式移動乃至腿式移動機器人開始在工業生產中逐步登堂入室。除一般工業生產場合與環境外，航空航天、核設施工業等環境下的工業機器人也不僅僅是機器人操作臂，人型上身+ 輪式移動平臺乃至人型機器人已經成為 NASA 空間站自動化無人化作業下應用目標。一切跡象表明，工業機器人已經從當初單純模人型類手臂代替工人進行操作的傳統工業機器人邁向以「操作」和「移動」兩大主題下的現代工業機器人技術以及產業化應用。在中國中長期發展綱要以及中國製造2025等策略性科技產業發展規劃中，將工業機器人定位為重要技術性產業，並且大力倡導發展現代工業機器人技術、人工智慧技術和自主創新創業。在這種倡導原創和全球競相創新的時代大背景下，重新梳理和看待傳統與現代工業機器人技術與創新設計具有重要的理論意義與現實意義。

2. 本書的結構、主要內容與寫法

1）大篇幅寬跨度的綜述涵蓋了「操作」和「移動」兩大主題概念下工業機器人發展歷程中原創性的新概念、新設計、新方法和新技術，客觀提出作者自己的觀點和看法

第1章對「操作」和「移動」兩大主題概念下現代工業機器人系統進行了總論，首先給出了機器人、工業機器人的基本概念，然後全面綜述分析了自1940年代工業機器人誕生以來機器人操作臂發展簡史及其分類與應用、地面移動機器人平臺發展與現狀、移動機器人總論、末端操作器相關、移動平臺搭載機器人操作臂的工業機器人發展、關於工業機器人技術與應用方面人才與工業基礎等現狀，其中結合具有代表性的工業機器人新概念、新設計、新技術方面的文獻進行論述，給出了筆者對工業機器人的分類、歸納與總結，闡述了筆者綜述與分析的觀點、看法。對於從整體上回顧工業機器人發展的歷史與現狀也具有重要意義。

2）非本書作者研究的原創性研究文獻篩選原則與引用

本書中選擇了大量原創性的文獻並給出對這些研究的評述，對於讀者分辨、界定其他相關研究的創新性及創新程度也大有幫助。另外，本書引用並概括介紹這些代表性文獻中主要研究內容的基本概念、基本思想、基本原理與主要技

術，並力求闡明原理和方法，對於讀者學習、掌握這些研究的主要內容大有幫助。

3）本書內容布局以及作者的論述與原創性研究內容

傳統工業機器人系統的總體構成、機械傳動系統、驅動和控制系統、感測系統以及各系統相關的基礎元部件與技術，運動學、動力學、基於模型的控制理論與方法等，基本上屬於 1980～1990 年代已經成熟的理論、方法與技術。 本書第 2 章用相當篇幅以盡可能簡單明瞭、通俗易懂的原則進行了較為全面的闡述與論述，第 2 章～第 4 章中包括了筆者歸納、整理給出的機器人機構設計、運動學、動力學、現代控制系統設計基礎、機器人控制總論、操作臂系統設計的數學與力學原理、機器人機構創新的拓撲演化方法、全方位無奇異多自由度關節機構創新設計與樣機研製技術、機器人用諧波齒輪傳動（異速器）新設計新工藝與研製和實驗、冗餘自由度操作臂串並聯新機構、工業機器人結構設計、機構運動簡圖和機器人操作臂各部分機械設計裝配結構圖例等。 作者還對工業機器人系統設計中的設計方法、問題以及技術進行了系統的歸納整理與論述；第 4 章對以模糊邏輯、模糊控制、人工神經網路、CMAC、強化學習等為代表的智慧運動控制理論與方法進行了系統地論述。 針對基於模型的控制系統設計所需的逆動力學計算問題，第 5 章給出了機器人參數識別的概念、原理、算法與實驗設計。

第 6 章中筆者詳細論述了工業機器人系統體系結構設計需要考慮的問題，集中控制、分布式控制系統的原理與方法，以及單臺機器人控制、多機器人網路控制方法、機器人操作臂軌跡追蹤控制總論、基於模型的各種控制原理與方法、控制律等。這些基於模型的控制方法包括 PD 控制、前饋控制、前饋+ PD 回饋控制、加速度分解控制、計算力矩法等軌跡追蹤控制法、魯棒控制、自適應控制、力控制、最優控制、主從控制等。

在第 7 章，筆者經歸納整理給出了各種車輪、輪式移動機器人的機構原理、機構運動簡圖以及特點說明並匯總成表；對履帶式移動機構及履帶式移動機器人機構與結構進行了歸納整理、分類。 作者進一步從文獻中篩選出具有新概念新設計特點的代表性移動機器人案例，分別對輪式、腿式、履帶式單獨移動方式和複合移動方式的先進機器人系統設計案例進行了論述。 第 7 章還有一項重要的內容就是筆者將常用於雙足步行機器人穩定步行控制系統設計準則的 ZMP（零力矩點準則）統一推廣到各種移動機器人的動態穩定性設計，並分別論述了雙足、四足以及更多腿/足式移動機器人、輪式移動機器人等穩定移動的力反射控制系統設計方法以及原理。 該章也包括筆者原創性提出並進行研究的人型及類人猿等靈長類的多移動方式機器人系統的總體概念設計以及系統設計與實現，以及所提出的攀爬桁架類多移動方式非連續介質移動機器人、大阻尼欠驅動概念與擺盪抓桿連續移動控制方法。 最後給出了雙足、四足、輪式移動、移動方式轉換、擺盪抓桿移動等多移動方式移動機器人進一步研究的問題點以及研究方法。

第 8 章主要講述了機器人操作臂末端操作器以及末端操作器快換裝置（轉接器）的機構原理與結構設計，以及筆者創新設計的人型多指靈巧手集成化設計單元臂手實例，進一步討論了研發大負載能力與操作能力的人型多指靈巧手的技術問題所在。 本章就力位混合柔順控制所用的末端操作器以及相應裝置，還給出了基於彈性鉸鏈原理的微驅動柔順機構，以及宏動的 RCC 被動柔順手腕原理和主被動柔順手腕機構原理。 筆者還給出了一種基於彈性鉸鏈機構的三自由度平面並聯微驅動機構。 這一章內容對於從事包括多指靈巧手在內的機器人操作臂末端操作器設計以及工具轉接器選用與研發的技術人員具有一定的實際參考價值。

第 9 章主要論述了利用現代機械設計理論與方法全方位輔助工業機器人系統設計的具體設計方法。 首先論述了傳統機械系統設計與現代機械系統設計方法的區別與流程，提出了現代機械系統設計與分析和控制系統綜合設計的觀點和方法。 匯總給出了利用 Adams、DADS、Pro/E、SolidWorks、Matlab/Simulink 等現代設計與分析型軟體進行機械系統設計、控制系統設計以及兩者聯合模擬設計與分析的具體方法。 最後，給出了一個 3-DOF 關節型機器人操作臂的虛擬樣機設計與運動模擬、結果分析完整實例供參考。

第 10 章為筆者對於面向操作與移動的工業機器人系統設

計的論述與實例。首先剖析了操作人員導引操縱機器人操作臂的柔順控制技術，論述並提出了技術熟練工人或技師導引機器人操作臂柔順作業的柔順控制系統設計方法以及力/位混合控制的原理、導引操縱機構原理及其裝置自學習系統等創新性設計結果。本章還給出了筆者關於圓-長方複合軸孔類零件機器人裝配技術的理論與模擬部分的原創性研究內容，以及機器人操作臂模塊化組合最佳化設計方法與設計實例的創新性設計研究成果。本章為工業機器人系統的設計與模擬分析、複合孔軸類零件的機器人裝配技術、技術熟練操作者導引機器人操作臂作業的力位混合柔順控制系統設計與技術提供了重要的設計方法、理論與技術基礎。

第 11 章作為本書最後一章，筆者總論了現代工業機器人的系統設計問題，並對其發展進行了展望。在現代工業機器人特點分析基礎上，提出並論述了面向操作與移動作業智慧化的工業機器人系統設計問題與方法；重點闡述了現有六維力/力矩感測器產品面向移動機器人應用的問題與局限性；給出了筆者研究的新型安全性兼有過載保護功能的無耦合六維力/力矩感測器設計方案。筆者在本章中還提出並論述了工業機器人應用系統集成化方案設計通用大型工具軟體設計的總體方案、基本構成與研發的意義；本章還闡述了力、位混合控制的矛盾對立統一問題；論述了自重構、自修復和自裝配等新概念下的機械智慧技術實現問題。

3. 關於工業機器人系統設計的側重點與目的

本書中並未給出更多的機構參數、機械結構強度、剛度計算等通常工程設計類計算內容。本書的側重點與著眼點在於寫出工業機器人系統設計中的創新性概念、思維與設計方法，除了筆者歸納總結以及論述中明確給出的有關這些內容之外，更多地包含在一些有原創性、代表性和理論與實際意義的機器人系統設計實例中。由於現代工程設計與分析型大型廣義 CAD 軟體的普及應用，需要設計者自己進行設計計算的工作漸少，靜力學、動力學分析、強度計算、剛度計算以及系統振動等計算與分析工作絕大多數可以交由類似於 ADAMS、Pro/E、SolidWorks、ANSYS 以及多物理場分析軟體來解決。

4. 關於本書讀者對象與閱讀建議

本書適合於機器人相關研究方向的大學高年級生、碩士研究生、博士研究生以及從事機器人創新設計與研發的研究人員、高級工程技術人員閱讀。第 1 章建議讀者通讀，有助於深刻了解和掌握以操作和移動兩大主題作業下的各類機器人的創新設計與研究的現狀。 本書前半部分歸納和總結的傳統、現代工業機器人系統設計基礎知識以及相關的論述與創新設計，適合於機械類大學高年級學生、研究生以及機器人技術研發類工程設計人員閱讀，資深機器人技術人員可跳過第 2 章~第 6 章中部分機器人技術基礎內容。

由於筆者水準和能力有限，加之工業機器人文獻浩如烟海，難免有所遺漏和偏頗之處，還望同行專家學者不吝指教，疑義相與析。

吳偉國 教授/博士生導師

2019 年 8 月 8 日於哈爾濱工業大學機械樓 1044 室

仿生人型機器人及其智慧運動控制研究室

目錄

上 冊

1 第1章 操作與移動兩大主題概念下的現代工業機器人系統總論

第 2 章　工業機器人操作臂系統設計基礎

408 第3章 工業機器人操作臂機械系統機構設計與結構設計

第1章

操作與移動兩大主題概念下的現代工業機器人系統總論

1.1 機器人概念與工業機器人發展簡史

「機器人」（英文 Robot）一詞最早出現於 1920 年捷克作家卡雷爾・查培克（K. Capek）創作的劇本《羅莎姆萬能機器人公司》中。

1940 年代阿西莫夫（Asimov）為保護人類在《我，機器人》中對機器人做出了規定，發表了著名的「機器人三原則」：

第一條原則——機器人不得危害人類，不可因為疏忽危險的存在而使人類受到傷害；

第二條原則——機器人必須服從人類的命令，但當命令違反第一條內容時，則不受此限製；

第三條原則——在不違反第一條和第二條的情況下，機器人必須保護自己。

阿西莫夫也因此被稱為「機器人學之父」。該三原則的意義在於為人類規劃了現代機器人發展應取的態度。目前，從終極人工智慧的角度來討論未來機器人是否會傷害到人類也成為科技進步很可能引發人類不希望出現的問題的焦點。

18、19 世紀的機械玩偶是自動機械「機器人雛形」：「機器人」的概念是隨著科技發展而變遷的，受到能量供給、自動控制技術的限製，早在 18、19 世紀被機械學者發明的各類「機器人」可以說是透過彈簧等儲能元件或者蒸汽驅動、機械機構控制來實現的，類似於手動玩具如「機器鴨子」「機器人形玩偶」「木牛流馬」「行走機器」之類的自動機械「機器人雛形」。

1940 年代，現代工業機器人開始興起。一般認為，第二次世界大戰之後，美國橡樹嶺國家實驗室和阿爾貢國家實驗室為解決核廢料搬運問題而研究的主從型遙控機器人操作手為現代工業機器人的起點標誌。由遠離搬運操作現場的操作人員操作主臂，然後將主臂運動的訊號傳遞給遠處的從臂，從臂動作搬運核廢料，從而實現了主從遙控操作「機器人」系統的雛形，並且一直發展到現在的主從機器人技術。值得一提的是：1947 年電動伺服型遙控操作器、1948 年位置控制遙控操作器以及操作力被回饋給操作者的「新型」遙控操作器系統的研製成功助推了現代工業機器人的發展；1949 年美國為獲得先進飛機技術，將複雜伺服系統與當時新發展起來的數位電腦技術結合起來，完成了數控銑床研究，1953 年麻省理工學院（MIT）放射實驗室展示了這種數控銑床。

1950 年代初，由 MIT 發展起來的數控技術為現代工業機器人的出現初步奠定了數位控制技術基礎。數位技術使得經典的模擬控制系統大為改觀，採用數位化命令或語言進行控制，用與非門進行二值邏輯運算，用步進電動機作為驅動單元，形成了數位控制系統。1954 年美國人 George C. Devol 發明了可編程式的關節型搬運裝置並申請了專利；1959 年，Devol 與 J. F. Engelberger 繼續發展了這一概念，創建了 Unimation 公司，製造出世界上第一臺工業機器人 Unimate。這臺機器人與自動機床的不同之處在於：可以透過重複編程完成不同的作業，並且可以透過「示教」被教會某些作業，然後自動完成作業。

1960～1970 年代，在美國興起的工業機器人技術開始被日本引進並得到進一步應用和發展。1963 年美國 AMF 公司生產出商用機器人 Versatran；日本對新技術的敏感性和接受能力堪稱一流，1968 年日本川崎重工株式會社從美國引進 Unimate 機器人；1971 年日本成立了工業機器人協會；在 1971～1981 年的 10 年間，日本工業機器人年產量增加了 25 倍，到 1981 年日本機器人擁有量已占全球總量的 57.5%；1974 年日本安川電機發布首臺自行研製的 MOTOMAN 1 型機器人；1975 年美國機器人協會成立；1977 年安川電機株式會社推出了日本國內第一臺全電動工業用機器人 MOTOMAN-L10；1978 年，Unimation 公司生產出第一臺 PUMA 機器人並在 GM（美國通用）公司投入使用。從 1970 年到 1980 年，美國工業機器人擁有量已增加了 20 倍以上。蘇聯在 1985 年的工業機器人擁有量比 1980 年增加了 9 倍。到 1982 年，全世界工業機器人總量已達到 5.7 萬臺，已經在發達國家形成了機器人產業。

1970～1980 年代，機器人學與機器人技術蓬勃發展。工業機器人技術的發展和日益擴大的產業需求，也推動了機器人學的發展。工業機器人技術從最初的主從伺服驅動與數位控制技術研究到相對簡單的搬運作業應用，到數學、力學、感測、控制以及圖像識別等理論與技術融合，以及複雜作業應用技術需求，吸引了越來越多的機械、控制、電腦、人工智慧等多學科領域專家學者投入到機器人學與技術這一多學科交叉與綜合研究中來。許多國家成立了機器人協會、學會。1970 年代以來，許多大學開設了機器人課程，開展機器人學、機器人技術研究工作。美國 MIT、Stanford（史丹佛大學）、Carnegie-Mellon（卡內基・梅隆大學）、Conell（康乃爾大學）、Purdue（普渡大學）等都是機器人學、機器人技術研究的著名大學。國際學術交流也日益頻繁，IEEE Robotics&Automation（機器人學與自動化國際會議）、ISIR（國際工業機器人會議）、CIRT（國際工業機器人技術會議)、IROS (智慧機器人系統國際會議)、ROBIO (機器人學與仿生學國際會議) 等都已成為國際機器人研究領域的主流會議。1980 年代，美、日、德、法等發達國家已完成了工業機器人技術發展以及產業化應用，由最初的分立傳動系統的 PUMA、Stanford、SCARA 等機器人機械本體，完成了工業機器人用高精密機械傳動元部件 (諧波齒輪異速器、RV 擺線針輪異速器、精密滾珠螺桿以及高精度高剛度軸承等)、高精密伺服驅動器、伺服電動機的研發與產業化，走完了高精密工業機器人產業化之路，形成了 MOTOMAN、KUKA、ABB、FANUC 等工業機器人品牌，並占據著國際市場。同時，這一階段機器人學、機器人技術的發展也不斷被拓寬，已由工業機器人操作臂擴展到其他各種機器人，如輪式、履帶式、足式移動機器人，蛇形機器人，人型雙足機器人，飛行機器人，仿生機器人，多指手，等等。也預示著機器人技術由原來的用於固定環境下工業機器人仿照人類手臂相對簡單的重複操作，不斷邁向作業環境不確定、複雜作業需求下的機器人技術，即智慧機器人技術。同時，研究者開始研究像人或者動物的人型、仿生機器人學與技術。

1970～1980 年代奠定了六自由度工業機器人基於動力學模型控制的理論與技術和視覺、感測技術基礎，並被用於實際，同時，工業機器人操作臂設計與製造技術經歷了 30 年的發展與不斷完善，其性能十分穩定，末端重複定位精度已高達數微米，末端負載能力達到 200kg 左右，關節速度可達 720°/s。

1990 年代到 20 世紀末，智慧機器人興起。這一階段機器人的研究受智慧控制理論興起和「機器人」這一名詞自誕生之日便被賦予了潛在的「像人」或「像動物」幻想的影響，人工神經網路 (NN)、模糊理論 (FZ) 與模糊控制、遺傳算法 (GA) 等智慧控制理論與技術被應用於機器人智慧控制，研究者們開始著重研究面向不確定作業環境下非基於模型的智慧控制方法與技術；同時，比工業機器人操作臂更為複雜的人型機器人，仿四足、多足動物的仿生機器人及其集成化設計與製造技術得到長足發展。這一階段代表性的研究為智慧學習運動控制以及集成化全自立型仿生機器人，如日本本田技研 1996～2000 年期間研發的 PⅠ～PⅢ型、ASIMO 等。這一階段的工業機器人技術研究與應用體現在多工業機器人協調以及機器人群、主從機器人。1990 年代是自治機器人、自律機器人、自組織機器人、自裝配機器人、空間機器人、醫療康復機器人、助力助殘機器人、護理家政服務機器人以及群體機器人新概念、新思想、新方法與新技術層出不窮的年代，極大地豐富和促進了機器人學與機器人技術的進步。

21 世紀是機器人與人共存的世紀，其終極目標是人工智慧。目前，根據已取得的機器人技術基礎，日本已開始搆築機器人城市；1990 年代日本機器人學者設定的 RobCup2050 研究策略目標 (機器人足球隊與人類足球隊比賽) 逐步被推進；藍腦計劃與機器人的結合等都預示著機器人社會與人類社會共存共生的時代將在 21 世紀到來！

1.2 什麼是工業機器人？

隨著機器人技術研究和應用的不斷拓展，機器人概念在不同發展時期所包含的內容是不同的。在 1940 年代，類似於人類手臂的、由關節和桿件（臂桿）構成的機構便稱為機器人（robot），當然其關節通常是由電動機、液壓缸、氣缸或者其他驅動原理的驅動元件來驅動的，而且能夠透過電腦編程來控制各關節的運動，從而實現臂帶動末端的操作執行器運動並完成類似人手抓持物體的動作或各種操作作業。同時，與「機器人」（robot）一詞相當的「操作臂」（manipulator）也表示同樣的概念。但是，隨著機器人研究的不斷擴展，類似人型雙足、仿生四足/多足步行機、各種其他移動原理如輪式、履帶式、腳式、蛇形等機器人的出現，以及具有人型頭面、四肢、軀幹及多感知功能機器人的出現，使得機器人概念的範圍越來越大。總而言之，具有人類、某些動物的整體形象、特徵的全自立型機器人已經研製出來。因此，到現在以至未來，機器人概念既包含發展初期時的機器人透過各關節串聯臂桿構成操作臂的狹義概念，也包含後來的輪式、履帶式、蛇形蜿蜒爬行、足式等移動機器人，多串聯桿件並聯在兩個平臺之間的並聯機構機器人，以及某些操作臂與這些移動機器人的組合，更包含了目前複雜到具有人類、動物全身外部特徵及部分內在特徵的人型、仿生機器人。

為便於區分，這裡所述機器人是專指工業機器人、操作臂的概念，為此，將這種類似人類手臂的、由各關節串聯各臂桿組成的機器人稱為「工業機器人操作臂」（manipulator of the industry robot）更為合適，可以簡稱為「機器人操作臂」或「操作臂」。

通俗地講，機器人是指類似於人類手臂的、由關節和桿件（臂桿）構成的機構，當然其關節通常是由電動機、液壓缸、氣缸或者其他驅動原理的驅動部件來驅動的，而且能夠透過電腦編程來控制各關節的運動，從而實現臂帶動末端的操作執行器運動並完成類似人手抓持物體的動作或各種操作作業。

國際機器人聯合會（International Federation of Robotics-IFR）對機器人的定義：機器人是一種半自主或全自主工作的機器，它能完成有益於人類的工作，應用於生產過程的稱為工業機器人，應用於特殊環境的稱為專用機器人（特種機器人），應用於家庭或直接服務人的稱為服務機器人或家政機器人。

國際標準化組織（International Organization for Standardization，ISO）對機器人的定義：機器人是一種自動的、位置可控的、具有編程能力的多功能機械手，這種機械手具有幾個軸，能夠藉助於可編程式操作處理各種材料、零件、工具和專用裝置，以執行種種任務。

按照 ISO 定義，工業機器人是面向工業領域的多關節機械手或多自由度的機器人，是自動執行工作的機器裝置，是靠自身動力和控制能力來實現各種功能的一種機器；它接受人類的指令後，將按照設定的程式執行運動路徑和作業。工業機器人的典型應用包括焊接、噴塗、組裝、採集和放置（例如包裝和碼垛等）、產品檢測和測試等。

蔡自興的《機器人學》中給出的機器人的定義：

① 像人或人的上肢，並能模人型的動作；

② 具有智力或感覺與識別能力；

③ 是人造的機器或機械裝置。

顯然，機器人的定義是隨其技術進步和發展而需要重新定義的。目前，儘管在世界上機器人已形成了一種產業，但至今對機器人含義的理解還不盡相同。

日本工業機器人協會曾將機器人分為六類：

第一類為手工操作裝置：一種由操作人員操縱的具有若干個自由度（degree of freedom，DOF）的裝置。

第二類為固定程式的機器人：依照預定的不變的方法按部就班執行任務的操作裝置，對任務執行順序很難進行修改。

第三類為可變程式的機器人：與第二類是同一種類型的操作裝置，但其執行步驟易於修改。

第四類為再現式機器人：操作人員透過手動方式引導或控制機器人完成任務，而機器人控制裝置則記錄其運動軌跡，需要時可重新調出記錄的軌跡資訊，機器人就能夠以自動的方式完成任務。

第五類為數值控制機器人：由操作人員給機器人提供運動程式，而不是用手動方式教導機器人完成指定的作業任務。

第六類為智慧機器人：利用了解其環境的方法，當執行任務的周圍環境條件發生變化時也能圓滿完成任務的機器人。

美國機器人協會的分類法是：只認為日本工業機器人協會分類法中的第三、四、五、六類是機器人。

法國工業機器人協會的分類法是：

A 型（對應日本分類法中第一類）：手工控制或遙控操作裝置。

B 型（對應日本分類法中第二類和第三類）：具有預定循環操作過程的自動操作裝置。

C 型（對應日本分類法中第四類和第五類）：可編程式的伺服機器人［連續的或點到點（point to point，PTP）運動軌跡］，稱為第一代機器人。

D型(對應日本分類法中第六類):能採集環境的某些數據的機器人,稱為第二代機器人。

在日本工業機器人協會的分類法中,所有有能力理解其環境的機器人都被歸結在第六類中,因而這一類也包括了未來的機器人,即智慧機器人乃至人工智慧頂級機器人。法國工業機器人協會的分類法比較謹慎,在D型機器中只包括現有的有能力採集環境特殊數據的機器人。目前這種數據的範圍仍有限。這就是將機器人分為不同發展階段的原因,由第四類和第五類構成第一代;第六類的一部分構成第二代;將來的機器人構成第三代及以後各代,這些機器人具有目前還難以理解或現在難以控制的性能與特點(如三維視覺、對自然語言的理解等)。

在本書中,限於目前以及以後的相當長一段時期內,能夠完全像人或其他動物之類的人工智慧型機器人還不能完全取代現有這種具有相對少數自由度(一般為6或者十數個自由度)的工業機器人操作臂在工業生產中的應用,將來即使它們能夠被完全取代,但由於工業生產複雜程度的不同,仍然有類似於生產線那樣相對少數自由度的工業機器人操作臂即可勝任的工作的實際需要。這裡只從工業生產自動化的角度,給出工業機器人的非技術性定義,這也正是本書寫法與以往工業機器人方面書籍寫法不同的原因之一,而且這樣可能更有利於將與工業機器人操作臂一起完成工業生產任務的載體、末端操作器等統一在一起,綜合考慮其系統設計與使用,且更符合工業生產的實際技術需要。

工業機器人顧名思義是指一切用於工業生產中的機器人的統稱。如果按照工業產業發展技術階段來講,工業生產是指自工業革命之後的一切工業生產活動,而用於工業生產的機器人系統主要包括工業機器人操作臂、末端操作器以及搭載工業機器人操作臂的載體所構成的系統:

① 搭載工業機器人操作臂的載體可能是固定不動的,也可能是諸如二維或三維的直角座標移動平臺、具有全方位移動能力的輪式或履帶式移動小車,也可能是雙足、四足或多足步行機等。

② 末端操作器:噴槍、焊鉗焊槍等直接連接在操作臂末端介面上的作業工具,多指手、手爪等末端操作手及其所持作業工具等。

③ 工業機器人操作臂本身:可以包括一般的6自由度通用或專用的機器人操作臂,6自由度以內的機器人操作臂,7自由度以上的冗餘自由度機械臂,以及十數個、數十個自由度的超冗餘自由度機械臂,等等。

這裡給出與傳統工業機器人不同的五個例子,它們都不僅含有工業機器人操作臂或具有冗餘自由度的柔性機械臂,還包含移動平臺:

① HSS Robo Ⅱ型機器人:HSS Robo Ⅱ型機器人由蘇黎世的HighStep Systems AG工程公司研發製造,能夠攀登上高壓線鐵塔,使日常的檢查工作變得輕而易舉。這款配備強勁maxon驅動系統的自主機器人幾乎可以到達任何地

方——無論是令人眩暈的高度還是狹窄的電纜通道都暢通無阻，如圖 1-1 所示。

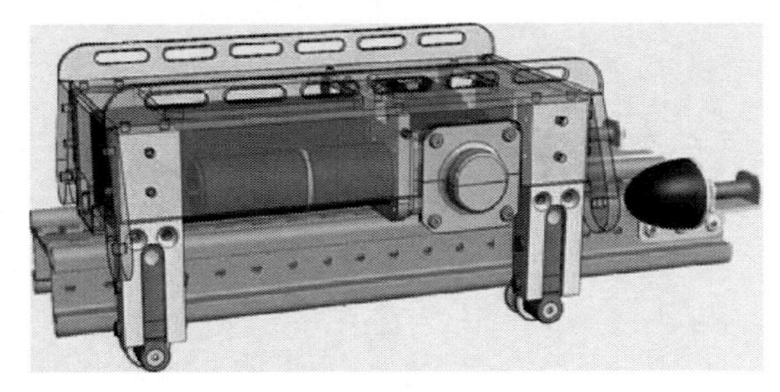

圖 1-1　攀爬高壓線鐵塔的機器人 HSS Robo II

② 超高功率密度管道檢測系統：這款 iPEK 公司的探查機器人可用於檢測直徑為 100mm 或更粗的管道（圖 1-2）。

圖 1-2　超高功率密度管道檢測系統

③ KUKA youBot 小型輪式移動機器人：這臺機器人主要由一個移動平臺和一支機械手臂所組成（圖 1-3），它同時也是一個專為科學研究和教學所研發的開放資源平臺。

④ 帶有機械臂的火星探測車：如圖 1-4 所示。

⑤ 帶有柔性機械臂的管道檢測機器人：如圖 1-5 所示。

可以說，「移動」與「操作」永遠是工業機器人的兩大主題功能。因此，本書也是以這兩大主題功能為範疇來定義並撰寫工業機器人的，涵蓋工業機器人操作臂、移動機器人。

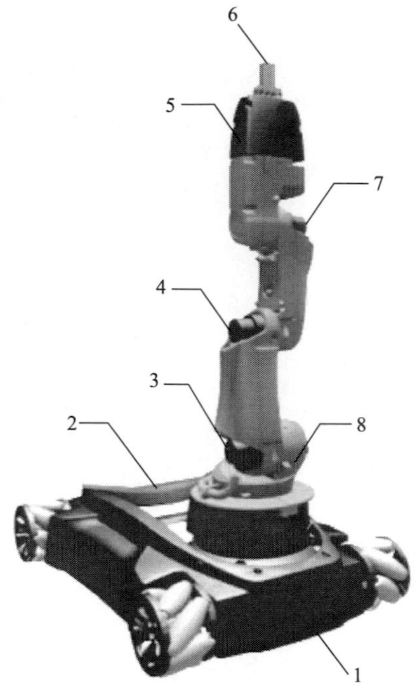

圖 1-3 KUKA youBot 小型輪式移動機器人

1—基座; 2—平臺; 3—機械臂關節 2; 4—機械臂關節 3; 5—機械臂關節 5; 6—夾爪; 7—機械臂關節 4; 8—機械臂關節 1

圖 1-4 帶有機械臂的火星探測車

圖 1-5 帶有柔性機械臂的管道檢測機器人

1.3 機器人操作臂簡史及其分類與應用

1.3.1 工業機器人操作臂是機器人概念的最早技術實現和產業應用

如前所述，工業機器人操作臂最早起源於1940年代美國橡樹嶺和阿爾貢國家實驗室，核廢料的處理因放射性射線對人體的傷害不能有人在現場，因此，尋求一種能夠代替人來對核廢料進行處理的裝置和系統。自然地，像人類手臂一樣能夠帶動夾持物體的如手爪類末端操作器運動，從而實現核廢料物質搬運的機械臂為首選方案，而且為了實現對核廢料處理現場的機械臂進行控制，以主從操作系統的方式，由遠離核廢料處理現場的人員操縱主臂，再由主臂對核廢料處理現場的機械臂（即從臂）進行作業控制。因此，工業機器人從其實用化誕生一開始就「仿生」於人類手臂的運動功能。不僅如此，由當時催生的主從機器人操作系統的概念如今也已成為非現場控制現場機器人的一種遠端操作機器人技術，在諸如極寒、骯髒等惡劣環境以及航空領域太空站站外作業等極限環境中獲得應用，並仍在繼續研究。

1954年美國Derubo公司獲得第一項機器人專利權；1959年美國Unimation公司製造出第一臺工業機器人，1962年出售工業機器人Unimater；Cincinnati Milacro公司的T3型機器人操作臂用於工業操作；1983年美國Robotics Research Corporation首先提出模塊化組合式操作臂的概念，研製出了系列化的擬人手臂和人型臂雙臂，用於1/3比例空間站桁架雷達站、軌道替換單元、遙控表面檢查系統。

1970、1980年代工業機器人在工業領域得到普及應用，美國、日本、德國、瑞典等國家以機器人操作臂為主的工業機器人製造商紛紛推出了自己品牌的技術成熟的機器人操作臂產品。歐洲、日本在工業機器人研發與生產方面占有優勢，知名的機器人公司有ABB、KUKA、FANUC、YASKAWA等，占據工業機器人市場占有率的60%～80%。在工業發達國家，工業機器人技術已日趨成熟，已經成為一種標準設備被工業界廣泛應用，相繼形成了一批具有影響力的、著名的工業機器人公司，包括瑞典的ABB Robotics，日本的FANUC、YASKAWA，德國的KUKA Roboter，美國的Adept Technology、American Robot、Emerson Industrial Automation、S. T Robotics，義大利的COMAU，英國的Auto Tech Robotics，加拿大的Jcd International Robotics，以色列的Robogroup Tek，這些公司已經成為其所在地區的支柱性產業。代表性的 6 軸工業機器人操作臂產品如圖 1-6(a)～(c) 所示，分別為 MOTOMAN、KUKA、ABB 品牌 6 軸工業機器人操作臂的實物照片。

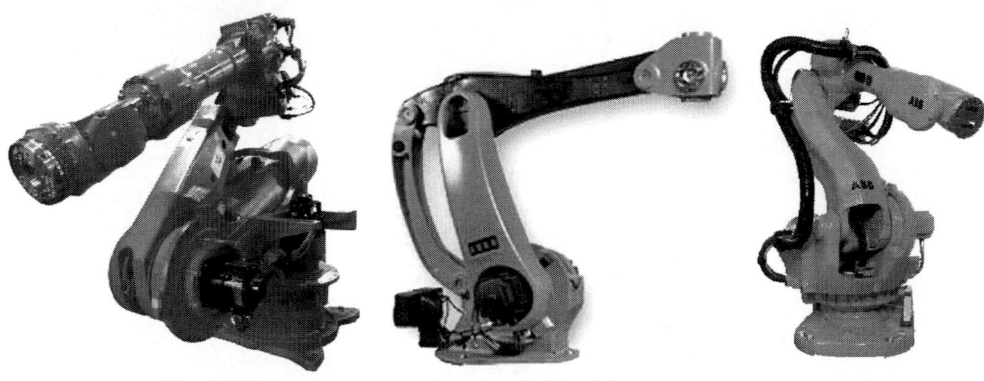

(a) MOTOMAN 6軸工業機器人ES165RD Ⅱ　(b) KUKA 6軸工業機器人　(c) ABB 6軸工業機器人

圖 1-6　6 軸工業機器人操作臂實物照片

1.3.2 傳統工業機器人操作臂和冗餘、超冗餘自由度機器人操作臂

機器人從 1940 年代誕生發展至今的 70 餘年間，機器人操作臂的發展已經超出了普遍使用的 6 自由度的工業機器人操作臂範疇。單從機器人自由度數的角度分類，可以分為 6 自由度以內的工業機器人操作臂和自由度數超過 6 的機器人操作臂。

(1) 6 自由度以內的工業機器人操作臂

① 三維空間內通用的 6 自由度工業機器人操作臂　由於在三維現實物理世界空間內確定直角座標系 $O\text{-}XYZ$ 表達的空間中任何一個物體的位置和姿態需要 6 個自由度，即 X、Y、Z 三個位置座標分量和分別繞 X、Y、Z 軸的 α、β、γ 三個姿態角分量，總計六個分量。因此，一般地，通用的工業機器人操作臂為了能夠在三維現實物理世界空間中操作任何一個物體以及帶著物體運動，需要 6 個自由度。不僅如此，還需要根據機構學原理確定實現這 6 個自由度的機構運動副類型和合理配置。目前，海內外的工業機器人操作臂製造商出售的產品基本上是以 6 自由度為主的操作臂系統。但是，如果工業生產中實際的被操作對象物不需要 6 個自由度，例如，用機器人操作臂往軸上裝配軸承時不需要末端操作器繞軸

承軸線的回轉運動，則用 5 自由度以內的機器人操作臂即可，選用 6 自由度機器人操作臂則明顯浪費，而且那些多餘的自由度的運動驅動和控制必須處於「鎖死」狀態，即實際控制時必須處於「停止」狀態甚至於必要時用機械方法固定住不動。

② 少於 6 自由度的專用工業機器人操作臂　此類工業機器人操作臂往往需要根據具體操作作業任務要求專門設計，一般為 3～5 自由度，而且該類機器人操作臂各自由度運動副的配置與操作作業任務密切相關，需要首先進行操作作業運動分析，確定所需要的自由度數和機構構型。例如：用於裝配作業的 SCARA 型機器人只有 4 個自由度（也即 4 個軸，包括 3 個分別繞各自垂直軸線轉動的回轉運動自由度和 1 個沿垂直軸線上下移動的自由度）。

(2) 冗餘自由度機器人操作臂

① 冗餘自由度機器人操作臂定義：是指在其機構構成上，由主驅動部件（如伺服電動機或液壓缸、氣缸等原動機部件）獨立驅動的運動副總數（也即機構自由度數）多於機器人操作臂末端操作器完成作業所需要自由度數的機器人操作臂。如工作空間為二維平面內作業空間的 3 個及以上自由度的平面串聯桿件機械臂［圖 1-7(a)］；工作空間為三維作業空間的 7 自由度人型手臂、具有 7 以上自由度的柔性臂、象鼻子操作臂等等。這裡以圖 1-7 所示的平面冗餘自由度操作臂和圖 1-8 所示的人類手臂為例說明什麼是冗餘自由度機器人操作臂的自運動特性。

② 冗餘自由度機器人操作臂的自運動（self-motion）特性：就是指當末端操作器的位置和姿態不變（即可將末端操作器看作固定不動）時，操作臂可以以無限多的臂形（即機構構形，manipulator configuration）實現此時末端操作器同一位置和姿態。

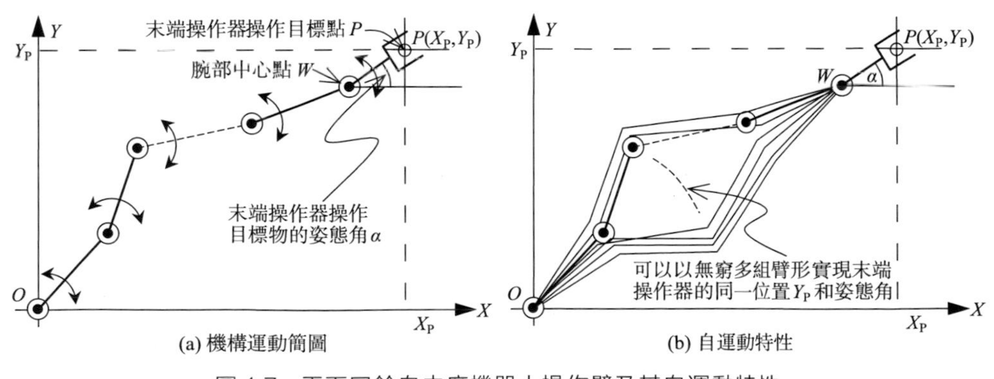

圖 1-7　平面冗餘自由度機器人操作臂及其自運動特性

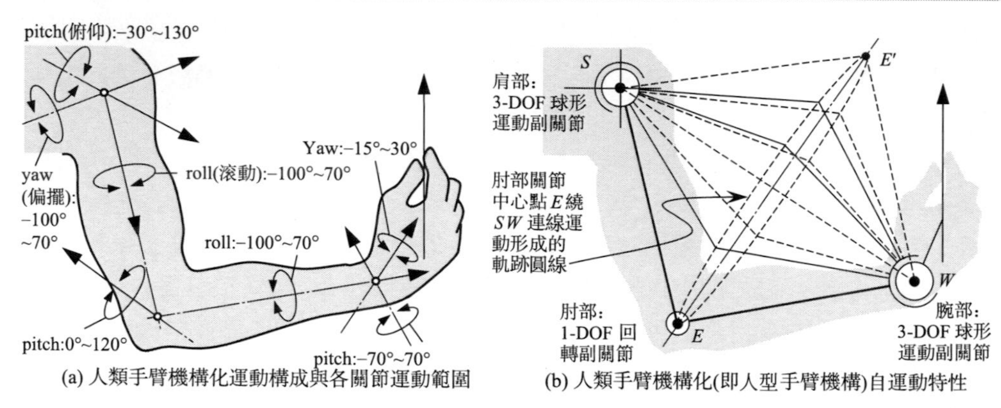

圖 1-8　人類手臂的冗餘自由度及其自運動特性

對於圖 1-7 所示的二維平面內運動的 n 自由度冗餘自由度機器人操作臂而言，即是末端操作器以姿態角 α 操作目標物中心點 P（X_P，Y_P）時，操作臂可以以從 O 點到腕部中心點 W 之間機構的兩個極限構形之間的任意構形實現末端操作器的位置和姿態，也可以說當末端操作器被固定在某一位置和姿態時，操作臂可以自由地改變由距離基座最近關節至末端操作器腕部關節中心之間臂的構形，而末端操作器不動。

同理，對於圖 1-8(a) 所示的人類手臂在三維空間內的運動分解構成，可以按照機構學原理將其機構化為 7-DOF 的開式串聯桿件機構［圖 1-8(b)］，需要說明的是：7-DOF 的人型手臂機構可以有兩類機構構型：3-DOF 肩＋1-DOF 肘＋3-DOF 腕的構型形式和 2-DOF 肩＋2-DOF 肘＋3-DOF 腕的構型形式。圖 1-8(b) 中，當手的位置和姿態一定（即在三維空間中手保持固定不動）時，肩部中心 S 到腕部中心 W 之間的大小臂構形（即△SEW）可以繞 SW 連線自由旋轉，如果不考慮肩、腕關節的運動範圍而只當作機器人操作臂的話，可以實現大小臂構形繞 SW 連線回轉 360°的自運動，因此，7-DOF 的人型手臂的自運動形成的機構構形是由相同底面背對在一起的兩個圓錐面組成的，背對在一起共底的兩個圓錐面上的任意一條母線（以肘關節中心點 E 為折點的折線）即為可以實現給定末端操作器位置和姿態的臂形，這樣的臂形有無窮多個；即便受關節極限所限不能形成完整的兩個背對共底的圓錐面，自運動形成臂形也可以實現末端操作器同一位置和姿態的無窮多個構形。

顯然，冗餘自由度機器人操作臂有無窮多組臂形與末端操作器作業軌跡相對應，而這些無窮多組構形是由各個關節的關節角隨時間變化的關節運動軌跡族形成的。這意味著在給定末端操作器作業軌跡（即位置、姿態隨時間變化的軌跡）的情況下，冗餘自由度機器人操作臂的逆運動學解（即對應末端操作器位置、姿態軌跡的各關節運動軌跡）有無窮多個。由此而引出一個具有重要理論與實際意義的機器人機構學問題，即冗餘自由度機器人操作臂逆運動學的全局最佳化設計與運動控制理論問題。即針對末端操作器作業軌跡，如何找到使作業性能最優的逆運動學解，並且實時地控制操作臂。冗餘自由度機器人操作臂機構比起 6 自由度的工業機器人操作臂在機構上、逆運動學求解以及運動控制等方面要複雜得多。

③ 冗餘自由度機器人操作臂的優點是：可以有效地利用除末端操作器作業時位置與姿態所必需的自由度數之外剩餘的自由度（即冗餘自由度），進行末端操作器主作業性能的最佳化和附加作業。主作業最佳化包括末端操作器作業運動學、動力學性能最佳化，如機器人操作臂驅動速度、驅動力矩、驅動能量、作業時間等的最佳化；而附加作業則可以定義為機器人操作臂在進行主作業的同時，臂與周圍環境物的障礙回避作業、操作臂機構奇異構形回避、關節極限回避等等。顯然，在複雜作業工況下，冗餘自由度機器人可以比非冗餘的工業機器人操作臂具有更高的運動靈活性、主作業性能和附加作業能力。因而，1980、1990，冗餘自由度機器人操作臂機構學研究成為機器人操作臂研究方面的焦點，同時，一些冗餘自由度機器人操作臂、人型手臂、超冗餘自由度的機器人操作臂被設計研製出來。

④ 冗餘自由度機器人操作臂實例：6 自由度機械臂被大量應用於工業生產中，但其靈活性不如 7 自由度人型臂，因而，針對一些比對工業生產用機器人操作臂使用要求更高、更靈活的特殊應用場合，7 自由度及冗餘自由度數更多的運動靈巧型的冗餘自由度、超冗餘自由度機器人操作臂成為研發對象，以下選擇的是在冗餘自由度機器人操作臂設計、研發以及應用方面具有創新性和實際意義的一些代表性研發實例。這些研發實例對於目前中國工業機器人操作臂的設計與研發仍具有重要的參考價值。

Sarcos 靈巧臂（1991 年）：位於美國鹽湖城（Salt Lake City）的 Animate System Inc. 於 1991 年研製出具有 10 自由度的 Sarcos 靈巧臂（Sarcos Dextrous Arm）[1]，如圖 1-9 所示。Sarcos 靈巧臂帶有 3 自由度末端操作手，臂部為 7 自由度人型靈巧臂，由液壓驅動，擁有比人臂更高的操作速度與出力，以及高解析度的位置和力控制性能。它可以自主或遙控方式進行操作，可以拿起並使用工具如螺絲刀（螺釘旋具）、鎚子、刀子、鋸等；帶載能力相當於一個強壯成人的舉重能力，速度也相當！美國 Sarcos 公司、貝爾實驗室及能源部聯合推出了靈巧操作系統（DTS），DTS 系統的機器人操作臂就使用了該靈巧臂，可應用於核工業、海底建造和維修、能源利用、製造業、太空實驗等。

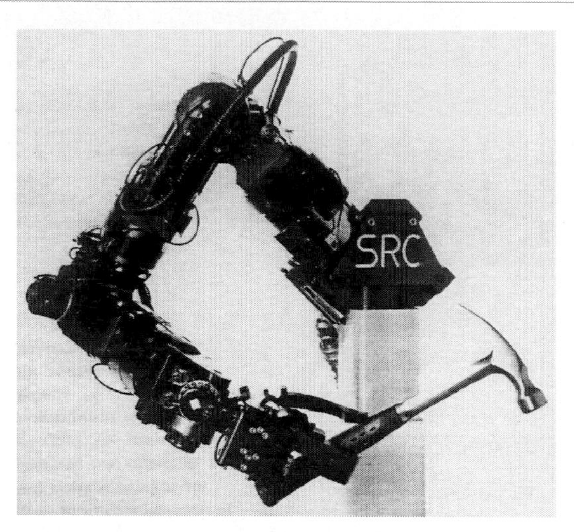

圖 1-9 Sarcos 公司的帶有 3 自由度末端操作手的 10 自由度靈巧臂[1]

模塊化組合式 7 自由度人型手臂系列與 17 自由度人型雙臂（1983 年）：1983 年美國機器人研發公司（簡稱 RRC）首先提出了模塊化組合式操作臂系統概念［圖 1-10(a)(b)］，並以實用化為目標，致力於設計、製造高性能組合式操作臂，同時研究運動控制，提出了機械、控制、電子、軟體模塊化和組合式系列，並且標準化，以滿足特殊使用要求[2]。該公司研製的 K 系列、B 系列靈巧臂是由關節驅動模塊系列組合而成的。系列裡的每一個關節驅動模塊包含了完整的關節機構和驅動系統（單自由度關節）。控制用電腦、訊號系統、電子系統安裝在控制盒內透過高性能柔性電纜與模塊連接。關節模塊系列有 roll 和 pitch（±180°或±360°）兩種類型關節，有 1920、904、508、283、158、68、17N·m 七種輸出轉矩規格，可以組裝出多達 17 個自由度的操作臂。關節驅動皆採用伺服電動機＋諧波齒輪異速器及閉環控制方式。美國 RRC 採用模塊化組合設計、研製出的 K-2107HR、K-1607HP、K/B-1207 等單臂 7-DOF 人型臂操作臂如圖 1-10(b) 所示，有關參數為：K-2107HR 臂伸展總長為 2.1m，末端精度為 0.013mm；K-1607HP 臂伸展總長為 1.6m，總重為 23kg，已用於工廠和實驗室；K/B-1207 臂伸展總長為 1.2m，總重為 73kg，腕部重量為 9kg，使用比利時產電動機。使用模塊化系列關節組合出的 17-DOF 人型雙臂如圖 1-10(c) 所示，兩個單臂各有 7 個自由度，安裝雙臂的軀幹和腰部共有 3 個自由度。美國 RRC 公司研發出的 K/B-1207 臂已用於 1/3 比例太空站桁架雷達站、軌道替換單元、遙控表面檢查系統[3]。

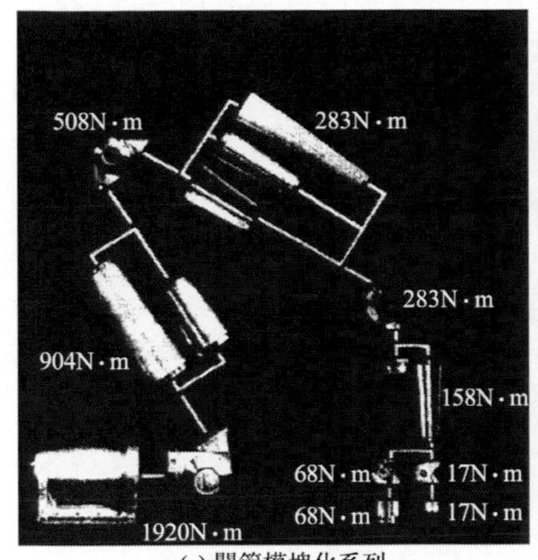

(a) 關節模塊化系列

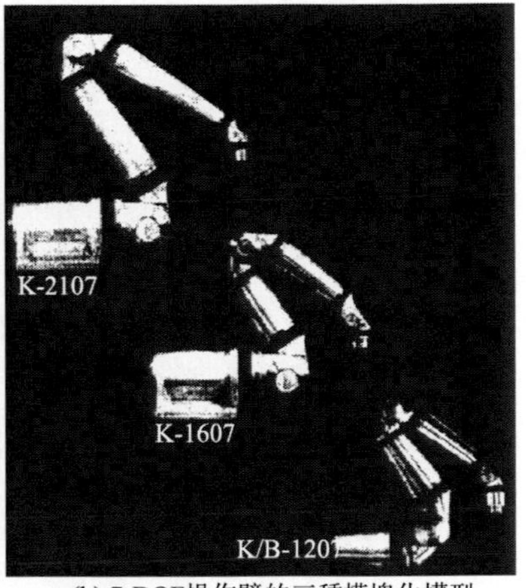

(b) 7-DOF操作臂的三種模塊化構型

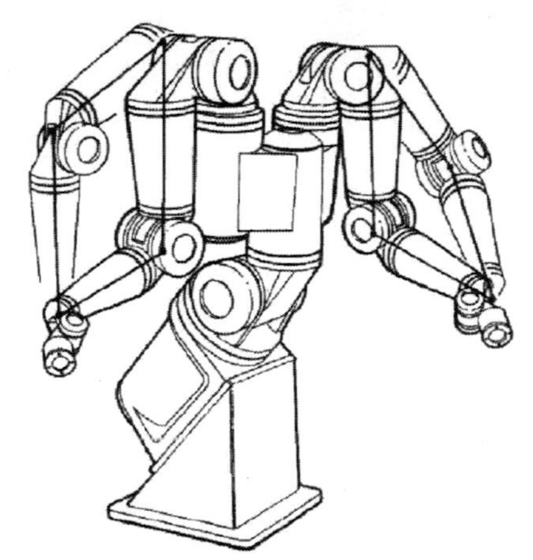
(c) 17-DOF操作臂(雙臂)

(d) 桁架雷達站軌道替換單元、表面檢測遙操作

(e) 遙控表面檢查實驗室的操控站

圖 1-10　美國機器人研發公司（RRC）研發的模塊化組合式操作臂系列[2]及其在 1/3 比例空間站上的應用[3]

面向極限作業遠端遙控系統自動化作業的多種工具自動換接的 7-DOF Schilling 臂（1988 年）：1988 年 Schilling 研發公司（Schilling Development Incorporate）的 Tyler Schilling 深入分析了極限環境下遠端遙控作業的自動化要求和特點，研究了極限環境下遠端遙控系統，研發了 7-DOFSchilling 人型臂[4]（圖 1-11），該臂在肩部配備了工具安裝座和諸如卡尺、鉗子、磨頭、螺絲刀等工具和量具，透過末端操作器上的工具轉接器可以「回夠肩部」送回或拿到不同的工具從而完成不同的操作作業任務。在臂的設計上，顯然如圖 1-11 所示的肘關節非零偏置可以實現肘關節單側大範圍運動，從而使末端操作器可以「回夠肩部」送回或拿到換接的工具。該臂可以用於危險原料處理艙的清理等作業。

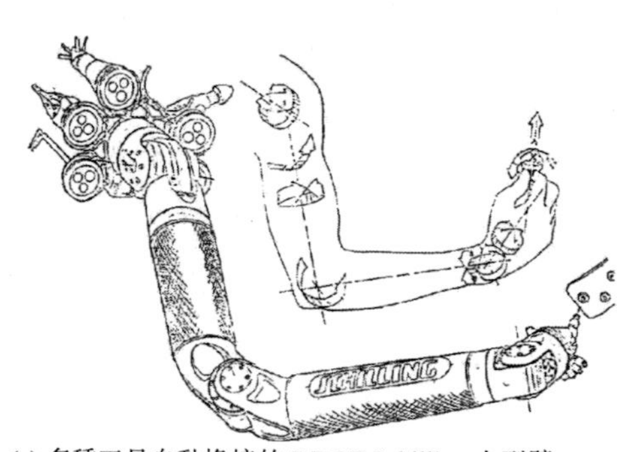

(a) 多種工具自動換接的 7-DOF Schilling 人型臂

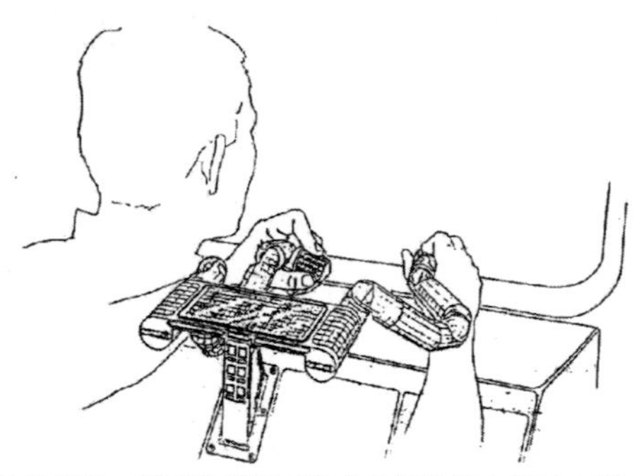

(b) Schilling 臂清理危險原料倉主從作業主控站主臂

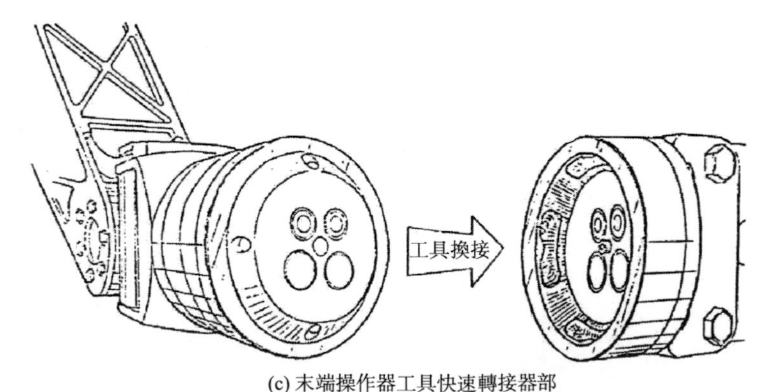

(c) 末端操作器工具快速轉接器部

圖 1-11 多種工具自動換接的 7-DOF Schilling 人型臂
及其遠端遙控作業應用中的主控站主臂[4]

Mark E. Rosheim 研發的 3-DOF 全方位無奇異腕及 7-DOF 人型臂（1985～1990 年）：美國 Ross-Hime 設計公司（Ross-Hime Design Inc.）的 Mark E. Rosheim 自 1985 年起針對機器人手臂在噴漆、焊接方面的應用開展了人型手腕關節的研究。他曾指出，未來複雜人型機器人的發展取決於手腕的技術進步[5]。

他將人類手腕運動的實現歸結為：roll（滾動）-pitch（俯仰）-roll（滾動）和 pitch-yaw（偏擺）-roll 兩種機構，並分別設計了四種機器人新型手腕機構，其中之一便是如圖 1-12(a)、(b) 所示的利用齒輪傳動與雙萬向節傳動原理設計研製的 pitch-yaw-roll 型全方位無奇異肩和手腕機構，並於 1990 年獲得多項美國發明專利。該機構已為 NASA 所採用。Mark E. Rosheim 基於這種手腕機構原理設計研發了 7-DOF 人型臂[7]［圖 1-12(c)(d)］。這種手腕及採用同樣原理的肩關節與腕關節構成的人型手臂不存在關節機構奇異構形，因而較通常的工業機器人腕及臂具有更高的靈活性和更大的工作空間，在噴漆[8]、焊接、檢查探傷、裝配以及空間站遠端遙控作業系統中都有較高的應用價值。

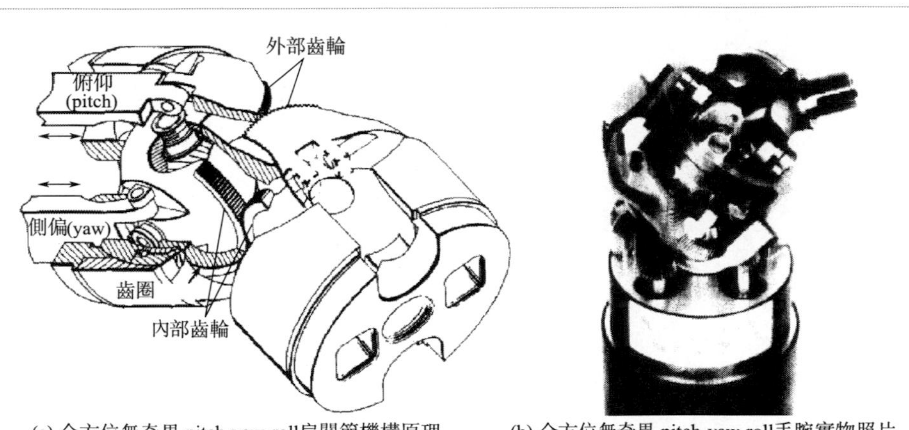

(a) 全方位無奇異 pitch-yaw-roll肩關節機構原理　　(b) 全方位無奇異 pitch-yaw-roll手腕實物照片

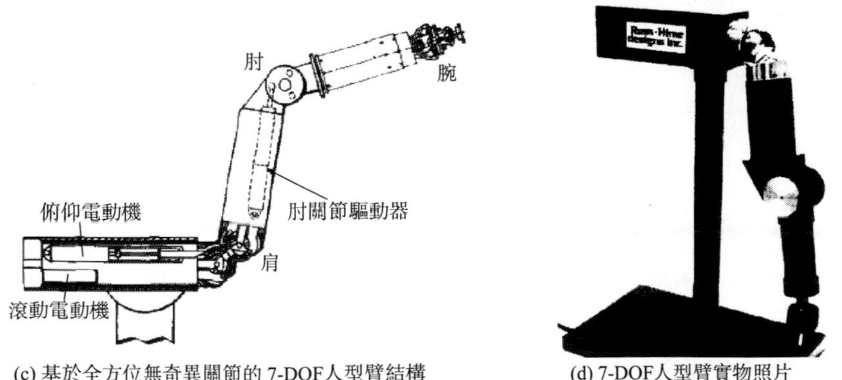

(c) 基於全方位無奇異關節的 7-DOF人型臂結構　　(d) 7-DOF人型臂實物照片

圖 1-12　Mark E. Rosheim 設計研發的全方位無奇異 pitch-yaw-roll 腕關節及 7-DOF 人型臂

平面多冗餘自由度機器人操作臂 CT ARM（1993 年）：1993 年，日本東京工業大學馬書根、廣賴茂男等利用多級繩索傳動的原理研發了 7-DOF 平面多冗餘自由度機器人操作臂[9]［圖 1-13(a)］，基座之上有 1 個腰轉自由度，其繩傳動的機構原理如圖 1-13(b)所示。雖然臂部為可以彎曲成 S 形的平面機構，但其腰轉關節的轉動可以改變臂平面的方位。而且，跨關節繩傳動可以實現把驅動各關節的伺服電動機全部安裝在基座內，如此就異輕了臂部運動部分的質量，相對提高了末端操作器手爪的帶載能力。

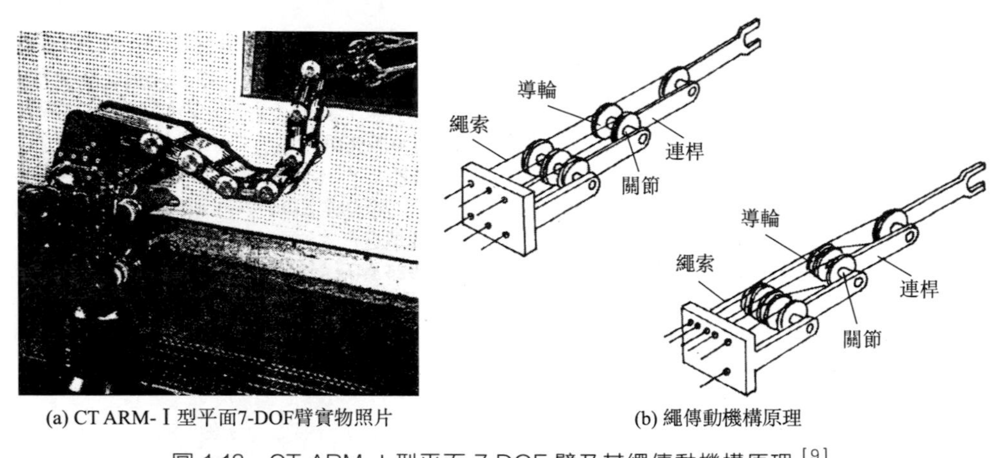

(a) CT ARM-Ⅰ型平面7-DOF臂實物照片 (b) 繩傳動機構原理

圖 1-13 CT ARM-Ⅰ型平面 7-DOF 臂及其繩傳動機構原理[9]

基於平面變幾何桁架單元的 30-DOF 超冗餘自由度機器人操作臂（1993 年）：約翰・霍普金大學（Johns Hopking University）與加州理工學院（California Institute of Technology）於 1993 年聯合研發了具有 30-DOF 的機器人操作臂[10]。研究中提出了基於可變幾何桁架（variable geometry trusses，VGT）單元的超冗餘自由度機器人操作臂的概念，該概念實際上開啓了串聯多數個並聯機構單元的串並聯混合式機構的機器人操作臂的研究。各可變幾何桁架單元的機構原理如圖 1-14(a) 所示，分別由三個直流伺服電動機和螺桿驅動的三個柱狀移動副與桿件並聯在兩個橫桿之間，為 3-DOF 的平面並聯機構單元，每個移動副可在 12in（1in＝0.0254m）和 18in 長度範圍內伸縮變化，在運動過程中可產生 75lbf（1lbf＝4.44822N）的力，並且可以經受住 225lbf 的靜載荷。每個柱狀移動副機構上都裝有線性電位計用來測量其絕對位移量。電位計的位移量回饋和螺桿傳動回差引起的誤差總量約為最大伸長量的 1%。利用這種 3-DOF VGT 單元和諸如六邊形 VGT 單元分別串聯而成的超冗餘自由度機器人操作臂機構構型如圖 1-14(b) 所示。約翰・霍普金大學與加州理工學院的研究者們還利用基於 VGT 單元研發的 30-DOF 機器人操作臂分別進行了回避障礙實驗、單臂包圍抓取實驗［圖 1-14(c) 上兩圖］以及雙臂操作實驗［圖 1-14(c) 下兩圖］，用來模擬從運行軌道上抓取、回收衛星的操作。

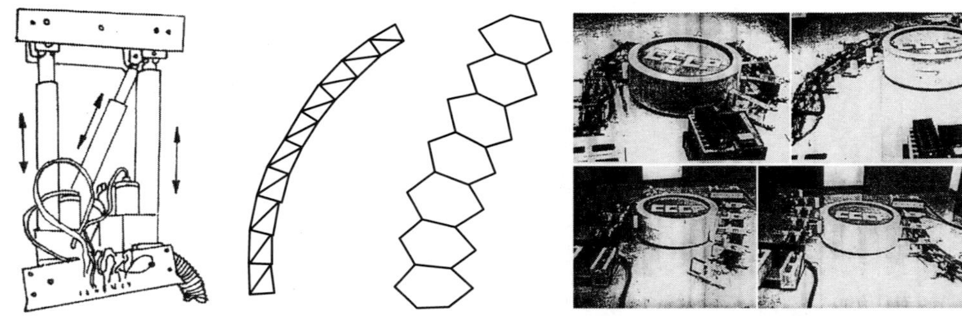
(a) 平面3-DOF VGT單元 (b) 基于VGT單元的超冗餘自由度臂 (c) 30-DOF臂包圍抓取衛星的模擬實驗照片

圖 1-14 約翰·霍普金大學研發的基於可變幾何桁架原理的超冗餘自由度臂機構及 30-DOF 臂包圍抓取實驗 [10]

日本安川（YASKAWA）電機株式會社的 MOTOMAN 7 軸工業機器人操作臂（2008 年）：1990 年代海內外有很多大學、研究機構研製出具有 7-DOF 的機器人操作臂原型樣機，但是在工業領域實際應用的工業機器人產品方面，安川電機株式會社以其工業機器人技術與製造優勢又一次占據了第一位。2008 年安川電機製造出世界上第一臺 7-DOF 工業機器人操作臂產品[11]，末端負載為 3kg，最大可達範圍為 1434mm，重複定位精度為±0.08mm，如圖 1-15 所示。該 7-DOF 工業機器人操作臂屬於冗餘自由度機器人，是在原有的 6-DOF MOTOMAN 工業機器人操作臂［圖 1-15(a)］基礎上，在大臂 Pitch（俯仰）關節與肘俯仰關節之間增加了一個 roll（滾動）自由度，而成為 7-DOF 的冗餘自由度工業機器人操作臂［圖 1-15(b)］，其機構運動簡圖如圖 1-15(c) 所示。它與其他 6 軸（6-DOF）工業機器人相比的優勢為：可以回避作業時的周邊物體障礙。

德國 KUKA 7 軸工業機器人操作臂 LB Riiwa（2014 年）：2014 年 11 月，德國工業機器人製造商 KUKA 首次在展會上發布了 7-DOF 輕型工業機器人操作臂 LB Riiwa[12]。該臂總重為 23.9kg，末端負載分別為 7kg、14kg。一般的 6-DOF 工業機器人操作臂的末端負載與其總重的比值約為 1∶10，因此，LB Riiwa 首次成為輕型工業機器人操作臂在保證末端重複定位精度的情況下，末端負載超過 10kg 和打破 1∶10 比例的機器人操作臂產品。並且，該臂的各軸內均配置碰撞檢測功能。圖 1-16(a) 為 LB Riiwa 的實物照片；圖 1-16(b) 分別從側向（上三圖）和正向（下三圖）視角給出了 LB Riiwa 在其末端位置和姿態不動的情況下其臂形變化的自運動影片截圖。

瑞典 ABB 7 軸工業機器人操作臂 YuMi（2014 年）：2014 年 11 月，瑞典機器人製造商 ABB 也與德國 KUKA 同期推出了如圖 1-17 所示的雙臂協調操作機器人 YuMi[13]。YuMi 總重為 38kg，單臂為 7-DOF 臂，末端重複定位精度可達

±0.02mm，末端負載為 0.5kg。

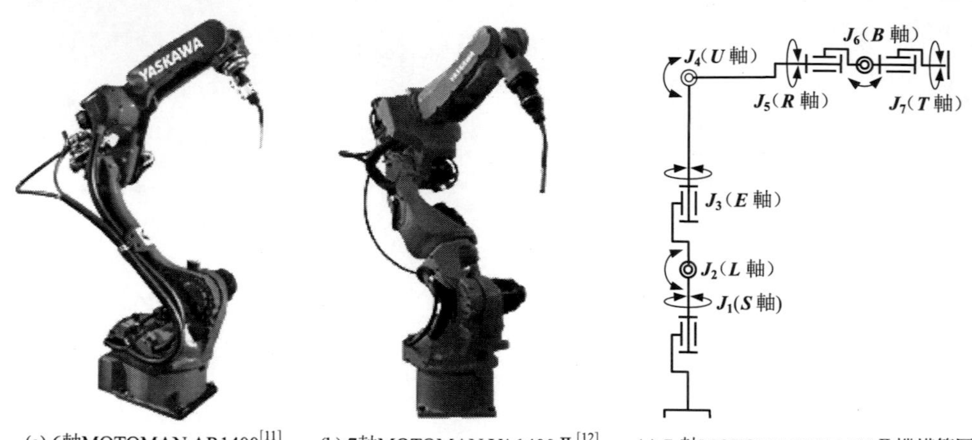

(a) 6軸MOTOMAN AR1400[11]　(b) 7軸MOTOMAN VA1400 Ⅱ[12]　(c) 7-軸MOTOMAN VA1400 Ⅱ 機構簡圖

圖 1-15　7-DOF（7 軸） MOTOMAN-VA1400 Ⅱ 型弧焊/搬運/雷射焊接用工業機器人操作臂及其機構簡圖

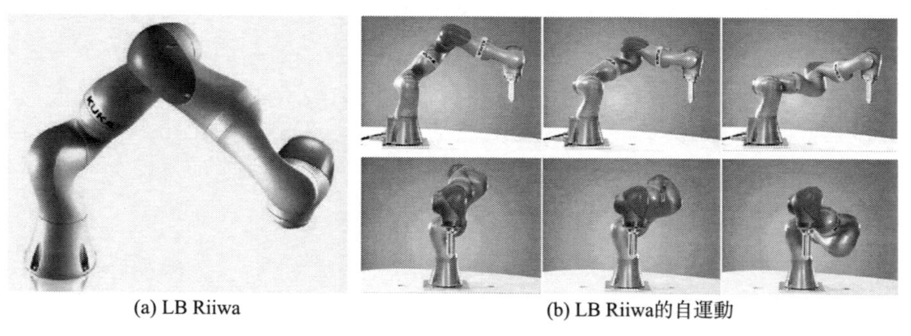

(a) LB Riiwa　(b) LB Riiwa的自運動

圖 1-16　KUKA 7-DOF（7 軸）工業機器人操作臂 LB Riiwa 及其自運動[12]

美國克萊姆森大學（Clemson University）研發的氣動連續介質機器人操作臂（2000～2006 年）：在美國 DARPA（Defense Advanced Research Projects Agency，美國國防高級研究計劃局）多年資助下，克萊姆森大學電氣與電腦工程系的 Ian D. Walker 和建築學院的 Keith E. Green 研發了連續介質機器人。其研究目標是設計研製像章魚那樣具有柔軟性和順應性並且可以控制形態的連續介質柔性機器人操作臂，並且單元化，可以透過連續介質的單元臂搆造出任意結構的柔性機器人。目前研製出的機器人操作臂是由 3～4 節單元臂構成的，每節單元臂都具有 3 個自由度，如此，3～4 節單元臂串聯在一起搆造出 9～12-DOF 的連續介質機器人操作臂 OctArm（octopus arm 的縮寫）[14]，英文全稱為 continuum robot manipulator inspired by octopus arms。OctArm 連續介質機器人操作臂每節單元斷面都有可以透過氣腔空氣壓力變化使單元臂任意彎曲和伸縮的三個間隔開的氣腔，以實現像章魚肢體那樣的運動。通常把這種驅動方式叫作 Mckibben 氣動人工肌肉（air muscles）驅動。Mckibben 氣動人工肌肉驅動器是在 1958 年由 Richard H. Gaylord 發明的執行器，他對這種「人工肌肉」的描述是：細長的由編織物包圍的可膨脹的管狀腔室的裝置[15]。其原理如圖 1-18(a) 所示。但是，這種裝置是在 1960 年由 Joseph L. Mckibben 作為氣動執行機構開始使用並逐漸流行起來，1960 年代在人工義肢研究中分別由 Schulte（1961 年）、Gavrilovic 和 Maric（1969 年）研發出來，1988 年由日本 Bridgestone Rubber Company 的 Inoue 應用到機器人領域的。

圖 1-17　瑞典 ABB 7-DOF 工業機器人操作臂 YuMi 雙臂協調操作[13]

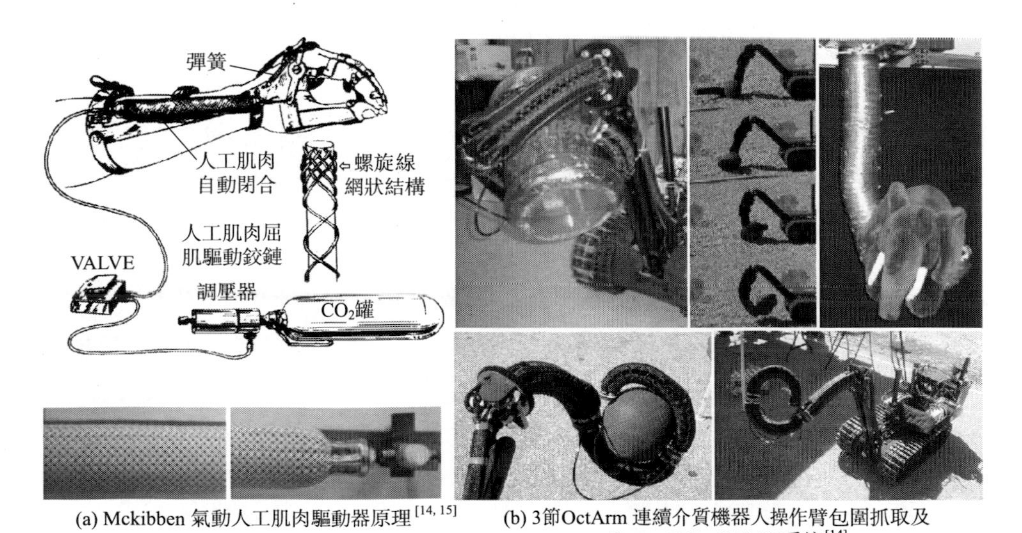

(a) Mckibben 氣動人工肌肉驅動器原理[14, 15]　(b) 3節OctArm 連續介質機器人操作臂包圍抓取及 Foster-Miller TALON系統[14]

圖 1-18　Mckibben 氣動人工肌肉驅動器原理及 OctArm 連續介質機器人操作臂包圍抓取作業

日本東芝公司鈴森康一、立命館大學川村貞夫研發的氣動柔性機器人操作臂（1991 年、2001 年）：

氣動人工肌肉驅動除了前述 Mckibben 式之外，還有如圖 1-19 所示的將圓形截面均分成數個扇形腔室結構、用分瓣組合模具製作出均分腔室的橡膠筒結構單元，用這樣的數個柔性單元可以組合出多節氣動或者液壓驅動的柔性機器人操作臂。1991 年日本東芝公司鈴森康一研發出的微小型人工肌肉驅動器 FMA（Flexible Microactuator）[16] 就用了這種圓形截面均分三腔室的柔性單元結構，外形呈圓管狀，管內分隔成三個互成 120°的扇形條狀空腔，管壁以矽橡膠為基體材料，同時基體內敷設有與管壁圓形截面圓周成一定螺旋角的芳香聚酰胺纖維螺旋線作為增強材料。這種均分多腔室的柔性單元製造成本比 Mckibben 式人工肌肉單元高。立命館大學的川村貞夫等人研發的氣動柔性機器人操作臂[17] 原理如圖 1-20 所示，由其中的圖（a）可以看出：三根圓橡膠管呈兩兩相鄰間隔 120°角並聯在端部圓盤之間組成一節柔性驅動單元，每根圓橡膠管透過獨立的氣路和閥門控制進氣增壓（管變形成粗短形態）、放氣異壓（管變回細長形態），從而實現任意彎曲。兩節柔性驅動單元串聯連接在一起時，節間圓盤上的橡膠管沿圓周方向相互錯開 60°，如圖 1-20(b) 所示。由兩節柔性驅動單元組成的柔性臂的運動控制實驗如圖 1-20(c) 所示，可以任意彎曲、伸長、縮短。同前述的 FMA 柔性驅動器原理相比，顯然這種用橡膠管沿圓周方向均布並聯而成的柔性驅動單元和柔性臂在製作上要容易得多。

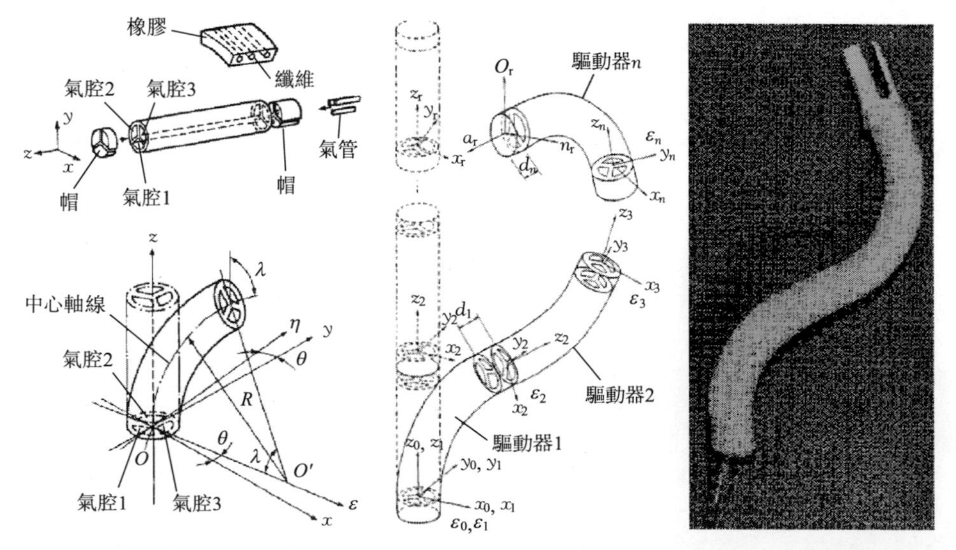

圖 1-19 日本東芝公司鈴森康一研發的 FMA（Flexible Microactuator）微小型驅動器 [16]

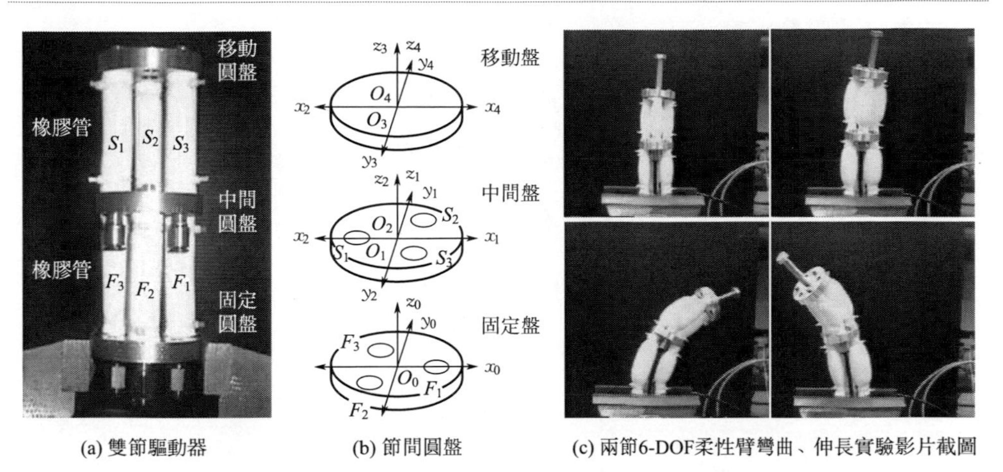

(a) 雙節驅動器 (b) 節間圓盤 (c) 兩節6-DOF柔性臂彎曲、伸長實驗影片截圖

圖 1-20 圓橡膠管 3 根並聯一組的氣動柔性驅動單元及雙節 FMA 柔性臂[17]

多節脊骨式繩索肌腱驅動「象鼻子」柔性操作臂（1999 年、2001 年）：前述的 Mckibben 式人工肌肉、FMA 氣動微小型柔性驅動器以及橡膠管並聯式柔性臂都是靠橡膠或者橡膠伴有纖維編織物柔性材料在氣壓、液壓作用下變形的原理來實現臂的運動的。還有一類柔性臂不是靠人工肌肉或橡膠管等柔性材料的變形，而是由剛性結構和電動機驅動繩索的原理來實現如「象鼻子」一樣靈活、可以任意彎曲成 S 形的柔性操作臂，即「象鼻子」柔性操作臂。Cieslak 與 Morecki 於 1999 年研發出由繩索肌腱驅動的彈性操作臂；Hannan 與 Walker 於 2001 年研發了每一節都由混合線纜（hybrid cable）和彈簧伺服系統（spring servo system）驅動的 4 節「象鼻子（elephant trunk）」柔性操作臂，總長為 838.2mm，總共由 16 個 2-DOF 關節組成 32-DOF 超冗餘自由度操作臂[18,19]。每四個直徑相同的關節圓盤組成如圖 1-21(a) 所示的一節，單節的混合線纜線路分配如圖 1-21(b) 所示，按此結構分為直徑分別為 101.6mm、88.9mm、76.2mm、63.5mm 的 4 節，也即由 4 個 2-DOF 的關節組成 8-DOF 的一節。16 個關節中的 4 個即 8-DOF 由直流伺服電動機驅動，其餘的自由度則由彈簧驅動。

1.3.3 機器人操作臂的分類、用途及特點

（1）機器人操作臂的分類

機器人操作臂的種類繁多，按照自由度的多少、機構構型空間、機構剛柔性、用途及作業環境、操控與驅動方式、驅動原理、機構構件間的連接方式等可以分為圖 1-22 所示的各種類別。

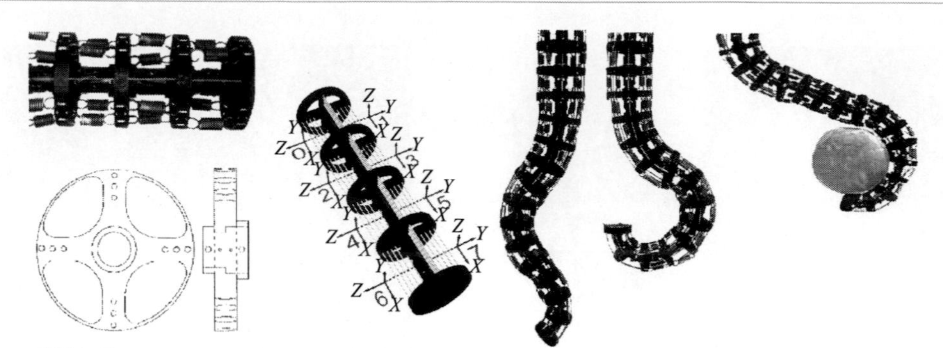

(a) 單節結構及2-DOF關節圓盤 (b) 單節操作臂結構圖 (c) 4節32-DOF「象鼻子」柔性操作臂及其操作例

圖 1-21 脊骨式繩索肌腱驅動的「象鼻子」超冗餘自由度柔性操作臂[18, 19]

(2) 各類機器人操作臂的用途及特點

① 非冗餘自由度機器人操作臂（6-DOF 以內的工業機器人操作臂） 這類機器人操作臂主要是用來完成末端操作器作業，雖然無冗餘自由度但對於末端操作器同一位置和姿態有少數幾個有限的臂形解。可以用平面或立體解析幾何方法、齊次矩陣變換法或矢量分析的方法，求得對應給定末端操作器位置和姿態的逆運動學解析解，注意：一般都會有幾組解存在。而在實際使用這些解控制機器人操作臂時，在整個運動控制過程中只能選擇其中一組解析解進行關節軌跡控制，在作業過程中回避障礙、回避關節極限的能力十分有限。因此，其一般用於機器人操作臂作業的周圍環境和作業對象無障礙物的情況下，如工廠、自動化生產線等作業環境的工業機器人操作臂。相對而言，其作業環境相對寬鬆。

② 一般冗餘自由度機器人操作臂 這類冗餘自由度機器人操作臂的冗餘自由度數是指除了末端操作器作業所需的最低自由度數（即相當於非冗餘自由度機器人操作臂的自由度數）以外剩餘的自由度數，而且相對較少。如在二維作業空間內作業的 3～10-DOF 機器人操作臂、三維作業空間內作業的 7 個至十數個自由度的冗餘自由度機器人操作臂。這類機器人操作臂的冗餘自由度數一般在十數個以內。而目前工業機器人製造商生產的冗餘自由度機器人操作臂基本上都是 7-DOF，即在 6-DOF 工業機器人操作臂的基礎上增加了大臂上肘、肩關節之間一個 roll（滾動）自由度，如前述的 7-DOF MOTOMAN VA1400Ⅱ、KUKA 7-DOF LB Riiwa 等工業機器人操作臂。這類具有 1 個或多數個冗餘自由度的機器人操作臂對於給定末端操作器位置和姿勢運動要求的主作業，皆具有無窮多組逆運動學解，也即有無窮多組隨時間變化的臂形解可以實現預先給定的末端操作器運動軌跡。因此，在完成末端操作器主作業的同時，可以利用此特點同時完成回避作業環境障礙、回避作業對象物障礙、回避關節極限、最佳化運動性能等附加作業。如在相對狹小的作業空間

內，多臺工業機器人操作臂協調操作作業對象物或者需要將機器人操作臂深入到深度相對較淺的孔洞空間內作業的情況下，可以選擇 7-DOF 或多冗餘自由度機器人操作臂。工業實際需要如：多臺機器人操作臂協調完成汽車焊接作業、汽車駕駛室內部噴漆作業、核工業中核反應堆內部作業、空間站站外作業以及主從遙操作、腹胸腔醫療手術機器人作業、伸入到食道內的內窺鏡機器人作業等。

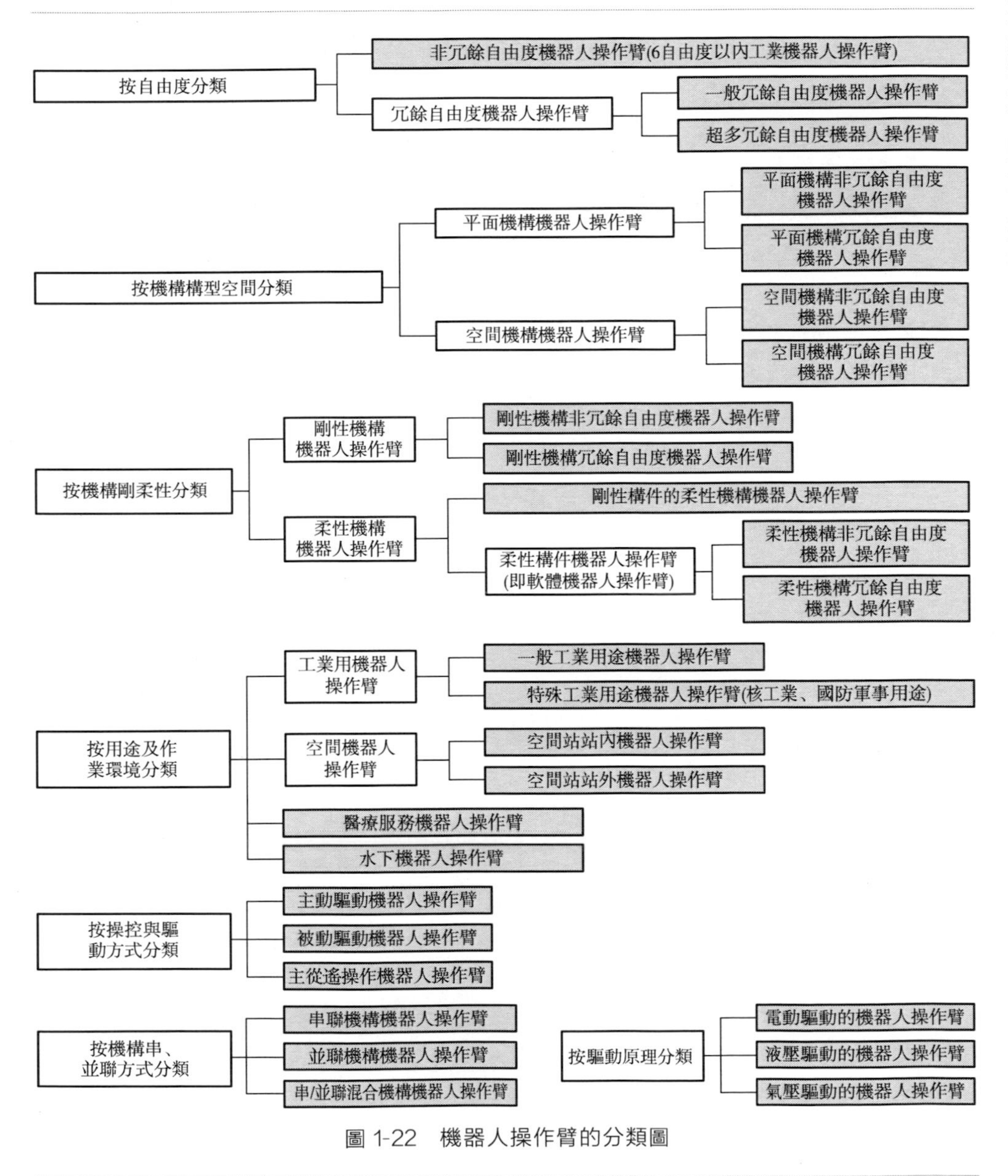

圖 1-22　機器人操作臂的分類圖

從工業機器人操作臂的發展和實際應用來看，隨著工業生產自動化程度和作業複雜性要求的不斷提高，工業機器人操作臂已經由原來的 6-DOF 逐漸發展到 7-DOF，目前國際上已有多家海內外機器人製造商增加了 7-DOF 工業機器人操作臂系列產品，其目標也是面向著逐漸增加的複雜工業生產自動化作業對冗餘自由度機器人操作臂的需求。

7-DOF 的冗餘自由度工業機器人操作臂可以在將冗餘自由度關節角位移量假設為已知變量的情況下，將其作為 6-DOF 的工業機器人操作臂看待來求解得到解析解，然後透過定義或最佳化冗餘自由度的關節軌跡，從而使用解析解來控制機器人操作臂。然而，當冗餘自由度數為多個（＞1）時，很難求得解析解，冗餘自由度數越多，機構逆運動學的求解越困難。為此，一般需要藉助於在臂上設置多數的測距感測器或接觸力感測器、人工皮膚的辦法，來相對地異小控制問題的複雜性，從而緩解逆運動學求解問題的困難。

③ 超多冗餘自由度機器人操作臂　這類冗餘自由度機器人操作臂是指其機構所擁有的冗餘自由度數遠多於通常末端操作器在二、三維空間內主作業所需要的自由度數的機器人操作臂。據現有的文獻報導可知：稱作超多冗餘自由度數機器人操作臂的自由度總數在 30 以上，有的甚至多達 60-DOF。這一類的機器人操作臂可以以任意彎曲的臂形適應作業環境或操作對象物。

超多冗餘自由度機器人操作臂的實際應用大背景有兩大方面：一是狹小、細長、拐彎管道或彎曲孔洞內的探查和操作作業自動化需求；另一個是以整臂臂形包圍抓取作業的自動化需求。前者如管道內表面的檢測或操作作業，一般會在臂的最前端自帶光源、設置相機和末端操作器（或工具）；再如地震發生災害、人被困於廢墟深處狹小空間時實施救援前的情況探查等等。後者的實際需求則如運行於太空中的衛星回收機器人作業，具有超多自由度的機器人操作臂可以以整臂的彎曲形態逐漸由外向內包圍衛星整體，從而實現衛星的回收。在地面上也是一樣，可以以臂包圍抓取的形式「抓握」物體並放到指定的位置。

顯然，超冗餘自由度機器人操作臂比起多冗餘自由度機器人操作臂具有更多的冗餘自由度數，從機構運動能力本身而言，具有更強大的對環境和操作對象的適應性和靈活性，但是，如何有效利用超多冗餘自由度關節實施控制的問題則更加複雜，因此，同樣需要藉助於前述的能夠感知到環境或者作業對象物的各種感測器的資訊與逆運動求解結合方能有效。

④ 平面機構非冗餘自由度機器人操作臂　這類機器人操作臂是指機構中所有的移動副軸線都位於同一平面內或分別位於相互平行平面內，所有的圓柱回轉副軸線都相互平行，而且驅動所有關節的原動機數等於末端操作器作業所需自由度數的機器人操作臂，也即操作臂末端只在平面內運動的非冗餘自由度機器人操作臂。需要特別注意的是：這類機器人操作臂中，也有在最後一個關節配置垂直

或傾斜於其前一關節運動平面的移動副關節，雖然因其而成為空間機構，但也把這種機器人操作臂作為平面機構操作臂來看待。如 SCARA 機器人操作臂即是如此，這是因為類似 SCARA 的機器人操作臂的末端回轉關節和移動關節都只是為末端操作器提供實際作業的需要，臂的主要運動為平面內運動。這類機器人操作臂的自由度總數不超過 4 且為非冗餘自由度操作臂，最後兩個自由度是為末端操作器或工具提供回轉和移動作業運動。

平面非冗餘自由度機器人操作臂機構設計相對簡單，運用平面解析幾何的方法即可解析得到其正、逆運動學解，運動控制容易實現，常常用於軸孔類零部件裝配、平面板件焊縫焊接、印製板插件插拔等工業生產自動化作業中，通常將這類機器人操作臂稱為機械手。

⑤ 平面機構冗餘自由度機器人操作臂　這類機器人操作臂是指機構中所有的移動副軸線都位於同一平面內或分別位於相互平行平面內，所有的圓柱回轉副軸線都相互平行，而且驅動所有關節的原動機數多於末端操作器作業所需自由度數的平面機構機器人操作臂，也即操作臂末端主要運動為只在平面內運動的冗餘自由度機器人操作臂。需要特別注意的是：這類機器人操作臂中，有一種操作臂是將最靠近基座的關節設為圓柱回轉副作為腰轉關節，除此之外，臂上所有關節皆屬於軸線互相平行的回轉副關節、軸線共面或位於互相平行平面內的移動副關節的平面機構冗餘自由度機器人操作臂。如前述的 CT ARM 機器人操作臂，其腰轉關節的作用是將平面機構運動的操作臂繞著腰轉軸線變換不同的方位，而臂的主要運動是在平行於腰轉軸線的臂平面內的平面運動。

儘管這類機器人操作臂的末端主要運動為平面運動，但其可以藉助於 1 個冗餘自由度或多冗餘自由度回避障礙、關節極限以及最佳化運動性能等。特別是多冗餘自由度機器人操作臂可以以任意彎曲的運動特性去適應沿著臂平面方向狹長、曲折的孔洞或障礙物空間形狀執行探查、操作作業；還可以臂的「柔性」包圍、收攏、抓取、回收作業對象物。這類機器人操作臂的逆運動學求解問題較複雜，實際應用時需要藉助於測距、接觸力或人工皮膚等感測器回饋與環境或作業對象物間的距離或接觸力資訊用於臂的運動控制。

⑥ 空間機構非冗餘自由度機器人操作臂　現有的具有空間機構構型的 6-DOF 以內工業機器人操作臂多數屬於此類。其在工業生產自動化中應用十分廣泛，涉及機械製造、汽車、電器電子、輕工等等諸多領域。這類機器人操作臂皆可以用解析幾何方法、矢量分析、齊次矩陣變換等方法求解運動學問題，並得到解析解，用於實時運動控制。在所有的各類機器人操作臂中，非冗餘自由度的工業機器人操作臂是最為成熟的技術。

⑦ 剛性機構非冗餘自由度機器人操作臂　這類機器人操作臂是指構成機器人操作臂機構的基座構件、臂桿桿件、各關節機械傳動系統構件均為剛性構件的

非冗餘自由度機器人操作臂。現有的 6-DOF 以內的工業機器人操作臂中絕大多數屬於此類，在工業中的應用相當廣泛，為各類工業機器人操作臂中的主流產品。需要注意的是，現有工業機器人操作臂產品中有相當一部分在關節傳動系統中使用了同步齒形帶傳動、諧波齒輪傳動（或異速器）等，而同步齒形帶零件、諧波齒輪柔輪、波發生器柔性軸承又都屬於柔性件，但通常仍把使用含有這些柔性零部件的工業機器人操作臂看作剛性機器人操作臂。理由是：在許用轉矩範圍之內，同步齒形帶傳動、諧波齒輪傳動（異速器）都是定傳動比傳動。

⑧ 剛性機構冗餘自由度機器人操作臂與剛性構件的柔性機構機器人操作臂　這類機器人操作臂是指構成機器人操作臂機構的基座構件、臂桿桿件、各關節機械傳動系統構件均為剛性構件的冗餘自由度機器人操作臂，主要包括現有的 7-DOF 工業機器人操作臂、多冗餘自由度乃至超多冗餘自由度的剛性機器人操作臂，如前述的基於 VGT 的超多自由度機器人操作臂。這類機器人操作臂具有高度的運動靈活性和環境適應性，主要用於多臂協調作業、作業時需要回避障礙、運動範圍大需要回避關節極限等的一般工業生產、核工業、空間站站內外自動化作業場合，以及細長、狹小、曲路空間、拐彎管道等環境下探查與操作作業，太空中飛行衛星的回收等作業場合。

多冗餘自由度、超多冗餘自由度的機器人操作臂的運動學、動力學以及控制問題相當複雜，而且自由度數越多，機構越複雜，整體剛度越差，精度越難保證，因此高精度多冗餘自由度的剛性機構冗餘自由度機器人操作臂設計與製造困難，適用於對作業精度要求不高、運動速度較低的場合。但是，這類機器人操作臂在太空中不受地球引力的影響，因而在空間技術領域應用有優勢。通常也將這類機器人操作臂稱為柔性機構機器人操作臂，簡稱柔性臂。但這類柔性臂與用柔性材料構成的柔性臂的不同之處在於：其「柔性」「靈活性」皆是靠多冗餘自由度、超冗餘自由度的剛性驅動關節將剛性構件連接在一起相對運動而獲得的運動「柔性」「靈活性」。如前述的基於 VGT 單元的 30-DOF 操作臂即是這類柔性臂。

⑨ 柔性構件機器人操作臂（也即軟體機器人操作臂）　這類機器人操作臂是真正的柔性機構機器人操作臂（簡稱柔性臂），是靠材料的彈性形變來實現臂的彎曲形態的柔性機器人操作臂，它屬於軟體機器人的一種。柔性機構非冗餘自由度機器人操作臂是指按照二維、三維作業空間中的作業需求，柔性臂的自由度數分別不超過 2、3 的柔性機器人操作臂。與通常的 6-DOF 以內工業機器人操作臂相比，如將這種非冗餘自由度的柔性臂用於操作，則需安裝能夠實現末端姿態變化的「腕部」或者作業任務不需調整末端姿態而只由臂的彎曲形成末端姿態即可的操作（如夾持）；具有多冗餘自由度、超多冗餘自由度的柔性臂最大的優點是可以以臂對作業對象進行包圍、收攏、抓握的運動形式捕獲、抓取、回收或搬運作業對象物，如同大象的鼻子一樣靈活。由於這種柔性臂是用柔性好的彈性材

料製作而成的，因此，可以用於要求被操作物表面不能受到損傷的易碎、易裂物品的操作作業。這是其同剛性柔性臂相比的最大優點。這類機器人操作臂有前述的 OctArm V、FMA、「象鼻子」等柔性臂等等。

⑩ 主動驅動機器人操作臂　這類機器人操作臂是指所有驅動關節均有獨立的主驅動原動機驅動的機器人操作臂。即不論冗餘自由度機器人操作臂還是非冗餘自由度機器人操作臂，對應於各個自由度的各個關節均有原動機主動驅動的機器人操作臂就是主驅動機器人操作臂。通常的工業機器人操作臂都屬於主動驅動，因而不加以特殊強調的話，可以默認機器人操作臂即是主動驅動機器人操作臂。

⑪ 被動驅動機器人操作臂（也稱欠驅動機器人操作臂）　這類機器人操作臂是指機器人操作臂機構各自由度對應的各個關節中，含有沒有設置驅動關節運動的原動機從而自由回轉的關節的機器人操作臂。這類機器人操作臂是透過控制主驅動關節使自由回轉關節所連接的部分獲得慣性運動來控制機器人操作臂完成給定作業的。因此，這種機器人適用於對機器人操作臂自由度數有要求但又需要限製臂的原動機數或者能量消耗的特殊情況。一般這類機器人都會有效地利用重力場或者是共振條件以達到異少能量消耗、異少機器人操作臂機構複雜性、異輕臂的質量等目的。

⑫ 主從遙操作機器人操作臂（主從遙操作機器人系統）　這類機器人操作臂是指由被稱作主臂、從臂所構成的主從機器人（臂）系統，是按照機器人臂的操控方式是否屬於獨立、現場控制而對操作臂進行分類的。其主臂不在作業任務現場，由主臂透過有線或者無線傳輸主臂的運動指令給位於作業現場的從臂，主臂運動指令的生成可以由人來操控主臂運動形成，也可以由主臂的控制系統主動生成。這種由遠在現場之外的主臂和現場作業的從臂構成的系統稱為主從遙操作機器人操作臂或主從遙操作機器人系統，如應用於空間技術領域的空間站從臂與地面遙控從臂的主臂構成的空間主從遙操作機器人系統、應用於遠端醫療手術的主從遙操作醫療手術機器人系統、處理核工業核廢料用的主從遙操作機器人系統等等。這些機器人系統中的從臂往往都需要採用冗餘自由度機器人操作臂，以滿足無人化現場自動化作業對機器人操作臂高運動靈活性和環境適應性的要求。

⑬ 串聯機構、並聯機構、串/並聯混合機構機器人操作臂

a. 串聯機構與串聯機構機器人操作臂。串聯機構又稱為開鏈機構，是指由各個關節將各個桿件串聯在一起首尾不相連的機構。這種機構的機器人操作臂稱為串聯機構機器人操作臂。需要注意的是：現有的 6-DOF、7-DOF 工業機器人操作臂機構中，實現末端操作器運動的主體機構是串聯機構，但是在設計時考慮機器人操作臂的質量分布、自平衡能力和桿件受力合理等目的，往往會在串聯機構的某個局部採用局部閉鏈的環節，如有的工業機器人的操作臂大臂與小臂之間加入平行四連桿局部閉鏈機構等。串聯機構的機器人操作臂從基座到末端操作器

介面之間的任何一個串聯環節的設計、製造、安裝等引起的位置、姿勢誤差都會影響機器人操作臂末端的重複定位精度。所有串聯環節中的各個關節傳動誤差、各關節軸線間的相對位置誤差、關節間桿件製造誤差等累加在一起都受該精度指標約束。高精度的串聯機構機器人操作臂設計、製造、裝配與控制都非常嚴格，因為所有串聯環節精度指標的和等於機器人操作臂末端介面的重複定位精度。即使這樣，由於串聯機構機器人操作臂具有更大的關節運動範圍和末端操作器工作空間，並且通用性強，這種串聯機構機器人操作臂依然成為工業機器人操作臂的主流系列產品，工業應用最為廣泛。其基礎元部件與整機設計、製造技術也代表了一個國家的工業自動化水準。

b. 並聯機構與並聯機構機器人操作臂。並聯機構是指由多個桿件或串聯機構作為分支，這些分支並列連接在位於兩端的構件之間，兩端的構件之一為基座構件，而另一端的構件為運動構件，如此構成具有確定運動的機構而成為並聯機構。顯然，並聯機構為多分支首尾並聯的閉鏈機構。並聯機構可以分為平面並聯機構和空間並聯機構。以並聯機構形式設計製造的機器人操作臂即為並聯機構機器人操作臂，一般簡稱並聯機器人。這種機器人由於所有分支都並行連接在兩個被分別稱為動平臺、靜平臺的構件之間，因此，各個分支的精度也被「並聯」在兩個端部構件之間，而且各分支並聯在一起在精度上會相互製約，從而相對於串聯機構容易獲得機構的高精度和高剛度，且負載能力相對較大，此為其優點。但動平臺相對靜平臺運動的範圍要比串聯機構機器人操作臂小得多，此為其缺點。因此，並聯機構機器人操作臂往往用於諸如往軸上裝軸承、車輪之類的軸孔類零部件的裝配作業，以及作為機械加工的機床（被稱為「並聯機床」）使用。

c. 串/並聯混合機構機器人操作臂。串聯機構的機器人操作臂關節運動範圍大，可以得到大的工作空間，而並聯機構雖然運動範圍小但剛度高、承載能力大，因此，綜合兩者的優點，以並聯機構為操作臂的基本單元，將多個並聯機構單元串聯在一起得到的機器人操作臂就是串/並聯混合機構機器人操作臂。如前述的基於 VGT 的 30-DOF 機器人操作臂就屬於多個平面並聯機構單元串聯而成的串/並聯混合機構機器人操作臂。這類機器人操作臂可用於大載荷作業。

1.3.4 機器人操作臂固定安裝需考慮的問題及安裝使用的三種形式

（1）安裝機器人操作臂與被操作物兩者的安裝基礎間的位置尺寸與姿態參數精度的保證問題

機器人操作臂的實際使用不同於機床，雖然兩者都是對作業對象物（對於機床作業對象為工件，對於機器人操作臂則為被操作物）進行作業，兩者對安裝基礎的要求都很高，但是機床只要安裝基礎達到使用要求即可，機床加工工件時裝夾工件的基準、加工精度都由機床本身來決定；而機器人操作臂所需要的安裝基礎與被操作物的安裝基礎往往是分開的。當機器人操作臂作業時，根據機器人操作臂作業精度從其安裝基礎開始，經機器人操作臂本身至末端操作器、末端操作器作業對象物所在的位置至放置或裝夾被操作物的工作檯等安裝基礎之間已經構成了一個「封閉」式的空間尺寸鏈「閉鏈」，顯然，機器人操作臂的安裝基礎與被操作對象物所在的安裝基礎之間的空間相對位置和姿態已經被納入此「閉鏈」中，兩個安裝基礎之間相對的空間位置尺寸與姿態角參數的精度直接影響機器人操作臂的控制精度以及作業精度，不容忽視！因此，固定安裝機器人操作臂的基礎與被操作物的安裝基礎之間相對空間位置尺寸與姿態角參數的精度需要得到保證。這有如下三種處理辦法：

① 固定安裝機器人操作臂的基礎法蘭、被操作物及相互之間位置、姿態精確性靠設計、製造保證：用於固定安裝機器人操作臂的基礎與被操作對象物或其關聯物間空間相對位置尺寸偏差與形位公差、姿態角及其角度偏差等在設計、製造、安裝上都要保持精確，相關尺寸與參數精確程度需要根據作業類型、作業精度和機器人操作臂的精度綜合確定。

② 靠測量儀器測量和標定來保證：固定安裝機器人操作臂的基礎法蘭、被操作物各自按法蘭連接精度分別設計、製造，然後用測量儀器進行測量、標定，得到基礎與被操作物之間的相對位置與姿態角的精確值。精確程度要求仍然取決於作業類型、作業精度和機器人操作臂的精度等綜合決定因素。然後，在機器人操作臂運動控制中將實際測得的這些數據反映到逆運動學計算中去，從而得到滿足作業要求的控制結果。

③ 將機器人操作臂作為「測量儀器」測量並進行安裝基礎間參數識別：當所用機器人操作臂的重複定位精度高於實際作業所需的精度較多時，可以用機器人操作臂自身作為「測量儀器」測量後反求機器人操作臂安裝基礎與被操作物及其關聯物安裝基礎之間的位置尺寸與姿態角參數的實際值。

以上是正確設計、製造、使用一臺工業機器人操作臂首先需要考慮和做到的事情。

(2) 安裝使用機器人操作臂的三種形式

按照機器人操作臂作業空間的大小、作業範圍以及作業環境適應程度、作業靈活性等實際使用要求可將機器人操作臂的安裝使用分為如下三種形式：

① 機器人操作臂基座相對於被操作物安裝基礎固定不動情況下的安裝使用：當機器人操作臂自身的末端操作器工作空間已經足夠滿足作業要求時，將機器人操作臂相對於作業對象物或作業對象物所在的工作檯固定安裝在其作業位置基礎

上即可。如一臺工業機器人操作臂在自動化生產線上的固定工位進行焊接工件作業，焊接坯件由傳送帶上抓取至焊接工作檯，由自動化的焊接工作檯完成對被焊接工件進行定位裝夾後，完成焊接作業，焊接好的工件被傳送帶送至下一工序。顯然，工業機器人操作臂基座法蘭盤被用螺栓組連接固定安裝在工業機器人操作臂安裝基礎上，被焊接件自動裝夾焊接工作檯被安裝在此工作檯的安裝基礎上。兩個安裝基礎如果都位於同一個基礎上，則可由設計、製造精度來保證兩者之間的空間相對位置尺寸和姿態參數精度。如果兩個安裝基礎都是由地面上的混凝土基礎來提供，則只能由混凝土基礎提供粗定位，精確定位需要用前述（1）中的方法之一來保證。

② 機器人操作臂固定在移動的直線軌道上：當機器人操作臂自身的工作空間不能滿足作業範圍要求時，需要為機器人操作臂提供移動「平臺」，靠機器人操作臂外部提供的移動能力來擴大作業範圍。通常的做法是根據實際作業環境和作業範圍空間大小要求以及機器人操作臂操作速度（由關節運動範圍、關節速度和加速度、機器人操作臂機構構型以及桿件長度等機構參數來決定）等設計、製造一維直線導軌、二維或三維移動直線導軌平臺。而在機器人操作臂、導軌平臺的運動控制上，可以用上位機將機器人操作臂和導軌平臺看作一個機器人系統，將 m 個移動副機構的導軌平臺看作 m-DOF 移動機器人與 n-DOF 機器人操作臂串聯在一起的（$m+n$)-DOF 的移動操作機器人看待，統一規劃、求解該（$m+n$)-DOF 移動作業機器人的逆運動學解以及運動控制問題。

機器人操作臂固定在移動的直線導軌或直線導軌平臺上擴大機器人操作臂移動作業能力、作業範圍的用法在工廠自動化、半自動化生產線上占絕大多數。但在設計、製造、安裝與使用上，需要特別注意的是：為機器人操作臂提供的直線導軌移動平臺絕大多數是用伺服電動機、異速器、滾珠螺桿直線移動導軌型號產品與用工字鋼、方鋼等型材焊接、螺栓連接等方式製造的鋼架結構構成，其整體剛度、傳動精度、結構尺寸與形位公差等都在累積影響機器人操作臂的作業精度，往往需要在設計、製造以及安裝調試環節考慮直線導軌移動平臺的剛度、精度問題，以及如何保證機器人操作臂的末端操作器作業精度。為此，製造、安裝之後的檢測與標定是必不可少的環節。解決不好的話，機器人操作臂移動作業過程中振動問題是最突出的表現。

③ 機器人操作臂固定在移動機器人平臺上：這種形式實際上就是帶有操作臂的移動機器人，是機器人操作臂與移動機器人的複合體。按照移動方式可以將安裝機器人操作臂的移動機器人平臺分為地面上的輪式、履帶式、足（腿）式以及空中飛行、水下移動等移動方式的機器人。而地面上常用的是輪式、履帶式、足（腿）式以及輪腿式、履帶-腿式等複合式移動機器人。這些移動方式很大程度上擴大了機器人操作臂的移動作業範圍，從固定位置、生產線上移動、室內移

動擴展到室外乃至野外不平整地面作業。

綜上所述，現代的工業機器人、工業機器人操作臂的概念已經由傳統的單純6-DOF以內的工業機器人操作臂技術與應用範疇逐漸發展成為進一步融入7-DOF、多冗餘自由度、超冗餘自由度的機器人操作臂、移動機器人等多類機器人融合的範疇。其根源在於由傳統的半自動化、自動化作業要求程度相對不高到在作業範圍、作業環境、作業靈活性等方面對工業機器人要求越來越高以及作業人員參與作業的程度越來越低。工業機器人概念在不斷更新、技術在不斷進步，機器人技術產品的應用在深度、寬廣度上也在向前發展。

1.4 地面移動機器人平臺的發展與現狀

1.4.1 有關動物、物體的「移動」概念與移動方式

動物、物體的「移動」方式可以用枚舉法主要列出如下。

① 步行：藉助於腿足的步行移動、藉助於能量蓄積瞬間爆發的跳躍移動——足腿式動物等。

② 自然飛行：利用空氣流體力學和翼翅拍打機製的飛翔與滑翔移動——昆蟲、鳥類等。

③ 擺盪：利用重力場與擺動振動原理的擺盪抓桿移動——靈長類動物等。

④ 攀爬：利用支點和力學原理的攀爬移動——靈長類動物等。

⑤ 行波：利用行波波動原理和身體柔性的行波式爬行或遊動移動——蛇、鰻魚、帶魚等。

⑥ 漂浮：利用水面波動原理和浮力原理的水面上漂浮移動——動物、浮萍等。

⑦ 遊動：利用水力學的水中遊動——魚類。

⑧ 跑步：利用腿足和步態原理的跑步移動——足腿式動物等。

⑨ 壁面爬行：利用壁面吸附原理的壁面爬行移動——壁虎等。

⑩ 主動滾動：利用重力場中物體質心與來自地面支撐點或支撐區域間相對位置變化的滾動移動——動物等。

⑪ 彈射：利用蓄能裝置瞬間爆發產生彈射力的彈射移動——跳蚤、魚類、蛙類等。

⑫ 噴射：利用噴射產生推進力原理的移動——昆蟲等。

⑬ 被動滾動：物體在受到外力作用後的滾動移動。

⑭ 包圍式移動：利用生物體器官或肢體運動的移動物體的包圍抓持移動——人臂、手、腿，象鼻子，蛇，等等。

⑮ 履帶式行走：利用履帶鏈條與鏈輪或無齒行走輪的周而復始運動的履帶式機械裝置的行走移動——履帶式拖拉機、坦克車、裝甲車、自行車等。

⑯ 輪式行走：利用輪子相對地面滾動實現移動的滾動移動——各種車輛等。

⑰ 螺旋推進：利用螺旋槳與流體力學原理推進的水上或水下移動——各種船、潛艇等。

⑱ 人工飛行：利用空氣動力學和翼在空中的飛行機械的飛行移動——各種飛機等。

⑲ 磁力吸附：自然界中的磁力對鋼鐵類物質的磁力吸附移動——磁鐵、磁粉等與鐵等。

⑳ 靜電吸附：靠物體與物體表面所帶電荷的正負產生的靜電吸引力造成的移動——靜電驅動等。

㉑ 負壓吸附：靠流體介質的真空或負壓吸附產生物體的移動——吸塵器、空壓機等。

㉒ 自由落體：靠重力場產生的自由落體運動移動。

㉓ 爆炸推進：利用腔室內爆炸原理和能量定向推進物體的移動——槍支、火砲等。

㉔ 牽引移動：利用帶動力的牽引車牽引無動力的車廂移動——蒸汽機車、高鐵列車等。

㉕ 推動移動：利用帶動力的推車推動物體移動——堆高機等。

……如此可以繼續枚舉下去。

其中已經為人類所用的移動方式可以考慮如何進一步提高自動化和智慧化；而生物界尤其是各種動物的移動方式是人類仿生研究新型智慧移動機械的創新原動力。也可以說概念枚舉法是概念和原理原始創新的重要方法之一。

這些移動概念和移動方式中，為人類社會工業生產中最早、最多使用的移動方式有輪式移動和履帶式移動，而仿生研發的機器人則是足、腿式移動機器人，隨著工業機器人操作臂操作技術、移動作業自動化技術的不斷發展和產業應用，輪式移動機器人、履帶式移動機器人被納入工業機器人當中，並且被作為自動化作業設備中的大範圍、多環境下移動平臺使用。同時，面向更高的自動化程度要求、更多更複雜的作業環境要求，以生物移動概念、移動方式、移動原理等自然原理和自然物為原型，高靈活性和高移動作業能力的仿生移動機器人也在不斷地被研發出來，並正在努力地朝著產品化、實用化方向邁進！工業機器人的概念和範疇也將隨之不斷地被更新。

目前以及未來相當長的時期內，輪式、履帶式、足腿式移動方式的移動機器人是工業機器人移動平臺的主流。移動機器人的設計、研發與產業化、使用必須考慮的設計約束主要包括：移動作業環境條件、移動方式、移動控制技術。

1.4.2 工業機器人移動平臺的主要移動方式和移動機器人

現行機器人移動平臺基本移動方式和移動機器人包括：

① 輪式移動方式下的輪式移動機器人（wheeled robot，WR）；

② 履帶式移動方式下的履帶式移動機器人（tracked robot，TR）；

③ 腿式移動方式下的腿式移動機器人（legged robot，LR）。

④ 飛行方式下的飛行機器人即無人機、空間技術領域中的太空飛行機器人；

⑤ 水上/水下移動方式的水上/水下機器人（underwater robot，UR）。

這五種基本移動方式下的移動機器人中，在地面工業生產和國防軍事工業中應用最為廣泛的是前三種；而在航天技術領域與國防軍事工業、民用方面應用潛力最大的則是飛行機器人和腿式移動機器人；在海洋石油工業、水下探險、海洋方面應用潛力最大的則是水上/水下機器人。

考慮地面不同作業環境條件的複合移動方式與機器人包括：

① 輪式與腿式移動方式複合的輪-腿式移動機器人（legs-wheeles robot，LWR）；

② 輪式與履帶式移動方式複合的輪-履式移動機器人（wheels-tracks robot，WTR）；

③ 腿式與履帶式移動方式複合的腿-履式移動機器人（legs-tracks robot，LTR）；

④ 腿式、輪式、履帶式移動方式複合的腿-輪-履式移動機器人（legs-wheels-tracks robot，LWTR）。

上述五種基本移動方式下的移動機器人、複合移動方式下的移動機器人都可以與機器人操作臂再複合而組裝成具有移動能力和操作能力的機器人系統。海洋作業環境下則是水上/水下移動機器人與機器人操作臂單臂、雙臂或多臂組合而成水上/水下移動操作機器人系統；空間技術領域則是空間飛行機器人與機器人操作臂單臂、雙臂或多臂組合而成空間飛行操作機器人系統。下面從用作機器人的基本移動方式的角度介紹移動機器人。

1.4.2.1 輪式移動及輪式移動機器人

(1) 輪子與車的簡史

人類在學會使用輪子之前，在地面上用力拖動、推動物體自然需要克服滑動摩擦力而感到勞累和不便，尤其是大型、笨重物體的運輸。後來，人們從生活實踐中發現利用圓木的滾動可以省力、快速移動物體，可以說：滾動的圓木就是輪子的雛形！人類發明並使用輪子大約在西元前 3500 年前後，美索不達米亞地域

（位於現今的伊朗、伊拉克）的蘇美爾人發明了世界上最早的「木車」；中國古代車的發明者則是夏朝的奚仲，那時的車自然也是木製；而汽車的發明者則是德國人卡爾・賓士。古代木車的輪子起初是用整塊木板製成或用幾塊木板以及輪轂拼接而成的實心輪，後來人們發現實心輪太重不利於提高行駛速度，進而發明了用類似現在的鉚釘鉚接、插接等連接方式將輪緣、輻條和輪轂連接成的輻條車輪。1839 年美國人查爾斯・古德伊爾（Charles Goodyear）發明了硫化橡膠，此後橡膠輪胎開始在各種車輛上廣泛使用。起初的輪胎是實心橡膠輪胎，異緩衝擊能力差。1845 年蘇格蘭人羅伯特・湯姆森（Robert Thomson）發明了充氣輪胎並獲得了發明專利，但因為當時的橡膠生產工藝等問題，充氣輪胎技術被擱置了 42 年。1887 年蘇格蘭人約翰・鄧祿普發明了有實際應用價值的充氣輪胎，1889 年以後充氣輪胎技術開始家喻户曉而被推廣應用。1915 年美國聖地亞哥輪胎製造商亞瑟・薩維奇獲得了首個子午線輪胎專利權，1946 年米其林公司進一步改善子午線輪胎設計並實施大規模生產，1949 年正式投入市場。目前子午線輪胎仍為主流輪胎。

（2）用於地面輪式移動機器人的輪子的種類、結構原理

這裡主要是根據用於輪式移動機器人的輪子主體部分即與地面或支撐面直接接觸的輪緣部分（輪胎胎體或輪緣）的不同進行分類的。

輪子按材質的不同可以分為：橡膠輪子和非橡膠輪子。其中：橡膠輪子與車輛用橡膠充氣輪胎完全一致；非橡膠輪子又可分為金屬輪子和非橡膠非金屬輪子，相對於車輛用橡膠輪子而言為專用輪子。

輪子按是否充氣與結構形式可以分為：充氣輪子和非充氣輪子。其中：充氣輪子即為橡膠充氣輪胎車輪；非充氣輪子包括實心輪子、結構化輪子。

輪子按本身提供的運動可以分為：盤形輪和全方位輪。

輪子按是否由動力驅動可以分為：主驅動輪和被動（或從動）輪。

輪子按幾何形狀可以分為：盤形輪、鼓形輪、球形輪、柱形輪、多邊柱形輪、變形輪等等。

① 載人載重車輛用車輪與橡膠輪胎　橡膠輪胎具有耐摩擦磨損性能、耐疲勞性能和低滾動阻力以及安全性等諸多特性，其功能主要是：負載即相當於壓力容器功能、煞車與驅動即傳遞動力功能、異緩衝擊和振動即相當於彈簧功能、牽引即操縱穩定性和轉彎特性功能。

a. 車輛用輪胎按用途分類有：轎車用輪胎、載重汽車用輪胎、工程機械用輪胎、農業機械用輪胎、工業車輛用充氣輪胎、工業車輛用實心輪胎、摩托車用輪胎、立車輪胎、航空用輪胎。這些輪胎都有相應的行業規格和系列代號，有的有內胎，有的無內胎。無內胎輪胎又稱為低壓胎或真空胎，無內胎輪胎較有內胎輪胎厚，彈性和耐磨性都較好，附著性和散熱性良好，定位性好，輪胎跳動量

小，比較舒服和穩定；但在製造上對輪輞精度要求較高，多數輪輞採用壓鑄一體式鋁轂。

b. 橡膠車輪的結構。橡膠車輪包括輪輞、輪盤和輪轂等。輪輞用於套裝輪胎，分為輻板式和輻條式兩種結構（如圖 1-23 所示）。輻板式車輪為目前汽車上使用最多的車輪，由擋圈 1、輪輞 2、輪盤 3、氣門嘴伸出口 4 組成；輻條式車輪是由鋼絲輻條（或輪輞鑄造一體化輻條）輪輻與輪轂、輪輞、襯塊、連接螺栓組成，主要用於賽車和高級轎車。

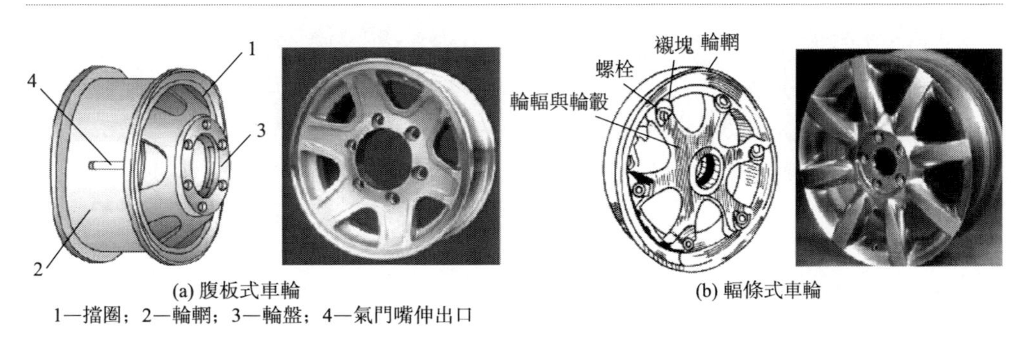

(a) 腹板式車輪
1—擋圈；2—輪輞；3—輪盤；4—氣門嘴伸出口

(b) 輻條式車輪

圖 1-23 車輪結構

c. 輪胎的結構。有斜交輪胎和子午線輪胎。斜交輪胎採用多層斜交層覆膠簾布形成胎體層作為輪胎骨架；子午線輪胎的胎體簾線沿著輪胎斷面方向排列，為保持輪胎形狀，再包覆多層簾布組成帶束層從而起到箍緊作用。兩種結構分別如圖 1-24 所示。

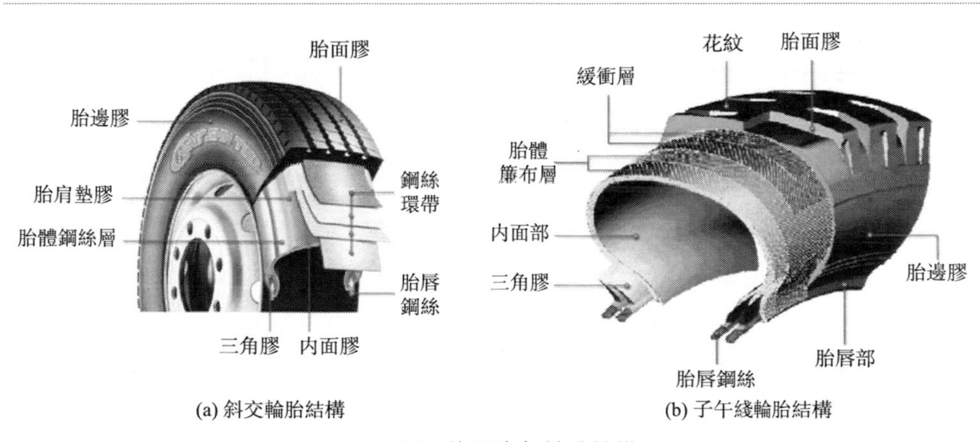

(a) 斜交輪胎結構

(b) 子午綫輪胎結構

圖 1-24 橡膠充氣輪胎結構

在城鎮街道上行駛的車輛所用街車輪胎（street tire）的特點是：胎面花紋

間距小，騎乘舒適。而越野車輛車胎（off-road tire）的特點是：花紋間距大，顆粒粗獷，花紋較深，抓地能力強，騎乘舒適性差，適於砂石、泥土路以及野外不平整的地面或路況。兩種輪胎胎面花紋外觀如圖 1-25 所示。

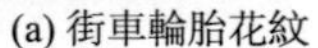

(a) 街車輪胎花紋　　(b) 越野車輛輪胎花紋

圖 1-25　輪胎花紋外觀

顯然，車輛工業中的車輪和輪胎技術以及產品為輪式移動機器人所需的相應技術與產品奠定了很好的應用基礎，設計輪胎式車輪移動機器人時，根據室內、室外、野外以及城鎮街道、市區、工廠等不同應用環境按照車輛工程相關技術標準和系列化規格產品選用或訂製即可，而不需要做基礎研究，甚至於一些車輛機械本體可以按照輪式移動機器人的驅動、控制、感測系統設計後直接或改造即可作為輪式移動機器人使用。

② 扁平盤形輪（傳統輪）及其運動模型　扁平盤形車輪即輪沿輪軸方向的壁厚度較薄，輪緣上可以裝有橡膠輪胎或為無輪胎的車輪，如圖 1-26 所示。扁平盤形輪的結構非常簡單，製造成本低。當這種車輪作為驅動輪垂直立在地面上且車軸與地面平行的情況下，車軸轉動驅動盤形輪在輪寬中間的平面內相對地面作純滾動時，為前後向行進效果最佳狀態。但車輪沿著輪軸向方向的行進則是最難行進狀態。如果盤形輪沿著輪軸方向也有行進，則車輪不是純滾動狀態而是有滑動移動成分。古代木車車輪即屬於該類車輪。由於扁平盤形輪沒有沿著輪軸方向的滾動且即使運動也只有滑動，因此，在扁平盤形輪作為驅動輪的情況下，改變輪與地面接觸點的切向行進方向時運轉不夠靈活。

③ 輪式移動機器人專用的全方位輪之麥克納姆輪（Mecanum wheel）及其原理　麥克納姆輪也稱瑞典輪、全方位輪，是瑞典工程師 Bengt Ilon 於 1975 年發明的一種全方位移動輪[20]，其全方位移動原理是在中心輪轂圓周上均勻分布著可以繞與輪轂中心軸線成一定傾斜角的軸線回轉的鼓形輥子（roller），靠這些在圓周上均布的鼓形輥子把部分轉向力轉化到與中心輪轂回轉方向垂直的法向力上。這些力的合力可以使輪子沿著合力方向自由轉動和移動，也即輪子整體移動

的方向是由輪轂自轉速度矢量方向與輥子轉動速度矢量方向的合成速度矢量方向，但輪轂自轉動方向可以保持不變。

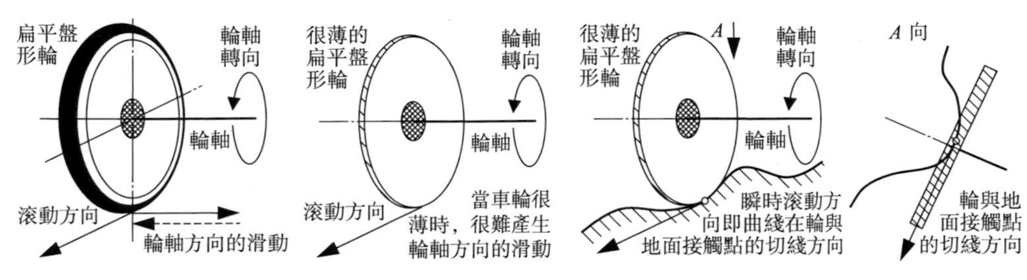

圖 1-26　扁平盤形輪的結構與運動模型

a. 麥克納姆輪的結構與機構原理。如圖 1-27(a) 所示，麥克納姆輪是由輪轂與安裝在輪轂周邊的完全相同的多個輥子組成的部件。如圖 1-27(b) 所示，在輪轂中心軸線上輪轂寬度中點處建立座標系 o_0-$x_0y_0z_0$；圖中速度 v_0 為固定在輪轂上輥子軸線任意一點繞 y_0 軸回轉產生的圓周速度，為相對輪轂中心軸的速度；v_{roller}^0 為輥子與地面或支撐面接觸點在輥子繞輥子軸線相對於輪轂自轉時產生的圓周速度，為一相對速度；α 為輥子軸線與以輪轂中心軸線平行的輪轂外圓柱面母線所成夾角，則速度矢量 v_{roller}^0 與 v_0 的夾角為 α；當輪轂繞中心軸線轉動時，輪轂周邊均布的輥子中與地面接觸的那些輥子包絡出圓柱面，因而輥子的斜側向滾動並不影響輪轂在前進方向上的滾動移動主運動分量 v_0，而輥子繞其自身的斜側向軸線相對輪轂滾動產生橫向移動次運動分量 v_{roller}^0，主次運動分量的合成 v_{roller} 為與地面或支撐面相接觸的輥子相對於輪中心軸線運動（即相對於車體的線速度）。如果輥子相對地面或支撐面作純滾動運動，則可以形成麥克納姆輪整體任意方向滾動移動，此即為其全方位移動的機構運動學原理。通俗地講，麥克納姆輪全方位移動的實現是在中心輪轂固定轉向方向運動（即麥克納姆輪固定安裝軸線的回轉運動）的基礎上，中心輪轂帶動其周邊各輥子作公轉，然後與地面接觸的輥子繞與中心輪轂軸線成一定斜角的軸線橫向自轉來改變本由中心輪轂決定的確定轉向，從而實現在不改變中心輪轂轉向基礎上的全方位滾動移動。麥克納姆輪結構緊湊、運動靈活，是成功用於輪式移動平臺的一種全方位輪。圖 1-28 所示為三種麥克納姆輪實物照片。

b. 麥克納姆輪的結構類型。麥克納姆輪的機構原理只有一種，就是：在繞輪軸線作定軸轉動的輪轂構件上，沿圓周方向均布著與輪軸線成空間傾斜相錯且傾斜角度相同的多個圓柱回轉副，每個圓柱回轉副軸線上設置一個鼓形輥子構件，實際使用時靠與地面或支撐面相接觸的輥子自轉和繞輪軸線的公轉實現全方位移動，這一機構原理可用如圖 1-29 所示的作為最小機構構成的最簡機構運動簡圖完全反映清楚，它是每個輥子與輪轂構件構成 2-DOF 回轉副串聯桿件機構。由此機構原理，可以衍生出不同結構的麥克納姆輪，前述中的圖 1-28 給出了經過構件演化後的三種實際結構照片，其中圖(a)、(b) 所示結構只是輪轂邊緣為各輥子軸線部分的結構不同，都屬於用兩側輪轂盤提供輥子軸支撐，各輥子支撐形式為兩端支撐；圖(c) 所示結構則是輪轂在中間提供各輥子軸的支撐，而輥子則可以位於輪轂支撐輥子軸的兩側，將圖(a)、(b) 所示的同一個輥子分為左右兩個，因此，輥子支撐形式為懸臂支撐。

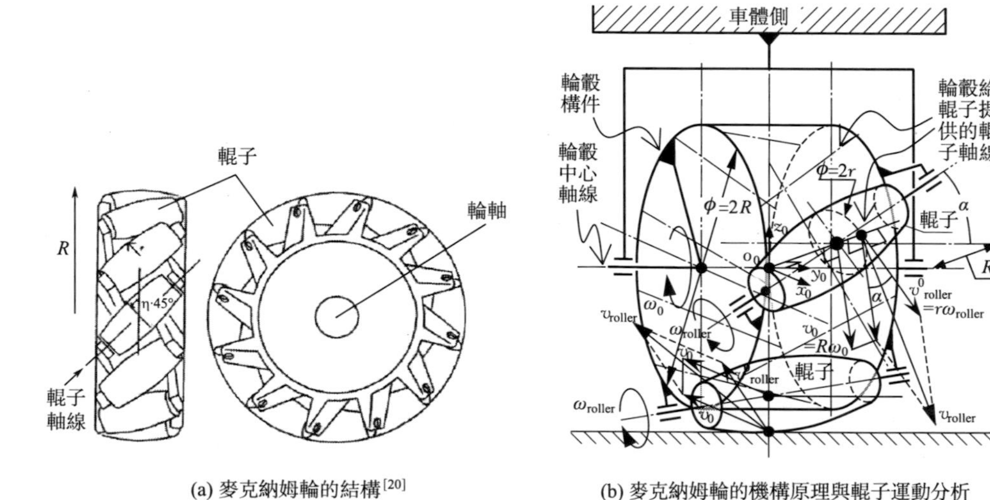

(a) 麥克納姆輪的結構[20]

(b) 麥克納姆輪的機構原理與輥子運動分析

圖 1-27　麥克納姆輪的結構、機構原理與輥子運動分析 $v_{roller}=\sqrt{v_0^2+v_{roller}^2+2v_0v_{roller}^2\cos\alpha}$

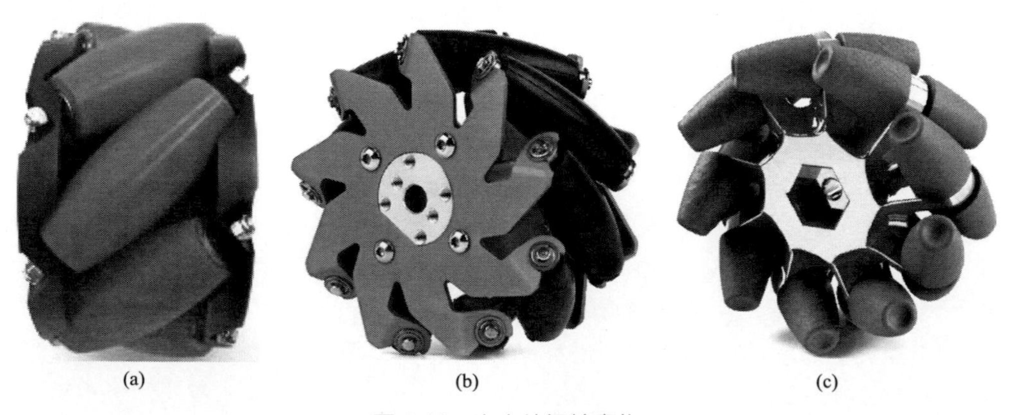

(a)　(b)　(c)

圖 1-28　麥克納姆輪實物

④ 輪式移動機器人專用的輥輪（或滾輪）為 90°的全方位輪（也叫全向輪、萬向輪，omnidirectional wheel）的機構原理及不同的結構形式

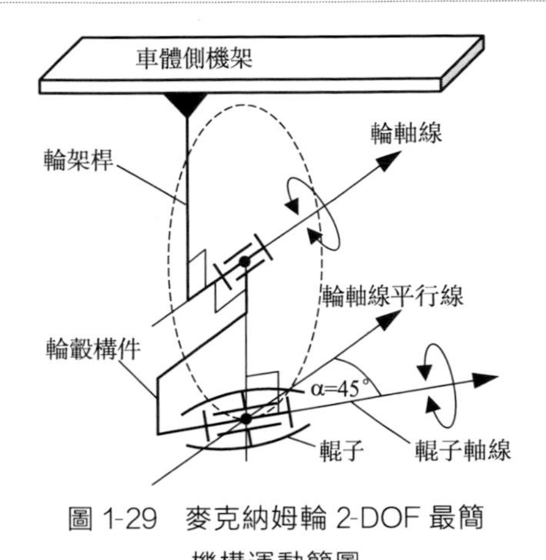

圖 1-29　麥克納姆輪 2-DOF 最簡機構運動簡圖

a. 1966 年美國人 W. W. Dalrymple 發明的有徑向彈簧緩衝功能滾輪的全方位輪（resilient wheel）：1963 年美國的 W. W. Dalrymple 發明了如圖 1-30(a) 所示的全方位輪，1966 年獲得美國發明專利權[21]。該設計在輪轂上沿徑向均布著許多個由支撐桿及其與 T 形滾輪軸桿間施加圓柱螺旋壓簧組成可徑向伸縮緩衝的雙滾輪機構；每個支撐桿末端的雙滾輪回轉軸線都與輪轂軸線呈空間相錯且垂直的關系。圖 1-30(b) 為根據該全方位輪結構組成繪製的 3-DOF（包括輪轂回轉、雙滾輪回轉以及雙滾輪的徑向伸縮三個自由度）機構原理圖，也即機構運動簡圖。然而，在輪式移動機器人實際應用中，如圖 1-31 所示的全方位輪在 1978 年以來應用得更多。

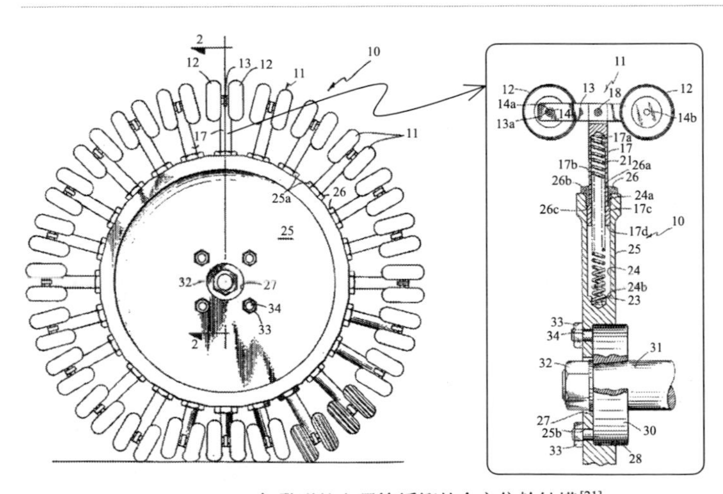
(a) 1966年發明的由彈簧緩衝的全方位輪結構[21]

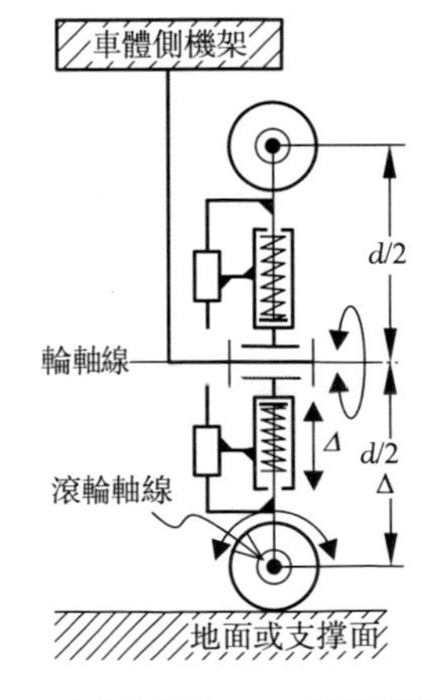

(b) 全方位輪的3-DOF機構原理

圖 1-30　1966 年發明的徑向彈簧緩衝式全方位輪結構及其 3-DOF 機構運動簡圖

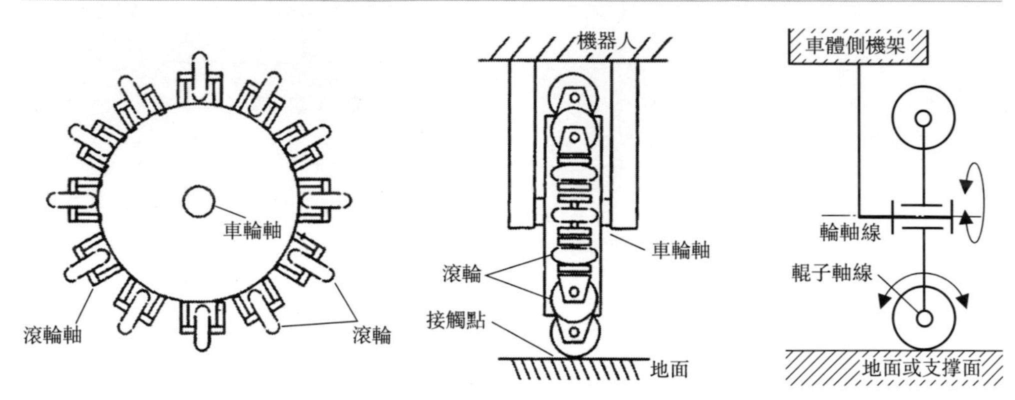

圖 1-31　全方位輪結構及其 2-DOF 機構運動簡圖

b. 1968 年美國人 P. E. Hotchkiss 發明的輥輪式全方位輪：1966 年美國的 P. E. Hotchkiss 發明了如圖 1-32(a) 所示的全方位輪[22]，1968 年獲得美國發明專利權。其輪轂軸線與輥子（滾輪）軸線之間呈空間相錯且垂直的關系，與 1975 年瑞典人發明的 $\alpha=45°$的麥克納姆輪相比，全方位輪相當於 $\alpha=90°$的麥克納姆輪。當然，也可以說：麥克納姆輪是 $\alpha=45°$的全方位輪。為了適應地面的凸凹不平，此類全方位輪的輪轂上的輥子採用鼓形輥子且鼓形輥子的鼓形曲線為此全方位輪最大輪廓圓上的圓弧。圖 1-32(b) 為 $\alpha=90°$的全方位輪的 2-DOF 機構原理圖，此類全方位輪（$\alpha=90°$）的機構原理只此一理，後續的發明只是輪轂結構以及輥子（也稱輥輪）或滾輪的結構形狀不同罷了。

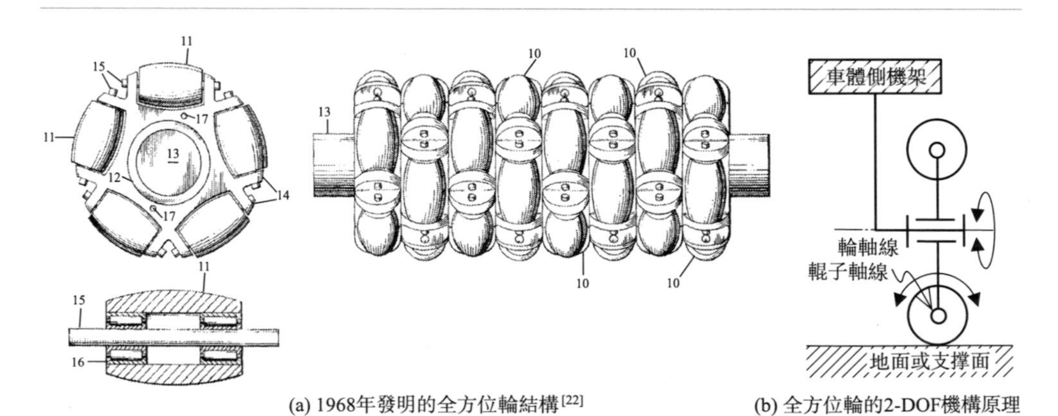

(a) 1968年發明的全方位輪結構[22]　(b) 全方位輪的2-DOF機構原理

圖 1-32　1968 年發明的全方位輪結構及其 2-DOF 機構運動簡圖

c. 1971 年美國人 Andrew T. Kornylak 發明的全方位輪：1968 年 A. T. Kornylak 等就圖 1-33 所示的全方位輪向美國專利局遞交了發明專利申請並於 1971 年獲得

了美國發明專利權[23]。從機構原理上看，它與前述的 1968 年美國人 P. E. Hotchkiss 發明的圖 1-32(a) 所示的全方位輪原理沒有區別。形象地打個比喻，該全方位輪的結構組成有些像將滾動軸承的滾動體呈圓周均布的保持架結構，是用兩個完全一樣的端面均布著開口 U 形槽的圓盤相對安裝在一起將各個輥輪及其回轉軸夾在由兩個半槽對在一起而成的完整封閉槽中的結構。其機構原理仍然可用圖 1-32(b) 反映出來。這種結構在製造、安裝上與圖 1-32(a) 所示的全方位輪相比更簡單、更容易實現。

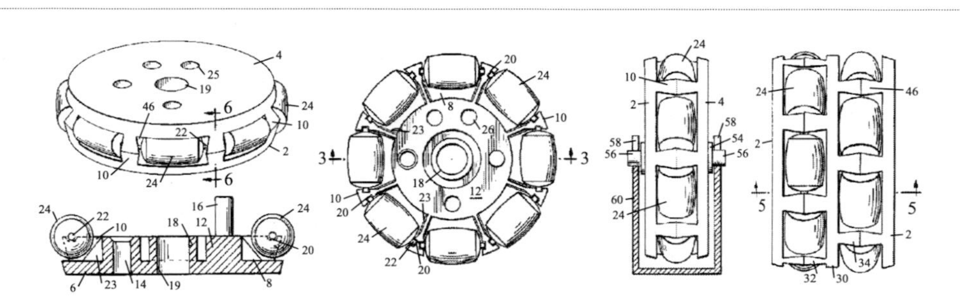

圖 1-33　1971 年發明的全方位輪及其單雙列輥輪車輪結構

d. 1971 年德國人 Karl Stumpf 發明的輥輪式全方位輪（萬向輪）：1969 年 10 月 17 日 Karl Stumpf 向美國專利局遞交了一份輥輪式全方位輪的發明專利，並於 1971 年 11 月 23 日取得發明專利權[24]。該全方位輪如圖 1-34 所示，實際上相當於圖 1-33 所示的雙列交錯輥子全方位輪在全方位輪直徑相對於輥子直徑較小時的情況，即雙列交錯配置輥子數僅為圖中所示 3 個且輥子直徑相對較大。除此之外，其與圖 1-33 所示的雙列全方位輪並無多大差別。

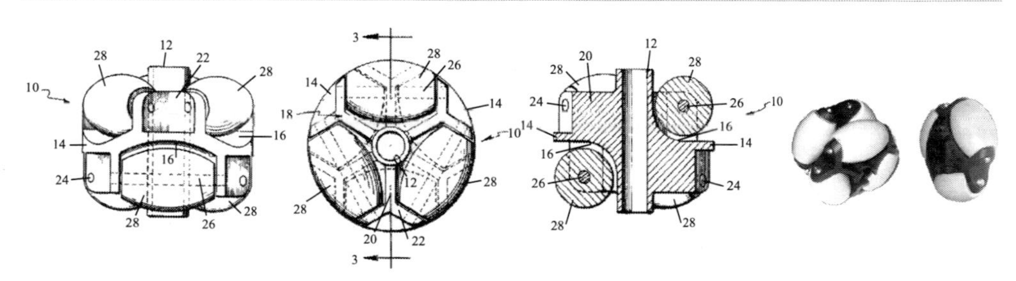

圖 1-34　1971 年發明的全方位（萬向）輪結構

e. 1974 年美國人 Josef F. Blumrich 等人發明的輥輪式全方位輪：1972 年 Josef F. Blumrich 就圖 1-35 所示的全方位輪向美國專利局遞交了發明專利申請，並於 1974 年獲得了美國發明專利權[25]。從外形上看，它與前述的 1968 年美國人 P. E. Hotchkiss 發明的圖 1-32(a) 所示的全方位輪原理非常相似。但實質性區別在於如圖 1-35 所示的輥輪 7 與輪轂支撐桿 5 間的運動副連接關係完全不同，輥輪 7 與支撐桿 5 之間分別用具有圓柱回轉副和球面上的圓弧滑道形成相對運動的構件 6，並實現輥輪 7 相對於輪轂的轉動。該全方位輪也為輪轂軸線與輥輪軸線之間呈空間相錯且垂直關係、$\alpha=90°$的全方位輪。

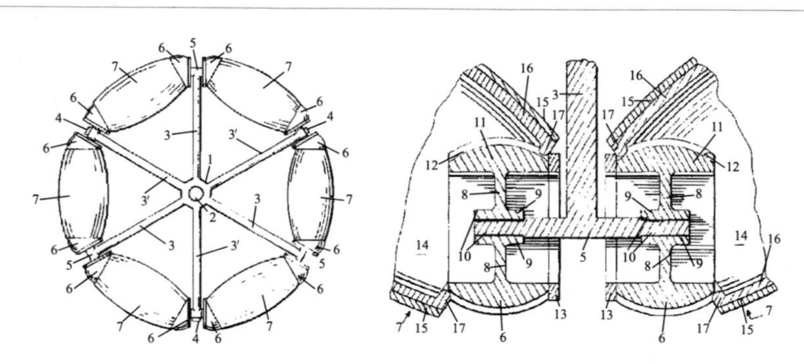

圖 1-35　1974 年發明的輥輪式全方位輪結構 [25]

f. 2011 年 Tsongli Lee 與 Jhanghua（TW）發明的雙列輥輪式全方位輪：2010 年 T. Lee 與 Jhanghua 就圖 1-36 所示的全方位輪向美國專利局遞交了發明專利申請並於 2011 年獲得了美國發明專利權[26]。從外形上看，它與前述的 1975 年瑞典人發明的麥克納姆輪的組成相同，是將兩個輥輪中間隔開同軸成對以與輪轂軸線呈一定傾斜角度多對均布安裝在輪轂圓周上，不同的是麥克納姆輪的輥輪是鼓形輥子，而該全方位輪的輥子是一對間隔開來的同軸圓柱輥輪，可以當作一個輪轂上有兩列短圓柱輥輪看待。

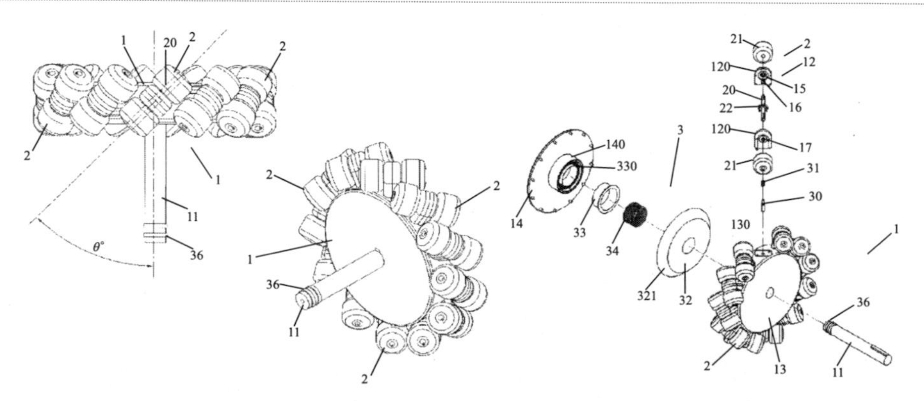

圖 1-36　雙列短圓柱輥輪傾斜式的全方位輪結構及其爆炸拆解圖 [26]

2017 年 Jayson Michael Jochim 等人發明的雙列全方位輪、麥克納姆輪：2015 年美國亞馬遜技術公司（Amazon Technologyes Inc.）的 J. M. Jochim、M. P. McCalib 等人向美國專利局遞交了如圖 1-37 所示的新型全方位輪、麥克納姆輪專利申請並於 2017 年獲得美國發明專利權[27]。如圖 1-37 所示，該發明是用兩個完全相同的圓盤端面均布鼓形輥輪式全方位輪沿圓周方向將輥輪相互錯開，然後用呈周向均布的多根長圓柱將這兩個單列輥輪式全方位輪沿軸向連接組裝在一起的結構形式。其目的是作為車輛等輪式移動設備的主驅動輪使用。該發明還給出了齒輪齒條驅動形式：圓周方向均布於兩列輥輪一側的細長圓柱結構即相當於針齒輪，也可以為圓柱齒輪，皆可與齒條嚙合傳動。不僅如此，同樣的結構的針齒輪或圓柱齒輪也被應用到雙列輥子的麥克納姆輪上。其所有的對全方位輪、麥克納姆輪的改進設計目的都是作為輪式移動車輛設備的主驅動輪使用。

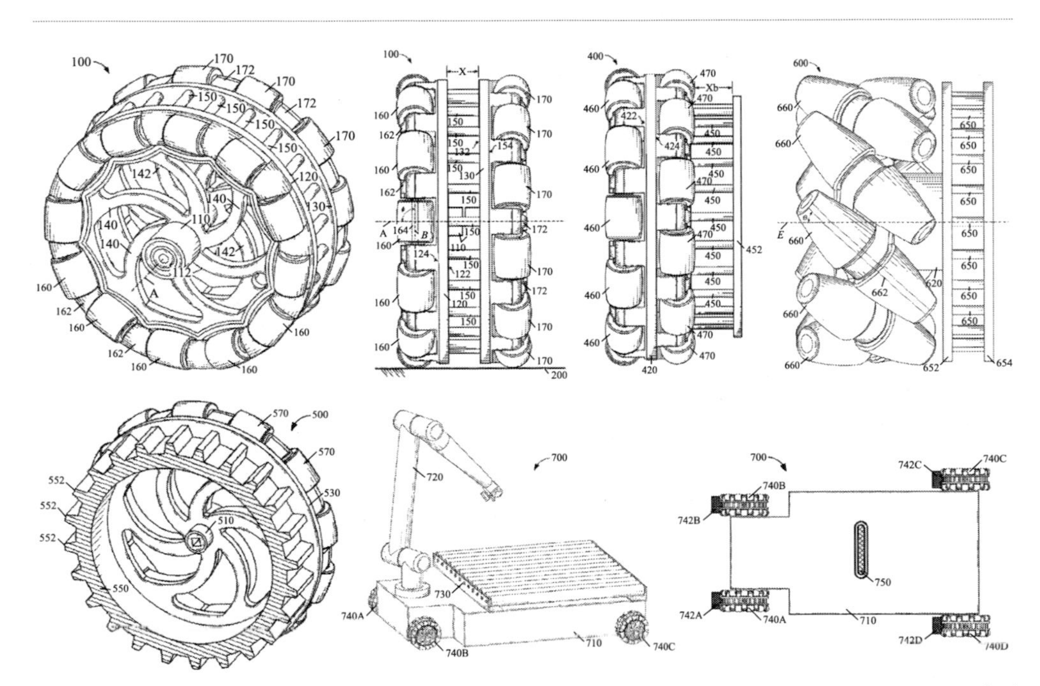

圖 1-37　2017 年發明的用於車輪驅動輪的雙列輥輪式全方位輪、麥克納姆輪結構及其應用[27]

⑤ 球形輪（ball wheel，global wheel）原理及不同的結構形式

a. 1948 年美國人 C. Y. Jones 發明的球形輪（global wheel）：1948 年 C. Y. Jones 發明的全方位輪為圖 1-38 所示的球形輪[28]，它由兩個表面上帶有環形溝槽的半球組用連接部連接而成。其目的是為野外地面環境下輪式移動設備提供一種可以全方位移動並且可以回避奇異構形、對地面適應性更好的輪子。它可能是國際上第一個球形輪。

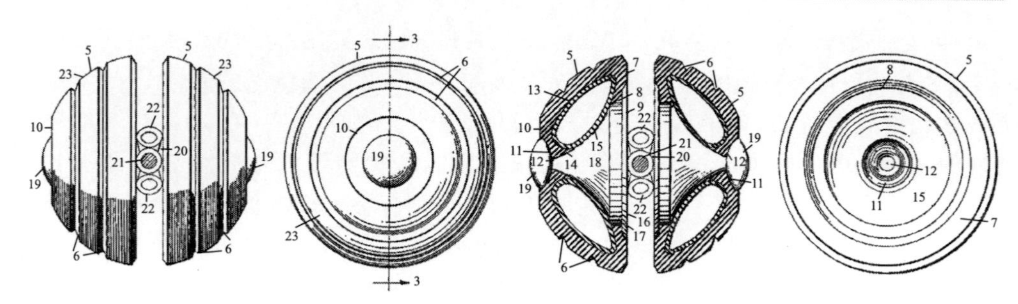

圖 1-38　1948 年發明的球形輪 [28]

b. 1995 年 MIT 提出的全方位球形輪（omnidirectional ball wheel）：1995 年 MIT 的資訊驅動機械系統中心（Center for Information-Driven Mechanical System）的 Mark West、Haruhiko Asada 設計了一種球形輪機構並研製了球形輪全方位車[29]，研究了其控制問題。他們提出的球形輪的機構原理是：在球面上用多支撐桿作為軸線為球形輪提供多個可以在球面上作純滾動的輥輪支點，用這些輥輪支點將球形輪約束在確定的球面內，球形輪只能在此球面約束內全方位滾動。如圖 1-39(a) 所示，為了實現這樣的運動，首先在球面上定義直徑最大的經線、緯線圓，讓短圓柱形輥輪在經線上相對球面作純滾動，而讓被連接在軸承內圈上的短圓柱輥輪在緯線上相對球面作純滾動，軸承外圈用連接件和圓柱副固定在車體上，設計製作的球形輪及其三球輪車如圖 1-39(b) 所示。

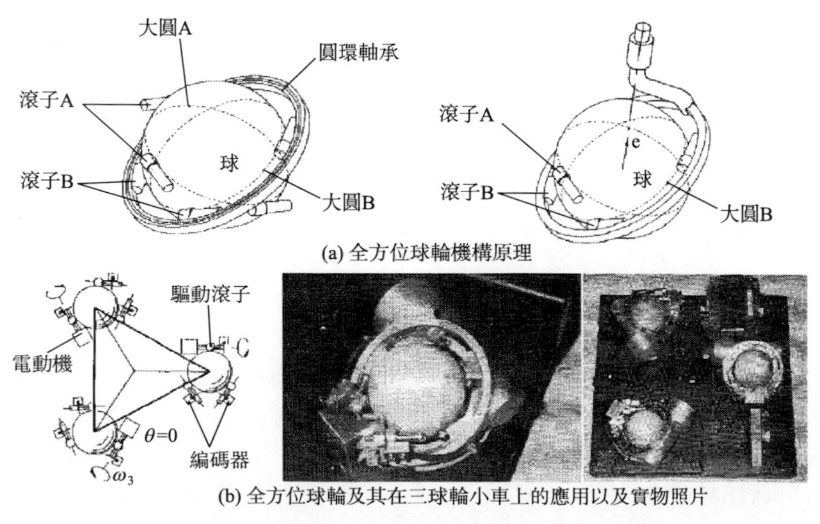

圖 1-39　1995 年 MIT 提出的全方位球形輪 [29]

c. 2007年MIT、TIT（東京工業大學）與哈佛大學聯合設計、研製的全方位球輪Omni-Ball：MIT、TIT的Kenjiro Tadakuma和AIST、哈佛大學的Riichiro Tadakuma等人在指出並分析已有全方位輪如Mecanum Wheel、Laquos Wheel等傳統的全方位移動輪正對著臺階正側面時存在難於爬臺階問題［圖1-40(a)］的基礎上，設計研製了如圖1-40(b) 所示原理的新型全方位輪，即稱為全方位球輪Omni-Ball，並用該全方位球輪研製了四輪機器人[29]（也稱四輪全方位車）。Omni-Ball的機構原理並不複雜，如圖1-40所示，其原理類似於之前已有的機器人操作臂手腕中的roll-pitch機構即十字軸線結構，roll運動是由一個主驅動電動機驅動球繞主動軸線回轉，可以用來驅動移動機器人行進，主動軸線的兩側各有一個大小相同的半球被連接在與主驅動軸線垂直的軸上構成一個整球，但兩個半球中間必須留有足夠的縫隙，因為主動軸系位於兩個半球之間。

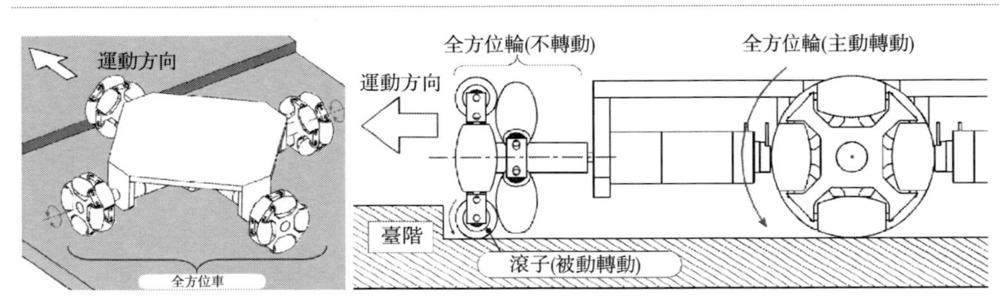

(a) 採用傳統全方位輪的輪式移動機器人爬臺階能力的局限性問題

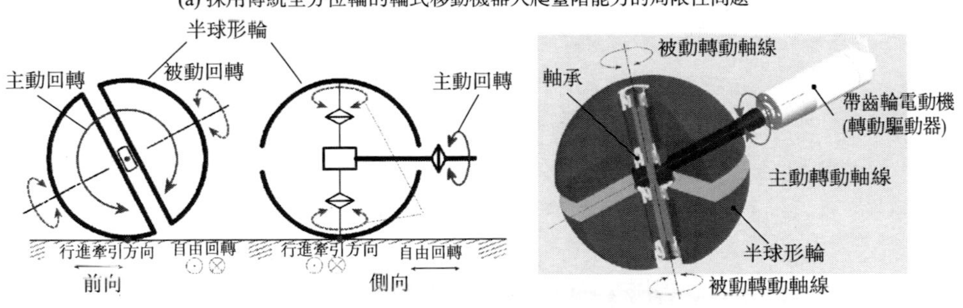

(b) 全方位球輪的機構原理及其三維幾何模型

圖1-40 2007年MIT&TIT&Harvard University提出的全方位球輪[29]

Omni-Ball的詳細結構及利用其研製的四輪全方位機器人如圖1-41所示，該球形輪的參數如表1-1所示。

表1-1 全方位球單體規格表

輪直徑	80mm
筒形輪最大直徑	11mm

續表

筒形輪長度	12mm
半球形輪材料	聚氨酯橡膠
單輪負載能力	114kg
單輪質量	319.6g

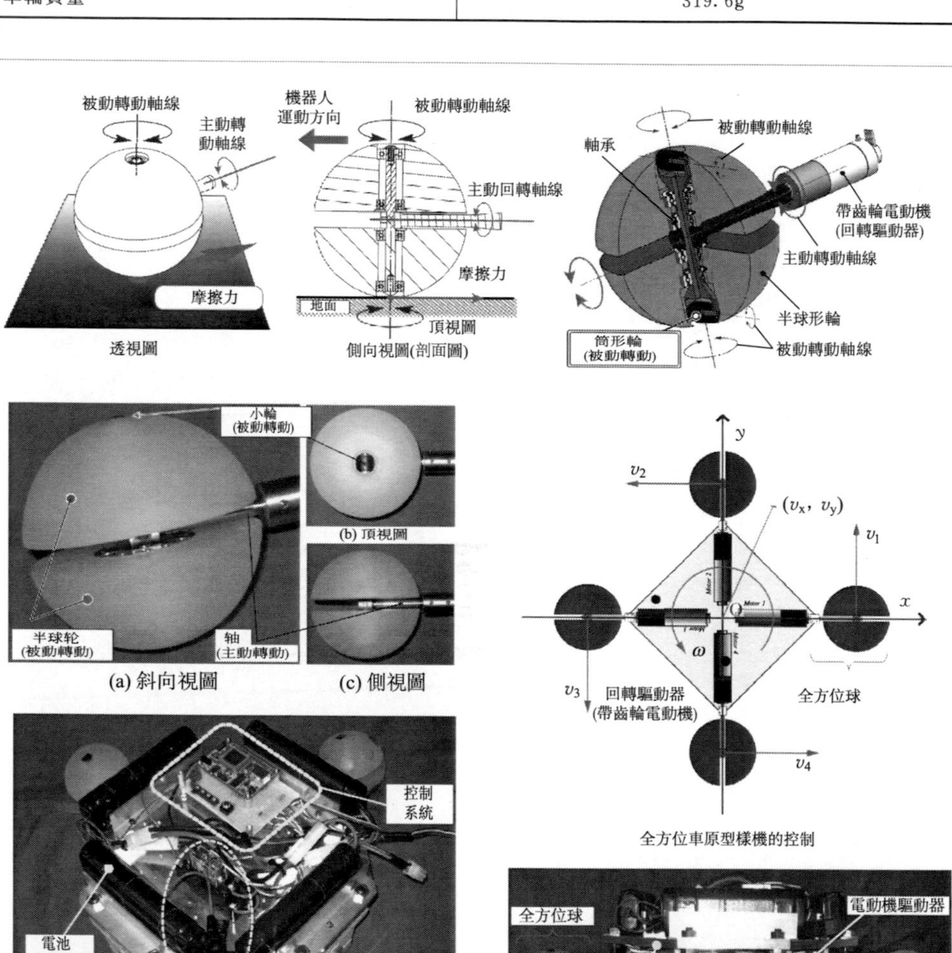

圖 1-41 2007 年 MIT&TIT&Harvard University 提出的全方位球輪結構及其研製的四球輪機器人

(3) 用於空間技術領域的輪式移動車和機器人的輪子的種類、結構原理

自 1981 年首次將機器人操作臂應用於航天飛機的遙操作系統以來，空間機器人技術得到了快速發展。除了遙操作機器人操作臂技術以外，面向星體表面移動的遙控操作探測車也是空間機器人的重要類型之一。如 1970 年 11 月 17 日登陸月球的 Lunokhod 一號作為第一輛地面遙控無人駕駛的月球表面自動探測車就是八輪輪式移動探測車。

① 1963 年 E. G. Markow 設計的金屬彈性輪　美國格魯曼飛機工程公司(Grumman Aircraft Engineering Corp.) 的 E. G. Markow 於 1963 年 1 月的汽車工程大會 (the Automotive Engineering Congress) 上發表的論文中，為確定 Apollo 號載人或無人駕駛遙控月球車在月球表面的移動方式而提出並設計了一種金屬彈性輪月球車並預測了其在月面上的行為[30]。其突出的優點是：這種金屬彈性輪與地面接觸形成的延長印記可達剛性輪的 2.5～3 倍，而印記長度的增加與垂直方向載荷、前向驅動轉矩成正比，可以兼用於鬆軟土壤或者凸凹不平表面，並且可以越過石塊之類的障礙物。這種金屬彈性輪結構及其四輪月球車原型樣車如圖 1-42 所示，其中，圖(a) 給出的是金屬彈性輪分別在空載、垂向最大載荷和最大前向驅動轉矩下輪的變形行為。

(a) 空載/最大載荷/最大轉矩下的輪變形

(b) 沙地上的金屬彈性輪動力學測試車

(c) 橢圓彈性輪的1/6比例實驗模型

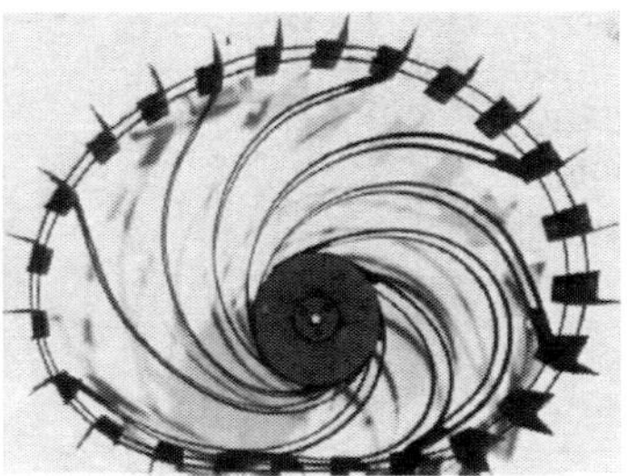

(d) 加載後的空心連接式彈性輪

圖 1-42　1963 年 E. G. Markow 面向 Apollo 號提出的金屬彈性輪[30]

② 1971 年 Apollo15 號月球探測車的車輪：Apollo15 號月球探測車 (lunar roving vehicle，LRV)[31] 如圖 1-43(a) 所示，它工作在月面－173～117℃的環境下，帶載 4800N，每個車輪單獨由電動機驅動，以 9～13km/h 的速度在月面科學探測行走了 27.9km，其動力來自於兩塊非充電的鋅銀蓄電池。該月球車前後配置了兩個 Ackeman 轉向機構，這意味著轉彎時裏側輪轉彎半徑要比外側輪轉彎半徑要小。如果其中一個轉向機構失效，可以被脫開而另一個仍然有效地完成剩餘任務。該月球車可以由太空人使用 T 形手柄手動控制車的轉向和速度。轉向機構的最大行程為：外輪角 22°，內輪角 53°。車輪結構如圖 1-43(b)、(c)

所示,鋁合金輪轂外圍為由鍍鋅鋼絲編製而成的網狀結構輪胎,鈦合金 V 形條被用鉚接的方式固定在鋼絲網狀編織輪胎的外圓周上,鈦合金緩衝止動塊被用來提供剛性負載能力,以適應大衝擊載荷。這樣的胎面可以覆蓋土壤接觸面的 50%,每個輪重為 53.3N。每個輪都配有由諧波齒輪異速器單元、裝有煞車器的驅動電動機以及每轉一周拾取並發送 9 個脈衝給導航通訊系統的里程表組成的獨立牽引驅動系統[32] [圖 1-43(d)]。諧波齒輪異速器的異速比為 80:1。每個車輪都可以從驅動它的傳動系統中脫開而成為自由轉動輪(軸承獨立於驅動系統),也可以恢復被驅動狀態,是一個可逆的過程。驅動電動機為額定電壓 36V 的直流有刷電動機,其速度控制採用 PWM 技術,熱監測系統透過熱敏電阻測量定子磁場將溫度返顯在控制臺上,此外,還有一個熱開關量,當電動機溫度增加到 204℃時發出一個警示訊號給報警系統。該月球車底盤採用 2219 鋁合金管焊接在結構連接點上。底盤由各個車輪透過連接在底盤和各牽引驅動裝置之間的一對並聯的三角形懸架臂形成懸架結構。負載透過扭力桿從懸架臂傳遞給底盤。懸架系統可以向內側旋轉 135°摺疊成緊縮包裝結構以便於裝入登月艙段和運輸。

上述 LRV 被太空人用來進行擴大月面探測和樣本搜集活動範圍。經過檢查,這些月球探測車的輪子的鋼絲網線連接點處被廣泛風化後形成了月壤磨損,儘管在服役期間沒有一個輪子失靈,但是它們都未被設計成在惡劣月面環境下持續行走超過 30km 的程度。它們都不能滿足美國太空總署月面行走 10000km 新任務的目標,這個新目標就是透過月球探測車從月球的北極探測到其南極。為此,美國太空總署重新開啓探月主動權之後,面向更廣泛探索和科學研究目標的月面移動平臺成為第 3 代、第 4 代月球探測車研發的重點。美國克萊姆森大學、米其林輪胎公司、美國太空總署噴射推進實驗室等組成團隊開發新一代的車輪及月面探測車。美國太空總署著眼於具有移動性、可量測性、可擴展性、靈活性和加權功效性等諸多設計目標的如圖 1-44 所示的六輪腿式移動平臺作為下一代月面探測車「ATHLETE」(all-terrain hex-legged extra-terrestrial explorer)[33]。其特點是:

- 自動均衡 6-DOF 腿負載;
- 單車 450kg 有效大負載能力;
- 移動速度為 10km/h 且能爬 70%最大收起高度的垂直臺階;
- 能爬越 50°岩石坡和 20°鬆軟砂坡;
- 配備專用工具:可釋放的抓鈎、加能站、挖掘工具等。

但是,為了面向鬆軟層薄的月球表面環境,需要設計一種非剛性車輪解決方案來實現低接觸壓力的目標。這種非剛性車輪的材料除了在性能上接近橡膠彈性體的性能之外,還必須能在 40~400K 溫度範圍內保持正常工作性能。

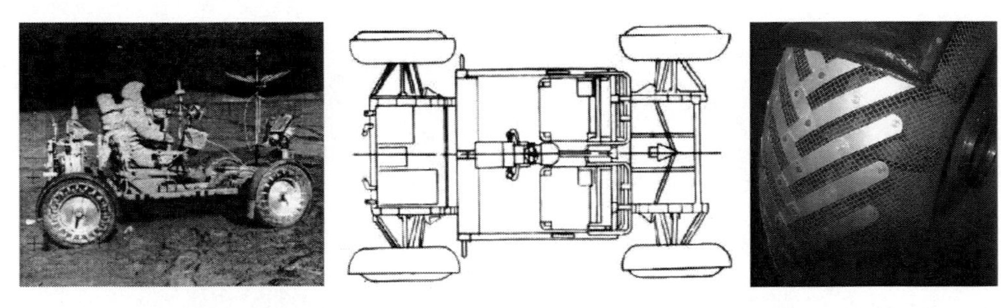

(a) Apollo15號月球探測車照片及其車體懸架結構　(b) 鋼絲網輪胎及其上的鈦合金V形條

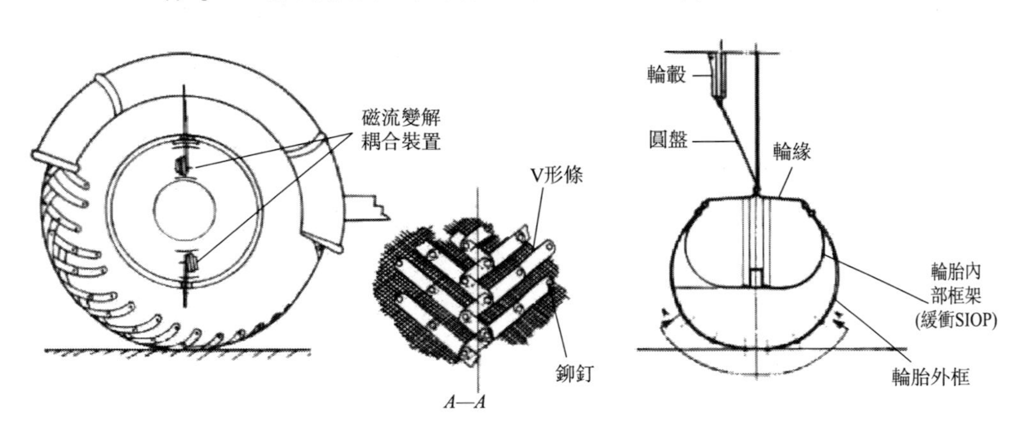

(c) 鋼絲網輪胎車輪結構

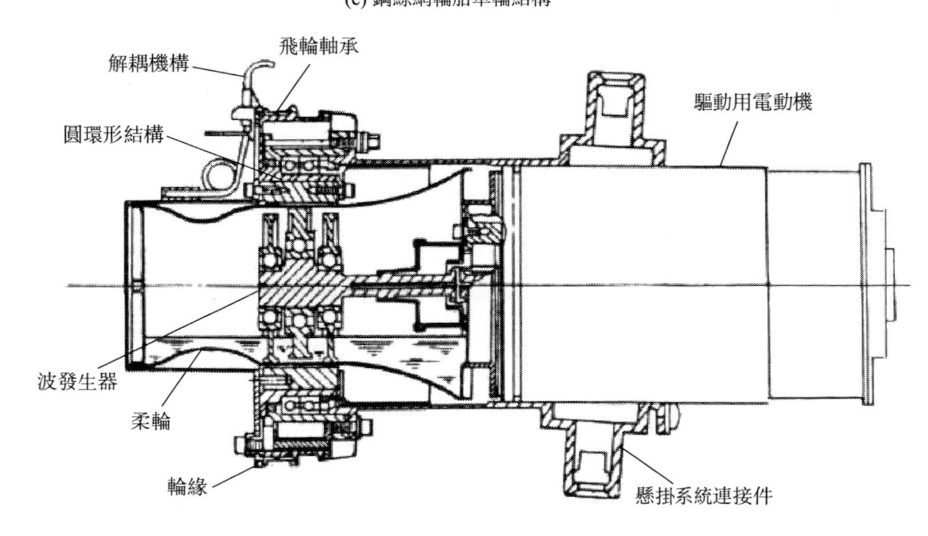

(d) 車輪牽引驅動系統

圖 1-43　1971 年 Apollo15 號月球探測車及其鋼絲網輪胎車輪與驅動系統 [31, 32]

圖 1-44　2007 年 NASA 的下一代六輪腿式月面探測車 「ATHLETE」 及其測試照片 [33]

③ 非充氣輪胎（Non-pneunatic wheel）的發明

a. 2001 年 Francois Hottebart 發明的非充氣車輪：法國人 Francois Hottebart 於 1998 年向美國專利局申請了如圖 1-45 所示的非充氣車輪[34]。這種車輪的基本原理是用彈性桿件或寬度窄、厚度薄的彈性板條以鉸接的形式連接在剛性輪轂和彈性輪緣之間從而構成柔性車輪，透過輪緣本身的彈性、輪緣與輪轂之間彈性構件的彈性變形來增加與地面或其他類型支撐面之間的接觸面積，以適應降低與接觸表面的接觸力的要求。

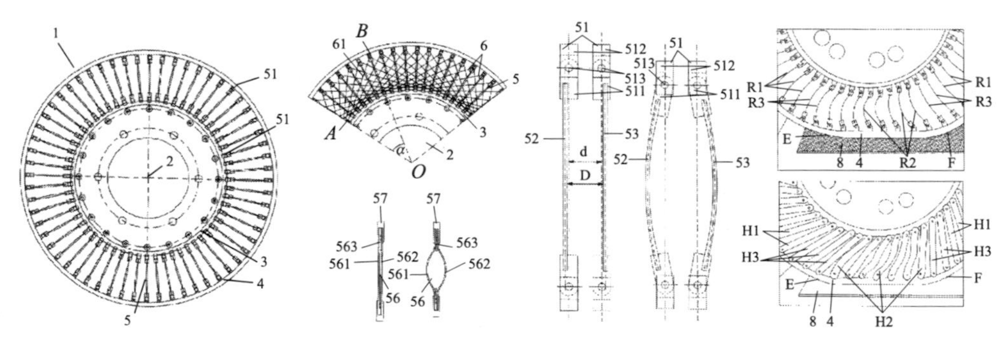

圖 1-45　2001 年 Francois Hottebart 發明的非充氣輪胎 [34]

b. 2007 年 Timothy B. Rhyne 等人發明的非充氣輪胎：2004 年 8 月美國人 Timothy B. Rhyne 等向美國專利局申請了如圖 1-46 所示的非充氣輪胎發明專利權並於 2007 年 4 月 10 日獲得了專利權[35]。這種柔性車胎由剛性或柔性的輪轂沿圓周方向均勻分布且受載後可彈性變形的許多薄板式徑向輻條、周長無伸長的可彈性變形的內外胎組成。這種車輪可以適應在鬆軟薄層砂地月面上行走所要求的非剛性低接觸壓力條件。顯然，這種車輪與月面接觸區附近的輻條和輪胎產生變形後增大了輪胎與月面的接觸面積，從而異小了接觸應力並使之分布均勻化。

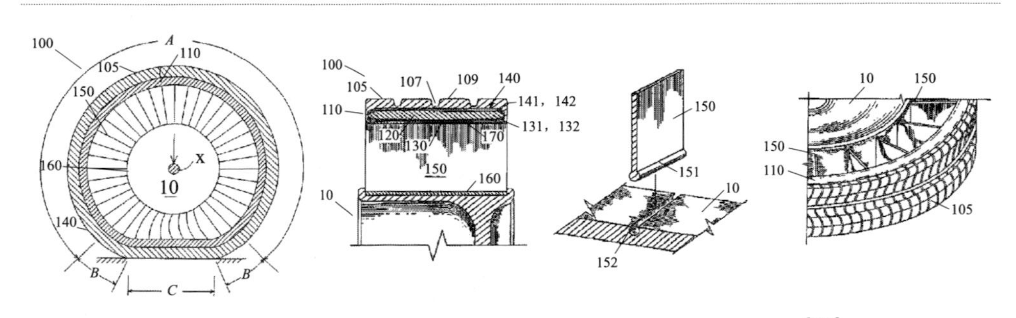

圖 1-46　2007 年 Timothy B. Rhyne 等人發明的非充氣輪胎 [35]

④ 2008 年美國克萊姆森大學、米其林研發公司、噴射推進實驗室聯合研發的月面探測車非充氣輪胎[36]　以美國克萊姆森大學為首的面向月面探測車非充氣車輪的聯合研發團隊首先從長時間大範圍遠距離持續在月面上科學探測行走目標出發，對輪胎材料以及剪切剛度進行了分析，如圖 1-47 所示。他們認為：低剪切模量的最適合結構為桁架結構，非充氣輪胎的目標並非抗彎剛度，反而是高效的抗剪切剛度。也就是說，非充氣車輪在幾何結構上兩個重要的方面是：輪輻彈性輻條與輪緣的徑向彈性變形和輪胎接觸地面（月面）或其他支撐面時沿切向的剪切變形問題。

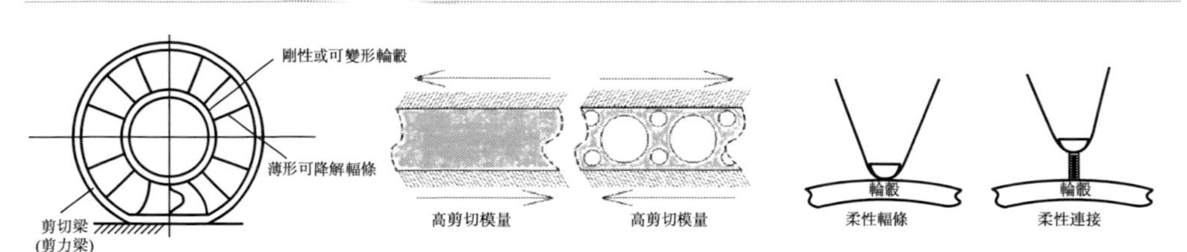

(a) 非充氣車輪的基本幾何模型　(b) 輪緣部分抗剪切模量高/低的結構　(c) 輪輻彈性輻條與輪轂的柔性連接結構

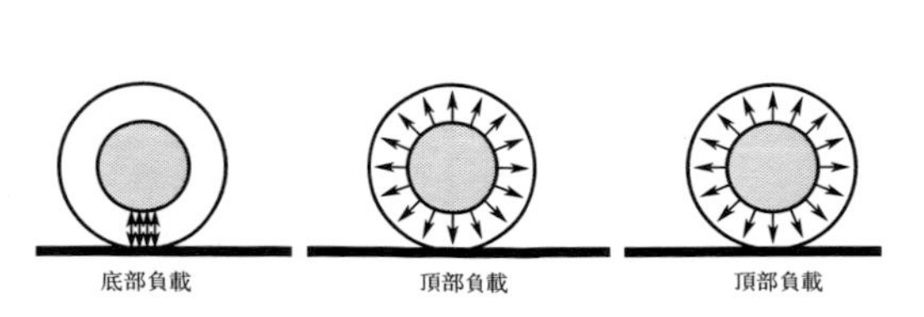

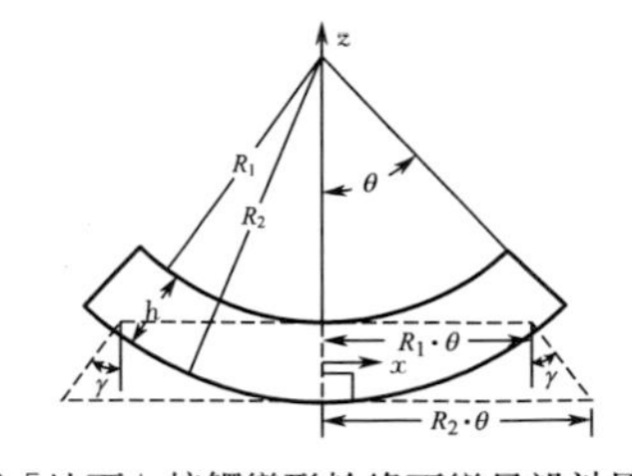

(d) 非充氣車輪輪緣與輪轂承載高效性的受力形態　(e) 與「地面」接觸變形輪緣不變量設計原則

圖 1-47

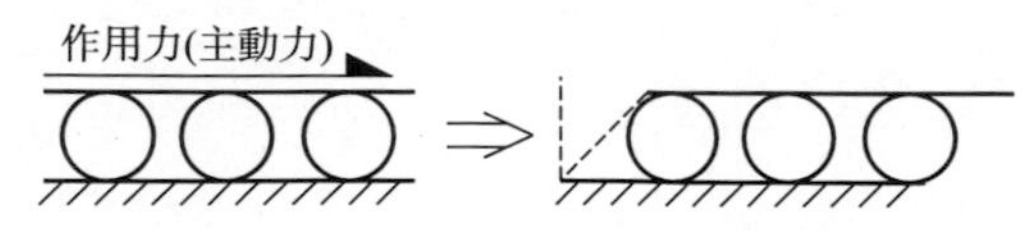

(f) 最大剪切應力時最大應力角的元素測試法

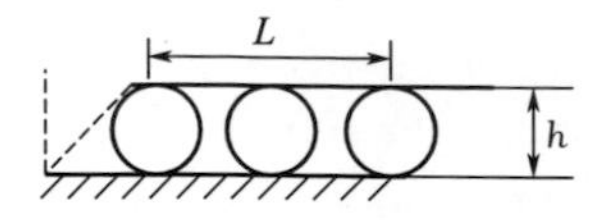

(g) 基于剪切測試法的設計原則

圖 1-47　2008 年美國克萊姆森大學，米其林研發公司和噴射推進實驗室聯合研發非充氣輪胎的基礎理論分析圖 [36]

a. 第 1 代非充氣車輪原型樣輪的設計和研製

• bristle pack（剛毛包）式柔性車輪設計：克萊姆森研發團隊為設計高性能月面探測車柔性車輪，首先進行了接地基本模型設計與試驗研究工作，他們將如圖 1-48(a) 所示的構形稱為 bristle pack（剛毛包），將其設計稱為「剛毛設計」。所謂的「剛毛」就是指在連接輪緣內外圈之間的沿圓周方向均布並聯的許多個徑向彈性連接組件，當柔性車輪與「地面」接觸產生變形時，與「地面」接觸部分輪緣被壓平而展成為兩個平行板之間並聯數個彈性連接組件的結構形式，即如圖 1-48(a) 所示的所謂「剛毛構形」。用這樣一個基本的模型可以評價柔性車輪與地面接觸性能，從而為非充氣車輪整輪設計提供試驗數據依據，是一個非常好的設計方法。剛毛包結構是將兩塊沿長度方向不可伸長的彈簧鋼板經直鋼絲製成的剛毛用鋁鉚釘鉚接在剛毛外殼上，然後再將 6 個剛毛包組件用鋁鉚釘鉚接在兩塊彈簧鋼板之間。這種結構的優點是受剪切元件之間的距離較短，並且可以透過改變剛毛的直徑、長度和密度來調節車輪的性能，並不會改變車輪的概念設計；缺點是剛毛與鉚釘殼之間的鉚接連接方式可能會在月面環境極端溫度下產生熱脹冷縮而異小摩擦，剛毛會因張力變化而失效。依據剛毛包的結構原理而設計研製的車輪如圖 1-48(b) 所示。

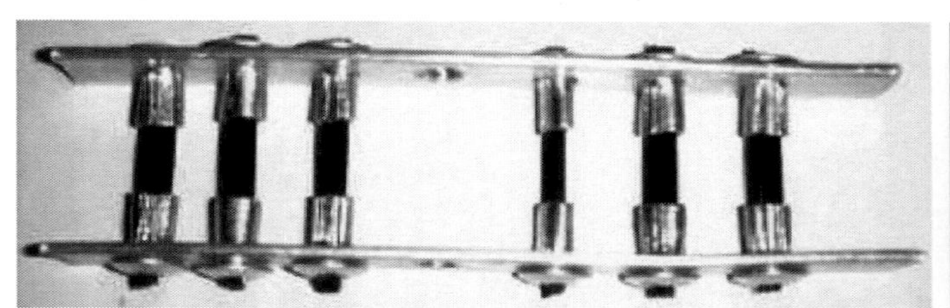

(a) 剛毛包機構構形

(b) 剛毛包式非充氣車輪

圖 1-48　克萊姆森大學聯合研發團隊研發的剛毛包式非充氣輪胎 [36]

• 分段薄壁圓筒式設計（segmented cylinder design）：繼剛毛包結構構形之後，克萊姆森大學聯合研發團隊又設計製作了如圖 1-49(a) 所示的結構，首先用兩塊薄彈簧鋼鋼瓶切成一定寬度、沿圓周方向不可伸長的車輪輪緣同心內外圈，然後將薄彈簧鋼板卷成的許多個圓柱形筒均勻分布在輪緣內外圈之間圓周上，用螺栓和螺母將這些圓柱筒連接在內外圈之間，而且可以設計製作成沿圓周方向相互等角度錯開的兩列圓柱筒排列結構。這種結構的優點是均勻的節距和材料均勻結構；缺點是圓柱形筒與輪緣鋼板之間連接點處存在應力集中和有限的幾何密度；圓柱形筒在受剪切過程中變形受到干擾，此外，還存在彈簧鋼瓶材料是未經熱處理的軋製鋼材料，存在內應力問題。最後研製的分段薄壁圓筒結構的非充氣車輪如圖 1-49(b) 所示。

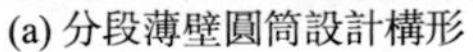
(a) 分段薄壁圓筒設計構形

(b) 分段薄壁圓筒式非充氣車輪

圖 1-49　克萊姆森大學聯合研發團隊研發的分段薄壁圓筒式非充氣車輪 [36]

• 螺旋線圈式設計（helical coil design）：這種設計下的車輪結構如圖 1-50 (a) 所示，在周向皆不可伸長的彈簧鋼板材質的輪緣外圈和鋁質材料輪緣內圈兩者之間，用凱夫拉輻條（Kevlar spokes）、鋼絲繩抗剪切機構將這兩個同心內外圈、輪轂三者連接起來。鋼絲繩在兩個輪緣內外圈之間沿圓周方向纏繞，並用鋁夾與內圈連接形成抗剪切帶。鋼絲繩沿周向在輪緣內外圈之間纏繞形成像螺旋彈簧一樣的螺旋線，螺旋線圈式結構設計即因此而得名。螺旋線圈式結構設計的優點是：有顯著抗過載能力，而不會在抗剪切機構中產生過大的應力。其缺點是：裝配較難，且關鍵問題在於鋼絲繩裝夾方法會導致鋼絲繩應力集中問題。最終設計製作的車輪如圖 1-50(b) 所示。

b. 第 2 代螺旋線圈式非充氣車輪原型樣輪的設計和研製：第 2 代主要是在第 1 代概念設計基礎上，專注於非充氣柔性車輪的先進材料和空間價值，主要是 NASA JPL（NASA 噴射推進實驗室）和克萊姆森大學研發的螺旋線圈結構原理下的非充氣車輪。該設計進一步發展了第一代螺旋線圈的概念，解決了可在空間技術領域應用的材料和提高性能等問題，近-α 鈦合金、304 不銹鋼材料被分別用於輪緣沿周向不可伸長的內外圈和抗剪切機構；螺旋線圈用光滑、卷曲的鋁合金套筒連接；輻條用適用於空間環境的玻璃纖維與聚四氟乙烯的編織物 β 布製成。

除了將鋁套筒機械地連接到圓周方向不可伸長的輪緣內外圈之上的鉚釘之外，該車輪的其他所有零部件均具有空間環境使用價值，是一款最接近於滿足所有設計要求的原型車輪（圖 1-51）。其優點為：除在諸多方面滿足設計要求之外，輪緣部分的分段外緣更容易吸收點衝擊，異少了沿著外緣單處薄弱失效的概率；儘管在不銹鋼熱循環方面曾被作為問題來考慮過，但即便使用各種不同材料作為抗剪切帶，這種螺旋線圈柔性結構形式都可以做好周向熱設計，以使在剪切幾何上不至於產生過量應力。然而，這種車輪的缺點依然存在，那就是：輪緣的外緣容易受到衝擊，而且在正常工作循環過程中，可能更容易產生疲勞失效。事實上，在低溫環境下，特別是經風化的月球表面環境，外緣上這種鈦合金膜複合物會顯著磨損。此外，根據以前發生在車輪上的故障，加固了外緣與抗剪切機構之間的連接，額外加重了該部分的質量，只好在其他部分異重以達到異少衝擊的目的。

(a) 螺旋線圈設計構形

(b) 螺旋線圈式非充氣車輪

圖 1-50　克萊姆森大學聯合研發團隊研發的螺旋線圈式非充氣車輪 [36]

圖 1-51　NASA JPL 與克萊姆森大學聯合研發的第二代螺旋線圈式非充氣車輪 [36]

c. 測試方法：分組進行 300kg 靜載性能和接地印記靜態測試。完成了所有研發的原型車輪測試且無一失敗。然後將原型車輪發往米其林（Michelin）公司，用其通常道路輪胎測試裝置，按照 2m 直徑車輪以恆速 10km/h、恆定載荷 200kg 的轉動條件繼續進行測試。通常是這樣：當試驗過程中聲音或者憑藉目測看上去車輪有明顯變化時，則停止試驗。在道路上動態測試所有研發的車輪，結果全部失效。

d. 失效

• 剛毛包式設計車輪的失效：剛毛包式設計是在動態測試過程中性能表現最好的車輪原型，在滿載狀態下在光滑道路上持續運轉超過 10km 的行程。只是在將 10mm 厚的夾板引入到測試輪試驗進行障礙測試時才發生失效。在引入夾板狀態下以 10km/h 的速度持續運行且很快就發生了故障，如圖 1-52 所示。由於夾板的影響，在整個抗剪切帶的寬度方向上，不可伸長的輪緣內圈斷裂而從剛毛包上脫離開來。多數是因為鋁質連接件分成多塊，用於連接的鉚釘失效，導致剛毛組件與不可伸長的外緣內圈分離。值得注意的是：剛毛在鉚釘殼和剛毛之間的附屬物（附件）上沒有發生過故障，反而發生在附著在不可伸長的外緣內圈上的鋁棒上。這表明：剛毛的連接強度是足夠的，而鉚釘和連接桿件的強度必須提高或者改用其他的附著連接方法。

圖 1-52　剛毛包式設計車輪的失效 [36]

• 分段薄壁圓筒式設計車輪的失效：在行駛到不足 5km 距離的動態測試時，分段薄壁圓筒式設計的車輪發生了由圓筒在受剪切力後伸長和將圓筒連接到車輪外緣內外圈上的連接螺栓受彎時的高張力而引起的災難性故障。薄壁圓筒受剪切力而伸長，因其底部和頂部分別被固連在車輪外緣內外圈上而形成高彎曲應力，彈簧鋼材料的薄壁圓筒因彎曲疲勞而導致失效；將圓筒連接到車輪外緣內外圈上的連接螺栓受彎時張力大，致使許多螺栓下落不明，推測應是在測試試驗過程中從車輪上剝落的。圖 1-53(a) 為剪切帶失效的照片，可能是應力集中在少數幾個薄壁圓筒上以至於彎曲應力過高而導致螺栓連接失效造成的。災難性失效並不總是發生在連接接頭處的現象表明：對薄壁圓筒施加預張緊起到了重要作用。這些因素表明：不良裝配是導致車輪失效的主要原因。進一步地，很明顯，與地面接觸的那一段輪緣內圈明顯凸起。這種現象是由於接觸壓力和輻條偏斜兩者其一單獨導致接觸區域被壓縮而產生的結果。本質上，如果輻條太硬，則壓縮會導致與地面接觸的區段變形後呈弓形。這種現象與圖 1-53(b) 所示的有限元分析(FEA) 計算結果是一致的。

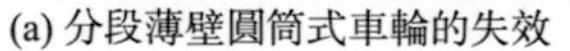

(a) 分段薄壁圓筒式車輪的失效

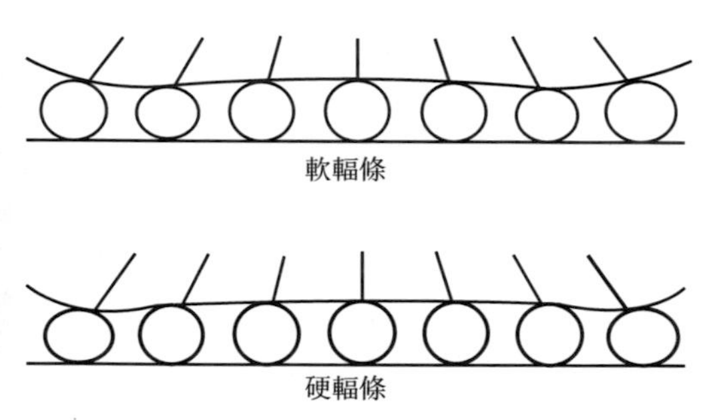

(b) 輻條軟硬對與地面接觸區段變形影響的FEA計算結果

圖 1-53　分段薄壁圓筒式設計車輪的失效與 FEA 結果[36]

• 螺旋線圈式設計車輪的失效。這種設計結果測試因內部可延展性、鋁製外緣內圈的不可伸長等問題而性能變差，引起多重失效。在整個圓周內，多數情況下，有超過二十餘處輪緣內圈輻條橫跨整個寬度完全斷裂。這些在內圈上產生的斷裂實例如圖 1-54(a) 所示。而且，鋼絲繩也有兩種不同的失效形式。首先，鋼絲繩用鋁質板條附著在輪緣內外圈上，在板條的邊緣產生應力集中，並且鋼絲繩因剪切力在反覆彎曲過程中被剪斷。此外，當車輪底部相應的抗剪切內外圈被壓縮時，因曲率半徑小而使得鋼絲繩磨損乃至斷裂。這種故障分別發生在原型車輪周圍八個不同部位。接著，被用來將鋼絲繩固定在不可伸長內外圈的鋁夾在固定連接處邊緣產生應力集中，從而導致原型車輪周圍三處鋼絲繩被剪斷，圖 1-54(b) 給出了這兩種失效的情況。該設計結果的失效是多個因素導致的，主要包括：沿著輪緣內圈的應力、連接接合面處的應力集中以及幾何形狀干涉引起的磨損。為了構建合格的車輪，首先需要解決前兩個影響因素問題，而最後一個則是這種螺旋線圈式車輪特有的問題。

• 第 2 代螺旋線圈式設計車輪的失效。作為螺旋線圈式設計改進型的第 2 代原型車輪並沒有作為公路車輪進行運轉測試試驗。透過這一階段設計過程可以肯定其在回轉測試中會有令人滿意的測試結果。因此，該原型車輪被直接拿去用在現實物理世界中作為下一代月面探測車的六輪腿式移動平臺 ATHLETE 上進行實際測試。圖 1-55(a) 為該車輪的加載測試照片。這種車輪能夠以最大且均勻的接觸區段方便地相對於重要目標物移動和穿越。但是，輻條的高剛度導致接觸區段凸起已然非常明顯，儘管最初對於性能沒有什麼不利影響。值得一提的是：在這個改進型的設計中，所有連接構件都是被「過度設計」出來的，以確保它們會失效，從而留下不可伸長的輪緣內外圈作為最薄弱的連接環節。該車輪在給定正常的傾斜光滑表面上理論上已經持續運行超過 100km。然而，當該車輪滾動並且支撐 ATHLETE 駛過小的物體時，會引起塑性變形而導致失效，失效狀態下的車輪如圖 1-55(b) 所示。由小的障礙物引起的塑性變形和輻條剛性引起的高附加壓縮量導致剪切帶被壓垮而崩潰。

(a) 螺旋線圈式設計車輪的內圈失效

(b) 螺旋線圈式設計車輪的鋼絲繩彎曲失效(左)和壓接處應力集中所致失效(右)

圖 1-54　螺旋線圈式設計車輪的失效 [36]

(a) 第2代螺旋線圈式設計車輪的加載測試

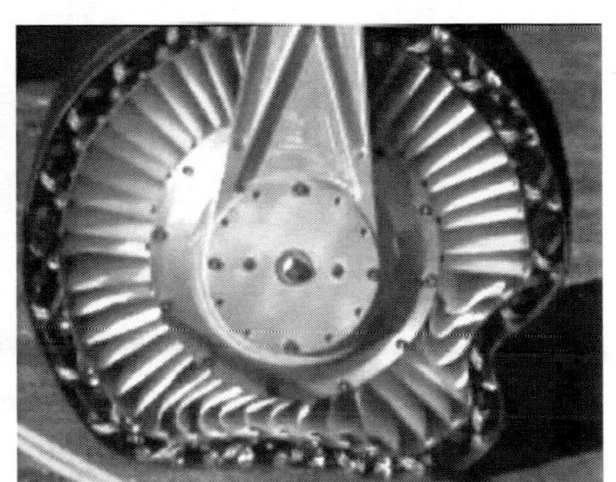

(b) 第2代螺旋線圈式設計車輪的失效

圖 1-55　第 2 代螺旋線圈式設計車輪的測試與失效 [36]

• 所有各型非充氣輪胎車輪失效匯總統計。克萊姆森大學研究團隊對上述所研發的各種車輪按故障發生部位進行了統計，並給出了如表 1-2 所示的失效匯總表。

表 1-2 克萊姆森大學研發團隊研發的非充氣車輪失效匯總表[36]

故障	剛毛	節段圓柱	螺旋線圈	第 2 代螺旋線圈	總計(合計)
內部 IM	2			1	3
外部 IM				1	1
剪切機構	1	16	6		23
內部 IM 連接	10	3	22		35
外部 IM 連接					—
輻條		1	1		2
輻條附件	1	2	1		4

由試驗可知：由抗剪切機構以及車輪外緣圓周方向不可伸長內外圈之間的關聯性可以確定，它們為最容易失效的設計元部件。其在剛毛包式、螺旋線圈式、分段薄壁圓筒式車輪中的設計失效率最高，並且很快導致整個車輪系統失效；多數車輪在外連接部位也有失效，這表明：連接本身就是很難設計的，並且通常在車輪內緣應力集中的部位發生故障。顯然，第 2 代螺旋線圈式車輪除了車輪外緣不可伸長的內外圈發生失效之外，再無其他部位發生故障。克萊姆森大學研發團隊認為：透過觀察可以分析得出如圖 1-56 所示的車輪可能失效路線圖。

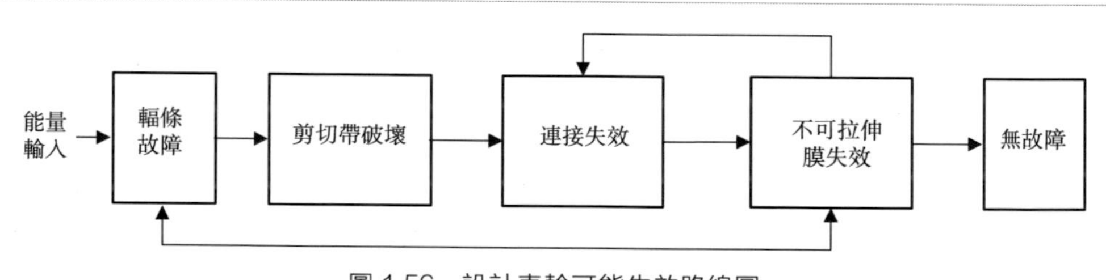

圖 1-56 設計車輪可能失效路線圖

另外，每行駛 1km 車輪循環 650 次（即轉 650 圈）為許多故障發生在高循環次數下的最低值。而在設計上所期望的高性能下的循環次數應為 10^7 次。由這些實驗結果很難確定哪種失效形式與車輪的壽命相關性更大。而不可伸長的車輪外緣內外圈必須重新設計，以異小在正常循環次數下的應力，並吸收可能導致塑性變形的衝擊力。

e. 經驗教訓：非充氣部件之間的連接設計問題是魯棒性車輪設計必須解決的問題；抗剪切幾何形狀與內外緣的有效連接方法設計具有挑戰性！目前可能的方法是傾向於整體原材料附件、永久性焊接措施或聯鎖配置。設計出可以適應高週期性循環次數的車輪任重而道遠。從品質和裝載效率上來看，分段薄壁圓筒式設計接近於理想的裝填布局，它類似於桁架結構；螺旋線圈式設計的抗剪切幾何形狀實際上承受了最低的應力。每種車輪都有自己的優勢，但不具明顯的優勢。螺旋線圈式、分段薄壁圓筒式設計都有第 2 代，並且在 ATHLETE 月面探測車樣車上進行了現實物理世界中的運行測試，還只是在較簡單、低循環的應用條件下驗證成功。第 2 代剛毛包式設計車輪還在研發中。

f. 進一步研發要解決的主要問題：解決不可伸長輪緣內外圈的疲勞問題；最佳化設計連接件品質並進行設計；研發使剛度可以很容易地調整的輻條；研發可以提高研發進度的特定原型輪；組件和系統水準上的低溫測試；研發第 3 代原型車輪。在不久的將來，主要目標是解決輪緣內外圈疲勞問題，同時完成低溫驗證開發途徑。這就需要有一些基礎設施，為繼續開發高循環次數、耐低溫車輪提供測試用設備。因此，為實現長期目標還需確定一些中間目標：透過適當設計融入超常規材料來使裝載效率最大化；進行部件低溫測試以驗證抗疲勞特性和抗磨損特性；透過數代原型車輪的研發最終確立和實現性能卓越的設計。最終的目標就是透過一代一代的原型車輪設計、建模與分析、嚴格測試，最終開發出能夠在月面上高性能長壽命行駛的月面探測車車輪。

⑤ 2011 年加拿大太空總署（Canadian Space Agency，CSA）研發的 FW-100 和 FW-350 柔性車輪　加拿大太空總署的 M. Farhat 等人設計、製造、測試了地面模擬測試用第 3 代 FW-350 型柔性車輪，並且將其安裝於 PUD-Ⅱ型原型車上在 CSA 模擬火星地形上進行了測試試驗[37]。該車有直徑為 24in 的四個柔性輪子，整車重 300kg。其研究目的在於努力使通常需要 6～8 個車輪的探測車的車輪數目異少至 4 個，並且期待用柔性車輪來顯著增加車輪與地面的接觸面積，從而提高探測車的牽引能力，以達到車輪即使在低接地壓力下也能正常工作的目標。FW-100 和 FW-350 柔性車輪概念設計參考了子午線充氣輪胎，子午線充氣輪胎的基本原理是依靠空氣壓力將車輛載荷透過輪輞外表面傳遞到地面，胎面與地面相接觸，並透過與地面的摩擦產生牽引力。FW-100 和 FW-300 原型車輪的設計要求是：

車輪負載能力在地面上模擬時為 50～100kg；結構的質量非常小；牽引力高；功效高；適於低接地壓力地形；適於沙地與岩石地形；利用充氣輪胎的設計思想和資源；可靠運行 100km。FW-100 是 CSA 研發的第一代柔性車輪原型，其結構如圖 1-57(a) 所示，模仿子午線輪胎設計。輪子用的是藍色鋼化彈簧鋼而不是橡膠，側壁、護圈和簾布層被如圖 1-57(b) 所示的徑向彈簧鋼帶所取代。徑向彈簧鋼帶靠向輪輞的內側被禁錮到輪輞上。徑向彈簧鋼帶（radial band spring）內有兩個彈簧鋼帶呈 V 形且被連接在其內部；徑向彈簧鋼帶最外緣上有主履帶板（main grouser）和主履帶板左右兩側的側邊履帶板（edge grouser），皆為鋁材料。這種車輪徑向帶需要單獨製造，車輪結構較複雜，實物如圖 1-57 (c) 所示。

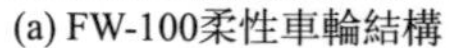
(a) FW-100柔性車輪結構

(b) FW-100柔性車輪的徑向彈簧鋼帶設計

(c) FW-100實物照片

圖 1-57　CSA 的第 1 代柔性車輪 FW-100[37]

經過反覆設計的第 2 代柔性車輪 FW-350 的結構如圖 1-58(a) 所示。車輪是由一整塊厚 0.025in 的彈簧鋼不銹鋼帶製成，如圖 1-58(b) 所示，為異輕車輪製造的複雜程度，將整塊鋼帶的兩側用水射流切割成一條一條窄帶作為徑向彈簧鋼帶，切割後得到的單塊板材結構經摺疊、彎曲形成車輪；主履帶板為 V 形，很多個 V 形的主履帶板安裝在由整塊鋼帶製作而成的輪緣上。這種結構增強了橫向穩定性，彈性體使得車輪能夠在 6 個自由度上獲得柔性，從而能夠在崎嶇地形上獲得更好的牽引能力。測試結果表明：這種 V 形履帶板結構的柔性車輪能在沙地上有效行走。4 個 FW-350 柔性車輪還被安裝在如圖 1-58(d) 所示的 PU-Ⅱ型「漫遊者」原型探測車上，在 CSA 火星模擬地形上進行了行走測試。該四輪探測車的總質量為 256kg，最大行駛速度為 1km/h。FW-350 柔性車輪在水平路面、傾斜 20°角的坡路上行走、轉彎、爬坡皆表現出良好的性能。但在野外測試中發現：行駛在粗糙岩石場地時個別履帶板發生彎曲；內部 OO 形枕鏈連接的徑向鋼帶部位已經對不齊，發生錯位。改用線纜將所有的履帶板連接成網狀結構加固，徑向鋼帶與內枕改用鉚釘連接在一起以限製其對正，測試後表明這兩種固定方式有效。FW-350 仍需進一步作嚴格的現場測試，以確定車輪失效形式和可靠性程度。CSA 已聯合工業界、學術界對該車輪進行了可靠性建模與測試，需要進一步異輕車輪質量，檢驗不同的車輪材料，使之與月球環境兼容[37]。

(4) 用於上臺階和爬樓梯的車輪

通常的車輪和小車是難以爬上有傾斜角度的樓梯、臺階或者落差大的臺面或路面的，為此，由兩個以上尺寸相對小的小輪在某一圓周上分布組成輪組形式的車輪和小車被發明出來，並成為專用於爬臺階、樓梯的車輪。

① 最早由人力被動驅動的三星輪（1962 年 Leounard E. Whitaker 發明的爬樓梯小車車輪） 1959 年 7 月 2 日 L. E. Whitaker 向美國專利事務所遞交了一份 stair climbing device（爬樓梯小車）專利申請，1962 年 10 月獲得發明專利權[38]。

當然這類爬樓梯小車不是自動化的，需要人力推著或者拉著爬上樓梯。如圖 1-59 (a) 所示，該發明的主要部分就是車輪部分，由三個大小相同的小輪間隔 120°均布在圓周上，各自由輪軸連接在一個呈內凹三角形的輪架上，構成三輪輪組，該圓周的中心即為輪組回轉中心。當不爬臺階或樓梯時，輪組的三個輪中任意一輪或兩個輪都可以與地面接觸並滾動前進，就像單側單輪的平常小車一樣；當爬樓梯時，輪組繞三角形支架［圖 1-59(a)、(b)］上的回轉軸轉動，輪組上的三小輪依次與臺階面接觸並轉動爬上臺階。當然，輪組繞輪組公共軸線相對臺階的轉動是不光滑的，輪組隨著樓梯臺階高度的變化也是上下起伏的，但省力。後來，人們把這種三輪輪組稱為三星輪（tri-star wheel)。

(a) FW-350柔性車輪結構　(b) 整塊鋼帶製作車輪　(c) FW-3500柔性車輪預加載　(d) 安裝FW-350的探測車

圖 1-58　CSA 的第 2 代柔性車輪 FW-350 及地面模擬探測車原型樣車 [37]

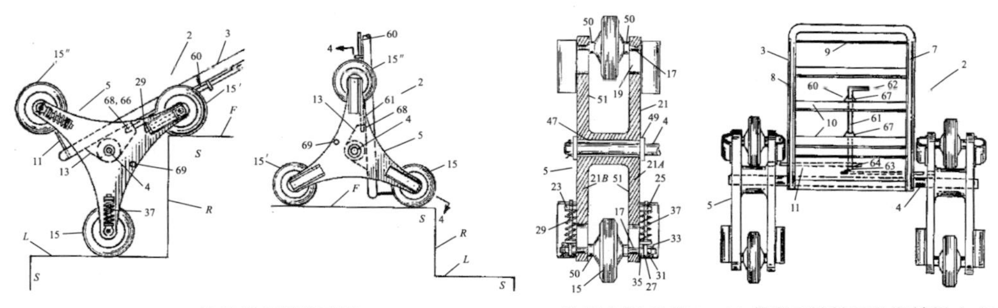

(a) 三輪輪組爬樓梯形態　(b) 輪組支架(輪架)　(c) 帶有三輪輪組的爬樓梯小車

圖 1-59　1962 年發明的三輪輪組和現在所用人力爬樓梯小車 [38]

三星輪如今已是很常用的爬樓梯、爬臺階小車用輪，現在市民買菜用的如圖 1-59(c) 所示的小車就是這種車輪。雖然是由人力被動驅動的，但是這種三星輪在爬樓梯、爬臺階或障礙物的輪式移動機器人上卻大有用武之地。

② 主動驅動的三星輪/多星輪　採用如前所述的三星輪作為主驅動輪的輪式移動機器人有很多，雖然結構、三星輪的輪數、驅動方式等有差異，但所用三星輪的原理大體相同，而且多數由電動機或電動機加傳動裝置（或異速器）構成三星輪驅動單元。不僅如此，為降低這種星形輪式移動機器人上臺階、爬樓梯運動

的波動性，諸如六星輪的多星輪也被研發出來了。

a. 1983 年日本東京工業大學的高野政晴等人研發了由三星輪驅動的四輪移動機器人 TO-ROVER：高野政晴、谷史朗、米沢宏敏面向原子力發電格納容器內的安保作業系統研發了三星輪驅動可摺疊式四輪移動機器人「TO-ROVER」，並進行了爬臺階實驗[38]。如圖 1-60 所示。他們用該機器人進行了上/下臺階、旋回、越障礙物、走 U 形路徑再回到原位等實驗。當時的實驗沒有採用引導方式控制，行走後偏離了原位置數十公分。

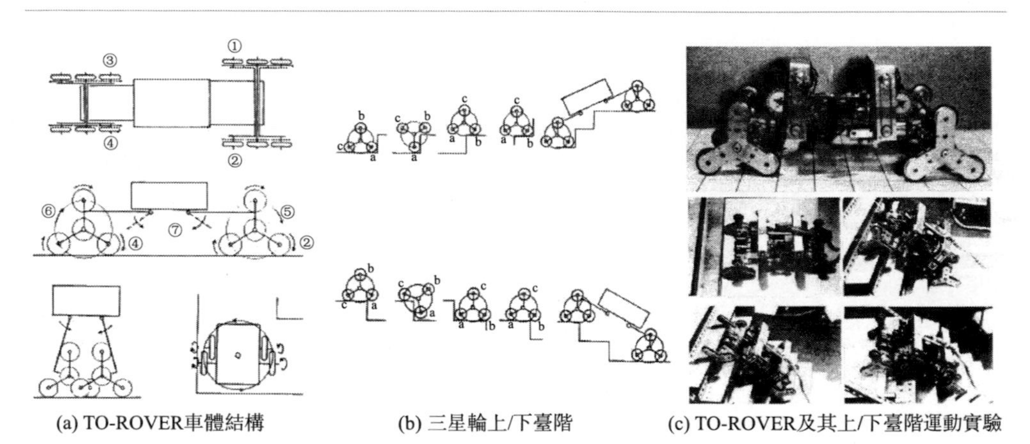

圖 1-60 採用三星輪作為主驅動輪四輪移動機器人 TO-ROVER 原理與上下臺階實驗[38]

b. 1994 年本東京工業大學的森田哲、高野政晴等人在 TO-ROVER 的基礎上研發了由六星輪驅動的四輪移動機器人 TO-ROVERⅢ：這種六星輪驅動的移動機器人結構如圖 1-61(a) 所示，由兩對驅動單元和 1 個載體組成，驅動單元各由一個電動機驅動。驅動單元的機構原理如圖 1-61(b) 所示，星形的 6 個臂上裝有車輪，由一個電動機和行星齒輪機構來驅動。當行走在平整地面上時，車輪回轉，而行走在有落差的路面、臺階上時，六星輪的六個臂與車輪一起回轉。驅動單元由與行星齒輪機構的輸入齒輪軸連接的電動機輸出軸驅動，太陽輪驅動車輪回轉，行星齒輪驅動有六個臂的六星輪回轉，為一輸入二輸出的行星齒輪輪系(理論上，輸入輸出與哪個齒輪連接都沒關系)。這種原理使得無論在平整地面上行走，還是上臺階、爬樓梯，行走模式的切換都是自然進行的。圖 1-61(c) 為 TO-ROVERⅢ 移動機器人的實物照片[39]。

c. 2008 年 I Han 研製的盤形三星輪四輪爬樓梯機器人：I Han 利用三個盤形輪組成三星輪並在前後三星輪之間的車體上引入彈簧製作了彈簧-盤形輪組三星輪小車原型，這種小車可以上臺階、爬樓梯，遇到牆壁等障礙物碰撞時可以吸收衝擊，如圖 1-62 所示。三星輪的驅動是由電動機經行星齒輪傳動驅動的[40]。

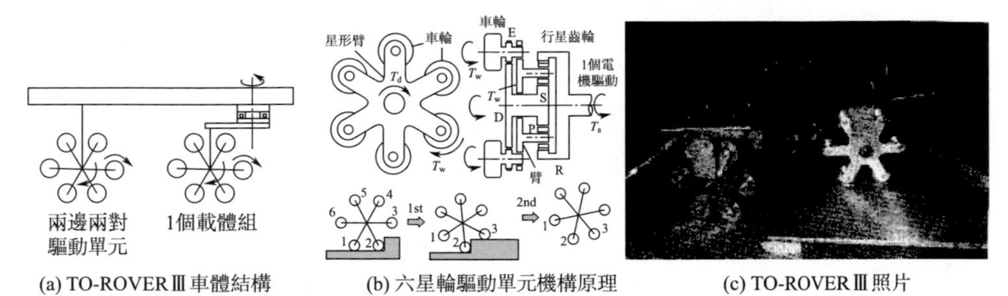

(a) TO-ROVERⅢ車體結構　(b) 六星輪驅動單元機構原理　(c) TO-ROVERⅢ照片

圖 1-61　六星輪作為主驅動輪的四輪移動機器人 TO-ROVERⅢ的原理[39]

(a) 採用彈簧-盤形輪組三星輪原理的四輪移動機器人的實物照片

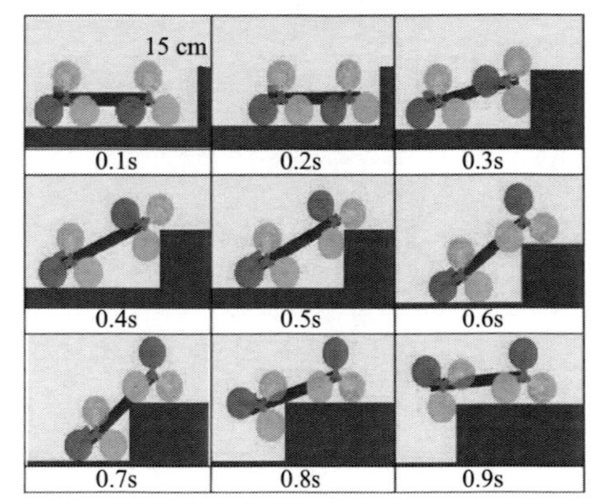

(b) 爬臺階

圖 1-62　採用彈簧-盤形輪組三星輪原理的四輪移動機器人的實物照片與爬臺階示意[40]

d. 2009 年義大利的 Giuseppe Quaglia 等人設計出了用於研發三星輪驅動的四輪輪椅測試原型[41]。

e. 2012 年 Yong Yang 等人研製的爬越高障礙物的三星輪六輪移動機器人 Tribot：其整車結構設計如圖 1-63(a) 所示，車體分為可以相對轉動的前後兩段，一段左右側各兩個三星輪；另一段左右各一個三星輪，總共六個三星輪左右側對稱布置各三個；每個主驅動三星輪為一個系統模塊，由一個控制單元控制一個電動機和異速器獨立驅動一個三星輪系統模塊，如圖 1-63(b) 所示。圖 1-63(c) 則給出了三星輪的三個小輪在電動機、異速器、行星齒輪傳動以及三星輪主動驅動下爬臺階（樓梯）的運動原理。

三星輪六輪移動機器人 Tribot 的爬樓梯運動原理以及原型樣機如圖 1-64 所示[42]。

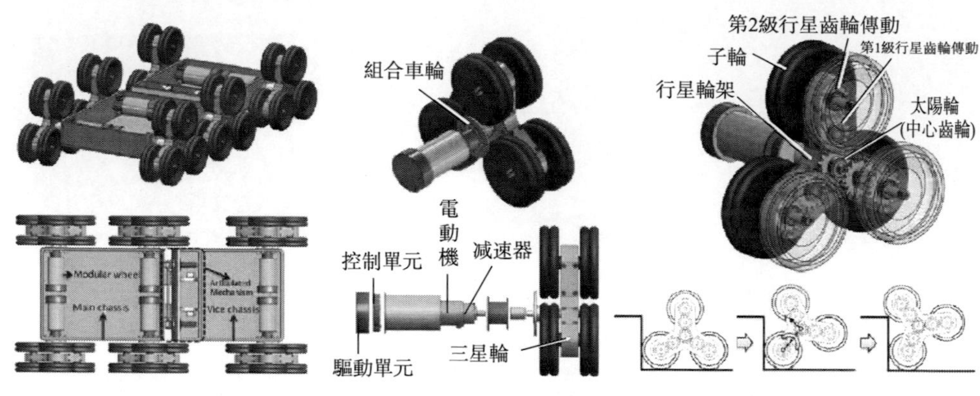

(a) Tribot車體結構　(b) 主驅動下的三星輪模塊　(c) 三星輪模塊的行星傳動及爬臺階運動

圖 1-63　採用三星輪作為主驅動輪的六輪移動機器人 Tribot 的結構與驅動原理 [42]

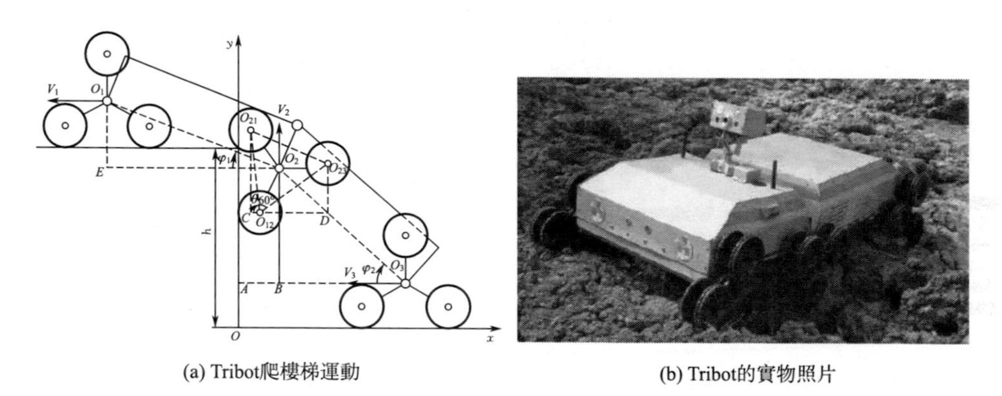

(a) Tribot爬樓梯運動　(b) Tribot的實物照片

圖 1-64　採用三星輪作為主驅動輪的六輪移動機器人 Tribot 爬樓梯運動原理及其實物照片 [42]

f. 2015 年 Luis A. M. Riascos 以三星輪為驅動輪提出一種低成本爬樓梯四輪輪椅。其成本大概為 298.20 美元。它由兩個帶有齒輪異速器的 40W、60r/min 齒輪-伺服電動機驅動，輪椅上裝有陀螺儀感測器（IMU）[43]。

（5）自動單輪（盤形單輪、球形單輪、鼓形單輪、橢球形單輪）

自動單輪本身既是車輪也是車體，也稱單輪機器人，如盤形單輪、鼓形單輪、球形單輪等等。在所有的輪式移動機器人中，它是一種完全靠自身的平衡能力來實現移動方位控制的特殊機器人。尤其是以滾動方式移動的球形機器人，不存在諸如採用腿式、足式、輪式等移動方式的機器人跌倒、傾覆的危險，它可以在控制系統控制下即使偏離移動目標位置也能夠從障礙物或與環境碰撞中恢復移動能力，繼續移動。球形機器人的移動能力是透過不平衡的內部驅動單元在不斷地使系統得到平衡和失去平衡的過程中獲得的。球形機器人最初是由日本電氣通訊大學的山藤和男教授研究室於 1991 年提出並研究的；而單輪陀螺穩定機器人最初是由美國卡內基梅隆大學的 Brown 教授課題組提出並研究的。此後，有關單輪、球形機器人的研究在海內外逐漸發展起來。

① 單輪機器人的分類　單輪機器人顧名思義為只有一個車輪的機器人，按車輪幾何形狀的不同可以分為球形單輪機器人、橢球形單輪機器人、鼓形單輪機器人、盤形單輪機器人等。球形或盤形單輪機器人按機構與移動控制原理可以分為如下幾種類型：a. 輪軸外部懸掛倒立擺型（如 1992 年越山篤與山藤和男的研究[44,45]）；b. 輪內單輪-彈簧型（如 1996 年 Halme 等人的研究[46,47]）；c. 輪軸懸掛單/雙/三自由度擺型（如 1996 年 Brown 與 Xu 的研究[48]）；d. 輪內雙轉子型（如 2000 年 Bhattacharya 與 Agrawal 的研究[49,50]）；e. 輪內小車型（如 1997 年 Bicchi 等人的研究[51]，2003 年 J. Alves 和 J. Dias 的研究[52]）；f. 球內固定推進機構的全方位型（如 2002 年 Amir Homayoun Javadi A. 和 Puyan Mojabi 的研究[53]）。

2012 年 Richard Chase 與 Abhilash Pandya 在他們對球形機器人綜述的文章裏，按照主驅動原理將球形機器人分為：質心偏移量原理（barycenter offset，BCO）、殼體變換原理（shell transformation）、角動量守恆原理（conservations of angular momentum，COAM）三類[54]。其中，J. Alves 和 J. Dias 研究的「Hamster Ball」、Halme 等人研究的輪內驅動單元（internal drive unit，IDU）原理的球型、北京航空航天大學的戰強等人研究的 BHQ-3 以及哈爾濱工業大學的鄧宗全等人研究的萬向輪（universal wheel）型、Rotundus 等人研究的單擺型、哈爾濱工業大學的孫立寧等人研究的雙擺（橢球）型、Mukherjee 等人的研究、P. Jearanaisilawong 等人研究的三腿式可重構球型等等都屬於 BCO 一類；K. Wait 等人研究的增壓空氣氣囊（pressurized air bladders）原理的球形機器人、T. Yamanaka 以及 Y. Sugiyama 等人分別研究的形狀記憶合金（shape memory alloys）球形機器人都屬於殼體變換原理一類；Brown 與 Xu 研究的輪軸懸掛單擺平衡、單/雙擺（V. Joshi 的研究）、三維擺（北京航空航天大學研究的 BHQ-5）、G. Schroll 研究的球形機器人等等都屬於角動量守恆原理的一類[54]。

② 1991 年球形輪與球形機器人概念的提出及其單擺擺動移動原理

a. 1991 年越山篤、山藤和男首次提出球形機器人概念並研製出第 1 個球形機器人。隨著工廠內和工廠之間的巡迴作業對移動機器人需求的進一步提高，以及面向將來的家庭、街道一邊巡迴一邊執行各種作業對機器人需求的必要性考慮，日本電氣通訊大學的學生越山篤和教授山藤和男於 1991 年在日本機器人學・機械電子學演講會上提出了球形機器人的概念，並開發出了只有一個球形車輪的單輪車型全方位移動機器人，所有的驅動與姿勢控制機構都內藏在車輪內，調節機器人整體的重心位置，實現全方位移動[44,45]。

b. 球形機器人（spherical shaped robot）的概念：面向高齡化社會、能夠代替年輕勞動力，不僅在工廠，就是在家庭、街道中也能來回行走代替人完成作業，能夠與人類接近，與人類一起安全共存和工作，驅動機構、控制與感測系統等完全搭載在球形車輪內，具有高度安全性，功能與安全性兼具的球形輪機器人，如圖 1-65(a) 所示，該類機器人可以在球形輪軸外側設立拱形門或拱柱作為負載物搭載平臺。這種球形機器人還可與其他的球形機器人或車輪串聯起來改變結構，形成多輪機器人[44,45]。

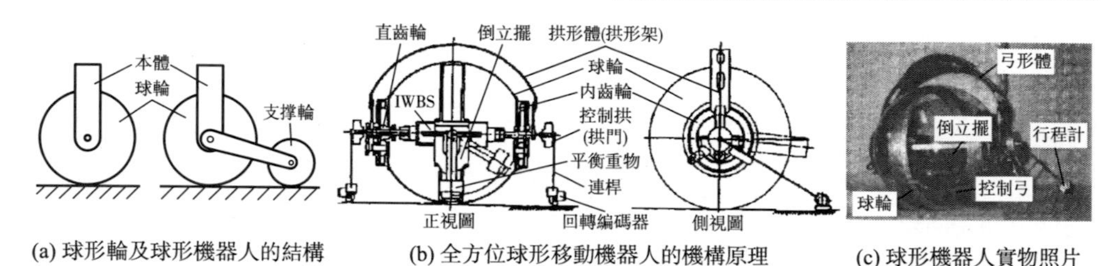

(a) 球形輪及球形機器人的結構　(b) 全方位球形移動機器人的機構原理　(c) 球形機器人實物照片

圖 1-65　1991 年首次提出的球形輪的結構及全方位球形移動機器人的機構原理與原型樣機

c. 越山篤等人提出的球形機器人移動控制的單擺原理。該機器人由球形輪、安裝在球形輪上的拱形架、輪內的運動控制機構組成，如圖 1-66(a) 所示。球形輪內的結構被稱為「輪內平衡系統」(the inside wheel balancing system, IWBS)，三個各 40W 的直流伺服電動機被安裝在一個擺架 (pendulum plant-form) 上，經齒輪異速後被分別用來驅動球形輪、拱形架和控制拱。該 IWBS 由一個擺和一個控制拱 (a controlling arch) 組成，圖 1-66(a) 右側所示的側視圖中，在球形輪的回轉軸上安裝著一個可以繞著該回轉軸轉動的單擺擺架，球形輪是由安裝在輪內的直流伺服電動機 A 驅動的，懸掛在輪軸上的控制拱由位於驅動車輪轉動的電動機 A 下面的另一個直流電動機 B 來驅動。如圖 1-66(b) 所示，圖中 A、B 為兩個 40W 的直流伺服電動機，它們的軸線互相垂直。伺服電動機 A 分別驅動一對外嚙合直齒圓柱齒輪傳動和一對內嚙合的圓柱齒輪傳動；伺服電動機 B 驅動帶有惰輪的直齒圓柱齒輪傳動。在各個驅動用直流伺服電動機上都有光電編碼感測器，用來檢測電動機回轉角度；此外，在擺的兩側安裝有與輪同軸的磁編碼器，與地面接觸的接觸桿末端安裝有用來測量球形機器人行程的回轉編碼器。透過 32 位 PC (CPU i80386，帶有 i80387 協處理器) 控制這些控制裝置機構有效動作，從而實現球形機器人位姿與方向控制[55,56]。

d. 1995 年越山篤等人提出的完全球形機器人及其移動控制原理。越山篤等人於 1991 年研製的全方位球形機器人的輪軸與球殼之間在幾何上呈相對固定的驅動方式，而且能量供給部和控制器都設置在機器人外部，不與機器人本體在一起。越山篤等人於 1995 年設計研發的完全球形機器人 2 號原型樣機則是進一步提高機動性和安全性的全自立型全方位移動機器人[57]。所謂的全自立型即是動力源、驅動、控制、感測等所有組成部分完全搭載在球形輪本體內部，完整、獨立地自成一體。同全方位球形移動機器人1號原型樣機相比，其最大特徵是球形輪為外部無任何突起的光滑球面，可以以零回轉半徑全方位移動。該球形機器人由球轂車輪和球轂車輪內藏型驅動機構（wheel built-in driving mechanisms，WBDM）組成。球轂車輪直徑為400mm，球形機器人整體總重為14.4kg，為控制用微型電腦和驅動用電池內藏於球轂車輪的全自立型機器人，如圖1-67所示。

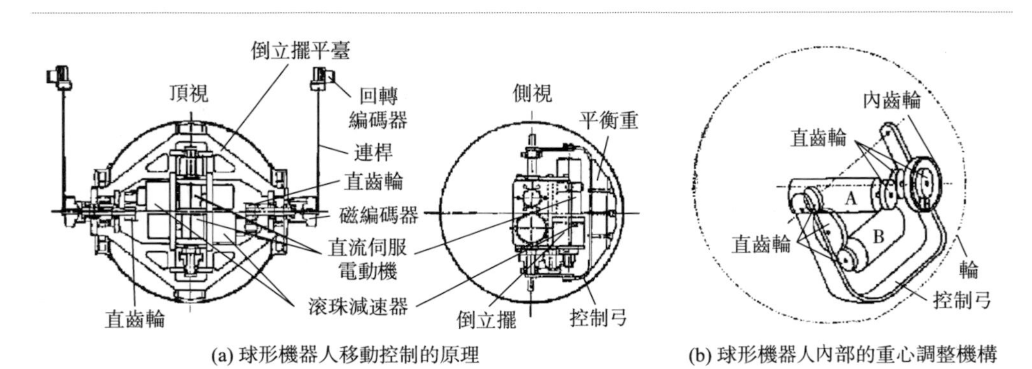

(a) 球形機器人移動控制的原理　(b) 球形機器人內部的重心調整機構

圖1-66　1991年越山篤等人提出的球形機器人移動控制原理

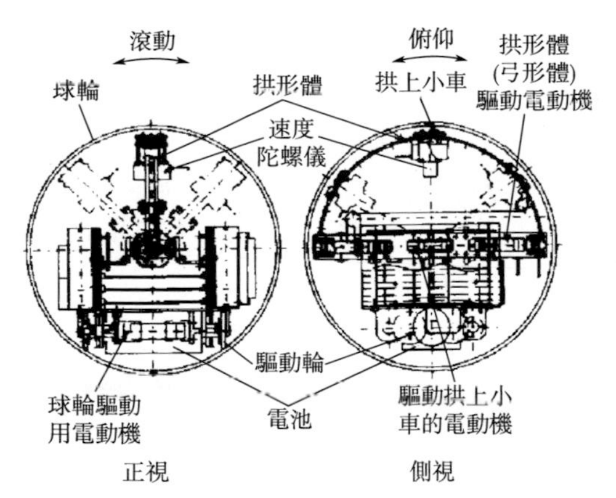

圖1-67　1995年越山篤等人提出的完全球形機器人機構與移動控制原理[57]

e. 越山篤等人研發的球形機器人2號原型樣機的球轂車輪。球轂車輪由兩個內外面光滑、厚6mm的半球轂組合而成。球轂外表面無任何突起，對周圍環境物或人一般不會造成任何傷害。兩個半球轂殼體採用了索尼（Sony）公司生產系統商業中心開發的光造型裝置（solid creator），由Ar雷射平面掃描使UV樹脂積層狀硬化製造工藝製作而成。積層厚為0.2mm，為球形車輪直徑400mm

的 0.05%,因此,製作後的球穀表面無需進行任何表面光滑化處理。

f. 球轂車輪的驅動機構 WBDM。如圖 1-68 所示,WBDM 由球轂車輪驅動機構和姿勢穩定化機構構成[57]。

球轂車輪驅動機構:由 WBDM 下部配置的兩個獨立控制的驅動輪(driving wheel)、異速器與 DC 伺服電動機組成的驅動機構構成。WBDM 的驅動輪分別與球轂車輪內接,透過分別控制這兩個驅動輪來實現球轂車輪的控制。驅動機構的最下部裝有 12V、7A・h 的鉛蓄電池,為機器人提供全部能量,同時,這樣的配置也是為使機器人重心位置低於球轂車輪的中心,可以使系統像不倒翁那樣成為穩定的結構。

姿勢穩定化機構:機器人進行滾動和回轉動作時,WBDM 在球轂車輪內部獲得各種姿勢。然而,當機器人執行搬運之類作業的情況下,常常需要相對於地面吸收其姿勢的變化而保持在任意位置。姿勢穩定化機構由配置在 WBDM 上部的導軌軌道、移動臺車以及分別驅動它們的兩個 DC 伺服電動機和異速機構組成。導軌相對於行進方向左右滾動(roll),臺車前後向俯仰(pitch),透過這兩個運動可以實現機器人 2 個自由度的姿勢穩定化。而且,為實現姿勢穩定化控制和旋回控制,導軌臺車上在 pitch、yaw(繞機器人的鉛垂軸回轉)以及 roll 方向搭載了總共 3 個速度陀螺儀(rate gyro),在由其測得角速度的同時,還可以獲得方位角,計算出角加速度。此外,臺車上安裝了平衡配重,透過主動地改變系統重心位置,可以主動控制機器人姿勢。

控制系統構成:機器人控制器為 16 位微型電腦,採集來自驅動輪、姿勢穩定化機構上各有 2 臺總共 4 臺伺服電動機上的光電編碼器、容量型加速度計、速度陀螺儀等感測器的數據,對各輸出軸進行力矩控制。

完全球形機器人的動作原理:透過對配置在 WBDM 下部的兩個驅動輪進行獨立控制可以實現各種運動[57]。

直向滾動原理:如圖 1-68(a)、(b) 所示為與行進方向垂直的側向看球形機器人的視圖,為使球形機器人沿著行進方向直向滾動行走,球轂車輪回轉中心與 WBDM 的重心位置的距離通常為一定值。如果 WBDM 的重心位置在球轂車輪中發生變化,則只要在球轂車輪與地面的接觸點處產生沿俯仰方向的轉矩 $T=Mgl\cos\theta$,即可實現機器人的直向滾動行走。

回轉半徑為 0 的回轉動作原理:如圖 1-68(c) 所示,回轉半徑為 0 的回轉動作即是球轂車輪、WBDM 繞著同一個軸線(即垂直於地面的軸線)原地回轉運動。此時,球轂車輪自身繞該軸線的慣性力矩、WBDM 繞該軸線的慣性力矩、球轂車輪與地面接觸點處的摩擦力矩三者遵從系統力矩平衡的原理,即三者的代數和為零。若忽略球轂車輪與地面的摩擦力矩,則球轂車輪自身繞該軸線的慣性力矩與 WBDM 繞該軸線的慣性力矩之和應為零。只要控制 WBDM 機構滿足此力矩平衡方程即可實現回轉半徑為零的原地回轉運動。

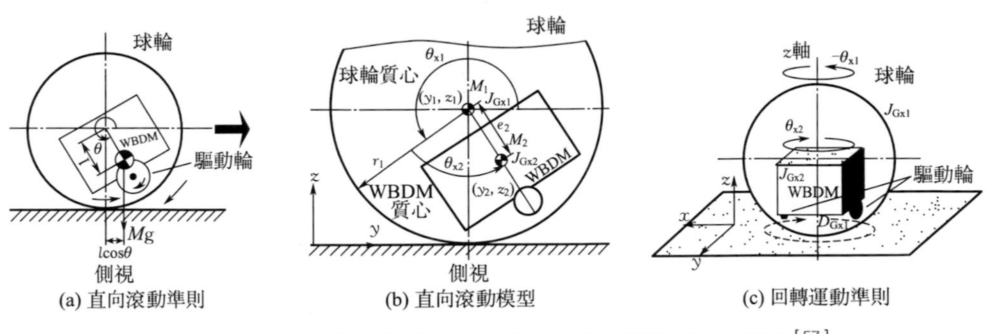

(a) 直向滾動準則　(b) 直向滾動模型　(c) 回轉運動準則

圖 1-68　1995 年越山篤等人提出的完全球形機器人動作原理[57]

③ 1996 年 Arne Halme 等人研發的球形移動機器人及其質心徑向偏移失衡移動原理　芬蘭赫爾辛基技術大學（Helsinki University of Technology）自動技術實驗室的 Arne Halme、Torsten Schönberg 和 Yan Wang 設計研發了一種由球形殼體內部的慣性組件操控實現滾動移動的球形機器人，其結構組成如圖 1-69 所示，在球形殼體 1 的內部直徑方向上配置一個由控制盒 2、驅動輪 3、轉向操控軸 4、支撐桿軸 5、彈簧 6 和平衡輪 7 組成的內部驅動單元（inside drive unit，IDU）組件，由球形殼體 1 和該 IDU 組成球形機器人本體。其移動能力是在透過內部驅動單元 IDU 不斷地調整系統內部平衡和不平衡的過程中獲得的。它由一個電動機驅動輪子移動，可以轉動，使運動的方向發生變化。機器人的球形殼體由塑膠或其他類似材料製成，可以將感測器或無線通訊裝置設置在殼體內部，與外部世界進行無線通訊。球形機器人可用於諸如監視或將感測器（如毫米波雷達或阿爾法光譜儀）安裝在殼體內部進行遙感探測等自動化作業[46,47]。

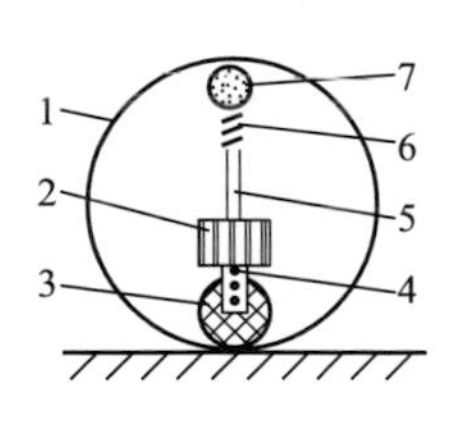
(a) 球形機器人結構

(b) 球形機器人原型樣機

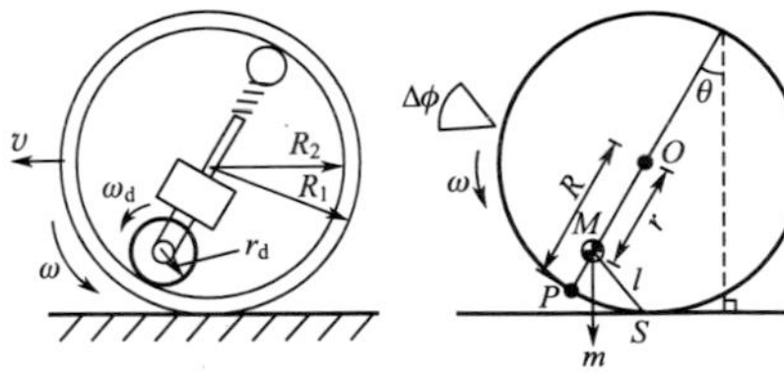
(c) 質心徑向偏移失衡滾動原理

圖 1-69　1996 年 Arne Halme 等人提出的球形機器人滾動移動原理及其原型樣機[46, 47]

1—球形殼體；2—控制盒；3—驅動輪；4—轉向操控軸；5—支撐桿軸；6—彈簧；7—平衡輪

④ 1996～2004 年 H. Benjamin Brown Jr. 與 Yangsheng Xu 等人研發的單輪陀螺穩定移動機器人 Gyrover　卡內基梅隆大學（Carnegie Mellon University）

機器人學實驗室的 H. Benjamin Brown Jr. 與 Yangsheng Xu 於 1996 年基於陀螺進動原理研發出一種新型的單輪陀螺穩定機器人（single-wheel gyroscopicaly stabilized robot）[48]。進動（precession）也叫旋進，是指一個繞自身軸線回轉的物體（即自轉物體）在受到外力作用後其自轉軸線繞著某一中心旋轉的物理現象。陀螺進動（gyroscopic precession）則是陀螺自轉軸線不再垂直時，軸線傾斜的陀螺在自轉的同時會繞著透過陀螺支點的鉛垂線旋轉的物理現象。

a. 陀螺機器人 Gyrover 的機構原理。如圖 1-70 所示，該陀螺機器人 Gyrover 是建立在陀螺儀概念之上的，其內部附有陀螺儀用來穩定和操縱車輪並使之向前進運動方向旋轉［圖 1-70(a)］。當車輪停止或緩慢運動時，陀螺機器人的角動量產生横向穩定性。傾斜機構能夠使陀螺儀的軸線相對於前/後滾動軸線、相對於車輪傾斜。由於陀螺儀可以作為姿態的慣性參考基準使用，車輪向左或向右傾斜時，又使車輪沿著傾斜方向旋進。透過驅動一臺電動機產生轉矩，該轉矩反作用於懸掛在車輪軸上類似於鐘擺單擺的內部機構上，從而產生加速或煞車時的推動力（或煞車力）。

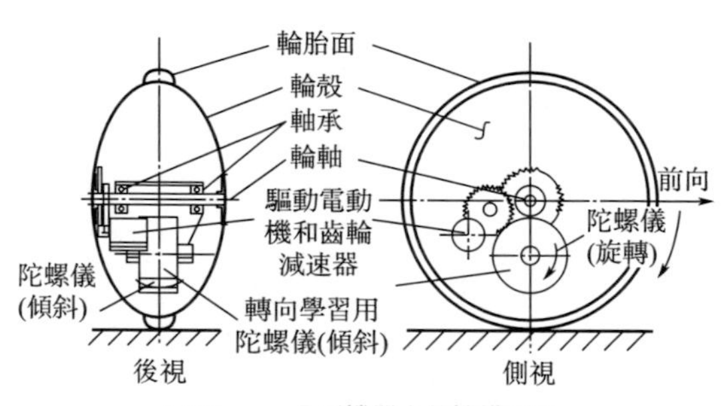

(a) Gyrover I 型機器人的機構原理

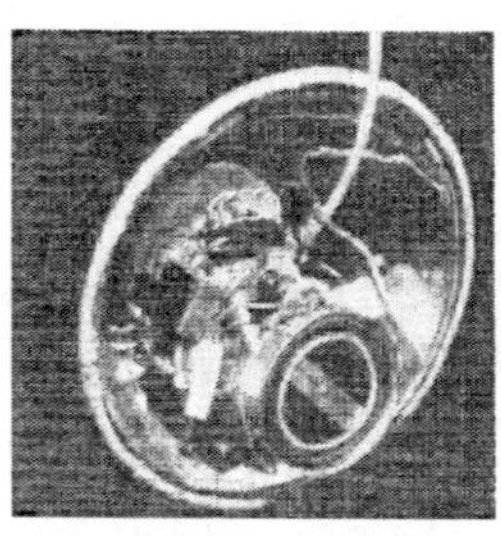
(b) Gyrover I 型機器人原型樣機

(c) Gyrover II 型機器人原型樣機

圖 1-70 1996 年 H. Benjamin Brown 等人提出的單輪陀螺穩定移動機器人的機構原理及原型樣機 [48, 58]

b. 單輪陀螺機器人 Gyrover 與多輪機器人相比潛在的優勢和用途：

• 整個系統可以被封閉在車輪內，為設備和機構提供機械保護和周圍環境的保護。

• 陀螺機器人 Gyrover 可以有效地避開障礙物，因為其本體沒有懸掛部分，沒有暴露在外的附屬肢體和附件，而且整個暴露的外表面都將用於主驅動表面。

• 可傾斜飛輪可以用於從其靜態穩定、平衡位置（偏向一側）校正車輪（在其側面）右轉。

• Gyrover 可以透過簡單的傾斜和進動在所需的方向上轉動，無需特殊的轉向機構，可以提高機動性。

• 與地面單點接觸，可以適應表面狀況，消除對移動機器人機構需要適應不平坦表面的要求，簡化了控制。

• 全部驅動牽引力都是有效可用的，因為所有的質量都集中在單驅動輪上。

• 大型充氣輪胎可實現與地面非常低的接觸壓力，對表面具有最小干擾和最小滾動阻力特性。輪胎適用於在軟土、沙子、雪或冰上行駛；可以駛過灌木叢或其他植被地面；或者，具有足夠的浮力用於在水面上行駛。

陀螺機器人 Gyrover 具有多方面潛在的應用前景。它可以在陸地和水上行進，可以在海灘或沼澤地區兩棲使用，用於一般的交通、探險、營救或娛樂。類似地，適當地設計胎面後，可以行駛在鬆軟的雪地上，具有良好的牽引力和最小的滾動阻力。作為一個監視機器人，Gyrover 可以利用它的相對窄小細長的體型輪廓穿過門道和狹窄通道，並且可以在空間狹小緊張的地方機動靈活地轉向。另一個潛在的應用則是作為一臺高速月球車，在沒有空氣動力學干擾和低重力的環境下可以高效、高速地移動。可以預計，隨著這種單輪陀螺穩定移動機器人技術的不斷進步，更多更具體的用途將逐漸變得明顯起來。

c. Gyrover Ⅰ的實驗結果。利用幾個簡單的實驗來驗證穩定性和轉向原理，以及測試兩個原型車輪。第一個車輪 Gyrover Ⅰ如圖 1-70(b) 所示，是由可用的 RC 模型 Apple 飛機組件組裝而來的。該車輪的直徑為 34cm，質量為 2kg。它可以很容易地透過遙控來驅動和操縱；在光滑或崎嶇地形上具有良好的高速穩定性；並且可以保持直立和就位；行駛速度超過 10km/h，越過相對崎嶇的地形（一個碎石堆），爬過坡度為 45°、高度為其直徑 75%的坡道；利用車輪前進驅動和陀螺儀控制策略，實現了從跌落（擱淺在車輪放平）狀態的恢復。該機器人的主要缺點是其缺乏彈性和車輪損壞的脆弱性；由於陀螺儀上的軸承和空氣阻力，引起電池的電能被過早地耗盡；傾斜伺服中的轉矩不足；車輪沒有被完全封閉。

d. Gyrover Ⅱ的實驗結果：為了解決 Gyrover Ⅰ所存在的上述問題，設計研製了圖 1-70(c) 所示的 Gyrover Ⅱ。它比Ⅰ型（直徑為 34cm，質量為 2kg）略大，並且還使用了許多 RC 模型部件。傾斜伺服力矩和行程都大約增加了一倍。Ⅱ型上配備了真空室中放置的陀螺儀，功率消耗降低 80%，從而使電池壽命從約 10min 增加到 50min。整個機器人被安置在一個專門設計的充氣輪胎中，保護輪胎免受機械和環境的侵害，並且提供了一個彈性的外殼，比預期的更加堅固耐用。該Ⅱ型機器人上包含各種感測器，用來監測電動機的電流、位置和速度、輪胎和真空壓力、車輪/車身方位和陀螺儀溫度。Ⅱ型已組裝，並且在光滑的地板上進行了手動遙控驅動，還進行了水上浮動能力和可控性驗證[48,58]。

e. 2000 年 H. Benjamin Brown 課題組研發的單輪陀螺穩定移動機器人 Gyrover 及其控制。H. Benjamin Brown 教授課題組研究了如圖 1-71 所示的單輪陀螺穩定移動機器人的運動控制問題，在建立了 Gyrover 動力學模型的基礎上，用擴展卡爾曼濾波器估計完整狀態，設計了狀態估計器。該模型的線性化簡化模型被用來設計狀態回饋控制器[59]。設計方法是基於一個半定程式設計過程，最佳化穩定區域使之滿足能夠獲得穩定性和極點配置約束條件的一組線性矩陣不等式。最後，在機器人樣機上驗證了與擴展卡爾曼濾波器（extended kalman filter，EKF）相結合的控制器設計的正確性和有效性。Gyrover 使用遙控發射器來控制，該遙控發射器允許使用者控制驅動陀螺運動的電動機電壓和傾斜機構傾角。該機器人由車輪、擺、傾斜機構和陀螺儀四部分剛體經一個三維運動鏈相互連接而成，其原型樣機如圖 1-72 所示。

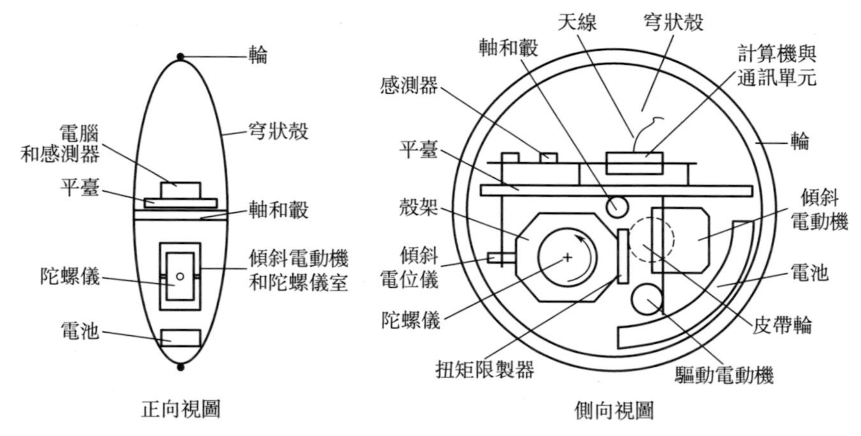

圖 1-71　H. Benjamin Brown 課題組研發的單輪陀螺穩定移動機器人的機構原理[59]

圖 1-72　H. Benjamin Brown 課題組研發的單輪陀螺穩定移動機器人原型樣機[59]

擺（pendulum）：Gyrover 的主體懸掛在輪軸上作為擺。擺由直流電動機和輪軸傳動裝置驅動。作為與重力作用相反的反作用力矩，該驅動機構為陀螺儀產生前向加速度和煞車。前向驅動系統採用兩級同步齒形帶傳動，傳動比接近 13：1。

陀螺儀（gyroscope）：穩定陀螺儀是 Gyrover 機構的核心。旋轉質量產生的角動量可以為 Gyrover 車輪在由傾斜機構驅動電動機或傾斜伺服機構操縱產生傾斜之前提供穩定性和慣性姿態參考。陀螺儀被封裝在玻璃纖維和鋁質外殼之內，在精密滾珠軸承支撐下旋轉，並安裝在橡膠隔振器之上。一種集成的無刷直流電動機使陀螺儀旋轉到運行速度，由安裝在外殼外部的速度控制單元進行速度控制；它保持大約為 15000r/min 的恆定角速度。因為電動機太小，將會導致突然的角速度變化，所以不能將這個自由度用於控制目的。因而假設陀螺儀角速度是恆定的。陀螺儀需要大約 1min 時間加速到運行速度（在採用更高速度回轉電動機的最新版本上則需要更長時間），而且在電源被關閉後大概需要 20min 左右時間才能由旋轉狀態過渡到停止狀態。

陀螺儀傾斜伺服機構（gyroscope tilt servo）：傾斜伺服控制陀螺儀旋轉軸相對於車輪軸線和擺的相對角度。該旋轉軸垂直於車輪軸主軸，並且位於該主軸矢狀面下方，如圖 1-71 所示。這一伺服機構是一個轉矩非常高的高轉矩單元，它提供轉矩以使車輪相對於陀螺儀產生傾斜。這個與車輪重力反作用的車輪平衡力矩，將導致產生轉向效果的偏航進動。例如，當前進速度為零時，可以透過稍微向左傾斜而使 Gyrover 向左旋轉。陀螺效應使 Gyrover 停止跌落，同時誘導繞垂直軸的正向旋轉，使機器人向左轉動。

電腦與 I/O 卡訂製（computer&I/O board）：訂製的電路板包含控制用電腦和閃存盤、無線電系統和伺服系統的介面電路、驅動電動機的功率放大器部件，以及車載感測器的介面。車載電腦為 Cardio™ 486 PC 100MHz，連接一個標準的鍵盤、監視器和鼠標作為傳統的 PC 使用。它使用 QNX™ 實時操作系統（Quick Unix，嵌入式實時操作系統）進行操作。此外，還包括一個無線電遙控系統（JR 型 XP783A），它可以獨立於電腦控制系統工作。

感測器和測量儀（sensors and instrumentation）：Gyrover 上安裝了各種車載感測器來測量其狀態，包括測量陀螺傾斜角的電位器、用於檢測驅動電動機位置和速度的光電編碼器、用於測量陀螺儀角速度的霍爾感測器、檢測擺角速度的三軸速率陀螺儀各一。包括無線電發射機的控制輸入訊號在內的所有訊號，都可由電腦讀取。

電池（battery）：電池組由 8 節 2800mA・h 的鎳-鎘電池組成，外加電池支架，以增加最大驅動轉矩並保持質量中心低。5A 電池組快速充電約耗時 45min，可提供運行約 20min 的用電。

動力學（dynamics）：Gyrover 系統的狀態估計器和控制器的開發是以動力學方程為基礎的。其動力學是由一組高度耦合的非線性微分方程描述的，動力學方程的推導基於牛頓-歐拉方程或拉格朗日方程。推導中,假設:所有構件均為剛性體;車輪不打滑;輪轂與地面間以及驅動電動機與變速器之間的接觸摩擦模型包括庫侖和黏性摩擦;陀螺儀的角速度是恆定的;車輪和陀螺儀是軸向對稱的;地面是水平的;車輪始終保持與地面接觸。與固定基座的機器人操作臂的牛頓-歐拉法動力學不同,Gyrover 的動力學不能以迭代方式進行數值計算。對於固定基座的機器人操作臂,基座加速度是已知的或固定的,從而可以連續計算遠端連桿的加速度。一旦所有的加速度已知,反作用力可以從末端執行器向基座方向迭代計算。然而,由於 Gyrover 車輪的加速度不是固定的,而是取決於內部自由度的加速度,因此無法對牛頓-歐拉方程進行數值計算。相反,完整的動力學在施加接觸約束之後才能進行符號推導。

控制結果:Gyrover 是陀螺儀穩定的單輪機器人,其動力學是由一組高度非線性耦合微分方程描述的。分析表明,在 Gyrover 垂直和陀螺儀軸呈水平的操作點附近,動力學系統可以線性化為前後運動和橫向運動兩個解耦系統。解耦系統是可控的和可觀測的,但非最小相位。使用 SDP(semi-definite programming)方法推導並實現了 EKF 和狀態回饋控制器,並在實驗中使用實驗數據和控制證明了精確估計。進一步的工作需要解決耦合控制器的研發,以考慮 Gyrover 的其他位姿形態,例如以恆定的角速度和傾斜角度畫圓。未來的工作還包括跟蹤控制器的設計,以引導 Gyrover 沿著非平面表面上的期望軌跡滾動。

f. 2004 年香港中文大學的 Yangsheng Xu 與 MIT 的 Samuel Kwok-Wai Au 的單輪機器人及其路徑跟隨研究。他們研發了由旋轉飛輪轉向裝置操縱和電動機驅動推進的、由飛輪充當陀螺儀來獲得穩定的 Gyrover Ⅲ 型單輪機器人[60],如圖 1-73 所示。在建立該機器人 3-D 非線性動力學模型的基礎上,研究了該機器人的動態特性,並分別用模擬和實時實驗方法驗證了建立的非線性動力學模型。兩種模擬實驗結果表明:飛輪對機器人具有明顯的穩定作用。然後,透過線性化解耦機器人的縱向和橫向運動,提出了一個線性狀態回饋以使機器人穩定在不同傾斜角,從而間接控制機器人的轉向速度。對於路徑跟蹤的任務,設計了一個控制器跟蹤任何期望的直線而不跌倒。為了透過控制路徑曲率來驅動機器人沿著期望的直線行進,首先設計線性控制器和轉向速度,然後應用線性狀態回饋單輪機器人預定的傾斜角度,使得機器人轉向速度收斂到給定轉向速度。這項工作是對這種動態穩定但靜態不穩定系統的完全自主控制問題的解決邁出了重要的一步。

⑤ 2000 年美國特拉華大學(University of Delaware)機械工程系的 Shourov Bhattacharya 與 Sunil K. Agrawal 設計的單輪球形滾動機器人[49,50] 如圖 1-74 所示,該球形機器人採用遠端控制,由內部安裝的兩個互相垂直的轉子驅動,使球在平面上滾動和旋轉,球內零部件對稱分布,並用高架照相機進行跟蹤。針對機器人運動的非完整約束問題,建立了機器人運動數學模型;以最短時間和最小能量為最

佳化目標規劃機器人軌跡，並透過數值模擬和硬體實驗進行了驗證[49,50]。

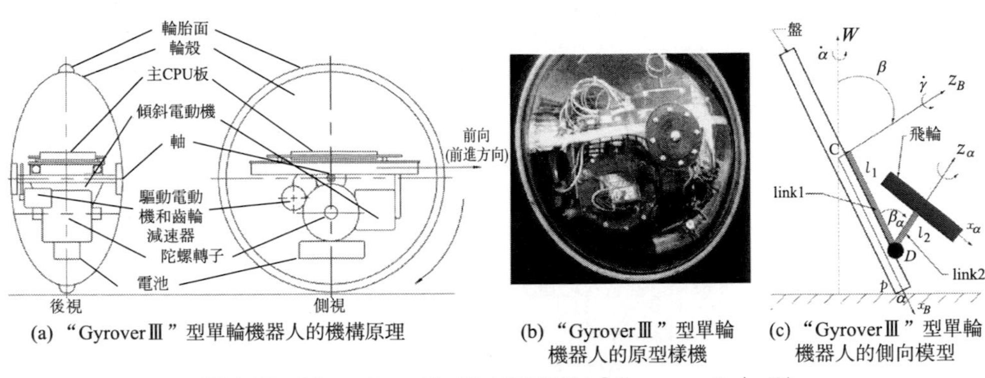

(a) "GyroverⅢ" 型單輪機器人的機構原理　(b) "GyroverⅢ" 型單輪機器人的原型樣機　(c) "GyroverⅢ" 型單輪機器人的側向模型

圖 1-73　Yangshen Xu 等人研發的「Gyrover Ⅲ」型單輪機器人的機構原理、原型樣機與側向模型[60]

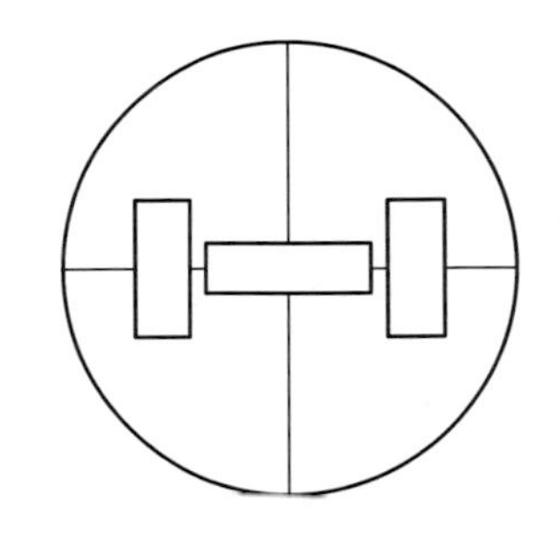

圖 1-74　Sunil K. Agrawal 等人研發的單輪球形滾動機器人原型樣機及原理圖[49,50]

⑥ 1997 年 Bicchi 等人、2003 年 J Alves 和 J Dias 等人研究的輪內小車型單輪球形機器人

a. 1997 年義大利的 Bicchi 等人研究的輪內小車型單輪球形機器人[51]：Antonio Bicchi 等人所在的實驗室研製的命名為「SPHERICLE」的單輪球形機器人（即「球體」）為一個可以在地板上自由滾動的、外表面完全光滑的空心球體，外表面塗上黑色標記，以顯示球體的方向。由輪內小車自主驅動，其邏輯部分在板實現，透過無線調變解調器與基站連接。其研究目標為用球體機器人完成複雜環境中的一些典型移動任務，例如從一個房間到另一個房間，球形機器人自行處於正確的姿勢，並傳送一個聲音訊息，以及進行檢查和巡迴監視等任務。

為了驅動球體移動，需要在球的空腔內以各種不同的方式移動被放置的質量塊位置，以調節球的整體質心位置來實現球形機器人的移動。其設計原理類似於 Halme 等人建立的球形滾動機器人透過使用封閉在球體空腔中的輪式裝置來驅動球體運動。

SPHERICLE 的原型樣機中，移動質量是由單圈運動小車、執行機構、驅動器、感測器、電池組和無線電模塊組成的（圖 1-75）。小車透過球體上的一個開口插入球中，球體隨後被密封，以恢復完美的球形形狀。小車靠自身重力與球內表面接觸，無滑動地在球形輪內表面滾動。為了使系統相對於外部擾動更有魯棒性，可以將吊桿安裝在小車上，以便保持與球體天花板上的接觸，從而更有效地將小車推到球體內表面「地面」上。在原型樣機中，彈性懸架安裝在單輪車的前部和後部（參見圖 1-75 中右圖）。兩個步進電動機以每轉 200 個步距角的速度運轉，並採用同步齒形帶傳動。步進電動機驅動電路由在板微控制器 TI TMS370C566 直接產生的方波驅動。PC 透過一個 19200bit/s 的雙向串行無線通訊鏈路（由 Astrel，MOD 297 製造）從板外電腦接收上位機級規劃的指令，保證在噪音環境中通訊到約 80m 距離。自由擺安裝在小車上，其擺動角度由光電編碼器測量。PC 利用小車車輪和擺的位置來實現局部回饋穩定控制器的控制，該控制器被施加路徑跟蹤命令，當時為開環實現[25]。

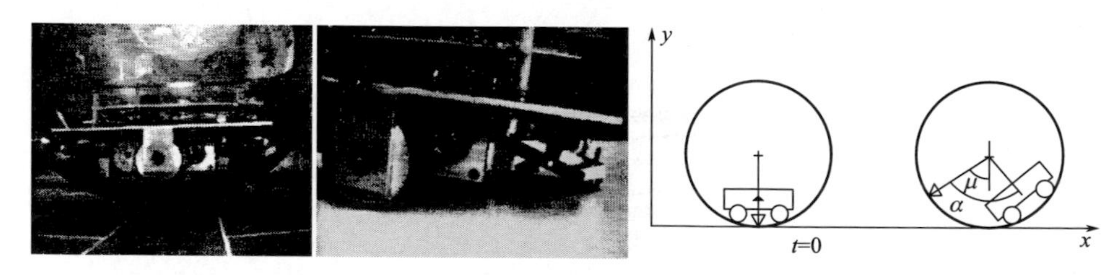

圖 1-75　1997 年 Bicchi 等人研發的單輪球形機器人原型樣機及原理圖[51]

b. 2003 年葡萄牙科英布拉大學的 J. Alves 和 J. Dias 等人研究的輪內小車型單輪球形機器人[52]：葡萄牙科英布拉大學（Universidade de Coimbra）的 J Alves、J. Dias 等人研發的球形移動機器人為一個帶有內部驅動單元的球形膠囊，由一個四輪驅動的小車作為內部驅動單元驅動球形機器人滾動。球形膠囊由透明塑膠製成，可以從外部看見球體內部情況，如圖 1-76(a) 所示。無線電鏈路實現內部單元和外部控制單元之間通訊交換資訊。該球形機器人在設計上的決定因素是用於誘導球形機器人產生運動的內部驅動單元類型。因為角動量守恆原理不適於不規則地形，在這種情況下，很容易地出現意想不到的外部擾動動量，該研究所採用的解決方案與 A. Halme 等人的技術報告中所述相似，不是用只有一個車輪的內部小車作為驅動單元，而是採用一個小型四輪車作為內部驅動單元。小車的每個車輪均可以單獨控制，因此可以產生不同的運動曲線。圖 1-76(b) 為該球形機器人的三視圖，可以看到內部驅動單元在各視圖上的投影。該球形機器人為高對稱性結構設計，並試圖防止由球殼內部驅動單元翻轉所引起的動力學效應和建模誤差。以垂直軸為對稱的結構對稱性也使得機器人在靜止時其支撐基座水平。圖 1-76(c) 分別表示出機器人的側視圖和正視圖模型。這些視圖被用來定義用於機器人動力學建模的兩個平面。對於每一個平面，定義一個動力學模型，並且都具有相同的動態特性。透過將球形幾何形狀與內部驅動單元的差動驅動配置相結合，實現了該機器人非常有趣的運動特性。

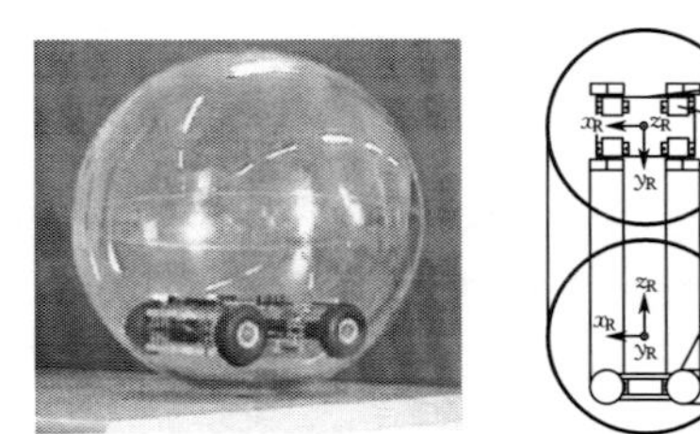

(a) 原型照片

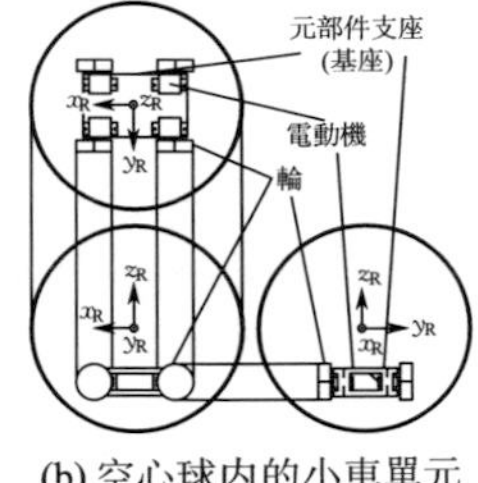

(b) 空心球内的小車單元

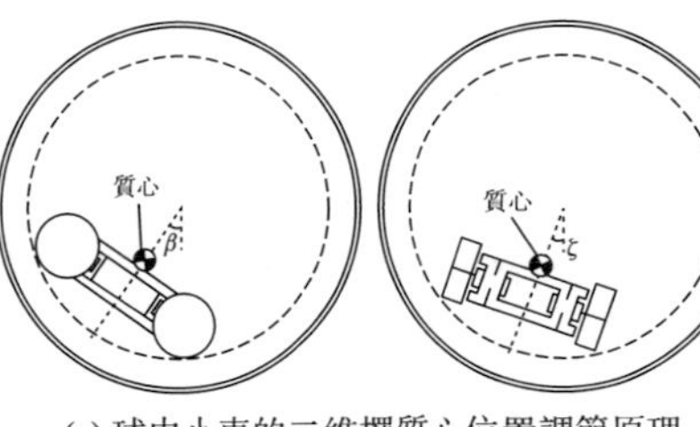

(c) 球内小車的二維擺質心位置調節原理

圖 1-76　2003 年 J Alves 等人研發的單輪球形機器人原型樣機及原理圖

⑦ 2002 年 Amir Homayoun Javadi A 和 Puyan Mojabi 研究的由球內固定的徑向四輻條推進機構調節質心位置的全方位型單輪球形機器人[53] 伊朗加兹溫阿扎德大學（Azad University of Qazvin）電氣與電腦系的 Amir Homayoun Javadi A 和德黑蘭大學（University of Tehran）電氣與電腦系的 Puyan Mojabi 合作研發了一種機動性與可操作性更好的球形移動機器人。該機器人具有外部球形骨架、新穎的內部推進機構、用於遠端操作的介面，以及完全利用其全範圍移動性的智慧控制系統，如圖 1-77 所示。在缺少方向參照的情況下，球形外骨架將為機器人提供最大的穩定性，並且可以由球形輪提供所有的方向上滾動的穩定性而不是在某一個方向上穩定。作為機器人的外周界，因為在尺寸上相對較大，外部骨架將提供相對輕鬆地在粗糙地形的翻滾運動的能力。透過選擇適當的材料，球形外骨架將為包括控制器和執行器在內的所有硬體提供約束與支撐。內部推進機構將為機器人提供快速的機動性，使其能夠快速加異速移動，或者以恆速移動。推進機構也將使得機器人能夠爬上相當大斜度的斜坡、穿越顯著起伏的地形。其推進機構是一組徑向四輻條結構，它們分別可以沿球體內各自的徑向改變質量分布，輻條結構如圖 1-77(b) 所示。該球形機器人被命名為「August」，即「八月」之意。

August 球形機器人總體設計：如圖 1-77 所示，為一個可在地面上自由滾動的空心球。該機器人自主供電，其邏輯部分在板實現，部分在基站中透過無線連接。August 整個系統具有幾何對稱性。這種對稱性的結果是能夠使機器人的重心總是精確地位於球體的幾何中心，並位於與地面接觸點之上。因此，不必擔心該機器人會「翻倒」。對於機器人動力學分析模型的研究而言，這一點具有重要意義。

推進機構：推進機構由四個動力螺旋輻條組成，呈相互間隔 109.47°連接而成的四角柱形狀，如圖 1-77 所示。透過輪輻上放置的四個 1.125kg 質量塊，分別透過四個步進電動機以每轉 200 個步距的速度上下升降，並直接連接到輻條上，如圖 1-77(b) 所示。

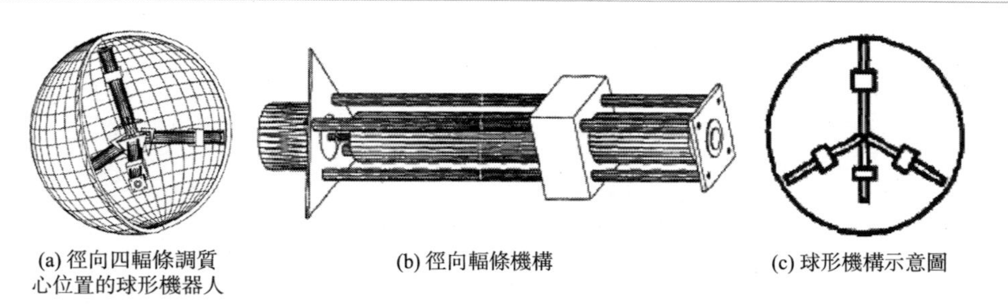

(a) 徑向四輻條調質心位置的球形機器人　(b) 徑向輻條機構　(c) 球形機構示意圖

圖 1-77　2002 年 Amir Homayoun Javadi A 等人研發的單輪球形機器人原型樣機及原理圖 [53]

外部攝影機作為回饋：August 的外表面被漆成藍色，並有兩條互相垂直的紅色條紋周向環繞。這些標記被攝影機用來從俯視方向定位機器人。一臺攝影機安裝在機器人上方 2.6m 的直線上。攝影機拍攝 600×800 像素的彩色圖像移動邊界。圖像被發送到安裝在電腦上的圖像採集卡。

控制器：步進電動機由安裝在板上的微控制器直接產生的方波驅動。每一步，μc 透過一個 6200bit/s 單向並行無線電鏈路從一個離線（off-board）電腦接收高級規劃指令。電腦利用機器人的動力學模型和攝影機的圖像進行所有的決策。機器人內部的 μc 使用透過無線鏈路接收的資訊來實現步進電動機所需的指令，而 μc 和無線鏈路只是電腦和電動機之間的介面。

Amir Homayoun Javadi A 等人設計製作了基於上述原理的自主式全方位球形滾動機器人，利用無滑移滾動約束和角動量守恆原理，建立了機器人運動的數學模型，並提出了運動規劃算法，透過一系列實驗驗證了模型的正確性，發現平面上機器人運動軌跡模擬和實驗結果相當吻合，儘管缺乏車載回饋控制，但運動軌跡相當準確。與現有大部分研究都需要密集數值計算的運動規劃相比，他們提出的策略及迭代算法簡單，易於實現。研究證明了該方案的可行性，並期望將來改進設計。

⑧ 2005 年北京航空航天大學孫漢旭教授課題組提出的可定位球形機器人 [61]

孫漢旭等人提出了球形滾動機器人透過改變其自身外形來實現定位的新方法。

正常情況下，機器人保持其原來的形狀，以完成其正常任務，如圖 1-78(a) 所示。當接收到遙控訊號或電腦指令時，機器人可以立即改變其外部形狀並定位自身，如圖 1-78(b) 所示。在機器人定位之後，它可以完成一些諸如抓取和操縱物體的特殊任務，一旦完成這些任務，機器人可以在接收到指令之後恢復其原來外部形狀，然後為下一個任務做準備。他們提出兩種不同的定位配置。

定位配置 1：如圖 1-78(c) 所示。該裝置由球形殼體、伸展和拉回機構 SODBM（stretching out and drawing back mechanism，SODBM）和球形機器人組成。球形殼體和 SODBM 構成定位裝置。定位裝置可以與球形機器人固定或分離。當需要定位功能時，球形機器人可與定位裝置固定，否則，定位裝置可與球形機器人分離。沿球形殼體的徑向運動，在其表面上分布有一些對準孔，每個對準孔中都有一個可以伸長並沿著孔拉回的凸柱。所有的 SODBMS 都由電腦控制，以便它們可以同步移動。當需要定位時，SODBM 將所有的凸柱伸出球形殼體，定位球形機器人；當不需要定位時，SODBM 可以拉回凸柱，這樣機器人就恢復了圓形。

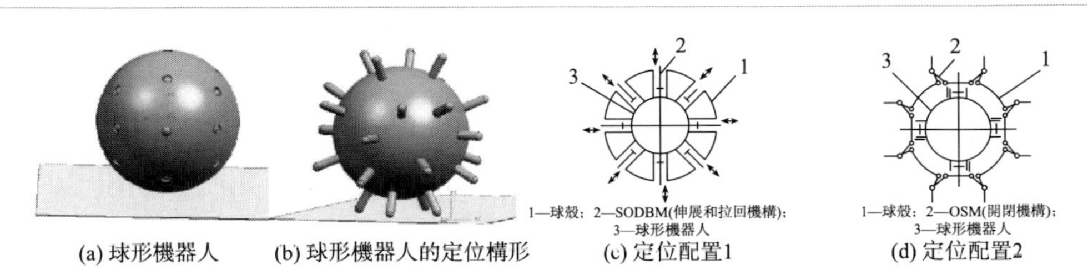

(a) 球形機器人　(b) 球形機器人的定位構形　(c) 定位配置1　(d) 定位配置2

圖 1-78　可定位球形機器人原理圖[61]

定位配置 2：如示意圖 1-78(d) 所示。該裝置由球形殼體、開閉機構（OSM）和球形機器人組成。定位裝置包括球形殼體和 OSM。與定位配置 1 一樣，定位裝置可以與球形機器人固定或分離，OSM 在球殼和機器人之間均勻分布。OSM 由連桿機構組成，連桿機構屬於球殼，動力驅動元件使連桿機構來回運動，使凸柱打開或關閉。所有的 OSM 都由電腦控制，以實現它們的同步運動。當需要定位時，OSM 將定位臂全部打開，從而定位球形機器人；當不需要定位時，OSM 可以拉回凸柱，這樣機器人就能恢復它的圓形輪廓。

除提出上述機構原理之外，他們還設計製作了機構並進行了實驗；還進行了機構定位誤差分析，對兩種配置形式進行了分析和比較，透過實驗證明了所提出的球形機器人定位方法的可行性[61]。

(6) 輪式移動機器人（wheeled mobile robots，WMR）

2012 年 R. S. Ortigoza 等人在其輪式移動機器人綜述文章中指出：機器人發

展過程中，最初主要是集中在工業各個領域應用上的機械手類型，而其他類型機器人在應用程度上相對較小。但是，隨著機器人技術的發展，移動機器人在過去的三十年多年中得到了長足的發展，應用越來越廣，從行星探索、採礦、檢查和監視檢測，到救援、清理危險廢物、醫療等等，已經深入到了工業各個領域與人們的生活當中。而且，輪式移動機器人與工業機器人操作臂複合在一起的可操作移動機器人極大地拓寬了這兩類機器人的作業能力。在應用與研究領域，如同現在所用汽車一樣，大多數實用化的移動機器人為採用輪式移動方式的輪式移動機器人。這是因為：輪式移動方式可以高效利用能量，即效率高；可以在光滑、結構化地面、室外及野外非結構化不平整地面有效移動並且定位性好；與腿式、履帶式移動方式相比，輪式移動主體部分零件數相對少，要求相對較低，且易於設計和製造；但由於車輪與地面構成非完整約束系統，其特徵在於運動約束是不可積的，無約束的機器人操作臂的標準規劃和控制算法的研發方法對於輪式移動機器人是不適用的，車輪的控制較複雜[62]。

① 輪式移動機器人的分類方法與按移動度、可操縱度指標的分類[63,64] G. Campion 等人於 1996 年透過引入移動度（degree of mobility）和可操縱度（degree of steeribility）的概念，將各種可能結構形式和輪子配置的輪式移動機器人劃分為 5 類，並且給出了如下四種不同類型的狀態空間模型，來認識和分析輪式移動機器人的行為。

a. G. Campion 等人分類研究的前提：輪式移動機器人是一種能夠自主運動（沒有外部的人類駕駛員）的輪式車輛，其上搭載一臺電腦來控制驅動輪式移動機器人的電動機，而且該 WMR 是由剛性框架和非變形車輪組成的，如圖 1-79(a) 所示。並假設：在運動期間，每個車輪平面保持垂直，並且車輪繞其水平軸旋轉，車輪相對於車體框架的取向可以是固定的或變化的。將輪式移動機器人所用車輪按傳統車輪和瑞典車輪兩個理想化的基本類型加以區分。每種情況下，都假定車輪與地面之間的接觸被簡化為接觸平面上一點。對於傳統車輪，車輪與地面之間的接觸應滿足無滑動的純滾動條件。這意味著接觸點的速度等於零，也意味著分別與車輪平面平行、正交的兩個速度分量等於零。對於瑞典車輪，車輪與地面接觸點速度分量中，只有沿著運動方向的一個速度分量應等於零。該零速度分量的方向理論上可以是任意的，但相對於車輪的方向是固定的。如圖 1-79(b)～(e) 所示的傳統車輪和瑞典輪的約束表達式都可以用解析幾何法或矢量矩陣分析法很容易地進行數學描述和公式推導。

圖 1-79(b)～(d) 分別表示了三種傳統車輪和瑞典輪即麥克納姆輪，總共四種車輪形式，其中傳統車輪有：傳統中心固定輪、傳統中心轉向輪、傳統中心偏置輪三種。G. Campion 等人研究了由這四種類型的 N 個車輪構成的具有一般性的 N 輪輪式移動機器人的移動性量化描述問題，方法是根據車輪類型和構形座

標定義給出車輪滾動移動時的約束條件方程，並進一步推導得到速度約束方程。

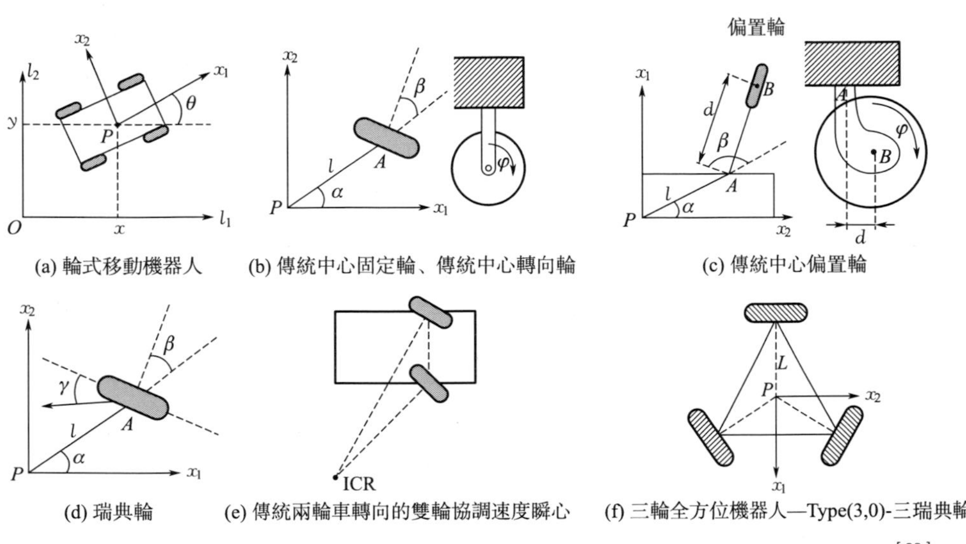

圖 1-79　1996 年 G. Campion 等人分類研究的輪式移動機器人及其車輪運動模型 [63]

b. 輪式移動機器人的數學描述：如圖 1-79(a) 所示，設輪式移動機器人車體中心點 P 在由相互正交的同一平面矢量 I_1 和 I_2 構成的直角座標系內的位置矢量 $\overrightarrow{OP}$ 為 $[x, y]^{\mathrm{T}}$，小車在該座標系中的方向角定義為車體中心軸線 Px_1 與 I_1 座標軸的夾角 θ。則輪式移動機器人車體在平面內的位置與方向可用位置座標和方向角合在一起的矢量 $\boldsymbol{\xi}=[x, y, \theta]^{\mathrm{T}}$ 來表示。用變量 l、α、β、d、γ、r、φ 分別表示車輪相對於車輪支撐架在車體上安裝中心點 A 至車體中心點 P 的距離 PA、PA 與車體中軸線 x_1 的夾角、車輪回轉軸線（或透過 A 點與之平行的平行線）與 PA 延長線的夾角、車輪支撐架在車體上安裝中心點 A 至車輪輪軸線的垂直距離在水平面上的投影距離、麥克納姆輪輪緣上滾輪與地面接觸點切線方向與輪盤中間平面在地面投影線間夾角、車輪半徑、車輪相對其輪軸線滾動的角度。對於三種傳統車輪而言，$\gamma=0$；對於麥克納姆輪，$\gamma \neq \pi/2$。當 $\gamma=\pi/2$ 時與車輪輪盤平面垂直方向的速度分量為零，此時已失去了麥克納姆輪的使用優勢，這種情況下的麥克納姆輪將受到與傳統車輪非滑動滾動約束相同的約束，從而失去了使用瑞典車輪的好處，理論上已退化成傳統車輪；對於傳統中心固定輪，則相當於 $d=0$ 的傳統中心偏置輪。因此，用前述定義的 l、α、β、d、γ、r、φ 這七個變量可以作為描述前述四種車輪的通用變量。其中，對於各輪安裝位置相對於車體固定的實際輪式移動機器人而言，l、α、d、γ、r 均為常量；對於傳統中心固定輪，β 為常量；而對於傳統中心轉向輪、傳統中心偏置輪、麥克納姆輪，β 為變量。因此，通常情況下，對於具體的實際輪式移動機器人，只有 β、φ 為變量。令車輪變量為矢量 $\boldsymbol{w}=[\beta,\varphi]^{\mathrm{T}}$。顯然，在車輪無滑動的純滾動狀態下，單個車輪的運動模型可以用變量 $\boldsymbol{\xi}=[x,y,\theta]^{\mathrm{T}}$、$\boldsymbol{w}=[\beta,\varphi]^{\mathrm{T}}$ 之間的數學關系和力學關系來描述。則根據無滑移純滾動車輪約束條件可得如下運動約束方程：

$$f(l,\alpha,\beta,d,\gamma)\mathrm{d}\boldsymbol{\xi}/\mathrm{d}t+g(r,d,\gamma)\mathrm{d}\boldsymbol{w}/\mathrm{d}t=0$$

式中，$f(l,\alpha,\beta,d,\gamma)$ 和 $g(r,d,\gamma)$ 分別為 l、α、β、d、γ 和 r、d、γ 的矩陣函數。

N 個車輪的輪式移動機器人本體的運動模型可以用變量 $\boldsymbol{\xi}=[x,y,\theta]^{\mathrm{T}}$、$\boldsymbol{w}_{\mathrm{robot}}=[\beta_N,\varphi_N]^{\mathrm{T}}$ 之間的數學關系和力學關系來描述，其中：$\boldsymbol{\beta}_N=[\beta_1,\beta_2,\cdots,\beta_i,\cdots,\beta_N]^{\mathrm{T}}$；$\boldsymbol{\varphi}_N=[\varphi_1,\varphi_2,\cdots,\varphi_i,\cdots,\varphi_N]^{\mathrm{T}}$；$\boldsymbol{l}_N=[l_1,l_2,\cdots,l_i,\cdots,l_N]^{\mathrm{T}}$；$\boldsymbol{\alpha}_N=[\alpha_1,\alpha_2,\cdots,\alpha_i,\cdots,\alpha_N]^{\mathrm{T}}$；$\boldsymbol{d}_N=[d_1,d_2,\cdots,d_i,\cdots,d_N]^{\mathrm{T}}$；$\boldsymbol{r}_N=[r_1,r_2,\cdots,r_i,\cdots,r_N]^{\mathrm{T}}$；$\boldsymbol{\gamma}_N=[\gamma_1,\gamma_2,\cdots,\gamma_i,\cdots,\gamma_N]^{\mathrm{T}}$，$i$ 表示第 1～N 個車輪中任意一個的序號下標，$i=1,2,3,\cdots,N$。則根據無滑移純滾動車輪約束條件可得所有 N 個車輪的如下運動約束方程：

$$\boldsymbol{F}(\boldsymbol{l}_N,\boldsymbol{\alpha}_N,\boldsymbol{\beta}_N,\boldsymbol{d}_N,\boldsymbol{\gamma}_N)\mathrm{d}\boldsymbol{\xi}/\mathrm{d}t+\boldsymbol{G}(\boldsymbol{r}_N,\boldsymbol{d}_N,\boldsymbol{\gamma}_N)\mathrm{d}\boldsymbol{w}_{\mathrm{robot}}/\mathrm{d}t=0$$

式中，$\boldsymbol{F}(\boldsymbol{l}_N,\boldsymbol{\alpha}_N,\boldsymbol{\beta}_N,\boldsymbol{d}_N,\boldsymbol{\gamma}_N)$ 和 $\boldsymbol{G}(\boldsymbol{r}_N,\boldsymbol{d}_N,\boldsymbol{\gamma}_N)$ 分別為矢量變量 $\boldsymbol{l}_N$、$\boldsymbol{\alpha}_N$、$\boldsymbol{\beta}_N$、$\boldsymbol{d}_N$、$\boldsymbol{\gamma}_N$ 和 $\boldsymbol{r}_N$、$\boldsymbol{d}_N$、$\boldsymbol{\gamma}_N$ 的矩陣函數。

G. Campion 等人給出的輪式移動機器人車輪的運動約束方程如下：

對於單個傳統輪為：

$$[-\sin(\alpha+\beta) \quad \cos(\alpha+\beta) \quad l\cos\beta]\boldsymbol{R}(\theta)\dot{\boldsymbol{\xi}}+r\dot{\varphi}=0$$

$$[\cos(\alpha+\beta) \quad \sin(\alpha+\beta) \quad d+l\sin\beta]\boldsymbol{R}(\theta)\dot{\boldsymbol{\xi}}+d\dot{\beta}=0$$

對於單個瑞典輪為：

$$[-\sin(\alpha+\beta+\gamma) \quad \cos(\alpha+\beta+\gamma) \quad l\cos(\beta+\gamma)]\boldsymbol{R}(\theta)\dot{\boldsymbol{\xi}}+r\cos\gamma\dot{\varphi}=0$$

c. 輪式移動機器人移動性的限製：用下標 f、c、oc、sw 分別表示傳統中心固定輪、傳統中心轉向輪、傳統中心偏置輪、瑞典輪。設一臺有 N 個車輪的輪式移動機器人上所用這四種車輪的個數分別為 N_{f}、N_{c}、N_{oc}、N_{sw}，則：$N=N_{\mathrm{f}}+N_{\mathrm{c}}+N_{\mathrm{oc}}+N_{\mathrm{sw}}$。用如下定義的矢量描述一臺輪式移動機器人。

位姿矢量 $\boldsymbol{\xi}(t)$：$\boldsymbol{\xi}(t)=[x(t),y(t),\theta(t)]^{\mathrm{T}}$。

轉向角矢量 $\boldsymbol{\beta}_{\mathrm{c}}(t)$ 和 $\boldsymbol{\beta}_{\mathrm{oc}}(t)$：分別表示傳統中心轉向輪、傳統中心偏置輪的轉向角矢量。

車輪滾動角矢量 $\boldsymbol{\varphi}(t)$：$\boldsymbol{\varphi}(t)=[\boldsymbol{\varphi}_{\mathrm{f}}(t),\boldsymbol{\varphi}_{\mathrm{c}}(t),\boldsymbol{\varphi}_{\mathrm{oc}}(t),\boldsymbol{\varphi}_{\mathrm{sw}}(t)]^{\mathrm{T}}$。其中：$\boldsymbol{\varphi}_{\mathrm{f}}(t)$、$\boldsymbol{\varphi}_{\mathrm{c}}(t)$、$\boldsymbol{\varphi}_{\mathrm{oc}}(t)$、$\boldsymbol{\varphi}_{\mathrm{sw}}(t)$ 分別表示各傳統中心固定輪、傳統中心轉向輪、傳統中心偏置輪、瑞典輪繞其各自水平軸線滾動的滾動角矢量。

以上定義的位姿矢量 $\boldsymbol{\xi}(t)$、轉向角矢量 $\boldsymbol{\beta}_c(t)$ 和 $\boldsymbol{\beta}_{oc}(t)$、車輪滾動角矢量 $\boldsymbol{\varphi}(t)$ 所有矢量即可描述一臺輪式移動機器人的構型。可能的構型數為：$N_f+2N_c+2N_{oc}+N_{sw}+3$。

由車輪作無滑動純滾動運動的約束條件可得運動約束方程為：

$$\boldsymbol{J}_1(\beta_c,\beta_{oc})\boldsymbol{R}(\theta)\dot{\boldsymbol{\xi}}+\boldsymbol{J}_2\dot{\boldsymbol{\varphi}}=0$$

$$\boldsymbol{C}_1(\beta_c,\beta_{oc})\boldsymbol{R}(\theta)\dot{\boldsymbol{\xi}}+\boldsymbol{C}_2\dot{\boldsymbol{\beta}}_{oc}=0$$

式中，$\boldsymbol{J}_2$ 為由所有車輪半徑作為對象線上元素的 $N\times N$ 維對角陣。

其中，$\boldsymbol{J}_1$ 為：

$$\boldsymbol{J}_1(\beta_c,\beta_{oc})=\begin{bmatrix}\boldsymbol{J}_{1f}\\ \boldsymbol{J}_{1c}(\boldsymbol{\beta}_c)\\ \boldsymbol{J}_{1oc}(\boldsymbol{\beta}_{oc})\\ \boldsymbol{J}_{1sw}\end{bmatrix}$$

式中，$\boldsymbol{J}_{1f}$、$\boldsymbol{J}_{1c}$、$\boldsymbol{J}_{1oc}$、$\boldsymbol{J}_{1sw}$ 分別為由前述的單個傳統輪（三種）、單個瑞典輪的運動約束方程得到的維數分別為 $N_f\times 3$、$N_c\times 3$、$N_{oc}\times 3$、$N_{sw}\times 3$ 的矩陣，$\boldsymbol{C}_1$、$\boldsymbol{C}_2$ 分別為：

$$\boldsymbol{C}_1(\beta_c,\beta_{oc})=\begin{bmatrix}\boldsymbol{C}_{1f}\\ \boldsymbol{C}_{1c}(\boldsymbol{\beta}_c)\\ \boldsymbol{C}_{1oc}(\boldsymbol{\beta}_{oc})\end{bmatrix},\boldsymbol{C}_2=\begin{bmatrix}0\\ 0\\ \boldsymbol{C}_{2oc}\end{bmatrix}$$

式中，$\boldsymbol{C}_{1f}$、$\boldsymbol{C}_{1c}$、$\boldsymbol{C}_{1oc}$ 分別為由前述車輪運動約束方程得到的維數分為 $N_f\times 3$、$N_c\times 3$、$N_{oc}\times 3$ 的矩陣；$\boldsymbol{C}_{2oc}$ 為對角線上元素分別為 N_{oc} 個中心偏置輪偏置參數 $d_i(i=1\sim N_{oc})$ 的對角陣。

考慮 N_f+N_c 個車輪的運動約束方程：

$$\boldsymbol{C}_1(\beta_c,\beta_{oc})\boldsymbol{R}(\theta)\dot{\boldsymbol{\xi}}+\boldsymbol{C}_2\dot{\boldsymbol{\beta}}_{oc}=0$$

有：

$$\boldsymbol{C}_{1f}\boldsymbol{R}(\theta)\dot{\boldsymbol{\xi}}=0$$

$$\boldsymbol{C}_{1c}(\beta_c)\boldsymbol{R}(\theta)\dot{\boldsymbol{\xi}}=0$$

上兩式可以合寫為：

$$\boldsymbol{C}_1^*(\beta_c)=\begin{bmatrix}\boldsymbol{C}_{1f}\\ \boldsymbol{C}_{1c}(\beta_c)\end{bmatrix}$$

顯然 $\boldsymbol{R}(\theta)\dot{\boldsymbol{\xi}}$ 為 3×1 的矢量，為 $(N_f+N_c)\times 3$ 維數的矩陣 $\boldsymbol{C}_1^*(\boldsymbol{\beta}_c)$ 的零空間矢量，即有：

$$\boldsymbol{R}(\theta)\dot{\boldsymbol{\xi}}\in\boldsymbol{N}[\boldsymbol{C}_1^*(\beta_c)]$$

顯然，當矩陣 $\boldsymbol{C}_1^*(\boldsymbol{\beta}_c)$ 的秩 $\text{rank}[\boldsymbol{C}_1^*(\boldsymbol{\beta}_c)]\leqslant 3$，若 $\text{rank}[\boldsymbol{C}_1^*(\beta_c)]=3$，則 $\boldsymbol{R}(\theta)\dot{\boldsymbol{\xi}}=0$，這表明平面內任何運動都不可能實現。可以得出一般性的結論：平面內的輪式移動機器人的移動性與 $\boldsymbol{C}_1^*(\boldsymbol{\beta}_c)$ 相關。可以以圖 1-79(e) 為例解釋其物理意義：每一個瞬時，機器人運動都可以看作為車體繞瞬時回轉中心（instantaneous center of rotation，ICR）即速度瞬心轉動的，而速度瞬心點的位置相對於車體是時變的，車體上任意點的速度矢量與該點至速度瞬心點的連線相垂直。這意味著：每一瞬時，所有的中心固定輪、中心轉向輪各自輪軸的水平軸線都將同時交於速度瞬心這一點。圖 1-79(e) 所示的情況，相當於 $\text{rank}[\boldsymbol{C}_1^*(\boldsymbol{\beta}_c)]\leqslant 2$。

顯然，矩陣 $\boldsymbol{C}_1^*(\boldsymbol{\beta}_c)$ 的秩取決於輪式移動機器人的設計。

d. 輪式移動機器人的移動度：G. Campion 等人定義的輪式移動機器人移動度是指 WMR 可以從其當前位置瞬時獲得的自由度數，用 δ_m 表示為：

$$\delta_m=\dim\mathbf{N}[\boldsymbol{C}_1^*(\beta_c)]=3-\text{rank}[\boldsymbol{C}_1^*(\beta_c)]$$

當 $\text{rank}[\boldsymbol{C}_{1f}]=2$ 時，這意味著機器人至少有 2 個中心固定輪，如果超過 2 個，它們的輪軸線同時交在相對於車體框架固定的 ICR 處。在這種情況下，很顯然，唯一可能實現的運動就是圍繞著固定的 ICR 使機器人旋轉。顯然，這種限製在實踐中是不可接受的，因此，假設 $\text{rank}[\boldsymbol{C}_{1f}]\leqslant 1$。並假設機器人在以下條件下是非退化的。

輪式移動機器人是非退化（nondegenerate）的假設條件：

$\text{rank}[\boldsymbol{C}_{1f}]\leqslant 1$ 且 $\text{rank}[\boldsymbol{C}_1^*(\boldsymbol{\beta}_c)]=\text{rank}[\boldsymbol{C}_{1f}]+\text{rank}[\boldsymbol{C}_{1c}(\boldsymbol{\beta}_c)]\leqslant 2$。

這個假設條件與下列條件是等價的：

• 若機器人具有的傳統中心固定輪個數 $N_f>1$ 時，則這些輪軸都將位於同一條公共軸線上；

• 傳統中心轉向輪的中心都不位於這些中心固定輪的公共軸線上；

• $\text{rank}[\boldsymbol{C}_{1c}(\boldsymbol{\beta}_c)]\leqslant 2$ 的秩數等於可以獨立導引機器人方位的傳統中心轉向輪的個數。G. Campion 等人將這個數目定義為可操縱度 δ_s。

e. 輪式移動機器人的可操縱度：G. Campion 等人定義的輪式移動機器人可操縱度 δ_s 為：$\delta_s=\text{rank}[\boldsymbol{C}_{1c}(\boldsymbol{\beta}_c)]$。

這 δ_s 個數目操縱輪的具體數量確定和類型選擇顯然是機器人設計者的特權。如果輪式移動機器人配備有超過 δ_s 個傳統中心轉向輪（即 $N_c>\delta_s$）時，則必須有額外的其他輪來協調運動，以保證任一時刻其瞬時回轉中心 ICR 的存在。

δ_m 和 δ_s 的數值組合中存在非奇異結構配置應滿足的條件。根據上述分析，只有 δ_m 和 δ_s 的數值組合中的 5 種非奇異結構是有實際意義的，而且應滿足如下三個條件：

• 移動度 δ_m 應滿足條件：$1\leqslant\delta_m\leqslant 3$。

δ_m 的上界 3 前面已經討論過，是顯而易見的；下界 1 是僅考慮存在運動的情況，即 $\delta_m \neq 0$。

• 可操縱度 δ_s 滿足：$0 \leqslant \delta_s \leqslant 2$。

δ_s 的上界 2 對應於機器人沒有配置中心固定輪，即 $N_f = 0$；下界 0 對應於機器人沒有配置中心轉向輪，即 $N_c = 0$。

• δ_m 和 δ_s 應同時滿足：$2 \leqslant \delta_m + \delta_s \leqslant 3$。

$\delta_m + \delta_s = 1$ 時，由於機器人轉向運動時的速度瞬心 ICR 點是固定的，因此，對應於 $\delta_m + \delta_s = 1$ 的配置結構是不能被接受的，即機器人只能繞 ICR 點原地回轉，是沒有實際意義的；$\delta_m \geqslant 2$、$\delta_s = 2$ 的情況也被排除在外，因為 $\delta_s = 2$ 時，意味著 $\delta_m = 1$。

因此，滿足以上三個條件的 δ_m 和 δ_s 的數值組合所對應的輪式移動機器人配置結構只有如表 1-3 所示的 5 種類型：

表 1-3 輪式移動機器人配置結構對應的 $\boldsymbol{\delta_m}$ 和 $\boldsymbol{\delta_s}$ 的數值組合[63]

δ_m	3	2	2	1	1
δ_s	0	0	1	1	2

以上就是 G. Campion 等人提出的用「Type(δ_m,δ_s）」的形式來定義輪式移動機器人的結構類型的方法[63]。

f. Type(δ_m,δ_s）定義結構類型下的各類型輪式移動機器人的主要設計特點：

• Type(3,0）型，即 $\delta_m = 3$、$\delta_s = 0$ 的結構配置。這種輪式移動機器人沒有配置傳統中心固定輪，也沒有配置傳統中心轉向輪（即 $N_f = 0$，$N_c = 0$）。這類輪式移動機器人的移動能力被稱作為「全方位性的」（omnidirectional)，因為它們在平面上以任意瞬時任意方向擁有全部移動能力而不需要重新定向。相比之下，其他四種類型的輪式移動機器人的移動能力均屬於受限製的，即移動度小於 3。全方位機器人 URANUS[65] 和 UCL[66] 即屬於這一類。

• Type(2,0）型，即 $\delta_m = 2$、$\delta_s = 0$ 的結構配置。這種輪式移動機器人沒有配置傳統中心轉向輪（即 $N_c = 0$），它們有一個傳統中心固定輪或具有一個公共軸線的幾個傳統中心固定輪（否則 rank[C_{1f}] 將大於 1），但機器人的移動性也正是被限製在這樣的意義上，即對於任何容許軌跡 $\boldsymbol{\xi}(t)$，速度 $\mathrm{d}\boldsymbol{\xi}(t)/\mathrm{d}t$ 被約束到由向量場 $\boldsymbol{R}^{\mathrm{T}}(\theta)\boldsymbol{s}_1$、$\boldsymbol{R}^{\mathrm{T}}(\theta)\boldsymbol{s}_2$ 所張成的二維分布，其中 $\boldsymbol{s}_1$ 和 $\boldsymbol{s}_2$ 是由零空間 $\boldsymbol{N}$（C_{1f}）的兩個常向量。衆所周知的機器人 HALARE[67] 即屬於這一類。

• Type(2,1）型，即 $\delta_m = 2$、$\delta_s = 1$ 的結構配置。這種輪式移動機器人沒有配置傳統中心固定輪（即 $N_f = 0$），並且至少配置一個傳統中心轉向輪（即 $N_c \geqslant 1$）。如果有一個以上的傳統中心轉向輪，則這些傳統中心轉向輪相互之間必須協調好，以使 $\text{rank}[C_{1c}(\beta_c)]=\delta_s=1$。速度 $\dot{\xi}$ 被約束到由向量場 $\boldsymbol{R}^T(\theta)\boldsymbol{s}_1(\beta_c)$、$\boldsymbol{R}^T(\theta)\boldsymbol{s}_2(\beta_c)$ 所張成的二維分布，其中 $\boldsymbol{s}_1(\beta_c)$ 和 $\boldsymbol{s}_2(\beta_c)$ 是零空間 $\boldsymbol{N}$ $(C_{1c}(\beta_c))$ 的兩個向量，並且這兩個向量由任意選擇的傳統中心轉向輪的轉向角 β_c 參數化。

• Type(1,1) 型，即 $\delta_m=1$、$\delta_s=1$ 的結構配置。這種輪式移動機器人配置有一個傳統中心固定輪或具有一個公共軸線的幾個傳統中心固定輪。它們也配置有一個或幾個傳統中心轉向輪。若為幾個傳統中心轉向輪，則這幾個傳統中心轉向輪之一的中心不能位於傳統中心固定輪的軸線上（否則結構奇異），並且它們的方位必須透過輪間運動協調，以保證 $\text{rank}[C_{1c}(\beta_c)]=\delta_s=1$。速度 $\dot{\xi}$ 被約束到由一個任意選擇的傳統中心轉向輪的轉向角參數化的一維分布。在傳統汽車模型基礎上構建的輪式移動機器人（通常被稱作 car-like 機器人）便屬於此類，例如 HERO 1[68] 和 AVATAR 機器人[69]。

• Type(1,2) 型，即 $\delta_m=1$、$\delta_s=2$ 的結構配置。這種輪式移動機器人沒有配置傳統中心固定輪（即 $N_f=0$），但至少配置兩個傳統中心轉向輪（即 $N_c\geqslant 2$）。如果配置了兩個以上的傳統中心轉向輪，則它們的轉向必須相互協調以使 $\text{rank}[C_{1c}(\beta_c)]=\delta_s=2$。速度 $\dot{\xi}$ 被約束到由機器人上任意選擇的兩個傳統中心轉向輪的轉向角參數化的一維分布。一個代表性的例子就是 KLUDGE 機器人[70]。

以上 5 種輪式移動機器人的車輪配置結構圖例如圖 1-80(a)～(e) 所示。

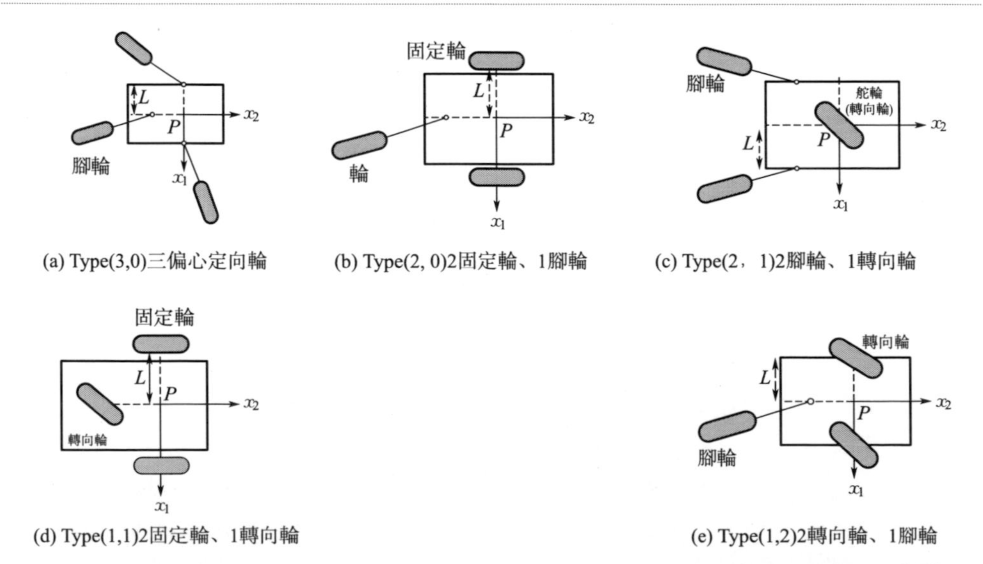

圖 1-80 1996 年 G. Campion 等人研究的 5 類輪式移動機器人構形配置模型舉例 [63]

g. G. Campion 等人提出的「Type(δ_m,δ_s)」分類方法的理論意義與局限性：G. Campion 等人提出的用「Type(δ_m,δ_s)」即移動度和可操縱度構成的數值對作為分類指標的方法在設計階段即考慮輪式移動機器人的移動能力和可操縱性的設計特徵，對於平面上移動的輪式移動機器人具有重要的理論指導意義。但是，其局限性在於面向的車體為鐵板一塊的剛性車體和理想化的平面運動，換句話說，其只能局限於輪軸線平行於水平面、車體為一塊剛性構件的輪式移動機器人。

h. G. Campion 等人基於「Type(δ_m,δ_s)」5 分類的 WMR 結構配置下的通用運動學和動力學模型建模，包括如下四種：

• 姿態運動學模型（the posture kinematic model）：為能夠給出 WMR 全局描述的最簡狀態空間模型。該模型表明，對於 5 分類中的每一個類型，該模型都具有特定通用結構，可以用來弄清楚機器人的可操縱性（maneuverability properties）；還分析了該模型的可還原性（the reducibility）、可控性（the controllability）和可穩定性（the stabilizability）。

• 構形運動學模型（the configuration kinematic model）：可以在非完整約束系統理論的框架內分析 WMR 的行為。

• 構形動力學模型（the configuration dynamical model）：是更具一般性的狀態空間模型。它給出了包括由執行器提供的廣義力的系統動力學完整描述。特別地，它解決了動力配置問題：提出了一種用來檢驗動力是否充足以及被充分地用於運動的準則。

• 姿態動力學模型（the posture dynamical model）：它被等效回饋給構形動力學模型，並有助於其還原性、可控性和可穩定性的分析[36,37]。

墨西哥泛美大學（Universidad Panamericana）的 Ramiro Vela’zquez 與義大利薩倫托大學（University of Salento）的 Aime’ Lay-Ekuakille 於 2012 年用 G. Campion 等人提出的用「Type(δ_m,δ_s)」分類方法針對 Type(3,0) 和 Type(2,0) 兩種類型 WMR 的四種常見設計的數學模型進行了推導[71]。即對差動驅動和萬向驅動兩類通用的輪式移動機器人結構的四種常見設計進行了數學模型與結構研究的綜述分析，提出了兩輪差動驅動模型，用以說明只有雙向運動才能實現零轉彎半徑；論述了三個獨特的設計——常規兩個主動固定車輪和一個被動腳輪，一個簡單的皮帶傳動系統，鏈傳動系統；提出了含有瑞典輪的全方位機器人模型，用以說明完整全向運動，如圖 1-81 所示。這四種模型都是基於物理參數容易測量，並且有助於了解這些 WMR 的內部動力學，在 2D 環境中精確地可視化顯示它們的運動。它們可以作為物理參考來預測物理原型對所選地點的可及性，並且測試了控制、路徑規劃、製導和避障的不同算法。

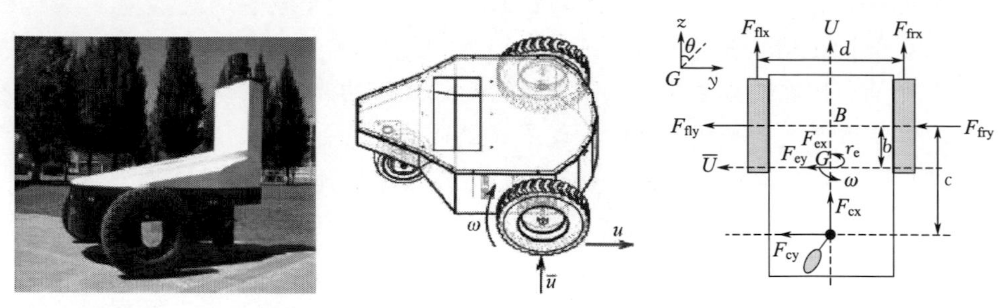

(a) Type(2,0)WMR IVWAN(intelligent vechicle with autonomouse navigation)：左—原型樣機；中—其差動驅動結構，兩前輪爲由各自驅動電動機驅動的輪，第3個輪爲被動的支撐輪；右—Free-body圖，下標f、c分別表示前輪、Caster輪，下標r、1分別表示右、左。

(b) Type(2,0) WMR E：左—原型樣機；中—帶傳動系統；右—移動系統簡圖

(c) Type（2,0）WMR Connor：左—原型樣機；中—鏈傳動系統；右—移動系統簡圖

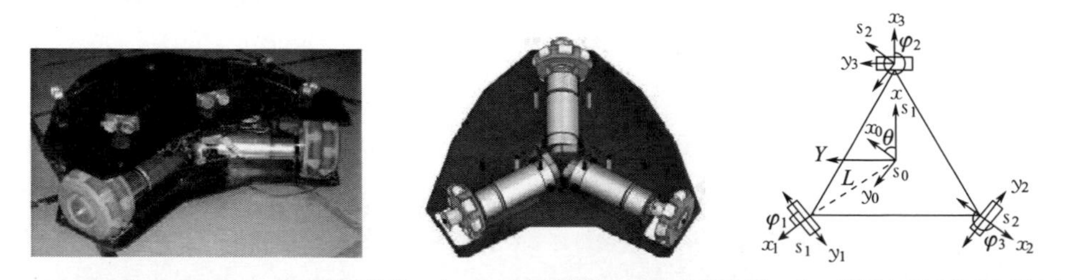

(d) Type（3,0）WMR NG：左—原型樣機；中—三瑞典輪等邊三角形分布結構；右—機器人運動學分析簡圖

圖 1-81　2011 年墨西哥的 Ramiro Vela’　zquez 等人研究的 Type（3，0）和 Type（2，0）兩類輪式移動機器人構形配置模型 [71]

G. Campion 等人提出的分類方法及建模研究，以及 Ramiro Vela'zquez 等人對 Type(2,0) 和 Type(3,0) 兩類 WRM 的建模研究都是在假設所有車輪都位於平面內，各輪皆與此平面接觸所需瞬時自由度數以及可操縱性等條件下對 3 輪、4 輪 WMR 的理論研究。但是由於輪式移動機器人與地面構成非完整約束系統，而且地面又可分為諸如室內平地、有臺階和高度差地面、城鎮路面等結構化地面和野外不平整地面等非結構化地面兩大類，因此，為了適應各種地面條件，保證移動性和可操控性以及平衡能力，單輪（包含球形在內）、雙輪、三輪、四輪、五輪、六輪、八輪乃至十數輪（如輪式蛇形移動機器人）的輪式移動機器人被研究了。因此，輪式移動機器人的分類相對較複雜。按現有已被研究的輪式移動機器人本體構成，車輪類型、主動驅動車輪和被動驅動腳輪數目、車輪配置結構形式、車體結構形式等等有所不同。

② 按輪式移動機器人本體機構與結構的分類方法與分類匯總　輪式移動機器人本體的主要構成可以分為兩大部分：車輪配置部分和車體平臺部分。車輪配置部分主要用於實現輪式移動功能；而車體平臺部分用於搭載輪式移動操控部分和除與輪式移動有關部分之外的其他作業功能設備部分。車體平臺又可分為單車體平臺和兩個以上單體之間由運動副連接而成相互之間可相對運動的多車體平臺。前述各節已給出了現已研究和實用化的各種車輪的結構和原理。筆者在第 7 章對用於輪式移動機器人的車輪進行匯總如表 7-1 所示；對現有輪式移動機器人的機構構型進行匯總分類如表 7-2 所示。

1.4.2.2 履帶式移動機器人（tracked mobile robots，TMR）

1982～2018 年國際上有新設計新概念和代表性的履帶式移動機器人設計與研發實例如下：

履帶式移動機器人以其野外環境移動能力、越溝壕障礙、低地面壓強等優勢而成為一種實用性很強的自動化設備。中國、美國、日本、德國、澳洲、法國、加拿大、西班牙、以色列、新加坡、泰國、馬來西亞、韓國、伊朗、土耳其等對此都有研究，其中，以中國、美國、日本、德國等國的研究較為突出。

(1) 有力感知式鏈軌和全身分布接觸力感測器的 6 履帶式移動機器人 Aladdin（日本，東北大學，2008 年）

面向救援作業自治移動機器人應用，著眼於機器人履帶感知與外界環境的接觸狀態，日本東北大學（Tohoku University）的 Daisuke Inoue 等人於 2008 年提出並設計了如圖 1-82 所示的具有力感知功能的分布式觸覺鏈軌（force-sensitive chain guides），並將其用於 6 履帶式移動機器人上進行了爬越臺階障礙的實驗[72]。

分布式觸覺鏈軌（force-sensitive chain guides with distributed touch sensors）的概念設計：在鏈軌（chain guides）和機器人上的行駛框架之間設有厚度薄的力敏電阻（force-sensitive resistor）用來檢測鏈軌腳板上作用的接觸外力，其結構原理如圖 1-82(a) 所示。

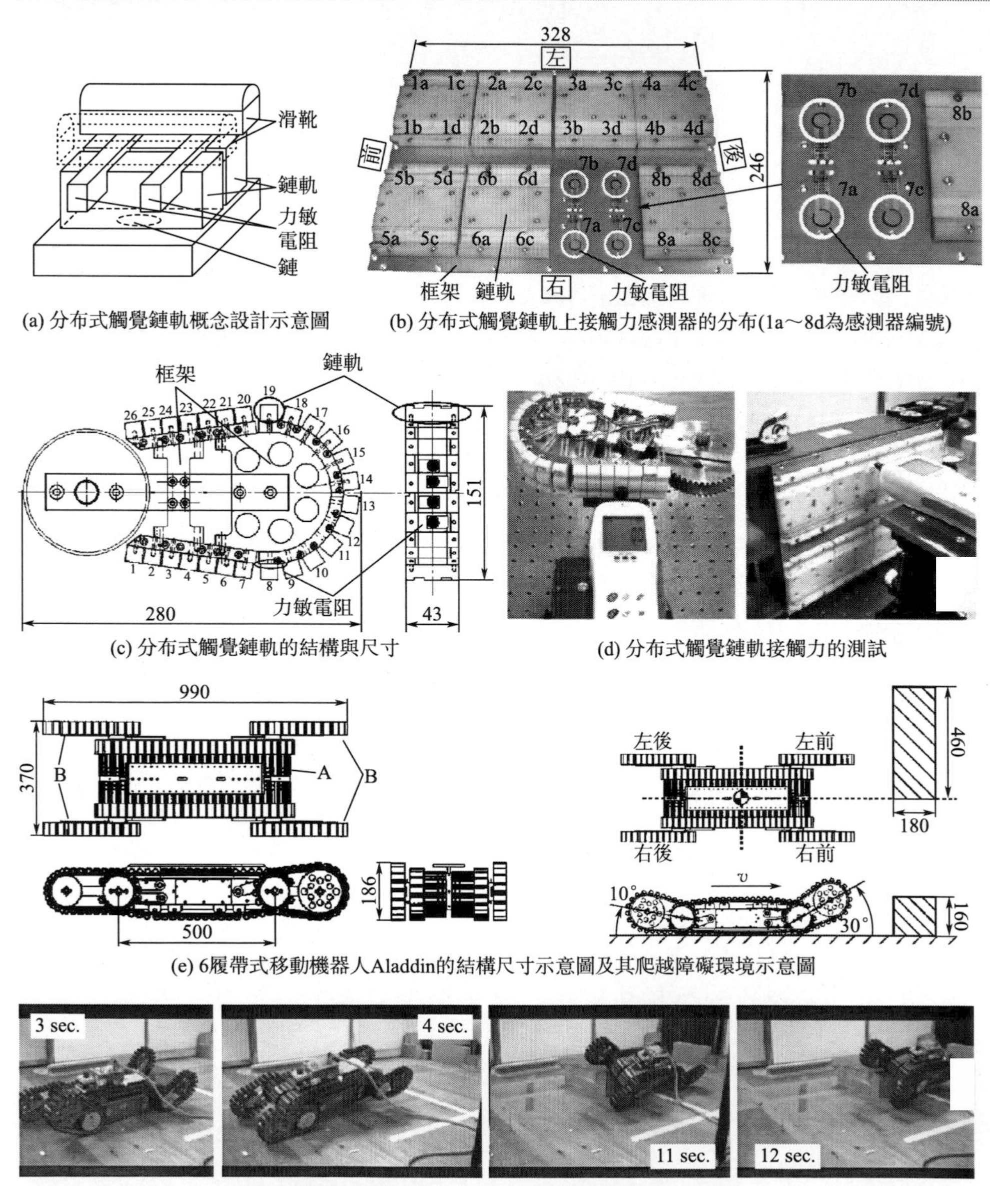

(a) 分布式觸覺鏈軌概念設計示意圖

(b) 分布式觸覺鏈軌上接觸力感測器的分布(1a～8d為感測器編號)

(c) 分布式觸覺鏈軌的結構與尺寸

(d) 分布式觸覺鏈軌接觸力的測試

(e) 6履帶式移動機器人Aladdin的結構尺寸示意圖及其爬越障礙環境示意圖

(f) 6履帶式移動機器人Aladdin爬越障礙實驗影片截圖

圖 1-82　分布式接觸力感知觸覺鏈軌概念及其在 6 履帶式移動機器人上的應用與實驗 [72]

鏈軌上接觸力感測器的分布如圖 1-82(b) 所示，4 個 1 組共 8 組總共 32 個接觸力感測器位於行駛框架與腳板之間。如圖 1-82(e) 所示，A 部分的兩個履帶式行駛機構分別由電動機獨立驅動，共有 2 個主驅動用電動機；B 部分履帶式移動機構為輔助機構，可看作可上下俯仰的臂，則 4 個履帶式移動臂各有 1 個主動驅動，共 4 個主驅動用電動機。整個履帶式移動機器人具有 6 個自由度。機器人自帶 Li-Po 電池在其本體上。

(2) 透過履帶鏈軌傾斜度檢測接觸點位置的 6 履帶式移動機器人 Ali-Baba（日本，東北大學，2008 年）

仍然是面向災害救援應用目標，日本東北大學的 Daisuke Inoue 等人於 2008 年提出並設計了如圖 1-83 所示的透過履帶鏈軌的傾斜度（using inclination of track chains）來檢測履帶與地面接觸點位置的 6 履帶式移動機器人，並將其用於 6 履帶式移動機器人上進行了爬越臺階障礙以及接觸點檢測的實驗[73]。Ali-Baba 機器人的移動部分有主爬行部（main crawlers）和主爬行部前後安裝的四個腳蹼履帶（flipper crawlers），是一種可變爬行方式的機器人（variable crawler robot）。可變爬行方式機器人在瓦礫砂石路面上移動時具有高移動能力和良好的穩定性，也可以爬坡或爬臺階、樓梯。該機器人平臺上還裝備有一臺機器人操作臂用於移動操作。

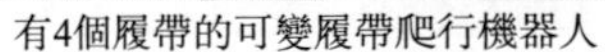
有4個履帶的可變履帶爬行機器人

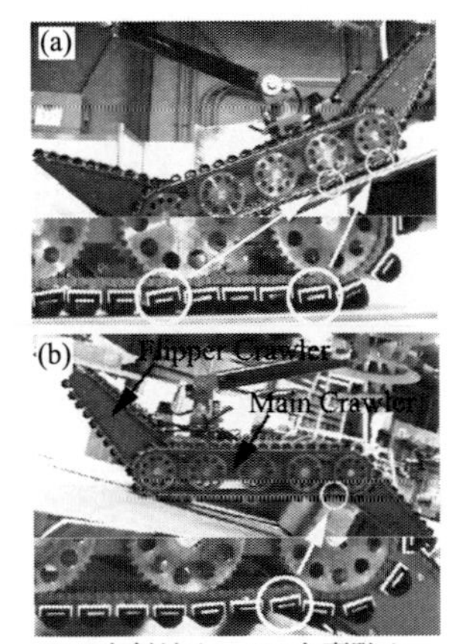

(a) 在斜坡上；(b) 在臺階上

圖 1-83　有傾斜感知接觸點檢測功能的 6 履帶式移動機器人 AliBaba 及其爬斜坡、臺階實驗[73]

透過履帶鏈軌傾斜度檢測接觸點位置的原理：利用光學原理進行傾斜度檢測，在爬行行駛框架上安裝有 LED 燈和相機，而在對面的爬行靴（crawler shoes，或稱履帶鞋）背面安裝有傾斜感知器（inclination sensor），當 LED 燈發出的光照射在傾斜感知反射器上時其反射光會照射在其對面的相機上成像，根據反射光的光強（reflection intensity）來檢測履帶靴的傾斜度，其原理如圖 1-84 所示。

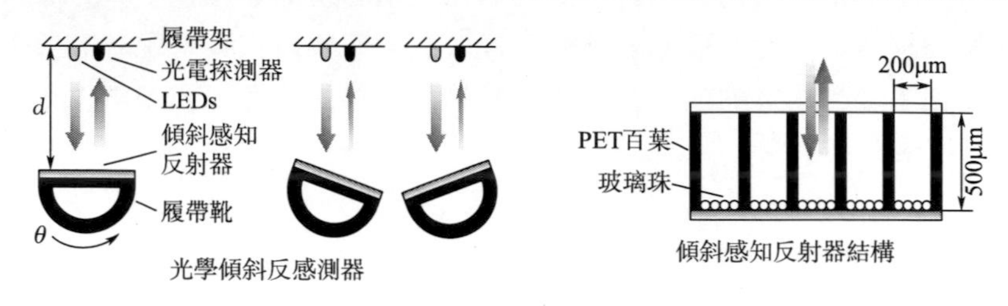

圖 1-84　光學傾斜度感測器原理與傾斜感知反射器結構

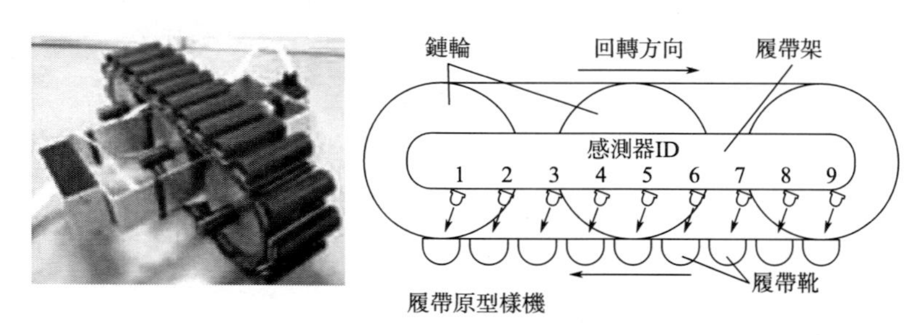

表：履帶靴規格

No.of pcs	26
可變形範圍	$\theta=\pm20°$，d=19～28mm
履帶靴間距	25.4mm(4 links)
履帶靴大小	W20×D60×H20.75mm
反射器大小	W20×D30×H0.5mm
結構形狀	半徑爲10mm的半圓柱形
材料	EPDM(硬度: HS60)

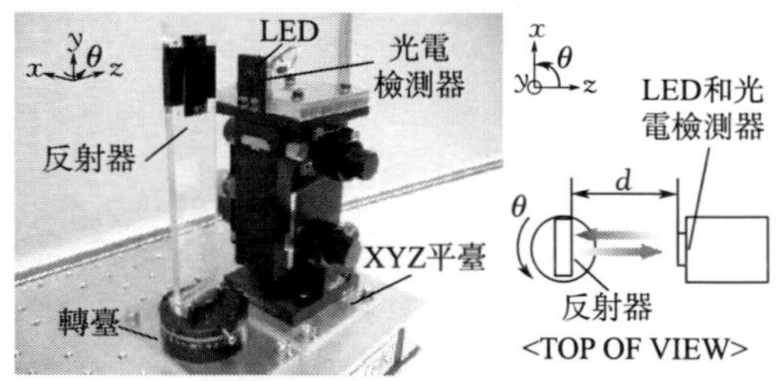

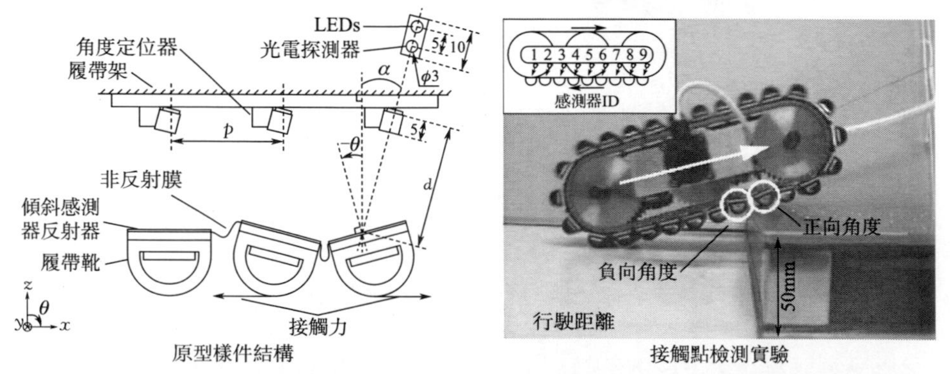

圖 1-85　基於光學反射原理的傾斜度感測器感知與接觸點檢測功能的鏈軌式履帶與實驗 [73]

圖 1-85 所示為利用這種光學反射原理測量傾斜角度的感測器用於履帶式移動機構上所設計的履帶式原型樣機實物、結構、參數表、多感測器在履帶行駛框架上的分布、為設計反射器所進行的實驗，以及履帶與地面接觸點檢測實驗等。

(3) 面向凸凹不平地面環境的多節履帶式移動機器人（日本，東北工業大學，2013 年）

面向不平整地面環境移動，日本東北工業大學（Tohoku Institute of Technology）的 Toyomi Fujita 與 Takanishi Shoji 於 2013 年提出了如圖 1-86 所示的多節履帶式移動機器人的概念[74]。

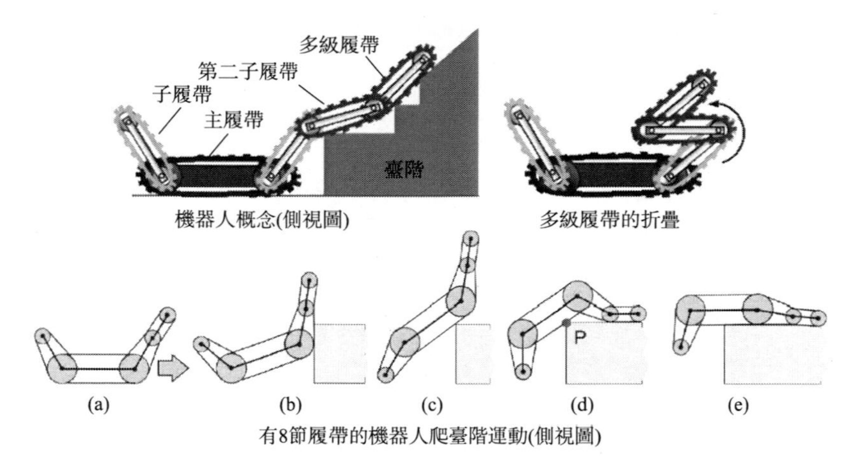

圖 1-86 多節履帶式移動機器人的概念及其摺疊形態、爬臺階運動示意圖

① 多節履帶式移動機器人的概念[74] 多節履帶式移動機器人由兩個主履帶（main-track）和多節子履帶（sub-track）組成組合式行駛機構系統。四個子履帶（特指僅有的子履帶或者稱為第 1 節子履帶）分別被連接在兩個主履帶通常構型的四個角點上；除此之外，額外的子履帶（被特指為多節子履帶或者是第 2 節子履帶、第 3 節子履帶等等，依次類推被添加在多節履帶式移動機構上）分別被添加在前面的兩個子履帶上。這樣的多節履帶式移動機構可以增加與各種地形地面的接觸點數，還可以以大量的接觸點適應斜坡角度的變化從而更易於爬坡且更穩定；從驅動的角度來看，因為當其他子履帶機構不用時可以與第一節子履帶摺疊在一起，所以，多節子履帶機構可以摺疊多節履帶式移動機構，還可以透過控制子履帶的角度有效異小電動機輸出力矩。也即這種多節履帶式移動機構可以根據運行條件和情況有效地切換成諸如 6 履帶式、8 履帶式等快速行駛模式，而且具有一定的柔性和環境適應性。

② 8 履帶、10 履帶多節履帶式移動機器人的機構設計　多節履帶式移動機器人可以有兩種構成方式：一種是將每臺履帶式機器人作為其構成的單元節，多個這樣的單元節按照一定的形式（如串聯、並聯、串並聯形式）連接在一起構成的多節履帶式移動機器人；另一種就是如圖 1-90 所示的由主履帶和多節子履帶構成的方式，即如圖 1-87 所示 8 履帶多節履帶式移動機器人。

a. 主履帶機構（mechanisms of main-track）：如圖 1-87(a)～(c) 所示，兩個主履帶作為整個機器人的主體，也即 2 履帶式移動機器人，在其前後履帶鏈輪輪軸上分別外掛著子履帶單元。圖中標記為①的驅動主履帶機構運行的電動機被搭載在機器人本體內，標記②為作為其機械傳動系統的同步齒形帶傳動，同步齒形帶標記為③，主軸標記為④。每個主履帶在其左右兩側都有鏈輪⑤，前後各有一組鏈輪分別在其左右兩側；左右側的鏈條被連接在橡膠塊⑥上。這種結構可以使履帶式移動機構在多變地勢上抓牢地面。

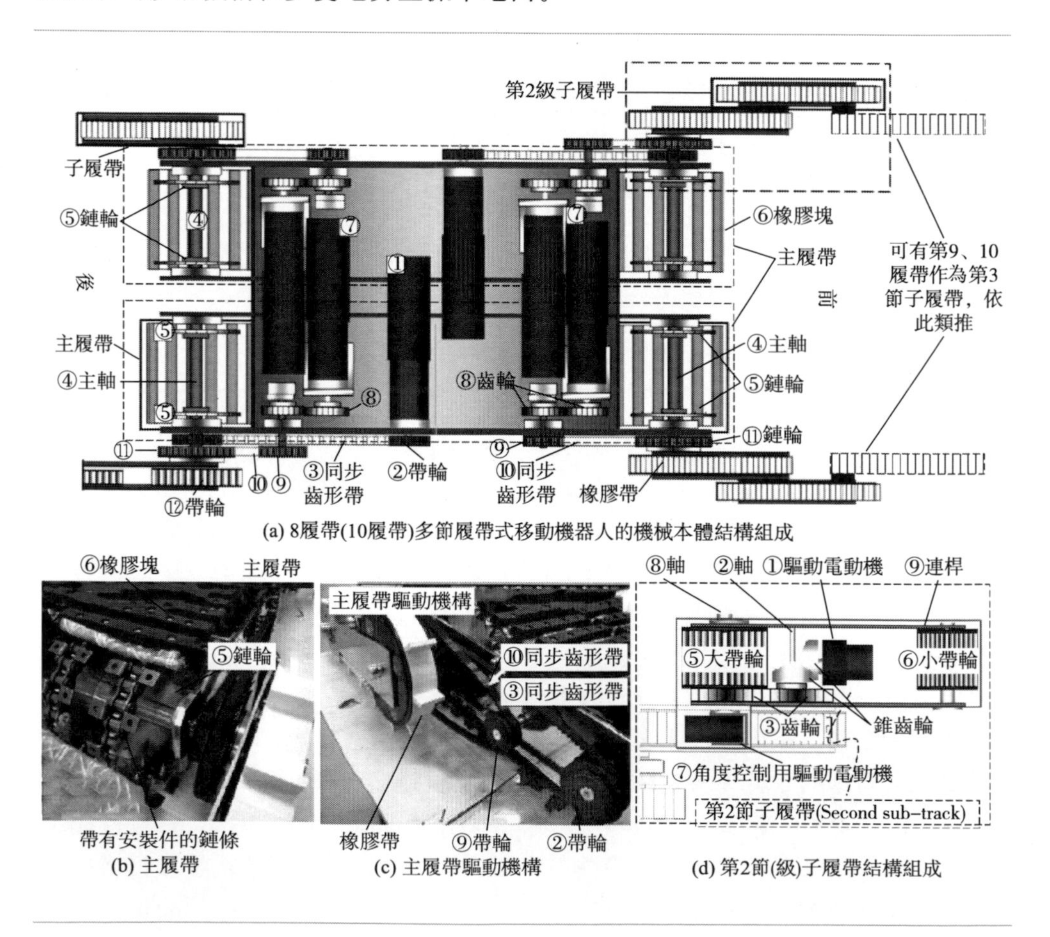

(a) 8履帶(10履帶)多節履帶式移動機器人的機械本體結構組成

(b) 主履帶　(c) 主履帶驅動機構　(d) 第2節(級)子履帶結構組成

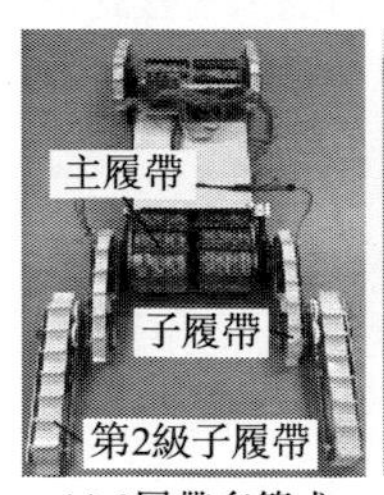

(e) 8履帶多節式

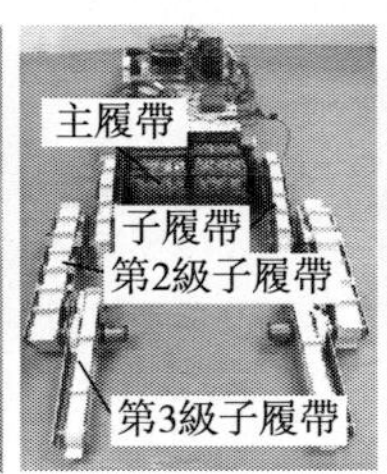

(f) 10履帶多節式

(g) 子履帶(搖臂)擺角機構

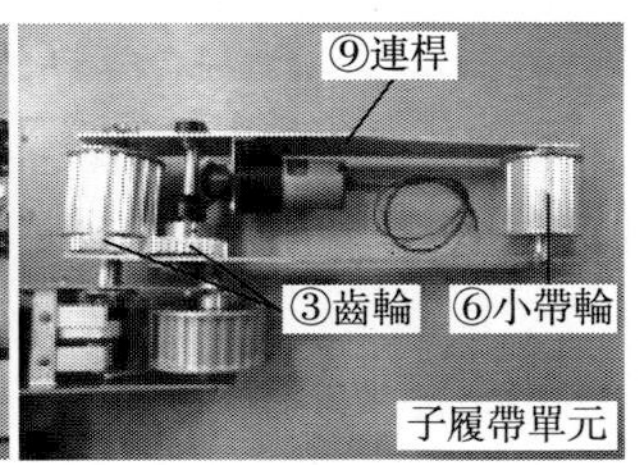

(h) 子履帶單元

圖 1-87　8 履帶多節履帶式移動機器人的機械系統構成 [74]

主履帶及其驅動機構如圖 1-87(b)、(c) 所示。

b. 子履帶機構單元（mechanism unit of sub-track）：如圖 1-87(a) 所示，DC 伺服電動機⑦透過齒輪傳動⑧、帶輪⑨、同步齒形帶⑩和安裝在主軸上的帶輪⑪來實現子履帶像搖臂一樣繞與主軸④同軸的軸線擺動，並控制擺角大小。因為在主軸④和帶輪⑪之間裝有軸承，所以，帶輪⑪可以獨立地繞主軸軸線回轉。也即主履帶驅動、子履帶移動機構擺角驅動是各自獨立進行的。

c. 多節子履帶機構（mechanism of multistage sub-track）：由子履帶的行駛驅動機構及其擺角驅動機構組成。多節子履帶分別被外掛在多節履帶式移動機器人前方左右兩側子履帶的外側，而且被設計成子履帶機構單元的形式，為的是能夠依此類推地將子履帶擴展成為多節子履帶的形式。子履帶機構單元的結構組成如圖 1-87(d) 所示，由驅動電動機①透過一對圓錐齒輪傳動④和一對圓柱齒輪傳動③來驅動帶輪⑤（pulley）使繞在帶輪⑤、⑥（idler）上的橡膠帶（即履帶）運轉起來。將子履帶像搖臂一樣擺動起來驅動的擺角驅動機構是透過擺角控制電動機⑦驅動子履帶的兩個連桿⑨繞著軸線⑧回轉來實現子履帶擺動的機構。子履帶擺角機構可以設置在子履帶單元自己的本體內，也可以設置在前一節（前一級）子履帶的自由端或多節子履帶內。如此，便可自由擴展式地得到多節子履帶機構。

d. 8 履帶/10 履帶多節履帶式移動機器人原型樣機：由前述的主履帶、子履帶、第 2 節子履帶機構原理而設計、製作的 8 履帶、10 履帶多節履帶式原型樣機系統實物分別如 1-87(e)、(f) 所示。

圖 1-87(e) 為由兩個主履帶、四個子履帶和兩個多節子履帶構成的 8 履帶多節履帶式移動機器人原型樣機系統實物照片。該機器人在伸展開鋪直狀態下的長、寬、高尺寸分別為 1380mm、730mm、230mm，總重 38kg。

圖 1-87(f) 為由兩個主履帶、四個子履帶、兩個第 2 節子履帶、兩個第 3 節子履帶構成的 10 履帶式移動機器人原型樣機系統實物照片。該機器人伸展開鋪直下的長度為 1570mm，由主履帶到多節子履帶末端的長度為 640mm，總重 42kg。如圖 1-87(b) 所示，兩個主履帶是由兩個鏈輪（sprockets）、兩根鏈條（chain）、多個

橡膠條(rubber blocks)組成的。鏈條上有安裝橡膠條的托架及安裝孔;主履帶的驅動機構如圖 1-87(c) 所示,是電動機①驅動同步齒形帶傳動的帶輪②,然後透過同步齒形帶③驅動同步齒形帶輪,該帶輪驅動主軸④上的鏈輪⑤從而使鏈條運轉,鏈條上等間距固連著許多個橡膠條,即主履帶。圖 1-87(g)、(h) 分別為子履帶擺角機構及單元的實物照片。兩個 RE40 GB 150W 的 Maxon DC 伺服電動機被用來驅動兩個主履帶機構;四個 RE40 GB 150W 的 Maxon DC 伺服電動機被用來驅動子履帶擺角機構;對於各個第 2 節子履帶機構,分別採用 TG-85R-KU-144-KA 型 Tsukasa DC 伺服電動機驅動子履帶行駛,採用 Kondo KRS-6003HV ICS Red Version 控制第 2 節子履帶擺角。圖 1-87(h) 所示的子履帶機構單元長、寬、高尺寸分別為 360mm、110mm、54mm,單元總重 2kg。

③ 8 履帶、10 履帶多節履帶式移動機器人控制系統 如圖 1-88 所示,其控制系統採用了無線通訊(wireless communication)遙控控制器(PS PAD)來操控機器人運動。機器人上裝有一個 SH2-7045F 板卡,用來控制主履帶和子履帶兩者的履帶式行駛驅動和擺角;一個 H8-3052F 板卡被用來作為控制板卡與 PS PAD(遙控操縱器)之間的介面。H8-3052F 接受來自 PS PAD 的訊號,並且發送響應的指令給 SH2-7045F。它們的控制程式都是在一臺主控 PC 機上開發的。SH2-7045F 板卡按照來自控制器(PS PAD)或者來自主控 PC 機的運動指令,對驅動履帶行駛的驅動電動機和擺角控制電動機分別執行 PWM 控制。前述的 SH2-7045F、H8-3052F 都是日本日立(HITACHI)製作所生產的高級單片機。

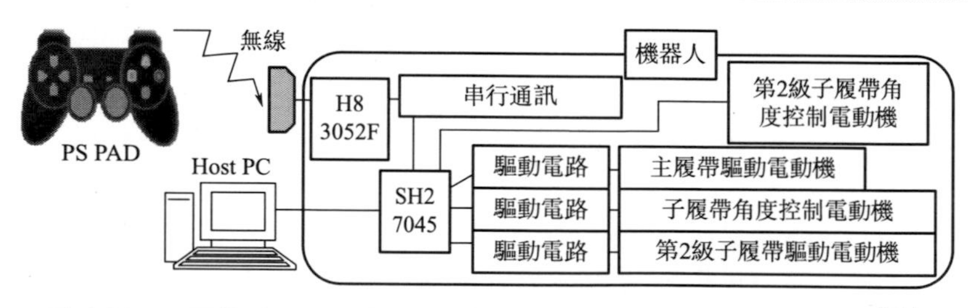

圖 1-88 8 履帶(10 履帶)多節履帶式移動機器人的控制系統組成[74]

④ 8 履帶、10 履帶多節履帶式移動機器人在不平整地面上移動、爬臺階實驗 如圖 1-89 所示,分別為在有沙土碎石堆地形以及 1 級臺階、2 級臺階環境下的移動與爬臺階實驗場景照片[74]。

(4) 2 臺 2 履帶式移動機器人連接而成的 4 履帶式全方位移動機器人(日本,東北大學,2002~2006 年)

日本東北大學的 Hiroki Takeda 等人研製了將兩臺 2 履帶式移動機器人的平臺

分別用繞垂向軸線回轉的回轉副連接在一個公共平臺板上的 4 履帶式全方位移動機器人，並且提出了導引-跟隨移動概念，研究了相應的算法。其機器人及其硬體系統構成如圖 1-90 所示，機器人本體由起導引作用的前導 2 履帶式移動機器人和跟隨作用的 2 履帶式移動機器人、平臺、全方位鏡及 CCD 相機等部分組成[75]。

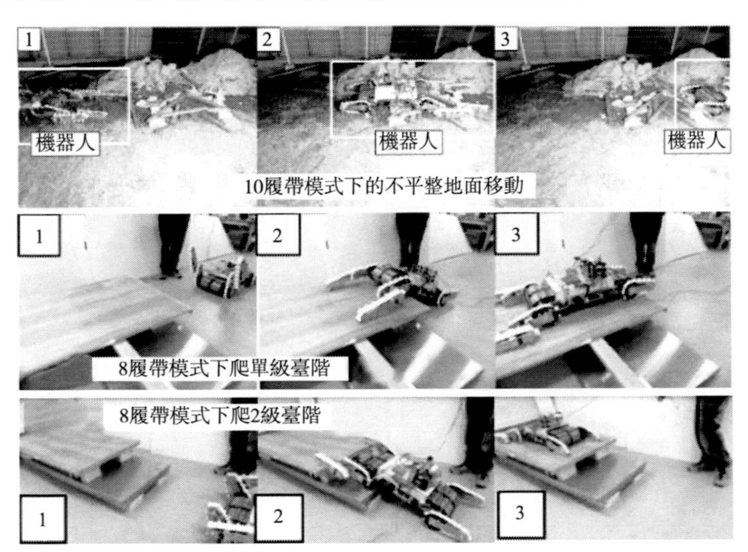

圖 1-89　8 履帶、10 履帶多節履帶式移動機器人實驗照片：不平整地面上移動（上）；爬 1 級臺階（中）；爬 2 級臺階（下）[75]

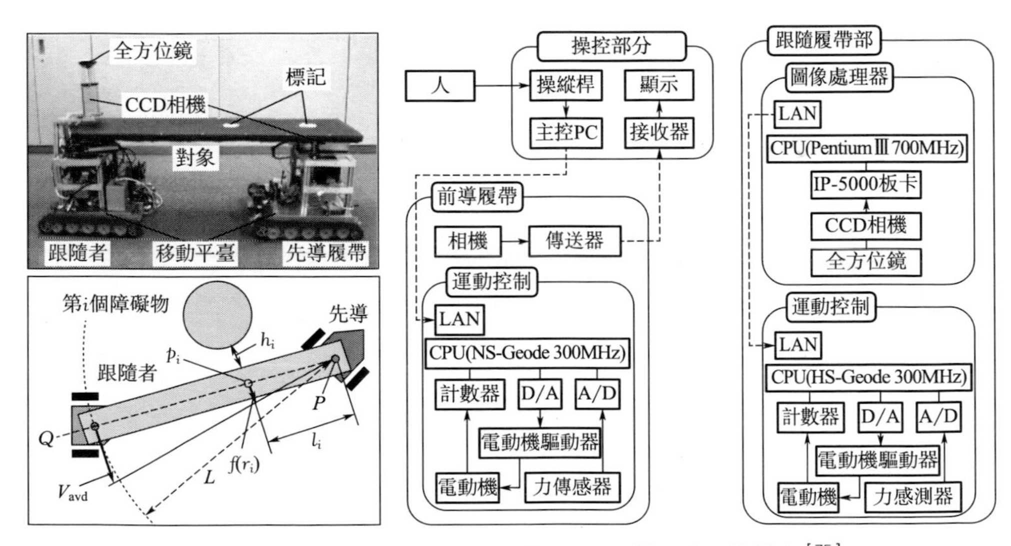

圖 1-90　2 履帶連接式 4 履帶移動機器人及其硬體系統構成[75]

（5）基於四連桿機構的可重構雙履帶式移動機器人機構（中國，國防科技大學，2013 年）

中國國防科技大學的羅自榮、尚建忠等人於 2013 年研發了一種透過驅動平行四連桿機構來改變履帶式移動機構的幾何形態，即履帶構形可變的履帶式移動機構。其機構原理如圖 1-91 所示[76]。

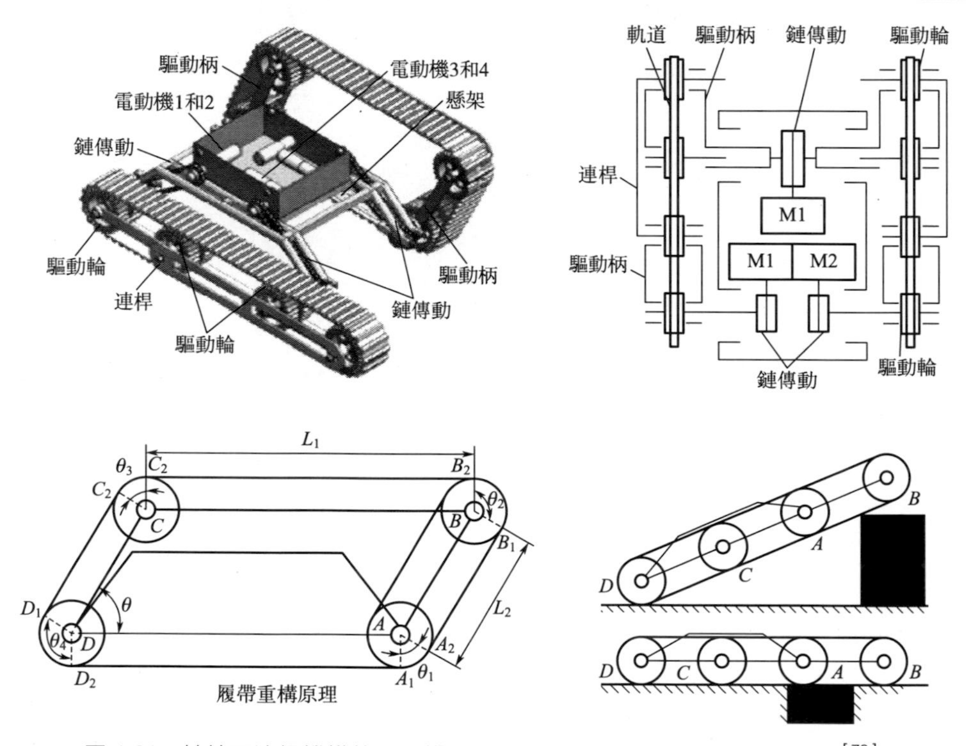

圖 1-91 基於四連桿機構的可重構履帶式移動機器人機構原理及其形態[76]

（6）蛇形多節履帶式移動機器人 Moebhiu²s（德國，Ruhr-University Bochum，2013 年）[77]

德國的 Marc Neumann 等人面向災害搜救作業設計、研發了一種分別以主履帶-輔助履帶式移動機構為模塊化單元節、尾部為雙履帶式移動機構的多節式結構，各節間透過主驅動關節單元連接在一起的履帶式蛇形機器人。輔助履帶為主動驅動，被稱為主動驅動式鴨腳板（active flippers）。該履帶式蛇形機器人的結構組成如圖 1-92 所示。第一節主履帶-主動驅動輔助履帶式移動單元的履帶上安裝了用來檢測履帶與地面之間接觸狀態的感測器，該感測器是基於 RFID（radio frequency identification，射頻識別技術）芯片的觸覺感測器。

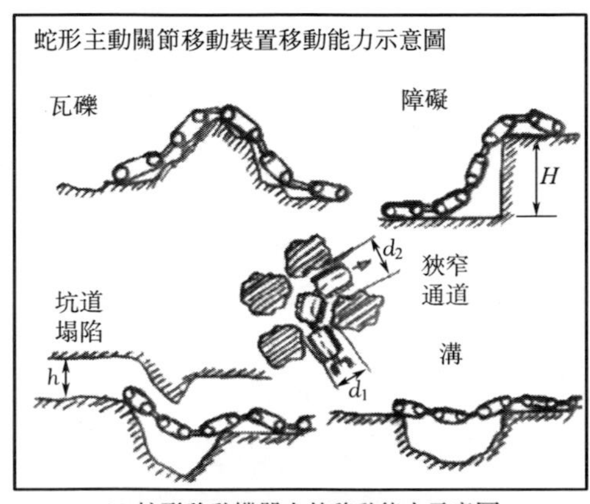

(a) 蛇形移動機器人的移動能力示意圖

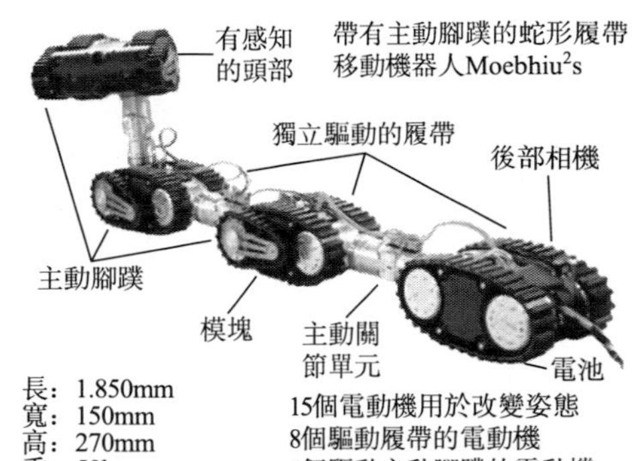

(b) 履帶式蛇形移動機器人"Moebhiu²s"的結構組成與參數

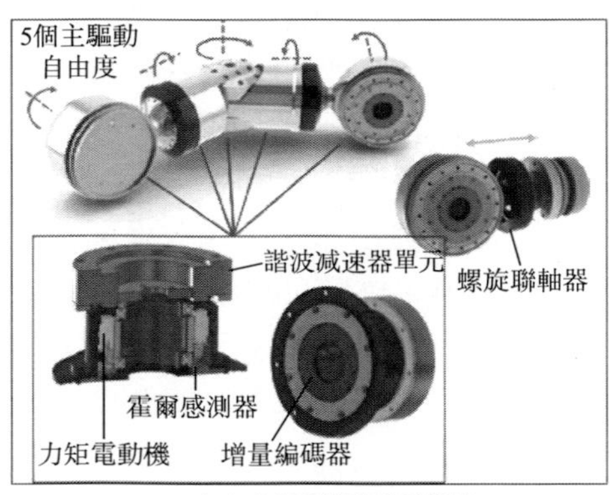

(c) 5自由度主動關節單元模塊

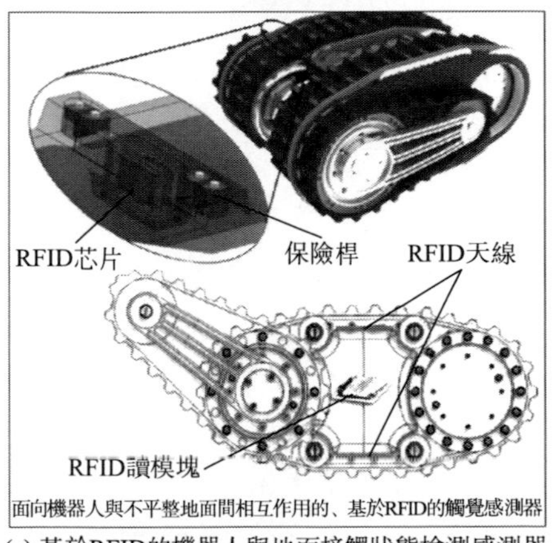

(e) 基於RFID的機器人與地面接觸狀態檢測感測器

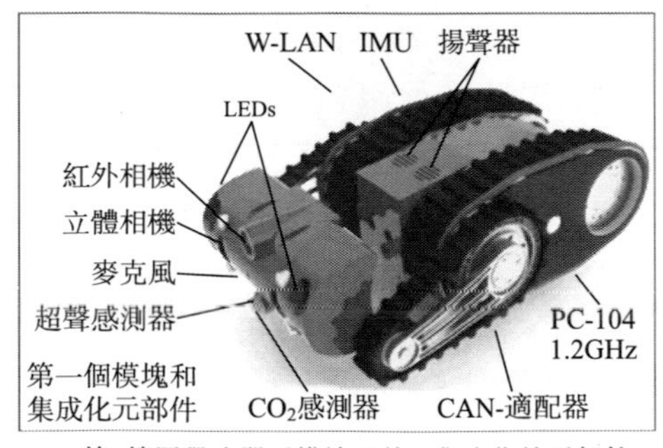

(d) 第1節履帶式單元模塊及其上集成化的元部件

(f) 實驗場景照片

圖 1-92 德國研發的履帶式蛇形機器人 Moebhiu²s 的應用概念、機構原理以及模塊化單元、機器人移動實驗 [77]

Moebhiu²s 的前三節皆為由左右各一的 2 個主履帶和左右各一的 2 個主動驅動輔助履帶（俗稱鴨腳板）組成的主履帶-輔助履帶模塊化單元，最後一節為搭載相機、無輔助履帶的雙履帶式移動單元。四個模塊化單元用 3 個 5 自由度主動關節單元模塊串聯在一起，構成 4 節履帶式蛇形移動機器人。5-DOF 主動關節單元模塊（5-DOF active joint units）的 5 個自由度中的每一個都是由力矩電動機、霍爾感測器、諧波齒輪異速器、增量式光電編碼器集成在一起而成為獨立驅動的集成化一體化單自由度關節模塊，單自由度關節模塊之間透過螺旋聯軸器（screw coupling）相互連接在一起。

Moebhiu²s 屬於關節型履帶式移動機器人。它總共有 30 個電動機，3 個 5-DOF 主動關節單元模塊上總共有 15 個電動機，用來驅動各節履帶模塊化單元改變姿態；每節履帶式模塊化單元左右履帶的行駛驅動各用 1 臺電動機共 2 個，4 節共 8 個；前 3 節履帶式單元的每節左右側主動驅動輔助履帶各由 1 個電動機驅動，三節總共 6 個電動機；還有一個電動機位於最後一節履帶式單元上，用來調整最後一節單元上安裝的相機的姿態。各個關節和驅動履帶的電動機都有用來檢測關節位置、速度的增量式光電編碼器；第 1 節履帶模塊化單元裝有慣性測量單元；所有的履帶板上都裝有多個觸覺感測器，透過採用 RFID 訊號技術（Hecks 等人於 2012 年提出）的機械異振器（mechanical bumpers），檢測履帶與地面之間的接觸狀態。

第 1 節履帶式單元模塊上集成了 W-LAN 設備和機器人控制單元，如圖 1-92（d）所示，包括立體視覺相機（stereoscopic camera）及相機（infrared camera）、麥克風（microphone）、超聲測距感測器（ultrasonic）、CO_2 氣體感測器、CAN 適配器（CAN adapter）、1.2GHz 的 PC/104 工控機、慣性測量單元即 IMU（inertial measurement unit，或稱慣性導航單元）、揚聲器（speaker）等。

第 2、第 3 節履帶式單元模塊上搭載著大量的控制電動機所需的控制單元部件。透過使用機械異振器來檢測履帶與地面的物理接觸狀態；這些機械異振器直接組入到給定的、回轉的履帶上。RFID 技術被用來傳輸訊號和能量供給。當感測器檢測到履帶與地面之間的機械接觸後，RFID 傳送器（RFID Transponder）無線傳送該訊號給 RFID 天線，最後到達被集成化安裝在指定履帶模塊化單元之內的 RFID 雷達模塊，再交由系統控制單元處理、使用該訊號。

實驗結果：研究者們進行了 Moebhiu²s 三節履帶式蛇形機器人在結構化地勢（structured terrain）和非結構化地勢（Structured terrain）兩類地面環境下的移動控制實驗，在有臺階的室內移動試驗場景如圖 1-92(f) 所示。這裡需要稍作說明的是：他們並未給出非結構化地勢下的移動實驗影片截圖，即便圖 1-92(f) 給出的室內有臺階的非平整地面移動環境，也不是「非結構化」的。因此，筆者認為該實驗環境並不是非結構化的，原文作者所言稍有偏差。

(7) 關節型（或稱鉸接型）履帶式移動機器人（德國，Ruhr-University Bochum，2010 年）

機構原理：關節型履帶式移動機器人（articulated tracked mobile robot）是德國 Ruhr-University Bochum 的產品與服務工程學院（Institute of Product and Service Engineering）的 Patrick Labenda 等人[78] 於 2010 年面向不平整地勢上自動移動的目標，設計研製了將雙履帶式移動機構作為單元模塊，透過兩兩單元模塊鉸接在一起的串聯三節履帶式移動機器人，如圖 1-93 所示。其每節雙履帶式移動機構單元模塊兩側的履帶採用的是高位主驅動輪式結構形式，且左右履帶的驅動是各自獨立的，也即各由一套電動機及機械傳動裝置驅動。連接兩個雙履帶式移動機構單元的鉸鏈機構有 2 個自由度：1 個是位於各履帶式移動單元模塊後面的回轉自由度（rotational degrees-of-freedom）；1 個是位於各履帶式移動單元前端的直線移動自由度（translational degrees-of-freedom）。該機器人總共有 10 個自由度，其中：6 個是主動自由度，位於三節雙履帶式移動機構單元履帶輪驅動系統上；4 個是被動自由度❶，位於串聯連接三節雙履帶式單元的兩個鉸鏈連接機構上。

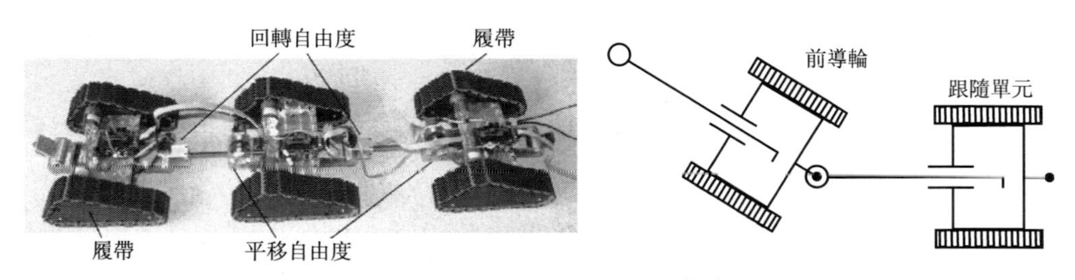

圖 1-93　關節型履帶式移動機器人（三節）原型樣機[78] 及其兩兩串聯連接機構

連接機構上安裝有測量兩個履帶式移動單元模塊之間相對轉角和位移的感測器。

各單元模塊系統結構：各模塊都是由兩個履帶和兩個履帶之間的帶載平臺組成的，各模塊系統基本構成元部件搭載在平臺上，包括 PWM 控制電路板卡、電源、驅動器、SPI 總線的感測器、USB 總線的 CCD 相機（第 1 節單元）。主控電腦透過 CAN 總線與各單元模塊底層控制器之間通訊，透過 USB 總線與 CCD 相機通訊。

❶ 疑似原文有誤！按照原文作者在原文圖 4 中所畫的移動副，被動自由度應該是 6 個，即兩兩履帶式單元之間鉸接機構含有與 1 個直線移動在一起的 1 個橫滾回轉和兩履帶式單元之間的 1 個側向擺動回轉共 3 個被動自由度。否則，該機器人只是平面移動機構，無法適應不平整地勢。

1.4.2.3 輪式、腿式複合移動方式的輪-腿/臂式移動機器人（也稱腿-輪式複合移動機器人）

（1）兼有輪腿和腿/臂的輪-腿式移動機器人概念及機器人設計（美國，Nikolaos G. Bourbakis，1998 年）

① 兼有輪腿與腿/臂的輪腿混合式移動機器人概念　Nikolaos G. Bourbakis 是 International Journal of AI Tools 的創刊者和副主編（以及 a Professor in the Electrical Engineering and Computer Science Departments and the Associate Director of the Center for Intelligent Systems at the T. J. Watson School of Engineering and Applied Science.），他於 1998 年提出了輪式、腿式混合式移動機器人概念並設計了腿式步行和爬行自治混合移動機器人「Kydonas」[79]。這種輪式、腿式混合移動機器人的概念是機器人同時具有幾條末端帶有滾輪的伸縮式輪腿（extended wheel）和幾條兼作腿和操作臂使用的腿/臂（extended Leg/arm），當腿/臂抬起時靠伸縮式輪腿支撐整個機器人並可輪式移動，腿/臂即為操作臂可完成操作；當腿/臂著地時可以步行方式爬行移動。

② 輪腿混合式移動機器人 Kydonas　前述概念在 Nikolaos G. Bourbakis 設計的自治步行機器人（autonomous walking robot）Kydonas 中的設計體現是 3 輪腿＋3 腿/臂式結構。移動機器人本體平臺上有 3 條末端設有滾輪的伸縮式輪腿和 3 條兼作腿/操作臂使用的腿/臂，伸縮式輪腿總是位於本體平臺下部；腿/臂安裝在平臺側面由俯仰關節實現上下擺動，作為腿使用時朝下，末端夾指合攏為夾趾；作為操作臂使用時可上下操作，臂的末端有開合夾指可以夾持物體進行操作；可以越障、爬臺階。Kydonas 平臺上的六角形平臺側面設有聲納系統（hexagonal sonar system），該六角平臺之上由高到低搭載著視覺系統相機（vision camera）、雷射掃描儀（laser scanner）、數位羅盤（digital compass）、多處理器控制器（multiprocessor controller）。機器人平臺上搭載電池（battery）。Kydonas 機器人的總體概念和主要組成部分如圖 1-94(a) 所示。

③ 輪式移動方式下的伸縮輪腿機構設計　如圖 1-94(b) 所示，每條伸縮式輪腿除了腿部豎向伸縮運動外，還可以相對平臺橫向伸縮移動，所有的伸縮運動都是透過螺桿螺母機構實現的。

④ 腿/臂機構設計　如圖 1-95 所示，總共有 6 個電動機來驅動各個關節和末端開合手爪，為 5-DOF 操作臂[79]。

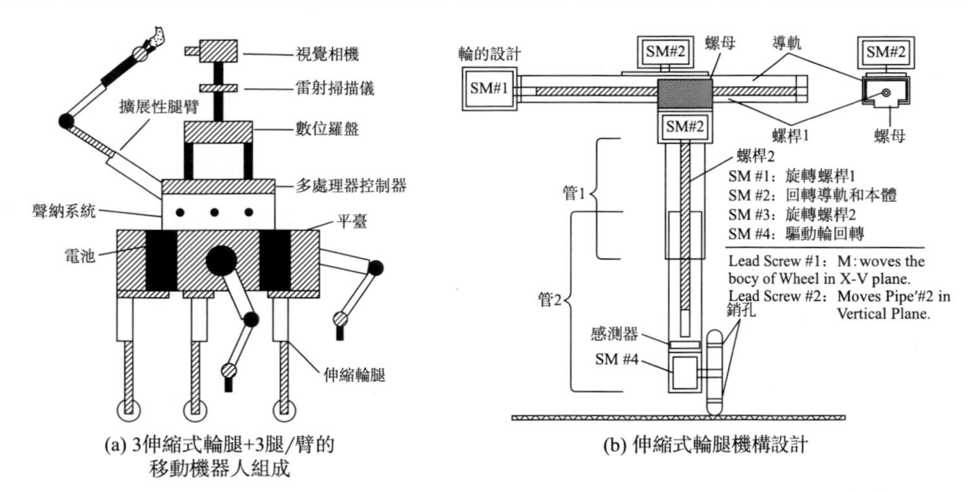

(a) 3伸縮式輪腿+3腿/臂的移動機器人組成　(b) 伸縮式輪腿機構設計

圖 1-94　3 伸縮式輪腿 + 3 腿/臂的移動機器人組成及其伸縮式輪腿機構 [79]

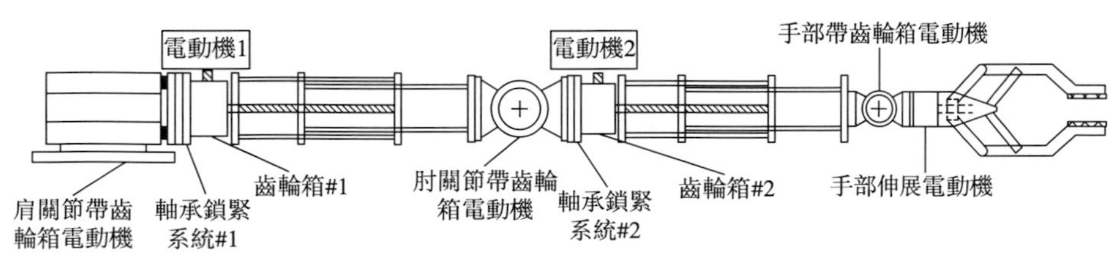

圖 1-95　腿/臂機構設計 [79]

(2) 最早提出的輪-腿式四足移動機器人概念（日本，東京工業大學，廣賴茂男，1996 年）

1979 年日本東京工業大學的廣瀨茂男教授研製出由電腦控制的四足步行機器人 PV-Ⅱ，可以靜步行、爬樓梯，並相繼研製出 TITAN-Ⅲ（1984 年）、TITAN-Ⅳ（1985 年）、TITAN-Ⅵ（1994 年）、TITAN-Ⅶ（1995 年）、TITAN-Ⅷ（1996 年、2000 年）、TITAN-Ⅸ（2000 年）型系列四足步行機器人（圖 1-96）及兼有腿足式與輪式複合移動方式的四足步行機器人。

廣賴茂男教授於 1996 年提出了兼有腿式步行移動、輪式移動方式的輪-腿式機器人的基本概念是「roller-walk」，如圖 1-97 所示，並在 1996 年版本的四足機器人 TITAN-Ⅷ及其模塊化組合式 3-DOF 腿部機構的設計基礎上，在 2000 年版本的 TITAN-Ⅷ上實現了四足步行機器人的輪-腿式移動方式。輪-腿式四足移動機器人的基本概念和移動方式如圖 1-97 所示，腿的末端有滾輪，且滾輪放平時滾輪即切換為腳；滾輪豎立則切換為輪式移動機器人，因此，踝關節成為滾輪和腳之間的切換機構。但是，滾輪本身沒有主動驅動滾輪的驅動機構，而是靠四條腿原有的四足步行驅動系統，使四條腿協調產生如圖 1-97(d) 中虛線波動曲線所示那樣類似於滑冰、輪滑的行波式協調運動來驅動機器人移動的。TITAN-Ⅷ的研發者為其起名為「輪滑式移動」(roller skating locomotion)，同時，提出了輪式步行 (roller walking) 的新概念，即在滾輪呈豎立狀態的輪式模式下，滾輪為滾輪腳，四條腿按照四足步行模式邁腳步行。圖 1-98 中分別給出了輪-腿式腿部機構具體實現的機構設計與原理、腿分別在輪和腳兩種模式下的形態照片，以及機器人在輪式滑行下的形態照片、輪的方位與摩擦分析。輪-腿式腿部機構仍然採用面向多足機器人模塊化組合式設計理念，整條輪-腿式腿部為模塊化輪-腿，髖關節上繞 z 軸回轉自由度是由電動機＋1 級同步齒形帶傳動＋1 級蝸輪蝸桿傳動驅動的。而輪-腳切換機構僅在原來的 TITAN-Ⅷ上添加了一個 2.7W 的電動機即可驅動踝關節實現輪-腳的切換，而且整個傳動系統如圖 1-98 中所示，是由鋼絲繩傳動實現的[80～82]。

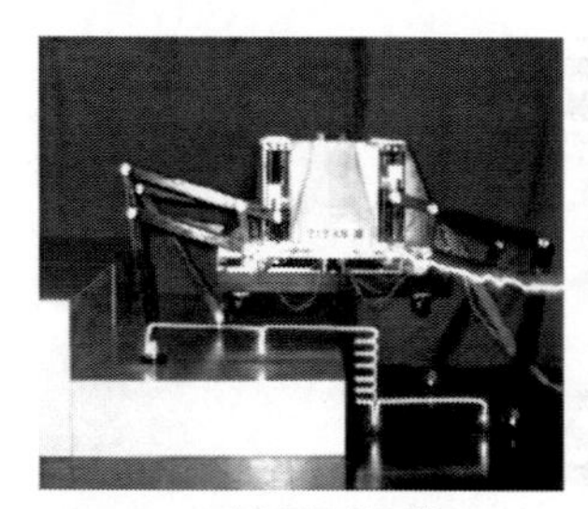

(a) TITAN-Ⅲ

(b) TITAN-Ⅶ

(c) TITAN-Ⅷ

(d) TITAN-Ⅸ

圖 1-96　東京大學廣瀨研究室研發的 TITAN 系列四足步行機器人[80~82]

2000 年廣賴茂男教授提出的輪-腿式機器人的概念是腿的末端帶有滾輪，而且腿式步行方式下滾輪呈腳的形態，而在輪式移動方式下滾輪會切換成在地面上滾動的車輪形態。但當時提出的概念中，腿末端的滾輪是沒有主動驅動方式的，而是靠滾輪所在的四條腿協調運動產生行波式輪滑方式來實現腿式移動 (legged-locomotion) 機器人的輪式移動方式的。但正是這一最初的輪-腿式移動機器人概念啓發了移動機器人研究者們進一步發展了這一概念，並擴展到採用輪-腿的滾輪有主動驅動方式的輪式移動方式（wheeled-locomotion）的各種輪-腿式混合移動（walking and wheeled hybrid locomotion）機器人機構。

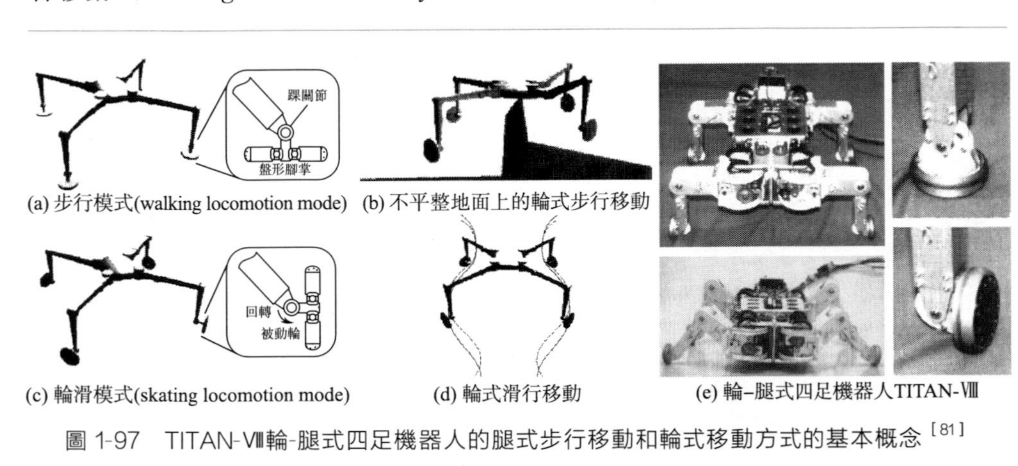

圖 1-97　TITAN-Ⅷ輪-腿式四足機器人的腿式步行移動和輪式移動方式的基本概念[81]

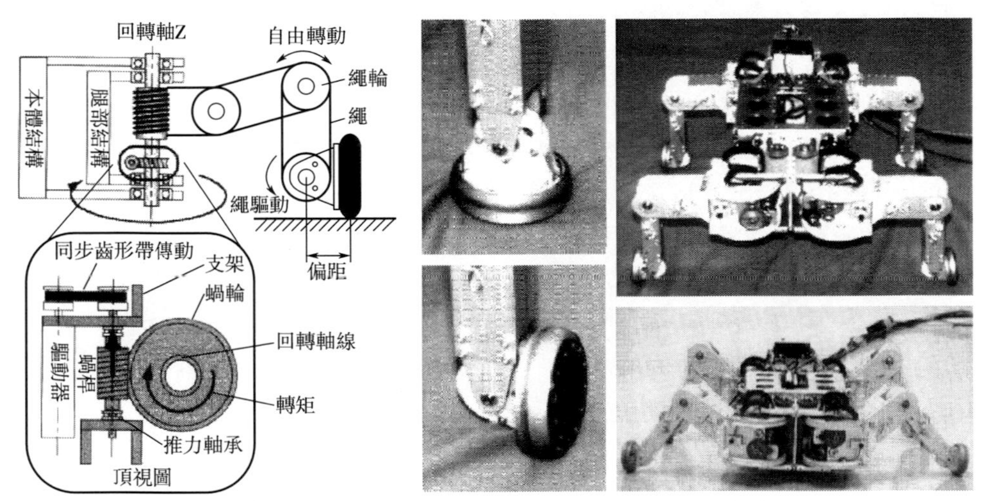

圖 1-98　TITAN-Ⅷ輪-腿式四足機器人的輪-腿部[82]
機構設計與機器人原型樣機和腿、輪形態

輪-腿式移動機器人按照是否所有的腿都兼有輪-腿功能，可以分為：

① 輪腿＋腿/臂式輪-腿式移動機器人：這種機器人的腿/臂末端沒有滾輪，腿/臂僅可作為腿式步行方式的腿。可以看作是一臺伸縮腿-輪式移動機器人與一臺腿式步行機器人的疊加。

② 純粹的輪腿式移動機器人：即腿的末端有滾輪，滾輪放平（或有時需要傾斜放置在地面）時作為腳，此時為腿足式移動機器人；滾輪作為車輪使用時即為輪式移動機器人。這種純粹的輪-腿式移動機器人，按照滾輪在地面上滾動運

動時是否有主動驅動方式，又可分為滾輪有主動驅動式和滾輪無主動驅動式兩種。

輪-腿式移動機器人按照將其當作純粹的腿式移動機器人看待時的腿足數目又可以分為：

① 雙足輪-腿式移動機器人；

② 四足輪-腿式移動機器人；

③ 六足輪-腿式移動機器人；

④ 八足輪-腿式移動機器人等多足輪-腿式移動機器人。

(3) 代表性的輪-腿/爪式移動機器人(2000～2018年)

① 雙支架結構機器人(twin-frame robot)的概念與雙足輪-腿式移動機器人(日本，東京工業大學，廣賴茂男，2002年)

a. 雙支架結構機器人與其多移動方式(versatile locomotion of twin-frame structure robot)概念。腿式機器人具有很高的移動能力，而平面上的輪式移動則具有比腿式移動更高的移動能力，但僅限於平整路面。因此，可以考慮在平整路面上採用輪式移動，而在不平整路面上採用腿式移動，集輪式與腿式兩種移動方式於一臺機器人。基於這一想法，2002年日本東京工業大學的廣賴茂男教授研究室提出了具有輪式移動和腿式移動兩種移動方式的移動機器人機構，研發了「twin-frame structure robot」(簡寫為TFR)[83]。其研發目的是針對如圖1-99(a)所示的實際移動環境，同時，也涵蓋著如圖1-99(b)所示的腿式步行與兼作腿用操作臂的操作作業的概念。TFR的可變移動方式有：跳躍移動(jumping locomotion)、步行移動(walking locomotion)和滾動移動(rotating locomotion)三種，如圖1-99(c)～(e)所示。其中，第3種滾動移動方式類似於輪式移動(wheeled locomotion)方式。

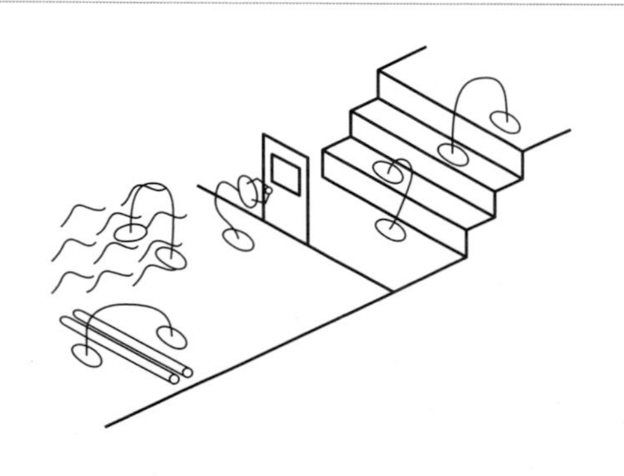

(a) 各種移動環境(臺階、開門、跨越障礙物)

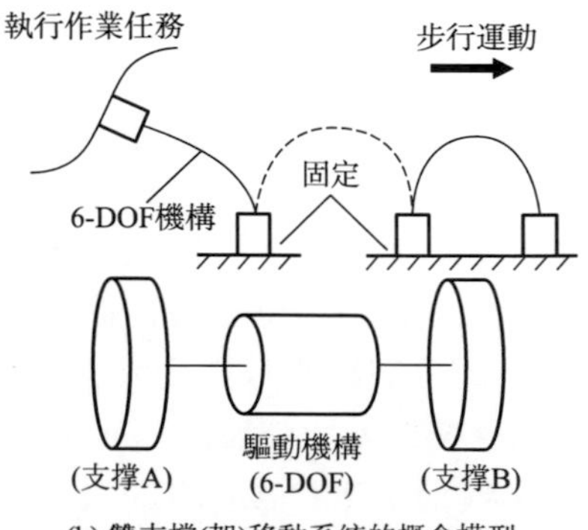

(b) 雙支撐(架)移動系統的概念模型

(c) 跳躍移動模式 (d) 步行移動模式 (e) 滾動移動模式

圖 1-99 twin-frame 移動系統概念及其多移動方式[83]

b. 雙足構型機器人及其混合移動（hybrid locomotion with bipedal configuration robot）。廣賴茂男等人研製的有雙足形態的 twin-frame 機器人如圖 1-100(a) 所示，該機器人具有 8 個自由度，其中：兩個踝/腕關節（ankle joints）各為 roll-pitch-roll 類型的 3-DOF 關節機構；連接左右兩個支架（frame）的中間桿件兩端各有 1 個 pitch 自由度。圖 1-100(b)～(d) 所示分別為 3-DOF 的 R-P-R 型踝關節機構、雙足形態下的步行樣本、輪式移動下的各種可行構形[83]。

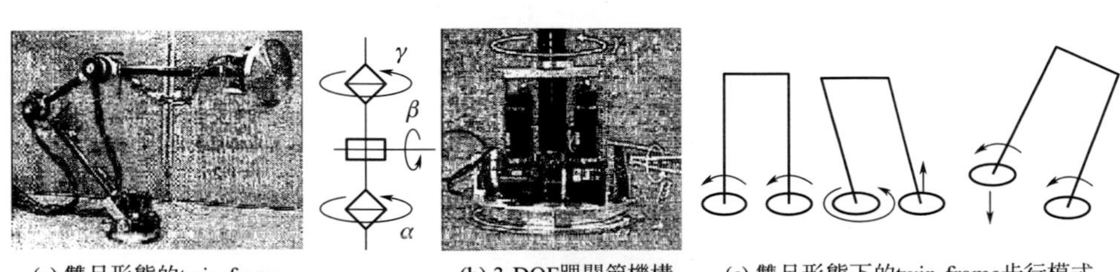

(a) 雙足形態的twin-frame (b) 3-DOF踝關節機構 (c) 雙足形態下的twin-frame步行模式

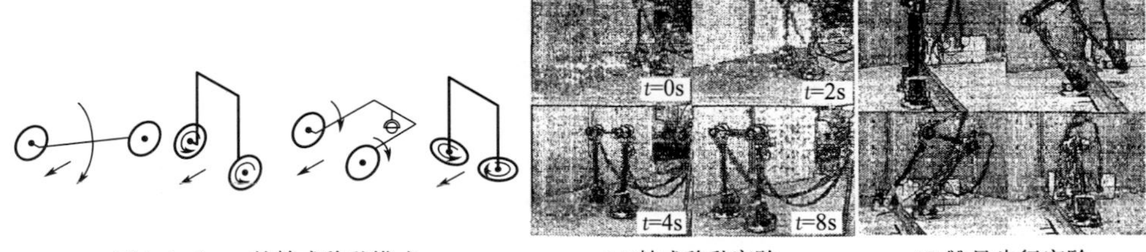

(d) twin-frame的輪式移動模式 (e) 輪式移動實驗 (f) 雙足步行實驗

圖 1-100 雙支架式（twin-frame）機器人機構及其雙足步行、輪式移動模式與實驗[83]

② 爪-輪式可變混合機器人（中國，臺灣大學，Li-Han Pan、Che-Nan Kuo 等人，2016 年）

a. 爪的機構原理。針對輪-腿式移動機器人的輪式移動機構與腿式移動機構需要在兩種模式之間進行切換使得整體移動機構相對複雜的問題，臺灣大學（National Taiwan University）的生物-工業機械電子工程系的 Li-Han Pan、Che-

Nan Kuo 等人提出一種將輪式移動的車輪與爬行移動的爪趾結合在一起形成的輪-爪一體式可變混合機器人機構[84]，這種爪-輪的基本結構如圖 1-101(a) 所示，在鋁合金的 X 形輪轂框架上有兩段位於同一圓周上相對的圓弧形輪緣作為爬行移動方式下的爪，在輪式移動方式下，這兩段同一圓周上相對的圓弧形輪緣就是車輪的一部分。

b. 爪-輪式可變混合機器人機構。顯然，僅有這兩段圓弧形輪緣是不能構成正常輪式移動下的車輪的。因此，Li-Han Pan 等人設計的爪-輪式可變混合機器人是具有四個爪-輪的機器人，如同四輪輪式移動機器人一樣，只是爪-輪替代了四個車輪，如圖 1-101(b) 所示。它由前車體、後車體和可使前後車體對折的轉換機構組成。其中，前車體（front body）由兩個前爪（front claws）、前部驅動電動機（front driving motors）和左右臂桿組成；後車體（rear body）由兩個後爪（rear claws）、後爪驅動電動機（rear driving motor）和後車臂桿組成；前後車體對折的轉換機構如圖 1-101(c) 所示，前車體的左右臂桿用 U 形架連接在一起。

c. 模式切換機構（transformation mechanism）—摺疊機構（folding mechanism）：如圖 1-101(c) 所示，前後車體透過模式轉換機構連接在一起，而成為圖 1-101(d) 所示的爬行移動模式，模式切換機構上的主動驅動電動機驅動前車體相對後車體繞摺疊機構的軸線相對回轉後摺疊在一起呈如圖 1-101(e) 所示的輪式移動方式，此時，四個爪-輪同軸線並且在同一個圓柱面上而成為一個「完整」的車輪（只是從側面看是完整的車輪，從上向下看，四個爪-輪位於公共軸線上的不同位置）。輪式移動模式下，對折機構上朝上的腳輪（浮動輪，Idle caster wheel）在完成機構對折成輪式模式後變成朝下接觸地面的腳輪，如圖 1-101(e) 右側的著地腳輪所示。

d. 實驗：圖 1-101(f) 上圖、下圖分別是由爬行移動方式（claw mode）切換成輪式移動方式（wheel mode）的實驗截圖和爬樓梯實驗截圖。

③ 爬行與攀爬混合式蛇形/腿式移動機器人 Larvabot（希臘，Technical University of Crete，Konstantinos Karakasiliotis 等人，2007 年） Konstantinos Karakasiliotis 等人面向搜索與搜救作業，仿生於蛇（snakes）、蠑螈（salamanders）、蠕蟲（worm）、鰻魚（eels）、毛毛蟲（chlorochlamys chloroleucaria）等波動步態（undulatory gaits，如 snake-like gaits、caterpillar-like gaits（毛蟲步態）），設計研製了一種環形移動（loop-like locomotion）方式的昆蟲（chlorochlamys Chloroleucaria larva）機器人 Larvabot[85]。Laravbot 本體由九節體節組成，包括端部的手爪（grasping）和直立工具（standing tool）、8 個關節。在本體末端的主動工具由 3 個附屬肢體即爪趾尖組成，爪趾尖根據當前作業模式的需要可伸展，也可縮回。這種末端工具的柔性是 Larvabot 機器人實現三種移動模式（蛇形、毛蟲式、環形模式）所不可缺少的。Larvabot 的整個硬體是 BI-

OLOID（Trademark of Robotics，South Korea）機器人套件（robot kit）的一部分，主要包括數個驅動器（dynamixels）、1 個可編程控制器（programmable controller）、一套多種多樣的安裝托架（mounting brackets）。驅動器是由一個串行網路（TTL）雙向通訊（two-way communication）伺服驅動的，並且提供包括軸的位置、溫度以及輸入輸出電壓等等回饋。

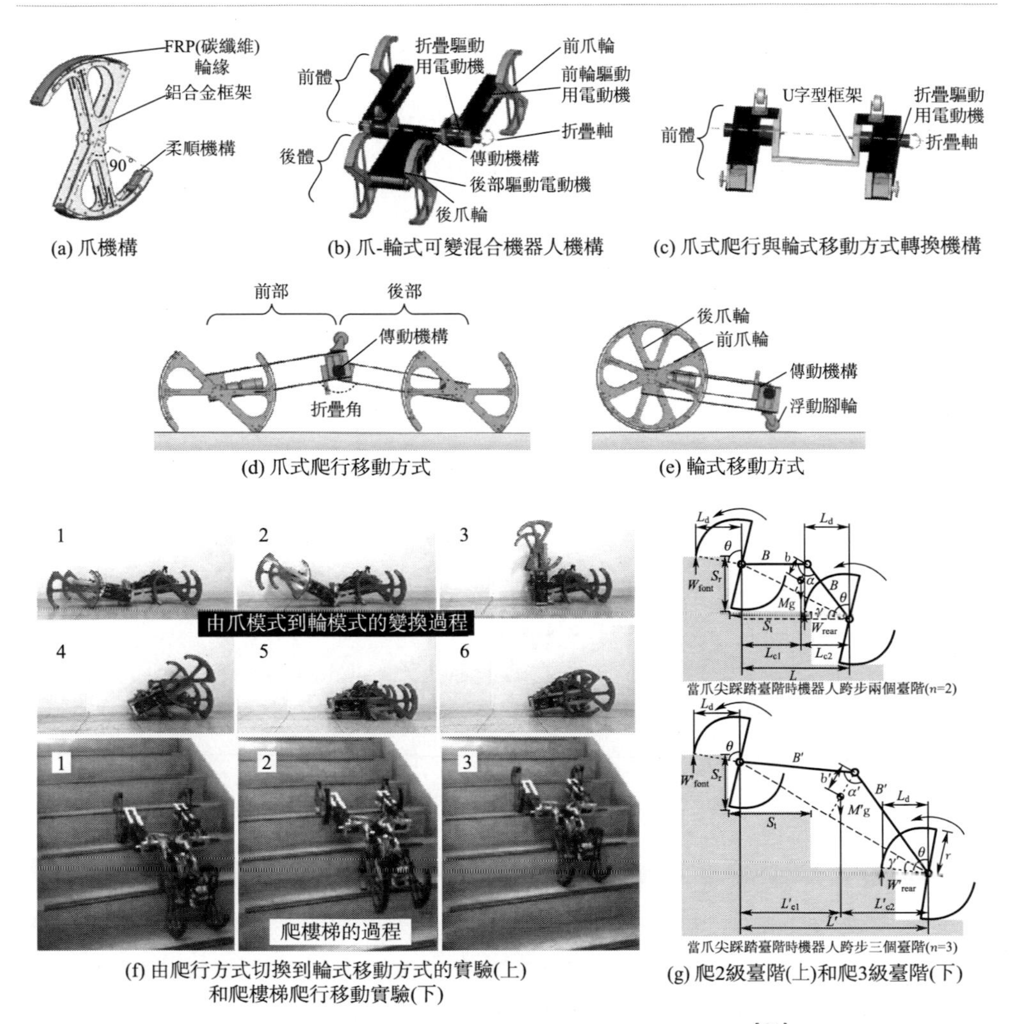

(a) 爪機構　(b) 爪-輪式可變混合機器人機構　(c) 爪式爬行與輪式移動方式轉換機構

(d) 爪式爬行移動方式　(e) 輪式移動方式

(f) 由爬行方式切換到輪式移動方式的實驗(上)和爬樓梯爬行移動實驗(下)　(g) 爬2級臺階(上)和爬3級臺階(下)

圖 1-101　爪-輪式混合移動機器人機構原理與實驗 [84]

如圖 1-102 所示的機器人並非輪腿式蛇形移動機器人，但是組成本體的各節可以設計成帶有主動或被動的車輪，則皆可象廣賴茂男曾經研發的多節輪式移動機器人那樣可以實現輪式蛇形移動等等。

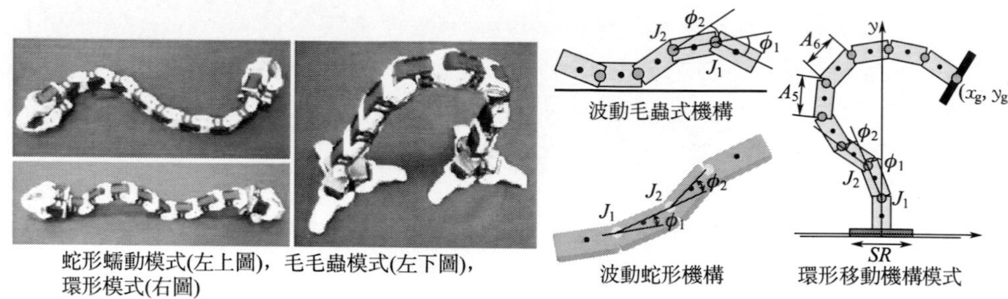

圖 1-102　Laravabot 機器人原型樣機及三種步態[85]

④ 四輪腿式移動機器人 PAW（加拿大，J. Smith、Inna Sharf 和 Michael Trentini，2006～2012 年）

四輪腿式移動機器人 PAW（paltform for ambulating wheels，輪式行走平臺之意）是加拿大 McGill University（麥吉爾大學）機械工程系的 J. Smith、Inna Sharf 和加拿大國防研發中心自治智慧系統部（the autonomous intelligent systems section defence R&D canada）的 Michael Trentini 等人合作於 2006 年研製的一款輪-腿式移動機器人。PAW 是一臺具有最小感覺能力和被動彈簧腿（passive springy legs）以及在每條腿的末端有輪子的四足式機器人，是一臺動態操控（dynamic maneuvering）的機器人，具有四足爬行、爬樓梯或臺階、跳跑等移動方式[86～88]。

⑤ 四輪-雙腿混合型腿-輪式地面移動機器人（hybdid leg-wheel ground mobile robot）Mantis（螳螂）（義大利，University of Genova，Luca Bruzzone and Pietro Fanghella，2014 年）　著眼於室內環境下有爬樓梯能力、繞與地面垂直軸線無波動、振盪移動下的穩定視覺、非結構化環境下也有移動性、機械和控制複雜性較低的移動機器人的研發目標，義大利熱那亞大學（University of Genova）的 Luca Bruzzone 和 Pietro Fanghella 設計研發出小型腿-輪混合式地面移動機器人 Mantis[89]。Mantis 是在一臺四輪小車式移動機器人的車身縱向方向的一端設有像螳螂腿形狀的 2 自由度兩連桿腿的左右腿，兩前腿與前車體連接的關節皆為各自主動驅動的回轉關節，而連接最前端的小腿與大腿（與前車體連接的腿部）的回轉關節皆為無原動機驅動、只靠彈簧彈性回復的被動關節。小車兩前輪與兩後輪透過繞垂向軸線回轉的關節和連桿連接在一起。Mantis 是一個小型移動機器人平臺，總體尺寸為 350mm×300mm×200mm，負載能力為 1kg。其上裝備：相機、麥克風、面向作業（task-oriented）的感測器［如化學物質檢測、放射性物質污染（radioactive contamination）檢測的感測器］、無線通訊設備等等。它

可爬室內樓梯160mm高度的臺階；具有平地繞垂直軸線回轉能力；平地上可以無波動無振盪移動，可以獲得穩定的視覺資訊；爬坡能力高於65%；可在非結構化環境內穩定移動。構成機器人的主要零部件有：前主車體a、兩個主動驅動的前輪b、後車架c、兩個自由回轉浮動的後輪（rear idle）d、兩個像螳螂腿一樣的前後擺動的前腿（rotating front leg with praying mantis leg shape）e。在平整和均勻地形上採用輪式移動模式，當兩個後輪被動穩定時，兩個前輪執行差動操控轉向。後車架透過一個繞垂向軸線回轉的回轉副（圖中的 vj）與前面的主車體相連，以獲得前後車體的相對轉動；當路面不平坦時，為了獲得前後車體繞水平軸線的相對轉動，另有一個回轉關節（圖中 hj）可以使後車架c相對後輪d繞與車體縱向平面平行的軸線（圖中 hj）滾動一定的角度。主車體掌控所有的驅動、控制和監測設備；該機器人的質心距離前輪軸線非常近，且後輪軸上分擔的載荷非常輕；透過施加與轉向相反的角速度給兩個前輪，機器人可以繞垂向軸線回轉，此時後輪軸將會產生橫向滑移；因此，當機器人繞垂向軸線轉動（pivoting）時，在垂向關節 vj 上引入了彈性回復（elastic return）機製以限製其角偏移（angular excursion）。當行駛在凸凹不平的地面或有小障礙物的地面或低摩擦表面等情況下，當前輪摩擦力不足時，前腿擺動接觸地面或周圍環境內的物體，執行混合腿-輪移動（hybrid legged-wheeled locomotion）模式；當需要爬臺階時，兩條前腿一齊擺動，腿前端像鈎子一樣可以搭在或抓住臺階的上表面，順勢將機器人本體抬起並跨上臺階。類似地，也可以藉助腿部不同的輪廓，執行爬行模式越過高臺階；當行駛在平地上時，兩前腿復位收攏回本體內以四輪輪式移動方式行走；當行駛在斜坡上時，上坡可藉助兩前腿「勾住」地面或者插入地裏以加強向上推進力或製止下滑的力，下坡可藉助兩前腿觸地異速慢行或摩擦力不夠時阻止失控下滑。

⑥ 四輪-雙腿混合型腿-輪式地面移動機器人（hybrid leg-wheel ground mobile robot）Mantis2.0版（螳螂2.0版）（義大利，University of Genova，Luca Bruzzone and Pietro Fanghella，2015年）

Mantis 2.0版本[90~92] 重新設計了兩個前腿，其主要設計考慮有如下三個要點：

• 在連接大小腿的回轉關節處增設了輔助輪（auxiliary wheels）以提高在爬臺階時最後狀態（final phase）的可靠性（reliability）。

• 可變腿的長度：變長度腿對於更詳盡地進行實驗研究活動是非常有用的。

• 用來產生腿部最後一個被動自由度關節的彈性回復力的柔性簧片被圓柱螺旋彈簧替代，以達到快速改變剛度和預加載的目的。

(4) 筆者關於輪式/腿式複合移動機器人創新設計的問題點的思考

① 爬高臺階，輪-腿-爪。

② 管外爬管輪腿式，適應變口徑管外爬高。

③ 從實用化角度考慮，砂石路面、泥土路面輪-腿式機器人自身防護。

④ 整體攀爬能力評價與在線最佳化生成驅動策略。

⑤ 移動機器人的可變約束機構與結構設計問題（variable constraint mechanism and its application for design of mobile robots）。

1.4.2.4 採用輪式/履帶式複合移動方式的輪-履式移動機器人[93]

（1）輪-履複合式移動概念的提出

輪-履複合式移動機構可分為兩類：一類是履帶本身帶有主動或被動的輪式移動方式；另一類是履帶式移動機構與輪式移動機構分開且可以相互切換的移動方式。

① 被動輪-主動驅動履帶的複合式移動概念的提出（1956 年，義大利人 Giovanni Bonmartini 申請的美國發明專利） 輪-履複合式移動的概念是在義大利人 Giovanni Bonmartini 申請的美國專利中體現出來的。1956 年義大利人 Giovanni Bonmartini 申請的美國發明專利「Rolling Device for Vehicles of Every Kind」[94]（面向各種車輛的滾動裝置）中給出了圖 1-103(a) 所示的圓柱形被動滾子作為履帶靴的輪-履複合式移動機構。在履帶外周上均布著繞與履帶主驅動輪軸線垂直的軸線回轉的圓柱形滾子作為履帶靴，履帶外周上的這些圓柱形滾子都是被動的，對履帶式移動機構的靈活轉向起著重要作用。這種圍繞履帶整周布置軸線與履帶驅動輪軸線垂直的輥輪裝在履帶上的輪-履式移動機構和目前的履帶式移動機構與輪式移動機構分開的輪-履複合式移動機構雖然不同，但是最早的被動輪-主動驅動履帶複合式移動機構。

1969 年 Gabriel L. Guinot 等人也發明了與上述類似的被動輪-主動驅動履帶複合式移動機構[95]，他們在發明一種改進的行駛設備時還給出了採用如圖 1-103(b) 所示的整周帶有浮動輪的履帶式移動機構作為小車的移動系統的設計。

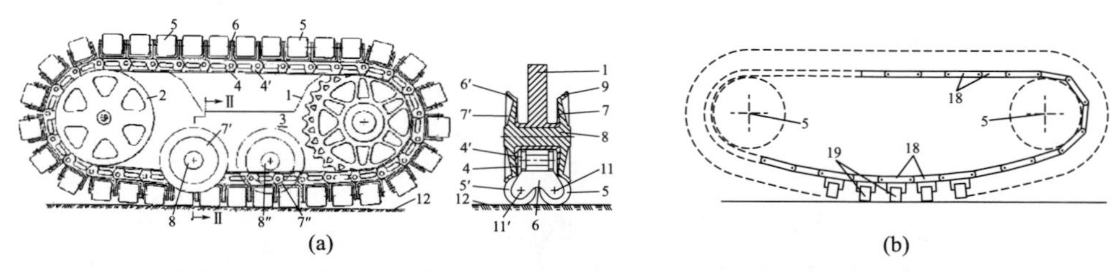

圖 1-103 整周分布輥輪的被動輪-主動驅動履帶複合式移動機構 [94, 95]

② 輪-履複合式移動機器人概念與原型樣機 HELIOS-Ⅵ（東京工業大學，

S. Hirose 等人，2001 年）

a. 被動輪與主動驅動履帶複合式移動機器人（wheel-track hybrid mobile robot）概念的提出：2001 年日本東京工業大學（Tokyo Institute of Technology，TIT）的廣賴茂男（Shigeo Hirose）教授等人提出了被動輪與履帶式主動驅動相結合的輪-履複合式移動機器人 HELIOS-Ⅵ[96]。該輪-履複合式移動機構原理及其應用情況如圖 1-104(a)～(c) 所示，為雙履帶式移動機器人前端透過俯仰運動的回轉副連接一左右設有被動輪的主動搖臂，在雙履帶移動機構與帶有雙被動輪的主動搖臂連接部位之上有平臺座椅，因此，這種可以爬樓梯的輪-履複合式移動機器人可像輪椅一樣載人爬樓梯，也可以在凸凹不平的路面上行走。

b. 被動輪-主動驅動履帶複合式移動機器人原型樣機 HELIOS-Ⅵ與爬樓梯實驗：按照上述概念設計研製的機器人原型樣機與履帶式移動爬臺階、平地輪式移動實驗照片如圖 1-104(d)、(e) 所示。

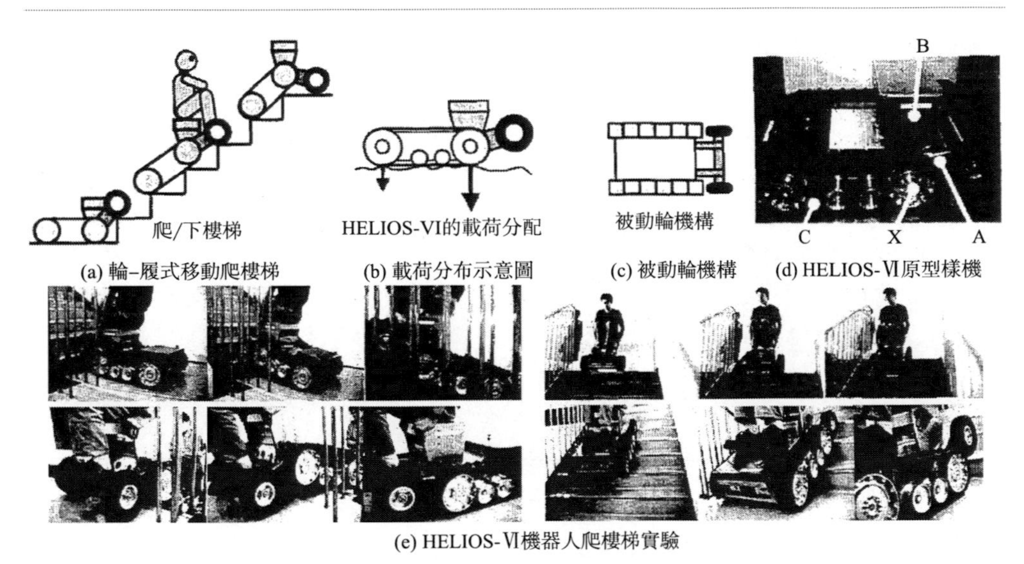

(a) 輪-履式移動爬樓梯　(b) 載荷分布示意圖　(c) 被動輪機構　(d) HELIOS-Ⅵ原型樣機

(e) HELIOS-Ⅵ機器人爬樓梯實驗

圖 1-104　輪-履複合式移動機器人 HELIOS-Ⅵ的機構原理與原型樣機及移動實驗[96]

如圖 1-104(c)、(d) 所示，該機器人前端有兩個主動搖臂 A 和 B，這兩個搖臂被連接在主動驅動履帶式移動機構 C 的主驅動履帶輪 X 的回轉軸線上並繞該軸線回轉作俯仰運動實現臂的上下搖擺，搖臂 A、B 的末端各有一個自由回轉的輪胎式車輪，用來提高對凸凹不平路面的適應性。HELIOS-Ⅵ的總體尺寸為 1055mm×700mm×400mm，總重為 85kg，可搭載 120kg；連續可變行駛機構為雙履帶驅動部件；共有 6 個 DC 電動機，其中，兩個 150W 電動機用於左右履帶驅動部件；1 個 150W 電動機用於座椅載體；1 個 150W 電動機用於前輪搖臂；兩個 11W 的電動機用於驅動連續可變傳動機構。機器人本體上搭載電池（shield lead acid battery），參數為 36V、5A・h（3×12V）；爬坡能力為 40°坡和樓梯，最大負載下行駛速度約為 70mm/s，空載行駛速度約為 175mm/s；平地直行最大速度為 867mm/s，約 3km/h；座椅額定負載約為 100kg，座椅上最大負載約為 1000kg，座椅可動範圍為 ±30°；前部搖臂額定載荷約為 64kg；前部搖臂最大載荷約為 640kg；前部搖臂驅動部件的最大速度為 48°/s；前部搖臂的可動範圍為±90°。

（2）輪-履複合式移動機器人代表性的設計實例與原型樣機、實驗（2001～2018 年）

① 輪-履複合式移動機器人的概念、機構原理與原型樣機（韓國，Kim，J. 等人，2010 年）

a. 輪-履複合式移動機器人平臺（wheel-track hybrid mobile robot platform）的概念與機構原理。2010 年韓國 Daegu Gyeongbuk Institute of Science&Technology（DGIST）的 Yoon-Gu Kim、Jinung An 等人提出了輪式主動驅動與履帶式主動驅動可以相互切換的輪-履複合式移動機器人概念[97]。該概念下的輪-履複合式移動機構原理如圖 1-105(a)～(d) 所示。用四連桿機構（或平行四連桿機構）的短桿之一的主動擺動運動去改變履帶主驅動輪驅動系統和支撐輪的位置，從而在履帶整周長度一定的約束條件下改變履帶整周所呈的四邊形（或平行四邊形）形狀。當履帶距離地面的高度小於輪式移動機構的車輪與地面的高度時，履帶與地面接觸而車輪抬離地面，可採用履帶式移動方式行駛；當履帶距離地面的高度大於輪式移動機構的車輪與地面的高度時，履帶抬離地面而車輪與地面接觸，可採用輪式移動方式行駛。在以履帶式移動方式行駛期間，依然靠四連桿機構運動原理去調節履帶與臺階等環境接觸時的履帶形態，以滿足履帶式行駛運動要求。

b. 整周履帶可變幾何形狀的輪-履複合式移動機器人平臺原型樣機（prototype of the proposed robot platform）：按照上述概念設計研製的機器人原型樣機與履帶式移動爬臺階、平地輪式移動實驗照片如圖 1-105(e)、(f) 所示[97～99]。

② 四輪移動機構與搖臂式雙履帶移動機構複合而成的輪-履複合式移動機器人 Rocker-Pillar（韓國，首爾國立大學，Dongkyu Choi、Jeong R Kim、Sunme Cho、Seungmin Jung、Jongwon Kim，2012 年）

a. Rocker-Pillar 的機構原理。針對輪式移動機器人不能越過有比車輪直徑大的坑地或者無側面擋邊的臺階等實際問題，綜合輪式移動與履帶式移動的優點，韓國首爾國立大學（Seoul National University）機械工程系的 Dongkyu Choi 等人在韓國國家研究基金［National Research Foundation（NRF）grant］的資助下提出並設計了具有高移動能力和穩定性能的輪-履混合式移動機器人 Rocker-Pillar[100]。該機器人由雙履帶移動機構、四個車輪與四個連桿結構

(linkage-structure) 組成，是以如圖 1-106(a) 所示的「rocker-bogie linkage structure」(搖臂-轉向懸架式連桿結構) 為基礎，懸架末端分別添加雙履帶移動機構和四輪移動機構車輪。因此，它可以保持車體的穩定性，而且，行駛導向結構設在車體的前側面，可使機器人在包括坑地在內凸凹不平的地面或者沒有側面擋邊的臺階等地面環境中移動。Rocker-Pillar 的 3D 機構設計如圖 1-106(b) 所示。雙履帶移動機構分別位於機器人本體前面兩側。

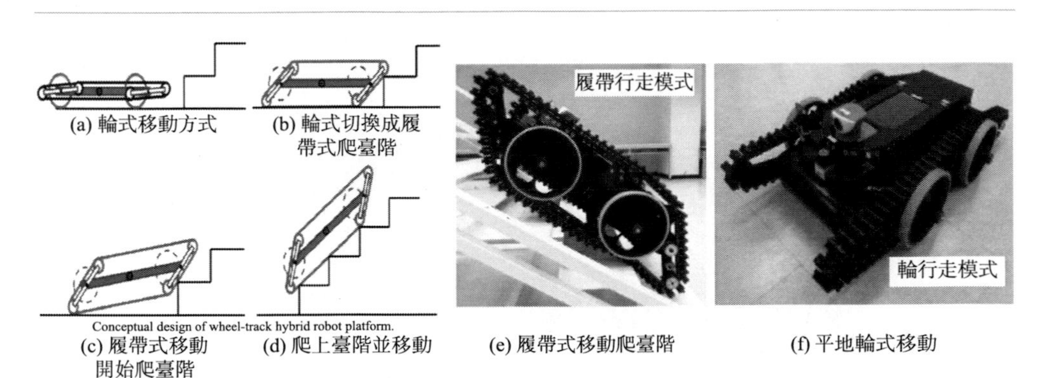

(a) 輪式移動方式 (b) 輪式切換成履帶式爬臺階 (c) 履帶式移動開始爬臺階 (d) 爬上臺階並移動 (e) 履帶式移動爬臺階 (f) 平地輪式移動

圖 1-105 輪-履複合式移動機器人的概念、機構原理與原型樣機與移動實驗 [97, 98]

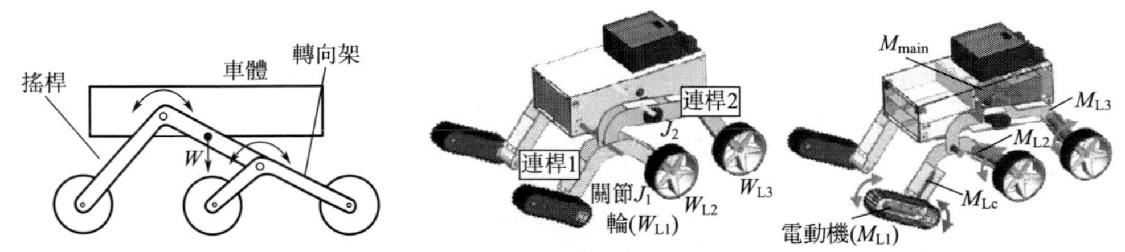

(a) 6輪輪式移動方式的"rocker-bogie linkage structure"(搖臂-轉向懸架式連桿結構) (b) 以"rocker-bogie linkage structure"為基礎的4輪移動機構與雙履帶移動機構複合而成的輪-履混合式移動機構"rocker-pillar"

圖 1-106 輪-履複合式移動機器人 Rocker-Pillar 的機構原理 [100]

b. Rocker-Pillar 機器人原型樣機與越障實驗。設計製造的機器人原型樣機總體尺寸為 560mm×900mm×350mm，履帶長 200mm，履帶到關節 1 的距離為 235mm，關節 1、2 之間距離為 170mm，中輪到關節 1 的距離為 210mm，後輪到關節 2 的距離為 340mm，履帶端部圓弧半徑為 40mm，車輪半徑為 80mm，含電池在內總重為 25kg，行駛速度為 50m/min。總共有 9 個電動機分別驅動履帶、車輪、前臂履帶抬起、本體運動，轉矩分別為 3.4N·m、4.45N·m、34.94N·m、128N·m；搭載電池為 24V 的 LiPo 電池。Rocker-Pillar 越過野外雜草亂石、有坑地面、建築物無擋邊臺階、障礙物臺階等移動實驗如圖 1-107 所示[100]。

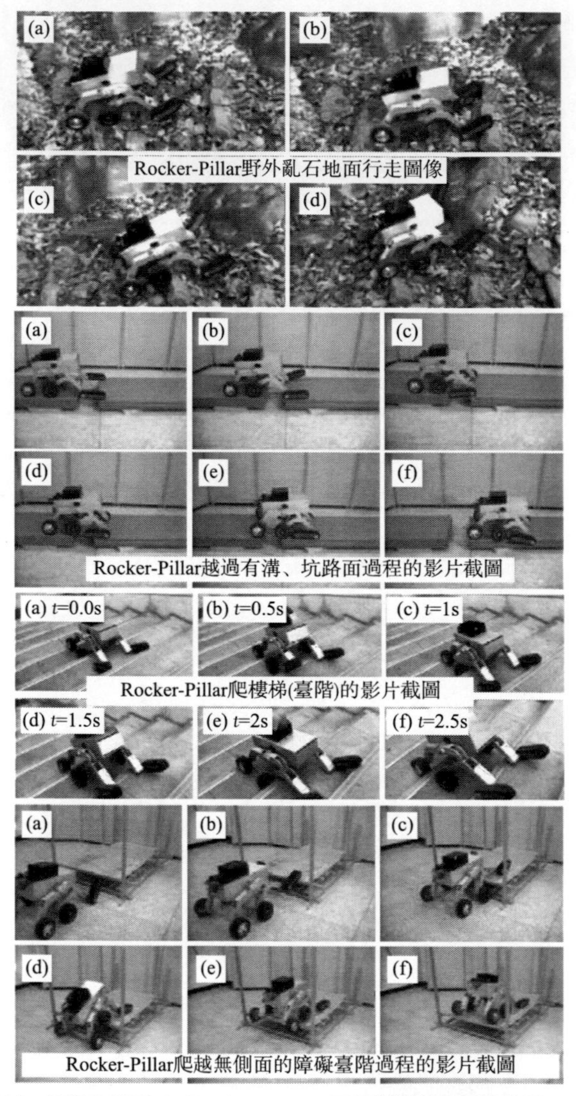

圖 1-107　輪-履複合式移動機器人 Rocker-Pillar 原型樣機越過野外亂石（上組圖）、有坑地面（溝壑）（中上組圖）、建築物臺階（中下組圖）、障礙臺階（下組圖）等移動實驗 [100]

③ 以反向四連桿機構為懸架機構的新型輪-履式移動機器人 RHyMo（韓國，首爾國立大學，Dongkyu Choi、Youngsoo Kim、Seungmin Jung、Hwa Soo Kim、Jongwon Kim，2017 年）

RHyMo 的機構原理：RHyMo 是為提高爬臺階、樓梯移動能力而設計的，它的移動平臺上搭載著一個小型機器人（small robot）和一個四旋翼直升機

(quadcopter)[101]。為保障在凸凹不平的路面上能夠光滑運動，RHyMo 的懸架系統是在搖臂-轉向懸架機構（rocker-bogie mechanism）的基礎上聯合組入反向四連桿機構（inverse four bar mechanism）而設計的新型懸架機構系統，如圖 1-108 所示。在設計上透過運動學（kinematic）和準靜態分析（quasi-static analysis）進行最佳化設計求 PVI（posture variation index，姿勢變化指標）最小化[101]。

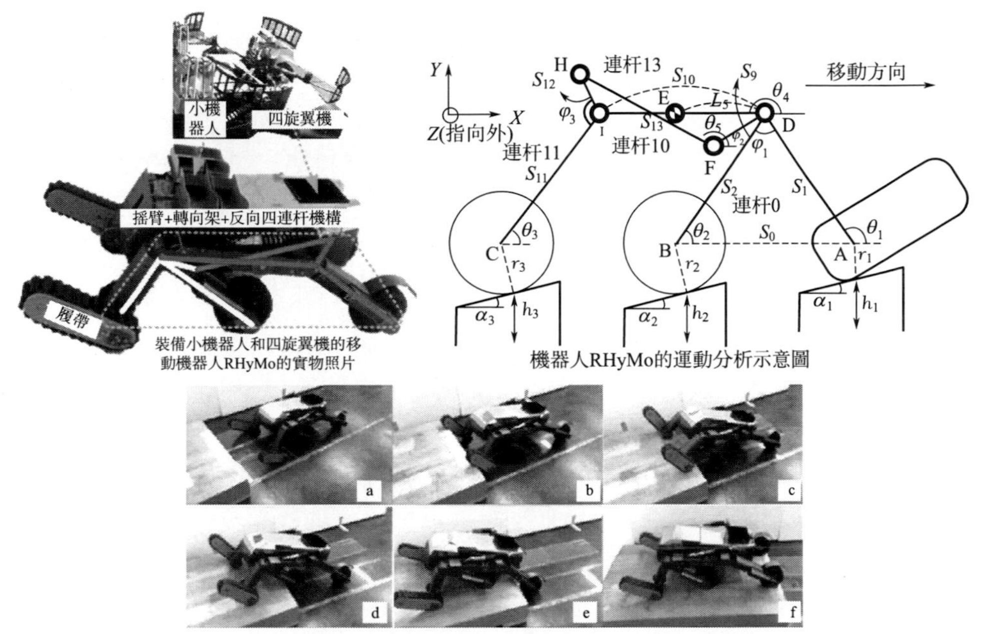

圖 1-108　搖臂-轉向懸架機構與反向四連桿機構組合而成的新型輪-履式移動機器人「RHyMo」(上左) 及其機構原理 (上右)、實驗 (下)[101]

④ 履帶可變構形的輪-履式移動機器人［中國，北京理工大學，Wenzeng Guo（郭文增）、Xueshan Gao（高學山）等人，2014～2015 年］按照履帶構形（track configuration）是否可變，可將履帶式移動機構分為：固定構形（fixed configuration）和可變構形（transformable configuration）兩類。這裡給出的設計實例是可變構形的履帶式移動機構。

a. 履帶可變構形的輪-履式移動功能模式與移動機構原理。Wenzeng Guo 等人提出一種由左右對稱可變幾何形態的雙輪-履式移動機構單元（two symmetric transformable wheel-track unit）、子臂（sub-arm）上帶有一個單向自由回轉輪（single-direction wheel）的機器人機構[102]。它可以透過改變履帶構形來適應環境。輪-履式移動機構單元由兩個行走齒輪環（walking rings）、一個雙四連桿機構（double four-bar linkage mechanism）和一個可伸縮履帶（retractable track）組成，如圖 1-109 所示。

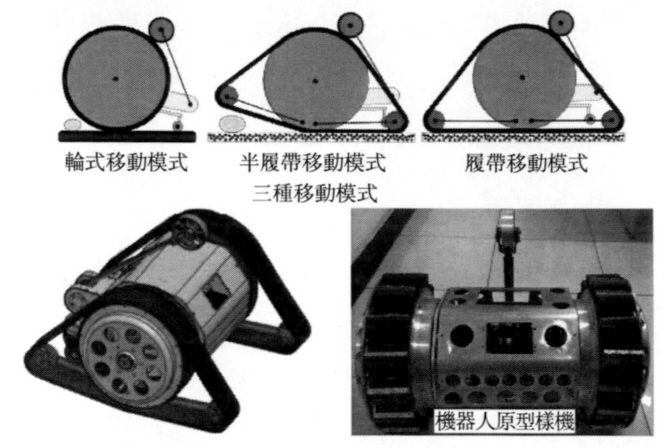

圖 1-109　履帶構形可變的輪-履式移動機器人的三種移動模式及其虛擬樣機圖、原型樣機實物照片

該機器人詳細的三維虛擬樣機機構設計圖如圖 1-110(a) 所示，車體平臺上搭載 5 個電動機，其中 2 個為直流異速電動機，3 個為蝸輪蝸桿異速電動機。帶有異速器和光電編碼器的一體化異速 DC 伺服電動機 13 透過兩級直齒圓柱齒輪傳動異速後，驅動兩個以軸 12 作為改變履帶構形形態機構支撐軸的四連桿機構分別改變大履帶輪兩側的履帶支撐桿末端的支撐輪 6，如此改變履帶的構形。兩側的輪-履式行走單元由兩套 DC 異速電動機單獨驅動，為了使這兩套電動機能夠錯開布置，異速後輸出透過齒輪副後傳遞到齒輪軸上；車體平臺搭載的兩套帶有雙輸出軸的蝸輪蝸桿異速器的電動機（worm gear motor）14（另一個在橫向對側）分別驅動兩側輪/輪-履變換裝置，雙輸出軸的一側用來連接輪-履變換裝置主動軸；另一側用來安裝電位計檢測轉角。子臂 4 的俯仰擺動運動同樣由一個雙輸出蝸輪蝸桿異速器電動機經兩級鏈傳動異速後驅動。

b. 可伸縮式履帶（retractable Track）的結構組成原理。如圖 1-110(b) 所示，可變構形履帶由同步帶（timing belt）、安裝在同步帶上的鋁塊、首尾相連呈圓周狀的圓柱螺旋拉伸彈簧組成。2015 年，該可伸縮式履帶的發明者又給出了由內同步帶、外同步帶、連接塊、圓柱螺旋拉伸彈簧（首尾相連呈圓周狀）、軸向限位環組成的可伸縮式履帶。

c. 可變履帶構形的輪-伸縮履帶式複合移動機器人原型樣機系統與爬行越障實驗。該機器人系統原型樣機由前述機構原理的機械本體、分層遞階結構的控制系統、內外部感測器系統、輸入輸出埠、人機互動介面等部分組成。控制系統由智慧板（組織層）和控制板（執行層）組成；內部感測器包括GPS、限位開關、加速度計、陀螺儀、光電編碼器；外部感測器包括紅外探頭、超聲測距模塊、Wi-Fi攝影頭。研製者用這臺機器人進行了輪式爬臺階、履帶式爬臺階越障實驗[102～104]。

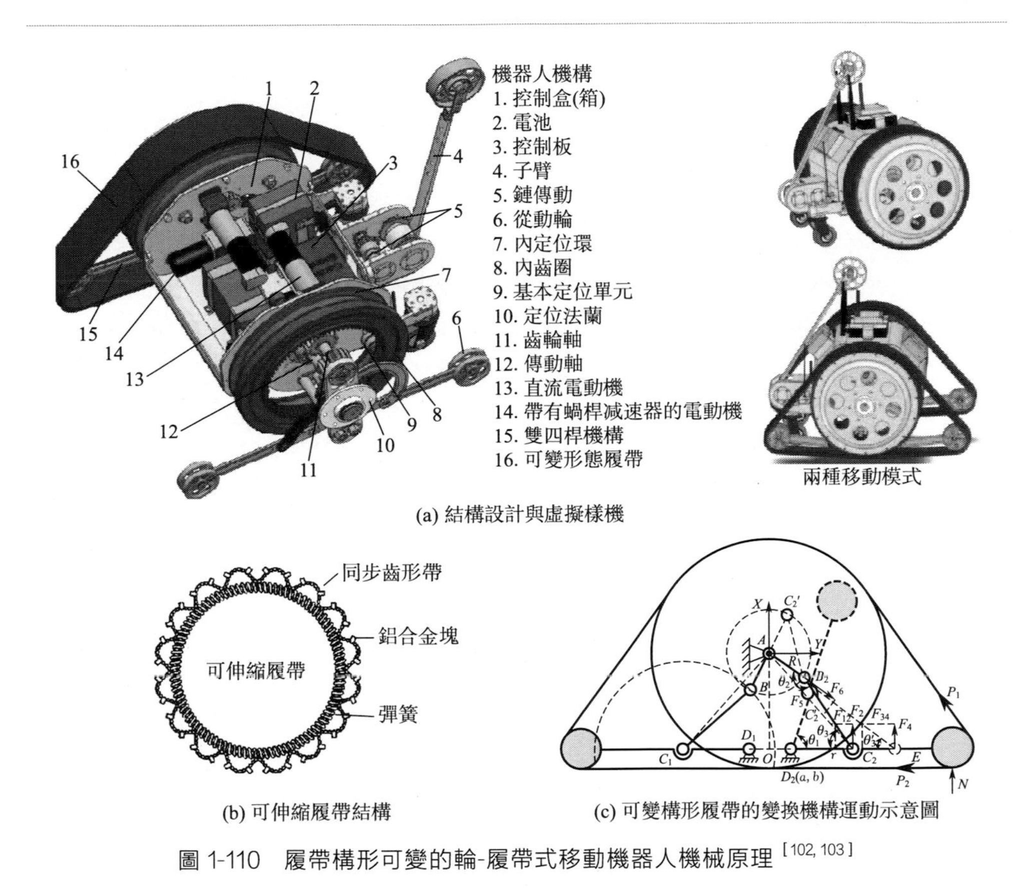

(a) 結構設計與虛擬樣機

(b) 可伸縮履帶結構

(c) 可變構形履帶的變換機構運動示意圖

圖 1-110　履帶構形可變的輪-履帶式移動機器人機械原理[102, 103]

(3) 筆者關於輪-履複合式移動機器人創新設計與實用化問題點的思考

① 輪-履複合式移動機器人可以爬高臺階，發揮履帶式縱向尺寸較大尤其是履帶外緣帶有豎直履帶板的履帶可以藉助於履帶板搭在臺階上表面借力上行的優勢。

② 砂石路面、泥土路面、臺階與樓梯等環境行走與爬越障礙用輪-履式機器人履帶的實用化問題：輪-履兼用移動模式可以用於砂石、泥土路面；履帶式可以爬樓梯與臺階。

③ 整體攀爬能力評價與在線最佳化生成驅動策略：整體攀爬能力可以透過視覺圖像、雷射雷達掃描獲得環境狀態資訊在線評估輪-履式機器人的攀爬能力並透過最佳化設計選擇最佳路徑爬越障礙。

④ 可變構形履帶機構與結構設計問題（transformable track mechanism and its application for design of mobile robots）：綜合考慮障礙環境構成的基本要素，最佳化組合構形以最大限度地選擇著地點和抓地面積。

⑤ 現有的輪-履複合式移動機器人為使輪式行走不影響履帶式行走，設計上輪式行走輪與履帶輪同軸線且輪式行走輪直徑只是稍大於履帶輪直徑（含履帶鏈徑向厚度），如此設計在路面不平整或者平整路面有障礙物的情況下，輪式行走輪可能會與履帶同時接觸地面或障礙物（如砂石），此時單獨的履帶式行走或輪式行走都會受到對方單獨移動模式的影響。如果加大輪徑差距，則輪式行走輪會影響履帶抓地面積，需要合理改進。

1.4.2.5 腿式-履帶式複合移動方式的腿-履式移動機器人（legs-tracks hybrid locomotion robot or tracks-legs hybrid locomotion robot）

（1）腿式-履帶式複合移動概念

腿-履式移動機構可分為兩類：

腿-履式複合移動方式（legs-tracks style locomotion model）也稱為履-腿式複合移動方式（tracks-legs style loconotion model）。這兩類腿-履式移動機構可以用機構示意圖表示為如圖 1-111 所示。

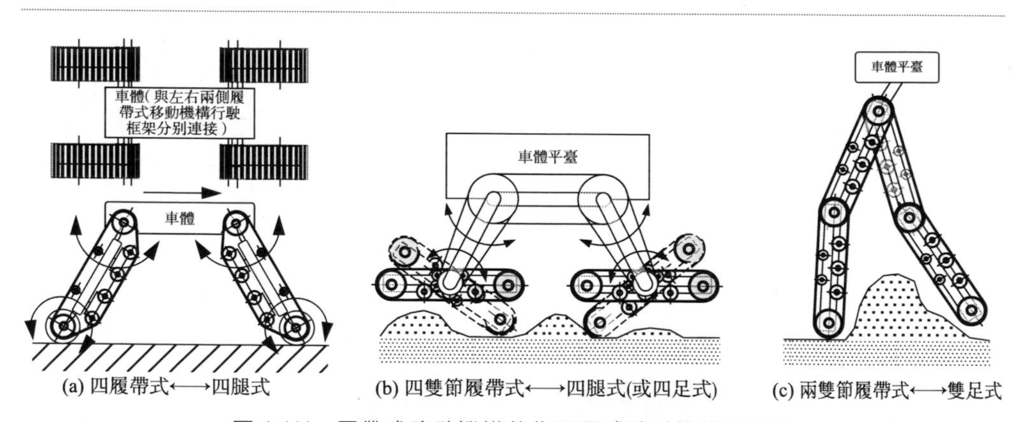

圖 1-111 履帶式移動機構兼作腿足式移動機構示意圖

① 第一類是將履帶式移動機構兼作腿式移動機構的功能性複合機構。其腿式移動或履帶式移動都是在履帶式移動機構上實現的，即履帶式移動機構可以作為腿式移動的腿部機構使用。當履帶式移動機構兼作為腿式移動方式的腿部機構使用時，履帶移動機構需要繞著與車體連接部位的關節軸線旋轉移動的角度而成為腿，此時，該腿的著地端履帶（履帶鏈或橡膠履帶）應避免著地，否則，履帶

承受整臺機器人的重力受擠壓會嚴重影響履帶式移動機構的正常運轉，而應是著地端履帶輪（一般是支撐輪，而非主驅動輪）的外緣輪緣著地。也即著地履帶輪的外緣為最大圓，其直徑應大於履帶繞在履帶輪圓弧部分直徑，其應將履帶整周幾何形狀設計成倒梯形結構，使著地輪在履帶式行駛方式下不影響履帶與地面的接觸狀態［如圖 1-111(a) 中所示的履帶式移動機構兼作的腿的著地端即履帶輪］。此時，此複合式移動機構既可像四腿式移動機器人按照雙足、四足、多足等足式步行步態行走，也可藉助於履帶式移動機構驅動著地輪回轉而成為輪式移動機構行駛（此時，履帶相當於驅動著地輪即行駛輪的履帶鏈傳動機構或橡膠帶傳動機構），如圖 1-111(a)～(c) 所示。另外，為使兼作輪式行走輪的履帶支撐輪或其外側同軸固連的車輪不影響履帶爬臺階，可設計成輪緣均布齒的行走輪。

② 第二類是腿式移動機構與履帶式移動機構這兩類不同機構複合在一起的機構。這類機構處於腿式移動或輪式移動方式時需要在兩種移動方式之間進行切換才能實現另一移動方式。這類機器人在設計上需要有諸如兩腿（雙足）或更多腿（足）式步行移動機構、在足式移動機構上的履帶式移動機構，如在人型機器人下肢或人型雙足機器人的兩小腿外側面分別設置履帶式移動機構，當雙腿呈下蹲狀態時雙腳靠踝關節運動盡可能使腳向上收起離地，小腿外側的履帶式移動機構著地成雙履帶式移動機器人形態，以雙履帶式移動機構行駛移動。這類真正將足腿式步行機構與履帶式移動機構融合而成的移動機構實例如下文所述。

（2）採用四履帶式移動機構的腿-履式移動機器人（中國科技大學，Wang Furui 等人，2005 年）

2005 年中國科技大學的 Wang Furui 等人面向自治越障移動目標研製了一款將四履帶式移動機器人的四個履帶式移動機構兼作為四條腿使用的腿-履式複合移動方式的移動機器人，如圖 1-112 所示[105]。

圖 1-112　採用四履帶式移動機構的腿-履式移動機器人[105]

(3) 四足-履帶式移動機器人（a quadruped tracked mobile robot）（日本，東京工業大學，Toyomi Fujita、Yuichi Tsuchiya，2015 年）

這裡給出的由東京工業大學藤田豐美（Toyomi Fujita）和土屋由一（Yuichi Tsuchiya）設計研製的腿-履式移動機器人[106] 與前述的將履帶式移動機構作為履帶式腿的腿-履式移動機器人不同，是真正將一臺四足步行機器人與一臺履帶外周上均布立板的雙履帶式移動機器人融合成一臺四腿（足）-雙履帶式移動機器人。

① 四足-履帶式移動機構的原理與作業用途　這種複合式機構首先是以單、雙或多節履帶式移動機構為基礎，在履帶式移動機構的支撐框架側面的前後設置四足步行機構的多關節腿足機構。譬如本設計實例：雙履帶式移動機構兩側履帶的支撐框架前後各固連四足步行機構的前後兩條腿（足）即構成了四腿（足）-雙履帶式移動機器人機構，如圖 1-113(左圖）所示。以這種混合移動機構設計製作的移動機器人可以以四足步行過溝壕，爬臺階或樓梯、斜坡；以履帶式移動機構行走時，四腿（足）可以騰出來，作為機器人操作臂使用，可以用來完成在履帶式行進過程中以雙臂夾持攜帶運送物體、移走比較小的障礙物等等作業任務。其中四條腿的機構運動簡圖如圖 1-114 所示，每條腿有由 roll-pitch-pitch-roll 4 個自由度關節將髖、大腿、小腿桿件串聯起來，可實現全方位的四足步行移動，跨越一定程度的障礙，且與履帶式移動機構的行駛功能配合可清理障礙。該機器人的雙履帶式移動機構中所用的履帶的外周上均布豎立著履帶板，如圖 1-115 所示。這些履帶板可嵌入到不平整地面的凹坑或槽中，隨著履帶的周轉，地面凸凹不平側面對履帶板產生反推作用力，這有利於提高這種豎立履帶板的履帶式移動機構的有效推進力；這種履帶爬臺階或行駛在臺階上時，豎立的履帶板與臺階表面之間的作用力也將有助於提升爬臺階或樓梯的行進推進力。

日本TIT研發的四腿(足)–履帶式移動機器人總體實物照片

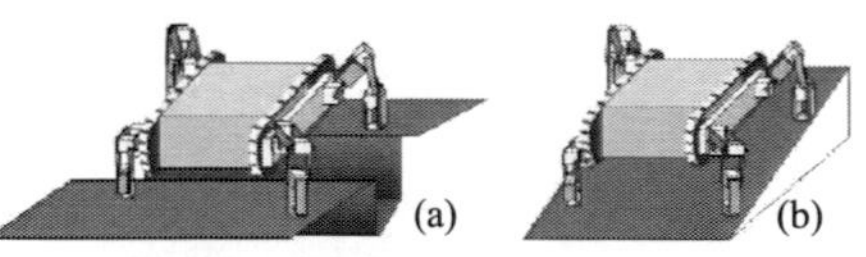

機器人的移動：(a) 越過大縫隙路面；(b) 爬斜坡

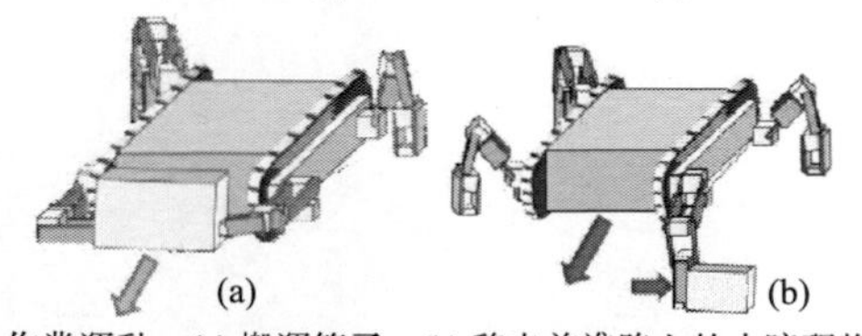

作業運動：(a) 搬運箱子；(b) 移走前進路上的小障礙物

圖 1-113　四腿（足）-履式移動機器人（左圖）及其作業場景示意圖

［右圖上下（a）、（b）］[106]

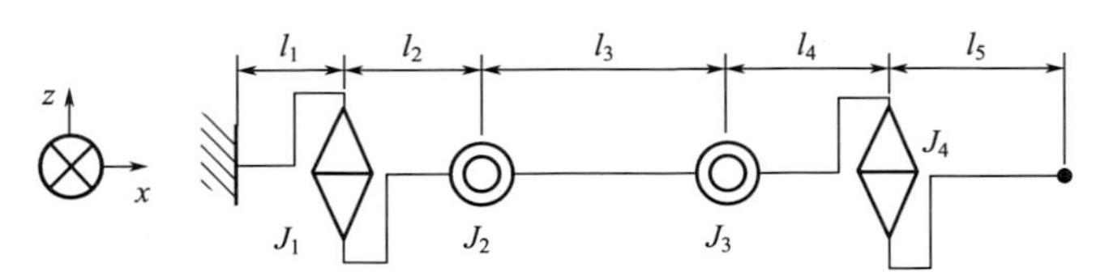

圖 1-114　四腿（足）-履式移動機器人的腿部機構運動簡圖

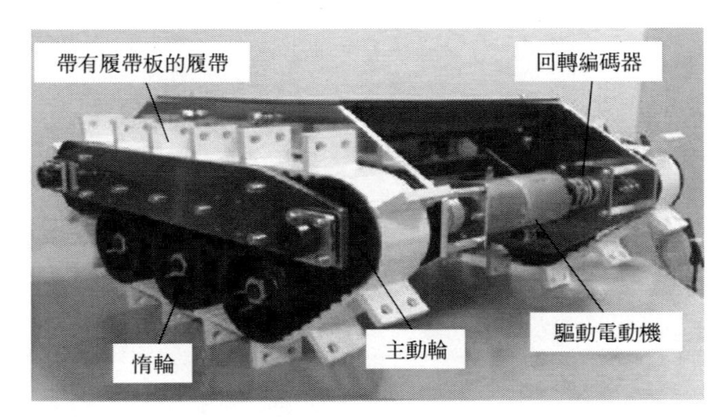

圖 1-115　四腿（足）-履式移動機器人的履帶式移動機構[106]

② 四足-履帶式移動機構的各種實驗　如圖 1-116 所示，這種複合式移動機構可以四足步行方式行走（上圖）、以履帶式移動機構和腿式移動機構聯合爬坡（中行左圖）和過縫隙（中行中圖、中行右圖）、履帶式移動方式下四足的前向兩足作為雙臂使用拿長方體箱子（第 3 行左圖）、以履帶式行走用腿清理地面障礙（左下圖與右下圖）[106]。

(4) 筆者關於腿-履式移動機器人的實用化問題的討論

採用橡膠作為履帶的履帶式移動機器人不在少數，在以履帶式移動機構作為腿式步行機構使用時，由於履帶式腿的末端是履帶輪著地，為使履帶腿能夠正常行走，若著地端履帶接觸地面且著地面積較履帶式移動方式下小得很多，橡膠材質的履帶受過大壓力會產生過度變形，長時間、頻率高地步行的情況下不利用保護履帶，從而影響履帶式移動的正常行走或使用壽命。因此，著地端橡膠履帶應避開直接接觸地面，在設計上，履帶輪的外徑小於輪式行走時的行走輪。儘管如此，在路面和野外地形條件下，也很難保證履帶腿作為步行腿使用時著地端的履帶不接觸地面或砂石，此時，橡膠材質的履帶會產生較大的變形和磨損，從而過早失效。因此，面向有砂石地面、不平整地面或野外地形等環境的腿-履式移動機器人不適合用橡膠材料的履帶。

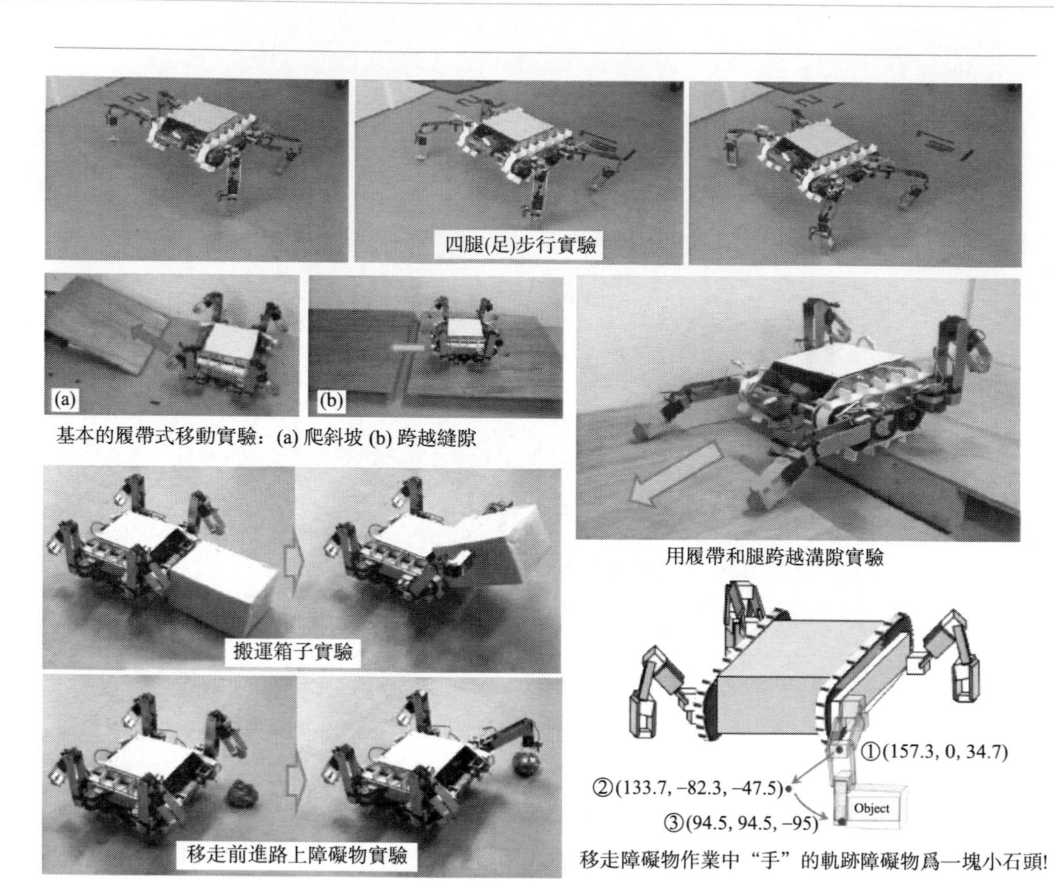

圖 1-116 四腿(足)-履式移動機器人四足步行、履帶式移動爬坡運送物體、履帶與腿聯合過縫隙及障礙實驗[106]

1.4.2.6 輪式-腿式-履帶式複合移動方式的輪-腿-履式移動機器人(wheels-legs-tracks hybrid locomotion robot)

(1)腿-履帶-輪式多模式移動機器人平臺(leg-track-wheel multi-modal locomotion robotic platform)概念的提出及多模式移動機器人 AZIMUT(加拿大，University of Sherbrooke、Francois Michaud 等人，2003 年)

面向一臺移動機器人對完整約束(holonomic)和全方位運動(omnidirectional motion)、爬行或者越過障礙物移動、上下樓梯等作業環境以及沙土、亂石、泥土等不同材質路面的移動作業，並且著眼於獲得更大、更寬範圍內的移動作業能力，加拿大 University of Sherbrooke 的 Francois Michand 等人於 2003 年提出了四個獨立驅動的、集腿式步行/履帶式行駛/輪式移動方式和功能於一臺移動機器人的「腿-履帶-輪複合式移動機構」(leg-track-wheel hybrid style locomotion mechanism),並且具有比通常輪式、履帶式、輪-腿複合式、履-腿複合式移動機構更寬廣的移動環境適應性。他們將這臺多移動方式的機器人命名為「AZIMUT」[107],AZIMUT 車體方形框架的四角各有一個獨立驅動且繞與 z 軸平行的軸線回轉的 roll 關節部件;該關節部件兼有履帶、輪式移動車輪的 3 自由度模塊化單元腿。總共有 12 臺電動機驅動該機器人移動。腿部靠近車體側的 pitch 自由度關節可以繞著與 y 軸平行的關節軸線回轉 360°、roll 自由度關節可以繞與 z 軸平行的軸線回轉 180°。設計上,一旦各關節轉動到合適且正確的初始位置,機器人就能夠保持住該位置而不需消耗任何電能。當腿部連接車體框架的髖關節伸展開時,該機器人透過履帶繞著腿部四周周而復始地運轉以履帶式移動方式行駛。當腿部髖關節運動將腿放在不同的位置時,AZIMUT 可以以各種不同移動模式(locomotion modes)行走或上臺階、跨越障礙[107,108]。

(2) 輪-履-腿式移動機器人(wheel-track-leg hybrid locomotion robot)(中國,上海交通大學機器人所,Yuhang Zhu、Yanqiong Fei 等人,2018 年)

2018 年,上海交通大學在前述 AZIMUT 機器人研究中提出的輪式-腿式-履帶式複合移動方式的輪-腿-履式移動機器人概念下,設計了一種四履帶腿式移動機器人車體縱向中軸線前後兩端各設有一輪腿的四履帶腿+兩輪腿+純輪式複合式移動機器人機構,並研製出了原型樣機,進行了室內爬臺階實驗[109]。

(3) 輪-履-腿式移動機器人(wheel-track-leg locomotion robot)(中國,北京理工大學,Xingguang DUAN、Qiang HUANG、Nasir RAHMAN、Jingtao LI 和 Qinjun DU,2006 年)

2006 年,北京理工大學機械電子工程系的段星光等人研製了一臺小型多移動模式(muti-locomotion modes)的輪-履-腿式移動機器人 MOBIT[110]。MOBIT 為面向遙操作作業的半自治移動機器人(semi-autonomous mobile robot)。該機器人的結構構成是:關節型四履帶式移動機器人的各關節履帶輪的外側有同軸固連的行走車輪,該車輪直徑大於其裡側履帶輪部位直徑(含履帶厚度)。當關節型履帶移動機構繞其關節軸線擺動到豎直方位時,履帶輪外側的行走車輪著地,即變為四輪移動機器人;當關節型履帶移動機構擺動到車體平面以下斜豎或豎直立在地面上時,機器人即呈四足機器人狀態,可以以四足步態行走;當爬臺階或樓梯時,車輪、履帶式移動機構外周的履帶等接觸臺階或樓梯,即呈履帶式、輪式行走混合移動狀態。MOBIT 機器人的以上移動形態可如圖 1-117 所示[110]。

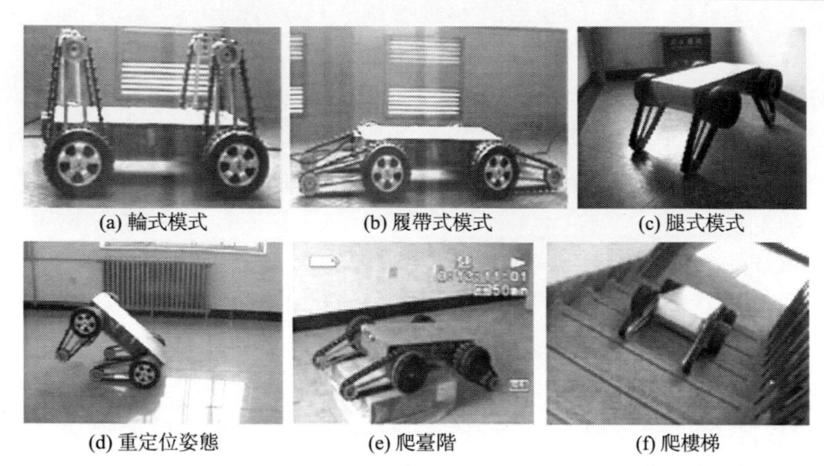

(a) 輪式模式　(b) 履帶式模式　(c) 腿式模式

(d) 重定位姿態　(e) 爬臺階　(f) 爬樓梯

圖 1-117　輪-履-腿多移動模式機器人的三種移動模式（2006 年，北京理工大學）[110]

1.4.2.7　非連續介質間移動的仿生機器人（bio-type robot）及多移動方式機器人（the humanoid & gorilla robot with multiple locomotion models）

（1）非連續介質間移動機器人的概念及該類機器人潛在的工業應用背景

① 非連續介質間移動機器人的概念　在自然界中，靈長類動物如猴子、類人猿以及人類能夠利用肢體、手腳爪以及重力場、慣性、爆發力等優勢透過跳躍、攀爬、擺盪等運動方式抓握樹枝、梯子、架子、樹等等不連續的枝幹、桿件並且在它們之間移動。類似地，非連續介質間移動機器人是指在移動環境或移動介質為不連續的物體之間，機器人利用其肢體或肢體末端的手腳爪之類末端操作器交替攀爬（climbing）、擺盪抓桿、飛躍抓桿等移動方式進行移動的機器人。

② 非連續介質間移動機器人潛在的應用背景　這類機器人在如圖 1-118 所示的面向野外叢林環境下邊境巡防等國防工業、輸電線塔、橋梁、空間站站外桁架等建築結構的檢測與監測等無人化、自動化作業具有重要的實際應用前景，也具有相當大的尖端技術研究的挑戰性。這類機器人的研究最早始於 1991 年，但當時的研究者找不到其應用背景，只是作為從猴子盪樹枝移動自然現象中找到的研究欠驅動非線性控制的一種新奇性研究而已。在 1996 年筆者開啓了面向地面及空間桁架等非連續介質的移動環境的移動機器人技術研究。

③ 非連續介質間移動機器人研究的開端　1991 年日本名古屋大學（Nagoya University）的福田敏男教授從猴子盪樹枝移動過程中得到啓發，透過研究 brachiator robot（brachiation monkey robot，簡稱 BMR）研究基於行為的智慧

學習運動控制問題。研究的兩桿 Brachiator Ⅰ型機器人如圖 1-119(a) 所示[111]，該機器人有兩個桿件和 1 個主驅動自由度，在兩個桿件的末端是可以開合的手爪。該機器人是從具有盪樹枝運動能力的猴子身上抽象出的最簡單的機構運動模型，儘管其機構簡單，但所研究的問題並不簡單，而且在智慧學習運動控制方面具有開創性的學術研究價值；1998～2000 年仿猴子盪樹枝運動研究了如圖 1-119(b) 所示的 7 連桿「猴子」機器人 Brachiator Ⅲ[112]。該機器人不僅有雙臂，還有軀幹和雙腿，可以藉助於腿部的擺動運動加大自由擺盪的幅度來實現連續的抓桿移動。但是，這些研究僅是學術上的理論與實驗研究，並沒有找到合適的應用背景。

圖 1-118 面向地面及空間桁架的雙臂手（足）移動機器人潛在的移動作業應用背景

圖 1-119 Brachiator Ⅰ（左, 1991 年）和 Brachiator Ⅱ型（右, 1998 年）（日本名古屋大學福田研究室）[111, 112]

（2）具有多移動方式的類人及類人猿型機器人概念的提出（日本，名古屋大學，吳偉國 & 福田敏男，1999～2000 年）

1999 年本書作者吳偉國博士在日本名古屋大學福田研究室做博士後研究時提出了「具有多種移動方式的類人猿型機器人」（gorilla robot system with multi-locomotion model）概念（圖 1-120），並設計、研製了 20-DOF 類人猿機器人「Gorilla Robot Ⅰ」型系統，進行了實驗研究。此後，福田研究室在該Ⅰ型基礎上進一步研發了 Gorilla Robot Ⅱ、Gorilla Robot Ⅲ型，如圖 1-121 所示。它們的機構構型相同且都是非集成化的機器人系統[113～117]。

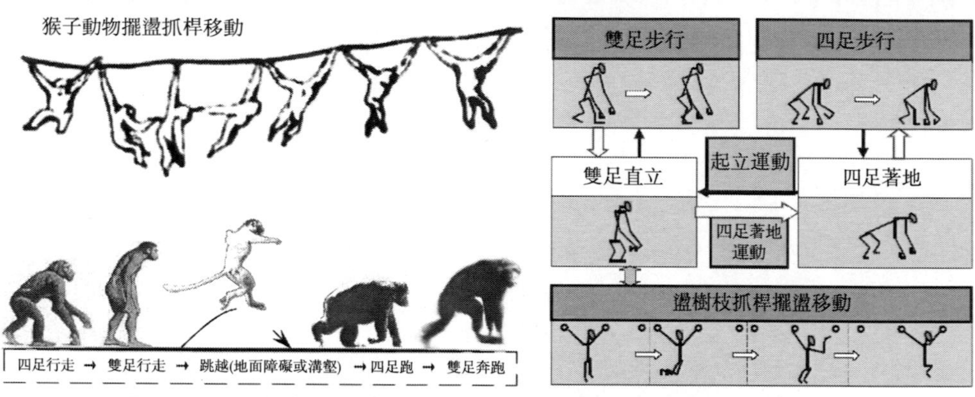

圖 1-120 具有多種移動方式的類人猿型機器人總體概念（1999 年，吳偉國 & 福田敏男，日本名古屋大學福田研究室）[113]

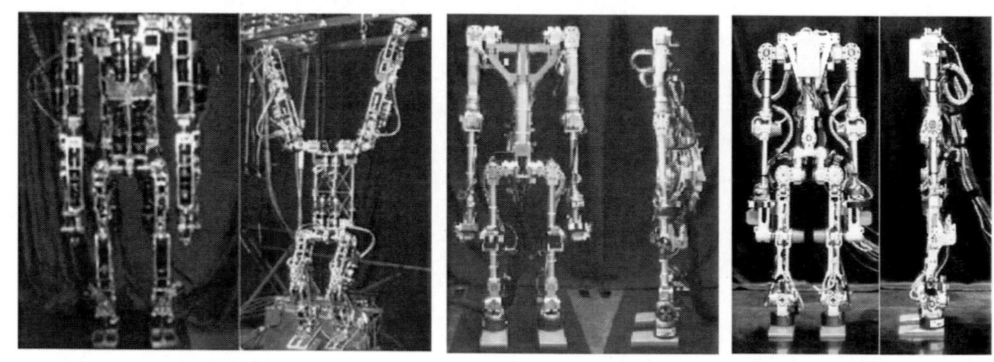

圖 1-121 具有多種移動方式的類人猿型機器人 Gorilla Robot Ⅰ型（左圖，2000 年）， Gorilla Robot Ⅱ型（中圖）、 Gorilla Robot Ⅲ型（右圖）[113~116]

Gorilla Robot Ⅰ型機器人系統採用風河公司（Wind River）的 VxWorks 實時操作系統（real-time operation system，RTOS）和面向 Windows 的 Tornado 使用者終端作為主控電腦系統實現硬體系統管理和機器人的實時運動控制；以 PCI 總線擴展箱外掛 PCI-D/A、A/D、編碼器計數器（encode counter）等板卡，以及基於日立（HITACH）製作所生產的 H8 高級單片機的 HDC 伺服驅動 & 控制單元模塊；以 ISA 總線連接 JR3 六維力/力矩感測器的 DSP 板卡；20-DOF 的 Gorilla Robot 機器人本體機械系統上有 20 套一體化 DC 伺服電動機、4 套

JR3 六維力/力矩感測器；其機械系統設計呈外骨骼結構，即所有一體化電動機、感測器皆被包圍在機械系統框架之內，防止擺盪抓桿運動控制時意外跌落損傷電動機、感測器等貴重設備；為防止意外掉電等情況發生導致電動機以及機械傳動系統無法平衡重力或重力矩，臂部末端抓握「樹枝」的手爪爪指為三節聯動機構，且抓取後有自鎖性。Gorilla Robot Ⅰ型本體總重為 27.5kg，直立高度為 1.18m。各主動關節採用帶有光電編碼器和行星齒輪異速器的 DC 伺服電動機＋齒輪傳動。值得一提的是：Gorilla Robot Ⅰ型的機構構型和機構參數設計參照了日本 Monkey Park Center 保存的類人猿動物骨骼測量結果，按比例設計；Gorilla Robot Ⅱ型的機構構型以及機構參數與Ⅰ型相同，但去除了機械系統的外骨骼結構設計。

多移動方式類人猿機器人概念的提出和研究為研發一臺高移動能力與環境適應性的仿生人型機器人及其實用化提供了新設計思想和技術基礎。這種機器人兼顧了環境適應性以及移動作業能力，具有研究變力學結構下控制問題的理論與實際意義。

1.4.3 移動機器人總論

根據已有研究表明：腿式/足式移動、輪式移動、履帶式移動、非連續介質下擺盪抓桿移動與類似人類攀援峭壁式選擇有限抓握點式攀援移動的爪式移動等各種移動方式之間組合而設計、研發的混合移動方式移動機器人可以用圖 1-122 歸納在一起。

這些經移動方式複合而衍生出的混合式移動機器人中，通常的輪-腿式、輪-履式、履-腿式等複合移動方式的機器人在本節前述的內容中已經給出了已有的代表性的移動機器人設計實例，因此，此處不再詳述。但值得一提的是其中的一種人型類攀援運動的移動機器人的研究於 2006 年開始登場。

史丹佛大學與 NASA-JPL 聯合研究的四肢體自由攀援移動機器人 LEMBUR (2006 年)：美國史丹佛大學電腦科學系的 Timothy Bretl 以實現如圖 1-123 中所示人類攀援懸崖峭壁運動的機器人攀援為目標，提出並研究多肢體機器人 (multi-limbed robots) 的新課題——自由攀爬機器人問題 (free-climbing robot problem)，研究了 4 肢體自由攀援機器人 (four-limbed free-climbing robot) LEMBUR 攀援運動規劃[118]。該研究的出發點是與其設計一臺通常被研究的「爬行機器人」(climbing robot)，莫不如設計一個運動規劃器 (a motion planner) 以使更通用的多肢體機器人 (more general mutil-limbed robots) 去自由地攀爬 (free-climb)。

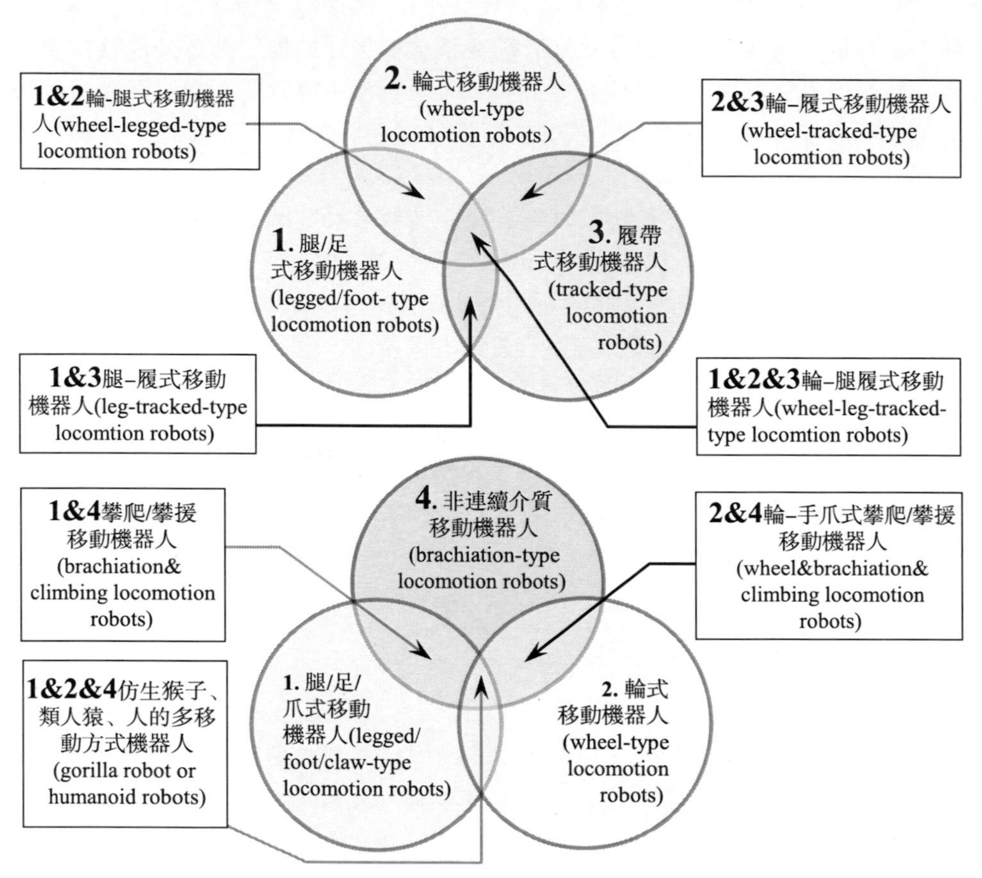

圖 1-122　各種單獨的移動方式之間複合而成的混合移動方式的移動機器人

LEMUR（the legged excusion mechanical utility rover）是由 NASA-JPL 的機械與機器人技術團隊（Mechanica and Robotic Technologies Group）的 Bretl 等人於 2004 年為在月球（Moon）、火星（Mars）和小行星（Asteroids）科學研究中的懸崖探險而設計的。它並沒有攜帶特別的固定裝置（special fixtures）、工具去抓牢岩石表面（rock surface），反而各末端操作器（end-effector）是包著高摩擦因數橡膠（high-friction rubber）的剛性「手指」（rigid「finger」），如圖 1-123（中左圖）所示，為的是讓該四肢攀援機器人與人類自由攀援有同樣的約束條件。但是，他們研究的規劃器不局限於 LEMUR 或者自由攀爬機器人，它也可以擴展到人型機器人在異常不規則（severely rough）地形（broken, sloped, or irregular terrain）下的移動導航，以及 NASA-JPL 研發的六腿月球機器人（six-legged lunar robot）ATHLETE。

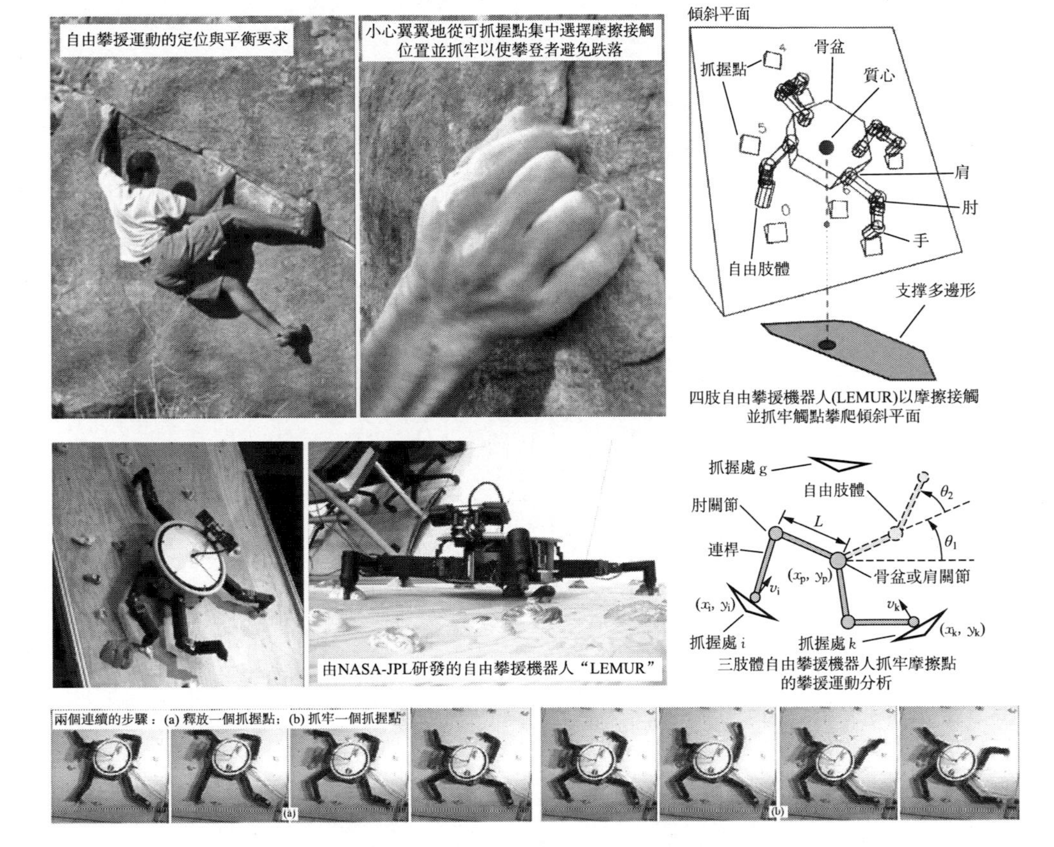

圖 1-123 人類攀援懸崖峭壁照片（上左圖）、三肢體/四肢體攀援（上右圖）、 NASA-JPL 的 LEMBUR 四肢體攀援機器人照片（中左圖）、三肢體攀援（中右圖）、 LEMBUR 四肢體攀援峭壁抓壁移動的兩種方式實驗照片（下圖）[118]

這種靠手爪或腳爪來實現機器人攀援運動的關鍵在於兩點：一是整個機器人身體平衡的問題；二是尋找到摩擦副摩擦因數大的落腳點。因此，根據攀援峭壁的環境如何生成既能使機器人整體不失去平衡穩定性又能找到使得抓握攀援峭壁上的支撐點（也即落腳點或落手點）的路徑規劃是關鍵問題。如圖 1-124 所示為向上攀援中的兩個步驟示意圖。圖 1-125 為 LEMBUR 四肢體攀援機器人攀援峭壁向上移動的影片截圖。

這種人型攀援運動的爬壁攀援移動機器人在壁面上的平衡條件是：手爪（腳爪）摳住峭壁壁面上的凸起和凹坑從而使所有摳點上的力形成向外或向內張成的力系的合力與機器人自身向下的重力平衡。在各個落腳點上摳住壁面的力包括凸起或凹坑幾何形狀產生的機械結構力（即爪與凸凹結構相互嵌藏的力），或者是無機械結構力時的摩擦阻力（阻止機器人下滑或脫離壁面）。這兩種力皆是有效的平衡力。因此，這種手腳爪式攀援移動的機器人攀援成功與否首先取決於手腳爪的抓握力和抓握時產生的最大摩擦力；手腳爪指（趾）尖的幾何結構和與壁面材質構成大摩擦系數的摩擦副材料至關重要。其設計完全可以從人類攀援運動時的人體行為中獲得機構學、力學與控制的靈感。

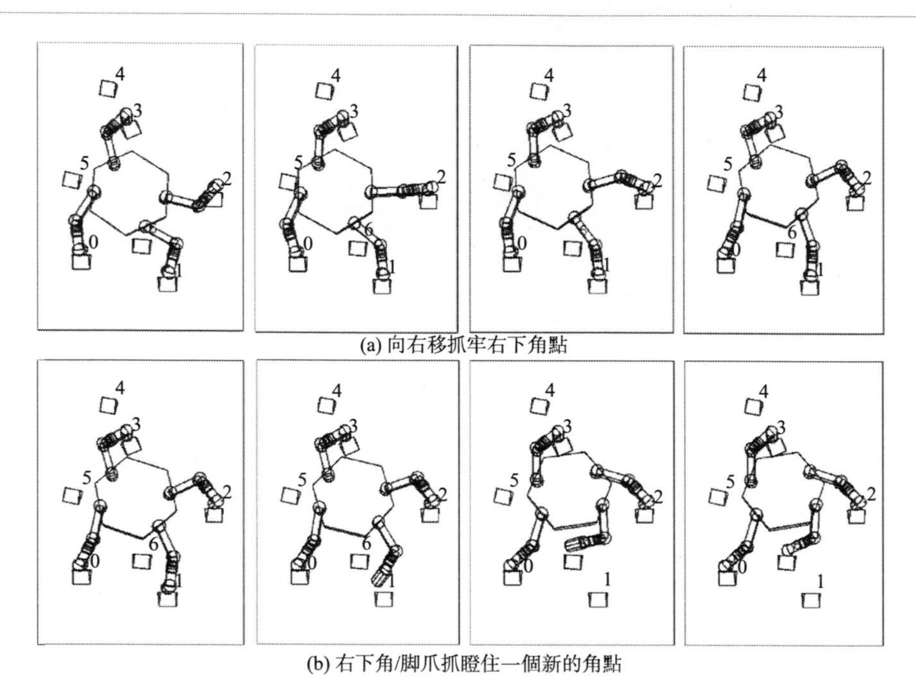

(a) 向右移抓牢右下角點

(b) 右下角/脚爪抓蹬住一個新的角點

圖 1-124　四肢體攀援峭壁抓壁攀升移動的兩個步驟 [118]

人類攀援懸崖峭壁是一種挑戰人類自身運動能力的極限運動；仿照人類攀援運動研發手腳爪與肢體配合的攀援機器人也可以稱之為機器人領域的運動技術極限挑戰。

關於面向工業應用的地面移動機器人以及非連續介質間手腳爪式移動機器人的研究現狀總結：

① 總結 1990 年代海內外相關研究結果表明：面向結構化地勢的單獨移動方式移動機器人技術已經成熟，為其工業產業化已奠定好了技術基礎，部分已經實施產業化和工業應用。截至 1990 年代積累起來的輪式移動機器人、腿式移動機器人、履帶式移動機器人等單獨移動方式的移動機器人在機構設計、運動控制、感測技術、結構化環境識別與定位導航、分布式集群協調作業技術以及原型樣機系統在結構化環境下的行走、爬臺階、爬樓梯等實驗驗證方面已經為這些移動機

器人的產品化、產業化提供了充分的技術基礎。但除少數發達國家外還遠沒有達到像工業機器人操作臂產業化、商品化和大規模應用的程度。但的的確確這類傳統移動機器人的技術已經成熟了，基本上退出了基礎研究和應用基礎研究的歷史舞臺，目前平均水準處於需要和網路通訊與控制技術開展普遍的實用化應用研究。此外，有關這些單獨移動方式的移動機器人的產業化的工業標準的製定需要不斷更新和進一步完善，為不久的將來的大規模產業化奠定移動機器人及其工業自動化應用行業產品的規格、系列化實施基礎，為使用者根據自己的應用環境和移動作業選型提供依據和便利。這類移動機器人現有的技術已經完全可以保證在城鎮工廠、家庭、住宅區、學校、旅店、公共交通設施等結構化地面環境，以及道路、環境規整的部分鄉鎮環境下為使用者提供安全、可靠的服務，但是要解決好產品設計品質、大量生產、製造品質以及維保與管理等實際問題。

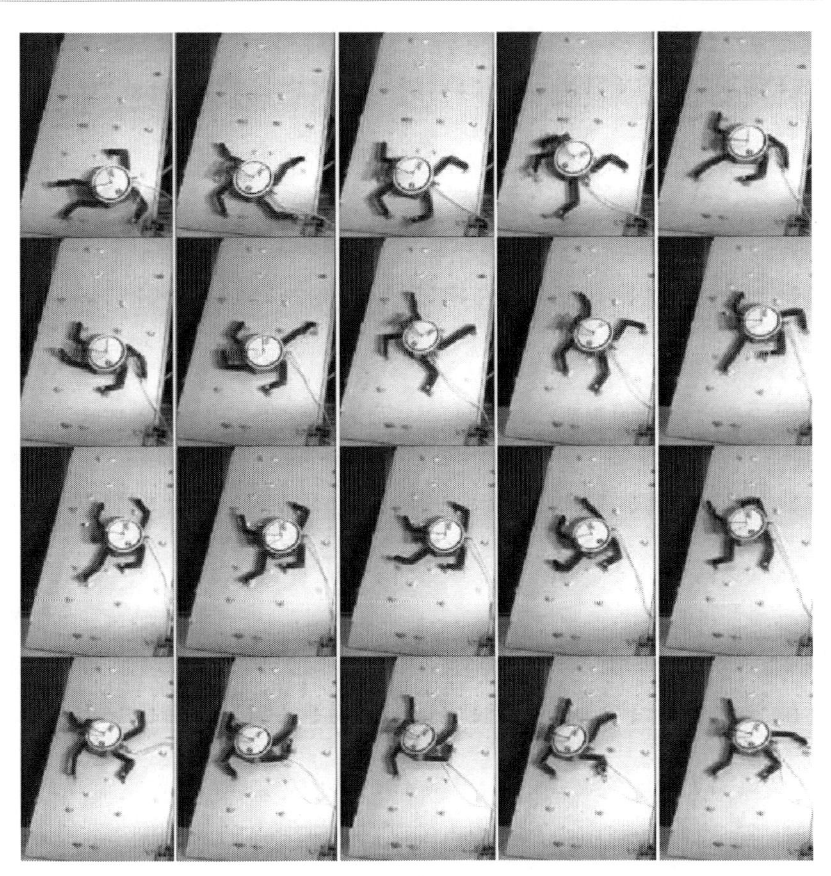

圖 1-125　NASA-JPL 的 LEMBUR 四肢體攀援機器人攀援峭壁向上移動的實驗影片截圖 [118]

② 匯總 21 世紀以來的海內外相關研究表明：複合移動方式的移動機器人處於應用基礎與應用研究階段，可變機構和結構參數的複合移動方式移動機器人機構創新研究和實用化是研究重點。自 1990 年代以後至今發展起來的輪式、腿式、履帶式等兩種以上複合移動方式的移動機器人完全可以用在與前述各種單獨移動方式移動機器人所應用的環境，但是，其成本相對較高，需要使用者去平衡使用兩臺以上不同移動方式的移動機器人和選擇一臺集兩種不同移動方式於一身的複合移動方式機器人哪種更划算的問題。從研究角度來看，複合移動方式的移動機器人更應該面對的是結構化不好或者非結構化環境下的移動作業自動化問題的解決。因此，複合移動方式的移動機器人距離實用化尚需一段時間，來保證系統整體功能對複雜環境的適應性和可靠性。單獨移動方式的移動機器人可以以不同產品技術性能指標與規格去匹配不同環境以及作業參數要求。而複合移動方式的移動機器人的最大優勢是「一機多能」，既然是多能，則不僅是多移動功能，還需要以盡可能寬的技術指標去匹配不同的移動環境條件和移動作業參數要求。因此，以可變機構和結構參數的方式在自律自治地改變移動形態的同時也以更寬的性能參數去適應不同作業參數要求是這種複合移動方式機器人研究的重點問題。實用化的另外一個技術問題就是通常複合移動方式的機器人機械系統會變得更加複雜而整體功能的可靠性很可能會降低，如何解決這一重要問題是此類機器人產業化和應用的關鍵所在。例如：現有的輪-履式移動機器人，履帶輪與位於履帶輪旁同軸線上的輪式移動主驅動輪兩者輪徑的大小相差只有幾毫米或十幾毫米，在類似瓷磚、室外地磚之類的平整地面上能夠正常行走，但是如若地面稍有落差或不平整或地面上有雜物或碎石，則輪式移動方式的主驅動行走輪與履帶輪兩者可能同時著地或被碎石之類的卡住，是難以可靠實用化的。以橡膠或軟塑膠材質製作履帶腿的履-腿式移動機器人履帶時，履帶大面積接觸地面時單位面積上壓強小，磨損量小且磨損速度慢，使用壽命長，但是當履帶腿的一側接觸地面作為腿式步行的腿使用時，履帶如果直接接觸地面，短時間在光滑平整地面上能正常行走。但是，若是在室內地面不清潔、室外地面（有沙土、粉塵）的行走狀況下，橡膠材質的履帶腿只是腿近地端履帶輪緣外的圓弧段履帶直接接觸地面並支撐著機器人體重，壓強大，若再有相對地面的相對滑動，則履帶很快被磨損；若履帶輪外緣高於履帶外徑則可避免履帶腿上的履帶直接接觸地面，但在設計上應不影響履帶式移動方式下的履帶直接著地。

③ 筆者提出：應進行針對無人化環境現場移動機器人陷入困境難以逃脫情況下的自救援設計與技術研究。這一點尤其在核工業、極限作業情況下具有重要的實際意義：目前複合移動方式的移動機器人設計與研究都還只是處於實驗室階段，不管是單獨移動方式還是複合移動方式的移動機器人，目前海內外都還沒有考慮這種機器人陷入困境時的自救援設計與技術問題。尤其作為一種面向複雜結

構化和非結構化地形移動作業的一種多移動功能和高性能自治移動機器人，目前的研究都沒有去考慮其陷入絕境或陷阱時的自救援技術的設計與研究。作為非完整約束系統的各種移動機器人，機器人與非結構化的環境構成一個系統，由於機器人的功能與性能參數是有上下界的，理論上存在著系統不可控的一面，就說明存在著失控、失敗的可能性。因此，在機器人系統設計上需要在設計上和技術上去解決不可控時如何使其恢復正常狀況和可控。

④ 挑戰極限運動條件下的移動機器人技術是國際移動機器人研究的尖端。通常的輪式、腿式、履帶式移動機器人在學術與技術研究層面上已經成為常規的較為成熟的技術，已經成為過去的歷史。移動機器人研究的尖端如同 2006 年史丹佛大學研究懸崖峭壁攀援移動機器人一樣，在於挑戰機器人機構設計與運動控制技術極限。自 2006、2007 年以來，美國波士頓動力公司、MIT 等研發的 Bigdog 四足移動機器人、Atlas 雙足移動機器人、輪式跳躍機器人、仿生獵豹四足奔跑和跳躍障礙的腿式移動機器人等已經成為引領全球移動機器人技術尖端的代表。

⑤ 未來 10 年國際移動機器人發展預測及預想圖：結構化地勢下移動機器人技術研究將會告一段落，完全取而代之的新技術研究將會是一種在室內外、野外、山地、叢林等各種複雜非結構化、不確定環境中具有多種移動方式的，將走、跑、跳、越障、攀爬、擺盪渡越等多種移動方式集於一身的高機動高性能集成化仿生自治自律移動機器人。這種機器人將會在運動能力上大大超越人類目前運動能力的極限，如同叢林地面猛獸和靈長類動物一般。今後 10 年之內，新的移動機器人基礎技術將會是對仿生高性能肢體、手腳爪機構、驅動與控制、感知、材料、製造工藝等高技術的研究，需要解決的關鍵理論與技術問題在於超快速感知與響應技術和高功率密度/高轉矩密度驅動與控制技術。輪、履等移動機構與控制將會成為其便攜可拆裝的輔助模塊。這種高機動的高等仿生移動機器人將會在國防、軍事、救援、核工業、空間技術等非平常領域表現出極高的應用價值。

1.5 末端操作器相關

末端操作器作為工業機器人操作臂直接實現作業運動或對作業對象物施加操作力的執行部件，其種類隨著機器人作業用途的不同有很多種，如噴漆、焊接、搬運等作業下分別使用的噴槍、點焊焊鉗或弧焊焊槍，用於抓取並搬運作業對象物的開合手爪、多指手等等。如此，可以將末端操作器按照應用形式分為如下三大類：

第 1 類是用來直接完成作業用途的專用工具：它們是直接與機器人操作臂腕部末端機械介面法蘭相連接的專用末端操作器即作業工具。如前述的噴槍、焊槍或焊鉗、搬運汽車沖壓件的吸盤、電磁原理的吸盤等等。如圖 1-126 所示。這類末端操作器與機器人操作臂末端的連接都是由人或可以由機器人來完成的。

(a) 真空吸盤

(b) 電磁力吸盤

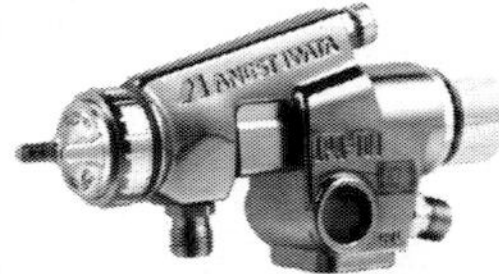
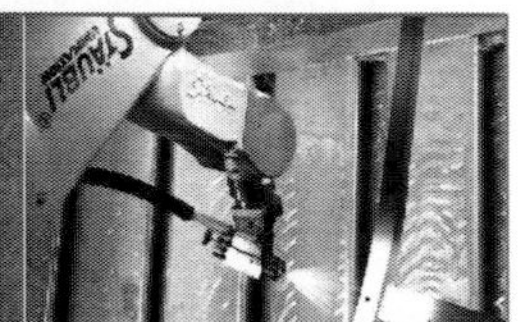

(c) 噴槍

(d) 弧焊焊槍

(e) 電焊焊槍(即焊鉗)

圖 1-126　工業機器人操作臂常用的工具類末端操作器（吸盤 & 噴槍 & 焊槍 & 焊鉗等）的實物照片

第 2 類是間接使用工具完成作業用途的末端操作器：它是可以用來直接操作零部件，也可以不直接完成作業，而是透過更換不同工具來實現作業目的的末端操作器。這就像人手一樣，長在手臂腕部，可以根據需要選擇、更換不同的作業工具。這類末端操作器有開合手爪、三指手爪乃至多指手爪或人型多指靈巧手等等，如圖 1-127 所示。這類末端操作器本身即有更換工具的能力。但這些末端操作器一般負載能力或抓持能力都不太高！如果採用重型機器人操作臂，需要為重型機器人操作臂設計專用的大負載能力的大型重型多指手爪，如同煤場、木材廠原木搬運用的重型抓鬥一樣。

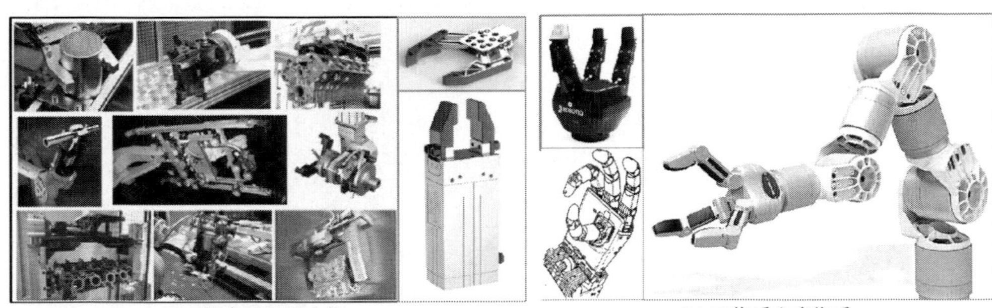
(a) 開合手爪或夾指　(b) 三指手和多指手

圖 1-127　工業機器人操作臂常用的末端操作器
（開合手爪或夾指 & 多指手爪等）的實物照片

第 3 類是具有快速換接工具功能的末端操作器：對於核工業、空間技術領域空間站站外作業等遠端遙控作業用機器人操作臂而言，其末端操作器應該帶有快速換接功能。這種末端操作器可以將通常的末端操作器與快速換接功能模塊分開，進行通用化、模塊化設計；也可以將兩者合在一起設計而成為專用的帶有快速換接功能的末端操作器。自 1980 年代開始，已經有專業的製造商專門製造工業機器人操作臂用快速換接工具產品，而且是系列化的產品，用於一般的工業機器人操作臂從事多種類拆裝零部件自動化作業。對於具有快速換接功能的末端操作器而言，快速結合/鎖定鎖死連接、快速解鎖/脫離連接是兩個相反的動作，快換機構設計是該類末端操作器或快速轉接器模塊的重點。按原理不同可以將帶有快速換接功能的模塊或轉接器分為氣動式、電磁式、機械式等快速換接類型。

這些類型的末端操作器中，目前急需實用化的末端操作器技術是用於狹小、狹窄以及周圍環境多障礙空間內的焊接、噴漆以及操作作業用的微小型末端操作器設計與研發技術；以及用於零部件之間具有公差與互換性技術意義上的複雜幾何形狀軸孔間隙配合、過渡配合、過盈配合的裝配作業用末端操作器的設計與研發技術。目前這些技術研究以及技術儲備不足。

1.6 移動平臺搭載操作臂的工業機器人發展

移動平臺搭載機器人操作臂是工業機器人「操作」與「移動」兩大主題功能複合同時發揮「移動操作」功能的具體體現。傳統的工業機器人操作臂產業化技術在 1980 年代已經成熟，並且在單機自動化作業、自動化生產線作業等領域得到了普遍應用，其中包括帶有 $X/Y/Z$ 直角座標式移動平臺的工業機器人操作臂的移動操作技術，這種移動平臺相當於一個三維平移運動的直角座標式工業機器人操作臂之上串聯了一臺工業機器人操作臂，實際上仍然是工業機器人操作臂的概念，其移動相當於 $X/Y/Z$ 三個方向上的三個直線移動導軌，從技術上仍然屬於工業機器人操作臂或者是傳統工業機器人的概念，屬於一般性技術，相對簡單也易於實現，在自動化的立體車庫、倉儲、汽車沖壓件生產線、材料或工件搬運、核工業核反應堆自動化作業等等行業已處於實際應用層次，當然也不在本書的論述內容範圍之內。

而作為原理上與 $X/Y/Z$ 三座標（或其一的單座標、其二的兩座標）不同的移動平臺是指輪式、履帶式、腿足式以及輪-腿-履複合式移動機器人平臺。這類平臺移動的原理與 $X/Y/Z$ 三座標式移動原理有本質的區別，而且在移動機構、移動控制、移動作業範圍與環境狀態感知等方面比之更複雜。

1.6.1 腿式移動機器人與操作臂一體的機器人

(1) 有雙足雙臂手的人型機器人：由世界首臺人型型機器人（日本，早稻田大學，1973 年）到液壓驅動的人型機器人 Petman、Atlas（美國，波士頓動力公司，2011、2013 年），電動驅動的人型機器人技術瓶頸與液壓驅動人型機器人技術的崛起

1973 年日本早稻田大學的加藤一郎教授領導的生物工學研究組研發了世界上第 1 臺人型型機器人 WABOT-1（WAseda roBOT-1）。「WABOT-1」有單臂 6 自由度和帶有 1 自由度手的雙臂手與雙足、雙目視覺相機；1999 年早稻田大學高西研究室（前身為加藤研究室）研發了帶有雙足（14 自由度）和雙臂手的人型機器人「WABIAN-R Ⅱ」。

日本本田自動車株式會社的本田技研於 1996、1997 年相繼公開發布了帶有雙臂手和雙足的 P2、P3 型集成化人型機器人，實現了穩定步行、帶有預測控制的自在步行以及上下樓梯、雙臂手推車腿式行走等移動作業；1999 年發布的小型集成化全自立的人型機器人 ASIMO，快速跑步移動平均速度可達 6km/h，2000 年實現足式移動速度 9km/h。ASIMO 機器人及其自律步行控制技術如圖 1-128 所示。對於高度集成化的全自立機器人系統設計而言，結構空間十分受限的情況下，控制系統、驅動系統、感測系統的硬體系統均受到機械本體結構空間十分有限的限製，必須選擇結構尺寸小、集成化程度高和高性能的 CPU 為核心來設計驅動各關節運動伺服電動機的底層電腦控制硬體系統，通常高級單片機或 DSP 成為首選。

進入 21 世紀之後的 10 年裏，受本田技研 P2、P3 型以及 ASIMO 研發成功的鼓舞，人型雙足以及全自立的人型機器人技術得到了快速發展，受到世界上許多研究機構的重視，一些著名的人型機器人如日本 HRP 系列人型機器人、韓國

的 HUBO、美國波士頓動力公司的 Atlas 等人型機器人取得了穩定快速步行以及雙足移動雙臂作業實驗的成功。2005 年研發的電動機＋異速器驅動原理的「HRP-3P」人型機器人雙手也只有 10kg 的最大負載能力。目前，以伺服電動機＋高精密異速器為驅動原理的人型機器人作為工業機器人移動操作平臺已經將要達到驅動能力的極限！儘管諸如日本通產省工業技術研究院與東京大學、川田工業等產學研聯合研發的 HRP 人型機器人已經進行了管路系統閥門檢測、開挖掘機等應用試驗研究。但由於目前伺服電動機功率密度、轉矩密度以及高精密異速器額定驅動能力與承受過載能力所限，目前在達到快速行走、跑步移動而滿足行進能力要求的前提下額外的帶載以及操作作業能力遠遠不足，只能操作一些負載相對小的作業。電動驅動的人型機器人處於需要大幅提高伺服電動機功率密度、轉矩密度、所用異速器的額定轉矩以及承受數倍過載能力的電動機與異速器技術瓶頸問題。

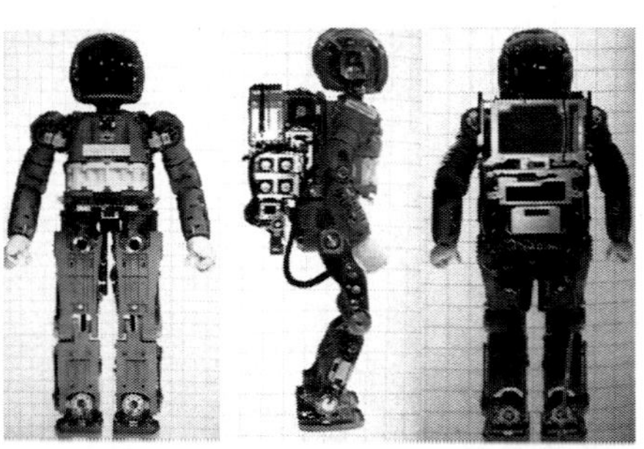
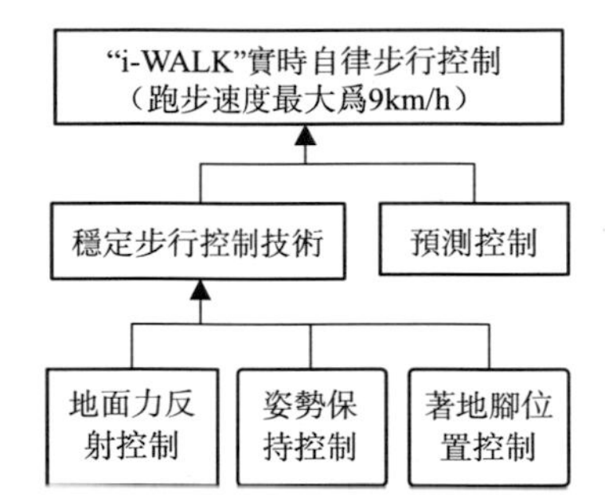

圖 1-128　日本本田技研 2000 年研發出的全自立型人型機器人 ASIMO 實物照片及其步行運動控制技術構成圖

與目前伺服電動機＋高精密異速器驅動技術發展的瓶頸問題相比，微小型泵及液壓驅動原理的足式機器人經過 30 餘年長期的技術研發與積累，微小型泵、微小型伺服控制閥以及液壓驅動與控制技術取得了突破性的進展。美國 Boston Dynamic（波士頓動力）公司研發的液壓驅動原理的 Bigdog 四足機器人、人型雙足機器人 Petman、Atlas 等[119] 從驅動能力、帶載能力等方面較電動驅動的足式機器人具有絕對的優勢！

（2）MIT 高功率密度電動驅動腿及「獵豹」機器人（Cheetah Robot）（美國，MIT，2012～2014 年）

2012 年 MIT 機械工程系的 Sangok Seok、Albert Wang、David Otten 和 Sangbae Kim 等人在 DARPA M3 Program 的資助下，首先研究了高功率密度電動機以及新設計原理的腿部機構和高功率密度電驅動的高速腿以及「獵豹」機器人。2015 年 5 月 29 日 MIT 發布研製出世界第 1 臺自治跑步、跳躍障礙物的

「獵豹」四足機器人，跑步平均速度為 5mile/h（1mile＝1609.344m）。MIT 研發的電動驅動獵豹機器人及其移動與越障能力測試實驗結果為電動驅動的腿式移動機器人移動平臺的新設計方法提供了重要參考和研發方向。雖然其機器人上並沒有搭載機器人操作臂，但從移動能力的角度已經為搭載操作臂實現移動兼具操作機能的腿式移動平臺部分奠定了設計方法與技術基礎。

1.6.2 輪式移動機器人與操作臂一體的機器人

（1）面向核動力工廠維護作業的搭載操作臂的移動機器人 AIMARS（日本，Nakayama R. 等人，1988 年）

Nakayama R. 等人於 1988 年提出了面向核動力工廠（nuclear power plants）的先進智慧維護機器人系統 AIMARS[120]（advanced intelligent maintenance robot system），該系統由一臺可爬臺階、下臺階的輪式移動車、一臺 9-DOF 的機器人操作臂以及安裝在其末端的手、安裝在操作臂上的視覺感測器、一個全方位頭部、用於實現自治控制和遙控操作的電腦系統組成。

（2）帶有雙臂多指手的兩輪驅動人型機器人 Hadaly-2（日本，早稻田大學，高西淳夫，1997 年）

1997 年日本早稻田大學高西研究室研發了以兩前輪驅動的輪式移動方式人型機器人 Hadaly-2[121]，如圖 1-129 所示。該輪式移動機器人的手、臂、軀幹總共有 43 個自由度，合計由 71 個直流伺服、交流伺服電動機驅動，由分布式處理型電腦系統構成控制系統；輪式移動平臺上搭載著兩個左右對稱的人型雙臂手系統。每只人型四指手、手臂的自由度數分別為 13、7 個自由度；軀幹和兩個車輪的自由度數分別為 1、2；總重約為 150kg；手、臂、軀幹、車輪上配置的感測器為光電編碼器，四指手的每個手指根部都設有六維力感測器。四指手手指最前端的移動速度參照了成人男性手一般的移動速度，設計為 1m/s；兩個前輪驅動機器人移動和轉向，最大移動速度可達 6km/h。該機器人可以與人進行資訊交流。

（3）面向人-機器人協作的兩輪驅動移動操作臂（日本，慶應大學，Kohei Naozaki & Toshiyuki Murakami，2009 年）

日本慶應大學系統設計工程系的 Naozaki Kohei 和 Murakami Toshiyuki 於 2009 年面向人-機器人協作運送系統（human-robot cooperative transportation）開展了如圖 1-130 所示的一個搭載操作臂的兩輪驅動移動機器人系統研究[122]，並根據協調運輸移動平臺的狀況、移動能力和穩定性，透過最大化或最小化這些性能指標，並以可操作性測度作為指標，在機器人移動能力和機器人的穩定性兩者之間進行權衡，基於簡化的雙倒立擺模型（double inverted pendulum）研究並提出了輪式移動平臺的構形控制方法[87]。

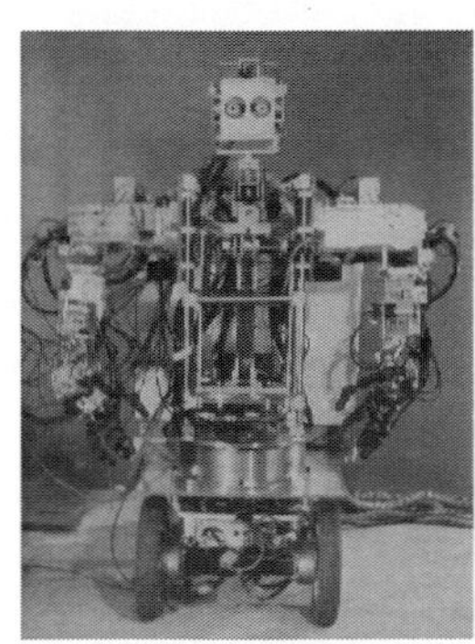
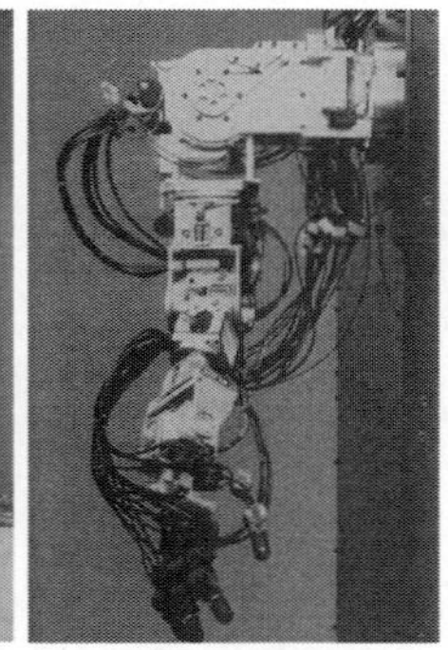
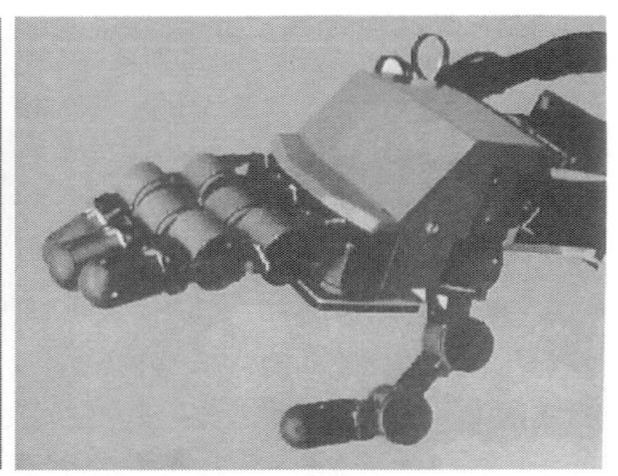

圖 1-129 早稻田大學高西研究室研發的 Hadaly-2 型
輪式移動的人型雙臂手機器人實物照片（1997 年）[121]

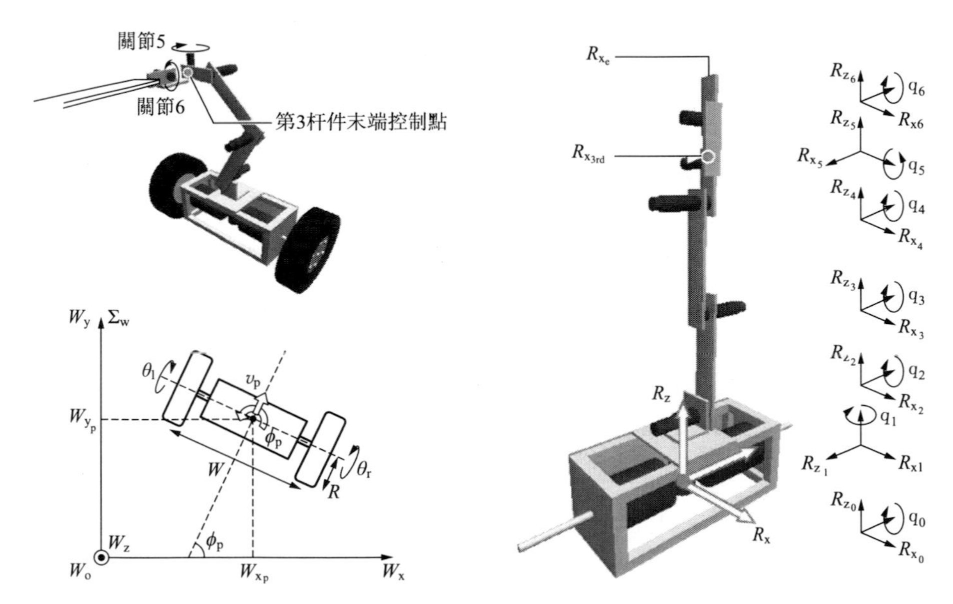

圖 1-130 日本慶應大學的兩輪驅動移動操作臂機器人（2009 年）[122]

（4）輪式人型移動操作臂 Golem Krang（美國，The Georgia Institute of Technology，2009 年）

美國喬治亞理工學院人型機器人實驗室研發的輪式人型移動操作臂雙臂機器人如圖 1-131 所示[123]，該機器人在臂部和 3-DOF 軀幹部使用了 Schunk 回轉模塊（Schunk rotary modules）。其腰關節可以用來控制使整個上體相對於輪式移動機構傾斜。因此，該機器人可以坐下、站立、執行與人體比例相當的操作，可以使用驅動軀幹 pitch 運動的腰關節來實現機器人動態平衡效果。該機器人的特點是用由回轉關節連接的兩個被動連桿組成的平面機構連接軀幹與輪式移動機構，並且輪與地面之間有足夠的摩擦力以保證輪不滑移。

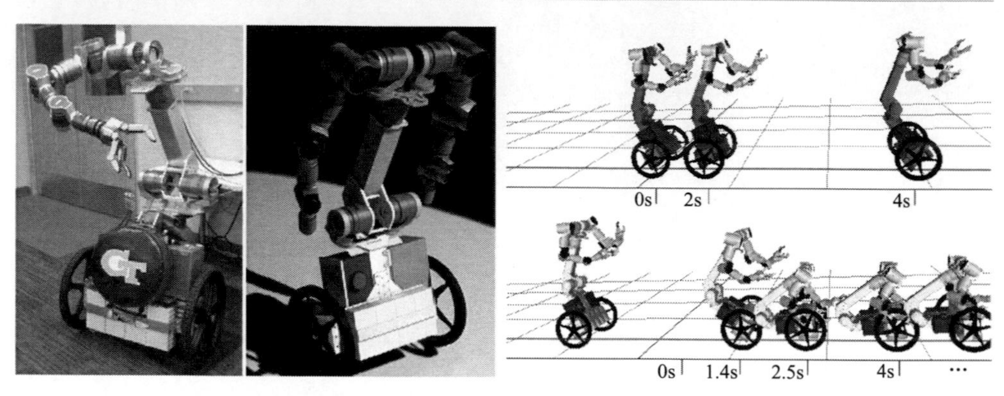

圖 1-131　美國喬治亞理工學院的輪式人型移動操作臂（2009 年）[123]

（5）採用現有工業機器人操作臂產品和自行設計輪式移動平臺的四輪驅動與操控的移動操作臂（土耳其，伊斯坦布爾技術大學，2007 年）

土耳其伊斯坦布爾技術大學電氣工程系機器人實驗室的 Bilge GÜROL、Mustafa DAL、S. Murat YEŞİLOĞLU、Hakan TEMELTAŞ 選用日本三菱（MITSUBISHI）株式會社製造的 PA-10 工業機器人操作臂作為其移動機器人平臺上的操作臂，並為其設計、製作了四輪驅動和操控移動平臺，從而研發了四輪驅動與操控的移動操作臂系統。三菱公司生產的 PA-10 工業機器人操作臂為 7-DOF 的冗餘自由度操作臂，Bilge GÜROL 為其設計了四輪驅動（four-wheels-drive，4WD）和四輪操控（forur-wheels-steer，4WS）的偏置輪式移動平臺。

（6）德國 DLR［Institute of Robotics and Mechatronics，German Aerospace Center（DLR），Muenchner Strasse 20］研發的輪式移動操作機器人 Rollin' Justin（德國，Alexander Dietrich 等人，2011 年）

Alexamder Dietrich 等人面向服務機器人的應用背景以及輪式移動機器人作為非完整約束系統的阻抗控制問題，於 2011 年研發了四輪移動平臺搭載帶有雙臂多指手上半身的輪式移動人型機器人 Rollin' Justin。

（7）搭載操作臂的雙側搖臂四驅輪式移動機器人（MIT，1999 年）

美國 MIT 與噴射推進實驗室（Jet Propulsuon Laboratory，JPL）於 1999 年為在崎嶇地形實現輪式移動而提出了一種雙側搖臂四驅輪式移動機構，並研製了 SRR 月面採樣探測車，也即搭載用於月面採樣的 4-DOF 操作臂的四輪驅動輪式移動機器人。

① 車身兩側的平行四連桿機構原理的搖臂可以以不同的前後輪臂臂桿相對轉動調整前後輪的相對位置，如此可以適應崎嶇路面或岩石、段差路面。

② 前後輪臂皆採用平行四連桿機構，可以保持前後輪臂臂桿豎直且互相平行。

③ 輪式移動平臺（即車體）上搭載的機械臂有 4 個自由度，機構構型為 RPPR，其中 R 為滾動（roll），P 為俯仰（pitch）。該操作臂用於星球表面土壤採樣操作。由於星球表面土壤鬆散，在某種程度上土壤鬆散顆粒可在安裝在操作臂末端的採樣筒外力作用下適應採樣作業所需的位置與姿態，所以，該操作臂腕部僅用 1 個滾動自由度 R 關節即可滿足採樣作業姿態需要。

④ 車輪可用星球探測車輪。

(8) 離線機器人概念及搭載操作臂的輪式移動操作機器人的研發（日本，電氣通訊大學，K. Aritad 等人，1999～2000 年）

1999 年，日本電氣通訊大學（The University of Electro-Commnications）機械與控制工程系的 H. Z. Yang、K. Yamafuji 等人針對無人化工廠生產過程中生產線上機器人一旦作業中出現問題會導致整條生產線處於生產停滯狀態的問題，提出了引入離線機器人到無人化機器人生產的概念，並進行了技術研發[124]。為此，他們首先對日本國內傳統自動化生產系統（conventional automatic production system）中的機器人進行了分析。H. Z. Yang、K. Yamafuji、K. Arita 和 N. Ohra 等人還搆築了一個簡易的虛擬工廠模型用來驗證 Off-line Robot（離線機器人）的概念以及與 On-line Robot 協作用於無人化生產系統的可行性。

1.6.3 履帶式移動機器人與操作臂一體的機器人

(1) 操作臂可輔助爬行的履帶式自治移動操作機器人 Alacrane（西班牙，Universidad de Ma'laga、Javier Serón 等人，2014 年）

Javier Serón 等人設計研製的移動機器人的履帶移動部分為常見的兩履帶式移動機構，履帶輪直徑為 0.210m，一個慣性測量單元用來高頻讀入機器人相對於水平面的滾動角度和俯仰角度[125]。兩個帶有用於航位推算（dead-rockoning）編碼器的獨立液壓馬達用來控制、牽引履帶式移動機構行進和轉向。在兩履帶式移動機構平臺上搭載著由 5 個帶有角度測量用絕對編碼器的液壓缸驅動來實現操作臂的 4-DOF 運動，其末端操作器為開合手爪式抓鬥（grapple）。

(2) 帶有雙臂的履帶式移動操作機器人［日本，東北工業大學（Tohoku Institute of Technology），Toyomi Fujita、Yuichi Tsuchiya，2014 年］

日本東北工業大學的 Toyomi Fujita（藤田豐美）和 Yuichi Tsuchiya（土屋由一）於 2014 年研製了雙履帶並排的履帶式移動機構外側前端角點處左右各帶有單個操作臂的雙臂雙履帶式移動操作機器人系統，該機器人系統由操作臂 1（arm1）和操作臂 2（arm2）、雙履帶式移動機構（tracks）、主控電腦（host PC）、圖像處理系統板卡（image processing board）RENESAS SVP-330 和 CCD 相機（CCD camera）Sony EVI-D70 等硬體組成[126]。該機器人總體尺寸為 590mm × 300mm × 450mm，總重為 30kg，雙履帶各有一臺 150W 的 Maxon RE40 直流伺服電動機驅動，雙臂中各單臂為 4-DOF，雙臂驅動總共採用 9 個 KONDO KRS-4034HV 驅動器。該移動操作機器人系統可以用雙臂操作移去行進路上的障礙物、石頭，也可以用雙臂手持物體運送行進，最大移動速度為 0.47m/s。

（3）搭載單操作臂的雙履帶式混合移動操作機器人（加拿大，機器人學與自動化實驗室 & 振動與計算動力學實驗室，Pinhas Ben-Tzvi、Abdrew A. Goldenberg 和 Jean W. Zu，2007 年）

受 2001 年 9 月移動機器人被應用於 WTC（World Trade Center，世界貿易中心）善後的城市搜救（urban search and rescue，USAR）活動的深刻影響，移動機器人主要被用於災害搜救、透過殘垣瓦礫的路徑搜索，以便更快速地進行挖掘、結構檢測、危險品材料檢驗等作業。在這種情況下，小型移動機器人更有使用價值。為此，加拿大多倫多大學機械與工業工程系的 Pinhas Ben-Tzvi、Abdrew A. Goldenberg 以及 Jean W. Zu 等人總結歸納了研究問題和解決方案，並且進一步提出、設計了一種由三桿 3 自由度操作臂和雙履帶式移動機構組成的混合多移動方式的移動操作機器人[127]。Pinhas Ben-Tzvi 等人提出的用於混合移動機器人上的車載分節段間射頻無線通訊設計方案從概念上避開了有線連接時為了保證線纜不影響關節運動範圍或線纜安全性的問題，以及在給定機械系統不同零部件之間滑環機械連接的問題。

1.6.4 移動平臺搭載操作臂的工業機器人應用與技術發展總結

「移動」（mobile）和「操作」（manipulate）永遠是工業機器人技術領域的兩大技術主題，「移動操作」則是在這兩大技術主題上衍生出來的技術融合，透過這種技術融合可以藉助於「移動」技術和「移動」平臺擴大工業機器人「操作」作業範圍和作業能力。以上分別以腿式移動、輪式移動、履帶式移動三種主流移動方式作為移動平臺，搭載或與工業機器人操作臂一體設計來講述、討論了諸多移動平臺帶有操作臂的工業機器人系統設計與研發案例中，具有代表性實例中的一些新思想、新概念和系統總體設計、各主要組成部分設計以及新技術。本書作為以工業機器人系統設計作為主題內容，在海內外文獻以及設計研發實例選擇上遵從這樣一個原則：納入具有原始概念、原始設計思想以及新技術方面創新的文獻作為參考，並且著重介紹系統設計主要內容，強調概念與思想的原創性、技術的先進性、系統設計的完整性，據此來論述工業機器人系統設計內容。因此，浩若煙海、諸多大同小異、數以萬計的「文獻」沒有被列入也不可能被有限的篇幅列入。重複研究的現象也相當嚴重（此處不宜展開討論）。還是結合前述所列述的移動平臺搭載操作臂的工業機器人系統代表性設計與技術研究加以總結如下：

①「輪式」「履帶式」移動平臺、工業機器人操作臂在類似工廠室內外結構化環境下已是成熟技術。作為結構化環境下的自動化移動平臺主流的輪式、履帶式、輪-腿式、輪-履式、履-腿式移動機器人技術自 1980 年代以來已經逐步成熟並且首先在美、日等發達國家取得產業化應用。這些自動化移動平臺搭載視覺、超聲測距、雷射測距等感測器系統，透過構建結構化環境地圖來進行自動導航或路標識別導引、自主移動作業。截至 2000 年，也標誌著工廠室內外移動作業機器人化大規模普及時代的到來！中國雖然起步較晚，但發展速度較快，目前工廠用 AGV 移動平臺產品化、產業應用已經開始普及。工業機器人操作臂產業化及其應用現狀在前述工業機器人操作臂技術現狀一節中已有論述，其在 1980 年代在國際上已是成熟技術並且在發達國家普及應用。

② 以成熟的 AGV 移動平臺產品和工業機器人操作臂產品組合設計「移動操作」工業機器人是工業應用上成本最低、成品最快的捷徑！研發成分較少但快捷靈活！這需要製造商考慮移動平臺系列產品與操作臂系列產品的相應配套的組合設計適應度問題，適用於總體方案集成商業模式。如本章開始 1.2 節圖 1-3 舉例給出的 KUKA youBot 小型輪式移動機器人的設計方法便是兩個成熟技術產品的組合設計實例。

③ 自 2000 年以後到 2018 年移動操作機器人技術研發的主要目標是面向工廠廠區車間內離線機器人應用技術以及廠區以外的複雜結構化環境下的應用技術研究。工業機器人移動平臺設計與研發技術主要集中在面向多種不同作業環境如爬樓梯、上臺階、跨越障礙等高環境技術指標的輪-履、輪-腿、履-腿以及輪-履-腿等複合（也稱混合）移動方式的移動機器人系統設計與技術研究。儘管這些不同類型的移動機器人原型樣機從原理上和在實驗室條件下已較多地被研發出來並有文獻發表，但作為工業機器人產品，技術成熟度以及技術性能指標穩定性、可靠性都還需要經過產品化、產業化檢驗，需要進一步做好技術應用研發。從可靠性理論上講，如果構件或零件本身的可靠度達不到足夠高的話，系統總的可靠度會隨著構件或零件數的增多而下降。以多自由度運動的移動操作機器人系統作為

產品最為關鍵的問題仍然是機械本體設計製造技術。目前的伺服電動機與驅動控制技術、感測器等電氣電子產品已經是成熟的工業品。

④ 移動操作機器人設計從系統總體最佳化設計上來看仍需在設計理論與方法上加以研究。其根本問題同目前工業機器人操作臂產品中存在的總體最佳化設計上的問題一樣，就是如何以總體最佳化設計的方法來應對未知的、尚未確定的應用在何處、採用何種作業技術指標等設計魯棒性的問題。「量身訂製」是一個解決此問題的辦法。即便如此，總體最佳化設計也仍然有必要解決全局最佳化設計的問題。

⑤ 非結構化、非連續介質環境以及特殊工業作業環境下的工業機器人技術研究已成為主流。工業機器人技術研究已經不再局限於工廠結構化環境下的應用技術研究，而是擴展到類似於野外、不平整地面、搜救等非結構化環境移動操作作業、醫療、空間站、星球表面探測等工業大背景。類似於輸電線路巡檢、輸電線塔檢測、建築結構構建與攀爬清洗作業、空間站站外桁架結構以及表面檢測、核反應堆狹小空間內機器人焊接作業等等特種技術需求會不斷提出新的技術挑戰。

綜上所述，工業機器人移動操作技術發展到今天，作為技術研究課題的主題內容已經由各種單獨移動方式的移動機器人技術研發擴展到高技術指標、高環境適應性、高移動操作作業性能、高可靠性方面要求等新技術研發時代。

1.7 關於工業機器人技術與應用方面人才與工業基礎

1.7.1 從事工業機器人系統設計所需的知識結構

這裡用圖 1-132 表示出來從事工業機器人系統設計人員所需的基本知識結構。

1.7.2 從事工業機器人系統設計與研發應具備的專業素養

工業機器人系統設計的特點已由機器人學與機器人技術無論在學術研究上還是在技術研發上皆屬於多學科專業綜合性交叉的特點決定了機器人系統設計工作也屬於多學科專業基礎知識與技術綜合性運用的技術工作特點，而且對於設計與分析方面的技能性工作要求也較強。現代工業機器人系統設計與傳統的設計又有所不同，筆者倡導機械系統設計與控制系統設計兩項設計工作相結合的機械＆控制聯合設計，以從機械本體與運動控制兩方面同時得到有效的設計保證和系統設計品質的提高為設計目標。

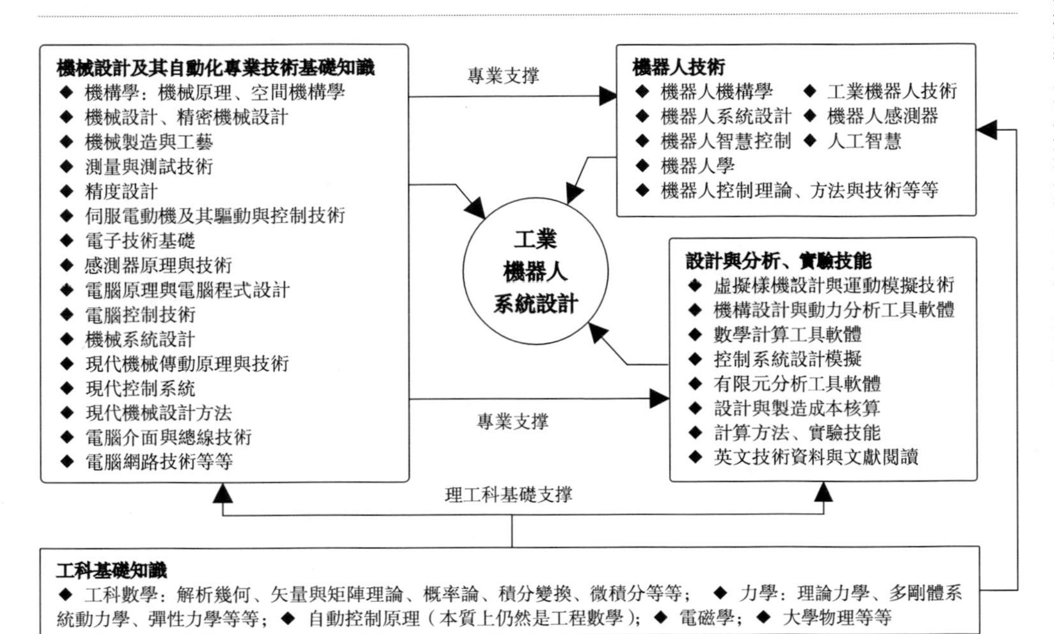

圖 1-132　從事工業機器人系統設計人員所需的基本知識結構

機器人系統設計的主要工作與內容包括機械系統本體設計、動力系統設計、電腦控制與感測系統設計、機械系統與控制系統聯合模擬等主要設計工作。這些工作又分為軟體系統設計、硬體系統設計。機器人系統設計工作首先是機械系統設計。而現代機械系統設計與傳統機械系統設計的不同之處在於：以機械系統設計為開端，同時可以進行控制系統設計，作為系統設計可以終結於機械系統與控制系統聯合模擬的設計驗證工作。模擬驗證之後即可進入機械系統實體製造、電控系統、感測系統製作或搭建階段。因此，作為從事工業機器人系統設計與研發的技術人員或研究者需要具備的基本素養和專業素養如下：

① 客觀、正確看待作為被設計對象的工業機器人系統及其特點。工業機器人系統是分屬於不同學科專業領域專業技術的多個子系統構成的大系統。不同學科專業基礎知識運用具有各自特點，比如：機械系統設計分為一般用途下的普通精度、中等重要程度的中等精度以及高精度的精密、超精密機械系統。工業機器人機械系統多以含有回轉關節的機構為主流，回轉關節機構具有使執行機構運動範圍大的特點，但也有關節微小回轉位置、速度偏差導致回轉桿件末端位置、速

度偏差被放大的最大缺點，其基本原理是末端桿件偏差等於回轉角度偏差×桿件長度。這一簡單的數學原理使得為得到機器人操作臂末端位置精度為零點幾到零點零零幾毫米甚至更高的奈米級精度等中高精度、超高精度的定位精度和軌跡跟蹤誤差，就對關節機械傳動系統、驅動與控制系統的設計、製造、控制等三方面在實現的精度指標上提出了更嚴格、更苛刻的技術要求。這也是現代工業機器人系統設計的最大特點。一臺末端操作器定位精度在幾毫米、十幾毫米的中低、低等精度的工業機器人系統與中高精度的機器人在技術含量、設計製造成本以及銷售價格上不可同日而語！而且精度高低既是個絕對的概念，也是個相對的概念。就單臺機器人重複定位精度而言是絕對的，而對於末端負載在 100kg 以上的大載荷、數百公斤乃至 1t 以上的重載荷工業機器人操作臂而言，其末端定位精度在幾到零點幾毫米都屬於高精度的機器人操作臂。因此，不應主觀、武斷！

② 活學活用學科專業基礎與精益求精的理想主義精神是從事打造高精尖工業機器人的技術研究者不可欠缺的個人品格。

③ 擁有深厚、扎實、系統的知識結構和系統設計能力。知識結構如 1.7.1 節圖 1-132 中所示。這種知識結構的形成需要在專業基礎與專業技術基礎知識學習與實際訓練的大學學習階段、研究生學習與準研究者階段充分理解掌握各門課程中的基本概念、基本思想、基本方法與基本技術知識以及相應的實驗試驗與技能實訓的基礎上，在自己的大腦中盡快織就一張系統的本門學科專業知識網路，以及建立符合學科專業知識特點的思維方式。單純的「應試教育」和「應試技能」是無法達成這張系統性的知識網路的。這張屬於自己大腦的知識網路不形成就無法做好系統設計和系統性解決問題的方案，猶如巧婦難為無米之炊！

④ 從事學術與技術研究的研究者首先必須是一個思想者，之後是技術能力卓越的技術發明者。

⑤ 深刻認識什麼是研究？什麼是學習？什麼是創新？什麼是原始創新？並且能界定開來！作為一名自律的科學技術研究者，自覺尊重、遵循科學與技術發展的一般規律，尊重同行專家學者及其研究成果、自主知識產權。在重複性、低品質「研究」泛濫的當下，這一點需要特別加以解說和予以深刻認識！

• 所謂研究是指對在當時的學術與技術條件下針對不能為常規的理論、方法或技術所直接解決並且至少具有一定難度甚至於難題而無法被大多數同行在一定時間內所解決的問題，經相關文獻調查研究、綜述與分析後找到難點，選擇並確立適當可行的理論、方法與技術進行解決問題，獲得解決問題的新理論、新方法或新技術的過程。如此定義的研究，必然意味著學術或技術創新。

• 所謂學習以及研究與學習的區別。什麼是學習這一概念並不用我給出。相信大家都是從學習過程中成長起來的，自然知道什麼是學習。學習的特徵就是學習他人更多是前輩、前輩的前輩們在研究、學習、實踐過程中總結出來的有效的知識，被學習的內容不是學習者自己搞出來的。他人研究出來的結果或科技成果中必然具有能夠代表其成果特徵的實質性內容，如果你照著這些結果或成果自己做一遍，即使沒有閱讀或照著其技術報告、學術論文、學位論文等文獻去做，如果你做一遍的結果沒有超出他人原有成果的實質性特徵所涵蓋的內容和範疇，那就只能是學習或實踐，而不能稱作研究。研究與研究成果具有唯一性，誰先做出來並得到公認便是誰的，如同諾貝爾獎獲得者一樣，同一研究結果的公共認可只有第一，沒有第二。

• 研究與創新。理論上，真正能夠稱作「研究」的結果必然是有創新性的。這就像創新要想得到認可，首先需要作為第三方的科技情報所經過查新給出的查新報告依據一樣。重複性研究只能算作交學費的學習，有用但不可能稱為「創新」，也根本不會有任何創新，但學習消化之後有了一定基礎，經過自己的創造性思維活動、學術與技術活動之後有可能會改變原來學習到的理論、方法與技術，從而衍生出屬於自己的創造性工作結果，這部分屬於在前人創新基礎上的「創新」。

⑥ 不斷自覺更新自己的知識結構，與本領域方向的發展與時俱進，有作為研究者從事研究工作的持續熱情和堅持不懈的努力！厚積薄發！不可操之過急，急躁反而適得其反，欲速則不達；勇於選擇難題！沒有一定難度、普遍都能做能解決的「研究課題」算不得科研課題。這裡給出三個案例：

日本本田技研（HONDA R&D Inc.）在 1986 年開始研發人型機器人直至 1996 年歷經 10 年時間祕密從事研發工作，從當時已被海內外大學、科研機構、公司研發部門廣為研究的人型雙足步行機器人開始作為學習基礎，期間平均每年研發一臺雙足步行機器人原型樣機並進行雙足步行運動控制實驗，運用國際上已取得的雙足步行理論與技術成果，直至 1995 年奠定了雙足穩定步行控制的技術基礎，1996 年發布新聞向世界宣告世界首臺全自立型人型機器人 P2 型研發成功，繼而是 P3 型以及 2000 年的小型化全自立人型機器人 ASIMO 成功小型化並產品化。以本田公司的財力、設計與製造技術實力，前後歷經長達 14 年的時間確立了人型雙足步行移動技術。

前述是國際著名的本田公司研發人型機器人的案例，下面以日本東京工業大學廣瀨茂男研究室（廣瀨教授已退休）自 1970 年代開始持續 40 餘年研發 TITAN 系列四足步行機器人為例，從 TITAN 初代至 TITAN Ⅹ形成了電動機驅動的四足步行機器人完整的設計、研發技術，從腿足與軀幹平臺整體設計到模塊化單元腿的模塊化組合設計、從腿式步行到輪腿式混合移動方式、從靜步行到穩定四足動步行控制、定位導航技術、爬樓梯、上臺階到不平整地面、排雷、救援等等應用研究奠定了整個四足步行創新技術基礎、科學研究與產業應用。

第三個案例便是美國波士頓動力公司歷經 30 餘年長期研發的液壓驅動的穩

定雙足快速步行機器人 Petman、Atlas、四足步行機器人 Bigdog 等等。

這些最具國際代表性的、先進性的機器人系統成功研發案例都在告訴從事機器人系統設計與研發的研究者們：

a. 深入剖析之後確立具有技術突破難點的研究方向或者原始創新課題，長期技術研發和積累才能取得標誌性的、有國際顯示度和象徵技術實力的機器人技術成果。

b. 無論是雙足步行人型機器人還是四足仿生機器人，從首臺原型樣機到代表性的技術成熟度較高的原型樣機，期間經歷了數臺乃至十數臺原型樣機的研發過程。每臺原型樣機的背後都是從前一型原型樣機發現並總結出需要解決的學術與技術問題，為解決這些問題而進行下一輪原型樣機的技術研發。原始創新更是如此。

c. 一系列關鍵性技術、難點性技術一個個突破，才有最終的告一段落的標誌性的、成熟度高的技術成果，並且在整個過程中積累連續的、相對完整的自主知識產權，這一點對於技術的產品化、產業化尤為重要，對於技術經濟的發展和技術價值實現更是不可缺少！

⑦ 結合國家國民經濟與社會發展主戰場開展技術需求性課題研究與前瞻性、原始創新性基礎研究課題研究兩條腿走路，深謀遠慮，看準、把握好研究、研發方向，擁有堅持不懈的科研恆心！

⑧ 自律自覺遵守學術與技術道德。一個真正的研究者必然是靠自覺自律才能成為真正的專家學者的。這一點不可能是靠外部約束的。

⑨ 客觀地認識、思考、對待客觀存在的研究對象，即實事求是的研究態度。需要深刻認識到：自然科學與工程技術的客觀性決定了從事其工作的大學生、研究生、教師、科研人員必然是要客觀地面對自然界研究對象和工程實際研究對象的。否則，不可能得到客觀的、科學的學術與技術成果，如同 1＋1 等於 2 而不是 3 一樣。主觀能動性建立在客觀看待被研究對象和問題的基礎上，才能發揮正確的作用。

⑩ 原型樣機研發之前、之後都需要進一步的面向實際應用問題細節的深入思考和總結。經得起實際檢驗的技術必然是所有技術細節的解決來成就的。這種思維模式對於技術產品化和技術產業化應用至關重要。

1.7.3 工業機器人產業化與創新研發所需的工業基礎

(1) 面向一般工業用途的工業機器人產業化工業基礎與創新研發

目前，作為工業機器人操作臂產業化的工業基礎部件是高精密機械傳動裝置即精密異速器、DC/AC 伺服電動機、DC/AC 伺服驅動與控制單元工業成品，再有就是機器人機械本體設計與製造技術，如圖 1-133 所示。其中：據 2018 年統計結果，世界上銷售的 37.8 萬臺工業機器人產品中，日本產的異速器占 75％，電動機、異速器以及伺服驅動 & 控制器等工業基礎部件占機器人總成本的 75％～85％左右。因此，中國將 RV 擺線針輪異速器、諧波齒輪異速器、交/直流伺服電動機及其驅動 & 控制器單元（含多軸運動控制器）並稱三大關鍵基礎元部件，《中國製造 2025》大力發展工業機器人基礎元部件產業。這些工業基礎產業化之路在發達國家於 1980 年代已經走完，也標誌著發達國家的工業機器人操作臂產業化以及普及應用之路已經走完。不僅工業機器人操作臂，移動機器人也離不開這些基礎元部件，中高級 RV 擺線針輪異速器、諧波齒輪異速器以及直流/交流伺服電動機、伺服驅動與控制單元等等也是移動機器人的關鍵核心基礎部件。目前，國際上交流伺服電動機及其伺服驅動控制單元工業品以安川電機、三菱公司的產品為主流；RV 擺線針輪異速器以日本帝人公司的產品為主流；諧波齒輪異速器以日本 Harmonic Drive®的產品為主流。這些工業品基礎元部件是設計製造中高端工業機器人操作臂、移動機器人的必備品。中國自 2010 年以來，雖然這些基礎元部件隨著大力推進工業機器人產業化政策與產業基金資助扶持，產業化之路發展迅速，綠帝公司、秦川機床廠等大型企業在 RV 異速器、諧波齒輪異速器等基礎元部件製造上取得了長足進步，但在產品性能穩定、關鍵技術指標上仍然與海外高端產品有一定的差距，更實際的問題是，這些產品尚需在中國自主研發的工業機器人操作臂產品至少一個產業應用壽命週期內完成實際應用的技術成熟度、應用品質檢驗。2019～2024 年是中國自主研發的工業機器人及其關鍵元部件產品與國際上同行業企業產品放在同一個市場平臺內公平競争占領市場占有率多寡的關鍵性五年。不僅如此，面向一般工業用途的移動操作的工業機器人會繼續在以下幾個方面向前推進和發展。

① 工業機器人靈巧操作技術　在製造業應用中模人型手的靈巧操作，在高精度高可靠性感知、規劃和控制性方面開展關鍵技術研發，最終透過獨立關節以及創新機構、感測器達到人手級別的觸覺感知陣列，動力學性能超過人手的高複雜度機械手能夠進行整只手的握取，並能做加工廠工人在加工製造環境中的靈活性操作工作。在工業機器人創新機構和高執行效力驅動器方面，透過改進機械裝置和執行機構以提高工業機器人的精度、可重複性、解析度等各項性能。進而，在與人類共存的環境中，工業機器人驅動器和執行機構的設計、材料的選擇，需要考慮工業機器人的驅動安全性。創新機構包括外骨骼、智慧義肢，需要高強度的負載/自重比、低排放執行器、人與機械之間自然的交互機構等。採用新材料提高工業機器人的負載/自重比。

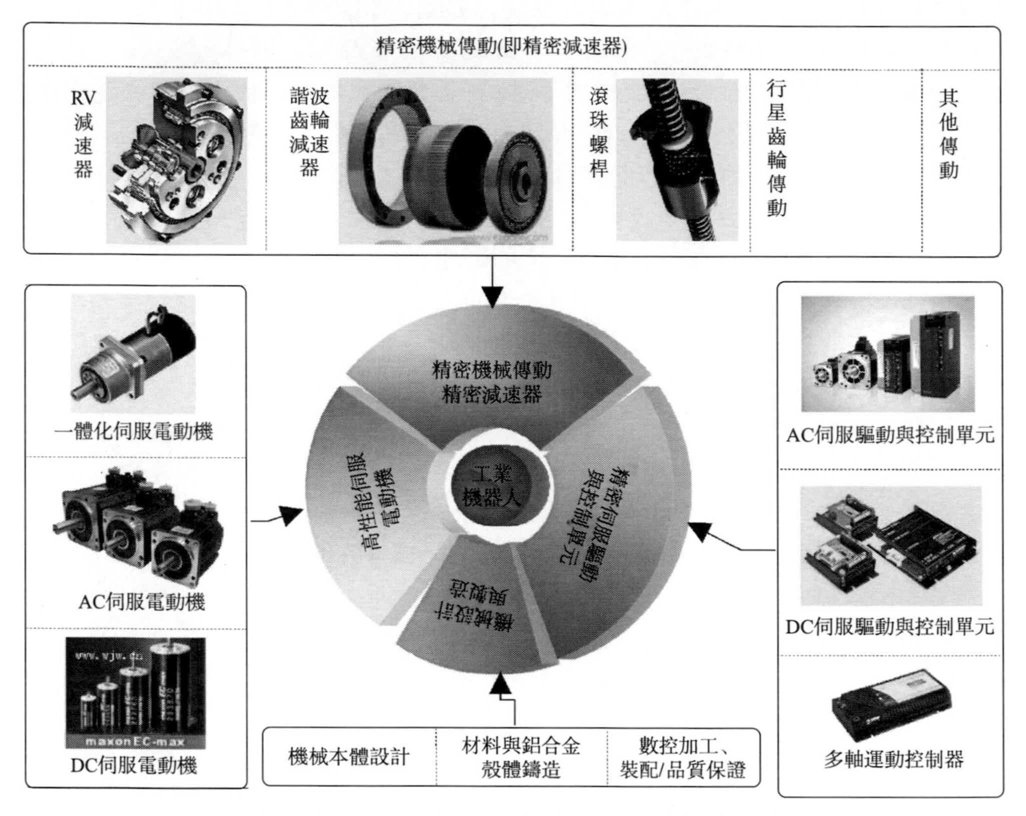

圖 1-133　工業機器人系統設計所需的工業產業基礎

② 工業機器人自主導航技術　在由靜態障礙物、車輛、行人和動物組成的非結構化環境中實現安全的自主導航，對裝配生產線上對原材料進行裝卸處理的搬運機器人、原材料到成品的高效運輸的 AGV 工業機器人以及類似於入庫儲存和調配的後勤操作、採礦和建築裝備的工業機器人均為關鍵技術，需要進一步進行深入研發技術攻關。一個典型的應用為無人駕駛汽車的自主導航，透過研發實現在有清晰照明和路標的任意現代化城鎮中行駛，並能夠展示出其在安全性方面可以與有人駕駛車輛相提並論的特點。自主導航在一些領域甚至能比人類駕駛做得更好，比如自主導航通過礦區或者建築區、倒車入庫、並排停車以及緊急情況下的異速和停車。

③ 工業機器人環境感知與感測技術　未來的工業機器人將大大提高工廠的感知系統，以檢測機器人及周圍設備的任務進展情況，能夠及時檢測部件和產品組件的生產情況、估算出生產人員的情緒和身體狀態，需要攻克高精度的觸覺、力覺感測器和圖像解析算法，重大的技術挑戰包括非侵入式的生物感測器及表達

人類行為和情緒的模型。透過高精度感測器構建用於裝配任務和跟蹤任務進度的物理模型，以異小自動化生產環節中的不確定性。

④ 工業機器人與人的人機互動技術　在生產環境中，注重人類與機器人之間交互的安全性。根據終端使用者的需求設計工業機器人系統以及相關產品和任務，將保證人機互動的自然，不僅是安全的而且效益更高。人和機器人的交互操作設計包括自然語言、手勢、視覺和觸覺技術等，也是未來機器人發展需要考慮的問題。工業機器人必須容易示教，而且人類易於學習如何操作。機器人系統應設立學習輔助功能用以實現機器人的使用、維護、學習和錯誤診斷/故障恢復等。

⑤ 基於實時系統和高速通訊總線的工業機器人開放式控制系統　基於實時操作系統和高速總線的工業機器人開放式控制系統，採用基於模塊化結構的機器人的分布式軟體結構設計，實現機器人系統不同功能之間無縫連接，透過合理劃分機器人模塊，降低機器人系統集成難度，提高機器人控制系統軟體體系實時性；攻克現有機器人開源軟體與機器人操作系統兼容性、工業機器人模塊化軟硬體設計與介面規範及集成平臺的軟體評估與測試方法、工業機器人控制系統硬體和軟體開放性等關鍵技術；綜合考慮總線實時性要求，攻克工業機器人伺服通訊總線，針對不同應用和不同性能的工業機器人對總線的要求，攻克總線通訊協議、支持總線通訊的分布式控制系統體系結構，支持典型多軸工業機器人控制系統及與工廠自動化設備的快速集成。

(2) 面向狹小、細長、彎曲空間以及特殊形狀孔軸裝配類自動化作業的專用工業機器人技術的新課題

① 狹小、狹長、彎曲空間內微型操作臂、微小型移動操作機器人技術。目前的面向實際作業環境工作空間要求不嚴格受限的一般用途工業機器人技術相對容易解決，工業機器人系統設計相對容易，屬於常規工業機器人系統設計與研發內容！然而，尚有一類可供機器人作業的環境空間嚴格受限的狹小、狹窄、狹長、彎彎曲曲路徑之類結構化、非結構化作業環境對工業機器人操作臂或機械手、移動操作機器人技術需求，這類技術目前被海外壟斷！並且其產品售價相當昂貴，絕對是高技術附加值產業！儘管一些微小型的機器人操作臂、管內爬行微小型移動操作機器人、蛇形機器人、柔性操作臂在1990年代被研發出來，並且其後有很多研發。但操作、移動實驗仍然是在諸如結構化狹小通道、表面連續的光滑管路之類的理想條件下進行的，很難應對帶有不連續表面的結構化、非結構化狹小、狹窄、狹長空間下的作業條件。例如：核設施內垂向縱深數公尺至十數公尺處、周圍樹根狀管道間隔只有200～300mm的狹小空間內的整周焊接作業、擰螺釘等移動操作作業用機器人技術；細長板材圍成數十毫米封閉、半封閉斷面時通道內部焊縫焊接作業用機器人技術等等超常規作業對機器人技術的需求。

② 斷面為基本幾何形狀複合而成的複合軸孔類零部件的機器人裝配技術。

有關圓柱形軸孔配合面的機器人裝配技術在 1970 年代即開始被研究，並已得到應用。中國則在 1980 年代後期、90 年代研究了類似精密伺服閥的閥芯與閥孔的機器人精密裝配技術，採用宏/微操作以及柔順裝配技術進行了力/位混合控制下的裝配實驗。此後，有關方孔配合的機器人裝配理論與技術也被研究。但是，諸如：帶有普通平鍵連接的軸與孔配合、花鍵孔與花鍵軸配合等由圓柱面與矩形柱面複合而成的軸孔機器人裝配技術尚未有研究和技術儲備。類似於核設施內部核燃料棒的自動化運送與裝配作業則需要此類斷面形狀為基本幾何形狀複合而成的軸孔配合機器人裝配技術。

③ 作為以上狹小、狹窄、狹長等三狹作業環境下的機器人移動操作技術的根本課題是小型微型化移動操作機器人的體積微小而出力大的驅動技術、高強度高剛度的機構設計與集成化設計技術，以及對作業環境適應性、魯棒性等等基礎研究課題。

1.8 工業機器人種類與應用領域概覽

(1)「移動」「操作」兩大主題概念下工業機器人種類歸類圖

目前，按照機器人、工業機器人的種類、原理、用途對「移動」「操作」這兩個概念歸納出具有內涵性的、完整的、將種類繁多的所有各類機器人或工業機器人涵蓋進去的通用的概念是很難的。就如同物種多樣性決定了只能給生物、動物下一個籠統的概念一樣。儘管如此，用歸類圖的形式來歸納、總結工業機器人種類與應用的輪廓對於認清工業機器人的主體脈絡仍然是很有必要的，筆者僅從工業機器人的兩大主題「移動（mobile）」和「操作（operation）」以及兩者的組合「移動＋操作」角度做了一下歸類如圖 1-134 所示，並歸納給出了工業機器人從誕生至今（2019 年現在）發展里程中里程碑式概念、思想和技術的匯總，如圖 1-135 所示。

(2) 工業機器人涉及的行業、規模及尖端技術[128～130]

自 1960 年代開始後的 50 年間，隨著對產品加工精度要求的提高，關鍵工藝生產環節逐步由工業機器人代替工人操作，再加上各國對工人工作環境的嚴格要求，高危、有毒等惡劣條件的工作逐漸由機器人進行替代作業，從而增加了對工業機器人的市場需求。在工業發達國家中，工業機器人已經廣泛應用於汽車及汽車零部件製造業、機械加工行業、電子電氣行業、橡膠及塑膠工業、食品工業、物流業、製造業等領域。歐洲、日本在工業機器人研發與生產方面占有優勢，知名的機器人公司有：ABB、KUKA、FANUC、YASKAWA 等，占據工業機器

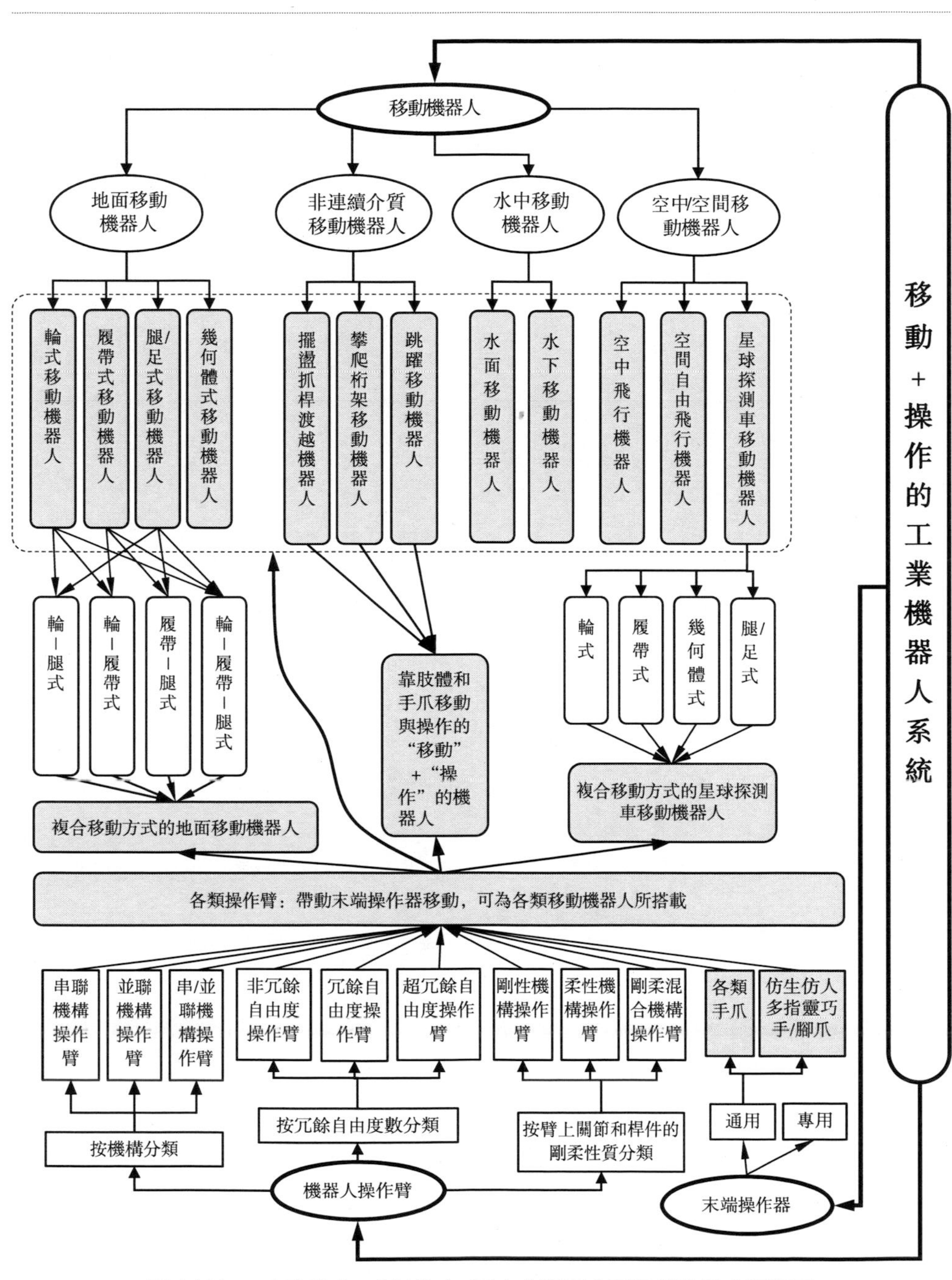

圖 1-134 「移動」「操作」兩大主題概念下工業機器人歸類圖

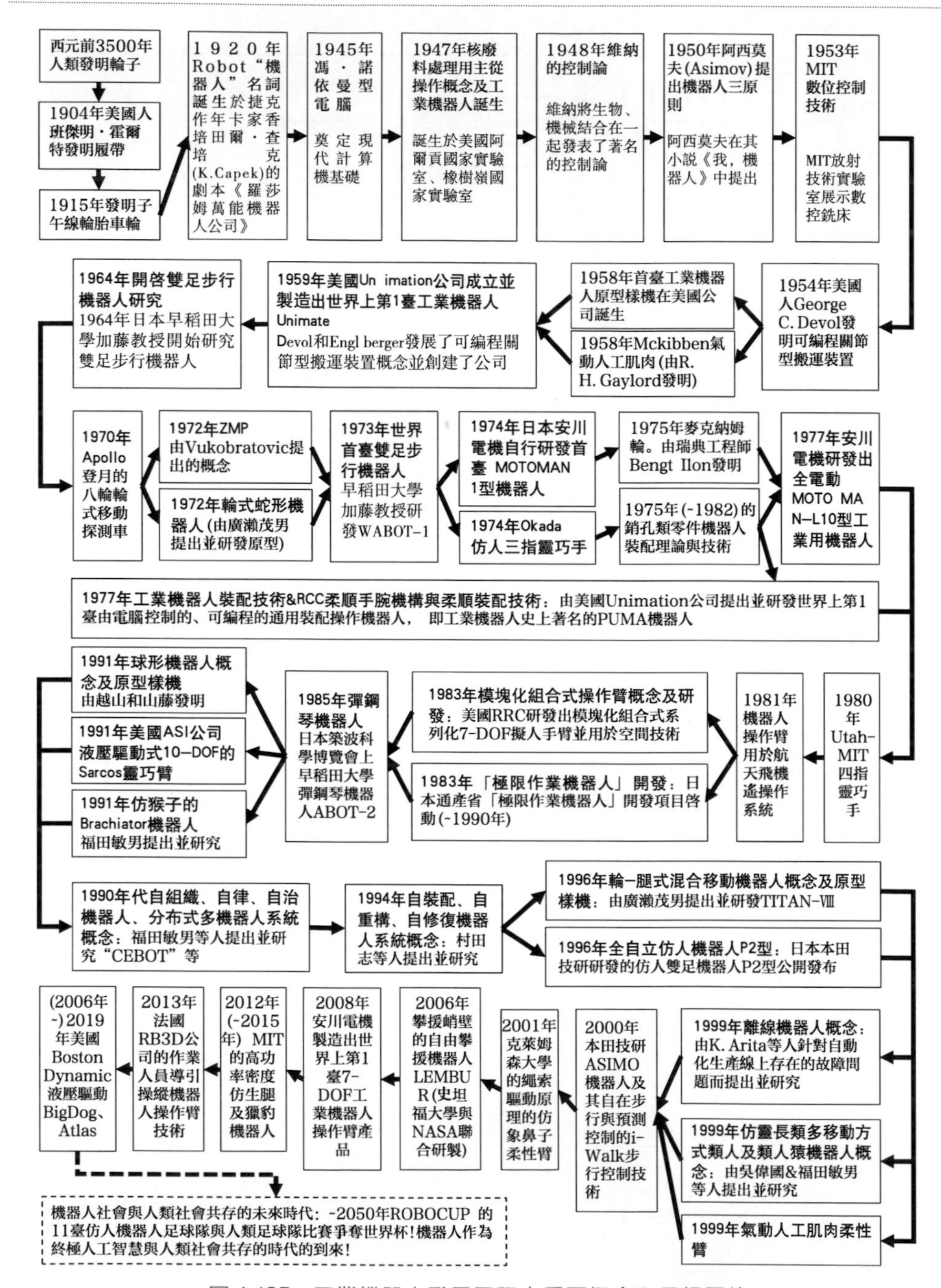

圖 1-135 工業機器人發展里程中重要概念和思想匯總

人市場占有率的60%～80%。在工業發達國家，工業機器人技術已日趨成熟，已經成為一種標準設備被工業界廣泛應用，相繼形成了一批具有影響力的、著名的工業機器人公司，包括瑞典的ABB Robotics，日本的FANUC、YASKAWA，德國的KUKA Roboter，美國的Adept Technology、American Robot、Emerson Industrial Automation、S. T Robotics，義大利的COMAU，英國的Auto Tech Robotics，加拿大的Jcd International Robotics，以色列的Robogroup Tek，這些公司已經成為其所在地區的支柱性產業。美國特種機器人技術創新活躍：軍用、醫療與家政服務機器人產業占有絕對優勢，占智慧服務機器人市場的60%[128,129]。

美國在2013年3月提出了「美國機器人發展路線圖」，圍繞製造業攻克工業機器人的強適應性和可重構的裝配、人型靈巧操作、基於模型的集成和供應鏈的設計、自主導航、非結構化環境的感知、教育訓練、機器人與人共事的本質安全性等關鍵技術。

日本稱得上是「機器人大國」。日本提出了「機器人路線圖」，包含三個領域，即新世紀工業機器人、服務機器人和特種機器人，並從技術圖中的重要技術明確其性能和技術指標，並提到創建和擴大機器人的早期市場，縮短滿足多種需求的機器人的開發時間、降低成本、擴大加入的企業。智慧機器人技術軟體計劃（2007～2011年）資助9700萬人民幣，基本機器人技術開放式創新改進傳統技術（2008～2010年）資助約1000萬人民幣，先進機器人單元技術策略開發計劃（2006～2010年）預算為5447萬人民幣。

歐盟第七研發框架計劃（2007～2013年）投入機器人研究經費達6億歐元，之後的研究計劃（2013～2020年）對機器人研究的經費投入將達到140億歐元，另外還提出了2002～2022年歐洲機器人研究與應用的路線圖。

韓國於1980年代末開始大力發展工業機器人技術，在政府的資助和引導下，由現代重工集團牽頭，用了10年的時間形成其工業機器人體系，目前韓國的汽車工業大量應用中國的機器人。韓國將機器人與互聯網相結合，提出了「IT839」策略計劃，其中智慧機器人是其提出的九項核心技術之一。韓國在2003年提出了「十大未來發展動力產業」計劃，2004年韓國資訊通訊部提出「IT839」計劃，及其「無所不在的機器人伙伴」專案，2008後每年投入4000億韓元（約合22億人民幣）；2009年韓國政府提出了「第一次智慧型機器人基本計劃」，計劃在2013年以前投入1萬億韓元（約合55億人民幣）。

工業機器人應用涉及的行業主要包括汽車製造、毛坯製造（沖壓、壓鑄、鑄造等）、機械加工、熱處理、焊接、上下料、磨削抛光、搬運碼垛、裝配、噴漆、塗覆、自動檢測、航空航天等等，非常廣泛。可以用一句話言之：無論哪個行業，只要想用工業機器人代替人工作業或者半自動化作業，就可選用工業機器人產品或者研發相應的工業機器人自動操作或移動操作技術來實現機器人化作業。

目前的尖端技術包括：結構化/非結構化/有不確定性等特徵的複雜環境及高難度作業要求下的靈巧操作技術、自主導航技術、環境感知技術，以及人-機器人交互、人-機器人共同作業的安全性保障技術等等。

1.9 本書內容構成設計思路、結構以及相關說明

第 1 章　緒論（使讀者系統地了解掌握工業機器人發展及相關技術現狀以及應具備的知識結構和專業素養）

第 2 章　工業機器人操作臂系統設計基礎（是從事工業機器人操作臂系統設計與研發人員必備的機器人基礎知識）

第 3 章　工業機器人操作臂機械系統機構設計與結構設計（是從事工業機器人操作臂系統設計製造與研發人員必備的機器人機械本體系統知識以及機器人機構拓撲演化創新設計方法）

第 4 章　工業機器人操作臂系統設計的數學與力學原理（建立機器人與作業環境系統理論模型，為機器人作業運動控制系統設計、精度設計與分析奠定機構學、數學、力學以及控制理論基礎）

第 5 章　工業機器人操作臂機械本體參數識別原理與實驗設計（用以獲得與實際機器人機械本體暫存記憶體在但誤差無法為零的真實物理參數更為接近的可以有效使用的物理參數，獲得與實際機器人物理實體誤差盡可能小的運動學、動力學模型，並用於基於模型的控制器設計）

第 6 章　工業機器人操作臂驅動與控制系統設計及控制方法（第 3～6 章是完整地提供了怎樣設計製造機器人，怎樣設計讓機器人操作臂運動和工作的驅動與控制系統，使機器人操作臂正常運動和工作的所有理論與技術。需要特別指出的是：驅動與控制系統設計還是對工業機器人操作臂進行運動控制模擬也即後面第 9 章的理論基礎）

第 7 章　工業機器人用移動平臺設計

第 8 章　工業機器人末端操作器與及其換接裝置設計（第 7～8 章是機器人臂擴展移動作業方面的設計）

第 9 章　工業機器人系統設計的模擬方法（第 9 章是保證機器人臂系統設計有效和製造研發可行的虛擬實驗）

第 10 章　面向操作與移動作業的工業機器人系統設計與應用實例（第 10 章

是機器人臂工業應用實例）

第 11 章 現代工業機器人系統設計總論與展望（第 11 章是為進一步解決現有工業機器人實際設計問題與研究展望）

參考文獻

[1] F. M. Smith, D. K. Backman, and S. C. Jacobsen. Telecobotic Manipulator for Hazardous Environments. Journal of Robotic Systems 9 (2), 251-260 (1992). © 1992. by John Wiley & Sons, Inc.

[2] P. K. James, M. T. Jack, I. V. Havard et al, A Dual-Arm Dexterous Manipulators System with Anthropomorphic Kinematics, Proc. IEEE Int. Conf. on Robotics and Automation, 1990, PP368-373.

[3] K. V. Prasad, J. Badaram, Automated Inspection For Remote Telerobotics Operations, Pro. IEEE Int. Conf. on Robotics and Automation, 1993, pp883-888.

[4] T. Schilling. Robotics Interchange of Telemanipulator Tooling, Robots 12 conference Pcoceedings, 1988, PP(2-15)-(2-17).

[5] M. E. Rosheim. Four New Robot Wrist Actuators. Robot 10 conference Proceeding, April 20-24, 1986, chicago, lu. RI/SME. PP (8-1) ~ (8-45).

[6] M. E. Rosheim. A New Pitch-Yaw-Roll Mechanical Robot Wrist Actuator, Robots 9 conference Pzoceeding Detroit Mich. RI/SME. June 2-6, 15-1985, PP (15-20) ~ (15-42).

[7] M. E. Rosheim, Design on Omnidirectional Arm. Proc. IEEE Conf. on Robotics and Automatiem, 1990, PP2162-2167.

[8] M. E. Rosheim. Singularity-Free Hollow Spray Painting Wrist. Robot 11 Conference Proceeding April 26-30, 1987. PP (13-7) ~ (13-28).

[9] G. S. Ma et. al, Design and Experiments for a coupled Teudon Driven Manipulator, IEEE Control Systems, 1993, PP30-36.

[10] G. S. Chirikjian, J. W. Burdick. Design and Experiments with a 3ODOF Robot. IEEE Conf. on Robotics and Automation, 1993, PP113-119.

[11] [日]安川電機株式會社官網網址：https://www. yaskawa. co. jp/product/robotics.

[12] [德] KUKA 官網網址：https://www. kuka. com/en-de/products/robot-systems/industrial-robots.

[13] [瑞典] ABB 公司官網：https://new. abb. com/products/robotics/industrial-robots/irb-14000-yurni.

[14] Robert A. Meyers (Ed.). Encyclopedia of Complcxity and Systcms Science. C: Continuum Robots. JAND. WALKER, Springer Science + Buisiness Media, LLC., PP1475～1484. KEITH E. GREEN.

[15] Bertrand Tondu. Modeling of the Mckibben artificial muscle: A review. Journal of Intelligent Material Systems and Structures, 23 (3) 225-253. 2012.

[16] Koichi SUZUMORI, Shoichi IIKURA, and Hirochisa TANAKA. Development of Flexible Microactuator and Its Appli-

cations to Robotic Mechanisms. Pzoceedings of the 1991 IEEE Int. Conf. on Robotics and Automation Sacramento, California-April 1991: 1622-1627.

[17] Hirai S., Masui T, Kawarnura S., Prototyping Pneumatic Group Actuators Camposed of Multiple Single-motion Elastic Tubes [J]. Journal of the Robotics Society of Japan, 2002, 20 (30): 3807-3812. Vol. 4.

[18] Ian D. Walker, Michael W. Hannan. A Novel 'Elephant's Trunk' Robot Proceedings of the 1999 IEEE/ASME International Conference on Advanced Inteligent Mechatronics. Septermber 19-23, 1999. Atlanta, USA. PP: 410-415.

[19] Michael W. Hannan, Ian D. Walker. Kinematics and the Implementation of an Elephant's Trunk Manipulator and Other Continuum Stple Robots. Journal of Robotic Systems 20 (2), 45-63 (2003).

[20] Bengt Erland Ilon, Wheels for a Course Stable Selfpcopelling Vehicle Movable in any Desired Direction on the Ground or Some other Base [P] (US Patent, United States Patent, 3876255), Apr. 8, 1975.

[21] W. W. Dalrymple, Resilient Wheel [P] (United States Patent, 3253632. Patented May31, 1966).

[22] P. E. Hotchkiss. Roller [P] (United States Patent, 3363735, Patented Jan. 16, 1968).

[23] Andrew T. Kornylak. CONVEYOR ROLLER [P], (United States Patent, 3590970, Patented; July 6, 1971).

[24] Karl Stumpf. Universal Roller Assembly [P] (United States Patents, 3621961, Patented: Nov, 23, 1971).

[25] Josef F. Blumrich. Omnidirectional Wheel [P] (United Staters Patent, 3789947, Patented: Feb. 5, 1974).

[26] Tsongli Lee, Jhanghua (TW). Omni-Diceetional Transport Device [P] (United States Patent Application Publication, US2011/0272998 A1. Pub. Date: Nov. 10, 2011).

[27] Jayson Michael Jochim, Martin Peter Aalund, David Bruce McCalib Jon Stuart Battlas. Omnidirectional Vehicle Transport[P] (United States Patent, Patent No. US9580002 B2, Date of Patent: Feb. 28, 2017.).

[28] C. Y. Jones.（全名 Charles Y. Jones）. Glebal Wheel [P]. (US Patent: 2448222. Patented Aug. 31, 1948).

[29] Kenjiro Tadakuma, Riichiro Tadakuma, Jose Berengeres. Development of Holonomic Omnidirectional Vehicle with「Omni-Ball: Spherical Wheels」. Proceeding of the 2007 IEEE/RSJ International Conference on Inteligent Robots and Systems. San Diego, CA, USA, Oct 29-Nov 2, 2007: 33-39.

[30] E. G. Markow. Predicted Behavior of Lunar Vehicles With Metalastic Wheels [C] 1963 Automotive Engineering Congress, Paper G32J. January. 1963: PP388-396.

[31] NASA Technical Report: Nicbolas C. Costers, Jobn E. Farmer, Edwin B, George, Mobility Performance of the Lunar Roving Vehicle: Terrestrial Studies-Apollo 15 Resulty [R] NASA TRR-401, N73-16187. Washington, D. C. December, 1972.

[32] Prenared by the Boeing Company LRV Systems Engineering Huntoville, Alabama. Lunar Rouing Vehicle Operations Handbook Contract NASB-25145 [R], LS006-002-2H. April 19, 1971.

[33] 「The ATHLETE Rover,」http: //

www. robotics. jpl. nasa. gov/system. cfm? System = 11. Accessed Nov. 10，2007.

[34] Francois Hottebart. Nonpneumatie Deformable Wheel [P].（United States Patent，US6170544B1. Date of Patent：Jan. 9，2001）.

[35] Timothy B. Rhyne，Ronald H. Thompson，Steven M. Cron，Kenneth W. Demino. Non-Pneumatic Tire [P]（United States Patents，US7201194B2，Date of Patant：Apr. 10，2007）.

[36] David Stowe，Kyle Conger，Joshua D. Summers，et al. DESIGNING A LUNAR WHEEL. Proceedings of the ASME 2008 International Design Engineering Technical Conferences & Computers and Information in Engineering Conference. IDETC/CIE 2008，August 3-6，2008，New York，USA. PP：1-13.

[37] Mohamad Farhat，Erick Dupuis，Stephen Lake，et al. PRELIMINARY DESIGN，FABRICATION AND TESTING OF THE FW-350 LUNAR FLEXIBLE WHEEL PROTOTYPE.

[38] Leonard L. E. Whitaker. Stair Climbing Device [P]，United Staites Patent，3058754，Patented Oct. 16，1962.

[39] 森田哲，高野政晴，井上健司，佐佐木健．階段升降移動ロボットTO-ROVER Ⅲの開発研究．精密工學會志，Vol. 60，No. 10，1994：1495-1499.

[40] I Han. Development of a stair-climbing robot using springs and planetary wheels. Proc. IMechE Vol. 222 Part C：J. Mechanical Engineering Science，JMES1007 © IMechE2008. 1289-1296

[41] Giuseppe Quaglia，Walter Franco and Riccardo Oderio. Wheelchair. q，a mechanical concept for a stair climbing wheelchair. Proceedings of the 2009 IEEE International Conference on Robotics and Biomimetics. December 19-23，2009，Guilin，China. 800-805

[42] Yong Yang，Huihuan Qian，Xinyu Wu，Guiyun Xu，and Yangsheng Xu. A Novel Design of Tri-star Wheeled Mobile Robot for High Obstacle Climbing. 2012 IEEE/RSJ International Conference on Intelligent Robots and Systems. October 7-12，2012. Vilamoura，Algarve，Portugal，pp：920～925

[43] Luis A. M. Riascos. A low cost stair climbing wheelchair. IEEE International Symposium on Industrial Electroics，v2015-September，p627-632，September 28，2015，Proceedings-2015 IEEE 24th International Symposium on Industrial Electroics，ISIE 2015

[44] 越山篤，山藤和男．全方向形移動ロボットの製御に関する研究（第1報，球狀ロボットのコンセプトとロールおよび走行製御）．日本機械學會論文集（C編），58卷548號（1992-4），論文 No. 91-0696A

[45] Atsushi Koshiyama，Kazuo Yamafuji. Design and Control of and All-Direction Steering Type Mobile Robot. The International Journal of Robotics Research. Vol. 12，No. 5，October 1993，pp. 411-419，Massachusetts Institute of Technology.

[46] Halme，A.，Schönberg，T.，Wang，Y.：Motion control of a spherical mobile robot. In：Proceedings of IEEE International Workshop on Advanced Motion Control，Japan，100-106（1996）

[47] Halme A.，Suomela J.，Schönberg T. et al. A spherical mobile micro-robot for scientic applications. Technical Report，Automation Technology Laboratory，Helsinki University of Technology，1996.

[48] H. Benjamin Brown, Jr., Yangsheng Xu. A Single-Wheel, Gyroscopically Stabilized Robot. Proceedings of the 1996 IEEE International Conference on Robotics and Automation. Minneapolis, Minnesota-April 1996. 3658-3663.

[49] Shourov Bhattacharya, Sunil K. Agrawal. Design, Experiments and Motion Planning of a Spherical Rol ing Robot. Proceedings ot the 2000 IEEE International Conference on Robotics&Automation. San Francisco, CA · April 2000. 1207-1212.

[50] Shourov Bhattacharya, Sunil K. Agrawal. Spherical Rolling Robot: A Design and Motion Planning Studies. IEEE TRANSACTIONS ON ROBOTICS AND AUTOMATION, VOL. 16, NO. 6, DECEMBER 2000. 835-839.

[51] Antonio Bicchi, Andrea Balluchi, Domenico Prat tichizzo, et al. Introducing the「SPHERICLE」: an Experimental Testbed for Research and Teaching in Nonholonomy. Proceedings of the 1997 IEEE International Conference on Robotics and Automation Albuquerque, New Mexico-April 1997. 2620-2625.

[52] J Alves, J Dias. Agrawal. Design and control of a spherical mobile robot. 2003 Proceedings of the Institution of Mechanical Engineers Part I Journal of Systems&Control Engineering. Vol. 217 Part I: J. Systems and Control Engineering. 457-467.

[53] Amir Homayoun Javadi A, Puyan Mojabi. Introducing August: A Novel Strategy for An Omnidirectional Spherical Rolling Robot. Proceedings of the 2002 IEEE International Conference on Robotics&Automation. Washington, DC May 2002. 3527-3533.

[54] Richard Chase, Abhilash Pandya. A Review of Active Mechanical Driving Principles of Spherical Robots. Robotics 2012, 1, 3-23; doi: 10.3390/robotics1010003

[55] 越山篤,山藤和男.全方向形移動ロボットの製御に関する研究(第2報,姿勢安定化および坂道走行に関する解析と実験).日本機械學會論文集(C編),58巻548號(1992-4),論文 No. 91-0828A

[56] 越山篤,山藤和男.全方向形移動ロボットの製御に関する研究(第3報,旋回走行の動作原理,製御法および実験).日本機械學會論文集(C編),58巻548號(1992-4),論文 No. 91-0942A

[57] 越山篤,藤井邦英,有田恆一郎.全方向形移動ロボットの製御に関する研究(第4報,完全球形ロボットの機構,動作原理,製御法および実験結果).日本機械學會論文集(C編),62巻602號(1996-10),論文 No. 95-1042

[58] H. Benjamin Brown, Jr., Yangsheng Xu. A Single-Wheel, Gyroscopically Stabilized Robot. IEEE Robotics&Automation Magazine. September 1997. 39-44.

[59] Enrique D. Ferreira, Shu-Jen Tsai, Christiaan J. J. Paredis&H. Benjamin Brown. Control of the Gyrover: a single-wheel gyroscopically stabilized robot. Advanced Robotics, 14: 6, 459-475, DOI: 10.1163/156855300741951

[60] Yangsheng Xu, Samuel Kwok-Wai Au. Stabilization and Path Following of a Single Wheel Robot. IEEE/ASME TRANSACTIONS ON MECHATRONICS, VOL. 9, NO. 2, JUNE 2004. 407-419.

[61] Liangqing Wang, Hanxu Sun, Qingxuan Jia, et al.「Positioning approach of a spherical rolling robot,」Proc. SPIE 6006, Intelligent Robots and Computer Vision XXIII: Algorithms, Techniques, and Active Vision, 60061C (24 October

2005); doi: 10.1117/12.629404

[62] R. S. Ortigoza, M. M. Aranda, G. S. Ortigoza, et al. Wheeled Mobile Robots: A Review. IEEE LATIN AMERICA TRANSACTIONS, VOL. 10, NO. 6, DECEMBER 2012. 2209-2217.

[63] G. Campion, G. Bastin and B. D'Andréa-Novel, 「Structural properties and classification of kinematic and dynamic models of wheeled mobile robots」, IEEE TRANSACTIONS ON ROBOTICS AND AUTOMATION, VOL. 12, NO. 1, FEBRUARY 1996. 47-62.

[64] G. Campion, W. Chung, 「Wheeled robots」, Chapter 17 in: Handbook of Robotics (B. Siciliano, O. Khatib, eds.), Springer, 391-410, 2008.

[65] P. F. Muir and C. P. Neuman, 「Kinematic modeling for feedback control of an omnidirectional wheeled mobile robot,」 in Proc. IEEE Conf. Robotics and Automation, 1987, 1772-1778.

[66] G. Bastin and G. Campion, 「On adaptive linearizing control of omnidirectional mobile robots,」 in Proc. MTNS 89, Progress in Systems and Control Theory 4, Amsterdam, vol. 2, 531-538.

[67] J. P. Laumond, 「Controllability of a multibody mobile robot,」 ICAR, Pisa, Italy, 1991, 1033-1038.

[68] C. Helmers, 「Ein Hendenleben, (or, A hero's life),」 Robotics Age, vol. 5, no 2, 7-16, Mar. 1983.

[69] C. Balmer, 「Avatar: A home built robot,」 Robotics Age, vol. 4, no 1, 20-25, Jan. 1988

[70] J. M. Holland, 「Rethinking robot mobility,」 Robotics Age, vol. 7, no 1, 26-30, Jan. 1988.

[71] Ramiro Vela'zquez, Aime' Lay-Ekuakille. A Review of Models and Structures for Wheeled Mobile Robots: Four Case Studies. The 15th International Conference on Advanced Robotics. Tallinn University of Technology, Tallinn, Estonia, June 20-23, 2011. 524-529.

[72] Daisuke Inoue, Kazunori Ohno, Shinsuke Nakamura, et al. Whole-Body Touch Sensors for Tracked Mobile Robots Using Force-sensitive Chain Guides. Proceedings of the 2008 IEEE International Workshop on Safety, Security and Rescue Robotics Sendai, Japan, October 2008: 72-76.

[73] Daisuke Inoue, Masashi Konyo, Kazunori Ohno, et al. Contact Points Detection for Tracked Mobile Robots Using Inclination of Track Chains. Proceedings of the 2008 IEEE/ASME International Conference on Advanced Intelligent Mechatronics. July 2-5, 2008, Xi'an, China: 194-199.

[74] Toyomi Fujita, Takanishi Shoji. Development of a Rough Terrain Mobile Robot with Multistage Tracks. 978-1-4799-2722-7/13/$ 31.00 © 2013 IEEE

[75] Hiroki Takeda, Zhi-Dong Wang, Kazuhiro Kosuge. Teleoperation System for Two Tracked Mobile Robots Transporting a Single Object in Coordination Based on Function Allocation Concept. S. Yuta et al. (Eds.): Field and Service Robotics, STAR 24, 333-342, 2006.

[76] LUO Zi-rong(羅自榮), SHANG Jian-zhong(尚建忠), ZHANG Zhi-xiong(張志雄). A reconfigurable tracked mobile robot based on four-linkage mechanism. J. Cent. South Univ. (2013) 20: 62-70. DOI: 10.1007/s11771-013-1460-8.

[77] Marc Neumann, Thomas Predki, Leif

Heckes, et al. Snake-like, tracked, mobile robot with active flippers for urban search-and-rescue tasks. Industrial Robot: An International Journal. Vol. 40, No. 3 (2013) 246-250. Emerald Group Publishing Limited[ISSN 0143-991X], [DOI 10. 1108/01439911311309942].

[78] Patrick Labenda, Tim Sadek, Thomas Predki. CONTROLLED MANEUVERABILITY OF AN ARTICULATED TRACKED MOBILE ROBOT. Proceedings of the ASME 2010 International Design Engineering Technical Conferences&Computers and Information in Engineering Conference IDETC/CIE 2010, August 15-18, 2010, Montreal, Quebec, Canada: 1-7.

[79] Nikolaos G. Bourbakis. Kydonas——An Autonomous Hybrid Robot: Walking and Climbing. IEEE Robotics&Automation Magazine. June 1998: 52-59.

[80] S. Hirose and H. Takeuchi, Study on roller-walk, IEEE ICRA, MN, April 1996, 3265-70.

[81] 遠藤玄，広瀬茂男．ローラーウォーカーに関する研究：システムの構成と基本的動作実験．日本ロボット學會志 Vol. 18 No. 2, 2000: 270～277.

[82] 遠藤玄，広瀬茂男．ローラーウォーカーに関する研究：基本的運動の生成と自立推進実験．日本ロボット學會志 Vol. 18 No. 8, 2000: 1159～1165.

[83] Yusuke Ota, Kan Yoneda, Tatsuya Tamaki, et al. A Walking and Wheeled Hybrid Locomotion with Twin-Frame Structure Robot. Proceedings of the 2002 IEEE/RSJ Intl. Conference on Intelligent Robots and Systems. EPFL, Lausanne, Swilzerland, October 2002: 2645-2651.

[84] Li-Han Pan, Che-Nan Kuo, Chun-Yi Huang, and Jui Jen Chou. The Claw-Wheel Transformable Hybrid Robot with Reliable Stair Climbing and High Maneuverability. 2016 IEEE International Conference on Automation Science and Engineering (CASE), Fort Worth, TX, USA, August 21-24, 2016: 233-238.

[85] Konstantinos Karakasiliotis, Leonidas Kagkarakis and Michail G. Lagoudakis. Chlorochlamys Loop-like Locomotion: Combining Crawling and Climbing Robotics. Proceedings of the 2007 IEEE International Conference on Robotics and Biomimetics December 15-18, 2007, Sanya, China: 978-983

[86] Korhan Turker, Inna Sharf and Michael Trentini. Step Negotiation with Wheel Traction: A Strategy for a Wheel-legged Robot. 2012 IEEE International Conference on Robotics and Automation RiverCentre, Saint Paul, Minnesota, USA, May 14-18, 2012: 1168-1174.

[87] J. Smith, I. Sharf, and M. Trentini, 「PAW: a hybrid wheeled-leg robot,」 Proceedings-IEEE International Conference on Robotics and Automation, pp. 4043-4048, 2006.

[88] J. Smith, I. Sharf, and M. Trentini, 「Bounding gait in a hybrid wheeled-leg robot,」 IEEE International Conference on Intelligent Robots and Systems, pp. 5750-5755, 2006.

[89] Luca Bruzzone, Pietro Fanghella. Mantis: hybrid leg-wheel ground mobile robot. Industrial Robot: An International Journal. Volume 41 · Number 1 · 2014 · 26-36.

[90] Luca Bruzzone and Pietro Fanghella. Functional Redesign of Mantis 2. 0, a Hybrid Leg-Wheel Robot for Surveil-

lance and Inspection. J Intell Robot Syst (2016) 81: 215-230. DOI 10. 1007/s10846-015-0240-0.

[91] Luca Bruzzone, Pietro Fanghella, and Giuseppe Quaglia. Experimental Performance Assessment of Mantis 2, Hybrid Leg-Wheel Mobile Robot. Int. J. ofAutomationTechnology. Vol. 11No. 3, 2017: 396-397.

[92] Luca Bruzzone and Pietro Fanghella. Mantis Hybrid Leg-Wheel Robot: Stability Analysis and Motion Law Synthesis for Step Climbing. 978-1-4799-2280-2/14/$ 31. 00 © 2014 IEEE.

[93] Shigeo Hirose. Variable Constraint Mechanism and Its Application for Design of Mobile Robots. The International Journal of Robotics Research, Vol. 19, No. 11, November 2000, pp. 1126-1138.

[94] Giovanni Bonmartini. Rolling Device for Vehicles of Every Kind [P]. 2751259 patened June 19, 1956. Rome, Italy, assignor to「Est」Establissement Sciences Techniques, Vaduz, Liechtenstein, a company of Liechtenstein. Application January 19, 1954, Serial No. 405, 011.

[95] Gabriel L. Guinot, Le Plessis-Belleville. VEHICLE WITH IMPROVED STEERING DEVICE [P]. United States Patent Office, 3465843, Patented Sept. 9, 1969.

[96] Shigeo Hirose, Edward0 F. Fukushima, Riichiro Damoto and Hideichi Nakamoto. Design of Terrain Adaptive Versatile Crawler Vehicle HELIOS-VI. Proceedings of the 2001 IEEE/RSJ International Conference on Intelligent Robots and System. Maui, Hawaii, USA, Oct. 29-Nov. 03, 2001: 1540-1545.

[97] Kim, J. , Kim, Y. -G. , Kwak, J. -H. , Hong, D. -H. , and An, J. : Wheel&Track Hybrid Robot Platform for Optimal Navigation in an Urban Environment, Proceedings of the SICE Annual Conference, 881-884, 2010.

[98] Yoon-Gu Kim, Jinung An, Jeong-Hwan Kwak, and Jeon-Il Moon. Design and Development of Terrain-adaptive and User-friendly Remote Controller for Wheel-Track Hybrid Mobile Robot Platform. Journal of Institute of Control, Robotics and Systems (2011) 17 (6): 558-565 DOI: 10. 5302/J. ICROS. 2011. 17. 6. 558 ISSN: 1976-5622 eISSN: 2233-4335.

[99] L. Bruzzone and G. Quaglia. Review article: locomotion systems for ground mobile robots in unstructured environments. Mechanical Sciences. 3, 49-62, 2012. www. mech-sci. net/3/49/2012/ doi: 10. 5194/ms-3-49-2012

[100] Dongkyu Choi, Jeong R Kim, Sunme Cho, Seungmin Jung, Jongwon Kim. Rocker-Pillar. Design of the Rough Terrain Mobile Robot Platform with Caterpillar Tracks and Rocker Bogie Mechanism. 2012 IEEE/RSJ International Conference on Intelligent Robots and Systems October 7-12, 2012. Vilamoura, Algarve, Portugal: 3405-3410.

[101] Dongkyu Choi, Youngsoo Kim, Seungmin Jung, Hwa Soo Kim, Jongwon Kim. Improvement of step-climbing capability of a new mobile robot RHyMo via kineto-static analysis. Mechanism and Machine Theory, 114 (2017) 20-37.

[102] Wenzeng Guo, Shigong Jiang, Chengguo Zong, Xueshan Gao. Development of a Transformable Wheel-

track Mobile Robot and Obstacle-crossing Mode Selection. Proceedings of 2014 IEEE International Conference on Mechatronics and Automation, August 3-6, Tianjin, China: 1703-1708

[103] 郭文增,姜世公,戴福全,等.小型輪/履變結構移動機器人設計及越障分析.北京理工大學學報.第 35 卷第 2 期,2015 年 2 月:144-165.

[104] Wenzeng Guo, Yu Mu, Xueshan Gao. Step-climbing Ability Research of a Small Scout Wheel-track Robot Platform. Proceedings of the 2015 IEEE Conference on Robotics and Biomimetics, Zhuhai, China, December 6-9, 2015: 2097-2102.

[105] Wang Furui; Wang Dexin; Dong Erbao; Chen Haoyao; Du Huasheng; Yang Jie. THE STRUCTURE DESIGN AND DYNAMICS ANALYSIS OF AN AUTONOMOUS OVER-OBSTACLE MOBILE ROBOT. 0-7803-9484-4/051$ 20.00 © 2005 IEEE: 248-253.

[106] Toyomi Fujita, Yuichi Tsuchiya. DEVELOPMENT OF A QUADRUPED TRACKED MOBILE ROBOT. Proceedings of the ASME 2015 International Design Engineering Technical Conferences&Computers and Information in Engineering Conference, IDETC/CIE 2015, August 2-5, 2015, Boston, Massachusetts, USA: 1-8.

[107] Francois Michaud, Dominic Letourneau, Martin Arsenault, Yann Bergeron, Richard Cadrin, Frederic Gagnon, Marc-Antoine Legault, Mathieu Millette, Jean-Francois Pare, Marie-Christine Tremblay, Pierre Lepage, Yan Morin, Serge Caron, 「AZIMUT: a multimodal locomotion robotic platform,」 Proc. SPIE 5083, Unmanned Ground Vehicle Technology V, (30 September 2003); doi: 10.1117/12.497283: 101-112.

[108] FRANC, OIS MICHAUD, DOMINIC L'ETOURNEAU, MARTIN ARSENAULT, YANN BERGERON, RICHARD CADRIN, FR'ED'ERIC GAGNON, MARC-ANTOINE LEGAULT, MATHIEU MILLETTE, JEAN-FRANC, OIS PAR'E, MARIE-CHRISTINE TREMBLAY, PIERRE LEPAGE, YAN MORIN, JONATHAN BISSON AND SERGE CARON. Multi-Modal Locomotion Robotic Platform Using Leg-Track-Wheel Articulations. Autonomous Robots 18, 137-156, 2005, 2005 Springer Science + Business Media, Inc. Manufactured in The Netherlands.

[109] Yuhang Zhu, Yanqiong Fei, Hongwei Xu. Stability Analysis of a Wheel-Track-Leg Hybrid Mobile Robot. J Intell Robot Syst (2018) 91: 515-528. https://doi.org/10.1007/s10846-017-0724-1.

[110] Xingguang DUAN, Qiang HUANG, Nasir RAHMAN, Jingtao LI and Qinjun DU. Modeling and Control of a Small Mobile Robot with Multi-Locomotion Modes. Proceedings of the Sixth International Conference on Intelligent Systems Design and Applications (ISDA'06).

[111] Fukuda, T., Hosokai, H., Kondo, Y.: Brachiation type of mobile robot. In: Proceedings of the IEEE International Conference on Advanced Robotics, pp. 915-920 (1991).

[112] Hasegawa, Y., Ito, Y., Fukuda, T.: Behavior coordination and its modification on brachiation-type mobile robot. In: Proceedings of the IEEE International Conference on Robotics and Automation, pp. 3984-3989 (2000).

[113] WU WEIGUO，HASEGAWA Y，FUKUDA T. ゴリラ型ロボットの機構設計及び起き上がり動作の基礎研究[C]//RSJ2000，つくば：RSJ，2000.

[114] WU WEIGUO，HASEGAWA Y，FUKUDA T. Standing up motion control of a gorilla robot for a transition from quadruped locomotion to biped walking[C]//ROBOMEC2001，Kagawa：JSME，2001.

[115] WU WEIGUO，HASEGAWA Y，FUKUDA T. Walking model shifting control from biped to quadruped for a gorilla robot[C]//Proceedings of the 40th SICE Annual Conference，Nagoya：IEEE，2001：130-135.

[116] FUKUDA T，HASEGAWA Y，SEKIYAMA K，et al. Multi-locomotion robotic systems-new concepts of bio-inspired robotics[J]. Springer Tracts in Advanced Robotics，2012，81：79-81.

[117] KOBAYASHI T，SEKIYAMA K，AOYAMA T，et al. Cane-supported walking by humanoid robot and falling-factor-based optimal cane usage selection [J]. Robotics and Autonomous Systems，2015，68：21-35.

[118] Timothy Bretl. Motion Planning of Multi-Limbed Robots Subject to Equilibrium Constraints：The Free-Climbing Robot Problem. The International Journal of Robotics Research，Vol. 25，No. 4，April 2006，pp. 317-342；DOI：10. 1177/0278364906063979.

[119] DeDonato M，Dimitrov V，Du Ruixiang，et al. Human-in-the-loop control of a humanoid robot for disaster response：a report from the DARPA robotics challenge trials[J]. Journal of Field Robotics，2015，32（2）：275-292.

[120] Nakayama，R.；Sato，K.；Okada，S.；Hozumi，H.；Abe，A.；Okano，H. Development of mobile Maintenance Robot System ‘AIMARS’，Proceedings of the USA-Japan Symposium on Flexible Automation-Crossing Bridges：Advances in Flexible Automation and Robotics，July 18，1988-July 20，1988：645-650.

[121] 早稲田大學ヒュ-マノイドプロジェクト編著．人間型ロボットのはなし．日刊工業新聞社，1996. 6. 30 第 1 版：163-168.

[122] Kohei Nozaki，Toshiyuki Murakami. A Motion Control of Two-wheels Driven Mobile Manipulator for Human-Robot Cooperative Transportation. 978-1-4244-4649-0/09/$ 25. 00 © 2009 IEEE，2009：1574-1579.

[123] Mike Stilman Jiuguang Wang Kasemsit Teeyapan Ray Marceau. Optimized Control Strategies for Wheeled Humanoids and Mobile Manipulators. 9th IEEE-RAS International Conference on Humanoid Robots，December 7-10，2009 Paris，France：568-573.

[124] H. -Z. Yang，K. Yamafuji，T. Tanaka and S. Moromugi. Development of a Robotic System which Assists Unmanned Production Based on Cooperation between Off-Line Robots and On-line Robots. Part 3. Development of an Off-Line Robot，Autonomous Navigation，and Detection of Faulty Workpieces in a Vibrating Parts Feeder. International Journal Advanced Manufacturing Technology，（2000）16：582-590.

（轉至 407 頁）

第2章

工業機器人操作臂系統設計基礎

2.1 工業機器人操作臂的組成與用途

機器人學是集機械學、力學、自動控制理論、人工智慧科學等等多個學科領域交叉發展起來的學問，而機器人技術則是集機械系統設計與製造技術、電腦控制技術、伺服電動機驅動與控制技術、電腦網路技術、自動控制理論與技術、感測器技術、人工智慧理論與技術、神經科學等等多技術領域而成的自動化機械系統。目前，工業機器人操作臂作為機電一體化、自動化系統的典型代表，其產業化以及應用的普及程度已經成為現代製造業自動化技術發展的重要標誌。因此，本章主要講述工業機器人操作臂系統設計。

2.1.1 工業機器人操作臂的用途與作業形式

（1）用途

工業機器人操作臂是目前被使用的機器人中應用最為廣泛的、最為普遍的形態。其中在工廠內用於裝配、焊接、噴漆、搬運作業等等用途的產品化操作臂被稱為工業機器人操作臂，常用的機器人外觀如圖 2-1 所示。

通常操作臂的關節分為回轉關節和直線移動關節兩類。回轉關節又可分為回轉軸線與桿件同向的回轉關節和回轉軸線與桿件垂直的回轉關節兩種。各類關節模型如圖 2-2 所示，圖(a)（b）所示的都是由回轉副構成的回轉關節，但圖(a)所示兩桿件間的相對回轉是繞兩桿的公共軸線回轉的，即關節回轉軸線與兩桿件同軸線；圖(b) 所示則是關節回轉軸線與兩桿件皆垂直；圖(c)、(d) 所示都是由 1 自由度移動副構成的直線移動關節，但圖(c) 所示是兩桿件相對移動方向與桿件平行，而圖(d) 所示則是移動方向與一個桿件平行，而與另一桿件垂直。將各類操作臂作為連桿機構來分析其特性的情況下，基本上都是用這些模型來表示的，連接關節與關節的「線」表示桿件。例如圖 2-1 中照片所示各機器人操作臂實物的機構原理可以用如圖 2-3 所示的各相應機構模型來表示其機構構成，根據這些對實物進行理論抽象和簡化而成的機構模型很容易理解機構運動的原理，且一目了然。

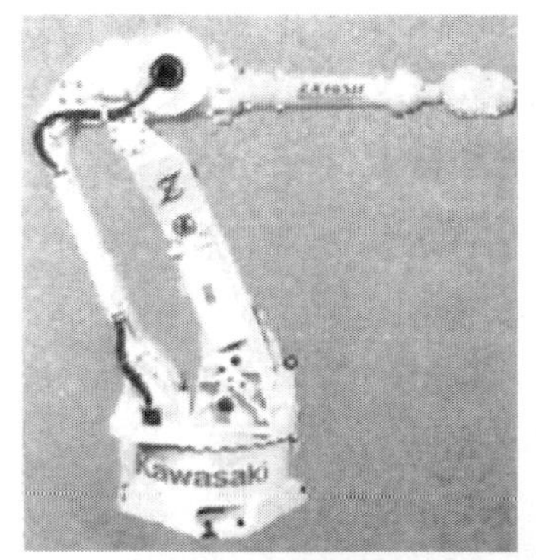

(a) 點焊用焊接機器人

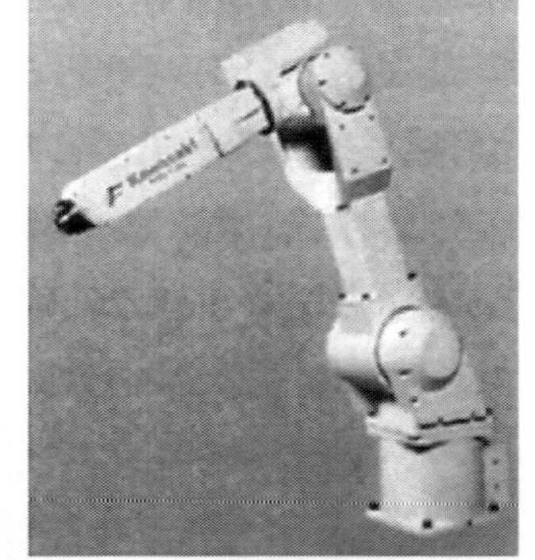

(b) 弧焊用焊接機器人

(c) 裝配用機器人

(d) 噴漆用機器人

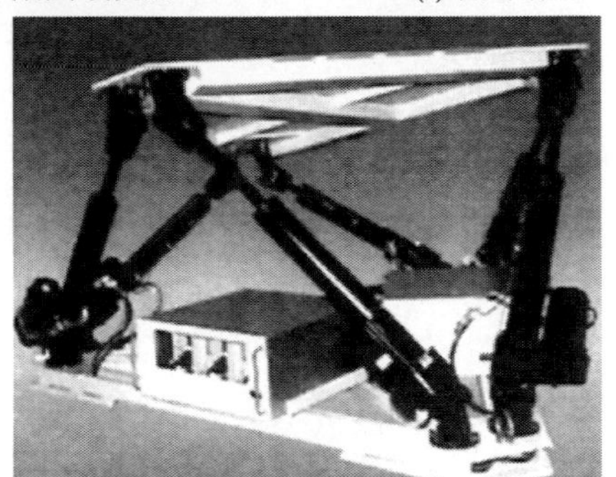

(e) Steward Platform並聯機構機器人

圖 2-1　各種常用的工業機器人操作臂實例照片

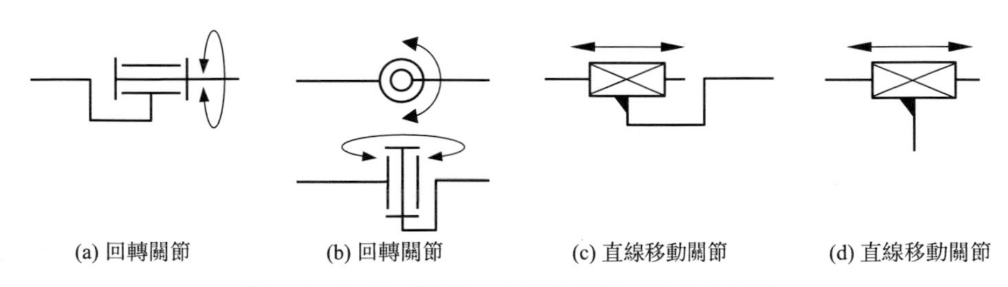

(a) 回轉關節　(b) 回轉關節　(c) 直線移動關節　(d) 直線移動關節

圖 2-2　各種工業機器人操作臂常用的關節類型

圖 2-1 所示的各種操作臂，分別是預定用在點焊、弧焊、裝配、噴漆等方面的。這是因為都是以各自作業特徵易於實現的機構和控制系統為目標進行設計的。但是，這並不意味著這些機器人不能用於其他用途，只是對於它們自己對應的作業用起來「得心應手」，具有更好的作業適應性。這裡所說的作業適應性具體應如何看待呢？下面加以解說。

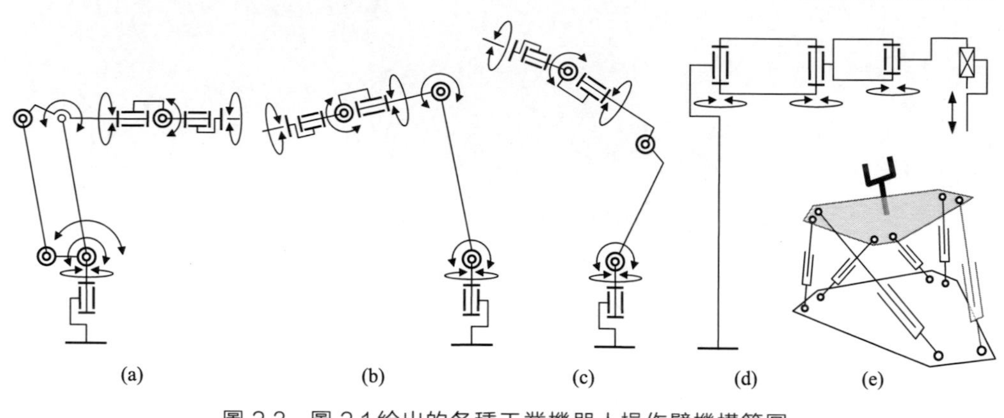

圖 2-3　圖 2-1 給出的各種工業機器人操作臂機構簡圖

（2）作業形式

① 點焊作業和焊接作業　點焊作業——該作業是汽車車體組裝時所需要的。如圖 2-4 所示，多數汽車車體都是由類似於側面、頂棚、天窗、底面等板狀金屬貼合而成的。板貼合時，板與板的結合由點焊連接而成。如圖 2-5(a) 所示，兩塊板連接時相互搭接少許後每隔一定間隔打焊點，焊點數多達上千個，需要由一臺點焊操作臂完成多點焊接。因此，對於點焊操作臂，追求的目標是由某點快速移動到下一個點又快速停止。

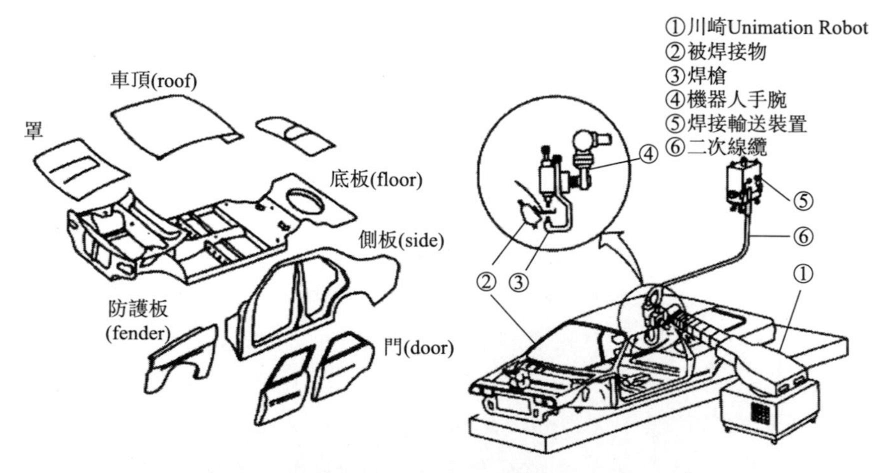

圖 2-4　汽車裝配生產線上焊接機器人焊接作業

另外，狹窄空間內不能設置多臺操作臂。因此，為使相鄰操作臂在作業中不發生碰撞，只手爪部分小範圍動作成為設計要點。另外，由作業特點可知，焊接時對位姿精度要求不高。

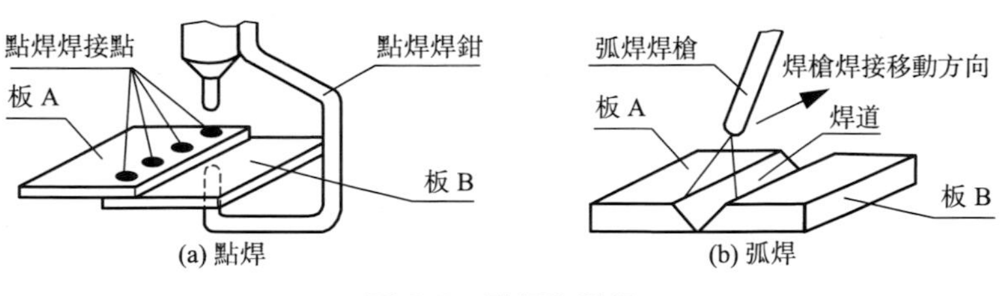

圖 2-5　點焊和弧焊

弧焊作業——是指兩塊並排無間隙的板用焊料滯留在焊縫間，如圖 2-5(b) 所示。弧焊作業操作臂工作時每分鐘移動幾公分，非常慢。可是，必須一邊保證工具（焊槍）末端準確的目標速度和姿態，一邊進行良好精度的位置軌跡追蹤。

② 裝配作業　一般是往輸送帶上送來的基板的孔中插入零件。為實現這一作業，把持零件的機器人操作手的位置精度要高，如果偏離了預先確定好的基板側孔的位置則裝配失敗。可是，普通的輸送帶上裝載的基板的位置精度不太高。如圖 2-6 所示的就是機器人操作手將要將零件插入偏離了基板孔的位置的時刻，正好是零件底面的一部分已經碰到了孔的倒角部分的狀態。如果這樣繼續插入孔中，則機器人必須在水平方向上產生位移才行。也即為實現插孔動作，需要機器人具有在垂直方向上運動要「硬」、而在水平方向上要「柔順」的機構。為此，什麼樣的機構合適呢？圖 2-1(c) 所示的機器人就是為達到這一作業目的而開發的。

SCARA 型機器人操作臂：被稱為 SCARA（selected compliance assembly robot arm）型機器人的機構如圖 2-7 所示，各關節軸線皆為垂直方向。這些關節回轉軸皆相對於扭轉方向呈易於扭轉的構造。而且，各個桿件的縱向斷面具有縱向很長的特點，桿件斷面呈長方形的情況下，對於桿件負載的剛度與邊長的三次方成正比。總之，軸、桿件在垂直方向上沒有變形且能產生大出力，與此相反，水平方向上出力小而且產生變形較大。因此，這種機構可實現適於作為裝配用途的、高剛度的操作臂。

③ 噴漆作業　噴漆作業用的工業機器人操作臂是在其末端機械介面上安裝噴槍，如圖 2-1(d) 所示操作臂各關節驅動各臂回轉，各回轉運動耦合在一起帶動噴槍按規劃好的噴漆路徑進行噴漆作業。因此，與弧焊類似，必須一邊保證工具（噴槍）末端準確的目標速度和姿態，一邊進行良好精度的位置軌跡追蹤連續路徑即 CP（continue path）控制。

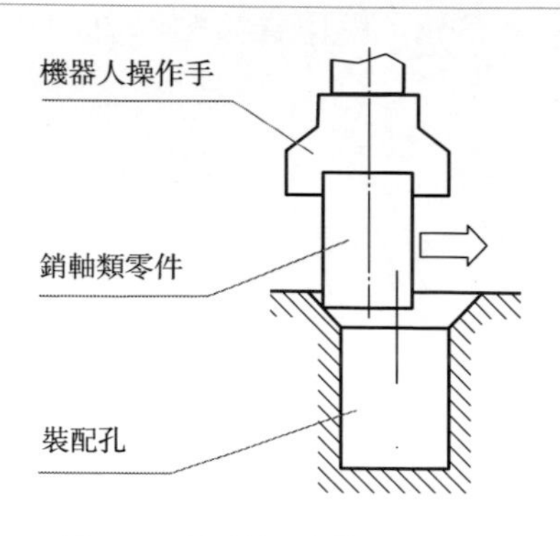

圖 2-6　零件插孔裝配示意圖

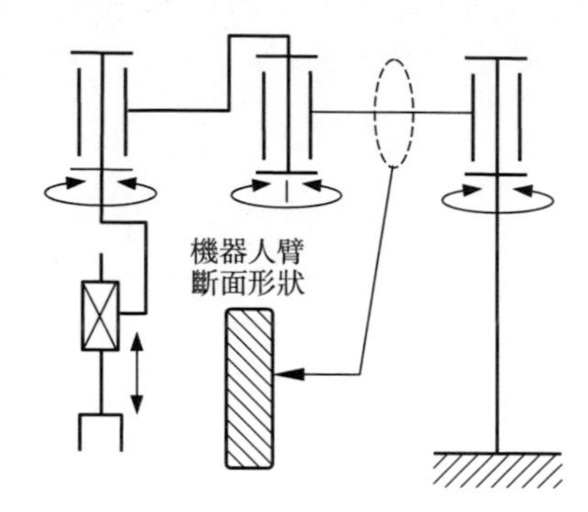

圖 2-7　SCARA 型裝配用機器人操作臂機構簡圖

④ 物體搬運作業　物體搬運作業一般可以做簡單的點位控制即所說的 PTP（point-to-point）控制方式。搬運作業用機器人操作臂末端介面處需安裝有手爪或抓持器，手爪或抓持器用來抓持住重物，然後由操作臂帶動手爪或抓持器抓持的重物從一個起始位置運送到期望的目標位置，除這兩點位之間有障礙須回避要考慮移動路徑之外，一般不需要特別地考慮起點與目標點之間的路徑規劃問題。

2.1.2　工業機器人操作臂系統組成

工業機器人操作臂的組成一般分為三大部分，包括：機械系統（即機械本體）、控制系統和驅動系統，如圖 2-8 所示是辛辛那提公司（Cincinnati Milacron Company）的 T^3 型工業機器人操作臂組成。機械系統按控制系統發出的指令進行運動，驅動機械系統各個關節運轉的驅動力由驅動系統提供。

（1）機械系統

機械系統通常所說的機械本體，可分為基座、腰部、肩部（即肩關節）、上臂（即大臂）、肘部（即肘關節）、前臂（即小臂）、腕部（即腕關節）和腕部機械介面部（即末端操作器機械介面部）。其中，基座、腕部的機械介面分別與安裝機器人操作臂本體在其他設備上的介面和末端操作器介面相連接。由於工業機器人操作臂作業即使是作業對象要求精度不高的情況下也需要在設計時保證一定的操作重複定位精度，而且各桿件（即臂桿）是經過各關節串聯在一起的開鏈機構，因此，在設計機械系統時必須考慮和保證從基座與基礎機械介面開始至各個關節與臂桿逐次串聯連接一直到腕部末端操作器機械介面之間所有串聯環節的連接與定位精度。這是與通常的一般機械系統不同之處，而且對於機器人操作臂而言從基座開始至腕部末端操作器機械介面之間的精度設計鏈要做好精度設計的分配，否則將難以保證機器人操作臂的作業精度，不同的是作業不同，精度要求高低不同而已（注：此為結構設計時務必考慮的要點）。而且桿件與桿件之間、桿件與關節之間機械連接設計需要至少從軸向、徑向、周向等至少三個以上方向去考慮定位精度設計問題。

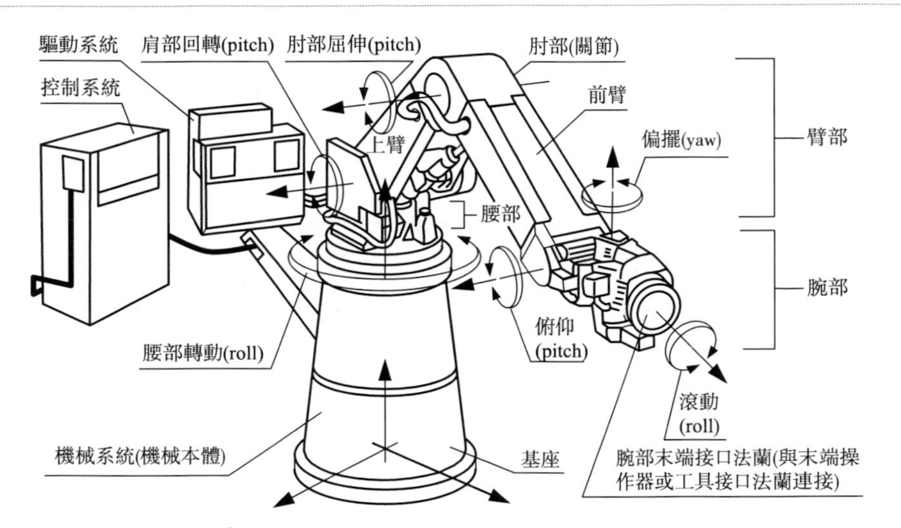

圖 2-8 T^3 型工業機器人操作臂系統組成及其各關節運動描述

(2) 控制系統的基本原理

① 在給定機器人操作臂機構構型的情況下，推導出末端操作器在現實物理世界三維幾何空間中的運動與各關節運動之間的數學關系，並透過編寫其電腦程式對期望末端操作器運動下的各關節運動軌跡（即各關節角度、角速度、角加速度隨時間的變化）進行計算。

② 透過各關節機械傳動系統傳動比將各關節換算成各驅動元部件如各關節驅動電動機轉角隨時間變化量，並將其作為參考指令透過電動機控制器（單片機或上位電腦）變成數位訊號傳給伺服驅動器（如電動機伺服驅動器）進行功率放大變換成控制驅動電動機的電壓或電流量以控制電動機的轉角位置、轉速或輸出力矩。

③ 透過各關節驅動元件（如電動機）輸出軸上安裝的位置感測器（或安裝在各關節上的位置感測器）檢測驅動元件運動位置訊號回饋給電動機控制器以及伺服驅動器以構成 PID 控制方式。

以上是機器人操作臂最基本的關節軌跡追蹤控制原理。高速高精度機器人操作臂的控制系統設計還需考慮逆動力學、魯棒控制以及自適應控制、力控制等更深入的控制理論與方法，此處不再贅述！詳見本書第 6 章 6.2～6.7 節一般工業機器人操作臂製造商們在出廠時都已配置好操作臂控制的軟硬體系統，使用者只要按照使用者手冊使用和編程即可。

（3）驅動系統

驅動系統包括驅動元部件系統（如電動機等原動機及其伺服驅動器）、傳動機構。原動機在控制系統控制下驅動關節傳動系統和臂桿運轉。一般工業機器人操作臂採用電驅動的較多，當然也有採用液壓、氣動等驅動方式和原理的操作臂。這裡，主要介紹電動機驅動的操作臂。用於機器人操作臂關節驅動的電動機與通常機械設備（如帶式運輸機）驅動用電動機不同，為控制電動機。電動機驅動的工業機器人操作臂常用的電動機包括直流伺服電動機、交流伺服電動機以及步進電動機、力矩電動機、小功率同步電動機等，它們的特點是精度高、可靠性好、能以較寬的調速範圍適應機器人關節運動速度需要，而且工業用電易於使用和變換；液壓驅動輸出功率大、慣量小、壓力和流量容易控制，通常用於負載較大或需要防爆的場合下；氣動驅動成本較低，污染小，常用於較為簡單、負載較輕和定位精度要求不太高的場合下。

上述三個組成部分是工業機器人操作臂最基本的組成，但是，隨著智慧機器人技術的發展，工業機器人操作臂同樣也在智慧化對象範疇之內，因此，作為智慧機器人操作臂，還應包括感知系統和決策系統兩部分，此處不再詳述。

2.2 工業機器人操作臂機構形式

2.2.1 工業機器人操作臂機構構型與分類

確定三維幾何空間中任何一個物體的位置和姿態一般需要相對於座標原點在 x、y、z 三個座標軸上的位置分量和分別相對於這三個座標軸的姿態角總共 6 個位姿分量，因此，一般的工業機器人操作臂通常設計成具有 6 個自由度的桿件串聯機構形式，其中靠近基座的腰部、肩關節、肘關節上的這三個自由度一般用來確定腕部中心處點的位置，而腕部的三個自由度用來確定手腕部機械介面處安裝的末端操作器的姿態，從而透過 6 個關節的運動帶動操作臂及腕部運動實現末端操作器期望的位置和姿態。

（1）機器人關節機構類型

一般情況下機器人機構是由剛性的桿件經關節連接而成的。連接桿件的部分為關節，如圖 2-9 所示。關節的一般類型有回轉關節、移動關節，回轉關節又可以按照回轉副回轉軸線與被連接桿件的位置關係是垂直的還是成一直線的分為

圖 2-9(a)、(b) 所示的兩種；類似地，移動副構成的移動關節也可分為圖 2-9(c)、(d) 所示的兩種。

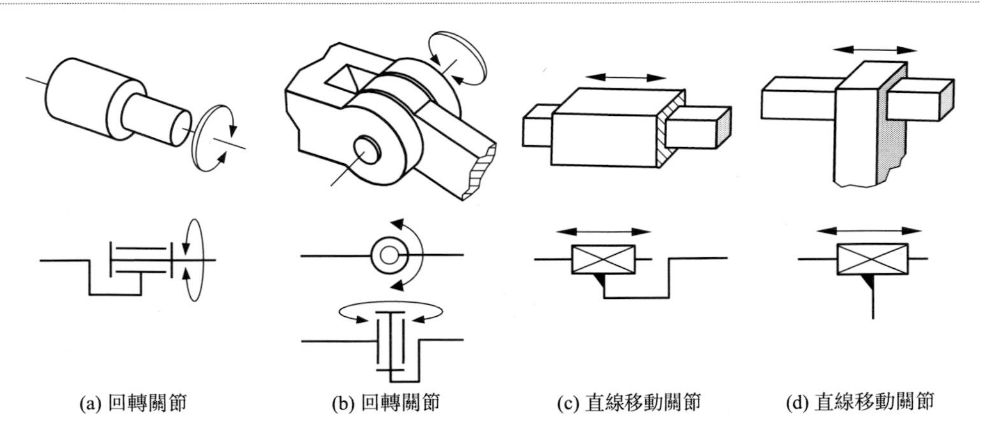

(a) 回轉關節　(b) 回轉關節　(c) 直線移動關節　(d) 直線移動關節

圖 2-9　各種工業機器人操作臂常用的關節機構類型的示意圖
（上：關節示意圖；下：關節機構的運動副表示）

(2) 機器人操作臂的座標系類型

① 直角座標系 (cartesian coordinates system)：只有移動關節的機器人操作臂，直接構成 x、y、z 座標軸，如圖 2-10(a) 所示。

② 極座標系 [polar (spherical) coordinates system]：伸縮式機器人操作臂，在伸縮式關節運動上附加上下回轉和整體回轉運動，如圖 2-10(b) 所示。

③ 圓柱座標系 (cylindrical coordinates system)：伸縮和上下運動的機器人操作臂，在伸縮和上下運動上附加整體回轉運動，如圖 2-10(c) 所示。

④ 關節座標系 [articulated (multi-joint) type]：多關節型機器人操作臂，又可分為垂直多關節型和水平多關節型兩類，如圖 2-10(d)、(e) 所示。

上述四類常用的操作臂座標系形式下相應的 3 自由度機構可以作為 6 自由度工業機器人操作臂的前 3 個自由度不帶腕部的操作臂（用來確定帶有腕部操作臂腕部關節中心處的位置），在該操作臂末端桿件上加上帶有 3 個自由度的腕關節就構成 6 自由度操作臂。

(3) 適用於工業機器人操作臂 3 自由度腕部的機構形式

① RPR (roll-pitch-roll) 機構形式，如圖 2-11(a) 所示；

② 差動齒輪機構形式，如圖 2-11(b) 所示；

③ 球形關節機構形式，如圖 2-11(c) 所示。

目前製造商設計、製造的工業機器人操作臂腕部機構形式多為 RPR 型腕，如 ABB、MOTOMAN、KUKA、PUMA 等工業機器人操作臂都是如此。

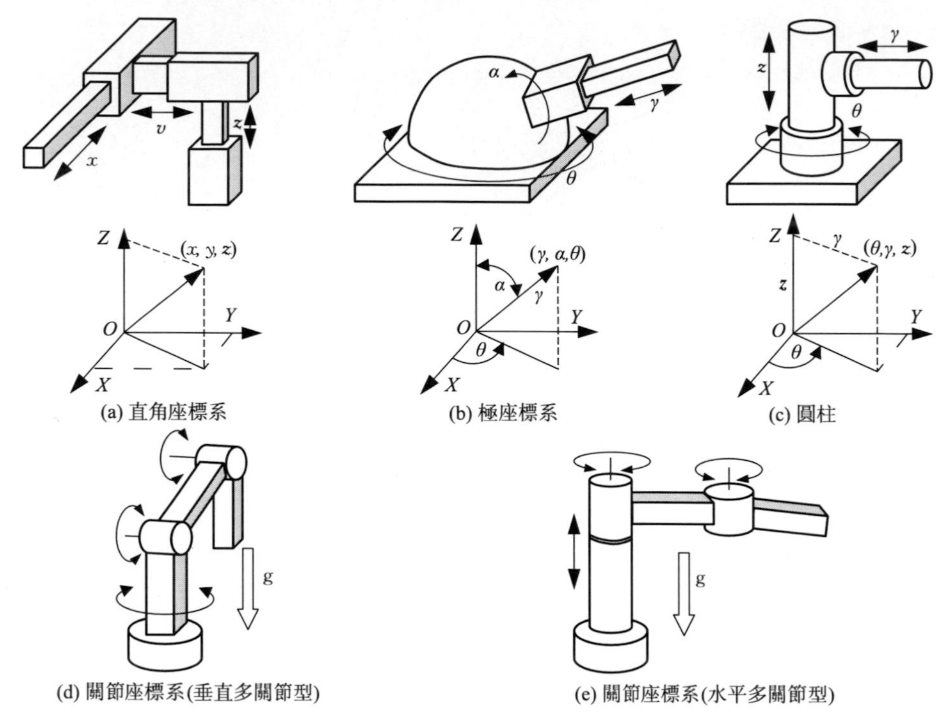

圖 2-10　工業機器人操作臂的座標系形式（圖中 g 及垂直向下的空心箭頭表示重力加速度大小及方向）

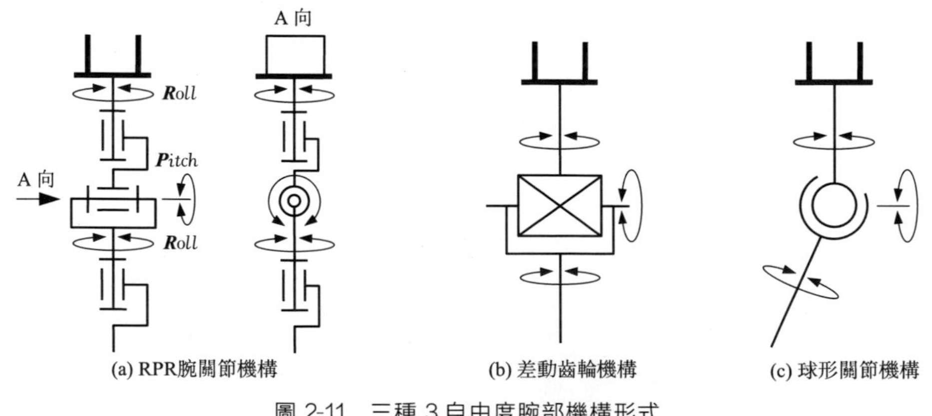

圖 2-11　三種 3 自由度腕部機構形式

（4）末端操作器中心點的定義

一般情況下，機器人操作臂的控制都需要首先研究其安裝在末端桿件上的末端操作器的位置和姿態。但是由於作業不同，末端操作器往往需要更換，並不是機器人操作臂上固有的，因此，通常把末端操作器的中心設在其根部的安裝位置處，如圖 2-12 所示，該位置被稱為機器人操作臂與末端操作器的機械介面（mechanical interface），因為末端操作器被連接在根部的前端，所以該處的位置和姿態比較易於處理同一操作臂不同作業情況下的運動學解析問題。

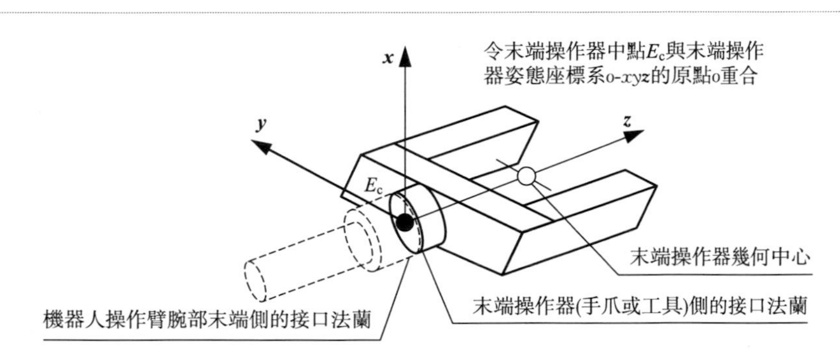

圖 2-12　機器人操作臂末端操作器中心點與末端操作器機械介面中心點定義示意圖

(5)「機構構型」與「機構構形」

① 工業機器人操作臂「機構構型」的概念：是指構成機器人操作臂的各個關節、桿件之間按照某種確定的方式連接而成確定機構的形式，換句話說就是具有確定的自由度個數、構成機構的關節類型以及各關節類型與各自由度之間配置關系、機構相鄰桿件透過各關節的連接方式等等。機器人操作臂自由度數確定的情況下，如果構成操作臂關節的類型不同或者關節類型相同但被分配到相鄰桿件間連接的位置不同，則得到的操作臂機構構型都是不同的。

② 工業機器人操作臂「機構構形」的概念：是指在機器人操作臂機構構型已確定的前提條件下，由各個關節運動帶動各個桿件（臂桿）運動，運動過程中操作臂整體瞬時呈現的機構幾何形態。「構型」與「構形」雖只有一字之差但表達的意思完全不同。對於機構構型已經確定的操作臂而言，在運動過程中可以形成無窮多個機構構形。

2.2.2 工業機器人操作臂中常用的機構構型

為便於叙述和說明，這裡將 6 自由度以內工業機器人操作臂的自由度用 R（roll）、P（pitch）、Y（yaw）、T（translation）、S（spherical）等字母及符號「-」標記為 7 位以內字符串，按照其所在基座與臂部、腕部位置分為兩部分如表示為 RPP-RPR，其中，前三位分別依次表示從基座開始向腕部的各關節運動類型，後三位分別依次表示腕部的 3 個自由度。

（1）機器人基座與臂部的機構構型

① RPP 型——滾動/俯仰/俯仰（廣泛應用的回轉關節型機器人操作臂）。

② RPRP 型——滾動/俯仰/滾動/俯仰（廣泛應用的人型操作臂）。

③ RRT 型——滾動/滾動/移動（SCARA 型）。

④ TTT 型——移動/移動/移動（直角座標型）。

⑤ RPT 型——滾動/俯仰/移動（即極座標型）。

⑥ TRR 型——移動/滾動/滾動。

⑦ PYR 型——俯仰/側偏/滾動（全方位無奇異型）。

⑧ RTT 型——滾動/移動/移動（即圓柱座標型）。

（2）腕部的機構構型

① 單自由度手腕：R 型、P 型。

② 2 自由度手腕：RP 型、RY 型、PR 型、PY 型。

③ 3 自由度手腕：RPR 型、RPY 型。

2.2.3 人型手臂機構構型

（1）人類手臂作為機構看待的特點

如第 1 章中圖 1-8 所示及所述，人類手臂帶著五指的手可以完成複雜的操作運動，其中靈巧操作的能力主要體現在由 5 根手指以及有多塊掌骨以及肌腱肌肉的手掌。人類手臂主要是帶著手運動並一起承擔載荷。如果把人類手臂看作機械系統的機構的話，可以認為由肩、肘、腕關節連接大臂、小臂的人類手臂具有 7 個自由度，其中肩部、肘、腕關節的自由度數分別為 3（或 2）、1（或 2）、3。肩關節、肘關節總共擁有 4 個自由度，至於肩 3、肘 1 還是肩 2、肘 2 在機構運動上沒有什麼本質區別，即將肩 3 時的肩部最後一個自由度歸結在肩部最後一個自由度還是肘部最先的一個自由度只是歸屬問題，機構構成可以不變。另外人類手臂的肩、腕兩個關節是不存在關節機構奇異問題的，可以看作是 pitch（俯仰）-yaw（偏擺）-roll（滾動）3 自由度關節機構；而非通常工業機器人操作臂的腰轉 roll 與肩部 pitch 構成的串聯 roll-pitch 機構和 3 自由度腕部的 roll-pitch-roll 關節機構。pitch-yaw-roll 3 自由度肩關節機構可以在關節運動空間（即 3 自由度關節運動合成下所能達到的所有運動範圍，即姿態範圍）內可以實現任意連續運動的姿態；而 roll-pitch 或 roll-pitch-roll 關節機構則不然，在關節前後的兩個連桿伸展成一條直線或兩桿平行的狀態或該狀態附近分別為機構奇異或近奇異狀態。

（2）人型手臂的機構構型

人型手臂機構構型按照運動副與構件構成串聯機構、並聯機構的類型可以分為串聯機構構型的人型手臂機構、串/並聯混合機構構型的人型手臂機構兩類機構構型；按照肘關節、腕關節是否偏置又可分為肘關節偏置型和非偏置型的人型手臂機構兩類，肘關節偏置型的機構可以獲得更小的小臂與大臂的摺疊角。在機構構成本質上偏置型與非偏置型沒有本質區別，但是，在運動學求解與運動控制的初始構形上是有區別的，肘關節零偏置的人型手臂機構在逆運動學分析和求解上使用一元二次方程即可，而肘關節零偏置型的人型手臂機搆逆運動學解析解則需要求解一元五次方程，最多可以得到四個有效的方程根。而最高只有到一元五次方程有解析解通解，高於五次的一元 n 次方程沒有解析解通解。對於機器人操作臂運動控制而言，解析解是非常重要而實用的。因此，一般而言，用於工業機器人操作臂的機構構型一般都不會超過 7 個自由度，7 個自由度時需要在 1 個冗餘自由度運動指定的情況下來用解析法求得 6 自由度機搆逆運動學的解析解。常用的 7 自由度人型手臂機構構型如圖 2-13 所示。由於 PYR-P-PYR 型機構構型與 PYR-Y-PYR 或 YPR-P-YPR、YPR-Y-YPR、PYR-P-YPR 等機構構型只是自由度標記 P、Y 的差別而機構本身沒有本質區別，所以，統一歸為 PYR-P-PYR 一種構型即可。

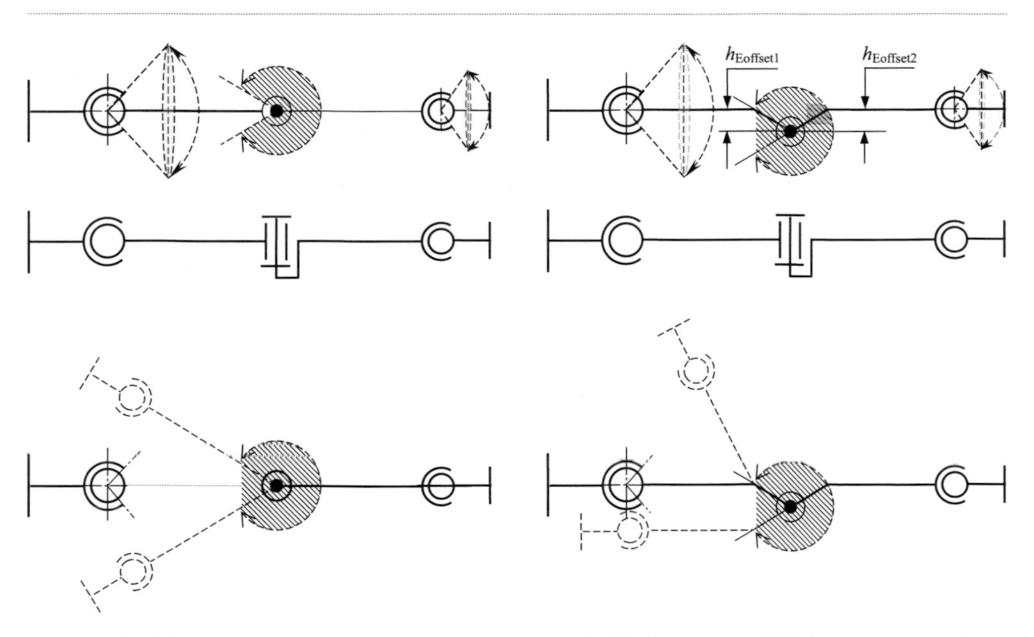

(a) 無肘關節偏置($h_{Eoffset1}$=0)、肩/腕關節皆為無奇異球面副的7自由度仿人臂S-P-S機構最簡機構運動簡圖

(b) 肘關節偏置、肩/腕關節皆為3自由度無奇異球面副的7自由度仿人臂(便於折疊)S-P-S機構最簡機構運動簡圖

圖 2-13

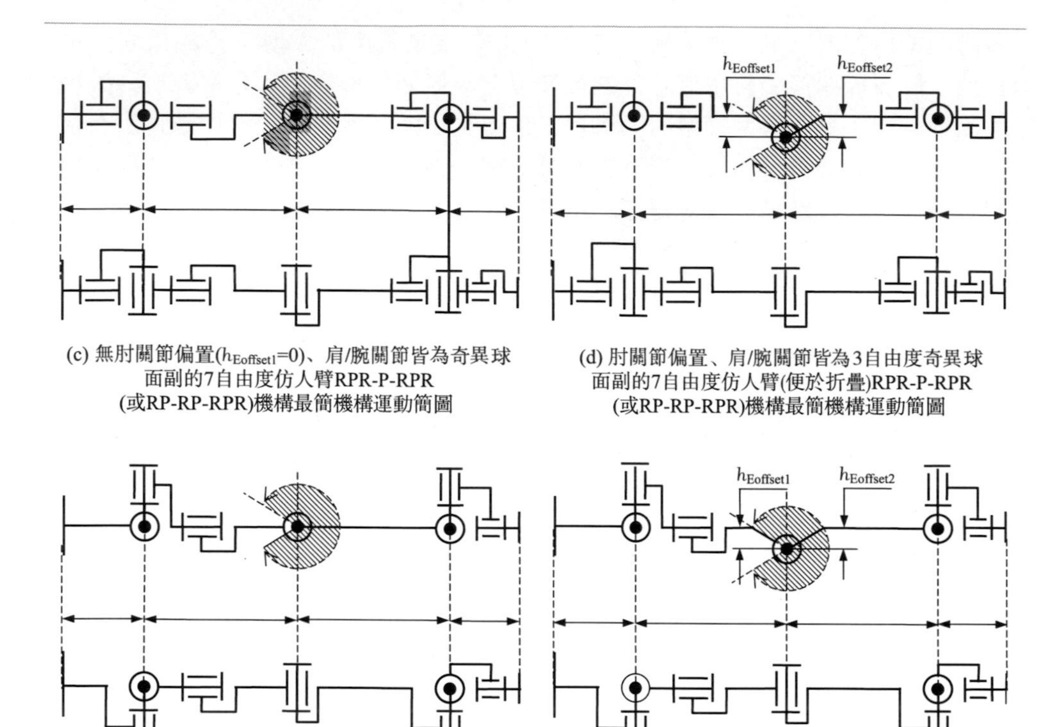

(c) 無肘關節偏置($h_{Eoffset1}$=0)、肩/腕關節皆為奇異球面副的7自由度仿人臂RPR-P-RPR(或RP-RP-RPR)機構最簡機構運動簡圖

(d) 肘關節偏置、肩/腕關節皆為3自由度奇異球面副的7自由度仿人臂(便於折疊)RPR-P-RPR(或RP-RP-RPR)機構最簡機構運動簡圖

(e) 無肘關節偏置($h_{Eoffset1}$=0)、肩/腕關節皆為無奇異球面副的7自由度仿人臂PYR-P-PYR(或PY-RP-PYR)機構最簡機構運動簡圖

(f) 肘關節偏置、肩/腕關節皆為3自由度無奇異球面副的7自由度仿人臂(便於折疊)PYR-P-PYR(或PY-RP-PYR)機構最簡機構運動簡圖

圖 2-13　串聯桿件的 7 自由度人型手臂機構的 6 種機構構型圖

人型手臂並/串聯混合式機構構型如圖 2-14、圖 2-15 所示。分為兩類：一類是肩、腕關節為並聯機構、大小臂桿為串聯機構的並/串聯混合機構構型[圖 2-14(a)、(b)]。其中，圖 2-14(a) 所示肩關節、腕關節皆為由三個移動副支鏈機構並聯在一起的 3 自由度並聯機構；圖 2-14(b) 所示肩、腕關節皆為由 pitch、yaw、roll 回轉運動機構構成的 3 自由度並聯機構，為筆者與蔡鶴皋院士 1993 年在美國的機械工程專家 Mark E. Rosheim 於 1989 年提出的全方位無奇異 pitch-yaw-roll 關節機構基礎上解決其 pitch、yaw 運動機構干涉問題，而進一步提出的雙環解耦原理的新型並聯關節機構，詳見本書 3.3 節。此類 3 自由度關節機構較圖 2-14(a) 中所示由移動副支鏈鉸鏈連接在兩平臺之間的 3 自由度關節機構運動具有運動範圍更大且機構與結構更加緊湊的特點；另一類則是大小臂的臂桿本身為並聯機構的並/串聯混合機構構型，如圖 2-15 所示，為人型小臂右臂尺骨和橈骨擰絞形成腕關節的 roll 自由度運動即 B 軸回轉運動，以及肘關節屈伸運動即小臂繞 A 軸的回轉運動的桿件並聯機構。

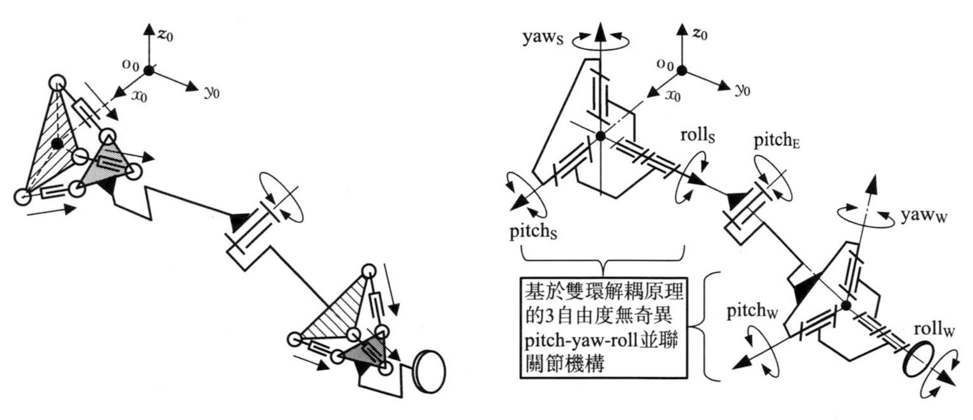

(a) 肩、腕關節皆為3自由度並聯機構的仿人手臂機構運動簡圖

(b) 肩、腕關節皆為3自由度全方位無奇異並聯機構的並/串聯混合機構的仿人手臂機構運動簡圖

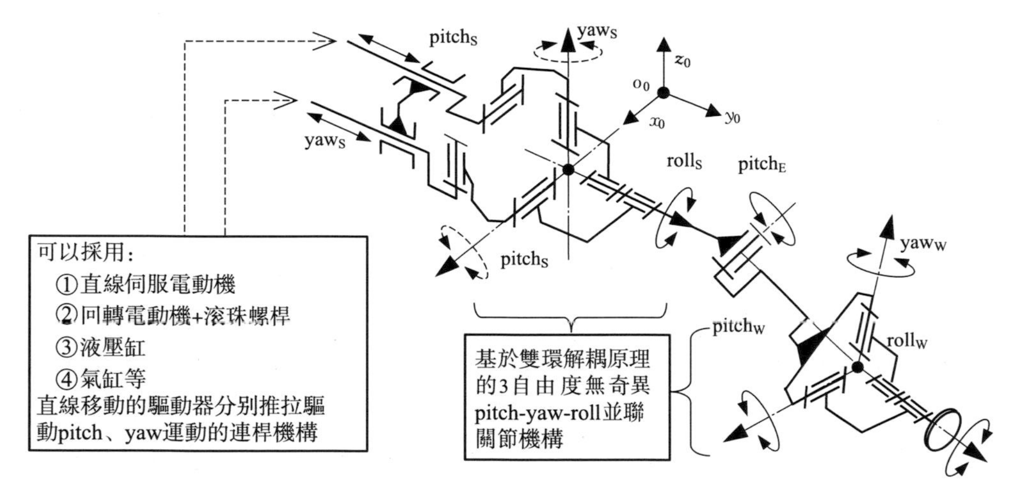

(c) 肩部採用直線移動驅動系統驅動的並聯連桿機構、腕關節為回轉驅動的3自由度全方位無奇異並聯機構的並/串聯混合機構的仿人手臂機構運動簡圖

圖 2-14　由並聯關節機構、串聯關節機構連接而成的7自由度人型手臂並/串聯機構的機構構型圖

這種人型小臂尺骨與橈骨結構與機構的桿件並聯機構是 1993 年由日本的遠藤博史和和田充雄完全仿生人骨骼結構及運動提出並設計的，並採用模人型類肌腱的金屬絲和繩輪傳動並由 DC 伺服電動機和張力感測器、電位計等感測系統來實現其 2 自由度的仿生運動控制[1]。

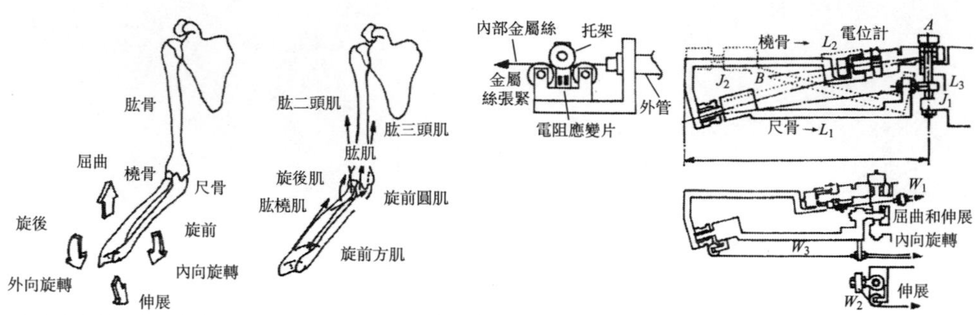

(a) 人小臂的骨骼與運動 (b) 人小臂骨骼運動的肌肉驅動 (c) 仿人小臂骨骼構成的並聯機構及其繩驅動與感測器[1]

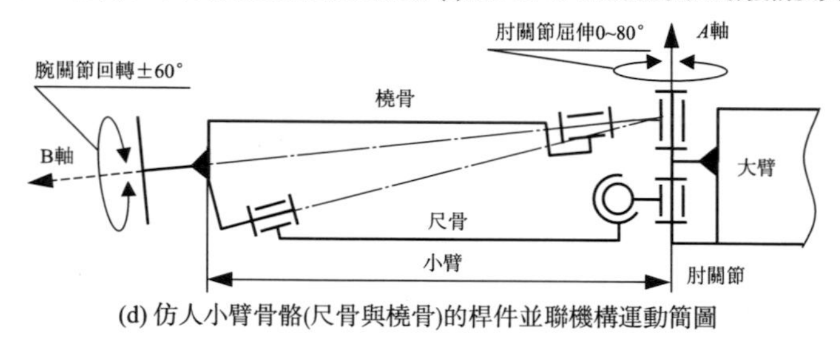

(d) 仿人小臂骨骼(尺骨與橈骨)的桿件並聯機構運動簡圖

圖 2-15 人臂骨骼與肌肉驅動的運動原理及人型小臂尺骨與橈骨的桿件並聯機構構型圖

2.2.4 冗餘、超冗餘自由度機器人操作臂機構構型

冗餘、超冗餘自由度的機器人操作臂也稱為透過多節多構件剛體間相對運動而獲得整臂任意完全的柔性機器人操作臂，簡稱柔性臂。它是以剛體材質的構件間相對運動獲得柔性，而非構件材質為彈性材料彈性體透過彈性變形來獲得柔性的操作臂。這種冗餘、超冗餘自由度的機器人操作臂除了末端操作器作業外，還主要用來以任意的「柔性」「變形」來適應複雜幾何形狀的環境或作業對象物，如以整臂的形態包圍抓取對象物、回避障礙物、通過彎彎曲曲的通道或孔洞等進行檢測或操作等等。這類機器人操作臂通常是分節和節與節之間串聯連接構成的，因此，按照構成操作臂的節是單一構件（桿件）還是並聯機構又可分為串聯機構操作臂和並聯機構的節與節之間串聯而成的串/並聯混合操作臂機構。

(1) 平面機構構型

① 平面 n 自由度回轉關節機器人操作臂串聯機構：是通過多個軸線互相平行的回轉副和相應的多個桿件之間串聯而成的冗餘、超冗餘自由度機器人操作臂。其末端可以帶有用來調整末端操作器姿態的 3 自由度 PYR 或 RPR 手腕機構，如圖 2-16 所示。這種柔性操作臂的具體機構實現例之一為如圖 2-17 所示的由日本茨城大學馬書根等研製的 7 自由度平面機構操作臂[2]。

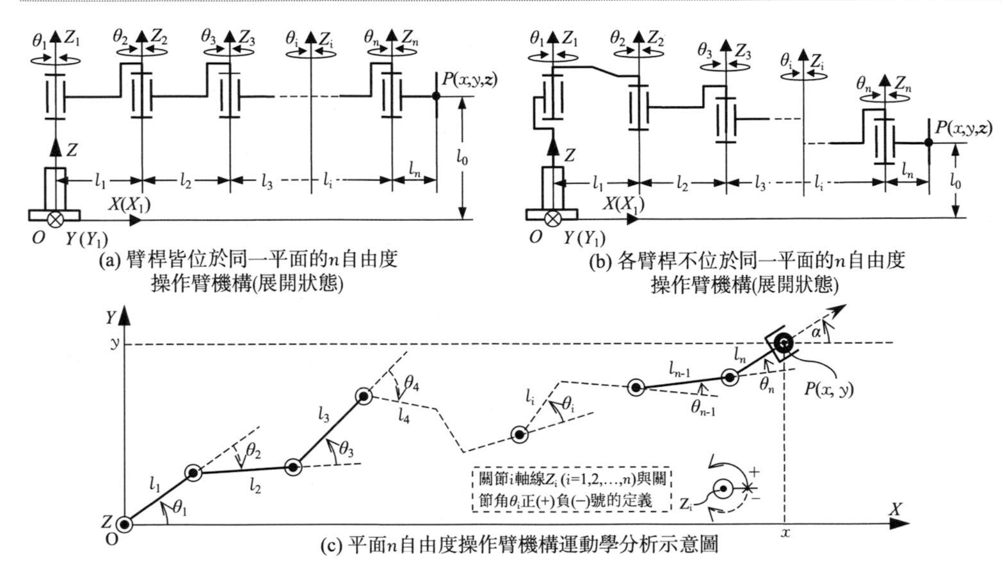

圖 2-16 平面 n 自由度操作臂機構及其運動分析

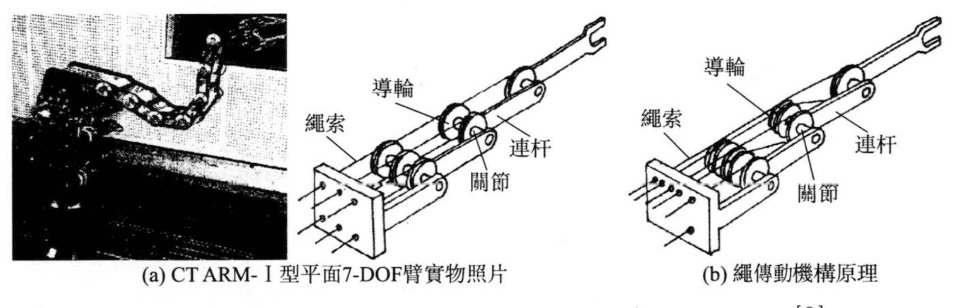

圖 2-17 CT ARM-Ⅰ型平面 7-DOF 臂及其繩傳動機構原理[2]

② 基於平面變幾何桁架並聯機構單元的串/並聯混合超冗餘自由度機器人操作臂機構構型。平面變幾何桁架結構（variable geometry truss structure，VGT）單元是在原動機驅動下具有確定運動的桁架結構單元，一般由並行連接在兩個端部構件之間的多個伸縮運動驅動元部件驅動，以改變兩個端部構件之間的相對位置和姿態角。如圖 2-18(a)、(b) 所示的 3 自由度 VGT 單元，圖(a) 所示為採用液壓缸或氣缸作為驅動元部件的 VGT 單元，圖(b) 所示為採用帶有光電編碼器的 DC（或 AC）伺服電動機作為驅動部件經齒輪異速器、滾珠螺桿傳動來實現直線伸縮運動的 VGT 單元。這種 3 自由度 VGT 單元並聯機構一般運動範圍和轉動角度相對於前述的多自由度回轉關節型並聯機構單元的運動空間要小。由同樣機構原理的多個 VGT 單元兩兩之間端頭構件首尾串聯在一起，便構成了基

於 VGT 並聯機構單元「節」的串/並聯混合冗餘、超冗餘自由度機器人操作臂機構。由平面 3 自由度 VGT 單元構成的冗餘、超冗餘操作臂機構構型如圖 2-19(a) 所示，這種平面四邊形外加一根對角線上斜拉桿構成的 3 自由度 VGT 單元本身運動範圍（即單元工作空間）相對小，所以，還可以設計 4 自由度的六邊形 VGT 單元，並串聯而成如圖 2-19(b) 所示的平面超冗餘自由度機器人操作臂機構。這種基於 VGT 單元的串/並聯機器人操作臂機構多用於大型、重型物體的包圍抓取作業，如空間技術領域的漂浮於太空中的衛星以及大型太空垃圾的回收等等需要冗餘、超冗餘自由度機器人操作臂包圍抓取作業的情況；地面環境下，也可用於危險、條件惡劣環境下大型構件的搬運、回收等等作業。如在第 1 章中介紹過的約翰・霍普金大學（Johns Hopking University）與加州理工學院（California Institute of Technology）於 1993 年聯合研發的具有 30-DOF 的機器人操作臂就是類似於如圖 2-19 所示的由 10 節 3-DOF VGT 單元組成的超冗餘自由度機器人操作臂，用來面向空間技術領域的衛星回收作業並且進行了地面模擬包圍抓取衛星的實驗[3]。

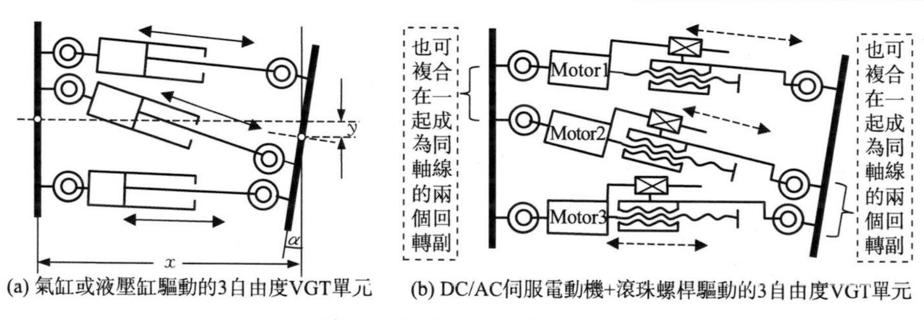

(a) 氣缸或液壓缸驅動的3自由度VGT單元　(b) DC/AC伺服電動機+滾珠螺桿驅動的3自由度VGT單元

圖 2-18　3 自由度平面變幾何桁架結構的 VGT 單元並聯機構原理

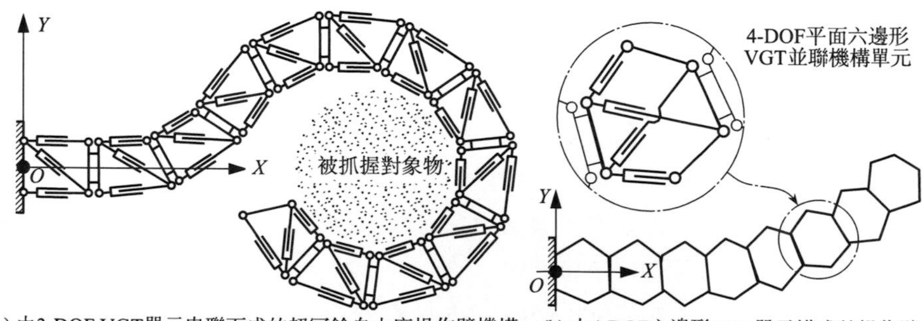

(a) 由3-DOF VGT單元串聯而成的超冗餘自由度操作臂機構　(b) 由4-DOF六邊形VGT單元構成的操作臂

圖 2-19　由平面變幾何桁架結構 VGT 並聯機構單元構成的冗餘、超冗餘自由度機器人操作臂

(2) 空間機構構型

平面冗餘、超冗餘自由度機器人操作臂只能在平面內任意彎曲作平面運動，包圍抓取和操作的能力有限。因此，可以在三維空間內任意彎曲運動和操作的冗餘、超冗餘自由度機器人操作臂則具有更大的對被操作物和環境表面的適應性或者回避能力以及操作作業能力，但機構也更為複雜。

① 基於 2 自由度、3 自由度並聯機構單元的冗餘、超冗餘自由度機器人操作臂機構　可以以 3 自由度並聯關節機構作為單元節，將多個這樣的單元節串聯在一起構成冗餘、超冗餘自由度機器人操作臂機構，如圖 2-20(a) 所示；也可以以 2 自由度 pitch-yaw 或 3 自由度 pitch-yaw-roll 全方位關節並聯機構作為單元節，將多個這樣的單元節串聯在一起構成冗餘、超冗餘自由度機器人操作臂機構，如圖 2-20(b) 所示。這些單元節中的移動副可以透過氣缸、液壓缸或直線電動機、伺服電動機＋滾珠螺桿傳動來實現；圖中所示 pitch、yaw 等回轉副可透過伺服電動機＋異速器直接實現；也可以透過氣缸、液壓缸、直線電動機、回轉伺服電動機＋滾珠螺桿等直線移動機構推拉連桿機構實現［如圖 2-14(c) 所示那樣］，也可以透過回轉電動機經異速器和齒輪機構來實現。圖 2-20 中所示的 roll 運動可以直接透過回轉電動機驅動經異速器實現，也可以透過安置在前一節單元節上的回轉電動機經異速器異速後透過雙萬向節機構將運動和動力傳遞到本節單元節實現 roll 運動。

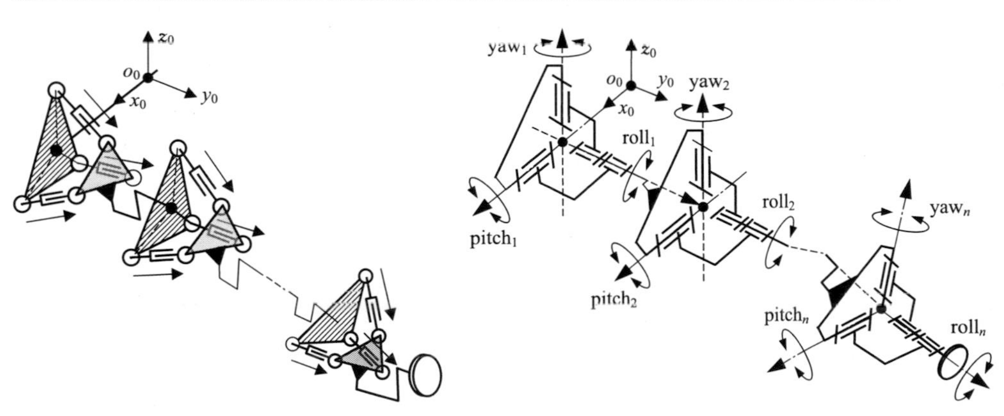

(a) 以3自由度並聯機構為單元節的冗餘、超冗餘自由度操作臂串/並聯混合機構

(b) 以3自由度全方位無奇異pitch-yaw-roll並聯機構為單元節的冗餘、超冗餘自由度機器人操作臂串/並聯混合機構

圖 2-20　基於 3-DOF 並聯機構單元的空間 n 自由度冗餘、超冗餘自由度機器人操作臂串/並聯混合機構

② 由脊骨式機構作為單元節構成的冗餘、超冗餘自由度機器人操作臂機構　脊骨式機構的基本原理：像人、動物的脊椎一樣由一節一節的脊骨構成脊

椎，相鄰的脊骨與脊骨之間可以有相對轉動，而驅動脊骨與脊骨之間相對轉動的是脊椎周圍的肌肉。作為機構來實現的原理是：脊骨分別設計成兩端帶有凹形內圓弧面的構件 A 和帶有凸形外圓弧面的構件 B 兩種。在凸形外圓弧面構件 B 的周圍設有正 n 邊形的凸緣，凸緣上均布著 n 個通孔，按照 ABAB……AB 的順序並且凸圓弧面嵌入凹圓弧面依次疊加在一起，將所有的正 n 邊形凸緣對正後用 n 根繩索依次穿過相對應的所有凸緣通孔並將繩索一端固連在最後一個凸形外圓弧面構件 B 上。用 n 個原動機分別協調牽引 n 條繩索，則構成了一節脊骨式機構，如圖 2-21(a) 所示。脊骨式平面機構，$n=2$；脊骨式三維空間機構，$n\geqslant3$。常用的凸形外圓弧面脊骨的凸緣形狀為等邊三角形、矩形、正六邊形等。每個角點上都有用來將繩索穿過凸緣的通孔。為使脊骨與脊骨之間變形均勻且受力自適應均衡，相鄰兩節脊骨對應角點凸緣之間加裝圓柱螺旋彈簧，如圖 2-21(a) 所示。脊骨式平面機構由兩個原動機驅動，而 3 自由度以上的脊骨式空間機構則需由三個以上原動機分別驅動各條繩索。以脊骨式機構為單元節，將多節脊骨式機構單元首尾串聯在一起，便構成了脊骨式冗餘、超冗餘自由度機器人操作臂機構。

這種脊骨式機構的缺點：沿縱向中軸曲線的切線方向扭轉剛度差，導致末端姿態不穩定。為此，筆者提出一種如圖 2-21(b) 所示的脊骨機構原理，即在凸形外圓弧面與凹形內圓弧面之間增設雙側帶有同心弧面和弧形滑道的十字滑塊，以保證各脊骨構件間不因繩索驅動的柔性而產生繞垂直於縱向軸線的扭擰位移，從而使得操作臂的位姿穩定。

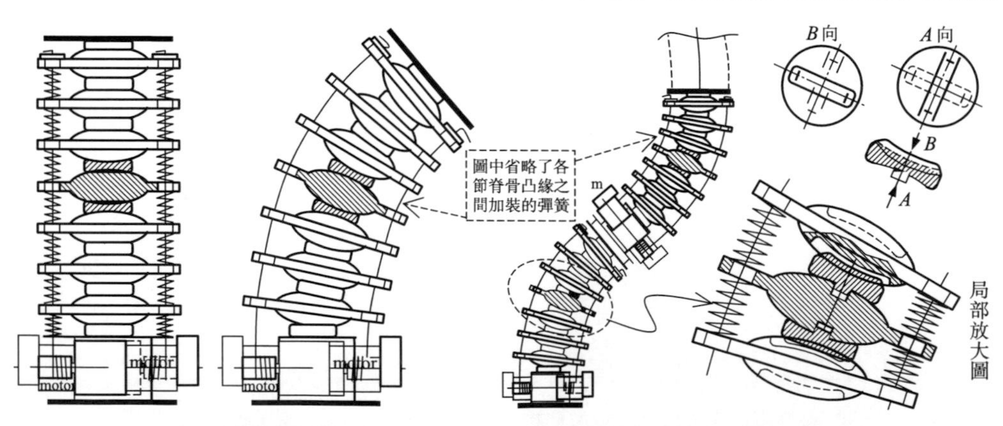

(a) 2-DOF/3-DOF脊骨式機構單元節的機構原理 (b) 由脊骨式機構單元節串聯成的冗餘、超冗餘自由度機構

圖 2-21 脊骨式冗餘、超冗餘自由度機器人操作臂串/並聯混合機構

2.3 工業機器人操作臂的設計要求與特點

2.3.1 工業機器人操作臂的基本參數和特性

工業機器人操作臂的功用就是在電腦自動控制下由驅動系統元部件驅動與各關節相連的臂運動從而帶動末端操作器上的負載物按照期望的作業要求運動，從而實現自動化操作。因此，根據各種作業要求而確定的通用的工業機器人操作臂基本參數有工作空間幾何形狀和大小、運動自由度數、有效負載、運動精度、速度等等，下面分別加以講解。

(1) 工作空間（work space）幾何形狀和大小

當機器人操作臂固定在現實物理世界中的某一位置時可以建立機器人操作臂的基座標系，通常位於基座上，機器人操作臂腕部末端機械介面中心點也即末端操作器姿態座標系原點相對於基座標系表達的三維幾何空間內所能達到的範圍即為機器人操作臂的工作空間。

由於機器人操作臂腕部末端機械介面中心點相對於基座的運動是由操作臂臂桿各個關節運動帶動操作臂臂桿運動實現的，因此，腕部末端介面中心點在基座標系表達的三維幾何空間內可達的範圍實際上是由每一個關節實際運動範圍和操作臂機構參數所決定的。

工作空間幾何形狀和大小的確定方法：以基座指向腕部的順次，讓各個關節依次按其關節運動極限範圍運動，腕部末端介面中心點所包絡出的由最大、最小邊界確定出的幾何空間範圍。但需要指出的是，由於機器人操作臂各關節位置、速度、加速度以及驅動能力是有限的，各關節間運動耦合性導致機構奇異、近奇異構形的存在，實際可達的工作空間可能會被分割成不連通的若干部分。

(2) 運動自由度（degrees of freedom，DOF）數

任何自由物體在三維幾何空間內都有 6 個自由度，因此，要描述、確定任一自由物體在空間內的位置和姿態就需要 3 個表示位置的移動自由度和 3 個表示姿態變化的轉動自由度。工業機器人操作臂連桿機構的自由度數 F 可以用下式計算：

$$F = 6n - \sum mN_m \tag{2-1}$$

式中，n 為組成連桿機構的桿件數；m 為運動副引入的約束數；N_m 為具有約束數為 m 的連桿根數。

工業機器人操作臂一般是一個開鏈連桿機構，而且每個關節運動副只有一個自由度，因此，通常機器人操作臂的自由度數就等於其關節數。機器人操作臂自由度數越多，其運動能力就越大、越靈活，但也會有隨之而來的問題，如機械系統整體剛度及負載能力、操作精度等相對變差。目前，在工業生產中常用的機器人操作臂通常具有 6 個自由度，但是，由於機器人操作臂機構形式、自由度的配置及個數是在具體使用中由對作業對象進行操作所需要的實際自由度來決定的，也有 2～5 個自由度的機器人操作臂。當然，也可由 6 自由度機器人操作臂完成 2～5 個自由度的操作作業，不過，相應地在 6 個自由度所對應的關節中必須選擇好由哪 2～5 個關節運動來完成，其他的 4～1 個關節在工作中處於鎖定不用狀態（煞車或停止），如此會造成購置機器人操作臂的成本高和資源浪費。因此，最好根據具體情況，單獨設計或購置 2～5 個自由度的機器人操作臂為宜。另外，由於一些特殊作業，如核工業廢棄物料的處置、狹窄蜿蜒空間內取物、危險環境作業等場合下對自動化程度和操作臂作業靈活性要求較高時，也需要具有 6 自由度以上更多自由度的機器人操作臂來完成作業，如 7 自由度人型手臂、30 自由度的柔性臂等也作為工業機器人操作臂使用，但控制問題較複雜。

有關工業機器人操作臂自由度數的選擇和其配置的確定需要有機構學作為知識基礎，需要根據作業對象物的運動及作業參數等進行分析、分解，然後對操作臂機構進行方案設計與運動定性分析才能合理確定自由度配置和機構構型。一般 6 自由度機器人操作臂在設計上均已考慮了上述問題，所以一般可以作為通用的工業機器人操作臂選型。

(3) 有效負載（payload）

有效負載是指機器人操作臂腕部末端在工作中所能承受的最大負載。該指標實際上是一個使用起來比較複雜而且又需要保證的指標。該參數指標與末端操作器質量、作業對象物質量、作業類型、作業力大小及類型、機器人操作臂末端運動速度、加速度大小等等諸多因素有關。

與其他機械設備不同的是，機器人操作臂的有效負載為來自末端操作器和作業對象物兩部分負載之和，而且根據作業類型的不同，有效負載的種類也不同。如以搬運物體為作業對象的機器人操作臂，其有效負載應為夾持重物的末端操作器（即手爪）的重力和搬運重物的重力之和，即使這樣定義其有效負載也是不完整的，因為對於機器人操作臂是在什麼樣的臂桿機構構形下承受此負載沒有加以明確，所以名義上有效負載的定義應該是在機器人操作臂受載最不利的情況下仍能承受的最大載荷，如臂在重力場環境下完全水平伸展狀態下末端負載的能力。為此，工業機器人製造商們生產的機器人操作臂產品手冊上給出的有效負載指標除包含前述的末端操作器及操作對象物兩部分負載外，還給出了把有效負載作為質點力的質點到腕部末端機械介面中心點的許用最大距離（或者有效負載作為質點力的質點到腕部 3 自由度軸線交點即腕部關節中心點的最大距離）指標。如此看來，從各關節驅動力矩滿足承載能力要求的情況下，有效負載作為質點力的質點到腕部末端機械介面中心點的最大距離小於此許用距離的情況下，可以按照負載力矩與力臂成反比的關系提高能夠實際承擔的有效負載力指標；反之，在有效負載作為質點力的質點到腕部末端機械介面中心點的最大距離大於許用距離的情況下，可以按照負載力矩與力臂成反比的關系異小能夠實際承擔的有效負載力指標。

前述是以搬運重物作業為例對機器人操作臂有效負載的定義與如何靈活運用該指標的情況加以說明，當機器人操作臂高速、變速作業時，加異速運動的末端操作器及操作對象物的質量會產生慣性力、科氏力，會異小有效負載能力，而且，機器人操作臂自身的質量引起額外的慣性力、科氏力以及黏滯力從而影響有效負載能力；當有效負載類型不是作業對象物的重力負載，而是諸如擰螺釘、零件毛刺打磨、裝配等作業下末端操作器與作業對象物之間作用力、力矩負載時，有效負載的確定與保證就更為複雜了，此處不加以展開論述。

（4）運動精度（accuracy）

機器人操作臂本體（即機械系統）精度的衡量指標有位置精度（position accuracy）、重複位置精度（repeatability）和系統解析度（resolution）三項。前兩項決定了機器人操作臂末端機械介面處的最大位置誤差。由於工業機器人操作臂被作為單獨的產品由機器人製造商生產製造並且按照作業空間、有效承載能力大小已被系列化設計，具有多種工業用途下一定的通用性和不同用途下的可選擇性，剩下涉及具體作業的末端操作器可由專業廠商設計製造或使用者自行設計，因此，實際使用的帶有末端操作器的工業機器人操作臂作業運動精度由兩部分決定：一部分是機器人操作臂製造商給出的腕部末端機械介面處位置精度和重複位置精度；另一部分是末端操作器（如機械手爪、噴槍、焊鉗等）以及工具（如扳手、鉗子）、裝在工具上的工件等的定位精度、幾何精度。所以，一般工業機器人操作臂在實際應用時必須把裝有末端操作器及作業工件的操作臂整體重新進行定位精度以及重複定位精度標定實驗。

系統解析度是指在進行機械系統設計時選擇測量驅動各關節的原動機（如交流伺服電動機、直流伺服電動機、液壓缸、氣缸等）運轉位置用感測器的解析度，如原動機回轉角位移、直線驅動的線位移的測量。最常用作測量交/直流伺服電動機轉角位置的是光電編碼器，電動機軸轉過一周，則連接在電動機軸上的1000線光電編碼器發出1000個脈衝，1個脈衝即表示對電動機轉角的最小分辨角度，為360°/1000即0.36°，即系統具有的控制解析度為0.36°，目前機器人用運動控制系統中光電編碼器用計數器一般都具有四細分功能，即電動機軸轉1周光電編碼器發出的1000個脈衝經四細分後分為4000個脈衝，則細分後的1個脈衝相當於0.36°/4即0.09°；對於直線驅動器如直線伺服電動機採用光柵尺等可測量系統解析度。常用的系統解析度為0.1°或0.01mm。

機器人操作臂的運動精度對於用於裝配等精密操作、末端操作器的精確位置軌跡追蹤作業而言是重要的指標，位置精度和重複位置精度指標首先取決於機械系統的製造安裝精度，由於機器人操作臂的基座標系與作業對象物的參考座標系可以統一到以自動化作業系統世界座標系為參照的統一參考座標系，所以，機器人操作臂基座與安裝機器人操作臂的系統基礎機械介面到作業對象物與安裝作業對象物的系統基礎機械介面之間需要精確地定位並且加以測量，從機器人操作臂基座依次向腕部末端機械介面中心的基座定位介面、腰轉關節及其機械介面、肩關節及其機械介面、肘關節及其機械介面、腕部三個關節及其機械介面、腕部末端機械介面中心、末端操作器以及末端操作器夾持對象物（工具或工件）、作業對象物所處另一機械系統及其基座與安裝該機械系統的基礎機械介面的定位連接尺寸與機械加工精度都影響機器人操作臂的作業精度，此外，還取決於構成機器人操作臂各關節的機械傳動精度、各關節軸系支撐剛度、各臂桿的剛度等；在機器人操作臂機械系統每一個環節的設計製造安裝精度得以保證的前提下，還必須由系統的解析度、運動控制技術來保證較高的控制精度。

通常情況下，工業機器人操作臂機械本體的質量相對其有效負載而言都較大，約為有效負載的十數倍以上乃至二十倍，例如有效負載為5kg的機器人操作臂機械本體的質量一般至少在50kg以上，這是因為只有保證機械傳動環節有較高的精度、作為大臂和小臂的桿件具有較高的剛度，才能使操作臂有穩定、較高的重複定位精度。

(5) 速度（speed）

速度、加速度是反映機器人操作臂運動特性的主要指標。工業機器人操作臂產品樣本中都會給出各個自由度下關節運動的最大穩定速度（對於回轉關節，單位為(°)/s或rad/s；對於移動關節，單位為m/s），但在實際應用中不能單純地只考慮最大穩定速度，因為原動機、關節輸出的功率是有限的，在關節瞬時最大輸出轉矩取決於原動機部件輸出的瞬時最大轉矩以及連續額定轉矩都是有限的，如電動機、異速器傳動裝置的最大瞬時輸出轉矩以及連續輸出轉矩；關節輸出轉矩與關節速度的乘積為關節輸出的功率，所以關節最大速度是有限的。從啓動到升速到最大穩定速度或從最大穩定速度降速到停止需要一段時間，若允許的最大加異速度較大則加異速所需要的這段時間就可以短一些；反之如果允許的最大加異速度較小則加異速所需要的這段時間就可以長一些。如果加異速時間要求一定，那麼允許加異速度較大則有效速度就可以大一些；反之則有效速度就小一些。由於機器人操作臂關節運動屬於頻繁正反轉和頻繁加異速的情況，如果加異速過快，有可能引起定位時超調或振盪加劇，使得為達到目標位置需要等待振盪衰異的時間增加，也可能使有效速度反而降低。因此，還需考慮關節最大允許加異速度（對於回轉關節，為角加速度，rad/s^2；對於移動關節，為線加速度，m/s^2）對機器人操作臂的運動性能的影響。

最大許用加異速度取決於原動機、傳動裝置的最大驅動能力、機械系統的剛度、慣性矩等。

（6）動態特性（dynamic characteristics）

機器人的動態特性是機器人操作臂機械設計和動力學分析、運動控制中所要考慮的重要內容，但一般不寫在技術說明書中。影響機器人操作臂動態特性的物理參數主要有各構件的質量、慣性矩、質心位置、桿件剛度、機械傳動系統的阻尼系數、系統固有頻率、振動模態等。動態特性分析的理論基礎是機器人操作臂動力學及振動理論。

2.3.2 工業機器人操作臂產品基本規格參數及性能指標實例

工業機器人操作臂製造商的產品樣本中會給出其型號產品詳細的基本規格參數及性能指標。前述內容介紹的工業機器人操作臂基本參數及性能指標中的工作空間幾何形狀和大小、自由度數、有效負載、運動精度、速度等指標都可從產品樣本中找到，使用者可以根據這些指標選擇適合所需完成作業的機器人操作臂型號產品。

作為其產品實例，表 2-1 及表下附圖分別表示了日本安川電機株式會社生產的 MOTOMAN-HP3 型工業機器人操作臂的基本參數及性能指標，在工業機器人操作臂實際設計過程中繪製其裝配圖、總圖及各部分定位介面設計或擬訂產品樣本時可供參考。MOTOMAN-HP3 型工業機器人操作臂機械本體規格見表 2-1 及表中附圖：表中各軸符號 S、L、U、R、B、T 的定義參照圖示。

表 2-1　MOTOMAN-HP3 型工業機器人操作臂機械本體規格表

型號	MOTOMAN-HP3	許用扭矩	R-軸(腕部扭轉)	7.25N·m
類型	YR-HP3-A00		B-軸(腕部俯仰)	7.25N·m
控制軸數(即自由度數)	6(垂直多關節型)		T-軸(腕部回轉)	5.21N·m

續表

負載		3kg	許用轉動慣量($GD^2/4$)	R-軸(腕部扭轉)	0.30kg・m^2
重複定位精度		±0.03mm		B-軸(腕部俯仰)	0.30kg・m^2
最大動作範圍	S-軸(回轉)	±170°		T-軸(腕部回轉)	0.10kg・m^2
	L-軸(下臂)	+150°～−45°	質量		45kg
	U-軸(上臂)	+210°～−152°	環境條件	溫度	0～+45℃
	R-軸(腕部扭轉)	±190°		溼度	20～80%RH(不結露)
	B-軸(腕部俯仰)	±125°			
	T-軸(腕部回轉)	±360°		振動	小於 4.9m/s^2
最大動作速度	S-軸(回轉)	3.66rad/s,210°/s		其他	・遠離腐蝕氣體或液體、易燃氣體 ・保持環境乾燥、清潔 ・遠離電氣噪音源(等離子)
	L-軸(下臂)	3.14rad/s,180°/s			
	U-軸(上臂)	3.93rad/s,225°/s			
	R-軸(腕部扭轉)	6.54rad/s,375°/s			
	B-軸(腕部俯仰)	6.54rad/s,375°/s			
	T-軸(腕部回轉)	8.73rad/s,500°/s	動力電源容量[①]		1kV・A

【說明】下列圖皆為表 2-1 的原表內附圖,圖中尺寸單位:mm;雙點劃線包圍的陰影區域:腕部中心點(B 軸和 T 軸軸線交點)P 可達範圍(即三維的工作空間在俯視圖平面上的投影)。

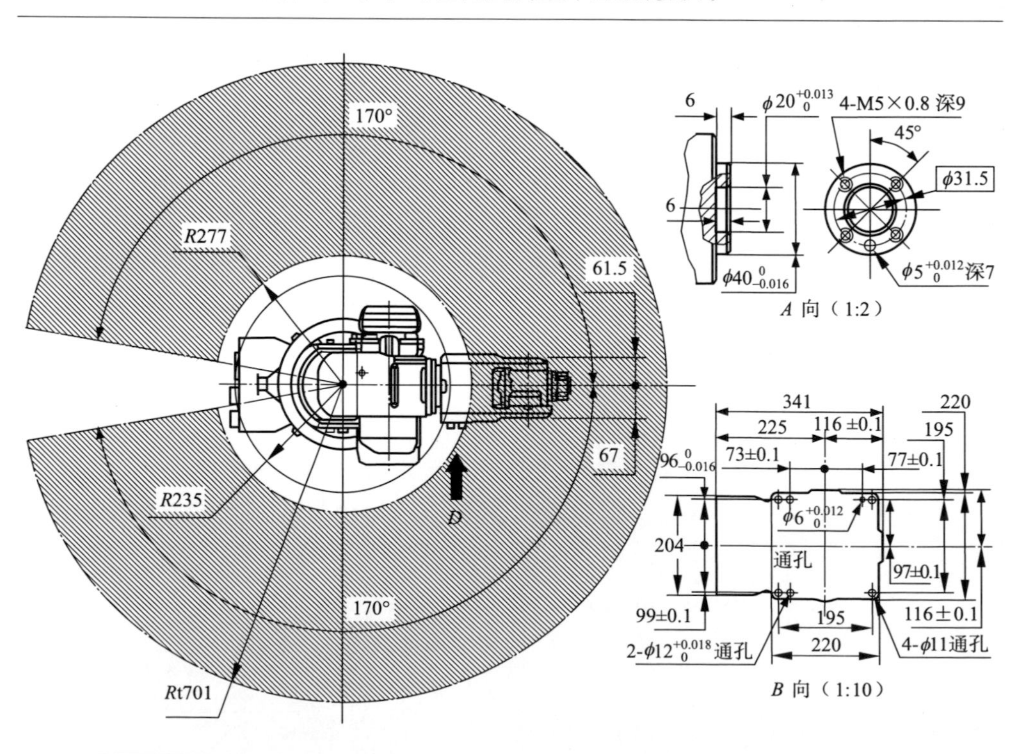

續表

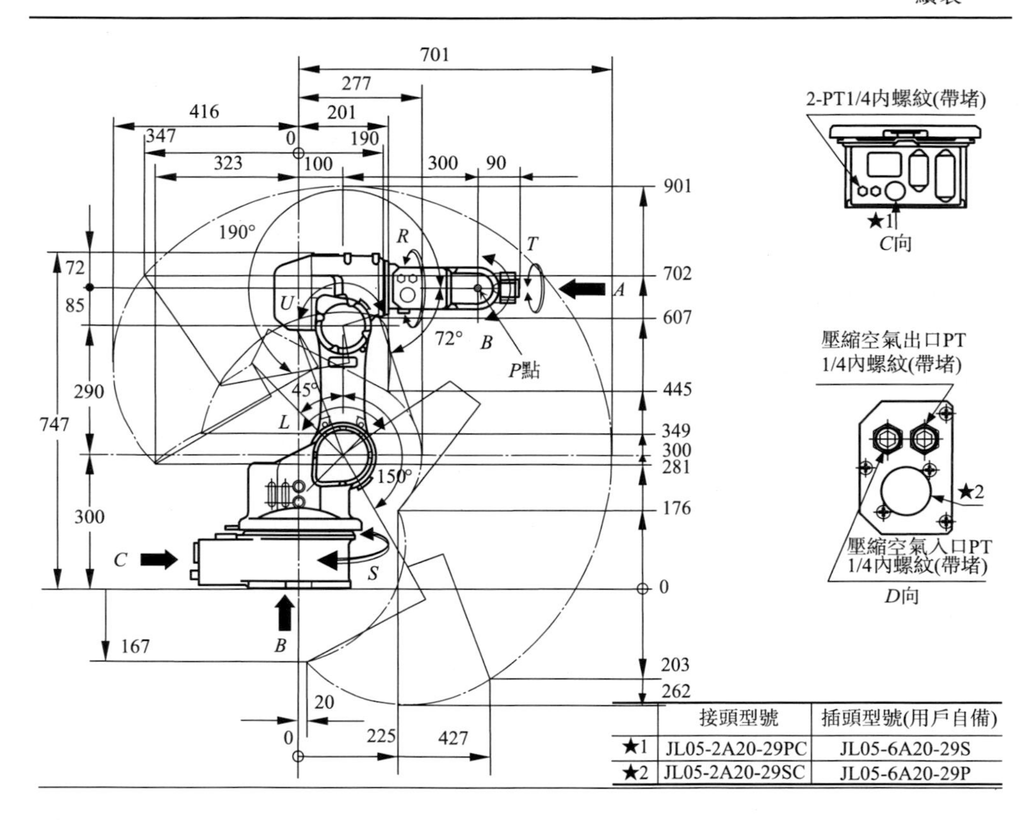

	接頭型號	插頭型號(用戶自備)
★1	JL05-2A20-29PC	JL05-6A20-29S
★2	JL05-2A20-29SC	JL05-6A20-29P

① 根據不同的應用及動作模式而有所不同。

注：圖中採用 SI 單位標注。符合標準 JISB 8432。

2.3.3 工業機器人操作臂的設計過程及內容

(1) 根據工業機器人操作臂所要完成的作業要求進行作業分析並確定基本參數

對機器人操作臂要完成作業的類型、工作空間大小、作業精度高低、工作速度快慢、負載的大小、所需自由度數等進行定性的分析，並確定其實際需要的自由度數、工作空間、運動精度、速度及有效負載、工作特性等基本參數與要求。

(2) 根據機構自由度數以及作業類型進行機構選型方案設計

能夠實現給定作業的機器人操作臂的機構構型不是唯一的，具有多方案性，需要從有利於末端操作器作業的實現、機構運動靈活性、關節運動範圍、奇異構形分析、有效工作空間的大小、臂自重的平衡、機構整體剛度的高低以及有效負載的大小等角度進行機構方案對比分析，確定各自由度運動副類型及配置即給出確定的機構構型。

(3) 機構參數設計與運動分析

根據作業工作空間形狀及大小進行機構參數設計，確定桿件長度，各關節的運動範圍、速度、加速度大小等。

(4) 機構動力分析與模擬

根據機器人操作臂末端負載的大小、末端運動速度作業要求，透過對作業路徑的規劃以及運動學分析求得模擬作業下的關節軌跡、關節速度與加速度，然後按照機構動力學方程計算模擬作業下各關節所需的驅動力或驅動力矩（直線移動關節為驅動力；回轉關節為驅動力矩）的數據或曲線，確定最大驅動力或驅動力矩，為機器人操作臂的驅動系統設計時原動機及傳動裝置的選擇提供數據依據。需要指出的是，目前現有的 ADAMS、DADS 等機構設計與動力分析軟體都能用來完成機器人操作臂的機構動力分析即模擬工作，透過後處理功能獲得各關節驅動力或力矩曲線以及其他更多的動態特性分析結果。

(5) 機器人操作臂的機械系統設計

主要過程如下：

① 各關節機械傳動方案設計。根據運動精度高低、有效負載大小、運動速度快慢等基本參數以及作業要求選擇原動機類型、傳動系統組成及傳動裝置類型，繪出關節機械傳動系統簡圖。

② 各關節驅動力（力矩）的估算。分別建立各關節驅動的臂桿以及包括該臂桿上連接的其他關節及臂桿直至末端操作器負載在內所組成的外伸懸臂梁力學模型，並按照已給定的末端有效負載進行關節驅動力的靜力學估算，確定關節的靜力矩並根據關節轉速高低以及桿件慣性矩大小適當加大 30%～50%作為估算的關節最大轉矩。也可按照上述「(4) 機構動力分析與模擬」步驟中得到的關節驅動力矩作為估算的關節最大力矩。

③ 選擇原動機、傳動裝置型號。根據各關節最大驅動力（力矩）、各關節最大速度等數據以及原動機產品樣本綜合選擇、確定原動機型號與性能參數；根據原動機可用最高轉速以及關節最高速度確定機械傳動系統的總傳動比並合理分配各級傳動裝置的傳動比；同時，由於原動機的額定出力或額定轉矩與總傳動比的乘積再乘以總的傳動效率結果為關節額定驅動力（或力矩），該值不能超出所選距離關節最近傳動裝置的額定輸出力（或力矩）。

如果選擇的傳動裝置是製造商生產的產品，則所選傳動裝置型號下的額定輸出力（或力矩）、轉速滿足要求即可；如果涉及需要設計加工的傳動件，則需要對傳動件進行進一步的設計計算。

④ 機械傳動系統中傳動件、連接件的設計計算。如果涉及需要設計加工的傳動件，則需要對傳動件按強度、剛度準則進行設計計算。

⑤ 機械系統結構設計：包括各關節機械傳動系統詳細結構，基座、上臂、前臂等結構，介面定位連接結構以及電纜線走線布線、電氣機械介面、密封等結構設計。

⑥ 圖樣設計：繪製機器人操作臂的機械裝配圖、外觀圖、零部件圖等圖樣設計。

⑦ 建立虛擬研究模型並進行模擬作業的虛擬實驗，以驗證原動機驅動能力。按照實際設計的零部件結構、材料及尺寸，用 ADAMS、DADS 等機構設計與動力分析軟體建立機器人操作臂的三維虛擬樣機並進行模擬作業的模擬虛擬實驗，利用後處理功能獲得各關節驅動力曲線，確定模擬作業下各關節所需最大驅動力（力矩），再根據傳動比及效率反推算原動機需輸出的力或力矩，進而判別所選擇型號的原動機對關節的驅動能力是否滿足要求。滿足要求則可進行下一步，否則重新選擇原動機及其傳動系統，重新進行不滿足要求關節驅動系統機械結構設計，然後再次模擬直至滿足要求為止。

⑧ 編寫設計計算說明書並整理技術文件。

⑨ 所有技術文件經技術管理部門組織審核通過後，實施加工製造，在製造過程中不斷詢問和接受來自加工一線的資訊回饋，對於設計階段沒有被發現而在製造過程中暴露出來的設計問題及時採取措施修正並記錄在案。

2.3.4 工業機器人操作臂機械系統設計中需要考慮和解決的問題

① 機器人操作臂為串聯連桿機構時，在設計上需要特別重視機構整體剛度相對較弱的問題的解決。串聯機構的機器人操作臂可以看作是相對應用系統安裝基礎而言基座固定的串聯連桿機構，基座、各桿件及末端操作器執行機搆間透過關節串聯在一起的開鏈桿件結構。因而，與多個串聯連桿機構並行連接在上下兩個平臺之間的並聯機構相比，機構整體剛度相對較差。構件及機構的剛度是抵抗變形的能力，剛度差則容易產生變形，如果這種變形是不能被控制的或者是不穩定的，則由構件變形引起的末端操作器位姿的變化也是不確定的，從而無法保證機器人操作臂作業應滿足的運動精度要求，甚至於無法完成預期的作業。例如零件裝配作業，往圓柱形軸端安裝與之配合的軸承時，如果機器人操作臂上把持軸承的末端操作器定位精度比軸端與軸承內圈孔的配合精度還低，則理論上很難完成裝配任務。

因構件剛度差而產生的變形對腕部末端定位精度的影響還會因串聯桿件而逐

級放大，而且桿件越長、串聯桿件數越多則變形耦合造成的誤差對末端操作器定位精度的影響越大，構件變形是否穩定直接涉及末端操作器定位精度是否穩定。

② 機器人操作臂各關節機械傳動系統的傳動誤差對腕部末端運動精度的影響較大，需要在設計時解決好這一問題，否則同樣難以保證作業精度。對於一個串聯開鏈連桿機構的機器人操作臂而言，末端操作器相對於基座座標系的運動精度的高低取決於基座與末端操作器之間兩兩首尾相連桿件系統的每一個環節。各關節的機械傳動系統由原動機開始經聯軸器、各級傳動件以及傳動裝置、軸系一直到與臂桿相連接的關節運動輸出側介面都會影響關節傳動精度。如齒輪傳動會因側隙的存在而導致正反向轉動時的回差，傳動件承載受力的塑性變形、彈性變形，軸系支撐剛度的高低等等都會影響關節傳動精度。因此，除靠加工精度保證外還需要在結構設計上採取措施，如消除齒輪傳動回差的結構、軸系軸承間隙的調整與保證結構、錐齒輪傳動調頂心結構等等。靠機械加工保證精度適於大量生產的機器人操作臂，如 MOTOMAN 工業機器人操作臂拆卸後根本找不到用來調整軸承間隙的調整墊片，它是大量生產靠數控加工將相關尺寸直接加工到軸承支撐剛度高而且運轉靈活的最合適精度尺寸，大量生產下如果再設計成用調整墊片的辦法在裝配時調整，不僅費時效率低而且調整的效果不均一。

③ 機器人操作臂工作時與一般的機床、帶式運輸機等通常的機械系統不同，其上的原動機及傳動系統是頻繁正反向運動，而且原動機運動及出力大小是在很大的範圍內變化的。機床、帶式運輸機等等機械系統在工作時電動機往往是以某一轉速、某一輸出功率連續或間歇式運轉的，即使有速度、載荷波動，範圍也不大，主要取決於負載特性。但對於機器人操作臂而言，不管末端負載是否變化，各個關節的原動機輸出的運動與力都是瞬時變化的，不會工作在一個速度和出力條件下。這是因為機器人操作臂是多自由度運動耦合在一起的非線性動力學系統，對於回轉關節式操作臂而言，即使末端操作器恆速運動、負載恆定不變，其各關節轉速以及關節上需承擔的負載轉矩也不會是恆定不變的。因此，對於交流、直流伺服電動機驅動的機器人操作臂而言，通常不會用其連續額定轉速及轉矩，而是用瞬時最大轉速和轉矩作為限製。

④ 機器人操作臂作為一個多自由度運動耦合的非線性動力學系統，構成其機構的每一個桿件的受力狀態、剛度以及動態特性都是隨著末端操作器位姿的變化而變化的。該系統極其容易發生振動或出現其他不穩定現象。

⑤ 在設計時就應定義機器人操作臂初始構形，確定其調整和校準方法。初始構形是透過正確設計、準確調整各個關節的初始位置實現的，也即初始構形與各個關節初始位置是對應的。機器人操作臂是以變化的臂桿構形帶動末端操作器改變位姿進行作業的，作業開始之前，需要定義和校準作業前的初始構形，而且當完成某一作業時應回歸於這一初始構形下。初始構形關節位置越精確，末端操

作器位姿誤差就越小。

⑥ 工業機器人操作臂在設計上需考慮臂部自重的平衡問題。機器人操作臂與通常安裝在工廠的機床、帶式運輸機等機械設備的不同之處還在於：工作時機器人操作臂除了帶動末端有效負載之外，還需克服自身各組成部分運動質量形成的重力、慣性力、摩擦力等構成的「負載」。因此，在保證整體剛度、運動精度的前提下，其自身質量越小越好，輕量化設計也就相當於提高了有效負載能力。輕量化設計與保證、提高整體剛度是在機器人操作臂設計中需要處理好的一對矛盾。當輕量化設計幾近極限狀態下，還可透過對上臂、前臂部採用配重平衡自重的辦法提高關節對有效負載的驅動能力。但是，靠配重平衡自重的辦法解決問題也是有限的，關節高速運動時配重、自重部分的質量又都會成為關節驅動的慣性負載，從而又削異了關節對有效負載的驅動能力。

以上是機器人操作臂機械設計時需要考慮的特點，總結起來一句話：機器人操作臂設計與其他機械設備設計大不相同，需從其各個設計環節、本體構成的每一個環節著重考慮構件及機械系統的剛度、機械傳動精度、構成精度設計環節的連接與定位精度、尺寸精度以及標定等諸多環節細節問題，是只有在諸多細節設計質量得到保證的前提下才能保證整體設計質量的典型設計事例。

2.4 工業機器人操作臂的機械傳動系統設計基礎

2.4.1 工業機器人操作臂常用的機械傳動形式

工業機器人操作臂的功用就是在電腦控制下由驅動系統元部件驅動各個關節以及與各關節相連的臂桿運動從而帶動末端操作器上的負載物按照期望的末端操作器作業位置、軌跡或輸出作業力（力矩）進行運動。

關節驅動系統是機器人操作臂本體設計的核心內容，由原動機、感測器、傳動系統組成。這裡主要以電動機驅動的關節驅動系統為例加以介紹。

(1) 常用於機器人操作臂的電動機種類

用於機器人操作臂的電動機的種類按照電動機工作原理可分為交流伺服電動機、直流伺服電動機以及步進電動機、力矩電動機、小功率同步電動機等控制電動機，其中最常用的是前三種。近年來，隨著直接驅動技術的發展，力矩電動機也在機器人上取得應用，力矩電動機輸出運動和動力為低速大扭矩，一般不需加機械傳動裝置而直接驅動，因此，無機械系統傳動剛度及回差影響，驅動系統結構簡單。目前還是以直流伺服電動機和交流伺服電動機應用為主流。

電動機按照輸出運動的形式可分為輸出回轉運動和轉矩的回轉電動機、直線電動機、球面電動機等；按照電動機、位置感測器、異速器、煞車器是否一體化又可分為只帶位置感測器的雙軸伸電動機，由位置感測器、電動機和異速器集成在一起的一體化電動機，由位置感測器、電動機、煞車器及異速器集成在一起的一體化電動機等。

電動機按照是否將電動機驅動控制器與電動機集成在一起又分為無驅動控制器的普通電動機和將驅動控制器、位置伺服用感測器集成在一起的智慧伺服電動機。

(2) 用於電動機位置伺服的感測器

可用於機器人操作臂關節驅動電動機伺服控制的常用位置感測器有光電編碼器、電位計、光栅尺等。其中在工業機器人操作臂中應用最為廣泛的是光電編碼器（又稱為光電碼盤），光電編碼器按原理又分為增量式光電編碼器和絕對式光電編碼器。通常將伺服電動機與測量伺服電動機轉角位置的光電碼盤集成在一起，如日本安川（YASKAWA）、瑞士 MAXON 等品牌交流、直流伺服電動機都帶有光電碼盤，詳見供應商網址網頁。

(3) 用於工業機器人操作臂的機械傳動元件、異速器

驅動關節運動的電動機的額定功率是一定的，一般在數十瓦至數千瓦，除力矩電動機輸出運動和動力為低速大扭矩可以不用異速直接驅動關節運動外，一般的交流、直流伺服電動機轉速都在每分鐘幾千轉以上，而回轉關節型機器人操作臂關節最高轉速一般在每分鐘十數至數十轉，再高也不過每分鐘百餘轉，因此，電動機必須經過異速才能獲得需要的關節轉速；電動機功率一定的情況下，電動機轉速與輸出的轉矩成反比，轉速越高輸出轉矩越小，而且交流伺服電動機、直流伺服電動機的額定輸出轉矩（連續額定轉矩、瞬時最大轉矩）與關節負載轉矩相比要小得多，其量級不過是關節負載轉矩的數十分之一至數百分之一，操作臂末端有效負載為重載情況下甚至只有數千分之一，因此，從電動機輸出轉矩大小上來看，根本不能滿足關節運動時平衡負載轉矩的要求，需要對電動機輸出轉矩進行放大。因此，為滿足電動機驅動關節運動的速度和負載轉矩的要求，需要用機械傳動系統對電動機進行異速增力。另外，在進行關節機械結構設計時，經常需要考慮電動機安裝位置及其軸線、關節輸出運動軸線的適當擺放的問題以達到機械結構設計緊湊、節省空間、滿足外形或某一方向上結構尺寸的要求等等目的，此時，即便電動機轉速或轉矩能夠滿足關節負載要求，也需要透過機械傳動元部件改變電動機輸出運動的傳遞方向。

通常在機器人操作臂關節運動傳動系統中常用的機械傳動方式有圓柱齒輪傳動、圓錐齒輪傳動、行星齒輪傳動、萬向聯軸器傳動、同步齒形帶傳動、諧波齒輪傳動、RV 擺線針輪傳動、螺旋（精密滾珠螺桿）傳動等等。

2.4.2 齒輪傳動在機器人關節機械傳動系統中的應用及問題解決方法

這裡所說的齒輪傳動是指除諧波齒輪傳動、行星齒輪傳動以及 RV 擺線針輪傳動等由專門製造商製造、以異速器整機或元部件集成形式以外，那些由機器人設計者自行分立設計、精加工製造而成或選購的圓柱齒輪或圓錐齒輪傳動。本節不講述齒輪設計具體內容，只討論齒輪傳動在機器人關節應用中的問題及解決辦法。

（1）圓柱齒輪傳動回差消除方法與結構設計

可以自行設計繪製零件工作圖後外委加工或選購合適的齒輪產品。由於圓柱齒輪傳動精度低時嚙合側隙相對較大會在頻繁正反轉時導致回差從而影響傳動精度、機器人操作臂末端運動精度，因此，一般需要達到 6 級以上加工精度，而且需要在齒輪結構設計上考慮消除回差的措施。這裡給出如圖 2-22 所示的結構設計方法來消除齒輪傳動的回差。

① 透過齒輪傳動軸系座的偏心套式結構調整中心矩來異小或消除齒側間隙的方法。圖 2-22(a) 所示是 PUMA562 型機器人操作臂手腕齒輪傳動側隙調整機構，3 自由度手腕的三個軸的齒輪傳動側隙都是透過偏心套結構來調整的。偏心套 3 的圓柱面上加工有蝸輪齒即偏心套 3 相當於蝸輪，鬆開偏心套 3 的固定鎖緊用螺釘 1，取下緊固螺釘 2，轉動調整蝸桿 7，使得偏心套 3 能夠在蝸桿螺旋線與蝸輪齒嚙合下繞其支撐軸系固定的軸線轉動，即可以調節腕關節直齒輪副 8、9 的嚙合側隙。只要轉動蝸桿使得偏心套朝著異小直齒圓柱齒輪副 8、9 傳動中心矩的方向轉動即異小了嚙合側隙。

② 透過將一對齒輪副中的一個加工好的齒輪從齒寬中間垂直於軸線切開一分為二的調整側隙方法。圖 2-22(b) 所示是將一次配作切齒加工而成輪齒相同的兩個齒輪（或從齒寬中間一分為二的齒輪）3、4 按照如剖面 A—A 所示的方向加設拉伸彈簧，圖中所示左右兩個拉伸彈簧拉力作用下產生使得 3、4 錯開的轉矩，但是在與配對齒輪配對安裝之前，在 3、4 處於完全重合為切開之前狀態下用緊固螺釘 1 將 3、4 固連在一起後（即相當於恢復成一分為二之前的一個齒輪狀態），在與配對齒輪配對安裝的嚙合狀態下，將緊固螺釘 1 鬆開，在彈簧拉力形成的使齒輪 3、4 錯開的力矩作用下，齒輪 3、4 的輪齒分別與被嚙齒輪的不

同齒面相嚙合靠緊，從而異小甚至消除了齒輪傳動側隙。異小側隙的程度取決於彈簧距離輪心的位置、拉力大小以及該對齒輪嚙合傳動所受的負載轉矩大小、齒輪轉動角加速度等主要因素。

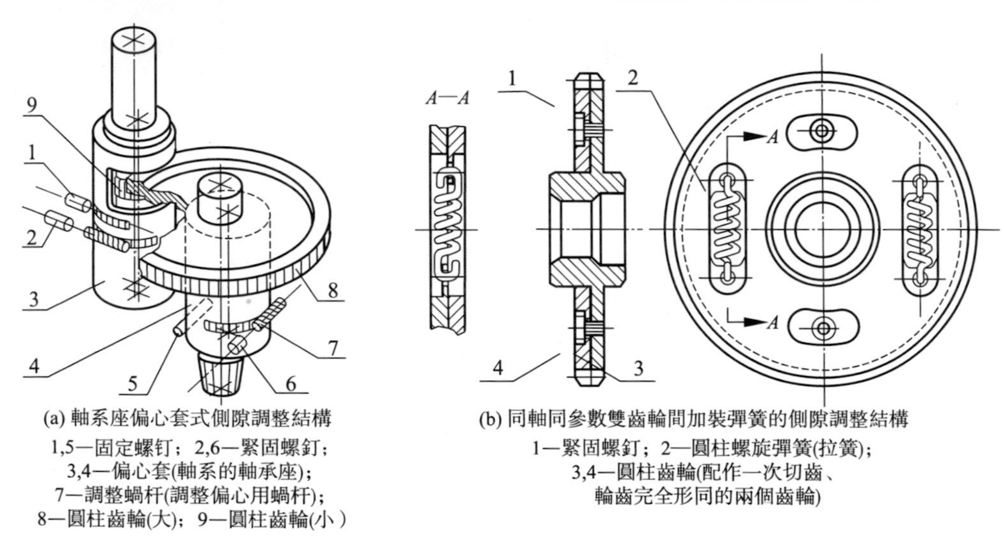

圖 2-22　圓柱齒輪傳動側隙調整與消除方法

③ 還可以採用在一對齒輪之間增加惰輪，透過調整惰輪的位置來改變惰輪與這對齒輪嚙合的中心距的調整側隙方法。

另外，作為圓柱齒輪傳動的特例，齒輪齒條傳動機構在具有直線移動副的機器人操作臂以及末端操作器上常被採用。除提高齒輪的設計、製造精度外，可以透過調整中心距來異小側隙，從而異小或消除齒輪傳動正反轉引起的回差，提高傳動精度。

（2）圓錐齒輪傳動回差消除方法與結構設計

圓錐齒輪傳動也可以自行設計繪製零件工作圖後外委加工或選購合適的產品。但是，一般錐齒輪加工機床（傘齒刨）難以加工出 6 級以上的高精度圓錐齒輪，需改用數控機床加工，而且需要在設計、主要尺寸加工精度以及安裝上保證圓錐齒輪頂心的位置精度。工業機器人操作臂單臺套或者十數臺套生產量的話，對其中的圓錐齒輪傳動可以採用人工測量、調整頂心的設計方式；對於大量生產的工業機器人操作臂，透過對其中的圓錐齒輪傳動進行實驗設計、測量、安裝調整和測試運轉實驗確定最佳的安裝距精確尺寸（以 mm 為單位，尺寸精確到小數點後三位）及其他影響頂心安裝精度的有關的軸向精確尺寸，完全靠機械加工精度保證精確尺寸而不採用人工調整的辦法以提高裝配效率，同理，其他諸如圓錐齒輪傳動軸系軸承間隙調整也完全靠相關軸向精確尺寸的機械加工來保證。因此，這裡給出了分別適於單臺套及少量生產、大量生產條件下的圓錐齒輪傳動結構圖，分別如圖 2-23(a)、(b) 所示。

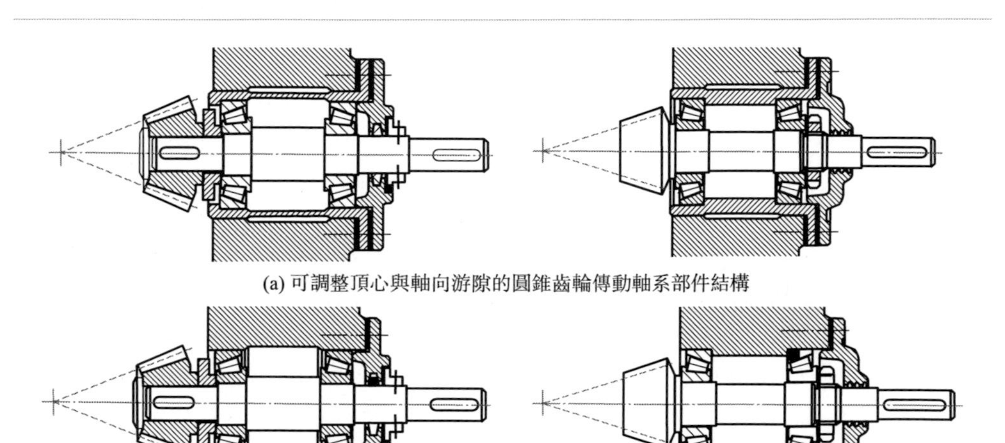

(a) 可調整頂心與軸向游隙的圓錐齒輪傳動軸系部件結構

(b) 數控精確加工圓錐齒輪條件下的圓錐齒輪傳動軸系部件結構

圖 2-23　圓錐齒輪傳動軸系部件結構

2.4.3 精密滾珠螺桿傳動在機器人中的應用及問題解決方法

(1) 滾珠螺桿傳動的用途及特點

螺旋傳動可將回轉運動變成直線運動，也可把直線運動變成回轉運動，同時傳遞運動和動力或者調整零件間的相對位置。螺旋傳動按照螺紋副摩擦性質的不同可以分為滑動螺旋、滾動螺旋、靜壓螺旋三種傳動方式。滾動螺旋傳動的特點是：

① 摩擦因數小，摩擦阻力小，效率高達 90%以上。

② 靈敏度高，傳動平穩。由於是滾動摩擦，動、靜摩擦因數相差極小，無論是靜止還是高、低速傳動，摩擦力矩幾乎不變。

③ 驅動扭矩較滑動螺旋傳動異小 2/3～3/4，滾動螺旋傳動的逆傳動效率也很高且接近於正傳動效率，故也可作為將直線運動變為回轉運動的傳動裝置，正因如此，這種傳動不能自鎖，必須有防止逆轉的煞車或自鎖機構才能安全地用於需要防止因自重引起下降的場合。

④ 磨損少，壽命長。構成螺旋副的螺母、螺桿、滾珠等主要零件均經熱處理且表面很光滑、硬度高，耐磨性良好。

⑤ 滾動螺旋結構複雜，較難製造，一般由專業廠商專門製造，尤其是高精密的滾動螺旋傳動。

⑥ 可消除軸向間隙，提高軸向剛度。螺桿和螺母經調整預緊後，可得到很高的定位精度（5μm/300mm）和重複定位精度（1～2μm），並可提高軸向剛度，工作壽命長，不易發生故障。

精密滾珠螺桿傳動廣泛用於數控機床、精密機床、工業機器人操作臂等設備中。其缺點是抗衝擊能力較差；最怕螺旋副中落入灰塵、鐵屑、砂粒等固體硬質顆粒導致過早磨損，因此，螺母兩端、螺桿外露部分必須用「風箱」套或鋼帶卷套加以密封。

（2）機構與結構原理

螺桿與旋合螺母的螺紋滾道間置有滾珠（多為鋼球，也有少數為滾子，故也稱為滾珠螺旋副或滾珠螺桿傳動，螺桿也被稱為螺桿），當螺桿或螺母轉動時，作為兩者螺旋副之間滾動體的滾珠沿著螺紋滾道滾動，使螺桿和螺母的相對運動成為滾動摩擦，提高螺旋傳動的效率和精度。由於滾珠邊滾動邊沿著螺旋式滾道前進，滾珠相對於螺母或螺桿既有軸向位移同時又有徑向位移，而螺母軸向長度都較螺桿要短，螺母與螺桿間的滾道中必須始終有足夠數量的滾珠存在才能構成螺旋副，滾珠只能在螺母與螺桿間循環，不能跑到螺母之外，因此，多數滾動螺旋螺母或螺桿上有滾珠返回滾道、與螺紋滾道形成閉合回路，使得滾珠在螺紋滾道內循環，周而復始，如圖 2-24 所示。

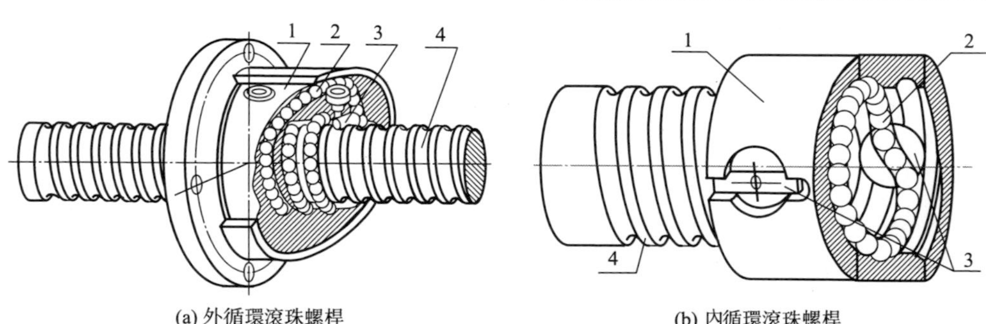

(a) 外循環滾珠螺桿
1—螺母；2—滾珠；3—擋球器；4—螺桿(絲杠)

(b) 內循環滾珠螺桿
1—螺母；2—滾珠；3—返向器；4—螺桿(絲杠)

圖 2-24　滾珠螺桿傳動原理

螺母、螺桿材料一般為 GCr15、GCr9 等軸承鋼材料，硬度在（60±2）HRC 左右。如同螺紋連接與螺旋傳動一樣，螺母內各圈滾珠分擔的載荷是不均勻的，第 1 圈滾珠約承受軸向載荷的 30%～45%；第 5 圈以後幾乎為零。為使滾珠往返運動流暢，一列即一條螺紋線上滾珠個數不多於 150 個，且圈數不超過

5 圈，否則應設計成雙列或多列。

（3）滾動螺旋的結構形式

根據螺紋滾道法截面（即垂直於螺旋線的截面）、滾珠循環方式、消除軸向間隙和預緊力方法的不同，滾動螺旋副又可分為不同的結構形式：

① 螺紋滾道法截面上滾道的結構形式：如圖 2-25 所示，有矩形滾道、單圓弧滾道、雙圓弧滾道三種。在滾珠及滾道螺旋線參數、材料等條件相同的情況下，矩形截面時，由於平直滾道曲率半徑為零，顯然滾珠與滾道的綜合曲率半徑要小，由赫茲公式可知滾珠與滾道的接觸應力要大，因而，接觸強度相對於單圓弧、雙圓弧截面時低，單圓弧相對於雙圓弧也低，雙圓弧情況下接觸強度最高，而且理論上，雙圓弧滾道軸向、徑向間隙為零，接觸角穩定，但加工複雜。

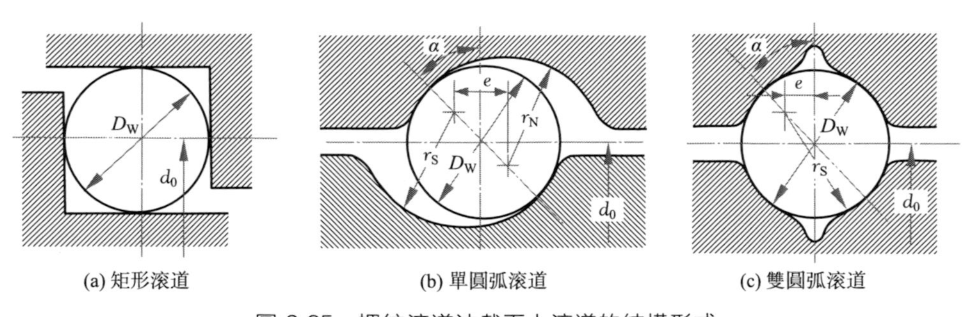

(a) 矩形滾道　(b) 單圓弧滾道　(c) 雙圓弧滾道

圖 2-25　螺紋滾道法截面上滾道的結構形式

② 相應滾珠循環方式的結構形式：如圖 2-24、圖 2-26 所示，可分為外循環式、內循環式兩種，外循環式又分螺旋槽式、外插管式兩種；內循環式又稱鑲塊式。

a. 螺旋槽式滾珠循環結構：如圖 2-26(a) 所示，是在螺母外圓柱面上有螺旋形回球槽，槽兩端有通孔與螺母螺紋滾道相切，形成滾珠循環滾道，為引導滾珠在通孔內順利出入以及防止滾珠從通孔中脫落，在孔口處置有擋球器。這種結構簡單，承載能力高，但滾珠流暢性較差，擋球器端部易磨損。

b. 外插管式滾珠循環結構：如圖 2-26(b) 所示，是將外接管兩端分別插入與螺母螺紋滾道相切的通孔中，形成滾珠循環通道。孔口有擋球器引導滾珠出入通道。彎管有埋入式和凸出式兩種。一個螺母上通常有 2～3 條循環回路。這種滾珠循環方式結構及工藝性簡單、滾珠流暢性好，應用廣泛；缺點是螺母結構外形尺寸較大、彎管端部用作擋球器時耐磨性差。

c. 鑲塊式滾珠循環結構：如圖 2-26(c) 所示，是在螺母上開有側孔，孔內鑲有返向器，將相鄰兩螺紋滾道連接起來，滾珠從螺紋滾道進入返向器，越過螺桿牙頂，進入相鄰螺紋滾道，形成滾珠循環通道，返向器有固定式和浮動式兩種。一個螺母上通常有 2～4 條循環回路。這種結構形式的螺母徑向尺寸小、滾珠循環通道短，有利於異少滾珠數量及異小摩擦磨損從而提高傳動效率；缺點是返向器回行槽加工要求高、不適於重載傳動。

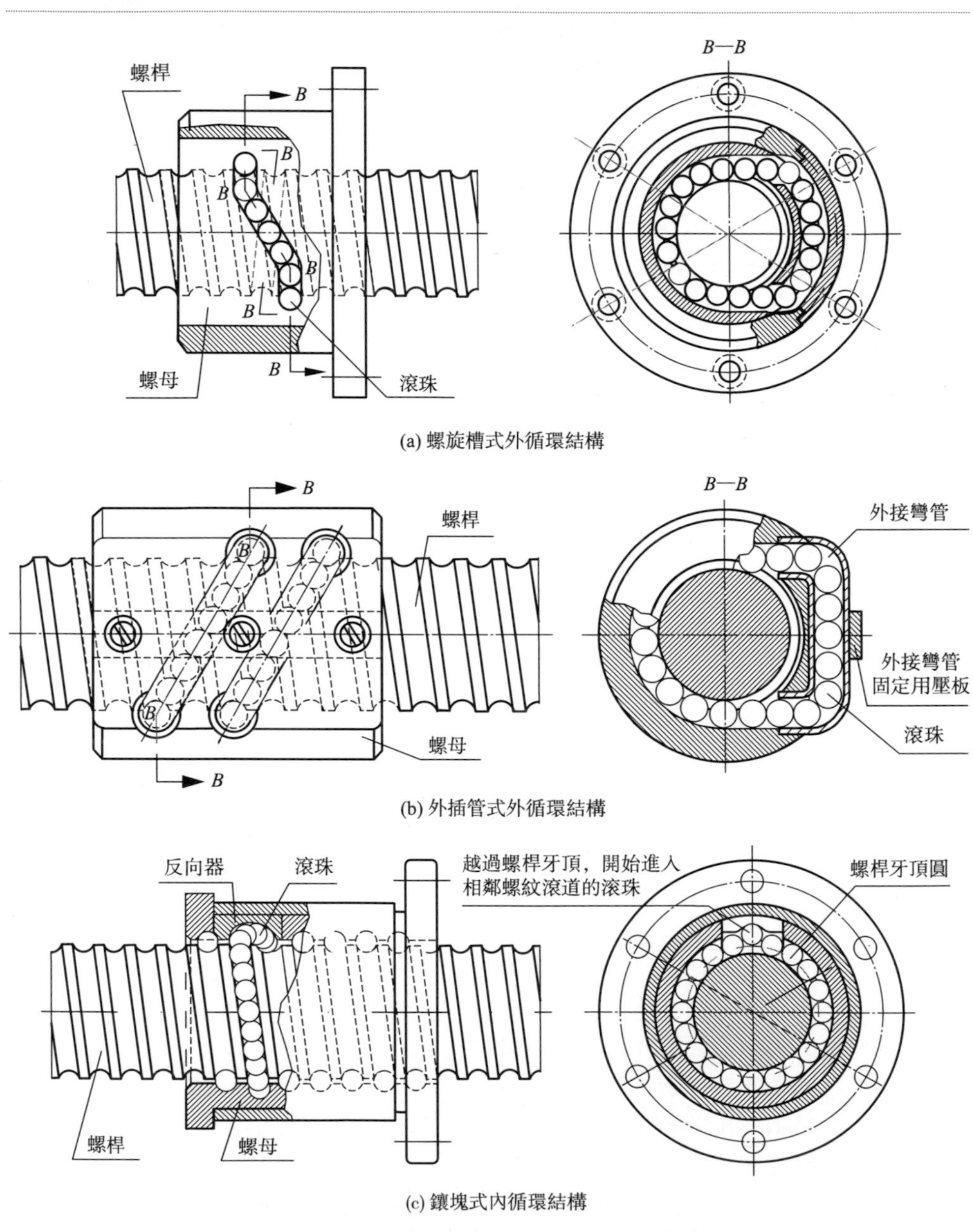

圖 2-26　不同滾珠循環方式下的滾動螺旋結構

(4) 消除間隙和調整預緊的結構形式

消除間隙和調整預緊的結構形式如圖 2-27 所示，分為調整墊片式、螺紋式、齒差式、單螺母變導程自預緊式四種。

① 調整墊片式結構：如圖 2-27(a) 所示，是透過改變調整墊片的厚度，使螺母產生軸向位移以異小或消除間隙，為便於調整，墊片常作成剖分式結構。其特點是結構簡單、裝拆方便、剛度高；但調整不方便、滾道有磨損時不能隨時消除間隙和預緊，適用於高剛度重載傳動。

② 螺紋式結構：如圖 2-27(b) 所示，是透過旋動螺母端部的圓螺母使螺母產生軸向位移來異小或消除螺旋傳動間隙的方式。其結構緊湊、工作可靠、調整方便；但是準確性差且防鬆措施不利則易於鬆動，常用於剛度要求不高或需隨時調節預緊力的傳動中。

③ 齒差式結構：如圖 2-27(c) 所示，是在兩螺母的凸緣上有外齒分別與緊固在螺母座兩端內齒圈（或齒塊）嚙合，其齒數差為 1。兩個螺母向同向同時轉動，每轉過一個齒軸向位移的調整量即為導程除以兩內齒圈齒數積。其特點是能夠精確地調整預緊力，但結構尺寸較大、裝置調整較複雜，適用於高精度傳動機構。

④ 單螺母變導程自預緊式結構：如圖 2-27(d) 所示，是在同一個螺母內的兩列循環間，使其導程變為 $P_h \pm \Delta P$，以實現間隙的消除與預緊；靠改變滾珠尺寸調整預緊力。這種調整方式結構簡單、尺寸緊湊，但調整不方便；用於中等載荷、要求預緊力不大、無需經常調整間隙的傳動中。

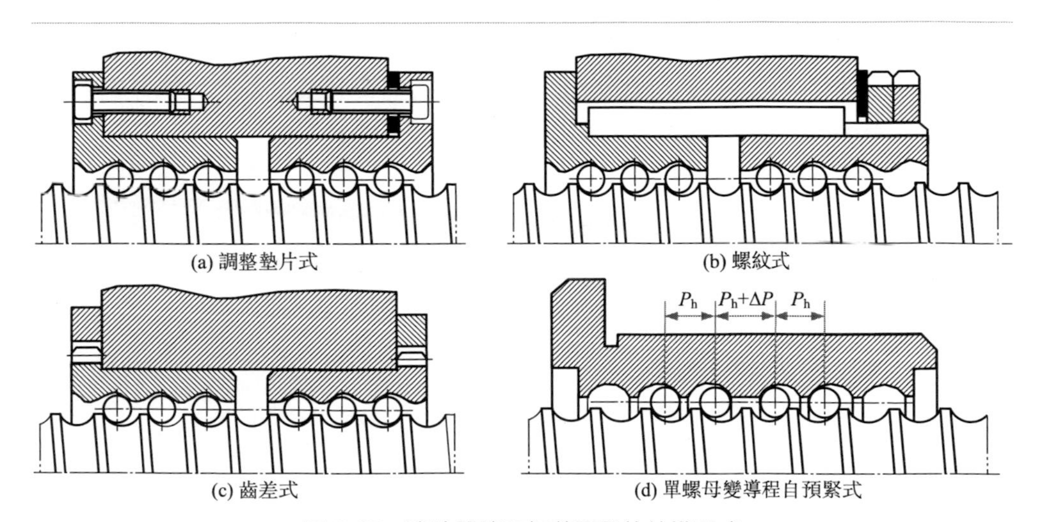

圖 2-27 消除間隙和調整預緊的結構形式

（5）滾珠螺桿傳動將回轉變為直線移動的應用例

圖 2-28 所示是一螺母上裝有齒輪的滾珠螺桿傳動結構。可透過另一個齒輪與螺母上齒輪嚙合將電動機回轉運動轉換為螺桿的直線移動，但該螺桿需要一個固定在基架上的直線導軌才能輸出螺桿的直線移動。

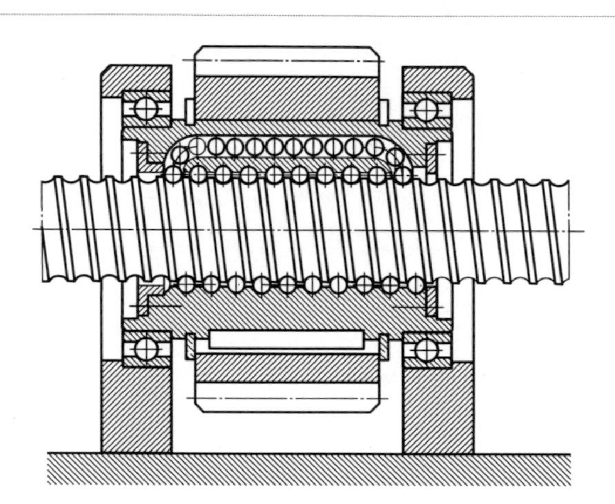

圖 2-28　將螺母回轉運動變成螺桿直線運動

2.4.4 用於工業機器人操作臂的關節支撐形式與薄壁滾動軸承

支撐軸系和傳動件的軸承是機械傳動系統、減速器以及機器人臂關節軸系中不可缺少的部件之一。本書只討論專用於工業機器人傳動系統的軸承，如直線軸承、平面軸承、薄壁軸承（也稱柔性軸承或柔性薄壁軸承）、四點接觸球軸承、交叉滾子軸承。相對於內徑尺寸相當的標準軸承而言，它們的內外圈壁為薄壁。

（1）直線移動關節支撐

採用直線軸承、滾動直線導軌、平面軸承。

（2）回轉運動關節支撐

採用標準滾動軸承、薄壁柔性球軸承、四點接觸球軸承及交叉滾子軸承。其中薄壁柔性球軸承、四點接觸球軸承、交叉滾子軸承分別在工業機器人用諧波齒輪減速器的波發生器、諧波齒輪減速器輸出軸側軸系以及 RV 擺線針輪減速器中用於提高支撐剛度和承載能力而作為專屬應用軸承。因此，有必要加以特別介紹。

標準滾動軸承此處不再敘述。設計機器人操作臂時可從標準軸承的手冊中選用並按《機械設計》教材或《機械設計手冊》、《軸承手冊》中的設計計算步驟進行強度與壽命計算，但是應注意精度等級的匹配尤其是關節軸系支撐用軸承應具有較高的回轉精度。這裡主要介紹在機器人領域應用的兩類重要的軸承：四點接觸球軸承和交叉滾子軸承。如圖 2-29 所示，分別為四點接觸球軸承和交叉滾子軸承的結構圖。

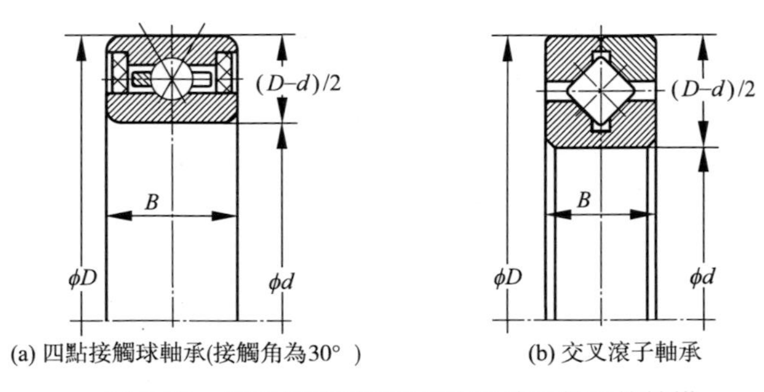

(a) 四點接觸球軸承(接觸角為30°) (b) 交叉滾子軸承

圖 2-29 四點接觸球軸承和交叉滾子軸承的結構

這兩種軸承可以分別被看作是兩套相對安裝的向心推力球軸承（接觸角小於 45°)、向心推力滾子軸承（接觸角為 45°）當兩套軸承間距 l 趨近於零時的情況。可將四點接觸球軸承等效為如圖 2-30 所示的軸承力學模型，可以簡化為軸向力 P_a、徑向力 P_r、傾覆力矩 M 構成的力系。

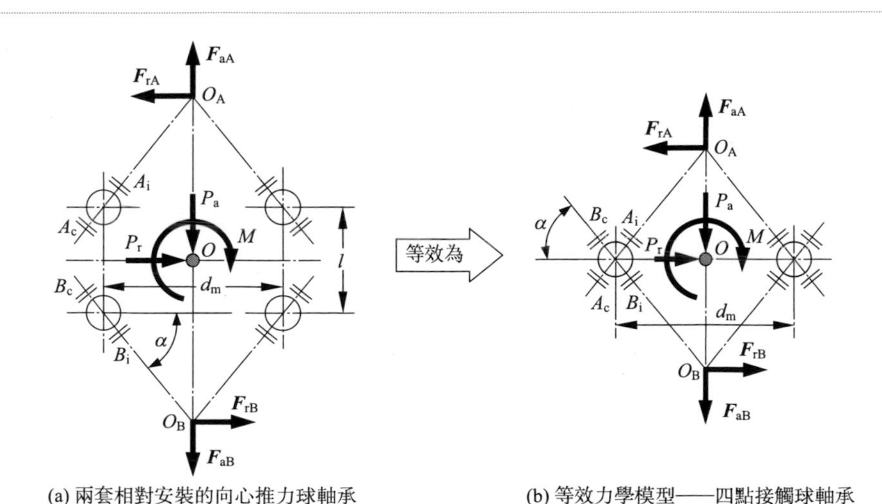

(a) 兩套相對安裝的向心推力球軸承(接觸角小於45°)的力學模型

(b) 等效力學模型——四點接觸球軸承(接觸角小於45°)的力學模型

圖 2-30 四點接觸球軸承力學模型的等效簡化

傾覆力矩 M 又可等效分解為兩個力偶力 P_M，即有：

$$P_M = 2M/(d_m \tan\alpha) \tag{2-2}$$

式中，d_m 為軸承中徑，mm；α 為接觸角，(°)。

同理，交叉滾子軸承也可類似地簡化為圖 2-30 所示的等效力學模型，只是將球型滾動體改為交叉圓柱滾子。

(3) 四點接觸球軸承和交叉滾子軸承的等效選擇計算方法

① 軸承支反力的計算方法　根據這種等效簡化力學模型，就可以按照標準軸承選擇計算方法分別對四點接觸球軸承和交叉滾子軸承進行等效計算，其軸承等效支反力可用表 2-2 給出的公式計算。注意，公式的形式與外部負荷所作用的套圈（內圈或外圈）、傾覆力矩的方向以及軸向力 P_a、徑向力 P_r、等效力偶力 P_M 的大小、次序有關，應用時必須加以區分。

表 2-2　四點接觸球軸承和交叉滾子軸承的等效支反力

外負荷形式 / 外負荷順序	外負荷直接加在軸承內圈上		外負荷直接加在軸承外圈上	
	A, P_a, P_r, M, A	A, P_a, P_r, M, A	A, P_a, P_r, M, A	A, P_a, P_r, M, A
$P_a>P_M>P_r$	Ⅳ	Ⅴ	Ⅴ	Ⅳ
$P_a>P_r>P_M$	Ⅰ	Ⅳ	Ⅳ	Ⅰ
$P_M>P_a>P_r$	Ⅴ	Ⅴ	Ⅴ	Ⅳ
$P_M>P_r>P_a$	Ⅲ	Ⅴ	Ⅴ	Ⅱ
$P_r>P_a>P_M$	Ⅰ	Ⅳ	Ⅳ	Ⅰ
$P_r>P_M>P_a$	Ⅱ	Ⅳ	Ⅳ	Ⅱ

第Ⅰ組 $F_{rA}=(P_r+P_M)/2$ $F_{aA}=P_a+(P_r-P_M)\tan\alpha/2$ $F_{rB}=(P_r-P_M)/2$ $F_{aB}=(P_r-P_M)\tan\alpha/2$	第Ⅳ組 $F_{rA}=(P_r+P_M)/2$ $F_{aA}=P_a+(P_M-P_r)\tan\alpha/2$ $F_{rB}=(P_M-P_r)/2$ $F_{aA}=(P_M-P_r)\tan\alpha/2$
第Ⅱ組 $F_{rA}=(P_r+P_M)/2$ $F_{aA}=(P_r+P_M)\tan\alpha/2$ $F_{rB}=(P_r-P_M)/2$ $F_{aB}=(P_r+P_M)\tan\alpha/2-P_a$	第Ⅴ組 $F_{rA}=(P_M-P_r)/2$ $F_{aA}=P_a+(P_M+P_r)\tan\alpha/2$ $F_{rB}=(P_M+P_r)/2$ $F_{aA}=(P_M+P_r)\tan\alpha/2$
第Ⅰ組 $F_{rA}=(P_M-P_r)/2$ $F_{aA}=(P_r+P_M)\tan\alpha/2$ $F_{rB}=(P_M-P_r)/2$ $F_{aB}=(P_M-P_r)\tan\alpha/2-P_a$	第Ⅵ組 $F_{rA}=(P_r-P_M)/2$ $F_{aA}=P_a+(P_M+P_r)\tan\alpha/2$ $F_{rB}=(P_M+P_r)/2$ $F_{aA}=(P_M+P_r)\tan\alpha/2$

在選型時，對於四點接觸球軸承，主要承受軸向力和傾覆力矩，α 取大值；對於交叉滾子軸承，α 取 45°。

② 當量動負荷和壽命計算方法　當量動負荷 P 可按下式計算：

$$P=XF_r+YF_a \tag{2-3}$$

式中　F_r——軸承支反力的徑向分量，N；

F_a——軸承支反力的軸向分量，N；

X、Y——分別為軸承徑向載荷系數、軸向載荷系數，取值見表 2-3。

表 2-3　載荷系數 X、Y 值

軸承類型	接觸角	X		Y		ε
		$F_a/F_r\leqslant\varepsilon$	$F_a/F_r>\varepsilon$	$F_a/F_r\leqslant\varepsilon$	$F_a/F_r>\varepsilon$	
四點接觸球軸承	30°	1	0.03	0.78	1.24	0.80
	45°	1.18	0.66	0.59	1	1.14
交叉滾子軸承	45°	1.5	1	0.67	1	1.5

由式(2-3) 分別對兩套圈 A、B 求 P_A、P_B，計算壽命 L（以百萬轉為單位）分別為：

$$L_A=(C/P_A)^{\varepsilon} \tag{2-4}$$

$$L_B=(C/P_B)^{\varepsilon} \tag{2-5}$$

式中　C——軸承額定動負荷，kN（由製造商、廠商給出）；

ε——壽命指數，對於四點接觸球軸承取 3；對於交叉滾子軸承取 10/3。

整套軸承的壽命 L 可用下式計算：

$$L=[(1/L_A)^{\beta}+(1/L_B)^{\beta}]^{-1/\beta} \tag{2-6}$$

式中　β——壽命離散指數，對於四點接觸球軸承取 10/9；對於交叉滾子軸承取 10/3。

如果需要用一定轉速下的工作小時數表示額定壽命，可用下式進行換算：

$$H=L\times10^6/(60n) \tag{2-7}$$

式中　n——軸承工作轉速，r/min。

③ 靜強度計算　與普通軸承靜強度計算方法相同，有：

$$C_0/P_0>[S] \tag{2-8}$$

式中　C_0——額定靜載荷，kN（由製造商、廠商給出，詳見其產品樣本）；

P_0——當量靜負荷，kN；

[S]——靜強度安全系數，一般取 0.8～1.2，載荷有衝擊和振動情況下宜取大值。

$$P_0=X_0F_r+Y_0F_a \tag{2-9}$$

對於四點接觸球軸承，當 α 為 30°時，取 $X_0=1$，$Y_0=0.66$；當 α 為 45°時，取 $X_0=2.3$，$Y_0=1$；

對於交叉滾子軸承，當 α 為 45°時，取 $X_0=2.3$，$Y_0=1$。

④ 四點接觸球軸承、交叉滾子軸承的安裝結構形式　如圖 2-31 所示為交叉滾子軸承內、外圈固定的兩種結構形式。

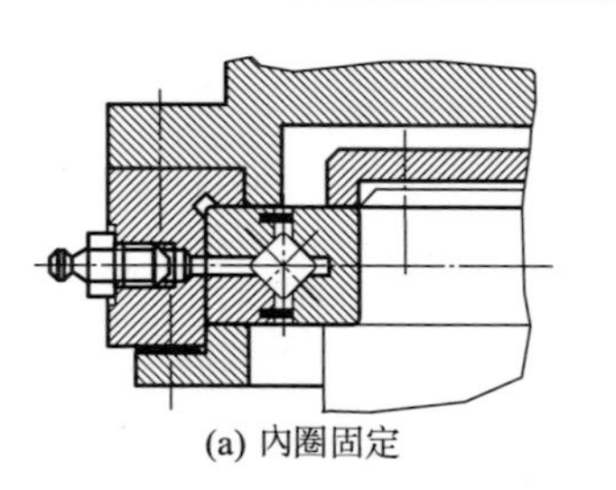

(a) 內圈固定

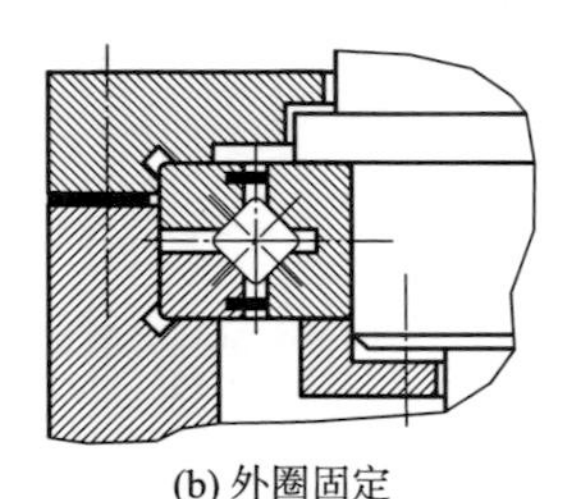

(b) 外圈固定

圖 2-31　交叉滾子軸承的安裝結構形式

2.4.5 機器人用諧波齒輪傳動及其創新設計

(1) 諧波齒輪傳動的構成、原理及分類

① 諧波齒輪傳動的構成及元部件結構　如圖 2-32 所示，諧波齒輪傳動主要由帶內齒的剛輪 1、薄壁圓筒部分帶外齒的柔輪 2、軸對稱凸輪上套裝薄壁柔性軸承的波發生器 3 組成。

(a) 三主件實物照片

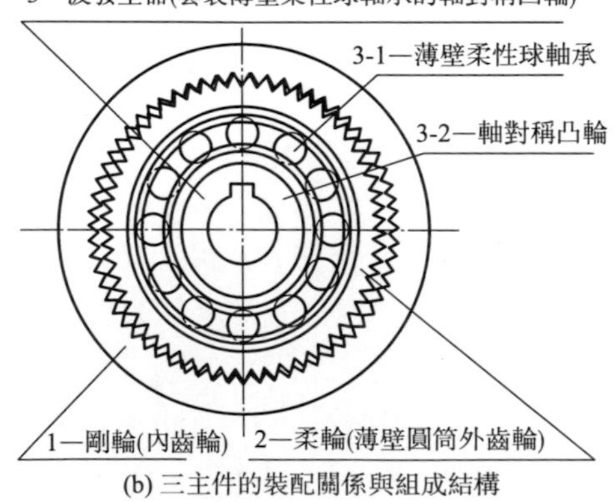

(b) 三主件的裝配關係與組成結構

圖 2-32　諧波齒輪傳動的主要構成

a. 剛輪。其結構如圖 2-33 所示，是一個帶有內齒的圓環形內齒輪零件，其

外圓柱面以及加工內齒之前的齒坯內圓柱面都需要精加工，用來作為定位面；其端面圓周上分布（或均布）有固定剛輪於異速器殼體上的螺釘孔，以及拆卸剛輪時螺釘頂起剛輪用的螺紋孔（一般在直徑方向上對稱布置兩個螺紋孔），此外為了增大傳遞的轉矩，剛輪端面圓周上一般還在直徑方向上對稱布置兩個圓柱銷孔。

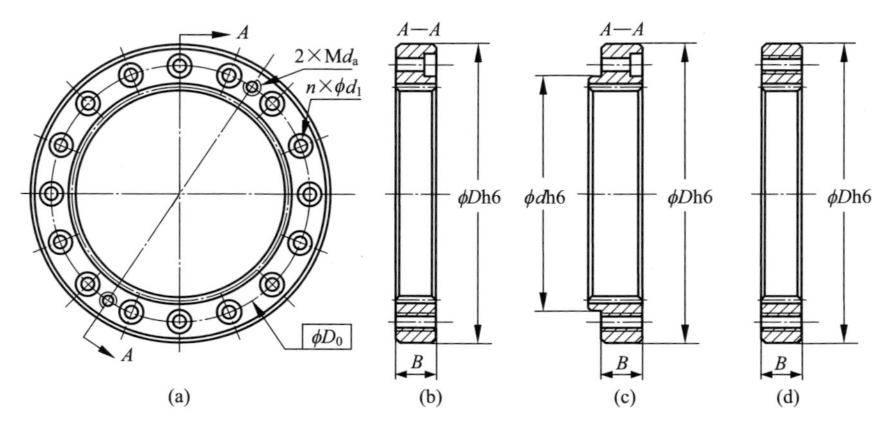

圖 2-33　剛輪零件結構及其主要幾何尺寸

b. 柔輪。單獨的柔輪零件為帶有外齒的薄壁圓筒形外齒圓柱齒輪。隨著諧波齒輪傳動結構形式的不同，柔輪結構又分為杯形柔輪、環形柔輪以及異形柔輪等結構形式，如圖 2-34 所示。

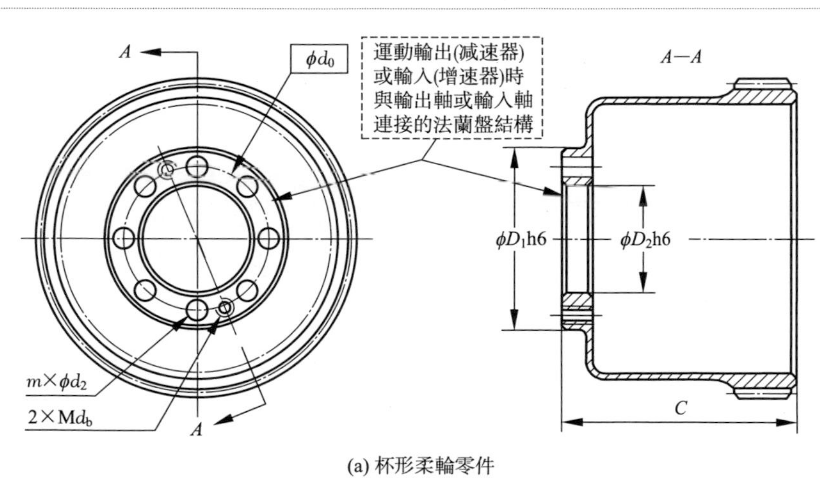

(a) 杯形柔輪零件

圖 2-34

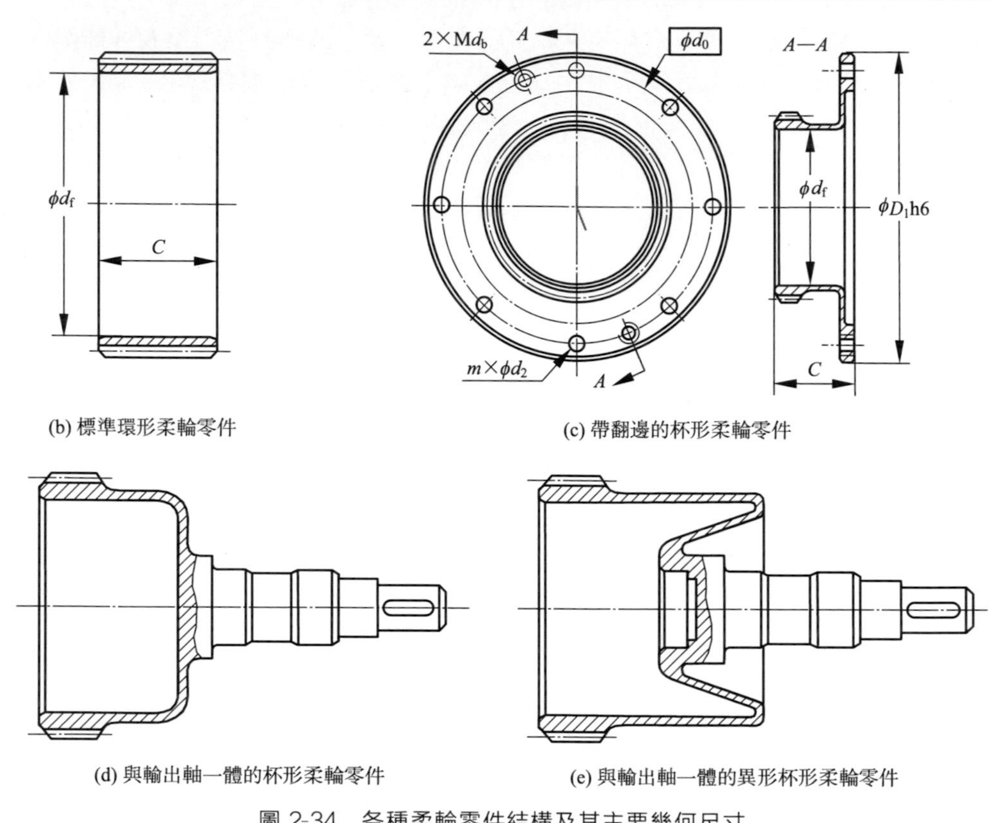

圖 2-34　各種柔輪零件結構及其主要幾何尺寸

c. 波發生器。波發生器不是零件，是由柔性球軸承和軸對稱凸輪組成且單獨裝配而成的部件。其裝配的幾何條件是理論上凸輪輪廓曲線周長與柔性薄壁軸承內圈內孔周長相等。

柔性球軸承：如圖 2-35 所示，薄壁柔性球軸承與球軸承一樣，也是由內圈、外圈、滾珠（球形滾動體）以及保持架裝配而成的，只不過其圓環形的內圈、外圈壁厚要比標準的深溝球軸承內外圈壁厚薄得多，用手徑向按壓薄壁柔性球軸承的話，其內外圈會產生變形，鬆開後又能恢復成圓形。薄壁柔性球軸承套裝在橢圓形輪廓凸輪上變形後的形狀如圖 2-35(b) 所示。

軸對稱凸輪：如圖 2-36 所示，諧波齒輪傳動的波發生器有單波、雙波、三波或四波之分，常用的為雙波。雙波波發生器凸輪的輪廓如同橢圓一樣，有長軸和短軸，為長、短軸垂直的軸對稱凸輪，即凸輪外廓為分別以長軸、短軸為對稱軸的對稱結構；三波凸輪的主軸線兩兩間隔 120°，也可用如圖 2-36 中所示的系桿端部安裝直徑一樣的滾輪作為波發生器凸輪。

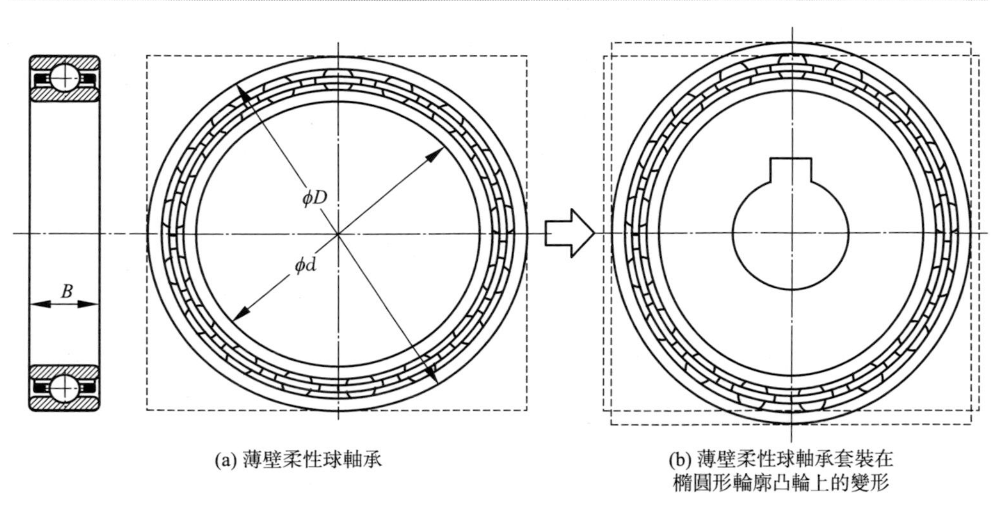

(a) 薄壁柔性球軸承
(b) 薄壁柔性球軸承套裝在橢圓形輪廓凸輪上的變形

圖 2-35　薄壁柔性球軸承及其套裝在橢圓形輪廓凸輪上的變形

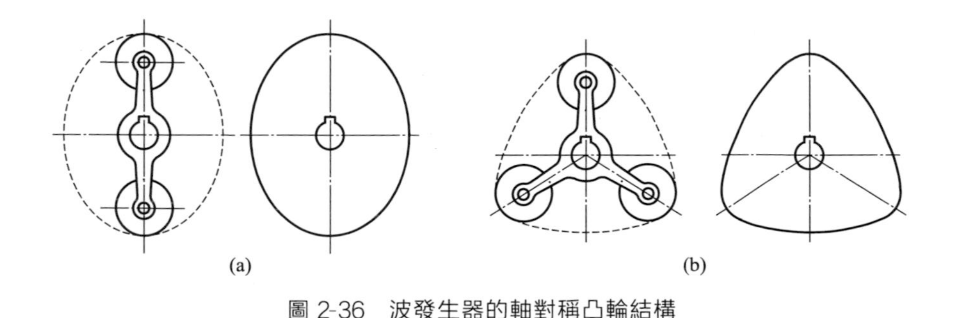
(a)
(b)

圖 2-36　波發生器的軸對稱凸輪結構

② 諧波齒輪傳動的發展及傳動原理

a. 齒輪傳動的發展。中國在 1960 年代中期才開始諧波齒輪傳動理論與技術的研究工作；1970 年代末開展了理論分析、設計、試驗和試製，研製出了一些性能良好的諧波齒輪異速器；自 1980 年起，開始進行諧波齒輪異速器標準化和系列化工作；1985 年製定了中小功率的通用諧波齒輪異速器系列標準，成為世界上第四個擁有通用諧波齒輪異速器標準的國家。此後，諧波齒輪傳動在各個領域尤其是國防、軍事、航空航天等領域得以廣泛應用。

值得一提的是：諧波齒輪傳動以其傳動比大、質量輕、結構緊湊、精度高等優點在機器人及自動化技術領域發揮著舉足輕重的作用。如著名的 MOTOMAN 工業機器人操作臂的腕部關節傳動、日本本田公司的人型機器人 ASIMO 的腿、臂部各關節傳動等等都使用了高性能的諧波齒輪傳動。

諧波齒輪傳動與圓柱齒輪、圓錐齒輪等普通齒輪傳動形式同屬於靠輪齒嚙合傳遞運動和動力的，但其傳動的形成原理與普通齒輪傳動不同。

b. 諧波齒輪傳動的原理。從嚙合原理上分析諧波齒輪傳動，有外齒的柔輪裝入有內齒的剛輪中實現嚙合傳動，兩個齒輪的輪齒模數 m 必須相等，若剛輪齒數 z_g 與柔輪齒數 z_f 相同，則柔輪裝入剛輪中相當於花鍵連接，無法實現剛輪與柔輪的相對運動，因而無法實現齒輪傳動；若 $z_g < z_f$，則剛輪分度圓直徑小於柔輪分度圓直徑，根本無法將柔輪裝入剛輪內齒圈中，因此，要想實現諧波齒輪傳動，必有柔輪齒數小於剛輪齒數，且齒數相差幾個齒，因此，諧波齒輪傳動屬於特殊的少齒差齒輪傳動。

如圖 2-37 所示，當將橢圓形波發生器裝入柔輪，且裝入後必須保證剛輪與柔輪在長軸上的輪齒嚙合區始終是以橢圓長軸左右對稱這一正確裝配條件的情況下，假設剛輪固定不動，波發生器上的凸輪輪轂透過與之鍵連接的輸入軸輸入順時針回轉運動，則波發生器長軸隨著波發生器的轉動而改變位置，長軸的轉動使得柔輪長軸部分與剛輪輪齒相嚙合的柔輪輪齒在動態地改變著嚙合區域，如圖中分別在柔輪、剛輪上的長、短箭頭所示。當波發生器順時針從圖 2-37(a) 所示起始位置開始分別轉過 90°、180°、360°時，柔輪正好反方向（即逆時針）分別轉過 $(z_g - z_f)/4$、$(z_g - z_f)/2$、$(z_g - z_f)$ 個齒，從而實現柔輪輸出異速運動並增大輸出轉矩的傳動目的。圖 2-37 中所示為 2 齒差（即 $z_g - z_f = 2$）諧波齒輪傳動的原理。

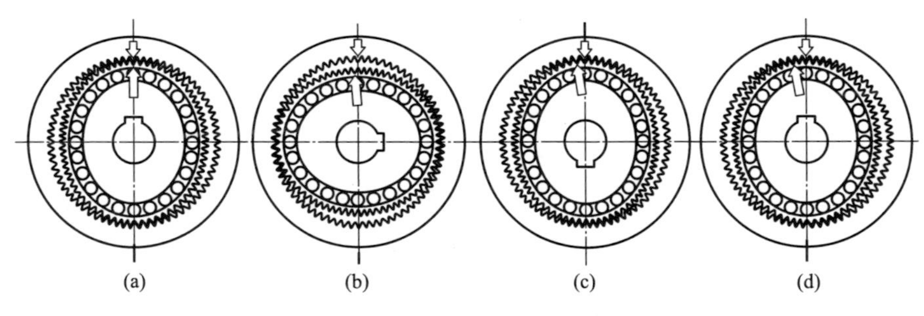

圖 2-37　諧波齒輪傳動的工作原理

諧波齒輪傳動的運動輸入與輸出是相對的，當波發生器作為諧波齒輪傳動的運動輸入時，剛輪、柔輪其中一個與殼體固定，另一個作為運動輸出，雖然傳動比（即異速比）有所差別，但都能實現異速的功能；當然，剛輪、柔輪、波發生器三者中，也可將剛輪或柔輪其一作為運動輸入，另一與殼體固定，則可將波發生器作為運動輸出，此時，諧波齒輪傳動實現的是增速運動。

諧波齒輪傳動從機械原理的角度來看，又屬於行星齒輪傳動，也可以說是從行星齒輪傳動演化而來的，其機構運動簡圖如圖 2-38 所示。其中，構件 3（波發生器）相當於行星齒輪傳動中的系桿 H 兼作中心輪，而作為柔輪的構件 2 則相當於行星輪構件，其行星輪運動被隱含在柔輪變形與剛輪嚙合運動之中。當作為剛輪的構件 1 固定於殼體上時，作為運動輸出的柔輪輸出軸轉向與作為運動輸入的波發生器轉向相反。

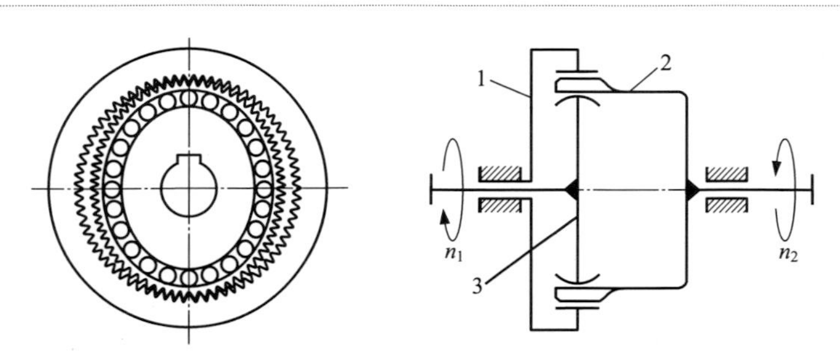

圖 2-38　諧波齒輪傳動的機構運動簡圖（即右圖：機構原理圖）

③ 諧波齒輪傳動分類、異速器裝配結構與特點

a. 諧波齒輪傳動分類與異速器裝配結構。按照諧波齒輪柔輪的結構形式，可將諧波齒輪傳動（或異速器）分為三大類：

杯形柔輪諧波齒輪傳動（或異速器）[如圖 2-39(a) 所示為其三元部件傳動結構形式]；

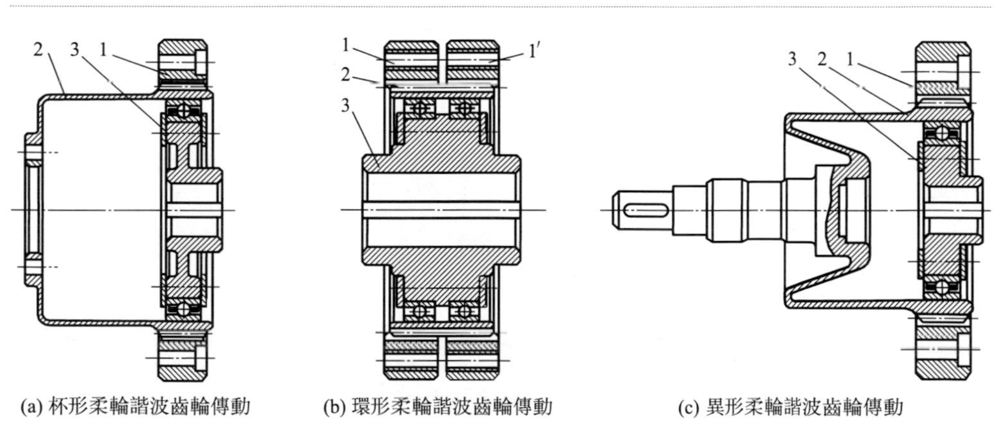

(a) 杯形柔輪諧波齒輪傳動　(b) 環形柔輪諧波齒輪傳動　(c) 異形柔輪諧波齒輪傳動

圖 2-39　諧波齒輪傳動的類型

1,1′ —剛輪；2—柔輪；3—波發生器

環形柔輪諧波齒輪傳動（或異速器）[如圖 2-39(b) 所示為其三元部件傳動結構形式]；

異形柔輪諧波齒輪傳動（或異速器）[如圖 2-39(c) 所示為其三元部件傳動結構形式]。

需要說明的是：圖 2-39(a)～(c) 所示都是僅由三個零部件組成的諧波齒輪傳動，只三個或四個零部件還不能構成完整的諧波齒輪異速器，還必須為其提供異速器殼體、輸入軸系與輸出軸系部件才能實現諧波齒輪異速器的正常工作功能。

按照杯形柔輪軸向長度與內徑的比值即長徑比大小，杯形柔輪諧波齒輪傳動（或異速器）又可分為：

標準杯形柔輪諧波齒輪傳動（或異速器）：長徑比為 1∶1 或接近 1∶1 比例，如圖 2-40(a) 所示。

短筒杯形柔輪諧波齒輪傳動（或異速器）：長徑比為 1∶2 或接近 1∶2 比例，如圖 2-40(b) 所示。

扁平杯形柔輪諧波齒輪傳動（或異速器）：長徑比為 1∶4 或接近 1∶4 比例，如圖 2-40(c) 所示。（也稱超短杯形柔輪諧波齒輪傳動或異速器）

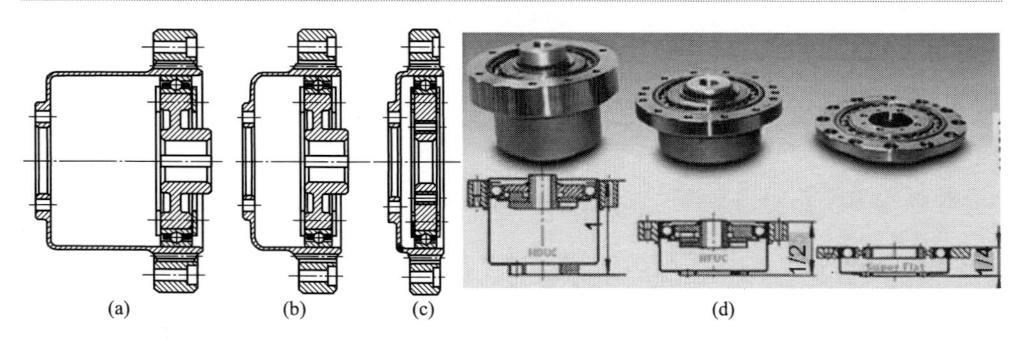

圖 2-40　長徑比分別為 1∶1、1∶2、1∶4 的杯形柔輪諧波齒輪傳動三零部件結構及實物對比圖

通用諧波齒輪異速器整機結構形式：完整的、能夠正常工作的諧波齒輪異速器是由剛輪、柔輪和波發生器這三個用以實現諧波齒輪傳動的主要零部件以及為這三個零部件分別提供安裝與支撐、運動和動力輸入與輸出部分的異速器殼體、輸入軸系、輸出軸系等部件組成的有機整體。圖 2-41 給出了常用的諧波齒輪異速器整機裝配結構圖。諧波齒輪異速器生產廠商（製造商）可為使用者提供原廠整機和三元部件兩種產品形式，也可根據使用者需要訂製生產整機，使用者也可以選型訂購諧波齒輪傳動元部件生產廠商的三元部件（剛輪、柔輪及波發生器三個傳動零部件），然後自行設計製作異速器殼體、輸入軸系和輸出軸系後組裝而成異速器整機或裝配在其他機械裝置中（即不構成異速器整機獨立部件形式，而是以其他機械結構作為殼體裝入其中，如此可以節省空間、異小質量，獲得緊湊的傳動結構）。例如，諧波齒輪傳動在工業機器人操作臂腕部的機械傳動應用中，為在結構上節省空間，通常都是選購三元部件而不選用整機。對於環形柔輪的諧波齒輪傳動，基本元部件為四個，其中有兩個剛輪。

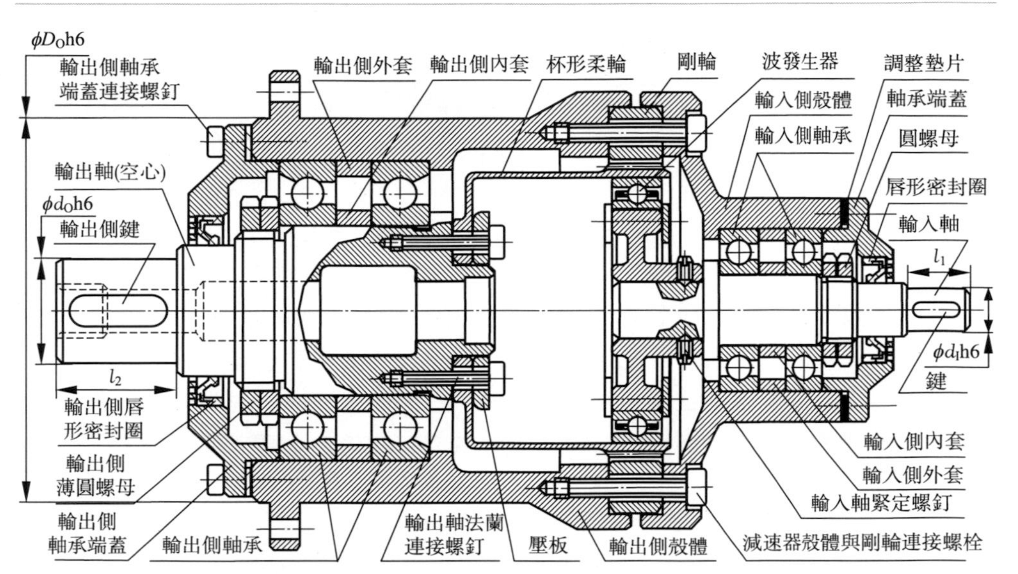

(a) 杯形柔輪諧波齒輪減速器整機裝配結構圖

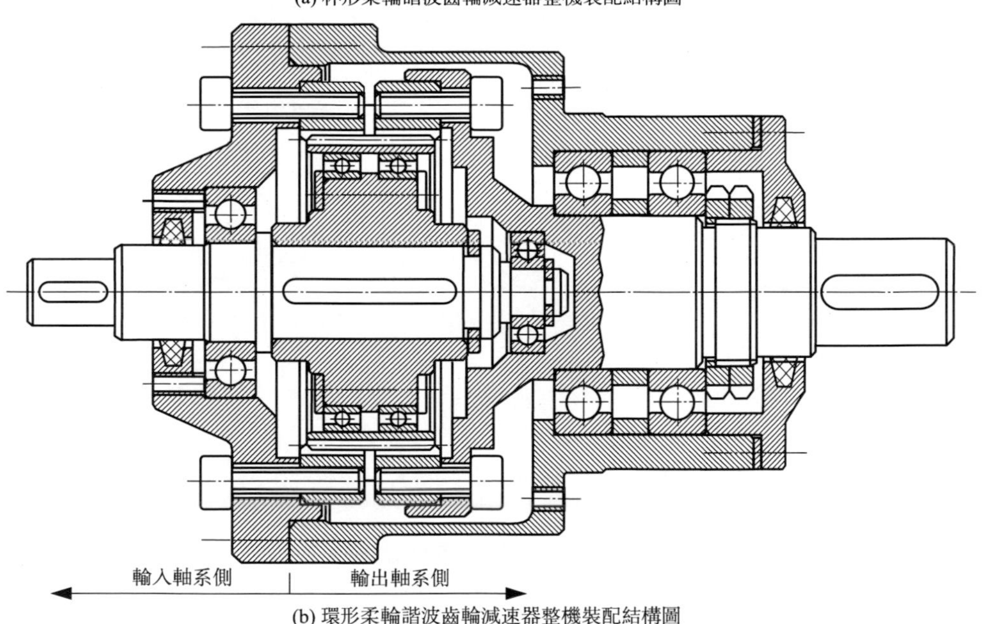

(b) 環形柔輪諧波齒輪減速器整機裝配結構圖

圖 2-41　常用的諧波齒輪異速器整機裝配結構圖

結構緊湊型的諧波齒輪異速器整機結構形式：國際上著名的諧波齒輪傳動產品製造商 Harmonic Drive® 在高精度、結構緊湊型諧波齒輪傳動方面設計、製造了長徑比小、質量進一步輕量化的結構緊湊型短筒柔輪諧波齒輪異速器，並且採用單個軸承支撐剛度高的四點接觸軸承或十字交叉滾子軸承作為輸出軸系支撐形式，大大縮短了諧波齒輪異速器的軸向結構尺寸。如圖 2-42(a)～(c) 所示，分別為短筒柔輪諧波齒輪異速器、翻邊柔輪諧波齒輪異速器、中空結構下翻邊柔輪諧波齒輪異速器的結構。這些諧波齒輪異速器其實也並非是完整的異速器，在應用上，使用者還必須提供輸入軸系部件，但其輸出軸系及異速器輸出軸側殼體已經齊備。注意：圖 2-42(b) 所示的翻邊柔輪諧波齒輪異速器在設計上將剛輪與十字交叉滾子軸承的內環座圈設計成一體，如此可以異小軸向尺寸 B 且有利於傳動；而如圖 2-42(c) 所示的中空式波發生器對於需要從異速器內部走電纜線或有其他內部空間特殊需求的應用場合具有特別重要的實際意義，如工業機器人操作臂需要從內部走電纜線時，特別適合採用此類結構，因為內部走電纜線可以避免發生外部電纜走線隨著關節轉動電纜線纏繞存在的安全隱患問題。

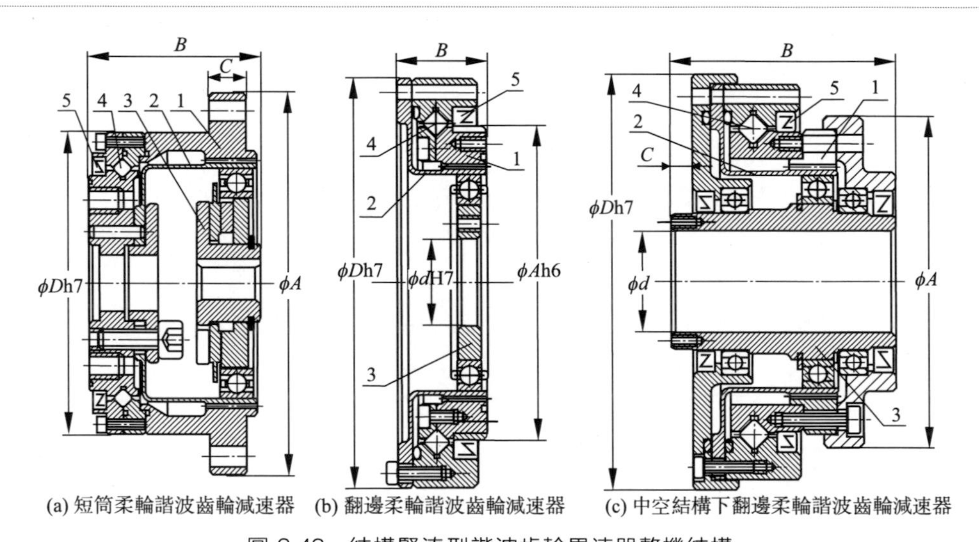

圖 2-42　結構緊湊型諧波齒輪異速器整機結構

1—剛輪；2—柔輪；3—波發生器；4—十字交叉滾子軸承（或採用四點接觸球軸承）；5—唇形密封圈

諧波齒輪異速器、光電編碼器一體化伺服電動機：為從產品上實現機械、電機電器、電力電子技術一體化，一些兼製伺服電動機、異速器以及伺服驅動控制器的製造商將直流（或交流）伺服電動機、諧波齒輪異速器、霍爾元件、光電編碼器或磁編碼器乃至伺服驅動控制器單元集成在伺服電動機上，從而形成了運動控制與驅動、機械傳動、位置/速度感測等技術高度集成化的一體化伺服電動機產品，大大縮短了機電產品的設計週期，提高了其結構空間利用率。圖 2-43 給出的是伺服電動機製造商生產的一體化伺服電動機的結構示意圖。

這種一體化設計製造的特點是省去了光電編碼器、伺服電動機與異速器分立元部件軸與軸之間的聯軸器，巽小了軸向尺寸使整體結構更加緊湊。

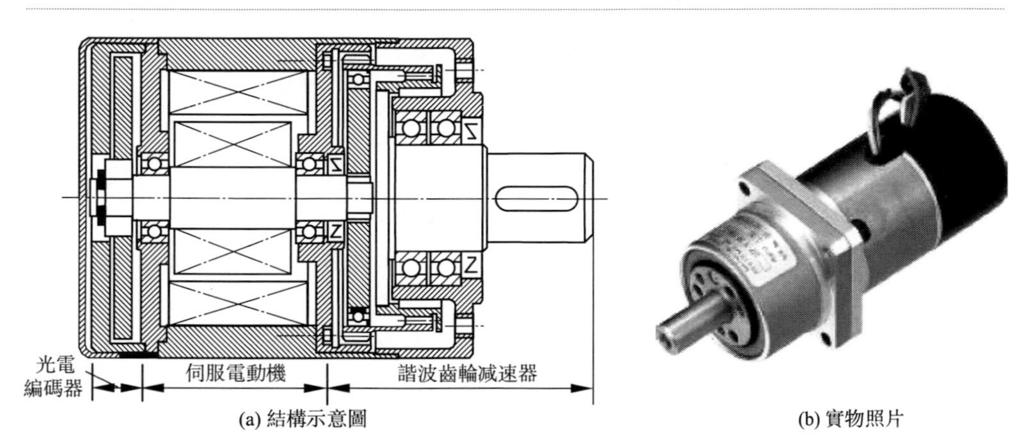

(a) 結構示意圖 (b) 實物照片

圖 2-43 直流/交流伺服電動機與諧波齒輪巽速器、光電編碼器等一體化伺服電動機結構示意圖與實物照片

b. 諧波齒輪傳動特點。

• 傳動比大而且範圍寬，單級諧波齒輪傳動的傳動比一般從 1.002 到上千，常用的傳動比為 30、50、60、80、100、120、160、200 等，對於以傳遞運動為主、不傳遞或傳遞小轉矩的可大至 1000、1500，如分度、微調整機構；傳遞的轉矩小到幾牛・米，大到數百牛・米。

• 在傳動比很大的情況下，仍具有較高的機械傳動效率，單級傳動效率一般為 60%～96%。

• 傳動精度高，諧波齒輪傳動精度以角度誤差計，一般精度角度傳動誤差為 6′，中等精度為 3′，高精度可達 1′甚至小於 1′；由於多對齒嚙合的平均效應，其傳動精度一般可比同精度等級的普通齒輪傳動精度高一級以上。

• 相同傳動比條件下，同多級齒輪傳動、行星齒輪傳動相比，結構緊湊、質量輕、體積小。

• 傳動平穩、噪音低、承載能力較強。這是因為諧波齒輪傳動相對其他齒輪傳動而言，齒輪模數小，嚙合齒對數多，對於雙波傳動，可多達總齒數的 30%～40%，三波傳動會更高。齒小而同時嚙合齒對數多，齒面間的相對滑動速度很低，而且接近於面接觸，所以磨損也小。柔輪特有的柔性具有緩衝作用；諧波齒輪傳動的功率可為幾十瓦到數十千瓦；負載能力可大至數萬牛・米。

• 可向密封空間內傳遞運動和動力。在高真空條件下，以及用來控制高溫、高壓的管路，驅動在有原子能輻射或其他有害介質空間工作的機構時，採用這種諧波齒輪傳動較理想。這是其他傳動形式所無法比擬的。

• 啓動轉矩比一般的齒輪傳動要大，速比越小越嚴重。

• 在傳遞運動中，柔輪要發生週期性彈性變形，因此，諧波齒輪傳動對柔輪的材料、熱處理都有較高的要求，否則，柔輪容易引起疲勞破壞。

• 有時發熱過大。對於動力傳動，若結構參數選擇不當，有可能導致發熱過大，因此，必要時需採用適當的冷卻措施。

• 與電動機、光電編碼器可集成化設計、製造，實現電動機驅動、異速器傳動、光電感測器等集成的「光-機-電」一體化部件。

• 應用非常廣泛，主要應用領域有航空航天、機器人與自動化設備、輕工業等諸多行業，具體如雷達天線控制系統、機床分度機構、自動控制系統的執行機構和數據傳遞裝置，以及紡織、化工、冶金、起重運輸等領域的機械設備中，都得到了應用。目前，精密諧波齒輪傳動已成為工業機器人、仿生人型機器人關節機械傳動中不可缺少的傳動形式和基礎部件。

④ 諧波齒輪傳動選型設計中的結構設計與形位公差要求　諧波齒輪傳動的應用設計主要有兩種情況可供選擇：一種是包括剛輪、柔輪、波發生器在內的三元部件選型設計，然後為所選型號的三元部件自行設計該型諧波齒輪傳動所需的殼體、輸入軸系、輸出軸系以及潤滑與密封部分，從而構成完整的諧波齒輪傳動或獨立的諧波齒輪異速器部件；另一種選型設計是選擇由諧波齒輪傳動製造商生產的完整的諧波齒輪異速器部件。前者之所以說「構成完整的諧波齒輪傳動或獨立的諧波齒輪異速器」，是因為在實際應用中，有時諧波齒輪傳動不是以獨立的諧波齒輪異速器部件的形式存在，而是以機械本體中的殼體作為支撐其三元部件和輸入軸系、輸出軸系等零部件的殼體，而不是獨立的異速器殼體，這樣設計往往可以得到機械傳動部分緊湊而輕量化的結構；而由諧波齒輪異速器製造商提供的異速器整機形式，往往適用於對結構緊湊性、質量是否輕量化無特殊要求或要求不高的情況下。

諧波齒輪三元部件選型設計後自行設計殼體與軸系情況下的結構設計與形位公差要求：如圖 2-44 所示，殼體在設計上是以剛輪外圓為基準（剛輪外圓直徑為精車尺寸且為基軸製，即其尺寸公差代號為 h），因此，分別選擇左、右輸入軸系的殼體與剛輪外圓配合孔軸線為基準（圖中分別標記為基準 A、B），對左右殼體與剛輪側面貼合面、輸入軸與波發生器孔、輸入軸軸肩與波發生器輪轂端面貼合面、輸出軸與柔輪法蘭配合面、輸出軸軸肩與法蘭端部貼合面等提出形位公差（垂直度、同軸度等）要求，具體公差值可按照精度設計和諧波齒輪傳動產品樣本（或《機械設計手冊》、國家標準）中給出的公差表選用。

異小軸向尺寸的輸入軸系結構設計：為異小諧波齒輪異速器軸向長度，如圖 2-45 所示，可以利用輸出軸的結構空間，將輸入軸系的左支點軸承設在輸出軸的同軸線軸孔中，而將原輸入軸系設計中的兩個軸承去掉一個，同時去掉內外軸套，從而可以獲得軸向尺寸更短的諧波齒輪異速器或傳動結構。

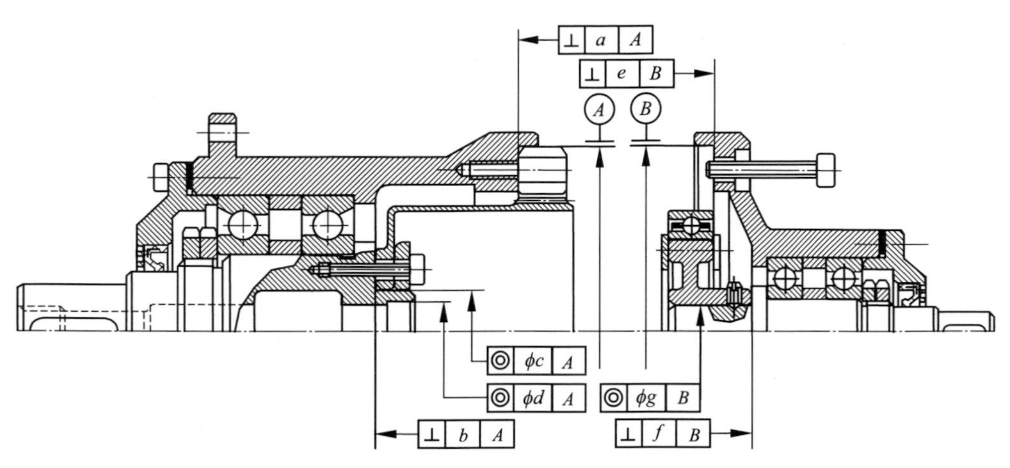

圖 2-44　自行設計諧波齒輪異速器情況下的殻體與輸入、輸出軸系結構設計與形位公差要求

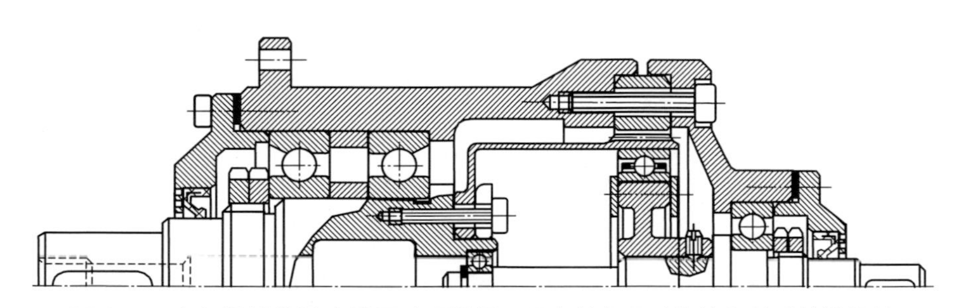

圖 2-45　自行設計諧波齒輪異速器情況下異小軸向尺寸的輸入軸系結構設計

(2) 杯形柔輪諧波齒輪傳動的創新設計[4~7]

① 杯形柔輪諧波齒輪傳動的實際問題

• 非軸向對稱結構的薄壁杯形柔輪與波發生器薄壁柔性軸承彈性變形及柔輪沿軸向張角問題。杯形柔輪的諧波齒輪傳動中，當波發生器裝入杯形柔輪中，杯形柔輪的長軸部分的外齒與剛輪輪齒對應嚙合狀態時，由於杯形柔輪薄壁輪筒左右側不對稱，一側有筒底，另一側為開口，而且波發生器上的柔性滾動軸承為外圈薄壁柔性結構，這種結構特點決定了在剛輪內齒圈剛體約束限製下，當波發生器裝入柔輪時，柔輪被波發生器向外撐、向內收成有長短軸之分的非圓形結構，柔輪內壁與柔輪的柔性軸承外圈之間接觸寬度範圍內作用著沿著軸向分布的徑向擠壓力，由於柔輪筒底一側是封閉結構，而波發生器裝入側為開口結構，因此柔輪長軸方向的外壁圓柱面母線成為沿軸向產生有傾角的喇叭口形結構，如圖 2-46 所示；相應地，假設在柔輪圓柱面產生彈性變形的情況下柔輪周長不變，

則處於短軸的圓柱面母線有可能與前者相反而呈沿軸向向外徑向收縮型反喇叭口的形狀。因而使得處於長軸輪齒嚙合區發生如圖 2-47 所示的變化，即柔輪輪齒與剛輪輪齒不能保證全齒寬嚙合，顯然這將影響諧波齒輪傳動的承載能力、嚙合剛度、傳動精度等主要傳動性能。

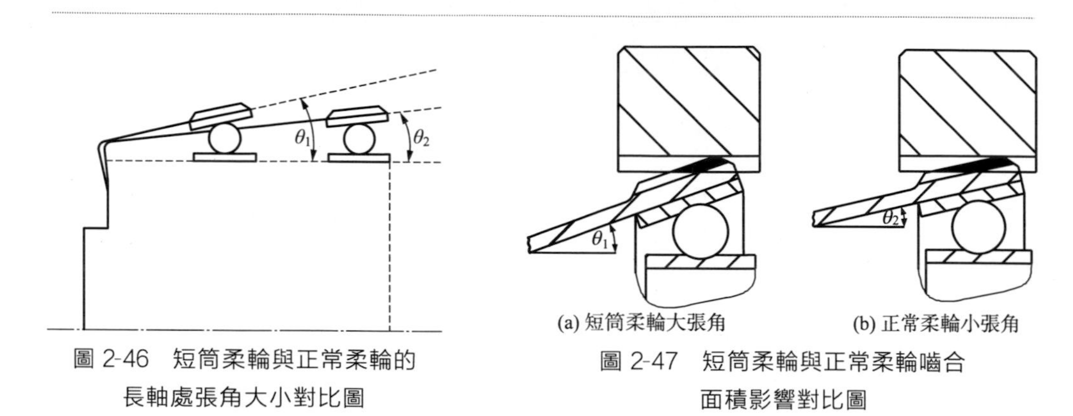

圖 2-46 短筒柔輪與正常柔輪的長軸處張角大小對比圖

圖 2-47 短筒柔輪與正常柔輪嚙合面積影響對比圖

• 柔輪原圓柱面母線沿軸向傾角以及形變較複雜。杯形柔輪諧波齒輪傳動可以分為標準杯形、短筒杯形以及超短杯形、翻邊禮帽形四種杯形結構柔輪，它們是按照杯形柔輪筒部沿著其軸線的長度尺寸從長到短排列，以標準杯形柔輪長度作為基準長度，標準杯、短筒杯、超短杯、翻邊杯等比例長度一般分別為 1：1、1：2、1：4、1：4 甚至更短。如此，柔輪軸向長度越短，柔輪長軸部位開口傾角（也稱張角）就越大，但是並非等比漸增性增大，因為柔輪軸向長度越短，徑向相對剛度大的筒底或翻邊部分對開口部的影響就越大，相對越難於變形。

② 短筒柔輪諧波齒輪傳動的有限元分析　為深入掌握短筒柔輪諧波齒輪傳動柔輪、波發生器薄壁軸承的變形與輪齒嚙合情況，筆者及指導的研究生在提出接觸副接觸對概念，建立柔性軸承內圈與滾珠間接觸對、滾珠與外圈接觸對、柔性軸承與柔輪內壁接觸對、剛輪輪齒與柔輪輪齒嚙合接觸對等力學模型，以及建立完整的諧波齒輪三元部件有限元 1/4 虛擬模型建模方法的基礎上，利用 ANSYS/ANSYS Workbench 有限元分析軟體進行了嚙合傳動分析，有限元建模包括幾何模型、負載轉矩施加、前述各類接觸對力學模型、接觸對上接觸副的摩擦係數等計算條件的設置，有限元建模的整體模型、整體網格、網格劃分以及裝配前後的內應力情況如圖 2-48 所示。

③ 剛輪輪齒有一定傾角的短筒、超短杯諧波齒輪傳動的有限元分析及傾角優選結果　為改善諧波齒輪傳動的嚙合性能，筆者於 2010 年提出了設計、研發剛輪輪齒沿軸向帶有傾角的諧波齒輪傳動及其異速器；並且在雙圓弧共軛齒廓設

計以及諧波齒輪傳動元部件結構設計基礎上，應用有限元分析法對有無輪齒傾角的諧波齒輪傳動進行了加載嚙合傳動有限元分析和傾角優選。

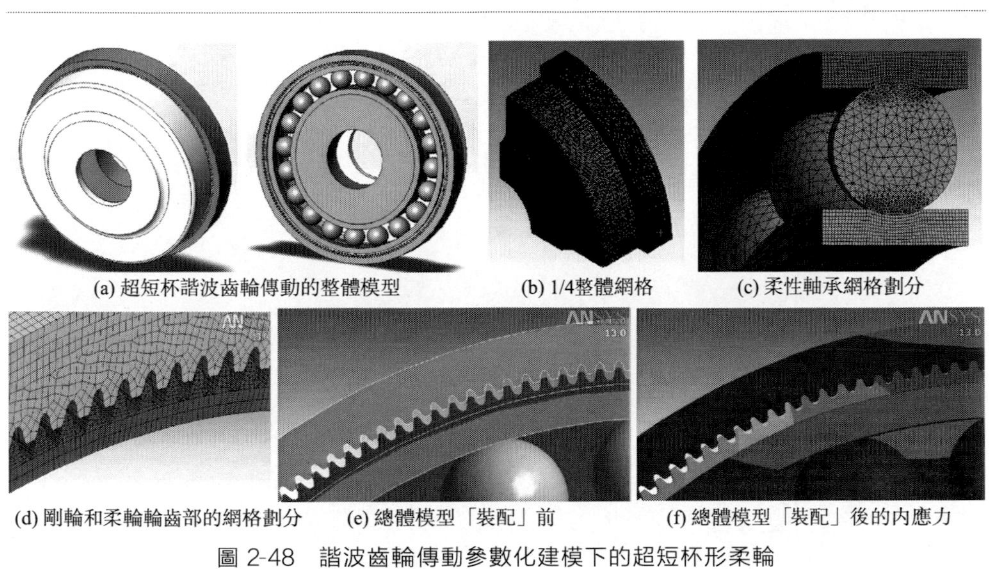

(a) 超短杯諧波齒輪傳動的整體模型　(b) 1/4整體網格　(c) 柔性軸承網格劃分

(d) 剛輪和柔輪輪齒部的網格劃分　(e) 總體模型「裝配」前　(f) 總體模型「裝配」後的內應力

圖 2-48　諧波齒輪傳動參數化建模下的超短杯形柔輪諧波齒輪傳動有限元模型（剛輪輪齒無傾角）

剛輪無傾角時和具有一定傾角值時的等效應力、接觸區域和接觸應力計算結果如圖 2-49 所示。

在建立模型時，以柔性軸承軸向長度的一半為基準平面，即在這個平面上的剛輪齒形是前文計算出的剛輪共軛齒形，剛輪輪齒沿軸線方向傾斜，沿柔輪筒底方向向內傾斜，在沿柔輪開口方向上是向外傾斜。輪齒傾斜角度選為 0.1°、0.2°、0.3°，進行有限元計算模擬分析。

對於等效應力，可以看到柔輪的最大應力出現在波發生器長軸附近的輪齒根部，在筒底和開口處具有很高的值。在本模型中靠近筒底的一側的輪齒根部較柔輪開口側的輪齒的根部應力值更大。

對於接觸面積，可以看到剛輪輪齒具有一定傾角的短筒柔輪諧波異速器具有更大的接觸面積。具體輪齒間接觸面積的估算值見表 2-4。

對於接觸應力，可以看到，當剛輪輪齒傾角為 0.1°時，輪齒間的最大接觸應力並沒有明顯的變化；當剛輪輪齒傾角為 0.2°時，輪齒間的最大接觸應力明顯下降。這說明剛輪輪齒傾角在沒有引起干涉的情況下因為接觸面積的增加可以降低輪齒間的接觸應力值。當傾角為 0.3°時，輪齒間的接觸應力較正常輪齒時還要大，原因推測是由於傾角過大，導致輪齒出現了干涉，使得接觸應力變得過大。據此，可以推斷剛輪輪齒一定存在一個相對最佳值，可以使得短筒柔輪諧波異速器在不發生干涉的情況下擁有最大的輪齒間接觸面積。另外，輪齒間接觸應力的最大值出現在輪齒後緣處，這與實際情況中柔輪輪齒最先磨損的部位相同。

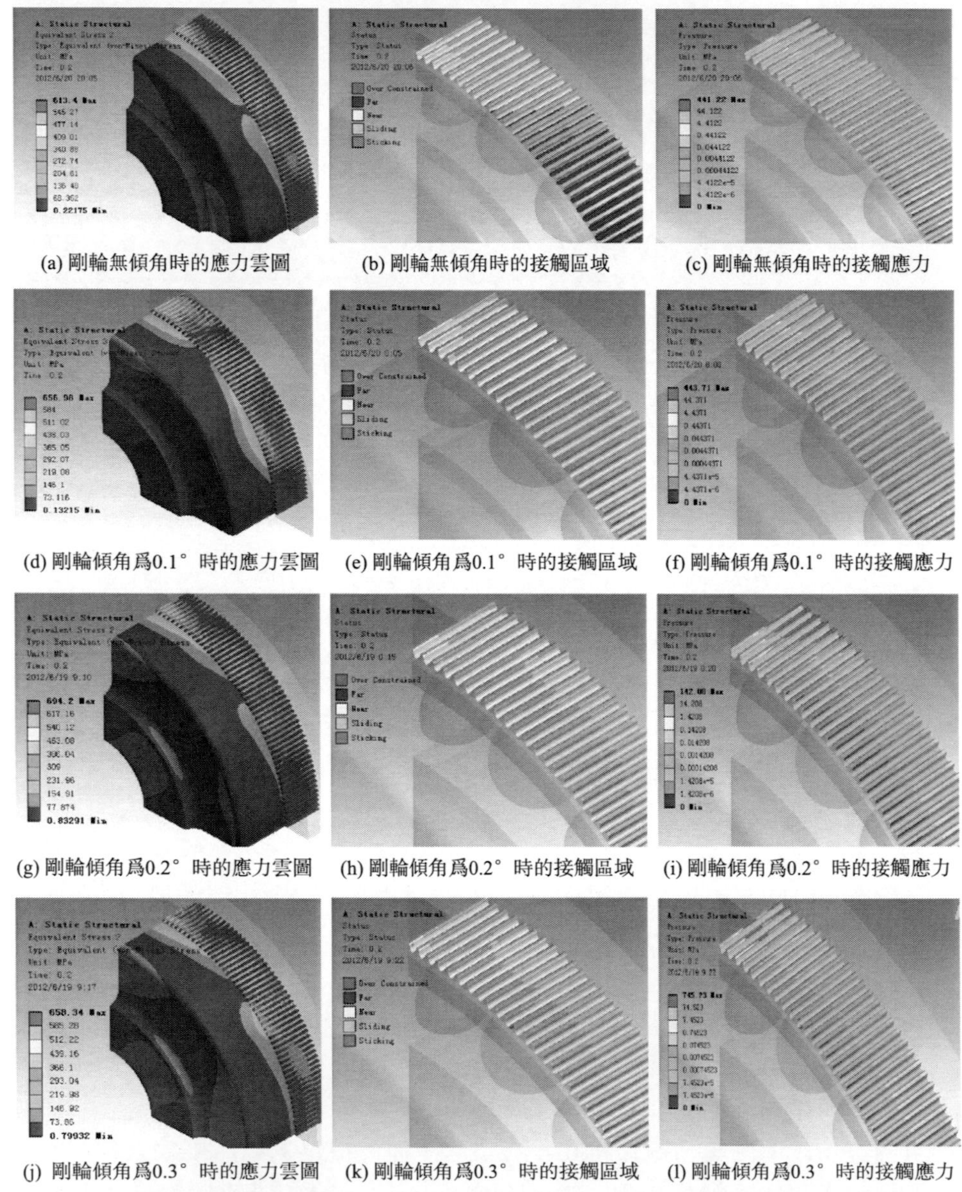

(a) 剛輪無傾角時的應力雲圖　(b) 剛輪無傾角時的接觸區域　(c) 剛輪無傾角時的接觸應力

(d) 剛輪傾角爲0.1° 時的應力雲圖　(e) 剛輪傾角爲0.1° 時的接觸區域　(f) 剛輪傾角爲0.1° 時的接觸應力

(g) 剛輪傾角爲0.2° 時的應力雲圖　(h) 剛輪傾角爲0.2° 時的接觸區域　(i) 剛輪傾角爲0.2° 時的接觸應力

(j) 剛輪傾角爲0.3° 時的應力雲圖　(k) 剛輪傾角爲0.3° 時的接觸區域　(l) 剛輪傾角爲0.3° 時的接觸應力

圖 2-49　剛輪無傾角時和具有一定傾角值時的等效應力、接觸區域和接觸應力計算結果

在 ANSYS 中可以提取接觸表面節點的接觸應力和接觸狀態，對於接觸應力不為 0 的節點認為是在嚙合中接觸的。對於接觸狀態，ANSYS 中透過 STAT 值來描述：值 0 代表未合的遠區接觸，值 1 代表未合的近區接觸，值 2 代表滑動接觸，值 3 代表黏合接觸。這兩種方法提取的接觸情況是一致的，可以任選其一。透過比較接觸的節點占輪齒表面總節點數目的百分比，則可以根據輪齒表面網格是均勻的前提，推算出輪齒的接觸面積的大小。根據接觸表面節點的狀態或者接觸應力值，在 MATLAB 中編寫程式，確定接觸的節點占總節點數目的百分比。具體計算值如表 2-4 所示。

表 2-4　輪齒嚙合面積與嚙合齒對數

剛輪齒形	嚙合面積百分比	嚙合齒對數	最大接觸應力/MPa
標準無傾角	12.60%	30	441
傾角值為 0.1°	15.46%	30	408
傾角值為 0.2°	17.03%	30	142
傾角值為 0.3°	12.93%	30	745

在四分之一模型中，柔輪上有 50 個輪齒。對比輪齒間的嚙合面積與在有限元模型中接觸的輪齒對數，可以發現儘管諧波異速器的輪齒同時嚙合的數目比較多，但是在每對嚙合的輪齒上並不是完全嚙合，這主要是由柔輪輪齒的偏斜引起的，所以並不能簡單地將同時嚙合的輪齒對數當作諧波異速器承載能力的評判標準。要正確完整地評估輪齒間的嚙合面積，需要考量更多的因素，如估算裝入波發生器後柔輪的張角值、在負載作用下柔輪的變形等等。由表 2-4 中可以看出，剛輪輪齒具有一定傾角時均較剛輪輪齒正常時輪齒間的嚙合面積百分比要大。在本書中，綜合柔輪等效應力、輪齒間接觸面積和接觸應力，優選 0.2°為剛輪的傾角。其較剛輪輪齒正常無傾角時的短筒柔輪諧波異速的輪齒接觸節點百分比數上升 4.43%，推測其接觸面積提高的百分比為（17.03－12.6)/12.6＝35.1%。

④ 剛輪輪齒有傾角的雙圓弧齒廓短筒、超短杯柔輪諧波齒輪傳動新設計及異速器研製　在前述有限元分析基礎上，分別以 50 機型的短筒、超短杯柔輪諧波齒輪傳動為對象，進行了剛輪輪齒無傾角、有傾角的諧波齒輪剛輪、柔輪的加工工藝設計，以及異速器原型樣機試製與傳動剛度測試試驗。

a. 柔輪輪齒齒廓及參數。柔輪輪齒採用雙圓弧齒廓（如圖 2-50 所示)：柔輪輪齒將採用在理論上和實際上均被證明能有效提高嚙合效果的雙圓弧齒形，為避免柔輪與剛輪輪齒的干涉齒頂處採用了直線段，其形狀如圖 2-50 所示。各參數值如圖 2-50 中柔輪輪齒參數表所示。

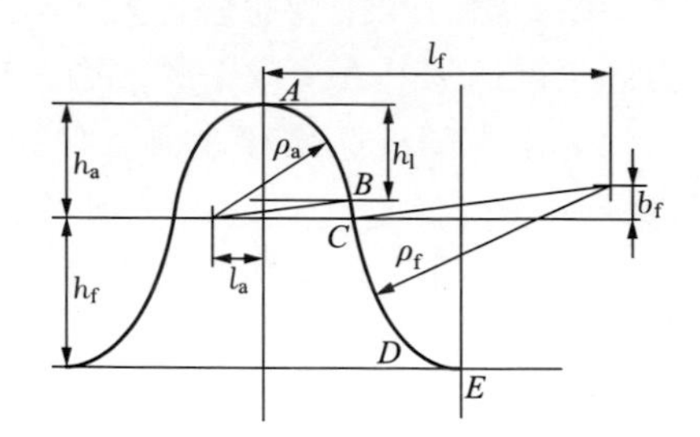

柔輪輪齒參數表

參數	取值
M	0.25
h_a	0.2250
h_f	0.3030
ρ_a	0.2701
ρ_f	0.5145
l_a	0.0982
l_f	0.0671
h_l	0.1900

圖 2-50　柔輪雙圓弧齒廓及其輪齒參數表

b. 包絡法求剛輪輪齒齒廓：具體求解方法參見文獻［8］的 8～16 頁。求得柔輪包絡生成的剛輪輪齒軌跡及剛輪共軛齒廓計算點分別如圖 2-51(a)、(b) 所示。

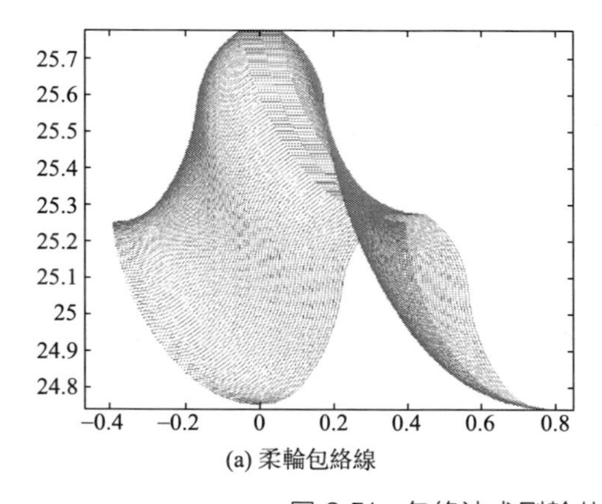

(a) 柔輪包絡線

(b) 剛輪共軛齒廓計算點

圖 2-51　包絡法求剛輪共軛齒廓曲線

在誤差允許的範圍內將剛輪輪齒座標用多項式進行擬合得到樣條曲線，作為剛輪的理論共軛齒廓。雖然這樣只是在離散的點上得到的才是精確的結果，但是只要點數取得足夠密，就可以得到精確度很高的共軛齒廓數值解。

如圖 2-52 所示，剛輪若採取輪齒具有一定傾角的形式，則在嚙合時柔輪與剛輪輪齒間的嚙合面積受到柔輪張角的影響就會變得比較小，因為剛輪輪齒具有一定傾角的短筒柔輪諧波異速器考慮到了柔輪張角所帶來的影響，所以相較於剛輪是正常輪齒的短筒柔輪諧波異速器，其將具有更大的輪齒間接觸面積，從而使得具有一定傾角的短筒柔輪諧波異速器的承載能力和傳動剛度均得到提升。

c. 剛輪、柔輪輪齒的慢走絲線切割加工工藝。柔輪是諧波異速器中受力最複雜的元件，也是諧波異速器中最容易失效的元件。目前製作柔輪的材料的尖端是使用複合材料進行樣機製造，在空間中使用的諧波異速器則通常使用不銹鋼來製造。這裡採用的柔輪的製作材料為 30CrMnSiA，材料的力學性能及熱處理方法如表 2-5 所示。

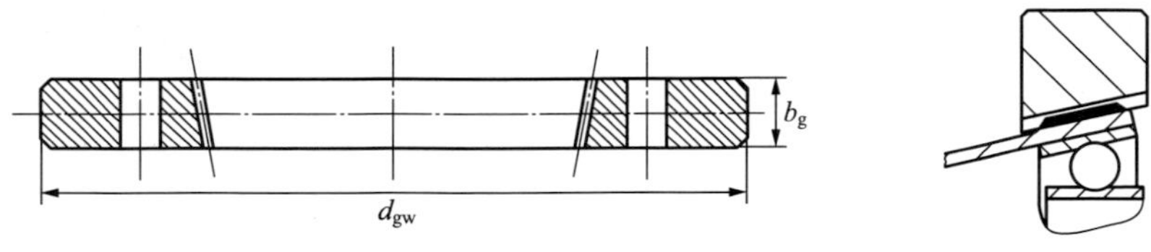

圖 2-52 剛輪輪齒沿軸向有一定傾角（0°～0.2°左右）的剛輪內齒圈結構以及與柔輪輪齒嚙合情況

表 2-5 柔輪材料的力學性能及熱處理方法

柔輪材料	熱處理方法	硬度(HRC)	強度極限 σ_b/MPa	屈服極限 σ_s/MPa	疲勞極限 σ_{-1}/MPa
30CrMnSiA	焠火 880°，油冷，回火 180°，空氣冷卻	55	1800	1600	670

柔輪的加工工藝分為柔輪的毛坯加工和柔輪的輪齒切割兩個部分。

柔輪毛坯的加工工藝如下：

- 下料，粗車柔輪端面、內圓與外圓表面，在壁厚和長度方向上留出 1～3mm 的加工餘量。
- 對柔輪毛坯進行調質處理，表面硬度達到 32～36HRC。
- 半精車柔輪開口端端面和柔輪內表面，精車或磨削柔輪內表面使達到工程圖尺寸與表面粗糙度。
- 加工柔輪筒底外表面，鑽攻柔輪筒底凸緣連接螺栓孔。
- 加工心軸。
- 以柔輪內圓定位，將柔輪裝卡在心軸上。精車或磨削使柔輪外表面和筒底端面達到工程圖尺寸與表面粗糙度，在齒圈處徑向留出 1mm 的加工餘量。

柔輪輪齒的慢走絲線切割切齒工藝：

在柔輪的毛坯上加工輪齒。採用慢走絲線切割的方式加工柔輪輪齒。慢走絲線切割在加工形狀複雜的輪齒時很有優勢，只要為慢走絲線切割機床提供座標精確的工程圖，就能實現齒形的精確加工。而且它的加工精度很高，至少可以達到 ±0.002mm，表面的粗糙度可以達到 0.2～1.6μm。其次線切割機床的錐度切割功能在加工傾斜剛輪輪齒時很有用處。最後採用這種加工方式可以避免製造小模數的齒輪刀具。現在諧波齒輪通常的加工方法：柔輪輪齒採用銑刀加工，而剛輪輪齒採用插齒刀加工，但是鑒於中國小模數齒輪刀具的不成熟以及製造成本的高低，在實驗室樣機研製中採取慢走絲線切割的方式是一種性價比很高的方式。柔輪與剛輪的輪齒加工使用的是瑞士夏爾米 240 慢走絲切割機床。採用慢走絲線切割機床加工柔輪的外齒廓會有一個問題：由於柔輪是外齒廓，電極絲無法透過一次整周加工完所有輪齒，否則將割斷夾具。故專門設計並使用如圖 2-53 所示的卡具裝置來進行柔輪輪齒的兩次加工。卡具底座固定在慢走絲線切割機床上，柔輪毛坯裝在心軸上透過內六角螺釘和壓板固定在心軸上。基準片透過沉頭螺釘固定在心軸的扁面上。緊定螺釘將心軸固定在卡具底座上。其工作過程是：由於線切割在切割柔輪外齒的過程中不能實現一次整周切割輪齒，在割齒過程中所有輪齒採用兩次切割完成。找正的過程依靠柔輪夾具上的基準片和慢走絲線切割機床上的測頭。先如圖 2-53 所示切割柔輪毛坯上的一半左右的輪齒，切割完畢後，旋出緊定螺釘，透過旋轉孔旋轉心軸 180°；旋轉完畢後利用線切割機床測頭透過基準片找正柔輪位置，調整到正確位置後旋入緊定螺釘繼續切割下一部分輪齒。至此柔輪輪齒加工完畢。

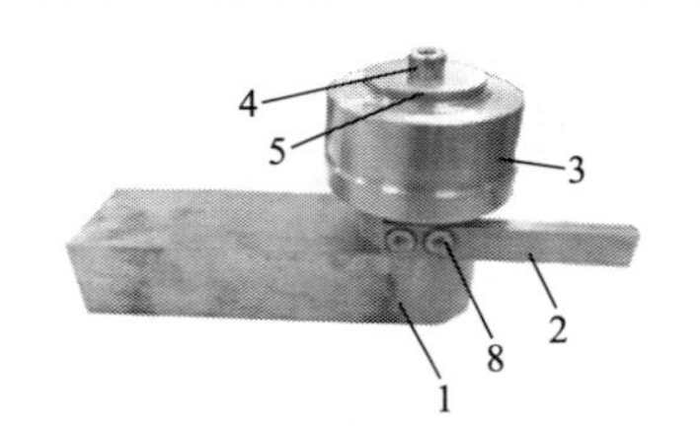

(a) 夾具左視圖

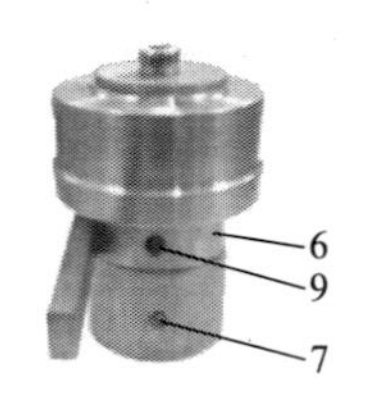

(b) 夾具正視圖

圖 2-53　柔輪加工夾具結構形式

1—柔輪底座；2—基準片；3—柔輪毛坯；4—螺釘；5—壓板；
6—心軸；7—緊定螺釘；8—沉頭螺釘；9—心軸上旋轉孔

剛輪及剛輪輪齒的加工工藝：

剛輪的加工工藝同樣分為剛輪毛坯加工與剛輪輪齒切割兩部分。製作剛輪的材料是 45 鋼，其經調質處理。具體的熱處理方法與性能參數如表 2-6 所示。

表 2-6　剛輪材料的熱處理方法與性能參數

剛輪材料	熱處理方法	硬度(HRC)	強度極限 σ_b/MPa	屈服極限 σ_s/MPa	疲勞極限 σ_{-1}/MPa
45	焠火 820℃,油冷或水冷,回火 200℃,空冷	30～36	700	500	340

剛輪毛坯的加工工藝：

- 粗車內、外圓表面和兩側端面，內、外壁和軸向均留 1～3mm 餘量。
- 調質熱處理，零件表面硬度為 30～36HRC。
- 精車剛輪內、外圓表面和端面，外圓表面倒角，內圓留 0.5～1mm 餘量供齒形加工。

- 磨削剛輪外表面和兩邊端面至要求的尺寸和表面粗糙度。
- 鑽攻連接螺釘孔和拆卸螺紋孔。

剛輪輪齒的切割：

剛輪輪齒同樣採用慢走絲線切割機床加工。由於剛輪輪齒是內齒廓，所以線切割機床可以一次加工出全部輪齒。根據前述的柔輪張角問題的分析，採取傾斜的剛輪輪齒可以取得更大的接觸面積，增大了諧波異速器的重合度，異小了接觸應力，進而提高了諧波異速器的傳動剛度。而利用線切割機床切割錐度的功能可以方便地切割相對柔輪軸線傾斜的輪齒。下面簡述利用線切割機床切割錐度功能加工傾斜剛輪輪齒。

慢走絲線切割加工錐角的機構如圖 2-54、圖 2-55 所示。在上、下絲臂內各有一個轉軸，每個轉軸前端與上、下導輪相接，組成平面四邊形四連桿機構。錐度裝置的 U 軸電動機驅動上導輪可以沿 U 軸平移；V 軸電動機驅動上導輪可以以下轉軸為軸心進行擺動。在 U 軸方向和 V 軸方向上的角度的調整方式如圖 2-54 所示。

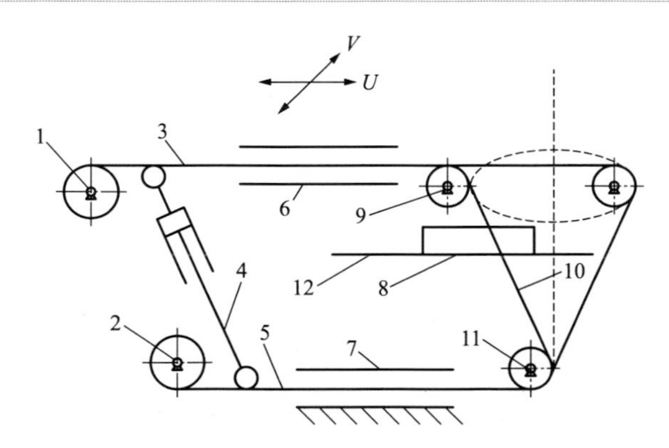

圖 2-54　錐度加工機構原理圖

1—上絲筒；2—下絲筒；3—上轉桿；4—伸縮桿；5—下轉桿；6—上絲臂；7—下絲臂；8—工件；9—上導輪；10—電機絲；11—下導輪

d. 線切割機床切割輪齒軸向傾角值確定原理。如圖 2-56 所示，傾斜角 $\alpha=\arctan(r_1/H)$。在線切割錐度加工中，程式控制運動的座標平面是工件的下表面，而實際運動的是上導輪和工作檯（工作檯上表面和工件下表面重合）。控制系統可以自動根據形參數——下導輪中心點到工件底面的距離 h、工件厚度、上下導輪中心距 H 及傾斜角 α，運用相似形公式對程式中的座標進行變換，把工件下表面的座標變換成上導輪和工作檯的座標。在加工中四軸聯動，實現輪齒的加工。

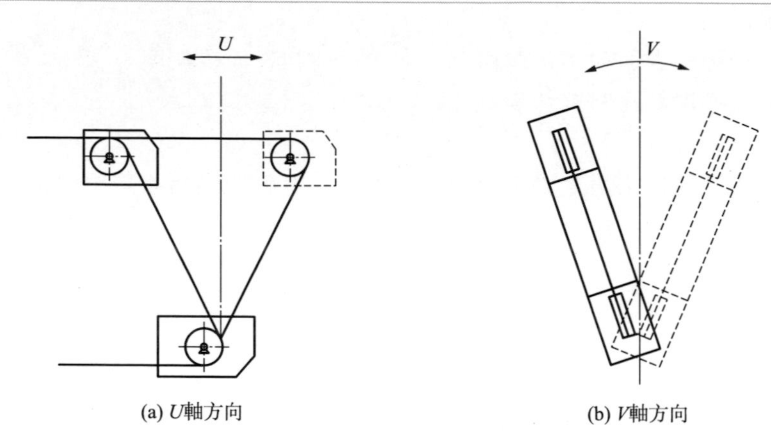

圖 2-55　U 軸和 V 軸傾角的調整

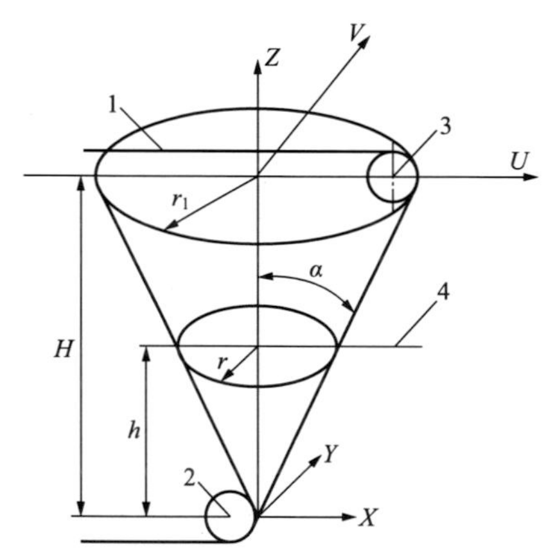

圖 2-56　線切割機床傾角值確定原理圖

1—電極絲；2—下導輪；3—上導輪；4—工件底面

在本加工方法中，確定出給定的傾斜角後，透過給出剛輪輪齒在上大小端面的齒廓曲線座標，即可實現剛輪輪齒具有一定傾斜角度的加工。其中剛輪的輪齒齒廓座標由前述的共軛齒廓計算方法計算得到，透過編寫的 VBA 程式可以將齒廓曲線的點精確導入 CAD 中生成慢走絲線切割用的工程圖。

e. 用上述工藝加工出的剛輪、柔輪樣件及研製的短筒、超短杯諧波齒輪異速器樣機。採用上述加工方法加工的剛輪、柔輪樣件如圖 2-57 所示，分別為長徑比約為 1∶2 的短筒柔輪、長徑比約為 1∶4 的超短筒（即超短杯）柔輪、長徑比為 1∶2 時柔輪對應的剛輪、長徑比為 1∶4 時柔輪對應的剛輪，以及相應設計製作的諧波異速器樣機裝配結構圖、實物照片。

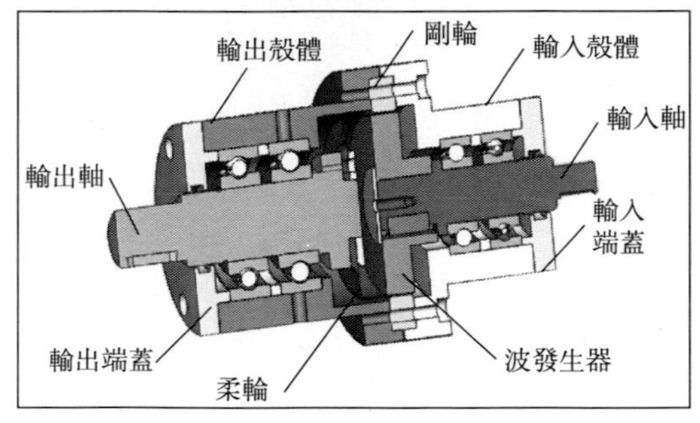

圖 2-57 慢走絲線切割加工的長徑比為 1：2、 1：4 的柔輪及配套的有傾角剛輪以及超短杯柔輪諧波齒輪異速器樣機結構裝配圖、實物照片

⑤ 傳動剛度及精度測試試驗與測試結果

a. 傳動剛度測試原理及研製的傳動剛度測試試驗裝置。如圖 2-58(a) 所示，傳動剛度測試試驗裝置主要由兩部分組成，其一是力矩加載用 MAXON 直流伺服電動機（帶有光電編碼器）及 IPM100 直流伺服驅動與控制單元、電源構成的直流伺服驅動與控制系統，可以進行位置、速度、轉矩控制，以及位置、速度回饋；其二是短筒柔輪諧波異速器測試樣機及輸出軸抱死鎖緊機構構成的被測試部分，其詳細結構如下：MAXON 直流伺服電動機直接與諧波異速器原型樣機的輸入軸透過剛性聯軸器連接在一起，諧波異速器的輸出軸與抱死鎖緊裝置相連接，將短筒柔輪諧波異速器的輸出軸加工出兩個扁面，抱死鎖緊裝置由扁面兩邊的擋塊透過螺釘將輸出軸完全固定住。在實驗過程中，在電動機輸入端要使直流伺服電動機工作在力矩控制模式，這樣無需添加力矩感測器，可以透過實時讀取驅動器為直流伺服電動機提供的電流大小值，並根據直流電動機力矩和電流的關系計算直接準確地計算出輸入力矩 T_1。同時透過電動機的光電碼盤讀取與電動機軸剛性相連的短筒諧波異速器樣機輸入軸的轉角值。至此就得到了繪製傳動剛度圖所需的全部參數值。在試驗的過程中，採取的加載的方式如圖 2-58(b) 所示，先線性正向加載到額定轉矩 28N・m，再逐漸卸載至 0，然後反向線性加載到額定轉矩，最後逐漸卸載至 0，並為了得到完整封閉的傳動剛度圖再向正向加載 1N・m 的轉矩。反覆測量多次，將輸入軸的轉角和力矩折算到輸出軸，繪出

傳動剛度曲線。

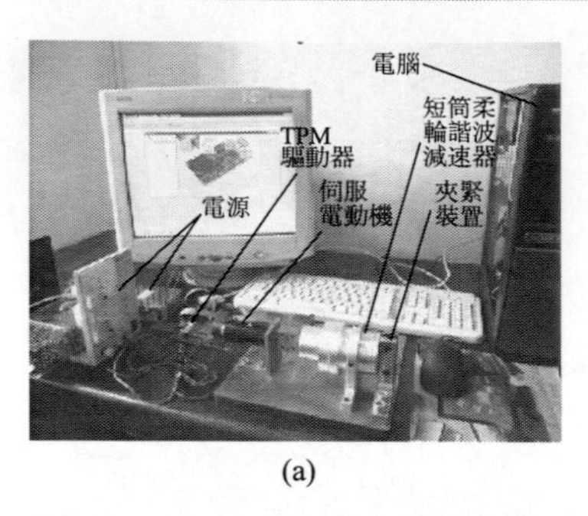

(a)

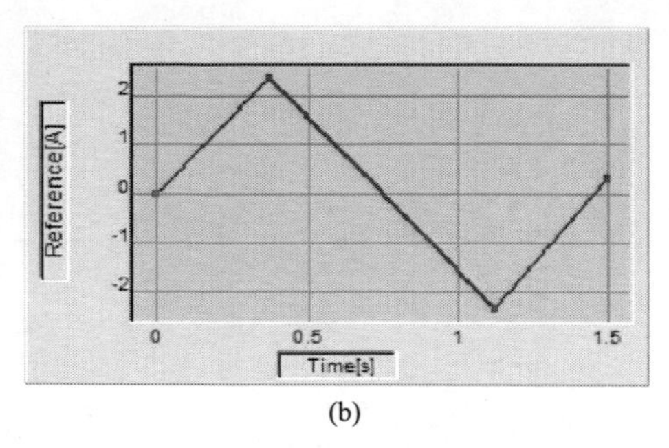

(b)

圖 2-58　諧波齒輪傳動剛度及傳動精度測試試驗裝置實物照片及力矩加載曲線圖

b. 1/4 長徑比超短杯諧波齒輪異速器傳動剛度與精度測試結果曲線。實驗過程中，利用 IPM 驅動器上位機程式的 logger 功能，在電動機按加載曲線加載的過程中可以實時記錄驅動器給電動機提供的電流和電動機碼盤的數值，將數據導入 MATLAB 進行後處理，繪製出傳動剛度曲線。圖 2-59 所示是 logger 採集數據的過程。經多次試驗得到的柔輪長徑比為 1∶4 的剛輪輪齒具有 0.2°傾角的超短杯柔輪諧波異速器的傳動剛度及回差測試曲線圖如圖 2-60 所示。

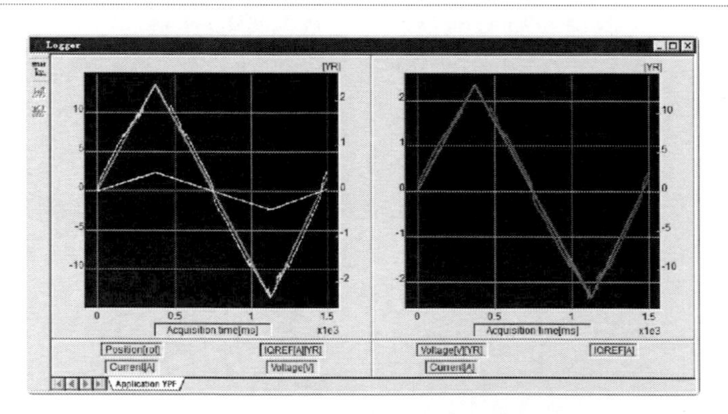

圖 2-59　Logger 記錄的位置和電流曲線數據

如圖 2-60 所示，結果數據曲線的縱座標代表的是輸出端負載力矩，橫座標代表的是折算到輸出端的扭轉角度。可以看到傳動剛度曲線隨著輸出端加載和卸載的變化形成一條閉合的曲線，是有間隙的諧波傳動剛度圖的一般形式。曲線是這樣的形式，主要是柔輪輪齒與剛輪輪齒間的齒側間隙、波發生器和柔輪間的間隙及柔輪的彈性變形所引起的，其中回線的面積表徵著能量損耗。反覆測試的四組試驗數據得到了十分相似的傳動剛度曲線，說明了製作的短筒諧波異速器的傳動剛度是穩定的。並且負載反覆加到額定載荷時短筒柔輪諧波異速器的傳動剛度並沒有發生明顯變化，說明其靜態承載能力要大於額定載荷 28N・m。如圖 2-61 所示剛輪輪齒是正常輪齒（輪齒無軸向傾角即傾角為 0°）時的傳動剛度測試結果。

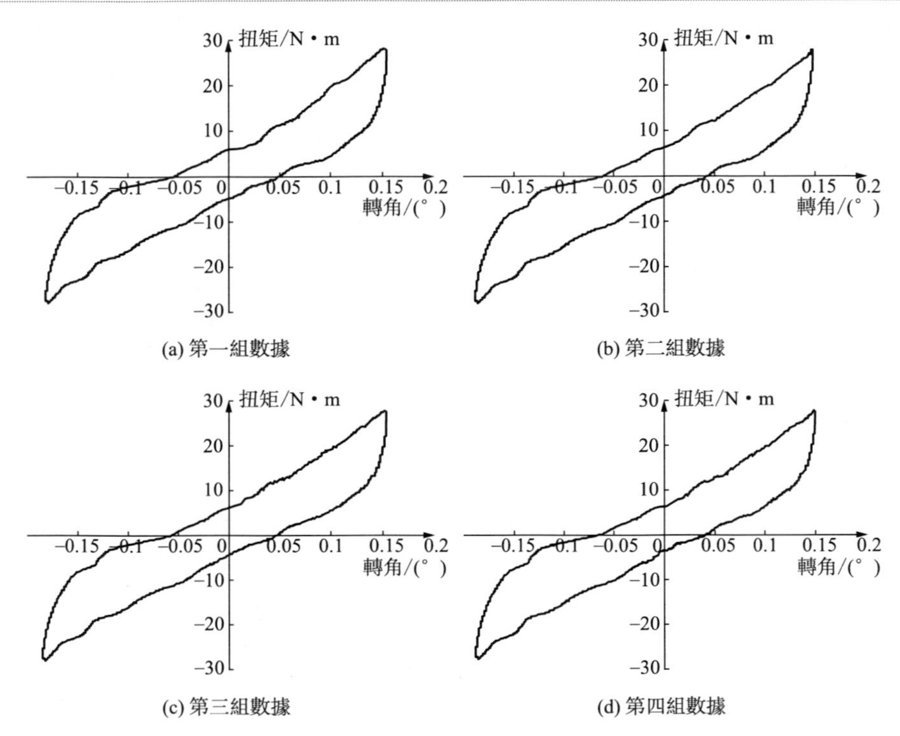

圖 2-60 剛輪輪齒具有一定傾角（0.2°）時的傳動剛度及回差測試結果數據曲線

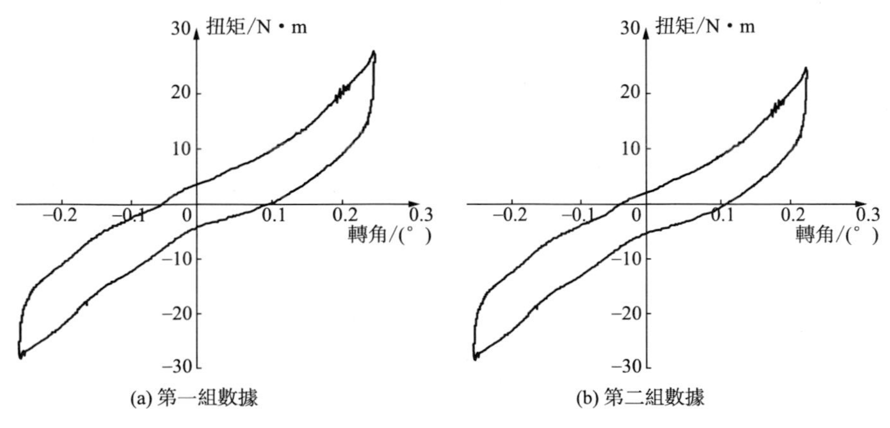

圖 2-61

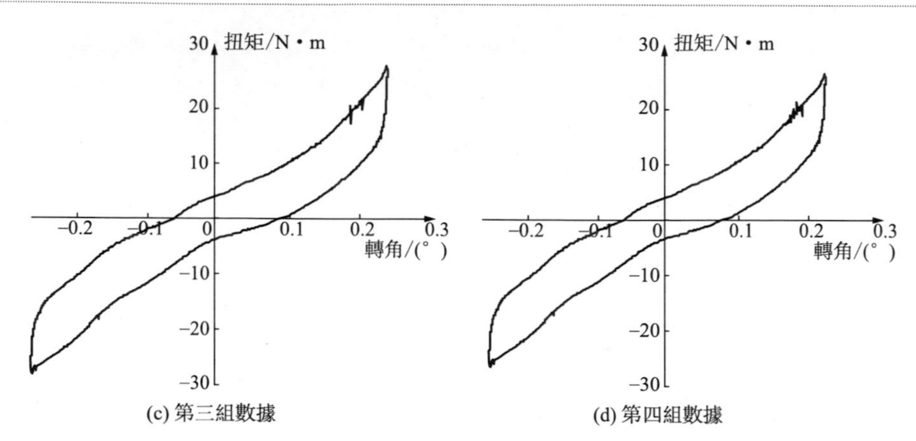

圖 2-61 剛輪輪齒正常時的傳動剛度及空回值測試結果數據曲線

由以上測試結果數據曲線可計算出傳動剛度如表 2-7 所示。

表 2-7 根據測試結果數據曲線計算的傳動剛度結果

剛輪輪齒傾角	第一階段/[N・m/(°)]	第二階段/[N・m/(°)]	空回值
0.2°	98.72	182.78	6.2′
正常無傾角	55.64	131.48	7.8′

對於空回值，最終製作的長徑比為 1：4 的短筒柔輪諧波異速器的空回值為 6.2′，這個結果略低於中技克美 XB1 型的 6′，但和日本 HD 公司同類型產品 CSD 和 CFD 的空回值 1′～2′相比還有比較大的差距。分析其主要原因，第一是可能柔輪與剛輪的輪齒間的側隙值比較大；第二是柔輪和輸出軸間的連接採用螺紋連接而不是無間隙連接，無論在輸出端竄動一個多麼小的角度，在輸入端都會被放大 100 倍；第三是在輸入軸和波發生器間使用鍵連接也可能造成空回值的增大。

對於有輪齒有一定傾角和無傾角的傳動剛度對比可以看出（如圖 2-62 與表 2-7 所示），剛輪輪齒具有一定傾角值的短筒柔輪諧波異速器在兩個階段均具有更大的傳動剛度，傳動剛度第一階段的提高幅度為 (98.72－55.64)/55.64＝77.4％，第二階段的提高幅度為 (182.78－131.48)/131.48＝39.01％。

因為額定轉矩是作用在第二階段中的，所以這個提高百分比和前述經過有限元計算得到的接觸面積提高 35％的提高百分比很接近。同時在兩個階段的傳動剛度值上，兩種長徑比為 1：4 的短筒柔輪諧波異速器均高於中技克美 XB1-50 機型的第一階段 11.21N・m/(°) 和第二階段 44.1N・m/(°)，但距 HD 的 CSD 同型號機型的第一階段 174.53N・m/(°) 和第二階段 244.34N・m/(°) 仍存在較大的差距。分析其中的原因，第一是製造柔輪的材料的問題，即材料的性能帶來的差異影響；第二是剛輪輪齒的傾角值沒有達到最佳值，傳動剛度值仍有提高的空間。另外，所研製的輪齒有傾角的短筒、超短杯柔輪諧波齒輪異速器已用於筆者所研製的機器人操作臂上，除應用於機器人外，更重要的是用於長期的疲勞壽命測試試驗。

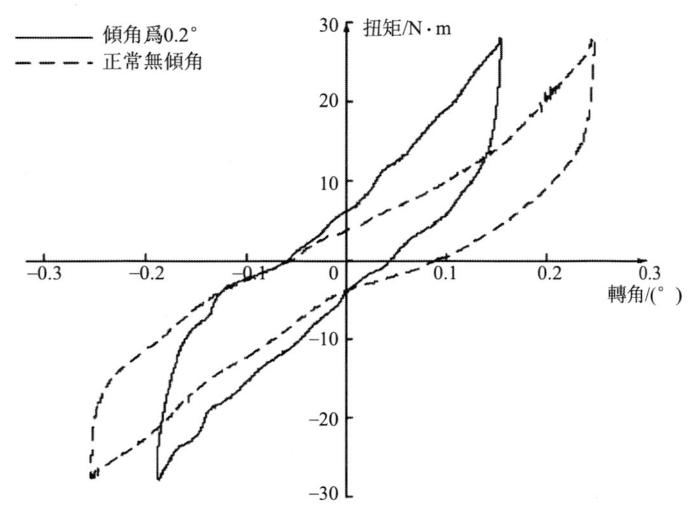

圖 2-62　設計研製的剛輪傾角為 0.2°時和剛輪無傾角時的長徑比為 1：4 的超短杯柔輪諧波齒輪異速器的扭矩轉角對比圖（2011 年）

2.4.6 工業機器人用 RV 擺線針輪傳動及其異速器結構與應用

（1）擺線針輪傳動構成、原理及特點

① 擺線針輪傳動的構成及機構原理　擺線（cycloid）形成的數學原理——是在同平面上有直徑大小不同的兩個圓，小圓上任意一點在小圓在大圓外作純滾動時該點形成的軌跡即為外擺線曲線。用外擺線曲線作為齒輪齒廓曲線的齒輪即為擺線齒輪。如圖 2-63(a) 所示，針齒殼內圓周上均布著針齒孔，針齒孔一般為包角大於 180°的非整周孔，孔內配合裝有套裝的針齒銷和針齒套或圓柱銷作為針齒，從而與針齒殼一起構成針齒輪。擺線輪分左右各一，左右擺線齒輪分別套裝在與輸入、輸出軸線有對稱偏心（即兩偏心相對圓心間隔 180°）的雙偏心套套裝在一起的圓柱滾子軸承（在雙偏心套左右各套裝著一個圓柱滾子軸承）上，雙偏心套由輸入軸系支撐，且左側支撐的軸承裝在輸出軸軸孔中，右側支撐的軸承位於輸入側軸承端蓋內。當輸入軸轉動時，與輸入軸固連在一起的雙偏心套及

其上套裝的左右圓柱滾子軸承分別繞著輸入軸軸線作公轉，同時左右圓柱滾子軸承上分別套裝的擺線齒輪各自的擺線齒與針齒輪的針齒（即針齒銷或針齒套）相嚙合，左右兩個擺線輪既有繞輸入軸軸線的公轉，又有繞其各自偏心套軸線的自轉。為將擺線輪繞輸入軸線公轉的轉動運動傳遞出去，兩個擺線齒輪的輪盤圓周方向分別有多個圓孔，輸出軸右端圓盤上則設計有與擺線齒輪輪盤上圓孔相同數目且套裝有銷軸套的銷軸，在裝配上，這些套裝有銷軸套的銷軸穿過擺線齒輪輪盤上對應的圓孔。擺線齒輪繞公共軸線的公轉則透過這些圓孔孔壁推動著輸出軸上的銷軸（銷軸套）繞公共軸線轉動，從而將運動和動力傳給輸出軸。傳動比 i 的大小取決於針齒輪上針齒的齒數 z_p 和擺線齒輪上擺線齒的齒數 z_c，而且針齒齒數 z_p 和擺線齒齒數 z_c 的齒數差只能為 1，即為 1 齒差行星齒輪傳動。因此，$z_p=z_c+1$。

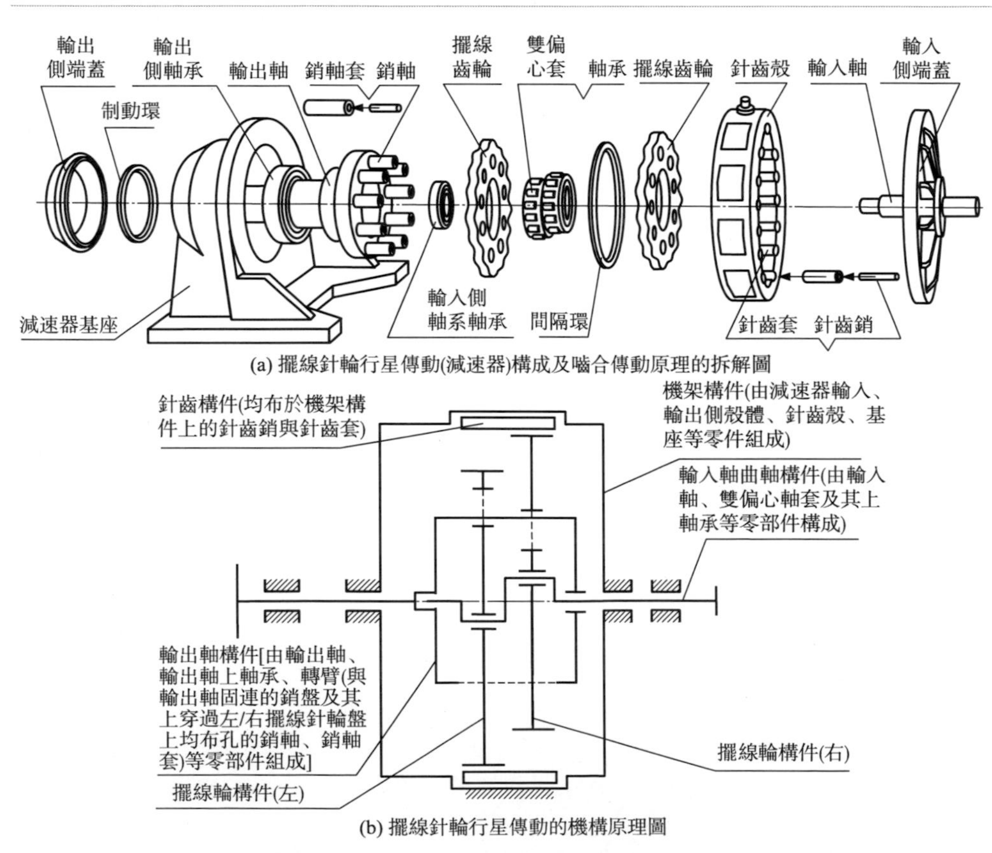

圖 2-63　擺線針輪行星傳動（異速器）結構組成拆解圖及其機構運動簡圖

② 擺線針輪傳動的原理特點及應用領域

a. 結構緊湊、體積小、質量輕。同比相同功率的普通齒輪傳動，體積和質量均可異小 1/2～1/3。

b. 傳動比大。國產擺線針輪行星異速器單級傳動比可達 11～87；兩級傳動比可達 121～5133；三級傳動比可達 20339。

c. 運轉平穩、無噪音。由於擺線針輪行星傳動為針輪與擺線輪齒數差為 1 的少齒差行星齒輪傳動，所以，嚙合齒對數多（注意：齒數差為零時，相當於齒輪聯軸器，理論上為全齒數嚙合但不能實現增/異速傳動）。另外，銷軸與銷軸孔、行星輪（即擺線輪）與偏心套之間的接觸都是相對滾動，所以運轉平穩、無噪音，具有較大的過載能力和較高的耐衝擊性能。

d. 傳動效率高。零件加工精度和安裝精度較高的情況下，單級傳動效率可達 0.90～0.97。

e. 使用壽命較長。理論上，各相對運動接觸處均為滾動摩擦，因此壽命較長。

f. 由於擺線針輪行星傳動機構為力封閉的傳動系統，因此，對針齒、針齒輪、擺線針輪（即擺線行星輪）、銷軸及雙偏心軸套、軸承等零部件的加工精度及安裝精度要求較高。

g. 轉臂軸承受力較大，且位於高速軸端，所以，轉臂軸承是擺線針輪行星傳動的薄弱環節，使高速軸轉速和傳遞的功率受到限製。一般高速軸轉速為最大，為 1500～1800r/min。目前最大功率已超過 100kW。

中國已有許多企業大量生產，已在礦山、冶金、化工、紡織、國防等工業部門獲得廣泛的應用。

(2) RV 擺線針輪傳動機構原理及特點

① 從擺線針輪傳動到 RV 擺線針輪傳動的演化原理　RV 擺線針輪傳動的機構原理圖（即其機構運動簡圖）如圖 2-64 所示，我們可以這樣去看待由擺線針輪行星傳動到 RV 擺線針輪傳動的演化：我們可以把繞擺線針輪行星傳動機構中心軸線 O-O（即轉臂中心軸線）回轉的雙偏心軸輸入軸的位置移出中心軸線 O-O，即雙偏心軸（也即雙曲柄）的公共軸線 o-o 距離擺線針輪行星傳動機構中心軸線 O-O 的徑向距離 a（即為後面的漸開線行星齒輪 z_1 和 z_2 的中心距 a）不為零，而且為使行星傳動力封閉系統徑向受力均衡，可以在轉臂上沿圓周方向均布（以 180°或 120°間隔開來）兩個或三個雙偏心軸，如此，原來作為與機構中心軸線同軸輸入軸的雙偏心軸已不再與機構中心軸線同軸，需要額外引入與機構中心軸線同軸的輸入軸。因此，如圖 2-64(b) 所示，透過引入由中線輪（太陽輪）z_1 和行星齒輪 z_2 組成的一級漸開線行星齒輪傳動作為一級擺線針輪行星傳動的運動輸入，即將擺線針輪行星傳動演化成了 RV 擺線針輪傳動機構。也就是說：RV 擺線針輪傳動機構可以看作是由一級漸開線行星齒輪傳動與一級經過雙

偏心軸偏離機構中心軸線演化後的擺線針輪行星傳動串聯而成的二級行星齒輪傳動機構，而且第一級行星齒輪傳動的行星輪轉動輸出作為第二級擺線針輪行星傳動的輸入，第二級擺線針輪行星傳動的轉臂作為 RV 擺線針輪傳動的輸出。但這只是通常情況。需要注意的是：運動是相對的！因此，RV 擺線針輪異速器既可作為異速器使用，也可作為增速器使用。當作為異速器使用時，通常情況下，作為第一級傳動的行星齒輪傳動中，與中心輪固連的軸作為整個異速器的輸入軸，轉臂或機架（異速器殼體）可以作為異速器輸出端。

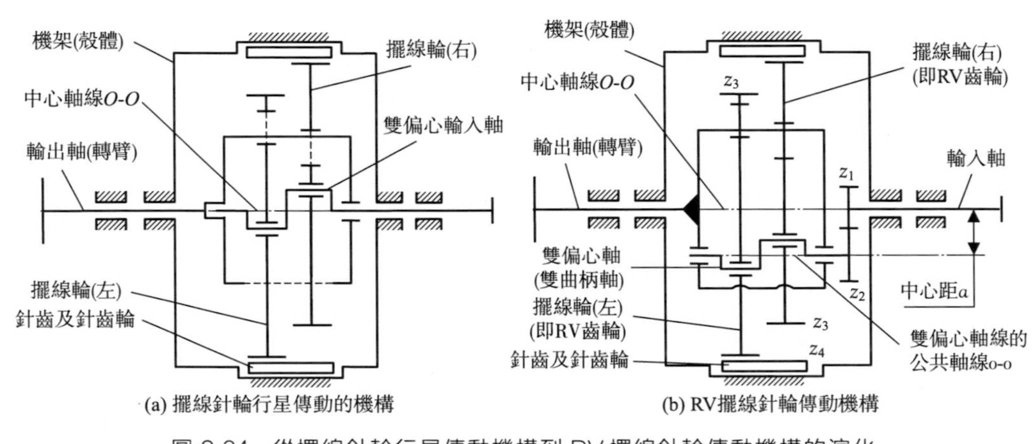

圖 2-64　從擺線針輪行星傳動機構到 RV 擺線針輪傳動機構的演化

② RV 擺線針輪傳動的特點　RV 擺線針輪行星傳動機構是以具有兩級異速機構和中心圓盤支撐結構為主要特徵的力封閉式擺線針輪行星傳動機構。與傳統的單級擺線針輪行星傳動機構相比，其特點如下：

a. 傳動比範圍大。透過改變第一級行星齒輪傳動中的齒輪齒數 z_1 和 z_2，可以方便地得到較大範圍的傳動比，常用的總傳動比範圍為 57～192。

b. 可以提高輸入轉速 n_1。因為 n_1 經過第一級異速後，使得轉臂軸承的轉速不會太高，從而有利於延長機構的使用壽命。

c. 能異小 RV 異速器的慣性。由於轉臂的轉速較低，因此可使第二級擺線針輪傳動部分的慣性異小。

d. 傳動軸的扭轉剛性大。由於採用了支撐圓盤結構，改善了轉臂的支撐情況，從而使得傳動軸的扭轉剛性增大。

e. 承載能力大。由於採用 n 個均勻分布的行星齒輪和曲軸式轉臂可以進行功率分流，而且支撐情況良好，因此承載能力得到提高。

f. 傳動效率高。各部件之間產生的摩擦和磨損較小，間隙也較小，故其傳動性能好，使用壽命長。

由於 RV 擺線針輪行星傳動所擁有的上述優點，自從 1986 年由日本研製成功投入市場以來，已經作為工業機器人操作臂用異速器而獲得廣泛應用。國內於 1989 年由天津異速機廠研製成功該類異速器。目前，RV 擺線針輪異速器已被海內外工業機器人大量應用，並且成為中高精度工業機器人產品研發和生產的關鍵核心部件之一。

③ RV 擺線針輪傳動的異速比　軸輸出時：$R=1+z_2z_4/z_1$，則異速比 $i=1/R$；異速器殼體輸出時：$i=1/(R-1)$。

(3) RV 擺線針輪異速器結構

如圖 2-64 所示，在圖 2-64(a) 所示的擺線針輪傳動輸入側之前再加一級圓柱齒輪傳動，並且將雙偏心套即轉臂設計成如圖 2-64(b) 所示的 n 個均布的行星式雙偏心的曲軸，即將傳統的擺線針輪異速器演變成了 RV 擺線針輪異速器，它是兩級異速器。

第一級異速：伺服電動機的旋轉經由輸入齒輪傳遞運動和動力給輸出齒輪，從而使速度得到異慢。而直接與輸出齒輪以花鍵相連接的曲柄也以相同速度進行旋轉，如圖 2-65(a) 所示。

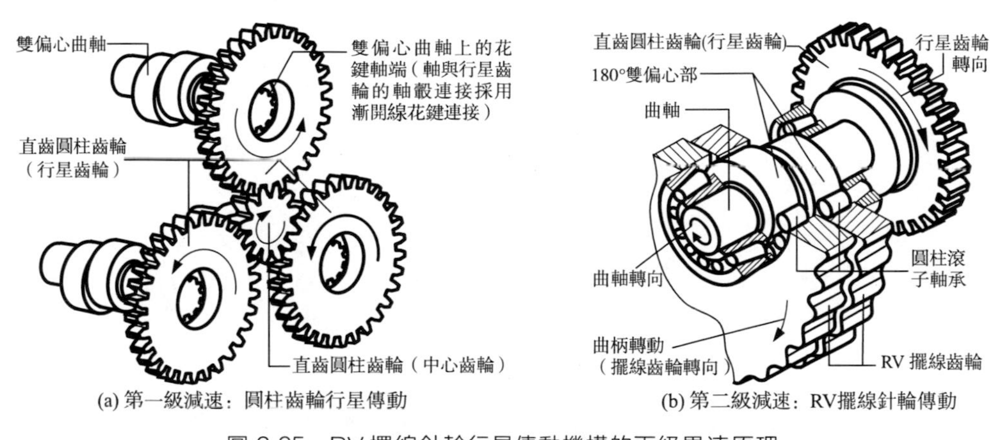

(a) 第一級減速：圓柱齒輪行星傳動　(b) 第二級減速：RV擺線針輪傳動

圖 2-65　RV 擺線針輪行星傳動機構的兩級異速原理

第二級異速：兩個 RV 齒輪被固定在曲柄的偏心部位（兩個 RV 齒輪的作用是平衡兩邊的力並提供連續的齒輪嚙合）。當曲軸旋轉時，兩個 RV 齒輪也同時旋轉。曲軸完整地旋轉一周，使 RV 齒輪旋轉一個針齒的間距，此時所有的 RV 齒輪輪齒會與所有的針齒進行嚙合。所有針齒以等分分布在相應的溝槽裡，並且針齒的數量比 RV 輪齒的數量多一個。此時旋轉的異速值與針齒成比例並經由曲柄被傳動到異速機的輸出端，如圖 2-65(b) 所示。總異速比等於第一級異速比乘以第二級異速比。

RV 擺線針輪異速器的搆造：如圖 2-66 所示，RV 擺線針輪異速器由內圓周上均布針齒孔內嵌入針齒的外殼、針齒、兩個擺線齒輪（RV 齒輪）、呈行星運動且為圓周方向均布的 n 個雙偏心曲柄軸、擺線齒輪上圓周方向均布且分别套裝在雙偏心曲柄軸上的 n 個軸承孔內的滾動軸承、第一級異速的輸入齒輪、第一級異速的輸出直齒圓柱齒輪、左右兩側的主軸承、支撐法蘭以及 RV 異速器輸出軸等構件組成。RV 擺線針輪異速器整機的三維虛擬樣機搆造如圖 2-67 所示。

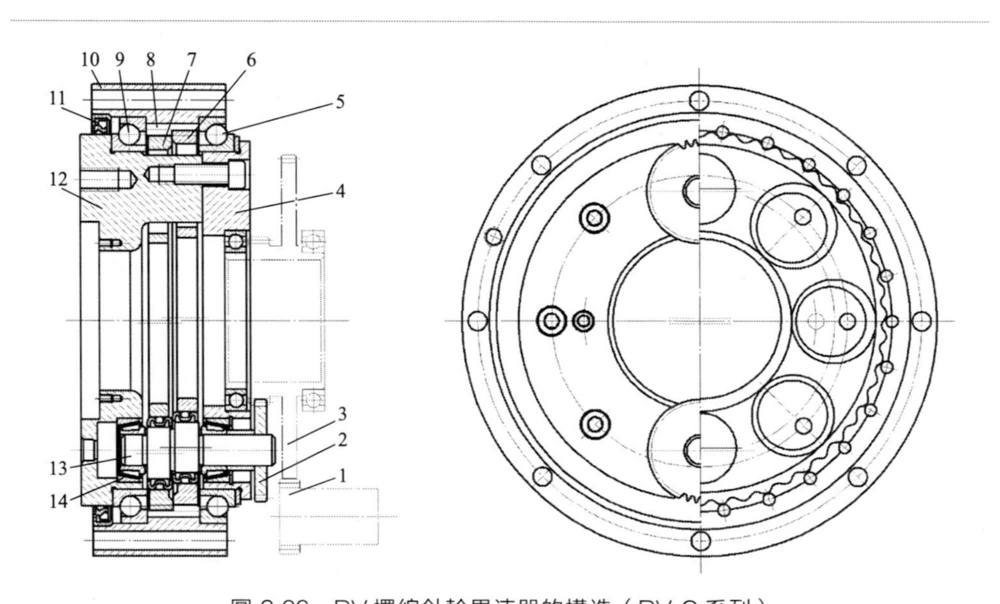

圖 2-66 RV 擺線針輪異速器的搆造（RV-C 系列）

1—輸入齒輪（可選件）；2—直齒圓柱齒輪；3—中心齒輪（可選件）；4—支撑法蘭；5,9—主軸承；6,7—RV 擺線齒輪；8—圓柱形針齒；10—針齒殼；11—密封圈；12—主軸（輸出軸及法蘭）；13—曲柄軸；14—圓錐滾子軸承

RV 擺線針輪異速器的主要技術及特點：

① 內藏壓力角接觸軸承　可承受外部載荷、增加剛性及允許力矩。

② 兩級異速結構　異小振動、降低 RV 齒輪轉速；異小慣性：異小了輸入部件（輸入齒輪軸）尺寸。

③ 曲柄軸雙支撐結構　高扭轉剛性、低振動、高抗衝擊載荷能力。

④ 滾動接觸原理　極佳的啓動效率、低磨損、使用壽命長。

⑤ 連續的齒輪嚙合　極低的齒隙（低於 1arc-min）、較高的抗衝擊載荷能力（5 倍的額定轉矩）。

⑥ 結構設計上可實現空心結構　RV 擺線針輪異速器的輸入齒輪以及異速器

都可以設計成中心部帶有通孔的空心結構形式（如圖 2-67 所示），這一結構特點對於需要從異速器中心部通孔走電纜線的特殊設計要求具有重要的實際意義。中空部走線可以避免如從異速器外部走電纜線情況下，電纜線繞回轉軸線纏繞帶來電纜線機械連接不安全甚至扯斷電纜線的安全隱患。

圖 2-67　RV 擺線針輪異速器的虛擬樣機剖視圖
（用 Solid Works 軟體設計，RV-E 系列結構）

（4）RV 擺線針輪異速器的應用實例

RV 擺線針輪異速器已成為工業機器人操作臂中各關節機械傳動中的關鍵部件之一，在工業機器人操作臂腰部回轉關節、大臂俯仰關節、小臂俯仰關節中應用非常廣泛。而且 RV 擺線針輪異速器自身提供的高支撐剛度和高機械傳動回轉精度等性能，使得機器人操作臂關節的設計、維護變得非常簡單、方便。這裡給出了 RV 擺線針輪異速器在機器人腕部、腰部、大小臂等關節處的應用及結構設計實例。

① 應用 RV 擺線針輪異速器的機械手旋轉軸結構設計　如圖 2-68 所示，選用如圖 2-67 所示的 RV 擺線針輪異速器可以實現：

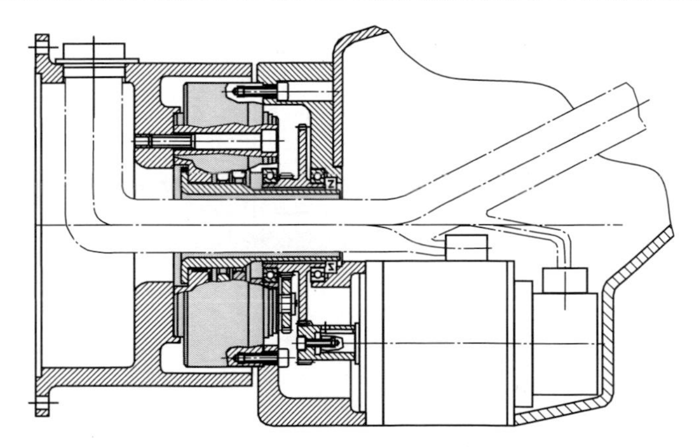

圖 2-68　RV 擺線針輪異速器在機械手旋轉軸上應用的結構設計

a. 節省旋轉軸空間的設計：驅動機械手旋轉軸的交/直流伺服電動機及其光

電編碼器等感測器的電纜線，以及途經該旋轉軸的、驅動其他旋轉軸的交/直流伺服電動機及其位置/速度感測器等的電纜線都可以從該旋轉軸所用的 RV 擺線針輪異速器的中空軸孔內走線。

b. 機械手側不需要額外設計關節的主軸承軸系支撐，用 RV 擺線針輪異速器內部提供的主軸承支撐下的輸出軸即可直接連接機械手側。

② 應用 RV 擺線針輪異速器的工業機器人操作臂的小臂俯仰關節旋轉軸結構設計　如圖 2-69 所示，選用如圖 2-67 所示的 RV 擺線針輪異速器可以實現機器人操作臂的小臂俯仰運動的機械傳動。同前述①中一樣，該設計也充分利用了 RV 擺線針輪異速器的中空結構，既節省了設計空間，又解決了小臂前一級的腕部關節驅動電動機及位置/速度感測器等電纜線在其中空結構內的走線問題。如此，既提高了機器人操作臂的環境適應性，又擴大了小臂俯仰關節的回轉運動範圍。

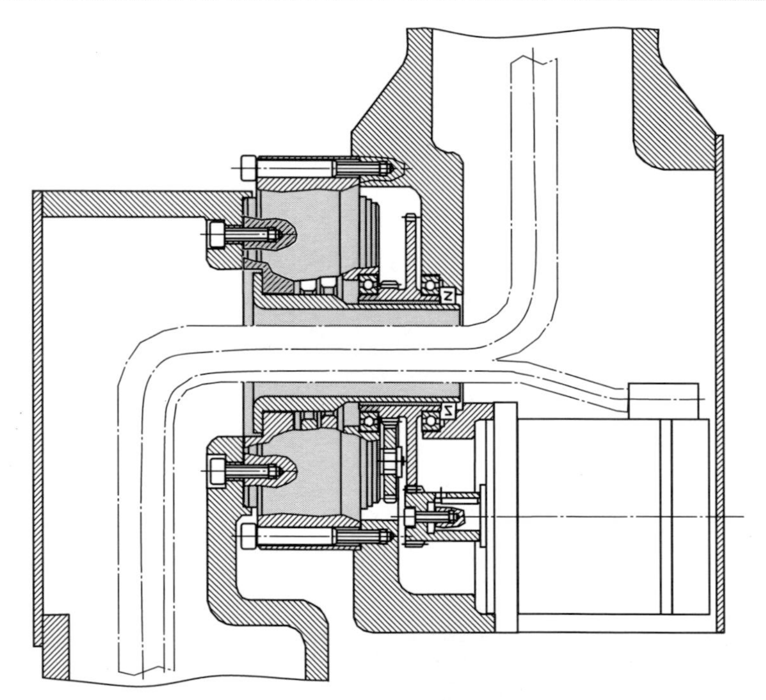

圖 2-69　RV 擺線針輪異速器在工業機器人操作臂的小臂俯仰關節上應用的結構設計

③ 應用 RV 擺線針輪異速器的分度盤的結構設計　如圖 2-70 所示，選用如圖 2-67 所示的 RV 擺線針輪異速器可以實現分度盤的中空結構。

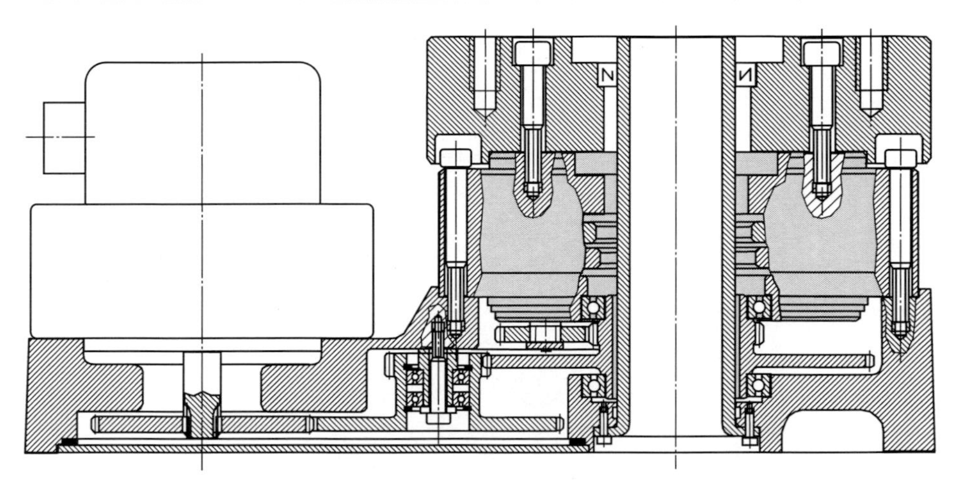

圖 2-70　RV 擺線針輪異速器在分度盤上應用的結構設計

④ 應用 RV 擺線針輪異速器的工業機器人操作臂的大、小臂俯仰關節旋轉軸的結構設計　如圖 2-71 所示，為選用如圖 2-67 所示的 RV-E 系列的 RV 擺線針輪異速器實現工業機器人操作臂大臂俯仰關節、小臂俯仰關節的旋轉軸的結構設計。

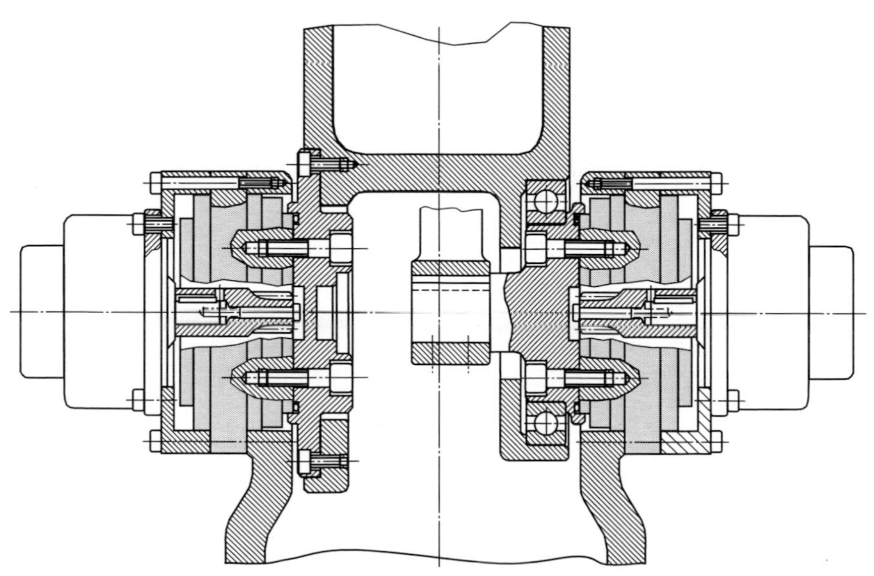

圖 2-71　RV 擺線針輪異速器在工業機器人操作臂的大、小臂俯仰關節旋轉軸上應用的結構設計

⑤ 應用 RV 擺線針輪異速器的機械手腕部關節旋轉軸的結構設計　如圖 2-72 所示，為選用 RV 擺線針輪異速器實現機械手腕部關節旋轉軸的結構設計。

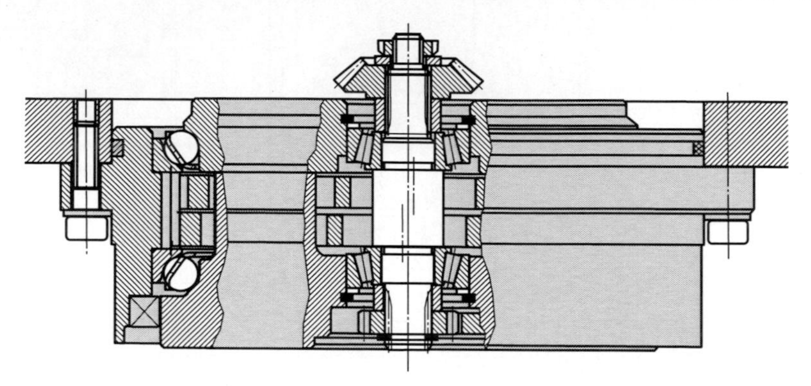

圖 2-72　RV 擺線針輪異速器在機械手腕部關節旋轉軸上應用的結構設計

⑥ 應用 RV 擺線針輪異速器的機械手旋轉軸的結構設計　如圖 2-73 所示，為選用 RV 擺線針輪異速器實現機械手旋轉軸的結構設計。

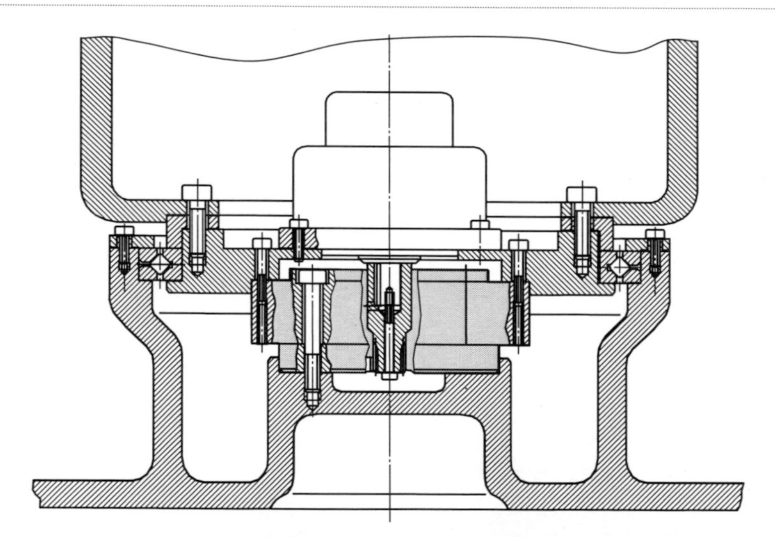

圖 2-73　RV 擺線針輪異速器在機械手旋轉軸上應用的結構設計

2.4.7　同步齒形帶傳動

同步齒形帶傳動是一種應用廣泛的機械傳動形式之一，在工業機器人操作臂、移動小車、人型機器人、仿生機器人等等各類機器人中都有應用，它主要是被用來實現諸如伺服電動機輸出軸不直接與機械傳動裝置（異速器）輸入軸直接相連，或者在作為原動機的電動機與機械傳動裝置（或異速器）相隔較遠的情況下實現兩者之間的運動和動力傳遞。由於同步齒形帶傳動能夠保持準確的定傳動比且為撓性傳動，因此，通常情況下，同步齒形帶傳動往往被放在高速級並且可以在異速增大轉矩的同時起到異緩衝擊的作用，對電動機有一定的保護作用。在諸如 MOTOMAN 等品牌工業機器人操作臂、ASIMO 人型機器人等機器人的一些關節機械傳動系統中都有應用，因此有必要加以介紹。但本節不詳細講述同步齒形帶傳動的選型與機械設計計算問題，只就其在機器人中的應用設計問題進行講解。有關同步齒形帶傳動的國家標準以及其詳細機械設計內容，皆可在任何一部《機械設計手冊》中找到，屬於常規的機械設計內容。

（1）同步齒形帶傳動構成與傳動原理

① 同步齒形帶傳動的基本構成　同步齒形帶：是指橫截面為矩形或近似矩形、帶面具有等距橫向齒的環形傳動帶。

同步齒形帶傳動主要是由整周帶的內側（或內、外側）帶有齒的同步齒形帶、同步帶輪小帶輪和大帶輪組成。其中，大、小同步帶輪需要分別安裝在輸入軸、輸出軸上。其基本構成如圖 2-74 所示（說明：為更直觀地反映出同步齒形帶與帶輪的嚙合情況，圖中所示大帶輪為拆去了一側擋邊的或為單擋邊大帶輪）。

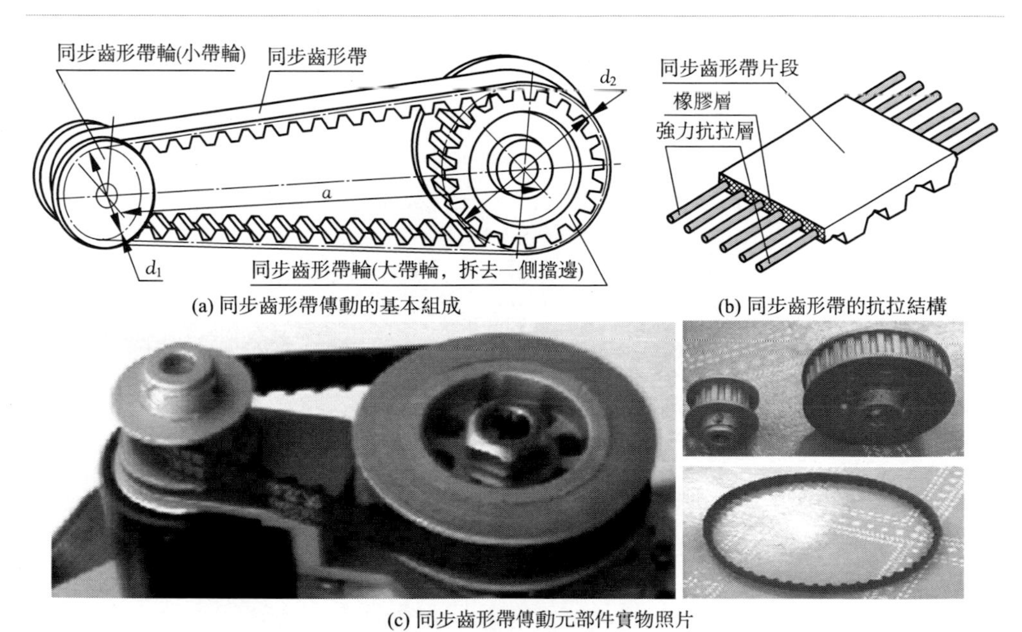

(a) 同步齒形帶傳動的基本組成

(b) 同步齒形帶的抗拉結構

(c) 同步齒形帶傳動元部件實物照片

圖 2-74　同步齒形帶傳動的基本構成及其元部件實物圖

同步齒形帶傳動常用的主要參數有：同步齒形帶帶型、同步齒形帶帶輪槽型、小帶輪節圓直徑 d_1 及小帶輪齒數 z_1、大帶輪節圓直徑 d_2 及大帶輪齒數 z_2、中心距 a、帶寬 b_s、帶節距 p_b、以帶節線長度（即帶節線周長）定義的同步齒形帶帶長 L_p、同步帶輪齒寬、同步齒形帶節線長上的齒數 z 等。常用的部分參數如圖 2-75 所示。

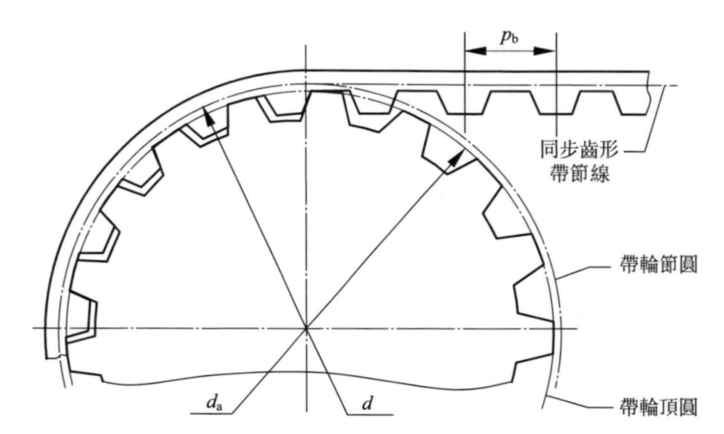

圖 2-75　同步齒形帶節線與節距、帶輪節圓與頂圓各自定義的圖示

帶節距 p_b：在規定的張力下帶的縱向截面上相鄰兩齒對稱中心線的直線距離。

帶節線：是指當帶垂直其底邊彎曲時，在帶中長度保持不變的任意一條周線。

帶節線長度 L_p（也即帶公稱長度）：帶節線的周長即為節線長度。

基準節圓柱面：用以確定帶輪齒槽尺寸的、與帶輪同軸的假想圓柱面。

節圓：基準節圓柱面與垂直於帶輪軸線平面的交線。

② 同步齒形帶傳動原理　同步齒形帶傳動是透過轉動的同步帶輪上的齒與同步齒形帶齒相嚙合實現的嚙合傳動。當同步帶傳動在初拉力下張緊後，工作時主動同步帶輪圓周上的輪齒隨著帶輪一起轉動的同時，還與同步齒形帶上相應的輪齒相嚙合，從而使主動輪側同步帶上的帶齒隨著主動輪輪齒一邊嚙合一邊繞主動輪軸線轉動，從而拉動同步齒行帶的緊邊向前移動，而從動輪側的同步帶緊邊一側上的齒則與從動輪齒嚙合，使得從動輪與其上的輪齒一起繞從動輪軸線轉動，從而透過齒的嚙合實現了主、從動輪之間運動和動力的傳遞。

③ 同步齒形傳動的特點

a. 靠帶齒與輪齒間的嚙合傳動，承載層保證帶的齒距不變，則傳動比準確，角速度穩定，傳動平穩，噪音小，可用於精密傳動。因為：齒形帶與齒形帶輪之間返向（即正反向轉動變化）間隙很小，帶正常工作條件下的使用伸長量非常小，嚴格同步，不打滑。

b. 傳動效率高，可達 98%～99.5%。

c. 同靠摩擦傳力的平帶、V 帶傳動相比，壓軸力小。一般情況下，張力調整好後不需再調整，初拉力也很小。

d. 使用速度範圍大。因帶輕而離心力很小，可高速運轉，也可低速高扭矩傳動。

e. 不需潤滑。既省油又不會產生污染，帶傳動運轉時生熱也小。

f. 結構簡單、緊湊，使用壽命長且不需維修與保養。

g. 耐油、耐磨性較好。

h. 相對於平帶、V 帶而言，製造、安裝要求較高。

i. 應用廣泛。可應用於各種各樣的機械設備和器具，對汽車、食品、造紙、紡織、工業機器人及自動化產業等領域尤其重要。

但需要注意的是：若設計或安裝、使用不當，則會導致帶的過早損壞。

(2) 同步齒形帶傳動分類與各種類型下傳動的特點

① 同步齒形帶傳動分類　同步齒形帶傳動的種類是隨著同步齒形帶的分類而區分的，同步齒形帶的類型與同步齒形帶傳動的類型是對應的。

按齒形的不同，可將同步齒形帶分為梯形齒同步齒形帶和圓弧齒同步齒形帶兩種，如圖 2-76 所示。其中，圓弧齒同步齒形帶按照圓弧齒廓的不同，又可分為半圓弧齒同步齒形帶傳動和雙圓弧齒同步齒形帶傳動兩種。因此，相應於齒形的不同，同步齒形帶傳動的類型也就有了梯形齒同步齒形帶傳動和圓弧齒同步齒形帶傳動之分。圓弧齒同步齒形帶傳動相應於圓弧齒廓的不同也就分為半圓弧齒同步齒形帶傳動和雙圓弧齒同步齒形帶傳動兩種。

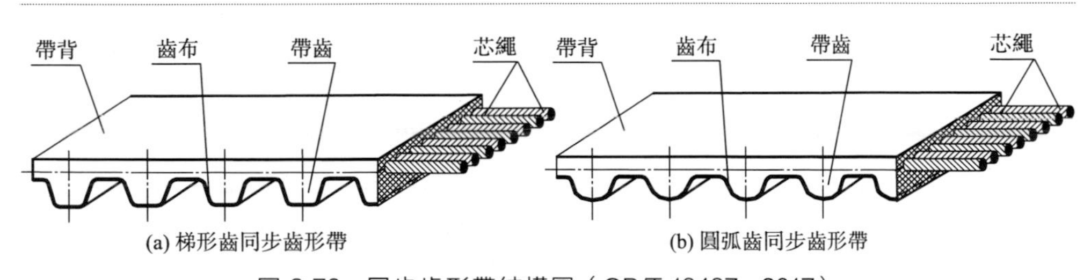

圖 2-76　同步齒形帶結構圖（GB/T 13487—2017）

按是否單雙面有齒，又可將同步齒形帶傳動分為單面齒同步齒形帶傳動和雙面齒同步齒形帶傳動兩種。如圖 2-76 所示的顯然為單面齒同步齒形帶，圖 2-77 給出的分別是對稱式、交叉式雙面齒同步齒形帶的雙面齒在內外兩側的排布形式。

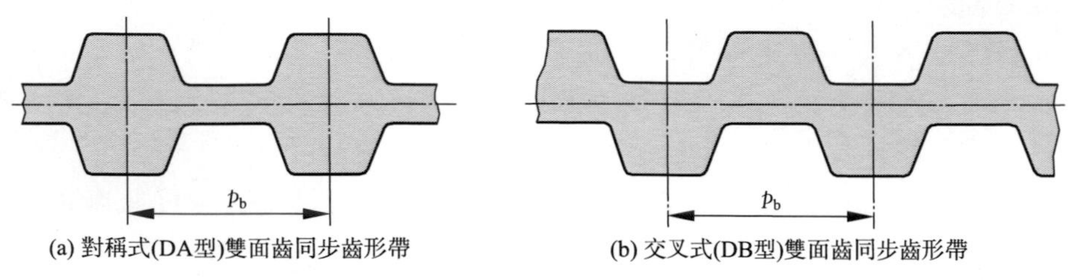

(a) 對稱式(DA型)雙面齒同步齒形帶　(b) 交叉式(DB型)雙面齒同步齒形帶

圖 2-77　雙面齒同步齒形帶的雙面齒在內外兩側的排布形式

② 梯形齒同步齒形帶

a. 帶的工作面：為梯形齒面。

b. 承載層：為玻璃纖維繩芯、鋼絲繩等的環形帶。

c. 帶的基體種類：有氯丁膠和聚氨酯橡膠兩種。

d. 特點：與通常的同步齒形帶傳動特點相同。

e. 適用情況：帶速 $v<50\text{m/s}$、功率 $P<300\text{kW}$、傳動比 $i<10$ 等要求條件下的同步傳動，也可用於低速傳動。

③ 圓弧齒同步齒形帶

a. 帶的工作面：為弧齒面。

b. 承載層：為玻璃纖維、合成纖維繩芯的環形帶。

c. 帶的基體：為氯丁膠。

d. 特點：與梯形齒同步帶傳動特點相同，但是工作時齒根應力集中比梯形齒同步齒形帶的小。

e. 適用情況：可用於大功率傳動。

(3) 同步齒形帶的型號與規格

① 梯形齒同步齒形帶的型號與規格

a. 帶型：分別用 MXL、XXL、XL、L、H、XH、XXH 來表示最輕型、超輕型、特輕型、輕型、重型、特重型、超重型梯形齒同步齒形帶型。

b. 梯形齒同步齒形帶的兩種製式：節距製和模數製。中國採用的是節距製。

c. 節距的定義：是在規定張緊力下，同步齒形帶縱向截面上相鄰兩齒在節線上對稱距離，是同步齒形帶傳動最基本的參數。

d. 規格：國家標準 GB/T 11616—2013 中規定了梯形齒標準同步齒形帶每個帶型下相應的節距 p_b、齒形角 2β、齒根厚 s、齒高 h_t、單面帶帶高 h_s、齒根圓角半徑 r_f、齒頂圓角半徑 r_a 等齒形尺寸，如表 2-8 所示。梯形齒同步齒形帶的節線長度及其極限偏差、帶寬及其極限偏差分別在國家標準 GB/T 11616—2013 中有規定。

表 2-8　梯形齒標準同步齒形帶的齒形尺寸（GB/T 11616—2013）

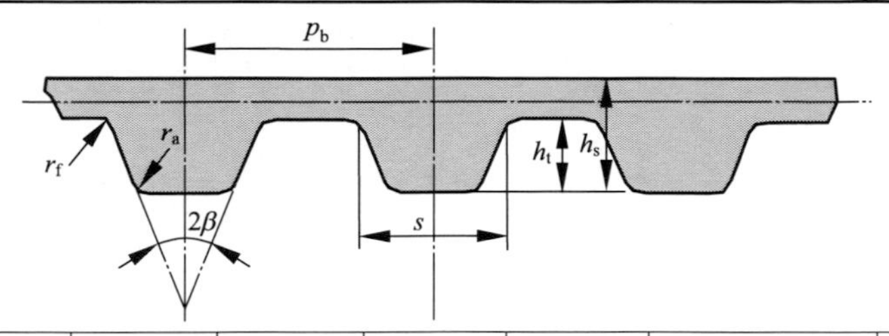

帶型	節距 p_b /mm	齒形角 2β	齒根厚 s /mm	齒高 h_t /mm	帶高 h_s /mm	齒根圓角半徑 r_f /mm	齒頂圓角半徑 r_a /mm
MXL	2.032	40°	1.14	0.51	1.14	0.13	0.13
XXL	3.175	50°	1.73	0.76	1.52	0.20	0.30
XL	5.080	50°	2.57	1.27	2.30	0.38	0.38
L	9.525	40°	4.65	1.91	3.60	0.51	0.51
H	12.700	40°	6.12	2.29	4.30	1.02	1.02
XH	22.225	40°	12.57	6.35	11.20	1.57	1.19
XXH	31.750	40°	19.05	9.53	15.70	2.29	1.52

注：1. 帶型即節距代號，MXL—最輕型；XXL—超輕型；XL—特輕型；L—輕型；H—重型；XH—特重型；XXH—超重型。

2. 帶高系單面帶的帶高。

表 2-9 給出的是梯形齒同步齒形帶的帶寬系列代號以及相應的帶寬尺寸系列和極限偏差表。

表 2-9　梯形齒同步齒形帶帶寬 b_s 系列　　mm

<table>
<tr><th colspan="2">帶寬</th><th colspan="5">極限偏差</th><th colspan="7">帶型</th></tr>
<tr><th>代號</th><th>尺寸系列</th><th>$L_p<838.20$</th><th colspan="2">$838.20<L_p\leqslant1878.40$</th><th colspan="2">$L_p>1878.40$</th><th>MXL</th><th>XXL</th><th>XL</th><th>L</th><th>H</th><th>XH</th><th>XXH</th></tr>
<tr><td>012</td><td>3.0</td><td rowspan="5">+0.5
−0.8</td><td colspan="2" rowspan="5"></td><td colspan="2" rowspan="6"></td><td rowspan="3">MXL</td><td rowspan="3">XXL</td><td rowspan="2"></td><td rowspan="5"></td><td rowspan="6"></td><td rowspan="9"></td><td rowspan="9"></td></tr>
<tr><td>019</td><td>4.8</td></tr>
<tr><td>025</td><td>6.4</td><td rowspan="3">XL</td></tr>
<tr><td>031</td><td>7.9</td><td rowspan="10"></td><td rowspan="10"></td></tr>
<tr><td>037</td><td>9.5</td></tr>
<tr><td>050</td><td>12.7</td><td rowspan="4">±0.8</td><td colspan="2" rowspan="4">+0.8
−1.3</td><td rowspan="8"></td><td rowspan="3">L</td></tr>
<tr><td>075</td><td>19.1</td><td colspan="2" rowspan="3">+0.8
−1.3</td><td rowspan="5">H</td></tr>
<tr><td>100</td><td>25.4</td></tr>
<tr><td>150</td><td>38.1</td><td rowspan="5"></td></tr>
<tr><td>200</td><td>50.8</td><td>$^{+0.8}_{-1.3}$(H)</td><td>±1.3(H)</td><td rowspan="3">±0.48</td><td>$^{+1.3}_{-1.5}$(H)</td><td rowspan="4">±0.48</td><td rowspan="3">XH</td><td rowspan="4">XXH</td></tr>
<tr><td>300</td><td>76.2</td><td>$^{+1.3}_{-1.5}$(H)</td><td>±1.5(H)</td><td>$^{+1.5}_{-2.0}$(H)</td></tr>
<tr><td>400</td><td>101.5</td><td rowspan="2"></td><td></td><td rowspan="2"></td><td rowspan="2"></td></tr>
<tr><td>500</td><td>127.0</td><td colspan="2"></td><td></td></tr>
</table>

注：括號前的極限偏差值只適用於括號內的帶型。

② 圓弧齒同步齒形帶的型號與規格

a. 帶型：分別用 3M、5M、8M、14M、20M 來表示圓弧齒同步齒形帶帶型。各型號中的數位「3」「5」「8」「14」「20」即為該型號齒形帶的節距數值，例如帶型號為 3M，則該帶型的節距 p_b 為 3mm。

b. 規格：國家標準 JB/T 7512.1—1994 中規定了圓弧齒標準同步齒形帶每個帶型下相應的節距 p_b、齒形角 2β、齒根厚 s、齒高 h_t、單面帶帶高 h_s、齒根圓角半徑 r_f、齒頂圓角半徑 r_a 和帶寬 b_s 等齒形尺寸與帶寬尺寸，如表 2-10 所示。圓弧齒同步齒形帶的長度系列、帶寬極限偏差、節線長度極限偏差分別如表 2-11～表 2-13 所示。

表 2-10　圓弧齒同步齒形帶帶齒和帶寬尺寸（JB/T 7512.1—1994）

p_b　2β　r_a　r_f　s　h_t　h_s　b_s

帶型	3M	5M	8M	14M	20M
節距 p_b/mm	3	5	8	14	20
齒高 h_t/mm	1.22	2.06	3.38	6.02	8.40
齒頂圓角半徑 r_a/mm	0.87	1.49	2.46	4.50	6.50
齒根圓角半徑 r_f/mm	0.24～0.30	0.40～0.44	0.64～0.76	1.20～1.35	1.77～2.01
齒根厚 s/mm	1.78	3.05	5.15	9.40	14
齒形角 2β	14°	14°	14°	14°	14°
帶高 h_s/mm	2.40	3.80	6.00	10.00	13.20
帶寬 b_s/mm	6,9,15	9,15,20,25,30,40	20,25,30,40,50,60,70,85	30,40,55,85,100,115,130,150,170	70,85,100,115,130,150,170,230,290,340

注：帶寬代號即為其帶寬數值，如帶寬為 85mm，則其帶寬代號為 85。

表 2-11　圓弧齒同步齒形帶長度系列（JB/T 7512.1—1994）

帶的型號	節距 p_b/mm	帶的節線長度 L_p 系列/mm
3M	3	120,144,150,177,192,201,207,225,252,264,276,300,339,384,420,459,486,501,537,564,633,750,936,1800
5M	5	295,300,320,350,375,400,420,450,475,500,520,550,560,565,600,615,635,645,670,695,710,740,800,830,845,860,870,890,900,920,930,940,950,975,1000,1025,1050,1125,1145,1270,1295,1350,1380,1420,1595,1800,1870,2000,2350

續表

帶的型號	節距 p_b/mm	帶的節線長度 L_p 系列/mm
8M	8	416,424,480,560,600,640,720,760,800,840,856,880,920,960,1000,1040,1056,1080,1120,1200,1248,1280,1392,1400,1424,1440,1600,1760,1800,2000,2240,2272,2400,2600,2800,3048,3200,3280,3600,4400
14M	14	966,1196,1400,1540,1610,1778,1890,2002,2100,2198,2310,2450,2590,2800,3150,3360,3500,3850,4326,4578,4956,5320
20M	20	2000,2500,3400,3800,4200,4600,5000,5200,5400,5600,5800,6000,6400,6600

注：1. 長度代號等於其節線長度 L_p 的數值，如 L_p=1248mm 的 8M 同步齒形帶型號為 1248。

2. 帶的齒數=節線長度 L_p/節距 p_b，如 L_p=1248mm 的 8M 同步齒形帶齒數=1248/8=156。

3. 標記示例：節線長度為 1248mm、帶型為 5M、帶寬為 25mm 的圓弧齒同步齒形帶標記為 1248-5M25 JB/T 7512.1—1994。

表 2-12 圓弧齒同步齒形帶帶寬極限偏差 mm

帶寬	節線長 L_p			帶寬	節線長 L_p		
	<800	≥800~1650	>1650		<800	≥800~1650	>1650
≤6	±0.4	±0.4	—	>65~75	±1.2	±1.6	±1.6
>6~10	±0.6	±0.6	—	>75~100	±1.6	±1.6	±2.0
>10~35	±0.8	±0.8	±0.8	>100~180	±2.4	±2.4	±2.4
>35~50	±0.8	±1.2	±1.2	>180~290	—	±4.8	±4.8
>50~65	±1.2	±1.2	±1.6	>290~340	—	±5.6	±5.6

表 2-13 圓弧齒同步齒形帶節線長度極限偏差 mm

節線長範圍	中心距極限偏差	節線長極限偏差	節線長範圍	中心距極限偏差	節線長極限偏差
≤254	±0.20	±0.40	>3320~3556	±0.61	±1.22
>254~381	±0.23	±0.46	>3556~3810	±0.64	±1.28
>381~508	±0.25	±0.50	>3810~4064	±0.66	±1.32
>508~762	±0.30	±0.60	>4064~4318	±0.69	±1.38
>762~1016	±0.33	+0.66	>4318~4572	±0.71	±1.42
>1016~1270	±0.38	±0.76	>4572~4826	±0.73	±1.46
>1270~1524	±0.41	±0.82	>4826~5008	±0.76	±1.52
>1524~1778	±0.43	±0.86	>5008~5334	±0.79	±1.58
>1778~2032	±0.46	±0.92	>5334~5588	±0.82	±1.64
>2032~2286	±0.48	±0.96	>5588~5842	±0.85	±1.70
>2286~2540	±0.51	±1.02	>5842~6096	±0.88	±1.76
>2540~2794	±0.53	±1.06	>6096~6350	±0.91	±1.82
>2794~3048	±0.56	±1.12	>6350~6604	±0.94	±1.88
>3048~3320	±0.58	±1.16	>6604~6858	±0.97	±1.94

③ 規格標記　GB/T 13487—2002 國家標準中規定了單面齒、雙面齒同步齒形帶的規格及標注形式。

單面齒同步齒形帶的規格標記：

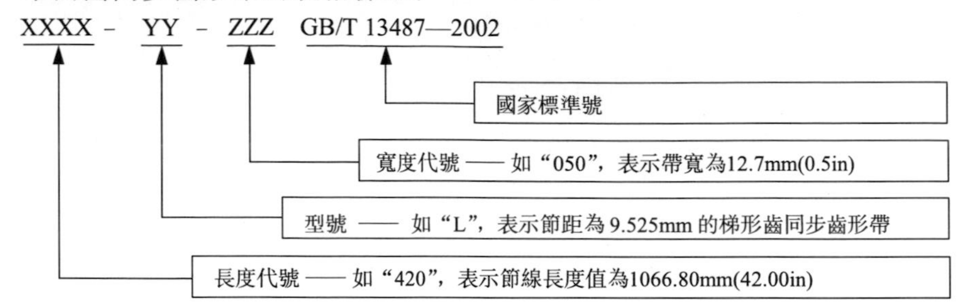

雙面齒同步齒形帶規格標記：如前所述，雙面齒同步齒形帶分為對稱式和交叉式兩種類型。

對稱式雙面齒同步齒形帶——用「DA」表示「對稱式雙面」；

交叉式雙面齒同步齒形帶——用「DB」表示「交叉式雙面」。

規格標記方法：將「DA」或「DB」加在單面齒同步齒形帶型號標記之前，其他與單面齒同步齒形帶規格標記完全相同。

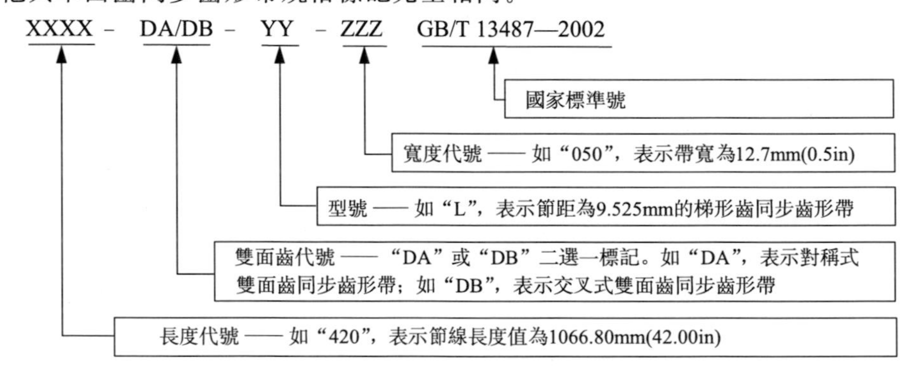

(4) 同步齒形帶輪的結構形式、加工製作與結構設計

同步齒形帶成型製作方法有模具法和成型鼓法兩種，由專業生產廠商按國家標準專門製造而成。因此，同步齒形帶是在選型設計後按標準規格選購的。而同步齒形帶輪輪齒輪緣部分也是有國家標準（GB/T 11361—1989）或部門標準（JB/T 7512. 2—1994）的，這些標準規定了標準同步齒形帶輪的輪齒形狀及尺寸、輪齒直徑、輪齒寬度、同步齒形帶輪擋邊尺寸、帶輪公差和表面粗糙度等等，因此需要按國家標準設計。但是同步齒形帶輪的輪轂、腹板部分是沒有國家標準的，需要根據實際的軸轂連接結構以及帶輪直徑大小由設計者設計。

① 輪齒寬度　國家標準 GB/T 11361—1989 中規定的梯形齒、圓弧齒同步齒形帶輪的輪齒寬度、擋邊尺寸分別如表 2-14～表 2-17 所示。

表 2-14 梯形齒同步齒形帶輪的輪齒寬度（GB/T 11361—1989） mm

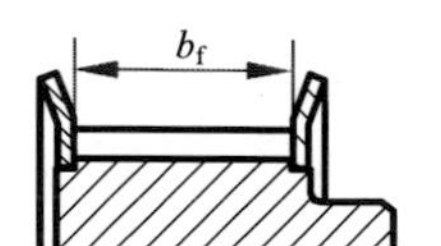

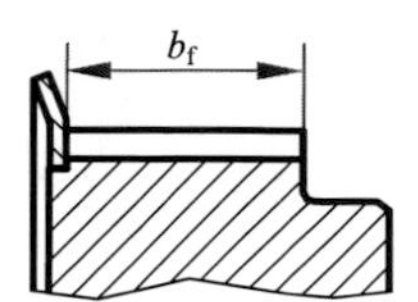

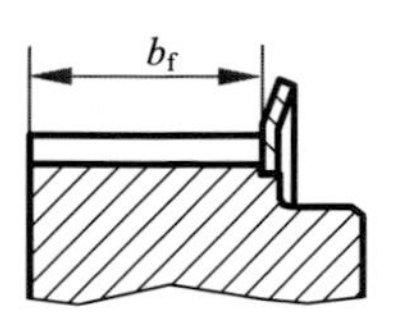

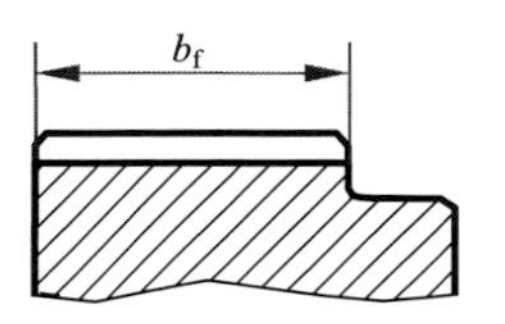

槽型	輪寬		帶輪輪齒的最小寬度 b_f		
	代號	基本尺寸	雙擋邊	單擋邊	無擋邊
MXL XXL	012	3.0	3.8	4.7	5.6
	019	4.8	5.3	6.2	7.1
	025	6.4	7.1	8.0	8.9
XL	025	6.4	7.1	8.0	8.9
	031	7.9	8.5	9.5	10.4
	037	9.5	10.4	11.1	12.2
L	050	12.7	14.0	15.5	17.0
	075	19.1	20.3	21.8	23.3
	100	25.4	26.7	28.2	29.7
H	075	19.1	20.3	22.6	24.8
	100	25.4	26.7	29.0	31.2
H	150	38.1	39.4	41.7	43.9
	200	50.8	52.8	55.1	57.3
	300	76.2	79.0	81.3	83.5
XH	200	50.8	56.6	59.6	62.6
	300	76.2	83.8	86.9	89.8
	400	101.6	110.7	113.7	116.7
XXH	200	50.8	56.6	60.4	64.1
	300	76.2	83.8	86.9	91.3
	400	101.6	110.7	114.5	118.2
	500	127.0	137.7	141.5	145.2

表 2-15 梯形齒同步齒形帶輪的擋邊尺寸（GB/T 11361—1989） mm

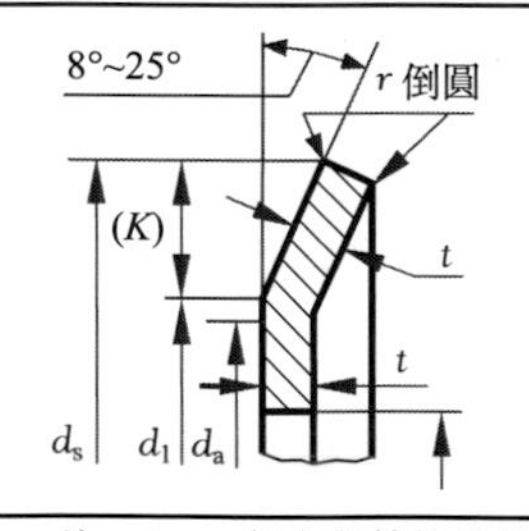

帶型	MXL	XXL	XL	L	H	XH	XXH
K_{min}	0.5	0.8	1.0	1.5	2.0	4.8	6.1
t	0.5～1.0	0.5～1.5	1.0～1.5	1.0～2.0	1.5～2.5	4.0～5.0	5.0～6.5
r	0.5～1						
d_1	$d_1=d_a+0.38\pm0.25$，其中 d_a 為帶輪外徑(即輪齒頂圓直徑)。						
d_s	$d_s=d_a+2K$						

注：1. 一般小帶輪均裝雙擋邊，或大、小帶輪的不同側各裝單擋邊。
2. 軸間距 $a>8d_1$ 時，兩輪均裝雙擋邊（其中，d_1 為小帶輪節徑）。
3. 輪軸垂直水平面時，兩輪均應裝雙擋邊；或至少主動輪裝雙擋邊，從動輪下側裝單擋邊。

表 2-16 圓弧齒同步齒形帶輪的輪齒寬度（JB/T 7512.2—1994） mm

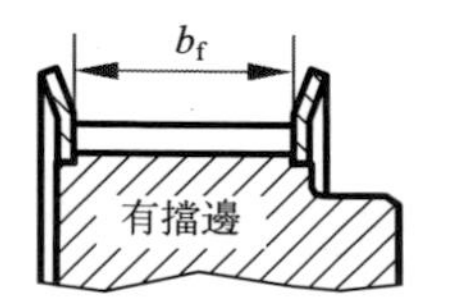

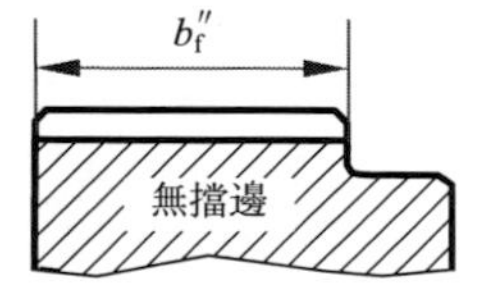

續表

輪寬代號	槽型										輪寬代號	槽型									
	3M		5M		8M		14M		20M			3M		5M		8M		14M		20M	
	帶輪輪齒寬度											帶輪輪齒寬度									
	b_f	b''_f	b_f	b''_f	b_f	b''_f	b_f	b''_f	b_f	b''_f		b_f	b''_f	b_f	b''_f	b_f	b''_f	b_f	b''_f	b_f	b''_f
6	7.3	11.0									70					72.7	79.0	73	81	78.5	85
9	10.3	14.0	10.3	14.0							85					88.7	95.0	89	97	89.5	102
15	16.3	20.0	16.3	20.0							100							104	112	104.5	117
20			21.3	25.0	21.7	28.0					115							120	128	120.5	134
25			26.3	30.0	26.7	33.0					130							135	143	136	150
30			31.3	35.0	31.7	38.0	32	40			150							155	163	158	172
40			41.3	45.0	41.7	48.0	42	50			170							175	183	178	192
50					52.7	59.0					230									238	254
55							58	66			290									298	314
60					62.7	69.0					340									348	364

表 2-17 圓弧齒同步齒形帶輪的擋邊尺寸（JB/T 7512.2—1994） mm

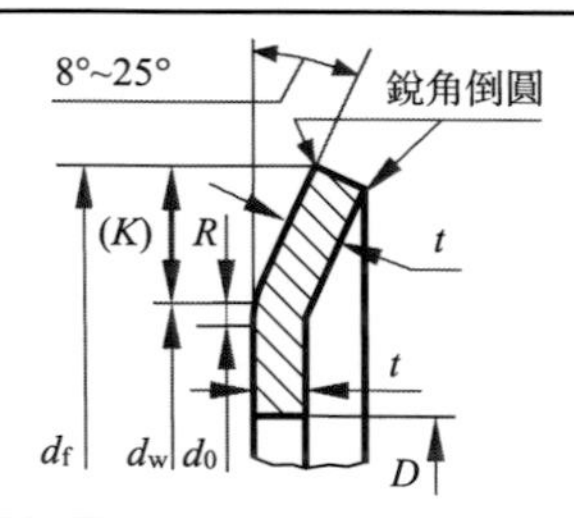

d_0——帶輪外徑（即輪齒頂圓直徑），mm

d_w——擋邊彎曲處直徑，mm；$d_w=d_0+2R$

d_f——擋邊外徑，mm；$d_f=d_w+2K$

D——擋邊與帶輪配合孔直徑，mm

槽型	3M	5M	8M	14M	20M
擋邊最小高度 K	2.0～2.5	2.5～3.5	4.0～5.5	7.0～7.5	8.0～8.5
$R=(d_w-d_0)/2$	1	1.5	2	2.5	3
擋邊厚度 t	1.5～2.0	1.5～2.0	1.5～2.5	2.5～3.0	3.0～3.5

② 帶輪的型號及標記方法　圓弧齒同步齒形帶輪的標記方法：包括帶輪符號、齒數、節距代號、寬度和型號。例如：

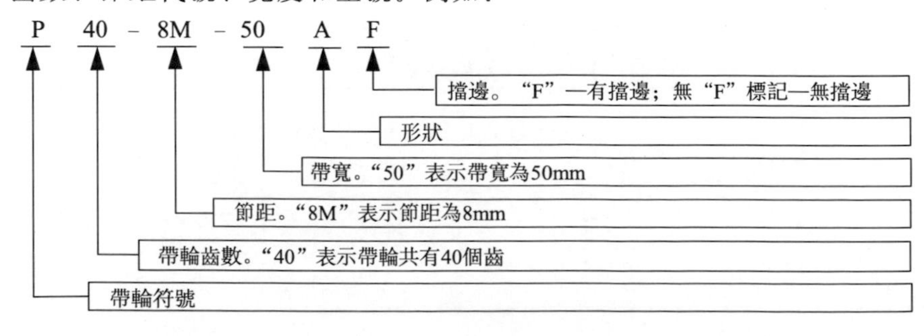

梯形齒同步齒形帶輪的表示方法：包括齒數、使用同步齒形帶的種類和帶寬代號。例如：

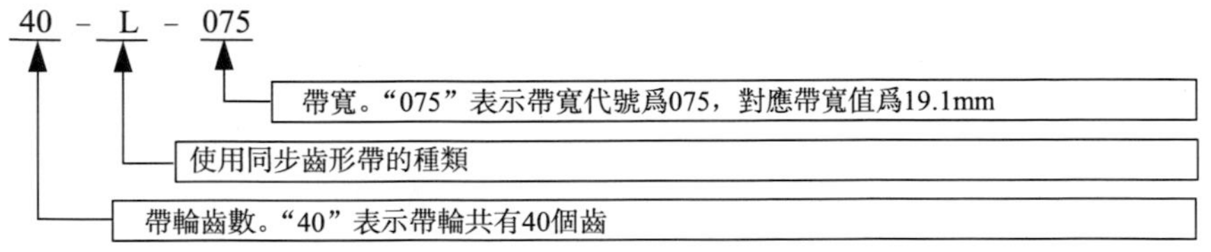

③ 同步齒形帶輪的齒形與加工方法

a. 梯形齒同步齒形帶輪的齒形與加工方法。一般推薦採用漸開線齒形，並由漸開線齒形帶輪加工刀具用展成法加工而成，因此，齒形尺寸取決於加工帶輪輪齒的刀具尺寸。可用齒條刀作為漸開線齒形帶輪加工刀具。帶輪齒形也可以使用直邊齒形。加工方法可分為兩大類：一類是仿形法加工，可分為採用專用的直線齒廓盤形銑刀加工、採用經改磨的 8 號漸開線盤形齒輪銑刀加工；另一類則是按展成法加工，可分為採用 ISO 標準漸開線齒條滾刀加工、採用直線齒廓專用滾刀加工。採用不同的加工方法會產生不同的加工誤差。如仿形法將引起較大的節距誤差；展成法則會引起齒形角偏差。在同步齒形帶傳動中，節距誤差會影響傳動的平穩性；而齒形角偏差則會影響帶的使用壽命。

b. 圓弧齒同步齒形帶輪的齒形與加工方法。圓弧齒同步齒形帶輪的齒形由兩段圓弧和一段直線構成，分別為齒根圓弧、齒頂圓弧以及兩圓弧的公切線的直線部分。圓弧齒形帶輪的齒形通常採用展成法加工。運用展成法加工帶輪時，要想切出準確的帶輪齒廓，必須根據帶輪齒廓利用包絡原理確定刀具的齒廓，則在加工節距相同而齒數不同的帶輪時，對於不同齒數的帶輪需要設計不同的滾刀，這從刀具標準化和經濟性的角度來看是很不現實的。因此，有專家為圓弧齒形同步帶輪齒廓加工設計專用的滾刀來加工此類帶輪。

④ 同步齒形帶輪的結構形式　組成同步齒形帶輪的結構要素及其功能：

a. 齒形結構要素：位於輪緣部位的整周輪齒。齒廓相應於同步齒形帶齒形並與之嚙合；按照齒形不同有梯形齒同步齒形帶輪輪齒、圓弧齒同步齒形帶輪輪齒兩種。其功能是與同步齒形帶一起實現同步齒形帶傳動，即同步傳遞運動（即透過傳動比改變運動量或運動形式等）和動力（即改變轉矩或力及其動力形式等）的功能。

b. 擋邊結構要素：有無擋邊；如有，是單擋邊還是雙擋邊；若無擋邊，則只有輪緣、輪轂等其餘部分。

有無擋邊及擋邊功能的分析如下：

帶輪有無擋邊的差別：無擋邊則便於帶或帶輪等傳動件的軸向裝拆，但無擋邊不意味著帶一定會從帶輪上脫落，在能夠保證主、從動帶輪回轉軸線間一定的同軸度或傾斜度的情況下，選擇合適的帶輪輪齒寬度和張緊力時，可以不設擋邊，即採用無擋邊或單擋邊帶輪。

實際工作情況下，由於主、從動帶輪的軸線不可能達到理想的、絕對的平行或精確的傾斜角度關系，帶運轉同時在兩帶輪齒寬方向上終究是會有橫向竄動的，但是，由於帶的節線長度是固定的，因此，一般情況下只要按照兩帶輪軸線間平行度或尺寸誤差最大許用值（由設計、製造、安裝精度可以確定）就可以估算出帶的橫向竄動量，如此，透過選擇合適的帶輪齒寬就可以保證正常工作情況下帶不會從帶輪上脫落；同時也說明在設計帶輪輪齒寬度時，除帶寬作為帶輪齒寬的一部分之外，還應預留出考慮允許帶橫向自由竄動那部分的帶輪輪齒寬度裕量。

既然無擋邊也可以保證帶不從帶輪上脫落，為什麼還需要有擋邊和區分單雙擋邊呢？帶的理想工作狀態應該是主、從動帶輪兩軸線完全平行、帶輪沿齒寬方向各個軸斷面截面直徑也完全相同（軸線平行度公差、直徑尺寸公差等均為理想情況即為 0，這裡只是一種假設，實際上不可能），此時，帶的抗拉層沿齒寬方向上均布的每根強力纖維芯繩均勻分擔帶上的拉力載荷；而當主、從動輪等由於加工、安裝產生誤差，兩軸線不再保持平行，而是在平面或者空間上傾斜時，顯然，帶強力抗拉層上的每根芯繩上分擔的拉力載荷不會均勻，有大有小，從而處於不良的工作狀態。帶自然會因兩軸線的不平行而導致帶沿齒寬方向載荷分布不均勻，而且帶橫向偏斜越大越不利，從而導致帶過早失效。實踐表明：兩軸線偏斜，則帶在兩帶輪上始終會向兩軸線公垂線側橫向竄動。透過設計合適的帶輪輪齒寬度和擋邊可以限製帶在帶輪上的橫向自由竄動量，以盡可能保證帶的抗拉層各根芯繩上所分擔的載荷相對均勻一些。但是，有擋邊的情況下，需保證安裝擋邊後擋邊與鄰接的輪齒必須貼緊，否則，當帶蹭擋邊時，若擋邊與輪齒端面貼合面間出現間隙，則輪齒端部稜邊會磨飛帶的邊緣。而且，擋邊的形狀設計需要保證擋邊外緣稜邊也不能接觸帶，否則，擋邊外緣稜邊同樣也會磨飛帶的邊緣。

c. 輪轂結構要素：同齒輪、V 帶輪、蝸輪等傳動件輪轂結構要素。輪轂結構應滿足與軸的配合以及軸向、周向定位連接要求，其結構要素包括：轂孔、軸轂連接結構要素（鍵槽、倒角、定位螺釘孔、銷釘孔或螺紋、無鍵連接結構等等）。

d. 腹板或孔板結構要素。對於大帶輪或尺寸較大的帶輪而言，一般在輪緣和輪轂之間有腹板或孔板（即帶孔的腹板）結構。對於帶輪頂圓直徑相對於帶輪輪轂上軸孔直徑較小的帶輪，可能只由輪緣和輪轂、有無擋邊等結構部分組成，而無腹板（當然更無孔板）結構部分，即為實心帶輪結構形式。

同步齒形帶輪的結構形式分類：

a. 按照齒形不同可以分為梯形齒同步齒形帶輪和圓弧齒同步齒形帶輪兩種，如圖 2-78(a)、(b) 所示。

b. 按照有無擋邊以及擋邊單雙可分為：無擋邊帶輪、有擋邊帶輪。其中，有擋邊同步齒形帶輪又可分為單擋邊、雙擋邊帶輪兩種，如圖 2-79 所示。

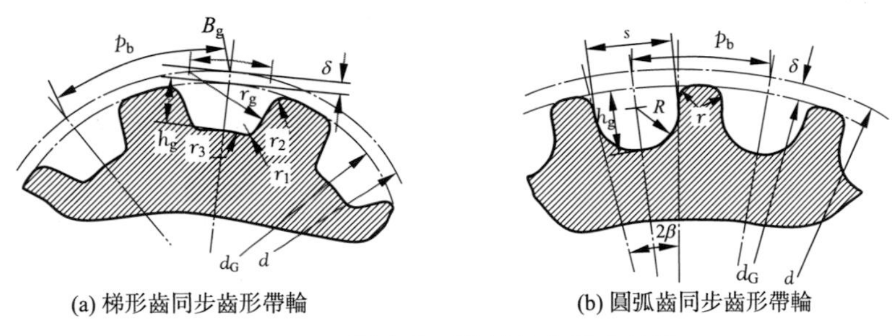

(a) 梯形齒同步齒形帶輪 (b) 圓弧齒同步齒形帶輪

圖 2-78 同步齒形帶輪輪齒部分結構

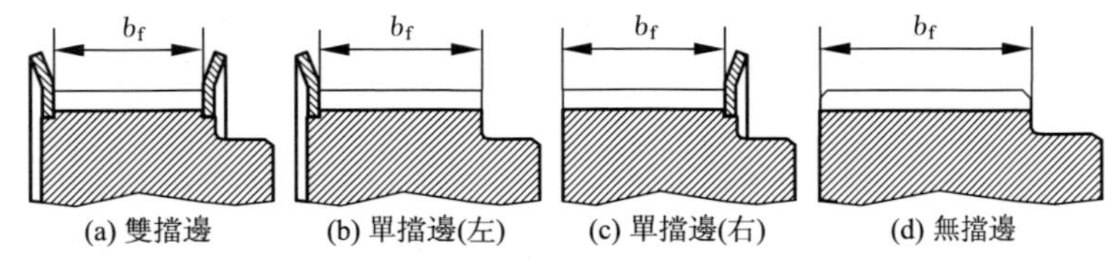

(a) 雙擋邊 (b) 單擋邊(左) (c) 單擋邊(右) (d) 無擋邊

圖 2-79 同步齒形帶輪擋邊結構及尺寸

c. 按照帶輪頂圓直徑相對於輪轂上軸孔直徑的大小可以分為：整體式、腹板式、孔板式同步齒形帶輪結構形式，如圖 2-80、圖 2-81 所示。注意：帶輪頂圓直徑 $d_G(d_a)$ 小於其節圓直徑 d。

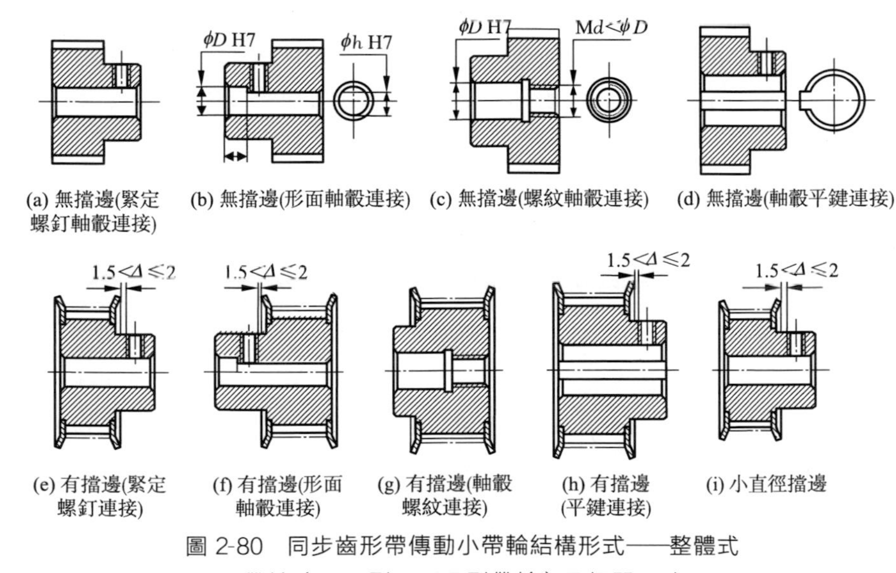

(a) 無擋邊(緊定螺釘軸轂連接) (b) 無擋邊(形面軸轂連接) (c) 無擋邊(螺紋軸轂連接) (d) 無擋邊(軸轂平鍵連接)

(e) 有擋邊(緊定螺釘連接) (f) 有擋邊(形面軸轂連接) (g) 有擋邊(軸轂螺紋連接) (h) 有擋邊(平鍵連接) (i) 小直徑擋邊

圖 2-80 同步齒形帶傳動小帶輪結構形式——整體式帶輪（即 A 型、 AF 型帶輪）及相關尺寸

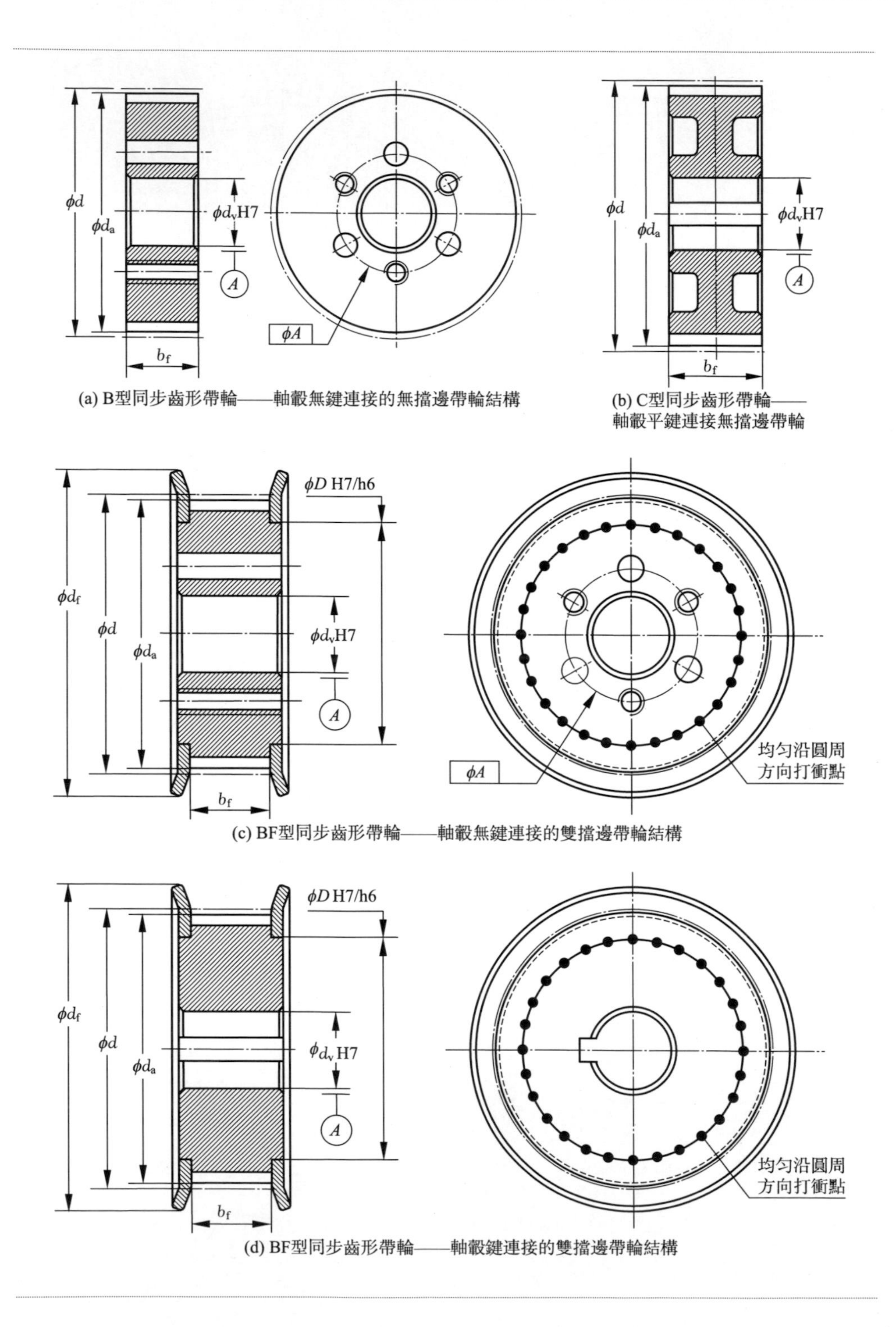
ϕd
ϕd_a
ϕd_vH7
A
ϕA
b_f
(a) B型同步齒形帶輪——軸轂無鍵連接的無擋邊帶輪結構
(b) C型同步齒形帶輪——軸轂平鍵連接無擋邊帶輪
ϕD H7/h6
ϕd_f
均勻沿圓周方向打衝點
(c) BF型同步齒形帶輪——軸轂無鍵連接的雙擋邊帶輪結構
(d) BF型同步齒形帶輪——軸轂鍵連接的雙擋邊帶輪結構

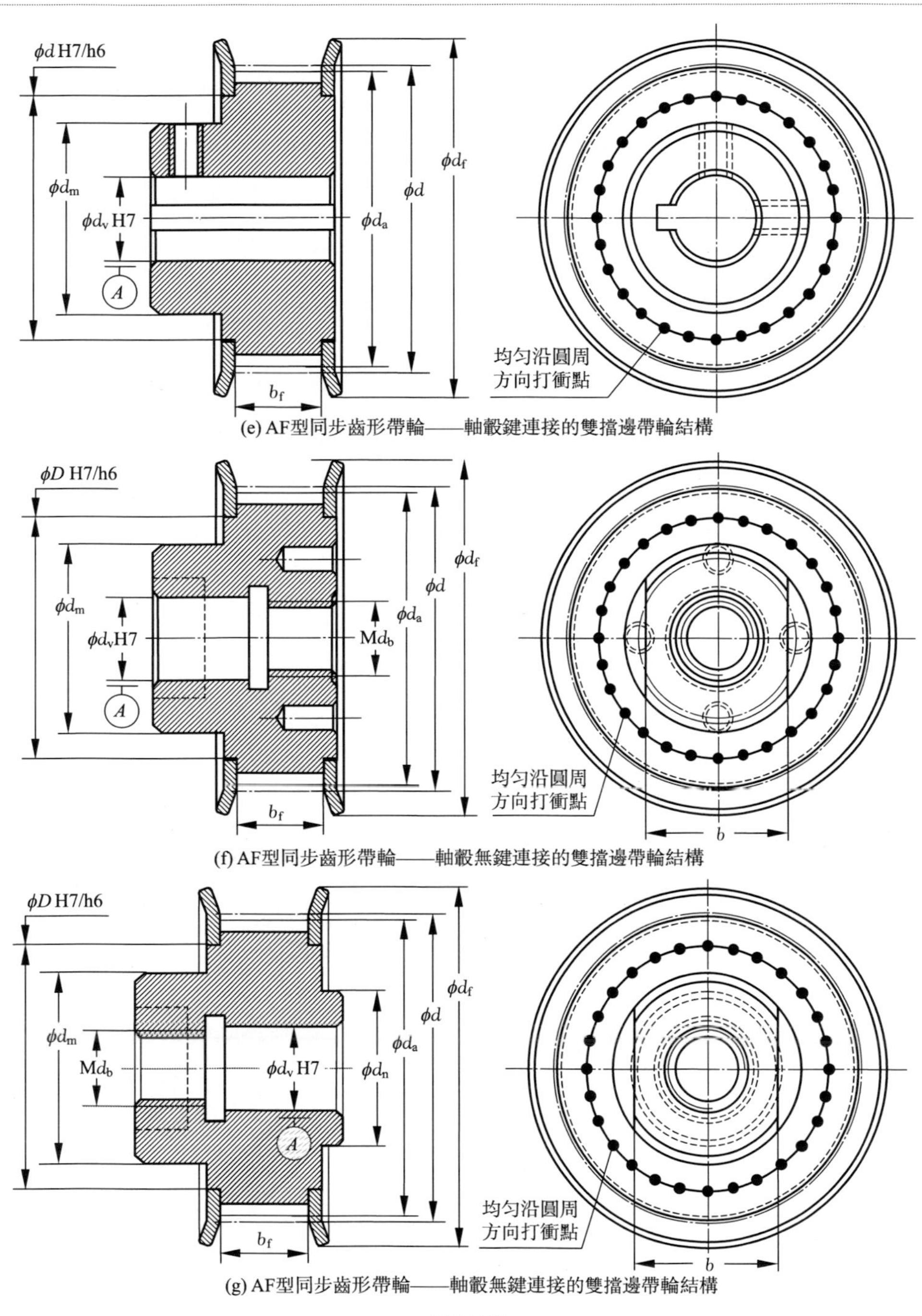

(e) AF型同步齒形帶輪——軸轂鍵連接的雙擋邊帶輪結構

(f) AF型同步齒形帶輪——軸轂無鍵連接的雙擋邊帶輪結構

(g) AF型同步齒形帶輪——軸轂無鍵連接的雙擋邊帶輪結構

圖 2-81

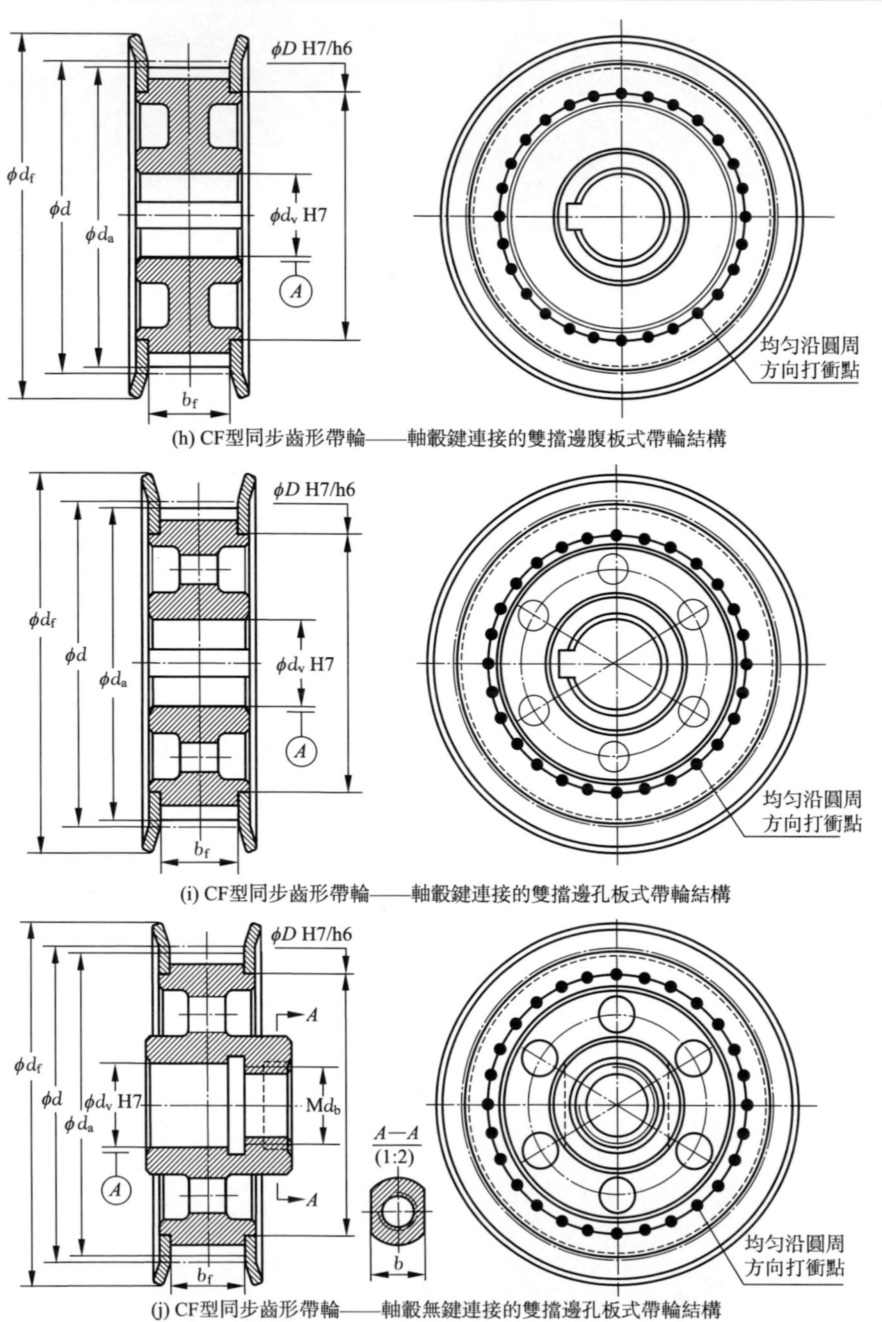

圖 2-81　同步齒形帶傳動帶輪結構形式——B 型、 C 型、 AF 型、 BF 型、 CF 型帶輪及相關尺寸

圖 2-80、圖 2-81 給出的是考慮軸轂連接、帶輪直徑大小不同的腹板結構形式、軸向定位以及裝拆問題等各種情況下的大、小同步齒形帶輪詳細結構圖。

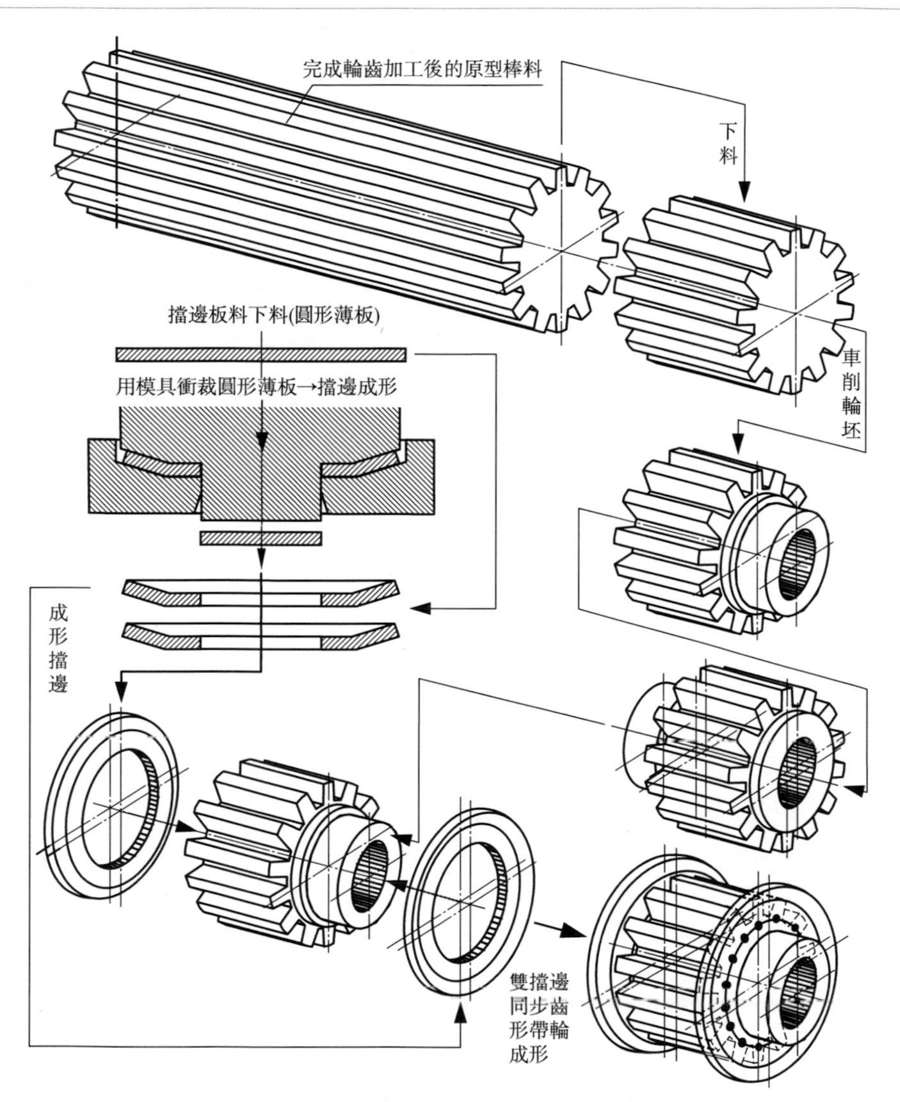

圖 2-82　同步齒形帶輪的製作與裝配分解圖

⑤ 同步齒形帶輪的材料與加工　同步齒形帶輪一般用非金屬、金屬材料設計製作而成，設計製作之前需要根據大量大小、帶輪直徑尺寸大小以及製造設備等條件確定材料、結構形式以及加工方法：

a. 只傳遞運動或傳遞轉矩很小的情況下，可用工程塑膠、尼龍等非金屬材料，可以用模具澆注、刀具切削加工或 3D 列印方法等製造而成；模具澆注法適用於中批、大量生產；刀具切削加工適用於單件、大量生產；而 3D 列印則適用於單件、少量生產。

b. 以傳遞運動和轉矩為主的情況下，用鋁、鋁合金、鑄鐵、粉末冶金或低碳鋼等金屬材料，如工業鋁，LY11、LY12 等硬鋁以及 7075 等鋁合金，HT100、150、200 等灰口鑄鐵，35、40、45 鋼等常用材料；主要用車削、輪齒加工刀具切齒、拉削或插削鍵槽等加工方式完成帶輪製作。大負荷大直徑的帶輪一般採用鋼或鑄鐵材料經加工製造而成；輕負荷帶輪採用鋁合金或工程塑膠製造。為提高生產效率，同步齒形帶輪往往是由帶輪生產廠商生產的整根已預製好整周輪齒的棒料截取一段後車削輪坯而成，如圖 2-82 所示。

c. 擋邊材料：一般用易於沖壓成形的薄鐵板、薄鋼板或薄鋁板沖壓而成，其沖壓擋邊用板厚度為 0.5～3.5mm；而對於特重或超重型梯形齒同步齒形帶傳動的帶輪擋邊厚度（板厚）在 4.0～6.5mm 範圍內，擋邊厚度相對較厚，也可以車削加工而成。需要注意的是：無論是板材沖壓而成的擋邊，還是用棒料車削而成的擋邊，擋邊外緣稜邊都應倒圓角。

⑥ 同步齒形帶輪的結構設計及零部件工作圖例

a. 根據帶輪直徑的大小及軸轂連接與定位需要，選擇帶輪的材料與結構形式。

b. 由於帶輪輪齒部分必須遵照國家標準或行業部門標準，所以，需要按照標準選擇輪齒類型及按照同步齒形帶傳動功率、速度大小以及工作條件進行帶傳動設計計算來確定帶型及傳動參數。因此，同步齒形帶傳動設計的主要內容就是同步齒形帶選型設計、帶輪輪齒選型設計以及帶輪輪坯的結構設計三部分內容。

c. 設計同步齒形帶輪零部件工作圖及圖例。

帶輪的零部件工作圖內容包括：

a. 帶輪部件結構圖：包括輪齒、擋邊、腹板、輪轂等在內完整的部件裝配結構圖；擋邊局部視圖；軸轂連接圖。

b. 尺寸與形位公差、表面粗糙度：帶輪輪齒齒廓等標準尺寸不必標注，但需在圖或技術要求中按照帶輪型號及標注方法標注；帶輪擋邊尺寸、擋邊與輪轂的配合尺寸及配合代號（H7/h6 或 H8/h7）需要明確標注；齒面的表面粗糙度；帶輪其他結構尺寸及尺寸公差。

c. 技術要求：需標明帶輪輪齒按標準（如：GB/T 11361—1989，JB/T 7512.2—1994 或生產廠商標準或產品樣本）中的帶輪型號及參數標準加工並檢驗；需要標注出配對嚙合同步齒形帶的型號及規格，擋邊在帶輪上的軸向固定技術要求等。

d. 帶輪特性參數表：位於零（部）件裝配圖右上角並緊貼右上角邊框線。

內容包括：帶輪齒數、外圓直徑、節圓直徑、節距、齒寬（帶寬）、節距偏差檢驗、配對帶輪齒數、中心距及安裝調整量等。

e. 標題欄、明細表。

以上內容如圖 2-83 所示。

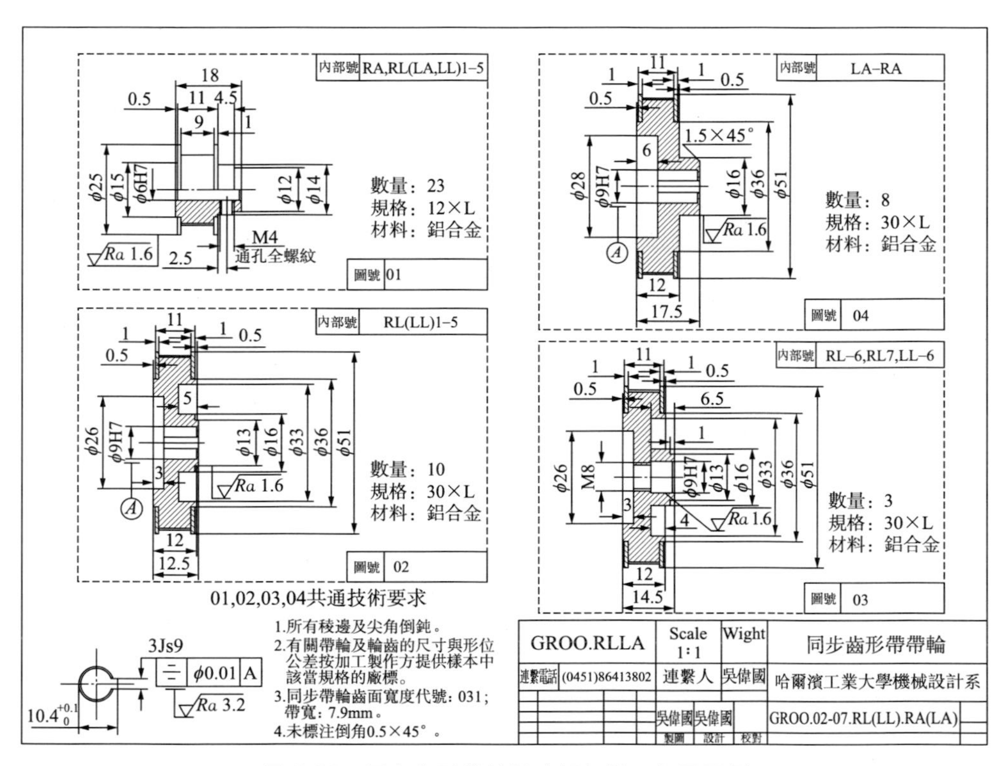

圖 2-83 同步齒形帶輪零（部）件工作圖圖例

(5) 同步齒形帶傳動在工業機器人中的應用實例

① FANUC 工業機器人腕關節的同步齒形帶傳動　如圖 2-84(a) 所示，由於工業機器人小臂呈細長狀結構，所以，為了充分利用小臂內空間，通常都會盡可能把驅動腕部關節運動的伺服電動機及機械傳動系統（一部分或全部）放置在小臂殼體內，這樣做可以獲得異小腕部結構尺寸、擴大腕部關節各軸的回轉運動範圍，以及相對提高末端負載能力的設計效果，形成如圖 2-84(b) 所示的腕關節 α-軸、β-軸驅動與機械傳動系統布局示意圖。其中，同步齒形帶傳動主要是用來實現兩平行軸線間遠距離傳動（相對而言），而且能夠保證準確的傳動比，異小機械系統本身對各軸回轉運動的位置伺服精度的影響。

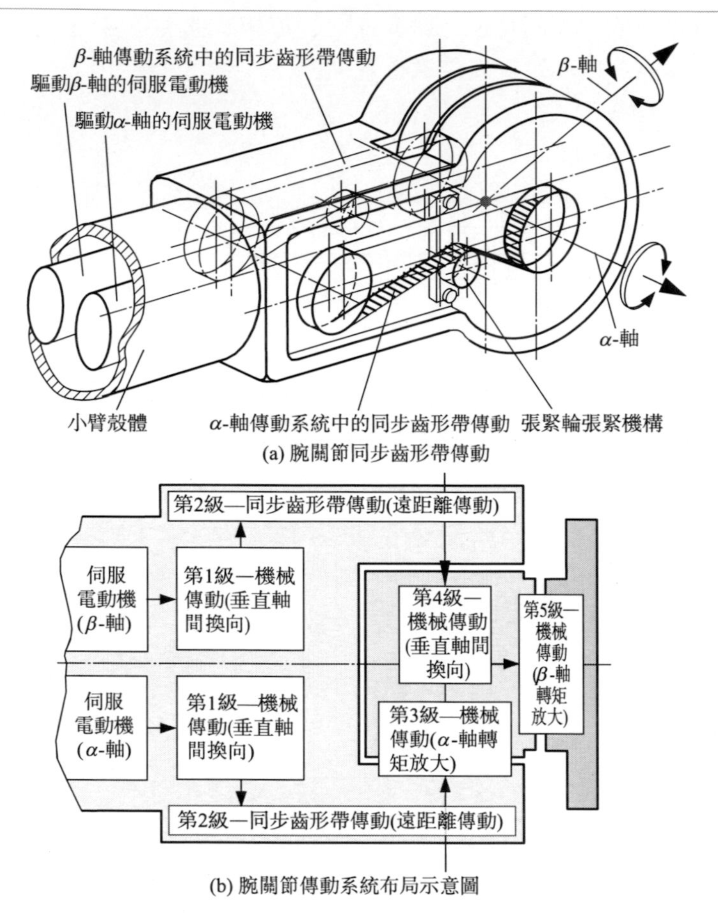

(a) 腕關節同步齒形帶傳動

(b) 腕關節傳動系統布局示意圖

圖 2-84 FANUC Model-3 腕關節傳動系統布局中的同步齒形帶傳動示意圖

② 輪式移動小車機器人的同步齒形帶傳動　如圖 2-85 所示，為築波大學與 ROBOS 株式會社共同設計開發的移動機器人，是該公司實驗用機器人 AT 臺車販賣的原型樣機。圖 2-85(b) 所示為其獨立驅動輪的傳動原理。

2.4.8 精密機械傳動裝置（異速器）在機器人中的應用實例

精密諧波齒輪傳動（異速器）、RV 擺線針輪傳動（異速器）以及同步齒形帶傳動等已成為機器人領域不可或缺的傳動形式或異速元部件，同時應用這三者的集中體現實例就是目前廣為使用的工業機器人操作臂，此外，同步齒形帶與諧波齒輪傳動元部件（異速器）已成為仿生、人型機器人研發中常用的部件，並且常常被用來聯合使用以適應仿生、人型機器人或工業機器人操作臂外形對結構空間限製的要求。

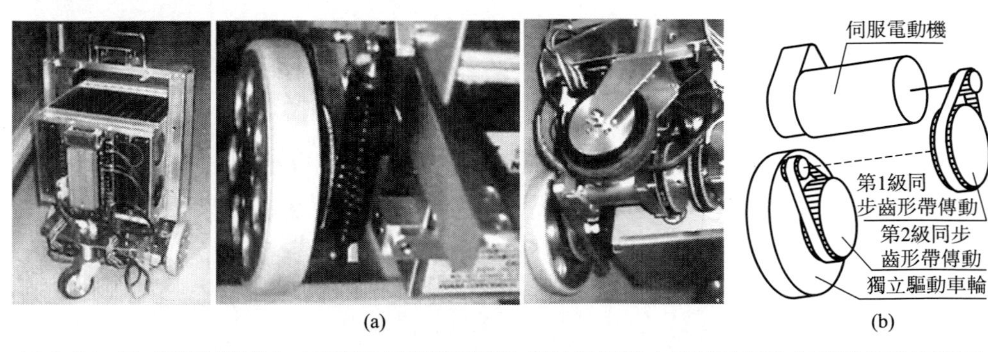

圖 2-85　輪式移動機器人 AT 臺車原型樣機實物照片及其獨立驅動輪同步齒形帶傳動原理圖

(1) 工業機器人操作臂 MOTOMAN

如圖 2-86 所示，是 MOTOMAN 工業機器人操作臂整機的各關節伺服電動機驅動與機械傳動系統的三維布局設計圖及實物照片，圖中以細線繪製的各部分分別為各軸伺服電動機和齒輪異速器、同步齒形帶傳動元部件；主要外觀輪廓用粗實線表達。

圖 2-86 中左圖給出的 6 自由度工業機器人操作臂的 $J_1 \sim J_6$ 軸皆是採用帶有光電編碼器的交流伺服電動機驅動＋RV 擺線針輪異速器整機部件實現異速和放大驅動轉矩的機械傳動方式，此外，只有 J_5 軸採用了同步齒形帶傳動實現兩平行軸之間的遠距離傳動；圖 2-86 中右圖是日本安川電機株式會社製造的 MOTOMAN 工業機器人操作臂實物照片，其 $J_1 \sim J_6$ 軸皆採用帶有光電編碼器的交流伺服電動機驅動，其 $J_1 \sim J_3$ 軸與左圖所示的 $J_1 \sim J_3$ 軸一樣，也是採用 RV 擺線針輪異速器整機部件實現異速和放大驅動轉矩的機械傳動方式；而其 J_4 軸則採用的是杯形柔輪諧波齒輪異速器三元件（而非整機部件）實現異速和放大驅動轉矩的機械傳動方式；其 $J_5 \sim J_6$ 軸採用的是環形柔輪諧波齒輪異速器三元件（而非整機部件）實現異速和放大驅動轉矩的機械傳動方式，此外 $J_4 \sim J_5$ 軸的機械傳動系統中還採用了同步齒形帶傳動來實現兩平行軸之間遠距離傳動，其腕部關節傳動系統布局如圖 2-84(b) 所示。

由上述可見，對於工業機器人操作臂而言，其機械本體最重要的組成部分就是帶有位置/速度感測器的交流（或直流）伺服電動機和高精密異速器（目前主要為高精密 RV 擺線針輪異速器整機部件、諧波齒輪異速器整機部件或三元件），此外還有同步齒形帶傳動元部件，剩下的則是機械本體上的基座、肩部、大臂、小臂、腕部等各機械殼體零件。因此，可以說高性能交流/直流伺服電動機、高精度異速器整機部件（或元部件）是工業機器人操作臂本體設計、製造研發與產業化最重要的工業基礎元部件。海內外一些專門生產 RV 擺線針輪異速器、諧波齒輪異速器（或元部件）的製造商已為工業機器人操作臂的研發和產業化提供了系列化產品，從而可以使工業機器人操作臂的設計、製造週期與維修時間大大縮短。

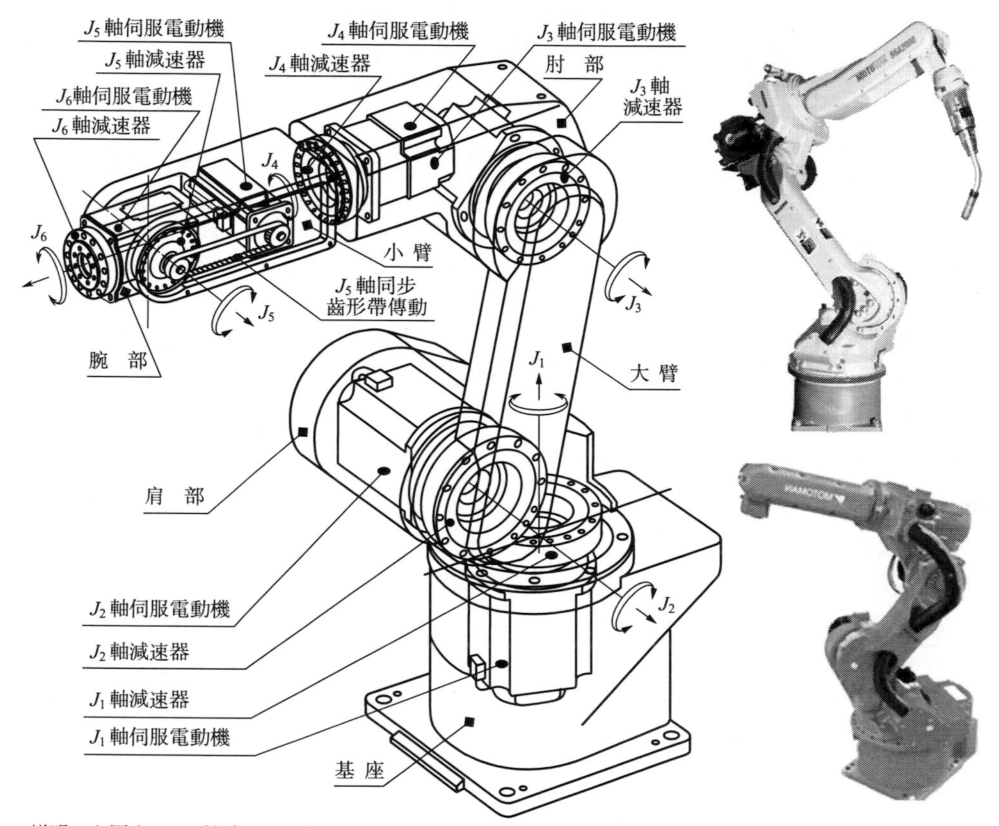

說明：左圖中J_1～J_6軸減速器均採用RV擺線針輪減速器整機部件；
右側照片所示機器人實物J_1～J_3軸分別採用RV擺線針輪減速器，J_4～J_6軸分別採用杯形柔輪、環形柔輪諧波齒輪傳動三元件產品。

圖 2-86 MOTOMAN 工業機器人操作臂整機的伺服電動機驅動與機械傳動系統三維布局設計圖及實物照片

可以說，工業機器人操作臂機械本體設計及其製造的主要工作——就是在完成機構設計任務之後，根據專門製造商提供的產品樣本完成交流/直流伺服電動機、高精密異速器部件（或元部件）產品選型設計任務的基礎上，進行基座、肩部、大臂、小臂、腕部等殼體機械零件和機械介面零件的設計、製造與機械本體整機裝配與調試等工作。

(2) 人型機器人

諧波齒輪減速器整機部件或其三元件同 RV 擺線針輪減速器、行星齒輪減速器等相比，具有體積更小、質量更輕、傳動精度更高等優點，可以適應仿生、人型機器人對結構緊湊性與仿形的設計要求，在人型仿生機器人技術領域取得了廣泛的應用，圖 2-87 所示的是代表性的人型機器人 ASIMO、HRP-Ⅱ。

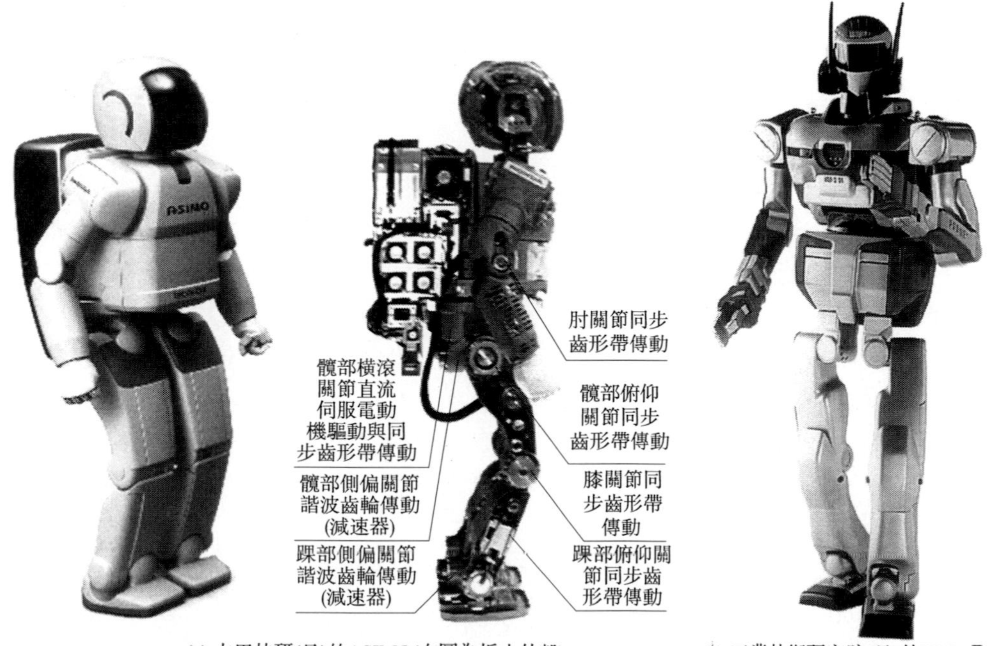

(a) 本田技研(日)的ASIMO(右圖為拆去外殼)　(b) 工業技術研究院(日)的HRP-Ⅱ

圖 2-87 應用諧波齒輪減速器（或三元件）及同步齒形帶傳動元件的人型機器人實例

ASIMO、HRP 系列的人型機器人以及海內外其他研究機構研發的人型機器人中，絕大多數關節都採用了直流伺服電動機驅動＋高精度高剛度緊湊型諧波齒輪傳動（減速器整機部件或其三元件），腿部、臂部、腰部多數關節傳動系統都採用了 Harmonic Driver® 的 CSD、CSF、CSG、CSH 等高精度高剛度緊湊型（軸向扁平結構）諧波齒輪減速器或三元件，因為軸向扁平結構的諧波齒輪傳動元部件能夠在腿、臂部結構設計上實現橫向（寬度方向）更接近人或動物的尺寸，獲得形似的外觀。更重要的是，儘管 RV 擺線針輪減速器、行星齒輪減速器等大減速比減速器在傳動剛度以及額定功率與輸出轉矩方面較諧波齒輪減速器更有優勢，但是它們質量重，其質量是同比條件下零點幾到一點幾千克的諧波齒輪減速器整機部件或三元部件的數倍到十數倍。採用 Harmonic Driver® 的 CSD、

CSF、CSG、CSH 等高精度高剛度緊湊型（軸向扁平結構）諧波齒輪異速器或其三元件的 30～50-DOF（自由度）、身高 1.2～1.7m 的人型機器人一般的總體質量在 45～60kg 左右。此外，ASIMO、HRP-Ⅱ 等人型機器人除實現了快速穩定步行之外，還實現了跑步運動，ASIMO2005 版的跑步速度可達 9km/h。

2.5 伺服驅動系統設計基礎

2.5.1 電動驅動

電動機和發電機統稱為電機。電動機與發電機從理論上來講，它們是可以互相轉換的，即一臺電動機也可以作為發電機來看待，當按照其工作原理通電給電機時，電機將電能轉變成其運轉之後輸出的機械能，此時即為電動機；否則，當在電機的輸出軸上加上驅動力或驅動力矩，使電機軸運轉，即從電機軸上由外部給其輸入了機械能，機械能使電機軸轉動，電機軸連接的轉子上纏繞的導電線圈隨著電機軸的轉動，在定子磁場中切割磁力線，在導電線圈中產生電流以及電動勢，從而將機械能轉換成了電能並由導電線圈的輸出端子輸出，此時，電機即為發電機。顯然，電機的原理是電磁學，一臺電機理論上既可作為電動機使用，也可作為發電機使用。

常用於驅動機器人關節運動的電動機有直流伺服電動機（DC Server Motor）、交流伺服電動機（AC server motor）、直接驅動電動機（DD drive motor）以及步進電動機（stepping motor）等等。下面概括性地講述它們各自的機械結構和工作原理以及驅動系統構成，並且從這些電動機實用化選型設計方面考慮，特別地給出了各種電動機代表性工業產品的技術性能參數及其在選型與運動控制中的使用解說。

2.5.1.1 直流（DC）伺服電動機原理及其直流伺服驅動 & 控制系統

（1）DC 電動機的機械結構與工作原理

DC 伺服電動機是由直流電源供電的電動機，是透過電池供電的電驅動全自立型機器人（如仿生、人型機器人）首選電動機，按照是否有電刷可分為有刷（brash）DC 伺服電動機和無刷（brashless）DC 伺服電動機兩種。有刷 DC 伺服電動機只用兩根導線連接直流伺服驅動器的輸出，因而與無刷 DC 伺服電動機相比，其所用導線數最少。有刷 DC 伺服電動機的機械結構如圖 2-88 所示，有槽型和無鐵芯型兩種結構。看懂了這張圖你就可以手工做 DC 電動機！

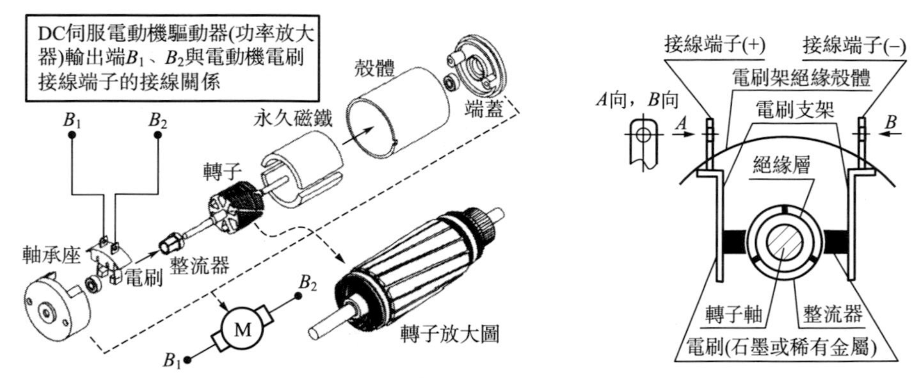

(a) 有刷槽型DC伺服電動機機械結構拆解圖及電動機與驅動器連接示意圖

(b) 電刷與整流器的結構關係

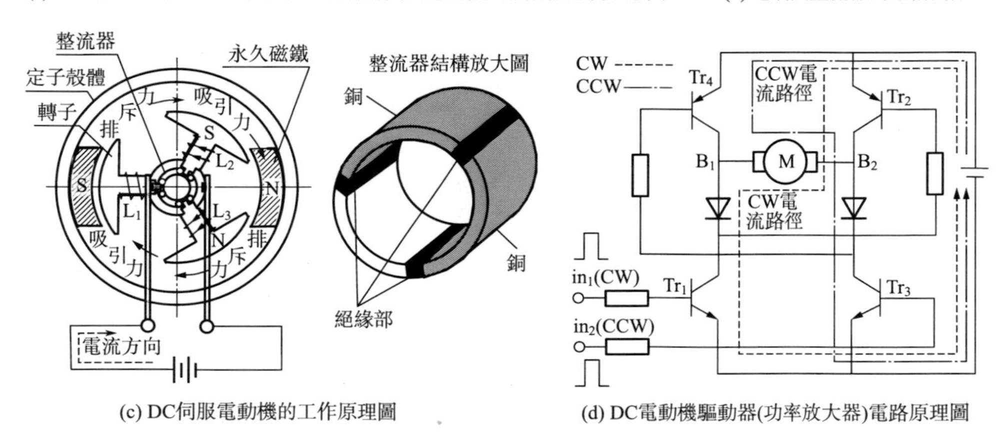

(c) DC伺服電動機的工作原理圖

(d) DC電動機驅動器(功率放大器)電路原理圖

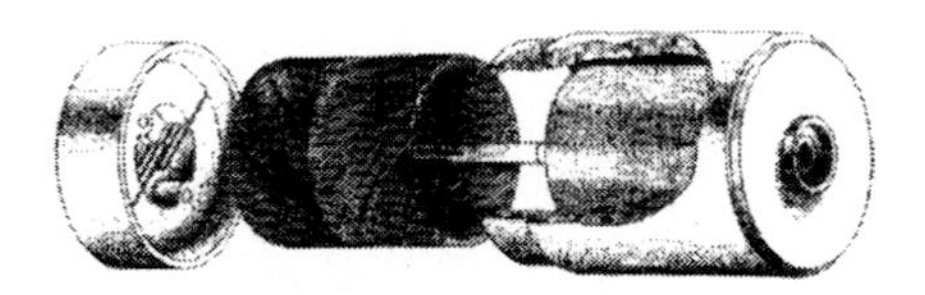

(e) 無鐵芯型DC伺服電動機機械結構

圖 2-88　DC 伺服電動機機械結構、原理及其驅動器電路原理圖 [9]

槽型 DC 電動機的機械結構：如圖 2-88(a) 所示，有刷槽型 DC 伺服電動機的機械結構組成包括有 N 極和 S 極的永久磁鐵（固定在殼體內圓柱面上的定子）、外圓柱面上縱向斜向開槽的轉子（左右側帶有回轉軸）、用來將來自電刷的電流按序配送給轉子上的各個繞組的整流器、由石墨材料或稀有金屬材料製作而成的電刷、套裝在轉子軸上用來將轉子支撐在殼體上保持定軸回轉的軸承、為軸承提供支座的軸承座、用來安裝和支撐整個電動機定子和轉子軸系部件的殼體、端蓋。電刷與整流器的結構關係如圖 2-88(b) 所示，電刷透過電刷支架和絕緣材料（電刷架絕緣殼體）隔離被固定安裝在電動機殼體內，電刷被按壓在圓環形的整流器表面，用來為電動機轉子上的各個繞組線圈按工作原理配送電流，整流器通常被稱為滑環，就是因為固定在殼體上的電刷和與轉子一起轉動的整流器兩者之間是相互接觸的滑動摩擦而得名。由於轉子轉動，整流器隨之轉動，轉子上的各級繞組線圈按序透過與整流器接觸取電，整流器不可能是整周連通的，需要分區絕緣隔離，因此，整流器被設計成如圖 2-88(c) 所示的那樣，被絕緣材料分隔成不導通的三個區。

槽型 DC 電動機的工作原理：為使電動機能夠產生回轉運動，採用 N-S 極的永久磁鐵作為定子，轉子則是如圖 2-88 中所示，在圓周方向均布著三個繞組，每個繞組都是由矽鋼片沖片疊成並纏繞線圈，線圈中按照通電電流方向的不同（正反兩個方向）在疊堆的矽鋼片上形成 N 極或 S 極極性，並與定子的永久磁鐵 N 極、S 極按照同極性間排斥、異極性間吸引原理產生排斥力或吸引力，從而形成轉矩推動轉子旋轉。在具體實現上，按照電動機轉動驅動力形成的電磁學原理[如圖 2-88(c) 左圖中所示]透過整流器取電，當與轉子同步轉動的整流器的某個區與電刷接觸時，該區對應轉子上的繞組線圈從整流器該區取得電流，電流流經該繞組線圈時形成 N-S 極，並與永久磁鐵的 N-S 極產生吸引力或排斥力，從而推動轉子回轉。整流器輪番為各繞組線圈供電，從而形成持續的轉動。剩下就是透過什麼辦法來控制電動機的轉向、速度和輸出的轉矩的問題。

(2) DC 伺服電動機的驅動&控制系統——驅動器與控制器的原理

以上給出的是 DC 電動機的基本結構與工作原理，若構成 DC 伺服電動機還必須為 DC 電動機配備位置/速度感測器（如光電編碼器或磁編碼器、測速電動機、電位計、霍爾元件、旋轉變壓器等等）。現有的 DC 伺服電動機都為雙軸伸設計，一端軸伸用來同軸連接位置/速度感測器，另一端軸伸作為電動機的輸出軸使用，從而構成 DC 伺服電動機。用於控制電動機轉動的電訊號都是弱電訊號，必須經功率器放大後才能作為輸出給電動機繞組線圈中的電流訊號、電壓訊號來使用。因此，需要為電動機提供用於將控制器輸出的訊號進行功率放大並輸出的驅動器。DC 伺服電動機驅動器的驅動電路原理如圖 2-88(d) 所示。驅動器接收來自控制器輸出的控制訊號作為其輸入訊號 in_1(CW)、in_2(CCW)。當輸入端輸入訊號 in_1(CW) 為高電平時，功率管 Tr_1 開通，電流由 DC 電源的正極流經 Tr_2、B_2 和 B_1 間的電動機繞組線圈、二極管、Tr_1 回到 DC 電源的負極，從而形成電流通路，電動機正向運轉；當輸入端輸入訊號 in_2(CW) 為高電平時，功率管 Tr_3 開通，電流由 DC 電源的正極流經 Tr_4、B_1 和 B_2 間的電動機繞組線圈、二極管、Tr_3 回到 DC 電源的負極，從而形成電流通路，電動機反向運轉。這只是將控制輸入作為開關量來說明 DC 電動機驅動器的驅動原理。而為了讓電動機連續地運轉並輸出動力，則需要從輸入端 in_1（CW）、in_2（CCW）提供持續的脈衝訊號或 PWM（脈寬調變訊號），從而實現 DC 電動機的轉向、位置/速度、轉矩控制。因此，現代 DC 伺服電動機的伺服驅動器一般被設計成伺服驅動器與基本的位置、速度、轉矩控制器集成在一起的伺服驅動與控制器，並且由專門的製造商生產工業級產品，供使用者選用。通常 DC 電動機或者無刷電動機的位置/速度伺服系統控制方案如圖 2-89 所示。

給電動機施加電壓的方法有兩種：一種是以模擬量的形式用連續變化的電流或電壓施加給驅動器的輸入端；另一種是以脈寬調變即 PWM（pulse width modulation）的方法。前者是利用晶體管在線性區域內的比例放大特性，因此而得名線性驅動；後者則是一種可以異少晶體管或 MOSFET 功率管等的電能損耗的方法。

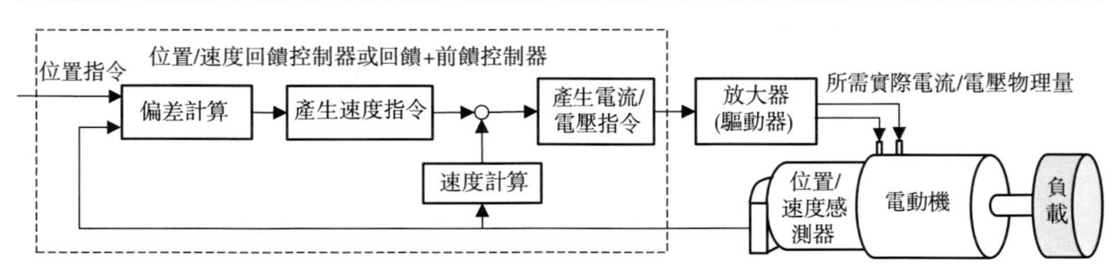

圖 2-89 DC 電動機或無刷電動機的位置/速度控制系統設計方案圖

(3) 性能參數與選型設計

DC 伺服電動機的性能參數：

• 額定電壓 U(V)：加在電動機上的直流電壓。允許低於或高於產品樣本上的此額定電壓值來使用電壓，但不能超過給定的極限值。

• 空載轉速 n(r/min)：是電動機在額定電壓下無負載時的轉速。實際應用中，空載轉速大致與額定電壓值成正比。

• 空載電流 I(mA)：是電動機在額定電壓下無負載時驅動電動機的電流。它由電動機電刷以及軸承的摩擦來決定。

• 額定轉速 n_N(r/min)：是指在一定溫度（一般為 25℃）下，電動機在額定電壓和額定轉矩下的轉速。

• 額定轉矩 M_N(mN・m)：是指在一定溫度（一般為 25℃）下，電動機在額定電壓和額定電流下輸出軸上產生的輸出轉矩，是電動機在連續運行工作時的極限狀態。

• 額定電流 I_N(A)：是指在一定溫度（一般為 25℃）下，使電動機繞組達到最高允許溫度時的電流，也即等於最大連續電流。

• 堵轉轉矩 M_N(mN·m)：是指電動機在堵轉條件下的轉矩值。

• 堵轉電流 I_A(A)：是指電動機額定電壓除以電樞繞組的比值。堵轉電流對應於堵轉轉矩。

• 最大效率 η_{max}(%)：是指電動機在額定電壓下輸出功率與輸入功率的最大比值。

• 電樞電阻 $R(\Omega)$：是指在一定溫度（一般為 25℃）下，電動機接線端子間的電阻值，並且決定了給定電壓下電動機的堵轉電流。對於石墨電刷，電樞電阻與負載有關。

• 電樞電感 L(mH)：是指電動機靜止施加 1kHz 訊號時測量得到的電動機繞組電感值。

• 轉矩常數（或稱力矩常數）K_M(mN·m/A)：是指電動機產生的轉矩與所施加電流的比值。

• 速度常數 K_n[r/(min·V)]：是指施加單位電壓下電動機產生的理想轉速值。所謂的理想轉速值是指沒有考慮摩擦等實際條件下的摩擦損失等因素的轉速值。

• 機械時間常數 τ(ms)：是指電動機從靜止加速到 63%的空載轉速所需要的時間。

• 轉子的轉動慣量 J_n($g \cdot cm^2$)：是指電動機的轉子相對於旋轉軸線的慣性矩。

• 伺服電動機輸出的轉矩（mN·m）＝電動機電樞繞組中流過的電流（A）×電動機的轉矩常數（mN·m/A）。

• 伺服電動機輸出的轉速（r/min）＝電動機繞組接線端子間施加的電壓（V）×電動機的速度常數［r/(min·V)］。

DC 電動機的上述參數中，額定電壓、額定電流、最大額定瞬時轉矩、電樞電阻、轉矩常數、速度常數是在電動機選型設計時主要考慮的參數，而轉矩常數、速度常數是在電動機選型、控制器設計時都要用到的必用參數，由於實際條件差異，對於實際的機器人系統，應以實際裝機後測量為準。

回轉軸系的摩擦力：關於摩擦力，如高中物理中所學那樣，為使臺面上一物體有滑動趨勢施加一與該臺面平面平行的力時，物體與臺面間「靜摩擦力」在起作用。為使物體運動，前述所加在物體上的力需與臺面間靜摩擦力的最大值即「最大靜摩擦力」平行。一旦物體開始運動起來，該物體就受到來自臺面的「動摩擦力」。同「最大靜摩擦力」相比，運動時的摩擦力即「動摩擦力」一般要小。但是，在控制理論等方面的講義中，車輪與地面間滾動摩擦力、轉軸所受的來自軸承的摩擦力或者異速器轉動時的轉動摩擦力等等都是與它們的回轉速度成比例關系的，即所謂的「黏性摩擦力」。圖 2-90 給出的是回轉軸的回轉角速度與摩擦力矩間關系的實驗結果曲線實例。

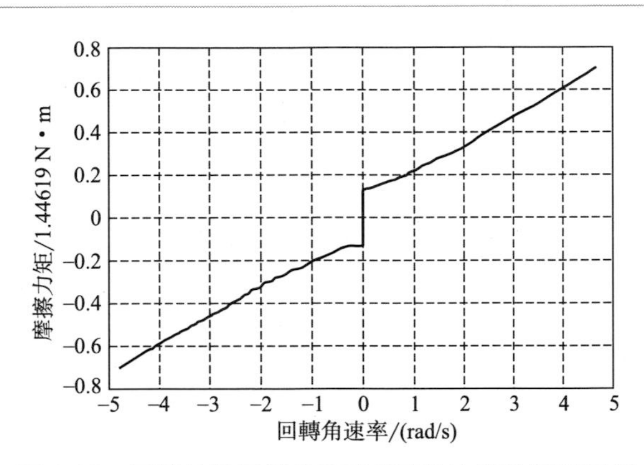

圖 2-90　回轉軸的回轉角速度與摩擦力矩的關系實例

電動機的選擇：以輪式移動機器人為例加以說明。需從原理上選擇電動機。一般情況下使用直流電動機較多，所以僅針對直流電動機如何選擇進行討論。首先，由圖 2-91 可知該圖中包含著兩個重要的資訊（要點 1 和要點 2）：

要點 1——機器人將要動作的時候，即從靜止狀態開始動作時電動機輸出的轉矩必須超過異速器內部摩擦、車輪與地面間摩擦等最大靜摩擦力的總和；

要點 2——速度為零處附近、由靜摩擦力過渡到動摩擦力的臨界附近除外，隨著速度的增加，運動中的摩擦力呈單調增加趨勢。

這兩點是選擇電動機時需要特別關注的兩點。掌握這兩個要點之後，再去分析電動機特性曲線（圖 2-91）。

電動機產品樣本和性能參數表中有一項是「最大轉矩」，對應著圖 2-91 所示的標記 A 所圈定之處。即電動機上施加額定電壓，且轉速為零時產生的力矩。此時，與機器人動作所需要的力矩相比，最大轉矩（停轉轉矩，即圖 2-91 中的 M_{H}）應超過機器人動作所需要的力矩。這是對應於前述的要點 1。所謂「機器人開始動作所需力矩」就是現在為使機器人產生加速度所需要的力和機器人由靜止狀態遷移到移動狀態所需要的摩擦力之和。

其次，來看前述的要點 2。相應於電動機轉速或者小車行駛速度，摩擦力的大小轉入單調遞增之後，運動中的摩擦力最大時也就是機器人速度最高的時候。如此說來，機器人達到的最高速度是由該速度最高時的摩擦力矩（圖 2-91 中的 M_{B}）和電動機在該速度下對應的轉速（圖 2-91 中的 ω_{B}）下能夠產生的轉矩相平衡時的速度來確定的。

再者，由圖 2-91 可以看出：該平衡的部分相當於標記 B 圈定的部分。DC 電動機回轉速度越高則輸出的轉矩就變得越小。

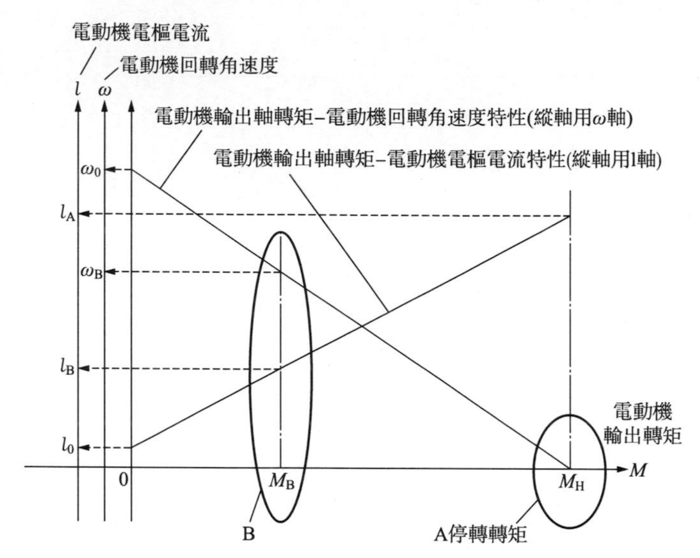

圖 2-91 電動機輸出轉矩與電動機回轉角速度、電流間的關系

移動機器人上的電動機端子上施加最大電壓（機器人上搭載電池的電壓）時達到力平衡，已經不能再加速了，此時速度已經達到最大速度限製了，因而成為最高速度。期望的該機器人實際所能達到速度最大值的 80%或再增加 50%左右的速度作為最高速度。可以驗證輸出轉矩是否能夠與該速度下的摩擦大小相平衡來選擇電動機。此時，需要檢驗是否可以以該最高速度讓電動機連續運轉，即應確認在該電動機額定最大轉速範圍內，對應最高速度的轉速是否平穩。另外，此時連續運轉所需要轉矩大小應低於最大額定連續轉矩。

進一步地，總結如上所述內容，可得如下結論（如圖 2-92 所示）：

① 由電動機出力可得其驅動對象的加速度與從電動機出力大小中異去其驅動對象在其加速度狀態下的摩擦力大小後剩餘部分的大小成正比。

② 加在直流電動機上的電壓是一定且有限的，隨著其轉速（回轉角速度）的增加可輸出轉矩異小。因此，存在由驅動對象速度增加引起的摩擦力與電動機出力相平衡的速度。該速度是在其電壓作用下使驅動對象達到的速度。加在電動機上的最大電壓決定了最高速度。

③ 驅動對象由靜止狀態遷移到運動狀態時，摩擦力變大，與最大靜摩擦力相比，動摩擦力較小。若電動機的停轉轉矩（最大轉矩）不大於最大靜摩擦力，則驅動對象就難以運動起來。可是，一旦運動起來，摩擦力急劇異小，需要很好地控制運動時電動機的轉矩。

④ 以最高速度運行時電動機轉速應在連續額定最大許用轉速範圍以內，以

及此時應輸出的轉矩大小也應在連續額定的最大許用轉矩範圍之內。

以上是從理論上選擇電動機的方法。可是，也許會有疑問：如何估算出摩擦的大小到底有多大啊？作為實際問題，要想具體測量摩擦大小之後進行設計並非如此簡單，仍然需要經驗。

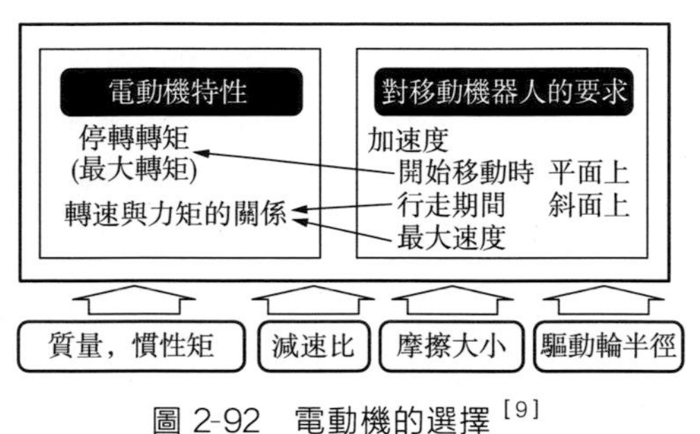

圖 2-92 電動機的選擇 [9]

2.5.1.2 交流（AC）伺服電動機原理與交流伺服驅動系統

(1) AC 伺服電動機的機械結構與原理

交流電動機有：鼠籠式感應電動機、交流整流子型電動機、同步電動機等形式。機器人中採用永久磁鐵轉子的同步電動機以伺服驅動與控制的方式來實現精確的位置、速度控制功能。這種 AC 電動機具備 DC 伺服電動機的基本性質，同時也可以看作是把電刷和整流器替換為半導體元件的裝置，所以，也將這種 AC 伺服電動機稱為無刷 DC 伺服電動機。其機械結構如圖 2-93 所示。

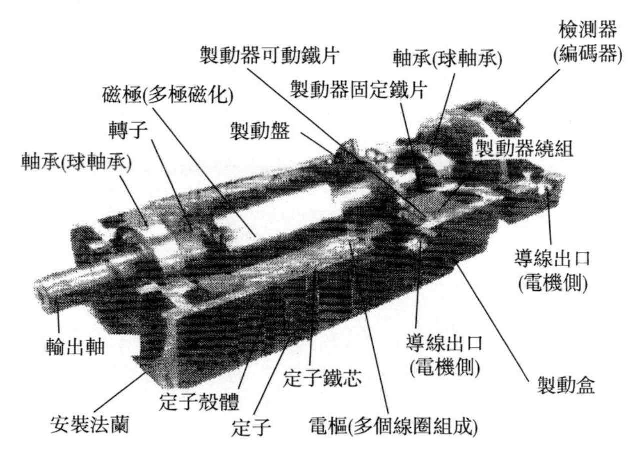

圖 2-93 AC 伺服電動機（無刷 DC 伺服電動機）的機械結構 [9]

（2）AC 伺服電動機（無刷 DC 伺服電動機）驅動系統的原理

無論是前述的有刷 DC 伺服電動機，還是無刷的 AC 伺服電動機，其基本的原理都是透過轉子的位置資訊和透過整流器施加在繞組上的電壓或電流的關系來產生電磁力（對於回轉電動機即是電磁力產生的轉矩）從而推動轉子回轉並輸出轉矩。因此，轉子的位置資訊、施加給繞組的電壓或電流等資訊是至關重要的。如圖 2-94 所示，為了向繞組線圈配電，有兩種檢測轉子位置的方法：一種是用霍爾元件，把轉子回轉一周分為三個扇區即 3p；另一種則是藉助於編碼器或旋轉變壓器進一步提高解析度。前者給電動機繞組施加方波電壓或電流；後者與傳統的交流電動機相同，供給近似於正弦波的電流給繞組。

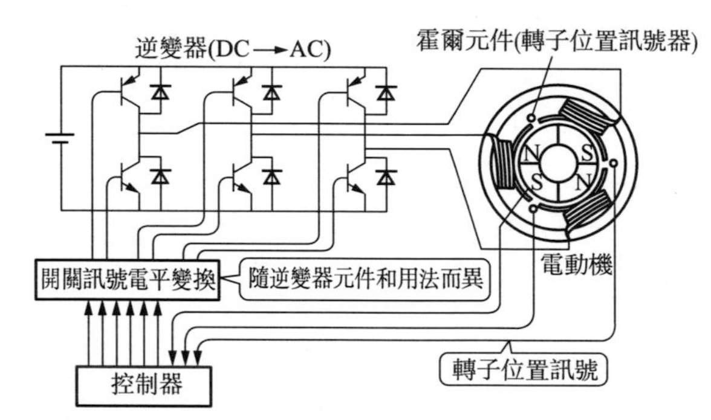

圖 2-94　AC 伺服電動機（無刷 DC 伺服電動機）的驅動系統電路原理圖 [9]

（3）有刷 DC 伺服電動機與 AC 伺服電動機（無刷 DC 伺服電動機）的共同原理

如圖 2-95 所示，在兩者的驅動原理上，有刷 DC 伺服電動機與 AC 伺服電動機（無刷 DC 伺服電動機）可以共同使用伺服驅動器。也即 AC 伺服驅動器可以任意選用 A、B、C 三相中的兩相而閒置剩餘一相來作為有刷 DC 伺服電動機的驅動器使用[10]。

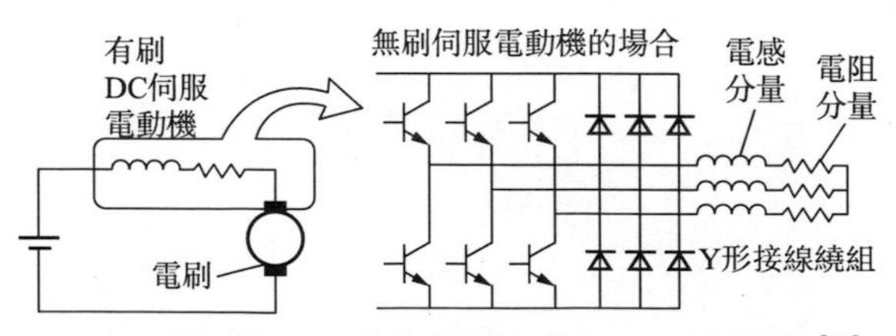

圖 2-95　有刷 DC 伺服電動機與 AC 伺服電動機 [9]
（無刷 DC 伺服電動機）在驅動上的共同原理

2.5.1.3 直接驅動（DD）電動機原理與伺服驅動系統

（1）DD電動機的工作原理

直接驅動電動機（DD motor，direct drive motor）是在驅動系統中採用諸如齒輪傳動、帶傳動以及其他機械傳動形式的異速器時，由於這些傳動存在齒側間隙或回差、摩擦等影響因素使得整個驅動系統的精度下降或難以克服的前提下，而被設計、研發出的一種低速大扭矩或者大推力的電動機。

基於電磁鐵可變磁阻概念和原理設計的 VR（variable reluctance）型 DD 電動機、基於永久磁鐵的 HB（hybrid）型 DD 電動機在相同質量的條件下，能夠提供比通常 DC 電動機更大的輸出轉矩，但是 VR 電動機會因磁路非線性而存在控制性能比較差、難於得到高的控制精度的問題；HB 電動機存在轉矩波動較大的缺點。

（2）回轉型 DD 電動機的機械結構

DD 電動機的結構較通常的 DC 電動機複雜，結構設計獨特。HB 型、VR 型 DD 電動機的機械結構如圖 2-96 所示。

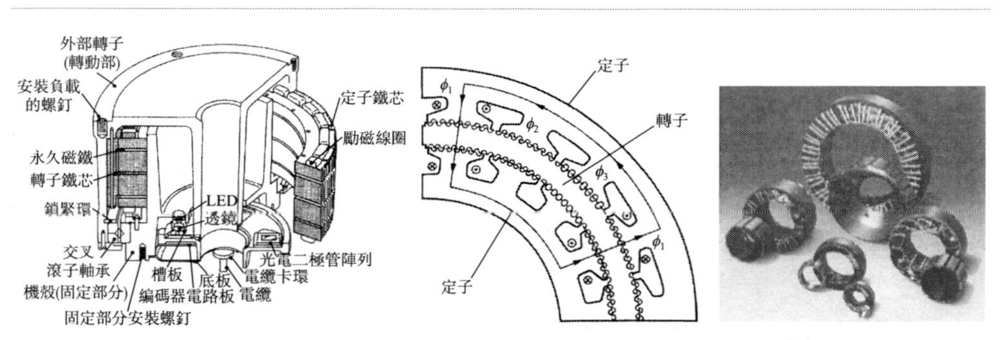

圖 2-96　HB 型 DD 電動機（左圖）與 VR 型 DD 電動機[9]（中圖）的機械結構、DD 電動機實物照片（右圖）

HB 型回轉 DD 電動機與通常的電動機的轉子、定子布置形式不同，其內側為定子，外側為轉動結構，這樣設計的目的和效果是：不但磁路相向的面積增大，而且作用半徑也得以加大，於是產生強大的轉矩；由於在結構上稍加改變了定子與轉子的齒距，因此還異輕了永久磁鐵產生的轉矩波動的效果。

VR 型回轉 DD 電動機的結構設計也很獨特，為三層圓環同軸線結構，最外層、中間層和最裡層分別是定子、轉子和定子，即是最外層、最裡層的兩個定子從內、外側把轉子夾在了中間。這樣的結構設計的效果是：可以產生 2 倍轉矩效果。後來進一步改進的結構設計則是把永久磁鐵夾在磁路的各個齒之間，使得輸出轉矩又進一步得以提高。

(3) DD電動機伺服驅動系統用位置感測器

與通常的伺服電動機所用的位置/速度感測器不同之處在於，DD伺服電動機需要更高解析度的位置感測器，回轉型DD電動機對位置感測器解析度的要求高達數十萬分之一轉，相當於直線型DD電動機對幾微米的解析度要求。高解析度的位置感測器造價相當昂貴。一般在選型設計上需要根據實際情況在絕對精度和價格上進行均衡考慮。圖2-97給出的是具有320條光柵格、能夠讀取1個光柵格的1/2048的具有65萬分之一解析度的回轉型高解析度光學式編碼器的結構與原理。其絕對精度取決於金屬符號板的加工精度，是解析度的1/10左右。電動機換流控制訊號也可由該感測器讀取。

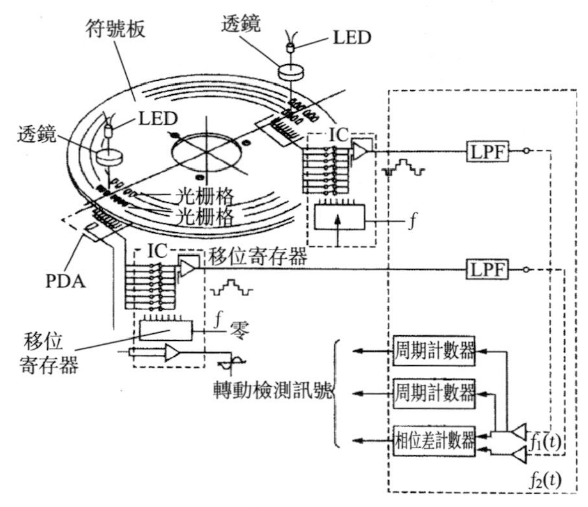

圖2-97 高解析度光學式編碼器原理[9]

2.5.1.4 步進(stepping)電動機原理與驅動系統

(1) 步進電動機結構與工作原理

步進電動機又稱為脈衝電動機或階躍電動機，英文稱謂有step motor或stepping motor，pulse motor，stepper servo，Stepper，等等。它是一種將電脈衝訊號轉換成轉子相應角位移或線位移的電動機部件。給它外加一個電脈衝訊號給定子繞組時，轉子就運行一個步矩(步矩角或線位移步矩)。所謂的步矩就是一個步長的轉動或移動，對於回轉的步進電動機，步矩為步矩角(step angle)；對於直線移動步進電動機，即為步矩。顯然，步進電動機輸出軸的位移量、速度均與給電動機外加的脈衝訊號的頻率成正比。當電動機輸出軸在最後一個脈衝位置停止時會相對於外力負載產生一個很強的反抗力。

步進電動機系統由步進電動機本體、步進電動機驅動器和控制器三個不可分割的部分組成，如圖 2-98 所示。該系統又分硬體和軟體兩大組成部分。

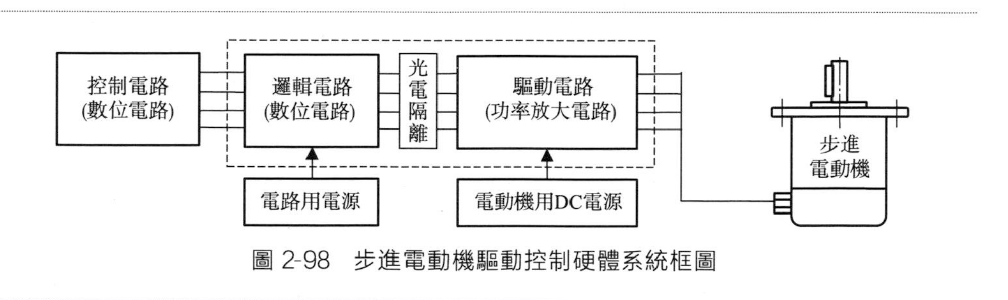

圖 2-98　步進電動機驅動控制硬體系統框圖

步進電動機按照原理可以分為反應式、永磁式、混合式和直線式四類[11]，其中反應式和混合式最為常用。

① 混合式步進電動機（回轉型）本體結構　混合式步進電動機的特點之一就是具有軸向勵磁源和徑向勵磁源。如圖 2-99(a) 所示是以四相混合式步進電動機為例，其定子、轉子上沿圓周方向皆開有均勻分布的齒槽和極齒。定子上分成若干極（也稱大極，極齒也即極齒作為大極），極上有小齒及控制線圈；轉子由環形磁鋼及兩段鐵芯組成，環形磁鋼在轉子的中部，軸向充磁，兩段鐵芯分別裝在磁鋼的兩端，轉子鐵芯上也有小齒，但兩段鐵芯上的小齒相互錯開半個齒距，定子、轉子上的小齒間的齒距通常相同。

② 回轉型混合式步進電動機工作原理　混合式步進電動機可以有三相（即 6 極）、四相（8 極）、五相（10 極）、九相（18 極）、十五相（30 極）等等，雖然相數不同，但其工作原理基本相同。仍以前述的四相混合式步進電動機為例，講述混合式步進電動機工作原理。如圖 2-99(b) 所示，定子為四相 8 極，轉子上有 18 個小齒。當定子的一個極上的小齒與轉子上的小齒軸線重合時，相鄰極上定子、轉子的齒就錯開 1/4 齒距。定子為四相繞組，接線如圖 2-99(b) 所示，驅動器供給同極性脈衝。轉子上沒有磁鋼或定子繞組不通電的情況下，電動機不產生電磁力也就沒有電磁轉矩形成，只有在轉子磁鋼與定子磁勢相互作用下，才產生電磁轉矩。四相混合式步進電動機各極繞組常用的通電方式有：單四拍（*A*-*B*-*C*-*D*-*A* …… 循環）；雙四拍（*AB*-*BC*-*CD*-*DA*-*AB* …… 循環）；八拍（*A*-*AB*-*B*-*BC*-*C*-*CD*-*D*-*DA*-*A*……循環）等。多相混合式步進電動機與三相混合式步進電動機工作原理相同，每改變一次通電狀態，轉子就轉過一個步矩角；當通電狀態的改變完成一個循環時，轉子轉過一個齒距。

由上述可知：步進電動機的繞組設置在定子的極齒上，絕大多數步進電動機都是以永久磁鐵作為轉子，但也有將永久磁鐵作為定子的。直接驅動電動機（DD 電動機）就是將永久磁鐵作為定子的。

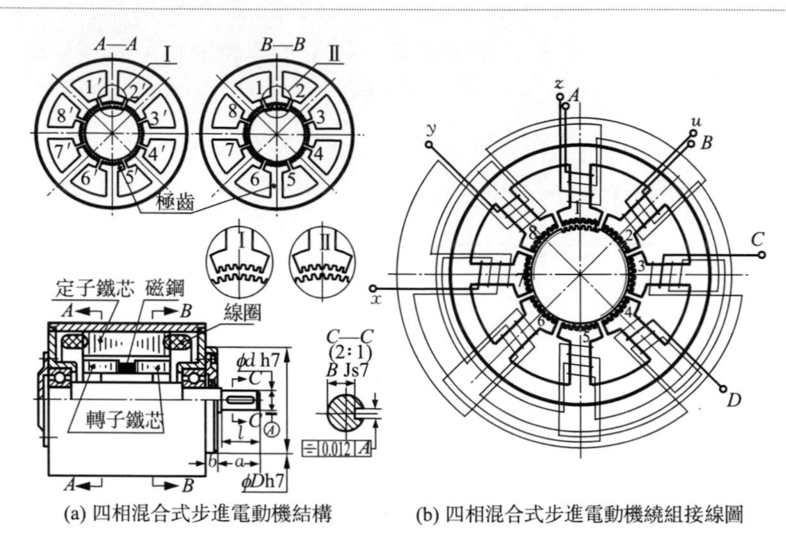

(a) 四相混合式步進電動機結構　(b) 四相混合式步進電動機繞組接線圖

圖 2-99　四相混合式步進電動機結構及繞組接線圖

(2) 直線步進電動機結構與工作原理

直線步進電動機按工作原理不同可以分為反應式和混合式兩類。反應式直線步進電動機可以設計成多種不同的結構形式，可以設計成不同的相數。

① 四相反應式直線步進電動機結構與原理　如圖 2-100 所示，它主要由定子、動子和相應的結構件組成，定子為由磁性材料疊合而成的等間距（即齒距）縱向排列矩形齒的雙側對稱齒條結構，該齒條被固定在基座上；動子為呈 E 形結構的疊片鐵芯所組成，或者說動子也是沿著縱向等間距排列矩形齒的單側齒條結構，動子的每個齒上都有相同的齒槽。定子、動子上的齒形和齒槽尺寸是相同的，但是，與回轉式步進電動機利用極距角和齒距角之間的特定關系來保證步進運動的不同之處在於：直線步進電動機動子的各 E 形鐵芯柱上各齒中心線必須相互錯開 1/4 齒距，也即直線步進電動機只能靠移動鐵芯柱之間的距離來實現直線步進運動。動子的 E 形矩形齒（或稱為鐵芯柱）上都繞有導線線圈。為保證動子和定子之間一定的極隙（也即氣隙）和相對運動，定子與動子之間裝有滾柱軸承和極隙調整器，動子與極隙調整器之間為剛性連接。

四相反應式直線步進電動機的工作原理與回轉反應式步進電動機的原理相似，如圖 2-100 所示，當各繞組按照 A-B-C-D-A…… 順序循環通電時，動子將分別以 1/4 齒距的步距向左步進移動；當通電順序改為 A-D-C-B-A……時，動子則以相同的步距向右步進移動。與回轉式步進電動機繞組接線方式相似，反應式步進電動機也可以有多種不同的繞組結構和接線方式、通電方式。

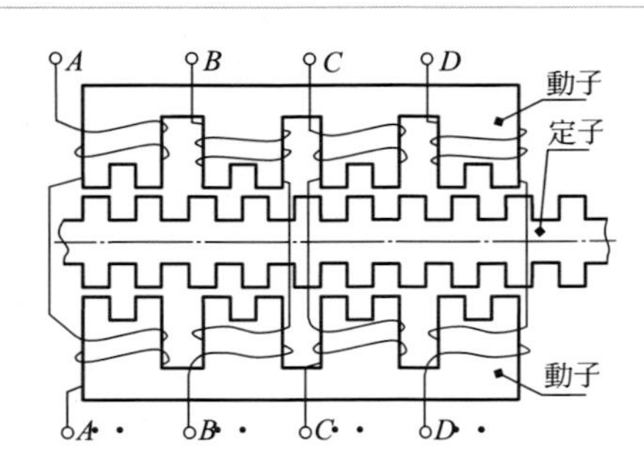

圖 2-100　四相反應式直線步進電動機結構原理及繞組接線圖

② 索耶混合式直線步進電動機結構與工作原理　如圖 2-101 所示，索耶步進電動機由位於上部的動子和位於動子下面的被固定的定子兩部分組成，是利用具有一定變化規律的電磁鐵與永久磁鐵的複合作用形成步進推進的電動機。動子是一個電磁組件，由一個馬蹄形永久磁鋼 PM 和兩個 Π 形電磁鐵 EMA、EMB 組成，在 EMA、EMB 上各有兩個勵磁線圈（磁極）；定子是用鐵磁材料製成的平板齒條，長度可以按照直線電動機移動行程需要來實際確定。平板齒條上部是由銑削加工出間隔分布的齒槽後形成的矩形齒。齒槽裡澆注環氧樹脂後與齒頂面一起磨平。齒槽之間也即齒與齒之間可以等間距，也可以不等間距。動子上與定子齒相對的表面上也加工有齒槽，槽中也澆注環氧樹脂並磨平。動子表面上開有若干小孔，這些小孔與外部壓縮空氣皮管相連通。當從外部壓入壓縮空氣後，藉助於空氣壓力克服永久磁鋼與定子間的吸引力，同時將動子懸浮於定子表面。這樣，透過控制壓縮空氣的壓力可以調節動子和定子之間的氣隙並保持極小的值。

索耶混合式直線步進電動機的電磁鐵 EMA、EMB 各有兩個小磁極 1&2、3&4，分別相對於定子齒錯開半個齒距。當 EMA、EMB 上的繞組無勵磁電流透過時，磁鋼 PM 產生的磁通均等地透過四個小磁極 1～4，與定子齒形成閉合磁路，整個系統保持靜止平衡狀態；當 EMA、EMB 之一的繞組先後輪流通入正、負脈衝電流時，每次通斷電切換一次，則動子移動 1/4 齒距。

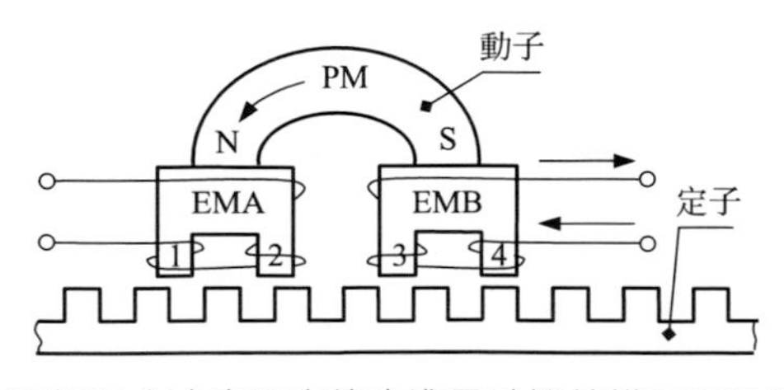

圖 2-101　四相混合式索耶直線步進電動機結構原理及繞組接線圖

③ 平面步進電動機結構與原理　按照前述的索耶直線步進電動機的原理，將兩個移動方向互相垂直布置的索耶直線步進電動機連接在一起，就形成了平面內由兩個互相垂直移動自由度的直線步進驅動合成原理的平面步進電動機，如圖 2-102 所示。定子平臺平面上均勻分布著正方形的齒，齒槽內填充環氧樹脂後磨平形成光滑的平面；動子是由兩個互相垂直放置的直線步進電動機組成的磁性組件。磁性組件的小孔中打入壓縮空氣，以壓縮空氣壓力與磁力相平衡來形成穩定的磁極間空氣氣隙，一般氣隙約為 10μm，動子可實現高速的平面內運動且無機械摩擦存在。這種平面步進電動機的運動精度很高，性能也很好，可作為 2 自由度平面內運動的高速精密移動機器人驅動部件使用。

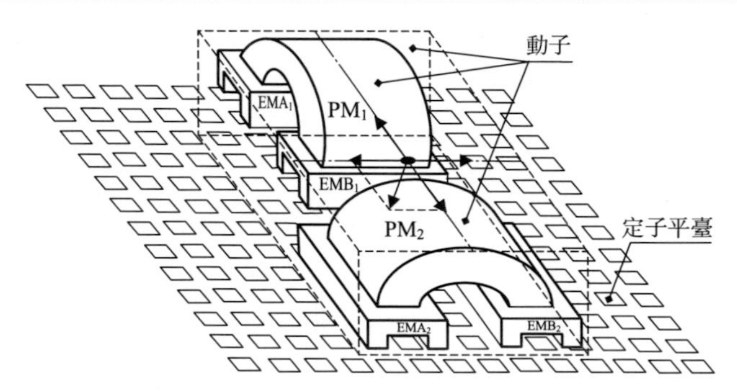

圖 2-102　平面步進電動機結構與原理圖

(3) 步進電動機的驅動與控制

步進電動機的運行狀態與通常均勻旋轉的直流電動機、交流電動機都有一定的差別，從繞組上所施加的電源形式來看，既不是正弦波交流，也不是恆定的直流，而是脈衝電壓。步進電動機的激勵與響應伴隨著電磁過程的躍變，其驅動電器部件始終運行在開關狀態，電動機內的磁場在空間內的變化是不均勻的。步進電動機不能直接接到交流、直流電源上使用，而必須使用步進電動機專用的驅動器才行。如圖 2-103 所示，步進電動機驅動器一般由環形分配器、訊號放大與處理級、推動級、驅動級、保護級等主要部分組成。

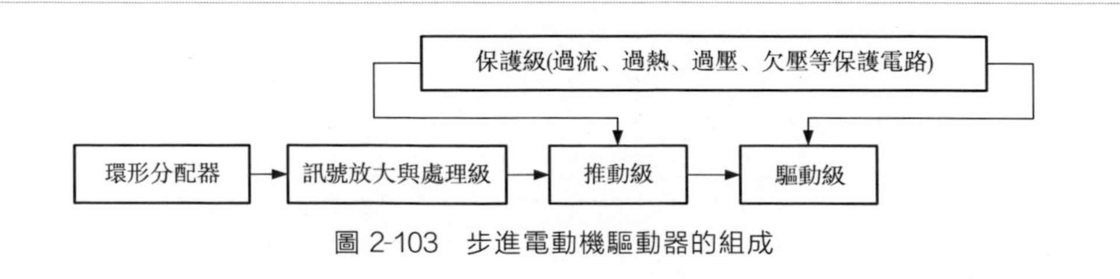

圖 2-103　步進電動機驅動器的組成

① 環形分配器：環形分配器的功能是接收來自控制的 CP 脈衝和轉向電平訊號，並根據這些訊號生成決定各相導通或是截止的狀態轉換訊號。它接收來自控制器的 CP 脈衝，並按步進電動機轉換表要求的狀態順序生成各相導通或截止的訊號。每來一個 CP 脈衝，環形分配器的輸出轉換一次。步進電動機轉速的高低、加速、異速、啓停都完全取決於 CP 脈衝及其頻率。環形分配器根據接收到的來自控制器的轉動方向訊號來決定其輸出的狀態是按照正序還是反序轉換，也即決定了步進電動機是正向轉動還是反向轉動。

② 訊號放大與處理級：接收來自環形分配器輸出的決定各相導通還是截止的訊號後將其加以放大，放大到足夠大後輸出給推動級。放大過程中既需要電壓放大，也需要電流放大。訊號處理則是對訊號進行某些轉換、合成，產生諸如斬波、抑製等特殊的訊號，從而產生特殊功能性的驅動。

③ 推動級：其作用是將較小的訊號加以放大，變成足以推動驅動級輸入的較大的訊號。有時推動級還承擔著電平轉換的作用。

④ 保護級：其作用是保護驅動級的安全。一般根據需要設置過電流保護、過熱保護、過壓保護、欠壓保護等等，以及對驅動器輸入訊號的監護。

⑤ 驅動級：驅動級直接與步進電動機的各相繞組連接。它接收推動級的輸出訊號，來控制電動機各相繞組的導通和截止，同時也對繞組承受的電壓、電流進行控制。驅動級使用的功率放大器件一般有中功率晶體管、大功率晶體管、大功率達林頓晶體管、可控矽、可關斷可控矽、場效應管、雙極型晶體管與場效應管的複合管，以及各種功率模塊。其中，達林頓晶體管和場效應管的結構、符號表示如圖 2-104 所示。一般情況下無需自己設計製作電動機驅動器，但需要了解電動機驅動器所用的關鍵元件的特點。

• 達林頓晶體管（Darl Tran）是一種將兩個三極管複合在一起的功率放大器件。前一個晶體管的發射極連接到後一個晶體管的基極，前一個晶體管的基極與後一個晶體管的發射極之間作為輸入端，要放大的訊號由基極輸入；前後兩個晶體管的集電極連接成一個節點與後一個晶體管的發射極之間作為功率放大器件的輸出端，放大後的訊號由前一個晶體管的發射極輸出。在達林頓晶體管的輸入、輸出端分別與後一個晶體管的發射極之間設有起反向保護作用的二極管。這樣將前後兩個二極管複合連接在一起使用可以獲得的放大倍數相當於兩個晶體管各自放大倍數的乘積，所以複合後的電流放大倍數可達千倍以上，即便在開關狀態也可以達到百倍以上。所以，達林頓晶體管只需很小的基極電流就可以產生很大的輸出電流。可控矽是一種脈衝觸發的開關器件，其突出的優點是輸入功率小、輸出功率大、耐壓高、成本低，但已經被大功率晶體管取代。因此，達林頓晶體管成為步進電動機驅動器中使用的主流器件之一。其缺點是飽和時管壓降稍大，導致損耗要大一些。其結構如圖 2-104(a) 所示。

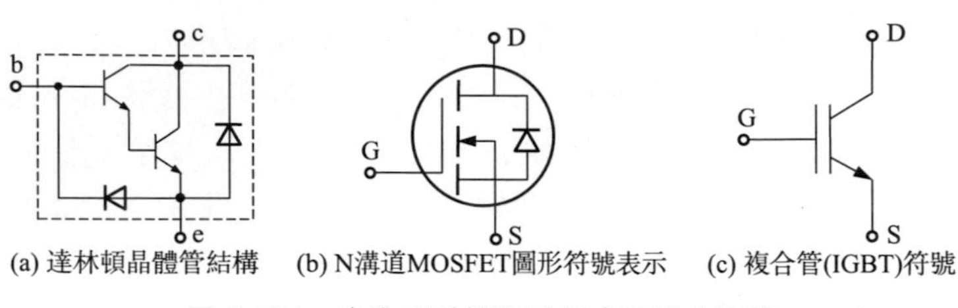

(a) 達林頓晶體管結構　(b) N溝道MOSFET圖形符號表示　(c) 複合管(IGBT)符號

圖 2-104　步進電動機驅動器中所用功率管

• 場效應管（MOSFET）是繼達林頓晶體管之後發展起來的電壓控制功率放大器件，特點是輸入阻抗很高，用小的電壓訊號就可以控制很大的功率，器件的容量多設計為 100～200V 時，可承受 100A 的電流；在 1000V 時，可承受 10A 電流，這類器件在通態時的行為類似於電阻，因此，可用作電流感測器。其符號表示如圖 2-104(b) 所示。場效應管的門極（也稱控制極）G、源極 S 和漏極 D 分別相當於晶體管的基極 b、發射極 e、集電極 c。門極 G 需要的控制電壓比晶體管基極要高，一般需 2～4V 以上，但它幾乎不需要控制極電流，所以可以直接使用 MOS 集成電路驅動。但門極 G 與源極 S 之間有一定的電容，所以在要求高速開關的情況下會產生充放電電流，所以此時推動級應有較強的充、放電流能力；漏極 D 和源極 S 之間的輸出阻抗比晶體管集電極 c 和發射極 e 之間的輸出阻抗稍微高一些，且不隨輸出電流而變化，所以場效應管可以直接並聯使用，不必使用均流電阻。場效應管在驅動器上的應用也已部分取代了晶體管。

• 雙極型晶體管與場效應管的複合管——絕緣柵雙極型晶體管（IGBT）：綜合了晶體管和場效應管兩種功率器件的優點，具有與 MOSFET 同樣理想的門控特性，並具有類似晶體管的反向電壓阻斷能力和導通特性。在驅動器功率放大應用方面已有較多應用。其符號表示如圖 2-104(c) 所示。

• 功率驅動模塊：是將功率放大晶體管、推動級晶體管、前級訊號放大、隔離、耦合等功能線路都集成在一起，形成具有較強功能、較大功率輸出的複合器件。使用這種器件製作的步進電動機驅動器結構簡單、性能穩定、工作可靠。

(4) 步進電動機的驅動方式

步進電動機的驅動方式主要有：單電壓驅動、單電壓串接電阻驅動、雙電壓驅動、高低壓驅動、斬波恆流驅動等多種不同的驅動原理和驅動方式。詳細可參照文獻[11]。

2.5.1.5 DC/AC/stepping/DD 等電動機比較

表 2-18 為直流電動機、交流電動機、步進電動機、直接驅動電動機的比較表。

表 2-18　直流電動機、交流電動機、步進電動機、直接驅動電動機的比較表

電動機類型	與其他電動機的關系	基本性質	驅動方式	逆轉方式	位置控制	速度控制	轉矩控制	效率	端子數（導線數）	轉矩	速度	控制性
DC電動機	有電刷和整流器	直線特性，無負載轉速與電壓成比例	只與直流電源連接，控制時需要控制電路	顛倒兩個端子的極性	用位置感測器回饋控制	用位置/速度回饋控制，速度平滑	轉矩與電流成正比	有效利用反電動勢，效率高，但在高速區域差	電動機本身端子數：2 根線。位置感測器：電子調速器—2 根線；測速發電機—3～4 根線。編碼器：7～8 根線	小	中	良
AC電動機	與步進電動機相似，永久磁鐵轉子，無電刷	直線特性，無負載轉速與電壓成比例	用逆變器將直流驅動變換為交流驅動	調整位置訊號與逆變器元件開關的關系	用位置感測器回饋控制	用位置/速度回饋控制，速度平滑	轉矩與電流成正比	有效利用反電動勢，效率高，但在高速區域差	隨驅動方式不同稍有不同，三相供電—3 根線；霍爾元件—5 根線；與光電編碼器一起總共 15 根線	中	高	良
stepping電動機	類似於超低速同步電動機結構	轉動速度與脈衝訊號同步，與脈衝頻率成正比，以最後一個脈衝保持在一定位置	不能使用普通的交直流電源驅動；推動級＋驅動級；需要專門的驅動控制電路	靠環形分配器顛倒勵磁順序	由脈衝序列的最後一個脈衝決定；存在失步和共振問題，加異速問題複雜化	與脈衝頻率成比例轉動，簡單但會產生速度波動	轉矩控制複雜，即使電流一定，也有微小位置變化	效率比 DC 電動機低，且越是小型效率越低。小步矩角下可以在超低速下高轉矩穩定運行，通常可以不經異速器直接驅動負載	隨電動機形式不同而不同。二相雙股：5 根線；五相五角形：5 根線。4、5、10 根不等	停止時可有自鎖能力	易於啓停正反轉，響應性好	數位開環控制，系統簡單
DD電動機	結構獨特，在相同質量的條件下，能夠提供比通常 DC 電動機更大的輸出轉矩	基於電磁鐵可變磁阻的 VR 電動機和基於永久磁鐵的 HB 電動機	需要驅動控制電路		需要更高解析度的位置感測器，難於得到高的控制精度	用位置/速度回饋控制	輸出轉矩大，但存在較大轉矩波動	低速大轉矩，可以不用異速器直接驅動負載，效率高		大	低	VR 電動機一般；HB 電動機差

2.5.2 液壓伺服驅動系統基本原理與選型設計

(1) 液壓伺服驅動系統的組成與特點

液壓伺服系統的組成：主要由液壓源、驅動器、伺服閥、位移感測器、控制器組成。液壓源（泵）負責將具有一定壓力的液壓油透過伺服閥控制液壓力和流量，並透過液壓回路管線供給液壓缸壓力油使液壓缸動作；感測器檢測液壓缸的實際位置後與期望的位置指令進行比較，位置差值量被放大後得到的電氣訊號輸入給伺服閥驅動液壓驅動器（液壓缸）動作，直至位置偏差變為零為止，也即位置感測器檢測到的實際位置與位置指令差值為零時液壓驅動器及其負載停止運動；伺服閥是液壓系統中必不可少的元件，其作用是將電氣訊號變換為液壓驅動器的驅動力。一般要求伺服閥響應速度快、適用於負載大的液壓驅動機器人中。若機器人速度與作業或運動精度要求不高，也可選用控制性能較差的廉價電磁比例伺服閥。伺服閥按其原理可分為：射流管式、噴嘴擋板閥式、滑閥式等類型；液壓伺服馬達把控制閥和液壓驅動器組合起來；現代液壓伺服系統用電腦作為控制器，對伺服閥位移進行計算和控制。電液伺服系統的組成如圖 2-105 所示。

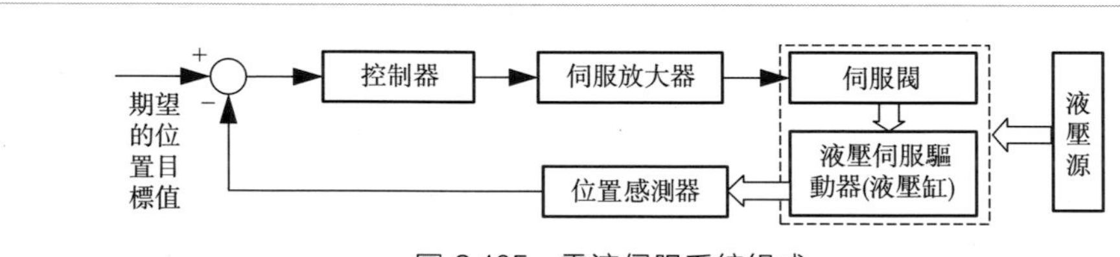

圖 2-105　電液伺服系統組成

液壓傳動（也稱液壓驅動）特點：

• 轉矩（或推拉力）與慣性比大，液壓驅動器單位質量的輸出功率高，適用於重載下要求高速運動和快速響應、體積小、質量輕的場合。

• 液壓驅動不需要其他動力或傳動形式即可連續輸出動力。

• 液壓傳動需要液壓源驅動液壓缸，可以直接由液壓缸實現直線移動或定向換向移動，因此，從驅動機構系統來看，液壓驅動較電動機驅動下的傳動系統相對簡單且直接。因此，液壓驅動方式適用於重載作業情況下的機器人操作臂或腿足式移動機器人。

• 與電動機驅動方式相比，液壓系統具有高剛度、保持力可靠、體積小、質量輕、轉矩（或推拉力）慣性比大、不需要電動機驅動下的異速器而直接由液壓缸驅動等優點。但液壓驅動系統需要有電液伺服系統，而電動機驅動則是電氣伺服系統。電氣系統具有維護簡單方便、控制方法和技術先進、位置/速度回饋相對於電液伺服系統容易實現等優點。

• 液壓系統的缺點是：易漏油，必須配置液壓源；全自立移動設備需要自帶發電機給電液伺服系統供電；伺服閥等液壓元件的非線性、混有空氣的液壓油的壓縮性等都會影響電液伺服系統的伺服精度和驅動性能。電動機的電氣系統的缺點是：電動機驅動系統單位質量的輸出功率比液壓驅動的小得多；常用的回轉電動機不直接產生直線移動，轉速高但輸出力矩小，需要用異速器異速同時放大轉矩；除非是永磁電動機，否則掉電不具有保持力或力矩，為此，工程實際中通常需要配備電磁煞車器或者帶有自鎖性能的異速器來實現掉電保護。

液壓驅動在工業機器人中的應用：由於液壓驅動系統需要整套相對體積龐大且笨重的油箱、液壓泵站、液壓回路以及閥控系統，移動作業需要由搭載液壓泵站的移動車為機器人液壓驅動器供壓力油，並且維護起來相對複雜，所以液壓驅動器曾被廣泛應用於固定於作業場所的工業機器人中。現在逐漸被電動驅動的工業機器人所取代，但在 0.5t 以上重載作業自動化行業，液壓驅動工業機器人仍然無法為電動驅動所替代而獨有用武之地。

(2) 工業機器人液壓驅動系統的組成與工作原理

液壓回路的組成：工業機器人各個關節由液壓缸活塞桿驅動關節回轉或移動，而活塞桿則是由其左右液壓腔內的壓力油驅動的，因此，液壓驅動的工業機器人中的液壓系統與一般液壓機械系統中的液壓系統基本相同，主要由驅動部件、執行部件、控制元部件以及液壓回路組成。

液壓驅動部件是指液壓泵，它一般是將作為原動機的電動機輸出的機械能轉換成液壓油的壓力能，是液壓系統中的能量源。

液壓泵按其工作原理可以分為齒輪泵、葉片泵、柱塞泵、螺旋泵等類型，而在工業機器人中應用較多的是齒輪泵和葉片泵。液壓泵選擇的主要參數依據是液壓系統正常工作所需要的液壓泵工作壓力和流量。液壓泵的工作壓力是指液壓系統最大工作壓力和液壓油從液壓泵被泵送到液壓缸期間油路中總共損失壓力的和，一般由管路損失系數（取值範圍為 1.05～1.15）乘以系統最大工作壓力計算出來；而液壓缸的推力則是由缸內壓力油作用在活塞有效作用面積上產生的並可以計算出來的。

液壓控制元部件是指液壓系統中的用來控制或調解液壓系統中液壓油流向、壓力和流量的各類液壓閥，這些控制元部件對於液壓系統工作的可靠性、平穩性以及液壓缸之間動作的協調性都起著至關重要的作用，主要有：壓力控制閥、流量控制閥、方向控制閥和輔助元部件裝置等。

• 壓力控制閥：即是用來控制液壓油壓力的液壓閥，這類閥利用閥芯上的液壓作用力和彈簧力保持平衡，透過閥口開啓大小也即開度來實現壓力控制，主要有溢流閥、異壓閥、順序閥、壓力繼電器等等。

•流量控制閥：是透過改變閥口流通面積或者過流通道的長度來改變液阻，從而控制透過閥的流量來調節執行元部件的速度的液壓閥，常用的有普通節流閥、各類調速閥以及由兩者組合而成的組合閥、分流集流閥。

•方向控制閥：是指用來控制液壓系統中液壓油流動方向和流經通道，以改變執行元部件運動方向和工作順序的液壓閥，主要有單向閥和換向閥兩類方向控制閥。單向閥只能讓液壓油在一個方向上流通而不能反向流通，相當於「單向導通，反向截止」。滑閥式換向閥是靠閥芯在閥體內移動來改變液流方向的方向控制閥。滑閥式換向閥的結構原理是：閥體上開有不同方向的通道和通道油口，閥芯在閥體內移動到不同的位置時可以使某些通道口連通或堵死，從而實現液流方向的改變。因此，將閥體上與液壓系統中油路相通的油口稱為「通道」的「通」，而將閥芯相對於閥體移動的不同位置數稱為「位置」的「位」。於是為了方便起見，方向控制閥就有了通常所說的「二位二通閥」「三位四通閥」「三位五通閥」等等簡單明了的稱謂。

輔助元部件（裝置）：包括油箱（也稱油池）、濾油器（也稱過濾器）、蓄能器、空氣濾清器、管系元件等等。油箱的作用是儲存和供應液壓油，並且使液壓油中空氣析出放掉，沉澱油液中的雜質，以及散熱；濾油器可以過濾掉循環使用的液壓油；空氣濾清器主要是對進入油箱中的空氣進行過濾。蓄能器是儲存和釋放液體壓力能的裝置，在液壓系統中用來維持系統的壓力，作為應急油源和吸收衝擊或脈動的壓力。蓄能器主要有重力式、彈簧式和氣體加載式三類。氣體加載式又分為氣瓶式、活塞式和氣囊式等多種形式。

通常的液壓驅動的機器人採用透過換向閥、壓力繼電器、蓄能器、節流閥、單向節流閥、平衡閥、單向閥、壓力表或壓力感測器、溢流閥等控制方向、流量的液壓閥以及液壓回路等構成的液壓回路控制系統，除此之外，源動力系統由電動機、液壓泵、壓力表或壓力感測器、濾油器（也稱過濾器）、油箱（油池）、冷卻器等組成。

(3) 液壓系統的控制回路

機器人液壓系統是根據機器人自由度數以及運動要求來設計的，如同電動機驅動的多自由度機器人的伺服驅動系統由基本原理和組成相同的多路伺服電動機驅動系統構成一樣，類似地，整臺機器人液壓驅動系統總體構成也是由驅動機器人各個關節（自由度）的多路基本原理與構成基本相同的液壓缸驅動 & 控制系統構成。每一路都是由一些基本的回路構成的，這些基本的液壓回路有：調速回路、壓力控制回路、方向控制回路等。

① 調速回路：調速回路是實現液壓驅動機器人運動速度要求的關鍵回路，是機器人液壓系統的核心回路，其他回路都是圍繞著調速回路而配置的。

a. 單向節流調速回路。機器人液壓系統中的調速回路是由定量泵、流量控制閥、溢流閥和執行元部件等組成的。透過改變流量控制閥閥口的開度來調節和控制流入或流出執行元部件（液壓缸）的流量，並起到調節執行元部件運動速度的作用。單向節流調速的回路構成及原理如圖 2-106 所示。

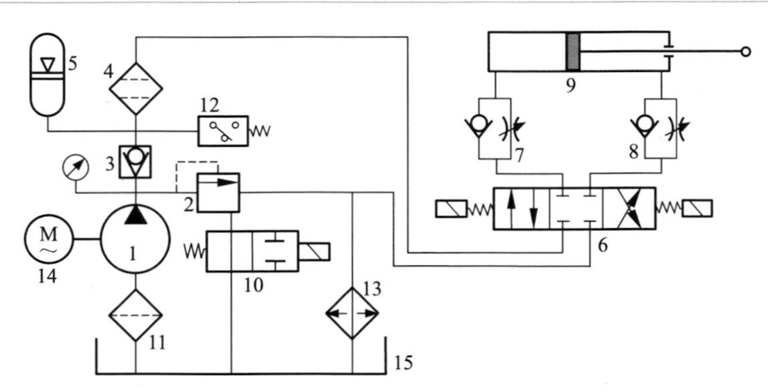

圖 2-106　液壓源及單向節流調速液壓系統回路

1—定量泵；2—溢流閥；3—單向閥；4—精過濾器；5—蓄能器；6—三位四通換向閥；7,8—單向節流閥；9—液壓缸；10—二位二通閥；11—粗過濾器；12—壓力繼電器；13—冷卻器；14—交流電動機；15—油箱

調速原理：交流電動機 14 上電運轉帶動定量泵 1 回轉並向液壓系統回路泵送壓力油，泵排油出口附近的溢流閥 2 調定供油壓力後，一部分壓力油經單向閥 3 和精過濾器過濾後到三位四通換向閥 6，當換向閥 6 右邊的電磁鐵通電時，閥芯左移，壓力油經換向閥 6 的左邊通道（↑↓的↑）和單向節流閥 7 進入液壓缸 9 的活塞左側腔室，並且推動活塞桿向右移動。液壓缸 9 的右腔室的液壓油經單向節流閥 8 回油節流後，透過三位四通換向閥 6 的左側通道的右通道（↑↓的↓）回流至油箱。調節節流閥 7、8 的通流面積，即可調節進入液壓缸的流量，從而控制機器人關節運動的速度。

液壓系統保持一定壓力的壓力保持原理：液壓缸除了靠壓力油推動實現伸縮運動之外，還需要有足夠的為平衡外力負載的作用力，因此，液壓系統需要保證有一定的足夠的壓力用來平衡機器人操作作業時所受到的外部載荷。這個需保持的壓力的調定是由溢流閥 2 實現的。液壓泵 1 輸出的壓力油除一部分透過單向閥 3 外，還有一部分透過溢流閥 2 的這一個支路，當液壓油壓力增大到一定程度時，壓力油就透過溢流閥 2 和二位二通閥 10 回到油箱。粗過濾器 11 用於過濾油箱中雜質，以保證進入到液壓泵的油液清潔；壓力繼電器 12 的作用是過壓時向電控系統發送過壓訊號，電控系統根據此訊號控制二位二通閥 10 動作使液壓泵卸荷；單向閥 3 起到單向過流和系統保壓作用；蓄能器 5 可以補充液壓系統各處的泄漏，以保證系統壓力穩定。

b. 並聯調速同步控制回路。液壓驅動的機器人的運動往往是由多個液壓缸驅動來實現的，由於每個液壓缸所分擔的載荷不同、摩擦阻力也不同，加之液壓缸在缸徑製造上存在誤差、泄漏等因素，會造成各液壓缸動作的位移、速度不同步。為解決這一問題，實現同步動作，需要設有同步控制回路。同步回路的結構與工作原理如圖 2-107 所示。

並聯調速同步控制原理：液壓缸 5、6 並聯在液壓系統回路中，分別由調速閥 2′、3′調節兩個活塞桿的運動速度。當要求兩個液壓缸同步運動時，透過調速閥 2′和 3′的流量要調節到相同值才能保證兩個液壓缸同步運動。當三位四通換向閥 7 的左側電磁鐵通電時，閥芯被推到右側壓力油透過換向閥右側的通道（↑↓）的左側閥口即↑，則壓力油同時進入液壓缸 5、6 的活塞左側腔室並推動活塞同步外伸；當三位四通閥 7 的右側電磁鐵通電時，閥芯被推到左側換向閥 7 的左側通道（⤡）的兩個閥口導通，壓力油分別透過單向閥 1′和 4′進入兩個液壓缸的活塞右側腔室並推動兩個液壓缸的活塞快速同步退回。這種並聯調速同步控制回路的特點是方法簡單，同步精度易受液壓油油溫變化、調速閥的精度、液壓油泄漏等因素影響。為此，調速閥盡可能設置在距離液壓缸較近的位置，以期得到同步精度的提高。

c. 單向比例調速閥的調速回路。除非均由直線移動關節構成的機器人，否則還有回轉關節的機器人運動時，各個回轉關節的運動必然會有加異速運動要求，即便是末端操作器勻速運動，各個關節也不會是勻速回轉，而是頻繁往復地加異速運動。因此，透過比例調速閥可按給定運動要求實現速度控制。單向比例調速閥的調速回路如圖 2-108 所示。

單向比例調速閥調速原理：如圖 2-108 中所示，比例調速閥 3、4 分別檢測電氣控制裝置發出的控制訊號，然後調節閥的開度，來控制雙活塞桿液壓缸 1 的活塞左右運動的速度。

② 壓力控制回路：主要有調壓回路、卸荷回路、順序控制回路、平衡與鎖緊回路。

a. 調壓回路。機器人工作時液壓系統提供給液壓缸的壓力與該液壓缸所分擔的載荷在力學上是平衡關系。而機器人末端操作器受到來自作業對象物的載荷（力和力矩）是變化的（即便載荷不變），經機器人機構轉換到驅動各關節運動的液壓缸上也是變動的。因此，相應於載荷的變化，液壓回路提供給液壓缸的壓力也應該是相應於載荷變化而變化的。因此，液壓系統中需要有根據負載變化調節壓力變化的調壓回路。對於採用定量泵的液壓系統，為控制液壓系統的最大工作壓力，一般透過在油泵出口附近設置溢流閥的辦法來調節系統壓力，並將多餘的液壓油溢流回到油箱。此外，採用溢流閥還能起到過載保護的安全閥作用。

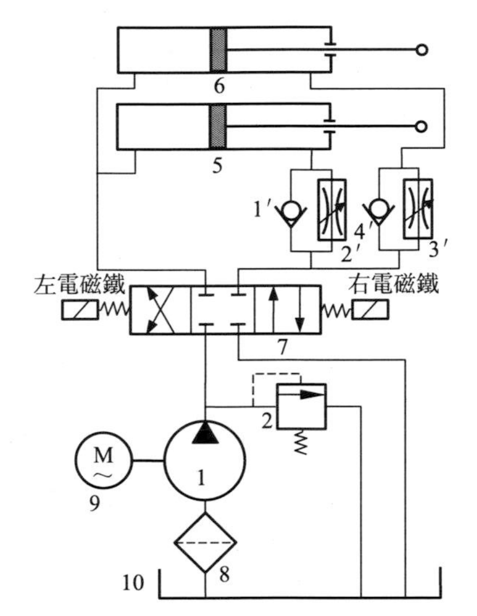

圖 2-107　並聯調速同步控制液壓系統回路

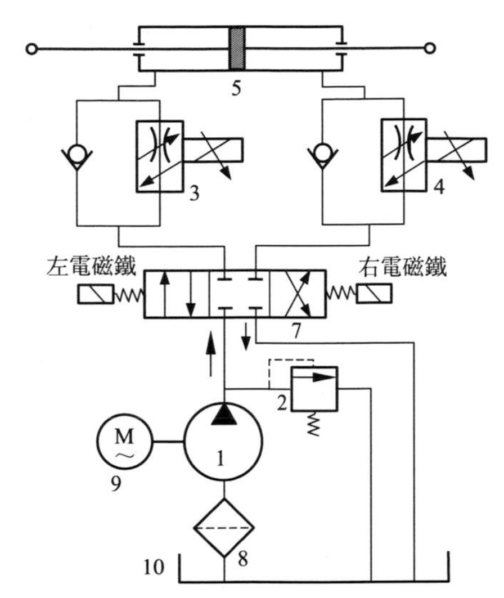

圖 2-108　採用單向比例調速閥的調速回路

單個溢流閥調壓回路：如圖 2-109 所示，在油泵排油出口附近與油箱之間設置一個溢流閥，透過這個旁路溢流閥來將油泵排出流量分流並透過調節閥口開度來調節流量大小，從而實現調壓功能。

採用多個溢流閥的多級調壓回路：為使機器人液壓系統局部壓力降低和穩定，可以採用多個溢流閥分級調節以獲得不同的壓力。相當於在被調節壓力的節點和油箱之間將多個溢流閥並聯在一起，透過分支回路調節流量來調節通往液壓執行元部件主回路的壓力。圖 2-110 所示為採用兩個溢流閥的二級調壓回路。在泵 1 的排油出口附近設置了兩個溢流閥 2、3，由一個二位二通閥 4 來調控壓力。這個二位二通閥可以有兩個安裝位置，一個是設置在溢流閥 3 與油箱之間，這種情況下，溢流閥 3 的出口被二位二通閥 4 開閉，泵 1 的最大工作壓力取決於溢流閥 2 的調節壓力；當二位二通閥 4 閥芯移位至導通狀態時，溢流閥 3 的出油口與油箱接通，此時泵 1 的最大工作壓力就取決於溢流閥 3 的調節壓力了。但溢流閥 3 的調節壓力應小於溢流閥 2 的調節壓力，否則溢流閥 3 將起不到壓力調節作用。二位二通閥 4 的另一個安置位置是在溢流閥 2、3 之間，工作原理與前者沒有區別，只是安放位置不同而已，如圖 2-110 中的虛線部分所示即是這個安裝位置。

b. 卸荷回路。當工業機器人保持在某一構形不動時，液壓缸停止動作並保持在一定的位置，而帶動油泵的電動機不停止工作、繼續運轉的狀態下，為異少油泵的功率損耗和系統發熱，讓油泵在低負荷下工作，需要採用卸荷回路，如圖 2-111 所示。

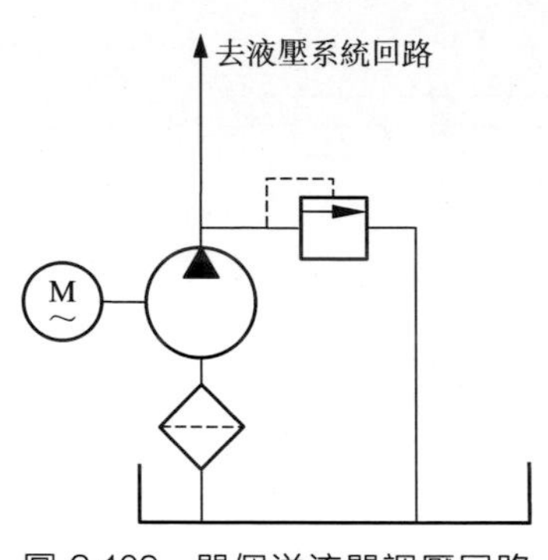

圖 2-109　單個溢流閥調壓回路

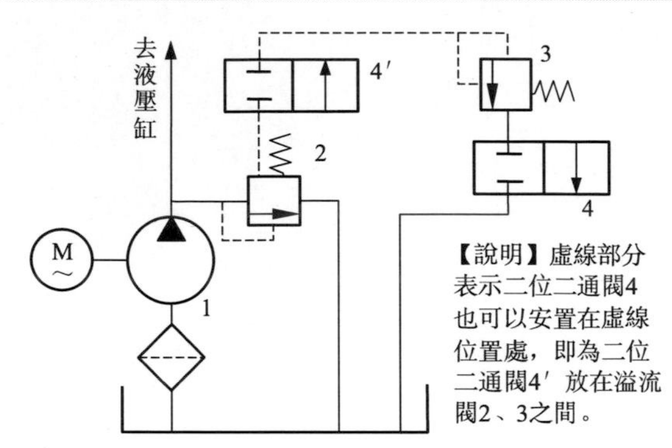

圖 2-110　雙溢流閥式二級調壓回路

1—泵；2,3—溢流閥；4,4′ —二位二通閥

卸荷回路的卸荷原理：卸荷回路中，如圖 2-111(a) 所示採用 H 型三位四通閥卸荷，當該換向閥處於中位時，油泵透過電磁閥直接連通油箱，實現卸荷；如圖 2-111(b) 所示則是在油泵 1 的出口並聯一個二位二通閥 2 的卸荷回路。若二位二通閥 2 的電磁鐵為通電狀態（圖示中），則切斷了油泵出口通向油箱的通道，液壓系統為正常工作狀態；若液壓缸等執行元部件停止工作，則二位二通閥 2 的電磁鐵斷電，閥芯左移，油泵出口與油箱之間的通路被二位二通閥 2 開通，油泵泵送出的液壓油直接經二位二通閥 2 回流油箱。這種卸荷回路的卸荷效果良好，一般常用於排量小於 63L/min 的泵。

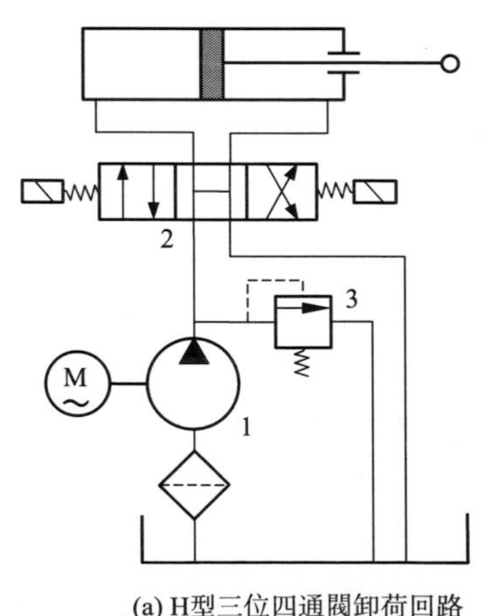

(a) H型三位四通閥卸荷回路

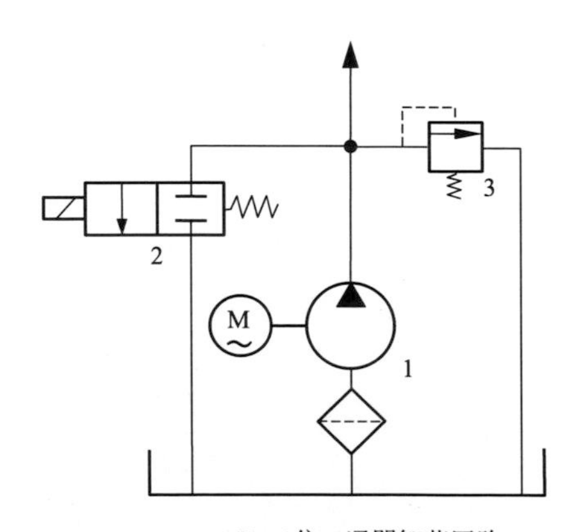

(b) 二位二通閥卸荷回路

圖 2-111　液壓系統的卸荷回路

c. 順序控制回路。不僅在電動驅動的機器人中可以採用順序控制（sequence control），液壓驅動的機器人也可以採用液壓系統的順序控制回路，來保證機器人上液壓驅動器（液壓缸）動作的先後順序，實現液壓驅動的順序控制。如圖 2-112 所示，為採用兩個順序閥的順序控制回路。

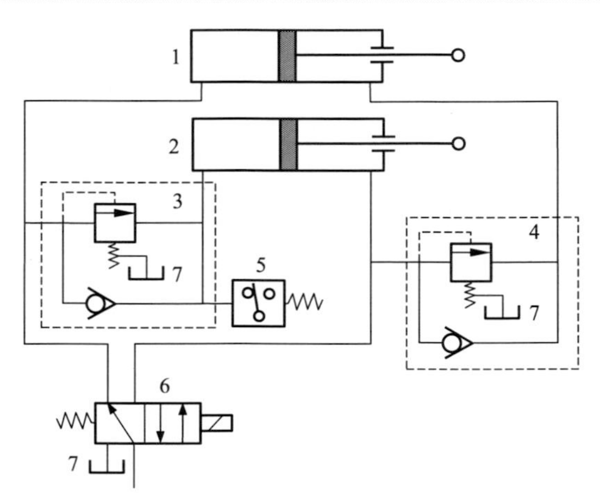

圖 2-112　液壓系統的順序控制回路

對雙液壓缸進行順序控制的原理：當壓力油經換向閥 6 進入液壓缸 1 時則實現液壓缸 1 活塞桿外伸動作，該動作結束後，系統壓力繼續升高，順序閥 3 被壓力油打開，壓力油流經順序閥 3 通道進入液壓缸 2 推動其活塞桿外伸；液壓缸 2 外伸動作結束後，系統油壓壓力繼續升高，壓力繼電器 5 在壓力升高到預調值時動作並發出一個電脈衝訊號，機器人將進入下一個動作順序控制循環。多液壓缸的順序控制回路和原理與雙液壓缸順序控制以此類推。

d. 平衡與鎖緊回路。平衡的必要性：工業機器人操作臂一般為大臂、小臂相對於固定的基座呈外伸的懸臂結構形式，外伸越長，速度變化越大，則需要由液壓缸、電動機等驅動部件輸出的與重力、重力矩、由機器人本身質量引起的慣性力、慣性力矩等相平衡的驅動力或驅動力矩部分所占總驅動能力的比例就越大，由於電動機、液壓缸等輸出的最大的驅動力是有限的（即有界的），克服重力矩或慣性力矩越大，末端所帶外載能力就越小。因此，在驅動系統設計上，應盡可能異小由重力不平衡、質量引起的慣性力或力矩等驅動能力的消耗，從而相對擴大所帶外載荷能力。為此，處於懸臂梁結構狀態的外伸臂需要在驅動設計、結構設計和質量或內力的分配等方面考慮本機械本體各部分的靜平衡或動平衡設計問題。

鎖緊的必要性：電動機驅動的機器人當供電系統掉電時，如果電動機＋機械傳動系統的摩擦阻力或阻力矩大於機器人相應部分的重力或重力矩、慣性力或力矩，則該部分關節不會反轉，但是如果有外部擾動力或力矩作用後，有可能超出機械傳動系統的摩擦阻力或阻力矩，此時仍然會反轉。有可能導致機器人機械本體「坍塌」，還有一種情況就是機器人關節看似未被動驅動反轉，但實際上有可能是非常緩慢的被動反轉。為此，工業機器人操作臂產品一般在電動機出軸上都會設有煞車器（如電磁煞車器）用來防止突然掉電關節被動驅動反轉現象，另外，還有保持位置功能。如果各關節機械傳動系統設計上選擇具有自鎖功能的機械傳動形式如蝸輪蝸桿傳動（異速器）則可以不用煞車器，但這種傳動精度相對較差。對於液壓驅動的工業機器人操作臂而言，同樣，在失壓狀態下，為了避免機器人因自重導致臂繞關節被動驅動下的滑落，為了防止因外力作用而發生位置變化，以及為保證機器人動作後準確地停止在指定的位置，需要鎖緊機構。

採用順序閥的平衡與鎖緊回路：如圖 2-113(a) 所示，為採用順序閥作為平衡閥實現任意位置鎖緊的回路。當液壓缸 1 的活塞桿帶動負載力 F（重物或外力）在某一上升位置停止時，換向閥 2 的電磁鐵線圈斷電，由於順序閥 3 的調整壓力大於外載荷力 F，液壓缸 1 的下腔油液被封死，因而活塞桿不會因外載荷 F 作用而下滑，呈被鎖緊狀態。

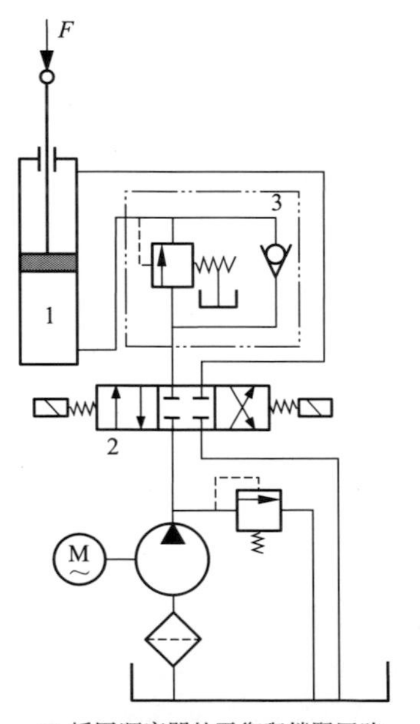

(a) 採用順序閥的平衡與鎖緊回路

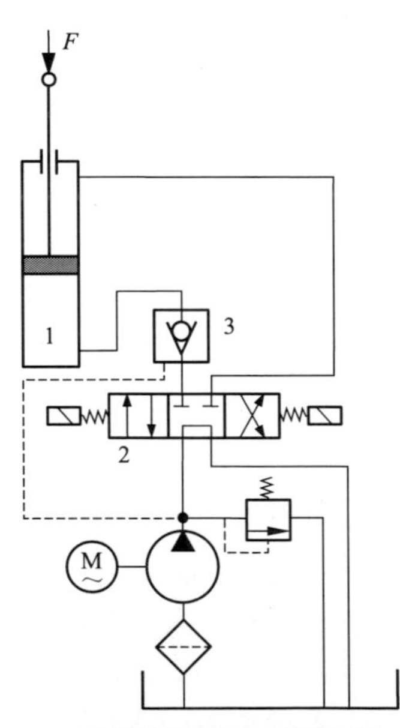

(b) 採用單向閥的平衡與鎖緊回路

圖 2-113　液壓系統的平衡與鎖緊控制回路

1—液壓缸；2—換向閥；3—順序閥

採用單向閥的平衡與鎖緊回路：如圖 2-113(b) 所示，為採用單向閥實現的任意位置平衡與鎖緊回路。當液壓缸 1 的活塞桿帶動重物或外部載荷 F 停止在某一上升位置時，在運動部件自身重力或外部載荷 F 作用下，液壓缸 1 的下腔的液壓油產生背壓可以平衡重力或外部載荷 F。工作時，利用液壓缸的上腔的壓力油打開液控單向閥 3，使下腔的液壓油流回油箱。

③ 方向控制回路：驅動機器人各關節運動的液壓缸活塞桿的伸縮運動、為整個液壓系統提供壓力油的液壓馬達運動（直線移動或回轉）都需要進行方向控制，一般採用各種電磁換向閥、電/液動換向閥。電磁換向閥按電源不同又可分為直流換向閥和交流換向閥兩類。由電控系統根據所需控制的壓力油的流向相應發出電訊號，控制電磁鐵操縱閥芯移動並實現換向，從而改變壓力油的流入、流出方向，實現執行元部件的正向、反向運動。

(4) 工業機器人操作臂液壓驅動系統方案設計

前面講述了機器人採用液壓驅動方式的調速、方向控制、卸荷控制、平衡與鎖緊等液壓驅動與液壓閥控制基本回路與原理，利用這些基本回路和原理不難設計通常工業機器人操作臂的液壓驅動與控制系統。假設液壓驅動的 n 自由度機器人操作臂是由回轉關節、移動關節連接各個桿件所組成的，液壓驅動下的回轉關節既可以由伸縮式的液壓缸活塞桿推動連桿機構或齒輪齒條傳動等機構輸出回轉關節運動，也可以由擺動液壓缸實現回轉關節運動，而移動關節則可直接由伸縮式液壓缸驅動。下面針對含有回轉關節和移動關節的機器人操作臂採用液壓驅動與控制系統的設計方案，如圖 2-114 所示為帶有三個移動副和一個回轉副的機器人操作臂的液壓驅動系統。

可用 PC、PLC、工控機等作為主控器控制各換向閥電磁鐵按序通斷電動作來控制液壓缸的動作，從而實現機器人操作臂的運動控制。

2.5.3 氣動伺服驅動系統基本原理與選型設計

(1) 氣動驅動特點、系統組成與工作原理

① 氣壓驅動器的特點 氣壓傳動（或稱氣壓驅動）作為靠流體介質傳動方式的一種，是藉助於氣體在封閉腔室內的壓力來推進執行機構動作的傳動方式，簡稱氣動。一般以空氣為介質，空氣的可壓縮性決定了氣動的優點，同時也暴露了其缺點。

氣動的優點為：能量儲蓄簡單易行，可短時間內獲得高速動作；可以進行細微和柔性的力控制；夾緊時無能量消耗且不發熱；柔軟且安全性高；體積小、質量輕、輸出/質量比高；維護簡便，成本低。

氣動的缺點是：空氣的可壓縮性帶來了操作的柔軟性和安全性，但也降低了

驅動系統的剛度和定位精度，不易實現高精度、快速響應性的位置與速度控制，且控制性能易受摩擦和載荷的影響。因此，使用氣動驅動時應充分利用其優點而避開其缺點或異少其弱點的影響。

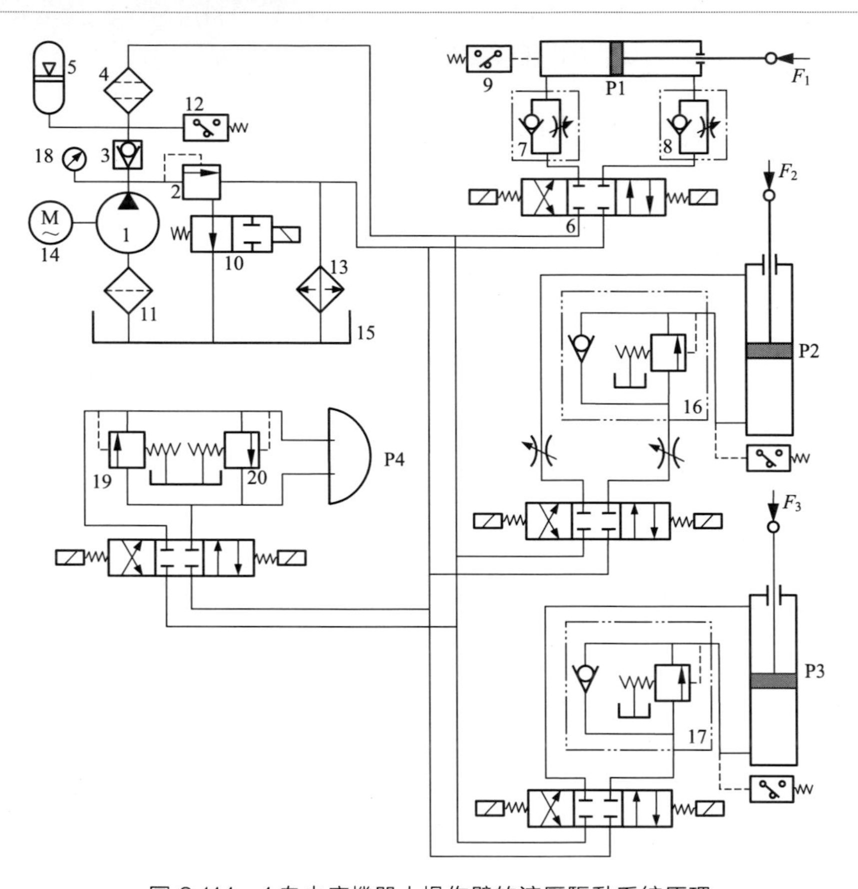

圖 2-114　4 自由度機器人操作臂的液壓驅動系統原理

1—液壓泵；2—溢流閥；3—單向閥；4—精過濾器；5—蓄能器；6—換向閥；7，8—單向節流閥；9，12—壓力繼電器；10—換向閥；11—粗過濾器；13—冷卻器；14—電動機；15—油箱；16，17—平衡閥；18—壓力表；19，20—溢流閥；P1～P3—伸縮式液壓缸；P4—擺動式液壓缸（擺動缸）

② 氣壓驅動器的分類　氣壓驅動器是指靠調節壓縮空氣的給氣、排氣來實現驅動的驅動器，按機構原理大致可分為兩大類：一類是像氣缸那樣靠缸體內壓縮空氣推動活塞、活塞桿來實現驅動的驅動器，這種驅動器本體一端和活塞桿外露端分別連接在需要相對運動的兩個構件上；一類是靠密閉腔室內調節壓縮空氣進氣、排氣來使驅動器本體伸縮、彎曲、扭擰變形來實現運動和驅動的驅動器，

這種驅動器本體的兩端分別連接在需要相對運動的兩個構件上。按構成氣體容腔的殼體的軟硬可以分為通常的氣缸和軟體驅動器；按照氣壓驅動器運動輸出的形式可以分為直線移動的氣缸和轉動型驅動器。常用的氣壓驅動器可分為氣缸、氣動馬達、擺動缸和橡膠氣壓驅動器。其中，在通常的工業機器人中經常使用的是氣動馬達、氣缸或擺動缸等氣壓驅動器；而在仿生、人型機器人及其功能部件中常使用軟體氣壓驅動器，最為普遍的便是橡膠氣壓驅動器，氣動人工肌肉便是其中最具代表性的產品之一。

③ 氣動系統的組成與氣壓驅動控制　氣壓系統為主要由動力源、驅動部、檢測部、控制部四大部分組成的電子-氣壓系統。動力源包括氣泵（空氣壓縮機或壓力氣瓶）和空氣净化裝置、電源；驅動部包括分別控制壓力、流量、流向的壓力控制閥、流量控制閥、方向控制閥以及氣壓驅動器；檢測部包括各種開關、限位閥、光電管、感測器；控制部包括控制（運算）電路、操控器、顯示設備等等，詳細組成與各部分相互之間的關係如圖 2-115 所示。

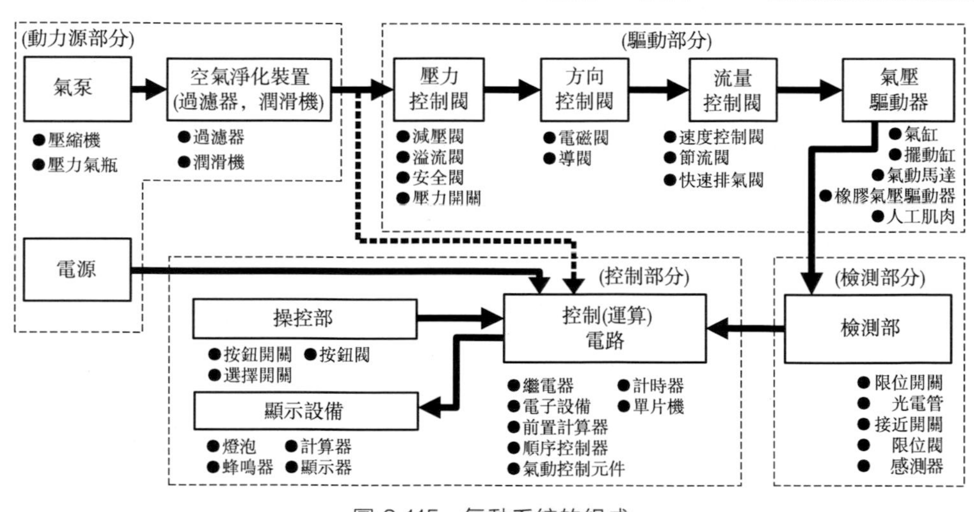

圖 2-115　氣動系統的組成

與靠流體傳動的液壓驅動系統類似，氣動系統的控制元件也包括方向控制閥、流量控制閥、壓力控制閥。常用的方向控制閥（也即換向閥）有二位三通閥、二位四通閥、三位四通閥、二位五通閥和三位五通閥，通流面積一般為 $2.5 \sim 14\mathrm{mm}^2$，開/關響應時間為 10～16ms/22～70ms。在要求防止掉電引起氣缸驟然動作的場合，可採用配備兩塊電磁鐵的雙電控電磁閥（即雙電磁鐵直動式電磁閥），這種電磁閥在電訊號被切斷後，仍能保持在切換位置；常用的流量控制閥為單向閥與節流閥並聯組合而成的單向節流閥。單向節流閥是透過調整對執行元部件的供氣量或排氣量來控制運動速度的；壓力控制閥多採用帶有溢流閥的調壓閥。

（2）氣動驅動系統的回路

氣動系統是根據不同的基本氣動目的，選擇不同的基本回路進行組合而成的氣動回路。下面介紹氣動機器人常用的基本回路。

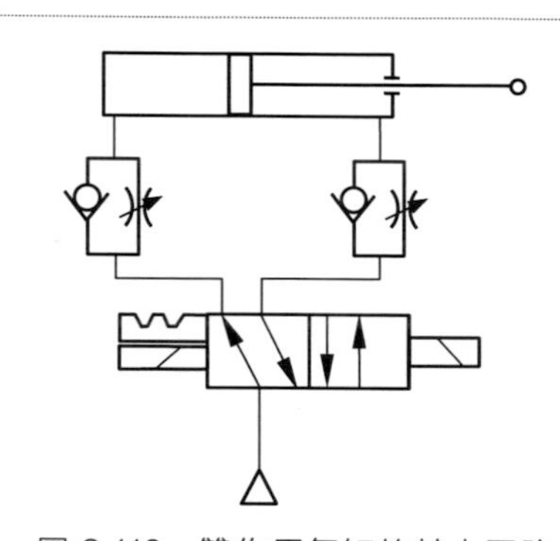

圖 2-116　雙作用氣缸的基本回路

① 常用於搬運、沖壓作業機器人的雙作用氣缸往復動作基本回路　通常的伸縮式氣缸主要是由需要密封的缸體、活塞和活塞桿組成的。活塞的兩側是密閉的氣腔。為使氣缸活塞伸縮移動，其氣動基本回路的作用就是透過單向節流閥、二位四通閥等閥控制壓力氣體的流向、流量來控制氣缸的伸縮動作和運動速度。如圖 2-116 所示，為雙作用氣缸的基本回路。所謂的雙作用就是外伸與縮回兩個方向的動作都是由氣動控制元件主動驅動與控制實現的，即外伸、縮回兩個方向都可帶載工作。當二位四通閥一端的電磁鐵通電將閥切換時，即使線圈斷電，閥仍然保持切換位置。當左端的電磁鐵線圈通電時，壓力氣體經[↓ ↑]的右側通路（↑）進入氣缸活塞右側氣腔，並向左推動活塞及活塞桿，氣缸活塞左側氣腔內的氣體經[↓ ↑]的左側通路（↓）回流；當右端的電磁鐵線圈通電時，壓力氣體經[↖ ↘]的左側通路（↖）進入氣缸活塞左側氣腔，並向右推動活塞及活塞桿，氣缸活塞右側氣腔內的氣體經[↖ ↘]的右側通路（↘）回流。這種基本回路常用於搬運、沖壓等作業用途的氣動機器人中。

② 中途位置停止回路　為什麼需要中途位置停止回路？當靠電磁力動作的換向閥上的電磁鐵線圈突然斷電失電時，希望氣動機器人的各個關節能夠保持在中途停止的位置，並且具有足夠的位置停止與保持精度，以便在電磁鐵用電恢復時，能夠從精確的中途停止位置繼續工作，以保證氣動機器人繼續作業的位置精度。為此，需要在氣動機器人的氣動回路裡設有中途位置停止回路。

使用三位五通閥的中途位置停止回路：用中位封閉式三位五通閥實現中途位置停止的回路如圖 2-117(a) 所示。三位五通閥兩端的電磁鐵線圈交替通、斷電可以實現氣缸的左右往復移動。但是，當左側、右側的兩個電磁鐵線圈都斷電時，電磁閥靠彈簧回復力作用使閥芯返回到中位，所有的閥口都被封閉，氣缸靠左右側的推力差移動並在推力差為零（或推力差與摩擦力平衡）時活塞停止；對於活塞桿上無外部負載的情況下，由於氣缸活塞桿一側活塞受力面積較無活塞桿一側小，所以，活塞一般會向活塞桿一側移動。如果氣缸、氣路無氣體泄漏，停止後活塞將保持此停止位置；但如果氣體有一定泄漏，氣缸活塞將會緩慢移動。由於氣體的可壓縮性的影響，對這種中途位置停止回路不能期望有較高的停止位置精度。

使用中位排氣式三位五通閥的中途位置停止回路：如圖 2-117(b) 所示，該回路與圖 2-116 所示的回路基本相同，代替中位封閉式三位五通閥，採用的是中位排氣式三位五通閥。當三位五通閥左右兩端的電磁鐵線圈都斷電時，電磁閥靠彈簧回復力使得閥芯返回中位，並將氣缸活塞左右兩側腔室分別與 R_1、R_2 口連通，即向氣缸左右兩側排氣，從左右兩側向活塞加壓。靠調節閥設定壓力可以得到包括外部負載在內的推力平衡，從而可以中途停止。如果電磁鐵線圈通電，可以將氣缸內的空氣透過單向閥調整流量，並從 P 口排氣。這種回路可以使氣缸活塞兩側的推力平衡，中途停止位置比較穩定。由於中途停止過程中活塞兩側均勻加壓，因此，在線圈恢復通電瞬間不會發生飛缸現象。

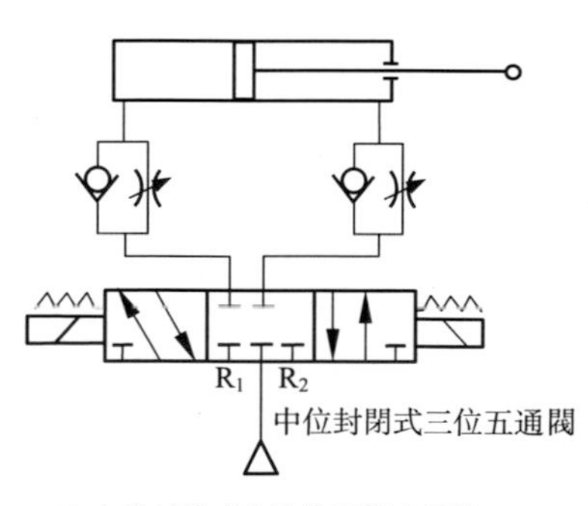

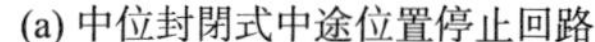
(a) 中位封閉式中途位置停止回路

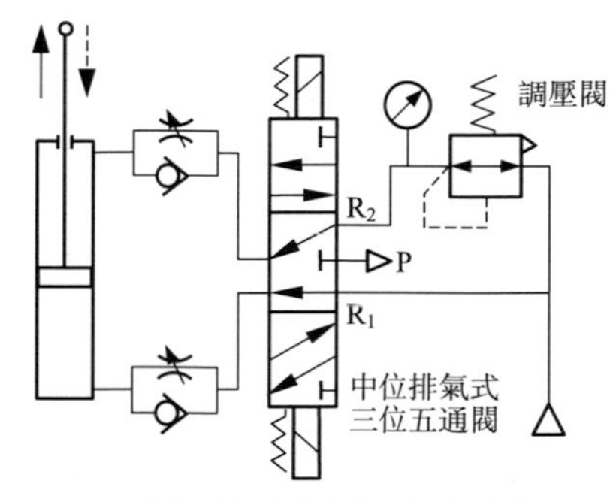

(b) 中位排氣式中途位置停止回路

圖 2-117 採用三位五通閥的中途位置停止回路

③ 快速排氣回路 若使氣缸活塞桿外伸動作，則靠電磁閥動作使壓力氣體進入非活塞桿側氣腔並推動活塞桿外伸，並透過單向節流閥調節外伸速度，進行速度控制。若使氣缸活塞桿後退縮回，則不透過電磁閥，即將原來的單向節流閥替換成快速排氣閥，氣缸活塞後退時非活塞桿側腔室內的氣體透過快速排氣閥直接迅速地排出到外部空氣當中。如此，提高了氣缸活塞桿快速抽回的速度。這種快速排氣回路常用於要求氣缸高速運動或者希望縮短氣缸往復移動循環時間的情況下。

快速排氣閥的原理：如圖 2-118 左圖所示，它有 P、A、T 三個閥口，P 口接氣源，A 口接執行元部件，T 口通大氣；當 P 口有壓縮空氣（或壓力氣體）

輸入時，推動閥芯右移，則 P、A 兩口接通，給執行元部件供壓力氣體；當 P 口無壓縮空氣（或壓力氣體）輸入時，執行元部件中的氣體透過 A 口使閥芯左移，堵住 P、A 口通道，同時打開 A、T 通道，將執行元部件（如氣缸）中的氣體快速排出到外部空氣當中。快速排氣閥常用在換向閥與氣缸之間，使氣缸排氣不透過換向閥而直接快速排氣到外部空氣當中，加快了氣缸往復運動速度，縮短了氣缸工作週期。

④ 兩級變速控制回路　根據實際工作需要，有時需要氣缸快速運動，有時需要氣缸慢速運動。因此，需要在快速運動與慢速運動之間進行有效的速度切換，也就需要設計、配置速度可變的氣動切換回路。如圖 2-119 所示，為兩級速度切換控制回路，由於第 2 級速度控制閥開口可以調得比第 1 級速度控制閥大，因此，可以得到慢速進給。若電磁閥 2 的電磁鐵線圈處於斷電狀態，則圖 2-119 所示的兩級變速回路工作在由第 1 級速度控制閥的單級變速回路狀態，也即等同於單級變速回路，氣缸活塞桿前進時由第 1 級速度控制閥控制速度；當第 2 級速度控制閥（單向節流閥，起速度控制作用）的電磁鐵線圈通電，則第 2 級速度控制回路被開啓，由此單向節流閥 2 控制速度，轉為快速進給。與此相反，如果先將電磁閥 2 通電，而在活塞運動過程中再使其斷電，則此時氣缸由快速進給轉變為慢速進給。

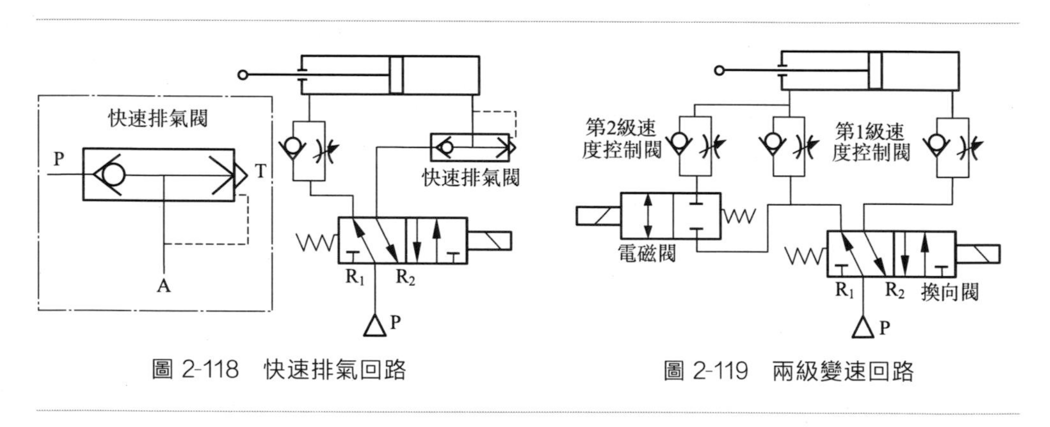

圖 2-118　快速排氣回路

圖 2-119　兩級變速回路

⑤ 精確定位控制回路　同電動驅動機器人相比，儘管氣動機器人末端執行機構的定位精度較低，但仍然可以透過氣動精確定位控制回路的設計來提高定位精度。提高氣動定位精度的常用辦法有：採用帶煞車器氣缸的精確定位回路和同時採用帶煞車器氣缸與兩級變速回路的精確定位回路等等。

採用帶煞車器氣缸的精確定位回路：如圖 2-120 所示即為採用帶煞車器的精確定位回路的原理圖。

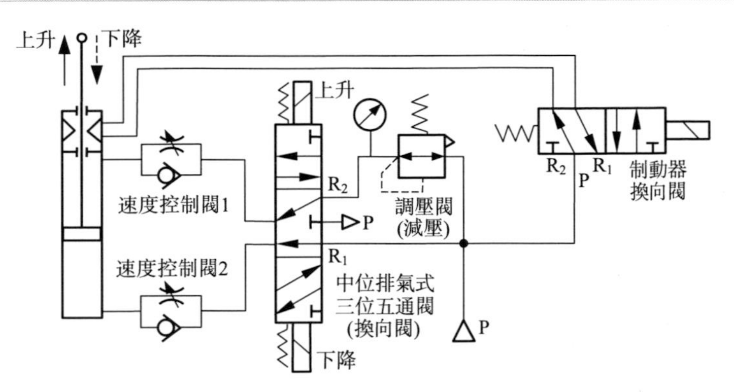

圖 2-120　帶煞車器的精確定位回路

驅動帶煞車器氣缸伸縮運動的電磁閥（換向閥 1）為中位排氣式三位五通閥，調節異壓閥使氣缸平衡，藉助電磁換向閥實現中途停止。煞車時透過煞車器電磁換向閥斷電使氣缸的煞車機構動作，使氣缸活塞桿的位置被煞車器固定。

採用帶煞車器氣缸和兩級變速回路的精確定位控制回路：如圖 2-121 所示，為進一步提高帶煞車器氣缸的精確定位回路控制下活塞停止位置精度，可以同時採用圖 2-120 所示的氣缸帶煞車器的精確定位回路、兩級變速回路，以降低氣缸停止前的速度。這種聯合使用的精確定位回路在氣動機器人系統中經常採用。

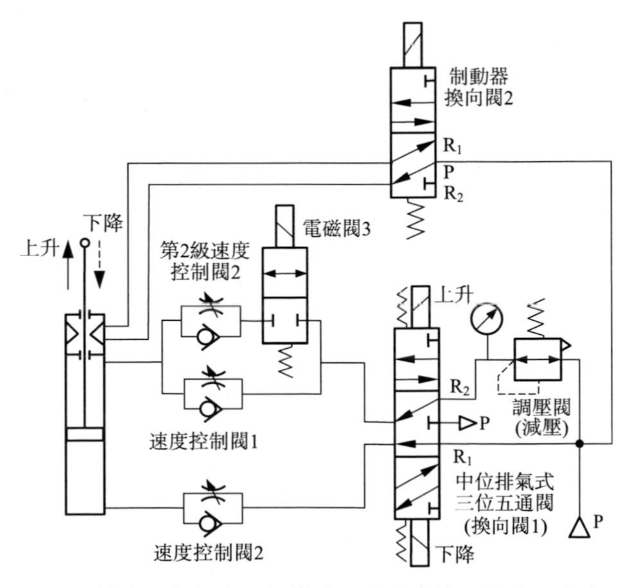

圖 2-121　煞車器氣缸與兩級變速回路聯合使用的精確定位回路

⑥ 氣/液變換器與低速控制氣/液回路　氣動的最大缺點是氣體介質的可壓縮性，氣缸本身就好似氣體彈簧一樣，因此，其定位精度與速度不便於精確控制，尤其是低速運動較難實現精確和光滑的變速運動控制，而靠液體介質傳力的液壓缸可以彌補這一點。採用液壓回路和氣動回路相結合是一種實現氣/液低速控制的簡便易行的方法。其基本的原理是採用氣缸和液壓缸組合而成的氣/液變換器來實現低速控制。但需要液壓泵、氣泵兩套壓力源系統。

所謂的氣/液變換器（或稱氣/液變換缸）：就是沒有活塞桿的活塞缸，活塞缸活塞的一側是氣缸，另一側是液壓缸，當然，兩側分別有壓力氣體入口和壓力油出口，其作用是把氣動轉換為液動。氣/液變換器的結構原理很簡單，如圖 2-122(a) 所示。當氣/液變換器的氣腔被氣源提供壓力氣體後，會推動活塞向油腔一側移動，油腔一側受到來自氣腔一側的壓力後將氣壓轉換為液壓並排出壓力油，即將氣壓轉換為液壓。要想得到良好的壓力變換效果，前提條件是油腔必須處於充滿油液的狀態，而且與排油口連接的油管、液壓缸油腔也必須是充滿油液且無泄漏的狀態。

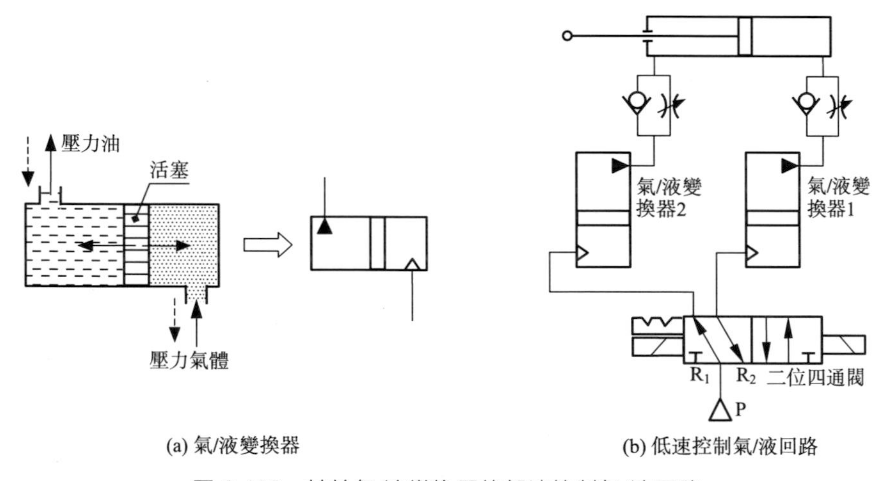

(a) 氣/液變換器　　(b) 低速控制氣/液回路

圖 2-122　基於氣/液變換器的低速控制氣/液回路

基於氣/液變換器的低速控制氣/液回路：有了氣/液變換器，就容易設計以氣源為動力的低速控制氣/液回路了。如圖 2-122(b) 所示，該回路的前半部分是透過電磁閥（二位四通換向閥）將壓力氣體介質分別為兩個氣/液變換器之一提供壓力氣體，另一個則是開通氣體回流通路；後半部分則是由兩個單向節流閥分別控制兩個氣/液變換器供給液壓缸壓力油和回油的流量，即可精確地實現液壓缸的速度控制。該回路綜合利用了氣動回路結構簡單和液壓系統回路控制相對性能良好的優點。

(3) 氣動工業機器人的氣動系統實例

仍然以前述的 3 自由度操作臂與 1 自由度手爪的機器人系統的液壓驅動系統(圖 2-113)為例，現在改由氣動驅動來實現，圖 2-123 給出的是由氣缸驅動的氣動驅動系統方案之一的原理圖。該氣動驅動系統總體回路主要由氣源、氣動三聯件、兩個三位四通電磁換向閥、兩個二位五通閥以及八個單向節流閥、一個壓力繼電器、三個伸縮式氣缸和一個擺動氣缸、氣路管線組成。由於各氣缸所受負載力方向、大小皆不同，且需要防止氣缸在工作過程中突然斷電失壓或者衝擊載荷作用於被操作對象，各氣缸進氣口和排氣口均設有單向節流閥。作垂直升降運動的氣缸、手爪夾緊驅動的氣缸均採用了三位四通電磁換向閥，目的是可以在突然斷電情況下使閥芯返回中位保壓，以防止活塞桿在重力負載作用下造成操作臂或被操作對象物滑落受損。手爪夾緊缸還設置了壓力繼電器，可以透過預先調節設置好壓力閾值，當夾緊缸輸出的夾緊力超過壓力繼電器設定的閾值時，壓力繼電器動作，電磁換向閥斷電失電，換向閥回中位，保持預設壓力，而不至於過壓夾緊。

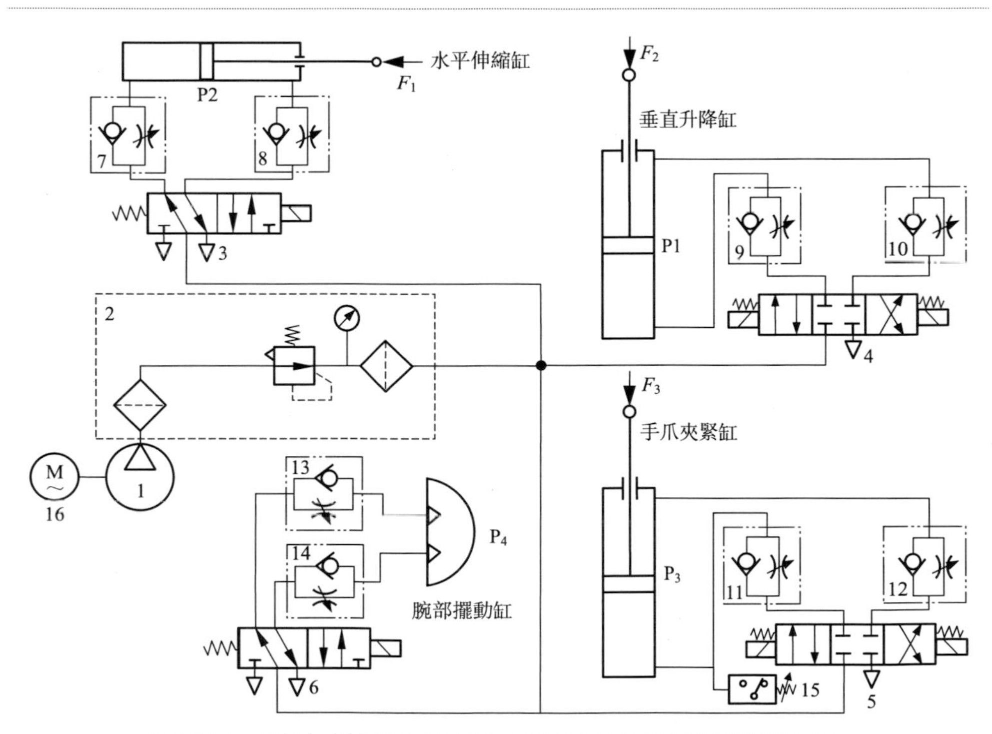

圖 2-123　3 自由度機器人操作臂+1 自由度手爪的氣動驅動系統原理

1—氣泵(或空氣壓縮機)；2—氣動三聯件；3,6—二位五通閥；4,5—三位四通閥；7~14—單向節流閥；15—壓力繼電器；16—電動機；P1~P3—伸縮式氣缸；P4—擺動式氣缸(擺動缸)

（4）精確驅動與定位用新型氣缸及其應用實例

氣動驅動系統最大的缺點就是氣體具有很大的可壓縮性，使得難於實現像電動驅動系統那樣的高精度位置控制。前述的傳統的氣動系統只能靠機械定位裝置的調定位置來實現可靠的定位，並且其運動速度也只能靠單向節流閥單一調定，往往無法滿足自動化設備中的自動控制要求，從而限製了氣動機器人的使用範圍。為解決這一問題，研究者們研發了帶有精確、精密測量機構和位置回饋的氣缸。

① 缸內內置 LED 及光電管的新型氣缸（氣動驅動器） 1994 年東京理科大學的原文雄教授研製出表情機器人 AHI，為驅動其面部能夠產生喜、怒、哀、厭、恐、驚六種表情，原文雄等人設計研發出了氣動驅動機構、帶有光電管位移感測器的新型氣動驅動器 ACDIS（actuator for the face robot including displacement sensor）以及驅動 ACDIS 的控制系統[12]，分別如圖 2-124(a)～(c) 所示。這裡簡要介紹一下 ACDIS 驅動器。如圖 2-124(b) 所示，ACDIS 是一種氣缸內缸底設有發光二極管、活塞無活塞桿的一側設有 LED、缸內套為塑膠材料、中空的活塞桿內引入電源線給 LED 的新型氣缸結構，它的測量原理是：透過 LED 燈發光照射到缸底上的光電二極管，該光電二極管受光後產生電訊號，根據電訊號及其強弱來測量活塞的位移。該新型氣動驅動器用於表情機器人 AHI 的面部器官及皮膚驅動的驅動 & 控制系統如圖 2-124(c) 所示，其中氣動驅動與控制部分採用了兩個二位二通閥、兩個二位三通閥來驅動一個 ACDIS 驅動器。

② 缸外帶有位移感測器的無桿氣缸及其氣動伺服定位系統

a. 無桿氣缸（rodless cylinder）：是由德國 Origa 氣動設備有限公司提出無桿氣缸概念並最早研發出來的。無桿氣缸是指利用沒有活塞桿的活塞直接或間接地與缸外的執行機構連接來實現往復運動的氣缸。通常分為磁力耦合式無桿氣缸和機械式無桿氣缸兩大類。無活塞桿的無桿氣缸與傳統的有活塞桿的有桿氣缸從氣動原理上看沒有本質區別。但從行程方向上氣缸整體所占空間來看，無桿氣缸為設備節省了有桿氣缸上一根活塞桿的長度空間。

b. 磁力耦合式無桿氣缸（也稱磁性氣缸）及其工作原理。作為氣缸工作的原理自不必說。磁力耦合是指缸內的無桿空心活塞內永久磁鐵透過磁力吸引帶動缸外另一個磁體做同步移動。具體的工作原理是：在活塞內安設一組高強磁性永久磁環，磁力線透過薄壁缸筒與缸外的另一組磁性相反的磁環相互作用，產生很強的吸引力。當無桿活塞被壓力氣體推動下產生移動，則在缸外的磁環件在強磁吸引力的作用下，與缸內的活塞一起移動。但這是有條件的，即內部、外部磁環產生的吸引力與無桿氣缸上的外載荷平衡時，活塞與被耦合的外部執行元部件同步運動；若缸內氣壓過高或外部負載過重，會導致活塞推力過大或不足，則內、外磁環的耦合會脫開（術語為「脫靶」），導致無桿氣缸工作不正常。正常工作情況下，磁力耦合無桿氣缸在活塞速度為 250mm/s 時的定位精度可達±1.0mm。

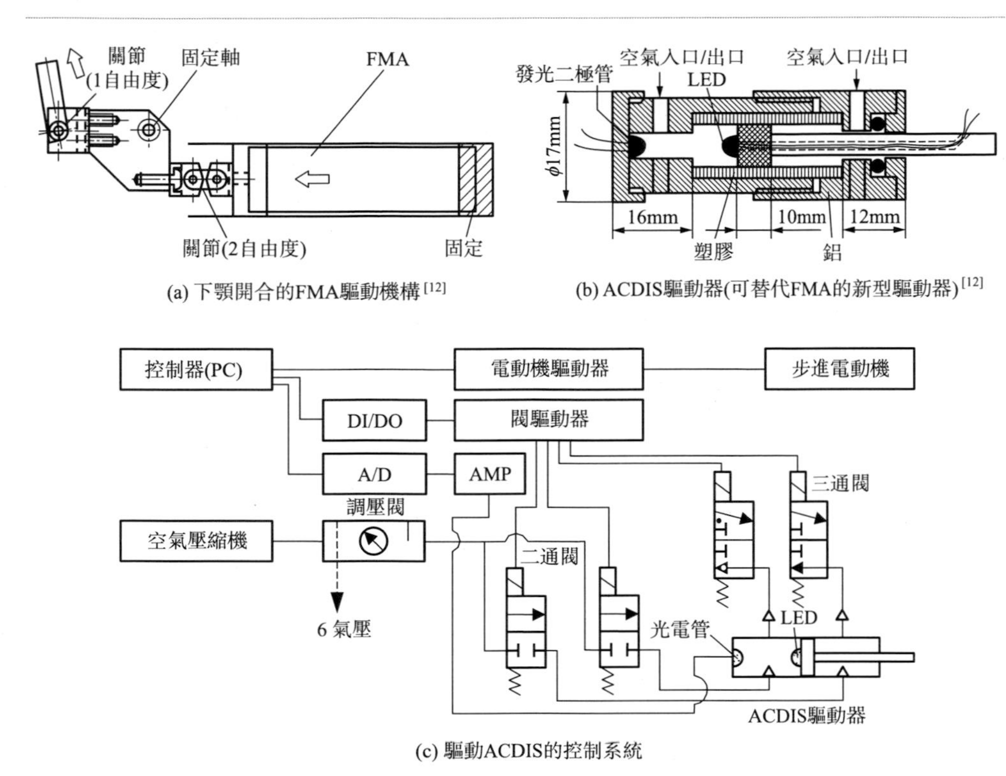

(a) 下顎開合的FMA驅動機構[12]

(b) ACDIS驅動器(可替代FMA的新型驅動器)[12]

(c) 驅動ACDIS的控制系統

圖 2-124 AHI 的面部器官的 FMA 驅動及其運動機構以及帶有感測器的 ACDIS 新型驅動器

c. 機械式無桿氣缸及其工作原理。機械式無桿氣缸又可分為機械接觸式無桿氣缸和纜索氣缸。機械接觸式無桿氣缸是指在氣缸缸體上沿著軸向開有一條形窄槽，缸內的活塞與缸外的滑塊用穿過窄槽的機械連接件連接在一起，從而在氣體推動活塞時，推動與活塞連接的滑塊一起移動。顯然，剛體上的軸向條形窄槽以及穿過窄槽並且連接活塞與滑塊的連接件都必須用密封件或密封結構密封，否則，壓力氣體會從缸內向缸外泄漏，缸外的灰塵也會進入缸內。但實際上這樣相對而言較大面積和距離的良好密封實現起來是很困難的，因此，這種無桿氣缸密封性能差。纜索氣缸的原理是：纜索一端與活塞相連，另一端穿過端蓋繞過滑輪與安裝架相連組成環形機構。壓力氣體推動活塞移動，活塞牽動纜索，纜索繞過滑輪運動，纜索連接的安裝架移動並將動力輸出。

d. 無桿氣缸同傳統的有桿氣缸相比在氣動伺服定位系統應用方面的優點：可以方便地在缸外設置位移感測器，並與氣動伺服閥、位置控制器一起構成氣動伺服定位系統。與前述的缸內設置位移感測器的有桿氣缸 ACDIS 相比，相同行程下所占空間相對小，感測器外置便於維護。

e. 無桿氣缸氣動伺服精確定位系統組成：由無桿氣缸、靜磁柵位移感測器、氣動伺服閥以及位置控制器四部分組成，如圖 2-125 所示。其中，靜磁柵位移感測器由靜磁柵源和靜磁柵尺兩部分組成。靜磁柵源固定在被無桿活塞用磁力耦合或機械式連接的滑塊上，與滑塊一起沿著軸向相對於靜磁柵尺移動，由靜磁柵尺獲得位移訊號，該位移訊號經轉化後生成每個脈衝對應最小 0.1mm（即 0.1mm/脈衝）的位移量數位訊號，然後被直接回饋給位置控制器，由位置控制器根據期望的位移量與實際測得的位移回饋量比較生成控制器的輸出量，控制氣動伺服閥實現無桿氣缸的精確定位運動。這種採用無桿氣缸和缸外裝備靜磁柵位移感測器的中等定位精度的氣動伺服定位系統已被應用於氣動機械手。

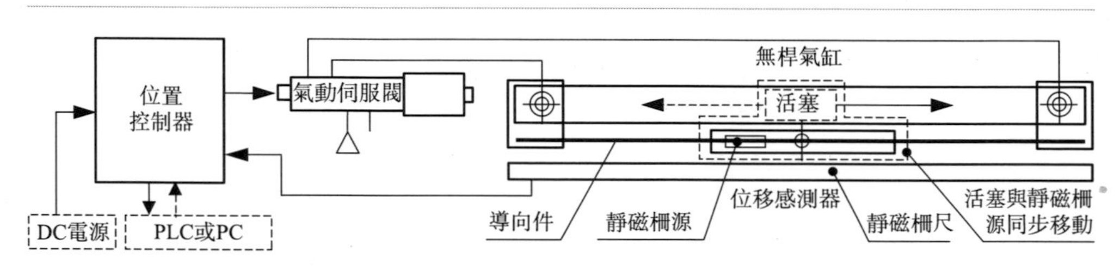

圖 2-125　基於靜磁柵位移感測器測量原理的無桿氣缸氣動伺服定位系統原理圖

2.6 控制系統設計基礎

2.6.1 控制系統基本原理與組成

2.6.1.1 控制系統設計的基本概念和設計過程

自動化（automation）：指過程控制採用自動方式而非人工方式來完成作業目標，是利用程式控制指令對指定的被控對象進行操縱，並透過資訊回饋確認指令是否被正確執行的一項工程技術。自動化通常應用於過去由人工操縱的場合，一旦實現了自動化，系統就可以不需要人工干預或協助，而且還能得到比人工操作運行得更準確、更快捷高效、品質更高的作業結果。

設計（design）：為達到特定的目的，搆思或者創建系統的結構、組成和技術細節的過程。

設計差異（design gap）：由於複雜物理系統與設計模型之間的不一致而帶來的最終產品和最初設想的差異。

設計的複雜性（complexity of design）：主要源於設計的多樣性。在設計過程中，有諸多的設計方法、設計工具、設計思路及相關的知識可供選用，難以取舍。同時，設計過程中，需要考慮的對設計目標、被控對象、控制目標以及控制過程等影響的因素也可能很多，需要分清主次，合理確定設計變量、設計目標以及被控對象、系統的數學模型。

工程設計（engineering design）：是工程師的中心工作，是完成設計技術系統的一個複雜的過程，創新和分析在其中占據著重要的地位。

控制系統（control system）：為了達到預期的目標（響應）而設計出來的系統，它由相互關聯的部件（或模塊）按照一定的結構組合而成，它能提供預期的系統響應。一個控制系統實體構成通常由電子、機械或化工部件等組成。控制系統可以用如圖 2-126 所示的方框和資訊流向線、節點表示的過程框圖來表示其組成。控制系統可以分為無回饋的開環控制系統［圖 2-126(b)］、有回饋的閉環回饋控制系統［圖 2-126(c)］。通常情況下，控制系統的輸入量多為多變量輸入或多變量輸出的多變量控制系統，如圖 2-126(d) 所示。需要注意的是：方框左右的箭頭表示方框的輸入、輸出是相對方框而言的，一個方框的輸出則是與其相鄰接的下一個方框的輸入，一個方框的輸入則是與其相鄰接的上一個方框的輸出；「比較」方框的表達因正、負回饋的不同而有差異。

框圖（block diagram）：是指由單方向功能方框組成的一種結構圖，這些方框代表了系統元件的傳遞函數。傳遞函數的概念見後續內容中的定義。

傳遞函數（transfer function）：系統輸出變量的拉普拉斯（Laplace）變換與系統輸入變量的拉普拉斯變換之比。

執行機構（actuator）：是向被控對象（嚴格地說應為狹義被控對象）提供運動和動力，使被控對象產生輸出的裝置。如常被用作執行機構的電動機、液壓缸、氣缸等等部件裝置。

多變量控制系統（multivariable control system）：指有多個輸入變量或多個輸出變量的系統。

開環控制系統（open-loop control system）：在沒有回饋的情況下，利用執行機構直接控制被控對象的控制系統。在開環控制系統中，輸出對被控對象的輸入訊號無影響。

回饋訊號（feedback signal）：由於複雜物理系統與設計模型之間不一致而帶來的最終產品和最初設想的差異。

閉環回饋控制系統（closed-loop feedback control system）：指對輸出進行測量，並將此測量值回饋到輸入端與預期輸出（即參考或指令輸入）進行比較的系統。

負回饋（negative feedback）：指從參考輸入訊號中異去回饋輸出訊號，並以其差值作為控制器的輸入訊號的一種系統結構形式。

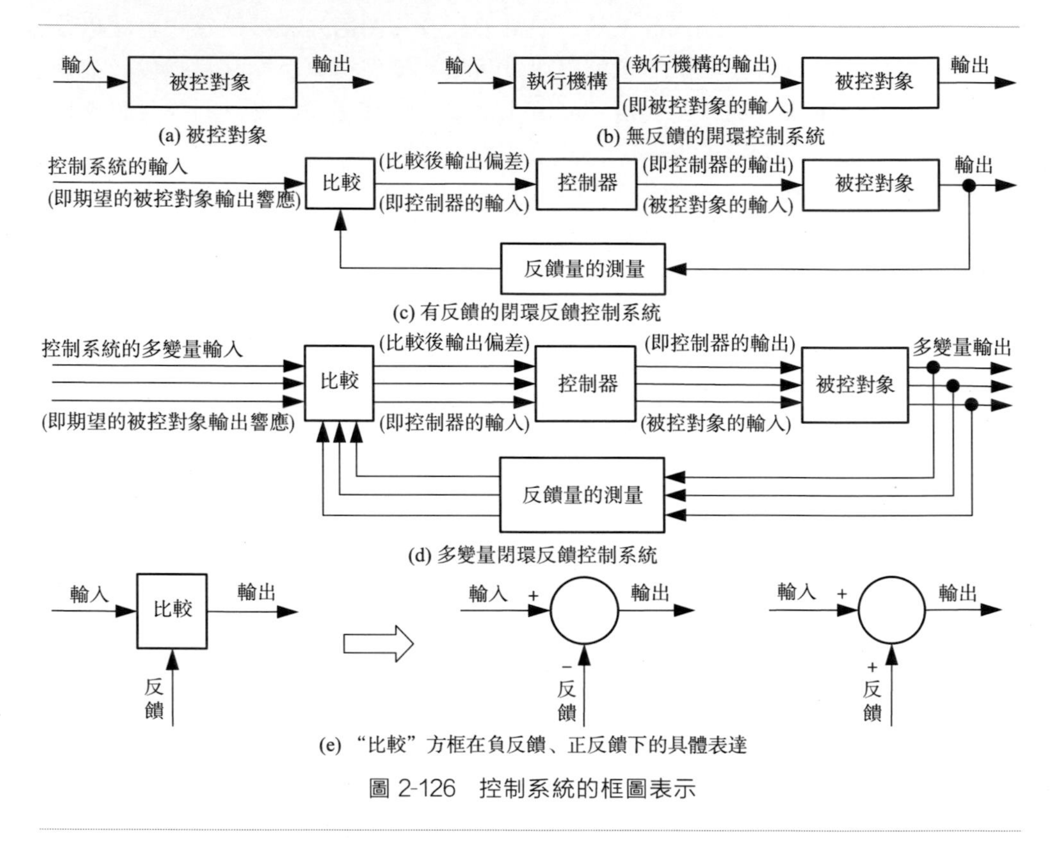

圖 2-126　控制系統的框圖表示

正回饋（positive feedback）：指將輸出訊號回饋回來，疊加在參考輸入訊號上的一種系統結構形式。

過程（被控對象）（process）：指被控制的部件、對象或者系統。

控制系統設計（control system design）：是工程設計的一個特例，是逐步確定預期系統的結構配置、設計規範和關鍵參數，以滿足實際需求的設計過程。

控制系統設計過程（design process of control system）：第一步是確立控制目標（如被控對象為電動機時，確立的精確控制電動機運行速度控制目標）；第二步是確定要控制的系統變量（如被控對象為電動機時，電動機速度、轉矩或者轉動角度位置等等為變量）；第三步是擬訂設計規範，以明確系統變量應該達到的精度指標，如電動機運行速度控制的精度指標。控制系統設計過程如圖 2-127 所示。控制系統設計問題的基本流程就是：確定設計目標，建立包括感測器、執行機構在內的控制系統模型，設計合適的控制器或給出是否存在滿足要求的控制系統的結論。

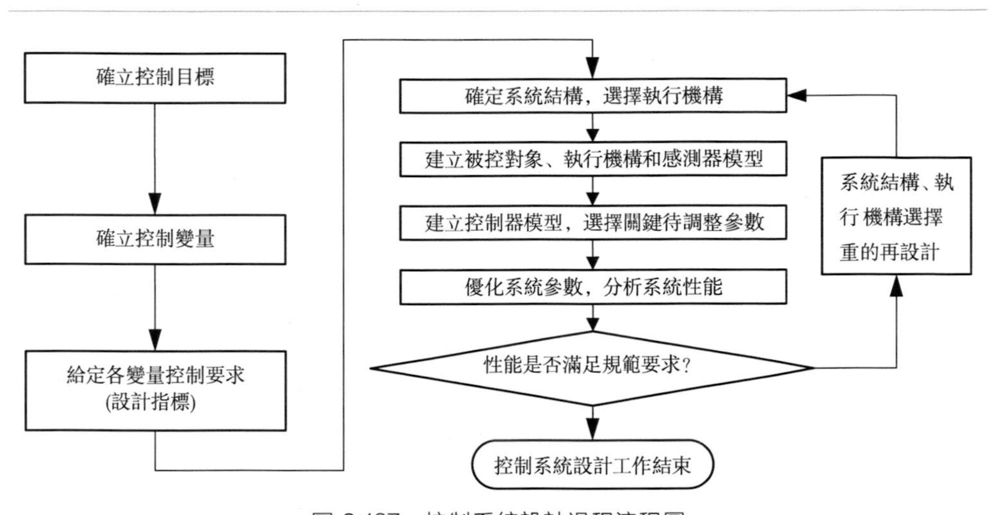

圖 2-127 控制系統設計過程流程圖

控制系統設計的性能規範：是對所設計的控制系統所能達到的性能提出的規範性要求和說明。其主要包括①抗干擾能力；②對命令的響應能力；③產生實用執行機構驅動訊號的能力；④靈敏度；⑤魯棒性。

2.6.1.2 現代控制系統及其實例

(1) 手動控制

手動控制顧名思義，是指由人工手動來操縱控制機構實現控制目標的控制方式。如駕駛員駕駛汽車正常形式的控制方式，手動的汽車駕駛控制系統可用圖 2-128 所示的框圖來描述。需要注意的是：駕駛員與汽車構成系統，對該系統的控制目標是駕駛員駕駛汽車按預計的路線行走到達目的地。駕駛員駕駛汽車這一手動控制系統是由駕駛員、駕駛機構、汽車以及由駕駛員雙眼、手以及肢體運動觸覺等感測器系統組成的，這樣的系統還只是一個相對簡單的系統，如果從整個行駛過程整體來看，駕駛員、汽車、感測器以及汽車所處的環境構成一個更大的系統，而動態變化的環境則是整個系統的約束。駕駛員透過記憶的路線（或預先從地圖獲得路線，或手機地圖在線導航等）與實際行駛路線、位置相比較，並透過視覺和觸覺（身體運動)、手握方向盤等方式實現回饋。另外，駕駛員根據汽車速度的快慢以及前方行人或障礙物等透過腳調控油門大小、踩剎車的程度等等，也屬於回饋控制。

(2) 自動控制

自動控制是指由電腦作為控制器或者按照物理原理設計的控制機構作為調節器來代替人對被控對象實施自動操控的方式。例如，如圖 2-129(a)、(b) 所示的是透過電腦作為控制器來實現對倒立擺系統的穩定運動平衡控制。

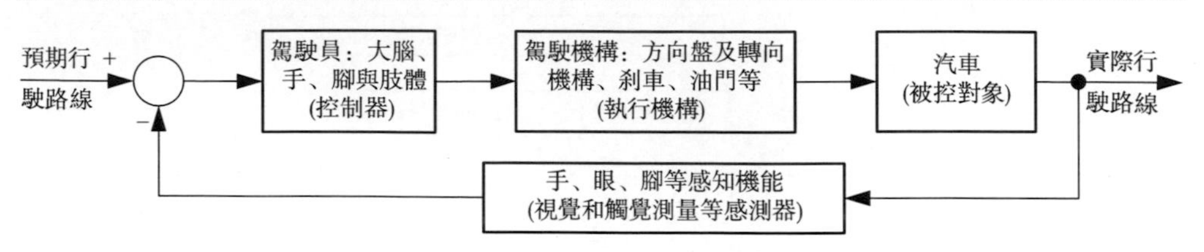

圖 2-128　有人駕駛的汽車駕駛控制系統

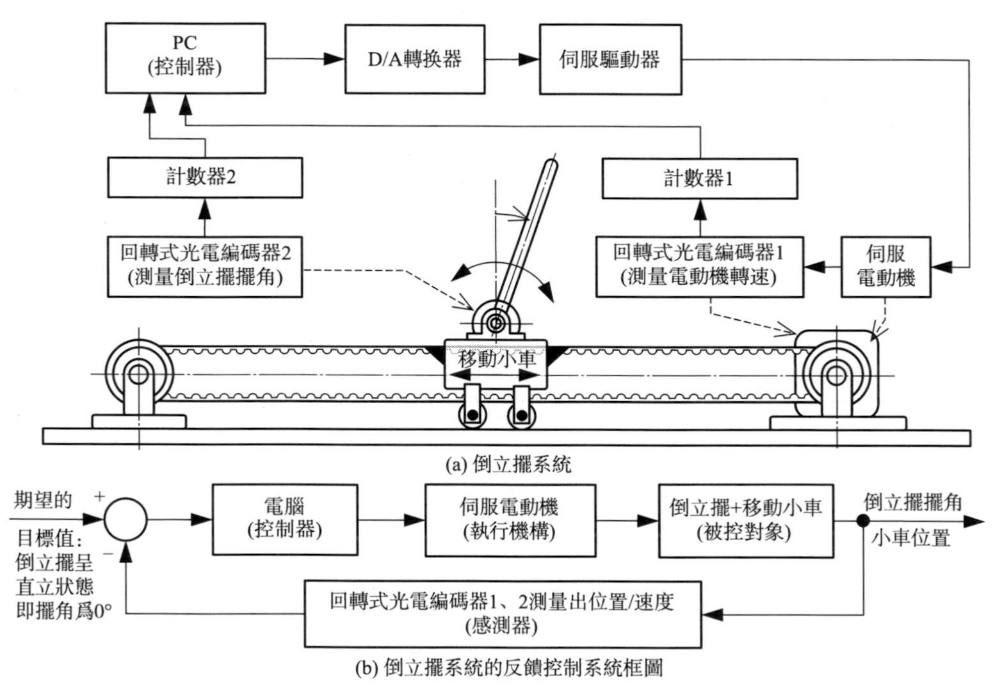

圖 2-129　倒立擺系統及其回饋控制系統原理

圖 2-129(a) 所示的倒立擺系統是仿照人手上放置一個倒立擺桿後如何使其保持直立不倒狀態這一原型而設計的實驗用機械系統，目的是用來研究使倒立擺保持不倒的穩定運動平衡控制。該系統由伺服電動機驅動同步齒形帶傳動，進而驅動與同步齒形帶單側固連著的輪式移動小車往復移動，移動小車上安裝一個繞定軸自由轉動的倒立擺。

單純的倒立擺系統即機械系統是由伺服電動機、同步齒形帶傳動裝置、輪式移動小車及其上固連的可繞定軸自由轉動的倒立擺桿與其軸承支撐組成的。

需要注意的是：這裡所說的倒立擺系統即是被控對象。諸如伺服電動機、液壓缸、氣缸等執行機構往往都設計安裝在機械系統之上，與機械系統成為一體。儘管控制系統直接的控制對象是伺服電動機等執行機構，但是由於執行機構與機械系統構成一個有運動學、動/靜力學關系的有機體才能建立完整的被控對象的數學、力學模型，因此，有時在控制系統框圖中不把執行機構單獨作為一個方框(模塊)，而是被隱含在被控對象中統一描述為「被控對象」方框。如圖 2-126(c)、(d) 圖中即沒有顯式給出「執行機構」方框，但是不等於沒有或者不需要執行機構，而是被隱含在「被控對象」方框之中了。為加以區分，需要定義狹義被控對象、廣義被控對象。

狹義被控對象：將「執行機構」從「被控對象」中單獨區分開來的「被控對象」稱為「狹義被控對象」。

廣義被控對象：將「執行機構」隱含於「被控對象」之內的「被控對象」稱為「廣義被控對象」。不僅如此，對於一些高度集成化的系統而言，「執行機構」「感測器」「動力源」等部件（模塊）都存在於「廣義被控對象」之中。通常默認「被控對象」即為「廣義被控對象」。

倒立擺系統的控制系統設計原理：如圖 2-129(b) 所示。為實現倒立擺保持直立狀態而不倒的動態平衡控制目標，需要在倒立擺機械系統基礎上設計控制系統，按照前述的控制系統設計過程內容：

① 確立倒立擺始終保持直立不倒狀態即擺角為 0°為控制目標並確定擺角為控制目標變量。

② 選擇系統結構、執行機構、感測器：選用回饋控制系統；由於小車往復移動的位置、速度、加速度與倒立擺的運動狀態直接相關，因此，需要透過同步齒形帶傳動的傳動比換算成伺服電動機的轉角位置以及轉速並進行測量，因此，選用光電編碼器分別測量倒立擺擺角、伺服電動機位置/速度作為回饋量。至此，控制目標、控制變量、執行機構、感測器已經確立，進一步需要建立被控對象、執行機構、感測器的數學模型。

③ 建立執行機構、感測器的數學模型：伺服電動機作為執行機構、光電編碼器作為感測器的數學模型在大學控制理論中的經典控制方法中按照電動機電樞繞組電氣回路電壓方程以及轉子機械系統力矩方程即可建立其數學模型，進而得到伺服電動機的傳遞函數模型；光電編碼器感測器測量伺服電動機位置/速度值可透過同步齒形帶傳動的傳動比與小車移動位置、速度換算而得到感測器測量後換算的數學模型，另外，光電編碼器按照其線數和計數器的倍頻數可以換算成電動機轉角以及直接（或位置差分）得到轉速。

④ 建立被控對象的數學模型：按照倒立擺＋移動小車的運動學與力學模型，用拉格朗日法或牛頓-歐拉法建立倒立擺的微分運動方程式；列寫倒立擺機械系統的傳遞函數，並賦予控制系統框圖中被控對象以傳遞函數模型。

⑤ 倒立擺系統控制器設計：根據前述的微分運動方程設計控制器。由於倒立擺在直立狀態下為非穩定的平衡點，因此，需要選擇合適的控制方法設計控制器，如採用模糊 PID 控制器。有關倒立擺平衡控制器設計的文獻有很多，此處不作展開論述。感興趣的讀者可查閱相關文獻。

⑥ 藉助 MATLAB/Simulink 控制工具箱對前述建立的模型進行控制系統模擬模型設計和模擬與分析。

⑦ 關於性能規範的說明：倒立擺平衡控制性能代表性的指標是即使擺偏離平衡位置也能恢復到平衡不倒狀態的最大擺角。

(3) 控制系統設計的技術實現實際問題

控制理論是為控制系統設計提供理論基礎和方法的；而控制工程則更側重於所設計控制系統的工程技術實現問題。前述的控制系統的設計是指按照控制原理、被控對象、感測器、執行機構的理論模型即數學模型進行的理論設計，即從控制理論角度解決控制工程實際系統設計的問題，也可以稱之為控制系統的理論設計或者基於模型的控制系統設計，完成這一階段的設計可以透過系統模擬或者利用諸如 MATLAB/Simulink 工具軟體來對所設計的控制系統進行模擬與分析。然而從控制工程與控制技術對控制系統設計的實際實現角度來看，需要進一步考慮：

① 伺服驅動控制器、感測器訊號處理模塊等的選型設計。圖 2-129(a) 圖上半部分框圖實際上給出的是控制系統硬體組成圖。顯然，圖 2-129(b) 在控制系統原理圖中並沒有反映出「D/A 轉換器」「伺服驅動器」「計數器」等模塊，因此，控制系統原理圖即控制系統框圖只是按照控制理論從整體上和控制原理方面給出的理論性框圖，並不是控制系統工程實際構成圖。而「D/A 轉換器」「伺服驅動器」「計數器」等硬體及其包含的軟體則是作為「執行機構」的伺服電動機正常工作必不可少的驅動與控制技術成分和關鍵部件（模塊）；「計數器」是用來對作為位置/速度感測器的光電編碼器輸出的訊號進行轉向判別、位置/速度計數和倍頻細分的部件，可以認為在控制系統框圖中被隱含在「感測器」方框之內。

② 對「被控對象」的認識和理解。基於理論模型設計控制系統的「被控對象」往往是根據自然科學或者社會科學中的某些原理建立起來的理論模型的數學方程來表達的，為了將被控對象複雜系統簡化便於控制系統設計，一般會採用線性化的系統方程來描述被控對象和控制系統。顯然，被控對象的數學模型與實際的被控對象會有或多或少的偏差。即便能夠精確地用數學方程來描述被控對象，也需要獲得被控對象的實際物理參數。因此，實用化的控制系統設計往往還需要「系統參數辨識」（或稱「參數識別」）理論與技術的支持。

③ 電腦作為控制器。以 0 和 1 二值邏輯運算為基礎的數位電腦作為控制系統控制器是一個廣義的概念，這裡的「電腦」不僅指的是 PC，也包括單片機、單板機等微型電腦以及大型控制系統、大規模複雜計算用的大型電腦乃至超級電

腦。用作控制器的電腦輸出給「執行機構」（或「被控對象」）的電訊號為十數毫安、0～5V 以內的弱電數位訊號，無法驅動「執行機構」，因此，需要利用將數位訊號放大的功率放大器即伺服驅動器來產生驅動伺服電動機等「執行機構」所需的強電電流或電壓。電腦作為控制器主要是發揮其程式設計、數位計算能力強和計算速度快的優勢，核心為 CPU 計算速度以及暫存記憶體容量；控制器的設計是指按照「被控對象」的某種物理原理建立其數學模型，然後推導或設計控制律，按照控制律編寫能夠使電腦產生相應控制訊號的計算程式。當然，此控制器是在以 CPU 為核心的「電腦」硬體為載體和運行環境下的控制程式，該程式一般涵蓋著程式運行環境與條件的初始化、輸入變量、輸出變量的定義與賦予初值、I/O 口或通訊口參數的設置、感測器的初始化、控制週期內的感測器數據採樣和讀入、按控制律的計算程式、控制器的輸出，以及多個控制週期的循環等等內容。也即控制器是以 CPU 為核心的電腦硬體和控制程式軟體有機結合的統一體。

④ 電腦控制下的計算複雜性與實時控制的問題。電腦數位控制不是連續的控制，而是將理論上原本連續的控制訊號離散成按時間先後順序排列的數位訊號，每一個被離散出的數位控制指令訊號從訊號發出給控制器到執行機構執行完該指令訊號為一個控制週期。控制指令發送、控制器運算及控制器訊號輸出、伺服驅動器功放訊號形成及輸出、執行機構動作、感測器採樣及回饋等等所有的一次閉環回饋控制行為必須在該控制週期內完成，否則，控制系統將無法保證控制性能指標以至於無法運行。因此，電腦的計算程式設計質量、計算量大小、計算速度，電腦與感測器、伺服驅動器之間的通訊方式、通訊速度都在影響著控制系統的實際運行。控制系統實際設計時必須考慮這些因素，並且在所設計的控制系統裝備到被控對象物理系統之前，必須做好計算速度、通訊速度的測試以保證控制週期的正確執行。控制週期的長短是根據系統的複雜程度、控制系統設計實時性要求具體確定的，一般為幾毫秒至幾十毫秒。如機器人的運動控制週期越短，則機器人運動軌跡越光滑。若控制器的計算量大，計算速度相對不足，則需要在實時控制週期和計算成本之間謀求平衡，以犧牲實時性要求換取計算精確；或者以簡化複雜性計算換取實時性的提高。

2.6.1.3 前饋控制、回饋控制與其他控制分類

(1) 前饋控制（feedforward control）

前饋控制是指不利用控制系統輸出結果的控制方式，即開環控制方式。如圖 2-130 所示，當被控對象或者被控對象的工況有不確定性因素存在時，前饋控制一般得不到好的控制結果。但並不意味著前饋控制不能使用，如果被控對象及其工況比較穩定、受不確定因素影響較小，則利用現有的機械系統設計與模擬分

析軟體（如 Adams、Dads 等設計與分析型軟體）可以按照實際設計的零部件結構、尺寸與材質，建立被控對象較為準確的三維虛擬樣機幾何實體模型，然後從工具軟體中提取其被控對象的系統線性方程或非線性方程，作為（或據其進一步設計）前饋控制器，然後裝備於實際的前饋控制系統；也可以利用存在於設計與分析軟體環境中被控對象的虛擬樣機模型與 MATLAB/Simulink 工具軟體設計前饋控制系統進行聯合模擬，前饋控制模擬結果如能滿足控制性能指標要求，則將前饋控制器移植到實際被控對象的實際控制系統中。

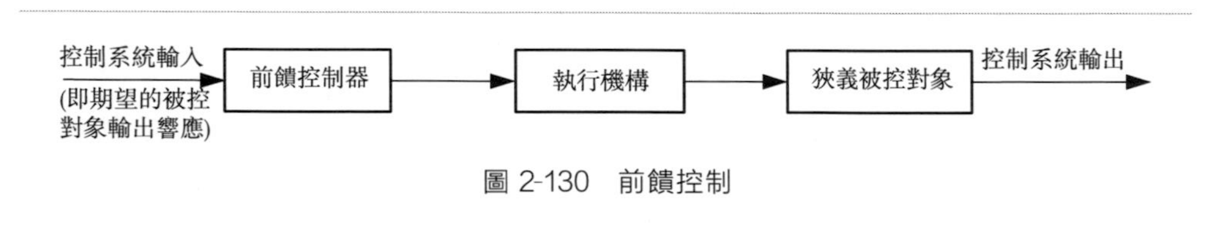

圖 2-130　前饋控制

（2）回饋控制（feedback control）

回饋控制是在線地將控制系統輸出結果返回給控制系統輸入並與該輸入進行比較後透過控制器對執行機構（或被控對象）動作進行調節以得到所期望的控制結果。前述的圖 2-129 給出的倒立擺回饋控制系統即是自動控制的回饋控制系統。

自動控制的回饋控制構成要素：如圖 2-131 所示，為回饋控制的構成要素圖。其主要構成要素包括：

① 狹義被控對象：要控制的對象物。

② 執行機構：伺服電動機、發動機、液壓缸、氣缸等等為狹義被控對象系統提供運動和動力使之產生輸出的部件裝置。

③ 感測器：光電編碼器、測速電動機、電位計、力/力矩感測器等等用來測量控制量的部件。

④ 控制器：又稱補償器、調節器，是根據控制輸入即期望的目標值（或者返回到輸入端的控制量的實際值）以及控制律生成對執行機構實施的操作量的部件。

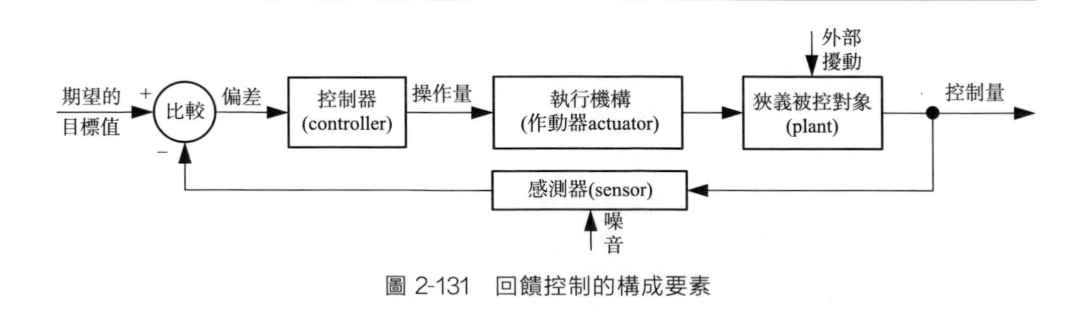

圖 2-131　回饋控制的構成要素

自動控制的回饋控制系統：如圖 2-132 所示。前述的回饋控制各構成要素之間透過訊號連繫在一起，從而構成回饋控制系統。連繫各要素之間的訊號主要包括：控制量、操作量、目標值、偏差、外部擾動、噪音等等被量化的訊號。

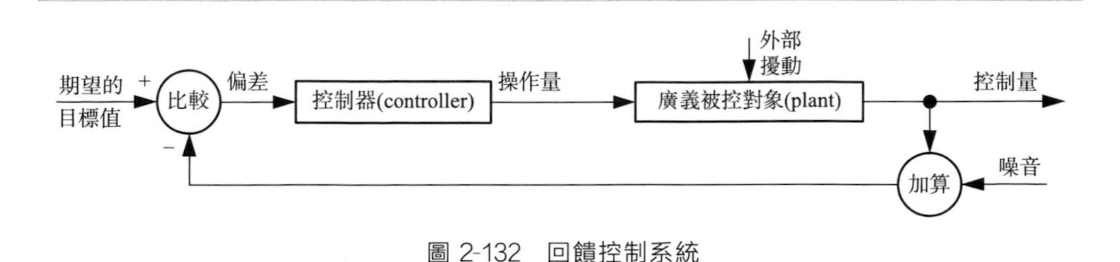

圖 2-132　回饋控制系統

① 控制量：如電動機回轉角度、轉速（角速度）等想要控制的量。

② 操作量：即控制輸入（注意：不是控制系統的輸入），是由控制器輸出給被控對象的量，即廣義被控對象的控制輸入量；狹義上，則是驅動執行機構運行的量，如：執行機構為伺服電動機的情況下，施加給電動機伺服驅動器的電壓（電動機速度控制）或電流（電動機輸出轉矩控制）等。

③ 目標值（期望的目標值）：即控制系統的輸入量，也即期望控制系統響應輸出的控制量的目標值。

④ 偏差：為目標值與控制量的差，即偏差＝目標值－控制量。

⑤ 外部擾動（或干擾訊號）：使被控對象狀態發生變化的外部因素。這些對被控對象狀態產生干擾而又不能由控制系統直接控制的外部因素一般無法直接檢測出來，一般需要透過控制器的合理選擇和設計以獲得魯棒性來平衡掉這些外部擾動對被控對象狀態的影響。如：控制房間溫度的情況下，從外部環境進入房間的空氣等等即是房間控溫系統的外部擾動。外部擾動一般不好預測，也不穩定，具有不確定性和隨機性。干擾訊號是指不希望出現的輸入訊號，它影響系統的輸出。

⑥ 噪音（觀測噪音）：用感測器檢測狀態量時隨檢測而加入進來的高頻訊號。

⑦ 廣義被控對象：不只實際的被控對象物，還包括執行機構（作動器）、感測器等在內的系統。

(3) 順序控制（sequence control）

順序控制是指按照預先設定好的動作順序進行動作控制的控制方法，多用於沒有回饋要素的自動控制，常用於工廠內工作的機器以及生產線，電飯鍋等家電製品的自動控制。如：全自動洗衣機一般不是判斷是否將污漬清洗掉，而是預先設定時間按照洗滌、脫水等作業順序進行工作。

(4) 定值控制與目標追蹤控制

按目標值是否隨時間變化分可將控制分類為：

① 定值控制：即為目標值一定的控制。要求即使存在各種各樣的外部擾動也要使控制量保持一定值。如在化工行業中，要求液面保持一定位置的情況多採用定值控制。

② 追蹤控制：為目標值隨著時間任意變化情況下的控制。如目標值為使電動機回轉角隨時間變化的情況下，控制電動機轉角追從隨時間變化的目標值（實際上為任意給定的隨時間變化的轉角曲線）的控制。

（5）過程控制和伺服機構

按照控制量的種類以及控制量隨時間變化的快慢程度不同，可將控制分類為：

① 過程控制（process control）：控制量為溫度、壓力、流量、液面、溼度等工業過程的狀態量的情況下，一般來講其控制量的變化比較緩慢的控制，稱為過程控制。

② 伺服機構（servomechanism）：控制量為物體的位置、位移、速度以及回轉角度、角速度等物理量，一般來講，控制量隨時間的變化比較快。這種使控制量追從目標值的控制，稱為伺服機構。

2.6.2 控制系統的硬體系統

前述一節從控制原理、基本概念、基本方法、控制分類等方面給出了控制系統組成及其基本原理。從控制工程、控制技術實現上需要進一步透過電腦技術、伺服驅動與控制技術、感測技術來搆築控制系統並從技術方法與手段上實現控制系統的自動控制目標。因此，作為控制系統的硬體系統構成所涉及的核心元部件是必不可少的。這些關鍵技術硬體包括作為主控器或者是底層子控制器硬體使用的各類電腦核心硬體、I/O 介面技術硬體、通訊設備、工業控制用電腦硬體等等。

現代控制系統設計都是以馮・諾依曼於 1940 年代設計的、以 0 和 1 二進製邏輯運算為計算原理的馮・諾依曼型數位電腦為控制系統構成和實現的核心技術，其中最為核心的是 CPU。馮・諾依曼（Von Neumann）型電腦的基本特徵是：

① 計算的核心部件 CPU（center processing unit，中央處理單元，中央處理器，微處理器）：CPU 由以 0、1 二值邏輯進行運算的運算器和控制器組成。

② 以 ROM、RAM 為主儲存器，以磁片（FD）、硬碟（HD）、光碟（CD-ROM）、USB 等為輔助儲存器［相對於 ROM、RAM 主儲存器（即用來使用運動）而言，被稱為外部儲存器，簡稱外存］。

③ CPU 與主儲存器之間進行數據計算結果的儲存與所需數據的讀取。

④ 輸入裝置將輸入數據儲存到主儲存器。

⑤ 輸出裝置將主儲存器的數據輸出。

⑥ 輸入裝置、輸出裝置、主儲存器、輔助儲存器、邏輯運算單元等都是在接受 CPU 內的控制器的控制下使整個電腦系統正常運行的。

因此，各類控制器硬體都是以 CPU 為核心而研發出來的。用作控制器硬體的系統主要包括：PC、單片機、DSP、PLC 之類的工控機等硬體系統。

相應於這些電腦技術而發展起來的控制系統硬體作為主控電腦的控制技術的不同，又可以分為：

① PC 控制：以 PC（personal computer）作為控制器的控制系統。

② 工業控制用電腦（簡稱工控機）控制：以 PLC（programmable logic controller）、PMAC 等為代表的工業控制機作為控制器的控制系統。

③ 單片機控制：以單片機作為控制器的控制系統。

④ DSP 控制：以 DSP 作為控制器的控制系統。

不僅如此，根據主控器（主控電腦）與控制器硬體之間的相互關系又可分為：

① 集中控制方式：是由一臺主控電腦控制所有的被控對象。

② 分布式控制方式：是由多個微型電腦（或以 CPU 為核心的微處理器作為控制器）分別控制各個被控對象，此時涉及各控制器硬體之間的相互通訊與協調控制問題。

2.6.2.1 以 PC 為主控器的集中控制方式下的控制系統

(1) 為什麼要選擇 PC 作為主控器?

選擇 PC 作為主控器看中的是 PC 強大的數位計算能力。對於需要基於模型的控制器設計以及控制系統設計而言，需要大量的運動學、動力學尤其是逆運動學、逆動力學計算以及在線參數識別算法的計算等等，同時還需要保證計算速度要滿足實時控制的要求。而不需要進行複雜的運動學、逆動力學計算，只用 DC/AC 伺服驅動與控制底層的 PID 軌跡追蹤控制、PLC 點位順序控制等即可實現作業要求的工業機器人的控制系統設計與構建就變得相對簡單了，這些控制方式都不涉及動力學計算問題。然而，這類機器人往往位置控制精度要求都不高或者動作相對簡單（機器人各關節運動耦合的力學效果相對簡單）；而對於末端操作器位姿控制精度（包括位置與姿態兩方面精度）要求高且運動速度快、慣性大、末端操作器運動軌跡要求光滑連續、在線生成運動軌跡、實時全自動控制、非固定單一性作業運動以及需要力控制、力位混合控制的工業機器人作業而言，相對複雜的機構運動學、動力學（尤其是逆動力學）計算量較大，需要 PC 作為上位機控制器或主控制器，以完成大量的複雜的計算工作，甚至於整個機器人作業的規劃、協調與組織等方面的高層控制任務。這種情況下，一臺 PC 甚至於多臺 PC 並行需要處理大量的來自外部設備（各種感測器、伺服驅動與控制單元等等）的數據、計算以及控制工作，如同一個系統的「管家」。

（2）PC 介面技術

以 PC 作為主控制器的控制系統設計需要懂得 PC 總線介面技術，尤其是總線的詳細定義（如 PCI 總線）、總線緩衝器、並行 I/O 口（輸入/輸出口）譯碼電路、中斷控制器、可編程式計算器/定時器的電路設計技術，以及抗干擾、接地、電場干擾、隔離、電磁場、電源等相關技術和問題。PC 介面技術是用來解決 PC 主控器將外部數位訊號或者模擬量轉換成數位量（A/D 轉換器）後的數位訊號讀入到電腦內用於控制器計算，或者將電腦控制器計算結果以數位量形式輸出給下一級或底層控制器或伺服驅動器作為其控制訊號的輸入輸出問題的電腦電子技術以及程式設計技術。這有如下解決辦法：

① 通用或專用的電腦運動控制板卡（運動控制介面板卡）設計與開發：自行設計開發用於將電腦與下一級控制器或底層控制器或者驅動器之間訊號輸入輸出的介面板卡，即用於運動控制的 I/O 板卡，這要求首先熟悉電腦總線的詳細定義以及電腦主板上總線擴展槽數、擴展槽各個引腳訊號的定義與功能。還有一種是專門用於伺服系統的運動控制卡，這種運動控制卡包括多路 I/O、多路 A/D 轉換器、多路 D/A 轉換器、多路計數器（用於對光電編碼器等輸出的數位訊號進行計數）、多路 PWM 訊號生成（用於伺服驅動單元的 PWM 控制）等等。如步進電動機的電腦控制介面板卡、DC/AC 伺服電動機的電腦控制介面板卡等等。

通常來講，設計研發或選用這種通用（或專用）的 PC 運動控制卡（也稱運動介面板卡）是用於以電腦為主控器的集中控制方式下控制系統的構建。

② 選用電腦介面板卡製造商提供的 I/O 板卡、計數器板卡、運動控制卡等等：一般有 PCI 總線的板卡、USB 介面板卡、RS232 介面板卡、RS485 介面板卡供電腦運動控制系統構建使用者選用。使用者需要核對所用 PC 主板上 PCI 擴展槽數、USB 介面數是否夠用，若不夠用則需要考慮外掛介面，如 PCI 板卡製造商會為使用者提供可外掛的 PCI 總線擴展箱（可選 PCI 總線擴展槽數）。一般的 PC 只有 RS232、USB 介面，但沒有 RS485 介面，所以如果選用帶有 RS485 介面的板卡則需要 RS232/RS485 的轉換器才能將 PC 上的 RS232 介面與 RS485 介面的板卡或伺服驅動 & 控制器有效連接起來，並可組成理論上可達 256 個（但實際上不超過 32 個）RS485 節點的網路。此時，PC 已經與多個 RS485 介面板卡或伺服驅動 & 控制器構成了分布式控制系統，PC 機只是 RS485 網路中的一個節點。

（3）PC 用多路運動控制介面卡設計研發實例—Rifb-0145、RIF-171-1-A/B

這裡給出的是由日本 Ritech 有限公司於 2003 年設計開發的面向 PCI 總線的

多路運動控制卡實例。它是插在 PC 主板 PCI 擴展槽中用於電腦集中控制的 16 軸、32 軸運動控制卡，在設計上採用了 FPGA（field-programmable gate array，現場可編程門陣列）技術。這裡所說的軸數也就是要控制的 DC/AC 伺服電動機的臺數。它用於自由度數為 16～32 甚至更多的仿生、人型機器人的運動控制或者多臺 6 自由度工業機器人操作臂的集中運動控制。該介面板卡由主板卡和可選板卡組成，各自的組成結構及實物照片分別如圖 2-133(a)～(c) 所示。

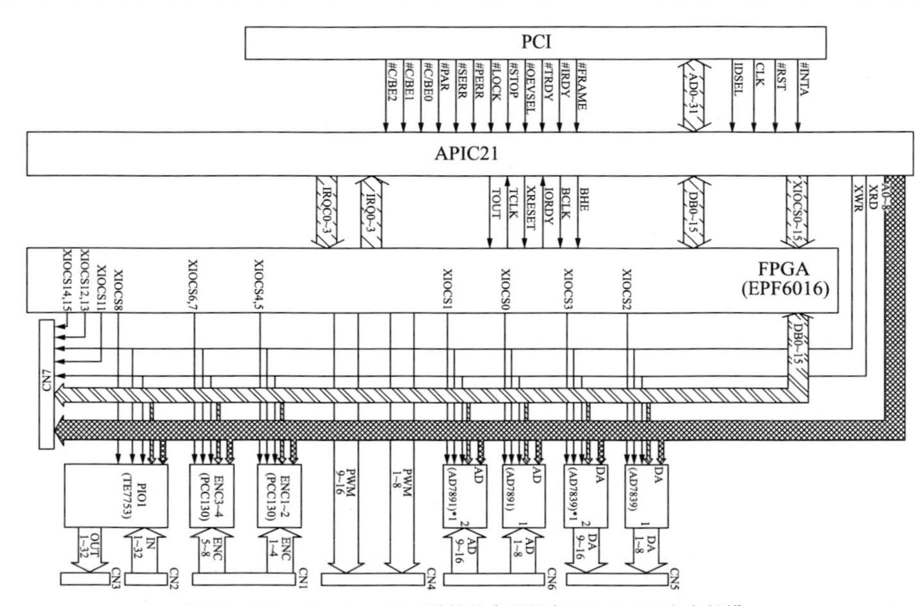

(a) Ritech interface board PCI總線的介面板卡Rifb-0145-2主卡結構

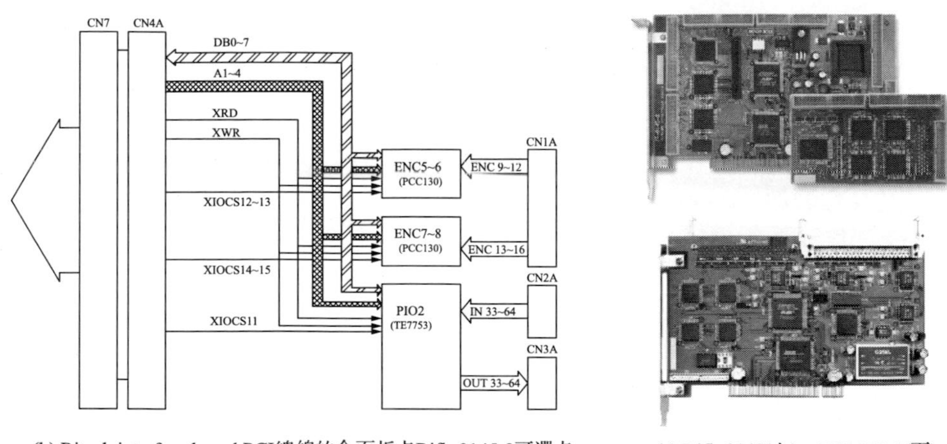

(b) Ritech interface board PCI總線的介面板卡Rifb-0145-2可選卡

(c) Rifb-0145(上)、RIF-171-1(下)

圖 2-133　Ritech interface board 多路介面卡系統結構構成

Rifb-0145 介面卡是符合 PC 主板 PCI 擴展槽介面及接插空間尺寸要求的運動控制介面卡。主卡總體規格為模擬輸入、輸出各 8 路；數位輸入、輸出各 32 路；PWM 輸出 16 路；編碼器計數器 8 路；主卡可配選增設可選卡，主卡實物如圖 2-133(c) 上圖所示（旁邊的為可選卡），主卡實物尺寸為 175mm×107mm，元器件一側厚 14.0mm，雙面的總厚為 19.1mm（PC 主板上相鄰 PCI 擴展槽各插一塊主卡時，兩主卡擴展槽間節距為 20.32mm，則兩塊主卡相鄰插在 PCI 擴展槽時相隔只有 1.22mm 間隙）；可選卡上增設了模擬輸入、輸出各 8 路，數位輸入、輸出各 32 路，計數器 8 路，可選卡尺寸為 110mm×60mm。主卡加可選卡共有模擬輸入、輸出各 16 路，數位輸入、輸出各 64 路，PWM 輸出 16 路，計數器 16 路。後來又將主卡、可選卡合二為一而成一塊介面卡，如圖 2-133(c) 下圖所示。可選卡搭載在主卡的元器件一側，厚 31.0mm；主卡搭載可選卡後的總厚為 36.1mm，長×寬尺寸仍為 175mm×107mm；但主卡和可選卡合二為一塊板卡［即圖 2-133(c) 下圖］的總厚為 15mm。為得到結構尺寸緊湊的設計，該介面板電路印製板採用的元器件引腳間距為 0.5mm±0.04～±0.05mm［通常印製板（PCB 板）元器件引腳間距一般多為 2.54mm±0.25mm］。其各輸入、輸出埠連接器以及扁平電纜也是專用的，如 7926-6500SC、7934-6500SC（3M 公司生產）的連接器。

完整版（主卡＋可選卡）板卡上搭載的輸入輸出控制部分用元器件及其相關技術參數：搭載 ANLOG DEVICES 公司生產的 8 路 13 位（只用了 12 位）D/A 轉換器的 AD7839［輸出電壓為±10V，轉換時間為 30μs（TYP)］兩個；搭載 ANLOG DEVICES 公司生產的 8 路 12 位 A/D 轉換器 AD7891（輸入電壓為±10V，最大轉換時間為 1.6μs）兩個（根據需要也可搭載 A/D、D/A 轉換器各 1 個）；搭載編碼器訊號輸入用的 24 位/2 路 PCC130［頻率範圍為 8.0MHz（最大）；1，2，4 倍頻；TTL 水平；COSMOTECHES 公司生產］8 個；搭載東京 ELECTRON 公司生產的 32 路數位輸入、32 路數位輸出用的 TE7753 兩個；搭載 ALTERA 公司生產的 16 路 PWM 輸出的 EPF5016（解析度為 8bit；頻率範圍為 15kHz～4MHz；占空比：0～100％）一個；＋5V 電源電流：<800mA；中斷口：4 路；中斷處理方式：下降沿觸發中斷和低電平（0V）觸發中斷可選；對應的操作系統（OS）：Windows95/98/2000/XP 以及 Linux kernel Ver2.2/2.4。該板卡 PCI 總線地址占用 256bits 空間，I/O 地址尋址採用設備驅動技術，即使使用者不懂得板卡尋址知識也能使用。

(4) RIF-171-1 在集成化人型機器人上的應用

Rifb-0145、RIF-171 等多路運動控制卡實際上就是面向仿生、人型機器人這種具有數十個自由度的複雜運動機器人的集中控制系統構建而設計研發的硬體系統，同時分別面向 Windows、RT-Linux 實時操作系統設計研發了相應 OS

的運動控制卡動態鏈接庫（＊.lib 文件）和 Linux OS 下的 C 語言源代碼程式用來使用運動控制卡上的各種功能。筆者設計研發的 70-DOF 的 GOROBOT-Ⅲ型全自立集成化人型全身機器人系統中的電腦控制系統即選用了 RIF-171 運動控制卡軟硬體，並且主控用 PC OS 為 RT-Linux 實時操作系統，這種 PCI 總線的多路運動控制卡大大節省了集成化設計所需的有限空間。所用兩塊 RIF-171 運動控制卡分別插在 PC 主板的兩個 PCI 擴展槽中，總共 32 路 PWM 訊號用來控制 32 臺 DC 直流伺服電動機的 DC 伺服驅動與控制單元；另外的 32 臺 DC 伺服電動機由兩塊板卡上總共 32 路 D/A 轉換器以模擬量（±10V 電壓範圍）控制 DC 伺服驅動與控制單元。從而實現了 64 臺 DC 伺服電動機的運動控制；剩餘的 6 臺 DC 伺服電動機採用運動控制卡上十分充足的多路數位輸入輸出方式來控制。而且所有以模擬量輸出的各類感測器都可由這兩塊運動控制卡上的 32 路 A/D 轉換器充足的模擬量到數位量的轉換資源來實現，從而所有將感測器輸出的或者經 A/D 轉換成的數位量取入到主控器 PC 機中用來實現狀態回饋控制和基於模型的控制。GOROBOT-Ⅲ型全自立集成化人型全身機器人系統中的控制系統採用了兩種控制方式：一種就是採用基於 PCI 總線 RIF-171 多路運動控制卡的 PC 機集中控制方式；另外一種是基於 DC 伺服驅動與控制單元 CAN 總線介面組網技術的分布式控制方式，也就是接下來要講的分布式控制系統。

2.6.2.2 分布式控制系統

在以電腦為資訊傳遞和處理核心部件的各種系統中，分布式系統（distributed system）通常是指將一個個獨立的以 CPU、DSP 等資訊處理器件為核心的電腦單元透過某種總線連接起來的一種相互之間透過通訊來共享資訊資源和處理系統任務的一種電腦網路系統；分散式系統則是指各個以 CPU、DSP 等資訊處理器件為核心的電腦單元之間沒有資源或資訊交換與共享的各自獨立的分散的系統。顯然，由多個含有 CPU 或 DSP 等單元相互連接在一起作為機器人控制系統的情況下必然是分布式系統，而不是分散系統。

(1) 智慧伺服驅動和控制器單元（簡稱伺服驅動單元）

現有的 DC/AC 伺服單元製造商們生產的智慧伺服驅動和控制器單元系統一般有以 CPU 微處理器為核心的 PID 回饋控制器、功率放大驅動前的 H 橋（或 DC→AC 逆變器）的控制器、H 橋（或逆變器）以及電腦通訊控制器、電源等五個主要組成部分。而且如前所述伺服電動機的伺服驅動與控制單元（伺服驅動和控制器）可以設置成對於 DC 伺服電動機、AC 伺服電動機（即無刷 DC 伺服電動機）驅動都通用的形式，如圖 2-134 所示。

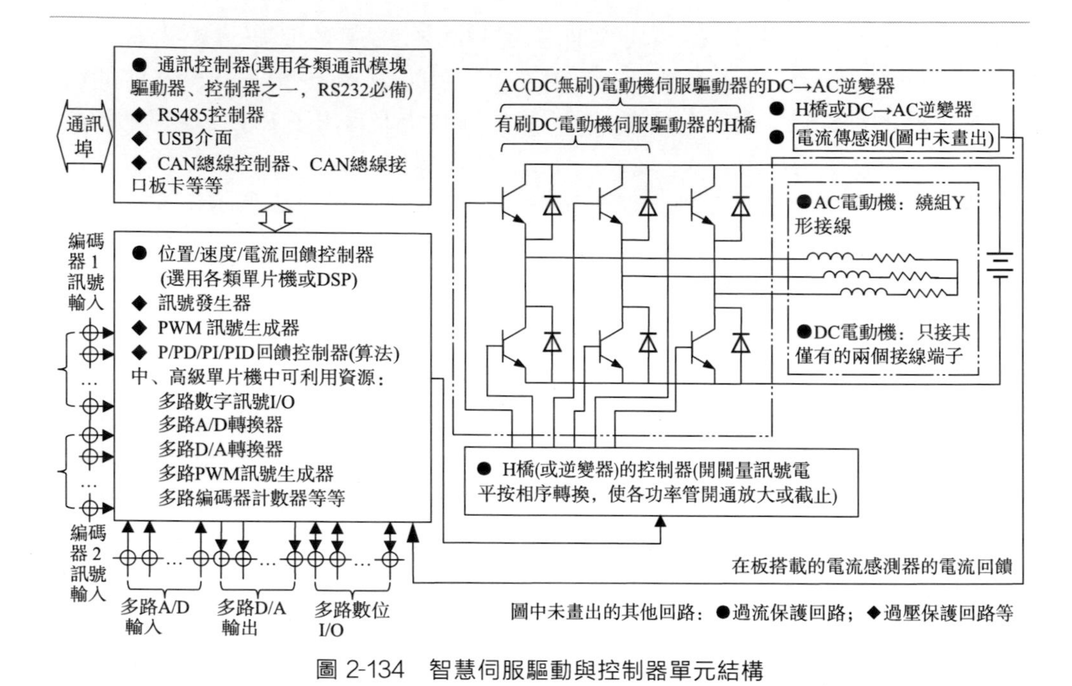

圖 2-134　智慧伺服驅動與控制器單元結構

（2）用於機器人驅動與控制系統設計的智慧伺服驅動和控制器單元實例

① TIT 智慧驅動器（IG-0138-1 型）。圖 2-135 所示為 1999 年東京工業大學廣賴研究室為 DC 伺服電動機驅動的各種移動機器人、機器人操作臂、自動控制裝置而專門設計、研發的 18～35V（18～48V 電池）/2～6A/280W 的 TITech intelligent driver（TID）IG-0138-1 型的結構以及實物照片。

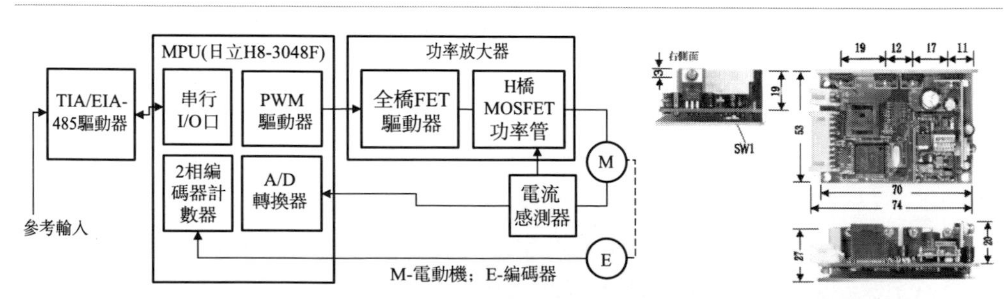

圖 2-135　TITech intelligent driver（智慧伺服驅動器） IG-0138-1 型結構與實物

• 超小型/輕量化/高功率（280W）：IG-0138-1 型 DC 伺服驅動器採用 RS485 通訊方式並可以最大 32 路連接成分布式結構，功率放大採用了 MOSFET，特點是輸入阻抗很高，用小的電壓訊號就可以控制很大的功率。最大功率為 280W 的 DC 伺服驅動器總體尺寸僅有 70mm×50mm×25mm，總重為 78g，是當時體積最小的超小型、輕量、高功率的智慧伺服驅動器；控制模式有電流控制（力矩控制）、角位移位置控制、角速度控制以及 PWM 占空比控制，控制模式、控制參數可由軟體實時切換；在板搭載電流感測器；但是，需要用風扇強製製冷。

• 控制器為日立 H8 系列高級單片機：該驅動器的控制部分選用了日立製作所生產的 16 位 16MHz 的 CPU H8/3048F（高級單片機微處理器）（1Mbit 的 ROM/RAM 尋址空間，128kB 的大容量閃存，程式可擦寫 100 次以上）1 枚作為控制器；10 位解析度 A/D 轉換器 4 路，模擬轉換電壓範圍可設置（參考電壓為 5V），高速轉換時間：1 路最短時間為 8.4μs（16MHz 工作頻率時），採樣保持功能；數位輸入/輸出（I/O）口共用（既可作輸入用也可作輸出用，可設置），各輸出驅動能力當量為 1 個 TTL 負荷和 90pF 電容負荷；計數器：兩路，每路 16 位，位相計數模式有 TCLK A、TCLK B 的上升沿、下降沿兩沿計數方式。每路還可擴展到 32 位。

• 可由 PC 透過 RS485 總線直接控制：全雙工/半雙工可切換，標準通訊速度為 38.4kbit/s。

• RS485 串行通訊：RS485 總線（TXD＋，TXD－，RXD＋，RXD－）連接省線。多枚 IG-138-1 驅動器透過 RS485 總線用雙絞線連接在一起即可組成 RS485 總線網，最大 32 個節點，含 1 個 PC 節點、31 枚 IG-138-1 驅動器的 31 個節點。

全雙工連接方式：需要四根訊號線，資訊發送和接收各有自己的訊號通道。一般需要在正反向傳送資訊的兩個通道上，各加 120Ω 的終端電阻。

半雙工連接方式：只需兩根訊號線（＋485A，－485B），加上地線（GND），一共三根線。半雙工、多節點連接中，任何一個節點在一條通道上向所有其他節點發送資訊，並且在同一條通道上接收來自所有其他節點的資訊；需要 120Ω 的終端電阻。

• 單一電源供電：控制回路用電源均由給電動機供電電源經驅動器內部 DC-DC 轉換器轉換後供電。

• 編碼器回饋：可由軟體更改，也可使用電位計、Tachogene 等位置感測器回饋。

• 高效的 PWM 控制：頻率在 32～192kHz 範圍內可變。

• 軟體：驅動器內藏標準程式。電流控制、角度控制、角速度控制、PWM 占空比控制等控制模式可由內藏軟體實時切換；控制參數也可實時更改；有正反轉指令、限位停止功能指令可用。

② Maxon 直流伺服驅動單元。EPOS2 伺服驅動器是 Maxon 公司的最新產

品，如圖 2-136 所示是 EPOS2 伺服驅動器拆除外殼後的照片，其中 EPOS2 共有 11 組介面用於電源、電動機、USB、CAN 總線等不同功能的接線。

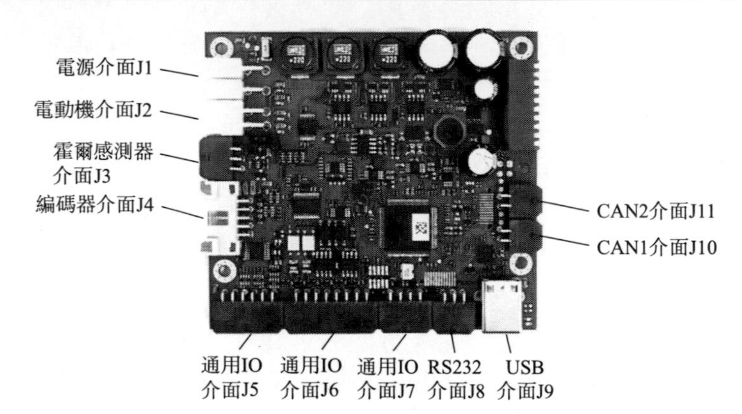

圖 2-136　EPOS2 伺服驅動器實物照片及其介面

EPOS2 伺服驅動器的電動機控制模式共有 8 種，表 2-19 給出了其控制輸入、軌跡生成方式、控制方法。

表 2-19　EPOS2 伺服驅動器各控制模式介紹

控制模式	控制輸入	軌跡生成方式	控制方法
外部輸入模式	外部手輪或其他編碼器產生的正交編碼訊號	直接計算輸入的目標位置作為電動機位置控制的輸入	位置環 PID＋速度環 PI＋電流環 PI 控制器
步進方向模式	外部輸入方波脈衝，每個脈衝表示一步，方向電平的高低表示方向	直接計算輸入的目標位置作為電動機位置控制的輸入	位置環 PID＋速度環 PI＋電流環 PI 控制器
點位控制模式	內部儲存或上位機輸入的電動機點位	按最快速度和加速度使電動機到達目標，不進行軌跡規劃	位置環 PID＋速度環 PI＋電流環 PI 控制器
速度控制模式	內部儲存或上位機輸入的電動機速度	按最快加速度使電動機到達目標速度，不進行軌跡規劃	速度環 PI＋電流環 PI 控制器
電流控制模式	內部儲存或上位機輸入的電動機電流	直接將電流給定輸入到電流環的 PI 控制器內，無軌跡規劃	電流環 PI 控制器
位置輪廓模式	內部儲存或上位機輸入的位置序列	按事先設定的速度和加速度計算電動機到達各位置的軌跡	位置環 PID＋速度環 PI＋電流環 PI 控制器
速度輪廓模式	內部儲存或上位機輸入的速度序列	按事先設定的加速度計算電動機到達各給定速度的軌跡	速度環 PI＋電流環 PI 控制器
PVT 模式	內部儲存或上位機輸入的同時含有時間、位置、速度的序列	以三次樣條插值的方式計算各序列點之間的軌跡，使電動機在給定時間達到給定的位置和速度	速度/加速度前饋＋位置環 PID＋速度環 PI＋電流環 PI 控制

圖 2-137 是 EPOS2 伺服驅動器的原理框圖，其具有 CAN 總線、USB 和 RS232 三種通訊方式，這三種通訊方式透過一個總的通訊控制模塊進行同一控制，因此三種通訊方式間可以同步使用並進行透傳，其中 CAN 總線具有 CAN1 和 CAN2 兩個介面（分別對應 J10 和 J11 的介面號），任意的一個 CAN 總線介面均可以與相鄰的節點連接；EPOS2 驅動器中電動機的驅動電路採用 3 路功放元件組成的橋式 PWM 放大電路，同時具有光電編碼器介面和霍爾感測器介面，能夠同時接收光電編碼器的電動機位置回饋和電子換相相位訊號，具有多路可編程輸入、輸出介面。

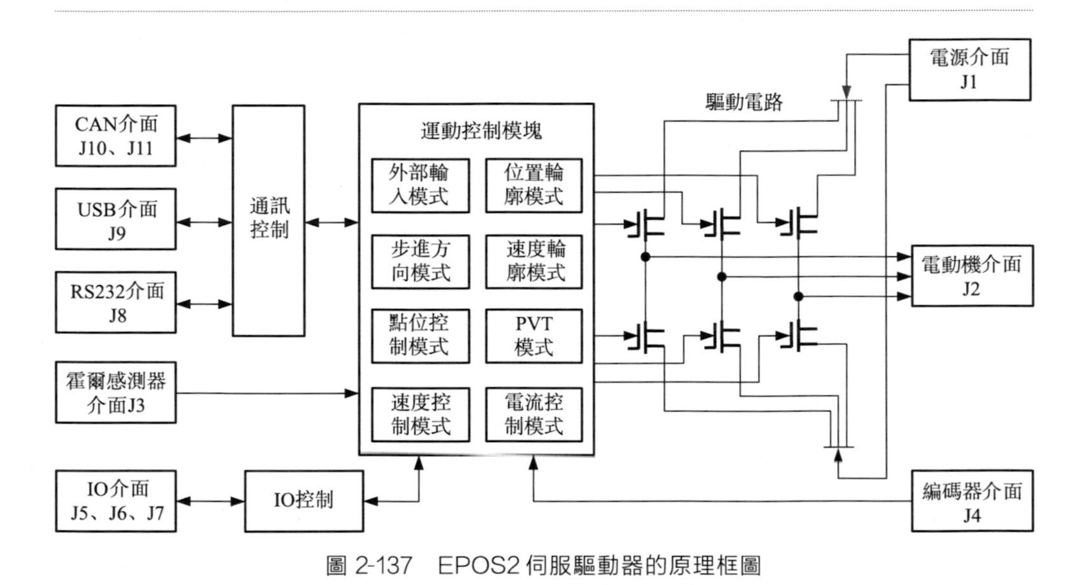

圖 2-137　EPOS2 伺服驅動器的原理框圖

(3) RS485 串行通訊以及主控電腦與多個 DC/AC 智慧伺服驅動單元的 RS485 連接方式

① RS485 同 RS232 相比的優點：

成本低：驅動器和接收器便宜，並且只需單一的一個＋5V（或者更低）的電源來產生差動輸出需要的最小 1.5V 壓差；而 RS232 的最小±5V 輸出需要雙電源或者一個介面芯片。

網路能力：RS485 是一個多引出線介面，該介面可以有多個驅動器和接收器，而不限製為兩臺設備。利用高阻抗接收器，一個 RS485 連接可以最多有 256 個節點。

快速：比特率可以高達 10Mbit/s。

長距離連接：一個 RS485 連接最大可以達到 4000ft（1ft＝0.3048m），而

RS232 的典型距離限製為 50～100ft。

採用平衡線路沒有噪音，因此可以遠距離傳輸。

② RS485 通訊連接方式及多節點連接線路：如圖 2-138(a)～(c) 所示。其中的每一個節點既可以是帶有 RS485 差動驅動器/接收器介面的 PC，也可以是帶有 RS485 介面的 DC/AC 智慧伺服驅動單元。如果用 PC 作為主控電腦，則如圖 2-138 中所示，可以處於所有節點連接線路中的任何一個節點位置。通常的 PC 上沒有 RS485 介面，但都有 RS232 串行介面，因此，可以選用市面上有售的 RS232/RS485 轉換器連接在 PC 上的 RS232 串行介面上，單個或多節點連接成 RS485 網路後，在電腦操作系統下進行硬體初始化、通訊參數設置，即可由主控電腦透過自行設計的運動控制程式以及 DC/AC 伺服驅動單元專用運動控制軟硬體與各節點通訊，向各節點發送數據、指令，向各節點寫入程式，或者從各節點讀入數據以及工作狀態。

③ 用 RS485 總線組網多節點通訊的實時運動控制要求上的問題：簡便易行，成本很低，但通訊速度相對於多自由度機器人系統運動控制的實時性要求有可能不夠快，需要實際測試後決定；一般無法滿足超多自由度數的仿生、人型機器人運動控制的實時性要求，但是對於作業相對固定的工業機器人操作臂或自由度數少、運動相對簡單的移動機器人而言，採用將預先設計好的運動控制程式和作業控制參數等由主控電腦透過 RS485 總線下載到各個節點上的底層伺服驅動單元中的運動控制器（即單元控制器）中，一般各伺服驅動單元上的控制器（PID 控制）都能滿足伺服驅動與運動控制的實時性要求，則整個驅動與控制系統仍然能夠滿足同步且高速的實時性運動控制要求。

(4) CAN 總線通訊及主控電腦與多個 DC/AC 智慧伺服驅動單元的 CAN 總線連接方式

CAN（controller area network）是德國 Robert Bosch GmbH 為節省汽車配線系統而提倡的串行介面規格。是工業網路分層通訊結構中現場總線（field bus）規格中的一種，處於工業自動化網路分層結構中的控制器下層網路。CAN 總線一般有 shield、GND、high、low 四個接線端子用來將多數個帶有 CAN 總線介面功能的模塊單元（如伺服驅動和控制單元模塊）作為一個個節點連接起來而成 CAN 總線網路，並且進行各個節點之間相互的通訊，包括發送數據資訊或控制指令，也包括從 CAN 總線網路上的節點讀入數據到某一節點（如上位 PC）用來做狀態監測或運動回饋控制。這裡以 Maxon 公司的目前最新產品 EPOS2 型伺服驅動器為例來講述 CAN 總線通訊及主控電腦與多個 DC/AC 智慧伺服驅動單元的 CAN 總線連接方式，作為構建 CAN 總線通訊網路的機器人用分布式驅動與控制系統。

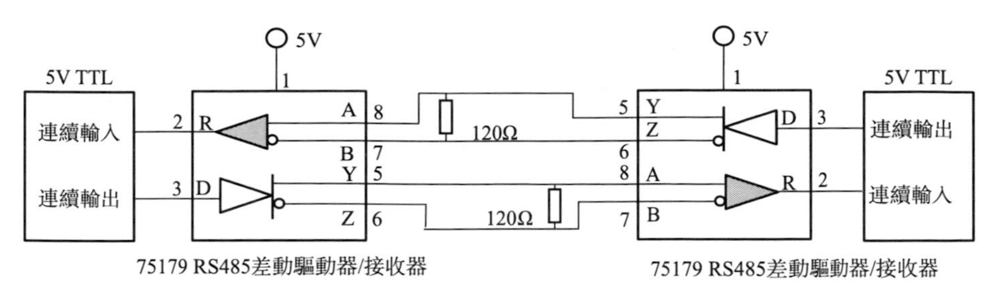

(a) RS485通訊全雙工連接方式

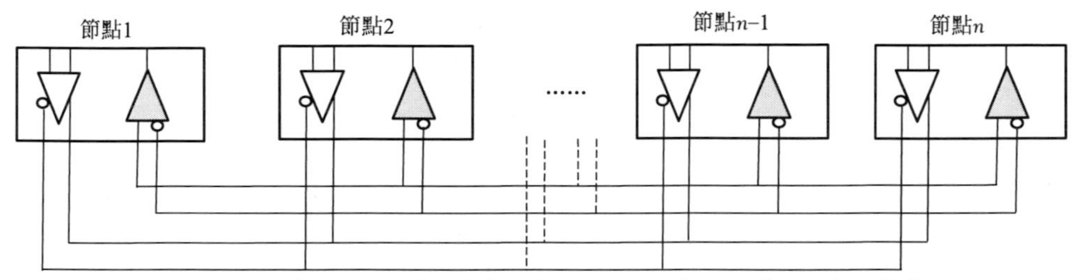

(b) RS485通訊全雙工、n個節點連接(理論上n_{max}=256，實際上一般不超過32)線路

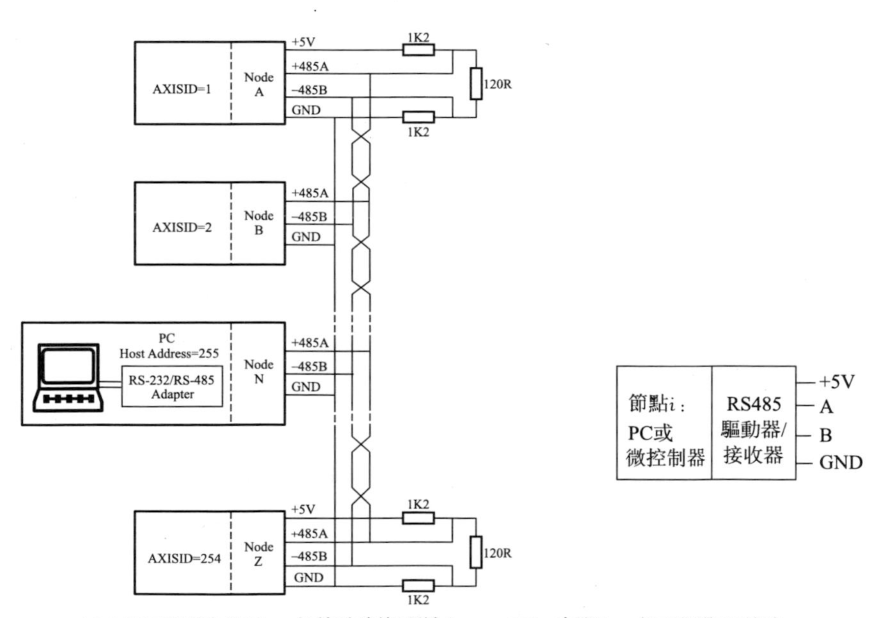

(c) RS485通訊半雙工、n個節點連接(理論上n_{max}=256，實際上一般不超過32)線路

圖 2-138　RS485 通訊連接方式及線路圖

① CAN 總線通訊的特點：可靠性高，穩定的專用半導體器件支撐通訊，成本相對於其能力而言較低，並且在汽車、機器人以及其他工業自動化（factory automation，FA）設備上的數據鏈路層、應用層取得重要應用；按 ISO 標準

(ISO11898，ISO11519)，傳送速度從低速 125kbit/s 及以下至高速 125kbit/s～1Mbit/s；拓撲邏輯為主線、支線結構的總線型；CAN 電纜線為 5 線雙絞線電纜；連接局數限製為 64 局；通訊數據長度為 0～8byte；CAN 總線通訊介質從電氣通訊到光纖通訊（通訊速度越高）分為 A（通訊速度～10kbit/s）、B（10～125kbit/s）、C（125kbit/s～1Mbit/s）、D（5Mbit/s 以上）四個等級。

② 主控電腦與多個 DC/AC 智慧伺服驅動單元的 CAN 總線連接方式：對於未配備 CAN 總線介面的電腦，可採用上位機與第一臺 EPOS2 透過 USB 通訊、其餘 EPOS2 透過 CAN 總線和第一臺 EPOS2 通訊的方式。控制指令由上位機傳輸給第一臺 EPOS2，再透過 USB 轉 CAN 總線的功能向之後的 EPOS2 驅動器傳遞。每個 EPOS2 伺服驅動器的兩個 CAN 總線介面（CAN1 和 CAN2）均具有 shield、GND、high、low 四個端子和完整的通訊功能，因此應用電腦和 EPOS2 伺服驅動器組成 CAN 總線網路時不需額外的分線裝置，只需按如圖 2-139 所示進行連接，就可應用電腦和 EPOS2 伺服驅動器進行 DC/EC 伺服電動機的多軸驅動/控制，其中 CAN 總線的 shield 端子為屏蔽層的連接端子（圖 2-139 中以虛線標出）。

2.6.2.3 工業控制用電腦（簡稱工控機）中的 PLC 及基於 PLC 的順序控制（sequence control）

PLC（programmable logic controller，即可編程邏輯控制器）是專門為面向工業自動化作業環境下計算算機控制應用技術而設計的一種數位運算操作的電子電腦系統，它採用可編程儲存器，用來在其內部儲存「執行邏輯運算、順序控制、定時、計數和算術運算等操作的指令」，並以數位輸入/輸出、模擬輸入/輸出的方式來實現對各種被控對象的控制功能和目標。這些被控對象絕大多數都是工業生產過程中所用的機器或機械系統。PLC 技術起源於 1960 年代末，1959 年美國通用汽車公司（GM）為了替代當時汽車生產線自動控制系統基本上都是採用繼電器控制裝置的局面，提出並招標能夠取代繼電器控制裝置的新的裝置。同年，美國數位設備公司（DEC）研製出了世界上第 1 臺可編程控制器 PDP-14，並在 GM 汽車生產線上首先應用並取得成功，標誌著可編程控制器及其技術誕生。但當時功能僅限於邏輯運算、計時、計數等，所以當時被稱為「可編程邏輯控制器」。隨著可編程邏輯控制器的功能與技術不斷增強，美國電氣製造協會（NEMA）於 1980 年正式將其命名為「可編程控制器」，英文縮寫本來為 PC，但與個人電腦的英文縮寫 PC 相同，因此，仍然沿用了原來「可編程邏輯控制器」的英文縮寫 PLC 以避免概念上的混淆！

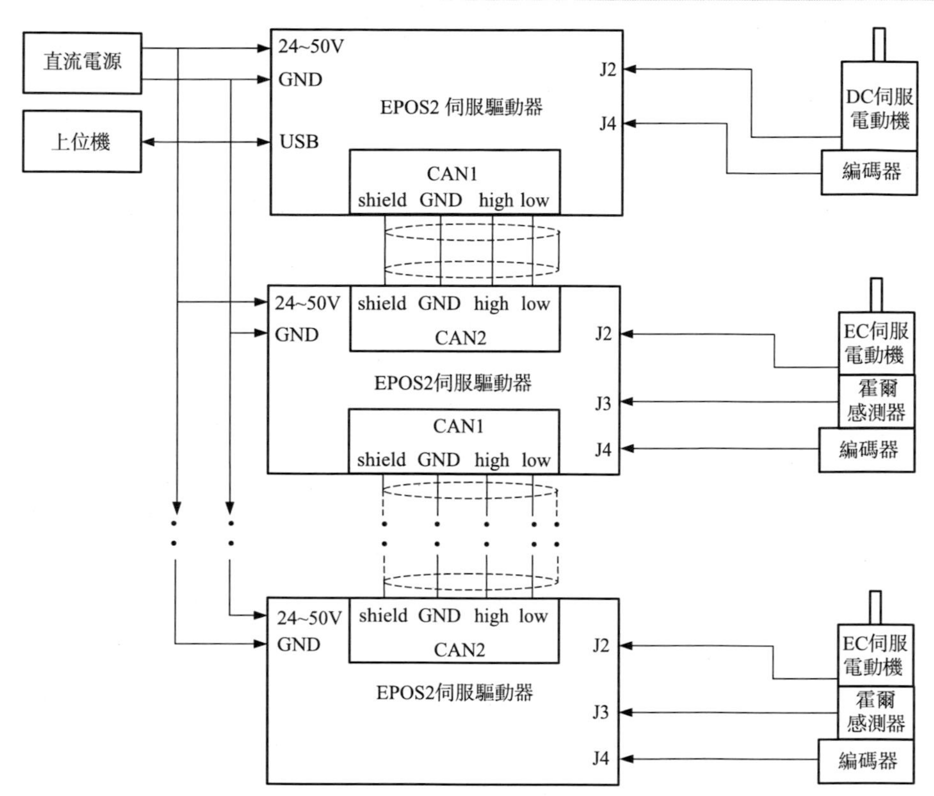

圖 2-139 應用 EPOS2 伺服驅動器進行 DC/EC 伺服電動機的多軸驅動/控制方案

(1) 面向工業環境的嚴格結構化和流程化特點

工業環境是一個很大的概念，工業環境與自然環境的本質區別在於：工業環境是人類按照工程師們給出的工業工程結構化設計構建出來的結構化環境，按照便於工業建設和生產的要求，被人類設計構建而成的工業環境的構成是確定的、結構化的環境，生產流程以及作業過程是相對穩定或者固定的。從工業過程控制問題來看工業環境的特點如下：

① 環境構成的高度結構化和流程化：工業設施、設備以及生產過程的設計性決定了工業環境所包含的一切組成的結構化和流程化。從設計、生產、管理的角度來看，所有工業環境中的一切都是由工程師們預先規定好的、理論上都應是可控的（發生不可控往往是事故，那是絕對要避免的）。因此，用於工業環境中的自動化設備的作業控制也是由工作人員預先嚴格按照作業目標和工業工程規範、工業標準和行業規程來設計好的。一般不需要自動化設備自己產生智慧、實施真正的設備自主智慧，而是由工程師或技術工作人員們按照編寫好的程式和作

業參數、控制參數賦予自動化設備。儘管有的自動化設備被稱為智慧設備，但這種「智慧」是按照人類用自己所擁有的「智慧」「技能」預先設計好的所謂的「智慧」然後「拷貝」給機器的。也就是所有的自動化設備的操作、控制都是由技術人員來給予的，而且其運行也是固定的，都是由程式設計人員按照機器工作過程預先設計好所有的動作和過程的程式，機器嚴格按照程式執行。所以，工業環境可以肯定地說，如同工藝規程、工藝工序一樣是嚴格按照規定的流程執行生產作業與質量管理的。也正因如此，工業生產中的控制實際上本身就是一種「順序控制」，而且，如同自動化生產線一樣，自動化程度要求越高，順序控制的順序要求就越嚴格，也就很難有額外的靈活性，即便是「智慧」也只能是嚴格按照「順序控制」來執行前提條件下的「智慧」。有個很好的例子來說明這個問題，就是第 1 章中講過的 H. Z. Yang 等人於 1999 年提出並研發究的「線上機器人」和「離線機器人」概念。一旦生產線上機器人作業失誤，嚴格按「順序控制」執行作業的線上機器人只能停產等待工作人員的到來和處理完這個失誤之後才能繼續生產，為解決這個問題，針對無人化生產系統中暴露出的問題與分析，1999 年日本電氣通訊大學（University of Electro-Commnications）機械與控制工程系的 H. Z. Yang、K. Yamafuji、K. Arita 和 N. Ohra 等人提出了將離線機器人引入到無人化機器人生產系統，並提出了離線機器人系統概念。但是，也正是工業生產環境這種由人類工程師按照宏偉藍圖完全設計好的工業建設和生產流程的嚴格「有序」性和「順序控制」特徵，才使得工業機器人以及其他工業自動化設備的作業控制問題變得更加機構化和預先設計並準備好所有作業順序的「流程化」，才有了專門面向這種工業環境結構化、流程化（流程化本身包含了順序和控制兩方面意思）的工業控制用電腦的誕生。實際上，工業環境的結構化和流程化隨著自動化程度要求越高而越加嚴格，然而，這種特點反而會使得對工業機器人這種運動學與動力學高度非線性耦合且相對難於控制的自動化設備在控制上的要求有所緩解。「順序控制」在工業生產中大有用武之地。PLC 技術也就是在這種工業環境下誕生出來的可靠、高效、低成本的以相對簡單的控制設備應對嚴格有序、流程化的相對簡單的生產過程「順序控制」實現技術。PLC 的主要特點是：專門為工業生產環境而設計的「順序控制」用電腦；面向使用者的指令，編程方便；可擴展性優於 DSP、單片機。儘管其實時性好，但是以不做在線複雜運動學、逆動力學計算為前提的，在這一點上也恰恰說明其只能用於簡單的順序控制，而難以用於解決高速、高慣性負載以及高精度的基於模型或非基於模型的智慧運動控制、非線性控制問題。

② 控制系統中需要大量的開關量、模擬量作為狀態監測和回饋：自動化作業工業生產環境和設施設備或生產線控制系統中需要大量的開關量即數位訊號輸入輸出、模擬量訊號輸入輸出，如來自限位開關（也稱行程開關）、霍爾元件、

光電編碼器、電位計、熱電偶、光栅尺、壓力感測器、電流感測器、超聲波感測器等等的數位量或模擬量；由控制器輸出脈衝、PWM、電流、電壓等等各種用途的數位訊號、模擬訊號給周邊設備。

③ 複雜的時間序列和最佳化組合：工業生產環境下自動化生產線或設備是由多數個多層次的子系統組成的，各子系統、子系統等等之間分層次、分優先級高低按照時間序列有機結合、協調工作而成的。需要按照時間序列來嚴格控制自動化設備系統的各部分的組織與協調，需要有效的最佳化組合設計和控制。

④ 系統構成結構穩定與面向更新換代所需開放性的矛盾：環境與被控對象組成一個有機的系統整體，一旦生產線等自動化成套設備上線生產，預先設計好的順序控制系統構成與運行會相對穩定，相當長的時間或時期內保持系統軟硬體構成基本不變。但當自動化設備生產的產品需更新換代時，系統結構構成穩定的設計與考慮更新換代設計的開放性的矛盾要求系統設計之初預留部分開放性設計。這個矛盾需要從系統軟硬體設計上去解決。其實實際上是很難做好兩者之間的平衡性設計的。

⑤ 工業環境存在的強電磁設備會成為電子設備的電磁干擾源：自動控制系統對電子設備的抗電磁干擾性能要求較高。

⑥ 工業控制中的數位計算量和算法相對簡單：多數工業環境下的機器人作業採用相對簡單的點位控制（point-to-point control，PTP Control）或者是工業控制中常用的PID控制這些簡單而又實用的基本控制方式即可滿足作業要求。點位控制之所以簡單，是只關注作業開始點到作業終了點兩點的位置，而對兩點之間的作業軌跡則不作精確控制或者無需關注軌跡如何，因此，只要根據末端操作器作業起始點和終了點的位姿透過兩次逆運動學計算或示教的辦法即可得到相應的各關節起始關節角和終了關節角，然後在關節角極限位置約束條件下按照各關節單獨的PTP控制方式即可給定實現末端操作器的PTP控制。PTP方式是最簡單的控制方式，用順序控制的方法容易實現；PID控制是伺服驅動與控制器中常用的基本控制方式，數位PID控制的算法已經由編製好的PID計算程式被伺服驅動與控制單元製造商固化到其單元控制器內，通常作業情況下只需在線整定PID控制參數即可，採用整定後的PID控制方法可以實現位置軌跡追蹤控制。一般用於生產線或其他用途的工業機器人作業是重複執行其工作空間內很小一部分作業空間內的運動，運動相對簡單，許用的控制參數變化範圍不大。因此，這類機器人的控制由工業機器人製造商出廠時提供給使用者的PID控制功能即可實現。但是，對於作業複雜、運動複雜、高精度、高速、高慣性負載以及變化的負載等作業條件下，工業機器人各關節高速運動、關節運動範圍大幅共同變化時，慣性負載、高精度、高速運動等作業參數使得工業機器人只用PID位置軌跡追蹤（也稱位置軌跡跟蹤）控制無法平衡掉機器人與負載或作業對象兩者構成

動力學系統的慣性力、離心力、柯氏力、摩擦力等等非線性項時，是得不到好的軌跡跟蹤控制結果（即位姿軌跡精度或力控制精度滿足機器人作業控制目標要求）的。此時，要求控制機器人的控制器應具有強大的逆動力學實時計算能力和在線參數識別能力，然後以參數識別和逆動力學計算為基礎，採用自適應控制、魯棒控制等基於模型的控制方法設計控制器（狹義的控制器，控制器軟體，也即控制算法程式）方能有效。一般採用適合運動學、動力學計算能力強大的 PC 或者是大型電腦（視機器人及被控對象自由度數多少和機構而定）來作為主控電腦也即主控器。

⑦ 可以離線控制獲得控制參數為在線作業控制時參數查表所用——即離線獲得前饋作為在線控制的前饋控制＋在線 PID 回饋控制以期獲得比 PID 控制更好的控制結果：如果採用 PLC 等工控機或其他帶有微處理器的電腦作為主控器，針對採用機器人製造商提供的伺服驅動與控制單元提供的底層 PID 控制難以滿足作業精度要求的問題，可以採用離線作業控制實驗獲得有效控制參數的辦法來解決，也即透過預先進行離線實驗確定機器人給定線上作業運動的控制參數、驅動力參數或形成參數表，然後將參數或參數表用於在線作業機器人控制。由於工業環境下的工業機器人作業是可以預先設定好的或者可以透過預先進行的作業實驗，把給定作業運動下的機器人透過實驗的辦法，按照基於模型的控制方法設計控制器來進行給定線上作業控制實驗，可以得到驅動力、關節角、關節角速度、關節角加速度軌跡等曲線以及底層 PID 控制參數，如果進行參數識別實驗還可以得到給定線上作業參數下機器人運動方程（即動力學方程）中的基底參數，將前述這些參數保存成數表，用於該機器人線上作業控制時在線檢索讀取預存的基底參數，進行簡單的逆動力學計算來求得驅動部件需要輸出的驅動力、力矩，或者根據作業參數直接檢索控制參數、運動參數、驅動力矩參數，然後直接用於前饋、回饋控制。這種解決辦法相當於離線作業控制得到前饋量直接用於在線作業控制的前饋量（無需在線計算前饋量），再與在線位置/速度回饋控制結合，相當於在線準前饋＋在線回饋控制相結合的控制方法。這種控制僅適用於複雜計算能力不足的工控機作為主控器和作業環境固定時的工業機器人控制方法，是一種將在線前饋＋PID 回饋控制方法與複雜運動學、動力學計算以及實時控制能力不足的電腦作為主控器進行折中處理的一種有效方法。它兼顧了工業環境機器人作業特點與控制系統構建低成本、順序控制簡單易用等優點。如果說將工控機計算能力提升到 PC 的程度，那麼工控機也就與 PC 沒有什麼本質區別了，可以這樣說：PC 如果透過 RS232 串行口或者 USB 口等介面外掛 PCI 總線插槽擴展箱或 USB 集線器的話，同樣可以外掛大量的外部設備的輸入、輸出，同時計算運算能力強大，同樣可以 PC 為主控器代替工業控制電腦用於工業控制。

（2）PLC 控制的優點

PLC 是專門為工業環境下的自動化設備順序控制而設計的。工業環境下干擾源衆多，各種作業條件（溫度、溼度、粉塵、煙霧、有害氣體、腐蝕性氣體、液體以及振動、噪音等等）、監測監控條件要求參差不一，對電子器件、元件以及連接件、線纜等正常工作條件要求以及防護保護要求、可靠性要求也相對於實驗室用器件、設備要求更為實際、更為全面、更為嚴格或苛刻。所有這些都歸結為一點就是要保證控制性能、工作性能正常、可靠。PLC 廣泛應用於機械製造、汽車、交通運輸、石油化工、冶金、專用機床、通用機床、自動化樓宇等各個領域，是一種很好的工業控制用產品。國際上代表性的 PLC 產品製造商有德國的歐姆龍（OMRON）、日本的三菱（MITSUBISHI）、德國的西門子（SIEMENS）、美國的施耐德（SCHNEIDER）以及 ALLEN-BRADLEY。PLC 控制的優點如下：

- PLC 抗電磁干擾能力強，可靠性高。
- 專門面向工業自動控制系統工程實際需要設計，有充足的輸入、輸出介面資源，所用模塊通用性強，維護方便，PLC 編程簡單易於實現順序控制功能；系統設計、安裝、調試工作量小。
- PLC 可以將順序控制與運動控制結合起來使用，實現多軸（也即多臺原動機驅動系統）的直線或回轉運動的位置控制、速度控制、加異速控制。
- 通訊便捷，可以聯網通訊，可以實現分布式控制（分散控制），集中管理。
- 可擴展能力強。
- 體積小，能耗低。

（3）PLC 的基本結構

PLC 本身仍然是以 CPU 為核心的一種專用於工業控制的電腦，PLC 主要由 CPU 模塊、輸入模塊、輸出模塊和軟體等組成，如圖 2-140 所示。

① CPU 模塊：主要由 CPU（微處理器芯片）和儲存器組成。CPU 模塊有時也被簡稱為 CPU。PLC 的程式分為操作系統程式和使用者程式，前者是使 PLC 硬體正常運行所需的基本程式，由 PLC 製造商設計並固化在 ROM（只讀儲存器）中，使用者無法直接讀取；後者則是由使用者按照 PLC 編程語言、程式結構、數據類型與尋址方式、位邏輯指令、定時器與計數器指令、功能指令以及數位量控制系統梯形圖程式設計方法、PLC 的電腦通訊技術等等，用編程軟體進行 PLC 編程後從編程電腦下載到 PLC 中去的。調試、運行使用者程式以完成使用者要求 PLC 實現預定的工業作業控制功能。

CPU 模塊中的物理儲存器：有 RAM（隨機存取儲存器）、ROM（只讀儲存器）、EEPROM（可電擦除可編程只讀儲存器）。其中：EEPROM 兼有 RAM、

ROM 的優點，但對 EEPROM 進行寫入數據的時間要比 RAM 長得多，而且擦除改寫次數有限，主要用來儲存使用者程式和需要長期保存的重要數據。

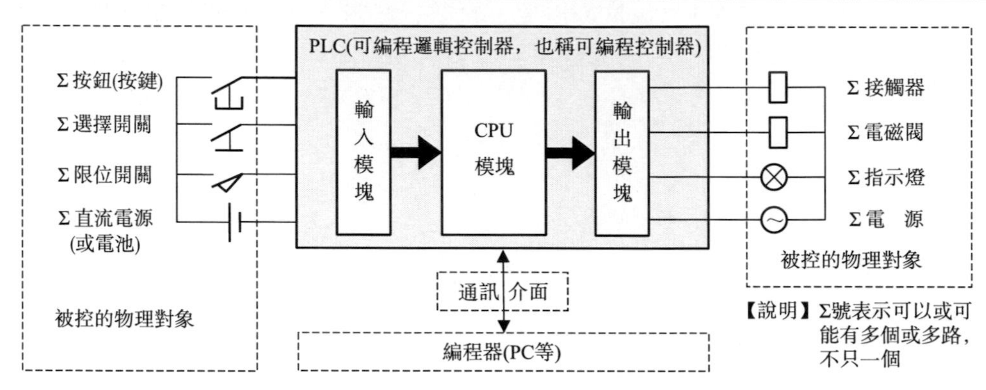

圖 2-140　PLC 的基本結構構成及其外部鏈接的輸入輸出類型示意圖

② 輸入、輸出模塊：包括輸入模塊和輸出模塊，且均為多路訊號輸入、多路訊號輸出，以滿足工業自動化設備中各種狀態監測以及狀態控制、運動控制等對豐富的輸入、輸出資源的需要。

輸入模塊：用來採集、接收輸入訊號。輸入訊號可以分為數位訊號（也即瞬間變化的開關量訊號）和隨時間連續變化的模擬訊號。相應地輸入模塊也分為數位訊號輸入模塊和模擬訊號輸入模塊。

數位訊號輸入模塊（也稱數位量輸入模塊）：工業自動化設備當中有許多開關量需要由 PLC 的開關量輸入模塊接收，如按鈕開關、選擇開關、數位撥碼開關、限位開關、壓力繼電器、光電開關、接近開關等等開關量輸入訊號。

模擬訊號輸入模塊（也稱模擬量輸入模塊）：PLC 的模擬量輸入模塊主要用來接收來自電位計、測速發電機、變送器等等的電壓、電流等隨時間連續變化的模擬訊號。

輸出模塊：輸出數位訊號（開關量）、模擬訊號（模擬量）來控制工業自動化設備中需要控制的元部件，也分為開關量輸出模塊（或稱為數位訊號輸出模塊）和模擬量輸出模塊（也稱為模擬訊號輸出模塊）。

數位訊號輸出模塊：其輸出訊號被用來控制電磁閥、電磁鐵、各種指示燈、數碼管以及數位顯示裝置、報警裝置、接觸器等等。

模擬訊號輸出模塊：其輸出的模擬訊號被用來控制電動調節閥、變頻器等等執行器。

③ 編程軟體：用於使用者編寫 PLC 使用者程式的專用軟體。可在電腦螢幕上用此編程軟體直接生成和編輯梯形圖或指令表程式，經編譯後可透過電腦通訊

介面下載到 PLC 上，也可以將 PLC 上的使用者程式上載到電腦。還可以用此編程軟體監控 PLC。

④ 電源：PLC 使用 AC 220V 電源或 DC 24V 電源。PLC 內部開關電源為 PLC 各模塊提供不同電壓值的 DC 電源；小型 PLC 還可以為輸入電路和外部電子感測器提供 DC 24V 電源，驅動 PLC 負載的 DC 電源通常由使用者準備。

（4）關於輸入、輸出模塊與外部訊號的光電隔離問題

CPU 模塊的工作電壓一般為 5V，但 PLC 外部輸入/輸出回路的電源電壓較高，來自外部電源的尖峰電壓和噪音干擾可能影響 CPU 模塊內的元器件正常工作甚至於被損壞。因此，在 I/O 模塊中，用光電耦合器件（簡稱光耦）、光敏晶閘管或小型繼電器等器件將 PLC 內部的電路與外部 I/O 電路隔離開來，透過這種非直接導線連接性的光電訊號耦合的辦法將訊號「耦合」輸入到 PLC 內或者從 PLC 中輸出出去。

有關各 PLC 專業製造商生產的 PLC 硬體說明、軟體編程以及 PLC 工程實際應用的書籍有很多，簡單易學，此處只將 PLC 作為工業機器人運動控制中最簡單的順序控制方法實現的一種工具簡述，不加以展開。

2.6.2.4 用於 DC/AC 伺服驅動單元控制器的單片機

（1）關於 CPU 的形態與單片機

按照 RAM、ROM 兩類儲存器是否與 CPU 設計在一塊 CPU 芯片裏，可將 CPU 分成兩種形態，一種是多芯片型 CPU，是將 RAM 芯片、ROM 芯片、並行介面芯片、串行介面芯片等多個 IC 芯片作為 CPU 芯片的周邊外圍回路組成部分的多芯片型 CPU；另一種是單芯片型 CPU，即是將 RAM、ROM、CPU、並行介面、串行介面等電子器件、線路完全與 CPU 設計在一起並封裝在一個 IC 芯片內部的單芯片型 CPU。因此，多芯片型 CPU 是指 CPU 本身是單獨的 CPU 芯片，而 RAM、ROM、串行介面、並行介面等各芯片處於 CPU 芯片的外部，所謂的多芯片 CPU 就是指為使電腦正常工作，必須為 CPU 提供暫存記憶體（RAM、ROM）和介面等外圍回路用 IC 芯片。而單片機的單芯片型 CPU 本身內部已經有了 RAM、ROM 以及串行、並行介面。顯然，單芯片型 CPU 與多芯片型 CPU 相比不容易擴展，但是卻可以在不擴展的情況下原樣使用 CPU 與暫存記憶體、介面之間的多種功能。微型電腦技術和產品的發展史中，最早使用的多芯片型 CPU 是 Z80，多芯片 Z80 之後開始出現了單芯片型 CPU 的 Z80 單片機。此後，作為控制用的電腦被分為：

PC：是一種必須為多芯片型的 CPU 提供輸入/輸出介面回路、暫存記憶體以及顯示屏（CRT 顯示器、液晶顯示器等）、鍵盤、鼠標等等而成為桌上型電腦、筆記本式電腦（即筆記型電腦）。但這類電腦通常作為主控器，不適合將其

與伺服驅動單元模塊集成在一起。當然，可以將整臺桌上型電腦或筆記本式電腦作為控制器放在被控對象物理實體系統之上或之內（如果整個系統結構空間允許且系統位置固定的話），但是對於結構空間狹小、集成化程度高的全自立型機器人系統，將桌上型電腦、筆記本式電腦整機放在機器人本體之上並不合適。

PIC（peripheral interface controller）：為單芯片型 CPU，大小類似於 TTL IC 芯片，價格也很便宜。往往作為使用電腦作為控制器的初學者學習或者小製作、小玩具類的簡單控制，為最低階的單片機。其暫存記憶體容量小，不適合作為處理大量數據的控制用電腦。

單芯片型 CPU 與中高階單片機：單芯片型 CPU 本身是既含有 CPU，同時也含有暫存記憶體、輸入/輸出介面等 CPU 外圍回路的一片 IC 芯片。中高階單片機是將單片型 CPU 芯片及其與 PC 連接的通訊用介面電路等等設計製作在一塊印製電路板上而形成實驗板或開發板。如 Z80 單片機（沒有內藏暫存記憶體）、H8 單片機（帶暫存記憶體）等 CPU 實驗板。由於 PIC 等低階單片機本身容量、資源和數據處理能力十分有限，一般不用作高性能智慧伺服驅動單元內的驅動控制器，通常採用中高階單片機。

(2) 日立（HITACHI）製作所生產的 H8 系列單片機

H8 系列單片機（MyCom）大體上可以分為 8 位、16 位兩大類總共 6 個系列。16 位 H8 單片機命令上位互換向下兼容 8 位 H8 單片機。8 位的有 H8/300L 系列、H8/300 系列兩個系列，而且這兩個系列命令完全互換（兼容）；16 位的有 H8/500 系列、H8/300H 系列、H8S/2000 系列、H8/300H Tiny 系列四個系列，其中：H8/300H 系列與 H8/300H Tiny 系列命令完全互換，H8S/2000 系列命令上位互換向下兼容 H8/300H 系列。

H8/500 系列為 H8 的初代產品，為 16 位、最高時鐘頻率為 16MHz、最大暫存記憶體為 1MB 的系列單片機。

H8/300 系列為 8 位標準單片機的機能添加版，為添加、搭載 A-D、D-A 轉換器等多種功能的系列，最高時鐘頻率為 16MHz。

H8/300L 系列為以 1.8V 低電壓工作的低功耗耗電、性價比好的 8 位單片機系列。其命令與 H8/300 系列完全兼容，軟體資源可以原封不動地使用。

H8/300H 系列是以 H8/300 系列為基礎，性能提高版的 16 位單片機系列，最高時鐘頻率為 25MHz，最大暫存記憶體為 16MB。命令集與 H8/300 系列上位兼容，特別配備了帶符號位的乘法、除法運算命令。並且內藏數據直接傳送機能（DMAC）和可用於控制電動機運動的 PWM 機能。所以，H8/300H 系列在相當一段時期內成為伺服電動機驅動與控制單元的首選控制用高階單片機。

H8S/300H Tiny 系列是 CPU 採用 H8/300H、外圍電路中採用了 H8/300、16 位、最大時鐘頻率為 16MHz 的小型低價位的單片機系列，命令上與 H8/

300H 系列完全互換、兼容。

H8S/2000 系列則是比 H8/300H 性能更高但命令上位兼容的 16 位、最高時鐘頻率為 33MHz 的單片機系列。有積和運算命令等功能，從功能、速度上都堪稱 H8 系列單片機中的最高版本。除 H8 系列之外，與 H8 系列不同的更高系列就是日立製作所的 SuperH 系列 32 位高階單片機。這些系列單片機的詳細資訊和資料可以從日立製作所的官方網站上查閱。

H8/300H 系列單片機概要：H8/300H 系列單片機相對容易買到，易於開發，性價比好。H8/300H 系列與 CPU 有上位互換性；有 16 個 16 位通用暫存器；62 種基本命令（指令），包括：8/16/32 位的轉換和運算指令、乘除運算指令、強大的位操作指令等等；8 種可用的地址暫存器指令，包括：直接尋址、間接尋址、移位暫存器間接尋址、絕對尋址、立即尋址、程式計數器（相對）、暫存記憶體間接尋址等尋址方式；16Mbits 暫存記憶體可用；高速工作，最小命令執行時間為 80ns，最高時鐘為 25MHz；兼有兩種 CPU 工作方式：標準模式和高級模式（H8/3048 系列無此模式）；低功耗耗電：通常消耗約 50mA 電流，並且可用 SLEEP 命令進一步切換到低耗電狀態。此外，H8/300H 的 CPU 在 H8/300 基礎上做了進一步的改良，主要包括：通用暫存器擴展、暫存記憶體擴展、尋址方式強化、命令的演化等機能得到改善。

H8/3048F 單片機：H8/3048F 是 H8/300H 系列中的代表性機型。H8 系列單片機即便是機型不同，基本的使用方法也是相同的，基本屬於知其一而通同類。H8/3048F 的外觀及其主要機能、結構構成如圖 2-141(a)、(b) 所示。H8/3048F 為總體尺寸約為 15mm×15mm、周圍均布總共 100 根引腳、內藏 4KB 的 RAM、各種定時器、A-D/D-A 轉換器、通訊等機能以及工作時鐘為 16MHz 的高度集成化單片封裝結構。100 根引腳針中輸入、輸出總共占 78 針，其中 8 位輸入、輸出介面 7 個，7、6、5、4 位輸入、輸出介面各 1 個，有的引腳針兼有多種用途可切換使用。由於 H8 系列單片機的引腳針間距狹窄，不同於通常的單片機或 IC 芯片的引腳針間距，因此，如果作為學習或通常實驗用途使用 H8 系列單片機的話，最好購買如圖 2-141(b)、(c) 所示的帶有 H8 系列單片機的開發實驗板，它們分別是日本秋月電子通商和 AW 電子的販賣產品實物照片。如果是面向智慧伺服驅動 & 控制單元的研發用途則需要按其引腳針間距自行設計印製電路板以及外圍電路。

(3) 日立（HITACHI）製作所生產的 SuperH 系列單片機（微處理器，micro process unit，縮寫 MPU）[13]

SuperH 系列單片機是日立製作所面向高性能低價格開發的 32 位單片機。日立的單片機的總體目標是面向集成化小型化驅動和控制單元或控制系統設計與研發需要而設計製作的。衆所周知的日本本田公司的本田技研研發的小型人型機器人 ASIMO 的集成化控制系統中採用了日立 SuperH（簡稱 SH）系列單片機作為底層驅動和運動控制單元的控制器。即便是比 SuperH 系列單片機較早的 H8 系列單片機也曾是設計研發蛇形機器人、腿式移動機器人、機器人操作臂等機器人伺服驅動單元的控制器。

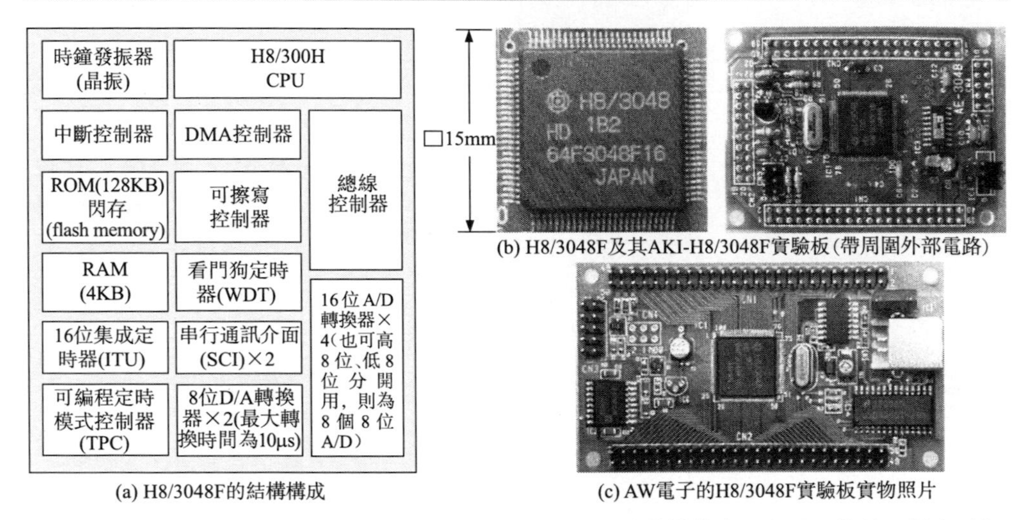

(a) H8/3048F的結構構成

(b) H8/3048F及其AKI-H8/3048F實驗板（帶周圍外部電路）

(c) AW電子的H8/3048F實驗板實物照片

圖 2-141　日立製作所生產的 H8 系列單片機 H8/3048F 的結構構成示意圖、芯片及其實驗板

日立 SH 系列單片機的基本設計思想：

① 為單片機組入編譯型語言程式同時以匯編語言為輔助功能。在運動控制行業，以往的 CPU 中許多命令並沒有被用到，因此，可以削異命令數，所需要的機能可以以基本命令的組合來實現。如此使得命令從整體上得到簡化。

② CPU 處理能力是按單位時間內處理的命令數來計量的。則提高時鐘速度有利於電路處理能力提高。

③ 命令處理採用管道（pipe-line）並行處理，可以以最簡單的低成本方式實現，有以固定字長的命令（指令）暫存器為中心的運算電路，採用暫存記憶體運算無操作數（operand）的暫存記憶體加載-儲存（load-store）方式是有利的。

④ 伴隨著運算速度的高速化同時命令和數據的總線寬度（bus band）不足，對此，用高速緩存（cache memory）來加以緩和。如此，命令的解碼（decode）和控制回路都得以簡化，可以用空出來的暫存記憶體可以將高成本抑製到最小化，是一種均衡性的設計思想。

日立 SH 系列單片機的發展歷程：SH 系列高階單片機從初代 SH-1 歷經 SH-2、SH-3、SH-4 發展到 SH-5，族譜比較多，而且 SH-2、SH-3、SH-4 都有自己的分支系列。

第1代（SH-1系列）：SH系列最初的SH-1內核（core）雖然是32位機，但其是以16位固定字長代碼得到高效為特徵的；但時鐘訊號頻率並不高，為20/12.5MHz。該系列中的型號有：SH7020，SH7021，SH7032，SH7034。

第2代（SH-2系列，SH-2E）：是將第1代SH-1系列單片機的積和運算器的42位儲存器擴展為64位，增加了兩倍精度的乘法運算命令，並且搭載了專用的高速運算乘法運算器，提高了運算速度，但主要是透過將時鐘訊號頻率從原來的20MHz提高到28.7MHz/40MHz來實現的。該系列中的型號有：SH7011，SH7014，SH7016，SH7017F，SH7040～SH7045，SH7050，SH7051F，SH7055F，SH7604。

第2代派生品（SH-DSP）：SH-DSP是將SH特有的積和運算命令利用價值異半，由專用的三總線構成並且不以高效積和運算效率為主的產品。DSP機能為16位固定小數點積和運算功能，工作頻率為60MHz。該系列中的型號有：SH7065F，SH7410，SH7612。

第3代（SH-3系列，SH-3E）：第2代及以前的SH單片機都沒有搭載MMU（memory management unit，暫存記憶體管理單元），因此，搭載OS或者大容量的儲存器時在有效利用儲存器方面及擴展應用上有些薄弱。對此，自SH-3開始日立SH系列單片機開始搭載MMU，並追加TLB命令，如此，使得SH-3系列單片機搭載OS（操作系統）變得容易實現了。從這一點上，SH-3系列單片機在設計上超越了Windows CE、PDA用處理器等多數設計水準。此外，SH-3還追加了可以實現已不是2/8/16等固定字長轉變，而是由暫存器自由轉變的Shift命令，也可由C語言生成代碼，運算更高速，程式更緊湊。第3代的SH-3系列單片機的時鐘訊號頻率上限可達133MHz，性能大幅提高。工作頻率為45～133MHz。該系列中的型號有：SH7702，SH7707，SH7708R，SH7708S，SH7709，SH7709A，SH7718R。

第3代派生品（SH3-DSP）：在SH-3上搭載3總線DSP的製品。DSP的機能與前述的SH-DSP相同。該系列中的型號有SH7729，工作頻率為133MHz。

第4代（SH-4系列）：SH-4是為熟知SEGA的使用者而設計的處理器，是組入為實現3D幾何學運算高速化的加速矩陣運算機能的版本。主要擴展之處在於導入了浮點小數運算器，追加了與浮點小數運算相關的大量命令（指令）集，最高可以以200MHz的速度正常工作。SH-4具有整數運算和浮點小數運算並行執行的並行運算機能，並且組入了圖形用命令從而可以進行SIMD型處理。該系列中的型號有SH7750，SH7750V，工作頻率分別為200/167MHz，167MHz。

第5代（SH-5）：SH-5系列於2002年開始投入使用。

（4）日立SH7040系列單片機[14]

SH7040為SH系列單片機的第二代即SH-2系列中的型號之一，為以日立自有結構的高速 CPU 為核心的 LSI 設計，將 CPU 與其系統構成所需的外圍周邊電路集成在一起的 CMOS 單芯片型單片機。CPU 擁有 RISC（reduced instruction set computer）型命令集，基本上是採用 1 命令（指令）1 週期的高速工作方式。以 SH7040 系列單片器作為控制器時的可用資源主要有：

I/O 口：SH7040、SH7042、SH7044 皆有 74 路輸入/輸出、8 路輸入，合計 82 路；SH7041、SH7043、SH7045 皆有 98 路輸入/輸出、8 路輸入，合計 106 路。

A/D 轉換器：10 位 A/D 轉換器 8 路；可外部中斷觸發轉換；內藏 2 個採樣保持機能單元（2 路可同時採樣）；有高速/中等精度 A/D 內藏型、中速/高精度 A/D 內藏型可選。

大容量暫存記憶體：ROM 按照不同型號分別有 64KB、128KB、256KB 可選；RAM 為 4KB（使用緩存時為 2KB）。

MTU（多功能定時脈衝單元）：基於 5 路 16 位定時脈衝訊號可以最多生成 16 種波形或者最多可以處理 16 種脈衝訊號的輸入、輸出；16 個輸出兼輸入的暫存器；總共 16 路獨立比較器；脈衝輸出方式：單觸發（one shot）/計數觸發（時鐘觸發）（toggle）/PWM/互補 PWM/Reset 同步 PWM；多個計數器同步機能；互補 PWM：6 相逆變器控制用無縫（non-overlap）波形輸出、死區（dead）定時器自動設定、PWM 占空比為 0～100％可任意設定、輸出 OFF 機能；Reset 同步 PWM 模式：任意占空比的正、反相 PWM 波形 3 相輸出；位相計數方式：可以處理 2 相編碼器計數功能。

串行通訊介面：2 路。每路：調步同步式/時鐘同步式兩種可選；全二重可同時發送資訊；多處理器間通訊機能。

2.6.3 控制系統的軟體系統

前述給出了有關機器人控制系統設計中用於集中控制方式的運動控制介面卡、用於分布式控制方式的各個驅動與控制單元等硬體設計以及實例。一般而言，硬體只有在軟體運行下才能發揮作用，除非所有的控制完全由機械中用作控制的機構、控制用的液壓閥或氣閥、以及電氣系統的電子電路，再加上感測器系統的配合，完全由硬體系統實現自動控制。因此，相應於控制系統硬體的相關軟體初始化或程式設計與執行是必不可少的。另外，工業控制、航空航天等諸多領域中的控制系統設計都有對系統響應時間的嚴格要求，這一要求下的系統即被稱為實時系統。對於機器人系統而言，給定機器人控制系統一個指令，機器人系統本身必須在一定的時間要求內給出其響應，這個響應時間就是從指令發送給控制系統控制器到機器人執行完該指令下的運動或作業任務之間所經歷的時間。這個響應時間的確定來自於機器人運動或作業任務性能要求，但受到機器人系統軟硬體自身條件的限製。

2.6.3.1 控制系統的軟體環境

機器人控制系統是運行在移動的軟體環境下的。如早期在 PC DOS 運行環境下編寫控制系統軟體、現在的 Microsoft Windows 各種版本操作系統、Linux、Unix 等電腦操作系統之下以 C、C++、VC、MATLAB 等程式設計語言、匯編語言開發控制系統軟體。對於機器人控制而言，由於各關節運動是按照時間同步協調運動來實現機器人本身的運動和執行作業任務的，因此，在現實物理世界中的控制的實時性要求是機器人控制的一項重要指標。即便是相對簡單的順序控制，也是按照開關順序和時間序列來嚴格執行的。一般而言，除非軟體上採用並行計算、硬體上實現完全的同步並行控制，否則，絕對的實時控制和理想的實時（即期望的執行時間或時刻與實際執行的時間或時刻誤差為0）是不存在的。在機器人控制中，用實時控制週期來衡量實時性，如控制週期為 20ms、10ms、5ms、2ms、1ms 或更短。實時性的衡量也是相對的，在電腦計算速度相對現在慢得多的 1980 年代 6 自由度工業機器人操作臂實時控制週期 20ms 就屬於實時性良好的控制了，而現在控制週期 10ms 為實時性一般，而對於數十個自由度的仿生、人型機器人運動控制的實時性可以達到幾毫秒已屬平常。機器人控制的實時性要求是相對於其所執行的作業任務對實時性這一時間要求而言的。

（1）實時的含義與實時系統（real time system）

實時的含義：實時（real time）的詞義本身是指事件或過程出現的同時。在控制系統、感知系統中，則是指被控或被感知對象狀態本身改變的同時，能夠透過對當前已發生狀態的認知有效地促進系統下一時刻所期望的狀態的出現所作積極行為的「及時性」與「適時性」。其中具有「及時性」「適時性」的積極主動的行為與過程可以稱為「實時處理」。按照「實時」本意所含有的「及時性」和「適時性」，「實時處理」則含有實時過程時間的長短與同步性跟隨兩層意義。理想的實時則意味著完全同步和並行性，即時間差為零。但是，絕對實時是不可能存在的。所謂的實時控制、實時處理是指時間差滿足不過時程度和適當的時候所進行的處理。實時處理並不都是體現在處理速度上，人們通常將高速處理與實時處理等同看待是有一定的誤解的。但是，當系統要求具有高速處理能力時，實時處理通常體現在處理速度上，處理速度快慢則通常用時間長短衡量，如採樣時間或頻率、控制週期或頻率等等。實時是相對的。

實時處理中的時間約束：是指實時處理過程的起始與終了兩個端點時刻的約束，即開始處理的最早可能時刻［被稱為釋放時間（release time）］和結束處理的最晚可能時刻［被稱為截止時間（deadline）］。當實時處理為週期性處理時，每次處理的釋放時間的偏差十分重要，釋放時間的偏差被稱為晃動（jitter）。

硬實時（hard real time）與軟實時（soft real time）：按照強弱程度，可將實時處理的時間約束分為硬實時和軟實時兩類。實時處理或其中某處理不能滿足時間約束則成為對系統貢獻度為零的時間約束，這種時間約束即為硬實時；實時處理或其中某處理雖然不能滿足時間約束，但其只是使系統貢獻度有所下降，這種時間約束即為軟實時。

實時系統：實時系統已約有 60 年的發展歷史，但實時系統尚未有能夠被普遍接受的定義。牛津電腦詞典中給出的定義是：「實時系統是指生成系統輸出的時間限製（簡稱時限）對於系統至關重要，這通常是因為輸入對應於現實物理世界的某些運動，同時輸出也與這些運動相關。從輸入到輸出的滯後時間必須足夠小到一個可以接受的時限（timeline）內。因此實時系統邏輯正確性不僅依賴於計算結果的正確性，還取決於輸出結果的時間。」這個定義是有局限性和模糊性的。實時系統的定義首先依賴於系統的定義，而系統又可以分為包括機械、電力電子設備、電腦實體等等構成系統本體（現實物理世界中的實體）在內的硬體系統和以電腦程式為核心的軟體系統。這裡的硬體和軟體仍然是狹義的概念，而廣義的軟、硬體系統的概念涉及的範圍相當廣泛，幾乎涵蓋了自然科學、社會科學、工程技術等各個領域。如社會問題的應急機製和管理系統便是有實時性要求的實時系統，也是一個有實時和回饋要求的實時控制系統。機器人系統更是一個實時性要求嚴格和實時控制的實時系統。所有的實時系統都有時限要求。

(2) 機器人控制系統的實時性的決定因素

① 用於控制系統軟硬體運行的電腦操作系統（不管是 PC 還是單片機或其他）是否是 RT OS（real time operation system）；

② 機器人機構自由度數的多少，也即機器人機構運動學、動力學計算複雜性，或者非基於模型的智慧學習系統計算的複雜性；

③ 需要感測系統獲取狀態量數、採樣時間（採樣頻率）及獲取各狀態量所需解算的計算複雜性；

④ 控制系統本身對控制指令的響應速度；

⑤ 各感測器本身感知能力及對外界或內部刺激響應速度；

⑥ 控制系統控制方式以及控制器設計；

⑦ 干擾和噪音，等等。

最後用一句話概括：實際上所有的這些因素最終都歸結為電腦、主控電腦系統、驅動與控制單元、感測系統等硬體系統對實時性的影響。即便是電腦計算最終也是由硬體來實現的，而軟體只能在硬體「計算」速度前提條件下，從如何異小計算量提高算法的計算效率（降低計算成本）的角度來提高實時性。電腦控制下的機器人控制系統的實時控制程度是隨著作為電腦計算技術核心的 CPU、MPU 硬體技術等的發展而更新的。

(3) 軟硬體的時間預測性

在設計滿足各種時間約束的實時系統時，要求系統對硬體和軟體所有處理的時間具有預測性（predictability）。所謂時間預測性就是特定處理的完成時刻與預測時刻之間接近程度如何的測試結果。

通常透過高速處理（高速緩存、生產線技術等）來滿足各種時間約束的辦法，實際上是提高系統平均處理能力的一種辦法，並不能保證每一個處理過程或處理週期都能獲得高速處理的結果。一旦某次或某幾次處理的時間差達不到高速要求，可能會因時間預測性能降低而導致系統性能急劇下降。因此，對於時間約束較強的實時處理要求，選用結構簡單的硬體更為可靠。軟體的時間預測性問題主要體現在實時處理軟體設計方面的影響因素，主要包括：編程語言對時間約束的特定操作功能、編譯器最佳化是否能夠預測出運行時最有可能採用的路徑和縮短平均運行時間、多個程式共享 CPU 的實時性保障問題等等。

(4) 電腦實時操作系統（RT OS，real time operation system）

電腦系統最為核心的部件是 CPU（相應的也有微處理器 MPU），CPU 的形態有單芯片型和多芯片型。圍繞 CPU 形態的不同相應的操作系統軟體結構和通用性也就不同。通常的個人電腦（PC）系統的結構適於軟硬體系統的通用性，在設計上面向辦公與個人使用，也可作為各種自動化設備的控制系統上位機主控制器使用，多數 PC 使用者所用的操作系統是 MS Windows OS，目的是獲得最高平均性能，它不具備實時性。部分使用者在 PC 上為了得到實時性而安裝了 RT OS，如採用分時處理和作業優先級權限的 Unix、RT-linux 等 OS。也有使用者針對 MS Windows OS 的非實時性而研發 RT OS for Windows 來為 MS Windows 使用者 PC 提供作為主控器所需的實時性軟體運行環境。

實時操作系統：就是以盡可能地避免時間預測性能低下的機製運行並保證實時性任務處理的操作系統，如電腦實時操作系統、機器人實時操作系統等實時操作系統。

實時操作系統運行的實時性（即時間預測性）保證機製：主要常用的機製包括優先權、調度和調度算法、優先權逆轉問題與共享資源存取協議、中斷處理等等。

優先權機製：基於時間約束的優先權（也稱優先度），優先權可以固定即為固定優先權（fixed priority），也可以隨著實時處理的進程根據實際情況加以改變即為動態優先權（dynamic priority）。

優先權調度算法機製和實時調度：採用固定優先權進行各個實時處理。優先權調度算法用於處理週期性實時處理，處理週期越短，優先權越高，代表性的算法如固定優先權（rate monotonic，RM）算法；動態優先算法中代表性的有最早時限優先（earliest deadline first，EDF）算法，該算法的機製是截止時間（deadline）越早，優先權越高。

優先權逆轉機製與協議：解決優先度逆轉（priority inversion）帶來的系統可預測性降低以及資源共享會加大系統開銷等問題的代表性機製，就是採用像VxWorks那樣能夠決定是否每一個互斥（mutex）都應用優先級繼承性協議（priority inheritance protocol）的機製。

中斷處理：異少系統中I/O中斷發生的任意性。透過屏蔽、查詢、使用者線程優先權等方式來選擇、處理I/O中斷，可以起到有效異少使系統時間預測性降低的作用。

實時操作系統需要具備的功能特徵：多任務和可搶占；任務有優先級；操作系統具有支持可預測的任務同步機製；支持多任務間通訊；具備消除優先級轉置的機製；包括ROM在內的儲存器最佳化管理；中斷延遲、任務切換、驅動程式延遲等行為是可知的或可預測的（在全負載下最壞反應時間可知）、實時時鐘服務、中斷管理服務等等。

實時操作系統的實時多任務內核：是RT OS最為關鍵的部分，其基本功能包括任務管理、定時器管理、儲存器管理、資源管理、事件管理、系統管理、消息管理、隊列管理、訊號量管理等等。這些管理功能都是透過內核服務函數形式交給使用者調用的，也即RT OS的API。

2.6.3.2 分布式系統（distributed system）實時處理

網路通訊實時處理：分布式實時系統的基本思想是將實時處理任務透過網路連接的資源共同作業，由網路上的每個節點資源透過相互之間通訊的實時性和分擔給各節點處理任務的實時性來保證整個分布式系統總體處理任務的實時性。分布式實時系統靠總線通訊延遲、帶寬等與響應相關的指標等來滿足通訊實時性要求。這種網路節點間共同作業中的優先權支持方式既有硬體方式也有協議支持方式，也可以同時實現硬實時和軟實時通訊。

網路節點上的實時處理：對於機器人控制系統而言，網路節點內的實時性主要是伺服驅動 & 控制單元實時處理的實時性，也即機器人控制系統各底層控制器的實時性。現有的智慧伺服驅動與控制單元一般採用以CPU、DSP或PLC為核心的控制器硬體，以PID控制算法實現原動機（或關節）位置、速度、力矩等控制方式的實時性能夠以微秒級實時控制週期滿足底層運動控制的實時性。

通訊協議（communication protocol）：通訊的目的是進行正確無誤且高效的

資訊交換，要實現此目的，必須得有預先的約定，通俗地講，這個為了通訊雙方或多方能夠正確無誤且高效地獲得各自所需的資訊而預先做出的規則約定就是通訊協議。對於電腦通訊而言，通訊協議包括傳遞資訊的硬體介質與介面的定義和資訊格式軟體定義。軟體意義上的通訊協議是由表示資訊結構的格式（format）和資訊交換的進程（procedure）兩部分組成。

2.6.3.3 嵌入式實時系統（embedded real time system，ERTS）

要想了解嵌入式實時系統，首先必須了解什麼是嵌入式電腦的概念及其與PC的區別。

① 嵌入式電腦（embedded computer）：又稱作嵌入式系統電腦，1970～1980年代逐漸應用於工業、交通、能源、通訊、科研、醫療衛生、航空航天、家用電器、國防等各個行業。它與面向個人使用者的通用的PC不同，是以面向某些專門用設備中資訊處理與控制任務而設計的一種電腦，它是針對應用系統特別是專用或專業用途設備、裝置的功能、可靠性、成本、體積、功耗、實時性等等嚴格要求而設計開發的電腦，它一般由嵌入式微處理器、外圍硬體、嵌入式操作系統和特定的應用程式四個部分組成，主要面向工業自動化設備實現控制（control）、監視（monitor）和管理（management）等功能。軟體系統工作方式類似於PC的BIOS，具有軟體代碼短小、高度自動化和響應速度快等特點，適用於有實時處理和多任務自動化要求的系統。

② 嵌入式電腦系統區別於通用電腦系統的特徵：

• 專用的嵌入式CPU：將通用電腦中位於CPU外部的許多由板卡完成的任務集成在CPU芯片內部，從專用和系統設計小型化的角度設計嵌入式電腦的CPU，系統設計上也較通用電腦系統小型化。這種小型化專用化系統設計對於類似於系統構成複雜的腿足式移動機器人系統集成化和移動能力提高是有利的。

• 軟體/硬體/算法/應用對象特定任務緊密結合的專用性、唯一性決定了其為專用電腦：不僅CPU為專用的，而且嵌入式系統設計是軟硬體緊密結合、相互依賴，且與應用對象系統的特定任務緊密結合的，去除了通用電腦那種因通用所需的冗餘性設計。因此，從硬體到軟體有專用性和唯一性，而且升級換代與相應產品同步，具有較長的生命週期。

• 使用者只能按功能使用，軟硬體通常不能改變：使用者只能按照預定方式使用它而無需使用者進行編程和指導其系統內部設計細節，不能也無需改變它。

• 嵌入式電腦系統大都為實時控制系統並採用分布式系統實現：適用於專用的工業儀器設備、控制裝置、數控設備、資訊家電、軍用裝備與控制系統等等，也適用於全自立的專用工業機器人、特種機器人系統；透過通訊鏈接將各個嵌入式電腦連接成網路，從而構成分布式系統，更有利於保證硬實時性要求與實現。

• 嵌入式電腦系統軟體的特徵：

響應時間快並且有確定的硬實時性要求；

嵌入式系統多為事件驅動系統，採用多進程（多任務）運行機製，有處理異步並發事件的能力；

不允許控制程式在運行前從磁盤上加載，程式大都放在 ROM 儲存器並直接執行，程式是決定定位、可再入的，具有故障診斷與修復能力，運行當機前自動恢復之前的運行狀態；

嵌入式系統軟體的應用軟體與操作系統之間的界限模糊，往往是一體化設計的程式；

軟體開發困難，需要使用交叉開發環境。

③ 嵌入式系統的嵌入方式：

整機嵌入式：是指一個帶有專用介面的電腦系統嵌入到一個控制系統中作為控制系統的核心部件。這種嵌入式系統功能完整而強大。

部件嵌入式：以部件的形式嵌入到一個控制系統中，完成某些處理功能，需要與其他硬體緊密耦合，功能專一。一般選用專用的 CPU 或 DSP 器件。如伺服電動機的驅動 & 控制單元多數為採用 CPU 或 DSP 芯片作為控制器並且由製造商開發其內部的嵌入式軟體系統。

芯片嵌入式：一個芯片是一個完整的專用電腦，具有完整的 I/O 介面，完成專一功能，如顯示設備、家用電器控制器等等，一般為專門設計的芯片。

④ 分布式嵌入式系統：是將嵌入式系統應用中，帶有微處理器（嵌入式電腦）的設備多臺以分布式連接方式連接起來的系統，透過分布式系統實現嵌入式應用系統。具體的方法如下：

• 將對運行時間要求嚴格的關鍵任務放在不同的 CPU 中，可以更易於保證滿足它的死線要求。

• 微處理器放在設備上，使得設備間的介面容易實現，在設計上避免捨近求遠。

• 按照設備資訊處理與控制要求的不同選擇不同性能和等級的微處理器。

• 許多嵌入式系統採用分布式系統將各個微處理器（嵌入式電腦）用通訊鏈路連接起來而成網路。通訊鏈路可以採用緊耦合型的高速並行通訊數據總線，也可採用串行通訊數據鏈路。

• 製造或化工等過程控制中所用的電腦系統一般多為分布式嵌入式系統。

2.6.3.4 Wind River 公司的嵌入式 RT OS 軟體系統 VxWorks 及其開發環境 Tornado

VxWorks 操作系統是美國 Wind River 公司（中譯名為風河公司）於 1980 年代推出的一款擁有高性能內核和友好的使用者開發環境的嵌入式強實時操作系統，並且不斷推出升級版，曾因成功用於火星探測車和「愛國者」導彈而聞名[15]。筆者有幸曾於 1999～2000 年在日本名古屋大學提出設計研發類人猿型機器人系統 GOROBOT-Ⅰ型時使用了 VxWorks 及其開發環境 Tornado 分別作為機器人控制系統的 RT OS 軟體環境和 Windows 系統終端開發控制系統軟體[16,17]。VxWorks 是一款非常穩定可靠好用的實時操作系統，Tornado 提供了網路服務、多目標代理、C＋＋編譯、連接等多個組件以及優良的應用開發環境。包括豐田公司的人型機器人研發在內，許多人型、仿生機器人的十數個、數十個自由度的複雜機器人系統設計研發中都使用了 VxWorks 及其開發環境 Tornado 作為中、大規模機器人實時控制系統的軟體環境開發平臺。

VxWorks 操作系統的設計者充分利用了 VxWorks 和 Unix 或 VxWorks 和 Windows 兩者的優點，相互補充達到性能最優，而非一定要創建一個萬能的單一的操作系統。VxWorks 可以處理緊急實時任務，同時主機用於程式開發和非實時的任務。開發者可以根據實際需要恰當地裁剪 VxWorks，開發者可以使用基於主機上的集成開發環境 Tornado，來編輯、編譯、連接和儲存實時代碼。但實時代碼的運行和調試都是在 VxWorks 上進行的。最終生成的目標映像可以脫離主機系統和網路，單獨運行在 ROM 或磁盤上。主機系統和 VxWorks 也可以在一個混合應用中透過網路連接共同工作，主機使用 VxWorks 系統作為實時服務器。

VxWorks 是將電腦操作系統獨立於處理器而建立的實時系統中最具特色的 OS 之一，支持多種 CPU，同時支持 RISC、DSP 技術。VxWorks 的微內核 Wind 是一個具有較高性能的、標準的嵌入式實時操作系統內核，其主要功能特徵包括：多任務快速切換、搶占式任務調度、多樣化的任務間通訊手段等等，以及任務間切換時間短、中斷延遲小、網路流量大等特點。

VxWorks 操作系統由進程管理、儲存管理、設備管理、文件系統管理、網路協議及系統應用等部件組成，並且只占用很小的儲存空間，可高度裁剪，以保證系統高效運行。

Ternado 是 VxWorks 操作系統面向實際應用開發和調試所不可缺少的組成部分，是實現嵌入式實時應用程式的完整的軟體開發平臺，是交叉開發環境運行於主機上的部分。它是集成了編輯器、編譯器、調試器於一體的高度集成的、不受目標機資源限製的、超級開發和調試的交互式窗口環境。

2.7 感測技術基礎與常用感測器

感測器的定義：感測器（sensor，或 transducer）是一種能夠準確感知和獲得被感知、被檢測對象的物理資訊、化學資訊以及生物資訊，並能將獲得的資訊轉換成與之相應的其他易於使用的量的功能性器件或裝置。其中所說的易於使用的量通常採用機械量、電學量、光學量等等物理量。對於以電腦作為控制器核心部件的自動控制系統所用感測器而言，通常是經過數位訊號處理後轉變成電腦能夠利用的電子訊號數位量。

感測器系統是機器人系統中驅動與控制系統的「肌肉」「皮膚」和「眼睛」等生物感官系統，是用來感知機器人自身狀態以及被操作對象物或者所處周圍環境的狀態量，並用來進行狀態回饋、機器人行為決策與控制，使機器人系統運動或作業有效達到目標的不可欠缺的基本組成部分。這一節主要對機器人系統常用的感測器結構與工作原理、應用加以講述。

2.7.1 工業機器人感測系統概述

（1）感測器分類

內感測器與外感測器：工業機器人感測系統按照是否位於機器人本體之上可以分為工業機器人本體上搭載的感測系統即內感測器系統和位於機器人本體外被操作對象物或者周圍環境中的外感測器系統。

按照檢測物理量的不同（即按檢測內容不同）分類：工業機器人感測系統中所用的感測器按照其檢測物理量的不同可分為接觸或滑動感測器、位置/速度感測器、加速度感測器、姿勢感測器、力感測器、視覺感測器、電壓感測器、電流感測器、溫度感測器、流量感測器、壓力感測器、特定位置或角度檢測感測器、任意位置檢測感測器等等；詳細分類如表 2-20 所示。

表 2-20　按檢測物理量不同劃分的常用感測器的檢測方式與種類

檢測物理量的類型	常用感測器的檢測方式與種類	檢測物理量的類型	常用感測器的檢測方式與種類
數位量 0 和 1	方式：機械式、導電橡膠式、滾子式、探針式、光電感應式、磁感應式 種類：限位開關（行程開關）、微動開關、接觸式開關、光電開關、霍爾元件、磁敏管無觸點開關、磁敏管電位計等等	方位（姿態）、方向（合成加速度、作用力方向）	方式：地磁式、浮動磁鐵式、陀螺儀式、滾動球式、靜電容式、導電式、鉛垂振子式、萬向節式、球內轉動球型 種類：陀螺式陀螺感測器（垂直、定向）、光纖式陀螺感測器、機械式陀螺儀、傾斜計等等；萬向感測器

續表

檢測物理量的類型	常用感測器的檢測方式與種類	檢測物理量的類型	常用感測器的檢測方式與種類
任意位置或角度	方式：應變式、板彈簧式、光柵式、電容式、電感式、光電式、光纖式、霍爾式、雷射測距式、渦流式、變壓器式等 種類：電位器（點位計）（位移）、直線編碼器、旋轉編碼器、光線位移感測器、變壓器式位移感測器、電感位移感測器、渦流式側位移感測器、霍爾式位移感測器	電流	方式：光纖式、磁敏式、檢測電流引起磁通變化的磁通管式、被測電流磁勢與測定電流鐵芯磁勢平衡式 種類：光纖式電流感測器、磁敏管式電流感測器、磁通管式電流感測器、直流電流感測器等
速度	方式：應變式、光電式、機械式、微電子式、光纖式、霍爾式、雷射測速式、渦流測速式等 種類：光電編碼器、陀螺儀、光纖測速感測器、霍爾式速度感測器等	電壓	方式：光纖式、電位器 種類：光纖式電壓感測器、電位器（電壓）
角速度	方式：光電式、機械式、微電子式、磁敏式、霍爾式 種類：位置感測器內置微分電路的編碼器、磁敏管轉速測量感測器、霍爾式轉速感測器	力（接觸力、壓力）、力/力矩分量	方式：應變式（電阻應變式、半導體應變式）、壓電式、電感式、壓阻式、壓磁式、電容式、壓電諧振式、石英式、電位器式等 種類：1～6 維應變式力/力矩感測器、壓電式壓力感測器、壓電式測力感測器、壓電式多維力/力矩感測器、壓阻式壓力感測器、壓磁式力感測器、壓磁（磁致伸縮）式轉矩感測器、石英晶體諧振式壓力感測器、電感式壓差感測器、電位器（壓力）
加速度	方式：應變式、伺服式、壓電式、壓阻式、霍爾式、光纖式、電位器式等等 種類：光電式加速度感測器、壓電式加速度感測器、重力加速度感測器、光纖式加速度感測器、壓阻式加速度感測器、霍爾式加速度感測器、電位器（加速度）等等	溫度	方式：熱敏式、熱電式、光纖式、渦流式、熱膨脹原理、壓電式、熱輻射型、光輻射型、壓磁式、紅外線型 種類：熱敏電阻、熱電偶、渦流式溫度感測器、熱膨脹型熱敏感測器、壓電式熱敏感測器（壓電石英、壓電超聲、壓電 SAW）、熱或光輻射型熱敏感測器、壓磁式溫度感測器、紅外線型溫度感測器
角加速度	方式：壓電式、振動式、光相位差式等等 種類：壓電加速度感測器、光電式角加速度感測器、角加速度陀螺儀等等	距離	方式：光學式（反射光量、反射時間、相位資訊）、聲波式（反射音量、反射時間） 種類：各種方式下的距離（測距）感測器

按照檢測原理和方法分類：可以分為機械式、光學式、超聲波式、電阻式、半導體式、電容式、高分子感測方式、生物感測方式、電化學感測式、磁感測式、氣體感測式、氣壓式、液壓式等等各種方式、原理的感測器類型。詳細分類如表 2-21 所示。

表 2-21　按檢測原理與方法不同的常用感測器分類

感測器	檢測方法	原理	感測器	檢測方法	原理
機械式感測器	觸覺、軟硬、凹凸	開關原理	氣壓式感測器	接近覺	
電阻式感測器	壓覺、分布觸覺、力覺、溫度感覺	電阻式應變計、壓電、光敏電阻、壓阻、熱敏電阻	高分子感測器	觸覺、壓覺	
電容式感測器	接近覺、分布壓覺、角度/位移/加速度感覺	兩極板間電容量與間隙的關系原理：變極距型、變面積型、變介電常數型	電化學感測器	觸覺、接近覺、角度	離子敏選擇性電極原理
半導體感測器	壓覺、分布力覺、力覺	半導體電導、載流子密度和遷移率。半導體應變計、霍爾效應、磁阻效應	生物感測器	觸覺、壓覺	生物功能物質識別與變換；生物膜反應產生的變化透過生物電極、半導體器件、熱敏電阻、光電管或聲波檢測器等轉換成電訊號
超聲波感測器	接近覺、視覺、距離感覺	壓電元件的壓電效應；高頻電流、電壓電源作用；壓電換能、磁致伸縮換能原理；利用超聲波產生的逆效應原理接收超聲波	流體感測器	角度	
磁傳感器	接近覺、觸覺、方向感覺、方位感覺、位移/角度/壓力/速度等感知	磁電感應、霍爾效應、磁敏電阻、磁敏管、磁柵	氣體感測器	嗅覺	氣敏元件電極表面與氣體產生電化學反應而輸出電流量；聲表面波（surface acoustic wave，SAW）氣敏元件；半導體氣敏理論；MOSFET 等 MOS 元件氣敏特性；質譜儀分析氣體成分；光學方法氣體成分分析等等
光學式感測器	視覺、接近覺、分布視覺、角度、光澤、疏密、色覺；速度/加速度/位移、壓力/振動/、溫度、電流/電壓、電場/磁場	光敏、光電效應、電荷耦合器件原理；光學效應、光導纖維導光原理			

按照功能分類：接觸、壓覺、滑覺、力覺、接近覺、距離、運動角度、方向、姿勢、輪廓形狀識別、作業環境識別與異常檢測等各個功能的感測器。詳細分類如表 2-22 所示。

表 2-22　按功能不同的常用感測器分類

檢測功能	感測器類型	方式	檢測功能	感測器類型	方式
有無接觸	接觸感測器	單點式、分布式	傾斜角、旋轉角、擺動角、擺動幅度	角度感測器	旋轉式、振子式、振動式

續表

檢測功能	感測器類型	方式	檢測功能	感測器類型	方式
力的法向分量	壓覺感測器	單點式;高密度集成式;分布式	方向	方向感測器	萬向節式、球內轉動球式
剪切力接觸狀態變化	滑覺感測器	點接觸式;線接觸式;面接觸式	姿勢	姿勢感測器	機械陀螺儀式、光學陀螺儀式、氣體陀螺儀式、微電子陀螺儀式
力、力矩、力和力矩	力覺感測器;力矩感測器;力和力矩感測器	模塊式、單元式	特定物體形狀、輪廓識別	視覺感測器(主動視覺)	光學式(照射光的形狀為點、線、面、螺旋線等)
近距離接近程度	接近覺感測器	空氣式、電磁場式、電氣式、光學式、聲波式、紅外線探測式	作業環境識別、異常檢測	視覺感測器(被動視覺)	光學式、聲波式
距離	距離感測器	光學式、聲波式	氣體、氣味檢測	氣敏感測器、嗅覺感測器	固態電解質式(電位式、安培式)、聲表面波(SAW)式、半導體式、金屬柵 MOS 式、真空度式、氣體成分式、光學成分分析式等等

按照所檢測的是物理量分量還是合成量分類：物理量間耦合檢測的耦合式感測器和物理量間分立檢測的無耦合式感測器。物理量間耦合的耦合式感測器需要有從耦合檢測到耦合解耦分解的解算器。

按感測器輸出訊號類型不同可分為數位訊號輸出感測器和模擬訊號輸出感測器：

數位訊號輸出感測器：感測器的輸出為數位訊號輸出的感測器即數位量輸出感測器，開關量感測器［行程開關（限位開關）、接近開關等］、光電編碼器、磁柵感測器、接觸感測器、霍爾元件等即數位量輸出感測器；其數位訊號輸出高電平一般為 3.5～5V，即數位「1」；低電平電壓一般為 0～0.25V，即數位「0」；也有的數位設備會降低高電平的最低限製，如最低低到 1.7V 左右，但是對於通用設備應遵守一般規定。訊號上升沿即是由「0」上升到「1」的訊號狀態值瞬間躍遷沿（稱其為「躍變沿」更形象），訊號的下降沿是指訊號值由「1」下降到「0」的訊號狀態值瞬間躍遷沿（稱其為「跳變沿」更形象）。意味著輸出端有較大的電流輸出能力。輸出端高阻抗狀態意味著輸出端電流輸出能力較小。

模擬量訊號輸出感測器：感測器輸出為模擬訊號的感測器即模擬訊號輸出感測器，如張力感測器、多維力/力矩感測器、電流感測器、磁場感測器、電場感測器等等。模擬訊號輸出的是連續的電壓訊號（或電流訊號），因此，按感測器輸出模擬訊號類型又可分為電壓型訊號輸出和電流型訊號輸出兩類。一般電壓型訊號輸出抗干擾能力較差，可以在短距離範圍內進行訊號傳輸；電流型訊號輸出抗干擾能力強，適合遠距離訊號傳輸。

關於數位訊號輸出感測器與模擬訊號輸出感測器的電腦數據採集：數位訊號輸出的感測器一般可以直接由電腦透過電腦上的串行口或並行口或者數位輸入/輸出介面卡（I/O 口、計數器等）採集感測器輸出訊號入電腦後成為數位量值；而模擬訊號輸出感測器輸出的訊號一般不能由 PC 或者是沒有 A/D 轉換器的單片機、DSP 直接採集，這種感測器的檢測部輸出的訊號一般為弱電壓或弱電流訊號，需要經過訊號放大器放大之後由 A/D 轉換器（即將模擬訊號轉換成數位訊號的轉換器件）或經帶有 A/D 轉換器的數位輸入/輸出介面卡轉換成數位訊號才能被採集到電腦中。因此，模擬訊號輸出感測器產品一般有兩類：一類是該類感測器本體或其訊號處理系統不帶 A/D 轉換器，感測器檢測部輸出的微弱模擬訊號只經放大器放大後輸出可供使用者使用的模擬訊號（使用者直接使用模擬訊號或使用者自行將模擬訊號作 A/D 轉換後變成數位訊號使用）；另一類是該類感測器系統（感測器本體、訊號處理系統）輸出的已經是經過 A/D 轉換後的數位訊號。前者製造商只隨感測器硬體提供感測器所需電源要求以及感測器輸出訊號參數、使用說明書；後者作為感測器完整功能的系統，通常製造商已經設計並在感測器本體或訊號處理系統［模擬訊號處理和數位訊號處理（DSP）］內部搭載所有軟、硬體系統，並提供能夠在電腦上正常使用該感測器系統的初始化、安裝程式，同時面向使用者程式設計，透過動態鏈接庫文件（＊.Lib）提供可供使用者應用程式調用的庫函數。此類動態鏈接庫文件中定義了設置、使用感測器各項功能的函數。

(2) 感測器的構成方法

① 感測器的組成　感測器通常是由敏感元件、轉換元件、轉換電路組成的，並輸出電學量訊號。

敏感元件（sensing element）：是直接用來感受被測量，並以確定的關系輸出某一物理量的功能元件。可供感測器利用的敏感元件如表 2-23 所示。

表 2-23　製作各種感測器常用的敏感元件表

檢測功能	實現敏感量檢測功能的主要敏感元件	檢測功能	實現敏感量檢測功能的主要敏感元件
將力、壓力轉換成應變或位移	彈性元件：梁式、平行板式、環式、圓柱式、膜片式、膜盒、波紋膜片式、波紋管、彈簧管等等	聲敏	壓電振子、壓電陶瓷
位移	應變片、電位器（電位計）、電感、電容、電渦流線圈、差動變壓器、容柵、磁柵、光柵、感應同步器、碼盤、霍爾元件、光纖、陀螺等等	射線敏感	閃爍計數管、中子計數管、蓋革計數管、通道型光電倍增管、電離室、PN 二極管、PIN 二極管、表面障壁二極管、MIS 二極管

續表

檢測功能	實現敏感量檢測功能的主要敏感元件	檢測功能	實現敏感量檢測功能的主要敏感元件
力敏	壓電陶瓷、壓電半導體、壓磁式元件、半導體壓阻元件、高分子聚合物壓電體、石英晶體等等	氣敏	MOS 氣敏元件、熱傳導元件、半導體氣敏電阻元件、濃差電池、紅外吸收式器件
熱敏	半導體熱敏電阻、金屬熱電阻、熱電偶、熱釋電器件、熱線探針、PN 結、強磁性體、強電介質體	溼敏	MOS 溼敏元件、電解質溼敏元件、高分子電阻式溼敏元件、熱敏電阻式溼敏元件、CFT 溼敏元件
光敏	光敏二極管、光敏三極管、光導纖維、光電倍增管、光電池、熱釋電器件、色敏元件、CCD	物質敏感	固相化敏膜、固相化敏膜、動植物組織膜、離子敏場效應晶體管(ISFET)
磁敏	霍爾元件、磁敏二極管、半導體磁阻元件、鐵磁體金屬薄膜磁阻元件、SQUID		

轉換元件（transduction element）：是將敏感元件輸出的諸如位移、應變、應力、壓力、熱、聲波、磁、光強等非電學量物理量轉換成電壓、電流、頻率等便於進行處理的電學量的功能元器件。

轉換電路（transduction electric circuit）：是將電阻、電感、電容等電路參數表示的物理量轉換成便於測量的電壓、電流、頻率等電學量的功能電路。

感測器的這三個組成部分並不是一成不變的。

有的感測器只有敏感元件，即由敏感元件在感受到被檢測量之後直接輸出便於處理和測量的電學量，如熱電偶在感受到被測溫差時直接輸出電動勢。

有的感測器只由敏感元件和轉換元件兩部分組成，而無需轉換電路，如壓電式加速度感測器。

有的感測器只由敏感元件和轉換電路兩部分組成，而無轉換元件，如電容式位移感測器。

有的感測器轉換元件不止一個，需要經過多個轉換元件進行多級轉換後才能輸出便於測量的電學量（電壓、電流或者頻率等等）。

有的感測器將敏感元件（即檢測部）和轉換元件設計在感測器本體上，而轉換電路不設計在感測器本體上，如梁式結構＋應變片原理的力、力/力矩感測器。

有的感測器使用環境要求安裝空間、結構緊湊，感測器需要設計成集成化的一體式結構，將其三個組成部分全部集成在感測器本體上。

有的感測器製造商僅提供敏感元件與轉換元件兩個組成部分的感測器。轉換電路由使用者自己設計或選用帶有 A/D 轉換器的轉換電路板卡。等等不一而足。

② 感測器構成方法的分類　感測器種類繁多，根據感測器的各個組成部分的不同，可以將感測器的構成方法分為基本型、電路參數型和多級變換型、參比

補償型、差動結構型和回饋型。

• 基本型：是指只利用敏感元件構成的感測器，這種感測器沒有轉換元件和轉換電路作為其組成部分。這種構成方法又分為以下三種基本型：

能量變換基本型：輸入為被測的非電學量，輸出為電壓或電流。這類基本型感測器的共同特徵都是可基於能量變換的基本原理由敏感元件直接產生電學量，但不需要外加電壓，敏感元件本身就是能量轉換元件。因此，將這一類稱為能量變換型感測器，也稱為無源型感測器。

能量變換基本型感測器：如基於熱電效應的熱電偶、基於光生伏特效應（簡稱光伏效應）的光電池、基於壓電效應的力感測器、固體電解質氣體感測器等等都屬於這一基本型。

輔助能源基本型：採用電源或磁源（固定磁場）來增強抗干擾能力、提高穩定性和提取出電訊號，但是敏感元件輸出的能量並不是從電源或磁源上獲得的，而是從被測對象上獲得的，屬於能量變換型感測器。而所採用的電源或磁場作為輔助能源或偏壓源。

輔助能源基本型感測器：霍爾感測器、光電管、光敏二極管、磁電感應式感測器等等。

能量控制基本型：需要用外加電源才能將被測非電學量轉換成電壓、電流或頻率等電學量作為感測器輸出。這一類型的感測器的共同特點是：需要外加電源；輸出能量可大於被測對象所輸入的能量。

能量控制基本型感測器：變壓器式位移感測器、感應同步器、電化學電解電池感測器、聲表面波感測器、離子敏場效應晶體管等等。

• 電路參數型：這一類型的感測器是由敏感元件、包含敏感元件在內的轉換電路、電源三部分組成的。其特點是：敏感元件對輸入的非電學量訊號進行阻抗變換；電源向包含敏感元件在內的轉換電路提供能量，感測器輸出電壓或電流。這種類型屬於能量控制（或稱調變）型感測器；輸出的能量遠大於輸入能量。利用熱平衡、傳輸中二次效應的感測器皆屬於電路參數型感測器。

電路參數型感測器：電阻應變式、電感位移式、電渦流位移式、電容位移式感測器等等；熱敏電阻；光敏電阻；溼敏電阻；氣敏電阻等等。

• 多級變換型：多數感測器都採用由敏感元件把被測非電學量透過中間變換轉換成某種作為中介的物理量，然後再透過轉換元件（或者再加上轉換電路）轉換成便於測量的電學量並輸出。多級變換型又可分為能量變換型和能量控制型兩類。多級變換型感測器可利用的中間變換物理量及轉換元件如表 2-24 所示。

多級變換型感測器：如利用彈性體（如梁結構、彈簧等）作為力、壓力敏感元件，敏感元件上貼應變片，再用電橋電路輸出電訊號測量得出力、壓力的各種力、力矩感測器。

表 2-24 多級變換型感測器可利用的中間變換物理量及轉換元件表

中間變換物理量	被測量	轉換元件
位移	力、壓力、熱、加速度、扭矩、溫度、流速、溼度等	應變片、電感、電容、霍爾元件等等
光量	位移、轉數、濃度、氣體成分、溼度、射線、維生素等	各種光電器件
熱	溫度、真空度、流速、尿素等	熱電偶、熱敏電阻等
複合物	葡萄糖、膽固醇、各種成分的濃度等	各類電極等電化學器件

能量變換型多級變換感測器：壓電式加速度感測器、L-氨基酸酶感測器等等。

能量控制型多級變換感測器：應變式力感測器、電容式加速度感測器、霍爾式壓力感測器、光纖式加速度感測器、酶熱敏電阻式感測器等等。

• 參比補償型：是組合使用兩個或兩個以上的性能完全相同的敏感元件分別感受被測量與環境條件量（工作敏感元件）和環境條件量引起的補償量的敏感元件（補償用敏感元件）組合式形式。為消除環境溫度、溼度變化或電源電壓波動等因素對感測器性能的影響，感測器中採用完全相同的兩個敏感元件，其中一個用來感受被測量和環境條件量；另一個只用來感受環境條件量而作為對感測器測量的補償量使用，從而達到消除或異小環境干擾對感測器測量結果準確性的影響的目的。參比補償型的感測器構成方法有利於提高測量精度。

參比補償型感測器：帶有溫度補償片的壓電式壓力感測器、電阻應變式感測器等等。

• 差動結構型：是將感測器檢測部設計成差動式結構並採用性能完全相同的兩個敏感元件同時感受方向相反的被測量和相同的環境條件量的感測器構成方式。這種方式的思路與差動電路原理一樣，是透過兩個性能完全相同的敏感元件分別對相同環境條件下的擾動量進行感測，感測後的被測量中含有同樣大小的擾動量和互為正負的單純被測量，兩個敏感元件的輸出作差後擾動量互相抵消，輸出則為兩個敏感元件輸出量之和的 1/2。差動結構型的特點是透過差動式結構來提高感測器的靈敏度、線性度，並異少或消除環境等因素對感測器性能的影響。

差動結構型感測器：差動電阻應變式、差動電容式、差動電感式等能量控制式差動結構型感測器；壓電式能量變換式差動結構型感測器。

• 回饋型：回饋型感測器是一種閉環回饋系統，是一種將起測量檢測作用的敏感元件（或轉換元件）同時兼作回饋元件使用的一種感測器構成方式。它透過將敏感元件檢測到的被測量回饋回來進行比較運算以使感測器輸入處於平衡狀態，因此又稱為平衡式感測器，主要有位移回饋型、力回饋型和熱回饋型等類型。

回饋型構成方式主要用於高精度微差壓測量、高流速測量等用於特殊場合的感測器，但感測器結構複雜。

回饋型感測器：差動電容力平衡式加速度感測器、熱線熱回饋式流速感測器等等。

（3）感測器訊號處理過程

感測器的訊號處理一般包括兩大部分：模擬訊號調整和數位訊號處理。感測器本身是一個系統，由感測器檢測部（也即感測器本體）、訊號處理系統、電源等組成。感測器輸出的訊號（電壓、電流等）透過訊號調整子系統進行訊號放大和濾波，將感測器輸出訊號放大，使其具有一個低的或者匹配的輸出阻抗，並且提高了與被測量相應的模擬訊號的信噪比（signal noise ratio，SNR）。經過調整子系統調整之後的訊號（電壓或電流等電學量）可以在不同的設備上顯示或儲存，調整後的訊號經低通濾波器後，透過模擬/數位轉換器（A/D converter）轉換後變成數位訊號，便可以由 PC 或以 CPU 為核心的單片機、DSP、PLC 等控制器用作狀態量數據進入到控制系統中用來進行計算，進行回饋控制。感測器訊號處理的大致過程如圖 2-142 所示。

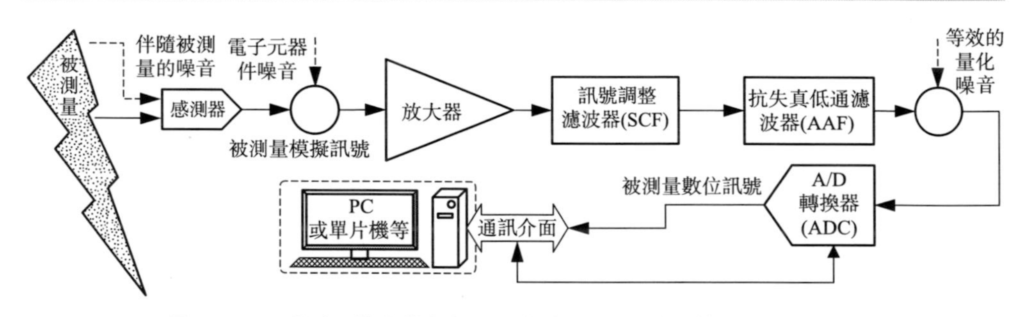

圖 2-142　感測器輸出模擬訊號的調整與 A/D 轉換等訊號處理過程

感測器訊號處理過程中的噪音主要來源於三個方面：

① 伴隨被測量的噪音，也稱環境噪音，如來自外部環境的溫度變化、振動與機械噪音、溼度、非被檢測氣體、電磁干擾源等等。

② 與電子訊號調整系統有關的噪音，該噪音與輸入有關。

③ A/D 轉換過程中產生的等效量化噪音，等等。

噪音會影響感測器測量的準確性和解析度。

（4）模擬訊號的調整

通常感測器檢測部輸出的訊號都很小，無法用來直接使用，需要進行放大，放大器不僅產生增益，而且還能用作濾波、訊號處理或非線性校正。

模擬訊號調整通常利用普通運算放大器、特殊的測量放大器、隔離放大器、模擬乘法器以及非線性處理集成電路來實現。

① 理想的運算放大器特性　運算放大器的等效電路模型如圖 2-143 所示，輸入端 V_1 和 V_2 之間連接一個輸入阻抗 R_i，輸出電路由一個受控電壓源與連接到輸出端 V_o 的一個輸出阻抗 R_o 串聯而成，兩個輸入端 V_1 和 V_2 之間的電壓差產生流經輸入阻抗 R_i 的電流，差分電壓被放大 A 倍後產生輸出電壓，A 為運算放大器的增益。為簡化電路設計，對理想運算放大器的特性作一些假設：開環增益無窮大；輸入阻抗無窮大；輸出阻抗為零；帶寬無窮大，即無限頻率響應；無失調電壓，即當放大器兩個輸入端電壓相等時輸出端的電壓為零。其中：輸入阻抗無窮大和無失調電壓兩點特性假設對於設計運算放大器電路十分有用，即有設計定則為：

定則 1：當運算放大器工作在線性範圍內時，兩個輸入端的電壓相等。

定則 2：運算放大器的任一端點都無電流流入。

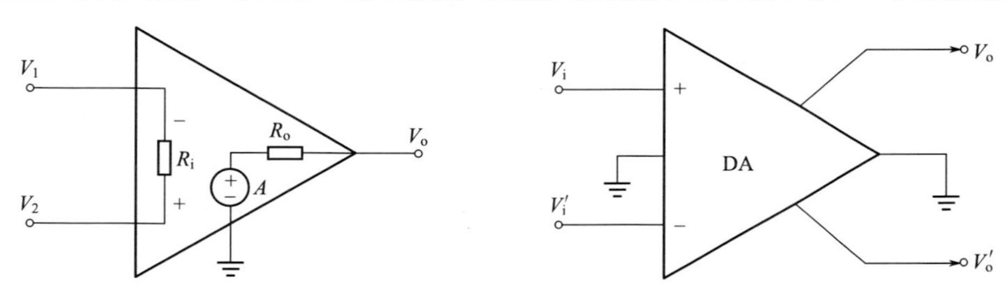

圖 2-143　運算放大器的等效電路　　圖 2-144　具有差動輸出的普通差動放大器（四埠電路）

運算放大器是高增益的直流差分放大器，通常用於由外部回饋網路決定特性的電路結構中，電路的傳遞函數為輸出函數與輸入函數之比。電壓放大器的傳遞函數又稱增益，為放大器輸出電壓與輸入電壓之比，即增益 $A_v=V_o/(V_2-V_1)$。

② 差動放大器（differential amplifier，DA）　在感測器、測量系統中廣泛使用差動放大器，差動放大器在所有類型的運算放大器、測量放大器、隔離放大器、模擬乘法器、陰極射線管（CRT）示波器以及特殊集成電路等等器件與電路中都有應用的典型運算放大器。一般作為各種類型放大器的輸入級。

差動放大器的一般形式：如圖 2-144 所示，包括接地端在內，是一個四埠電路，實際使用的差動放大器多為單端 V_o 輸出，所以實際使用時多為三埠電路，即單端輸出的差動放大器。

單端輸出的差動放大器作為典型的運算放大器，它有很高的直流增益和高共模抑製比（common mode rejection ratio，CMRR）。

多數運算放大器的開路傳遞函數可為：

$$A_D=\frac{V_o}{V_i-V_i'}=\frac{K}{(1+\tau_1 s)(1+\tau_2 s)} \tag{2-10}$$

增益帶寬積（GBWP）：運算放大電路的高頻響應是小訊號的增益帶寬積（GBWP，gain bandwidth product）。GBWP 是控制閉環的一個關鍵參數，可近似為：

$$\text{GBWP}\approx\frac{K_{vo}}{2\pi\tau_1} \tag{2-11}$$

$$f_T\approx\text{GBWP} \tag{2-12}$$

式中，K_{vo} 為運算放大器的直流增益；f_T 為開環運算放大的單位增益或 0dB 頻率。

共模抑製比（CMRR）：是差動放大器的一個品質因數，單位通常用 dB 表示。它描述了實際的差動放大器性能接近理想差動放大器性能的程度。CMRR 等於放大器對差模（differential mode，DM）訊號的電壓放大倍數與對共模（common mode）訊號的電壓放大倍數之比。

差動放大器的特點：差動放大器能夠響應其輸入訊號的差值訊號（V_i-V_i'），同時能夠抑製隨著兩個輸入訊號一起「混入」進來的噪音或干擾，這樣的共模輸入電壓通常為一直流電平噪音或者其他固有干擾；使用差動放大器能夠抑製放大器的直流電源電壓的變化。

③ 運算放大器按其特點和應用劃分的分類　大多數運算放大器的工作電源電壓為±15V 或±12V 的直流電源，並且能夠提供±10mA 的電流。而工作電源電壓為±3.2V、±5V 等的直流電源用於便攜式儀表和通訊設備中。

運算放大器的分類是按照其特點和應用來劃分的。

高速運算放大器：是指具有轉換速率超過 25V/μs 和 75MHz 或更大的小訊號增益帶寬積（GBWP）的運算放大器，主要用於儀表、感測器以及通訊設備中。

功率和高電壓運算放大器：是指那些能夠為負載提供超過 10mA 電流，或者能夠在超過±15V（典型值為±40～±150V）的電源上工作的運算放大器。一些功率運算放大器甚至於能夠工作在 68V 電壓和 30A 電流條件下；有些運算放大器既屬於高速運算放大器，也屬於高電壓和功率運算放大器。功率運算放大器主要用於驅動電動機、電磁感測器或其他電磁類元部件。

斬波穩定放大器（chopper-stabilized operational amplifier，CSOA）：是指應用於穩定性好、漂移小、直流電幅度長期穩定且環境溫度可調的範圍內的運算放大器，主要應用於電子秤、電氣化學應用和靜態光度測量等等。

理想運算放大器：尚處於電路設計的初始階段，未見於市場產品中。理想運算放大器的主要參數為：無窮大的微分增益、CMRR、輸入阻抗、轉換速率、GBWP、零噪音、偏置電流、失調電壓、輸出阻抗。一個理想的運算放大器就是具有無窮大增益和頻率響應的微分 VCVS（voltage controlled voltage source，電壓控制電壓源）。

④ 基本的運算放大器　運算放大功能中的基本運算放大器有同相放大器、反相放大器、單位增益放大器、差動放大器。各基本運算放大器電路及其傳遞函數、增益等如表 2-25 所示。

表 2-25　基本的運算放大器

放大器名稱	放大器電路	增益 A_v
同相放大器	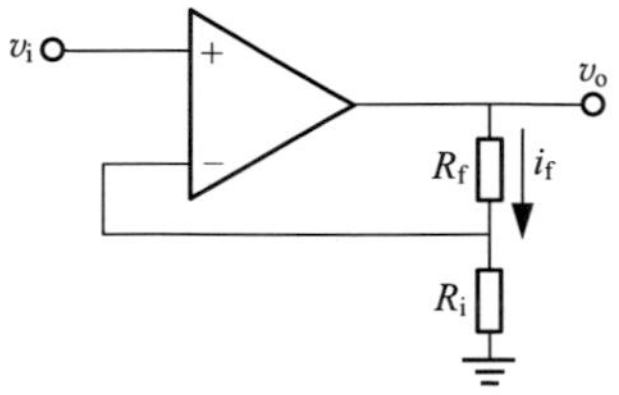 v_i, v_o, R_f, i_f, R_i, +, −	$v_i=R_i i_f$ $v_o=R_i i_f+R_f i_f$ $A_v=v_o/v_i=1+\frac{R_f}{R_i}\geqslant 1$ 輸入、輸出特性：電路增益為正且總是大於或等於 1；輸入阻抗非常大，接近於無窮大
反相放大器	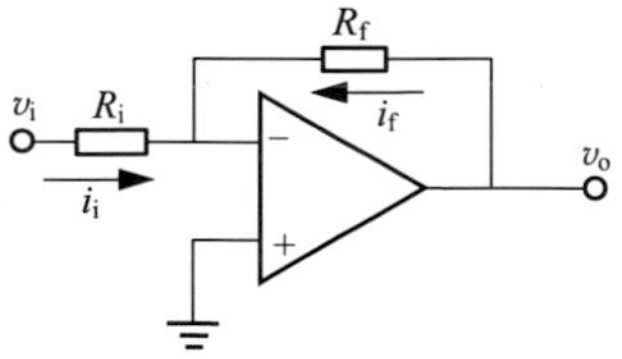 R_f, v_i, R_i, i_f, v_o, i_i, −, +	$i_i=v_i/R_f=-i_f$ $v_o=R_f i_f$ $A_v=v_o/v_i=-\frac{R_f}{R_i}$ 輸入、輸出特性：當輸出電壓超過飽和電壓時，電路飽和。無論輸入電壓 v_i 怎樣增大，輸出 v_o 不再改變。可透過加大 R_f 提高增益但最大值有實際限製；增大 R_i 可提高輸入阻抗隨之增加，但增益異小
單位增益放大器	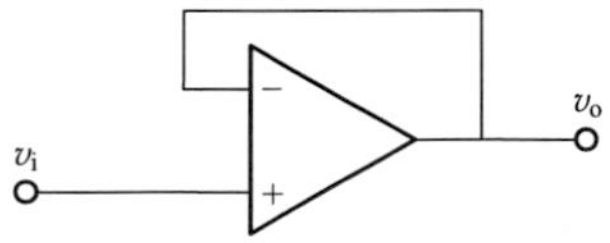 −, v_o, v_i, +	$v_i=v_o$；$v_o/v_i=1$ 若同相放大器中，將 R_i 置為無窮大（相當於接地端斷開），R_f 置為零，則同相放大器就變為左圖所示的單位增益放大器 為什麼要使用單位增益放大器呢？單位增益放大器是很有用的緩衝器或阻抗控制器。它將電路與後級負載效應相隔離；在 A/D 轉換器中使用單位增益放大器將得到一個恆定不變的輸入阻抗；對於某些 D/A，用它可獲得一個所需的高阻抗負載來保證正常工作但又不想對輸出電壓進行換算

續表

放大器名稱	放大器電路	增益 A_v
差動放大器	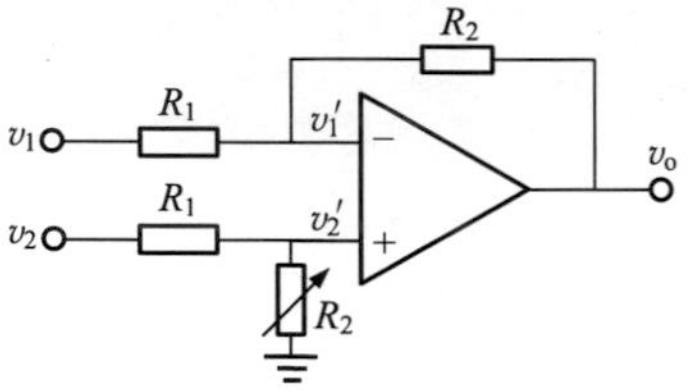 v_1 R_1 v_1' R_2 v_2 R_1 v_2' R_2 v_o	$v_2'=R_2v_2/(R_1+R_2)$ $(v_o-v_1')/R_1=(v_1'-v_o)/R_2$ $v_o=v_iR_2/R_1=(v_2-v_1)R_2/R_1$ 若兩個輸入端連接在一起有 $v_1=v_2$（即共模，有公共的驅動電壓），則 $v_o=0$。差動放大器的共模增益為 0；若 $v_1\neq v_2$ 則差動放大器的共模增益為 R_2/R_1

⑤ 模擬訊號運算放大器　實現模擬訊號運算的主要運算器有：反相器、加法器（也稱加法放大器）、積分器、微分器、比較器、滯後的比較器、整流器、限幅器等等，各自的電路及其增益如表 2-26 所示。

表 2-26　模擬訊號運算的運算放大器

放大器名稱	運算放大器電路	特性
反相器和換算變換器	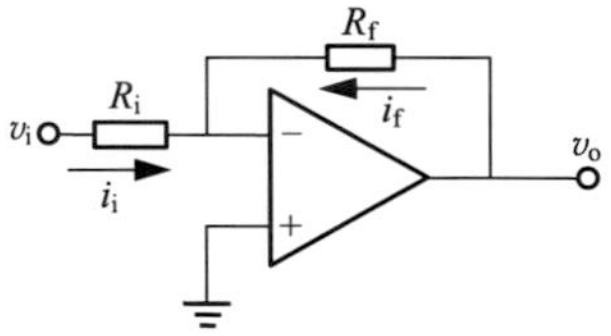 R_f i_f v_i R_i i_i v_o	$i_i=v_i/R_f=-i_f$ $v_o=R_fi_f$ $A_v=v_o/v_i=-R_f/R_i$ 適當選擇 R_f、R_i，由反相放大器即可得到所需要的增益變化和符號反相。反相器可用於換算數位-模擬轉換器（D-A converter）的輸出
加法器（或稱加法放大器）	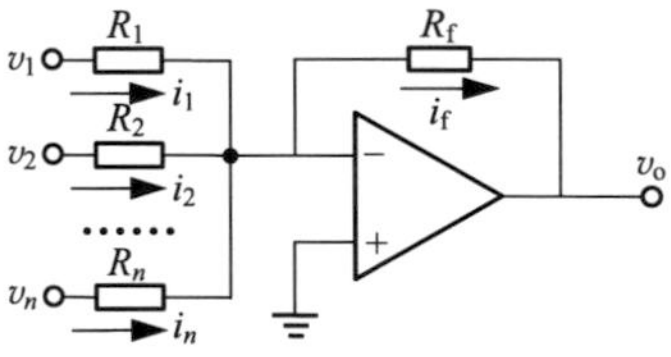 v_1 R_1 i_1 v_2 R_2 i_2 …… v_n R_n i_n R_f i_f v_o	$i_i=v_i/R_i$ $v_o=-R_fi_f$ $v_o=-R_f\sum_{j=1}^{n}\frac{v_j}{R_j}$ 電阻 R_f 決定電路的總增益
積分器	最簡單的積分電路 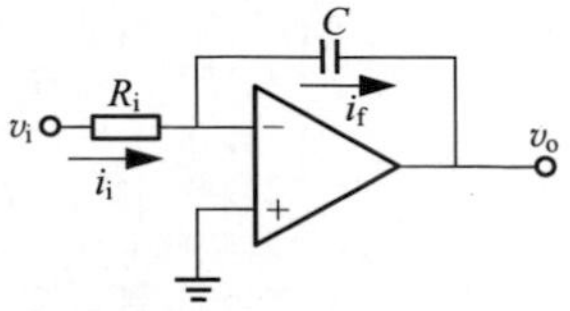 C i_f v_i R_i i_i v_o	$v_{ic0}=i_ft_1/C$ $i_i=v_i/R_i=i_f$ $v_o=-\frac{1}{RC}\int_0^{t_1}v_idt+v_{ic0}$ 式中：v_{ic0} 為電容 C 的初始電壓；t_1 為積分時間。

續表

放大器名稱	運算放大器電路	特性
積分器	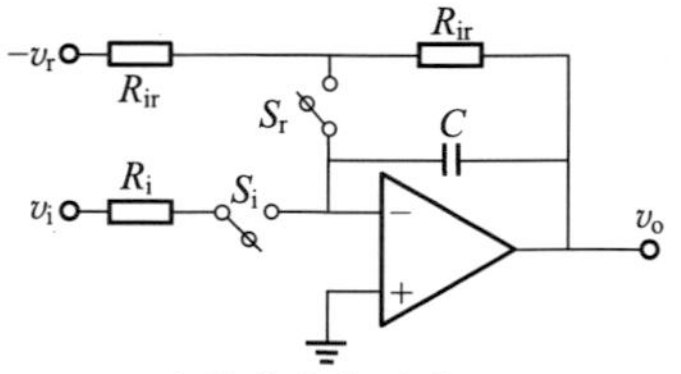 $-v_r$ R_{ir} R_{ir} S_r C v_i R_i S_i v_o 實際的積分電路	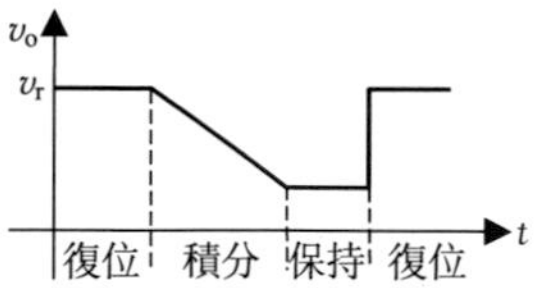 v_o v_r t 復位 積分 保持 復位 左圖中開關 S_i、S_r 可以採用繼電器觸電或FET(場效應管之類的固體開關或模擬開關，開關動作由外部邏輯控制)
微分器	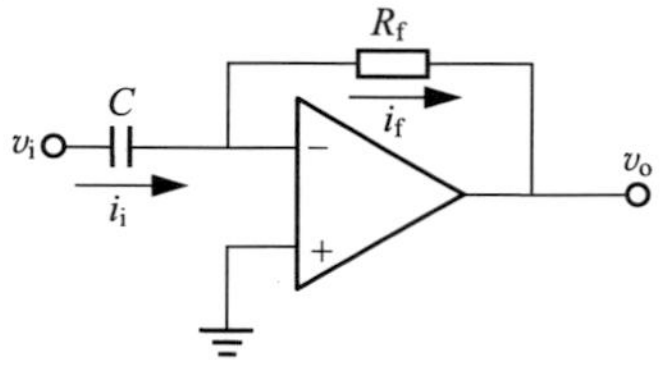 R_f i_f C v_i i_i v_o	$i_i = C\mathrm{d}v_i/\mathrm{d}t$ $v_o = -RC\mathrm{d}v_i/\mathrm{d}t$
	實際的微分器 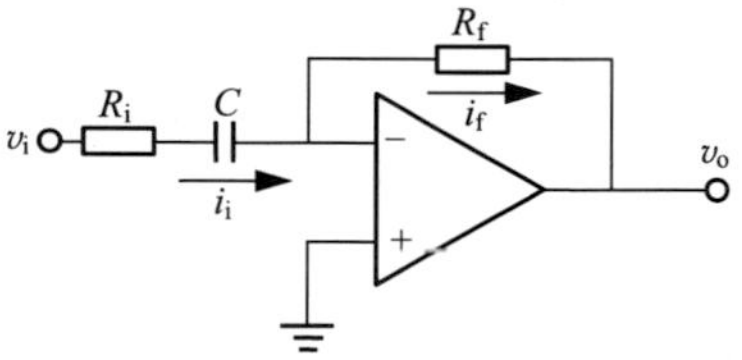 R_f i_f R_i C v_i i_i v_o	為設計穩定的微分器，應使： $\omega_i = \sqrt{\left(\frac{A_0\omega_0}{R_f C}\right)} = \frac{1}{R_i C}$ 或 $R_i = \sqrt{\left(\frac{R_f}{A_0\omega_0 C}\right)}$ 式中，$A_0\omega_0$ 為運算放大器的增益帶寬積(GBWP)
比較器	簡單比較器 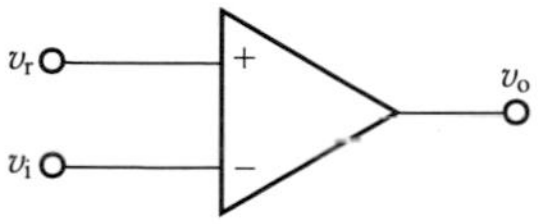 v_r v_i v_o	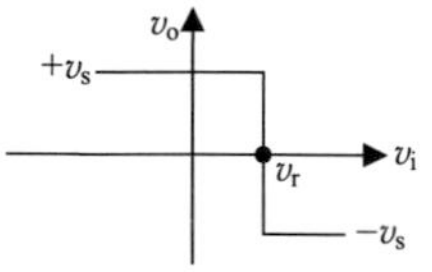 v_o $+v_s$ v_i v_r $-v_s$ v_s 為飽和電壓
	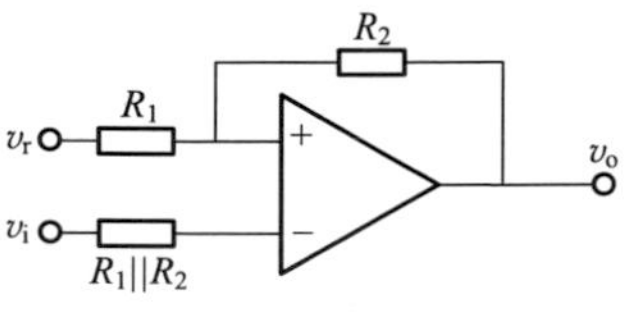 R_2 R_1 v_r v_i $R_1 \| \| R_2$ v_o	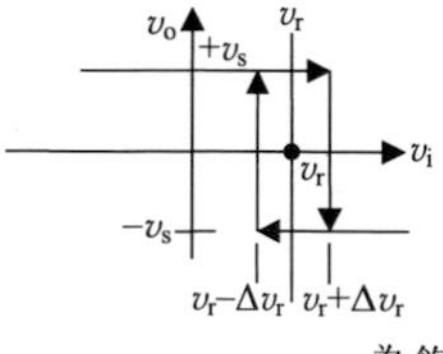 v_o v_r $+v_s$ v_i v_r $-v_s$ $v_r-\Delta v_r$ $v_r+\Delta v_r$ v_s 為飽和電壓

續表

放大器名稱	運算放大器電路	特性
整流器	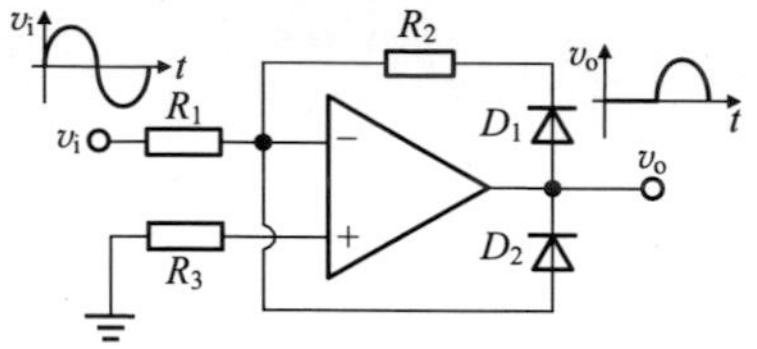 精密半波整流器	 當 v_i 為負時，D_1 正向偏置，D_2 反向偏置，電路為一個正常的單位增益反相放大器；當 v_i 為正時，D_1 截止不導通，D_2 導通，施加負回饋並將輸出鎖定在二極管的反向偏置電壓上，如果不使用 D_2，則輸出電壓會鉗位於 $-v_s$，而 v_o 仍為 0V
	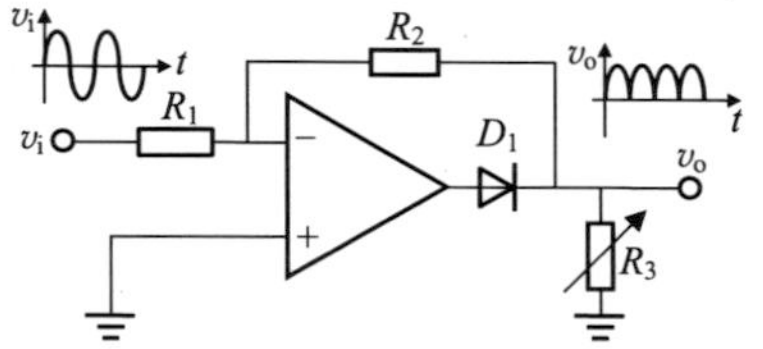 精密全波整流器	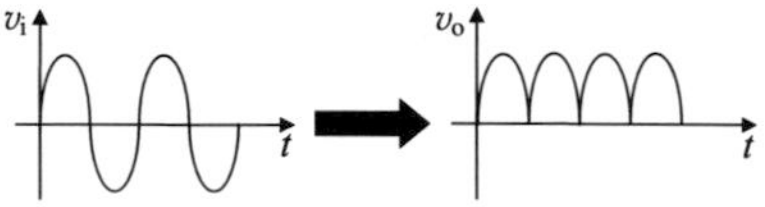
限幅器	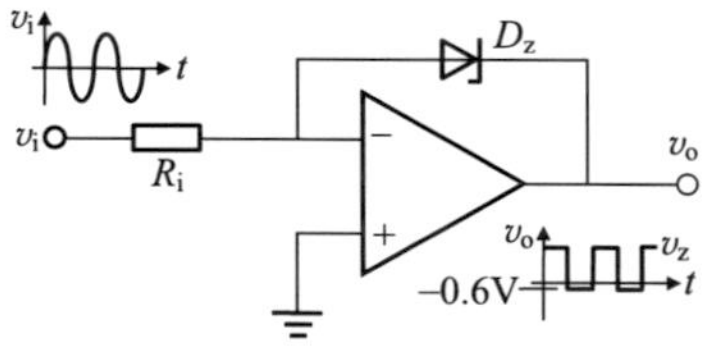	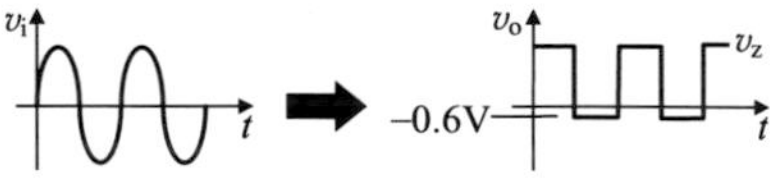

(5) 濾波器

按照濾波通帶的形狀可將模擬有源濾波器分為高通濾波器、寬帶濾波器、窄帶濾波器、低通濾波器、陷波濾波器、全通濾波器等幾種主要的類型；按照模擬有源濾波器的結構不同分為受控源有源濾波器、四次有源濾波器、通用阻抗變換器有源濾波器、高階有源濾波器等幾種主要結構類型。

受控有源濾波器可以用來實現帶通、低通、高通二次傳遞函數。一個單一的運算放大器加上 4 或 5 個電阻或電容回饋元件，可以用作低通或單位增益 VCVS（電壓控制電壓源）。如著名的 Sallen-Key 低通濾波器、高通濾波器。

四次有源濾波器是一種容易滿足設計標準的有源濾波器。其中最為通用的一種是兩環四次有源濾波器，根據所選擇的輸出的不同，兩環四次有源濾波器可用作高通、調諧帶通或低通濾波器。它允許濾波器的峰值增益、截止頻率、阻尼因子和調諧電路的 Q 值獨立調整。還可以利用基本的四次有源濾波器外加一個運算放大器來實現全通和陷波濾波器[18]。

通用阻抗變換器（GIC）採用了 2 個運算放大器和 5 個二埠元件（電容或電阻），它能夠形成對地阻抗。這些阻抗反過來可與電阻、電容以及運算放大器組合起來構成各種二次傳遞函數，這些二次傳遞函數如同前述的四次有源濾波器結構的傳遞函數，可以設計基於通用阻抗變換器的有源濾波器，分別可設計實現帶通、全通、陷波、低通以及高通等等濾波器[18]。

高階有源濾波器是將兩極點（兩次）有源濾波器級聯成高階濾波器，從而有四個或更多個極點。常用的有：巴特沃斯（Butterworth）濾波器、切比雪夫（Chbychew）濾波器、橢圓或考爾（Cauer）濾波器、貝塞爾（Bessel）或湯普森（Thompson）濾波器[18]。

2.7.2 位置/速度感測器及其應用基礎

(1) 用於關節極限位置限位的限位開關（行程開關）和其他開關量元件

限位開關有接觸式的和非接觸式的；有機械式的、光電式的、磁感應式的多種。它們的結構和工作原理簡單、易用，是用於獲得機械運動極限位置的最簡單的位置感測器。通常將限位開關或霍爾元件安裝在相對運動（回轉或移動）的兩個構件中運動構件的兩個極限位置上，而另一個構件上固連用來觸發開關動作的擋塊或霍爾元件的另一半。開關或霍爾元件連接在由直流電源（一般為 DC 5V）和由兩個用來分壓的電阻構成的簡單電路中。關節正常運動期間開關為常開狀態，開關輸出的電訊號為大於 3.5V 的高電平訊號數位量「1」；當關節運動到極限位置時開關被觸發，當開關閉合或觸發時，電路形成電流回路，從採樣電阻兩端可拾取到小於 2.7V 的電壓，即輸出低電平訊號數位量「0」。關節有兩個硬極限（即機械限位的左極限、右極限）的情況下，根據左右極限位置上安裝的行程開關（或限位開關）以及關節轉向（或移動關節往復移動方向）可以設計邏輯真值表，按照邏輯真值表設計用數位 IC 邏輯器件［數位「與（AND）」「或（OR）」「非（NOT）」邏輯門電路］搭建關節機械限位與轉向判別控制電路，即可實現機器人關節自動回避關節極限位置的無碰安全運動或者限位安全行程運動。當限位開關（或行程開關）動作，關節運動到達關節極限位置時的數位訊號被傳遞給控制器時，控制器給驅動關節運動的電動機發出停止或反轉的控制訊號，控制電動機停止或反轉。這種應用的霍爾元件測量的也是開關量，限位工作與控制方法沒有本質區別。

機械式的限位開關（limited-switch）：也稱微動開關、微型開關（micro switch），行程開關；有按鍵式、壓簧按鈕式、片簧按鈕式、鉸鏈按鈕式（鉸鏈杠桿式）、軟桿式等等。其動作的原理簡單，外力加在開關按鈕或杠桿、軟桿上使按鈕或桿柄動作並壓向電觸點使電路導通或斷開，從而形成「0」或「1」的數位訊號量並傳給控制系統,「準確告知」開關動作產生的狀態。

光電開關(photo-interrupter):光電開關由作為發光的 LED 光源和受光產生電訊號的光電二極管或光電三極管等光敏元件,按照發光部位對應受光部位相隔一定距離而構成的透光式開關,發光部與受光部之間是橫向布置的遮光片狹窄通道(縫隙)。當移動的遮光片遮擋在發光部與受光部之間時,LED(發光二極管)導通將電能轉化成的光照射不到光電二極管或光電三極管等光敏元件的受光部位,光敏元件側回路呈開路狀態「輸出」電訊號(如「高電平」);當遮光片移開光沒有被遮擋時,光敏元件受光照射,回路開通,輸出電訊號(如「低電平」),從而起到開關作用。光電開關的基本原理奠定了光電編碼器的原理,也可以說光電開關是最基本的只有「0」「1」兩個編碼的最簡單編碼器,可以檢測直線、回轉以及任意運動範圍內的點位位置。

電位計(電位器):有直線式或回轉式。電位計的原理好比滑線變阻器,電位計上作直線移動或回轉運動的觸點的線位移量或角位移量(或位置)與由該觸點輸出的電壓成正比,比例系數為單位位移量輸出的電壓值,為定值。因此,將電位計殼體、輸出電位的觸點分別固連在關節殼體和關節回轉軸上,當關節轉動時,關節轉動的位置(或角度)就可以轉換成電位計觸點輸出的電壓值(模擬量),變換成數位訊號後透過數位 I/O 介面採集到電腦中,即可得到按其比例關系轉換成的、對應實際關節位置(或位移量)的關節角位置(或角位移量)的數值,用該值與期望的關節位置(或關節位移量)進行比較和調節,從而進行簡單的關節位置控制或限位、行程控制。這種簡單的位置控制精度取決於電位計測量位置(位移量)的解析度、精確程度。這種採用電位計的位置測量、控制的精度都較低。但成本低,電路簡單,由 5V 直流電源供電或取電於控制系統中的 5V DC 電源。直線式和回轉式電位計在位置測量、限位與行程控制上的原理沒有本質區別。

(2) 光電編碼器(optical encoder)(也稱光學編碼器或光電碼盤)

① 光電編碼器感測位置、速度、加速度的基本設計思想和原理　知道光電開關的開關作用原理,就不難懂得光電編碼器的位置/速度感測器的工作原理了。換句話說,光電編碼器的原理是光電開關作用原理的延伸和應用。如果在圓周方向一定的扇區內對應成對布置幾對位置精確的 LED 光源和其對面正對著的受光照射的光敏元件(光電二極管或光電三極管),然後將前述光電開關原理中的遮光片設計成沿著圓周方向以一定間距或一定間距規律間隔開來的透光徑向窄縫族群的圓盤,或者圓盤上沿圓周分布的徑向窄縫族群不只一周,而是同心圓周的多周,而且各周窄縫所在的徑向位置都與前述布置的幾對 LED 和光敏元件有著嚴格的幾何位置對應關系(透過編碼結構設計實現),則當預先設計好的遮光圓盤繞其自己的軸線旋轉時,垂直正對著遮光圓盤上各周窄縫的各發光 LED 之間以

一定的相位差和週期按序發光，旋轉的遮光圓盤以任意轉速或任意變速旋轉，則各發光 LED 發出的光會在遮光圓盤旋轉過程中間歇式透過各個窄縫又間斷地被窄縫之間的遮光格柵遮擋，持續間歇式地透過窄縫的光照射到光敏元件上產生並輸出電訊號。如果嚴格地按照窄縫等間隔或嚴格規律性的間隔與精確的位置關系設計光源數及其位置、遮光圓盤及其上窄縫族群位置與尺寸，以及光敏元件的數量、位置，即編碼結構設計，然後加以精確製造。則，遮光圓盤轉動的周向位置、位移、速度以及加速度與各光敏元件在遮光圓盤旋轉過程中接收透光照射時產生的編碼脈衝電訊號之間存在著嚴格的數學函數關系。透過各編碼脈衝電訊號之間的邏輯運算可以解算出遮光圓盤的實際位置、速度乃至加速度。這就是光電編碼器設計的重要基本思想和原理。之後的事情是如何做具體設計和實現的問題，也即具體技術實現的事。

脈衝發生器（pulse generator）：脈衝發生器是檢測單方向位移或角速度並輸出與位移增量相對應的串行脈衝序列的裝置。

編碼器（encoder）：是輸出表示位移增量的編碼脈衝訊號且帶有符號的編碼裝置。

② 編碼器的類型　按照遮光板或遮光圓盤上刻度的形狀，編碼器可以分為測量直線位移的直線編碼器（linear encoder）和測量旋轉角度（位移）的旋轉編碼器（rotary encoder）；按照訊號的輸出形式可以分為增量式編碼器（incremental encoder）和絕對式編碼器（absolute encoder）。增量式編碼器對應每個單位線位移或單位角位移輸出一個脈衝，絕對式編碼器則從碼盤上讀出編碼，檢測絕對位置；按照位置、速度的檢測原理，可將編碼器分為光學式編碼器、磁式編碼器、感應式編碼器以及電容式編碼器。機器人中用來測量電動機（或關節）位置、速度的感測器絕大多數是光學編碼器（也稱光電編碼器），也有用磁式編碼器的。

③ 光學編碼器（optical encoder）的結構與原理　如圖 2-145 所示，光學編碼器本體主要由發光元件、光敏元件和兩者之間的與繞編碼器輸出軸固連並一起轉動的主刻度盤三部分組成。主刻度盤的圓周方向整周分布著間隔開來的窄縫，此外，主刻度盤窄縫圓周的裏側還有一個用來作為標誌訊號用的窄縫（通常稱為 Z 相訊號窄縫）；而主刻度盤沿圓周方向分布的各個窄縫用來獲取編碼器的 A 相、B 相訊號。這裡所說的 A、B、Z 相訊號實際上都是由相應的發光元件發出的光透過主刻度盤上的窄縫或被窄縫之間的遮光部分遮擋住時在光敏元件上形成的光電訊號，當光線透過窄縫後照射到光敏元件上就會在光電訊號中產生一個上升沿的脈衝，而當被遮擋住無關照射時，便在脈衝的下降沿產生低電平的訊號，當下一個窄縫隨著主刻度盤的轉動來臨，光線又透過窄縫照射到與前面同一個光敏元件時，剛才的低電平轉變為上升沿形成一個新的脈衝，周而復始地產生一系

列的脈衝和低電平間隔開來的訊號。發光元件和與之相對應的光敏元件兩者一個發光一個接受對方發來的光或被遮擋，這樣形成的電訊號被稱為一相。如圖 2-145 所示，有三對發光元件和光敏元件，則形成三相電訊號，被稱為 A、B、Z 三相。其中：A、B 相電訊號是取自對應主刻度盤窄縫所在圓周位置的兩對發光元件和光敏元件；而 Z 相電訊號則取自與 Z 相訊號窄縫所在圓周（半徑）位置處，當主刻度盤上的 Z 相訊號窄縫（只有一個）隨主刻度盤旋轉到產生 Z 相訊號的第 3 對發光元件和光敏元件之間並且正對著這一對元件時，發光元件的光線透過窄縫照射到光敏元件時，則產生主刻度盤單向旋轉一周時只有一個脈衝的 Z 相電訊號（即只有一次上升沿和下降沿，其餘則是低電平水準），因此，Z 相電訊號又稱作索引相（index phase）。當使用索引相時，而且編碼器轉動角度不超過 360°時，可作絕對位置使用（前提條件是必須在安裝時將機械角度的零位與編碼器的索引相窄縫的位置精確對應上，透過在線調試可以做到）。但是，通常光電編碼器是用來作為伺服電動機的位置、速度感測器，與電動機前後同軸線的兩個輸出軸軸伸之一連接在一起的，電動機的轉速為每分鐘幾十轉（直接驅動的力矩電動機）到幾千轉甚至上萬轉，單向或雙向正反轉，因此，通常無法作為絕對編碼器使用。

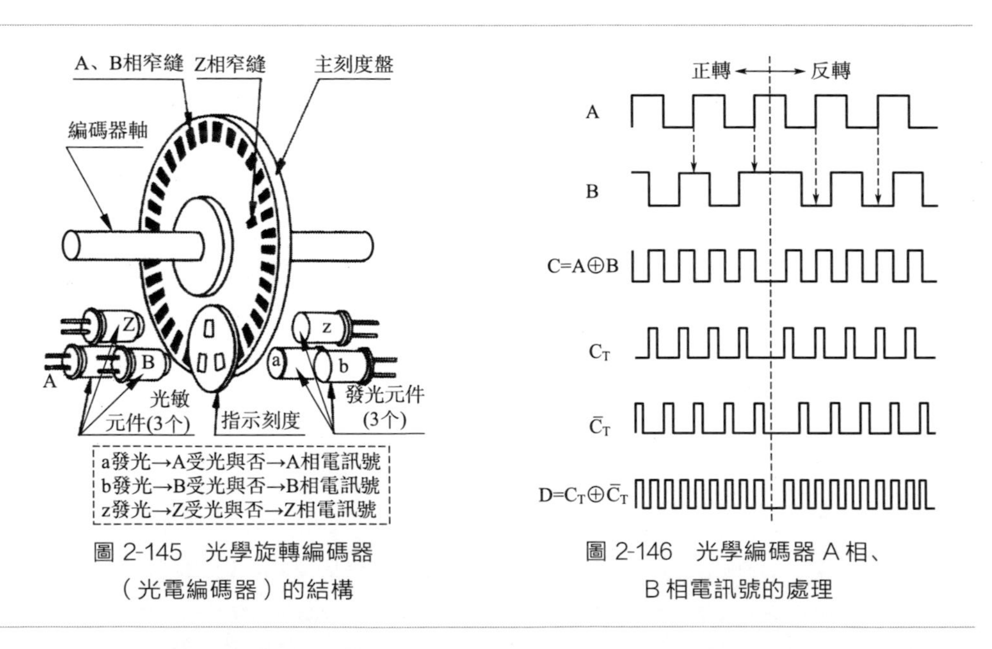

圖 2-145　光學旋轉編碼器（光電編碼器）的結構

圖 2-146　光學編碼器 A 相、B 相電訊號的處理

光學編碼器轉向判別原理：A 相、B 相兩路輸出的電訊號有 90°的相位差，利用這個相位差可以判斷編碼器主刻度盤的轉向，也可以利用這個相位差來得到提高編碼器解析度所需的插補訊號（即解析度的細分）。根據 A、B 兩相訊號判

斷編碼器轉向的訊號邏輯運算如圖 2-146 所示，當 A 相訊號為上升沿時，觀測 B 相訊號的電平，若也為高電平狀態，則為正轉；若 A 相訊號為上升沿，同時刻對應 B 相訊號電平為低電平狀態，則為反向轉向。這裡所說的正轉、反轉只是光電編碼器主刻度盤的正向轉動、反向轉動。轉向正、反是相對的概念，定義正、反轉向中的一個為正向則另一個必為與之相反的反向。轉向的判別是根據 A、B 兩相訊號中哪個訊號的相位超前來進行的。

提高光學編碼器的解析度的原理：將 A、B 兩相電訊號進行異或（XOR）邏輯運算就可得到頻率為原來 A、B 相訊號頻率兩倍的脈衝訊號 C。訊號 C 可以透過邏輯非門得到與訊號 C 高低電平恰好相反的 $\overline{C}$（C 非）訊號；再分別將 C 和 $\overline{C}$ 上升的觸發訊號 C_T 和 $\overline{C}_T$ 再進行異或（XOR）邏輯運算，又可得到頻率擴大兩倍的脈衝序列訊號 D。如此，可以用電學手段來進一步提高光學編碼器物理角度的解析度。這種以透過邏輯門電路的硬體設計對 A、B 相訊號進行訊號倍頻處理的方法與手段稱為硬細分。通常購買的光學編碼器都帶有四倍頻的細分功能，就是用上述所講的原理來實現的。

光電編碼器一般不能直接使用，需要連接到計數器對計數脈衝進行計數後並換算成角度位置或速度才能作為位置回饋與期望的轉動位置或速度進行比較，從而實現伺服電動機位置、速度回饋控制。如果選用成型的伺服驅動 & 控制單元產品構建直流或交流伺服電動機驅動系統，一般伺服驅動 & 控制單元產品本身都帶有計數器，與光學編碼器的線纜端部的連接器按各針的定義正確連接在一起即可。如果自行設計伺服驅動 & 控制單元的話，可以選擇帶有計數器的單片機作為單元的控制器並編寫控制程式；如果用 PC 作為控制器，則選用 PCI 總線的計數器板卡或者帶有計數器的運動控制卡插到 PCI 擴展槽中並初始化板卡即可使用計數器計數並換算成回轉角度位置、速度。

④ 其他常用的位置或速度感測器　旋轉變壓器、磁編碼器、測速發電機（tachometer generator，也稱為轉速計感測器，或者簡稱「tacho」）等等。此處不一一介紹。

2.7.3 力/力矩感測器及其應用基礎

(1) 機器人作業的自由空間內作業和約束空間內作業的分類

對於工業機器人操作臂的工程實際應用而言，可以將機器人作業分為兩類，一類是自由空間內作業；一類是約束空間內作業。

① 自由空間內作業：是指機器人操作臂的末端操作器不受來自作業對象物或者作業環境的外力的作業，如噴漆機器人末端是以噴槍作為操作器，噴槍噴漆時基本不受被噴漆對象物給噴槍的力，儘管噴出的漆以一定的速度從噴嘴

噴出到被噴漆表面會有一定的反作用力，但力的大小完全可以忽略不計；搬運機器人雖然作為末端操作器的手爪夾持重物，但手爪和重物不受來自作業環境的力；焊接作業也是。這類作業的控制主要是機器人在末端操作器作業空間（即現實物理世界的三維空間）或關節空間內的位置軌跡追蹤控制，一般無需力或力矩控制。

② 約束空間內作業：是指機器人末端操作器與作業對象物或環境之間有位置或力學約束的作業。這種作業的控制不僅有位置軌跡追蹤控制，還同時需要有末端操作器對作業對象物或環境的力或力矩控制。這種既有位置控制，同時又有力、力矩控制的機器人控制被稱為力/位混合控制。如機器人操作臂末端操作器手爪把持一個銷軸，要將銷軸裝配到與銷軸有軸孔配合尺寸與公差關系的孔中的裝配作業，即是約束空間內的作業。銷軸位於孔外並且還處於尚未接觸孔的邊緣的時候，可以視為自由空間內的軌跡追蹤控制。但是當銷軸尚未進入孔中處於搜孔階段和開始進入孔內以後，機器人由之前的孔外自由空間內位置軌跡追蹤控制開始進入銷軸入孔的力/位混合控制階段，即把持銷軸的末端操作器既要按照孔的軸線軌跡進行位置軌跡追蹤控制，同時還要進行能夠使銷軸繼續在孔內前進的力控制，如果不做力控制，銷軸一旦偏斜就有可能導致不能繼續裝配的狀態或者是導致末端操作器手爪、銷軸、銷孔三者之中材料最弱者發生破損。此外，諸如機器人擰螺釘、操作脆性材料等等的作業往往都需要作力控制或力/位混合控制。雖然，可以進行沒有力感測器進行操作力或力矩測量的虛擬力控制，但這種虛擬力控制一般只能用於對於被操作物或環境、末端操作器本身的材料、力學性能等等經過事先測量過後能夠準確得到操作力與位移之間關系情況下的特定作業，通常不會有通用性和更高的可靠性。通常的虛擬力控制是把末端操作器與環境或作業對象物之間的力學作用關系簡化成由假想的彈簧和阻尼構成的線性虛擬力學模型，這種虛擬的力控制可以用於機器人操作臂回避障礙的運動控制，但是對於實際的力學作用而言，隨著作業對象物或環境材質的不同，末端操作器、作業對象物或環境之間相互作用的真實力學特性和關系差別較大而且比較複雜，單單用簡化後的彈簧-阻尼的線性化模型引起的不確定量對操作力、位移影響可能很大而無法得到滿意的力/位混合控制結果。因此，以力感測器直接或間接換算的辦法測得操作力，進行力/位混合控制是通常的裝配作業的有效控制方法。總而言之，各種力感測器是進行約束空間內機器人作業力控制、力/位混合控制的重要感測器之一。

(2) 力覺感測器（force sensor）的分類

力覺就是機器人對力的感覺。所謂的力覺感測器就是測量作用在機器人上的外力和外力矩的感測器。在用三維座標系 $O\text{-}xyz$ 表示的三維空間中，

力有 F_x、F_y、F_z 三個分力和 M_x、M_y、M_z 三個分力矩一共六個分量。要想完整測量任一物體在三維空間內所受到的力，需要由能測得三個互相垂直方向的三個分力和分別繞這三個互相垂直方向軸回轉的三個分力矩這六個分量來表達的完整的力的力覺感測器是六維力/力矩（轉矩）感測器，或稱為六軸力覺感測器（6-axis force sensor）。在機器人領域，「力」通常指的是力和力矩的總稱。

① 按照力的測量原理和方法的分類：可將力覺感測器分為應變儀（應變計，俗稱應變片）式、半導體應變片式、光學式三種力覺感測器。這裡，應變片是力覺感測器用來檢測應變的最基本的元件。應變片是一種固定在底板上的細電阻絲，按照其材料的不同有：電阻絲應變儀（採用電阻細線）、鉑應變儀（採用金屬鉑）、半導體應變儀（採用壓電半導體）。

② 應變片及其檢測力的原理：應變片也叫應變儀，是一種透過測量外力作用下變形材料的變形量來檢測力的感測元件，其結構如圖 2-147 所示。應變片能測量一個方向的應變，也可以透過多種模式來測量二軸或三軸方向的應變。應變片檢測力的原理是當應變片被貼在（或被埋入）被檢測部位基體表面（或內部表面）隨著基體受力應變片內的電阻絲受拉與基體表面一起產生形變，如圖 2-147(a) 所示。電阻金屬絲伸長時其阻值會發生變化，金屬絲的電阻阻值 R 與其長度 L 成正比，與其截面積 S 成反比；當金屬絲受到沿長度方向的張力伸長時，伸長量 ΔL 與其原長度 L 為應變量 ε；長度方向的應變與直徑方向的應變的比值為蒲松比。則透過上述分析可求出應變引起的電阻的變化為：$\Delta R/R=k\varepsilon$。其中：k 為與金屬絲電阻本身的材料、形狀、蒲松比有關的常數，也叫應變片的靈敏度。當將應變片連接在檢測力的電路裡構成完整的檢測電路［如圖 2-147(d) 所示］時，電路中有電流流過，則應變片上的應變變化會引起應變阻值的變化，從而引起電壓的變化，由電路輸出端輸出電壓的變化值。反過來講，知道了電壓的變化值，也就能求出應變片電阻的變化量，根據應變片的幾何參數就可以算出應變以及金屬絲電阻的伸長量和所受的張力。

③ 測力感測器是一種精密測量壓縮或拉伸的最基本的檢測器，其測量原理是在承受外力的、斷面幾何形狀一般為圓柱形或方形梁式結構承力載體的合適的檢測力部位和方位貼上應變片，由檢測電路檢測出的應變值求出作用力的大小。

④ 半導體壓力感測器是一種將半導體矽片在厚度方向上經過蝕刻使其變薄，加工成易於變形的隔膜，再在其上製作半導體應變片實現力的檢測的力感測器。

⑤ 按照力覺感測器結構不同的分類：環式、垂直-水平梁式、圓筒式、四根梁式（十字梁式）、平行板式、應變塊組合式、光學式等力覺感測器，如

圖 2-148 所示。

⑥ 力覺感測器設計和製作應注意的事項：

無滑動摩擦：應無產生摩擦的滑動部分以避免摩擦力瞬時不穩定性、不確定性對力測量結果的影響。

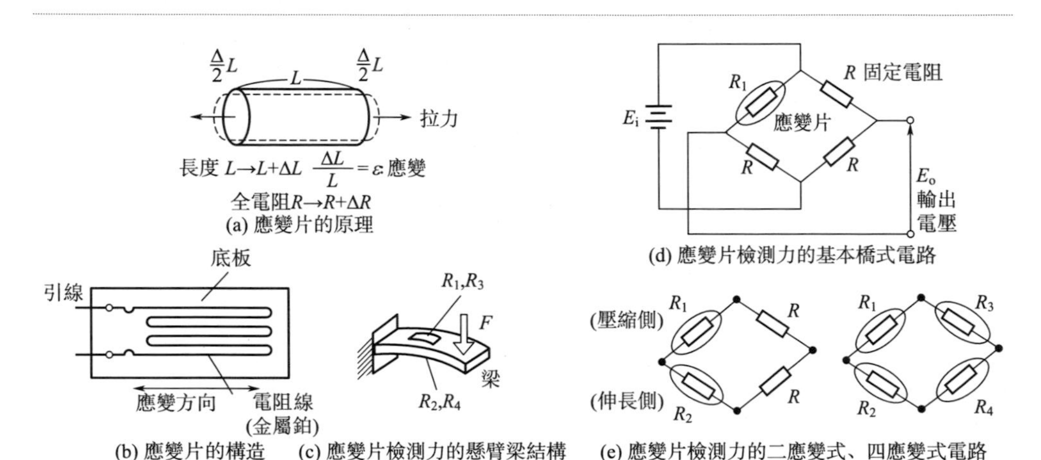

(b) 應變片的構造　(c) 應變片檢測力的懸臂梁結構　(e) 應變片檢測力的二應變式、四應變式電路

圖 2-147　應變儀（應變計、應變片）的基本原理與結構及利用應變檢測力的電路形式

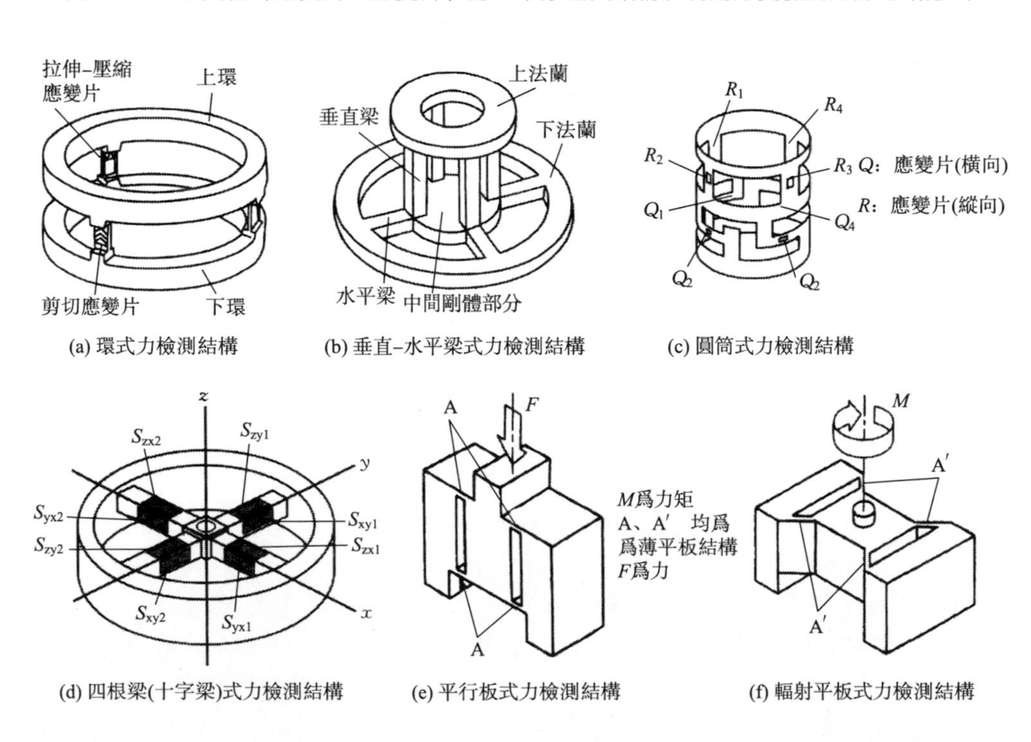

(a) 環式力檢測結構　(b) 垂直–水平梁式力檢測結構　(c) 圓筒式力檢測結構

(d) 四根梁(十字梁)式力檢測結構　(e) 平行板式力檢測結構　(f) 輻射平板式力檢測結構

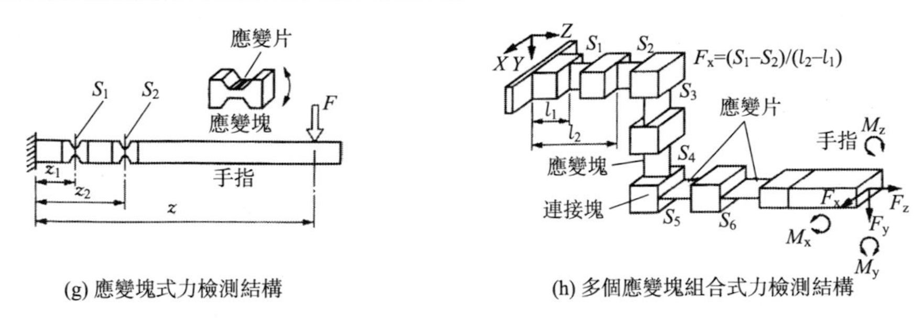

(g) 應變塊式力檢測結構

(h) 多個應變塊組合式力檢測結構

圖 2-148 電阻應變片原理的力覺感測器的各種力檢測結構

保持彈性變形：應力產生的變形應在材料的彈性範圍之內，以使力覺感測器測量性能保持穩定。

各個分力間應無耦合：獲得六個彼此獨立的檢測部位應變資訊，即各檢測部位的應變相互之間不應有耦合作用。各個力軸之間干涉盡可能地小。

(3) 機器人用 JR3 六維力/力矩感測器及其應用

JR3 六維力/力矩感測器是在機器人技術領域廣泛應用的力覺感測器產品之一，此外還有 ATI 六維力/力矩感測器。它們都是帶有機器人力控制、力/位混合控制的自動化作業系統中代表性的力覺感測器產品。

① JR3 六維力/力矩感測器的原理、結構 JR3 六維力/力矩感測器屬於前述的力覺感測器力檢測機構中的四根梁式（即十字梁式）結構＋電阻式應變片的結構原理，如圖 2-149 所示。斷面為矩形的四根梁的每一根在力檢測部位四周都貼有應變片，感測器的力檢測部機械零件結構為：與機器人末端機械介面法蘭連接的機械介面圓盤與最外側圓環之間為十字交叉的四根梁，機器人側機械介面圓盤、最外側圓環、十字梁三部分結構為整體的一個零件，即一塊材料加工而成。在外側圓環的側面與十字梁同軸線的 X、Y 軸部位開有條形窗，並且在 X、Y 軸線間的兩個角分線上加工有對稱的四個圓柱銷孔，工具側介面法蘭零件與力檢測部零件（即有十字梁的零件）透過這四對圓柱銷和圓柱銷孔連接在一起，如此，當工具側（也即末端操作器側）受到外部力、力矩作用時，透過四個圓柱銷和銷孔將外力、外力矩傳給力檢測部零件上的十字梁，十字梁受力、力矩作用後產生微小變形量，相應地貼在十字梁各個部位上的應變片產生應變，進而各個應變片上的阻值發生變化，當將這些應變片按照前述的應變式檢測電路原理連接成有源檢測電路時，各應變片有微電流流過時，就能從應變式檢測電路的輸出端拾取各路電壓訊號，從而經過解算後得到六維力/力矩感測器的六個力和力矩分量。這就是十字梁結構＋電阻式應變片結構形式下的六維力/力矩感測器檢測力、力矩分量的原理。

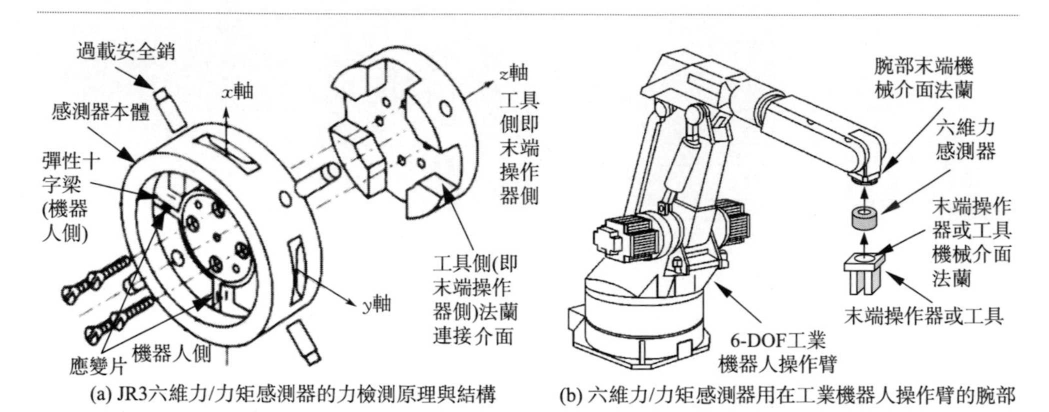

(a) JR3六維力/力矩感測器的力檢測原理與結構　(b) 六維力/力矩感測器用在工業機器人操作臂的腕部

圖 2-149　六維力/力矩感測器原理及其在機器人腕部的應用

② 關於安全銷是否總是能夠保證安全的問題　前述的六維力/力矩感測器中的均布的四個圓柱銷將感測器的檢測部與工具側負載件連接在一起，起到定位與連接作用，但是不僅如此，這四個銷軸是經過過載校準過的安全銷，當工具側法蘭上外載荷在安全銷上產生的剪切力超過了安全銷的公稱負載能力時，安全銷自動剪斷，從而使工具側法蘭連接件與力檢測部之間的硬連接斷開，過載的載荷傳不到檢測部，從而保護了作為力覺感測器功能主體的力檢測部，特別是其上的彈性十字梁，不至於過載而產生過大的彈性變形甚至超過彈性變形範圍而失去一定的彈性。這種過載保護對於用於工業機器人操作臂是有效的。但是，如果將帶有這種過載保護措施的力覺感測器應用在足式或腿式步行機器人的腿、足部（踝關節）時，是無法保證該力覺感測器的，更無法保護機器人。因為，當過載使安全銷剪斷時，靠近足一側的介面法蘭與力檢測部的硬連接完全脫開，分別作為腿或足的一部分的力感測器的兩側構件脫開，無異於腿或足折斷了，即相當於突然斷腿或斷足，機器人將失去平衡而很有可能會摔倒。此時，無論是機器人還是力感測器都不會安全的。

由此而引出了用於腿式、足式機器人且具有過載保護能力的新型六維力/力矩感測器的設計與研製的新課題。日本東京大學、筆者都曾經設計、研究了這種帶有過載後機器人與感測器本身都能得到安全保護作用的六維力/力矩感測器。

③ JR3 六維力/力矩感測器系統及其在力控制系統的應用　JR3 六維力/力矩感測器通常用於需要控制工業機器人操作臂末端操作器對作業對象物或作業環境的操作力或者用於軸/孔零件裝配作業中的力/位混合控制作業中。而對於腿、足式移動機器人的移動控制中，通常用六維力/力矩感測器作為足底力反射控制以維持步行過程中的穩定與平衡。因此，六維力/力矩感測器檢測到的力訊號需要經過調整、A/D 轉換器轉換後變成數位訊號被採集到作為控制器的 PC 或單片

機等等主控電腦中計算出反射力位置與大小，並與期望的反射力作用位置進行比較，然後折算成關節位置/速度補償量，透過高增益的局部位置/速度回饋控制來控制機器人的穩定步行。

JR3 六維力/力矩感測器產品的製造商提供感測器本體、電纜線、DSP 板卡以及力感測器軟體系統。其中 PCI 總線的 DSP 板卡用來插在 PC 的 PCI 擴展槽中，並透過專用的電纜線連接感測器本體與 DSP 板卡，如圖 2-150 所示。安裝後將專用的隨硬體附屬的軟體初始化安裝在 PC 上，使用者在 C 語言編程軟體環境下利用感測器專用的動態鏈接庫（*.lib）中庫函數進行程式設計、編譯、連接形成執行文件後，即可使用力感測器。

硬體使用：感測器本體用專用的電纜線連接到 DSP 數位訊號處理板卡或模塊，然後再將 PCI 總線板 DSP 卡插入電腦的 PCI 擴展槽，或將 USB 板 DSP 卡（模塊）透過 USB 線連接到電腦的 USB 口。初始化安裝製造商提供的專用軟體即可使用其測力，並且具有將力訊號以圖形方式可視化表示功能。若用於機器人力控制系統中，則需要使用者編寫使用力感測器進行力控制的程式。

圖 2-150　JR3 六維力/力矩感測器本體、 DSP 卡產品實物及其與 PC 的連接

(4) 感測器控制器的組成

在外力作用下，四根梁式（又稱十字梁式）力覺感測器的各個梁上黏貼的各應變片產生的應變訊號經放大器放大後送入力覺感測器本身的控制器，經 A/D 轉換，再根據感測器的常數矩陣計算各個分力、分力矩，最後以串行或並行訊號的輸出形式輸出給電腦，用來進行機器人操作或移動機器人穩定移動的力回饋控制。力覺感測器系統本身的控制器的詳細組成如圖 2-151 所示。

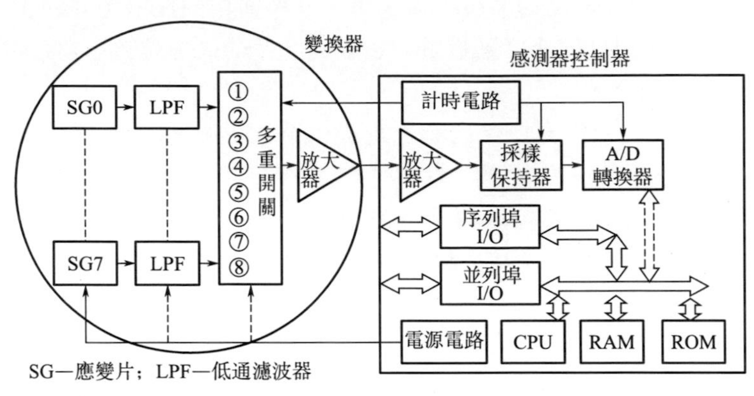

圖 2-151　六維力/力矩感測器（力覺感測器）系統中的控制器

(5) 關於六維力/力矩感測器測得的力、力矩數據的轉換和使用的力學原理

① 直接測力與間接測力的問題　工業機器人操作臂操作力控制、移動機器人穩定移動的力反射控制等等一般都不是直接測得操作器對作業對象物、移動機器人移動端與地面（或支撐物）之間的作用力或力矩。為什麼會這樣呢？難道不能像人手操持物體時人手手指、手掌與被操持物之間透過皮膚和肌肉的感知來直接得到作用力嗎？通常的如人型多指手的手指、手掌表面不乏貼敷柔性的、分布式檢測接觸力的感測器即人工皮膚力覺薄片以感知抓取物體、操作對象物時的感知力。但是，這種多指手操作的對象物通常都為連續曲面表面物體或者質量較輕、沒有尖稜尖角或者稜邊、尖角經過倒稜倒圓的物體，作用力也小的輕載或超輕載物體。否則，柔性薄膜或者分布式接觸力柔性薄片式力覺感測器會受到來自被操作物或環境的尖稜、尖角的尖銳的作用力而導致超量程甚至於柔性感測器的破損。另外，即便整個問題可以忽略，力感測器本身如果與被操作物體經常直接接觸，也不可避免地會導致不同程度的磨損，而機器人用力覺感測器屬於用於運動控制、力控制的精密部件，磨損後會導致測量精度、靈敏度的下降甚至於難以滿足作業要求的位置精度、力覺精度、靈敏度等指標。因此，通常力覺感測器測得力並不是直接測得操作器與作業對象物之間的力（力矩）。而是將力覺感測器安裝在距離末端操作器或者移動機器人移動肢體的末端較近的適當位置來間接地測量，測量得到的力、力矩需要按照力學原理（力平衡方程、力矩平衡方程，根據力覺感測器安裝的位置不同，也可能還需要機構運動學）來推導由力的直接作用端到力覺感測器安裝位置之間的力、力矩平衡方程（動態控制的情況下需要動力學方程），然後由力覺感測器測得的力的數據解算出外力直接作用端的力、力矩以及作用位置（即力的作用點或作用面的位置）。

直接測量力的力覺方式：是指力覺感測器安裝在末端操作器與作業對象物直接接觸部位並直接測得力的力覺方式。

間接測量力的力覺方式：是指力覺感測器沒有安裝在末端操作器末端（或抓持時與被操作物直接接觸的表面）或移動機器人移動肢體末端（與支撐面直接接觸的腳底或腿末端），也就無法直接測得實際接觸部位的作用力，而是透過力學原理間接解算出力的力覺方式。

兩種力覺測量方式的比較：以上兩種力覺測量方式比較而言，直接測量時，力覺感測器如果能正常工作，則直接測量得到的數據要比間接測量得到的結果可能更準確，也省略了間接測量力覺方式下的解算環節，但是這種直接測量力覺方式會導致力覺感測器側頭部直接磨損，而且一般量程都不會太大，力覺感測器的應用會受到被操作對象物或作業環境表面形貌、材質、幾何形狀等等多方面的限製而不能發揮測量功能；間接測量力的力覺方式恰好相反，如工業機器人操作臂上安裝的力覺感測器一般有人工皮膚、六維力/力矩感測器。人工皮膚覆蓋在操作臂的臂部外周，六維力/力矩感測器一般安裝在機器人操作臂的腕部或者移動機器人的踝部（或腳底板之上、腳靠近踝關節一側並與感測器上介面連接的腳板之下）。間接力覺方式需要經過由力感測器上的測量基準座標系座標原點與末端操作器末端中心點之間力、力矩的換算關系（力、力矩平衡方程），這不單單是間接換算需要額外的方程求解和計算量的問題，兩個點之間的機械部分的尺寸偏差、形位公差等都會影響測量、換算後得到的力的精度問題。因此，需要從設計、裝配、測試以及標定上，以精度設計、加工/裝配/調試/測量精度來加以保證。

② 間接測量的力覺方式的力學模型以及換算解算

• 動態運動下動力學方程及力覺轉換解算：取力覺感測器上測量基準座標系 O-XYZ 與外力、外力矩作用中心點之間部分作為分離體，建立分離體的力學模型，如圖 2-152 所示。需要注意的是如果末端操作器是在動態運動下進行操作，則是動態平衡的力學模型，即必須考慮速度、加速度、轉動慣量的力學影響；如果是勻速運動或靜態下的操作，則是不考慮速度、加速度以及慣性力的力學影響的，即為靜力學平衡方程。設分離體（力矩感測器、末端操作器）總的質量、繞質心 C 的慣性矩分別為 m、$\boldsymbol{I}$（$\boldsymbol{I}$ 為慣性矩陣）；在基座標系 O_0-$X_0Y_0Z_0$ 中，各座標原點 O、o 以及質心 C 的位置矢量 $\boldsymbol{r}_O$、$\boldsymbol{r}_o$、$\boldsymbol{r}_C$ 以及它們對時間 t 的一階、二階導數即線速度、線加速度矢量 $\dot{\boldsymbol{r}}_O$、$\dot{\boldsymbol{r}}_o$、$\dot{\boldsymbol{r}}_C$、$\ddot{\boldsymbol{r}}_O$、$\ddot{\boldsymbol{r}}_o$、$\ddot{\boldsymbol{r}}_C$，分離體的角速度、角加速度矢量 $\boldsymbol{\omega}$、$\dot{\boldsymbol{\omega}}$ 都可透過機器人機構運動學的解析幾何法或矢量分析法、齊次座標矩陣變換（簡稱齊次變換）法來求得。則可由牛頓-歐拉法列寫分離體的力、力矩平衡方程：

$$\boldsymbol{F}_O - {}^{O}\boldsymbol{R}_o \cdot \boldsymbol{f} + m\boldsymbol{g} = m\ddot{\boldsymbol{r}}_C \tag{2-13}$$

$$\boldsymbol{M}_O - {}^{O}\boldsymbol{R}_o \cdot \boldsymbol{M} + \boldsymbol{F}_O \times (\boldsymbol{r}_C - \boldsymbol{r}_O) - ({}^{O}\boldsymbol{R}_o \cdot \boldsymbol{f}) \times (\boldsymbol{r}_C - \boldsymbol{r}_o) = \boldsymbol{I} \cdot \ddot{\boldsymbol{\omega}} + \boldsymbol{\omega}(\boldsymbol{I} \cdot \boldsymbol{\omega}) \tag{2-14}$$

式中，$\boldsymbol{m}$、$\boldsymbol{I}$、$\boldsymbol{r}_C$ 分別為分離體的質量、繞其自己質心的慣性參數矩陣、質心位置矢量；$\boldsymbol{F}_O$、$\boldsymbol{f}$ 分別為力覺感測器檢測到的力矢量、分離體（末端操作器）所受到的外力矢量，$\boldsymbol{F}_O=[F_X, F_Y, F_Z]^T$，$\boldsymbol{f}=[f_x, f_y, f_z]^T$；$\boldsymbol{M}_O$、$\boldsymbol{M}$ 分別為力覺感測器檢測到的力矩矢量、分離體（末端操作器）所受到的外力矩矢量，$\boldsymbol{M}_O=[M_X, M_Y, M_Z]^T$，$\boldsymbol{M}=[M_x, M_y, M_z]^T$；${}^{O}\boldsymbol{R}_o$ 為將在末端操作器座標系中表示的力 $\boldsymbol{f}$、力矩 $\boldsymbol{M}$ 分別轉換為力覺感測器本體上基準座標系表示的力和力矩的變換矩陣；$\boldsymbol{\omega}$、$\ddot{\boldsymbol{r}}_C$、$\ddot{\boldsymbol{\omega}}$ 分別為分離體質心 C 點處的角速度矢量、質心線加速度矢量和角加速度矢量；$\boldsymbol{g}$ 為重力加速度矢量 $[0, 0, -g]^T$。

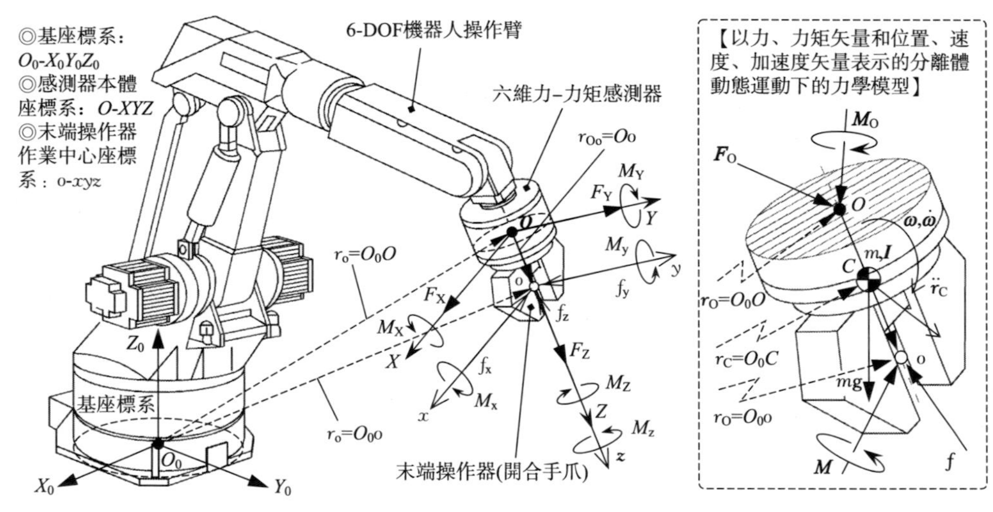

圖 2-152　六維力/力矩感測器檢測的力、力矩與末端操作器作業實際受到的外力、外力矩

則已知力覺感測器測得 $\boldsymbol{F}_O=[F_X, F_Y, F_Z]^T$、$\boldsymbol{M}_O=[M_X, M_Y, M_Z]^T$ 六個分力、分力矩已知量，由矢量和矩陣表示的式(2-13)、式(2-14) 可以從這六個標量方程中求解出末端操作器上作用的外力 $\boldsymbol{f}=[f_x, f_y, f_z]^T$、外力矩 $\boldsymbol{M}=[M_x, M_y, M_z]^T$ 一共六個未知分力、分力矩量值。

• 用靜力學方程的力覺轉換與解算：式(2-13)、式(2-14) 是動力學方程，用於分離體的運動為帶有加異速以及慣性力、離心力、柯氏力等動態運動下的方程。如果為靜力平衡條件下的運動，則可用從力覺感測器測力基準座標系至末端操作器操作力作用中心點（末端操作器上固連座標系的座標原點，或任意桿件、關節座標系）之間的雅克比矩陣 $\boldsymbol{J}$ 的轉置來轉換，即有：

$$\begin{bmatrix}\boldsymbol{f}\\ \boldsymbol{M}\end{bmatrix}=\boldsymbol{J}^{\mathrm{T}}\begin{bmatrix}\boldsymbol{F}_{\mathrm{O}}\\ \boldsymbol{M}_{\mathrm{O}}\end{bmatrix} \tag{2-15}$$

有關機器人機構運動學、牛頓-歐拉法動力學以及將力覺感測器測得的力、力矩轉換成末端操作力（力矩）的雅克比矩陣 $\boldsymbol{J}$ 的具體內容請見本書「第 4 章 工業機器人操作臂系統設計的數學與力學原理」一章。

③ 關於間接測量的力覺方式的力學模型以及換算解算原理與方法的實際應用問題

間接測量的力覺方式下，力覺感測器不一定非得像機器人操作臂那樣安裝在腕部末端機械介面與末端操作器腕部末端一側機械介面之間，也可能根據需要安裝在機器人機構某個關節與桿件之間用來檢測除了末端操作器與作業對象物直接操作力以外的力、力矩，譬如某個桿件受到外部作用力、力矩的檢測。這種情況下，力矩轉換與解算的原理與方法與前述相同。取力覺感測器檢測基準座標系位置處與被測量桿件所受外力作用點位置處兩處之間的部分作為分離體，建立分離體的靜力學模型或動力學模型，用牛頓-歐拉法列寫如式(2-13)、式(2-14) 或式(2-15) 的力、力矩平衡方程。為了由力覺感測器測得後已知的三個分力、三個分力矩量值解算出桿件上外力作用位置處的三個分力、三個分力矩量值。期間同樣需要有關機器人機構運動學、牛頓-歐拉法動力學以及將力覺感測器測得的力、力矩轉換成末端操作力（力矩）的雅克比矩陣 $\boldsymbol{J}$ 等等知識。這時需要注意的是：這時的雅克比矩陣 $\boldsymbol{J}$ 是前述取分離體的兩端部位之間的雅克比矩陣，而不是整個機器人機構的雅克比矩陣；當然分離體的動力學平衡方程也是在機器人基座標系中的分離體前後兩端之間所有構件部分的動力學平衡方程，而不是機器人整體的動力學平衡方程。

對於六維力/力矩感測器本體上的測量基準與末端操作器上固連的座標系兩者間的幾何方位關系是由機器人設計與安裝時來決定的，為簡化力、力矩的轉換與解算計算，最好在初始化安裝時將兩個座標系的座標軸置成相互平行或垂直的關系。

2.7.4 視覺感測器及其應用基礎

視覺感測器系統可謂機器人系統的「眼睛」，機器人需要透過視覺系統感知作業對象物、環境乃至機器人自身的各種狀態資訊，主要包括被視對象物的方位、運動方向、雙目視差、光波波長、幾何形狀、色覺等等資訊，並依據這些資訊的處理和數據進行對象物特徵提取與識別，處理結果用於機器人行為決策與控制系統。

(1) 人眼、生物眼視覺

生物視覺感測器的原理首先來自於人類眼球的搆造和光學成像的原理，同時，在研究解明昆蟲等生物複眼視覺系統的搆造與視覺原理後研究模擬昆蟲複眼視覺系統。蜜蜂成蜂複眼中最小解析度為 1°，人眼視覺最小解析度為 0.01°，比昆蟲高得多。左右眼視野重疊的部分形成雙目視覺，大部分昆蟲由於長在頭部兩側，左右眼沒有重疊視野，螳螂雙眼複眼基本上都朝著正面，有 46％的重疊視野，螳螂據此可以快速測量自己到被視對象物的距離。哺乳動物中，兔子的重疊視野為 20％，靈長類動物的雙眼一般都朝向正面，可獲得最大的重疊視野達 80％。複眼的時間解析度差別較大，快速飛行的蜜蜂為 200～300Hz；蜻蜓為 170Hz；蒼蠅為 140Hz；螞蟻低於 40Hz；人眼的時間解析度基本上與低速移動的昆蟲的時間解析度大體相當，為 30～40Hz。人眼色覺的可視波長為 400～800nm，蜜蜂則為 300～650nm，能感受紫外線。

人眼眼球直徑約為 24mm，瞳孔直徑可變範圍約為最小 1mm（縮瞳）～最大 8mm（散瞳），對光的調節能力只有 64 倍。而外界光量的變化範圍為 100 萬倍左右，只靠瞳孔直徑的變化根本不足以調節光量，還需要藉助視覺細胞適應光亮明暗變化；昆蟲的複眼則由若干小眼集合組成，小眼數目差別也較大，如幼蝶複眼有 16000 個小眼，而蜜蜂複眼有 5000 個小眼，蒼蠅複眼有 800 多個小眼。

(2) 光接收器件及各種圖像感測器與成像原理

① 光接收器件

• 光電二極管與光電轉換器：光電二極管（photo diode）是將入射光轉換成電流的光電轉換器件。其原理是半導體的 PN 結邊界耗盡層受射入的光子照射時會激勵出新的空穴，在外部電場的作用下，將空穴和電子分離到兩側，就可以得到與光子量成正比例的反向電流。PN 型半導體光電二極管的優點是暗電流小，廣泛用於照度計、分光度計等測量裝置中。光電二極管的結構原理與器件的符號表示如圖 2-153 所示。

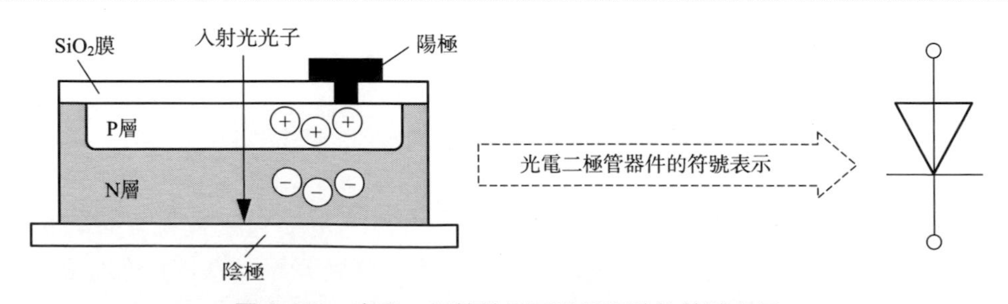

圖 2-153 光電二極管結構原理與器件的符號表示

高速響應的 PIN 型發光二極管：是在 PN 結邊界加入本徑半導體 I 層取代邊界耗散層，給它施加反向偏置電壓可以異少結電容以獲得高響應性能，可用於高速光通訊。

高速響應的雪崩型發光二極管：是在 PN 結上施加 100V 左右的反向偏置電壓產生強電場，透過強電場激勵載流子加速並與原子相撞，從而產生電子雪崩現象的發光二極管，可用於高速光通訊。

• 位置敏感檢測器件（PSD，position sensitive detector）：是測定入射光位置的感測器，由光電二極管（光敏二極管）、表面電阻膜、電極組成。入射光透過光電二極管產生的光電流透過電阻膜到達器件兩端的電極，流入每個電極的電流與電阻值存在對應關系，電阻值又與入射光的入射位置以及到各電極的距離成比例，據此電流值就能檢測光的入射位置。PSD 有一維、二維兩種，為高速響應性光電器件，但需注意入射光入射位置到 PSD 開口部分的散射光的影響。

② 電荷耦合器件（CCD，charge coupled device）及 CCD 圖像感測器　基於電荷耦合器件（即 CCD）的圖像感測器是由多個光電二極管（也稱光敏二極管）排列成陣列的形式來傳送儲存電荷的裝置構成。它有多個 MOS（metal oxide semiconductor，金屬氧化物半導體）結構電極，電荷的傳送方式是向其中的一個電極上施加與其他電極不同的電壓，產生勢阱（也稱電壓井），並順序變更勢阱來實現電荷傳送。根據電荷需要的脈衝訊號的個數，電極上施加電壓的方式有兩相方式、三相方式。CCD 圖像感測器中，按照發光二極管排列方式可分為一維 CCD 圖像感測器和二維 CCD 圖像感測器。採用 CCD 圖像感測器與微處理器相結合的視覺測量系統的優點是：透過光波傳遞資訊，無機械接觸力的影響；測量範圍大，頻譜寬；用 CCD 圖像感測器能夠獲得一維、二維的陣列資訊，可實時檢測。

電荷耦合器件的突出特點是以電荷作為訊號，而不是像其他多數感測器件那樣是以電流或電壓為訊號。CCD 的基本功能是電荷的儲存和電荷的轉移。CCD 的工作過程就是訊號電荷的產生、儲存、傳輸和檢測。

一維 CCD 圖像感測器：是將光電二極管和電荷傳送部分呈一維排列而製成的 CCD 圖像感測器。

二維 CCD 圖像感測器：是將光電二極管和電荷傳送部分呈二維排列而製成的 CCD 圖像感測器，二維感測器為水平、垂直兩個方向上傳送電荷的感測器。可以代替傳統的硒化鎘光導攝影管和氧化鉛光電攝影管二維感測器。傳送方式有行間傳送方式（interline transfer）、幀-行間傳送方式（frame-interline transfer）、幀傳送方式（frame transfer）、全幀傳送（full frame transfer）方式四種。其中，二維 CCD 圖像感測器的行間傳送方式的結構原理如圖 2-154 所示。

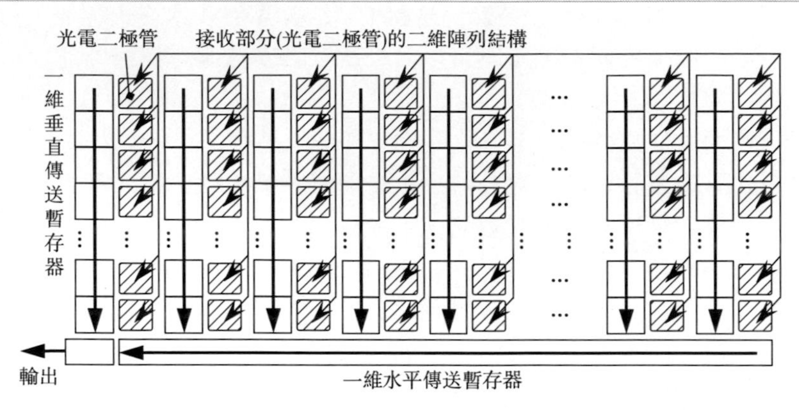

圖 2-154　行間傳送方式的二維 CCD 圖像感測器結構原理

CCD 圖像感測器把垂直暫存器用作單畫面圖像的緩存，可以將曝光時間和訊號傳送時間分離開，所有像素都能在同一時間內曝光。輸出電路部分則是模擬移位暫存器的終端，使訊號電荷轉換成電壓形式輸出。

③ CMOS 圖像感測器　CMOS 圖像感測器由光電二極管作為受光器件的接收部分和放大部分組成一個個單元，將這些單元排列成二維陣列構成 CMOS 圖像感測器。其優點是耗電低，利用一般的半導體製造技術即可以完成 CMOS 處理器件的設計與加工，有利於圖像處理電路和圖像感測器的單片化和低成本化。但是，CMOS 圖像感測器的問題在於如何解決各個放大器單元特性的離散性較大的問題。特性離散性大則導致噪音大，需要透過設計異小乃至消除噪音的電路來解決此問題。

④ 光電子倍增管　光電子倍增管是根據二次放電效應增大入射光光量的器件，可以用來檢測微弱光線，可以用作夜間監視用攝影機、分析儀器或 X 射線相機等等。

⑤ 紅外線圖像感測器　有波長為 2～15μm 的中紅外和遠紅外區域的感測器。

⑥ 人工視網膜感測器　人工視網膜感測器是模人型類的視網膜資訊處理功能的圖像感測器，主要器件為人工視網膜芯片，它由像素陣列、控制掃描器、輸出電路組成。各個像素受給定的－1、0、＋1 三種靈敏度狀態控制訊號控制，各自對應負、零、正靈敏度，屬於靈敏度可調型光敏元件（variable sensitivity photodetection cell，VSPC）。可以利用適當的控制律（控制規則），對所成圖像進行邊緣增強、光滑、模式匹配、一維攝影等圖像處理運算。人工視網膜圖像感測器同 CCD 相比，具有靈活、快速、低耗電、低成本等優勢，被廣泛應用於數位攝影機及安全監視等行業。

⑦ 超高速數位視覺感測器 超高速數位視覺芯片是該類感測器的核心器件，它已經超出了以處理攝影訊號為主的傳統圖像處理的概念，是在二維平面內排列許多光電檢測元件構成的陣列，陣列中的光電檢測元件檢測的資訊數據被送入到位於同一芯片內的並行（並聯）通用處理單元內，實施完全並行的、不受攝影訊號速率限製的高速並行處理。它在 1ms 的時間內可以同時跟蹤十數個以上物體的軌跡。

（3）三維視覺感測器

三維視覺感測器可以分為被動視覺感測器和主動視覺感測器兩大類。三維被動視覺感測器是指用攝影機對目標物體進行攝影，獲得圖像訊號的視覺感測器；三維主動視覺感測器是指藉助於感測器向目標物體投射光圖像，再透過接收返回的訊號來測量被視對象物體的距離的視覺感測器。三維視覺感測器的分類如圖 2-155 所示。

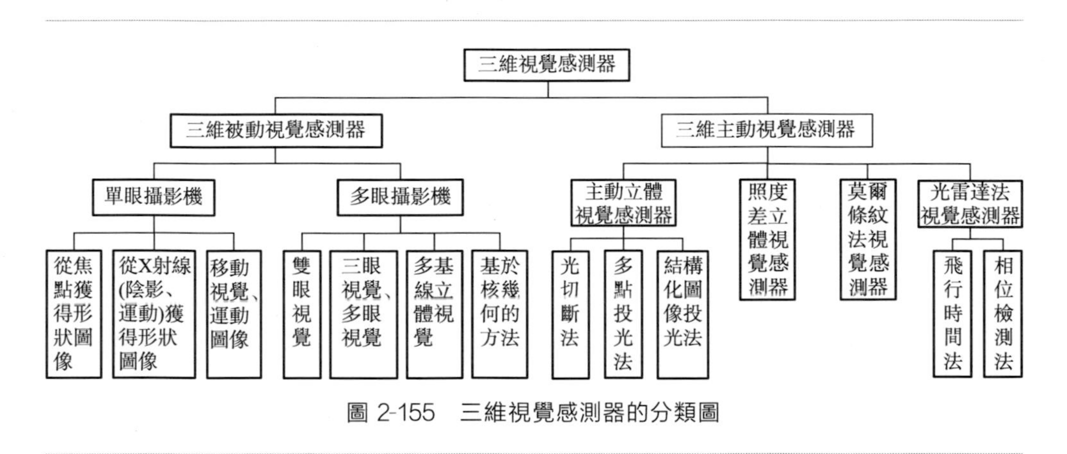

圖 2-155 三維視覺感測器的分類圖

① 被動視覺感測器

• 單眼視覺：即單個攝影機的被動視覺。單眼視覺感測器有兩種視覺方式：一種是透過測量視野內各點在透鏡聚焦的位置來推算出透鏡與被視物體之間距離的光學方法；另一種是透過移動攝影機的位置，拍攝到被視對象物體的多個圖像，求出各個點的移動量後再設法復原被視物體的形狀的方法。

• 立體視覺：由兩個攝影機或多個攝影機透過能夠準確確定攝影機相互之間幾何方位並保證幾何精度的機構（各攝影機相對不動或相互之間有確定的而且是精確的相對運動）將它們組合在一起的前提下，由各個攝影機對被視物體進行攝影獲得不同角度拍攝同一對象物的多幅圖像，然後對任意點 P 在圖像上的位置做圖像處理，得到方位角 α、β 或 γ 等等各攝影機之間的方位角參數值。由前述說明中靠機構來確定或保證的各攝影機之間的相對距離等參數是已知的，則可以透過三角測量原理計算出 P 點在三維現實物理世界空間內的位置。另外，增大攝影機之間的間隔還可以提高縱深測量精度。但是，用這種加大雙眼、三眼攝影機相隔距離的辦法需要占用較大的視野空間（不能遮擋攝影機）和場地。將這種辦法應用於機器人視覺是不現實的。尤其是移動機器人搭載這樣的立體視覺是無法在機器人本體上提供安裝這樣大間隔距離的兩個以上的攝影機的位置空間的。再者，攝影機從不同角度觀察同一對象物，有時適應性會較差。採用三個攝影機的三眼視覺、由不同基線長度的多個攝影機組合的多基線立體視覺方法在提高測量精度的同時，也會改善適應性。

② 主動視覺感測器

• 光切斷法：光切斷法是將雙眼視覺其中的一個攝影機改換為狹縫投光光源法，即讓光源對準光源面前的一個豎向狹縫，即成為一個狹縫光源，然後從水平方向掃描狹縫光源得到鏡面角度以及圖像提取的狹縫圖像的位置關係，按照與立體視覺相同的三角測量原理就可以計算和測量出視野內各點的距離。光切斷法的原理如圖 2-156 所示，按照相對運動方式，理論上可以有光源相對狹縫橫向掃描和狹縫相對光源橫向掃描兩種。

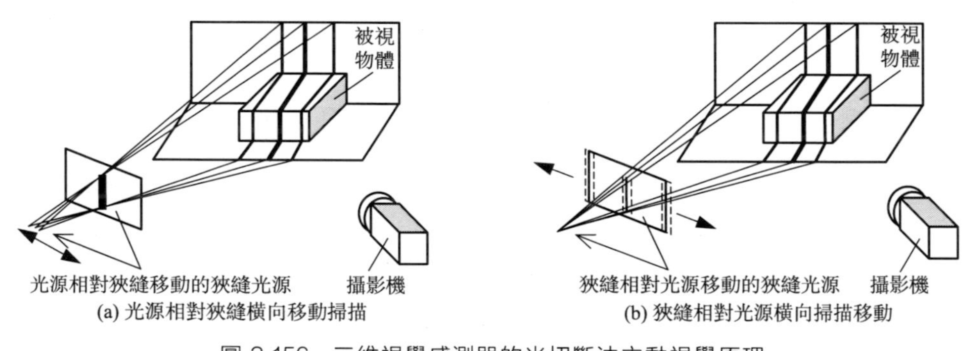

(a) 光源相對狹縫橫向移動掃描　(b) 狹縫相對光源橫向掃描移動

圖 2-156　三維視覺感測器的光切斷法主動視覺原理

光切斷法的耗時問題：通俗地講，光切斷法是讓單個狹縫光源透光然後橫向（水平）掃描狹縫得到一系列被視對象物體上與豎向狹縫相應的豎向狹縫圖形集，攝影機得到的被視物體上這些狹縫圖形（把被視物體視為狹縫光源照射到的狹窄被視物體）的圖像一起進行圖像處理「運算」（利用三角測量原理）計算出被視物體上在視野內（一系列狹縫圖像內）的各個點的距離。顯然，光切斷法只能得到「狹縫」圖像上對應被視物體上的各點的距離分布資訊。要想得到被視物體更多或者整個圖像畫面的距離分布資訊，必須取得更多幅數的狹縫圖像，顯然按時間序列透過狹縫光源橫向掃描的串行方式來獲得狹縫圖像，幅數越多，所需時間就越長，相當花費時間，不適合用於高速響應的圖像感測器。如果將單一豎向狹縫光線改為多個（設為 n 個）豎向狹縫光線同時透光同時形成相應豎向狹縫數的多幅（即 n 幅）狹縫圖像，則會解決單一豎向狹縫「光切斷法」的耗時問題。這就引出了空間編碼測距儀。

• 空間編碼測距儀：是在光切斷法的原理基礎上，採用帶有多個豎向窄縫光源並且進行編碼的掩膜片，由光源透過掩膜片上的各個狹縫照射到被視物體上將被視物體用這些經過編碼後的狹縫光源「分割」成有序排列的多數狹縫圖形，這些由一個個狹縫光照射後形成的、由光來表示的有序狹縫圖形被射入攝影機成像（成序列的狹縫圖像幀集），這些狹縫圖像按照掩膜片上的編碼已經被賦予了作為標識的代碼即 ID，然後按照三角測量原理可以解算出各個狹縫圖像上任意一點的距離（從攝影機或光源到被視對象物及其上任意點之間的距離）資訊。顯然，空間測距儀的主要原理是光切斷法＋掩膜片設計與編碼。掩膜片上設計的多個狹縫如何排列決定了編碼原理，在這一點上與前述的光電編碼器的編碼原理基本類似，尤其是直線移動編碼器的設計，結構原理上幾乎相同，只是訊號轉換與傳輸原理不同。

掩膜片的設計與編碼：在相同的視野範圍條件下，為了得到更多的狹縫圖像，使得被視物體上任意一點的位置測量更精確、更精細，類似於光電編碼器的編碼盤上蝕刻的窄縫條紋一樣，將掩膜片設計成多片掩膜片組合編碼的結構形式。如圖 2-157 所示，掩膜片 1、2、3 分別用 0（白色表示）、1（塗灰表示）二進製碼的組合來表示位置，掩膜片 1、2、3 上的 0、1 碼組合可透過光切斷法得到被視對象物上對應狹縫成像後各狹縫圖像的位置，掩膜片 1、2、3 上 0、1 碼的總位數分別為 2^1、2^2、2^3 即 2、4、8 位（也即相應有 2、4、8 個狹縫，也決定了最大編碼位數為 8 位），則編碼分別為 01、0101、01010101，而對應被測對象物上位置時，則擴展為掩膜片 1：00001111；掩膜片 2：00110011；掩膜片 3 為：01010101。這裡給出的掩膜片編碼只是為了便於顯示而給出的數目較少狹縫的例子（數目多時太精細不便於圖形表達），實際設計時為達到高解析度，狹縫數和掩膜片上的編碼要比圖 2-157 所示的多得多。測距依據的依然是三角測量原理。光源可採用投影儀或電燈、液晶閃光燈組合，或者雷射和多角形鏡面的組合等等。

• 其他主動視覺感測器的視覺方式：莫爾條紋法、雷射測距法、主動視覺與被動視覺混合應用法等等。

2.7.5 雷射感測器及其應用基礎

(1) 雷射

雷射問世於 1960 年代初，雷射是具有方向性強、亮度高、單色性好等特點的一種光源和測量技術介質。雷射器是發射雷射的裝置。按照產生雷射的工作物質種類的不同可以分為固體雷射器、氣體雷射器、半導體雷射器和染料雷射器。雷射可用於長度（距離）、流量、速度等物理量的測量。雷射測量裝置通常由雷射器、光學零件和光電器件構成，廣義上也將雷射測量裝置稱為雷射感測器。

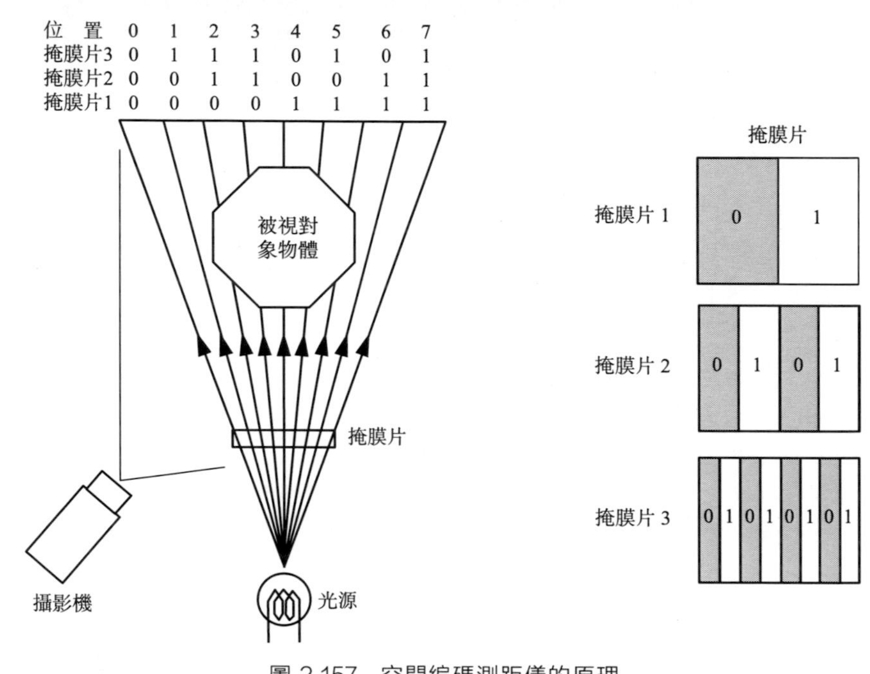

圖 2-157 空間編碼測距儀的原理

① 雷射的本質

a. 原子的激發：原子在正常分布狀態下多處於穩定的低能級狀態，並且如果沒有外界作用，原子可以長期保持這個狀態。但是，原子得到外界能量後會產生由低能級向高能級的躍遷，這個過程叫作原子的激發。

b. 原子的自發輻射：原子被激發的時間非常短，處於激發狀態的原子能夠快速地、自發地從高能級躍遷回到低能級，同時輻射出光子，這種發光現象叫作原子的自發輻射。但是，自發輻射的各個原子發光過程互不相關，它們輻射光子的傳播方向、發光時原子由高能級躍遷到哪一個能級（即發光頻率）等都具有偶然性。

c. 原子的受激輻射：原子的自發輻射過程中，如果處於高能級的原子在外界作用影響下發射光子躍遷到低能級，這種發光稱作原子的受激輻射。

d. 光放大：原子的受激輻射過程中，發射光子不僅在能量上（或頻率上）與入射光子相同，而且在相位、振動方向和發射方向上也完全相同。如果這些發射光子、入射光子再引起其他原子發生受激輻射，則這些其他原子所發射的光子在相位、發射方向、振動方向和頻率上也都和最初引起原子受激輻射的入射光子完全相同。如此一來，在一個入射光子的影響下（激發下），會引起大量原子的受激輻射產生大量的在相位、發射方向、振動方向和頻率上完全相同的發射光子，再加上原有激發原子受激輻射的入射光子，這種現象和過程被稱為光放大。

e. 雷射：原本原子自發輻射時，原子的發光過程是互不相關的，但是在受到外界入射光子激發時，原本互不相關的原子發光過程轉變為相互連繫的狀態，這種發光過程和現象中產生的光就是雷射。雷射產生的過程可用圖 2-158 來表示。

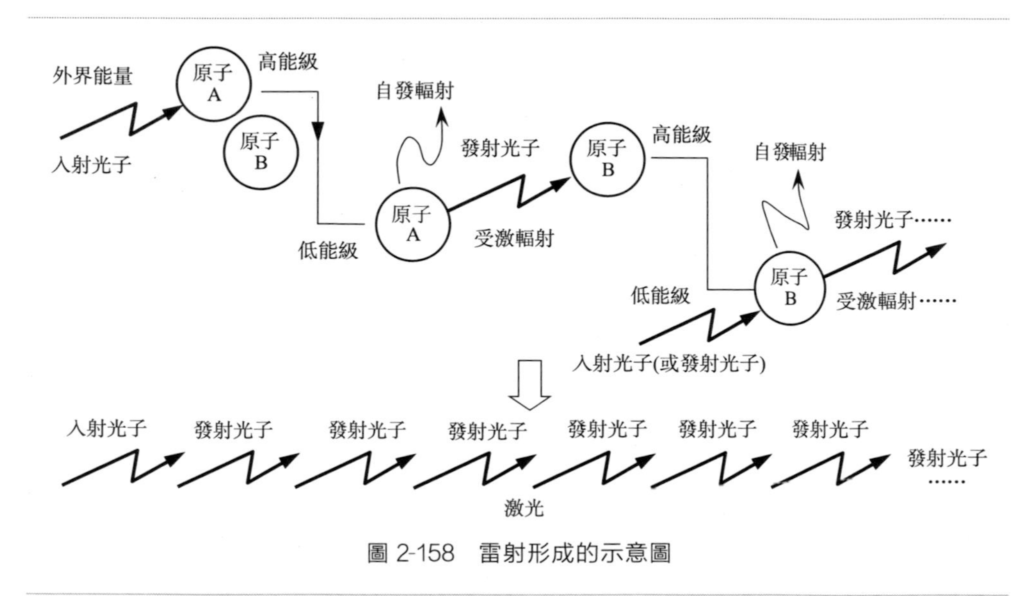

圖 2-158 雷射形成的示意圖

② 雷射的特性和雷射的頻率穩定

a. 雷射的特性：雷射與普通光相比，具有方向性強、亮度高、單色性和相干性好等特性。這些特性決定了雷射可以用於測距、通訊、準直、定向、難熔材料打孔、切斷、焊接等加工，以及用於精密定位、檢測和作為長度基準、光頻標準等多種用途。

• 方向性強，發散角約為 0.18°：普通的光是從光源向其周圍的整個空間發光的，而雷射則是從雷射光源（雷射器）開始在光軸方向定向發射的光，方向性強。雷射光束的發散角（即兩光線之間的最大夾角）很小，一般約為 0.18°，在 mrad 範圍內。其中，氣體雷射器的發散角最小（為幾分），固體次之，半導體雷射器的雷射發散角最大，約幾度到十幾度。

• 亮度高，立體角小至 10^{-4}rad：光源的亮度是指光源在單位面積上向某一方向的單位立體角內發射的光功率，單位為 W/(cm^2 • sr)。雷射束的方向性強，

立體角一般可小至 10^{-4}rad，而普通光源發光的立體角要比雷射大百萬倍。有些雷射器的發光時間極短，光輸出功率高，如巨脈衝紅寶石雷射器發射的雷射能量在時間、空間上高度集中，其亮度比太陽表面亮度高幾百億倍。功率為 1×10^{-2}W 的氦氖雷射器的雷射亮度約為 106W/(cm^2・sr)。

• 單色性好：不同顏色光的光波波長（或頻率）是不同的，並且每一種顏色的光也不是單一波長，而是有一個波長範圍（或頻率範圍）。單一顏色光的波長（或頻率）範圍稱為單色光的譜線寬度。如紅光波長範圍為 650～760nm，即譜線寬度為 110nm。譜線寬度越窄，光的單色性就越好。普通光中單色性最好的是同位素 ^{86}Kr 燈所發出的光，其波長為 605.7nm，低溫時譜線寬度為 0.0047Å（1Å=10^{-10}m）；氦氖雷射器發射的雷射波長為 632.8nm，其譜線寬度可小至 10^{-8}nm，一般為 10^{-5}nm。

• 相干性好：光的相干性是指兩束光相遇時，在相遇區內發出的光波的疊加，能形成比較清晰的干涉圖樣（即亮暗交替的條紋，簡稱光干涉條紋）或能夠接收到穩定的拍頻訊號。不同時刻，由同一點出發的光波之間的相干性稱為時間相干性；同一時間，由空間不同點發出的光波的相干性稱為空間相干性。由於雷射是原子受激輻射後產生的發射光子形成的，而且各個發射光子在相位、傳播方向、振動方向、頻率等等方面與入射光子完全相同，因此雷射的時間相干性和空間相干性都好，譜線寬度窄。而譜線寬度越窄，光的時間相干性就越好，就越能產生干涉圖樣的最大光程差（即相干長度）也就越長。當光波波長 λ 一定時，其譜線寬度 $\Delta\lambda$ 越窄，可相干的最大光程差 ΔL 也就越長。

• 氣體雷射器的單色性、相干性比固體、半導體等雷射器的好，且能長時間較穩定地工作。其中，技術最為成熟、應用最為廣泛的是氦氖雷射器。氦氖雷射器的氦氖比例為 5：1～10：1。常用直流電源（電壓為幾千伏，電流為幾到幾十毫安）放電形式進行氣體放電激勵，能獲得數十種譜線的連續振盪。目前應用最多的是譜線寬度為 6328Å 的紅光，此外還有譜線寬度為 11523Å 和 33913Å 的紅外光，它們的單色性好，譜線寬度很窄，相干長度可達幾千米，方向性強，發散角約為 1mrad，能獲得極高的頻率穩定度，一般是多波長（多模）振盪，波長穩定度約為 10^{-6}。在要求較高的場合下，如精密測長、測距，需用單波長（單模）振盪，並採用穩頻技術，它的使用壽命長達幾萬小時；缺點是功率低，一般只有幾毫瓦到 100mW，且能量轉換效率僅為不到 1/1000；廣泛應用於精密計量、準直、測距等方面。

b. 雷射的頻率穩定。當雷射用於精密計量如測長、測距等情況時，通常是以雷射波長作為計量基準的，即測得長度或距離是雷射波長的多少倍。因此，雷射波長是否穩定均一，或者說雷射頻率的穩定性如何，將直接影響測量的精度。

雷射頻率穩定與否的影響因素：引起雷射頻率變化的主要影響因素是溫度、

氣壓、氣流、振動和噪音等。溫度變化、空氣擾動、外界振動都將改變雷射器諧振腔的幾何長度（如玻璃管、金屬支架長度）和腔內介質的折射率，使輸出的雷射的頻率發生變化。雷射管內氣體成分比例、放電電流、原子自發輻射等產生的噪音也使輸出的雷射的頻率不穩定。因此，在精密計量中，除了採取恆溫、防振、密封等措施外，同時採用穩壓、穩流電源作為激勵，以異小溫度、振動、氣流、噪音等因素對雷射頻率的影響之外，還採用線脹系數小的石英玻璃作為氦氖雷射器的管子、殷鋼（invar steel，因瓦合金，不變鋼，鐵鎳合金的一種，含鎳36%，含鐵63.8%，含碳0.2%）作支架，採取這些措施後，頻率穩定度可達10^{-7}數量級。在要求更高的情況下，必須採取穩頻措施。

蘭姆下陷穩頻法：目前常用的穩頻措施是利用增益曲線的蘭姆下陷現象進行回饋控制，將腔長控制在一定範圍之內，這就是蘭姆下陷穩頻法。氣體雷射在一定條件下，其輸出功率（或光強I）調諧曲線中心（頻率為f_0）處將會出現一個極小值，這個極小值稱為蘭姆下陷。蘭姆下陷穩頻法結構簡單、穩定度較高，廣泛應用於精密測量和工業自動化以及科學研究中。此外，還可採用反蘭姆下陷（飽和吸收）法穩頻。穩定度可達10^{-11}～10^{-12}。

目前長度測量中普遍採用氦氖雷射器作為光源，進行雷射干涉測長（如線紋尺檢定）、雷射衍射測量（如細絲直徑測量）、雷射掃描測量（如熱軋圓棒直徑在線檢測）等。相應地，雷射感測器按照測長工作原理可分為雷射干涉感測器、雷射衍射感測器、雷射掃描感測器等。其中以雷射干涉原理的感測器應用最多。

（2）雷射器

① 氣體雷射器及其原理　氣體雷射器的工作介質為諸如各種惰性氣體原子、金屬蒸氣、各種雙原子和多原子氣體以及氣體離子等物質。氣體雷射器就是指對雷射管中的氣體介質物質在放電過程中進行激勵來產生雷射（發射光子）的雷射器。常用的氦氖雷射器分為內腔式和外腔式兩種，由球面鏡、陽極、放電毛細管、儲氣套、陰極、平面鏡組成。其中，由一個球面鏡、一個平面鏡組成光學共振腔。球面鏡半徑要比腔長大一些。放電管內充有一定氣壓（如幾毫米水柱壓力）和一定氦氖混合比例的氣體。陽極與陰極之間施加幾kV高壓使氣體產生輝光放電，產生大量的高動能自由電子去撞擊氦原子，氦原子被激發到處於亞穩態的2^1S和2^2S能級，它的粒子數積累增加。氦原子與氖原子碰撞後，氦原子回基態，氖原子被激發到2S和3S能級（亞穩態），並很快積累增加。氖的2P和3P能級是激發態，粒子數比較少。但在2S能級與2P能級之間，3S能級與3P、2P能級之間建立了粒子數反轉分布。在入射光子的作用下，氖原子在2S、3S能級與2P、3P能級之間產生受激輻射，然後以自發輻射形式，從2P和3P能級躍回到1S能級，再透過與管壁碰撞形式釋放能量（即產生管壁效應），回到基態。由以上過程可知：氦原子（He）只是起到了能量傳遞作用，產生受激輻射的是氖

原子（Ne），它的能量小，轉換效率低，輸出功率一般為毫瓦級。

二氧化碳（CO_2）雷射器是典型的分子氣體雷射器。其氣體介質為 CO_2 氣體中加入氦、氨等輔助氣體。最常用的為雷射波長為 10.6μm 的紅外線。二氧化碳氣體雷射器能量轉換效率高，可達百分之十幾到 30%，輸出功率大，可有幾十到上萬瓦，可用於雷射打孔、焊接、通訊等方面。

② 固體雷射器及其原理　固體雷射器的主要工作介質是摻雜晶體和摻雜玻璃，最常用的是紅寶石（摻鉻）、釹玻璃（摻銣）和釔鋁石榴石（摻釹）。固體雷射器常用的激勵方式是光激勵（簡稱光泵），就是用強光去照射一般為棒狀的工作介質物質，在光學共振腔中，棒狀工作介質的軸線與兩個反光鏡相垂直，入射的強光使棒狀的工作介質激發起來，產生雷射。常用作光泵源的有脈衝氙燈、氪弧燈、汞弧燈、碘鎢燈等各種燈，被稱作泵燈。如果泵燈和工作介質物質一起放在光學共振腔內，則腔內壁應鍍上高反射率的金屬薄層，使泵燈發出的光集中照射在工作介質物質上。

③ 半導體雷射器及其原理　半導體雷射器體積小、質量輕、結構緊湊。一般固體、氣體雷射器長度從幾公分到長達幾米，但半導體雷射器本身卻只有針孔大小，即長度不足 1mm。將它裝在一個晶體管模樣的外殼內或在它的兩端加上電極，總共質量不足 2g，體積很小、質量很輕，用起來十分方便。半導體雷射器常用的工作介質為砷化鎵，並常常做成二極管。半導體雷射器效率很高，但雷射方向性比較差，輸出功率較小，受環境影響較大。

(3) 雷射感測器的原理及其應用

雷射感測器按照雷射測量的原理可以分為：雷射干涉感測器、雷射衍射感測器、雷射掃描感測器和雷射流速感測器等類型。雷射因其具有高方向性、高亮度、高單色性以及高相干性等特點，廣泛應用於測量，通常用於長度（距離）、流速、車速等方面的實際應用測量，可實現無機械觸點、遠距離測量以及高速、高精度測量，而且測量範圍從微米量級小範圍到公尺、公里量級大範圍很廣，抗光、電干擾能力強，從而得到廣泛應用。

① 雷射干涉感測器　雷射干涉感測器的基本工作原理：是光的干涉原理。而且在實際長度測量中，應用最廣泛的是邁克爾遜雙光束干涉系統原理。

邁克爾遜雙光束干涉系統原理：如圖 2-159 所示，來自光源 S 的光經過半反半透分光鏡 B 後分成兩路光束，這兩路光束分別由固定的反射鏡 M_1 和可動的反射鏡 M_2 反射在觀察屏 P 處相遇產生干涉。當可動反射鏡 M_2 每移動半個光波波長時，干涉條紋亮暗變化一次。因此，測量長度的基本公式為：

$$x = N\frac{\lambda_0}{2n} \tag{2-16}$$

式中，x 為被測對象物的被測長度；n 為空氣中光的折射率；λ_0 為真空中光波波長；N 為干涉條紋亮暗變化的數目。

干涉條紋由光電器件接收，經電路處理後由計數器計數，即可測得 x 值。將圖 2-159 所示的邁克爾遜雙光束干涉系統中的光源改用雷射器產生的雷射，即成為雷射干涉系統。所以，雷射干涉測量長度（或距離）系統是以雷射波長為基準，用對干涉條紋計數方法來得到測量值的。

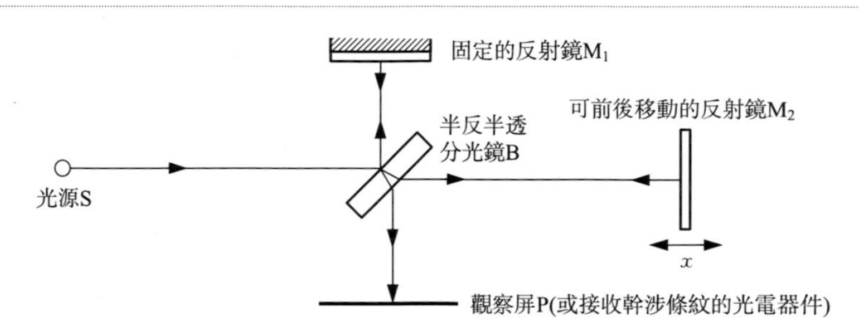

圖 2-159　邁克爾遜雙光束干涉系統原理

由於雷射波長隨空氣中光的折射率 n 而變化，同時又受測量環境溫度、溼度、氣壓、氣體成分等條件影響，因此，在高精度測量中，特別是長距離高精度測量中，對環境條件要求甚為嚴格，必須進行在線實時測量折射率 n，自動修正它對雷射波長的影響。

② 單頻雷射干涉感測器　單頻雷射干涉感測器是由單頻氦氖雷射器作為光源的邁克爾遜干涉系統。光路中的可動反射鏡和固定反射鏡均採用角錐棱鏡，而不採用平面反射鏡，其目的是消除移動的工作檯在運動過程中產生的角度偏轉而帶來的附加誤差。

單頻雷射干涉感測器測量精度高，例如，採用穩頻單模氦氖雷射器測量 10m 長的被測對象物，可得 0.5μm 的精度。但是對環境條件要求嚴格，抗干擾（如空氣湍流、熱波動等）能力差，主要用於環境條件良好的實驗室以及被測距離不太大的情況下。

③ 雙頻雷射干涉感測器　雙頻雷射干涉感測器採用雙頻氦氖雷射器作為光源的雷射感測器。其測量精度高，抗干擾能力強，空氣湍流、熱波動等影響甚微。它降低了對環境條件的要求，使得雷射感測器不僅能用於實驗室，還可用於工廠、自動化生產線等自動化設備中，並且可進行遠距離測量。其測量系統如圖 2-160 所示，由雙頻氦氖雷射器、1/4 波片、擴束透鏡、分光鏡、檢偏器（光線偏轉檢測鏡，2 個）、偏振分光鏡、固定角錐棱鏡 M_1 和可動角錐棱鏡 M_2、光電器件（將光訊號轉變成電訊號的器件，2 個）等組成。由光電器件將光訊號轉換成可作輸出的交流電訊號。

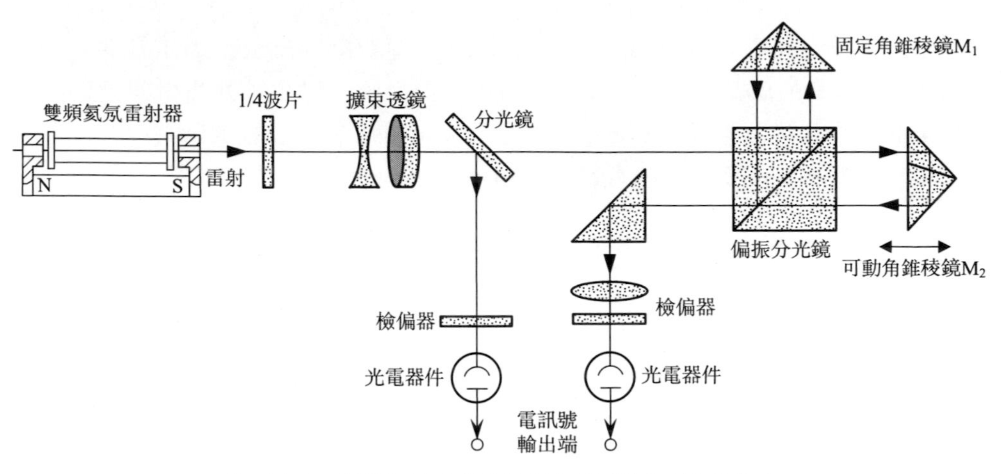

圖 2-160 雙頻雷射干涉感測器光學測量系統原理圖

雙頻雷射干涉感測器中的雙頻氦氖雷射器是將單頻氦氖雷射器置於軸向磁場中，成為雙頻氦氖雷射器，由於賽曼效應，外磁場使得粒子獲得附加能量而引起能級分裂和譜線分裂，使雷射的譜線在磁場中分裂成兩個旋轉方向相反的圓偏振光，從而得到兩種不同頻率的雙頻雷射，雙頻雷射訊號的頻率分別為 f_1、f_2，則，雙頻雷射干涉感測器輸出的電訊號為頻率 $\Delta f(=f_1-f_2)$ 及 $\Delta f\pm\Delta f_2$ 的交流電訊號。且被測對象物位移僅使訊號的頻率 Δf 發生變化，變化量為 $\pm\Delta f_2$，是一種頻率調變訊號，中心頻率 Δf 與被測物體移動速度無關。因此，可用高放大倍數窄帶交流放大電路放大，從而克服了單頻雷射干涉儀直流放大器的零漂，且在光強衰異 90％的情況下仍能正常工作。

雙頻雷射干涉感測器的特點及適用場合：即使雙頻雷射的頻率 f_1、f_2 受到外界擾動而變化，雙頻雷射干涉感測器仍能基本保持穩定，抗干擾性能好，不怕空氣湍流、熱波動、油霧、烟塵等干擾，可用於現場大量程測量。在波長穩定性為 10^{-8} 的情況下，在 10～50m 範圍內可得到 $1\mu m$ 的測量精度，解析度小於 $0.1\mu m$，測速低於 300mm/s。它不僅用來測量長度，而且還能直接測量小角度，對於其在工業機器人操作臂、移動機器人上的應用如救災、救援機器人作業環境具有重要的實際意義。

雷射干涉感測器的用途：可應用於精密長度測量，如螺紋尺和光柵的檢定、量塊自動測量、精密螺桿動態測量等等；還可用於工件尺寸、座標尺寸的精密測量。在這些測量中，除了應用雷射干涉感測器測定工作檯（或測桿）位移外，還需要有相應的瞄準裝置，常用的有光電顯微鏡瞄準（應用於線紋尺及某些工件尺寸和座標位置測量）、白光干涉瞄準（用於量塊檢定）以及接觸瞄準（用於一般精密量塊及工件尺寸和座標位置測量)。雷射干涉感測器還可用於精密定位，如精密機構加工中的控制和校正、感應同步器的刻劃、集成電路製作等等的精密定位。其在工業機器人中的應用有機器人操作臂安裝、調試過程中的安裝定位與校準、機器人運動精度測試、機器人精密操作時的精確位置控制等等，可為中等、中高精度的機器人操作臂提供定位精度測量、基準位置與構形的標定與校準等提供測量手段和工具。

④ 雷射衍射感測器　光的衍射（也稱光饒射）：是光的波動性的反映，指當光遇到障礙物或孔時，光可以繞過障礙物到達按照光直線傳播的幾何光學將會因為遮擋而成為「陰影」的區域（也即光按直線傳播不可能到達的區域）或者到孔的外面去。由於光波的波長較短，所以，只有當光透過小孔或者窄縫、細絲時，才能有明顯的光的衍射現象。雷射衍射感測器利用了雷射單色性好、方向性好、亮度高的特點，使光的衍射現象能夠真正應用於微小直徑、位移、振動、壓力、應變等高精度非接觸式測量中。最簡單的應用就是用光的衍射現象測量直徑或厚度在 0.1mm 以下的細線外徑或者細縫寬度，測量精度可達 0.05μm。

雷射衍射感測器的組成：由雷射器、光學零件（透鏡等）和將衍射圖樣轉換成電訊號的光電器件組成。

雷射衍射感測器的基本原理：光束透過被測對象物體產生衍射現象時，在物體背後投影面上形成光強有規律分布的光斑，這些光斑條紋被稱為衍射圖樣。衍射圖樣和衍射物（即被測對象物遮擋光束的物障部分或孔）的尺寸以及光學系統的參數有關。也就是說衍射物的幾何形狀、尺寸與光衍射圖樣及其變化規律有確定的對應關系。因此，得到衍射圖樣後可根據衍射圖樣及其變化規律反過來推測被測物的尺寸。

雷射衍射現象分類：按照光源 S、衍射物 x 和觀察衍射條紋的投影面 P（「螢幕」）三者之間的位置關系，可將雷射衍射現象分為兩類——菲涅爾衍射和夫琅和費衍射。

• 菲涅爾衍射：是指光源 S、衍射物 x 和觀察衍射條紋的投影面 P 三者之間間距短小的有限距離處的衍射。

• 夫琅和費衍射：是指入射光和衍射光都是平行光束，就好似光源 S 和觀察衍射條紋的投影面 P 到衍射物 x 之間的距離為無限遠的條件下產生的衍射。夫琅和費單縫衍射原理如圖 2-161 所示。

如圖 2-162 所示，平行單色光源 S 垂直照射寬度為 b 的狹縫 AB，經透鏡在其焦平面處的螢幕 P 上形成夫琅和費衍射圖樣。若衍射角為 φ 的一束平行光經透鏡後聚焦在螢幕 P 上的 P 點，AC 垂直於 BC，則衍射角為 φ 的光線從狹縫 A 和 B 兩邊到達 P 點的光程差，也即它們的兩條邊緣光線間的光程差 BC 為：

$$BC=b\sin\varphi \tag{2-17}$$

P 點干涉條紋的亮暗由 BC 值決定：
BC 值為光波半波長 $\lambda/2$ 的偶數倍時，P 點為暗條紋；
BC 值為光波半波長 $\lambda/2$ 的奇數倍時，P 點為亮條紋。

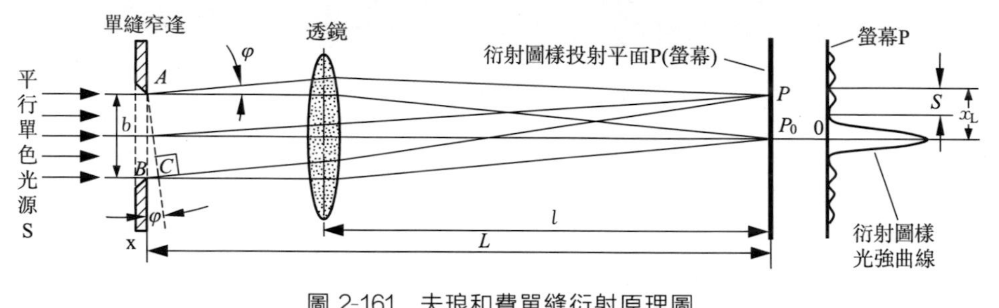

圖 2-161　夫琅和費單縫衍射原理圖

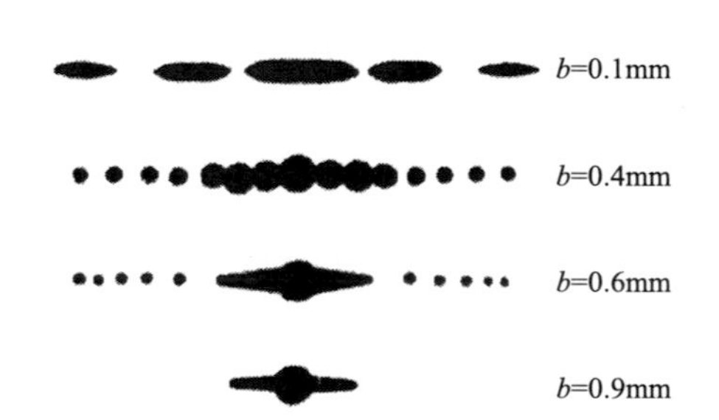

圖 2-162　不同狹縫寬度 b 下的夫琅和費衍射圖樣

用數學公式可表示為：

$$
\begin{cases}
-\lambda < b\sin\varphi < \lambda \text{ 為零級(即中心)，為亮條紋，其中心位置則為 } \varphi = 0 \\
b\sin\varphi = \pm 2k\,\dfrac{\lambda}{2}\,(k=1,2,3\cdots) \\
b\sin\varphi = \pm(2k+1)\dfrac{\lambda}{2}\,(k=1,2,3\cdots)
\end{cases}
\tag{2-18}
$$

式中，「±」號表示亮暗條紋分布於零級亮條紋兩側；$k=1,2,3,\cdots$ 表示相應為第 1 級、第 2 級、第 3 級等亮（暗）條紋。中央零級條紋最亮最寬，為其他亮條紋寬度的 2 倍。兩側亮條紋的亮度隨著級數增大而逐漸異小，它們的位置可以近似地認為是等距分布的。暗點等距分布在中心亮點的兩側。當狹縫寬度 b 變小時，衍射條紋將對稱於中心亮點向兩側擴展，條紋間距增大。

採用氦氖雷射器作為光源時的夫琅和費衍射圖樣：採用氦氖雷射器作為光源時，雷射方向性好，發散角僅為 1mrad，因此，雷射光源相當於平行光束，可以直接照射狹縫，又因雷射單色性也好、亮度又高，衍射圖樣明亮清晰，衍射級次可以很高；若螢幕離狹縫的距離 L 遠大於狹縫寬度 b，則將透鏡去掉，仍可在螢幕 P 上得到垂直於縫寬方向的亮暗相同的夫琅和費衍射圖樣。由於衍射角 φ 很小，所以，由圖 2-161 的幾何光學和公式(2-18) 可得：

$$b=\frac{kL\lambda}{x_k}=\frac{L\lambda}{S} \tag{2-19}$$

式中，k 為從 $\varphi=0$ 算起的暗點數；x_k 為第 k 級暗點到中心亮條紋的間距；λ 為雷射波長；S 為相鄰暗點的間隔，$S=x_k/k$。

螢幕離狹縫距離 L 一定但不同狹縫寬度 b 值下的衍射圖樣：圖 2-162 給出了螢幕離狹縫距離 L 為 1m 時，不同狹縫寬度 b 值所形成的幾種衍射圖樣。由於 b 值的微小變化將引起條紋位置和間隔的明顯變化，所以可以利用目測或照相記錄或採用光電測量得出條紋間距，從而求得 b 值或其他變化量。用物體的微小間隔、位移或振動代替狹縫的一邊，即可測出物體微小間隔、位移或振動等量值。

夫琅和費單縫雷射衍射測量裝置的誤差由 L 和 x_k 的測量精度決定。狹縫寬度 b 一般為 0.01～0.5mm。

菲涅爾衍射與夫琅和費衍射之間的關係：利用兩個透鏡，光源 S 和觀察衍射條紋的投影面 P（觀察螢幕）分別在兩個透鏡的焦平面上，就可將菲涅爾衍射轉化成夫琅和費衍射。

利用夫琅和費細絲衍射測量細絲直徑的原理：由氦氖雷射器發出的雷射束照射到細絲（被測對象物）時，其衍射效應和狹縫一樣，在觀察衍射條紋的投影面 P（觀察螢幕，在焦距為 f 的透鏡的焦平面處）上形成夫琅和費衍射圖樣，如圖 2-163 所示。相鄰兩暗點或亮點間的間距 S 與細絲直徑 d 的關係為：

$$d=\frac{\lambda f}{S} \tag{2-20}$$

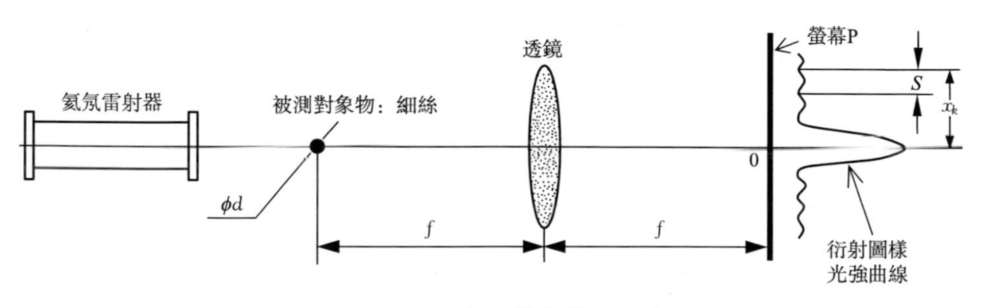

圖 2-163 雷射細絲衍射原理圖

當被測對象物細絲的直徑變化時，各條紋位置和間距也相應地隨細絲直徑的變化而變化。因此可根據亮點或暗點間距測出細絲直徑。其測量範圍約為 0.01～0.1mm，解析度為 0.05μm，測量精度一般為 0.1μm，也可高達 0.05μm。

雷射衍射感測器的特點：由雷射器、光學零件（透鏡等）和將衍射圖樣轉換成電訊號的光電器件組成的雷射衍射感測器結構簡單、精度高，測量範圍小。需選用 1.5mW 較大功率的氦氖雷射器，雷射平行光束要經望遠鏡系統擴束成為直徑大於 1mm（有時為 3mm）的光束。

雷射衍射感測器的應用：可以用於諸如薄膜材料表面塗層厚度等微小間隔或間隙測量；諸如漆包線、棒料等直徑變化量的微小直徑測量；諸如鐘錶遊絲等薄帶寬度測量；狹縫寬度、微孔孔徑、微小位移以及能量轉換成位移的物理量（如質量、溫度、振動、加速度、壓力等等）測量等等。

⑤ 雷射掃描感測器　雷射掃描感測器是指：雷射束以恆定的速度掃描被測對象物體以獲得被測物體幾何形狀及幾何尺寸等物理參數的雷射感測器。由於雷射方向性好、亮度高，光束在物體邊緣形成強對比度的光強分布，經光電器件可以將光訊號轉換成脈衝電訊號，脈衝寬度與被測尺寸成正比，從而實現物體幾何尺寸的非接觸式測量。雷射掃描感測器常用於各類加工中的非接觸式主動測量。雷射掃描感測器的精度高，可達 0.01％～0.1％數量級，但結構較複雜。

雷射掃描感測器的組成：由雷射器（如氦氖雷射器）、掃描裝置和光電器件組成。

雷射掃描感測器的工作原理：如圖 2-164 所示，氦氖雷射器發出的雷射細束經掃描裝置以恆定速度 v 對直徑為 ϕD 的被測對象物體進行掃描，並由光電器件接受光訊號後轉換成如圖中所示的電脈衝訊號。設雷射掃描直徑 D 的時間為 Δt，掃描速度為 v，則有 $D=v\Delta t$；根據雷射掃描感測器輸出的電脈衝訊號的波形，可知 $\Delta t=t_2-t_1$；v 是掃描裝置提供的掃描速度，為已知的量；則可求出被測對象物的直徑 D。

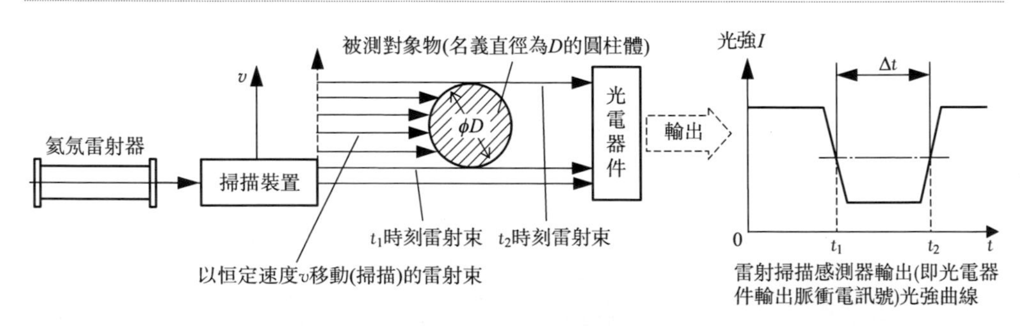

圖 2-164　雷射掃描感測器掃描測量的原理

雷射掃描感測器的應用：非機械接觸式測量，特別適用於測量柔軟的、不允許施加測量力的物體，適用於不允許測頭接觸的高溫物體，以及表面不允許劃傷、不允許有劃痕的物體等等的在線測量。掃描速度可以高達 95m/s，因此允許測量快速運動或振幅不大、頻率不高的振動著的物體的尺寸，每秒能測 150 次，一般採用多次測量加算平均的方法可以提高測量精度。雷射掃描感測器測長的測量範圍約為0.1～100cm，允許物體在光軸方向的尺寸小於1m。測量精度約在±0.3～±7μm，掃描速度越小精度越高。為了保證測量精度，要求雷射束越細越好，但要防止周圍空氣的抖動對雷射細束帶來的影響。被測件在掃描區內縱向位置變化會因光束平行性不夠好而帶來一定的測量誤差。當被測直徑大於50mm時，可採用雙光路雷射掃描感測器，工作原理與前述的單光路雷射掃描感測器原理相同，只需將兩個光路的光電訊號合成，經電路處理即可測得被測直徑。雷射掃描感測器除了用於測長外，還可用來測量物體或微粒運動速度，測量流量、振動、轉速、加速度等等，並且具有較高的測量精度。雷射掃描感測器在工業機器人中的應用很重要，常用來測量機器人所處周圍環境的障礙物距離以及獲得周圍環境的路徑或形貌。此外，也是用來對工業機器人重複定位精度測量以及校準的重要測量設備。

2.7.6 姿態感測器及其應用基礎

姿態感測器（posture sensor）：是指能夠檢測重力方向或姿態角變化（角速度）的感測器。

姿態感測器通常用於移動機器人的姿態控制。

姿態感測器分類：按照檢測姿態角的原理可分為陀螺式姿態感測器和垂直振子式姿態感測器兩類。

(1) 陀螺式姿態感測器（也稱陀螺儀）

① 陀螺。高速旋轉的物體都有一個旋轉軸線，該軸線也即該旋轉物體的旋轉中心軸線，並且在空間中都有一個方位（即該旋轉軸線的空間方向和位置），這種特性被稱為剛性。當高速旋轉的物體受到一個外力 F 作用時，其旋轉中心軸線會在原來的基準方位上隨著 F 力作用方向產生偏擺，同時沿著原旋轉中心軸線的垂直方向移動（即在原轉軸基準線垂直方向上移動一段距離 S），這個移動被稱為進動。這種具有剛性和進動特性的高速旋轉物體就被稱作陀螺。

② 陀螺式姿態感測器簡稱陀螺感測器（gyroscope sensor）：是以自身為基準，用來檢測運動物體擺動方位及偏移基準、角速度的一種感測器裝置。其特點是：即使沒有被安裝在旋轉軸上，也能檢測物體轉動的角速度。通常用於檢測移動機器人在移動過程中的姿態並回饋給機器人的姿勢控制器，也用於檢測轉軸不固定的轉動物體的角速度。

③ 陀螺感測器的分類。

按照檢測量的不同，陀螺感測器主要分為：速率陀螺感測器、位移陀螺感測器、方向陀螺感測器三種。其中，機器人領域中大都使用速率陀螺感測器（rate gyroscope）。

按照具體檢測原理和方法的不同，陀螺感測器又可分為：機械轉動型陀螺感測器、振動型陀螺感測器、氣體型陀螺感測器、光學型陀螺感測器四種。其中，機械轉動型以及振動型兩類價格便宜，尤其是振動型陀螺感測器採用微機械加工技術製造，具有小型化、使用方便、價格便宜以及精度高等特點；而精度最高的應屬於光學型陀螺感測器，但價格昂貴。光學型陀螺感測器又分為環形雷射陀螺感測器和光纖陀螺感測器。

按照自由度數不同，陀螺感測器又可分為：1 自由度陀螺感測器和 2 自由度陀螺感測器。1 自由度陀螺感測器又可分為：比例陀螺感測器和比例積分陀螺感測器。2 自由度陀螺感測器又可分為：垂直陀螺感測器、定向陀螺感測器、陀螺指南針（俗稱螺盤）和電動鏈式陀螺感測器。

其他陀螺感測器：壓電陀螺感測器、靜電懸浮陀螺感測器、核磁共振陀螺感測器等等。

④ 陀螺感測器的特性。陀螺感測器被用來檢測運動物體的方位、角速度等物理量，而運動的物體在三維空間中通常有俯仰（pitch）、滾動（roll）、偏擺（yaw）三個分別繞各自座標軸轉動的動作。可將這三根軸定義為運動物體中線座標系的三根軸，也可以是系統基座標系的三個座標軸。通常運動物體都是兩軸或三軸同時動作。2 自由度陀螺感測器和靜電懸浮陀螺感測器都是以地球座標系為基準來檢測角度的感測器；其他陀螺感測器則是以運動物體的中心座標系為基準檢測角速度。將以物體中心座標系為基準變為以地球座標為基準時，必須使兩個或三個輸出相互解耦和補償。此外，實際陀螺式陀螺感測器中，由於軸承暫存記憶體在摩擦、陀螺和萬向架存在著不平衡量等影響因素，方向會隨時間變化，存在測量偏差，這種現象稱為偏移。各類陀螺感測器的主要特性如表 2-27 所示。

表 2-27　各類陀螺感測器的主要特性

類型	陀螺感測器名稱	主要特性
2 自由度陀螺感測器	垂直陀螺感測器	有經常保持垂直的結構，最適用於俯仰和滾動角度的測量，不存在偏移。但受立起精度影響，在左旋、右旋時會有偏差
	定向陀螺感測器	方向不同時受地球自轉影響不同，用於檢測相對方位，被用於短時間檢測和方位控制。測量結果有偏移
	陀螺指南針	方向自動指北，能夠檢測絕對方位。但快速動作時產生誤差
	電動鏈式陀螺感測器	一個該感測器即可進行兩軸的檢測，廉價，使用場合很多。但其控制電路複雜
	比例陀螺感測器	價格便宜，能簡單檢測角速度。被用於汽車、船等的動特性分析中。但只能用於在極短的時間內用積分輸出角度
	比例積分陀螺感測器	為中、高精度陀螺感測器，實用但價格較貴。需要控制電路。在高精度要求的檢測中，需要兩、三個同時使用以互相補償

續表

類型	陀螺感測器名稱	主要特性
光陀螺感測器	環形雷射陀螺感測器	陀螺感測器中的主流。壽命長，可靠性高，啓動時間短，動態範圍寬，數位輸出，無加速度影響。價格高，為尖端技術。一般市場上難尋
	光纖陀螺感測器	僅次於環形雷射陀螺感測器，亦為主流。壽命長，可靠性高，啓動時間短，動態範圍寬，數位輸出，無加速度影響。優點同於環形雷射陀螺感測器，但價格低廉
其他陀螺感測器	靜電懸浮陀螺感測器	精度高，價格非常高，維護費用高。僅用於特殊場合
	核磁共振陀螺感測器	處於研究中。但價格可能較低
	氣體比例陀螺感測器	價廉。被用於無人搬運車。但必須注意：它的溫度特性容易變化且精度不高
	振動型陀螺感測器	為低精度陀螺感測器。比陀螺式陀螺感測器壽命長，價格低

⑤ 振動型陀螺感測器（vibration gyroscope)。振動型陀螺感測器簡稱振動陀螺感測器，是指給振動中的物體施加恆定的轉速，利用柯氏力（coriolis force）作用於物體的現象來檢測轉速的感測器。理論力學中，柯氏力 f_c 的定義是運動著的質點質量 m 以線速度 $\boldsymbol{v}$ 和角速度 $\boldsymbol{\omega}$ 相對於慣性參考系既作線速度移動同時又作角速度轉動的合成運動時所產生的慣性力。即 $f_c=2m\boldsymbol{v}\times\boldsymbol{\omega}=2m|\boldsymbol{v}||\boldsymbol{\omega}|\sin\alpha$，其中 α 為質點 m 的線速度矢量 $\boldsymbol{v}$ 與角速度矢量 $\boldsymbol{\omega}$ 之間的夾角。

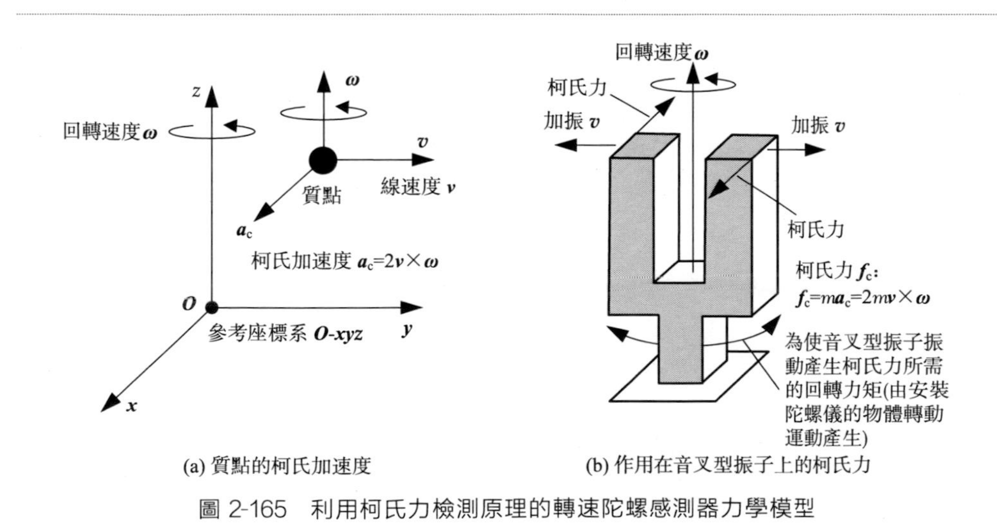

(a) 質點的柯氏加速度　(b) 作用在音叉型振子上的柯氏力

圖 2-165 利用柯氏力檢測原理的轉速陀螺感測器力學模型

圖 2-165 所示的音叉型振子是利用陀螺感測器的柯氏力檢測轉速的原理。無論是直接測量音叉型振子上的柯氏力還是測量它們合力作用在音叉根部的轉矩，

都能夠檢測出轉動的角速度 $\boldsymbol{\omega}$。

（2）光陀螺感測器（optical gyroscope）

光陀螺感測器精度高、壽命長、可靠性高、啓動時間短、動態範圍寬，採用數位輸出，無加速度影響，是陀螺感測器中的主流。

① 光陀螺感測器的基本原理

• Sagnac 效應。如圖 2-166 所示的環狀光通路中，來自光源的光經過光束分離器被分成兩束光，在同一個環狀光通路中，這兩束光分別向左、向右轉動進行傳播。此時，如果系統整體相對於慣性空間以角速度 $\boldsymbol{\omega}$ 轉動，則光束沿環狀光路左轉一周所經歷的時間和右轉一周所經歷的時間是不同的。此即所謂的 Sagnac 效應。利用 Sagnac 效應，人們開發了利用雷射測量轉速的環形雷射陀螺感測器（環形陀螺儀）。

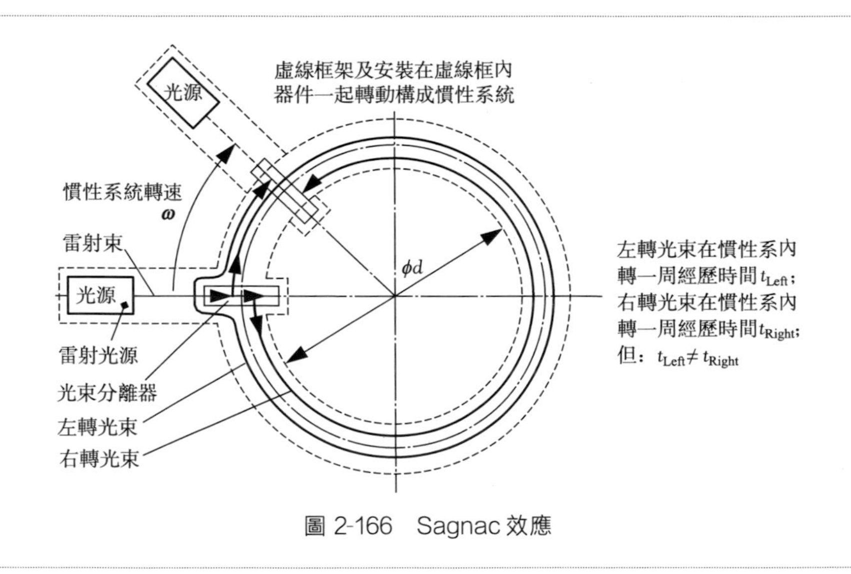

圖 2-166　Sagnac 效應

• Sagnac 效應的應用：Sagnac 效應將慣性系統內部環形光路上的正反兩個方向的光束在同起點同終點之間的行程、時間差與光波波長和慣性系統的轉速等物理量關聯在一起而成為一定的函數關系。在慣性系統結構的主要幾何尺寸、光源種類（光波波長等）確定的情況下，這個函數關系就是慣性系統轉速與時間的函數關系。因此，Sagnac 效應為測量轉速的光陀螺感測器設計提供了理論依據。至於這個函數關系具體是什麼、如何推導不在本書內容範圍之內。另外，這裡用來解釋 Sagnac 效應的是環形光路，但 Sagnac 效應並不僅限於環形光路，三角形、多角形等光路也同樣。如果推導出慣性系統轉速與系統內 Sagnac 效應中正反兩個方向光路時間差等函數關系，則可以以光波波長（或頻率）精確計算慣性系統轉動的速度（角速度）、行程（角位移）。

② 環形雷射陀螺感測器　環形雷射陀螺感測器是光陀螺感測器的一種。它無機械式陀螺運動部分，工作可靠，壽命長。

• 環形雷射陀螺感測器的工作原理。它是基於 Sagnac 效應而設計的一種閉合光路雷射諧振器。如圖 2-167 所示，環形雷射器中激勵起順時針和逆時針運動的兩束雷射，當雷射諧振器靜止時，兩束雷射的振盪頻率相同，但若雷射諧振器以角速度 $\boldsymbol{\omega}$ 旋轉，則因正反兩個方向上的這兩束雷射光程不同而引起振盪頻率差 Δf，而且 Δf 與雷射諧振器旋轉的角速度 $\boldsymbol{\omega}$ 成正比，因此，在標定好成正比的比例系數後，測出 Δf 也就等同於測量出了雷射諧振器的轉速 $\boldsymbol{\omega}$。不僅如此，對測量得到的轉速 $\boldsymbol{\omega}$ 進行積分便得到旋轉的角度 φ。環形雷射陀螺感測器兼有速率陀螺感測器和速率積分陀螺感測器的功能。若在互相垂直的三個方向上分別安裝繞方向軸旋轉的三個環形雷射陀螺感測器，則可同時測量三維姿態的角速度、角度。

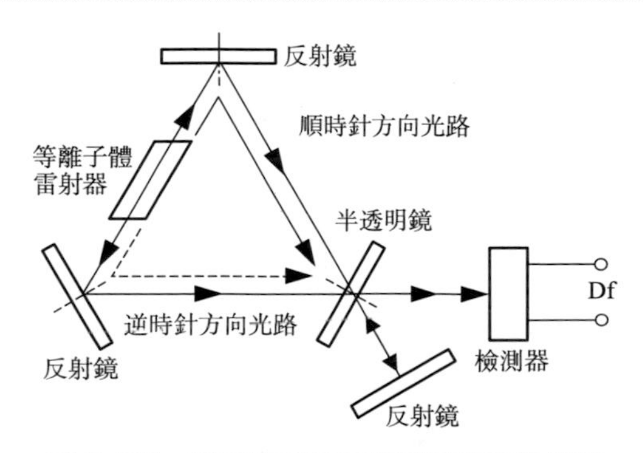

圖 2-167　環形雷射陀螺感測器的工作原理

• 環形雷射陀螺感測器的系統構成。如圖 2-168 所示為環形雷射陀螺感測器常見的結構，它由雷射光源、光路長度檢測部、光路長度控制感測器、棱鏡與檢測器、反射鏡、高頻振盪發條、前置放大器等幾部分組成。它是在三角形（圖 2-168 中所示）或四邊形的角點處設置反射鏡或棱鏡（僅模擬訊號輸出部角點處），形成順、逆時針兩個方向的光路，並用光透過的光路本身作為雷射的振盪管。當環形雷射陀螺感測器順時針旋轉時，順時針旋回的光的光路長度就增加，該光路的雷射的振盪頻率就相應變低。當環形雷射陀螺感測器逆時針旋轉時，逆時針旋回的光的光路長度會縮短，該光路的雷射的振盪頻率會相應變高。這兩路光路方向相反的兩束雷射同時照射時會產生頻率差的差拍，該差拍與感測器回轉的角速度成比例。因此，觀測到差拍也就測得了角速度。

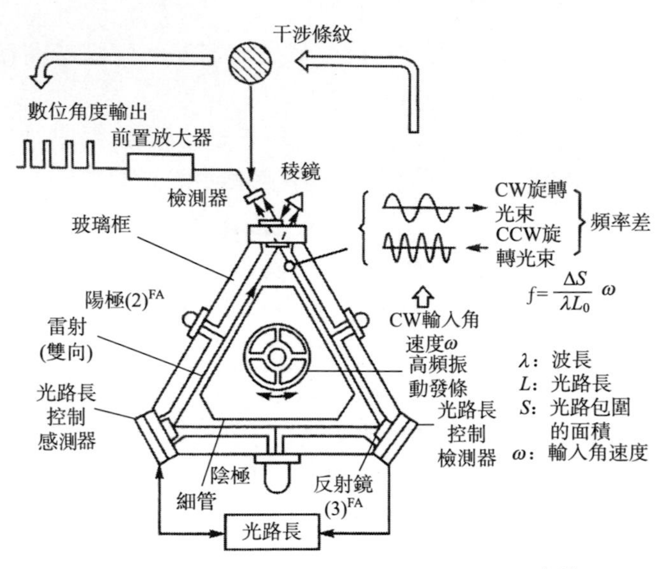

圖 2-168　環形雷射陀螺感測器的系統構成 [19]

• 環形雷射陀螺感測器的特點及應用。環形雷射陀螺感測器結構簡單、體積小，沒有機械陀螺的可動部分，工作可靠，使用壽命長，已在波音 757、767 等飛機上使用。其缺點是低速旋轉時正反（順逆）兩個方向上光的振盪同步，$\Delta f=0$，會發生閉鎖現象。低速時靈敏度受到限製。為解決這個問題，人們研製了干涉型雷射陀螺感測器。

③ 干涉型雷射陀螺感測器　干涉型雷射陀螺感測器的工作原理：是將雷射諧振器和其他裝置組合成干涉系統，其工作原理如圖 2-169 所示。依據 Sagnac 效應，左右兩束雷射會產生與旋轉速度成比例的相位差 $\Delta\theta$。取出有相位差的兩束光並使它們干涉，可以把相位差直接變換成光強度變化。系統旋轉角速度值 ω 與相位差 $\Delta\theta$ 之間的關系式為：

$$\Delta\theta=\frac{8\pi A}{c\lambda}\omega \tag{2-21}$$

式中，A 為四方形光路系統所包圍的面積；c、λ 分別為干涉系統介質中的光速和波長。

由式(2-21) 可知：相位差 $\Delta\theta$ 與 A 成正比。則雷射陀螺感測器的振盪頻率差 Δf 也與面積 A 成正比。這說明要想提高雷射陀螺感測器的靈敏度必須加大光路系統所包圍的面積 A，即需要擴大光路系統包圍、覆蓋的面積。

干涉型雷射感測器在靜止狀態時（即感測器轉動角速度 $\omega=0$ 時），左右兩束雷射的光路長度相等，輸出功率與 $\cos\Delta\theta$ 成比例。因此，不會存在輸出為零的閉鎖狀態。但低速時靈敏度也低，光路中空氣波動、環境振動等因素會導致反射鏡位置變動而使光訊號產生不穩定現象。為此，人們開發了光纖陀螺感測器（即光纖陀螺儀）。

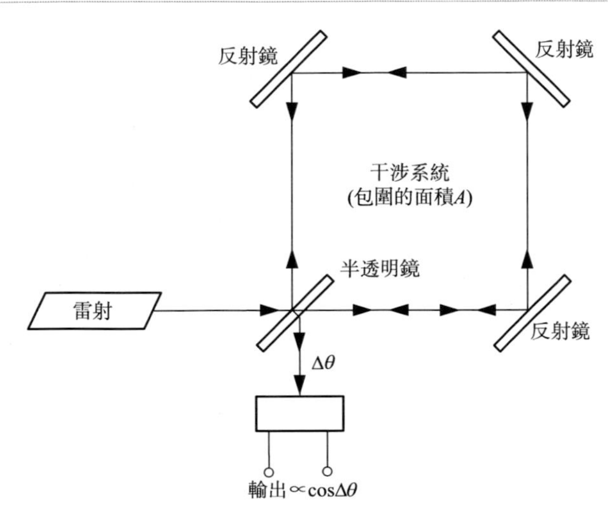

圖 2-169　干涉型雷射陀螺感測器的工作原理

④ 光纖陀螺感測器（光纖陀螺儀）　光纖陀螺感測器簡稱為光纖陀螺，也稱為光纖角速度感測器。光纖陀螺感測器既無機械運動部件，也無預熱時間和不敏感加速度等缺點，並且還克服了環形雷射陀螺感測器成本高以及存在的閉鎖現象等致命問題。光纖陀螺具有動態範圍寬、數位輸出、體積小等優點。

光纖陀螺感測器的工作原理：如圖 2-170 所示，它由雷射器、光纖卷線盤、透鏡、半透明鏡、檢測器和數位輸出部分組成。它是用單模光纖代替圖 2-169 所示的干涉型雷射陀螺感測器的干涉系統。光纖陀螺感測器仍然是基於 Sagnac 效應引起兩光束間的相位差 $\Delta\theta$，系統旋轉角速度值 ω 與相位差 $\Delta\theta$ 之間的關係式為：

$$\Delta\theta=\frac{8\pi NA}{c\lambda}\omega \tag{2-22}$$

式中，A 為四方形光路系統所包圍的面積；c、λ 分別為干涉系統介質中的光速和波長；N 為光纖環繞的圈數，即當干涉型雷射陀螺感測器和光纖陀螺感測器有相同的面積 A 時，光纖陀螺感測器的靈敏度是干涉型雷射陀螺感測器的靈敏度的 N 倍。

光纖陀螺感測器的優缺點：光纖陀螺感測器沒有環形雷射陀螺感測器的低速閉鎖（鎖定）現象，也避免了雷射陀螺感測器的光路在空氣中波動和環境振動導致反射鏡位置變動等問題，且體積小，靈敏度高；但光纖陀螺感測器也如同干涉型雷射陀螺感測器一樣，有低速旋轉時靈敏度低下的問題。

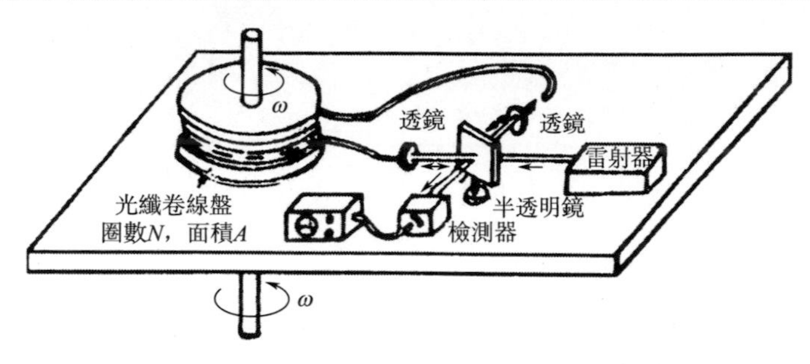

圖 2-170　光纖陀螺感測器的工作原理 [19]

解決光纖陀螺感測器在低速旋轉時靈敏度低下問題的辦法和措施：為提高光纖陀螺感測器在低速旋轉時的靈敏度，採用帶有移相器的光路系統，即左右兩束光路引入各自的光路，然後用移相器使兩束光路產生 $\pi/2$ 的相位差。但使靈敏度最佳的光學系統相當複雜，若使用反射鏡和透鏡組成的光學系統，將有損於光纖陀螺感測器的優點。因此，光纖以外的部分用光集成電路，整個系統採用單模光纖構成。光纖也會因溫度變化而使光纖極化面旋轉，從而使輸出變化。解決這一問題的辦法是採用偏振片，僅取出與入射光同一方向的分量。採取這些措施的效果是：靈敏度最佳化的光纖陀螺感測器，若用損耗為 2dB/km 的光纖作為單模光纖，其靈敏度可達 10^{-8}rad/s。

⑤ 機械陀螺式陀螺感測器　機械陀螺式陀螺感測器是根據機械陀螺運動原理來設計的陀螺感測器，其中含有萬向鉸鏈機構。如圖 2-171 所示，機械陀螺式陀螺感測器可分為：垂直陀螺感測器、比例陀螺感測器和比例積分陀螺感測器三類。

垂直陀螺感測器：使機械陀螺保持開始旋轉時的方向的陀螺感測器被稱為自由陀螺感測器，則垂直陀螺感測器就是使自由陀螺感測器中的機械陀螺的旋轉軸經常保持垂直狀態的陀螺感測器，如圖 2-171(a) 所示。

比例陀螺感測器：如圖 2-171(b) 所示，是在機械陀螺的萬向架上安裝機械彈簧，陀螺感測器在沒有自由度的方向上轉動時，終將停止在由於進動產生的轉矩和傳動系統的力平衡的地方。這個力平衡時停止的位置與輸入角速度成比例。

比例積分陀螺感測器：若在比例陀螺感測器中，沒有安裝機械彈簧，則當輸入角速度時萬向架轉動，其轉動的角度等於角速度的積分值，即積分陀螺感測器；若在積分陀螺感測器上附加轉矩，便構成了比例積分陀螺感測器，如圖 2-171(c) 所示。比例積分陀螺感測器在結構上與積分陀螺感測器相同，區別在於它是用伺服放大器的電氣傳動裝置代替了比例陀螺感測器的機械傳動裝置而使萬向架經常保持在零位置。由於電氣傳動中流過的電流與輸入角速度成正比，所以，比例積分陀螺感測器實質上是一種高性能的比例陀螺感測器。

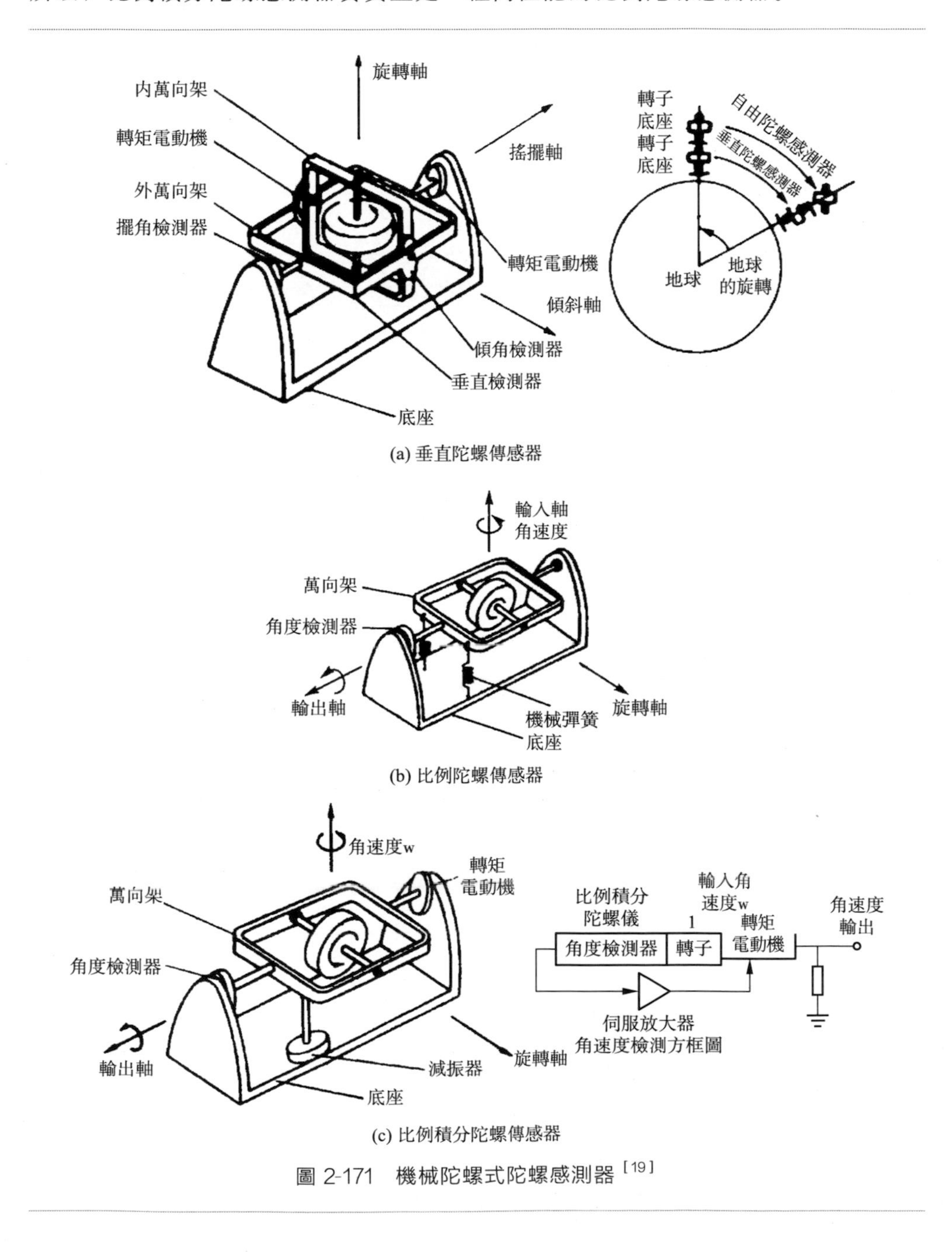

(a) 垂直陀螺傳感器

(b) 比例陀螺傳感器

(c) 比例積分陀螺傳感器

圖 2-171　機械陀螺式陀螺感測器 [19]

機械陀螺式陀螺感測器與光學陀螺感測器的區別：機械陀螺式陀螺感測器是在機械陀螺、萬向架等機械運動部件的慣性運動、機械彈簧的力約束等等基礎上，透過角度、傾斜、垂直、擺角等感測器檢測來獲得姿態角、角速度量的，測量精度、壽命、可靠性受機械零部件的設計製造、安裝精度影響較大；另外，體積、質量相對光學陀螺感測器的都較大，精度也不如光學陀螺感測器高。

2.8 本章小結

按照機器人系統由機械本體、驅動系統、控制系統、感測系統的構成部分，本章全面系統地分別講述了機器人機械系統機構、精密機械傳動中的諧波齒輪傳動、RV擺線異速器的原理與結構；電動、液壓驅動、氣動等驅動方式下的原動機及其驅動&控制系統、電氣回路、液壓回路、氣動回路等硬體原理與構成；感測器系統以及位置/速度感測器、力/力矩感測器、視覺感測器、姿態感測器等各種感測器的原理、結構與應用。這些知識是進行工業機器人系統設計乃至仿生人型機器人系統設計所需的也是必備的基礎知識。同時也說明機器人系統設計不僅是掌握機械系統本體設計知識就可以進行的事情，需要機器人系統設計者必須掌握機械、電氣工程、控制工程以及電腦工程中相關的基礎知識以及部分專業技術，才能設計出性能良好的工業機器人系統。儘管原動機、感測器、控制器等硬體設計更多的是選型設計，但它們的原理、選擇依據以及如何正確使用、應用是必須有這些基礎知識作為後盾才能把握住的。

參考文獻

[1] 遠藤博史，和田充雄．骨骼型肘・前腕関節機構の張力拮抗駆動．日本ロボット學會志 Vol. 11 No. 8，1993：1252～1260.

[2] Suhugen Ma，Shigeo Hirose. Design and Experiments for a coupled Tendon-Driven Manipulator，IEEE Control Systemy，1993：30-3.

[3] G. S. Chirikjian，J. W. Burdick. Design and Experiments with a 30 DOF Robot，IEEE Conf. On Robotics and Automation；1993:113-119.

[4] 吳偉國，張勇，梁風．具有嚙合齒面接觸對的諧波齒輪傳動有限元模型建立與分析．機械傳動，Vol. 35，No. 12：37-41.

[5] 吳偉國，於鵬飛，侯月陽．短筒柔輪諧波傳動新設計新工藝與實驗．哈爾濱工業大學學報，Vol. 46，No. 1，2014：40-46.

[6] 吳偉國等．一種用於短筒柔輪諧波異速器的剛輪與柔輪及其加工工藝．技術發明專利授權號：ZL201210176679. 0

[7] 吳偉國等．剛輪輪齒有傾角的短筒柔輪諧波齒輪異速器及其傳動剛度測試裝置．技術發明專利授權號：ZL201210273241. 4.

[8] 於鵬飛．機器人用短筒柔輪諧波異速器研製與性能測試[D]. 哈爾濱工業大學碩士學位論文，2012.

[9] [日]日本機器人學會編．新版機器人技術手冊．北京：科學出版社．2007，10: 93，98，101，103，113-116，143，146.

[10] (美) R. Krishnan 著．永磁無刷電機及其驅動技術．柴鳳等譯．北京：機械工業出版社，2012.

[11] 劉寶廷，程樹康等．步進電動機及其驅動控制系統．哈爾濱：哈爾濱工業大學出版社，1997.

[12] [日]原文雄，小林宏．著．顔という知能——顔ロボットによる「人工情感」の創発．日本東京：共立出版株式會社，2004年：57～69，105～123.

[13] 日立製作所官方網頁：http://www. hitachisemiconductor. com/sic/jsp/japan/PRODUCTS/MPUMCU

[14] CQ出版社．SuperHプロセッサ．TECHI Vol. 1，2002：4～6.

[15] 孔祥營，柏桂枝編著．嵌入式實時操作系統VxWorks及其開發環境Tornado. 北京：中國電力出版社，2001. 11

[16] VxWorks Programmer's Guide 5. 4，Wind River Systems，Inc.

[17] Tornado User's Guide，Wind River Systems，Inc.

[18] (美) Robert B. Northrop 著．測量儀表與測量技術（原書第2版）曹學軍等譯．北京：機械工業出版社，2009.

[19] 張紅潤．感測器技術大全（中冊）．北京：北京航空航天大學出版社，2007.

(接 169 頁)

[125] Javier Serón，Jorge L. Martínez，Anthony Mandow，Antonio J. Reina，Jesús Morales，and Alfonso J. García-Cerezo. Automation of the Arm-Aided Climbing Maneuver for Tracked Mobile Manipulators. IEEE TRANSACTIONS ON INDUSTRIAL ELECTRONICS，VOL. 61，NO. 7，JULY 2014：3638-3647.

[126] Toyomi Fujita，Yuichi Tsuchiya. Development of a Tracked Mobile Robot Equipped with Two Arms. 978-1-4799-4032-5/14/$ 31. 00 © 2014 IEEE：2738-2743.

[127] Pinhas Ben-Tzvi，Andrew A. Goldenberg，and Jean W. Zu. A Novel Control Architecture and Design of Hybrid Locomotion and Manipulation Tracked Mobile Robot. Proceedings of the 2007 IEEE International Conference on Mechatronics and Automation，August 5-8，2007，Harbin，China：1374-1381.

[128] 王田苗，陶永. 中國工業機器人技術現狀與產業化發展策略. 機械工程學報，2014，50(9)：1-13.

[129] 駱敏舟，方健，趙江海. 工業機器人的技術發展及其應用. 機械製造與自動化，2015(1)：1-4.

[130] 王傑高. 埃斯頓機器人核心技術研發及應用，機器人技術與應用，2012(4)：2-6.

[131] 吳偉國.面向作業與人工智慧的人型機器人研究進展．哈爾濱工業大學學報，2015(7)：1～19.

第3章

工業機器人操作臂機械系統機構設計與結構設計

3.1 典型工業機器人操作臂機構構型及關節驅動形式

3.1.1 工業機器人操作臂關節驅動形式

工業機器人操作臂的功用就是在電腦自動控制下由驅動系統元部件驅動與各關節相連的臂桿運動從而帶動末端操作器上的負載物按照期望的末端操作器作業位置、軌跡或輸出作業力（力矩）進行運動。

按照原動機工作原理可以分為液壓、氣動、電動等驅動方式，相應的原動機元部件分別為液壓缸、氣缸、電動機，這些原動機能量供給和伺服運動控制系統分別為液壓系統、氣動系統及電動機驅動與控制系統。如果不考慮關節運動形式的變換，液壓缸、氣缸直接驅動機器人操作臂關節就可以滿足關節回轉或直線運動速度、驅動力大小的要求，即可以不在氣缸、液壓缸與關節之間增加機械傳動元件或異速器裝置。這是這兩種驅動方式與電動驅動方式的不同之處。但是，由於氣缸、液壓缸等驅動元件輸出一般是直線運動（當然，它們也可以根據需要設計成非直線運動形式），對於由它們驅動的機器人操作臂回轉關節而言，需要透過諸如齒輪齒條機構、連桿機構、滾珠螺桿螺旋傳動等常用的機械傳動形式將直線運動轉換成回轉運動，此時，液壓缸、氣缸與關節之間的機械傳動件主要是用來改變運動方式或者方向，其機械傳動部分相對簡單，但關節運動精度以及機器人操作臂末端操作器的位姿精度較電動機驅動操作臂要低。

從 1970 年代至 1990 年代，工業機器人操作臂在歐美、日本等發達國家和地區已經發展成為一項成熟的技術。期間隨著交/直流伺服電動機、諧波齒輪異速器、RV擺線針輪異速器、行星齒輪異速器等機械傳動裝置等高性能工業基礎元部件產業化以及伺服驅動與電腦控制技術日趨成熟，工業機器人操作臂技術在發達國家也已完成產業化和產品系列化，且已成為品牌商品，如FANUC、MOTOMAN、KUKA等工業機器人操作臂在發達國家的工廠、自動化生產線隨處可見。這些工業機器人操作臂與1960至1980年代工業機器人的最大區別就是機構與結構設計相對簡單且性能指標高，而且高精度高負載能力的RV擺線針輪異速器、諧波齒輪異速器成為工業機器人操作臂設計、研發的主要部件。基本上，這些機器人操作臂的腰部、肩部、肘部三個關節大都採用RV擺線針輪異速器作為傳動部件，腕部的3自由度關節採用諧波齒輪傳動，而且交流、直流伺服電動機作為驅動這些異速器、關節的原動機成為工業機器人操作臂產品驅動方式的主流。

原動機輸出給關節的輸入運動形式可分為直線運動、回轉運動、球面/複雜曲面運動三種，其中對於工業機器人操作臂而言，原動機多為前兩種形式；後者為目前已被研究的球面電動機驅動形式，或由兩三臺原動機以並聯、並/串聯機構形式驅動的2～3自由度以上多自由度複合型原動機，尚未在工業機器人操作臂關節上應用。

關節驅動系統是機器人操作臂本體設計的核心內容，由原動機、感測器、傳動系統組成。這裡主要以電動機驅動的關節驅動系統為例加以介紹。

如2.1.2節中所述，工業機器人操作臂機械本體一般可以分為由基座、腰部、肩部、臂部、肘部、腕部六個部分，其中臂部有上臂（即通常所說的大臂）、前臂（即通常所說的小臂），各自由度分別分布於腰部、肩部、肘部、腕部，且除腕部有3個自由度外，其餘部分各有1個自由度。各自由度下的運動是透過各關節驅動系統實現的。

(1) FANUC ROBOTM、Standford工業機器人操作臂臂上關節的驅動形式

按照原動機輸出給關節的輸入運動形式、關節運動輸出形式以及關節輸入運動與輸出運動的相對方位進行分類。

① 電動機回轉運動經滾珠螺桿傳動轉變成關節直線移動的關節驅動形式

FANUC ROBOTM機器人操作臂的移動關節J_2、J_3：如圖3-1所示的圓柱座標型機器人操作臂FANUC ROBOTOM，其機構運動是由腰轉J_1、上下移動J_2、水平移動J_3、腕部轉動J_4、J_5關節運動實現的，其中J_2、J_3兩個移動副關節可以設計成交流伺服電動機透過一級齒輪傳動或異速器驅動滾珠螺桿傳動機構實現移動，機構原理與結構如圖3-2所示。

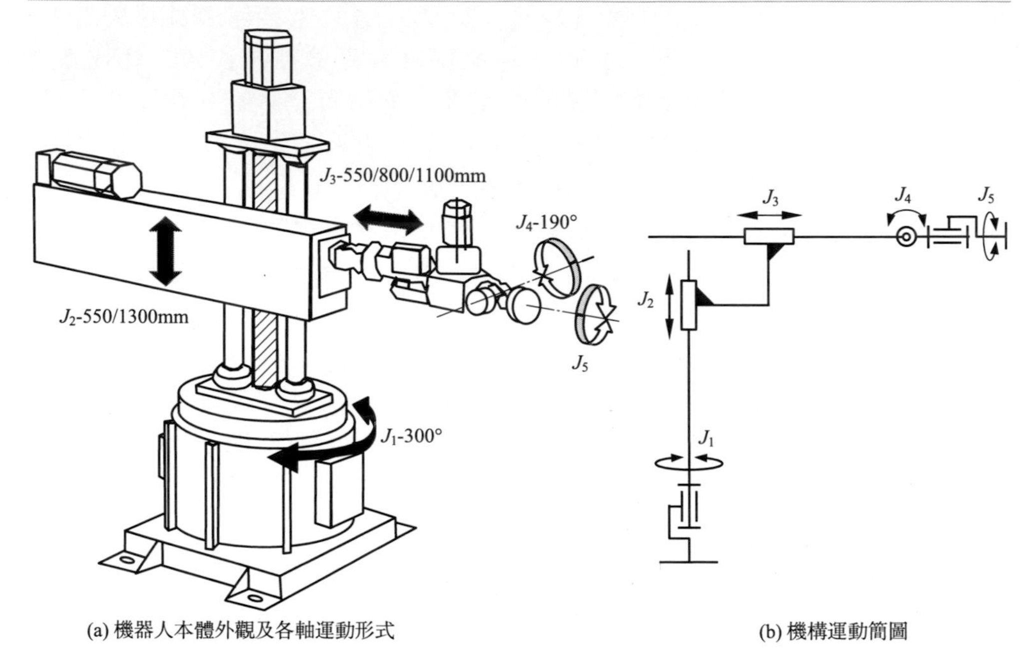

(a) 機器人本體外觀及各軸運動形式

(b) 機構運動簡圖

圖 3-1　FANUC ROBOTOM 機器人及其機構原理

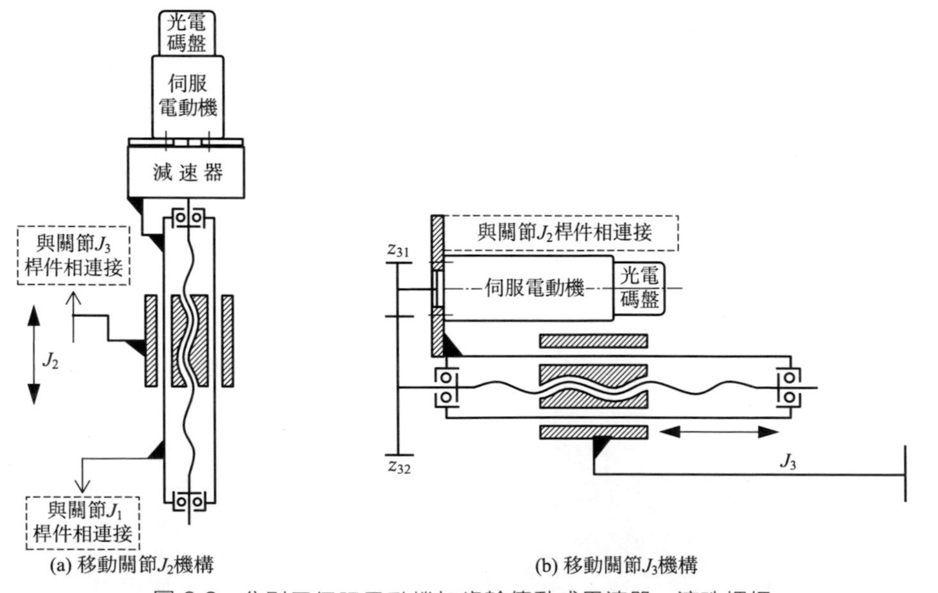

(a) 移動關節J_2機構

(b) 移動關節J_3機構

圖 3-2　分別用伺服電動機加齒輪傳動或異速器、滾珠螺桿傳動驅動的移動關節 J_2、J_3 機構運動簡圖

② 電動機回轉運動經內嚙合齒輪傳動轉變成腰部回轉運動的關節驅動形式

FANUC ROBOTM 機器人操作臂的腰轉關節 J_1：如圖 3-3 所示，為用伺服電動機驅動一對內嚙合的圓柱齒輪 z_1、z_2 傳動實現 FANUC ROBOTOM 腰轉關節 J_1 的回轉運動機構簡圖。這種回轉關節驅動形式的特點是可以充分利用腰轉關節空心軸內部空間布置 $J_1 \sim J_3$ 關節的電纜線走線。如果腰轉關節 J_1 的驅動力矩不足，可在內嚙合圓柱齒輪傳動與伺服電動機之間再加一級齒輪傳動或異速器部件；另外，腰轉關節 J_1 支撐軸系採用了一對圓錐滾子軸承支撐，也可用一套交叉滾子軸承代替這對圓錐滾子軸承。

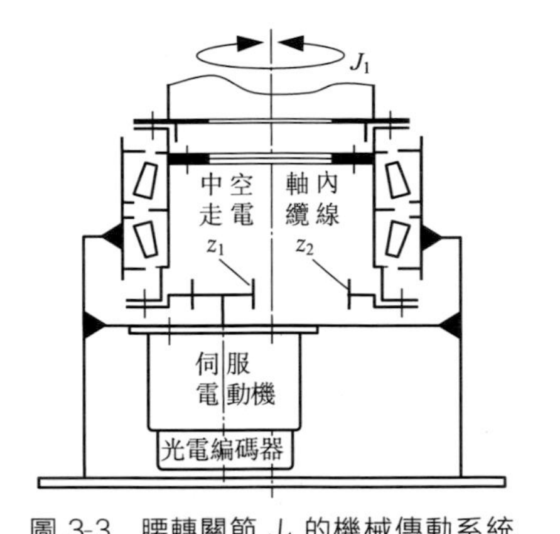

圖 3-3　腰轉關節 J_1 的機械傳動系統機構原理簡圖

(2) Stanford 機器人的移動關節驅動方式

Stanford 機器人是一款 6 自由度機器人操作臂，如圖 3-4 所示，腰、肩部關節 J_1、J_2 皆為回轉關節，然後是伸縮移動臂移動關節 J_3，$J_4 \sim J_6$ 皆為回轉關節一起構成 3 自由度腕關節。

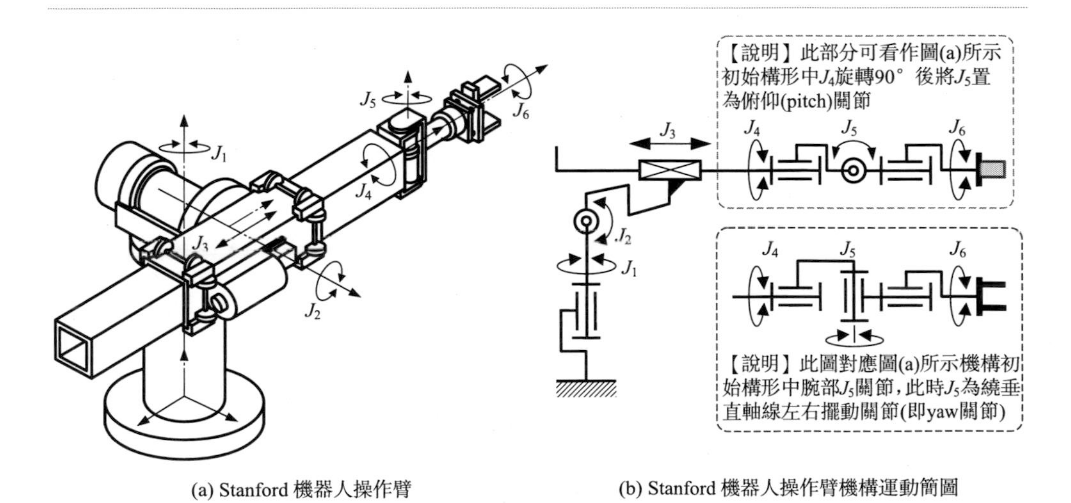

(a) Stanford 機器人操作臂　　(b) Stanford 機器人操作臂機構運動簡圖

圖 3-4

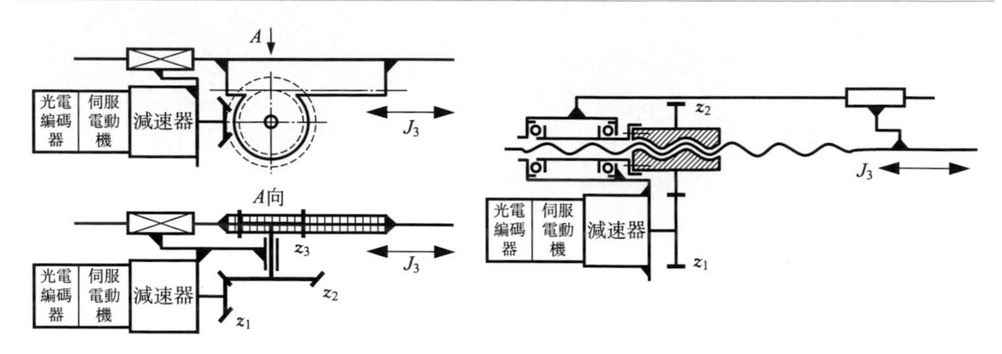

(c) 移動關節的齒輪-齒條機構運動簡圖 (d) 移動關節的齒輪傳動+滾珠螺桿螺母機構運動簡圖

圖 3-4 Stanford 機器人操作臂機構及其移動關節機構原理

(3) PUMA 工業機器人操作臂臂上關節的驅動形式

PUMA 機器人是美國 UNIMATION 公司生產的機器人操作臂，是一款自 1980 年代以後被廣泛用於大學、研究院所、機器人實驗室等研究機器人操作臂技術使用的多型號規格產品，如被用於研究機器人操作臂作業運動學、動力學、運動控制、力/位混合控制、裝配作業、多機器人操作臂協調、遠端控制、遙操作等等實驗研究機型，其外觀與機構原理如圖 3-5 所示。

① 腰轉關節 J_1 的驅動　如圖 3-6 所示，腰轉關節 J_1 的驅動方式為伺服電動機（也可為帶異速器及編碼器的一體化伺服電動機）驅動兩級直齒圓柱齒輪傳動驅動立柱實現腰轉，機構運動簡圖如圖 3-6(b) 所示，轉動範圍為 308°。

② 肩部關節 J_2 的驅動　如圖 3-6 所示，肩部關節 J_2 的驅動方式為肩部關節伺服電動機（也可為帶異速器及編碼器的一體化伺服電動機）輸出軸透過一柔性聯軸器與一圓錐小齒輪相連接，依次驅動該級圓錐齒輪傳動，與大錐齒輪同軸的圓柱小齒輪、圓柱大齒輪，以及與圓柱大齒輪同軸的第二級圓柱齒輪傳動的小齒輪、大齒輪，從而實現肩關節轉動，機構運動簡圖如圖 3-6(c) 所示，轉動範圍為 314°。

③ 肘部關節 J_3 的驅動　如圖 3-6 所示，肘部關節 J_3 的驅動方式為肘部關節伺服電動機（也可為帶異速器及編碼器的一體化伺服電動機）輸出軸透過一柔性聯軸器遠距離傳動到與另一柔性聯軸器相連的圓錐小齒輪，依次驅動該級圓錐齒輪傳動，與大錐齒輪同軸的圓柱小齒輪、圓柱大齒輪，以及與圓柱大齒輪同軸的第二級圓柱齒輪傳動的小齒輪、大齒輪，從而實現肘關節轉動，機構運動簡圖如圖 3-6(d) 所示，轉動範圍為 292°。

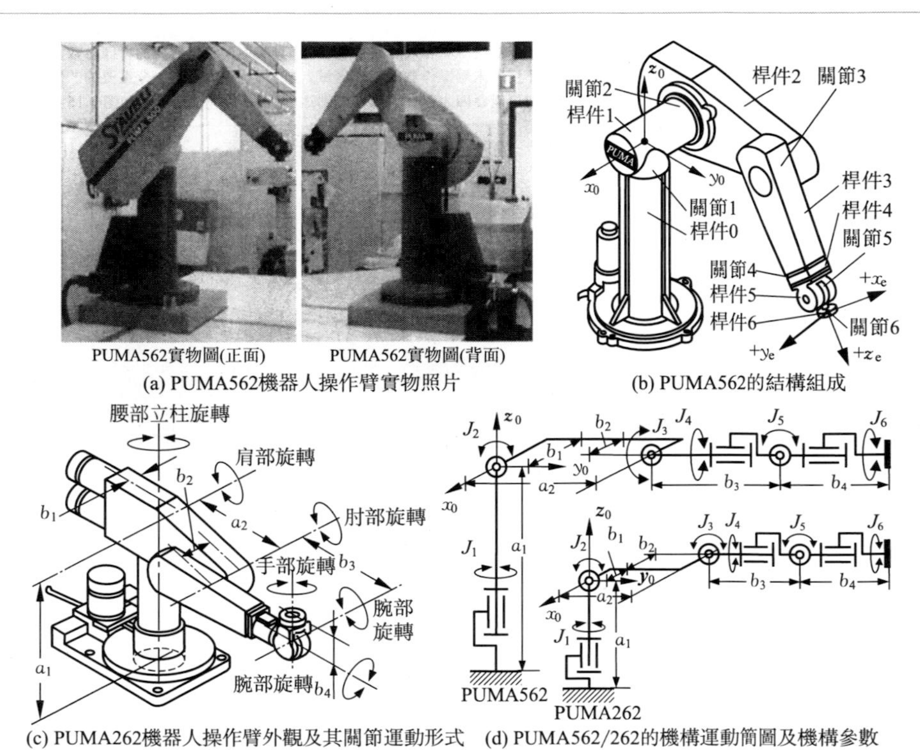

(a) PUMA562機器人操作臂實物照片　(b) PUMA562的結構組成

(c) PUMA262機器人操作臂外觀及其關節運動形式　(d) PUMA562/262的機構運動簡圖及機構參數

圖 3-5　PUMA562/262 機器人操作臂外觀結構及其機構原理

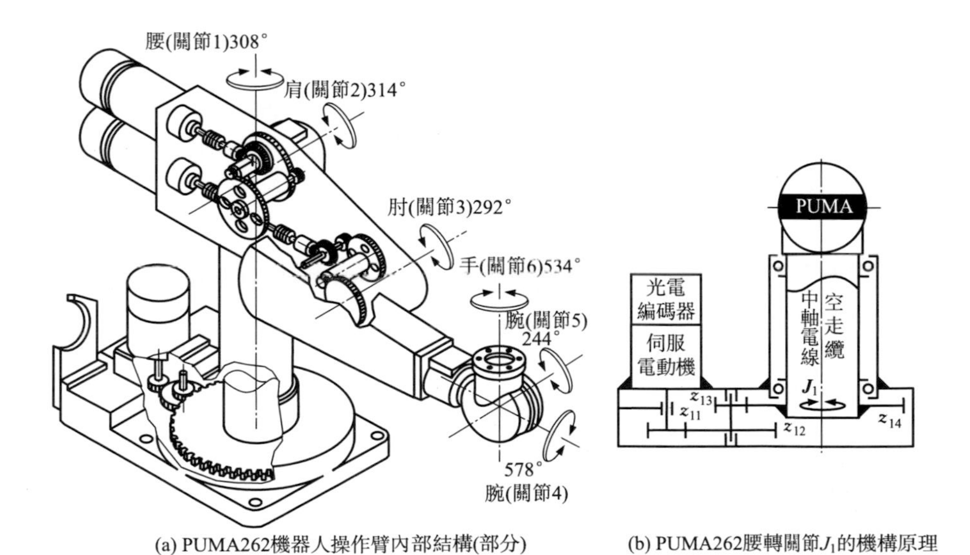

(a) PUMA262機器人操作臂內部結構(部分)　(b) PUMA262腰轉關節J_1的機構原理

圖 3-6

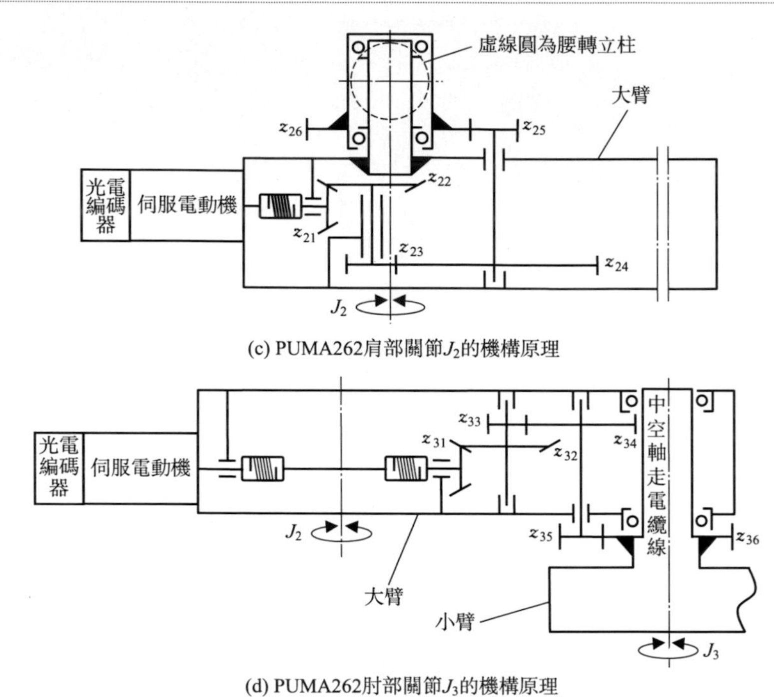

(c) PUMA262肩部關節J_2的機構原理

(d) PUMA262肘部關節J_3的機構原理

圖 3-6　PUMA 機器人操作臂結構及其腰、肩、肘三個關節驅動系統原理圖（即機構運動簡圖）

(4) SCARA 工業機器人操作臂臂上關節的驅動形式

被稱為 SCARA（selected compliance assembly robot arm）型機器人的機構如圖 3-7、圖 3-8 所示，各關節軸線皆為垂直方向。這些關節回轉軸皆相對於扭轉方向呈易於轉動的搆造。而且，各個桿件的縱向斷面具有縱向長的特點，桿件斷面呈長方形的情況下，對於桿件負載的剛度與邊長的三次方成正比。總之，軸、桿件在垂直方向上沒有變形且能產生大出力，與此相反，水平方向上出力少而且產生變形相對較大。因此，這種機構可實現適於作為裝配用途的、高剛度的操作臂。

① 回轉關節 J_1、J_2 的驅動　如圖 3-9(a)、(b) 所示，回轉關節 J_1、J_2 的驅動方式為帶異速器（行星齒輪異速器或諧波齒輪異速器等）及編碼器的一體化伺服電動機（直流伺服或交流伺服電動機）直接驅動關節轉動。

② 回轉關節 J_3 的驅動　如圖 3-9(c) 所示，回轉關節 J_3 的驅動方式為帶異速器（行星齒輪異速器或諧波齒輪異速器等）及編碼器的一體化伺服電動機（直流伺服或交流伺服電動機）經過兩級同步齒形帶（或鋼帶、鋼繩）傳動驅動關節

3 轉動。由於關節 J_3 的驅動電動機是安在基座上的，透過兩級傳動並分別利用了關節 J_1、關節 1 回轉軸線位置，關節 J_3 的運動是關節 J_1、關節 J_2 及關節 J_3 自身三者回轉運動複合而成的，所以關節 J_3 獨立的位置、速度控制也必須在關節 J_1、關節 J_2、關節 J_3 協調控制下才能實現。

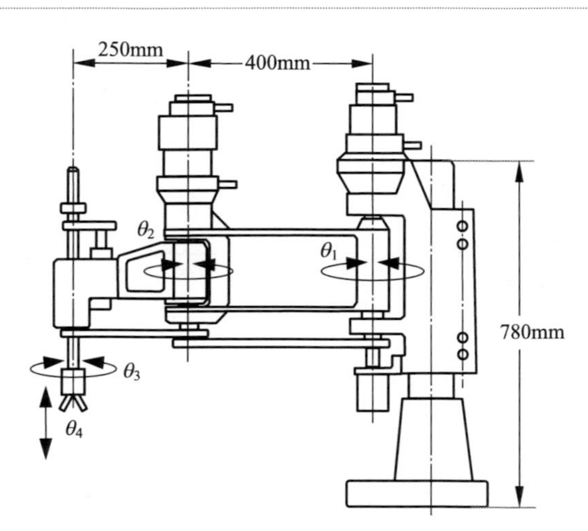

圖 3-7 SCARA 機器人操作臂外觀與結構

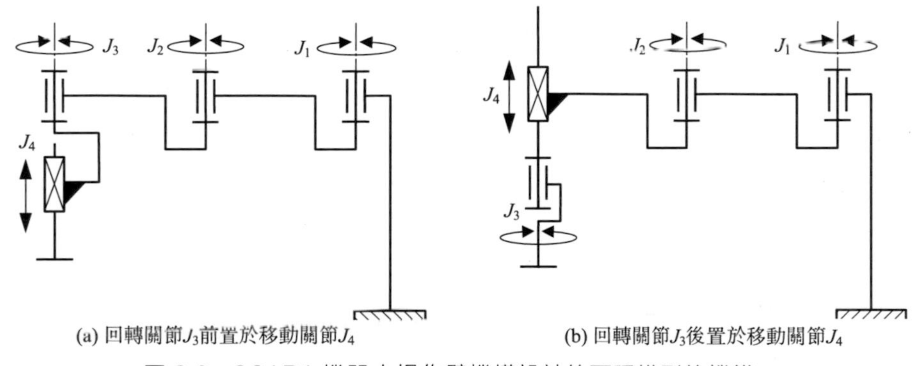

圖 3-8 SCARA 機器人操作臂機構設計的兩種構型的機構運動簡圖（關節前置/後置——離基座近為前、遠為後）

③ 移動關節 J_4 的驅動　如圖 3-9(c) 所示，移動關節 J_4 的驅動方式為帶異速器（行星齒輪異速器或諧波齒輪異速器等）及編碼器的一體化伺服電動機（直流伺服或交流伺服電動機）經過一級同步齒形帶（或鋼帶、鋼繩）傳動驅動滾珠螺桿傳動的螺母轉動，從而使螺桿在回轉關節 J_3 內移動導向約束下做伸縮移動，實現關節 J_4 的移動運動，但是，需注意的是：由於移動關節 J_4 驅動電動

機安裝在小臂上，不能跟隨回轉關節 J_3 一起轉動，關節 J_4 的移動是在回轉關節 J_3 驅動電動機、移動關節 J_4 驅動電動機的複合運動下實現的，所以，其移動量控制也應是在關節 J_3、關節 J_4 協調控制下實現期望的移動量、移動速度。

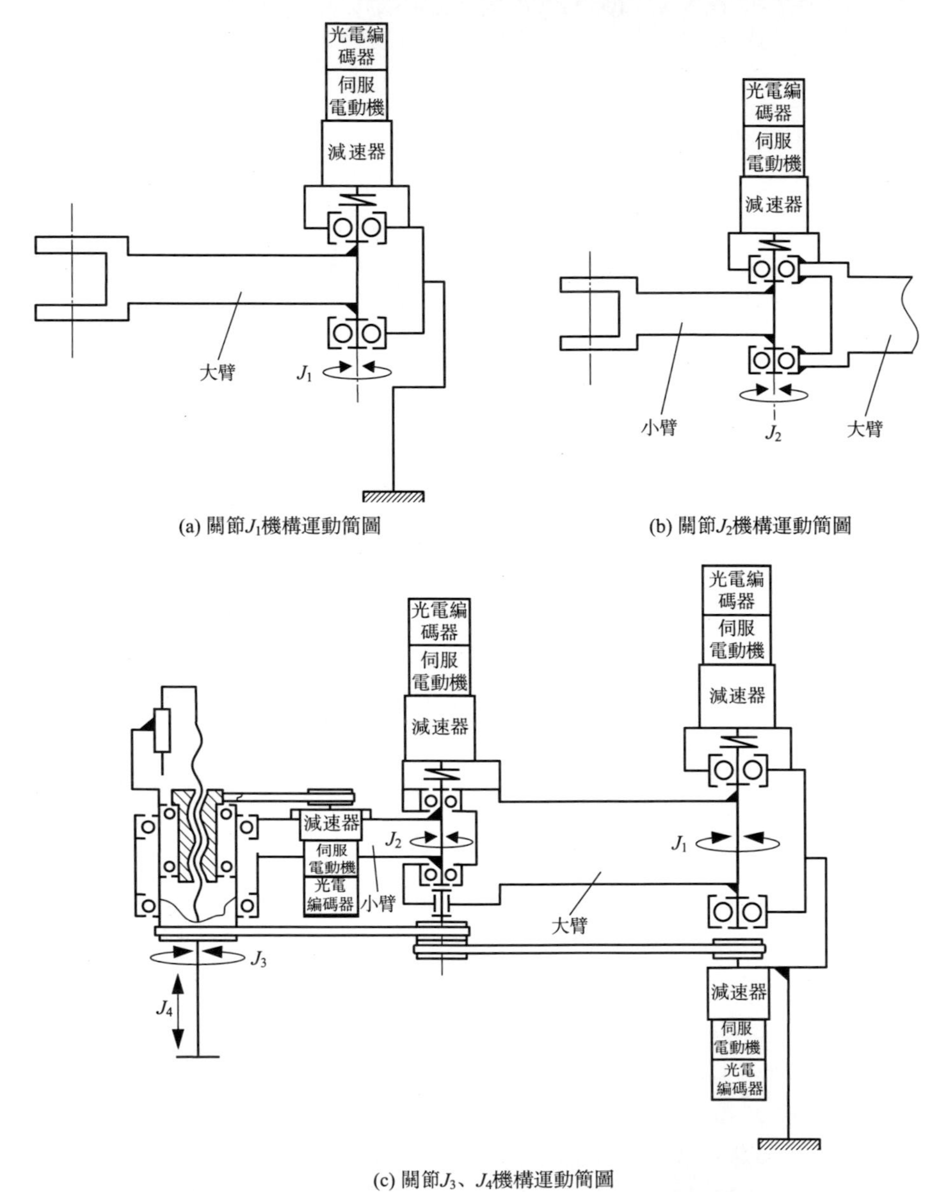

圖 3-9　SCARA 機器人操作臂各關節機構運動簡圖

（5）MOTOMAN 工業機器人操作臂臂上關節的驅動形式

① MOTOMAN-L10 型機器人操作臂弧焊系統及其機構原理　如圖 3-10 所示為應用 MOTOMAN-L10 型機器人操作臂進行弧焊作業的機器人系統。該系統由焊接電源 1、氣瓶 2、焊絲送絲裝置 3、示教盒 4、控制櫃 5、焊槍 6、工件 7、夾具 8、操作臺 9、機器人 10 等組成。

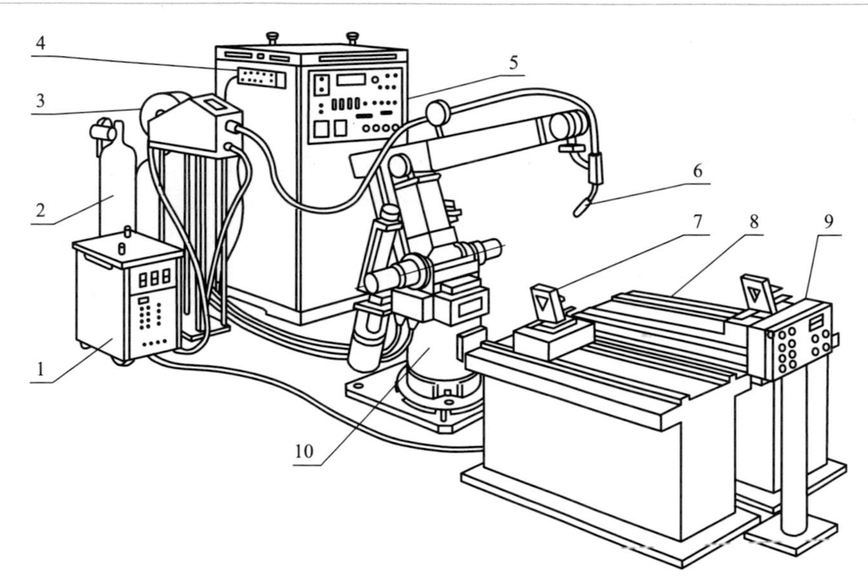

圖 3-10　MOTOMAN-L10 型機器人操作臂及其弧焊系統

1—焊接電源；2—氣瓶；3—焊絲送絲裝置；4—示教盒；5—控制櫃；
6—焊槍；7—工件；8—夾具；9—操作臺；10—機器人

對弧焊機器人的要求：

a. 系統各部分必須協調控制：電腦作為主控器，必須與電焊機、工作檯控制系統有相應的介面，以便統一控制弧焊作業焊機（送絲速度和焊接電流等）和工作檯（運動方式和運動速度）與機器人操作臂協調動作。

b. 機器人操作臂至少應有 5 個自由度：焊絲沿焊縫移動需要 3 個自由度；焊絲在焊縫的任意一點處都需要有確定的姿態，即確定焊絲的方向，由於焊絲是軸對稱的，所以確定焊絲姿態只需 2 個自由度。

c. 機器人必須是連續軌跡追蹤控制（CP），而且還要有附加的起弧、熄弧和焊絲的橫擺運動。

d. 為了提高焊縫質量，通常還需要有焊縫跟蹤系統。

② MOTOMAN-L10 型機器人操作臂的機構運動分析　如圖 3-11 所示，有 5 個自由度，分別定義為腰部回轉 S 軸、大臂俯仰 L 軸、小臂俯仰 U 軸、腕部

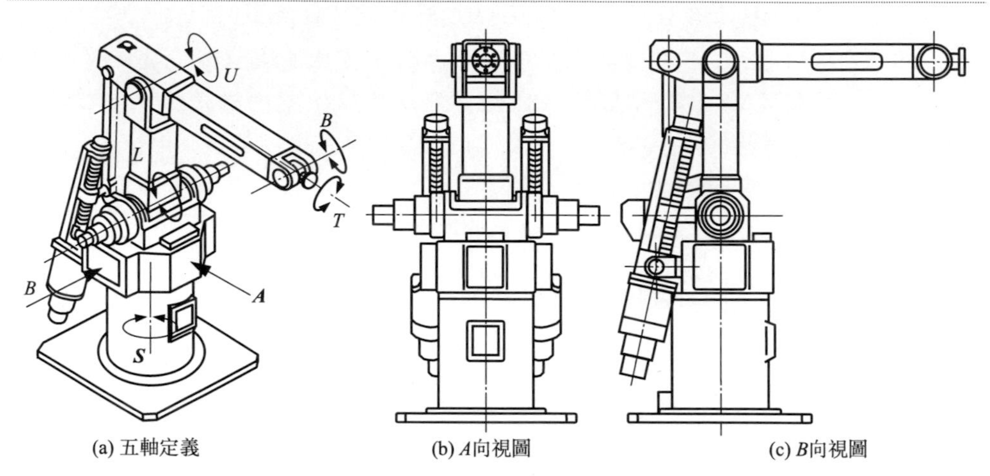

圖 3-11　MOTOMAN-L10 型機器人操作臂各關節（軸）定義及平面投影視圖

擺動 B 軸、手部回轉 T 軸等 5 個回轉關節。各軸機械傳動系統如圖 3-12 所示，下面結合此圖說明各軸機械傳動系統的機構運動原理。

a. 關節 J_1—腰部回轉 S 軸：由 400W 直流伺服電動機 2 透過諧波齒輪異速器 3 異速後帶動大臂殼體 4 繞垂直軸旋轉。

b. 關節 J_2—大臂俯仰 L 軸：由 400W 直流伺服電動機 1 帶動滾珠螺桿 9 螺母轉動驅動螺桿，再由螺桿帶動大臂桿 7 上的凸耳 8 驅動大臂桿前後俯仰運動。

c. 關節 J_3—小臂俯仰 U 軸：由 400W 直流伺服電動機 1 帶動另一滾珠螺桿 11 的螺母轉動驅動螺桿，再由螺桿帶動平行四連桿機構的主動桿擺動，藉助於該四連桿機構的拉桿 12 迫使小臂臂桿 16 以大臂桿上端的銷軸 14 為支撐做上下俯仰運動。

d. 關節 J_4—腕部擺動 B 軸：由 200W 直流伺服電動機 21 透過諧波齒輪異速器 10 異速後帶動大臂桿內的鏈傳動鏈條運動，再透過大臂桿上面銷軸上的一個雙聯鏈輪 13 帶動小臂桿內的鏈條轉動，從而帶動與腕殼固連在一起的鏈輪 22，驅動腕殼 19 上下擺動。

e. 關節 J_5—手部回轉 T 軸：由 200W 另一直流伺服電動機 6 透過諧波齒輪異速器 5 異速後帶動大臂桿內的另一鏈傳動鏈條運動，再透過大臂桿上面銷軸上的另一個雙聯鏈輪 15 帶動小臂桿內的另一鏈條轉動，從而帶動腕殼內的鏈輪 17，該鏈輪與大錐齒輪 18 同軸固連，再帶動小錐齒輪與軸，最後帶動手部固接法蘭 20 轉動。

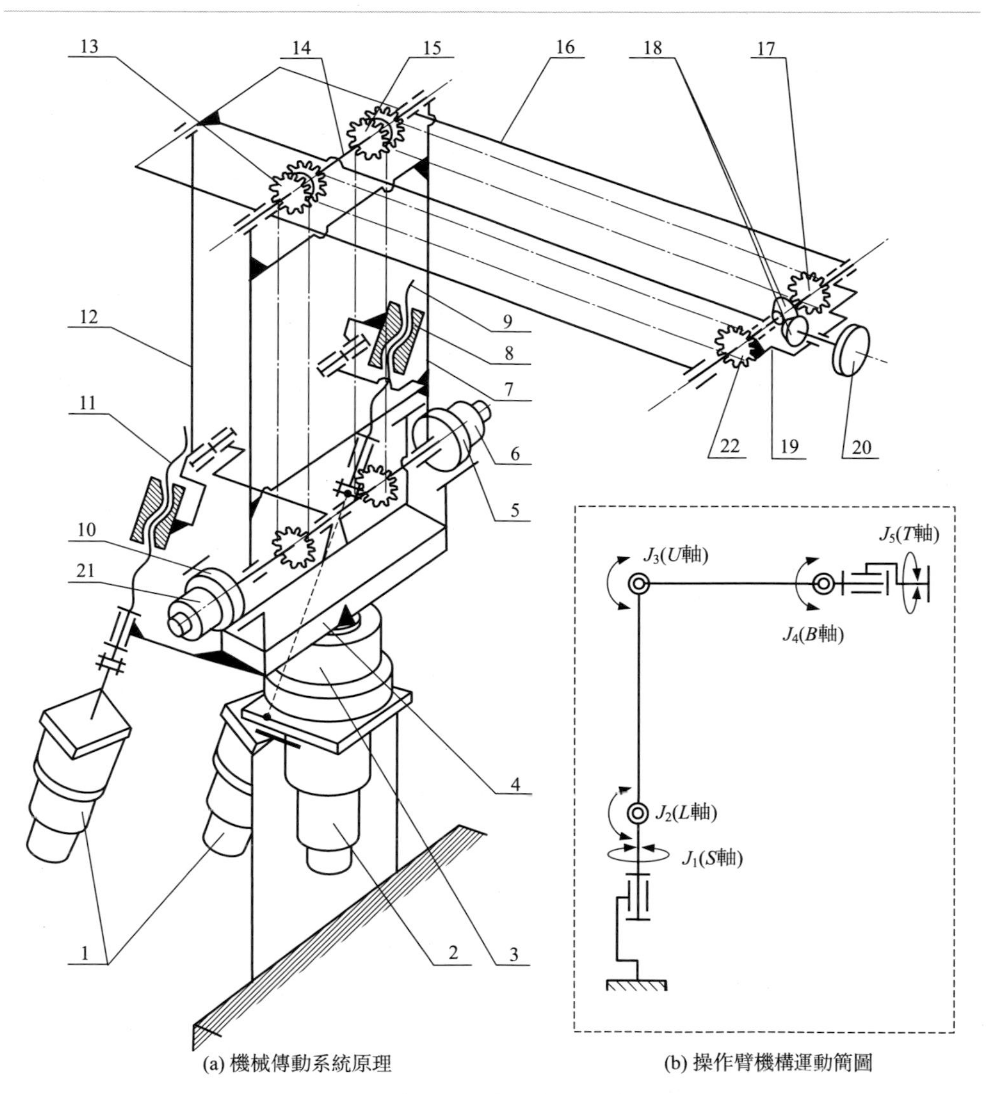

(a) 機械傳動系統原理　　(b) 操作臂機構運動簡圖

圖 3-12　MOTOMAN-L10 型機器人操作臂機構運動簡圖及機械傳動系統原理

1，2，6，21—直流伺服電動機；3，5，10—諧波齒輪異速器；4—大臂殼體；7—大臂桿；8—凸耳；9，11—滾珠螺桿；12—拉桿；13，15—雙聯鏈輪；14—銷軸；16—小臂臂桿；17—腕殼內的鏈輪；18—大錐齒輪；19—驅動腕殼；20—手部固接法蘭；22—鏈輪

③ MOTOMAN-K100S 型機器人操作臂臂上關節驅動　表 3-1 為日本安川公司（Yaskawa Company）生產的 MOTOMAN K 系列中 MOTOMAN-K100S 型機器人操作臂機械本體規格表。圖 3-13 為 MOTOMAN K 系列機器人操作臂立體圖及其機構運動簡圖。

表 3-1 MOTOMAN-K100S 型工業機器人操作臂機械本體規格表

<table>
<tr><td colspan="2">型號</td><td>MOTOMAN-K100S</td><td rowspan="3">許用扭矩</td><td>R 軸(腕部扭轉)</td><td>588N・m(60kgf・m)</td></tr>
<tr><td colspan="2">動作形態</td><td>垂直多關節型</td><td>B 軸(腕部俯仰)</td><td>588N・m(60kgf・m)</td></tr>
<tr><td colspan="2">自由度數</td><td>6</td><td>T 軸(腕部回轉)</td><td>353N・m(36kgf・m)</td></tr>
<tr><td colspan="2">可搬質量(負載)</td><td>100kg</td><td rowspan="3">許用轉動慣量($GD^2/4$)</td><td>R 軸(腕部扭轉)</td><td>37kg・m^2</td></tr>
<tr><td colspan="2">位置重複精度</td><td>±0.5mm</td><td>B 軸(腕部俯仰)</td><td>37kg・m^2</td></tr>
<tr><td rowspan="6">最大動作範圍</td><td>S 軸(本體回轉)</td><td>300°</td><td>T 軸(腕部回轉)</td><td>13.7kg・m^2</td></tr>
<tr><td>L 軸(大臂擺動)</td><td>115°</td><td colspan="2">本體質量</td><td>1600kg</td></tr>
<tr><td>U 軸(小臂擺動)</td><td>140°</td><td colspan="2">外漆顏色</td><td>橘紅</td></tr>
<tr><td>R 軸(腕部扭轉)</td><td>380°</td><td rowspan="4">環境條件</td><td>溫度</td><td>0～＋45℃</td></tr>
<tr><td>B 軸(腕部擺動)</td><td>260°</td><td rowspan="2">溼度</td><td rowspan="2">20%～80%RH
(不結露)</td></tr>
<tr><td>T 軸(腕部回轉)</td><td>700°</td></tr>
<tr><td rowspan="6">最大動作速度</td><td>S 軸</td><td>1.92rad/s,110°/s</td><td>振動</td><td>小於 4.9m/s^2</td></tr>
<tr><td>L 軸</td><td>1.92rad/s,110°/s</td><td rowspan="4">其他</td><td colspan="2" rowspan="4"></td></tr>
<tr><td>U 軸</td><td>1.92rad/s,110°/s</td></tr>
<tr><td>R 軸</td><td>2.44rad/s,140°/s</td></tr>
<tr><td>B 軸</td><td>2.44rad/s,140°/s</td></tr>
<tr><td>T 軸</td><td>4.19rad/s,240°/s</td><td colspan="2">動力電源容量①</td><td>24kV・A</td></tr>
</table>

① 根據不同的應用及動作模式而有所不同。
注：圖中採用 SI 單位標注。符合標準 JIS B 8432。

如圖 3-13(b) 所示，有 6 個自由度，分別定義為腰部回轉 S 軸、大臂俯仰 L 軸、小臂俯仰 U 軸、腕部回轉 R 軸、腕部擺動 B 軸、手部回轉 T 軸等 6 個回轉關節。

a. 關節 J_1—腰部回轉 S 軸：由伺服電動機透過 RV 擺線針輪異速器異速後帶動腰部及以上大臂一起繞垂直軸旋轉。

b. 關節 J_2—大臂俯仰 L 軸：由伺服電動機透過 RV 擺線針輪異速器異速後帶動大臂繞 L 軸作俯仰運動。

c. 關節 J_3—小臂俯仰 U 軸：由伺服電動機透過 RV 擺線針輪異速器異速後帶動平行四連桿機構的主動桿曲柄轉動，曲柄牽引拉桿拉動小臂繞 U 軸作俯仰運動。

d. 關節 J_4—腕部回轉 R 軸：由伺服電動機透過杯形柔輪諧波齒輪傳動異速後帶動小臂前端繞 R 軸回轉。

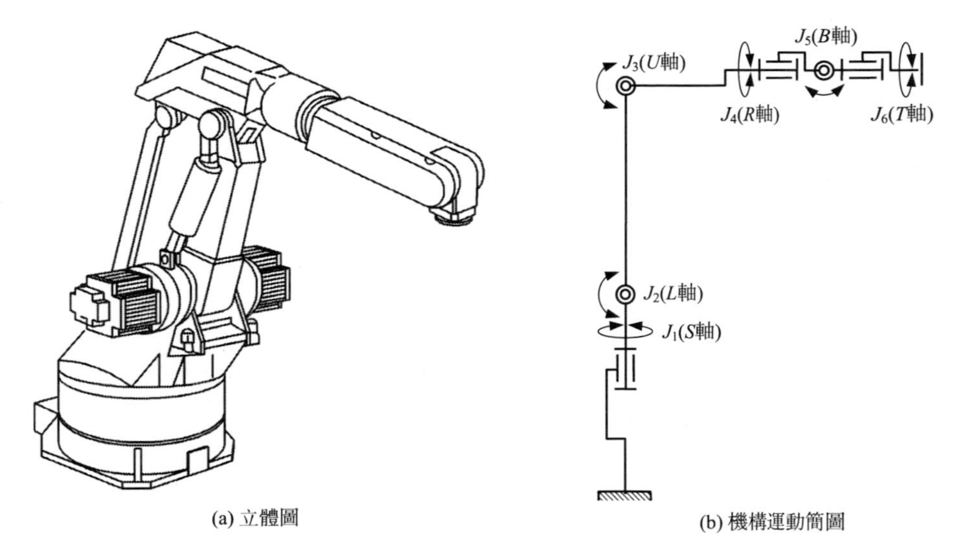

(a) 立體圖

(b) 機構運動簡圖

圖 3-13　MOTOMAN K 系列機器人操作臂立體圖及其機構運動簡圖

e. 關節 J_5—腕部擺動 B 軸：由伺服電動機先後透過一級圓錐齒輪傳動、一級同步齒形帶傳動、環形柔輪諧波齒輪傳動異速後驅動腕部殼體繞 B 軸作俯仰擺動運動。

f. 關節 J_6—手部回轉 T 軸：由伺服電動機先後透過一級圓錐齒輪傳動、一級同步齒形帶傳動、又一級圓錐齒輪傳動換向、環形柔輪諧波齒輪傳動異速後驅動手部介面法蘭繞 T 軸作回轉運動。

以上 6 個關節運動傳遞的詳細機構運動簡圖如圖 3-14(a)～(f) 所示。

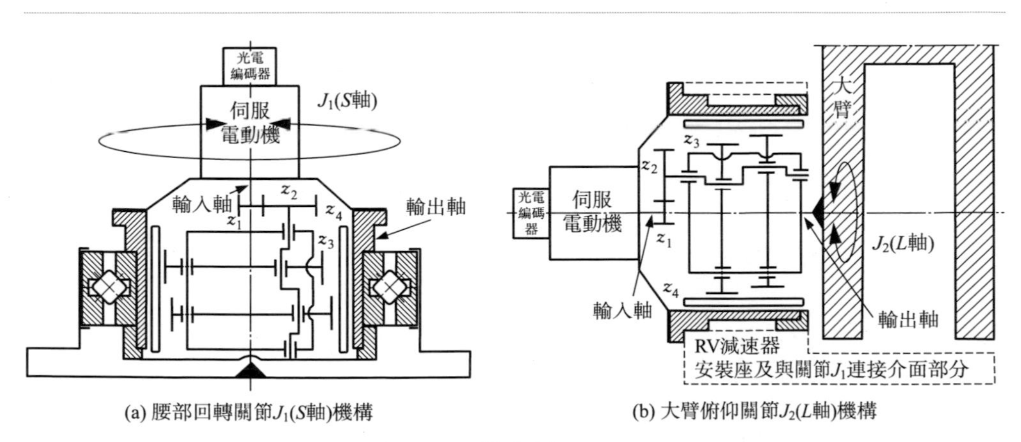

(a) 腰部回轉關節J_1(S軸)機構

(b) 大臂俯仰關節J_2(L軸)機構

圖 3-14

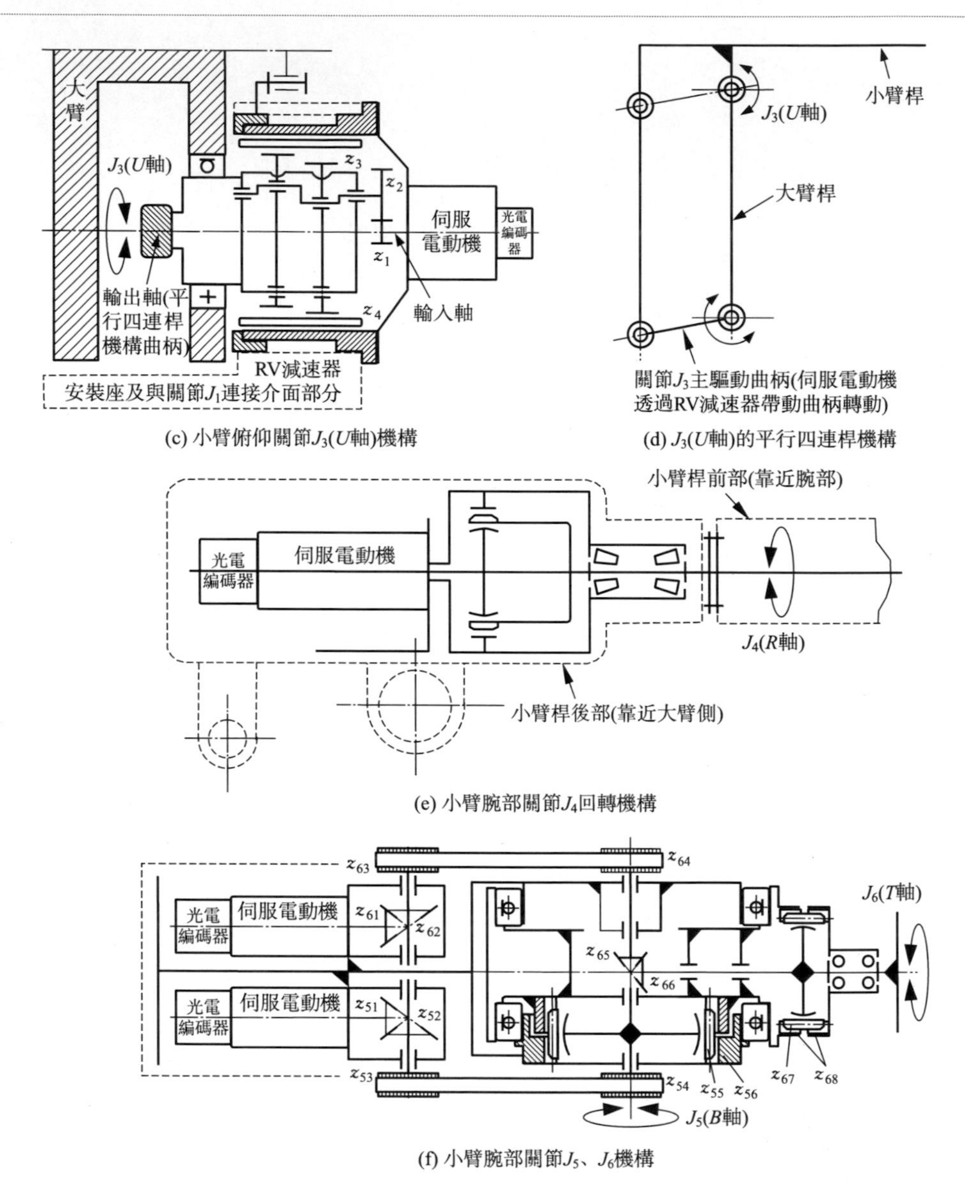

(c) 小臂俯仰關節J_3(U軸)機構

(d) J_3(U軸)的平行四連桿機構

(e) 小臂腕部關節J_4回轉機構

(f) 小臂腕部關節J_5、J_6機構

圖 3-14 MOTOMAN K 系列機器人操作臂各關節（軸）驅動機構運動簡圖

3.1.2 工業機器人操作臂的腕關節驅動形式

工業機器人操作臂的腕部關節通常具有 1～3 個自由度，通用的工業機器人操作臂腕部一般都具有 3 個自由度，在腕部末端連接如噴漆作業噴槍不需要最後

一個自由度回轉運動的情況下有 2 個自由度也足矣。由於腕部關節一般為三軸交於一點且結構緊湊，腕部各軸運動主要是為了實現末端操作器作業姿態，所以，腕關節設計時通常將 3 個自由度的運動機構、結構設計放在一起去考慮。

(1) 單自由度手腕

其一般有 roll 和 pitch 兩種形式，如圖 3-15 所示，其實現也較簡單，通常可以用伺服電動機直接驅動諧波齒輪異速器（行星齒輪異速器）或者帶有諧波齒輪異速器（行星齒輪異速器）和光電編碼器的一體化伺服電動機實現 roll 運動；而對於 pitch 運動腕關節則可以透過圓錐齒輪傳動換向和同步齒形帶傳動將運動相對較遠距離地傳遞給 pitch 運動軸上的諧波齒輪傳動或行星齒輪傳動從而實現具有 pitch 運動的腕關節運動。

圖 3-15　兩種單自由度手腕機構運動簡圖

實現如圖 3-15 所示的單自由度腕關節的機械傳動系統如圖 3-16 所示。圖 3-16 (a) 所示是伺服電動機透過杯形諧波齒輪傳動輸出腕關節 roll 運動；圖 3-16(b) 所示是帶有光電編碼器、異速器（如諧波齒輪異速器、行星齒輪異速器等）一體化伺服電動機上異速器輸出軸直接生成腕關節 roll 運動，這類一體化伺服電動機如 MAXON 電動機的齒輪異速器、直流伺服電動機、光電編碼器可以在其可配套選擇範圍內自由組合訂購購得一體化電動機，詳細參見 Maxon 產品樣本或網頁；圖 3-16(c)、(d) 所示則是單關節 pitch 自由度運動機構，分別是由伺服電動機透過一級圓錐齒輪傳動將運動傳遞換向後再經一級同步齒形帶傳動實現運動的遠距離傳動，進而傳遞給環形柔輪或者杯形柔輪諧波傳動從而實現腕關節單自由度 pitch 運動的。除此之外，還有其他傳動形式，不再一一列舉。

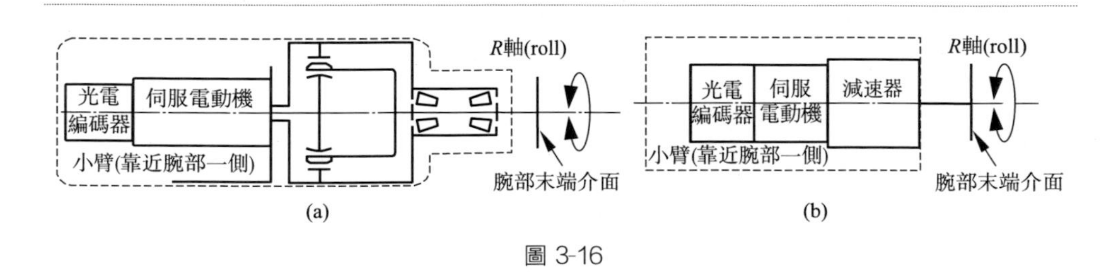

圖 3-16

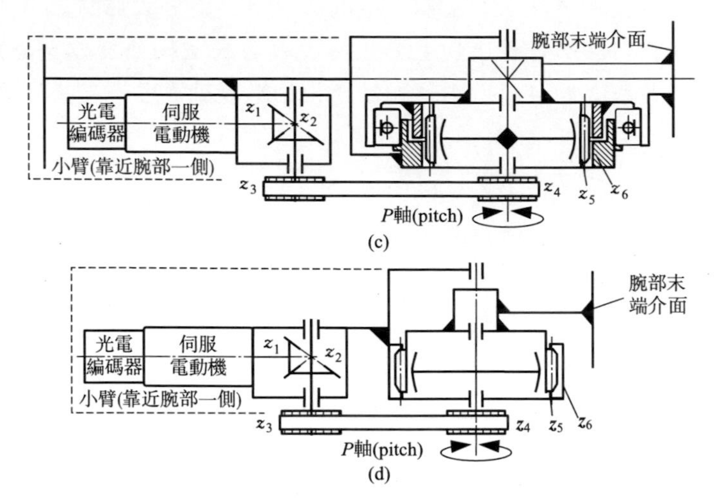

圖 3-16 單自由度手腕關節機構的機構設計方案

(2) 雙自由度手腕

其一般有 roll-pitch 式、roll-yaw 式、pitch-roll 式、pitch-yaw 式四種，如圖 3-17 所示。

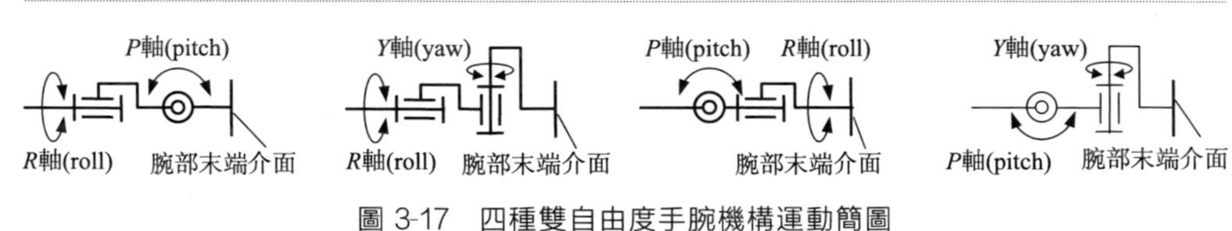

圖 3-17 四種雙自由度手腕機構運動簡圖

(3) 三自由度手腕

常用的三自由度手腕典型機構形式如表 3-2 所示。

表 3-2 三自由度手腕的典型機構形式

類型	機構簡圖	應用實例
偏交型	β γ α	

續表

類型	機構簡圖	應用實例
匯交型	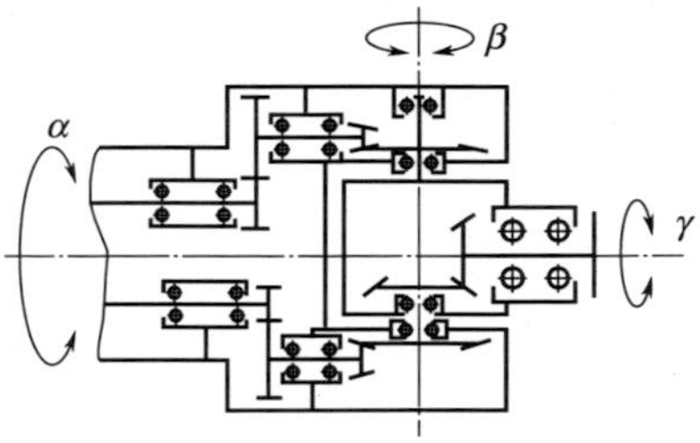 α β γ	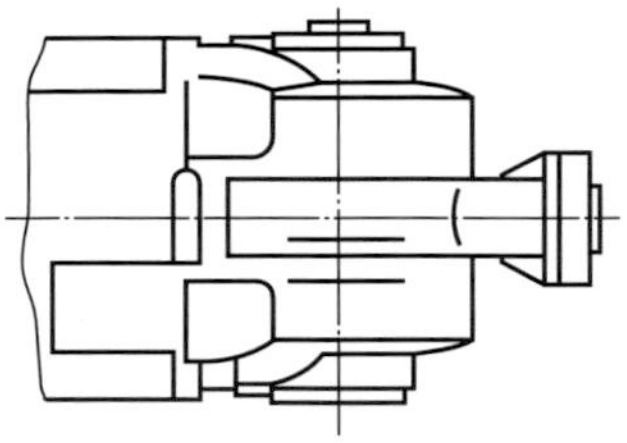
球形匯交型	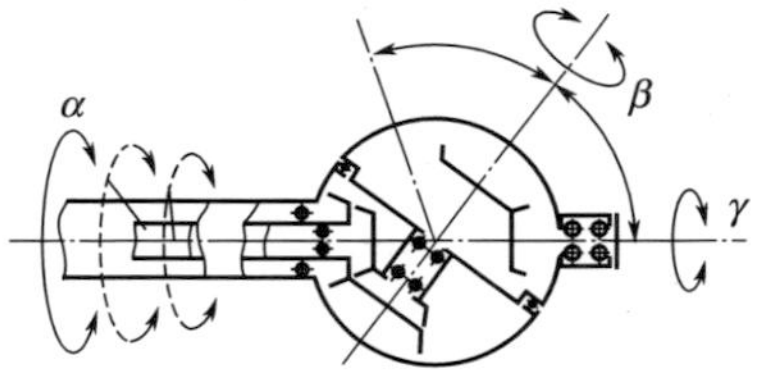 α β γ	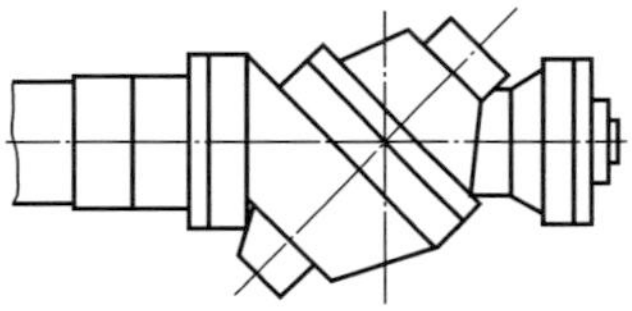
中空偏交型	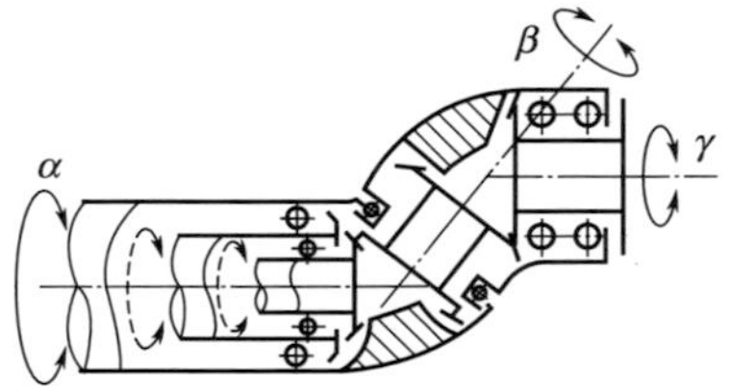 α β γ	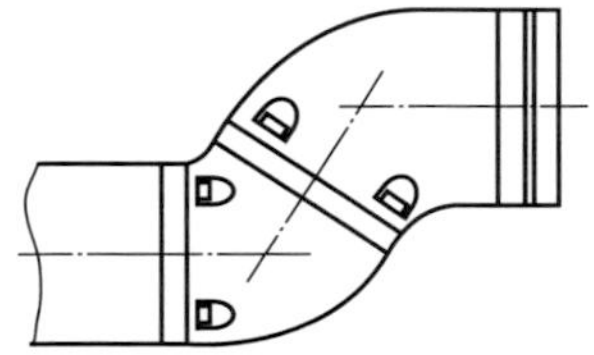
回形偏交型	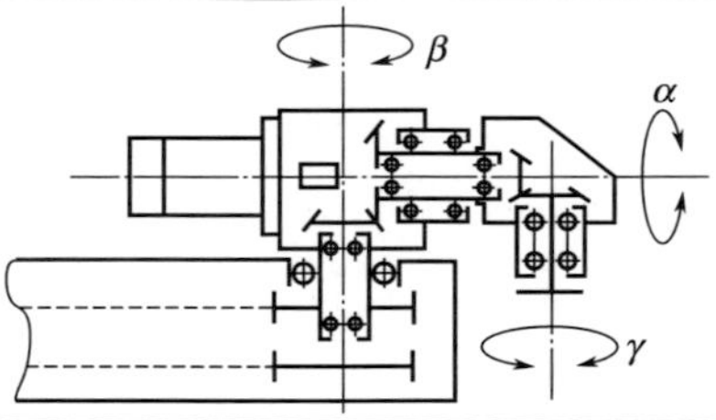 β α γ	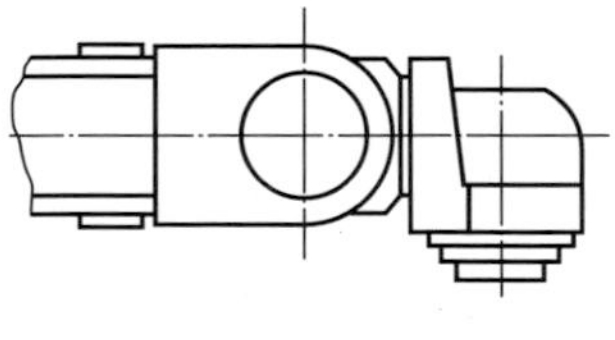

3.2 工業機器人操作臂的機械結構設計

3.2.1 MOTOMAN K 系列機器人操作臂機械結構設計

MOTOMAN K 系列工業機器人操作臂的機構運動簡圖如圖 3-13(b) 所示，有 6 個自由度，其製造商將其分別定義為腰部回轉 S 軸、大臂俯仰 L 軸、小臂

俯仰 U 軸、腕部回轉 R 軸、腕部擺動 B 軸、手部回轉 T 軸等 6 個回轉關節，在機構運動簡圖上分別對應關節編號 $J_1 \sim J_6$。

其主要包括腰部、大臂、小臂及其各部分關節等機械結構設計。

① 關節 J_1—腰部回轉 S 軸：其機械結構如圖 3-18 所示，由伺服電動機 1 透過 RV 擺線針輪異速器 2 異速後帶動腰部 3 及腰部以上大臂一起繞垂直軸旋轉。腰部主軸承採用交叉滾子軸承 4；5 為電動機電纜線，設計時必須按照腰部關節回轉範圍及電纜纏繞半徑計算好總的纏繞圈數及配線時預留出電纜線纏繞總長度，以保證腰部關節轉到最大角度位置時電纜線不致受到被強行牽拉的力。

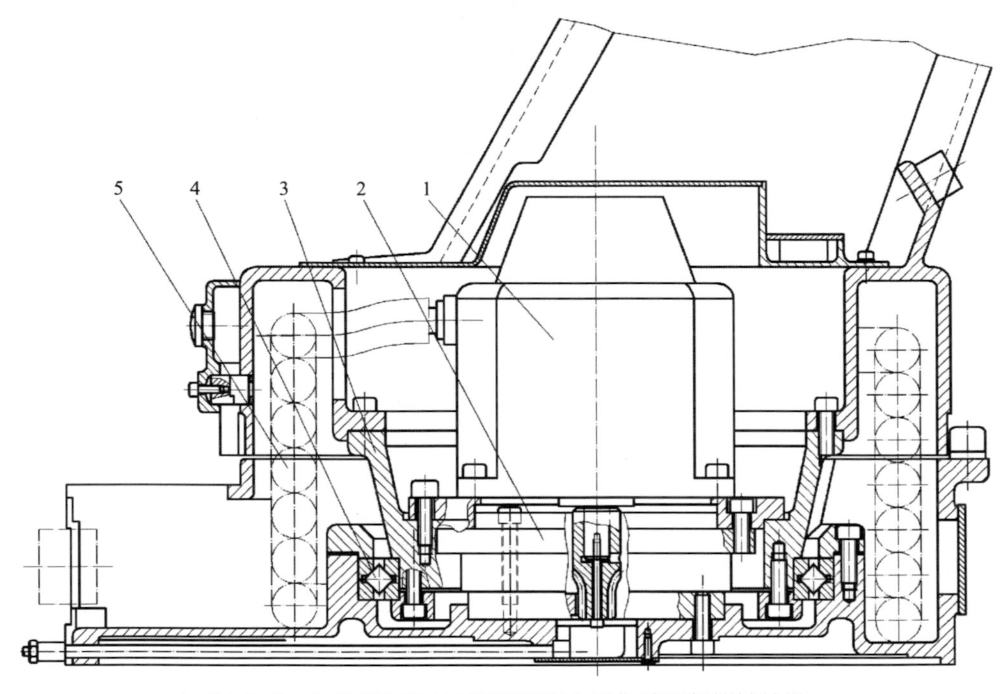

圖 3-18　MOTOMAN K 系列機器人操作臂腰部機械結構

1—伺服電動機；2—RV 擺線針輪異速器；3—腰部；4—交叉滾子軸承；5—電動機電纜線

② 關節 J_2—大臂俯仰 L 軸：其機械結構如圖 3-19 所示，伺服電動機 2 與 RV 擺線針輪異速器 3 一起連接、裝配在腰座 1 的左側板上，RV 擺線針輪異速器 3 的輸出法蘭與大臂 10 的左側法蘭配合、連接在一起，由伺服電動機 2 透過 RV 擺線針輪異速器 3 異速後帶動大臂 10 繞 L 軸作俯仰運動。

③ 關節 J_3—小臂俯仰 U 軸：其機械結構如圖 3-19 所示，伺服電動機 6 與 RV 擺線針輪異速器 7 一起連接、裝配在腰座 1 的右側板上，RV 擺線針輪異速器 7 的輸出法蘭與大臂 10 的左側法蘭配合、連接在一起，由伺服電動機 6 透過

RV 擺線針輪異速器 7 異速後，驅動由交叉滾子軸承 9 支撐在大臂 10 右側軸承座孔上的平行四連桿機構主動桿曲柄 5 轉動，曲柄 5 牽引平行四連桿機構的後拉桿拉動小臂繞 U 軸作俯仰運動。

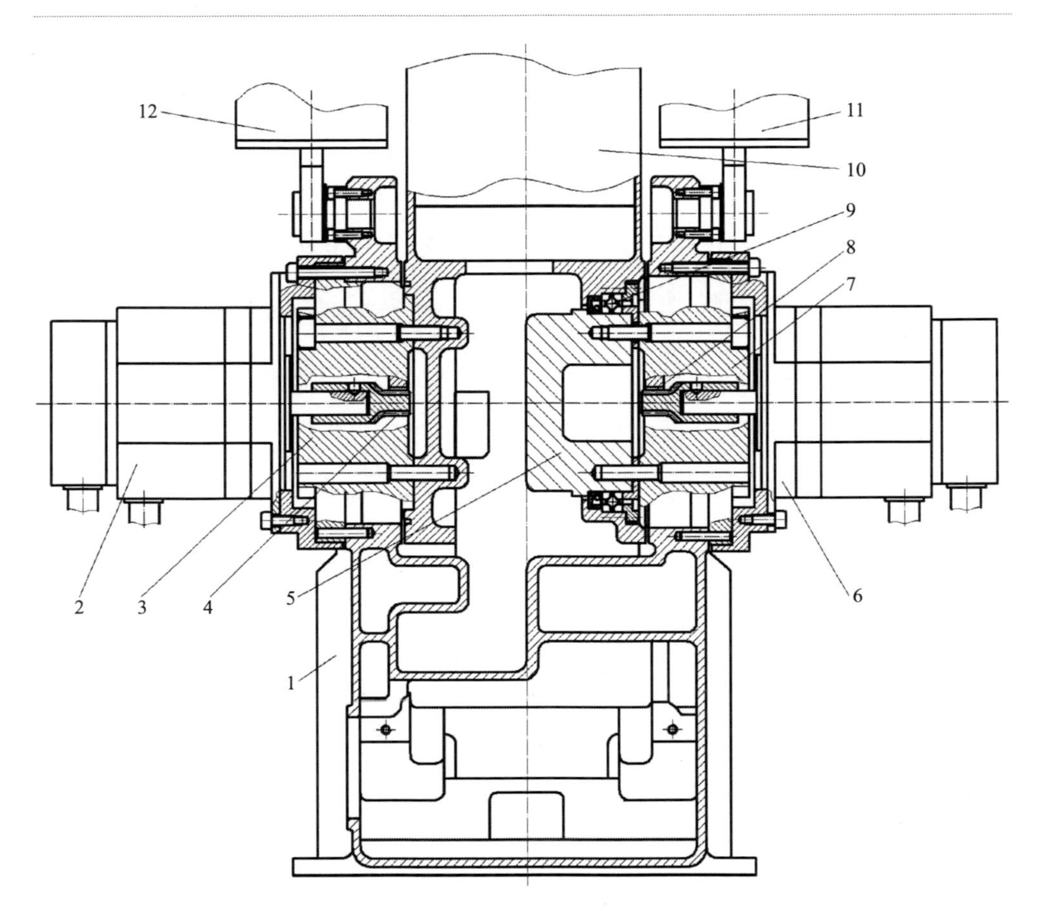

圖 3-19　MOTOMAN K 系列機器人操作大臂俯仰關節（L 軸）及小臂俯仰關節（U 軸）的機械結構

1—腰座；2—大臂俯仰運動驅動電動機；3,7—RV 擺線針輪異速器；4,8—電動機軸上的小齒輪；5—曲柄；6—小臂俯仰運動驅動電動機；9—四點接觸球軸承或交叉滾子軸承；10—大臂；11,12—小臂兩側拉桿

④ 關節 J_4—腕部回轉 R 軸：由伺服電動機透過杯形柔輪諧波齒輪傳動異速後帶動小臂前端繞 R 軸回轉；其裝配結構圖如圖 3-20 所示。

⑤ 關節 J_5—腕部擺動 B 軸：如圖 3-21 所示，由伺服電動機先後透過一級圓錐齒輪傳動、一級同步齒形帶傳動、環形柔輪諧波齒輪傳動異速後驅動腕部殼體繞 B 軸作俯仰擺動運動。

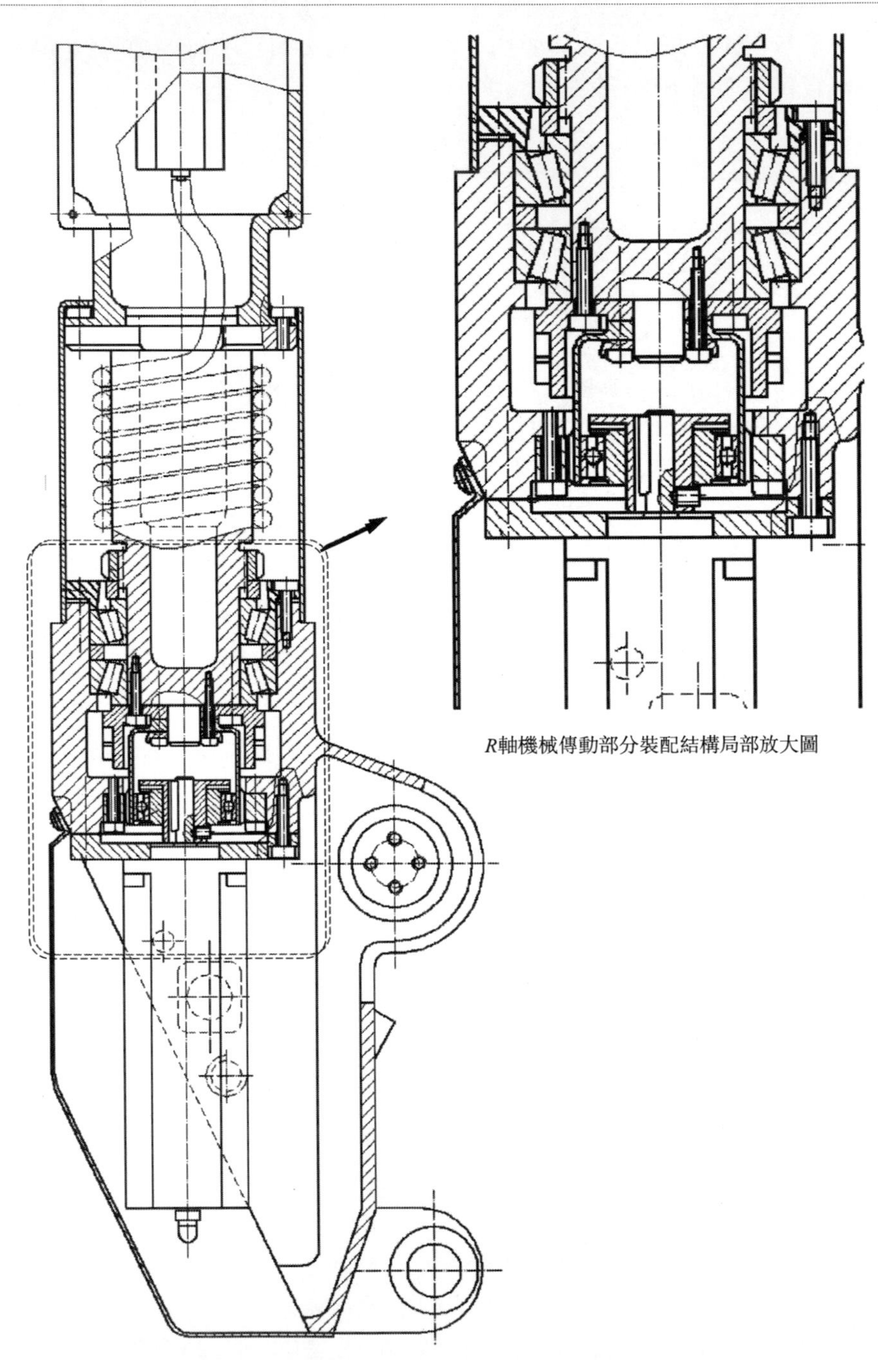

圖 3-20 MOTOMAN K 系列機器人操作臂小臂及腕部回轉關節（R 軸）機械結構

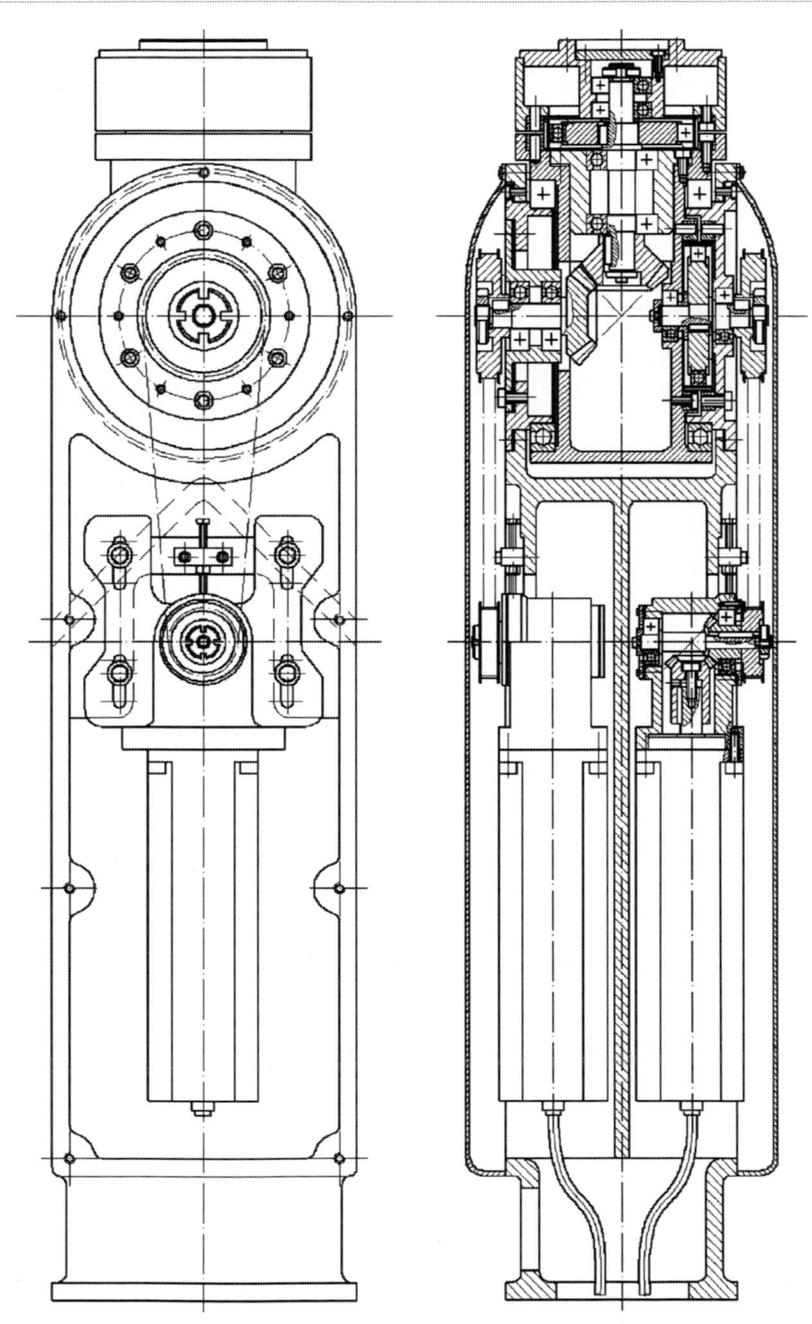

圖 3-21 MOTOMAN K 系列機器人操作臂小臂前部及腕部回轉關節（*B* 軸和 *T* 軸）機械結構

⑥ 關節 J_6—手部回轉 T 軸：如圖 3-21 所示，由伺服電動機先後透過一級圓錐齒輪傳動、一級同步齒形帶傳動、又一級圓錐齒輪傳動換向、環形柔輪諧波齒輪傳動異速後驅動手部介面法蘭繞 T 軸作回轉運動。B 軸和 T 軸的機械結構局部放大圖如圖 3-22 所示。

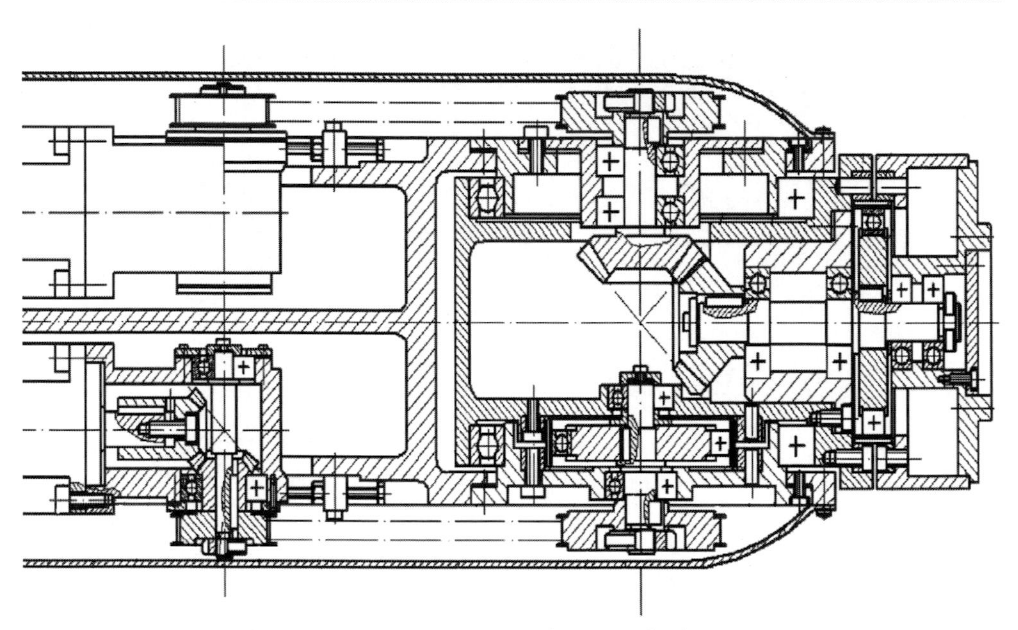

圖 3-22　MOTOMAN K 系列機器人操作臂小臂腕部回轉關節（B 軸和 T 軸）機械結構（局部放大圖）

3.2.2 PUMA 系列機器人操作臂機械結構設計

PUMA 機器人操作臂有 6 個自由度，分別定義為腰轉、大臂俯仰（肩關節）、小臂俯仰（肘關節）、腕部回轉 R 軸、腕部擺動 P 軸、手部回轉 R 軸等 6 個回轉關節，在如圖 3-6(b) 所示的機構運動簡圖上分別對應關節編號 J_1～J_6。PUMA262 型機器人操作臂三維結構及各關節（軸）回轉範圍如圖 3-23 所示。

(1) 腰轉關節 J_1 的驅動

如圖 3-24 所示，腰轉關節 J_1 的驅動方式為伺服電動機（也可為帶行星齒輪異速器及編碼器的一體化伺服電動機）1 驅動兩級直齒圓柱齒輪傳動驅動立柱 3 實現腰轉，機構運動簡圖如圖 3-6(b) 所示，轉動範圍為 308°。

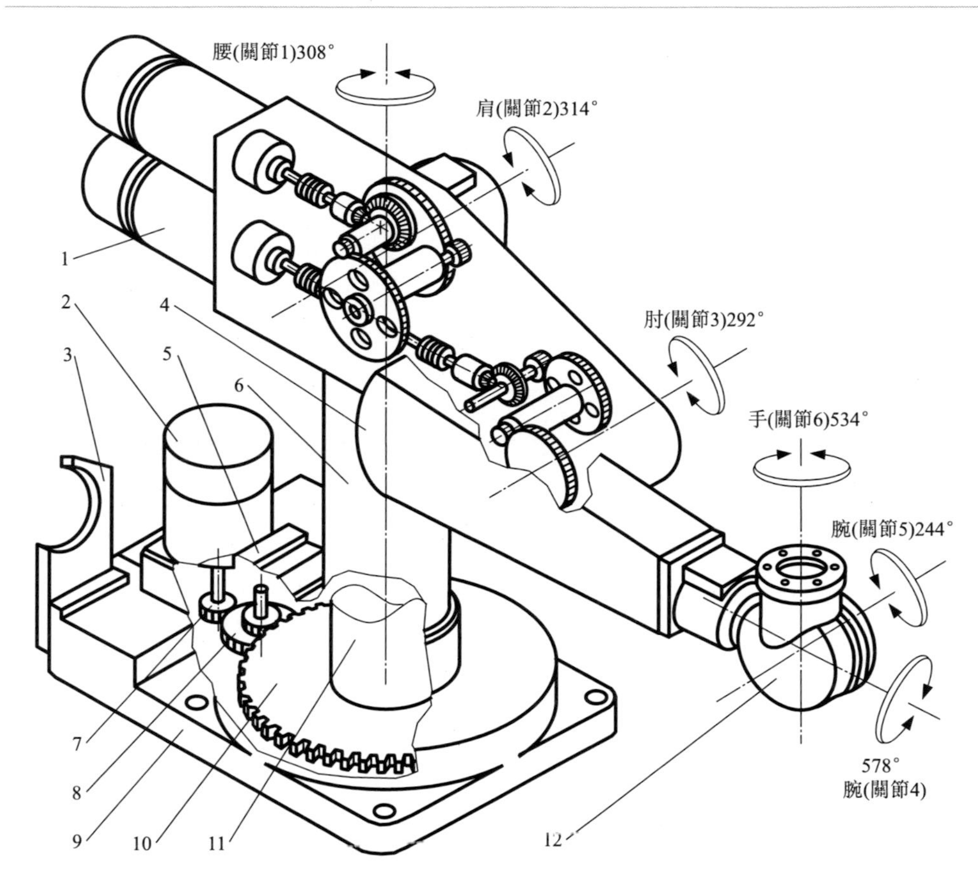

圖 3-23　PUMA262 型機器人操作臂三維結構及其各關節（軸）回轉範圍

1—大臂；2—關節 1 電動機；3—小臂定位夾板；4—小臂；5—氣動閥；6—立柱；
7—直齒輪；8—中間齒輪；9—機座；10—主齒輪；11—管形連接軸；12—手腕

(2) 肩部關節 J_2 的驅動

如圖 3-25 所示，肩部關節 J_2 的驅動方式為肩部關節伺服電動機（也可為帶行星齒輪異速器及編碼器的一體化伺服電動機）輸出軸透過一柔性聯軸器與一圓錐小齒輪相連接，依次驅動該級圓錐齒輪傳動，與大錐齒輪同軸的圓柱小齒輪、圓柱大齒輪，以及與圓柱大齒輪同軸的第二級圓柱齒輪傳動的小齒輪、大齒輪，從而實現肩關節轉動，機構運動簡圖如圖 3-6(c) 所示，轉動範圍為 314°。

(3) 肘部關節 J_3 的驅動

如圖 3-25 所示，肘部關節 J_3 的驅動方式為肘部關節伺服電動機（也可為帶行星齒輪異速器及編碼器的一體化伺服電動機）輸出軸透過一柔性聯軸器遠距離傳動到與另一柔性聯軸器相連的圓錐小齒輪，依次驅動該級圓錐齒輪傳動，與大錐齒輪同軸的圓柱小齒輪、圓柱大齒輪，以及與圓柱大齒輪同軸的第二級圓柱齒輪傳動的小齒輪、大齒輪，從而實現肘關節轉動，機構運動簡圖如圖 3-6(d) 所示，轉動範圍為 292°。

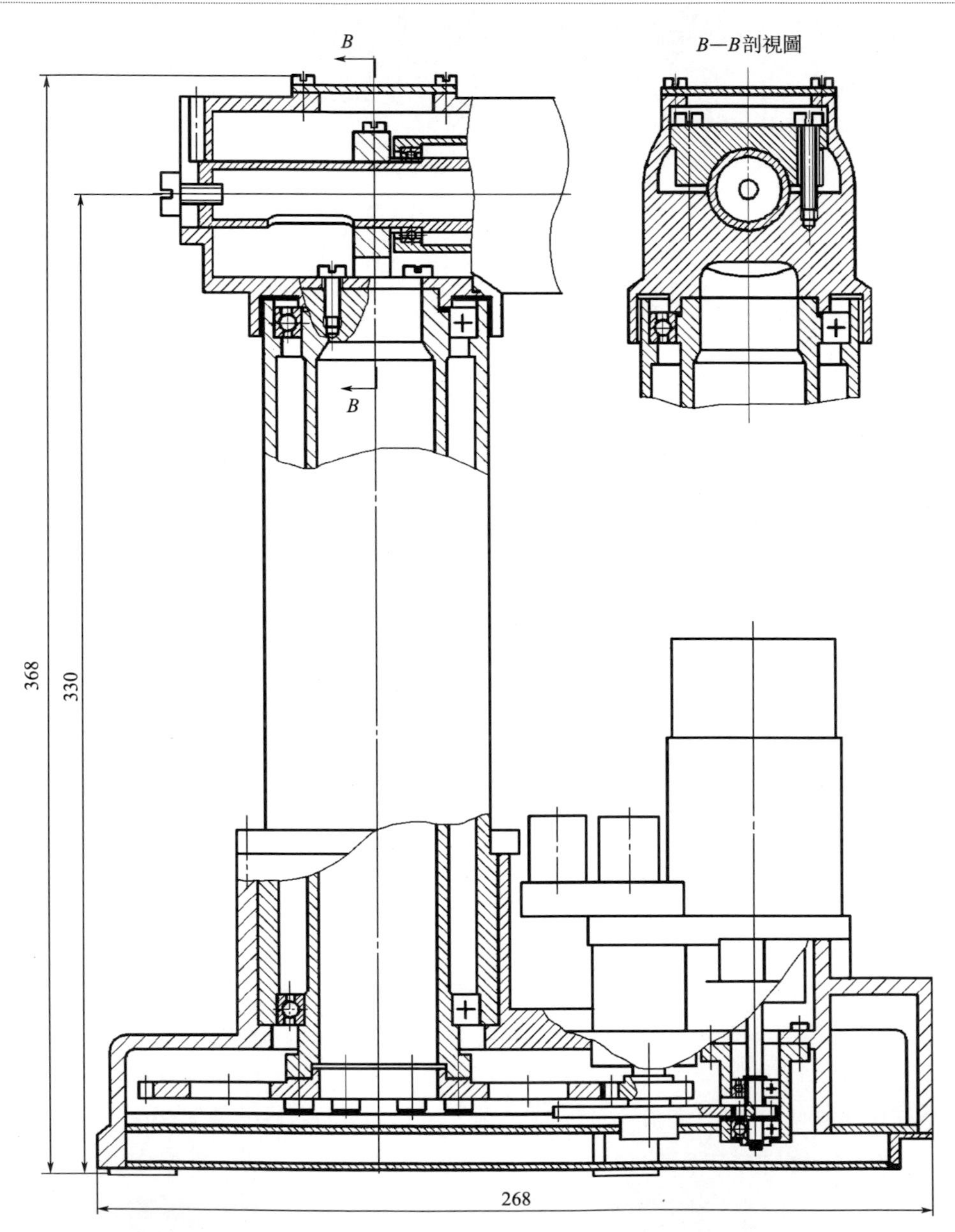

圖 3-24　PUMA262、562 型機器人操作臂基座及腰部關節機械結構

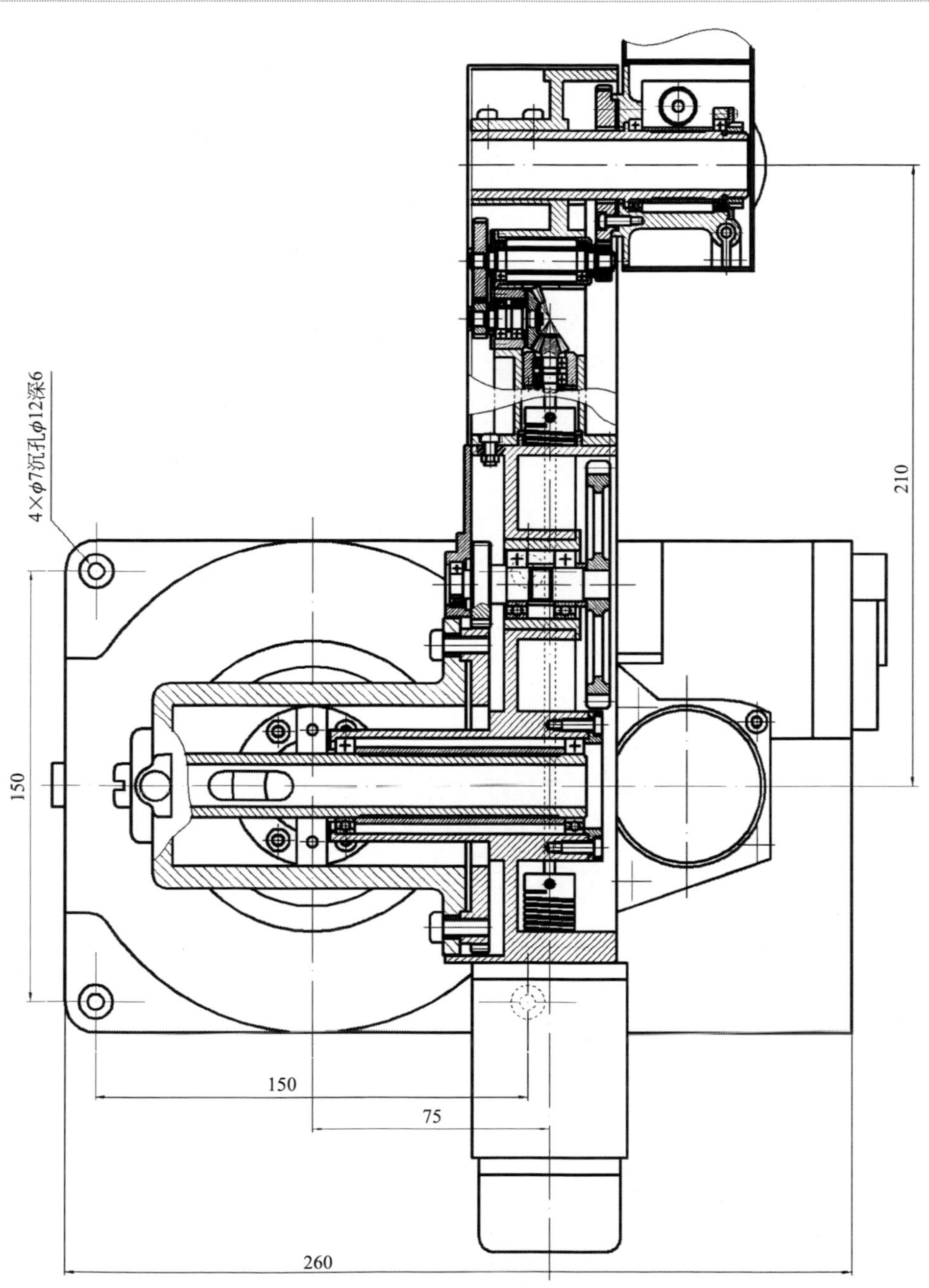

圖 3-25　PUMA262、562 型機器人操作臂關節 J_2（肩關節）、J_3（肘關節）及大臂機械結構

3.2.3 SCARA類型機器人操作臂機械結構設計

如前所述，SCARA 機器人操作臂為臂在水平面內運動的 4 自由度操作臂，其末端有 1 個垂直移動的自由度。此處討論如圖 3-26 所示的 SCARA 型機器人機構的機械結構設計問題。與現有的 SCARA 型機器人相比，在設計上不同的是：為使該類型機器人操作臂更適用於工作要求，在基座與立柱之間設置了大臂高度位置可調整安裝結構等等，有多處體現。下面結合圖 3-26～圖 3-30 對該類型機器人操作臂基座與立柱、關節 1（J_1）、關節 2（J_2）、關節 3（J_3）、關節 4（J_4）的機械結構進行詳細論述。

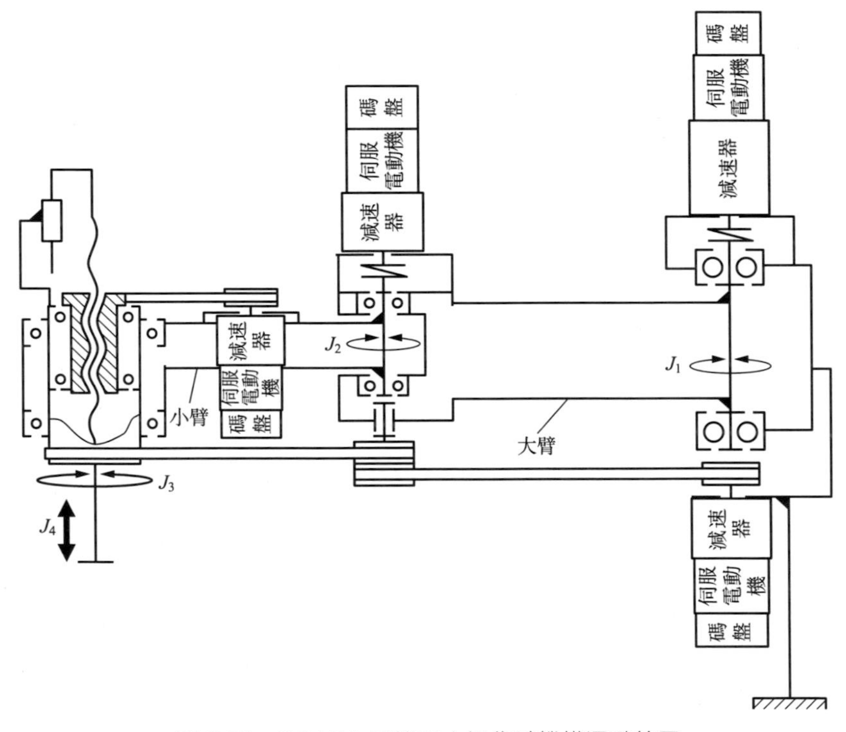

圖 3-26 SCARA 型機器人操作臂機構運動簡圖

（1）基座與立柱的結構設計

如圖 3-27 所示，基座是整臺機器人操作臂的支撐基礎，設計上需要保證高支撐剛度和高定位精度，為此，基座地面需有定位止口（法蘭），且基座內側面設有匯總四軸（J_1～J_4）驅動電動機及光電編碼器電纜線的匯總接線盒（22）；立柱（3）與基座（1）間為過盈配合，採用壓力裝配法裝配在一起並用緊定螺釘固定以保證支撐剛度，立柱端部用雙圓螺母（2）擰緊。立柱設計成中空結構，其內部用來走四路匯總的電纜線（23、21）。

為了適應不同作業高度要求，在立柱上設置了藉助於直齒圓柱齒輪-齒條傳動原理的大臂高度調整裝置（4），能夠人工調整關節 1 關節座（5）位置，也即調整大臂（17）高度。關節 1 關節座（5）與立柱（3）間為精密的軸孔滑動配合，立柱側面上沿母線方向加工有相當於直齒齒條的齒，對側與關節 1 關節座（5）孔間有導向平鍵連接可保證關節 1 關節座（5）只沿立柱軸向直線滑移，且立柱另一母線方向上有刻度尺線用來標記調整高度位置。

(2) 關節 1（J_1）的結構設計

如圖 3-27 所示，關節 1 介於基座、立柱與大臂之間，安裝在驅動電動機安裝座（8）上的帶有光電編碼器的驅動電動機（7）輸出軸與諧波異速器的波發生器（9）採用鍵連接，諧波異速器剛輪（10）裝入殼體（11）並與電動機安裝座（8）一起用螺栓組連接固定在一起；柔輪（12）的輸出法蘭與輸出軸花鍵軸（16）用螺栓組連接。由於諧波齒輪異速器內潤滑要求需要密封，因此，輸出軸花鍵軸（16）與軸承端蓋間採用了唇形密封圈（15）密封。電動機、諧波齒輪異速器可作為一個獨立的部件裝配好後，將殼體（11）上的配合面圓柱面、輸出軸花鍵軸分別對準關節 1 關節座（5）、大臂（17）上對應的軸孔、花鍵軸孔後插入、裝配在一起。

由於大臂（17）與關節 1 關節座（5）以及電動機（7）、關節 1 諧波齒輪異速器等是相對回轉的，所以來自關節 2、關節 4 驅動電動機的電纜（13）需要設計有纏繞和放鬆導向架（14）。另外，由於關節 3 驅動電動機（19）是安裝在基座（1）內側面的安裝座（18）上的，因此透過第一級同步齒形帶傳動將回轉運動傳遞到關節 2 軸線上的第二級同步齒形帶傳動輸入軸。

(3) 關節 2（J_2）的結構設計

如圖 3-28 所示，關節 2 介於大臂、小臂之間，安裝在驅動電動機安裝座（26）上的帶有光電編碼器的驅動電動機（24）輸出軸與諧波異速器的波發生器（29）採用鍵連接，諧波異速器剛輪（28）裝入殼體（27）並與電動機安裝座（26）一起用螺栓組連接固定在一起；柔輪（30）的輸出法蘭與輸出軸花鍵軸（31）用螺栓組連接。由於諧波齒輪異速器內潤滑要求需要密封，因此，輸出軸花鍵軸（31）與軸承端蓋間採用了唇形密封圈（34）密封。電動機、諧波齒輪異速器可作為一個獨立的部件裝配好後，將殼體（27）上的配合面圓柱面、輸出軸花鍵軸（31）分別對準大臂（17）、小臂（37）上對應的軸孔、花鍵軸孔後插入、裝配在一起。

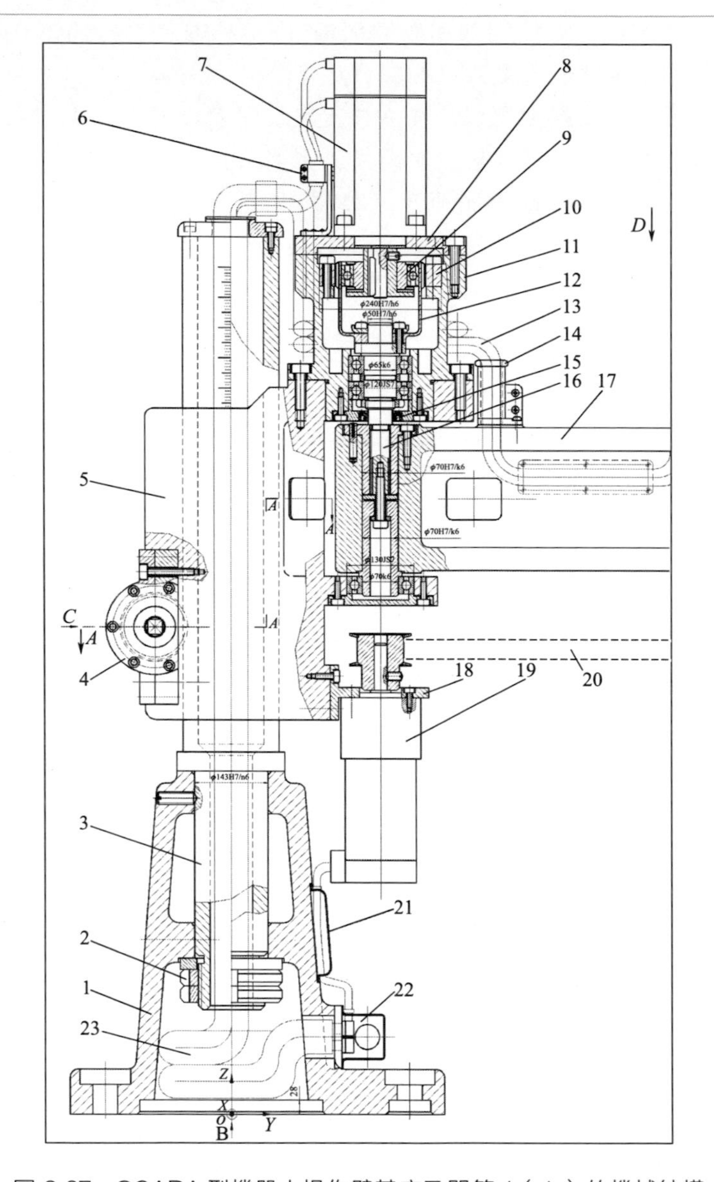

圖 3-27　SCARA 型機器人操作臂基座及關節 1（J_1）的機械結構

1—基座；2—圓螺母；3—立柱；4—大臂高度調整裝置；5—關節 1 關節座；6—電纜夾及其支架；7—關節 1 驅動電動機；8—關節 1 驅動電動機安裝座；9—波發生器；10—剛輪；11—諧波齒輪異速器殼體；12—柔輪；13—來自關節 2、關節 4 驅動電動機的電纜；14—電纜纏繞和放鬆導向架；15—唇形密封圈；16—諧波齒輪異速器輸出軸花鍵軸；17—大臂；18—關節 3 驅動電動機安裝座；19—關節 3 驅動電動機（光電碼盤、伺服電動機與異速器一體化電動機）；20—關節 3 第一級同步齒形帶傳動；21—電纜防護罩；22—電纜線匯總接線盒；23—四路匯總電纜

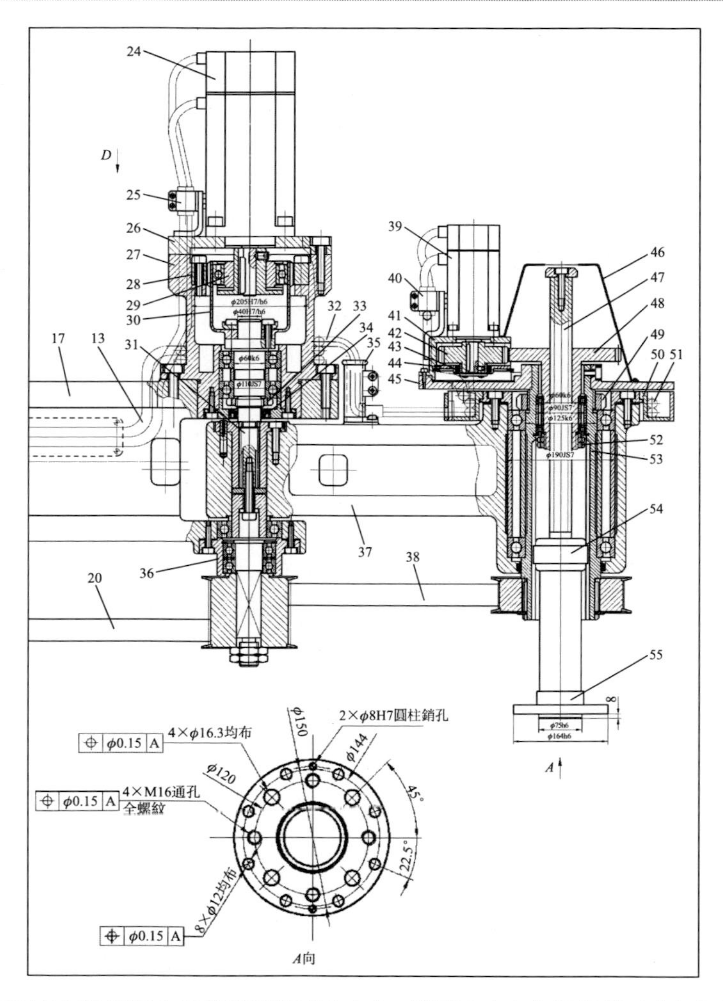

圖 3-28　SCARA 型機器人操作臂關節 2（J_2）、關節 3（J_3）及關節 4（J_4）的機械結構

關節2: 24—關節 2 驅動電動機；25—電纜夾及其支架；26—關節 2 電動機安裝座；27—諧波齒輪異速器殼體；28—剛輪；29—波發生器；30—柔輪；31—關節 2 諧波齒輪異速器輸出軸花鍵軸；32—關節 4 驅動電動機電纜；33—圓螺母；34—唇形密封圈；35—關節 4 電動機電纜纏繞、放鬆導向架；36—關節 3 第二級同步齒形帶傳動軸座；37—小臂

關節3: 20—關節 3 第一級同步齒形帶傳動；38—關節 3 第二級同步齒形帶傳動

關節4(直線移動關節): 39—關節 4 驅動電動機；40—電纜夾及其支架；41—關節 4 驅動電動機安裝座 42—圓柱小齒輪；43—O 形密封圈；44—密封板；45—關節 4 驅動部托盤；46—螺桿防護罩；47—螺桿；48—圓柱大齒輪兼螺旋傳動螺母；49—圓螺母；50—關節 4 驅動電動機電纜線收放托盤；51—關節 4 驅動電動機電纜；52—圓螺母；53—直線移動導向管；54—滑動導向塊；55—末端介面部

由於小臂（37）與大臂上關節 2 關節座以及電動機（24）、關節 2 諧波齒輪異速器等是相對回轉的，所以來自關節 4 驅動電動機的電纜（32）需要設計有纏繞和放鬆導向架（35）。另外，由於關節 3 驅動電動機（19）透過第一級同步齒形帶傳動（20）將回轉運動傳遞到關節 2 軸線上第二級同步齒形帶傳動軸座（36）的輸入軸。

(4) 關節 3（J_3）的結構設計

如圖 3-28 所示，如前所述，關節 3 驅動電動機（19）透過第一級同步齒形帶傳動（20）將回轉運動傳遞到關節 2 軸線上第二級同步齒形帶傳動軸座（36）的輸入軸，從而將回轉運動傳遞給了關節 3 的直線移動導向管（53），從而實現了關節 3 的回轉運動。直線移動導向管（53）是一根空心軸，與第二級同步齒形帶大帶輪的軸轂連接採用的是漸開線花鍵連接；關節 3 上的直線移動導向管為直線移動關節 4 的「基座」，因此，關節 3 轉動將帶動關節 4 整體繞關節 3 軸線轉動。

(5) 關節 4（J_4）的結構設計

如圖 3-28 所示，關節 4 為直線移動關節。關節 3 的直線移動導向管「空心軸」軸端與關節 4 驅動部托盤（45）用螺栓組徑向連接，該托盤上固定著關節 4 驅動電動機安裝座（41），輸出軸上套裝圓柱小齒輪的關節 4 驅動電動機（39）、電纜夾及其支架（40）都安裝在該安裝座（41）上。關節 4 驅動電動機（39）驅動圓柱小齒輪（42）轉動將運動傳遞給與小齒輪相嚙合的圓柱大齒輪（48），圓柱大齒輪（48）設計成與螺桿螺母螺旋傳動的螺母為一體結構（如採用含銅合金螺母則需設計成嵌入式結構）；螺母轉動驅動螺桿（47）在滑動導向塊（54）的引導下帶動操作臂末端（55）作直線移動。

由於關節 3 轉動將帶動關節 4 整體繞關節 3 軸線轉動，所以關節 4 驅動電動機及光電編碼器的電纜也隨之轉動，為此，需要設計關節 4 驅動電動機電纜線收放托盤（50）容納電纜（51）。此外，為防止粉塵，螺桿設有上端帶有出口的防護罩（46）。

(6) 其他輔助零部件設計簡介

電纜線線夾及其支架、大臂高度調整裝置、基座安裝定位結構等參見如圖 3-29、圖 3-30 分別所示的機器人操作臂俯視圖、各部件局部視圖。

電纜線線夾及其支架採用 2～3mm 厚鋼板鈑金折彎、切割以及鑽孔等加工方式加工而成，用螺釘固定在其安裝部位。

基座採用穩定性能好的鑄鐵材料鑄造而成，最小壁厚不小於 15mm；大臂、小臂均採用硬鋁合金鑄造而成，鑄造壁厚不小於 9mm；大小臂上機械加工面與鑄造表面分開，均鑄出凸臺或凹坑後機械加工；大小臂結構上給出的長方形或正方形凸臺自由表面是需要精加工的，而且相對於各環節定位基準需要滿足尺寸公差、形位公差要求，因為這些自由表面凸臺是用來校準機器人初始位置、初始構形的基準面的。

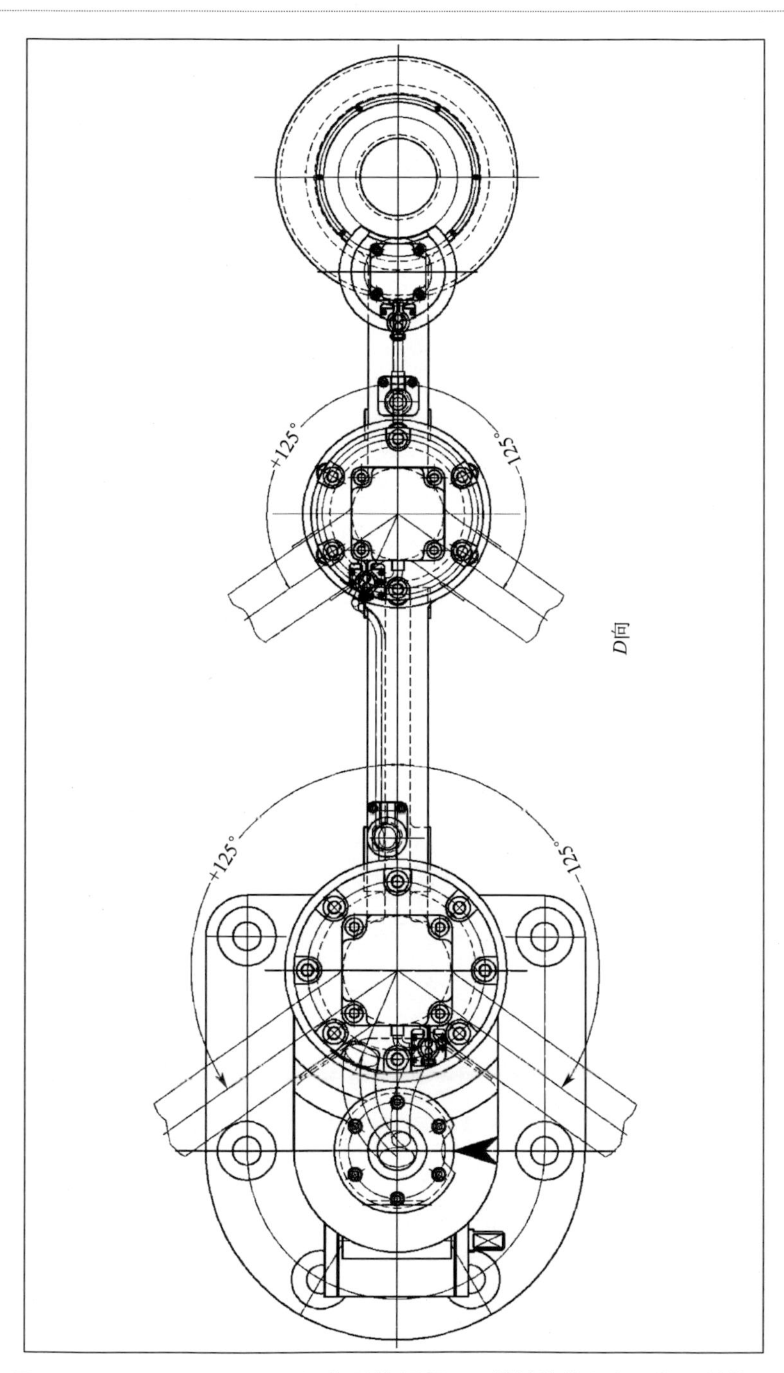

圖 3-29 SCARA 型機器人操作臂俯視圖——機械結構與各關節回轉範圍

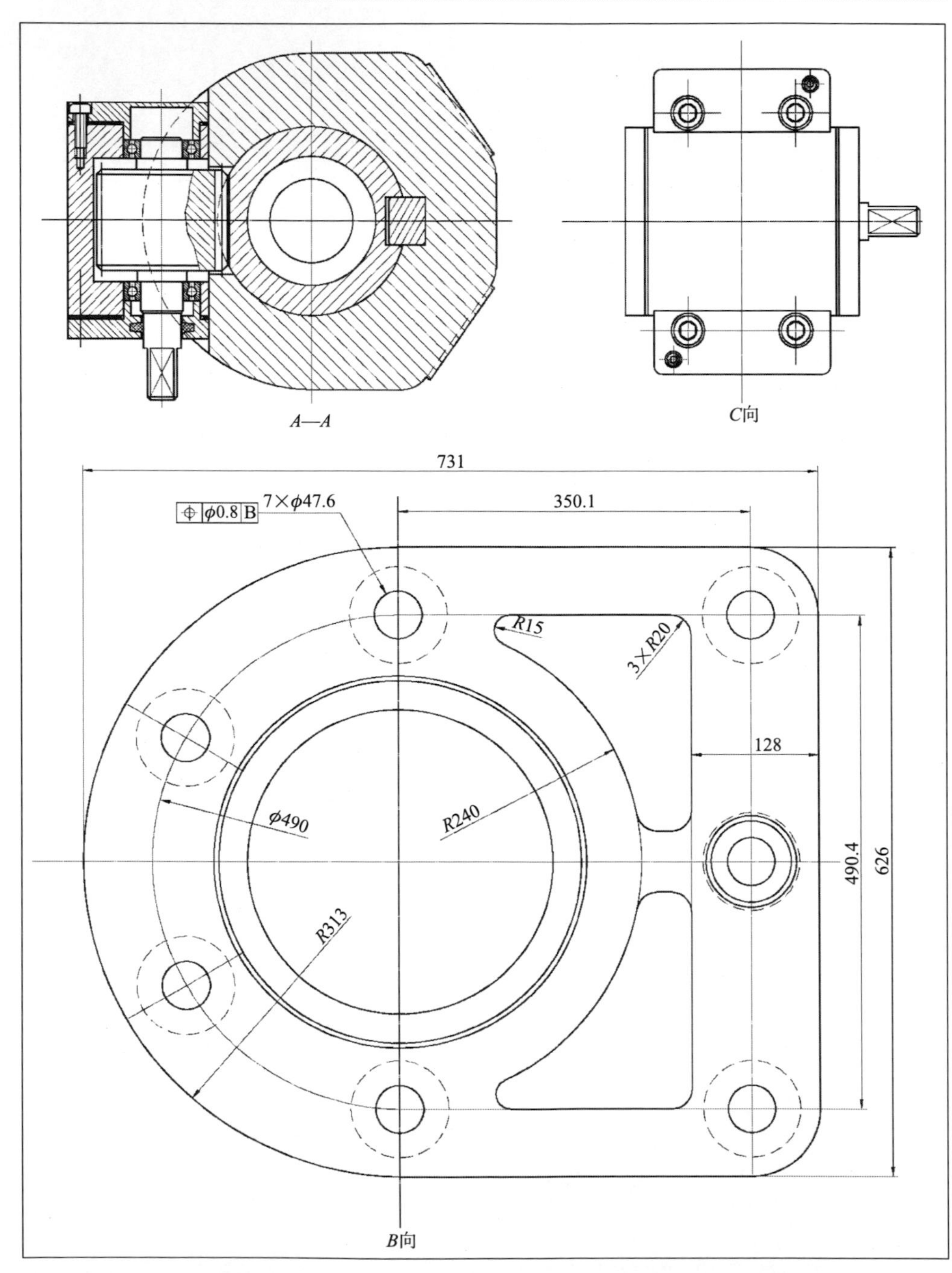

圖 3-30　SCARA 型機器人操作臂局部視圖——機械結構與基座安裝定位尺寸

(7) 關於圖 3-27～圖 3-29 的說明

SCARA 型機器人操作臂是早期工業機器人中機構、結構較簡單的一種類型，並無該產品相關結構裝配圖公開。為了滿足大學生「工業機器人操作臂綜合課程設計」教學需要，既不能太難和過於複雜，也不能不符合工業機器人產業行業規範，所以，將 SCARA 型機器人操作臂機構作為參考對象，這裡給出的圖 3-27～圖 3-29 並不是 SCARA 工業機器人製造商的原圖或變更圖，而是只取 SCARA 機器人機構簡圖為原型，為著者根據教學需要自行設計繪製的，並無 SCARA 機器人結構裝配圖參照，因此稱為「SCARA 類型機器人操作臂」。

該套裝配結構圖設計的主要優點是：①從電纜線布線與防護到便於裝拆結構、潤滑結構與措施、校準定位、限位結構等細節都進行了詳細設計；②SCARA 型機器人操作臂關節 4 是與關節 3 有耦合關系的，在運動學上需要解耦，即關節 3 轉動與關節 4 中將回轉變為直線運動的轉動是存在加異關系的；而本設計中的關節 4 將轉動轉變為直線運動的轉動是完全獨立的，關節 4 在運動學上獨立。

3.3 多自由度無奇異全方位關節機構創新設計與新型機器人操作臂設計

3.3.1 單萬向鉸鏈機構原理

如圖 3-31 所示的單萬向鉸鏈機構是機械類大學專業基礎課《機械原理》中講授的內容，以軸線垂直且相交布置的雙 U 形叉與十字軸三個構件構成的單萬向鉸鏈機構原理只有一種，但是由其演化而變種出來的萬向節機構原理不止一種。圖 3-32 為單萬向鉸鏈機構運動簡圖及畫法，圖(a) 與圖(b)、(c) 的區別在於其構件 1、構件 3 都不是軸對稱的 U 形或弧形叉子，構件 2 也不是軸線互相垂直的十字軸的形式，而是軸線互相垂直但呈 L 形的半個十字軸。圖 3-32(a)～(c) 所示的三種機構運動簡圖表達的機構原理皆相同，雖然圖 3-32(b) 與圖 3-32(c) 中的構件 1、構件 3 分別呈 U 形、弧形，但從機構原理上完全等效。顯然，如圖 3-31(a) 所示，僅當作為輸入軸的弧形叉構件 1 和作為輸出軸的弧形叉構件 3 被作為機架的構件 4 支撐，有各自的、確定的回轉軸線時，單萬向鉸鏈機構的輸入回轉運動（轉角 θ_1、角速度 ω_1、角加速度 ε_1）與輸出回轉運動（θ_3、ω_3、ε_3）才有相應的、確定的數學關系，即單萬向鉸鏈機構輸入-輸出運動學，θ_1、θ_3 分別為構件 1、構件 3 從各自初始位置開始繞其各自軸線 z、z_α 的轉角；而且這些確定的運動學關系取決於 θ_3 和 α，其中：θ_1 的取值範圍為 $0°\sim 2n\pi$（n 為 1,2,3,…）。當構件 1 轉過一周時，構件 3 也同樣轉過一周，但構件 1 與構件 3 瞬時轉速卻不相等，瞬時轉速關系為：

$$\omega_1=\frac{\cos\alpha}{1-\sin^2\alpha\cos^2\theta_3}\omega_3 \tag{3-1}$$

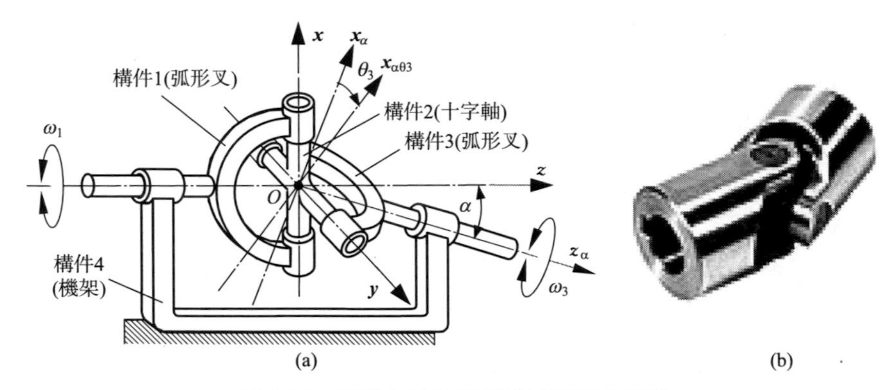

圖 3-31 單萬向鉸鏈機構模型及實物照片

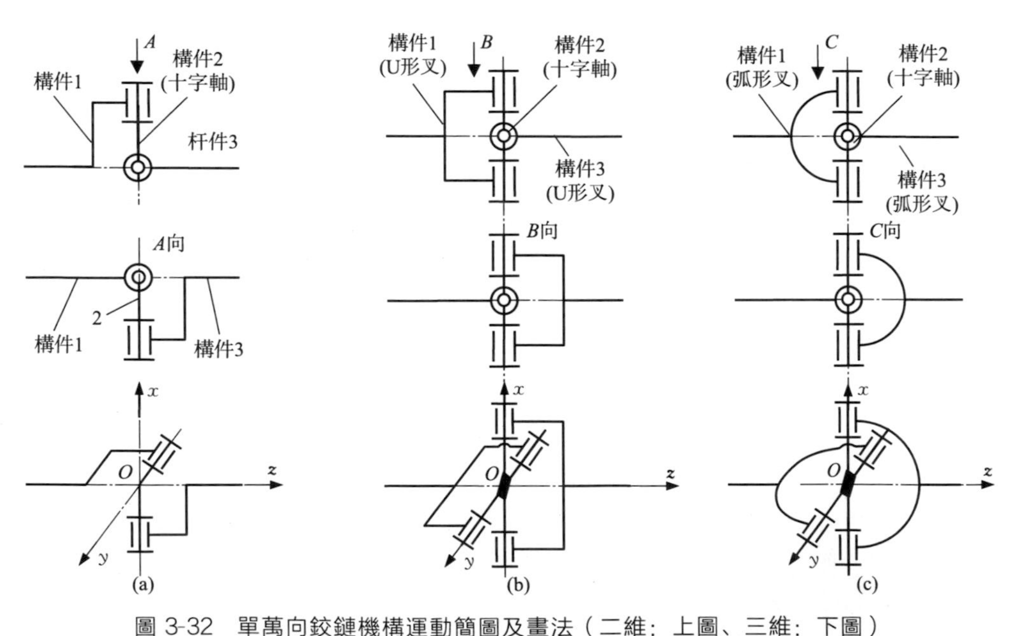

圖 3-32 單萬向鉸鏈機構運動簡圖及畫法（二維：上圖、三維：下圖）

由式(3-1) 可以計算得到：當 θ_1 取值為 0～360°即構件 1 轉動一周，而 α 角分別取 10°、20°、30°時，構件 1 輸入軸轉速 ω_1 與構件 3 輸出軸轉速 ω_3 的比值 i

（即傳動比）隨 θ_1、α 的變化規律，計算結果繪製的曲線圖如圖 3-33 所示。當 α 為一非零的定值時，傳動比 i 是隨著構件 1 輸入軸轉角 θ_1 的變化呈週期性變化，且週期為 2π，即使構件 1 輸入軸勻速轉動（即 ω_1 為一定值），構件 3 輸出軸的轉速 ω_3 仍呈等幅、週期為 2π 的週期性變速回轉，即有速度週期性波動現象。因此，只要 α 不為 0，單萬向鉸鏈機構就不可能輸出勻速回轉運動，這在機械系統中應用時，除了得不到定傳動比變角換向的勻速回轉運動之外，還會在輸出軸側產生附加動載荷，這是不利的。當然，將單萬向鉸鏈機構作為單萬向聯軸器使用時，如果被連接的兩根軸轉速不高，且兩軸線徑向偏斜量較小、輸出軸側慣性較小、對於附加動載荷限製要求較低的情況下，可以忽略速度波動對系統的影響而使用單萬向鉸鏈機構（單萬向聯軸器）；而絕大多數情況下則是使用兩個單萬向鉸鏈機構構成的雙萬向鉸鏈機構。

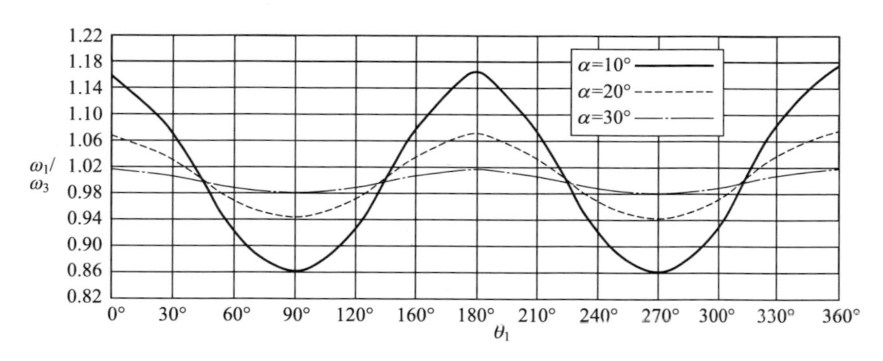

圖 3-33　單萬向鉸鏈輸入轉速 ω_1 與輸出轉速 ω_3 的比值 i（傳動比）隨 θ_1、α 的變化曲線圖

3.3.2 雙萬向鉸鏈機構等速傳動原理

前面分析了單萬向鉸鏈機構存在運動輸出速度週期性波動變化，以及速度週期性波動對傳遞運動和動力不利的結論，那麼，試想：如圖 3-34 所示那樣，如果把一個單萬向鉸鏈機構的輸出軸與另一個單萬向鉸鏈機構的輸入軸串聯在一起傳遞運動，是否可以得到無速度波動的運動輸出呢？

將式(3-1) 分別應用於圖 3-34 中的單萬向鉸鏈機構 A 和 B 得：

$$\omega_{1A}=\frac{\cos\alpha_{1A}}{1-\sin^2\alpha_{1A}\cos^2\theta_{3A}}\omega_{3A} \tag{3-2}$$

$$\omega_{1B}=\frac{\cos\alpha_{1B}}{1-\sin^2\alpha_{1B}\cos^2\theta_{3B}}\omega_{3B} \tag{3-3}$$

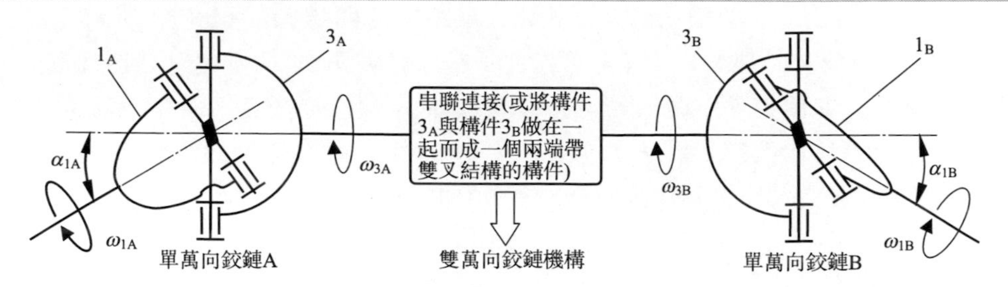

圖 3-34　兩個單萬向鉸鏈機構串聯連接（或雙叉一體）而成雙萬向鉸鏈機構

由於將單萬向鉸鏈機構 A 的構件 3_A 輸出軸作為單萬向鉸鏈機構 B 的構件 3_B 輸入軸串聯連接（或做成雙叉一體構件），如此一來，單萬向鉸鏈機構 B 的構件 1 則成為雙萬向鉸鏈機構的輸出軸，則有：

$$\omega_{3A}=\omega_{3B} \tag{3-4}$$

$$\omega_{3B}=\frac{1-\sin^2\alpha_{1B}\cos^2\theta_{3B}}{\cos\alpha_{1B}}\omega_{1B} \tag{3-5}$$

將式(3-4)、式(3-5) 帶入式(3-2) 中得：

$$\omega_{1A}=\frac{\cos\alpha_{1A}}{1-\sin^2\alpha_{1A}\cos^2\theta_{3A}}\times\frac{1-\sin^2\alpha_{1B}\cos^2\theta_{3B}}{\cos\alpha_{1B}}\omega_{1B} \tag{3-6}$$

由式(3-6) 可知，若要得到 $\omega_{1A}=\omega_{1B}$，需滿足如下等式條件：

$$\frac{\cos\alpha_{1A}}{1-\sin^2\alpha_{1A}\cos^2\theta_{3A}}=\frac{\cos\alpha_{1B}}{1-\sin^2\alpha_{1B}\cos^2\theta_{3B}} \tag{3-7}$$

因為 $\theta_{3A}=\theta_{3B}$，所以，僅需 $\alpha_{1A}=\alpha_{3B}$ 即可實現 $\omega_{1A}=\omega_{1B}$。因此，有如圖 3-35 所示兩種情況可實現雙萬向鉸鏈機構傳動比為 1 的等速傳動。

3.3.3　機構拓撲變換演化

（1）淺議機械系統中機構與結構的區別以及機構的拓撲演化

機械系統中的機構是對機械系統實際結構（或實際物理實體）的一種抽象和昇華，是把相對複雜的或十分複雜的具體的物理結構（三維幾何形狀與結構、材質、密度等的物理實體或藉助電腦形成的虛擬機械系統模型）抽象成為一種從本質上、原理水準上能夠反映構成機械系統各構件之間相對運動關系和機械系統總體工作原理的各構件有機聚合體，這種抽象是以盡可能少的構件數和構件最簡單的幾何抽象表達形式來清晰、易懂地準確表達出機械系統原理為原則的。

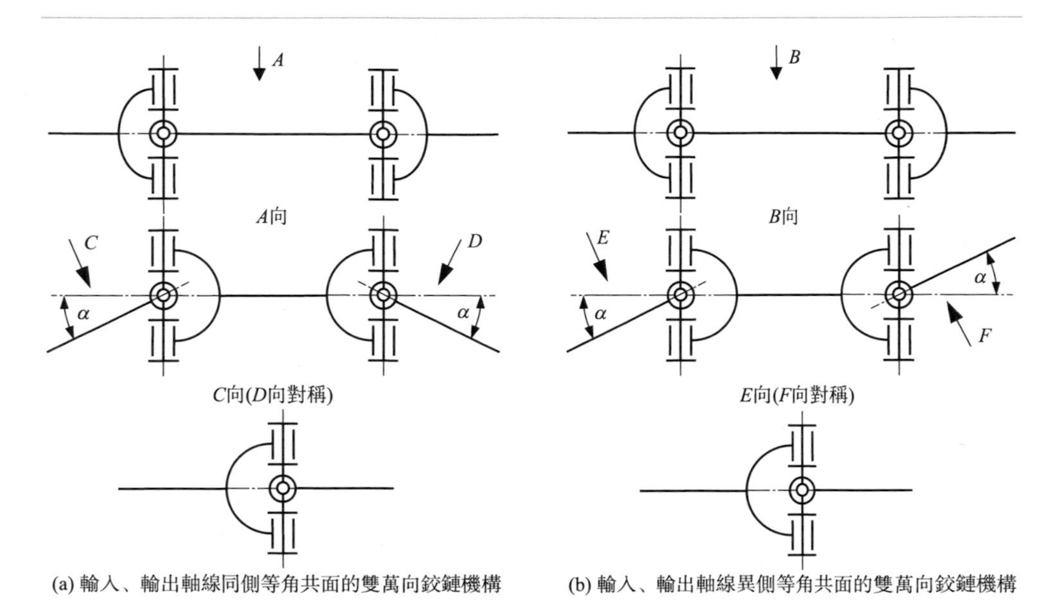

(a) 輸入、輸出軸線同側等角共面的雙萬向鉸鏈機構　(b) 輸入、輸出軸線異側等角共面的雙萬向鉸鏈機構

圖 3-35　等速傳動的雙萬向鉸鏈機構

① 這種抽象的必要性

a. 從作為設計結果的機械系統物理實體分析系統工作原理的角度來看：構成機械系統物理實體的零部件結構形狀千差萬別、有簡有繁，由數十到數萬乃至更多的零部件組成的機械系統難以用機械系統裝配圖或二維圖的形式將系統工作的原理相對簡單、清晰易懂地表達出來（並不是說系統裝配圖不能反映其工作原理，而是必須也必然要反映出的，實際上裝配圖既然是機械系統物理實體的完整表達，是與實際製造出來的物理實體系統嚴格對應的，其就已完全涵蓋了系統工作原理，然而，要想從機械系統裝配圖讀出系統的工作原理相對於讀機構運動簡圖是需要花費很長的時間和精力的），而機構的合理性在於可以把機械系統中無相對運動的多個零部件看作是一個構件，而且具有實際物理結構的零部件可以抽象為簡單的易懂的構件，以線段、圓、曲線以及由這些要素複合構成的圖形表示各種運動副、構件並被規範化表示，再由這些構件聚合成機構，從而形成機械系統的機構運動簡圖。機構中的構件幾何形狀以及除了機構主要參數以外的幾何尺寸、角度大小等等沒有實際的物理意義；而零部件結構形狀與尺寸則是與將要設計、製造出來的物理實體或虛擬模型具有一一對應的關系，是有實際意義的。從機構圖與裝配圖圖面構成表面上看，機構運動簡圖的複雜程度要比零部件裝配圖相對簡單得多，能明瞭地反映機械系統工作原理。

b. 從系統設計問題解決流程的角度來看：任何機械系統設計都是從概念、功能定義開始的，而概念、功能定義的是系統總體設計的大目標。這個目標是透過對實現功能的原理、設計方案的擬訂等細化、分解任務，一直到一個個落實到具體零部件設計才能實現的。因此，機械原理設計先行，機械結構設計承接其後。機構原理設計為下一步的機械結構設計指明了方向和道路。因此，機構設計是不可能完全考慮實際結構的，通常只能確定機構構型或機構構成方案以及構件的主要參數，而構件又不等同於零件和部件。構件可以是機械結構設計、加工製造出來的一個零件，也可能是多個零件、部件，機構的構件與機械零件、部件並沒有嚴格的一一對應關系要求。工程實際設計中，機構運動簡圖中的構件數少於甚至遠少於機械系統裝配圖中的零部件數。可以說機械系統設計中，機構講究原理，而機械結構講究實際。因此，機構創新研究通常屬於科學範疇，即機構學；而機械結構設計屬於工程技術範疇。機構創新側重於機構原理上的創新，需要注意的是：機構學研究結果在工程技術上的應用應屬於工程技術範疇。

c. 從創新與實用的角度來看：任何機構原理都可以從拓撲變換的角度嘗試對其構件進行拓撲變換演化，尋求新型機構。因為構件的幾何圖形表示是抽象出來的、不受零部件實體結構限製；具有同樣功能的零部件結構也不是一成不變的，同樣零部件的機械設計任務，不同的設計者設計出來的結構也不可能完全一樣（除非參照同一個樣本結構），但機械結構的變化根本談不上機械原理、機構原理層次上的創新。往往是機械系統結構與其組成的零部件結構多樣，而機械系統機構原理相同。

② 機械系統中機構與結構的區別

a. 機構講究的是機械系統運動構成和傳動的原理，是以幾何學、拓撲學、力學、機構學等知識為理論分析工具的；機械結構講究的是工程實際、實用，是以機械設計、製造及其自動化專業知識為基礎靈活運用解決工程實際問題的，機械系統設計需要機構學、機構設計研究的結果進行工程實際運用。

b. 機構中的構件只為表達機構運動原理而存在，不與實際機械系統物理實體中的零部件存在嚴格的一一對應或者幾何形狀對應關系，單從機構原理上看也不考慮構件的材料、加工製造工藝等問題；而機械零部件機械結構則是具有材質、在設計時應考慮熱處理、製造、裝配等工藝以及使用問題的零部件結構。

③ 機構的拓撲演化

a. 拓撲學（topology）的直觀認識。拓撲學最早是由德國數學家萊布尼茲於1679 年創立的，當時命名為「形勢分析學」，19 世紀中期創造黎曼幾何的德國數學家黎曼在復變函數研究中提出研究函數和積分需要研究「形勢分析學」，從此開始了拓撲學系統的研究。拓撲學本質上是一門幾何學，但研究的並不是通常我們大家所熟悉的普通的幾何性質，而是圖形的一類特殊性質，是研究數學上定義的各種「空間」在連續性變化下不變的性質，即拓撲性質或者稱為拓撲不變性。儘管拓撲學研究的對象可以用幾何圖形的形式直觀地給出，但很難用簡單易懂的語言來準確地給出「拓撲性質」，因此其確切的定義是用數學上抽象的語言敘述的[1]。

拓撲學裏研究兩個圖形等價概念，如圓形、橢圓形、方形、三角形等，雖然它們在通常我們所說的幾何圖形形狀與大小上不等，但在拓撲變換下它們是等價的，也不管圖形是在平面還是曲面上。我們可以這樣去直觀理解拓撲學性質：如果你將一條軟繩或者可以任意彎折的細鐵絲首尾相接而成為一個封閉的繩或鐵絲「圈」，或者是橡皮筋套，則你可以任意改變其幾何形態（但不能撕裂、破壞幾何實體本身），無論是圓形、方形還是三角形等，由它們當中的任意一種幾何圖形都可以改變成它們中的其他圖形，也可以再改變回來。因此，有人形象地將拓撲學稱為「橡皮筋幾何學」。這就是直觀意義上的拓撲變換（但不是數學上抽象的語言描述）。研究這種與幾何圖形大小、形狀以及所含線段的曲直等等都無關系的圖形間變換的幾何學問題的學問就是拓撲學。用函數的概念去定義拓撲變換的話，可簡單地定義為：存在從圖形 M 到圖形 M' 的一個一一對應的函數 f，如果 f 與 f 的反函數 f^{-1} 都是連續的，則稱 f 為從 M 到 M' 的一個拓撲變換，並且將 M 與 M' 稱為是同胚的。拓撲性質也就是同胚的圖形所共同具有的幾何性質。因此，拓撲學中往往對同胚的圖形不加以區別。日常生活中有很多拓撲變換的實例：如將衣服、橡膠手套等由內翻向外的變換就是拓撲變換，變換前後的衣服是同胚的，人的動作過程就是拓撲變換的函數 f 或 f^{-1}。

b. 機構學與拓撲學的關聯性。機構是對機械系統物理實體或虛擬樣機機械系統的幾何抽象。機構是由一個個構件透過運動副有機連接而成的整體系統。機構學上用機構運動簡圖表達機構構成與機械系統運動原理。因此，各構件間的連接關系同樣可以用抽象的圖的形式表達出來。這一點在「平面機構的類型綜合」「機構的圖形綜合」中用頂點與邊構成的「縮圖」表示就是在機構構型研究上的進一步抽象的拓撲變換，而每一「縮圖」相當於機構構型變換的拓撲圖形不變性，在這一拓撲不變性下找到所有機構構型種類，是發現機構新構型和新原理機構創新的一種方法。這裡，我們僅探討機構設計方面直觀的較淺層次的拓撲變換問題。單純從機構原理上來看（暫時忽略其機械設計與工程實際應用問題），構成機構的構件除了該構件本身的幾何特徵和功能特徵要素之外是可以不考慮其他如形狀、尺寸大小、軟硬等等物理要素的。也就是說一根桿件是直線還是折線、曲線並無實際意義，僅代表桿件構件，同樣，一個構件是三角形、四邊形還是多邊形也無本質差別，只要是表達該構件就行。這與拓撲學研究幾何圖形不考慮圖形的形狀、大小以及所含線段的曲直等等都有共同之處，而且都是一種幾何學上的數學抽象問題。因此，這種被抽象表達的構件和機構可以嘗試類似於被形象地稱為「橡皮筋幾何學」的拓撲學那樣對已有的原型機構進行拓撲變換，以期發現新機構構型或新原理的機構，進行機構設計創新。我們可以稱這種方法為「機構的拓撲變換演化」（或簡稱「機構的拓撲演化」）。機構的拓撲演化的方法也同樣可以運用到折展機構、變胞機構中去。折展機構很早就已經得以應用，只不過古人將其當作「精巧」「機關」「能工巧器」看待，而沒有上升到機構學的科學層次，如：古代的雨傘和折/剪紙藝術、現代的摺疊傘等等，也都隱含著拓撲學的知識。機構構型的變化與研究幾何圖形間變換的拓撲學有著深刻的理論關系。

（2）機械原理中基本原型機構的拓撲變換演化舉例

機構拓撲演化最簡單的例子莫過於平面連桿機構、齒輪傳動、螺旋傳動、蝸桿傳動等機構類型的多樣化。

① 平面四連桿機構原型的拓撲演化　如圖 3-36(a) 所示，鉸鏈、桿件連接而成的平面四連桿機構，當構件 3 長度相對於其他構件長度變化到無窮大的程度時，構件 3 的端點 C 的運動已經由以 D 為圓心、以桿長 CD 為半徑的圓弧（或圓周）運動演變為在平面上的移動，從而由普通的平面四連桿原型機構演化出圖 3-36(b) 所示曲柄-直線移動滑塊機構；當我們不將構件 3 看作直桿，而是看作繞支點 D 回轉的平面圓盤或者其他多邊形狀構件時，構件 3 端點 C 的軌跡為圓弧或圓周，則在平面圓盤或多邊形構件上形成圓弧或圓周形滑道，則又演化出圖 3-36(c) 所示曲柄（或非曲柄)-圓弧滑道滑塊機構；當我們繼續把構件 3 的長度在機構運動中看作是按某種規律變化的時候，構件 3 又可以用帶槽的盤形凸輪來代替，從而演化出圖 3-36(d) 所示連桿-帶槽盤形凸輪機構等等，這只是構件 3 進行幾何形狀的拓撲變換後演化出的常見的機構，還有很多，不一一列舉，讀者自己可以嘗試演化思考下去。

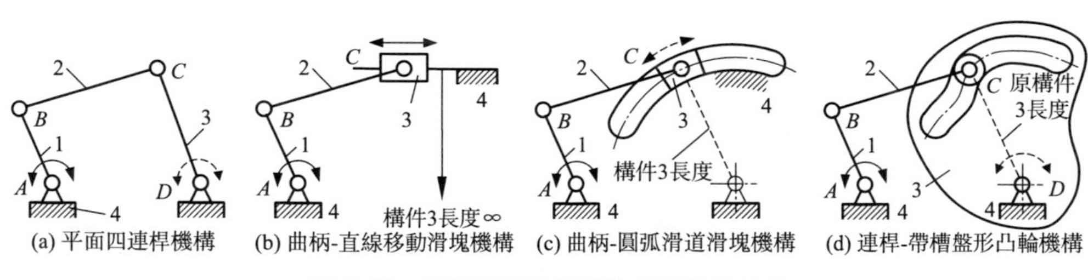

圖 3-36　平面四連桿機構的拓撲變換演化

② 齒輪傳動機構原型的拓撲演化　圖 3-37(a) 所示為一對外嚙合的圓柱齒輪傳動機構，我們可以將其中的一個齒輪（如 z_2）看作一個直徑大小可變的圓柱齒輪，如此在保證齒輪中心距 a 不變（實際上與 a 是否不變無關）的前提下，一直加大 z_2 齒輪的直徑使得 z_1 齒輪圓被包含在 z_2 齒輪圓內並且兩齒輪輪齒仍然相互嚙合，則原來的外齒輪 z_2 只能拓撲變換為內齒輪 z_2'，從而將外嚙合圓柱齒輪傳動機構拓撲變換演化為圖 3-37(b) 所示的內嚙合圓柱齒輪傳動機構。

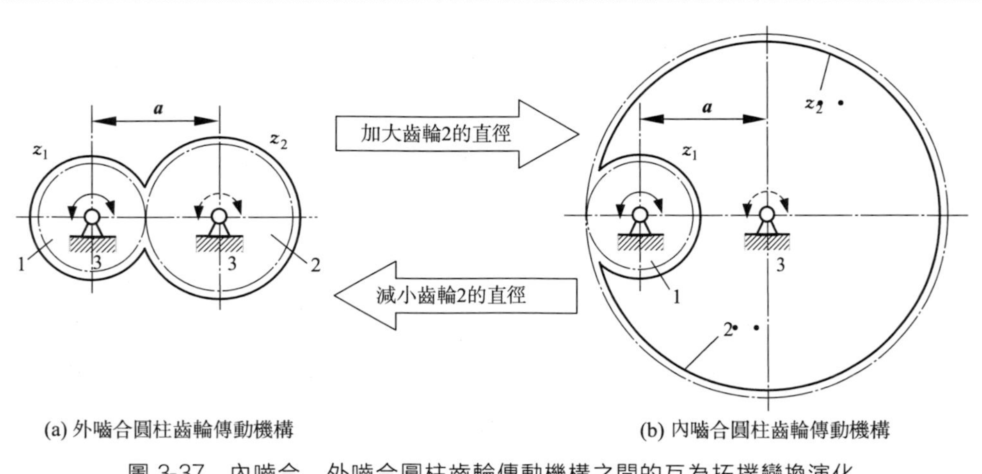

(a) 外嚙合圓柱齒輪傳動機構　　(b) 內嚙合圓柱齒輪傳動機構

圖 3-37　內嚙合、外嚙合圓柱齒輪傳動機構之間的互為拓撲變換演化

同理，齒輪-齒條傳動機構可以看作是透過增大圓柱齒輪之一的直徑到無窮大的情況，則該直徑為無窮大的齒輪即拓撲演化成了齒條，從而使一對圓柱齒輪傳動機構原型經拓撲變換演化成齒輪-齒條傳動機構。

③ 螺旋傳動機構與蝸桿傳動機構之間的拓撲演化　圖 3-38(a) 所示為一對普通的螺桿和螺母組成的螺旋傳動機構，如果假設螺母軸向長度足夠長，並且可以用兩個分別透過螺母母線和軸線的平面從螺母上切取一長條並且將這一長條向螺桿外側彎曲首尾相接成封閉的圓環（或直接將螺母假想成橡皮管一樣外翻並且張成圓環），且原本長條上的內螺紋牙變成了環外螺紋牙，從而演化成蝸輪輪齒，則由螺桿與螺母組成的螺旋傳動就經拓撲變換演化成了圖 3-38(b) 所示的蝸桿傳動。因此，我們可以把螺桿與螺母組成的螺旋傳動看作是蝸輪分度圓直徑為無窮大的蝸桿傳動。由蝸桿傳動也可逆向演化回到螺旋傳動。

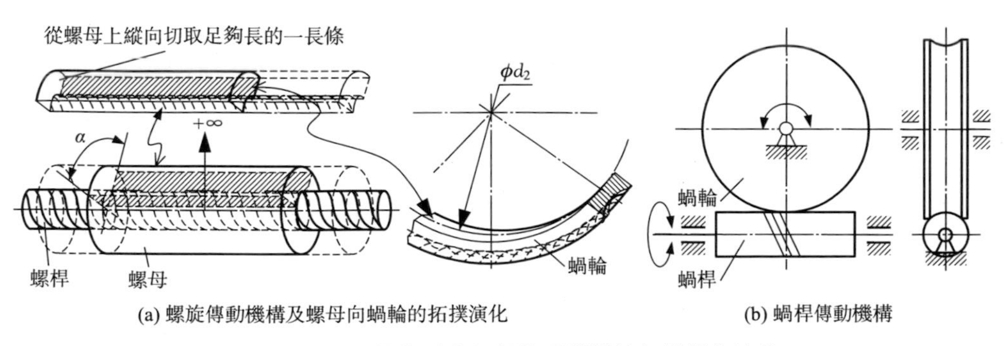

(a) 螺旋傳動機構及螺母向蝸輪的拓撲演化　　(b) 蝸桿傳動機構

圖 3-38　由螺旋傳動向蝸桿傳動機構的拓撲變換演化

3.3.4 萬向鉸鏈機構的拓撲變換演化及其組合機構

（1）單萬向鉸鏈機構的拓撲演化

① 單萬向鉸鏈機構的結構形態拓撲演化與多層嵌套式多單萬向鉸鏈複合機構創新設計　機構學中機構的創新可以分為兩大類：a. 機構原理上的機構創新；b. 機構構成形態上的機搆結構創新。前者理論意義重大，反映機構學方面學術水平；後者機構設計和實現的實際意義重大，主要研究實用化設計，體現工程實用價值和實際意義。從研究角度看兩類創新，機構原理創新難度較大甚至於可以說很大很難，成果相對少；而機構的結構創新層次比機構原理創新要容易得多，但層次相對低。

通常我們一說到十字軸，首先想到的就是「十」字形實體軸，如圖 3-39(a) 中所示。但從實現十字軸為其上的構件提供兩個互相垂直軸線的支撐功能角度而言，只要能提供這樣的支撐功能而不必局限於兩個互相垂直又相交的實體「十」字軸的形態。因此，我們可以對十字軸做如圖 3-39(b)～(d) 所示的十字軸構件形態「部分拓撲」演化。這樣演化的結果是我們可以把原本十字相交的十字軸所占據的中間實體位置空出來，形成中空的框架形態的十字軸，以供我們在中空的空間內設置其他的構件或機構，從而嘗試去設計新機構或新機構的結構。圖 3-39(b)～(d) 所示的非常規形態的單萬向鉸鏈機構中，顯然，中空的構件 2、構件 3 可以植入另一個單萬向鉸鏈機構，甚至可以重複這種「部分拓撲」演化做法實現如圖 3-40 所示的單萬向鉸鏈機構內多層嵌套式多單萬向鉸鏈機構的「機搆結構創新設計」。

圖 3-40(c) 所示的多單萬向鉸鏈機構中最外層的單萬向鉸鏈機構 A 內嵌套的環形框架十字軸式單萬向鉸鏈機構 B 內還可以繼續內嵌圖 3-40(a) 中所示的普通十字軸單萬向鉸鏈機構或者環形框架式十字軸單萬向鉸鏈機構，如果不考慮實際尺寸，可以一直內嵌下去，從而形成多個單萬向鉸鏈機構複合機構，用以傳遞多個由原動機獨立驅動的回轉運動。

② 多層嵌套式多單萬向鉸鏈複合機搆結構創新的實際意義　這種多層嵌套式多單萬向鉸鏈機構的機構設計的實際意義是非常重要的，它可以把多個獨立的回轉運動傳遞出去，而且驅動這些單萬向鉸鏈機構獨立回轉的多個原動機可以設置在所有運動構件之外或機架構件上，從而異小了機構運動構件部分的質量和慣性，以及機構某一或某些方向上的尺寸，同時也相對提高了原動機的驅動能力。

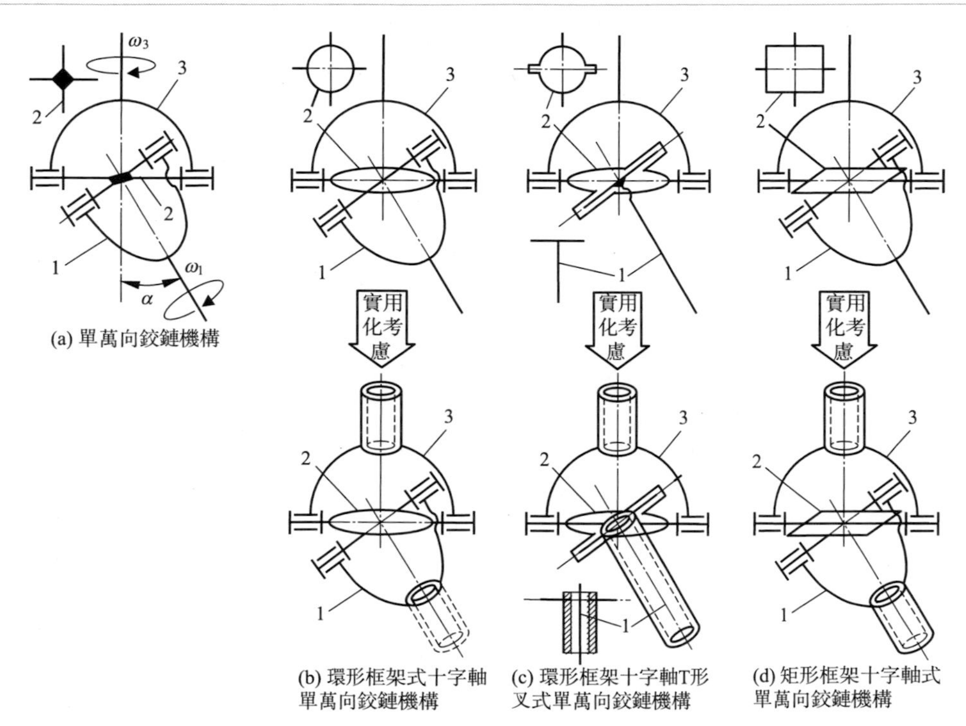

圖 3-39　由普通單萬向鉸鏈機構拓撲演化出來的中空式機構

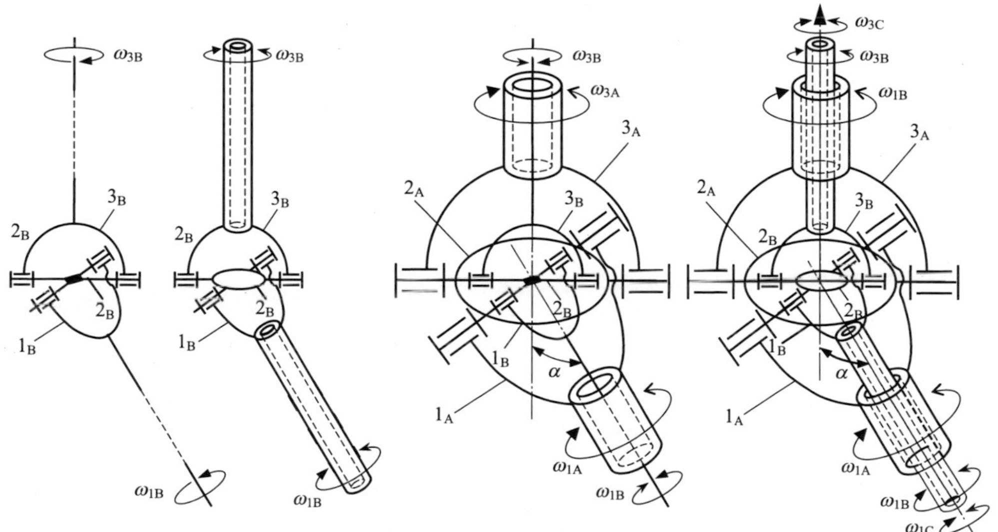

圖 3-40　單萬向鉸鏈機構內多層嵌套式多單萬向鉸鏈機構

(2) 中空同軸多層嵌套式多雙萬向鉸鏈機構

有了上述單萬向鉸鏈機構拓撲演化出的雙、多單萬向鉸鏈機構複合機構原理的基礎，我們就可以將圖 3-40(b)～(d) 所示的經拓撲演化後的雙、多單萬向鉸鏈機構應用到等速傳動雙萬向鉸鏈機構上，同樣可以獲得雙萬向鉸鏈機構內多層嵌套多個雙萬向鉸鏈機構，以實現多個獨立驅動的回轉運動的等速傳遞。將圖 3-40(b)～(d) 所示的單萬向鉸鏈機構 A、B 的構件 3_A、3_B 連接在一起合成一個構件 3，就形成了如圖 3-41(a)、(b) 所示的一個中空式雙萬向鉸鏈機構，其中空的空間內可以多層嵌套多個同樣結構的中空式雙萬向鉸鏈機構。圖 3-42 所示即為中空式雙萬向鉸鏈機構內同軸多層嵌套多個雙萬向鉸鏈機構（雙萬向鉸鏈機構 A、B、C、…）的萬向鉸鏈複合機構。它除具備一般的雙萬向鉸鏈機構特點之外，還能同軸換向、等速、遠距離傳遞多個獨立驅動的雙萬向鉸鏈機構的回轉運動和動力。其各獨立驅動的雙萬向鉸鏈機構的運動輸入可透過如圖 3-43 所示的圓柱齒輪傳動、圓錐齒輪傳動或其他傳動方式實現。

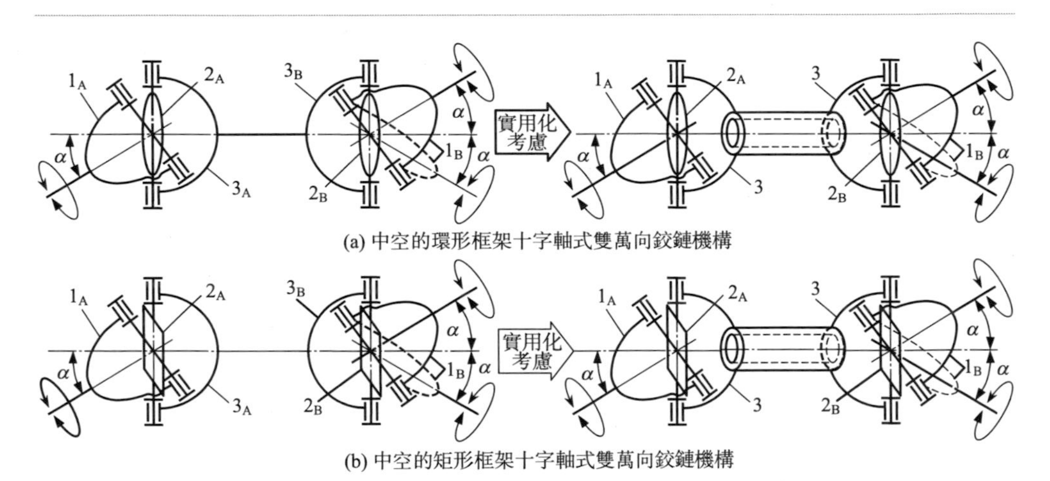

(a) 中空的環形框架十字軸式雙萬向鉸鏈機構

(b) 中空的矩形框架十字軸式雙萬向鉸鏈機構

圖 3-41 可實現雙萬向鉸鏈機構內多層嵌套雙萬向鉸鏈機構的中空式雙萬向鉸鏈機構

【本圖說明】 當 $\alpha = \beta$ 且輸入、輸出構件以及構件 3 三者回轉運動軸線共面時，各輸入運動 $\omega_{1A（或B，C\cdots）} = \omega_{1A（或B，C\cdots）}$。

(3) 以任一軸交角 α 實現輸入與輸出等速比傳動的輪系-雙萬向鉸鏈組合機構

我們繼續思考雙萬向鉸鏈機構的傳動問題，要實現圖 3-31(a)、圖 3-33 所示的單萬向鉸鏈機構和圖 3-41、圖 3-42 所示的各種雙萬向鉸鏈機構有確定的輸入與輸出運動關系，必須由機架將輸入軸與輸出軸相對位置確定下來，即使圖中 α、β 角各自隨時間保持確定的變化規律或保持不變。一般的機械系統中（如汽車後橋雙萬向節傳動）通常是給萬向鉸鏈機構提供固定的機架，保持定軸回轉運動。但是，如果需要雙萬向鉸鏈機構在軸交角 α、β 變化的情況下，也能實現等速比或速比按某種規律變化的傳動，則需要考慮形成雙萬向鉸鏈機構的兩個單萬向鉸鏈機構運動的等速或變速耦合問題。下面要給出的是雙萬向鉸鏈機構在一定範圍內 $\alpha=\beta$ 為任意變化情況下仍能實現等速比傳動的機構原理。

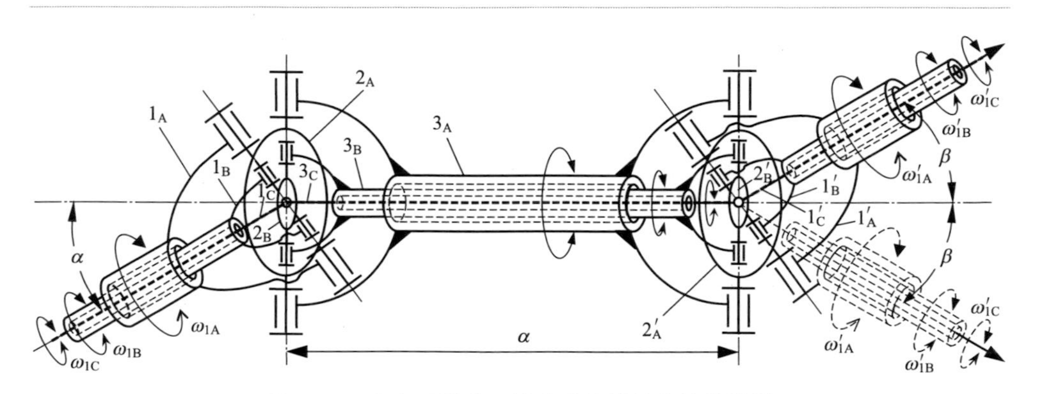

圖 3-42　中空同軸多層嵌套式多雙萬向鉸鏈機構

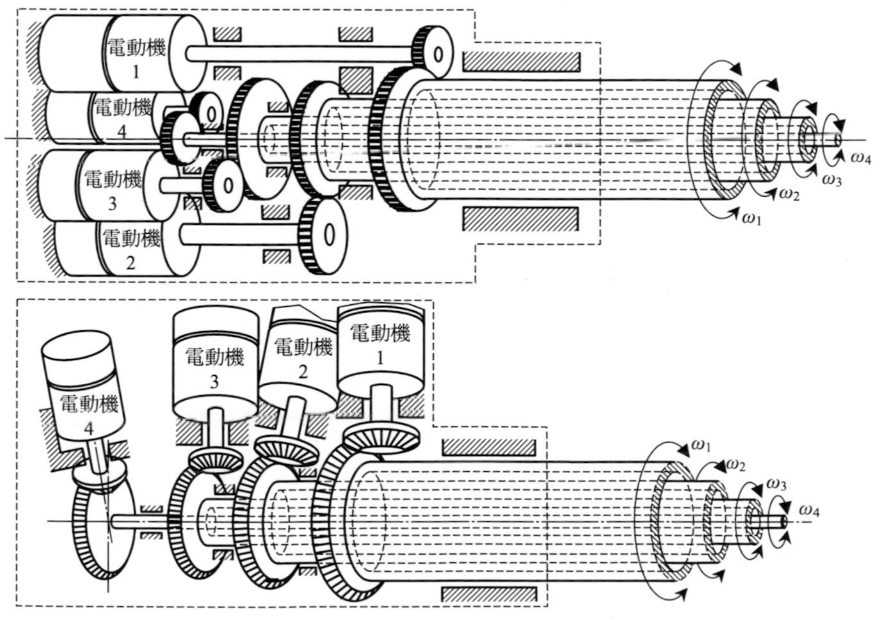

圖 3-43　實現多個單/雙萬向鉸鏈機構各自獨立驅動的運動輸入端驅動與傳動的兩種方式

【問題】在軸交角 α（$=\beta$）在一定範圍內（工程實際中一般為 0°～45°）任意變化的情況下，怎樣保證圖 3-41、圖 3-42 所示的雙萬向鉸鏈機構運動輸入與輸出速比為 1?

【解】圖 3-41 中的雙萬向鉸鏈機構是將一個單萬向鉸鏈機構的輸出軸與另一個單萬向鉸鏈機構的輸入軸固連而成一個構件來形成雙萬向鉸鏈機構的，但是並未將合二為一的該構件分別與該雙萬向鉸鏈機構輸入軸、輸出軸之間的軸交角關系確定下來。因此，需要考慮能夠同時實現這兩個目的的運動傳遞原理。如圖 3-44 所示為由一對分別固連一個桿件的普通圓柱齒輪構件 1、3（齒數分別為 z_1、z_2 且 $z_1=z_2$）的齒輪傳動、系桿 2 形成的簡單周轉輪系機構運動簡圖，如果能夠將這樣的能夠實現軸交角 α 等值傳遞的周轉輪系與雙萬向鉸鏈機搆結合在一起，則可以解決上述【問題】。圖 3-45 為將圖 3-44 所示的周轉輪系機構與一個雙萬向鉸鏈機構組合實現任意軸交角 α 下的等速比雙萬向鉸鏈機構原理及其機構運動簡圖。

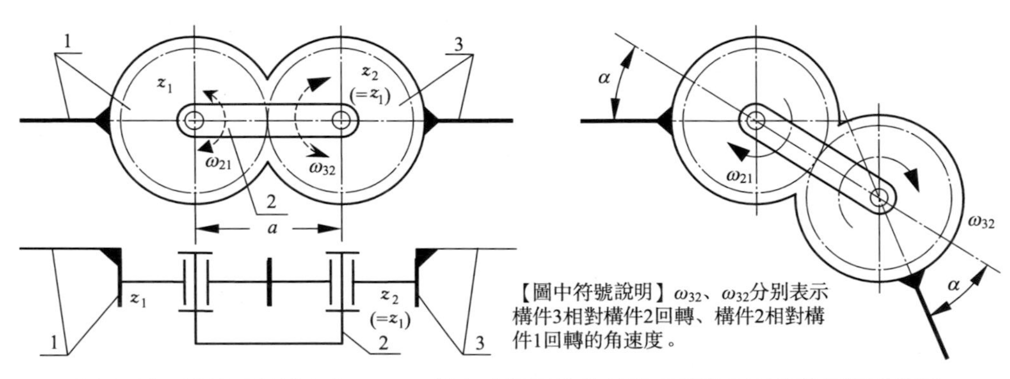

圖 3-44　能夠實現軸交角 α、β 等角度運動的齒輪輪系機構原理與機構運動簡圖

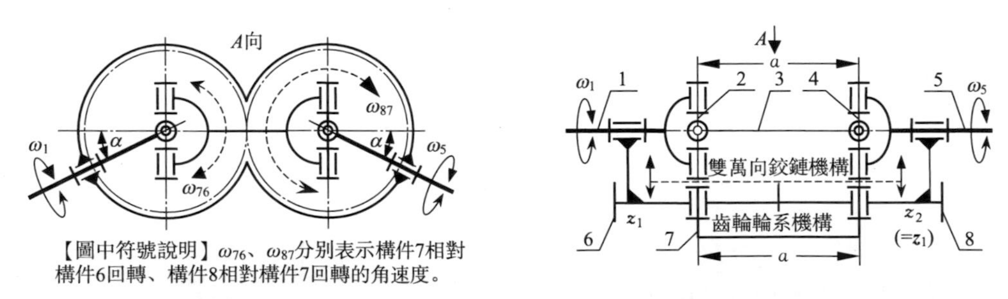

圖 3-45　軸線同側等軸交角等速比傳動的輪系-雙萬向鉸鏈組合機構原理與機構運動簡圖

圖 3-45 所示的是軸線同側等軸交角的等速比齒輪輪系-雙萬向鉸鏈組合機構，若要實現軸線兩側等軸交角的等速比傳動，則需要在齒輪 z_1、z_2 之間增加一個惰輪改變齒輪 z_2 的轉向，即在圖 3-45 所示的系桿構件 7 上齒輪 z_1、z_2 之間再安置一個同模數的圓柱齒輪分別與齒輪 z_1、z_2 嚙合即可實現雙萬向鉸鏈機

構軸線兩側等軸交角的等速比傳動，如圖 3-46 所示。

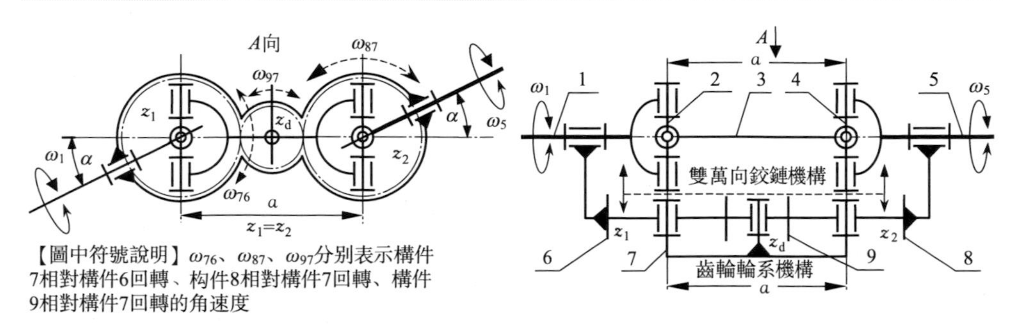

圖 3-46　軸線兩側等軸交角等速比傳動的輪系-雙萬向鉸鏈組合機構原理與機構運動簡圖

（4）輸入與輸出等速比的中空同軸多層嵌套式多雙萬向鉸鏈機構

與圖 3-46 同理，我們可以將前述如圖 3-45 所示齒輪輪系及圖 3-46 中所示的系桿上帶有惰輪的齒輪輪系分別與圖 3-42 所示的中空同軸多層嵌套式多雙萬向鉸鏈機構對心平行並聯組合而成軸線同側、軸線兩側等軸交角等速比傳動的多軸獨立驅動的輪系-雙萬向鉸鏈組合機構，其機構原理分別如圖 3-47、圖 3-48 所示。

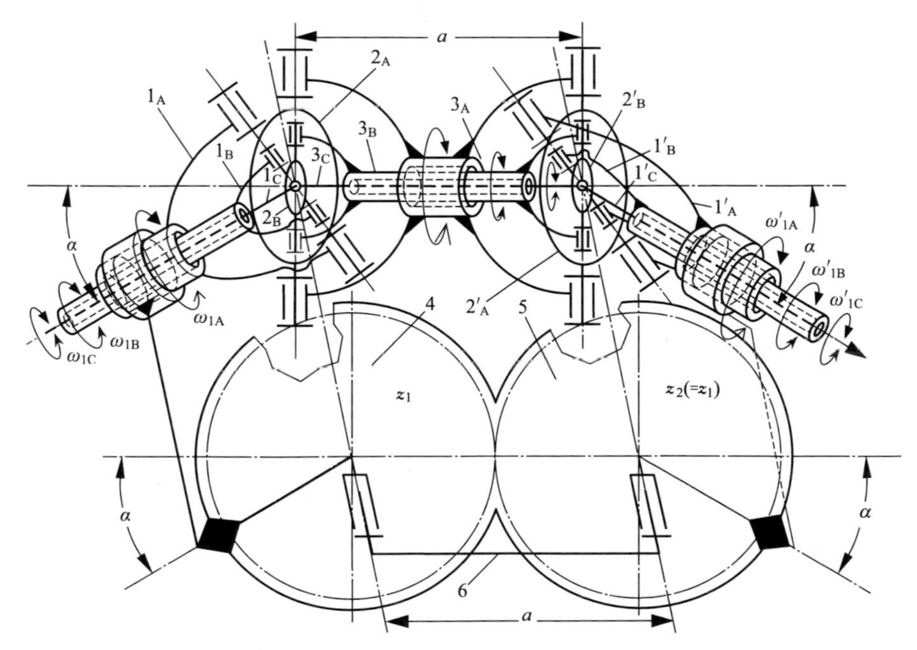

圖 3-47　軸線同側等軸交角的中空同軸多層嵌套式等速比傳動多雙萬向鉸鏈機構

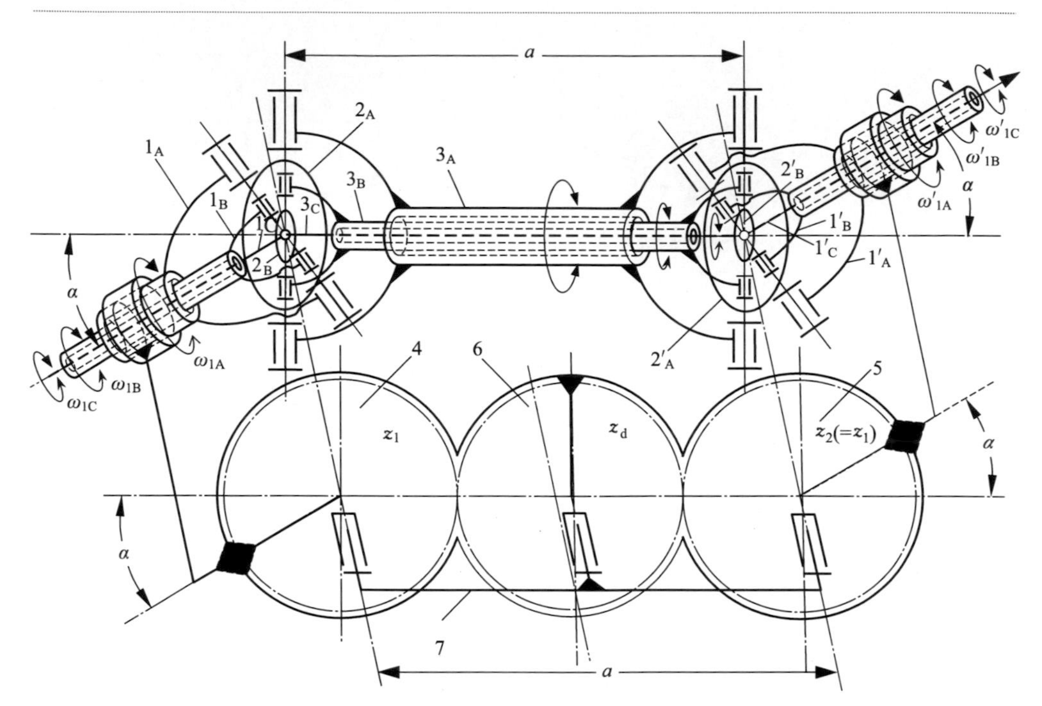

圖 3-48　軸線兩側等軸交角的中空同軸多層嵌套式等速比傳動多雙萬向鉸鏈機構

需要說明和注意的是：圖 3-45～圖 3-48 所示機構中的齒輪輪系以及 3.3 節內所有給出的萬向鉸鏈機構都是從機構原理上來說明利用機構拓撲變換演化方法以及機構組合方式來實現機構原理的創新與設計，而暫不考慮工程應用或實際機構設計情況下構件次要幾何尺寸、角度或形狀的具體情況，也不會影響或改變機構原理，即保持機構原理的唯一性。然而，機械類專業技術人員都知道：從機構傳動效率以及簡化構件實際機械結構設計等方面考慮，對單萬向鉸鏈傳動機構或者雙萬向鉸鏈傳動機構中的兩個單萬向鉸鏈機構而言，通常軸交角 $\alpha \leqslant 45°$。因此，構成圖 3-45～圖 3-48 所示機構中的齒輪輪系的主、從動齒輪（z_1、z_2）可以設計成滿足傳動機構運動範圍即可的不完全齒輪傳動（如圖 3-49 所示）。但在機構設計時必須考慮到：

① 不完全齒輪有齒部分的初始位置取決於整體機構工作時的初始工作位置；

② 在軸交角 α（$-45° \leqslant \alpha \leqslant +45°$）變化範圍內，不完全齒輪上有輪齒部分所對應的扇形區一定要大於等於齒輪正常嚙合齒對數所對應的扇形區 β_1，以確保即使在 $|\alpha| = 45°$ 的邊界位置嚙合時重合度也不變（或者換句話說：同時嚙合的完整齒的齒對數不變）。

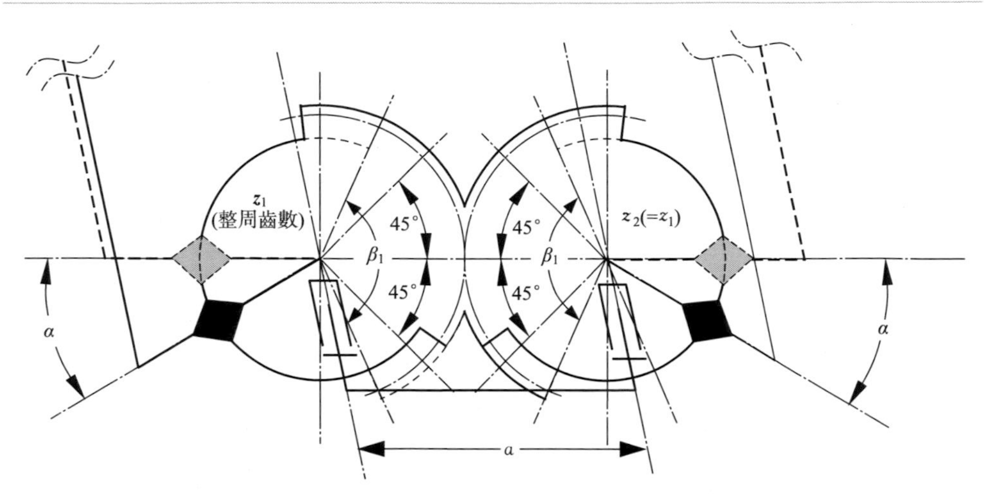

(a) 軸線同側等軸交角下使用的不完全齒齒輪輪系機構

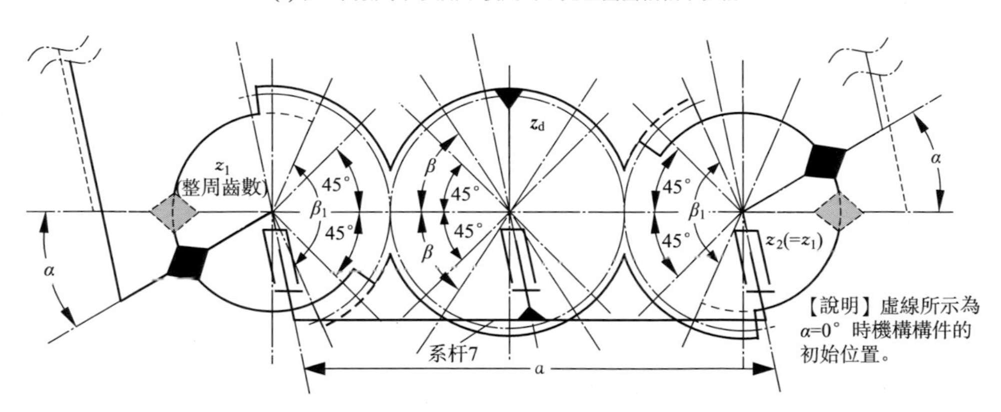

(b) 軸線兩側等軸交角下使用的系桿上帶有惰輪齒輪的不完全齒齒輪輪系機構

圖 3-49　軸線同側或兩側等軸交角下使用的不完全齒齒輪輪系機構

(5) 輸入與輸出等速比的中空同軸多層嵌套式多雙萬向鉸鏈機構的全方位傳動機構

圖 3-45～圖 3-49 給出的都是軸交角在其變化範圍內單自由度任意變化的齒輪輪系-單雙萬向鉸鏈組合機構、齒輪輪系-多雙萬向鉸鏈組合機構原理，同理我們還可以用另外一套與等軸交角 α-齒輪輪系機構垂直布置的同樣機構原理的等軸交角 γ-圓柱齒輪輪系傳動機構，如此，由等軸交角 α-齒輪輪系、γ-齒輪輪系並行耦合驅動各個雙萬向鉸鏈機構軸交角全方位變化的並聯機構和等速比多雙萬向鉸鏈機構組成的並聯-串聯組合式速比雙齒輪輪系-多萬向鉸鏈全方位傳動組合

機構，如圖 3-50、圖 3-51 所示。需注意的是：圖中分別與構件 4、8 圓柱齒輪固連的連桿繞左側單萬向鉸鏈機構構件 1_A～1_C 等的同軸線有相對回轉運動；分別與構件 5、9 圓柱齒輪固連的連桿繞右側單萬向鉸鏈機構構件 $1'_A$～$1'_C$ 等的同軸線有相對回轉運動，否則，α、γ 輪系並聯耦合運動互相干涉。

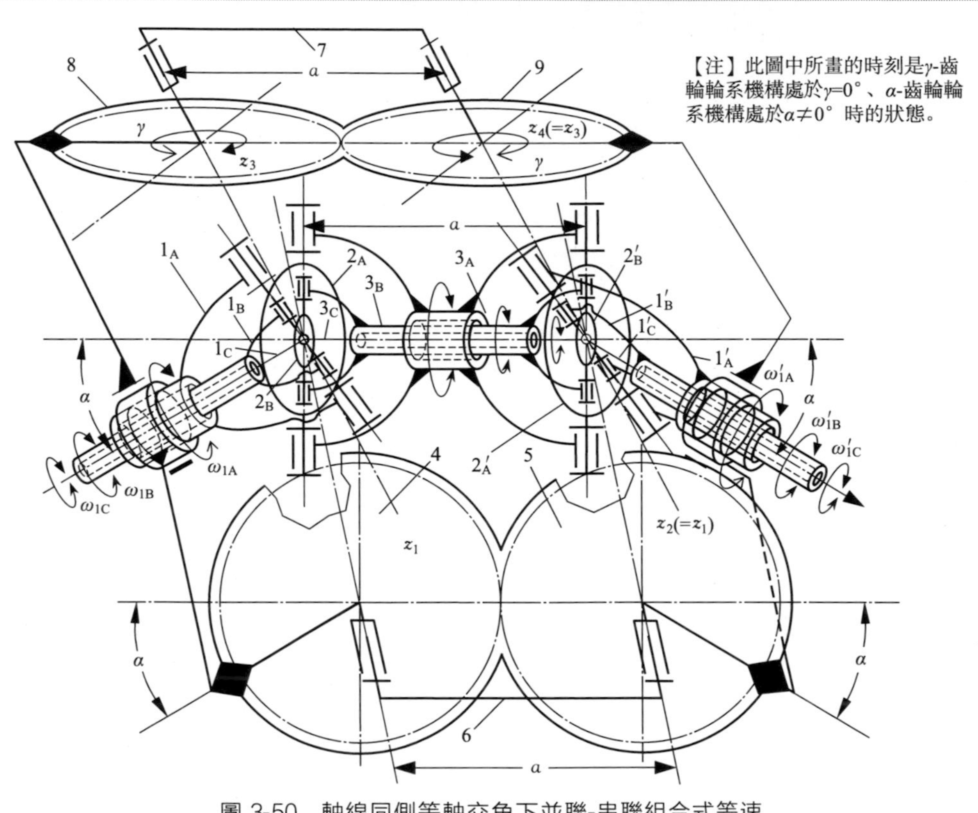

圖 3-50　軸線同側等軸交角下並聯-串聯組合式等速比雙齒輪輪系-多萬向鉸鏈全方位傳動組合機構

圖 3-50、圖 3-51 中的兩個並聯的圓柱齒輪輪系中的齒輪可以設計成如圖 3-49，圖 3-53 所示的不完全齒輪式傳動輪系機構。此外，圖 3-50 中互相垂直並聯布置兩輪系的系桿 6、7 以及圖 3-51 中互相垂直且並聯的兩輪系系桿 7、11 皆分別可以進一步進行拓撲變換演化成如圖 3-52 所示圓（柱）形座筒或框架形構件，並且在結構上對稱，同時按照將周轉輪系的系桿置於齒輪裏側和外側又可演化出圖 3-52(a)、(b) 所示的兩種構件。圖中左右兩組對應軸線兩兩互相平行、組內互相垂直且相交成「十」字形的四個軸線分別為雙萬向鉸鏈機構構件中的 U 形叉或弧形叉提供軸線。至此，我們用機構拓撲變換演化和與圓柱齒輪輪系機構相結合的組合方法提出並徹底論述了多個雙萬向鉸鏈機構等速全方位傳動

機構構型創新原理和機構原理。

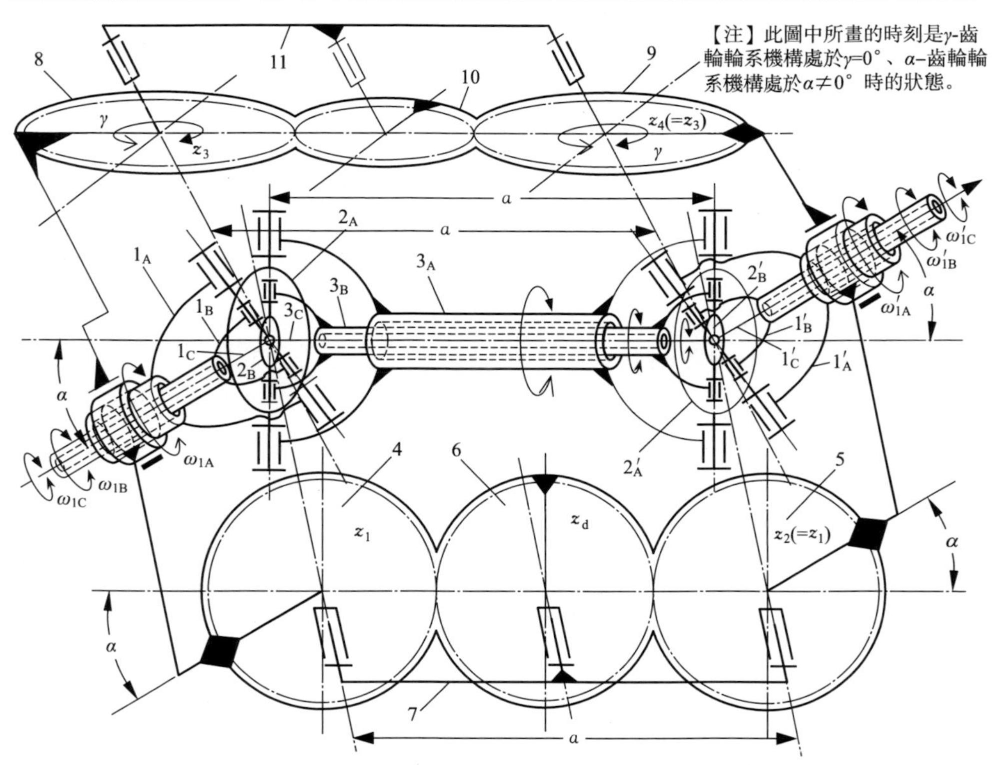

圖 3-51 軸線兩側等軸交角下並聯-串聯組合式等速比雙齒輪輪系-多萬向鉸鏈全方位傳動組合機構

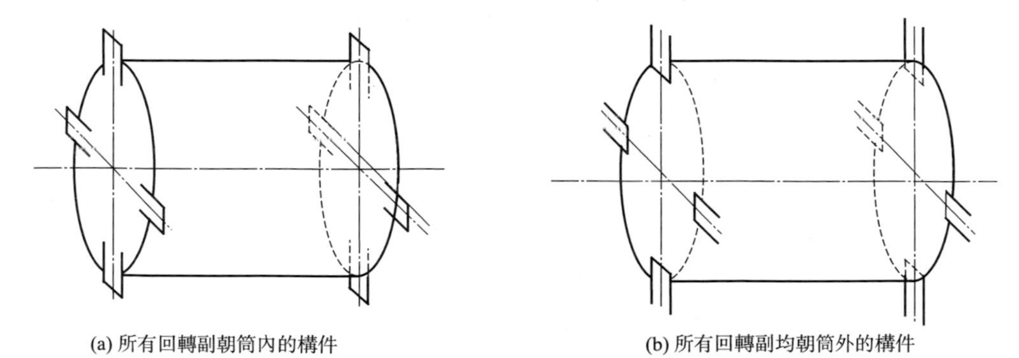

(a) 所有回轉副朝筒內的構件

(b) 所有回轉副均朝筒外的構件

圖 3-52 由互相垂直且並聯的兩個齒輪輪系的系桿分別置於齒輪裏側和外側進行拓撲變換演化而成的構件

3.3.5 新型 4 自由度無奇異並/串聯式全方位關節機構的機械設計及研製的原型樣機與實驗

（1）基於萬向鉸鏈機構基本原理進行創新設計思維的小結

3.3.1 節～3.3.4 節各節以大學機械類科系《機械原理》教材中萬向鉸鏈機構傳遞運動和動力的基本原理為基礎和約束條件，以機構拓撲演化和運動約束實現為根本，在機構原型基礎上提出新的運動和動力傳遞需求：

① 如何脫離以桿機構和回轉副組成的萬向鉸鏈機構原型對機架構件提供的軸交角約束，實現萬向鉸鏈機構自身具有這樣的等軸交角或者軸交角按某種規律變化（即靠改變周轉輪系的齒數比）的約束條件，從而在理論上達到萬向鉸鏈機構自身能夠具備任意等軸交角的約束條件，在機構原理上進行創新，進而進一步豐富萬向鉸鏈機構原理，並向其實用化又邁進一步。

② 單、雙萬向鉸鏈機構在機構原理上具有的特點是可以改變機構運動傳遞的方向，實現任意角度運動（回轉）和動力（轉矩）的傳動。繞與回轉運動輸入軸線成任意角度的軸線回轉的運動實際上可以分為一維回轉運動和二維回轉運動，自然，對任意等軸交角下等速比傳動這一約束條件的實現也就可以分為一維和二維兩個分軸交角，即前述的 α 或 γ 機構之一和 α、γ 機構兩者的組合，能夠充分利用和挖掘好這一特點則是繼續進行機構創新的動力和源泉。

③ 新型、新原理機構的創新往往不只是機構設計和走向實用化的需要，也可以是不考慮機構設計需求或實用化問題而單純從機構拓撲變換演化或者從機構綜合的理論上找出所有可能的機構構型，然後再去考慮其可能的需求。

（2）基於雙萬向鉸鏈機構原理的 3 自由度全方位手腕及其存在的問題

美國的機械工程專家 Mark E. Rosheim 於 1989 年在其設計、研製的機器人手腕驅動器中提出了由互相垂直的兩個方向上各配置一對兩節等傳動比圓柱齒輪傳動雙萬向節機構，從而提出了實現 $-45° \leqslant \alpha \leqslant +45°$ 範圍內任意軸交角 α 下的雙萬向節等速比傳動的 3-DOF 全方位關節機構，並根據該機構原理設計、研製了多種驅動機構驅動的全方位手腕。

① 採用連桿機構推拉驅動的全方位手腕[2] 如圖 3-53 所示，腕座上互相垂直布置著兩個推拉桿連桿機構，它們分別用銷軸與軸承外圈套裝的圓環相連形成並聯機構，分別推拉由軸線互相垂直、速比皆為 1：1 的兩對直齒圓柱齒輪傳動構成雙萬向節機構，實現手腕 ±90°俯仰（pitch）與偏擺（yaw）運動，兩者合成即為全方位運動；由雙萬向節自身傳動實現滾動（roll）運動。這種全方位手腕為 pitch-yaw-roll 型 3-DOF 機構，簡記為 P-Y-R 機構。

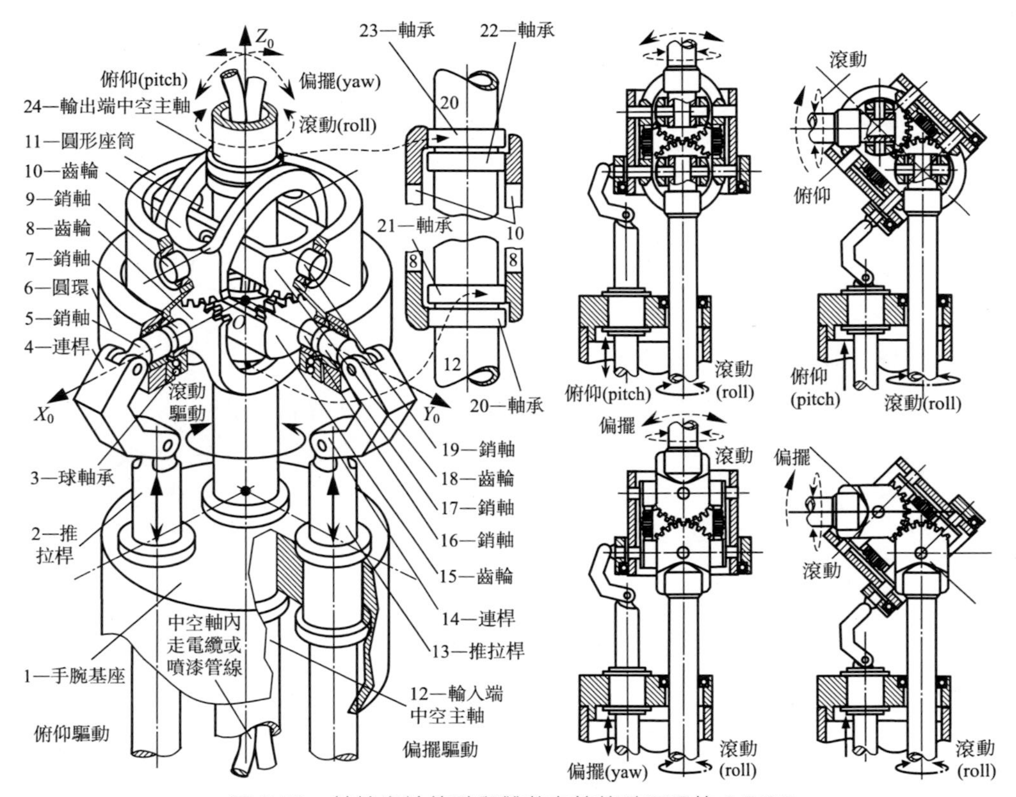

圖 3-53 基於齒輪傳動與雙萬向節傳動原理的 3-DOF
無奇異 P-Y-R 型全方位手腕結構及其機構運動原理 [2]

圖 3-53 所示 3-DOF 無奇異 P-Y-R 型全方位腕的結構與機構原理具體如下：

a. 雙萬向鉸鏈機構：由輸入端中空主軸 12，輸出端中空主軸 24，側面帶有導軌面的直齒圓柱齒輪 8、10，齒輪 15、18 以及圓形座筒 11，銷軸 7、9、16、19 組成，並且輸入端中空主軸 12、輸出端中空主軸 24 的軸線分別與圓形座筒 11 的軸線所成軸交角為同側相等，且可全方位任意變化軸交角，從而實現此雙萬向節在軸交角全方位任意變化下 1：1 等速比傳動的滾動（roll）運動。

b. 俯仰（pitch）運動機構運動原理：為便於表述，用箭頭符號「→」表示構件間的驅動關系。則推拉桿 2 推（拉）→連桿 4 牽引→銷軸 5 牽引→圓環 6 牽引→雙萬向鉸鏈機構俯仰。

c. 偏擺（yaw）運動機構運動原理：推拉桿 13 推（拉）→連桿 14 牽引→銷軸 16 牽引→圓環 6 牽引→雙萬向鉸鏈機構偏擺。

圓環 6 與圓形座筒 11 之間有球軸承 3，所以，並聯在圓環 6 上的俯仰運動驅動機構、側偏運動驅動機構兩者與圓形座筒 11 之間（也即與雙萬向鉸鏈機構之間）不存在運動干涉問題。

圖 3-53 所示機構中兩對直齒圓柱齒輪傳動結構也可以加以簡化，設計成如圖 3-54(a) 中所示的相對簡單、緊湊、便於加工製造的結構緊湊型 pitch-yaw-roll 全方位機構，但是，由於 U 形構件內側面與齒輪輪坯側面是相對滑動，而非圖 3-53 所示機構中的滾動，所以，摩擦磨損會相對大一些。

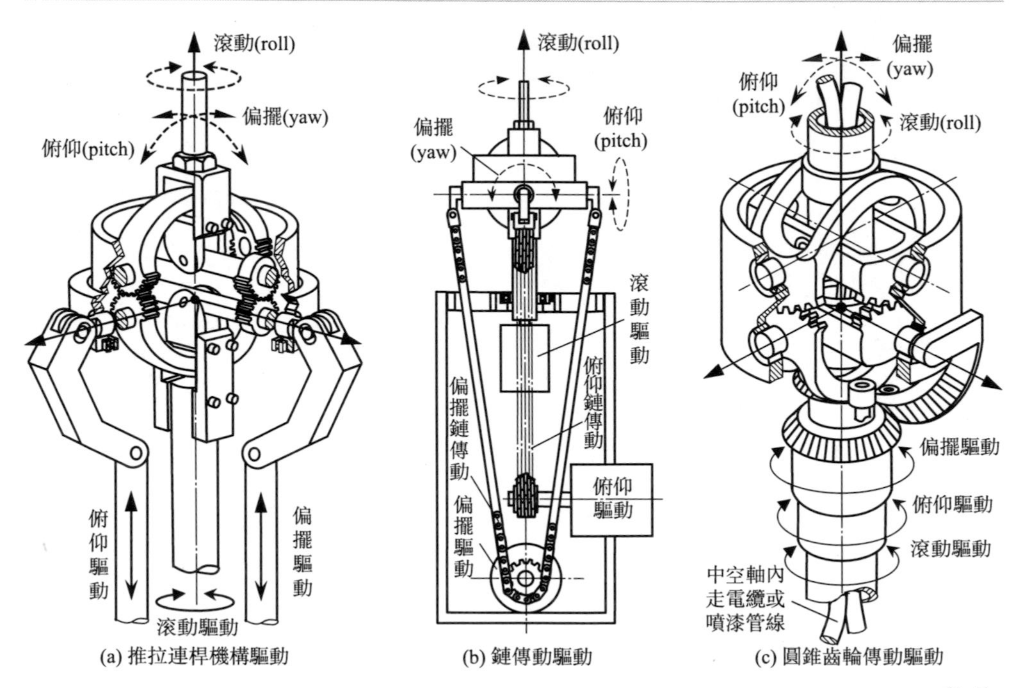

圖 3-54　基於齒輪傳動與雙萬向節傳動原理的 3-DOF 無奇異全方位手腕三種驅動機構原理 [3-5]

② 鏈傳動驅動的全方位腕[3]　如圖 3-54(b) 所示，將圖 3-54(a) 中所示的分別用於俯仰、偏擺驅動的推拉連桿機構分別用鏈傳動替代，即為鏈傳動驅動的全方位腕（關節）機構，而圓形座筒內由雙節齒輪傳動構成的雙萬向節機構可以與圖 3-53、圖 3-54(a) 所示的圓形座筒內的雙萬向節機構完全相同。

③ 圓錐齒輪傳動驅動的全方位腕[3]　如圖 3-54(c) 所示，用於圓形座筒相連的不完全齒大圓錐齒輪分別替代俯仰、偏擺運動驅動的推拉桿機構，然後採用前述如圖 3-43 所示的兩或三個同軸小圓錐齒輪中的兩個分別與大圓錐齒輪嚙合即可實現俯仰、偏擺運動驅動，而位於同心空心軸最裏層（即由外到內的第三層）的軸可以用圓錐齒輪傳動實現雙萬向節的滾動驅動，也可以直接連接原動機（或原動機＋其他傳動裝置的出軸）。但是，如圖 3-54(c) 中所示，每個大錐齒輪輪坯的外側面都需要用兩個固定在腕部基座上的壓輥形成導向，即需形成裏側圓

錐齒輪嚙合、外側雙輥導向的俯仰（偏擺）運動約束。

④ Mark Elling Rosheim 全方位腕機構存在的問題　圖 3-53、圖 3-54 所示的 3-DOF P-Y-R 型全方位腕機構中，由於分別實現 pitch、yaw 運動的 pitch 機構與 yaw 機構同時互相垂直地連接（即並聯）在套裝軸承外圈的同一個圓環上，在理論上存在著 pitch 與 yaw 並聯機構運動耦合導致並聯機構運動干涉的嚴重問題，即 pitch 運動驅動機構與 yaw 運動驅動機構無法同時運動。這一問題是由本書作者與蔡鶴皋院士在 1993 年發現並從理論上給出證明，同時提出了解決辦法，下面給出了用機構運動學矢量分析法證明過程、雙環解耦原理及其設計。

（3）P-Y-R 型全方位腕機構運動學與單環 pitch/yaw 並聯機構運動干涉理論證明[6]

前述圖 3-53 所示 P-Y-R 型全方位腕機構中，pitch 機構、yaw 機構以及構件 6 圓環在手腕基座提供的 3 自由度球面約束下，形成的 pitch/yaw 並聯機構運動簡圖可以用圖 3-55(a) 表示，構件 6（圓環）相當於並聯機構動平臺，而手腕基座 1 相當於靜平臺，兩平臺之間並聯著三個由串聯桿件構成的空間連桿機構，即有三個分支機構：

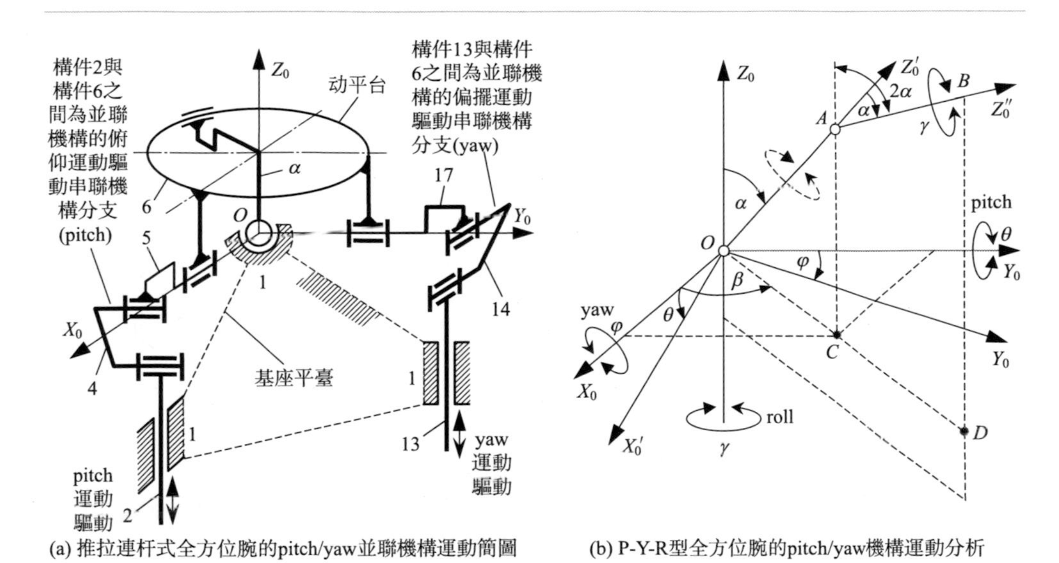

(a) 推拉連杆式全方位腕的pitch/yaw並聯機構運動簡圖　(b) P-Y-R型全方位腕的pitch/yaw機構運動分析

圖 3-55　P-Y-R 型全方位腕 pitch/yaw 並聯機構簡圖與機構運動分析圖

① pitch 運動驅動串聯桿件分支機構：作為機架的手腕基座構件 1、推拉桿構件 2、連桿構件 4、作為銷軸的連桿構件 5 以及圓環構件 6 兩兩之間用單自由度的回轉副串聯而成空間連桿機構，為 pitch 分支機構。

② yaw 運動驅動串聯桿件分支機構：作為機架的手腕基座構件 1、推拉桿構

件 13、連桿構件 14、作為銷軸的連桿構件 17 以及圓環構件 6 兩兩之間用單自由度的回轉副串聯而成空間連桿機構，為 yaw 分支機構。

③ 動平臺定心轉動串聯桿件分支機構：作為機架的手腕基座構件 1、連桿 a、圓環構件 6 以及 2 自由度的圓弧形圓柱移動副、3 自由度球鉸的球面運動副串聯而成空間連桿機構，為球面定心約束分支機構。其中連桿 a 並非實際的構件，是由圖 3-53 所示 P-Y-R 型全方位腕機構中，由輸入端中空主軸 12，輸出端中空主軸 24，側面帶有導軌面的直齒圓柱齒輪 8、10，齒輪 15、18 以及圓形座筒 11，銷軸 7、9、16、19 組成的雙萬向鉸鏈（雙萬向節）機構，此雙萬向鉸鏈機構受到作為機架的手腕基座構件 1 支撐，並且圓形座筒構件 11 與圓環構件 6 之間用球軸承間隔定位、支撐，由此為圓環構件 6 提供了 3 自由度定心轉動約束。據此可以將此約束運動等效簡化為動平臺定心轉動串聯桿件分支機構。而且，圖 3-55(a) 給出的此分支機構只是圖 3-53 中下部單萬向鉸鏈機構的等效機構。

P-Y-R 型全方位腕機構運動學分析[7,8]：將基座標系 $O\text{-}X_0Y_0Z_0$ 建立在圖 3-53 所示全方位腕定心轉動中心點 O 上，全方位腕處於垂直初始狀態時，其 pitch、yaw 運動驅動機構中與圓環構件 6 相連的銷軸構件 5、17 的軸線所在的直線分別作為基座標系的 OX_0、OY_0 軸，輸入端中空主軸構件 12 的中心線為 OZ_0 軸。

根據前述萬向鉸鏈機構等速傳遞運動的原理，圖 3-53、圖 3-54 所示的全方位腕機構可以等效為如圖 3-55(b) 所示的三桿等軸交角串聯機構。由圖 3-55(a) 可知：推拉連桿式 P-Y-R 型全方位腕的 pitch/yaw 分支機構除圓環構件 6 外皆分別在垂面 $O\text{-}X_0Z_0$、$O\text{-}Y_0Z_0$ 內運動，且圓環構件 6 始終與圓形座筒構件 11 同軸線，圓形座筒構件 11 的中線軸線與 OA 連桿共線，因此，當推拉桿構件 2 向下拉動使圓環構件 6 繞 OY_0 軸旋轉 θ 角時，OX_0 轉至 OX_0'，當推拉桿構件 13 向下拉動使圓環構件 6 繞 OX_0 軸旋轉 φ 角時，OY_0 轉至 OY_0'，且 OA 始終垂直於 $O\text{-}X_0'Z_0'$ 平面，OA、AB 所在的平面為過 OZ_0 軸且垂直於 $O\text{-}X_0Z_0$ 平面的垂面，並且 $\angle Z_0OA=\angle Z_0'AB=\alpha$。$OA$、$AB$ 在 $O\text{-}X_0Z_0$ 平面上的投影分別為 OC、CD 且在一條直線 OD 上，OD 與 OX_0 的夾角為 β，則 pitch/yaw 並聯機構動平臺構件 6（即圓環構件 6)、雙萬向節運動輸出桿件 AB 在基座標系 $O\text{-}X_0Y_0Z_0$ 中的姿態分別為（α，β，γ)、(2α，β，γ)。下面用矢量分析法求 α、β 與俯仰（pitch）角 θ、偏擺（yaw）角 φ 之間的關系式。需要說明的是：P-Y-R 型全方位腕 pitch、yaw 運動轉動角度的正負的定義遵從右手定則，即以繞座標軸逆時針轉動為正，順時針為負。

設 OA 的方向矢量為 $\boldsymbol{oa}$，在基座標系 $O\text{-}X_0Y_0Z_0$ 中，矢量 $\boldsymbol{OX_0'}$，$\boldsymbol{OY_0'}$ 分別為：$\boldsymbol{OX_0'}=[\cos\theta\quad 0\quad -\sin\theta]^{\mathrm{T}}$；$\boldsymbol{OY_0'}=[0\quad \cos\varphi\quad \sin\varphi]^{\mathrm{T}}$，則有：

$$\boldsymbol{oa}=\boldsymbol{OX_0'}\times\boldsymbol{OY_0'}=\begin{vmatrix}\boldsymbol{i} & \boldsymbol{j} & \boldsymbol{k}\\ \cos\theta & 0 & -\sin\theta\\ 0 & \cos\varphi & \sin\varphi\end{vmatrix}=[\sin\theta\cos\varphi\quad -\cos\theta\sin\varphi\quad \cos\theta\cos\varphi]^{\mathrm{T}}$$

進而有：$|\boldsymbol{oa}|^2=\cos^2\theta+\sin^2\theta\cos^2\varphi$

$$\boldsymbol{OZ}\cdot\boldsymbol{oa}=[0\quad 0\quad 1]\begin{bmatrix}\sin\theta\cos\varphi\\-\cos\theta\sin\varphi\\\cos\theta\cos\varphi\end{bmatrix}=\cos\theta\cos\varphi=|\boldsymbol{OZ}\|\boldsymbol{oa}|\cos\alpha$$

$$=\sqrt{\cos^2\theta+\sin^2\theta\cos^2\varphi}\cos\alpha$$

所以有：

$$\cos^2\alpha=\cos^2\theta\cos^2\varphi/(\cos^2\theta+\sin^2\theta\cos^2\varphi)\tag{3-8}$$

由$\cos^2\alpha+\sin^2\alpha=1$得：

$$\sin^2\alpha=1-\cos^2\alpha=(\cos^2\sin\varphi^2+\sin^2\cos^2\varphi)/(\cos^2\theta+\sin^2\theta\cos^2\varphi)\tag{3-9}$$

所以可得：$\tan^2\alpha=\sin^2\alpha/\cos^2\alpha=(\cos^2\theta\ \sin^2\varphi+\sin^2\ \cos^2\varphi)/(\cos^2\theta\ \cos^2\varphi)$

整理得：

$$\tan^2\alpha=\tan^2\theta+\tan^2\varphi\tag{3-10}$$

設 $\boldsymbol{OC}$ 在基座標系中的方向矢量為 $\boldsymbol{oc}$，則：$\boldsymbol{oc}=[\sin\theta\cos\varphi\quad -\cos\theta\sin\varphi\quad 0]^{\mathrm{T}}$。則有：

$$\boldsymbol{OX}\cdot\boldsymbol{oc}=[1\quad 0\quad 0]\begin{bmatrix}\sin\theta\cos\varphi\\-\cos\theta\sin\varphi\\0\end{bmatrix}=\sin\theta\cos\varphi=|\boldsymbol{OX}\|\boldsymbol{oc}|\cos\beta$$

$$=\sqrt{\sin^2\theta\cos^2\varphi+\cos^2\theta\sin^2\varphi}\cos\beta$$

所以有：

$$\cos^2\beta=\sin^2\theta\cos^2\varphi/(\sin^2\theta\cos^2\varphi+\cos^2\theta\sin^2\varphi)\tag{3-11}$$

$$\sin^2\beta=\cos^2\theta\sin^2\varphi/(\sin^2\theta\cos^2\varphi+\cos^2\theta\sin^2\varphi)\tag{3-12}$$

整理得：

$$\tan^2\beta=\tan^2\varphi/\tan^2\theta\tag{3-13}$$

至此，我們得到了 α、β 與俯仰（pitch）角 θ、偏擺（yaw）角 φ 之間的關系式。但需要注意的是：這裡得到的公式(3-10)、式(3-13) 是帶有平方項的方程，要得到可供 P-Y-R 型全方位腕運動控制所用的運動學方程，還需進一步考慮象限角問題，需要對公式進一步修正，這部分內容請參見筆者的文章（參考文獻［8］)。限於篇幅，此處省略。

P-Y-R 型全方位腕 pitch/yaw 並聯機構運動干涉證明：由幾何關系和矢量運算可知：

$$\boldsymbol{OX}_0'^{\mathrm{T}}\cdot\boldsymbol{OY}_0'=[\cos\theta\quad 0\quad -\sin\theta]\begin{bmatrix}0\\\cos\varphi\\\sin\varphi\end{bmatrix}=-\sin\theta\sin\varphi$$

$$=|\boldsymbol{OX}_0'|\cdot|\boldsymbol{OY}_0'|\cos\angle\boldsymbol{X}_0'\boldsymbol{OY}_0'=\cos\angle\boldsymbol{X}_0'\boldsymbol{OY}_0'$$

則有：

$$\angle \boldsymbol{X}_0'\boldsymbol{O}\boldsymbol{Y}_0' = \arccos(-\sin\theta\sin\varphi) \tag{3-14}$$

當 pitch、yaw 運動驅動使 P-Y-R 型全方位腕機構處於如圖 3-55(b) 所示的狀態下，且 $\theta=45°$、$\varphi=-45°$時，由式(3-14) 可計算得出：$\angle \boldsymbol{X}_0'\boldsymbol{O}\boldsymbol{Y}_0'=60°\neq 90°$。這說明當 pitch、yaw 運動驅動機構只要使全方位腕離開由基座標系 $O\text{-}X_0Y_0Z_0$ 定義的初始位姿，變化後的 OX_0'、OY_0'軸將不再互相垂直，兩者相對轉動了 30°角度。這意味著前述 Mark Elling Rosheim 所提出的 P-Y-R 型全方位腕機構中連接在單環圓環構件 6 上的 pitch、yaw 運動驅動機構同時運動時會因俯仰、偏擺運動存在耦合而導致圓環 6 無法產生俯仰、偏擺合成運動，即存在機構運動干涉問題，圓環構件 6 在全方位腕機構精確製造下無法運動。

解決 Mark Elling Rosheim 的 P-Y-R 型全方位腕機構 pitch/yaw 運動干涉問題的雙環解耦法：1993 年筆者根據前述理論證明和分析，提出了將圓環構件 6 改用可以相對轉動的同軸線雙圓環構件 6 和 6′分別與 pitch、yaw 運動驅動機構用銷軸構件 5、17 對應連接，即可實現俯仰與偏擺運動耦合的解耦，從而解決了俯仰、偏擺運動耦合干涉問題。基於雙環解耦原理的 P-Y-R 型全方位腕的 pitch/yaw 並聯機構原理如圖 3-56 所示。雙環解耦原理不僅限於解決由推拉連桿機構組成的 pitch/yaw 並聯機構存在的俯仰與偏擺運動耦合產生的機構運動干涉問題，同時也適於解決諸如圓柱齒輪傳動、圓錐齒輪傳動等任何驅動 P-Y-R 型全方位腕（關節）機構中 pitch/yaw 運動耦合產生的機構運動干涉問題。

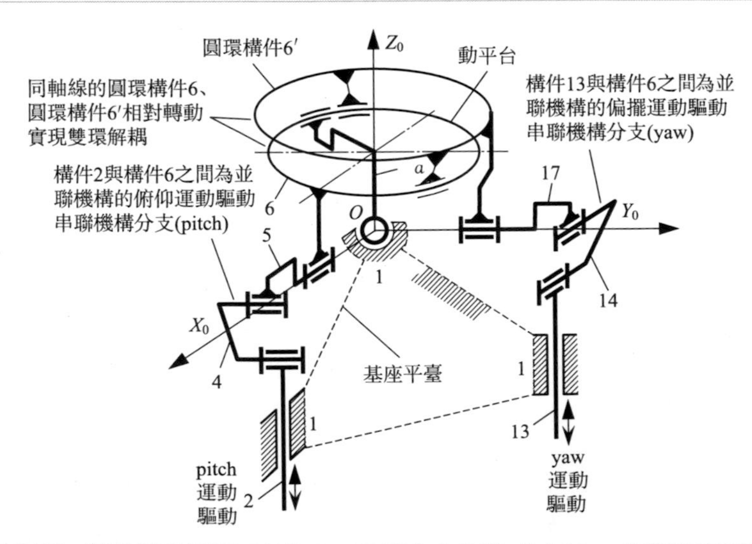

圖 3-56　基於雙環解耦原理的 P-Y-R 型全方位腕 pitch/yaw 並聯機構原理圖

(4) 新型 P-Y-R 型 4/3/2-DOF 無奇異全方位腕（關節）機構創新設計與實驗

在所提出的雙環解耦原理基礎上，進一步對 P-Y-R 型全方位腕（關節）機構進行創新設計，從推拉連桿機構實現 pitch、yaw 運動驅動在機械結構緊湊型以及傳動精度、剛度等方面優勢不足考慮，採用內外側帶有導軌的圓錐齒輪傳動機構實現 P-Y-R 型全方位腕（關節）機構的俯仰、偏擺運動的驅動，進一步創新設計基於雙環解耦原理和雙節齒輪式雙萬向節傳動原理的 4-DOF、3-DOF 以及 2-DOF 全方位腕（關節）機構。

① P-Y-R 型全方位腕（關節）機構的特點與實際意義

a. 無機構奇異問題，可適用於噴漆、焊接、遠端遙控作業等有實時控制要求下的作業：所謂的「機構奇異」是指 2 個以上自由度機構在運動到某一或某些構形時會喪失 1 個或幾個自由度，從而導致機構運動退化。如圖 3-57 所示，圖(a)、(b) 給出的是工業機器人操作臂、人型手臂中肩部（此處將腰轉、肩部大臂俯仰 2 個自由度皆看作是肩關節自由度）、腕部常用的 R-P 型、R-P-R 型關節機構構型。顯然，當圖 3-57(a)、(b) 所示的構型伸展開至圖 3-57(c) 所示即桿件 1 與桿件 2 共線時，桿件 2 根本無法繞 Y 軸旋轉形成偏擺運動，此時機構構形處於喪失 1 個自由度的狀態，即機構構形奇異；圖 3-57(c) 所示奇異構形狀態下，只能透過桿件 1 前的 R 自由度作旋轉 90°運動，桿件 2 才能向側向「俯仰」(實際上是側向偏擺運動)。而圖 3-57(d) 所示的 P-Y-R 構型全方位機構可以在任何構形下實現俯仰、偏擺轉動，即無機構奇異構形。當用 R-P、R-P-R 機構構型作為手腕關節機構時，不適於有噴漆、焊接、遠端遙控等作業對手腕有「拐直角」實時控制要求的作業，而 P-Y-R 型全方位腕適用於這些作業。

b. 結構緊湊、可以把伺服電動機、異速器以及液壓缸、氣缸等驅動元部件完全放在基座內：用作手腕、機器人操作臂其他關節時結構緊湊，而且採用同軸線圓錐齒輪傳動作為 pitch、yaw 運動驅動機構時，可以將諸如伺服電動機、異速器等驅動元部件完全安放在手腕（或其他關節）基座內，從而異輕了機器人操作臂運動部分的質量，相對提高了機器人操作臂機械木體的剛度和末端負載能力。

c. 可以充分利用中空主軸中空空間：輸入、輸出端中空主軸中空空間內可以透過電纜線、噴漆管。

d. 可以實現機器人操作臂的模塊化組合式設計與關節模塊化集成化單元設計：P-Y、P-Y-R、P-Y-R-R 型全方位關節機構基座內可以設計成完全容納驅動全方位手腕（或關節）伺服電動機、分布式控制系統底層控制器等集獨立驅動、感測和控制等一體化、系列化、集成化的 2/3/4-DOF 的全方位關節模塊化單元，從而可以實現機器人操作臂、蛇形機器人、柔性臂等等的模塊化組合式設計。

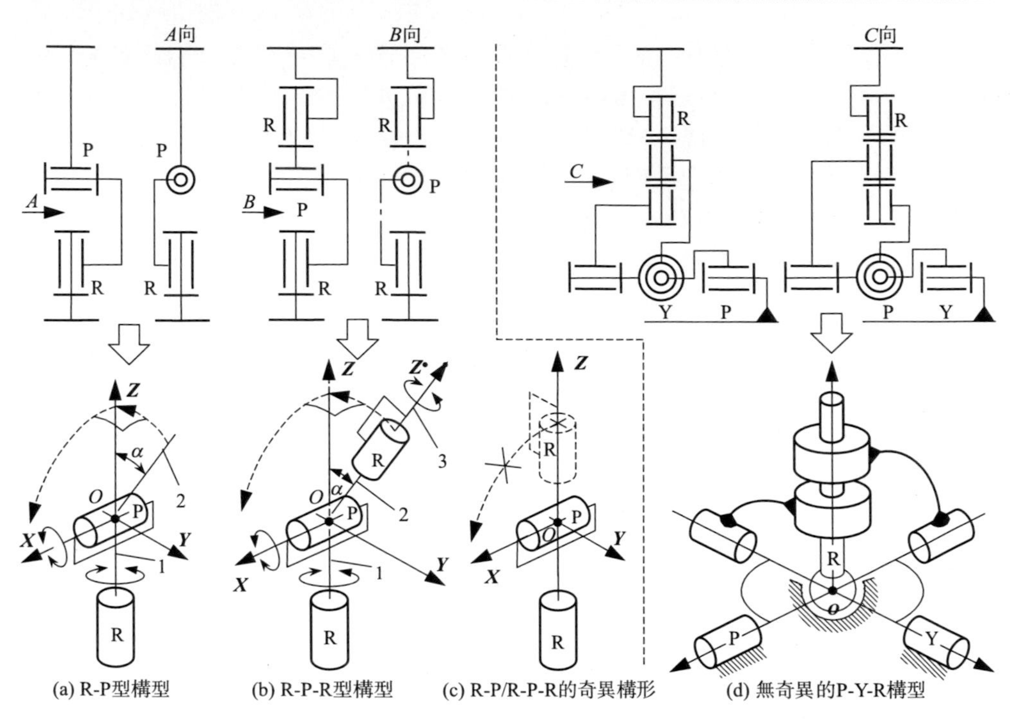

圖 3-57　R-P/R-P-R 構型及其奇異構形與無奇異的 P-Y-R 構型

② 新型 4-DOF P-Y-R-R 無奇異全方位腕（關節）機構與結構設計　筆者於 1993 年在直齒圓柱齒輪傳動構成的等軸交角雙萬向節機構原理和 pitch/yaw 運動驅動並聯機構雙環解耦原理基礎上，提出由圓錐齒輪傳動＋圓錐齒輪轉動導向約束裝置構成的並聯分支機構分別驅動 pitch/yaw 並聯機構的俯仰與偏擺運動，如圖 3-58 所示，其機構原理與結構具體介紹如下。

a. Pitch 運動驅動串聯桿件分支機構與結構原理：如圖 3-58 所示，作為機架的手腕（關節）基座構件 1、小圓錐齒輪構件 2、兩側內表面帶導軌面的大圓錐齒輪構件 3、作為銷軸的連桿構件 4 以及雙環解耦向心-推力複合球軸承 5 外環構件 5-1、滾動體 5-2、與圓形座筒 6 固連的內環構件 5-3 以及兩兩之間用單自由度的回轉副或齒輪副串聯而成的空間機構，為 pitch 分支機構。為保證該分支自由度數為 1，大圓錐齒輪構件 3 的兩側內表面帶導軌面，固連在基座構件 1 上的軸承座 7 上徑向對準軸心線（即對準圖中透過俯仰與偏擺運動軸線的交點 O 的固定軸線 Y，即基座標系 O-XYZ 的 Y 軸）伸出兩根軸線互相平行的軸 7-1、7-2，每根軸上安裝著徑向位置相互錯開的一個滾動軸承（軸承 7-3、7-4），這兩個軸承外圈最外側所在母線間的距離與主軸上套裝著的滾動軸承 8、9 外圈直徑相等，如此，軸承 7-3、7-4 與軸承 8、9 的外圈最外側為大圓錐齒輪 3 提供了繞固定軸線回轉的導向約束，大圓錐齒輪 3 的兩側內表面作為導軌面緊緊壓在相應的軸承 7-3、7-4、8、9 外圈上，各個軸承相對於導軌面作純滾動以異小摩擦；如果為了獲得尺寸小、緊湊的結構，在不以傳動精度和支撐剛度為主且忽略摩擦大小的情況下，這些滾動軸承也可以改用滑動軸承。

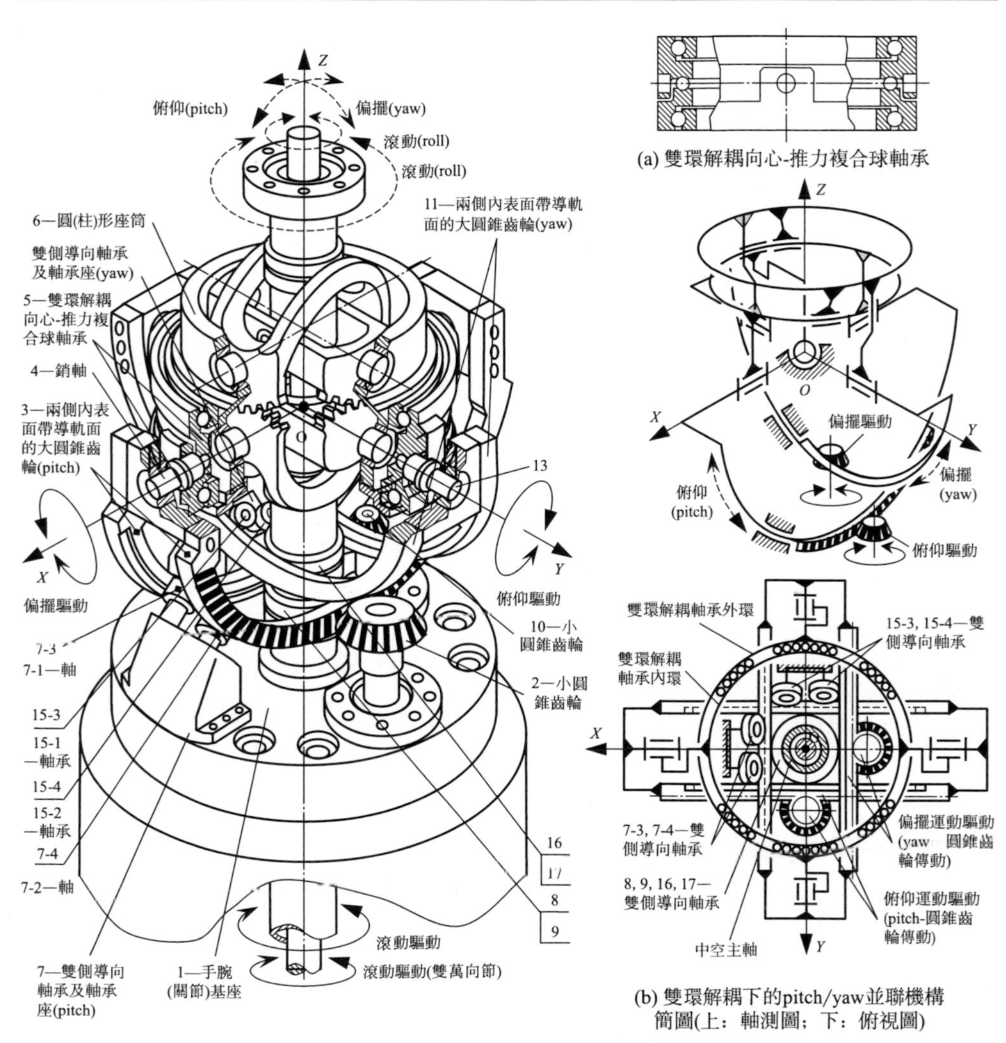

圖 3-58 基於雙環解耦原理和圓錐齒輪傳動的 P-Y-R-R 構型 4-DOF 無奇異全方位腕（關節）機構與結構 [6]

b. yaw 運動驅動串聯桿件分支機構：如圖 3-58 所示，作為機架的手腕（關節）基座構件 1、小圓錐齒輪構件 10、兩側內表面帶導軌面的大圓錐齒輪構件

11、作為銷軸的連桿構件 13 以及雙環解耦向心-推力複合球軸承 5 外環構件 5-1、滾動體 5-4、與圓形座筒 6 固連的內環構件 5-3 以及兩兩之間用單自由度的回轉副或齒輪副串聯而成的空間機構，為 pitch 分支機構。為保證該分支自由度數為 1，大圓錐齒輪構件 11 的兩側內表面帶導軌面，固連在基座構件 1 上的軸承座 14 上徑向對準軸心線（即對準圖中透過俯仰與偏擺運動軸線的交點 O 的固定軸線 X，即基座標系 O-XYZ 的 X 軸）伸出兩根軸線互相平行的軸 15-1、15-2，每根軸上安裝著徑向位置錯開的一個滾動軸承（軸承 15-3、15-4），這兩個軸承外圈最外側所在母線間的距離與主軸上套裝著的滾動軸承 16、17 外圈直徑相等，如此，軸承 15-3、15-4 與軸承 16、17 的外圈最外側為大圓錐齒輪 11 提供了繞固定軸線回轉的導向約束，大圓錐齒輪 11 的兩側內表面作為導軌面緊緊壓在相應的軸承 15-3、15-4、16、17 外圈上，各個軸承相對於導軌面作純滾動以異小摩擦；如果為了獲得尺寸小、緊湊的結構，在不以傳動精度和支撐剛度為主且忽略摩擦大小的情況下，這些滾動軸承也可以改用滑動軸承。

c. 第一個 roll 運動分支機構——雙節齒輪式雙萬向節傳動機構：是從 pitch/yaw 並聯機構中「穿出」的雙萬向節傳動機構。它由分別用銷軸連接在圓形座筒上、兩側內表面帶導軌面、傳動比為 1∶1 的直齒圓柱齒輪傳動，分別用銷軸連接在圓形座筒和中空主軸之間的另一對傳動比為 1∶1 的直齒圓柱齒輪傳動，以及輸入端中空主軸、輸出端中空主軸組成。其中，兩對齒輪在圓形座筒上呈互相垂直布置，中心距相同。兩側內表面帶導軌面的齒輪傳動由中空主軸上套裝的一對軸承提供繞與該齒輪軸線垂直的軸線回轉的導向，因此，兩側內表面上導軌面間距離應與中空主軸上套裝的軸承外徑相等。pitch/yaw 並聯機構為該 roll 運動分支機構提供其等軸交角的驅動，而其本身的滾動運動驅動則是獨立的，與 pitch/yaw 並聯機構無關；同時，它也為 pitch/yaw 並聯機構提供了俯仰、偏擺運動繞固定點轉動的「球心支點」幾何約束，即保證了 pitch/yaw 並聯機構自由度為 2。

d. 第二個 roll 運動分支機構——普通雙萬向節傳動機構：是在第一個 roll 運動分支機構中空主軸中設置的普通雙萬向節傳動機構。該普通雙萬向節傳動機構的滾動運動驅動也是獨立的，與 pitch/yaw 並聯機構、第 1 個 roll 運動分支機構無關；但是它的等速比傳動所需的等軸交角條件是依賴和繼承於第 1 個 roll 運動分支機構所具有的等軸交角條件的。

如圖 3-58 所示的 P-Y-R-R 型全方位腕（關節）機構總共有四個自由度，實現這四個自由度運動獨立驅動的原動機數也為四個，而且這四個原動機（如電動機、液壓缸、氣缸等）全部都可以設置在手腕（關節）基座內，從而異輕了手腕（關節）運動部分的質量，相對提高了負載能力。這與現有工業機器人操作臂驅動腰部、肩部、肘部單關節回轉的電動機大都放在運動著的構件上（如將電動機、巽速器放置在回轉的肩部、大臂上）是完全不同的。

③ 雙環解耦軸承的結構類型與設計　雙環解耦軸承是為了解決 pitch/yaw 並聯機構的俯仰運動分支機構、偏擺運動分支機構同時運動時運動耦合產生干涉問題而專門設計的專用軸承，我們知道，通用的滾動軸承有國家標準，有成型的設計、加工製造工藝、檢驗標準、檢驗工具和手段，大量生產，成本相對較低；而專用的軸承是無法按照國家標準進行選型設計後購置或製造的，需要專門設計、專門製造，屬於非標設計非標加工類特殊部件。

雙環解耦軸承在其主要功能上等同於向心-推力滾動軸承，雖然可以考慮用兩個同型號的深溝球軸承或角接觸球軸承進行組合設計，但是，按照滾動軸承國家標準選擇向心球軸承或向心-推力軸承進行組合設計雙環解耦軸承，則其結構尺寸過大、質量過重，根本無法滿足全方位腕（關節）設計要求。為此，筆者於 1993 年提出結構如圖 3-59 所示的兩種雙環解耦軸承：向心-推力複合球軸承、向心-推力複合球-圓錐滾子軸承。其中向心-推力複合球軸承的向心球軸承部分又分為深溝球軸承和角接觸球軸承［圖 3-59 中未給出，只是把圖(a）中深溝球軸承部分改為背對背角接觸球軸承即可］兩種。

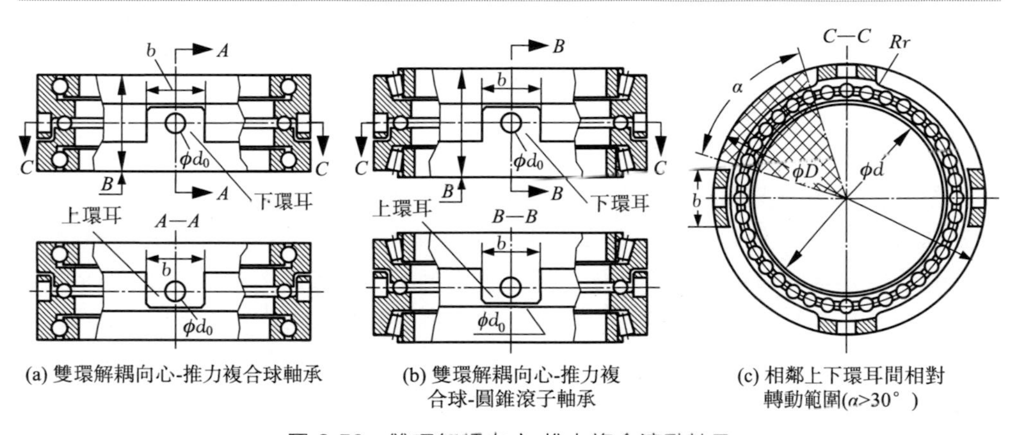

(a) 雙環解耦向心-推力複合球軸承

(b) 雙環解耦向心-推力複合球-圓錐滾子軸承

(c) 相鄰上下環耳間相對轉動範圍($\alpha>30°$)

圖 3-59　雙環解耦向心-推力複合滾動軸承

a. 雙環解耦向心-推力複合球軸承。其結構如圖 3-59(a）所示，以垂直於軸承軸線的中間平面（即圖中 $C—C$ 剖切面）為對稱分為上下兩個結構和尺寸完全相同的深溝球軸承，分別由內圈、直徑方向上對稱設置兩個環耳的外圈和密珠填裝的滾珠組成。

內圈結構：與標準深溝球軸承內圈相比，除寬度和環厚都小於標準軸承內圈之外，內圈滾道、圓角等再無多大區別。

滾珠：採用軸承廠製造的標準滾珠；由於雙環解耦軸承用於全方位腕（關

節）運動輸出端，最高轉速不會超過 100r/min，相比於適用轉速上至數千轉/分的標準滾動軸承而言，轉速非常低。加之滾動軸承保持架的製造需要做專用的工裝卡具，單套成本高，因此，無需保持架，而採用軸承端面填入密珠滾珠的密珠軸承形式。

外圈結構：外圈與標準深溝球軸承或角接觸球軸承的外圈相比，除滾道形狀及尺寸、公差為標準滾道的之外，其餘都不相同。雙環解耦軸承的外圈（外環）是將與驅動全方位腕（關節）的銷軸直接相連的環耳直接設計、製造在外圈之上，環耳有徑向銷軸孔，需要精確加工；而且，外圈上有兩種滾道，一是相當於深溝球軸承的標準徑向滾道；另一個是外圈內端面上的軸向標準推力球軸承滾道。

把上述內圈、外圈和密珠滾珠組成的向心-推力球軸承兩個對裝在一起，中間是推力球軸承的密珠滾珠或帶保持架的滾珠群，就形成了雙環解耦向心-推力複合球軸承，為上下完全對稱結構。上部軸承外環上的環耳稱為上環耳，下部軸承外環上的環耳稱為下環耳。

b. 雙環解耦向心-推力複合球-圓錐滾子軸承。其與雙環解耦向心-推力複合球軸承相比，在結構組成上除向心球軸承部分改為圓錐滾子軸承之外，其餘在設計上完全相同，此處不再贅述。為便於裝拆，顯然上下完全對稱的兩個圓錐滾子軸承部分為背對背設計、安裝。圓錐滾子完全採用軸承廠製造的標準圓錐滾子，也無保持架，採用密珠軸承形式，滾道也是按相應滾動軸承標準滾道設計、加工。其結構如圖 3-59(b) 所示。

④ 關於雙環解耦軸承外環（外圈）環耳的圓周方向寬度 b 的確定　如前述圖 3-58 所示，雙環解耦軸承套裝在圓形座上，軸線與圓形座筒同軸線，在全方位腕（關節）機構處於初始位置時，雙環解耦軸承上下兩個外環上徑向對稱的兩個環耳銷軸孔所在的軸線互相垂直，且分別與 pitch、yaw 轉動運動所繞軸線（為始終保持互相垂直的固定軸線）重合，即上下兩個外環各自環耳銷軸孔所在軸線在俯仰、偏擺轉角皆為零的初始狀態下呈 90°角，而在俯仰、偏擺運動分別轉過 45°角時，前述計算結果為：此時上下兩個外環各自環耳銷軸孔所在軸線成 60°角。這說明：兩個外環繞同軸軸線相對轉動了 30°角。因此，上下環耳在圓周方向的寬度 b 不能過寬，如 b 過寬，則相鄰的兩個上下環耳會在相對轉動過程中互相碰撞在一起，導致俯仰、偏擺運動無法繼續甚至於損壞機構零部件。

上下環耳圓周方向寬度 b 的確定原則：如圖 3-59(c) 所示，在相鄰兩個上下環耳銷軸孔軸線所成 90°角範圍內，除去一個環耳圓周方向寬度 b 和環耳與環銜接結構過渡處圓角的 2 倍所對應的圓弧部分之外，剩餘外環圓弧所對應的扇形區角度 α 應大於 30°，才能保證上下外環相對轉動過程中相鄰兩環耳不碰到一起，也即保證了 P-Y-R(-R) 型全方位腕（關節）機構的單節俯仰、偏擺運動分別可達－45°～45°，此時，全方位腕（關節）整節俯仰、偏擺可達－90°～90°，即全方位運動。

⑤「異形」齒輪結構設計　P-Y-R(-R) 型無奇異全方位腕（關節）中的齒輪結構形狀與通常的齒輪不同，較為特殊，為形如弓形且內側面帶導軌面的不完全齒輪或框架形不完全齒齒輪，其不僅需要具有傳遞運動和動力的功能，同時還必須為保證其本身繞某軸線回轉而為其自身提供回轉導向約束，可謂「異形」齒輪。

a. 實現等軸交角 1∶1 速比滾動（roll）的雙節齒輪式雙萬向節中的齒輪結構設計。雙節齒輪式雙萬向節的結構組成：如圖 3-60(a) 所示，雙節齒輪式雙萬向節的圓形座筒內的不完全齒輪有兩對，一對是上、下節導軌齒輪，分別用銷軸連接在圓形座筒內，並且兩內側導軌面分別與中空主軸上軸向套裝的軸承形成導向滾動約束；另一對是上、下節無導軌齒輪，是用互相垂直的兩對銷軸分別與圓形座筒、中空主軸相連。而且，這兩對不完全齒輪的齒數、模數完全相同，在圓形座筒上的軸線互相垂直。另外，為保證正確的裝配關系，在輸入端中空主軸、輸出端主軸軸線共線的初始狀態下，每對不完全齒輪上輪齒必須呈軸對稱分布，而且一個齒輪中間位置上的輪齒與配對嚙合的另一齒輪中間位置上齒槽嚴格對中相嚙合，如圖 3-60(b) 所示：下節導軌齒輪中間輪齒對準上節導軌齒輪中間齒槽，這是在設計與製造上必須保證的先決條件之一。上、下節無導軌齒輪也需如此。

雙節齒輪的運動分析：對於等軸交角 1∶1 速比滾動的雙萬向節而言，上、下節無導軌齒輪分別相對於上、下節導軌齒輪相對轉動角度範圍為－45°～45°。在此範圍內，兩對不完全齒輪之間相對運動不得干涉，方能實現±90°範圍內 pitch/yaw 全方位運動下的獨立滾動（roll）自由度的運動。

上、下節導軌齒輪結構設計：如圖 3-60(b) 所示，上、下節導軌齒輪為弓形且其兩內側面為導軌面的不完全齒直齒圓柱齒輪，兩者除其一的中間位置為對中齒而另一的中間位置為對中齒槽的不同之外，其餘結構形狀和尺寸完全相同，但是，其結構較常見的普通齒輪複雜，而且除需滿足不與框架形的上、下節無導軌齒輪在±45°相對轉動過程中發生干涉的設計要求之外，還需滿足不與圓形座筒發生運動干涉、為保證全方位關節總體結構尺寸盡可能小的設計要求。因此，在對其進行結構設計時需按圖 3-60(c) 所示，嚴格保證不干涉的幾何關系：即整個上節（下節）導軌齒輪整體位於外接直徑為 D 的球面之內，且圓形座筒內圓柱面直徑為 $\phi D'>\phi D$，可取 $D'=D+(2\sim3\text{mm})$。因此，上下節導軌齒輪結構是由球面 C、圓柱面 A、齒頂圓所在的 ϕd_a 圓柱面、兩側立面 B_1、B_2 包圍截割而成輪坯形狀的。

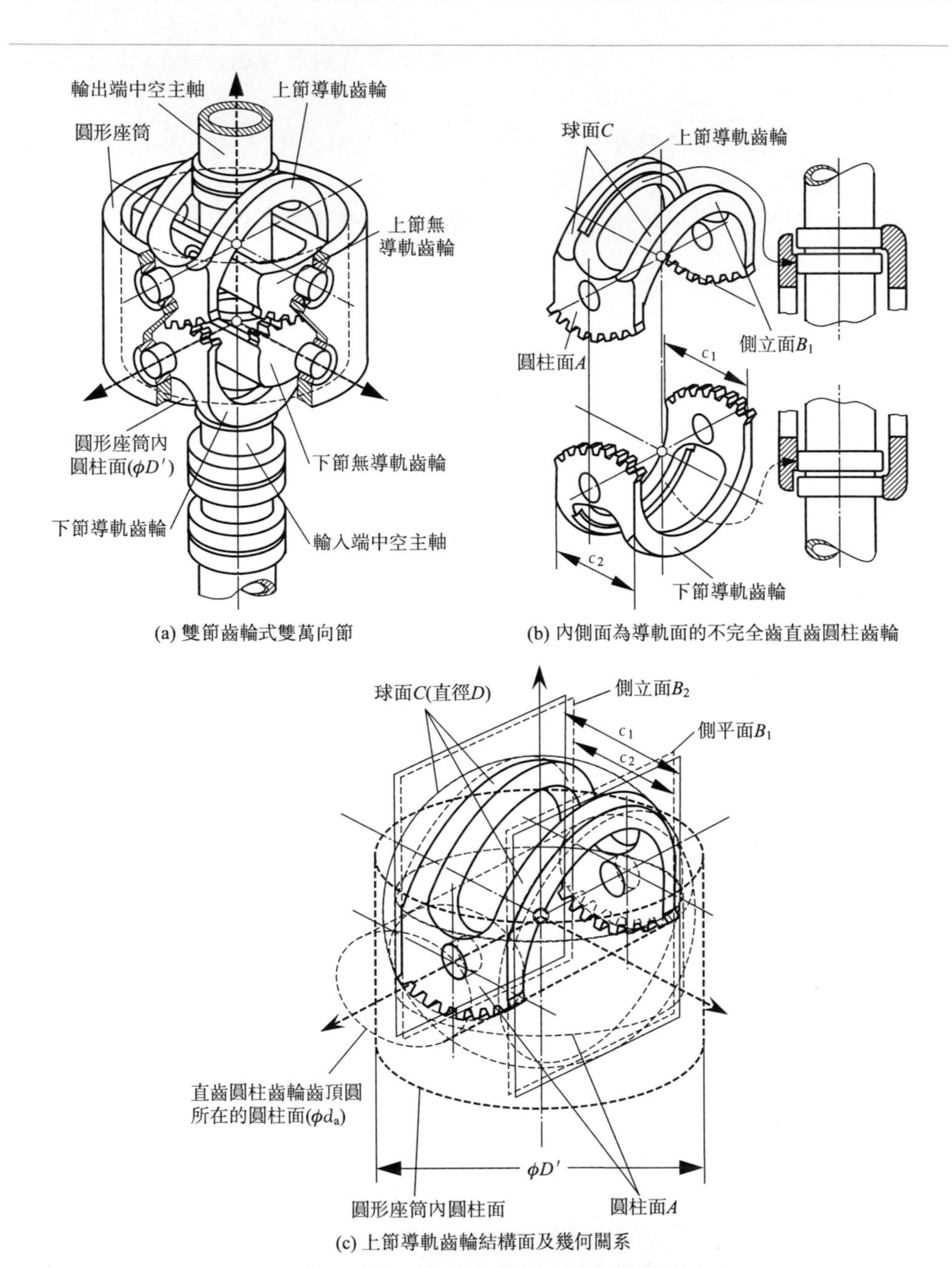

(a) 雙節齒輪式雙萬向節

(b) 內側面為導軌面的不完全齒直齒圓柱齒輪

(c) 上節導軌齒輪結構面及幾何關係

圖 3-60　雙節齒輪式雙萬向節及其不完全齒直齒圓柱齒輪結構設計

上、下節導軌、無導軌齒輪加工製造：如圖 3-60(a)、(b) 中所示的弓形、框架形齒輪結構形狀相對較複雜，需要從整塊毛坯材料上透過機械加工方法去除材料，結構變形問題是必須考慮的，其中框架形結構的上、下節無導軌齒輪為封閉結構，整體剛性要比上下節導軌齒輪好，結構變形相對小；而上下節導軌齒輪為弓形開放式結構，需要設計製作專用工裝卡具裝卡，車、銑零件外廓，選用直徑與留有半精加工餘量的內側導軌面間距相等的銑刀，徑向進給與搖動分度頭周向進給相結合銑通兩內側導軌面，注意進給量要小、轉速要高，以保證盡可能小的銑削加工變形，完成粗加工；在坯料粗加工後留有一定的半精加工用餘量，粗加工成形後經自然時效形狀穩定後進一步進行結構尺寸檢測，尤其是作為設計基準與加工基準的前後同軸同孔徑的銷軸孔，可能會因非對稱開放式結構形成的內應力引起軸孔軸線位置變形，因此需要對銷軸孔測量後進行軸線變形分析是否需要在半精加工前修整銷軸孔，然後以銷軸孔為絕對基準對導軌面及輪齒進行半精加工並留好剩餘精加工用餘量，自然時效處理後，熱處理以提高輪齒齒面硬度、導軌面硬度，然後精加工磨削齒面及導軌面達到零件設計尺寸與公差要求。

關於輪齒與導軌面的熱處理方式：為異小整體變形（尤其是兩內側導軌面部分的變形），採用 38CrMoAlA 材料下碳氮共滲熱處理方式，獲得硬齒面。

關於輪齒的加工方法：由於該直齒圓柱齒輪傳動為高傳動精度要求下的低速傳動，而且為保證等軸交角和初始位置準確的裝配條件，需要確保中間位置的輪齒、齒槽嚴格精確對中，因此，需要從齒坯正中間位置向兩側加工輪齒，所以，需要在輪齒加工前以銷軸孔軸線、導軌面為基準，測量找正中間位置開始加工輪齒或齒槽。加工方法可選擇高精度數控機床或（1～5)/1000 精度的慢走絲線切割機床上一次性加工出留有磨削餘量的輪齒，經熱處理、自然時效處理後，磨削輪齒達到設計要求。

b. 實現俯仰、偏擺全方位運動的 pitch/yaw 並聯機構中的圓錐齒輪結構設計。圓錐齒輪組裝式結構：為了便於製造、裝配，pitch/yaw 並聯機構中圓錐齒輪傳動的大圓錐齒輪結構設計沒有採用整體一體結構，而是採用如圖 3-61(a)、(b) 所示的分體裝配式結構，由左右對稱的兩個軸承座、不完全齒弧形半環圓錐齒輪、弧形半環導軌組裝而成左右對稱、兩內側有導軌的圓錐齒輪。

pitch/yaw 機構大圓錐齒輪之間空間結構關系的幾何分析：為得到結構緊湊而又不發生兩個大圓錐齒輪繞各自定軸轉動時結構實體障礙問題的空間結構設計結果，需要進行結構設計的幾何分析，如圖 3-61(b) 所示，pitch 機構的大圓錐齒輪與 yaw 機構的大圓錐齒輪兩者分別繞固定軸線 OY、OX 轉動，兩軸線交點為座標原點 O，而且，yaw 機構的大圓錐齒輪是在 pitch 機構的大圓錐齒輪之上彼此作相對運動。因此，按照以座標原點 O 為球心的四個同心球面 1～4 確定 yaw、pitch 機構的兩個弧形半環圓錐齒輪、兩個弧形半環導軌之間空間結構的幾何關系和尺寸，球面 1～4 的直徑分別用 D_1～D_4 表示。由前述雙節齒輪式雙萬向節的結構設計，可以確定圓形座筒內、外圓柱面的直徑 D'、d_1。則球面 1 直徑 D_1 為：

$$D_1=2\sqrt{d_2^2/4+h_1^2} \tag{3-15}$$

式中，d_2 為球心以下球面 1 內接圓柱面的直徑，$d_2=d_1+(2\sim4)\text{mm}$，直徑方向增加（2～4）mm 是為了在圓形座筒外圓柱面與球面 1 之間留有足夠的間隙；h_1 為球心至球面 1 在球心以下內接圓柱面下端面的距離。

球面 2 的直徑 D_2 取決於滾動（roll）運動輸入側中空主軸上套裝的軸承（相對於 yaw 弧形半環大錐齒輪及其弧形半環導軌作純滾動的兩個軸承）外圈直徑 d_3、軸承度 b_z 以及軸承相對於原點 O 的軸向距離。

球面 3 直徑 D_3 為：$D_3=D_2+(4\sim6)\text{mm}$。4～6mm 是因為球面 3 與球面 2 之間留有 2～3mm 的半徑間隙。

球面 4 的直徑 D_4 取決於滾動（roll）運動輸入側中空主軸上套裝的軸承（相對於 pitch 弧形半環大錐齒輪及其弧形半環導軌作純滾動的兩個軸承）外圈直徑 d_3、軸承度 b_z 以及軸承相對於原點 O 的軸向距離。

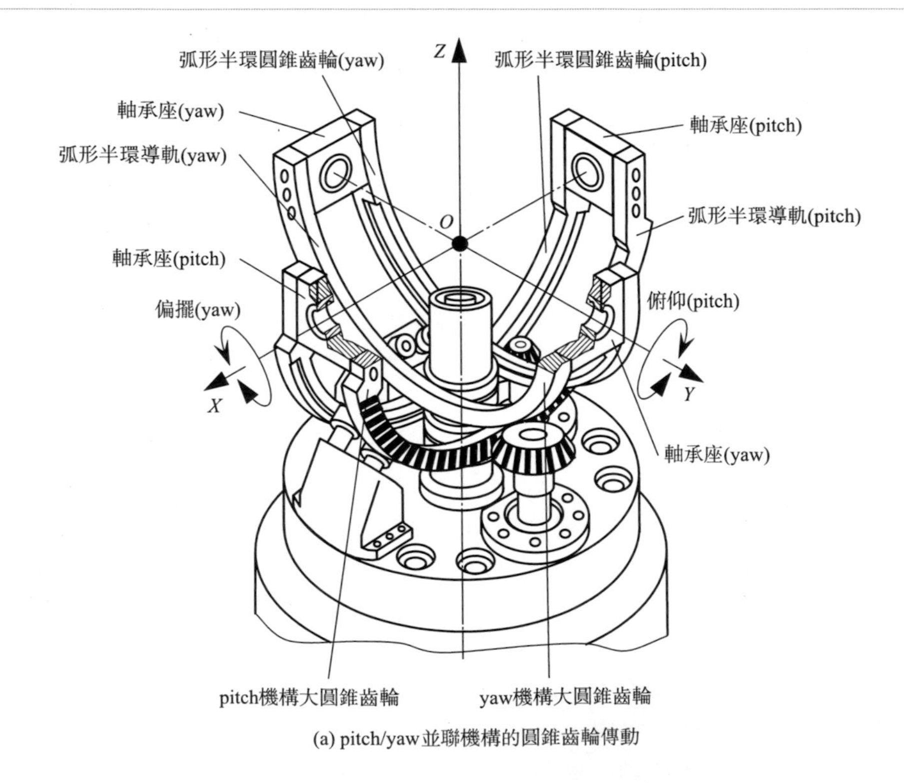

(a) pitch/yaw並聯機構的圓錐齒輪傳動

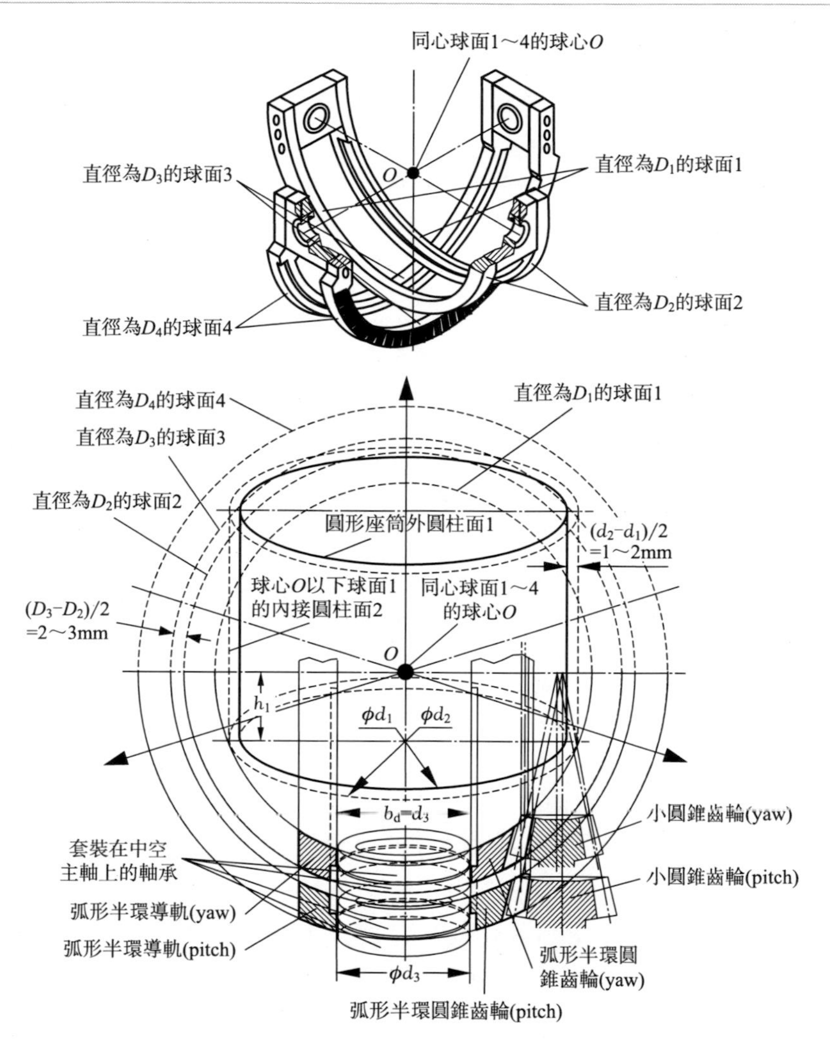

(b) 兩個大圓錐齒輪的結構面及幾何關係

圖 3-61　pitch/yaw 並聯機構圓錐齒輪傳動及其兩個大圓錐齒輪結構與幾何關系

因此，可按圖 3-61(b) 所示，在球面 1 與球面 2 之間、球面 3 與球面 4 之間分別截取 pitch 機構、yaw 機構中導軌、圓錐齒輪所用的弧形半環、弧形半環毛坯，它們的上下表面均為球面 1（或球面 3）、球面 2（或球面 4）的一部分，外側面為平面或者圓錐齒輪輪齒。如此進行結構設計幾何分析，可以保證這兩個大圓錐齒輪設計不發生結構性障礙導致無法運動或達不到運動範圍的設計錯誤。其理論依據是：球面結構內部任何其他與之同心的球面結構以及內接圓柱面結構，它們繞球心的運動都不會與該球面結構發生障礙。

⑥ 導軌結構設計　兩自由度 pitch/yaw 並聯機構繞兩個互相垂直的固定軸線回轉實現俯仰、偏擺運動，是透過大圓錐齒輪兩側弧形半環內側表面上的導軌面、固定在全方位腕（關節）腕座上的雙側導向軸承與軸承座組件、滾動（roll）運動輸入側萬向節十字軸中心定心，以及滾動（roll）運動輸入側中空主軸上套裝的兩個一對共兩對總計四個完全相同的軸承一起形成回轉軸線與回轉導向約束的，其機構原理如圖 3-58(b) 所示，其結構組成原理如圖 3-62 所示。

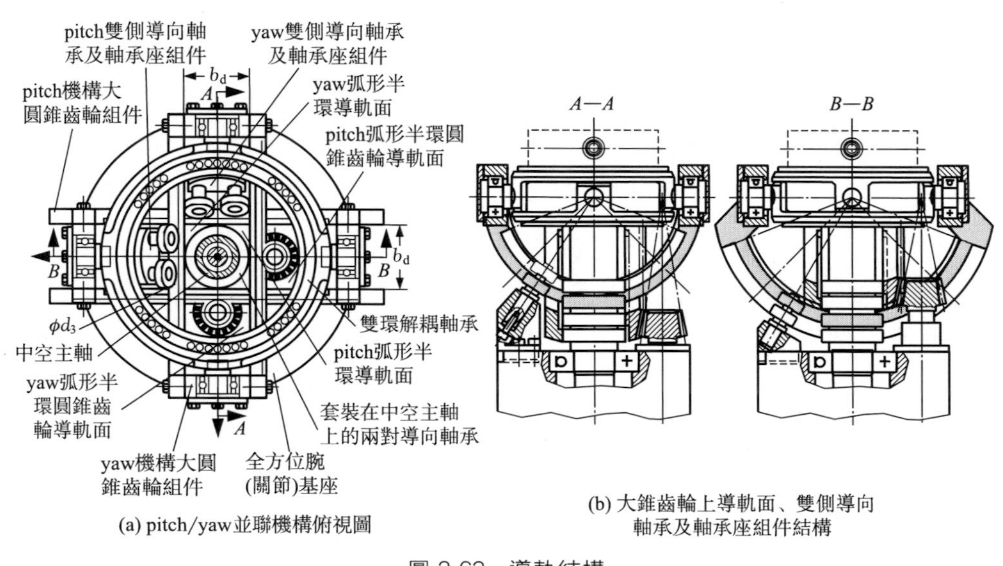

(a) pitch/yaw並聯機構俯視圖

(b) 大錐齒輪上導軌面、雙側導向軸承及軸承座組件結構

圖 3-62　導軌結構

⑦ 新型 4-DOF P-Y-R-R 型無奇異全方位腕（關節）機構研製與運動控制實驗

a. 全方位關節研製及其在人型手臂上的應用。圖 3-63(a) 所示為筆者於 1993 年設計、研製的新型 4-DOF P-Y-R-R 型無奇異全方位關節機構原型實物照片，由照片中可見雙環解耦向心-推力複合球軸承為密珠軸承，實現了 pitch、yaw 機構無干涉±90°全方位運動和兩個±360°的滾動（roll）運動。圖 3-63(b) 為筆者在 1995 年應用該全方位關節作為肩［圖 3-63(a)］、腕關節（圖 3-64）研製的 7-DOF 人型手臂原型樣機實物照片[6～9,12]。

圖 3-63(b) 所示的 7-DOF 人型手臂的單自由度肘關節的驅動來自於 4-DOF P-Y-R-R 型全方位肩關節中的第 4 個自由度，即該關節中置於中空主軸內部的、實現第 2 個滾動（roll）自由度的雙萬向節機構驅動肘關節蝸輪蝸桿機構實現肘的俯仰運動。驅動該臂肩關節、肘關節的四個電動機全部安裝在基座內。為實現全方位關節的小型化、模塊化單元化，該臂 3-DOF P-Y-R 型無奇異全方位腕為圖 3-64(a) 所示的單元臂形式的全方位腕，且雙環解耦軸承設計成滑動軸承，驅

動該單元臂式全方位腕的三個電動機全部放在小臂單元臂內。

(a) P-Y-R-R型4-DOF全方位肩關節

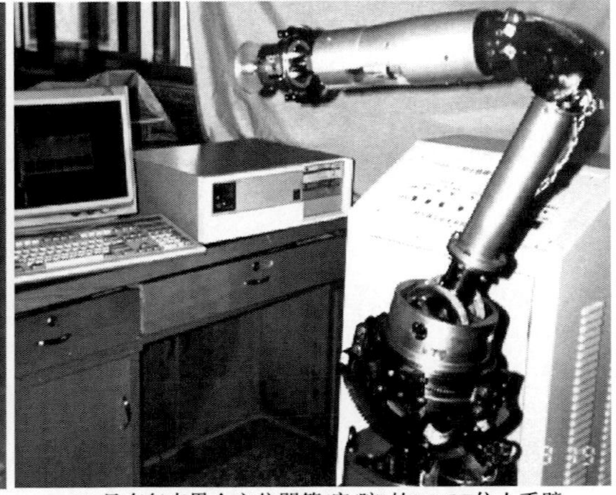

(b) 具有無奇異全方位關節(肩/腕)的7-DOF仿人手臂

圖 3-63 研製的 P-Y-R-R 型 4-DOF 全方位肩關節及 7-DOF 人型手臂原型樣機實物照片 [12]

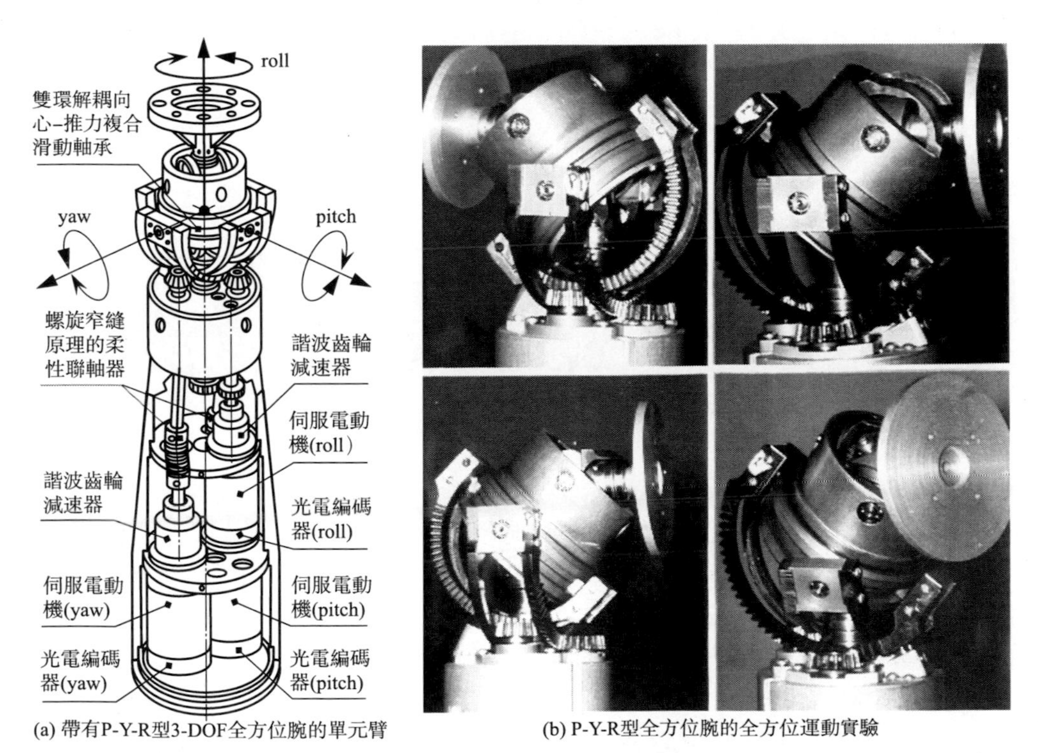

(a) 帶有P-Y-R型3-DOF全方位腕的單元臂

(b) P-Y-R型全方位腕的全方位運動實驗

圖 3-64 P-Y-R 型 3-DOF 全方位腕單元臂結構圖及全方位腕的全方位運動實驗照片 [12]

b. 全方位關節及人型手臂運動控制實驗。全方位運動控制實驗：圖 3-64(b) 為在電腦控制系統控制下，該全方位腕實現全方位運動（pitch：－90°～90°；yaw：－90°～90°；roll：－360°～360°整周/多周連續滾動）的實驗照片。實驗表明：設計研製的 P-Y-R-R/P-Y-R 型無奇異全方位關節機構及雙環解耦原理可以實現：－90°～90°俯仰（pitch）、－90°～90°偏擺（yaw）以及－360°～360°整周/多周連續滾動（roll）無奇異、無 pitch/yaw 並聯機構運動耦合干涉的全方位運動。

7-DOF 人型手臂自運動控制實驗：機器人自運動（self-motion）是指具有冗餘自由度的機器人臂，當其末端位置姿態保持不變的固定狀態下，其臂自身的運動即臂構形連續變化的運動。圖 3-65 為該人型手臂的自運動控制實驗照片。由圖中可以看出：臂末端法蘭介面雖然已被固定在保持靜止不動的三腳架「小平臺」中央，但在電腦控制系統控制下，臂的形態（即構形）正在無奇異地連續變化，而且可以實現比人臂各關節更大的關節運動範圍以及更大的自運動空間。擁有自運動能力的機器人臂則可以以無窮多的臂形實現末端同一位置和姿態，因此，除完成其末段的主操作運動之外，還可以回避障礙和最佳化作業性能。

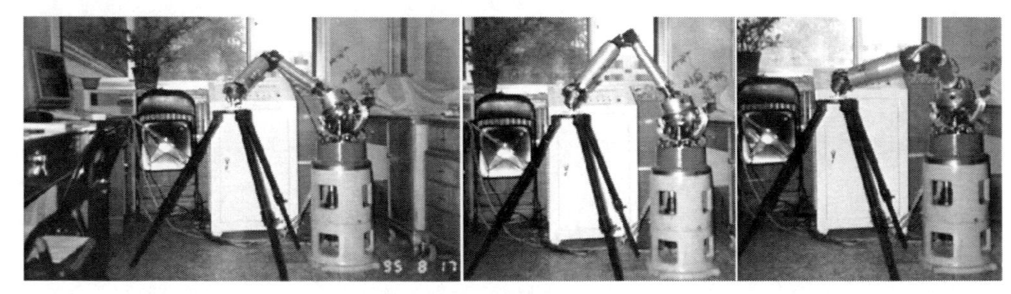

圖 3-65 基於 P-Y-R-R/P-Y-R 型無奇異全方位關節的 7-DOF 人型手臂的自運動控制實驗照片

⑧ 新型 4-DOF P-Y-R-R 型無奇異全方位腕（關節）機構改進與拓撲演化版

a. 4-DOF P-Y-R-R 型無奇異全方位關節機構的實用化問題分析。如前所述，4-DOF P-Y-R-R 型無奇異全方位關節機構實際上是一種由 pitch、yaw 兩個串聯機構組成的 2-DOF pitch/yaw 並聯機構、由 pitch/yaw 並聯機構的「動平臺」（即雙環解耦軸承外圈構件）中間並行穿出的兩個同軸線雙萬向鉸鏈機構組成的串-並聯混合機構。

剛度與精度問題：無論是 M. E. Roshiem 最初提出的 pitch/yaw 機構存在運動干涉問題的 P-Y-R 型全方位腕，還是筆者提出的雙環解耦全方位腕（關節）機構都存在著作為機械臂關節使用時的剛度與精度問題。前述的全方位關節機構作為腕關節設計和使用時，承載能力與剛性足夠而不會對腕末端位置和姿態產生多大影響。然而，當前述的全方位關節機構作為整臺人型手臂或工業機器人操作臂的肩關節設計和使用時，靠肩關節機構圓形座筒內上下節導軌齒輪的兩側（實則承壓一側）導軌支撐著輸出端中空軸連接的整臺臂運動部分，用以平衡該部分重力和慣性力的力臂短，上下節導軌齒輪導軌部分的剛度是否足夠對關節輸出端以及整臺臂手腕末端的位置與姿態定位精度影響極大。需要改進全方位關節機構中上下節導軌齒輪部分機構，提高其導軌支撐整臂的剛度，從而提高臂末端的定位精度。

機構的結構緊湊性與承載能力的進一步合理化問題：前述研究的全方位腕（關節）機構在其結構緊湊性和承載能力上仍有可以進一步改進與提高之處。具體體現在：圓形座筒內雙節齒輪的結構尺寸決定了圓形座筒直徑大小，而全方位腕（關節）的總體結構與尺寸取決於雙環解耦軸承內外徑大小，因此，在全方位關節相同徑向總體尺寸情況下，為相對提高承載能力，如何異小圓形座筒以及雙環解耦軸承結構尺寸大小成為機構與結構設計應考慮的主要問題。

b. 3-DOF P-Y-R 型無奇異全方位關節機構的改進設計與研製[9]。針對前述高精度實用化設計需要考慮的問題，進行全方位關節改進設計。

pitch/yaw 並聯機構與雙環解耦軸承在機構中位置的拓撲演化：將前述如圖 3-53、圖 3-54、圖 3-58 所示的全方位腕（關節）機構中兩對上下節導軌齒輪、上下節無導軌齒輪由圓形座筒內進行拓撲變換「移」到圓形座筒和雙環解耦軸承之外，並且兩個下節導軌齒輪的弧形半圓環外側分別與驅動 pitch/yaw 並聯機構俯仰、偏擺的弧形半圓環圓錐齒輪「融合」在一起，演變成兼有下節導軌齒輪的直齒圓柱齒輪和 pitch 弧形半圓環圓錐齒輪、弧形半圓環導軌內外側雙側導軌面的功能的整體一體弧形半環齒輪零件（或分體組裝而成齒輪組件），簡稱為「下節內側導軌圓柱直齒-圓錐齒一體齒輪」；而原上節內側導軌直齒圓柱齒輪則演化成上節內外側雙側皆有導軌面的弧形半環直齒圓柱齒輪。如此，即簡化了圓形座筒內（含圓形座筒本身）雙萬向節結構、縮小了該部分徑向尺寸，同時又將下節導軌齒輪與 pitch、yaw 機構的大圓錐齒輪分別合二為一，使關節總體結構得以簡化、結構也更為緊湊，如圖 3-66(a)、(b) 所示。

基於力封閉原理的雙側導軌支撐剛度保證器設計：為解決雙側圓弧形半圓導軌對滾動（roll）輸出側中空主軸支撐剛度問題，筆者提出了基於力封閉原理設計的剛度保證器，以提高導軌對輸出側主軸的支撐剛度，對前述的全方位腕（關節）機構進行了進一步的改進設計。剛度保證器的結構如圖 3-66(b) 所示，其上有分別壓在兩個上節內外側雙側導軌直齒圓柱齒輪的內外側雙側導軌面上的 8 個兼起導向和壓輥作用的軸承，每個軸承都安裝在軸線徑向垂直指向齒輪回轉軸線的軸上，也即每根軸都是相對於輸出側中空主軸軸線斜向安裝在剛度保證器殼體上，每套軸承的外圈壓在齒輪導軌面上並相對圓弧形導軌平面作純滾動。剛度保證器的殼體與中空主軸間有滾動軸承，當輸出側中空主軸作滾動（roll）運動時，剛度保證器殼體與中空主軸間即靠其間的滾動軸承作相對轉動。由於內外側雙側導軌面被 8 個軸承導向同時從內外側「夾持」，所以，剛度保證器與輸出側中空主軸、上節內外側導軌齒輪之間形成了力封閉結構，因此，除上節內外側雙側導軌齒輪導軌對輸出側中空主軸提供支撐剛度之外，剛度保證器上 8 根軸上的軸承「加固」了導軌對輸出側中空主軸的支撐剛度。

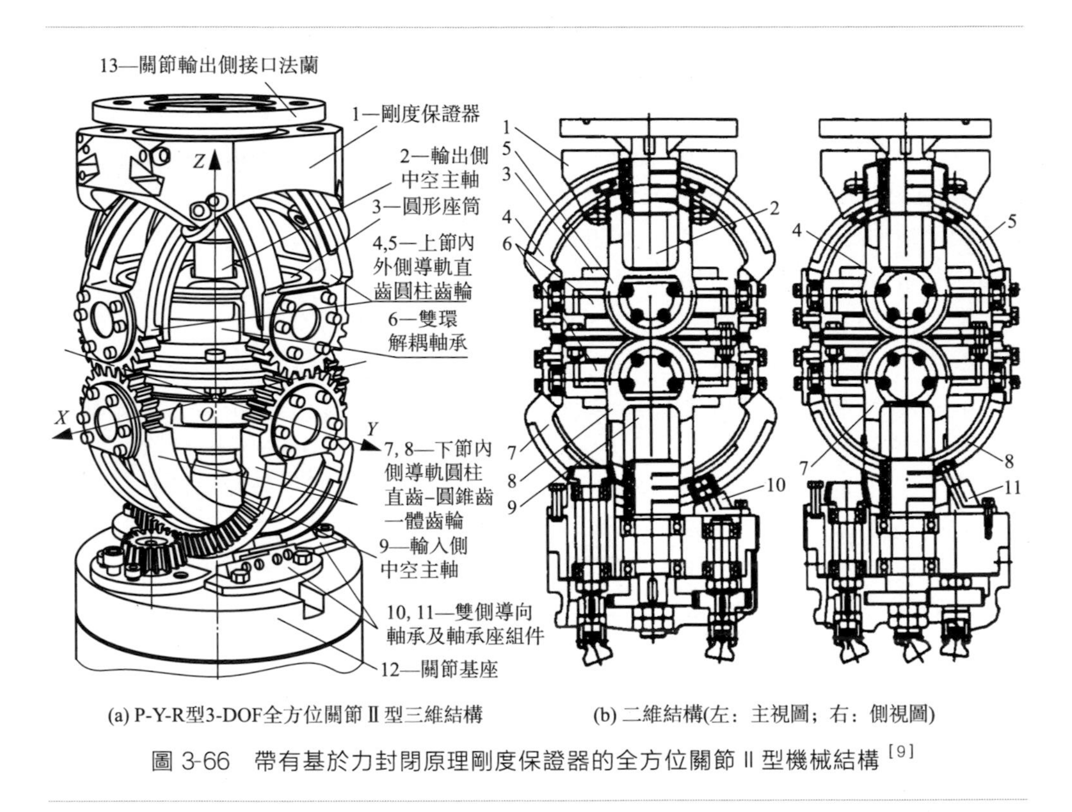

圖 3-66 帶有基於力封閉原理剛度保證器的全方位關節Ⅱ型機械結構[9]

帶有基於力封閉原理剛度保證器的全方位關節Ⅱ型機構的研製及其在 7-DOF 人型手臂上的應用[9]：

按照上述Ⅱ型全方位關節機構設計研製的新型 3-DOF 全方位關節（肩）Ⅱ型機構以及 3-DOF 全方位腕分別如圖 3-67(a)、(b) 所示。與前述的圖 3-63 所示的全方位關節機構相比：異小了圓形座筒和雙環解耦軸承的徑向尺寸，而且簡化了雙環解耦軸承結構和製造工藝，在全方位腕的設計上使得採用一對標準的薄壁深溝球軸承、角接觸球軸承組合設計而成雙環解耦軸承成為可能，降低了製造成本；整個全方位關節機構分為對稱的上、下節兩部分，而且上、下節獨立裝配，透過調整上、下兩節介面法蘭之間的調整墊片可調齒輪中心距，異小或消除齒輪傳動的回差，從而可以提高齒輪傳動精度和傳動剛度。

(a) 高剛度結構緊湊版P-Y-R-R型4-DOF全方位關節　(b) 高剛度結構緊湊版P-Y-R型3-DOF全方位腕

圖 3-67　帶有基於力封閉原理剛度保證器的全方位腕（關節）高剛度結構緊湊型版本實物照片

基於圖 3-67 所示的 3-DOF P-Y-R 型全方位關節Ⅱ型機構原理的全方位肩、腕關節設計研製的 7-DOF 人型手臂機器人原型樣機如圖 3-68 所示。該人型手臂的肩、肘、腕關節自由度分配是 3、1、3，肩、腕關節皆由 200W 交流伺服電動機＋諧波齒輪異速器分別驅動各自由度下的 pitch、yaw、roll 機構；肘關節 pitch 單自由度俯仰運動是由 200W 交流伺服電動機＋諧波齒輪異速器＋雙萬向節＋一級圓錐齒輪傳動實現。肩、腕部 pitch、yaw、roll 自由度的回轉範圍分別為－90°～＋90°、－90°～＋90°、－360°～＋360°或多周連續正反轉；肘關節 pitch 自由度運動範圍為－30°～＋150°，同圖 3-69 所示的人臂各關節運動範圍相比，具有更大的運動靈活性和關節空間，尤其是腕部可以獲得更大運動範圍內姿態。

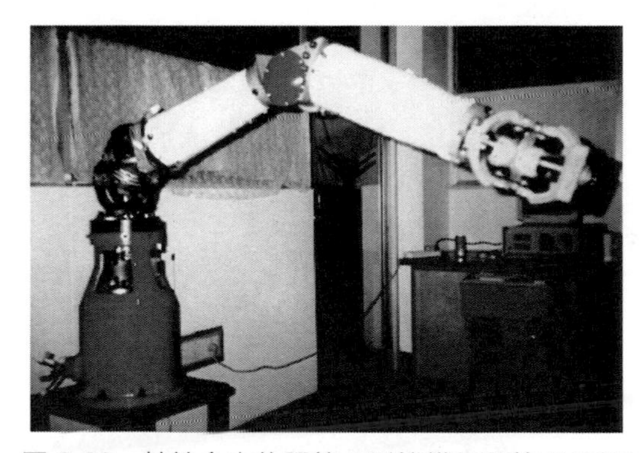

圖 3-68　基於全方位關節Ⅱ型機構原理的 7-DOF 人型手臂原型樣機照片

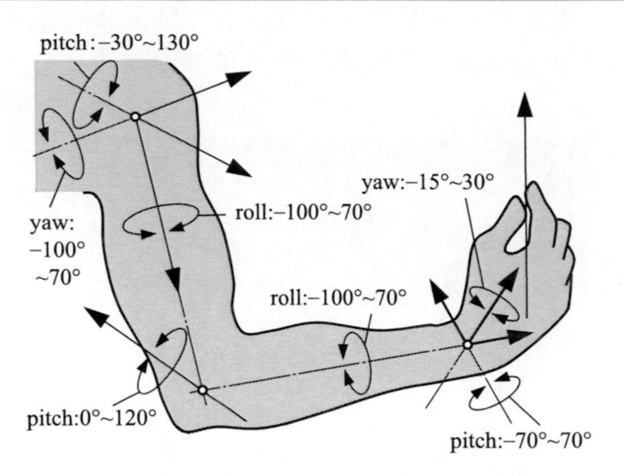

圖 3-69　人臂各關節的各自由度運動範圍

⑨ 新型無奇異全方位關節機構的其他創新設計[7]

a. 基於全方位關節的±180°大全方位柔性手腕。圖 3-70、圖 3-71 所示分別為將導軌齒輪拓撲變換到圓形座筒之外的圓錐齒輪驅動、繩索驅動的 4(3)-DOF P-Y-R(-R) 型全方位關節，前者適於作為一般工業機器人操作臂的手腕；而後者則適於組合設計±180°大全方位柔性手腕。將兩個如圖 3-70、圖 3-71 所示的±90°全方位關節的 pitch、yaw 驅動機構分別用柔性繩索或剛性連桿機構對應耦合在一起，即可構成由四節單節 pitch、yaw 機構組合成的±180°大全方位柔性手腕，而兩個全方位手腕的滾動（roll）機構輸入與輸出軸可以直接用聯軸器或旁路齒輪傳動間接串聯起來，成為大全方位手腕的滾動自由度驅動，如圖 3-72 所示。

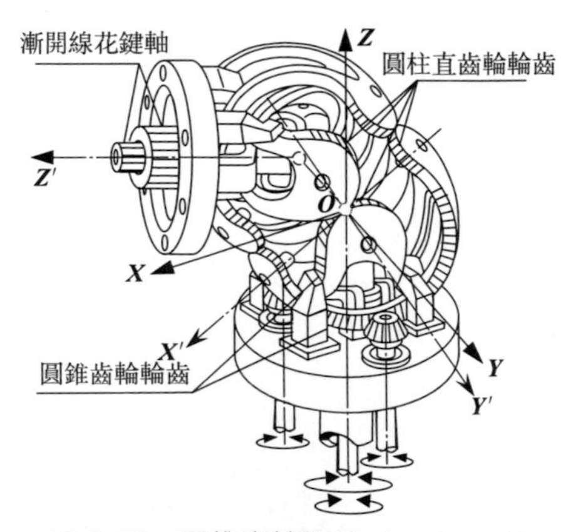

圖 3-70　圓錐齒輪驅動 pitch/yaw 的 P-Y-R-R 全方位關節 [7]

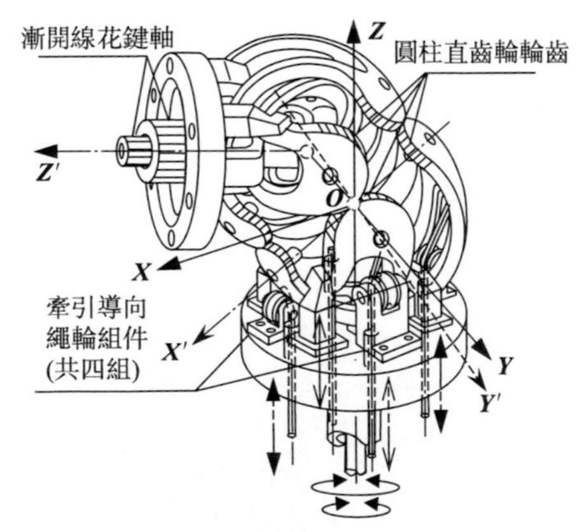

圖 3-71　繩索驅動 pitch/yaw 的 P-Y-R-R 全方位關節 [7]

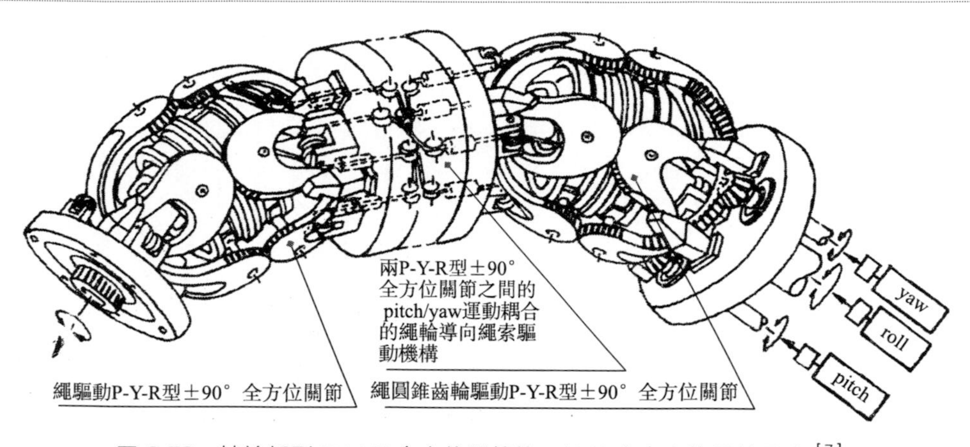

圖 3-72 基於新型 P-Y-R 全方位關節的 ± 180° 大全方位柔性手腕[7]

b. 2-DOF 全方位關節及其在多自由度柔性臂與蛇形機器人的應用設計。

設計思想：去除 3-DOF P-Y-R 型全方位關節機構中的「滾動（roll）」自由度 R 則可得到只有 pitch、yaw 運動 2-DOF±90°全方位關節機構，同時雙環解耦軸承也會因無 R 自由度而無需相對於圓形座筒整周連續回轉，從而得以簡化結構設計和容易製造，此外，可以加大圓形座筒內的中空主軸內徑獲得更大的中空空間，從而可以內置多路驅動元件（如軟軸或套管鋼絲繩等）將多路主驅動傳遞到各個前級 2-DOF 全方位關節機構。如此，可以基於這種只由 2-DOF pitch/yaw 並聯機構構成的±90°全方位關節串聯設計和製造冗餘自由度或超冗餘自由度柔性臂、蛇形機器人機構，可將 3-DOF P-Y-R 型或 4-DOF P-Y-R-R 型全方位腕作為該柔性臂或蛇形機器人的最末端腕關節機構，既可實現多節全方位關節串聯機構的任意柔性運動，又可在末端全方位腕上安裝末端操作器，實現操作。

2-DOF P-Y 型全方位關節機構與繩索撓性驅動：將圖 3-71 所示的繩索驅動 pitch/yaw 的 P-Y-R-R 型全方位關節中的兩個自由度 R 機構去掉即可，而且為簡化雙環解耦軸承結構，重新設計雙環解耦結構。由於起 pitch、yaw 運動耦合解耦功能的雙環相對轉動角度僅需 30°即可實現±90°的全方位姿態，所以，2-DOF P-Y 型全方位關節機構無需 360°以上整周轉動的完整雙環解耦軸承形式，而可以將雙環解耦結構設計成：分別驅動關節俯仰、偏擺運動的兩對弧形導軌齒輪繞圓形座筒軸線可以相對轉動最大角度 30°的滾道槽，以及套裝在齒輪銷軸上、分別在高低不同的兩個滾道槽滾道上作純滾動的滾動軸承對的結構形式。此外，為了實現冗餘自由度、超多冗餘自由度的柔性臂或蛇形機器人設計，每節 2-DOF P-Y 型全方位關節的中空主軸內、關節座上都設置供多路驅動元件（如繩索及柔性套管）透過的「通道」，如圖 3-73(a) 所示。

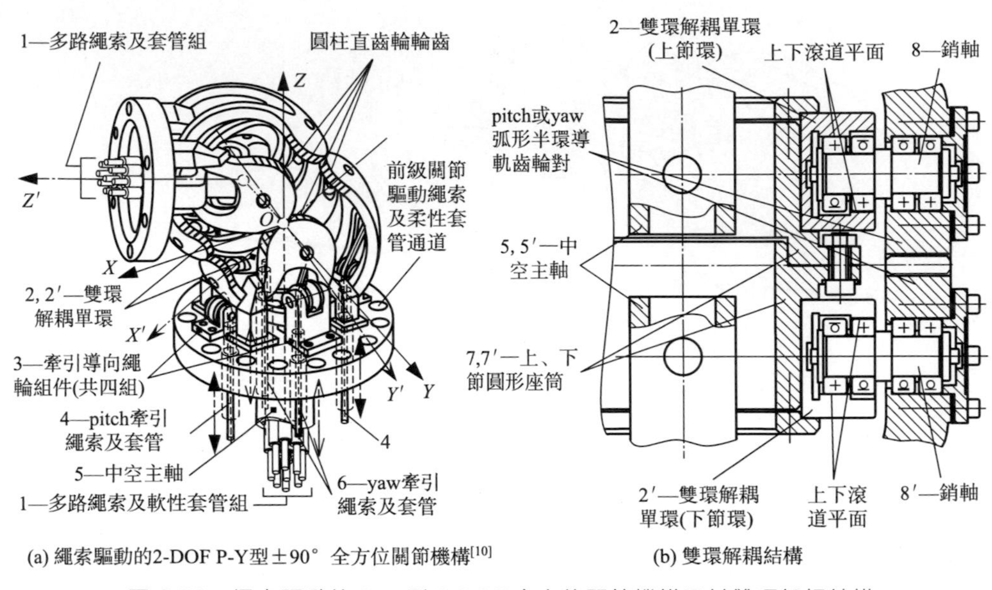

圖 3-73 繩索驅動的 P-Y 型 2-DOF 全方位關節機構及其雙環解耦結構

滾動式雙環解耦結構設計：如圖 3-73(b) 所示，雙環解耦單環上節環 2、下節環 2′分別有相同結構的上下滾道平面，上下滾道平面是開在以圓形座筒軸線為軸線的 30°環形扇區從而形成 30°滾道槽（注：30°環形扇區只是理論值，實際上考慮軸承半徑和加工誤差應留有一定的餘量，原則是保證軸承在滾道平面上應能滾過 30°角度的最小範圍）。圖中套裝在銷軸 8(8′) 上左側軸承只在上（下）滾道上滾動，右側軸承只在下（上）滾道上滾動。上下滾道平面間的垂直距離理論上應等於在上下滾道平面上滾動的軸承外圈直徑。上下滾道平面其一（上或下）的正對側平面為與另一滾道平面（下或上）鄰接但不同面的非滾道面，該面與軸承外圈之間設計有間隙。如此，銷軸 8、8′在其所在的 pitch（或 yaw）弧形半環導軌齒輪對作俯仰（或偏擺）運動時，俯仰與偏擺運動耦合使得銷軸 8、8′上套裝的上下滾道一側的兩個軸承外圈分別在上、下滾道平面上滾動，從而實現俯仰與偏擺運動耦合的解耦。

滑動式雙環解耦結構：前述的滾動式雙環解耦結構完全依靠滾動軸承外圈在上下滾道平面上作線接觸純滾動運動和外圈與滾道平面間壓力實現俯仰或偏擺，雖然精度相對高但承載能力不高。因此，當對於機構運動精度要求不高，而且負載較大時，可以將雙環解耦結構設計成銷軸上套裝滑塊在「滑槽」上下滑道平面上滑動的滑動式雙環解耦形式，結構簡單，容易實現。

基於繩索驅動 2-DOF P-Y 型全方位關節的冗餘/超冗餘自由度柔性臂與蛇形

機器人設計[10]：將前述圖 3-73 所示的 2-DOF P-Y 型全方位關節設計成模塊化結構，然後 n 個這樣的模塊化全方位關節兩兩串聯在一起，用繩索、柔性套管與導向輪驅動每節上的俯仰、偏擺機構，形成 $2n$ 自由度的模塊化組合式柔性臂或蛇形機器人，除實現任意彎曲臂形變化運動或蛇形移動之外，為實現操作功能，臂末端設有 4-DOF P-Y-R-R 型或 3-DOF P-Y-R 型全方位腕，腕的末端機介面法蘭可以連接末端操作器，選用 4-DOF P-Y-R-R 全方位腕機構的情況下，第 4 個自由度 R 還可以為末端操作器提供諸如擰螺釘、打磨零件等作業所需的回轉驅動動力。如圖 3-74 所示，驅動 $2n$ 自由度的模塊化組合式柔性臂或蛇形機器人各個關節的所有繩索和柔性套管均從中空主軸內部和每個關節基座上的「通道」穿過。從臂基座上的全方位關節到臂末端依次編號為 1、2、3、…、n，末端全方位腕關節不在其內。則總共需要 $4n-4$ 根柔性套管內穿繩索並與套管一起分別穿過第 1～n 號關節，分別驅動各關節的 pitch、yaw 齒輪產生俯仰、偏擺運動。可以推算出：第 i 關節需穿過 $4n-4(i-1)$ 根柔性套管。除末端全方位腕關節的滾動自由度 R 之外，所有 P、Y 自由度運動均由繩索驅動，而且驅動所有繩索牽拉運動的伺服電動機均可放置在臂基座內。這對於異小各關節運動部分的質量、提高關節帶載能力是非常有實際意義的，尤其對於空間技術領域微重力、無重力空間環境下柔性臂、蛇形機器人研發具有重要的應用價值。

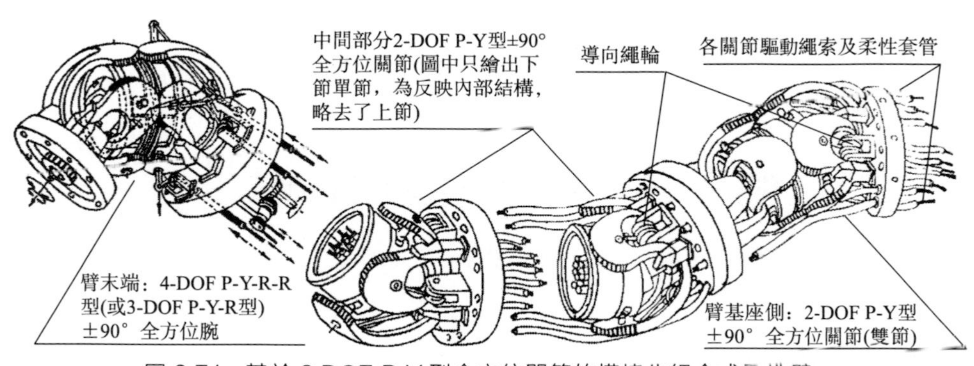

圖 3-74　基於 2-DOF P-Y 型全方位關節的模塊化組合式柔性臂、蛇形機器人概念設計與結構[10]

3.3.6　全方位關節機構設計與研究的總結

總結對 P-Y-R(-R) 型全方位無奇異關節機構設計、研製經驗的基礎上，以人型臂、柔性腕、柔性臂的模塊化、組合式設計為目標，集中解決小型化、剛度問題論述了無奇異無干涉模塊化組合式單元型三自由度關節的改進設計，並研製了改進型 P-Y-R 全方位關節Ⅱ型機構，討論了基於這種關節的人型臂研製以及柔性腕、柔性臂設計問題。

作為對其應用研究的展望，在柔性腕尤其是超多自由度柔性臂的應用方面還必須解決以下問題：

① 前述的改進型Ⅱ型機構已從改進設計、製作工藝等各方面全面提高了關節剛度，但將其作為柔性臂的單元關節，還必須提高臂的整體設計剛度，這方面有待於從材料（如採用高強度、高剛度複合材料）、各關節單元的動力傳遞方面需進一步研究；

② 為提高作業時柔性臂的剛度，目前，我們基於該改進型Ⅱ型機構提出、並且正在研究一種採用柔性臂主驅動、為提高剛性的附加驅動相結合策略的柔性臂結構。

總的來說，這種改進型 P-Y-R(-R) 全方位關節Ⅱ型機構是目前為止最適宜作為柔性腕尤其是超多自由度柔性臂的單元關節機構，經過不斷的探索和研究，深信將來在核工業、空間目標物包圍抓取、回收作業等方面會發揮其獨特的作用和魅力。

3.4 工業機器人操作臂的機構設計與機械結構設計中需要考慮和注意的問題

3.4.1 工業機器人操作臂機構構型設計問題

(1) 奇異點（singular point）與奇異構形（singular configuration）

要想從理論上認識奇異點，首先必須定義機器人機構運動學中的雅克比矩陣（Jacobian matrix）的概念。有關雅克比矩陣 $\boldsymbol{J}$ 的定義詳見第 4 章 4.3.8 節。

所謂的奇異點在理論上是指機器人操作臂機構運動學中定義的雅克比矩陣 $\boldsymbol{J}$（$\boldsymbol{J}=[\boldsymbol{J}_1\boldsymbol{J}_2\boldsymbol{J}_3\cdots\boldsymbol{J}_n]$，其中：$\boldsymbol{J}_i=[J_{1i}J_{2i}J_{3i}\cdots J_{mi}]^{\mathrm{T}}$，$i=1,2,3,\cdots,n$）的秩（rank）小於末端操作器在作業空間中完成作業運動所需要的運動維數 m 時所對應於關節空間內關節矢量 $\boldsymbol{\theta}$[$\boldsymbol{\theta}=[\theta_1\theta_2\theta_3\cdots\theta_n]^{\mathrm{T}}$，$\theta_i$ 為第 i 個關節的回轉關節角（或移動關節的位移），$i=1,2,3,\cdots,n$] 的點。關節空間內的奇異點對應末端操作器作業空間內的奇異點，也對應機構的奇異構形。奇異點處有：

$$\mathrm{rank}\boldsymbol{J}<m \tag{3-16}$$

利用矩陣理論可對雅克比矩陣 $\boldsymbol{J}$ 進行奇異值分解（singular value decomposition)。即有：

$$\boldsymbol{J}=\boldsymbol{U}\cdot\boldsymbol{\Sigma}\cdot\boldsymbol{V}^{\mathrm{T}} \tag{3-17}$$

$$\Sigma=\left[\begin{array}{ccccc|c} \sigma_1 & & & & & \\ & \sigma_2 & & 0 & & \\ & & \cdots & & & 0 \\ & 0 & & \cdots & & \\ & & & & \sigma_m & \end{array}\right],\ \sigma_1\geqslant\sigma_2\geqslant\sigma_3\geqslant\cdots\geqslant\sigma_i\geqslant\cdots\geqslant\sigma_m\geqslant 0。$$

式中，σ_1、σ_2、σ_3、…、σ_i、…、σ_m 是雅克比矩陣 $\boldsymbol{J}$ 的奇異值；$\boldsymbol{U}$、$\boldsymbol{V}$ 分別是 $m\times m$、$n\times n$（其中：$m\leqslant n$）的矩陣。

以上是從矩陣理論方面定義的奇異點。

奇異點意味著機構作業座標的自由度退化，也是機搆逆運動學解有多組解時相互之間的切換點（或者換句話說是機搆逆運動學解的種類的變化點）。在機器人運動控制過程中，在奇異點處或者奇異點附近（近奇異點）是不可能對末端操作器進行作業位置控制和力控制的。因此，機器人操作臂在設計和控制上盡可能避開機構奇異點，也即必須「遠離」奇異構形。機構構形奇異可以分為邊界奇異、內部奇異、半奇異和局部奇異。

邊界奇異（saturation singularity）是指機器人操作臂機構完全伸展開所能到達伸展極限位置或完全縮回所能到達最近極限位置時的構形集合，即工作空間的邊界位置。此時，機器人機構沿著伸展或縮回成一直線向外已無位移能力。

內部奇異（internal singularity）是指發生在機器人工作空間內部的奇異。

半奇異是指機器人機構處於某種構形下沿某一方向已失去末端操作器作業運動能力（速度貢獻），但是在與該方向相反的方向上仍有速度貢獻，前述的邊界奇異也屬於半奇異。

局部奇異是指機器人機構中局部喪失在末端操作器作業運動方向上的速度貢獻，但是尚有其他主動關節自由度的運動能夠彌補該局部所喪失的速度貢獻，從而機構在整體上仍然有能力完成末端操作器作業運動。冗餘自由度機器人機構往往可利用冗餘的自由度進行臂的自運動（self motion）來回避局部奇異、半奇異。

近奇異是指在理論上 $m\times n$ 階雅克比矩陣中用來完成各個關節對末端操作器速度（線速度、角速度）貢獻的 m 個關節構成的 $m\times m$ 階雅克比矩陣的行列式的值並不為零，但其值很小幾近於 0，此時，機器人機構構形雖然並未處在奇異構形，但是離奇異構形很近，若要得到末端操作器作業所需運動，某個或某幾個關節速度雖然不是奇異時的無窮大，但是已經遠遠超出了關節速度極限，根本無法實現。

算法奇異（algorithmic singularity）是指取決於末端操作器作業和附加作業

的相容性的一種奇異，算法奇異為可選擇解同時退化時的公共奇異。

機器人機構的奇異構形的求得方法：機器人機構的奇異構形可以從雅克比矩陣的行列式（determinant）求得。另外，也可以從機構構形分析中找到奇異構形。機器人機構的邊界奇異是無法避免的。

（2）機構構型設計注意事項

• 對於通用的機器人操作臂的機構構型設計盡可能將肩、腕關節設計成無奇異的全方位關節機構或者設計成可回避奇異構形的冗餘自由度機器人操作臂機構構型，但這樣一來增加了工業機器人成本和價格。

• 機構構型方案設計時，對各種可行的機構構型進行機構奇異性分析，選擇奇異點少的機構構型。需充分考慮奇異點將工作空間分割成不連通、不連續的子工作空間的問題。

• 對於作業精確性要求高的機器人操作臂，在機構構型設計時應考慮機構參數的便於測量問題。

• 對於重載的機器人操作臂，機構構型設計上需要考慮採用能夠起到平衡臂自身重力、重力矩作用的閉鏈連桿機構或者是合理布置電動機、異速器等部件的位置以起到平衡臂重的作用，相對提高機構負載能力和剛度。

• 機構構型設計時，應盡可能考慮異小運動部分構件質量，如盡可能採用將電動機、異速器等部件設置在基座或者距離基座較近的部位而進行機構構型方案設計。

3.4.2 工業機器人操作臂機械結構設計問題

工業機器人操作臂的機械結構設計不僅是實現操作臂本體製造的依據，同時也是機器人機構設計的延續與保障。機構的剛度、機構參數、作業精度、機器人性能的穩定性乃至運動控制等等都要在機械結構設計中予以充分地考慮而設計。

• 機器人關節輸出軸與臂桿連接結構不可採用普通平鍵連接，宜採用無鍵連接或連接精度高的漸開線花鍵連接，以保證連接的可靠性和連接精確性。普通平鍵連接有可能會造成「緊配合連接」假象！

• 各個關節相對運動部位需設計「0」位對準結構和標記，用來關節初始位置粗定位或半精確定位、校準。

• 位於各個關節回轉中心軸線上的輸出軸在設計時應預留作為裝配、調試和機構參數確定用的測量基準軸段。並在結構設計、精度設計上給出便於測量、保證測量準確性的相應設計。

• 在設計時預先考慮好裝配後的測量方法和手段、工藝。

• 各關節應有機械限位結構設計。而且順時針、逆時針兩個轉向的極限位置可以作為關節機構初始位置的測量或調整基準，此時，應在精度設計和結構設計上給出作為初始位置基準的相應設計。關節轉角範圍超過 360°的可以採用分級限位環（兩個以上的限位環串聯在一起，一環達到該環限位範圍後推動另一個限位環轉動到其限位角度後再推動下一級限位環，直至達到關節總的轉動範圍）的限位結構設計。

• 支撐關節回轉軸的軸承宜用回轉精度高、兩個以上軸承支撐關節輸出軸的情況下，盡可能選擇軸承均一性好的軸承，盡可能用消除軸承的游隙但還運轉靈活的高精度等級軸承，以提高關節的回轉精度和支撐剛度。宜採用高回轉精度的四點接觸軸承或十字交叉滾子軸承作為關節輸出軸上的軸承。

• 機器人操作臂機械設計、加工辦法上宜考慮一次裝卡和配作，以提高關節回轉精度和機構參數的準確性。如臂桿殼體上與各個關節輸出軸相配合的軸孔的加工、軸的加工等等。

• 機器人基座、大臂、小臂等殼體構件宜採用鋁合金材料（基座也可用鑄鐵）等鑄造毛坯，經探傷、時效處理後機械加工，加工後仍需充分的時效處理和檢驗。

• 電纜線布線設計，包括線長計算、運動部分預留、線纜收放機構、線纜固定等等結構設計。

• 機構總體剛度設計計算以及設計精度的分配。從基座介面法蘭開始，經腰轉、肩部、肩關節、大臂、肘關節、小臂到腕部三個軸、腕部末端機械介面法蘭，期間的每一個環節都影響機器人操作臂的重複定位精度、性能穩定性、使用壽命。

• 工業機器人操作臂的失效並不意味著機器人機械本體一定出現機械損傷才算失效，當機器人重複定位精度不能滿足作業要求時即意味著對該作業要求而言失效，不能繼續用於該類作業要求下的作業而退役，但退役之後的機器人操作臂可能經過重新進行的性能檢測與評估後，可以再次用於作業要求較退役前低的作業。

• 機器人設計是一件在滿足作業條件要求與性能指標要求的前提下，綜合平衡精度設計、元部件選型設計、成本的設計活動。機器人機械本體的精度、控制系統的控制精度是相對於作業要求精度而言的。並不是單純的精度越高越好，精度越高成本越高，使用時的維護要求越嚴格。

• 對於作業精度要求嚴格、作業性能要求保持長期穩定的工業機器人操作臂，應為其設計或配備在線精度檢測系統。

總而言之，設計製造一臺中高精度以上的工業機器人不亞於製造一臺精密的測試儀器設備。或者說其本身就是一臺精密的自動化工具設備。

3.5 工業機器人操作臂的機構參數最佳化設計

3.5.1 工業機器人操作臂的機構參數最佳化設計問題

自動化作業系統中工業機器人操作臂實際應用問題的解決方案有兩個：一個是選型設計，即根據作業條件及作業性能指標要求，從現有工業機器人製造商供應給機器人市場的產品中最佳化選擇合適的成型機器人系統產品；另一個是自行設計（使用者自己設計）或訂製性設計（由工業機器人製造商根據使用者要求設計）工業機器人系統。無論哪類解決方案，都存在機器人機構參數最佳化設計的問題，但兩者並不完全相同。

機構參數最佳化設計可以分為機構構型參數的最佳化設計和機構運動參數的最佳化設計兩類。

機構構型參數是指已知機構構型（即機構構成方案已經確定的構型）機構的構件、構件之間確定的參變量，如機器人機構的 D-H 參數中 a_i、d_i、α_i 三類參數即為構型參數，作為參變量來最佳化；再如各類連桿機構中所有桿件的尺寸參數即為機構構型參數，確定各個桿件相互之間連接關系方位不變的角度參數也是機構構型參數。機構構型參數決定了該機構構成類型，無論機構如何運動，機構構型參數確定後機構類型不變。

機構運動參數是指已知機構構型（即機構構成方案已經確定的構型）機構的構件之間相對運動的參數，如機器人機構的 D-H 參數中 θ_i 參數即為機構運動參數，作為變量來最佳化；再如連桿機構中運動輸入、運動輸出的線位移或角位移、線速度或角速度等參數即為運動參數。機構運動參數決定了該機構構型下的構形變化。

（1）系列化成型產品中選型設計下的機構參數最佳化設計

這類選型最佳化設計是受到機器人製造商生產的系列化產品的限製，是以作業性能最優為最佳化目標函數，以已有可選機器人系列化產品中各機器人的機構參數、關節運動範圍、關節速度極限、關節驅動能力極限、負載能力、重複定位精度、工作空間等等離散數據限製作為離散化的而非連續的實際產品約束條件，然後選擇諸如遺傳算法、演化計算、粒子群算法等全局最佳化、多目標最佳化算法求解最優解的最佳化設計。從工業機器人系列化產品中進行選型最佳化設計的最最佳化問題形式化（標準形）的數學描述為：

• 設 x_1、x_2、…、x_k 是為系列化的成型機器人產品選型最佳化設計問題求解而選定的 k 個最佳化設計變量，即已有可選機器人系列化產品中各機器人的機構參數、關節運動範圍、關節速度極限、關節驅動能力極限、負載能力、重複定位精度、工作空間等等離散數據，則設計變量的列矢量 $\boldsymbol{x}$ 表示為：$\boldsymbol{x}=[x_1 x_2 \cdots x_k]^{\mathrm{T}}$。

• 設 n 個單項作業性能目標最佳化的目標函數分別為 $F_1(X_{11}, X_{12}, \cdots, X_{1m})$、$F_2(X_{21}, X_{22}, \cdots, X_{2m})$、…、$F_n(X_{n1}, X_{n2}, \cdots, X_{nm})$，其中：$m$，$n$ 分別取 1，2，3……的自然數，下標 $1m$，$2m$，…，nm 表示每個目標函數對應的將影響該目標函數值變化的主要影響因素作為該目標函數最佳化問題的獨立設計變量數目，$\boldsymbol{X}_1=[X_{11} X_{12} \cdots X_{1m}]^{\mathrm{T}} \in \boldsymbol{x}$、$\boldsymbol{X}_2=[X_{21} X_{22} \cdots X_{2m}]^{\mathrm{T}} \in \boldsymbol{x}$、…、$\boldsymbol{X}_n=[X_{n1} X_{n2} \cdots X_{nm}]^{\mathrm{T}} \in \boldsymbol{x}$、是從 x_1、x_2、…、x_k 設計變量集中選擇出來的、作為影響各個相應目標函數 F_1、F_2、…、F_n 值變化的獨立設計變量構成的列矢量。

• 設可選成型機器人系列化產品的型號標識變量 ID 分別為：ID_1、ID_2、ID_3、…、ID_p。下標 p 表示系列產品中有 p 臺可選，構成最最佳化問題求解過程中搜索解的可行域。每個 ID 號對應機器人型號產品規格中的性能指標數據與條件要求。這些規格和技術性能指標為設計變量集合的子集或全集。則 ID 集合 Ω 為最最佳化問題解的可行域。$\Omega=\{\mathrm{ID}_1, \mathrm{ID}_2, \mathrm{ID}_3, \cdots, \mathrm{ID}_p \mid p$ 為可選臺數和 ID 編號$\}$，則設計變量 $\boldsymbol{x}$ 的值應滿足：$\boldsymbol{x} \in \Omega$。

• 系列化的成型機器人產品中進行選型最佳化設計的最最佳化問題數學描述即最最佳化問題數學標準形式為：

$$\min F_1(\boldsymbol{X}_1), F_2(\boldsymbol{X}_2), \cdots, F_n(\boldsymbol{X}_n)$$
$$\text{s. q.} \begin{cases} \boldsymbol{x} \in \Omega \\ \boldsymbol{X}_1, \boldsymbol{X}_2, \cdots, \boldsymbol{X}_n \in \boldsymbol{x} \end{cases} \tag{3-18}$$

式中，多目標最佳化問題各個目標函數 $F_1(\boldsymbol{X}_1)$、$F_2(\boldsymbol{X}_2)$、…、$F_n(\boldsymbol{X}_n)$ 具體如何定義與構建後面具體交代。

• 最最佳化問題式(3-18) 的求解：由於解得可行域 Ω 為有限可行解構成的搜索空間，實際上相當於從給定的數據中優選出最優解，因此，肯定有解，能夠收斂。可用遺傳算法等全局最佳化算法求解；如果可行域的可行解數不多，還可用遍歷解空間的搜索、比較、擇優的算法來求解，相對簡單。

這種選型最佳化設計中的選型是指選擇產品具體型號，實際上是透過產品型號對應的機器人機構與性能規格參數用於最佳化目標函數值計算後的相互之間的比較，從中選擇出最優的產品規格也即型號。屬於離散化的有限數據中優選解，而不是完全機構參數最佳化設計意義上的最最佳化問題求解。

(2) 完全機構參數最佳化設計意義上的最佳化設計問題描述與形式化

• 設在機構構型選定之後，主要影響因素機器人機構參數最佳化目標函數值變化的獨立設計變量為 x_1、x_2、…、x_m，主要為機構參數和運動參數，即機構的 D-H 參數中的變量（參見第 4 章）。則設計變量 x 的矢量表示形式為：

$\boldsymbol{x}=[x_1 \quad x_2 \quad \cdots \quad x_m]^{\mathrm{T}}$。注意：D-H 參數中有一些已經由機構構型中座標系間正交與平行關系決定了其為定值，這裡所說的是 D-H 參數中作為機構尺寸參數和關節角可以作為變量的參變量，一般不會為所有名義上的 D-H 參數。

• 設 n 個單項作業性能目標最佳化的目標函數分別為 $F_1(\boldsymbol{x})$、$F_2(\boldsymbol{x})$、…、$F_n(\boldsymbol{x})$，其中：n 取 1，2，3，…。

• 設計變量的上下界約束條件：設設計變量的變化範圍即上界、下界分別為 $\boldsymbol{x}_{\max}=[x_{1\max} \quad x_{2\max} \quad \cdots \quad x_{m\max}]^{\mathrm{T}}$；$\boldsymbol{x}_{\min}=[x_{1\min} \quad x_{2\min} \quad \cdots \quad x_{m\min}]^{\mathrm{T}}$，則有設計變量約束條件為：$\boldsymbol{x}_{\min}\leqslant\boldsymbol{x}\leqslant\boldsymbol{x}_{\max}$。

• 末端操作器作業工作空間約束條件：設末端操作器的可達位姿矢量（或矩陣）為 $\boldsymbol{X}_{\text{end-effector}}$，工作空間的幾何表示為：$\Sigma[x,y,z,\alpha,\beta,\gamma]$ 或 $\Sigma\boldsymbol{T}_{\text{end-effecter}}$ 是所有可用工作空間內末端操作器可達位姿點的集合。則工作空間約束條件為：末端操作器位姿 $\boldsymbol{X}_{\text{end-effector}}=\boldsymbol{X}_{\text{end-effector}}(\boldsymbol{x})\in\Sigma[x,y,z,\alpha,\beta,\gamma]$ 或 $\Sigma\boldsymbol{T}_{\text{end-effecter}}$。

• 設計變量 $\boldsymbol{x}$ 對時間 t 的一階導數（即速度）的上下界約束條件：設設計變量的變化範圍即上界、下界分別為 $\dot{\boldsymbol{x}}_{\max}=[\dot{x}_{1\max} \quad \dot{x}_{2\max} \quad \cdots \quad \dot{x}_{m\max}]^{\mathrm{T}}$；$\dot{\boldsymbol{x}}_{\min}=[\dot{x}_{1\min} \quad \dot{x}_{2\min} \quad \cdots \quad \dot{x}_{m\min}]^{\mathrm{T}}$，則有設計變量約束條件為 $\dot{\boldsymbol{x}}_{\min}\leqslant\dot{\boldsymbol{x}}\leqslant\dot{\boldsymbol{x}}_{\max}$。注意：$\dot{\boldsymbol{x}}_{\min}\leqslant\dot{\boldsymbol{x}}\leqslant\dot{\boldsymbol{x}}_{\max}$ 中並非一定針對於每一個 $\dot{x}_i$（下標 $i=1,2,\cdots,m$）都有上下界約束，需要具體情況具體分析，視 x_i 具體是什麼而定。

• 動力學約束條件：各個關節的驅動力或驅動力矩的上下界約束條件。即 $\boldsymbol{\tau}_{\max}=[\tau_{1\max} \quad \tau_{2\max} \quad \cdots \quad \tau_{k\max}]^{\mathrm{T}}$，$\boldsymbol{\tau}_{\min}=[\tau_{1\min} \quad \tau_{2\min} \quad \cdots \quad \tau_{k\min}]^{\mathrm{T}}$。則有約束：$\boldsymbol{\tau}_{\min}\leqslant\boldsymbol{\tau}\leqslant\boldsymbol{\tau}_{\max}$。

• 對於需要力控制的機器人操作臂，還需有外力作用的力約束條件，等等。

• 機構參數最佳化設計的最最佳化標準形式：

$$\min F_1(\boldsymbol{X}_1),F_2(\boldsymbol{X}_2),\cdots,F_n(\boldsymbol{X}_n)$$

$$\text{s. q.}\begin{cases}\dot{\boldsymbol{x}}_{\min}\leqslant\dot{\boldsymbol{x}}\leqslant\dot{\boldsymbol{x}}_{\max}\\ \boldsymbol{X}_{\text{end-effector}}(\boldsymbol{x})\in\Sigma[x,y,z,\alpha,\beta,\gamma]\text{or}\Sigma\boldsymbol{T}_{\text{end-effector}}\\ \boldsymbol{\tau}_{\min}\leqslant\boldsymbol{\tau}\leqslant\boldsymbol{\tau}_{\max}\\ \vdots\\ \boldsymbol{\tau}(\boldsymbol{x})=\boldsymbol{M}(\boldsymbol{x})\ddot{\boldsymbol{x}}+\boldsymbol{C}(\boldsymbol{x},\dot{\boldsymbol{x}})+\boldsymbol{D}(\boldsymbol{x})\dot{\boldsymbol{x}}+\boldsymbol{G}(\boldsymbol{x})\end{cases} \tag{3-19}$$

採用遺傳算法、演化計算、粒子群算法或者線性規劃最佳化方法、梯度投影法、罰函數法等等最最佳化問題求解方法，進行程式設計，對上述最最佳化問題數學模型求最優解。

上述多目標函數最佳化問題也可以轉化為綜合加權（w_i 為第 i 個目標函數在總的最佳化問題求解中的權重，也稱加權系數）考慮各個多目標最佳化函數最佳化問題的單目標函數 $F(\boldsymbol{x})$，即

$$\min F(\boldsymbol{x})=w_1F_1(\boldsymbol{X}_1)+w_2F_2(\boldsymbol{X}_2)+\cdots+w_nF_n(\boldsymbol{X}_n)$$
$$\sum_{i=1}^{n}w_i=1 \text{ 且 } 0\leqslant w_i\leqslant 1, i=1,2,\cdots,n \tag{3-20}$$

約束條件不變，這樣多目標最佳化問題就轉變成了單目標函數的最佳化問題來求解。

3.5.2 機構參數與工作空間

如圖 3-75 所示，為一 6-DOF 的回轉關節型機器人操作臂機構簡圖。設其末端操作器作業的工作空間的幾何形狀與大小（長×寬×高$=a\times b\times c$）如圖所示，工作空間中心點位於機器人基座標系 O-xyz 中的位置座標為（x_w，y_w，z_w）。現對該機器人進行機構參數最佳化設計。選擇機構參數設計變量包括大、小臂的臂桿長 l_2、l_3，l_5，偏置距離 e_2 和關節轉角 θ_2、θ_3、θ_4、θ_5 為設計變量 $\boldsymbol{x}$，則 $\boldsymbol{x}=[l_2\ \ l_3\ \ l_5\ \ e_2\ \ \theta_2\ \ \theta_3\ \ \theta_4\ \ \theta_5]^{\mathrm{T}}=[x_1\ \ x_2\ \ x_3\ \ x_4\ \ x_5\ \ x_6\ \ x_7\ \ x_8]^{\mathrm{T}}$。現取最最佳化問題的目標函數分別為機器人結構緊湊性最好的目標函數 $F_1(\boldsymbol{x})$ 和總質量最輕的目標函數 $F_2(\boldsymbol{x})$。則需要根據機器人機構參數來構建具體的目標函數表達式。這裡只講方法，具體從略。

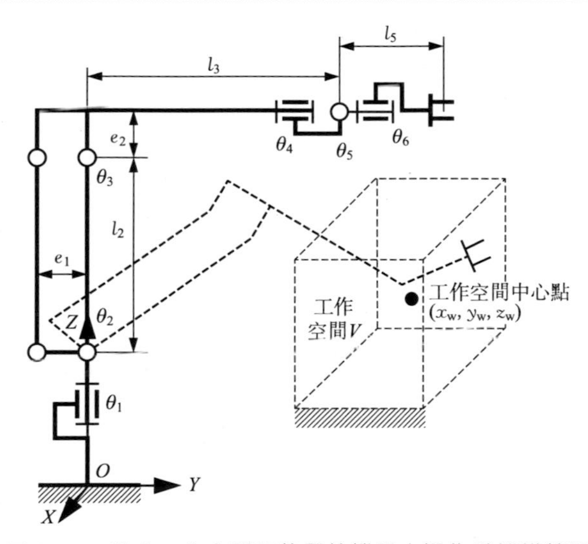

圖 3-75 給定工作空間和位置的機器人操作臂機構簡圖

則，總體最最佳化目標函數 $F(\boldsymbol{x})$ 可以寫為：$F(\boldsymbol{x})=\lambda_1F_1(\boldsymbol{x})+\lambda_2F_2(\boldsymbol{x})$。建立約束條件 $\boldsymbol{G}_i(\boldsymbol{x})$：

最為重要的約束條件是末端操作器可達工作空間 $W_{\text{end-effector}}$ 應該大於作業要求給定的工作空間 V，則有工作空間約束條件：$G_{\text{workspace}}(\boldsymbol{x})=\boldsymbol{W}_{\text{end-effector}}(x_1, x_2, x_3, x_4, x_5, x_6, x_7, x_8)-V\geqslant 0$；還有關節極限、桿件參數最大、最小的上下界約束條件 $\boldsymbol{x}_{\min}$、$\boldsymbol{x}_{\max}$ 為：$\boldsymbol{x}_{\min}\leqslant \boldsymbol{G}_i(\boldsymbol{x})\leqslant \boldsymbol{x}_{\max}$（可寫成 $i=2,3,\cdots,2n$ 個不等式約束）。即有：

$$\min F(\boldsymbol{x})=\lambda_1 F_1(\boldsymbol{x})+\lambda_2 F_2(\boldsymbol{x})$$
$$\text{s. q.}\begin{cases}\boldsymbol{G}_{\text{workspace}}(\boldsymbol{x})=W_{\text{end-effector}}(\boldsymbol{x})-V\geqslant 0 \\ \boldsymbol{x}_{\min}\leqslant \boldsymbol{G}_i(\boldsymbol{x})\leqslant \boldsymbol{x}_{\max}\end{cases} \tag{3-21}$$

剩下的問題是選擇合適的最最佳化算法來求解上述最佳化數學模型的解。

3.5.3 機器人機構操作性能準則與靈活性測度

(1) 機器人機構操作性能準則

機器人類型不同，評價其運動性能的指標也各有差異。Hayward 將冗餘度機器人機構運動性能準則概括如下，有：

- 回避奇異構形 (singularity avoidance)；
- 回避障礙 (obstacle avoidance)；
- 機器人靈活性 (robot dexterity)；
- 操作手精度 (manipulator precision)；
- 能量消耗最少 (energy minimization)；
- 負載量最大 (load carrying capacity)；
- 操作速度 (speed of operation) 等等。

上述這些準則有些是相關的。例如：透過可操作性測度函數回避奇異構形與機器人靈活性準則是相關的。1990 年 Tesar D. 基於上述準則重新定義了作業獨立無關準則 (task independent criteria)，如下：

- 一階幾何準則 (first order geometric criteria)；
- 二階幾何準則 (second order geometric criteria)；
- 動能分配準則 (kinetic energy distribution)；
- 系統變形 (system deformation)；
- 系統振動 (system oscillation)；
- 作業空間和障礙回避 (workspace operation and obstacle avoidance)。

其中，一階幾何準則、二階幾何準則分別是基於關節速度、加速度提出的準則；動能分配準則是透過定義桿件 i 的動能在系統總動能的比例 $\text{PV}_i=\text{KE}_i/\text{KE}$ 來定義的；當 PV_i 急劇增加時說明桿件間的能量急劇轉換，會引起振動、衝擊；

系統變形是基於桿件撓曲變形和驅動系統的柔順性而提出的。

Tesar D. 對上述的前四項準則建立了混合性能多元準則指標 P. I.，為：

$$\text{P. I.}=\frac{W_1C_1+W_2C_2+W_3C_3+W_4C_4}{W_1+W_2+W_3+W_4}=\frac{\sum_{i=1}^{4}W_iC_i}{\sum_{i=1}^{4}W_i} \tag{3-22}$$

式中，W_i 是權重系數；C_i 是規範化的各準則指標值，下標 $i=1,2,3,4$。

對於非冗餘自由度的工業機器人操作臂除了可以用靈活性測度來評價其運動靈活性和可操作程度之外，一般難於應用這些準則去最佳化其運動性能、承載能力等等。因此，上述各項準則是針對冗餘自由度機器人操作臂的。一般用於機器人操作臂運動樣本生成，即求解最優性能的各關節運動軌跡。但是對於機器人操作臂機構參數最佳化設計而言，需要從綜合運動或綜合作業性能指標最優的角度去確定機器人機構參數。因此，需要根據這些準則定義綜合性的指標來最佳化機構參數。因此，要區分開給定機器人機構構型、機構參數下機器人運動和作業性能最佳化準則、最佳化設計與給定機器人機構構型但需要透過綜合性的性能指標準則最佳化設計出機構參數這兩類最佳化設計工作的區別。前者是為給定機構參數的機器人操作臂的運動控制提供最優性能準則下的各關節運動軌跡，也即機構運動參數（各個關節的關節角）的最佳化；而後者是從整體上找出綜合性能準則指標最優的機器人機構參數，是機器人機械本體機構的物理參數最佳化（D-H 參數），也可以說是機構尺度參數的最佳化。兩者區別的另一個體現是最佳化設計變量的選取不同，機構運動參數的最佳化設計問題的設計變量是隨時間變化的關節運動角度；而機構參數最佳化設計的設計變量選取的是 D-H 參數或者機構構件尺寸變量作為設計變量。這兩類機構最佳化設計問題均被涵蓋在工業機器人系統機構設計範疇之內。

(2) 基於偽逆陣 $\boldsymbol{J}^+$ 的冗餘自由度機器人操作臂的局部最優速度解

1981 年由 Ben-Israel 和 Greville 給出了基於 Jacobian 矩陣 $\boldsymbol{J}$ 的偽逆陣 $\boldsymbol{J}^+$ 的通用局部最優關節速度 $\dot{\boldsymbol{\theta}}$（$n\times1$ 矢量）解為：

$$\dot{\boldsymbol{\theta}}=\boldsymbol{J}^+\dot{\boldsymbol{x}}+(\boldsymbol{I}-\boldsymbol{J}^+\boldsymbol{J})\boldsymbol{Z} \tag{3-23}$$

式中，$\boldsymbol{J}^+$ 是 $m\times n$ 的雅克比矩陣 $\boldsymbol{J}$ 的 Moore-Penrose 偽逆陣，為 $n\times m$ 的矩陣，且 $\boldsymbol{J}^+=\boldsymbol{J}^{\mathrm{T}}(\boldsymbol{J}\boldsymbol{J}^{\mathrm{T}})^{-1}$；$\boldsymbol{Z}$ 為任意 $n\times1$ 的常值矢量，一般取為附加作業函數 $h(\boldsymbol{\theta})$ 對關節角矢量 $\boldsymbol{\theta}$ 的梯度 $\nabla h(\boldsymbol{\theta})=\partial h(\boldsymbol{\theta})/\partial\boldsymbol{\theta}$；$\boldsymbol{I}$ 為 $n\times n$ 單位陣；$\dot{\boldsymbol{x}}$ 為末端操作器的 $m\times1$ 位姿速度矢量；$\dot{\boldsymbol{\theta}}$ 為 $n\times1$ 的關節角速度矢量；$(\boldsymbol{I}-\boldsymbol{J}^+\boldsymbol{J})$ 稱為雅克比矩陣 $\boldsymbol{J}$ 的零空間。

1985 年由 Baillieul 在 Greville 提出的基於雅克比矩陣偽逆陣的局部最優速度

解基礎上，定義附加作業 $\boldsymbol{y}(\boldsymbol{\theta})=[h_1(\boldsymbol{\theta})h_2(\boldsymbol{\theta})\cdots h_r(\boldsymbol{\theta})]^{\mathrm{T}}$，並進一步定義了附加作業雅克比矩陣 $\boldsymbol{H}(\boldsymbol{\theta})=\partial \boldsymbol{y}(\boldsymbol{\theta})/\partial \boldsymbol{\theta}$，從而得到擴展雅克比矩陣 $\boldsymbol{J}^{\mathrm{e}}$ 為：

$$\boldsymbol{J}^{\mathrm{e}}=\boldsymbol{J}^{\mathrm{e}}(\boldsymbol{\theta})=\begin{bmatrix}\boldsymbol{J}(\boldsymbol{\theta})\\ \boldsymbol{H}(\boldsymbol{\theta})\end{bmatrix}=\begin{bmatrix}\boldsymbol{J}\\ \boldsymbol{H}\end{bmatrix}_{n\times n} \tag{3-24}$$

式中，$\boldsymbol{J}$、$\boldsymbol{H}$ 均為 $\boldsymbol{J}(\boldsymbol{\theta})$、$\boldsymbol{H}(\boldsymbol{\theta})$ 函數的簡寫形式。透過將附加作業雅克比矩陣 $\boldsymbol{H}$ 引入到雅克比矩陣 $\boldsymbol{J}$ 之中，得到 $n\times n$ 的擴展雅克比矩陣（extended Jacobian matrix）$\boldsymbol{J}^{\mathrm{e}}$（注意：這裡的上標 e 為「extended」首字母，不表示指數）。則由 $\begin{bmatrix}\dot{\boldsymbol{x}}\\ \dot{\boldsymbol{y}}\end{bmatrix}=\boldsymbol{J}^{\mathrm{e}}\dot{\boldsymbol{\theta}}$ 可得：

$$\dot{\boldsymbol{\theta}}=\boldsymbol{J}^{\mathrm{e}^{-1}}\begin{bmatrix}\dot{\boldsymbol{x}}\\ \dot{\boldsymbol{y}}\end{bmatrix} \tag{3-25}$$

（3）關於附加作業準則函數

機器人附加作業概念的定義：是指附加給機器人的除了機器人主作業以外的其他的運動性能要求和附加目標要求的作業。這主要是針對具有冗餘自由度和冗餘運動能力的機器人而定義的。對於工業機器人操作臂而言，是指除了末端操作器主作業以外回避障礙、回避奇異、回避關節位置極限、回避關節速度極限、回避關節驅動力或驅動力矩極限、能量消耗最小（最優）等等皆屬於附加作業。對於移動機器人、移動＋操作的移動機器人等根據實際作業需要也可以類似地定義除主作業以外的附加作業。

① 阻尼最小二乘解的最小化準則函數　1986 年日本東京大學的中村仁彥（Nakamura Yoshihiko）提出阻尼最小二乘法的最小化準則函數 $h(\boldsymbol{\theta})$ 為：

$$h(\boldsymbol{\theta})=\|\mathrm{d}\boldsymbol{x}-\boldsymbol{J}\mathrm{d}\boldsymbol{\theta}\|^2+\lambda^2\|\delta\boldsymbol{\theta}\|^2 \tag{3-26}$$

式中，λ 為大於零小於 1 的加權系數；等號右邊第 1 項為末端操作器微小位移量與用雅克比矩陣 $\boldsymbol{J}$ 將關節微小位移量轉換成由關節微小位移量引起的末端操作器微小位移量之間的偏差平方項；等號右邊第 2 項為關節角位移本身的偏差加權之後積的平方項。

② 加權阻尼最小二乘法的最小化準則函數　藉助於擴展雅克比矩陣以及作業優先權，加權阻尼最小二乘是可以實現的。這種方法在 1986 年由日本東京大學的中村仁彥在非冗餘自由度機器人操作臂逆運動學中應用過；對於冗餘自由度機器人操作臂逆運動學求解的應用是在 1991 年提出的，加權阻尼最小二乘法的最小化準則函數為：

$$h(\boldsymbol{\theta})=\|\mathrm{d}\boldsymbol{x}-\boldsymbol{J}\mathrm{d}\boldsymbol{\theta}\|^2+W^2\|\mathrm{d}\boldsymbol{y}-\boldsymbol{H}\delta\boldsymbol{\theta}\|^2+\lambda^2\|\delta\boldsymbol{\theta}\|^2 \tag{3-27}$$

上式與前述的加權最小二乘法的最小準則函數式(3-26) 相比，引入了附加作業偏差加權（權重系數 W）之後的積的平方項。

③ 能量消耗最小準則函數　Kazerounian K. 和 Wang Z. Y. 於 1988 年給出了對速度平方項進行積分值最小的動能消耗最小準則函數，即最佳化數學模型為：

$$\min \quad I=\int_{t_0}^{t_f}(\dot{\boldsymbol{\theta}}^{\mathrm{T}}\boldsymbol{A}\dot{\boldsymbol{\theta}})\mathrm{d}t$$

$$\text{Subject to} \quad G_k(\boldsymbol{\theta},t)=0, k=1 \text{ to } m \tag{3-28}$$

式中，$G_k(\boldsymbol{\theta},t)=0$ 為機器人機構的正運動學方程。

④ 奇異構形回避與靈活性性能指標　多數奇異構形的回避都是透過靈活性性能指標來控制的。

• 可操作性測度。1984 年 Yoshikawa 提出以可操作性測度為指標來檢測和控制回避奇異構形，其可操作性定義為 W_J：

$$W_J=\sqrt{\det(\boldsymbol{J}\boldsymbol{J}^{\mathrm{T}})}=\sigma_1\sigma_2\cdots\sigma_m \tag{3-29}$$

並對雅克比矩陣 $\boldsymbol{J}$ 進行奇異值分解引出了可操作性橢球的概念，從而在幾何上直觀地表達了機器人靈活性。

• 引入附加作業性能評價的可操作性測度。1992 年 Dragomir N. Nenchey 在式(3-29) 中定義的可操作性測度指標和附加作業意義上進一步定義了運動靈活性的三個指標：

約束操作性能測度：${}^{J}\tilde{\omega}=\sqrt{\det[\boldsymbol{J}(\boldsymbol{I}-\boldsymbol{H}^{+}\boldsymbol{H})\boldsymbol{J}^{\mathrm{T}}]}$。

附加作業性能測度：${}^{H}\omega=\sqrt{\det[\boldsymbol{H}\boldsymbol{H}^{\mathrm{T}}]}$。

約束-附加作業性能測度：${}^{H}\tilde{\omega}=\sqrt{\det[\boldsymbol{H}(\boldsymbol{I}-\boldsymbol{J}^{+}\boldsymbol{J})\boldsymbol{H}^{\mathrm{T}}]}$。

上述定義中將附加作業性能評價引入到了靈活性指標中。

• 條件數。1985 年 Asada 提出了以雅克比矩陣 $\boldsymbol{J}$ 的 SVD（奇異值分解）得到的條件數作為靈活性測度的條件數指標。條件數是雅克比矩陣 $\boldsymbol{J}$ 經矩陣奇異值分解得到的最大奇異值 $\sigma_{\max}$ 和最小奇異值 $\sigma_{\min}$ 的比值。條件數作為靈活性測度的概念最初是由 Salisbury 和 Lraug 於 1982 年提出的。1987 年 Klein 則以最小奇異值作為靈活性測度指標來限製關節速度上限：

$$\|\dot{\boldsymbol{q}}\|\leqslant\left(\frac{1}{\sigma_1}\right)\cdot\|\dot{\boldsymbol{x}}\| \tag{3-30}$$

⑤ 回避關節極限的作業準則函數　回避關節極限的附加作業準則函數的定義並不是唯一的。

• Liegois 給出的關節極限回避作業準則函數：對於 6 自由度的機器人操作臂，有

$$H_J(\boldsymbol{\theta})=\frac{1}{6}\sum_{i=1}^{6}\left(\frac{\theta_i-a_i}{a_i-\theta_{i\max}}\right)^2 \tag{3-31}$$

式中，a_i 為關節 i 的關節角最大值和最小值的平均值，即 $a_i=(\theta_{\min}+\theta_{\max})/2$。將此函數擴展到 n 自由度的機器人操作臂，則為：

$$H_J(\boldsymbol{\theta})=\frac{1}{n}\sum_{i=1}^{n}\left(\frac{\theta_i-a_i}{a_i-\theta_{i\max}}\right)^2 \tag{3-32}$$

• Zghal 給出的關節極限回避作業準則函數：對於 n 自由度的機器人操作臂，有

$$H_J(\boldsymbol{\theta})=\sum_{i=1}^{n}\frac{(\theta_{i\max}-\theta_{i\min})^2}{(\theta_{i\max}-\theta_i)(\theta_i-\theta_{i\min})} \tag{3-33}$$

⑥ 回避關節極限、關節速度極限、關節驅動力矩極限之類的附加作業準則函數的統一形式

$$H_J(\boldsymbol{\theta})=\frac{1}{n}\sum_{i=1}^{n}\left(\frac{\Lambda_i-a_i}{a_i-\Lambda_{i\max}}\right)^2 \tag{3-34}$$

或

$$H_J(\boldsymbol{\theta})=\sum_{i=1}^{n}\frac{(\Lambda_{i\max}-\Lambda_{i\min})^2}{(\Lambda_{i\max}-\Lambda_i)(\Lambda_i-\Lambda_{i\min})} \tag{3-35}$$

式中，Λ 被分別用來表示關節角 θ、關節角速度 $\dot{\theta}$、關節角速度極限 $\dot{\theta}_{\max}$ 與 $\dot{\theta}_{\min}$、關節驅動力或驅動力矩極限 $\tau_{\max}$ 與 $\tau_{\min}$ 等等的對應符號。

⑦ 回避窗口類、孔洞類封閉障礙的附加作業準則函數[13]　本書作者吳偉國於 1995 年提出了回避非封閉、封閉多邊窗口形障礙時的運動學準則。設機器人與障礙物的公共座標系為 $O\text{-}X_0Y_0Z_0$，任何孔洞、非封閉的孔洞形障礙物都可以沿多邊窗口、孔洞縱深方向的中心軸線（直線、折線或曲線）透過視覺或雷射測距、雷射掃描、超聲波測距等原理的感測器來獲得一系列垂直於中心軸線方向的「切片」集，這些切片都可由封閉的多邊形或非封閉的折線在公共座標系（或機器人的基座標系）中描述、表達出來。如圖 3-76 所示，設窗口、孔洞形障礙的幾何模型由一些列沿著中心軸線的切片組成，則每個切片切得孔洞的平面皆為一些折線構成的封閉或不封閉的多邊形（或折線），不規則的曲線邊都可以用線段拼接近似並且取與形心距離最小的線段來近似。則窗口、孔洞形的障礙數學模型就轉換成了一些列的直線段圍成的平面多邊形的數學描述的問題。為不失一般性，這裡取第 k 個切片建立多邊形障礙數學模型。

在第 k 個切片的幾何形心上建立與切片固連的座標系 $O_k\text{-}X_kY_kZ_k$，構成第 k 個切片平面 m 邊多邊形的各邊分別為 l_{k1}、l_{k2}、l_{k3}、…、l_{kj}、…、l_{km}，$(j=1,2,\cdots,m)$，設這 m 條邊圍成的平面區域內的所有點的集合為 $\{Q\}$；設機器人的第 i 個桿件與第 k 個切片平面的交點為 G_k，桿件 i 的兩端點分別為 S_{i-1}、S_i。則桿件 i 不與第 k 個切片的多邊形邊界相「碰撞」的條件是：$G_k\in\{Q\}$，為使避

碰更安全，取根據實際孔洞障礙切得的平面多邊形邊界以裏（朝向幾何形心 O_k）均保留一端距離 s 作為避碰的安全裕度，考慮此避碰裕度 s 後得到的平面多邊形作為避碰目標的第 k 個切片多邊形邊界。避碰裕度 s 可根據機器人操作臂臂桿或關節垂直於桿件中心線的橫斷面的幾何尺寸來確定。設第 k 個切片多邊形邊界的第 j 條邊 l_{kj} ($j=1,2,3,\cdots,m$) 在 O_k-$X_kY_kZ_k$ 座標系中的直線方程為：$A_jx_k+B_jz_k=C_j, j=1,2,\cdots,m$。

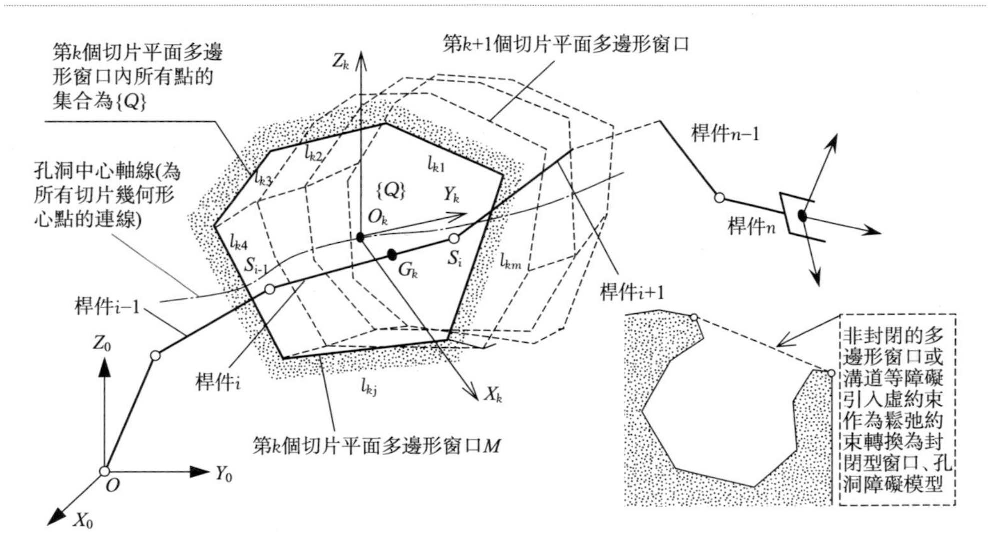

圖 3-76 多邊形窗口、孔洞類障礙回避的幾何模型[13]

若 $G_k \in \{Q\}$，則需滿足：$f_{Gkj}(\boldsymbol{x}_k)=A_jx_k+B_jz_k<C_j$（或$>C_j$），$j=1,2,\cdots,m$。而在第 k 個切片平面內 m 邊多邊形窗口外總能找到一條直線：$f_{Gkj}(\boldsymbol{x}_k)=A_jx_k+B_jz_k>D_j$（或$<D_j$），$j=1,2,\cdots,m$，$\boldsymbol{x}_k=[x_ky_kz_k1]^{\mathrm{T}}$ 為 G_k 點在 O_k-$X_kY_kZ_k$ 座標系中的位置矢量的齊次座標表示。即引入鬆弛約束以使 $G_k \in \{Q\}$，則有：

$$D_j<f_{Gkj}(\boldsymbol{x}_k)=A_jx_k+B_jz_k<C_j, j=1,2,\cdots,m \tag{3-36}$$

又因為：G_k 點是桿件 i 與第 k 個切片平面 m 邊多邊形的交點，該點在基座標系 O-$X_0Y_0Z_0$ 中的位置矢量的齊次座標表示為 $\boldsymbol{x}=[xyz1]^{\mathrm{T}}$，且根據機器人機構的正運動學，有：$\boldsymbol{x}=[xyz1]^{\mathrm{T}}=\boldsymbol{f}(\boldsymbol{\theta})$。假設座標系 O_k-$X_kY_kZ_k$ 座標系與基座標系 O-$X_0Y_0Z_0$ 之間的齊次座標變換矩陣為 4×4 的矩陣 ${}^0\boldsymbol{A}_k$，則：

$$\boldsymbol{x}=[x \quad y \quad z \quad 1]^{\mathrm{T}}={}^0\boldsymbol{A}_k[x_k \quad y_k \quad z_k \quad 1]^{\mathrm{T}}={}^0\boldsymbol{A}_k\boldsymbol{x}_k$$

進而有：$\boldsymbol{x}_k=[x_k \quad y_k \quad z_k \quad 1]^{\mathrm{T}}={}^0\boldsymbol{A}_k^{-1}\boldsymbol{x}={}^0\boldsymbol{A}_k^{-1}\boldsymbol{f}(\boldsymbol{\theta})$。即可根據 $\boldsymbol{\theta}$ 計算

$x_k=x_k(\boldsymbol{\theta}),y_k=y_k(\boldsymbol{\theta}),z_k=z_k(\boldsymbol{\theta})$。則,式(3-36)可以寫為:$D_j<f_{Gkj}(\boldsymbol{x}_k(\boldsymbol{\theta}))=A_jx_k(\boldsymbol{\theta})+B_jz_k(\boldsymbol{\theta})<C_j,j=1,2,\cdots,m$. 簡寫為下式:

$$D_j<f_{Gkj}(\boldsymbol{\theta})=A_jx_k(\boldsymbol{\theta})+B_jz_k(\boldsymbol{\theta})<C_j,j=1,2,\cdots,m \tag{3-37}$$

至此,根據式(3-36),類似於前述的回避關節極限、關節速度極限以及關節驅動力或力矩極限一樣,同理建立回避障礙準則函數為:

$$H_{\text{Obstacle}}^{ki}(\boldsymbol{\theta})=\sum_{j=1}^{m}\frac{(C_j-D_j)^2}{[C_j-f_{Gkj}(\boldsymbol{\theta})][f_{Gkj}(\boldsymbol{\theta})-D_j]} \tag{3-38}$$

$$f_{Gkj}(\boldsymbol{\theta})=f_{Gkj}(\boldsymbol{x}_k(\boldsymbol{\theta}))=A_jx_k(\boldsymbol{\theta})+B_jz_k(\boldsymbol{\theta}),j=1,2,\cdots,m$$

式中,$H_{\text{Obstacle}}^{ki}(\boldsymbol{\theta})$ 的上標 ki 表示第 k 個切片平面與機器人第 i 個桿件相交,$H_{\text{Obstacle}}^{ki}(\boldsymbol{\theta})$ 為需要第 i 個桿件回避第 k 個切平面多邊形障礙的附加作業準則函數。

若窗口形或孔洞形障礙沿著其中心軸線方向依次被切片平面切成 p 個平面多邊形,則總的回避障礙作業準則函數為:

$$\Sigma H_{\text{Obstacle}}(\boldsymbol{\theta})=\sum_{k=1}^{p}\left\{\sum_{j=1}^{m}\frac{(C_j-D_j)^2}{[C_j-f_{Gkj}(\boldsymbol{\theta})][f_{Gkj}(\boldsymbol{\theta})-D_j]}\right\} \tag{3-39}$$

上述方法一般被用來求解給定機構構型和機構 D-H 參數下的回避障礙的逆運動學解。由於除了關節角矢量 $\boldsymbol{\theta}$ 之外的 D-H 參數 a_i、d_i、α_i 並沒有在上述方程、不等式中以顯式形式出現,但存在於正運動學方程中,因此當用於機構參數最佳化設計時,可以將 a_i、d_i、α_i 三個 D-H 參數顯式形式寫出來,而作為最最佳化問題的設計變量。回避窗口形、孔洞形障礙準則函數可以寫為:

$$H_{\text{Obstacle}}^{ki}(\boldsymbol{\theta},\boldsymbol{a},\boldsymbol{d},\boldsymbol{\alpha})=\sum_{j=1}^{m}\frac{(C_j-D_j)^2}{[C_j-f_{Gkj}(\boldsymbol{\theta},\boldsymbol{a},\boldsymbol{d},\boldsymbol{\alpha})][f_{Gkj}(\boldsymbol{\theta},\boldsymbol{a},\boldsymbol{d},\boldsymbol{\alpha})-D_j]} \tag{3-40}$$

$$\Sigma H_{\text{Obstacle}}(\boldsymbol{\theta},\boldsymbol{a},\boldsymbol{d},\boldsymbol{\alpha})=\sum_{k=1}^{p}\left\{\sum_{j=1}^{m}\frac{(C_j-D_j)^2}{[C_j-f_{Gkj}(\boldsymbol{\theta},\boldsymbol{a},\boldsymbol{d},\boldsymbol{\alpha})][f_{Gkj}(\boldsymbol{\theta},\boldsymbol{a},\boldsymbol{d},\boldsymbol{\alpha})-D_j]}\right\} \tag{3-41}$$

⑧ 回避非封閉類障礙的附加作業準則函數 前述給出封閉類障礙附加作業準則函數只要稍加處理即可用於非封閉類障礙回避附加作業準則中。即為非封閉類障礙幾何模型引入鬆弛約束作為開口處的虛擬邊界即可將非封閉的障礙幾何模型轉化為虛擬的封閉障礙模型,從而可以原封不動地應用前述的封閉障礙回避附加作業準則函數。

⑨ 關於第 k 個障礙平面與第 $i-1$ 個桿件、第 i 個桿件、第 $i+1$ 個桿件相交

的判別準則　若$\frac{|G_kS_{i-1}|}{|S_{i-1}S_i|}+\frac{|GS_i|}{|S_{i-1}S_i|}=1$，則為第 i 桿件與第 k 個切面平面多邊形相交，避障準則函數為 $H_{\text{Obstacle}}^{ki}(\boldsymbol{\theta},\boldsymbol{a},\boldsymbol{d},\boldsymbol{\alpha})$；

若$\frac{|G_kS_{i-1}|}{|S_{i-1}S_i|}>1$ 且$\frac{|GS_i|}{|S_{i-1}S_i|}<1$，則為第 $i+1$ 桿件與第 k 個切面平面多邊形相交，避障準則函數為 $H_{\text{Obstacle}}^{k(i+1)}(\boldsymbol{\theta},\boldsymbol{a},\boldsymbol{d},\boldsymbol{\alpha})$；

若$\frac{|G_kS_{i-1}|}{|S_{i-1}S_i|}<1$ 且$\frac{|GS_i|}{|S_{i-1}S_i|}>1$，則為第 $i-1$ 桿件與第 k 個切面平面多邊形相交，避障準則函數為 $H_{\text{Obstacle}}^{k(i-1)}(\boldsymbol{\theta},\boldsymbol{a},\boldsymbol{d},\boldsymbol{\alpha})$。

3.5.4 6自由度以內工業機器人操作臂的機構參數最佳化設計

6 自由度以內工業機器人操作臂的機構參數最佳化設計一般為機構構型參數最佳化設計，因為 6 自由度以內機器人操作臂末端操作器作業運動需要 6 個自由度，即便是所需少於 6 個自由度，除非末端操作器姿態可以自由，否則，機構運動參數［即各個關節運動參數（關節運動軌跡）、末端操作器在作業空間內的位姿參數（位姿軌跡）］最佳化設計問題解的可行域非常小，僅有有限的幾組解可選。

6 自由度以內工業機器人操作臂機構參數最佳化設計中多數為兩種情況：

• 末端操作器作業位姿軌跡的參數最佳化設計：這類最佳化設計是透過對末端操作器在作業空間內進行最優目標的軌跡規劃，以實現機器人操作臂的運動性能以及作業性能的最佳化。如末端操作器作業時間最短、作業路徑最短、作業空間最大、作業靈活性最優、機器人操作臂消耗能量最小等等。這類最佳化設計問題屬於末端操作器軌跡規劃最優設計，也即機構運動輸出參數的軌跡最優規劃。需要注意的是：機器人軌跡規劃分為關節空間內軌跡規劃和末端操作器作業空間內的軌跡規劃，採用的方法是三次樣條曲線、五次樣條曲線的拼接方法在保證軌跡速度、加速度曲線光滑連續性的同時，還要以實際機器人操作臂各關節運動位置（移動位置或轉動位置）極限、速度極限，末端負載大或需要末端操作力控制的機器人還需要以各關節驅動力或驅動力矩使用極限等為約束條件，進行軌跡規劃。

• 機構構型參數（即 D-H 參數）最佳化設計：這類最佳化設計是在給定機構構型、給定末端操作器作業工作空間和作業任務要求與指標的前提條件下，透過最佳化設計計算求得實現末端操作器實際作業任務目標最優的機器人機構構型參數，即 D-H 參數中的各構件（桿件）的幾何尺寸參數（桿件長度等），也可以最佳化計算表徵各構件之間連接方位關系的方位類 D-H 參數，此時最佳化設計的設計變量是完整的機構 D-H 參數。如前述的 3.5.2 節給出的便是最佳化設計給定末端操作器工作空間下的機構參數最佳化設計。

機器人機構參數最佳化設計是以機器人機構、機構正運動學、逆運動學以及軌跡規劃和最最佳化理論與最佳化設計方法、數值計算方法、電腦程式設計技術等理論、方法與技術為基礎的。

3.5.5 冗餘自由度機器人操作臂機構參數的最佳化設計

機器人機構參數最佳化設計的目的是以機構構型參數或機構運動參數或者是兩者兼而有之的最佳化設計去實現機器人操作臂作業性能和作業目標的最最佳化目標。但最最佳化目標實現的根本還在於機器人機構自身可供最佳化的資源的具備與多少，所有的現實物理世界中實際最最佳化問題都是有約束的最最佳化求解問題。非冗餘自由度的工業機器人操作臂本身可供用於機構參數最佳化設計的資源很少。因此，6 自由度及以內工業機器人操作臂產品在自動化作業中的應用相對於冗餘自由度工業機器人而言，很少需要機構參數的最佳化設計。機構參數最佳化設計更重要的是冗餘自由度機器人。但不管是否冗餘，工業機器人在實際應用中或者離線或者在線都必須要回避關節極限、回避奇異構形。

(1) 冗餘自由度機器人操作臂的加權最小二乘解

定義關節速度矢量 $\dot{\boldsymbol{\theta}}$ 的加權範數為：

$$\dot{\boldsymbol{\theta}} = \sqrt{\dot{\boldsymbol{\theta}}^{\mathrm{T}} \boldsymbol{W} \dot{\boldsymbol{\theta}}} \tag{3-42}$$

式中，$\boldsymbol{W} \in \boldsymbol{R}^{n \times n}$ 是對稱且正定的加權矩陣，若想使計算得到簡化，可取對角線上元素值不為零的對角陣，且對角線上的矩陣元素皆為各個關節速度實際使用時的權重（加權系數），可根據各關節對末端操作器速度貢獻大小以及關節速度極限、驅動能力確定權重值。

設加權情況下關節角矢量及雅克比矩陣分別為 $\boldsymbol{\theta}_{\mathrm{W}}$、$\boldsymbol{J}_{\mathrm{W}}$，則根據廣義偽逆陣和末端操作器速度矢量 $\dot{\boldsymbol{x}}$ 有關節速度的加權最小二乘解 $\dot{\boldsymbol{\theta}}_{\mathrm{Wm}}$ 為：$\dot{\boldsymbol{\theta}}_{\mathrm{Wm}} = \boldsymbol{J}_{\mathrm{W}}^{+} \dot{\boldsymbol{x}}$。其中：$\boldsymbol{J}_{\mathrm{W}}^{+} = \boldsymbol{W}^{1/2} \boldsymbol{J}^{\mathrm{T}} [\boldsymbol{J} \boldsymbol{W}^{-1} \boldsymbol{J}^{\mathrm{T}}]^{-1}$。則，冗餘自由度機器人附加作業梯度投影法下關節速度的加權最小二乘解 $\dot{\boldsymbol{\theta}}_{\mathrm{W}}$ 為：

$$\dot{\boldsymbol{\theta}}_{\mathrm{W}} = \boldsymbol{J}_{\mathrm{W}}^{+} \dot{\boldsymbol{x}} + k(\boldsymbol{I} - \boldsymbol{J}_{\mathrm{W}}^{+} \boldsymbol{J}_{\mathrm{W}}) \nabla H(\boldsymbol{\theta}) \tag{3-43}$$

式中，k 是實數比例系數，要求附加作業函數 $H(\boldsymbol{\theta})$ 值為最大時 k 為正；要求附加作業函數 $H(\boldsymbol{\theta})$ 值為最小時 k 為負；取值受關節速度和驅動力或驅動力矩的限製。

式(3-43) 給出的雅克比矩陣零空間上附加作業梯度投影法下的關節速度加權最小二乘解是用於冗餘自由度機器人逆運動學解求解的局部最優速度解計算公式，為機器人機構運動參數的最佳化設計解，可用於機器人的運動控制，作為關節位置/軌跡追蹤控制的速度參考輸入，其積分結果可為位置參考輸入，但實際上很難得到解析的積分運算結果，一般是以位置增量作為位置控制器的參考輸入。

(2) 機構參數最佳化設計問題

若使用式(3-43) 進行冗餘自由度機器人機構構型參數最佳化設計，則選擇機構 D-H 參數作為最佳化設計變量時，它們是隱含在式(3-43) 的附加作業函數 $H(\boldsymbol{\theta})$ 和 $\boldsymbol{J}_{\mathrm{W}}$、$\boldsymbol{J}_{\mathrm{W}}^{+}$ 當中的。此時，將 D-H 參數作為最佳化設計變量表達的實際表達式應為：

$$\begin{aligned}[\dot{\boldsymbol{\theta}}_{\mathrm{W}} \quad \dot{\boldsymbol{a}} \quad \dot{\boldsymbol{d}} \quad \dot{\boldsymbol{\alpha}}]^{\mathrm{T}} = \boldsymbol{J}_{\mathrm{W}}^{+}(\boldsymbol{\theta},\boldsymbol{a},\boldsymbol{d},\boldsymbol{\alpha})\dot{\boldsymbol{x}} + \\ k[\boldsymbol{I} - \boldsymbol{J}_{\mathrm{W}}^{+}(\boldsymbol{\theta},\boldsymbol{a},\boldsymbol{d},\boldsymbol{\alpha})\boldsymbol{J}_{\mathrm{W}}(\boldsymbol{\theta},\boldsymbol{a},\boldsymbol{d},\boldsymbol{\alpha})]\nabla H(\boldsymbol{\theta},\boldsymbol{a},\boldsymbol{d},\boldsymbol{\alpha})\end{aligned} \tag{3-44}$$

式中，$\boldsymbol{\theta}$、$\boldsymbol{a}$、$\boldsymbol{d}$、$\boldsymbol{\alpha}$ 為機器人機構的各 D-H 參數列矢量。但是要注意：若將 D-H 參數的 $\boldsymbol{\theta}$、$\boldsymbol{a}$、$\boldsymbol{d}$、$\boldsymbol{\alpha}$ 作為機構參數最佳化設計變量看待，則根據機器人正運動學方程求對時間的一階微分得到速度方程中的雅克比矩陣 $\boldsymbol{J}$、$\boldsymbol{J}_{\mathrm{W}}$ 將不再是只將關節角 $\boldsymbol{\theta}$ 作為變量看待得到的雅克比矩陣，而是將 $\boldsymbol{\theta}$、$\boldsymbol{a}$、$\boldsymbol{d}$、$\boldsymbol{\alpha}$ 都作為變量來看待得到的高維數雅克比矩陣 $\boldsymbol{J}$、$\boldsymbol{J}_{\mathrm{W}}$。

(3) 回避障礙、回避關節極限、回避奇異構形等多元附加作業準則下的機構運動參數加權最小二乘解[14]

加權矩陣的定義應該根據作業準則函數的變化使關節運動允許使用冗餘自由度去完成其他附加作業目的。Tan Fung Chan 和 Rajiv V. Dubey 於 1993 年針對回避關節極限附加作業給出了如下加權矩陣（權重矩陣）：

$$\boldsymbol{W} = \begin{bmatrix} w_1 & 0 & 0 & \cdots & 0 \\ 0 & w_2 & & \cdots & 0 \\ \vdots & & \ddots & & \vdots \\ 0 & 0 & 0 & \cdots & w_n \end{bmatrix}_{n\times n} \tag{3-45}$$

式中，w_i 為對角陣 $\boldsymbol{W}$ 的對角線上第 i 個權重，定義如下：

設關節極限回避附加作業準則函數為 $H_{\mathrm{J}}(\boldsymbol{\theta})$，則 w_i 為：

$$w_i = \begin{cases} 1 + \left|\dfrac{\partial H_{\mathrm{J}}(\boldsymbol{\theta})}{\partial \theta_i}\right|, \text{if} \Delta\left|\dfrac{\partial H_{\mathrm{J}}(\boldsymbol{\theta})}{\partial \theta_i}\right| \geqslant 0 \\ 1, \text{if} \Delta\left|\dfrac{\partial H_{\mathrm{J}}(\boldsymbol{\theta})}{\partial \theta_i}\right| < 0 \end{cases} \tag{3-46}$$

顯然，w_i 不是 θ_i 的連續函數，當 θ_i 位於關節角範圍的中間值附近時，w_i 趨近於 1，使關節運動具有較大的餘地和自由性；而遠離中間值時，w_i 趨近於 ∞，對應於關節停止運動而使關節極限回避得到保證。

由於回避窗口形、孔洞形的障礙本質上也是屬於由距離這類多邊形邊界幾何形心遠近程度來使用冗餘自由度關節來保證回避障礙邊界處碰撞問題，假設回避障礙的附加作業準則函數為 $H_{\mathrm{Obstacle}}(\boldsymbol{\theta})$［可按照前述的式(3-37)～式(3-41) 具體定義］，則同樣可定義利用第 i 個關節運動回避障礙的加權系數 w_{io} 為：

$$w_{io}=\begin{cases}1+\left|\dfrac{\partial H_{\mathrm{Obstacle}}(\boldsymbol{\theta})}{\partial\theta_i}\right|, \mathrm{if}\Delta\left|\dfrac{\partial H_{\mathrm{Obstacle}}(\boldsymbol{\theta})}{\partial\theta_i}\right|\geqslant 0\\ 1, \mathrm{if}\Delta\left|\dfrac{\partial H_{\mathrm{Obstacle}}(\boldsymbol{\theta})}{\partial\theta_i}\right|<0\end{cases} \tag{3-47}$$

設同時要求回避窗口形、孔洞形障礙和關節極限兩類附加作業的二元準則函數為：$H_{\mathrm{J\&O}}(\boldsymbol{\theta})=\varepsilon_1 H_{\mathrm{J}}(\boldsymbol{\theta})+\varepsilon_2 H_{\mathrm{Obstacle}}(\boldsymbol{\theta})$。其中：$\varepsilon_1+\varepsilon_2=1.0$，$\varepsilon_1$、$\varepsilon_2$ 分別為兩項附加作業之間均衡的各自權重。則有：

$$w_{io}=1+\varepsilon_1\frac{\partial H_{\mathrm{J}}(\boldsymbol{\theta})}{\partial\theta_i}+\varepsilon_2\frac{\partial H_{\mathrm{Obstacle}}(\boldsymbol{\theta})}{\partial\theta_i},\quad (i=1,2,3,\cdots,n) \tag{3-48}$$

式中，ε_1、ε_2 可按下式確定：

$$\begin{cases}\varepsilon_1=0,\varepsilon_2=0 \text{ if } \Delta\left|\dfrac{\partial H_{\mathrm{Obstacle}}(\boldsymbol{\theta})}{\partial\theta_i}\right|<0\,\&\,\Delta\left|\dfrac{\partial H_{\mathrm{J}}(\boldsymbol{\theta})}{\partial\theta_i}\right|<0\\ \varepsilon_1=0,\varepsilon_2=1 \text{ if } \Delta\left|\dfrac{\partial H_{\mathrm{Obstacle}}(\boldsymbol{\theta})}{\partial\theta_i}\right|\geqslant 0\,\&\,\Delta\left|\dfrac{\partial H_{\mathrm{J}}(\boldsymbol{\theta})}{\partial\theta_i}\right|<0\\ \varepsilon_1=1,\varepsilon_2=0 \text{ if } \Delta\left|\dfrac{\partial H_{\mathrm{Obstacle}}(\boldsymbol{\theta})}{\partial\theta_i}\right|<0\,\&\,\Delta\left|\dfrac{\partial H_{\mathrm{J}}(\boldsymbol{\theta})}{\partial\theta_i}\right|\geqslant 0\\ \varepsilon_1=0.5,\varepsilon_2=0.5 \text{ if } \Delta\left|\dfrac{\partial H_{\mathrm{Obstacle}}(\boldsymbol{\theta})}{\partial\theta_i}\right|\geqslant 0\,\&\,\Delta\left|\dfrac{\partial H_{\mathrm{J}}(\boldsymbol{\theta})}{\partial\theta_i}\right|\geqslant 0\end{cases} \tag{3-49}$$

3.6 本章小結

本章從早期的工業機器人機構、結構設計講述到現代工業機器人機構與結構設計，以一些具有代表性的工業機器人產品 PUMA、MOTOMAN、SCARA 等操作臂為實例，用表達機構原理的最簡機構運動簡圖和關節傳動系統詳細機構運動簡圖、機械裝配結構圖等形式將機構、機械結構設計表達出來，同時給出了由並聯機構單元構成串/並聯混合式機器人操作臂機構構型設計實例；在指出現有工業機器人存在奇異構形問題的同時，結合筆者自己的科研成果給出了多自由度無奇異全方位關節機構創新設計內容與機構原理創新設計的拓撲演化方法，詳細地給出了創新設計的思維過程和機構拓撲演化過程，以及基於雙萬向節機構原理和齒輪傳動原理、解決並聯機構運動耦合干涉的雙環解耦原理創新設計的 3 自由度、4 自由度全方位 P-Y-R(-R) 關節機構，基於該多自由度關節單元的 7 自由度人型手臂、柔性臂、蛇形機器人機構設計、結構設計，旨在提供一種重要的創新設計方法和參考；在機器人操作臂機構設計與結構設計問題上，從如何保證機器人操作臂精度、性能穩定可靠等方面指出了諸多注意事項，供從事機器人機械系統設計者參考；最後，作者從機器人操作臂機構參數最佳化設計的角度，講述了工作空間與機構參數、機構構型參數、機構運動參數最佳化設計所需要的逆運動學、各種附加作業函數的定義等具體的基礎理論內容與實用性方法。這一章內容是從事機器人機械系統創新設計和工程實際設計的重要基礎內容。

參考文獻

[1] 尤承業編著．基礎拓撲學講義．北京：北京大學出版社，1997.

[2] Mark E. Rosheim. Robot wrist actuators. John Wiley&Sons，Boston (1989)，271.

[3] Mark Elling Rosheim. A New Pitch-Yaw-Roll Mechanical Robot Wrist Actuator. Robots 9，Conference Proceeding. Volume 2：Current Issues，Future Concerns. Detroit Mich. RI/SME，June 2-6，1985：15. 20-15. 42.

[4] Mark Elling Rosheim. Four New Robot Wrist Actuators. Robots 10，Conference Proceeding. Chicago，IL，USA. RI/SME，Dearborn，MI，USA. 1986：8. 1-8. 45.

[5] Mark Elling Rosheim. Singularity-free Hollow Spray Painting Wrist. Robots 11，Conference Proceeding. April. 26-30，1987.

[6] 吳偉國，鄧喜君，孫立寧，等．新型PITCH-ROLL-YAW關節機構研究．高技術通訊，1995，5(5)：36-39.

[7] 吳偉國，鄧喜君，蔡鶴皋．基於直齒輪傳動和雙環解耦的柔性手腕原理與運動學分析．機器人，1998，20(5)：433-436.

[8] 吳偉國，鄧喜君，孫立寧，等．PITCH-YAW-ROLL全方位關節機構運動學分析與控制．哈爾濱工業大學學報，1995，27(5)：117-122.

[9] 吳偉國，鄧喜君，蔡鶴皋．基於改進PYR型全方位關節的7自由度人型手臂設計．中國機械工程．1999(12)：1345-1346.

[10] 梁風，吳偉國，王瑜，蔡鶴皋．改進型PYR全方位關節及其在柔性臂中的應用．機械設計與製造．2006，6：106-108.

[11] Mark. Elling Roshiem. Design on Omnidirectional Arm. Proc. IEEE Conf. On Robotics and Automation，1990：2162-2167.

[12] 吳偉國，鄧喜君，蔡鶴皋，張超群．高靈活度人型臂型七自由度冗餘機器人的研究．高技術通訊．第6卷第8期，1996，8：30-33.

[13] 吳偉國．冗餘度機器人運動學基本理論與七自由度人型手臂的研究．哈爾濱工業大學博士學位論文，1995年．

[14] 吳偉國，鄧喜君，蔡鶴皋．回避障礙和關節極限的二元準則的冗餘自由度機器人運動逆解研究[J]. 哈爾濱工業大學學報，1997，29(1):103~106.

工業機器人系統設計（上冊）

作　　者：吳偉國

發 行 人：黃振庭

出 版 者：崧燁文化事業有限公司

發 行 者：崧燁文化事業有限公司

E-mail：sonbookservice@gmail.com

粉 絲 頁：https://www.facebook.com/sonbookss/

網　　址：https://sonbook.net/

地　　址：台北市中正區重慶南路一段六十一號八樓 815 室

Rm. 815, 8F., No.61, Sec. 1, Chongqing S. Rd., Zhongzheng Dist., Taipei City 100, Taiwan

電　　話：(02) 2370-3310

傳　　真：(02) 2388-1990

印　　刷：京峯彩色印刷有限公司（京峰數位）

律師顧問：廣華律師事務所 張珮琦律師

定　　價：950 元

發行日期：2022 年 03 月第一版

◎本書以 POD 印製

國家圖書館出版品預行編目資料

工業機器人系統設計 / 吳偉國著 . -- 第一版 . -- 臺北市：崧燁文化事業有限公司 , 2022.03

冊；　公分

POD 版

ISBN 978-626-332-192-2(上冊：平裝). --

1.CST: 機器人 2.CST: 系統設計

448.992　111003208

電子書購買

臉書